生态文明建设文库
陈宗兴　总主编

# 生态修复工程零缺陷建设管理

上

康世勇　主编

中国林业出版社

**图书在版编目（CIP）数据**

生态修复工程零缺陷建设管理：上下册 / 康世勇主编 .– 北京：中国林业出版社，2020.7
（生态文明建设文库 / 陈宗兴总主编）
ISBN 978–7–5219–0632–5

Ⅰ.①生… Ⅱ.①康… Ⅲ.①生态恢复–生态工程–研究 Ⅳ.① X171.4

**中国版本图书馆 CIP 数据核字（2020）第 104530 号**

**出 版 人** 刘东黎
**总 策 划** 徐小英
**策划编辑** 沈登峰 于界芬 何 鹏 李 伟
**责任编辑** 沈登峰 李 伟
**美术编辑** 赵 芳
**责任校对** 许艳艳

**出版发行** 中国林业出版社（100009 北京西城区刘海胡同 7 号）
http://www.forestry.gov.cn/lycb.html
E-mail:forestbooks@163.com 电话：(010)83143523、83143543
**设计制作** 北京涅斯托尔信息技术有限公司
**印刷装订** 北京中科印刷有限公司
**版 次** 2020 年 7 月第 1 版
**印 次** 2020 年 7 月第 1 次
**开 本** 787mm × 1092mm 1/16
**字 数** 1073 千字
**印 张** 41.5
**定 价** 135.00 元（上、下册）

## 《生态修复工程零缺陷建设管理》

### 编审委员会



### 编写组


**主　编**：康世勇

**副主编**：张　卫　吴团荣　康静宜　何莆霞　任星宇　王子进　何　杰
王雨田　于　澜

**作　者**（按姓氏笔画为序）：

丁志光　丁国栋　于　澜　王　岳　王　敏　王子进　王雨田
王海燕　田永祯　白　丽　冯　薇　朱　斌　乔　平　任星宇
刘　玉　刘伟娜　刘亮平　刘勇强　许文军　李　东　李　旭
李　喜　李忠宝　李学丰　李学文　吴团荣　何　杰　何莆霞
迟悦春　张国彦　张怡轩　张继东　武志博　苗飞云　周明亮
赵玉梅　赵廷宁　郝昕宇　胡学东　娜仁花　贺　艳　秦树高
高广磊　高天强　郭洋楠　康世勇　康静宜　梁振金　温利荣
赖宗锐

# 总 序

生态文明建设是关系中华民族永续发展的根本大计。党的十八大以来，以习近平同志为核心的党中央大力推进生态文明建设，谋划开展了一系列根本性、开创性、长远性工作，推动我国生态文明建设和生态环境保护发生了历史性、转折性、全局性变化。在“五位一体”总体布局中生态文明建设是其中一位，在新时代坚持和发展中国特色社会主义基本方略中坚持人与自然和谐共生是其中一条基本方略，在新发展理念中绿色是其中一大理念，在三大攻坚战中污染防治是其中一大攻坚战。这“四个一”充分体现了生态文明建设在新时代党和国家事业发展中的重要地位。2018 年召开的全国生态环境保护大会正式确立了习近平生态文明思想。习近平生态文明思想传承中华民族优秀传统文化、顺应时代潮流和人民意愿，站在坚持和发展中国特色社会主义、实现中华民族伟大复兴中国梦的战略高度，深刻回答了为什么建设生态文明、建设什么样的生态文明、怎样建设生态文明等重大理论和实践问题，是推进新时代生态文明建设的根本遵循。

近年来，生态文明建设实践不断取得新的成效，各有关部门、科研院所、高等院校、社会组织和社会各界深入学习、广泛传播习近平生态文明思想，积极开展生态文明理论与实践研究，在生态文明理论与政策创新、生态文明建设实践经验总结、生态文明国际交流等方面取得了一大批有重要影响力的研究成果，为新时代生态文明建设提供了重要智力支持。“生态文明建设文库”融思想性、科学性、知识性、实践性、可读性于一体，汇集了近年来学术理论界生态文明研究的系列成果以及科学阐释推进绿色发展、实现全面小康的研究著作，既有宣传普及党和国家大力推进生态文明建设的战略举措的知识读本以及关于绿色生活、美丽中国的科普读物，也有关于生态经济、生态哲学、生态文化和生态保护修复等方面的专业图书，从一个侧面反映了生态文明建设的时代背景、思想脉络和发展路径，形成了一个较为系统的生态文明理论和实践专题图书体系。

中国林业出版社秉承“传播绿色文化、弘扬生态文明”的出版理念，把出版生态文明专业图书作为自己的战略发展方向。在国家林业和草原局的支持和中国生态文明研究与促进会的指导下，“生态文明建设文库”聚集不同学科背景、具有良好理论素养的专家学者，共同围绕推进生态文明建设与绿色发展贡献力量。文库的编写出版，是我们认真学习贯彻习近平生态文明思想，把生态文明建设不断推向前进，以优异成绩庆祝新中国成立 70 周年的实际行动。文库付梓之际，谨此为序。

十一届全国政协副主席
中国生态文明研究与促进会会长 陈宗兴

2019 年 9 月

# 生态修复零缺陷
# 是加快推进绿色发展的重要理念

（代序）

林业防护林工程、水土保持工程、沙质荒漠化防治工程、盐碱地改造工程、土地复垦工程、退耕还林工程、水源涵养林保护工程和天然林保护工程等生态保护和修复工程建设，是我国当前及今后生态工程建设的重要内容。党的十八大以来，在习近平生态文明思想指引下，全国林草部门认真贯彻落实党中央、国务院决策部署，积极探索统筹山水林田湖草一体化保护和修复，持续推进各项重点生态工程建设，极大地推动了生态修复建设管理向着专业化、规范化、标准化和时尚化的高质量方向快速迈进。随着全国各地深入贯彻习近平生态文明思想，坚持人与自然和谐共生理念，努力推进生态系统治理体系和治理能力现代化，大力倡导管理科技创新，全面提升管理质量水平的新形势下，对新时期生态工程建设管理提出了更加科学、更高水准、更加严格、更加标准、更加规范的零缺陷新要求、新使命和新作为。

为了更加有效地提升我国生态修复工程建设设计、技术和管理的标准化进程，从 2003 年 7 月开始，康世勇正高级工程师率领他的课题组，总结、汇总、浓缩了我国半个多世纪以来生态修复工程建设技术与管理实践中的经验教训，经过十多年艰辛调查、测试、论证和理论创新升华的研究探索，终于完成了“生态修复工程零缺陷建设‘三全五作’模式”项目研究的全部内容。反映其创新研发成果的核心内容以“中国生态修复工程零缺陷建设技术与管理模式”“神东 2 亿吨煤都荒漠化生态环境修复零缺陷建设绿色矿区技术”为论文标题，分别发表在 2017 年 9 月召开的《联合国防治荒漠化公约》第 13 次缔约方大会上和 2019 年 6 月召开的世界防治荒漠化与干旱日纪念大会暨荒漠化防治国际研讨会上；主持完成的“神东 2 亿吨煤炭基地生态修复零缺陷建设绿色矿区实践”“生态修复工程零缺陷建设”两项科研课题，分别于 2018 年、2019 年荣获中国煤炭工业协会和中国能源研究会颁发的“煤炭企业管理现代化创新成果（行业级）二等奖”“中国能源研究会能源创新奖——学术创新三等奖”。

如今，生态修复工程零缺陷建设系列著作的正式出版，是我国生态修复建设史上的一大幸事，标志着我国生态修复建设在取得巨大实践成效基础上与理论紧密相结合的一次“质”的创新飞跃。

该系列著作在创作伊始，康世勇就向我详细介绍了他 1983 年至今的生态修复建设实践与理论创新研发的轨迹，商请我从生态修复建设学术的角度，对生态修复工程零缺陷建设“三全五作”理论及其模式提出科学的指导意见，并希望为之作序，我欣然应允。

该系列著作共分《生态修复工程零缺陷建设设计》《生态修复工程零缺陷建设技术》《生态修复工程零缺陷建设管理》三册出版，将能为我国当前乃至今后在实施林业防护林工程、水土保持工程、沙质荒漠化防治工程、盐碱地改造工程、土地复垦工程、退耕还林工程、水源涵养林与天然林资源保护等生态修复工程建设过程中，在履行开展具体的立项、策划、勘察、调查、规划、设计、招标、投标、施工、监理、抚育保质、竣工验收和后评价全过程中，倡导和培训全部参与生态修复工程建设技术与管理的全部员工，科学树立和践行“第一次就要把做的事情做正确”的零缺陷理念，以工作标准、工序流程规范、合法遵规、创新改进的姿态和风格，有效规避和纠正生态修复工程项目建设技术与管理中诸多不标准、不规范、不尽职等失误和缺陷，为促进生态修复工程建设迈向高质量发展的路径、为我国生态文明建设可持续发展，创建创立了可践行、适宜推广应用的新颖理论及其模式。

生态修复工程零缺陷建设，是加快推进我国绿色发展的重要手段，更是坚持走中国特色的生态兴国、生态富国、生态强国的可持续发展之路的重要工程措施。一项优秀的生态修复工程项目建设策划设计方案，应该既富含科技创新，又符合项目所在地区自然环境、社会经济等条件，而如何使其从设计方案高质量地转化为无缺陷、无瑕疵的生态修复精品工程，就成为我国现在及未来生态修复建设者为之努力奋斗的终极工作目标。为此，在国家方针政策引导下和自觉规范遵守各项建设法律法规的同时，强化生态修复工程建设实施过程中的质量标准化、行为规范化、守法执法常态化的意识，树立“第一次就要把做的事情做正确”的零缺陷理念，持续改进，正确把握、协调和处理生态修复工程建设中的质量、工期进度、造价投资、安全文明与零缺陷建设技术与管理的关系，就成为生态修复建设实践中一项亟待攻克完成的新课题新任务。

在新时期生态修复工程建设实践中总结编著的该系列著作，有取之于实践且加以提炼后的精华、精粹和精辟的理论创新特点，又具有指导生态修复建设实践行为和有力、有利提升实践质量成效的指南作用，对大力推进生态文明建设，科学开展国土绿化行动，提升生态建设管理水平，高质量推进对各种诱致荒漠化、石漠化、水土流失、盐碱化等毁损土地现象实施生态修复治理，全面构筑生态安全屏障，促进我国生态工程建设管理迈上一个新台阶，具有重大而深远的积极意义。就生态修复工程建设设计、技术与管理的科学性、系统性、严谨性、适用性和实用性而言，该系列著作的出版，不仅对从事生态修复和生态保护工作者有所启迪帮助，也将对生态文明建设具有重要的推动作用。

北京林业大学副校长、教授
中国水土保持学会副理事长
中国治沙暨沙业学会副理事长

2020 年 2 月

# 生态魂

（代前言）

一

我国不论大江南北、东部西区，在对各种人为诱致生态环境恶化的毁损土地现象如沙质荒漠化、水蚀荒漠化、盐渍荒漠化、石质荒漠化和矿产资源开发、建设工程开建等实施生态修复过程中，经常会发生或出现的设计、技术与管理中的各种各类欠缺、失误、漏洞、瑕疵、错误甚至失败等行为，究其根源及其诱因，有来自项目建设单位在功能、程序策划设计上的，有来自勘察、规划、设计技术上的，有来自现场监理、植物检疫管理上的，更多的则来自施工单位材质准备和施工作业技术与管理过程中；从生态修复工程建设专业上实事求是地来分析和论证，其工程质量、工期进度、造价投资、安全文明、工序衔接、标准规范、操作工艺、现场调度、防灾防盗等方面，均存在着发生上述诸多事故和问题的可能性，加之项目建设周期长、位置偏僻、交通不便、信息闭塞、食宿条件差，建设参与单位多，建设施工工种杂、参与队伍人员多且素质良莠不齐等客观不利条件，这些因素都极易给生态修复工程项目建设设计、技术与管理带来隐患和缺陷。此类案例不可胜数。

在我国南北东西各地区的生态修复工程项目建设设计、技术与管理整个过程中，发生一些缺陷或失误是客观存在的，严重时就会建成有缺陷的生态修复工程项目。尤为突出的不利因素是，参与项目建设的众多单位和人员来自五湖四海，来参与建设的目的各异，因此，要在短时期内形成一支临时性“训练有素的整体团队”绝非易事。也就是说，参与生态修复工程项目建设设计、技术与管理的全部单位，不仅要做到“机制体制健全、组织建设合理、制度纪律严明、重合同守信誉”，而且其全部参建人员也要始终认真做到“履行岗位职责、遵守制度、服从指挥、相互配合、标准规范、精益求精、持续改进”。

剖析有缺陷的生态修复工程项目，其缘故各有原因。一般而言，生态修复工程项目建设单位（即甲方）如若在项目建设策划布局、功能结构、严谨规范等方面出现缺陷或失误，将会对项目建设产生致命危害。例如，项目建设单位和项目所在地的公共资源交易中心（招标单位）发布有缺陷的项目招投标公告文件，就会造成项目建设受阻，无法在规定建设期限内正常运行。又由于生态修复工程项目建设过程中存在参与单位多、参与人员繁且素质良莠不齐等难以预估、不可计数的诸多设计、技术和管理失误、缺陷和漏洞，加之建设周期长等诸多原因，就对生态修复工程零缺陷建设理论持质疑甚至反对，认为要达到零缺陷建设效果是绝对不可能的，并且就推断出生态修复工程零缺陷建设是“天方夜谭”，是错误理念。

对此，我们在全面阐述生态修复工程零缺陷建设理论内涵时充分作了说明：生态修复工程零缺陷建设，是从全部参与生态修复工程项目建设单位的组织体制机制上，倡导全部参与建设的工作者在建设设计、施工全过程中，树立“第一次就要把做的事情做正确”的理念，在履行“因害规设、因地制宜、适地适技、适项适管”原则的工作基础上，始终保持“持续改进”的创新态势，建立和形成一种“无失误、无漏洞、无懈怠”的标准规范的建设风格，继而逐步推动我国乃至世界生态修复工程建设向着零缺陷的高境界和高水准目标挺进。

## 二

追求和实现我国生态修复工程项目建设质量、投资、工期和防护功能这四大目标之间的协调和统一，不仅是工程项目建设单位要考虑和期盼实现的目标及工作任务，更是参与项目建设的所有单位组织各司其职、各尽所能必须要完成的工作职责任务，并且在完成各自任务中务必要做到全面系统勘测、纵横立体式论证、精细化规划设计、技术工艺标准化、管理规范化，从而避免和防止在工程项目建设中出现各种有缺陷的行为，即参与生态修复工程项目建设的全部单位、全部工作人员在全部工作实施过程中，都应树立“第一次就要把做的事情做正确”的理念，达到无失误、无差错、无事故的境界，这就是生态修复工程零缺陷建设理论命脉——生态魂，其核心精髓就是“三全五作”模式。

生态修复工程零缺陷建设“三全五作”模式，是推进生态文明建设的一种创新行为，也是生态修复工程建设理念的与时俱进；它是生态修复建设科学奋进的一种精神，也是对生态修复建设实践探索的一种领悟。它可作为生态修复建设系统、全面、整体的标准，也可作为推动和促进人与自然和谐相处的行为规范。它是利国利民的智慧，更是生态修复建设科技进步和绿色强国的境界。从众多生态修复工程建设实践中创新的“三全五作”模式，不仅是科学、系统、合理、可信、可行、适宜、实用、适用的科技推广应用的示范，也是我国大力推进生态文明建设、科学实施生态修复工程建设实践与理论探索的结晶。将其再应用于指导生态修复工程建设生产实践，就会凸显出超强的生命力，必将在我国生态修复工程建设中发芽、生长、开花和结果，必定会推动我国生态修复工程建设取得地更绿、山更青、水更净的效果。

## 生态修复工程零缺陷建设“三全五作”模式示意图

生态修复工程零缺陷建设精髓 → 三全 → 五作

**三全**

一全：生态修复工程项目建设全部参与单位，包括业主、勘察、规划、设计、招标、投标、施工、监理、材料与机械供应、植物检疫和后评价等所有单位，必须建立技术与管理零缺陷组织机制、零缺陷管理体制和零缺陷文化理念

二全：生态修复工程项目建设全部参与单位的技术、操作和管理等全部工作人员，必须以零缺陷认知、姿态和工作标准的职业素质，在完成每1项具体工作过程中，第1次就要把做的事情准确无误地做正确，履行无差错、无失误工作风格，在具体工作或操作中体现出零缺陷标准工作作风

三全：生态修复工程项目建设全过程，从项目策划开始，历经勘察、规划、设计、招标、投标、建设施工准备、施工现场、抚育保质、竣工验收直至后评价全过程中，始终应达到和保持零缺陷生态修复建设运行态势和效果

**五作**

因害规设 → 科学依据生态修复工程项目建设策划制定的生态修复治理目标，以及建设范围、规模、投资额、质量等级等要求，开展对应的勘测调查、规划、可行性研究、设计、工程量设定和造价计算、编制设计说明书等，高质量完成设计方案

因地制宜 → 根据生态修复工程项目建设区域的自然地理条件、经济发展和社会现状等情况，制定对应的生态修复工程项目建设适用、实用、合理的方针及指导思想，以及效率高、质量高的最佳行动路线和科学、系统、全面的整体治理建设规划方案

适地适技 → 在符合、满足生态修复工程治理建设目标和项目区域现行自然、经济和社会状况的基础上和条件下，采用实用、适用的建设技术工艺、技术路径和技术装备，采用公平公正、规范合法的招投标方式，以最佳的投资获得最大的生态、经济、社会综合效益

适项适管 → 根据生态修复工程项目建设目标规定的工程量任务规模、质量要求、工期进度和项目区现状条件，制定和实施与项目建设要求相匹配的建设施工管理机制、体制体系

持续改进 → 以生态修复工程建设质量、工期、造价和安全文明达标作为项目零缺陷建设目标，采用系统工程、价值工程、并行工程的科学思路，始终不间断地进行总结和创新

## 三

生态修复工程零缺陷建设的设计、技术和管理这三个方面，是科学、合理、有机构筑生态修复工程零缺陷建设这座生态修复建设大厦的三个有力支撑。设计是零缺陷建设的重中之首，技术是零缺陷建设的重中之实，管理是零缺陷建设的重中之核，缺一则大厦危殆。

对亟待建设的生态修复工程项目，在立项策划、规划、可行性研究、设计、招标投标、建设准备、建设现场、监理、检疫、抚育保质、验收、结算、质量评定和后评价等一系列专业管理运行过程，采取全方位的零缺陷建设管理，对成功建成生态修复精品工程起着重要的作用。为此，采用项目零缺陷建设管理，就应把“三全五作”模式，因地制宜、适项适管地贯彻到建设管理的每次工作、每项工作、每项工程中，制定系统、全面、整体的项目建设零缺陷管理计划、制度和体系，在建设全过程始终标准、规范地对策划、规划、可行性研究、设计、招标投标、建设准备、建设现场、监理、检疫、抚育保质、验收、结算、质量评定和后评价等全部建设工作程序，履行科学、系统、全面、整体、独特、精心、到位、公平、公正的零缺陷管理工作职责，适项适管、零缺陷营造出林业防护、水土保持（流域、植物防护土坡、植被混凝土生态护坡）、沙质荒漠化防治、盐碱地生态改造、土地复垦、退耕还林、水源涵养林保护和天然林保护等生态修复质量达标和达到优秀的实体工程。这就是我们竭力推广践行生态修复工程零缺陷建设管理的真实目标和真正目的。

## 四

生态修复工程零缺陷建设管理的科学含义，是指在实施生态修复工程项目建设的整个管理工作程序中，根据项目建设宗旨、规模范围、设计功能、造价投资、工期期限、安全文明等具体要求，结合项目建设区域的自然、经济、社会、交通、信息等客观条件，在项目建设策划、规划、可行性研究、设计、招标、投标、建设准备、建设现场、监理、检疫、抚育保质、验收、结算、质量评定和后评价等一系列过程中，切实领会、始终贯彻“三全五作”模式的因地制宜、适项适管准则，采用制度化、程序化、公平化、公正化、数量化、精细化、效率化、时尚化的工作路径和务实方法，对每次、每项管理工作始终都把要做的应做的管理工作第一次就做好，使项目建设管理全过程均一丝不苟地实现无差错、无漏洞、无失当、无失宜、无失实、无失真、无失信、无失效、无失调、无失措、无失职的管理目的，达到科学、标准、规范、系统、全面、到位、精确的管理境界和管理效果。这是对践行生态修复工程零缺陷建设管理独特、科学、专业的真释、真诠、真谛。

生态修复工程零缺陷建设管理，是新时期科学指导、指引在履行项目建设管理职责时如何做到精益求精、高质量建造生态修复精品工程的核心和达到优质工程的保障，在零缺陷建设全过程中起着举足轻重的重要作用，决定着生态修复工程项目零缺陷建设的成败与否。

《生态修复工程零缺陷建设管理》的编著出版，就是为在新时期推动我国生态修复工程建设管理向高质量创新发展，进一步有效规范和提高我国生态修复工程建设管理工作者对“因地制宜”和“适项适管”的认知水准，进一步减少或有效规避各种建设管理失误或缺陷，促进生态修复建设管理工作更加质量化、效益化、时尚化，建立并形成持续改进的建设管理工作风格和风范，继而推动我国生态修复工程建设管理向着标准化、规范化、精益化的方向迈进。

本专著共分为生态修复工程零缺陷建设管理原理、零缺陷建设核心管理、零缺陷建设招标投标、零缺陷竣工验收、零缺陷后评价等 6 篇 25 章内容。

撰写和出版本专著，是深刻领会和践行“道法自然”“辩类重时”“天人合一”的生态文明与儒道哲学法则，在生态修复工程建设管理实践中专心、用心和求真务实的创新研发和理论升华，更是我国生态修复工程建设管理者站在适地适技营造人与自然和谐共生生态系统环境的高视界和高境界，秉承“传播绿色文化、弘扬生态文明”的管理理念，把我国生态文明建设向着纵深推进的工作职责和努力，为实现人类生态文明建设目标，努力追求、科学探索和践行生态修复工程建设更加优质、更加卓越、更加时尚的新举措，实现科学推进生态修复工程建设零缺陷管理的全部工作更加标准化、规范化、程序化、合法化、公平化、公正化、精准化、廉洁化，努力提高生态修复工程建设工作者的使命力、责任力和担当力。

生态修复工程零缺陷建设管理的持续改进，永远没有终点，只有永不言弃的新起点。对于所有生态建设管理工作者而言，在生态修复零缺陷建设管理征途上，应该本着精益求精、钻研创新、知错必究的责任和使命，实事求是查找、分析、测试和一丝不苟纠正、改正、矫正有违零缺陷管理中的未达标、不规范的一切管理失误和缺陷；应当以更高标准的生态修复零缺陷管理理论来服务和指导工程建设生产实践，不断提升我国生态修复工程建设管理水平，并取得更佳的管理成效。这也是我们所有生态修复建设管理工作者一项比肩接踵、实践与理论紧密相结合，始终不渝继续攀登奋进的新目标和新课题。

本书编写组

2017 年 11 月

# 目　　录



## 上　册

### 第一篇　生态修复工程零缺陷建设管理原理



### 第二篇　生态修复工程零缺陷建设核心管理（一）

# 下 册

## 第三篇 生态修复工程零缺陷建设核心管理（二）

## 第四篇 生态修复工程建设零缺陷招标投标



## 第五篇 生态修复工程建设零缺陷竣工验收

## 第六篇 生态修复工程建设零缺陷后评价

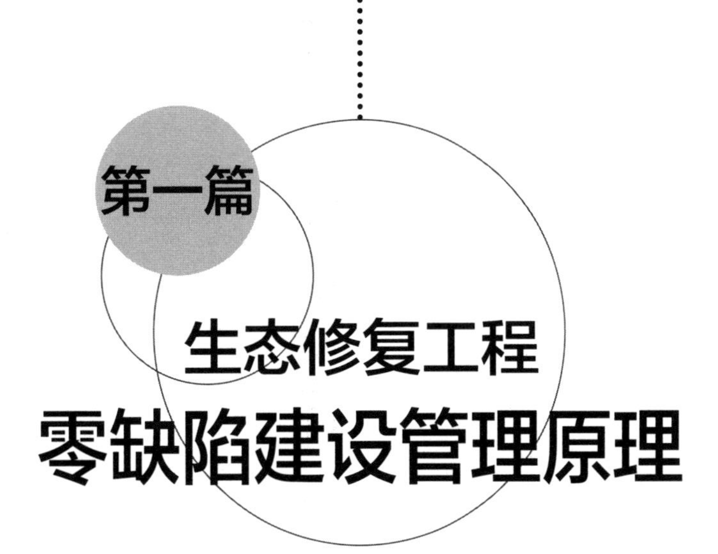

# 第一篇 生态修复工程零缺陷建设管理原理

# 第一章
# 生态修复工程项目零缺陷建设管理的基本理论

生态修复工程零缺陷建设管理是生态修复工程建设中不可或缺的重要工作。其内容有：生态修复工程项目建设过程对勘测、设计、施工和监理方的招标管理，以及高质量、快节奏履行工程项目建设承包合同的起草、审核、会签，建设现场开工、设计变更、隐蔽工程、竣工、验收、移交审批等，以及建设过程中的工程进度款支付和竣工结算等；生态修复工程项目零缺陷建设管理的效果如何，将直接影响到生态修复工程项目零缺陷建设的效果，或者说是关系到生态修复工程项目零缺陷建设的成功与失败。

## 第一节 项目工程

### 1 工程的概念及内涵

#### 1.1 工程的概念及特点

（1）工程的概念。《不列颠百科全书》1998 年版指出：“工程（engineering）是应用科学原理使自然资源最佳地转化为结构、机械产品、系统和过程，以造福人类的专门技术。工程是人类为了生存和发展，实现特定的目的，运用科学和技术，有组织地利用资源所进行的造物或改变事物性状的集成性活动。”工程是一种科学应用，是把科学原理转化为新产品的创造性活动，是将自然科学的原理应用到工农业生产部门中而形成的各学科的总称，如建筑工程、航天工程、水利工程、生态工程、冶金工程、机电工程、化学工程、海洋工程、生物工程等。一般来说，工程具有技术集成性和产业相关性。

（2）工程的特点。具体地说，工程具备了 5 项特点。

①工程是人类为了达到特定目标的一种活动。工程活动的核心是“造物或改变事物性状”，是通过这种造物或改变事物性状的活动来达到特定的目的。

②不论是创造新事物（如建筑 1 栋房屋、制造 1 台机器或营造 1 条防护林），还是改变事物

性状（如人工降雨或改善城市空气质量）等，都需要掌握和集成科学和技术的智慧，需要掌握这些智慧的人们有组织地利用各种资源。

③工程目标的实现不仅要运用科学（包括自然科学或社会科学），也要利用技术，包括成熟的技术或仍在创新中的技术；不仅要利用自然界的各种资源，也要利用人类创造的各种资源。

④工程应当是指特定过程而不是特定的工程产物或其实施后果。比如，三峡水利枢纽工程指的是建设三峡水利枢纽的过程，三北防护林工程指的是在东北、华北、西北地区建设生态修复防护林的过程，而不是其结果。

⑤技术集成性和产业相关性是工程学术意义上的概念的两个关键点。技术集成性是指工程表现为相关或系列技术的集成与整合，形成特定形式的技术集成体。但工程不是各种技术的简单相加，而是一种基于特定规律或规则，面向特定目标的各种相关技术的有序集成。产业相关性则是指由于工程的内涵常常与特定产品、特定企业或特定产业相联系，工程活动与产业活动具有不可分割的内在联系，这也表明所有与产业活动相关的专业领域都可成为一个特定的工程领域。

根据上述工程的特点，继而确切地分析科学与工程两者间的差异就可得益于这样的理解："科学家主要是产生知识，而工程师主要是生产物品"（Kemper，1982）；"科学力求理解事物如何作用，而工程师力求让事物产生作用"（Drexler，1992）；"科学家在描述是什么，而工程师在制造新的东西"（T，von Karrsan，见 Jackson，2001）。

## 1.2 工程的内涵

工程在历史上来源于工艺经验，通过研究和应用科学分析原理，经验主义逐步被工程科学取代。现今工程、工程技术、工程管理和工程教育的重点是研究解决工程问题。

任何一项工程都包括设计、建设和运行这样 3 个阶段，虽然在建设和运行过程中的工作程序有不同的专业参与，但设计本身始终存在着反馈［图 1-1（a）］。对于一项新的工程领域来说，只有经过反复的实践修正才能使工程、工程设计完善起来。可以说，设计是工程的核心（Flrman，1976；Layton，1976；Mikkola，1993）。

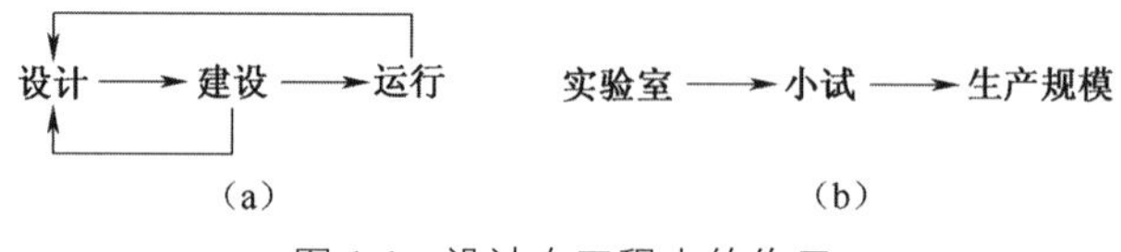


图 1-1 设计在工程中的作用

在制订一项计划解决问题或建造某个东西时，先行的设计是一项创新的工作过程，它涉及众多的科学技术知识和已有工艺，并作出合理的、精确量化的决策。一项设计在全面实施前需要采用已有的一系列指标进行检验，包括不同设计规模的检验［图 1-1（b）］以建立对替代技术方案的信心，这通常需要用到一组工具或方法。

# 2 项目定义及其特性

## 2.1 项目定义

"项目"一词被广泛地应用在我们的社会经济文化生活中，如建筑工程项目、开发项目、科研推广项目、文艺演出项目等。人们经常用“项目”来表示某一类事物，自此，“项目”已成为一个专业术语，有其特定的含义。纵观国内外，各科目的专家学者为项目定下了许多定义。在英国标准化协会发布的《项目管理指南》里，把项目定义为：“具有明确的开始和结束点、由某个人或某个组织所从事的具有一次性特征的一系列协调活动，以实现所要求的进度、费用以及各功能因素等特定目标”；美国标准化协会（PMI）认为：“项目是一种被承办的旨在创造某种独特产品或服务的临时性努力”；而德国国家标准 DIN 69901 把项目定义为：“项目是指在总体上符合如下条件的唯一性任务（计划）：具有特定的目标，具有实践、财务、人力和其他限制条件，具有专门的组织”；ISO 10006 把项目定义为：“具有独特的过程，有开始和结束日期，由一系列相互协调和受控的活动组成，过程的实施是为了达到规定的目标，包括满足时间、费用和资源等约束条件。”

总之，可以把项目定义概括为：在一定的约束条件下（资源）具有明确目标的有组织的一次性工作或任务。

### 2.2 项目的特性

只有同时具备下述 5 项特性的任务才能称得上是项目。与此相对应的，大批量的、重复进行的、目标不明确的、局部性的任务，不能称作为项目，只能称为“作业”或“操作”。

（1）项目的特定性。项目的特定性也称为单件性或一次性，是项目的最主要特征。每个项目都有自己的特定形成过程，都有自己独有的目标和内容，都有开始时间和完成时间，因此只能对它进行单件建设性的营造（或处置），不能批量复制生产，不具有重复性。项目总是独一无二的，只有认识到项目的特定性，才能有针对性地根据项目的具体特点和要求，实施科学、适地适技的管理，以保证项目一次性就成功。

（2）项目目标的明确性。项目目标具有成果性目标和约束性目标两种特性。成果性目标指项目的功能性要求，如营造一条公路防护林带可防护绿化的里程等；约束性目标是指限制条件，包括期限、进度、质量及费用等。

（3）项目具有特定的生命期。项目过程的一次性决定了每个项目都具有自己的生命期，任何项目都有其产生时间、发展时间和结束时间，在不同阶段都有特定的任务、程序和工作内容。如生态工程建设项目的生命期包括项目建议书、可行性研究、规划设计工作、建设准备、建设现场、抚育养护及保质期、竣工验收和移交等。概括地说，建设项目的生命期包括：决策阶段、规划设计阶段、招投标阶段、建设施工阶段、抚育保质阶段和竣工结束阶段。

（4）项目作为管理对象的整体性。1 个项目既是 1 项任务整体，又是 1 项管理整体，即是 1 个完整性的有机管理系统，而不能割裂这个有机系统进行管理；必须按照整体系统的需要配置建设生产要素，以整体效益的提高为标准进行质量、数量、结构和进度的总体优化。

（5）项目的不可逆性。项目的不可逆性，是指项目按照一定的程序进行，去过程不可逆转，必须一次成功。倘若失败了便不可挽回，因而项目具有的风险很大，与批量重复生产过程有着本质的区别。

## 3 工程项目概述

### 3.1 工程项目的定义

工程项目是指在一定限定资源、限定时间、限定质量的约束条件下，配备有完整的组织机构和特定、明确目标的一次性工程建设工作任务。

生态修复工程项目属于项目的一大类别，它是以营造植物及其必须配置措施物为目标产出物、具有开工和竣工时间以及相互关联活动组成的特定工作过程。该工作过程欲达到的最终目标应符合预定的生态防护（改善）功能设计要求，并满足标准（或业主）规定要求的质量、数量、工期、造价和资源等约束条件。这里的植物是指乔木、灌木、地被等植物，它们具有绿化、改善生态环境的功能作用；这里说的必须配置措施物，是指与栽植植物相配套的其他如坝体、水平沟、鱼鳞坑、沙障、肥沃土壤、肥料、药物、水等必需附属物。

## 3.2 工程项目的特点

（1）具有特定的对象。每项工程项目的最终产品均有特定的功能和作用，它是在运筹概念阶段策划并决策的，在设计阶段具体确定的，在实施阶段形成的，在结束阶段交付的。项目对象确定了项目的最基本特征，并把自己与其他项目区别开来；同时它又确定了项目的工作范围、规模及界限。项目的整个实施和管理都是围绕着着个对象进行的。工程项目的对象通常由可行性报告、项目任务书、设计、规范、实物模型等定义和说明。

（2）有质量要求。通常都会对项目预达到的质量作出规定，这是根据完成项目必须对应的投资要求。一般依据应发挥的功能作用、使用期限及所处环境位置条件等做出质量等级规定，项目质量是项目具有生命特征的表现，也是完成项目的核心任务。

（3）有时间限制。为尽快实现项目的目标，发挥项目的效用，业主对工程项目的需求有一定的时间性限制。没有时间限制的工程项目是不存在的，项目实施必须在一定时间内完成。工程项目的时间限制确定了项目的生命期限，而且也构成了工程项目管理的一个重要目标。

（4）一次性的原则。工程项目的实施是一次性过程，这个过程除了有确定的开、竣工时间外，还有过程的不可逆性、设计单一性、建设生产单件性、项目产品位置的固定性等。工程项目的一次性决定了工程项目管理的一次性，也决定了它对工程项目组织行为的显著影响。

（5）有资金限制。任何工程项目都有财力资金上的限制，因此必然会存在着与项目目标对应的投资预算（费用或成本）。现代工程项目资金来源渠道较多，投资呈多元化状态，这就对项目建设资金的限制会越来越严格，这就使得建设资金成为工程项目能否立项的关键。

（6）投入资源和风险的大量性。由于工程项目体形庞大，就需要建设投入的各类资源多、建设生命周期很长、投资额巨大，因此就导致风险量很大。一个工程项目投入大量资源往往与国民经济运行具有密切的关系且相互影响，如我国建设的三峡工程、南水北调工程等；如果从国家的工程项目总量上看，它在国民经济中所占的比重就更大了，能达到25%。可以说工程项目的投资风险、技术风险、自然风险和资源风险与各种项目相比，都呈现出发生率高、损失量大，因此，它们在项目管理中必须突出风险管理过程。

## 3.3 工程项目的分类

以专业特征为标志或按照最终成果对项目进行划分种类，其目的是为了有针对性地进行管理，提高完成项目任务的效果和水平；项目的种类分为：科学研究项目、开发项目、工程项目、航天项目、维修项目、咨询项目、高铁项目等。

（1）按性质分类。可分为基本建设项目和更新改造项目。基本建设项目包括新建和扩建项目；更新改造项目包括改建、恢复和迁建项目。

（2）按专业分类。可分为建筑工程项目、土木工程项目、生态工程项目、线路管道安装工程项目和装修工程项目等。

（3）按等级分类。可分为一等工程项目、二等工程项目、三等工程项目等。

（4）按用途分类。可分为生产性工程项目和非生产性工程项目。

（5）按投资主体分类。按投资主体可分为国家投资工程项目、地方政府投资工程项目、企业投资工程项目、三资企业投资工程项目、私人投资工程项目和各类投资联合投资工程项目等。

（6）按行政隶属关系分类。可分为部（委）级工程项目、地方（省、地市、县级）工程项目和乡镇工程项目。

（7）按工作阶段分类。可分为预备工程项目、筹建工程项目、实施工程项目、建成投产工程项目和收尾工程项目等。

（8）按管理者分类。可分为建设项目、工程设计项目、工程监理项目、工程施工项目和开发工程项目等，他们对应的管理者分别是建设（业主）单位、设计单位、监理单位、施工单位和开发单位。

（9）按工程规模分类。按工程规模，工程项目可分为特大型项目、大型项目、中型项目和小型项目。

# 4　工程项目周期与建设程序

## 4.1　工程项目周期

（1）工程项目周期的概念。工程项目周期是指从工程项目的立项，到整个工程项目建成竣工验收交付使用为止所经历的时间。

（2）工程项目周期的阶段划分。工程项目周期可分为项目建设前期工作阶段、项目设计阶段、项目招投标阶段、项目施工准备阶段、项目施工现场阶段和竣工交付使用阶段。

## 4.2　工程项目建设程序

工程项目的建设程序是指一项工程项目从酝酿立项到工程项目建成投入使用的全过程中，各阶段建设活动的先后顺序和相互关系。它是工程项目建设活动客观规律的真实反映，也是人们在长期的工程项目建设实践过程中技术与管理经验的总结。

（1）项目建议书阶段。项目建议书阶段是业主单位向国家（或上级部门）提出的要求建设某工程项目的建议文件，是对建设项目的轮廓构思，是从拟建项目的必然性、可行性陈述。在客观上，工程项目要符合国民经济发展长远规划，符合部门、行业、地区规划的要求。

（2）可行性研究阶段。可行性研究的主要任务是通过多方案比较，提出评价意见，推荐最佳方案；它是对建设项目在技术上是否可行，经济上是否合理进行科学分析和论证工作，是技术经济的深入论证阶段，为项目决策提供依据。可行性研究内容概括为技术、经济和市场三项研究。可行性研究报告批准后，即项目正式立项，成为初步设计的依据。

（3）设计工作阶段。对一般项目分为 2 阶段设计，即初步设计和施工设计。技术上比较复杂的项目，在初步设计完成后应加技术设计进一步细化。

（4）招投标阶段。项目设计完成后，围绕着工程项目建设这一核心内容有两个工作层面。业主单位负主体作用，制定、编制和发布项目招标文件，组织项目招标事宜，其最终目的是选取技术精湛、讲信誉、重质量的项目建设企业；而施工、监理企业则通过投标方式来展示企业的技术实力、信誉，以及在该标段项目上满足业主的程度达到中标的目的。

（5）建设准备阶段。建设准备阶段的主要工作内容包括：征地、拆迁和场地平整；完成建设施工用水、电、路等工程；组织设备、材料订货；准备必要的施工图纸；准备足额的建设资金。

（6）建设现场施工阶段。项目建设现场施工阶段是项目决策的实施、建成投产发挥效益的关键环节。该阶段包括执行项目计划、跟踪项目进展，管理项目变更等活动，其主要工作内容是：实施项目计划、跟踪进度、监督质量、解决问题、履行合同等。

（7）竣工验收交付使用阶段。当建设项目按照设计文件规定的内容全部施工完成后，即可组织验收。它是建设工程的最后一项管理工作程序，是投资成果转入实物实体使用的标志，是建设、设计、施工及监理单位汇报建设项目的功能效益、质量、成本等全面情况，以及建设单位报增固定资产的过程。竣工验收对促进建设项目及时发挥投资效益和总结建设经验，都有着重要的作用。通过竣工验收，可以检查建设项目实际形成的生产能力或效益。

# 第二节 工程项目管理

## 1 项目管理

### 1.1 项目管理的概念

项目管理是指对项目进行管理，即由一个临时性组织综合应用多种技能、知识、设施设备、工具和方法，对项目进行有效的计划、组织、协调和控制，以实现项目目标的过程。

### 1.2 项目管理的特点

（1）项目管理目标明确。项目管理的目标就是通过实现项目计划的既定目标，没有目标就没有管理，管理本身不是目的，而是实现一定目标的手段。项目管理的目标是由项目目标决定的，即指在规定时间内，达到规定的质量标准，满足规定的预算控制指标。

（2）实行项目经理负责制。项目具有一定的复杂性，而且项目的复杂性随其范围、内容在变化，项目越大越复杂，涉及专业技术种类越多，需要各职能部门相互协调和通力配合。要想达到项目管理的目标，就需要把项目管理授权给项目经理，使他有权独立进行计划、资源分配、协调和控制。项目经理是为适应项目管理特殊需求而设置的，所以要求其必须具备一定的专业综合技能知识，具备领导者的水平能力，能灵活运用多种专业知识和管理方法来解决问题。成功的项目管理必须以充分的授权保证系统为基础。项目经理授权的大小应与其承担责任的大小相适应，这是保证项目经理管理有效管理项目的基本条件。

（3）项目管理是一项复杂性的工作。项目管理的复杂性取决于项目和项目管理组织。任何项目都是由很多分项目和子项目组成，项目专业工作跨越的组织越多，就需要更多的学科知识来解决。另外，由于项目是一次性的，具有一定的创新性，在项目管理中通常没有或很少可以借鉴现成的经验做法，而且在项目执行过程存在着许多不确定、未知的风险因素。同样，项目组织管理是把不同经历、不同专业技能的人组织在一起，因此，项目管理具有临时性的特征。另外，项目管理组织又具有一定的开放性，也就是项目管理组织要随项目的进展而发生改变。一个临时性的开放组织，在特定条件（成本、进度、质量）约束下实现一个既定的复杂项目目标，这就决定了项目管理是一项复杂工作。

# 2　工程项目管理

## 2.1　工程项目管理的内涵

工程项目管理是项目管理的一大类，是指项目管理者为使项目取得成功，对工程项目采用系统的观念、理论和方法，进行有序、全面、科学、目标明确的管理，发挥计划职能、组织职能、控制职能、协调职能、监督职能的作用。其管理对象是建设工程项目管理、设计工程项目管理和施工工程项目管理。

## 2.2　工程项目管理的特点

（1）工程项目管理目标明确。工程项目管理第一个特点是指它紧密围绕着目标（结果）进行管理。项目的整体、某一组成部分、某一阶段、某些管理者在某段时间内均有一定目标。有了目标也就有了动力，有了动力就有了一半的成功把握。因为目标吸引管理者，目标指导行动，目标凝聚着管理者的力量和智慧。除功能目标外，还有工程项目进度、工程项目质量、工程项目造价 3 个过程目标。这四个目标既相互独立又相互依存，是对立统一的辩证关系。

（2）工程项目管理是系统化管理。把管理对象作为一个系统进行管理是工程项目管理的另一个必需的特点。在这个前提下所进行的 3 项管理内容如下。

①进行工程项目的整体管理：即把项目作为一个有机整体实施全面管理，使管理机能及作用贯彻到项目整个范围。

②对项目进行分解：把大系统分解成若干子系统，然后再把子系统或次子系统作为一个整体进行管理，以小系统的成功保证大系统的成功。

③对各子系统之间、各项目之间关系的处理遵循系统规则：它们之间既相互独立又相互依存，同处在一个大系统管理之中，彼此协调才能保证取得最大最佳的综合效率。以生态修复工程项目建设管理为例，既把它作为一项整体管理对象，又分为若干单项工程、单位工程、分部工程、分项工程分别进行管理，起到以小范围的有效管理保证大范围或整个项目的成功管理作用。

（3）工程项目管理是按项目规范化运行的管理。工程项目各阶段是由多个过程组成，每个过程运行都有规可循，例如水平勾或鱼鳞坑作为水保工程的分项工程，其建设施工既有工序上的规律，又有技术上的规格要求，建设程序就是建设项目的程序。遵循规律进行管理则有效，反之不但管理无效，而且有害于项目的正常运行。工程项目管理作为一门科学，有其独特的理论、原理、方法、内容、规则和规律，已经被人们公认、熟悉和采用，形成规范和标准，被广泛应用于项目管理实践，使对工程项目的管理成为专业性的、规律性的、标准化的管理，以此促成项目管理的高效率和高成功率。

（4）工程项目管理是富含专业技术性内容的管理。工程项目管理的专业内容包括：战略管理、组织管理、规划管理、目标管理、招标管理、合同管理、信息管理、生产要素管理、现场管理、后期保质养护管理，以及项目建设全过程的监督、风险管理和组织协调等。

（5）工程项目管理有一套适用的方法体系。工程项目管理最有效的方法是“目标管理”。其核心内容是以目标指导行动，具体操作是：确定总目标、自上而下地分解目标、落实目标，制定目标责任者措施和责任制，完成班组或个人承担的任务，以确保实现项目总目标。

（6）工程项目管理有专门的知识体系。工程项目管理知识体系在构成上与通用的项目管理知识体系相同，然而却有着鲜明的专业特点，即具有项目管理知识体系的工程专业化知识。工程项目管理的职能内容包括策划、决策、计划、组织、控制、协调、指挥和监督等职能，这些职能既相互独立又相互密切相关联。只有各种职能步调一致才能发挥作用，才能体现出工程项目的管理力。

## 3　工程项目管理分类

工程项目管理分类为建设项目管理、设计项目管理、工程咨询项目管理和施工项目管理，其对应的管理者分别是业主单位、设计单位、咨询（监理）单位和施工单位等。

### 3.1　建设项目管理

建设项目管理是站在投资主体的立场对项目建设进行的综合性管理。建设项目管理是通过一定的组织形式，采取各种措施、方法，对投资建设项目的所有系统运行过程进行计划、协调、监督、控制和总结评价，已达到保证建设项目质量、工期、提高投资效益的目的。建设项目的管理者应当是参与项目建设各方的组织者，包括业主、设计、施工、监理单位。

### 3.2　设计项目管理

是由设计单位自身对参与建设项目设计阶段的工作进行管理。其内容有设计的质量、进度、投资等控制；并对拟建项目在技术与经济上进行详尽的咨询，引进先进技术和科研成果，形成设计图和说明书，以及在项目建设实施中进行监督和参与验收。因此设计项目管理的程序是设计投标（或方案优选）、签订设计合同、设计准备、设计计划、设计实施目标控制、设计变更、设计文件验收与归档、设计总结等。

### 3.3　施工项目管理

（1）施工项目管理的特征。施工项目管理具有的 3 个特征如下所述。

①施工项目管理的主体是施工企业；

②施工项目管理的对象是施工企业中标确定的的某单项、某单位或某几项标段施工项目，其任务只涉及从投标开始到竣工移交过程的施工组织管理；施工项目管理的实质是在达到质量、工期、安全指标的同时实现利润的最大化；

③施工项目管理要求强化组织协调工作。

（2）施工项目管理与建设项目管理的区别。施工项目管理与建设项目管理这 2 者的 4 个区别如下。

①建设项目管理的主体是建设单位或受其委托的咨询（监理）单位；

②建设项目管理的任务是取得符合要求的、能发挥应有效益的固定或其他相关资产；

③建设项目管理的内容涉及投资周转和建设全过程、全方位的管理；

④建设项目管理的范围是一个建设项目，是有可行性报告确定的所有建设工程项目。

### 3.4　咨询监理项目管理

（1）咨询项目是由咨询单位进行服务的工程项目。咨询单位是中介组织，它具有相应的专业技能服务能力，可以受业主或承包商的委托进行工程项目管理的咨询服务。

（2）工程监理项目是由建设监理单位进行管理的项目。监理单位受业主单位委托签订监理合同。监理单位也属中介组织，是依法成立的具有服务性、科学性和公正性专业化组织。建设监理单位属于特殊的工程咨询机构，其工作实质就是咨询。建设监理单位受业主单位委托，对施工、设计单位在承包活动中的行为和责、权、利，进行必要的协调和约束，对建设项目进行投资、进度、质量、合同、信息控制管理。

# 第三节
# 生态修复工程项目零缺陷建设管理

项目管理在我国 20 世纪 50 年代就开始在生态环境建设中推广和广泛应用。生态修复工程项目建设管理是国家林业部门和各省地县区林业、水保行政机构和社会其他企事业单位，最常见、最典型的生态环境修复工程项目类型和生态修复工程项目管理是项目管理在生态修复工程项目建设中的具体应用。这里所提出的生态修复工程项目零缺陷管理是指以生态修复工程项目为对象，以最优化实现建设生态修复工程项目目标为目的，以项目经理负责制为基础，以生态修复工程项目建设合同为纽带，对生态修复工程项目建设进行高效率、精确的计划、组织、控制和监督的系统管理活动。

## 1　生态修复工程项目管理在世界和中国的发展历程

### 1.1　工程项目管理的产生及在世界的发展

工程项目管理作为一门科学，是从 20 世纪 60 年代以后在西方国家发展起来的。当时大型建设项目、高尖端科研项目、军事项目和航天项目的兴起，国际跨国承包外委的大发展，使得国际竞争异常激烈。从而对项目建设过程中的组织和管理提出了技术、质量等方面更高、更严谨的高标准要求，以便防止项目失败带来无法估量的损失。于是项目管理作为一种客观需要被提了出来，并且逐步发展和完善。

第二次世界大战以后，科学管理方法日益成熟，逐步形成了规范的管理科学体系，广泛地被应用到生产和管理实践中，并产生了极大的效益。网络技术的应用和推广在工程项目管理中有着大量成功的应用范例，引起了全球轰动。还有信息论、系统论、控制论、计算机技术、运筹学等理论的运用，促成人们把成功的管理方法引进到项目管理之中作为动力，使项目管理越来越融入更多的科学性、先进性、快捷性等内容，最终作为一门学科迅速发展起来。

## 1.2 项目管理在中国的发展

中国引进、首先应用项目管理的建设工程是位于云南省罗平县与贵州兴义县交界处的鲁布革水电站工程。该工程是世界银行贷款项目，要求必须采取公开招标方式组织建设。项目于 1982 年准备，1983 年 11 月开标，1984 年 4 月评标结束，结果日本大成建设株式会社以 8463 万元的最低价（比标底 14958 万元低 43%）和先进合理的技术管理方案中标。大成公司派了 30 多名技管人员组成“鲁布革工程事务所”作为该项目建设施工管理层。鲁布革水电站工程于 1984 年 7 月开工，1986 年 10 月完成开挖长 8.9km 的引水隧洞工程，比原定工期提前 5 个月，全部工程于 1988 年 7 月竣工。在 4 年多的时间里创造了著名的“鲁布革效应”，国务院领导提出总结和学习推广鲁布革经验。至此，项目管理在中国开始试点并逐步深入推广和发展。鲁布革工程引发的项目管理经验主要有以下 4 点。

（1）核心是把竞争机制引进到工程建设领域，并实行铁面无私的招投标管理方式；

（2）工程建设项目实行全过程的总承包和项目专项管理方式；

（3）工程建设施工现场管理机构和作业队伍精干、专业、灵活；

（4）科学、合理组织建设施工，讲求质量、进度、成本，注重现场安全、推行文明建设施工作业。

工程项目管理从 20 世纪 80 年代起在中国的成功应用，取得了举世瞩目的成就：工程项目管理为我国创造了一大批技术先进、管理科学、已赶上世界先进水平的高、大、新工程项目，充分显示了我国有法制、有制度、有规划、有步骤推行工程项目管理所取得的丰硕成果。

## 1.3 项目管理在中国生态修复工程项目建设中的应用

我国实行计划指令性的生态修复工程建设管理方式始于 20 世纪 50 年代初，重复建设、多次投资等弊端现象时有发生。该时期我国生态修复工程项目建设管理的方式和特点如下所述。

（1）从中央到地方层层分解落实生态修复工程建设任务。国家林业、水保行政最高机关按年度计划下达全国的生态修复建设资金总额、总面积及质量指标，并按省自治区分解分配任务指标，各省自治区领受任务后再向所辖市（区）分解分配任务指标，市（区）则再向所辖县分解分配任务指标。

（2）生态修复工程建设勘测、规划设计均由本行业行政部门下设勘设队完成。各地各年度的生态工程建设规划设计方案按照上级行业行政部门审批下达的方案任务，由各地区林业、水保勘测设计单位组织技术人员进行调查、勘测、规划设计，本着轻重缓急、有先有后、分批建设的原则进行编制。国有林场、水保站的方案由本场、本站自行设计。

（3）林业、水保行政部门自行组织生态修复工程完成情况核查。各地县、市（地区）本行业行政部门组织相关技术管理人员对完成的生态工程项目进行年度核查、核实、汇总、上报。

从 21 世纪初开始我国政府把生态环境修复和生态工程项目建设纳入基本国策，实施了世界上最大规模的生态建设工程，包括林业工程造林、流域江河水保治理造林工程、沙质荒漠化土地造林治理工程、盐碱地改造造林工程、天然林资源保护工程、退耕还林工程等，目前我国人工造林面积已经达到 8003 万 $hm^2$（第九次全国森林清查结果），居世界第一位。与此同时，在生态修复工程建设项目管理运行机制上，我国开始尝试实行生态修复工程建设项目法人责任制、工程建设招投标制、工程监理制、工程建设合同制、工程竣工验收制，以及工程项目施工单位和监理单位对工程实行终身负责制。对上述这些制度进一步规范和全面推广实施，从而有效地保证了我国生态修复工程项目的建设质量，确保了生态修复建设投资目标的实现。

# 2　生态修复工程项目管理的类型

生态修复工程项目建设单位完成可行性研究、立项、资金筹集和设计任务以后，这项生态工程项目即进入建设实施过程。而一项生态工程项目依据其设计内容的不同，使其在具体实施过程各阶段的任务和目标的不同，从而就构成了生态修复工程项目管理的不同类型。从市场经济交易的角度看，生态修复工程项目业主是买方，包括勘察设计、施工、监理等公司法人单位是卖方，因此买方、卖方所处地位和追求的利益是不同的。

## 2.1　业主方（建设单位）项目管理

业主方（建设单位）对生态修复工程项目建设管理是全过程的，包括项目建设实施阶段的所有环节。主要管理工作内容有：组织协调、合同管理、信息管理和建设投资、工程质量、工程进度三大控制目标，可以通俗地概括为一协调二管理三控制。

生态修复工程项目建设实施是一次性的技术与管理工作任务，在计划经济体制下业主方在对项目进行管理时，往往会受到很大的局限性使得现场监督管理不很到位，最终使其作用难以发挥。因此，在当今激烈的市场竞争体制下，生态修复工程项目建设业主完全可以借助于市场上的咨询服务业为其提供项目建设管理服务，这就是工程项目建设社会监理。监理公司接受业主委托，为业主提供项目建设现场全过程的监理服务。由于生态修复工程项目建设监理的性质是属于高密集的智力咨询服务活动，它不但对项目建设施工现场实施监理服务，而且还能向前延伸到项目投资决策阶段，包括立项、可行性研究、勘测设计等。

## 2.2　设计方项目管理

设计单位受业主委托承担生态修复工程项目建设的设计任务，以设计合同所界定的工作目标及其责任作为该项工程项目设计管理的对象、内容和条件，简称设计项目管理。设计项目管理是设计单位对履行生态修复工程项目设计合同和实现设计单位经营方针目标而进行的设计管理，尽管其地位、作用和利益追求与项目业主不同，但它也是生态修复工程项目建设设计阶段项目管理的重要方面。只有通过设计合同，依靠设计方的自主项目管理才能贯彻业主的建设意图和实施设计阶段的投资、质量和进度控制。

### 2.3 施工方项目管理

施工单位通过项目工程投标程序取得施工承包合同，并以合同所界定的项目工程任务范围及要求来组织项目工程施工管理，称为施工项目管理。从工程项目的整体意义上讲，这种施工项目的工程应该是指施工总承包的总体工程项目，包括其中的附属如土建工程项目、沙障防护工程项目、浇灌管网工程项目等，最终成果呈备了设计各项防护功能的生态产品。然而从生态修复工程项目系统分析的角度看，各分项工程、分部工程也是构成生态修复工程项目的子系统，按子系统定义项目，既有其特定的约束条件和目标要求，而且也是一次性的任务。因此，生态修复工程项目在按专业、按部位分解发包的情况下，承包方仍然可以依据承包合同界定的局部施工任务作为项目管理的对象，这就是广义上的施工企业项目管理。

## 3 生态修复工程项目管理的任务

生态修复工程项目管理的任务是使用人力、材料和资金等资源，采用最优化的技术与程序来实现项目建设的总目标。即有效地利用有限的资源，以尽可能少的投资费用，在规定期限内营造出优质的工程质量，建设成生态修复工程项目，实现生态项目建设的功能和目的。

生态修复工程项目管理有多种类型，不同项目其管理的具体任务也不相同。但其任务的主要范围是相同的。在生态建设全过程各个阶段，一般要履行 5 个方面的管理工作任务。

### 3.1 组织管理

组织管理的主要内容有建立管理组织机构，制定规章工作制度，确定各方面的协作关系，制定和采取招标管理办法确定适宜的勘察设计、施工、监理等公司，以及组织现场勘查、图纸会审、预算审定、材料材质进场检验、材料供应、机械作业和劳力管理等工作。

### 3.2 合同管理

合同管理是指签订生态修复工程项目建设勘察设计委托合同、施工承包合同、项目施工现场监理合同，以及合同文件的准备，合同谈判、修改、签订和履行中的变更等管理工作。

### 3.3 工期控制管理

工期控制管理是指勘察设计、施工、材料设备供应以及满足各种计划进度编制和检查，施工作业方案的制订与实施，设计、施工、分包各方计划的协调，经常性地对计划进度与实际进度进行比较，并及时调整计划。

### 3.4 工程质量管理

工程质量管理是指制定和执行生态修复工程项目建设质量指标和要求，对勘察及设计质量、施工质量、现场监理质量、材料和设备质量进行有效的监督管理，并及时处理质量问题。

### 3.5　投资控制与财务管理

投资控制与财务管理，是指编制生态修复工程项目建设概算预算、费用计划，确定设计取费和施工价款，对生态修复工程项目建设成本进行核算和预测控制，处理索赔事项和作出项目决算等。

## 第四节
## 生态修复工程项目零缺陷建设管理实践行为

按照生态修复工程项目零缺陷建设管理所处的主体位置不同，参与生态修复工程项目零缺陷建设各方单位的管理可分为业主方项目管理（OPM）、设计方项目管理（DPM）、施工方项目管理（CPM）、监理方项目建设监理管理、材料设备供货方项目管理（SPM），以及生态修复工程项目建设总承包方的项目管理。

下面分别阐述生态修复工程项目零缺陷建设各参与方管理的主要工作目标和任务。

## 1　工程项目管理理论体系的产生与发展

工程项目管理从经验管理走向科学管理的过程，经历了相当漫长的历史时期，从原始潜意识的项目管理，经过长期大量的项目管理实践之后，才逐渐形成了现代项目管理的理念及其体系。

### 1.1　潜意识项目管理阶段

20世纪30年代以前，人们只是无意识地按照项目的形式运作和实施。人类早期项目可以追溯到数千年以前，如古埃及的金字塔、古罗马的尼姆水道、古代中国的都江堰和万里长城等。这些前人项目建设杰作在展示人类智慧的同时，也展示了项目建设管理的成就。但是直到20世纪30年代以前，项目管理还没有形成一套科学完整的管理体系、方法，对建设项目管理只是凭借个人经验、智慧和直觉，缺乏项目建设的普遍性和规律性。

### 1.2　传统项目管理阶段

这一阶段从20世纪30年代至50年代初，其特征是利用横道图进行项目建设规划与控制。横道图是由亨利·甘特（Henry Gantt）于20世纪初发明，故又称为甘特图。横道图直观而有效，有利于监督和控制建设项目的进展状况，时至今日仍是项目管理的常用方法，但其难以展示各项工作之间的逻辑关系，不适应大型建设项目管理的需要。与此同时，在规模较大的建设工程项目和军事项目中广泛采用了里程碑项目建设管理系统。里程碑系统的应用虽未从根本上解决复杂项目建设的计划和控制问题，但却为网络图概念的产生充当了重要的媒介。

### 1.3　近代项目管理阶段

这一阶段从20世纪50年代初期至70年代末期，其重要特征是开发和推广应用网络计划技术。网络计划技术克服了横道图各种缺陷，能够反映项目建设管理中各项工作间的逻辑关系，能够描述各项工作的进展情况，并可以事先进行科学安排。网络计划图的出现，促进了 1957 年出现的系统工程发展，使得项目建设管理也因为有了科学的系统方法而逐渐发展和完善。

工程项目建设管理的基本理论体系形成于 20 世纪 50 年代末、60 年代初。它是以当时已经比较成熟的组织论、控制论和管理学作为理论基础，结合建设工程项目和建设市场的特点而形成的一门新兴学科。工程项目管理理论的形成与工程项目建设管理专业化的形成过程大致是同步的，两者相互促进，真正体现出了理论指导实践、实践又反作用于理论，使理论得到进一步发展和提高的客观规律。20 世纪 70 年代，建筑市场兴起了项目管理咨询服务，并且随着计算机技术的发展，计算机辅助建设项目管理、信息管理成为工程项目管理学的新内涵。在这期间，原有的工程项目建设管理内容也在进一步发展。例如，有关组织的内容扩大到工作流程的组织和信息流程的组织，合同管理中深化了索赔内容，进度控制方面开始出现商品化软件等。而且，随着网络计划技术理论和方法的发展，开始出现进度控制管理的专著。

### 1.4 现代项目管理发展阶段

这一阶段是从 20 世纪 80 年代开始到现在，其特点表现为项目建设管理范围的扩大，以及与其他学科的交叉渗透和相互促进，建设项目管理学在宽度与深度两方面都有重大发展，逐步把最初的计划和控制技术与系统论、组织理论、工程风险管理、经济学、管理学、行为科学、心理学、沟通管理、价值工程、计算机技术等，以及项目建设管理的实践结合起来，并吸收了控制论、信息论及其他学科的研究成果，发展成为一门具有完整理论与方法基础的学科体系，出现了大批与进度控制、投资控制有关的商品化管理软件。这些软件的广泛运用提高了工程项目建设管理的实际工作效率和水平。

经过半个多世纪的发展，工程项目管理的思想理论、技术方法呈现出新的发展趋势。工程项目管理的规范化趋势日益明显，专业化管理的特征日益显著，信息技术的应用日益广泛。在现代项目管理发展过程中，项目管理的特征越来越体现为对项目决策支持的重视和对项目生命周期集成化管理的需求，必将促进面向项目决策支持的项目总体控制和面向项目生命周期的项目集成化管理的现代项目管理理论研究和创新，建立适合大型复杂群体工程项目建设管理的管理技术及其方法体系，以适应社会、经济、生态可持续发展的需求。

## 2 业主方项目建设管理要点

### 2.1 业主方项目建设管理目标和任务

生态修复工程项目建设业主是指项目在法律意义上的所有人，它可能是单一投资主体，也可能是各投资主体按照法律关系组成的法人形式；它是生态修复工程项目建设生产过程的总集成者，即人力资源、物质资源和知识的集成，也是生态修复工程项目建设生产过程的总组织者，因此，业主方项目管理是生态修复工程项目建设管理的核心。它的管理活动面向整个项目周期，对应于每一阶段有不同的管理，包括开发管理、项目管理和设施管理。它管理的时间范畴是整个项目实施的所有各阶段阶段，包括策划、规划阶段、设计阶段、施工阶段、施工前准备阶段和抚育保质保修阶段。

生态修复工程项目建设业主方项目管理服务于业主利益，其项目管理目标包括项目投资目标、进度目标和质量目标等。

(1) 投资目标：指生态修复工程项目建设的总投资目标。

(2) 进度目标：指生态修复工程项目建设的时间目标，即准备阶段、现场施工和竣工时间。

(3) 质量目标：指整个生态修复工程项目建设质量，它涉及设计质量、施工质量、材料质量、设备质量、监理工作质量和影响项目运行的环境质量等。质量目标包括满足相应技术规范、技术标准规定，以及满足业主方相应的其他质量要求。

业主方项目管理工作涉及生态修复工程项目建设实施阶段的全过程，即每一阶段的项目管理工作都包括质量控制、投资控制、进度控制、合同管理、信息管理、安全文明管理、风险管理和组织协调等基本工作内容，其中，安全管理是项目管理中最重要的工作目标任务。

由于生态修复工程项目建设的一次性和业主方技术管理能力的局限性，在市场经济体制下，业主方的项目管理可以委托社会咨询企业代理完成。目前，在我国生态修复工程项目建设中，建设方主要是委托监理单位代理履行项目管理的职责工作。

业主方在生态修复工程项目建设管理过程中，要注重协调和平衡投资、质量和进度这三大目标之间的关系，应以质量目标为中心，力求以资源的最优配置实现生态修复工程项目建设目标。在项目建设前期，有较大节省投资潜力，应以投资目标控制为重点；在项目建设后期，大量建设资金已经投入，工期延误将会造成重大损失，因此，应以项目建设进度目标控制为重点。

## 2.2　业主方在项目建设各阶段全方位管理要点

(1) 业主方在项目建设设计阶段的管理要点。

①业主方代表要审核设计各阶段的设计图纸是否符合国家、行业有关设计标准、规范及有关设计规定要求。

②业主方代表要审核施工图设计是否达到合同规定的足够深度，是否满足设计任务书的要求，各专业设计之间是否有机协调、有无矛盾，是否具备按图可施工性。

③业主方代表要审核有关工程项目建设中的苗木、土壤、水、电、路等系统设计方案，是否满足政府有关部门的审批意见。

④业主方代表要对用于项目建设施工机械设备方案进行技术经济分析，提出优化配置策划意见。

⑤业主方代表要对项目建设的基础形式、结构体系，组织专家进行分析、论证，确定结构的可靠性、经济性、合理性及可施工性。

(2) 业主方在项目建设准备阶段全方位管理要点。

①业主方代表负责完成工程项目建设开工前施工现场的“三通一平”，办理质监手续、办理施工许可证等前期工作，并将以下两类资料副本提供给施工、监理单位：一是工程项目建设相关资料；二是已获批准设计文件及图纸。

②业主方代表负责组织项目建设设计施工图会审会议和设计交底会，将设计技术和施工技术有机地衔接起来，并将所提出问题及时反馈给设计单位。

③业主方代表负责工程项目建设相关外部关系的协调。

（3）业主方在项目建设施工阶段全方位管理要点。

①业主方代表要对工程项目建设设计、施工、监理总承包商，以及主要分包商资质进行审核，确保其有足够的技术经济条件和信用条件。

②业主方代表要对工程项目建设施工现场的有关设计变更、修改设计图纸等进行确认与审批，以确保设计及施工图纸的质量。

③业主方代表要对工程项目建设施工质量实行动态目标的跟踪管理。

④业主方代表要细致审阅、审批施工单位提交的项目建设施工组织方案、施工组织设计，确保以可靠、娴熟、到位的技术工艺和措施来保障工程项目建设质量。

⑤业主方代表要对建设施工材料、设备的进场进行严格检验，并对进场材料严格进行复检、复验，以保证工程项目建设质量有可靠的基础保证。

⑥业主方代表要在施工作业现场过程中，对分项工程质量进行跟踪检查，审核工程承包商所提交的有关分项工程质量的检验记录及试验报告，特别要加强对隐蔽工程的检查验收，以确保和控制施工工程质量。

## 2.3 业主方代表在项目建设管理中的工作职责

（1）业主方代表凭专业技能知识和经验树立威信。业主方通常不直接对工程项目建设施工过程进行监督来实现对质量的控制管理，而是通过聘请负责任的监理单位对工程项目建设质量的管理。在疑难问题处理、重大事项决定上，凭借出众的才能和丰富的经验作出科学的决策，是业主方代表赢得各方信任、树立威信的主要途径。业主负责制的含义没有赋予业主方代表独断专横的权力，业主负责制得以实现的基础是适宜的工期、合理的造价、优秀的施工单位、负责任的监理单位、严格的契约精神等。

（2）业主方要严格区分与监理方的工作职责。业主方代表在履行自身管理工作职责的同时，要妥善处理建设各参与方的协调关系。充分利用与发挥监理单位的职能作用；强化合同意识；努力协调好与工程项目建设各方责任人的关系；在施工合同制定中合理设置奖惩责任、权利与义务的关系。平等对待勘察、设计、监理等相关单位，理顺与设计、监理方等的工作合作关系。必要时给予监理方扶持，充分调动监理方在项目建设管理中的积极能动性。

（3）业主方代表要摆正自己在项目管理工作过程的位置。

①正确理解项目建设中各利益群体之间不同的目标和利益追求。

②正确理解和把握项目建设各参与单位之间平等合作的合同关系。

③正确认识业主方代表的职责和肩负的对工程项目建设整体负责的使命。

④正确处理好与不同专业项目各参与单位之间的关系，在项目建设管理过程既不越位也不缺位。

⑤不以个人喜好或个人感情疏密，独断裁决项目建设中各种技术、管理等方面涉及的利益冲突事件或矛盾，公平、公开、公正、公信，一视同仁、一碗水端平。

⑥充分发挥作为策划者、组织者、协调者、监督者、推动者和管理者的作用。

（4）业主方代表要正确应对在项目管理中各种不同的利益与诱惑。

①增强工程项目建设的法律意识与观念，严于律己、拒腐蚀永不沾。

②树立良好的道德规范与标准。

③头脑要时刻保持清醒，防范不同利益群体中的圈套。

④公平、公正对待各利益相关者，不偏袒，也不无原则克扣任何一方利益。

⑤以事实为依据，以法律、法规、政策及合同为准绳，处理项目建设过程各种事件，要以平和心态面对各种诱惑和挑战，切实做到廉洁、守法和奉公。

（5）业主方代表的岗位工作职责。

①积极协助办理工程项目建设前期的策划、规划设计各项手续。参与对投标队伍的考察、选择，规范参与招标文件的起草、招标、施工与监理合同的签订工作。

②热悉施工图纸，组织图纸会审和技术交底工作。对设计图纸中存在问题和建议及时向分管领导汇报，会同相关部门协商、共同解决。

③落实建设现场“五通一平”。组织施工单位进场，协调施工现场内外部关系。

④检查承建单位质量管理体系。严格审核施工方案和施工技艺、作业方法，加强对工程项目建设现场的巡视和监督检查，对违章操作现象及时进行纠正，做好工序交接检查和隐蔽工程工序的检查验收工作。

⑤审核承建单位提交的建设施工材料供货计划。对进场材料、机械设备按设计要求及相关规范进行检查验收，以确保进场材料质量、机械设备性能的安全与正常。

⑥及时检查项目建设施工进度。对承建单位编制的总进度计划，所采取的具体措施、控制方法、进度目标实现的可能性及风险性分析进行检查论证，并在实施过程控制执行，以保证项目建设施工合同工期目标的实现。

⑦明确投资控制的重点。预测工程项目建设风险以及可能发生索赔的诱因，制定防范措施，减少索赔的发生。对索赔发生原因进行分析、论证，明确责任。

⑧加强对施工现场安全生产和文明施工的管理。对项目建设施工现场存在的安全隐患及违章作业及时进行纠正和实行安全文明施工奖罚制度。

⑨协助分管领导、职能部门对设计变更进行统一管理。对涉及投资、施工现场设计变更进行统一管理，对涉及项目建设投资的变更，要重视多方案比较与选优。

⑩配合审计部门完成对工程项目建设审计工作。及时做好对变更工程量的计量、计价工作，真实、完整地提供审计原始资料。

⑪组织工程项目建设施工的竣工验收、移交工作，协助办理工程项目建设竣工资料移交和归档工作。

⑫做好竣工项目使用回访工作，对存在质量问题，协调承建单位及时进行返修。

⑬监督项目建设施工进度、质量、安全文明作业，以月报形式定期向单位汇报。

⑭监督监理合同的执行情况并向单位汇报。

⑮监督总包合同的执行情况并向单位汇报。

（6）业主方代表应履行的合约职责。业主方代表按照以下要求，履行项目建设合同约定职责，行使合同约定的权利。

①业主方代表可委派相关具体管理人员，承担自己部分职责，并可以在任何时候撤回这种委

派。但委派或撤回均应提前 5 天通知已经签约的合同各方。

②业主方代表的指令、通知由其本人签字后，以书面形式交给乙方代表，乙方代表在回执上签署姓名和收到时间后生效。必要时，业主方代表可发出口头指令，并在 48 小时内给予书面确认，乙方对业主方代表的指令应予执行。业主方代表无法及时给予书面确认，乙方应于业主方代表发出口头指令后 3 天内提出书面确认要求，业主方代表在乙方提出确认要求后 3 天内不予答复，应视为乙方要求已被确认。乙方认为业主方代表指令不合理，应在收到指令后的 24 小时内提出书面申告，业主方代表在收到乙方申告后 24 小时内作出修改指令或继续执行原指令的决定，应以书面形式通知乙方。紧急情况下，业主方代表要求乙方立即执行的指令或乙方虽有异议，但业主方代表决定仍继续执行的指令，乙方应予执行。因指令错误所发的费用和给乙方造成的损失均由业主方承担，延误工期应相应顺延。

③业主方代表按照项目建设合同约定，应及时向乙方提供所需指令、批准、图纸并履行其他约定的义务，否则乙方在约定时间后 24 小时内将具体要求、需要的理由和延误的后果通知业主方代表，业主方代表收到通知后 48 小时内不予答复，应承担由此造成的经济支出，顺延因此延误的工期，赔偿乙方有关损失。

④实行由社会监理公司监理的工程建设项目，业主方委托的总监理工程师按协议条款约定，部分或全部行使合同中业主方代表的权利，履行业主方代表的职责，但无权解除合同中规定的乙方义务。

⑤业主方代表和总监理工程师在更换人员时，业主方应提前 7 天通知乙方，后任继续履行承担前任应负合同文件约定的义务和其职权内的承诺责任。

## 3 设计方项目建设设计管理要点

设计方受项目建设方委托承担生态修复工程项目建设的规划设计任务，以设计合同规定的项目建设内容及责任义务作为该生态工程项目建设设计管理的内容和条件，其项目管理主要服务于项目的整体利益和设计方本身的利益，其项目管理目标包括设计成本目标、设计进度目标、设计质量目标以及项目建设投资目标。

设计方项目管理工作主要在项目建设的设计阶段进行，但同时也涉及设计前准备阶段、施工现场阶段、抚育保质阶段和竣工验收移交阶段的工作内容。

设计方项目管理的 8 项工作任务包括如下。

（1）生态修复工程项目建设设计方案总造价控制；

（2）设计成本控制；

（3）设计进度控制；

（4）设计质量控制；

（5）设计合同管理；

（6）设计信息管理；

（7）与设计工作相关的安全管理；

（8）与设计工作有关的组织与协调管理。

## 4　施工方项目建设施工管理要点

施工方作为生态修复工程项目建设的重要参与方，是将建设项目建设意图和目标转变为具体工程实体的生产经营者，其项目管理不仅服务于施工方本身利益，也必须服务于项目建设的整体利益，其项目管理目标包括施工安全管理目标、施工质量目标、施工进度目标、施工成本目标、施工安全文明目标和施工风险管理目标。

施工方的项目管理工作主要在建设施工现场阶段实施，但由于设计阶段和施工阶段在时间上是交叉进行，因此，施工方项目管理也涉及设计准备阶段、设计阶段、施工前物质准备阶段、抚育保质阶段和竣工验收移交阶段。

施工方项目管理的 8 项主要任务如下所述。

（1）施工成本控制管理；

（2）施工质量控制管理；

（3）施工进度控制管理；

（4）施工合同管理；

（5）施工信息管理；

（6）施工安全文明管理；

（7）施工风险管理；

（8）施工组织与协调管理。

从 20 世纪 80 年代末至 90 年代初，我国大中型工程项目建设引进了为业主方服务的工程项目管理的咨询服务，即业主方项目管理范畴。在国际上，工程项目管理咨询不仅为业主提供服务，也向施工方、设计方和建设物资材料供应方提供服务。因此，施工方委托工程项目管理咨询公司对项目管理的某方面提供咨询服务，也属于施工方项目管理的范畴。

## 5　供货方供应材料设备项目管理要点

供货方作为项目建设的参与方，其项目管理主要服务于项目整体利益和供货方本身的利益，供货方项目管理的目标包括供货方成本目标、供货进度目标、供货质量目标。供货方项目管理工作主要在项目施工准备阶段和施工现场阶段进行，但也涉及设计准备阶段、设计阶段和抚育保质阶段。

供货方项目管理的主要任务包括如下。

（1）供货成本控制管理；

（2）供货进度控制管理；

（3）供货质量控制管理；

（4）供货合同管理；

（5）供货信息管理；

（6）供货安全文明管理；

（7）供货风险管理；

（8）供货组织与协调管理。

# 6 监理方项目建设监理管理要点

监理方作为生态修复工程项目建设的重要参与方，开展项目建设监理工作的程序、监理工作实施及其工作方法是：

## 6.1 项目建设监理程序

（1）按照生态修复工程项目建设施工监理合同，选派满足监理工作业务要求的总监理工程师、监理工程师和监理员组成项目建设监理机构，进驻现场履行监理职责。

（2）编制监理工作规划，明确项目监理机构的工作范围、内容、目标和依据，确定监理工作制度、程序、方法和措施，并报项目业主备案。

（3）严格按照生态修复工程项目建设进度计划，分专业编制监理实施方案细则。

（4）按照监理规划方案和监理实施细则及时开展监理工作，编制并提交监理报告。

（5）完成监理工作业务后，按照项目建设施工监理合同，向项目建设法人单位提交监理工作报告、移交监理工作档案资料。

## 6.2 项目建设监理业务实施

（1）总监理工程师负责制。生态修复工程项目建设监理实行总监理工程师负责制，总监理工程师负责全面履行监理合同约定的监理单位职责，发布监理工作有关指令，签署监理文件，协调项目建设有关各方间的关系。监理工程师在总监理工程师授权范围内开展监理工作，具体负责所承担的监理工作，并对总监理工程师负责。监理员在监理工程师、总监理工程师授权范围内从事监理辅助性工作。

（2）生态修复工程项目建设监理单位聘用人员要求。聘用生态修复工程项目建设监理人员的要求如下。

①生态修复工程项目建设监理单位应当聘用具有相应专业资格的监理人员，来具体从事生态修复工程项目建设监理业务。监理人员包括总监理工程师、监理工程师和监理员。

②生态修复工程项目建设监理人员应当保守执业秘密，不得与被监理单位发生任何的经济利益关系。

## 6.3 项目建设监理单位实施监理的工作方法

生态修复工程项目建设监理单位应当按照监理规范要求，采取旁站、巡视、跟踪检测和平行检测等方式实施监理，发现问题及时纠正、报告。生态修复工程项目建设监理实施的工作方法包括以下 11 种。

（1）监理现场记录。监理单位认真、完整记录每天施工现场的人员、材料与设备、天气、施工环境以及施工作业过程发生的各种技术与管理情况。

（2）发布文件。监理单位采用通知、指示、批复、签认等文件形式进行施工全过程的控制和管理。这是对现场实施监督管理的重要手段，也是处理合同问题的重要依据，如开工报告、质量不合格整改通知、变更通知、暂停施工通知、复工通知、进度通知等。

（3）旁站监理。监理单位按照监理合同约定，在施工现场对工程项目建设施工的重要部位和关键工序的施工作业，实施连续性的全过程检查、监督与管理；需要旁站监理的重要部位和关键工序一般应在监理合同中明确规定。

（4）巡视检验。监理单位对所监理的生态工程项目建设情况进行定期与不定期的检查、监督和管理。监理单位在开展监理工作过程中，为了全面掌握工程项目建设施工进度、质量等情况，应当采取定期和不定期的巡视监察和检验。

（5）跟踪检测。在施工单位进行试样检测前，监理单位对其检测人员、仪器设备以及拟订的检检测程序和方法进行审核；在施工单位对试样进行检测时，应实施全过程监督，确认其程序、方法的有效性以及检测结果的可信性，并对该结果确认。

（6）平行检测。监理单位在施工单位对试样自行检测的同时，应独立抽样进行复检测，以核验施工单位的检测结果。

（7）测量检查。采用测量仪器和工具进行检查。主要对生态工程项目建设施工的植物苗木、配属固定构筑物的苗木高度及胸地径、几何尺寸、填筑厚度、表面平整度、温度、坡度，以及种子千粒重，栽种植物整地、覆盖度、郁闭度等项目，按规范、设计文件与工程量表进行实际检查、核实和记录。

（8）试验与检验。所有用于生态修复工程项目建设施工的材料，都必须事先经过材料检验和试验，并经监理工程师签字批准。材料试验包括水泥、砂、粗骨料、种子、苗木等，砂浆、混凝土等的配合比试验、外购材料质量合格证和必要的试验鉴定、构配件检验等。

（9）感观检查。感观检查包括观察、目测、手摸以及听音检查。主要检查项目有地基处理；建筑物位置及布置、材料品种、规格和质量；混凝土浇筑面平整情况，出现麻面、蜂窝、狗洞等情况；砂浆拌和及砌筑、勾缝、抹面等；坝体碾压、水泥砂浆浓度；沙障材料设置规格、埋设密度及深度；苗木、种子色泽形态等。

（10）质量检查。根据生态修复工程项目建设施工进展情况，定期、不定期组织建设、设计、施工、监理工程师进行工程项目建设施工质量检查。

（11）协调解决。监理单位对参与生态修复工程项目建设各方之间的关系，以及该生态修复工程项目建设施工过程中出现的技术工艺与管理问题和争议进行必要的调解。

## 6.4　项目建设监理工作制度

生态修复工程项目建设监理单位应当按照国家有关工程建设项目施工监理规范、规定等，建立生态修复工程项目建设监理工作制度，其 10 项内容主要包括如下。

（1）施工技术文件审核、审批制度。根据生态修复工程项目建设施工合同约定，由建设、施工单位共同提交的施工设计图纸、施工组织设计、施工措施计划、施工进度计划、开工申请等文件，均应通过监理单位核查、审核、审批方可开始实施。

（2）原材料、半成品和工程设备检验制度。进入施工现场的原材料、半成品和工程设备应有出厂合格证明和技术说明书，经施工单位自检合格后，方可报监理单位检验。经检验不合格的材料、半成品和工程设备，应按监理单位决定在规定时限内运离工地或进行相应处理。

（3）工程质量检验制度。施工单位每完成 1 道工序或 1 个单元工程，都应经过自检。合格后方可报监理单位进行复核检验。上道工序或上 1 单元工程未经复核检验或复核检验不合格，不得进行下道工序或下 1 单元工程施工。

（4）工程计量付款签证制度。所有申请支付进度款的工程量均应进行计量并经监理单位确认。未经监理单位签证的付款申请，项目建设单位不应支付。

（5）会议制度。监理单位应建立会议制度，包括第一次工地会议、监理例会和监理专题会议。会议由总监理工程师或由其授权的监理工程师主持。生态修复工程项目建设有关各方应派员参加。各次会议应符合下列要求。

①第一次工地会议。应在生态修复工程项目建设开工令下达前举行，会议内容应包括工程项目建设开工准备检查情况；介绍各方负责人及其授权代理人和授权工作内容；沟通相关信息，进行监理工作交底。会议的具体内容可由有关各方会前约定。会议由总监理工程师或总监理工程师与委托人的负责人联合主持召开。

②监理例会。监理单位应定期主持召开由参建各方负责人参加的会议，会上应通报工程项目建设进展情况、上次监理例会中有关决定执行情况，分析当前存在问题，提出解决问题的方案与建议，明确会后应完成的任务。会议后应形成会议纪要。

③监理专题会议。监理单位应根据生态修复工程项目建设需要，主持召开监理专题会议，研究解决项目建设施工中出现的涉及施工方案、施工质量、施工进度、设计变更、安全、文明、风险、索赔、争议等方面的专门问题。

总监理工程师应组织编写由监理单位主持召开会议的会议纪要，分发与会各方。

（6）施工现场紧急情况报告制度。监理单位应针对施工现场可能出现的紧急情况编制处理程序、措施等文件。当发生紧急情况时，应立即向建设单位报告，并指示承包人立即采取有效紧急措施进行处理。

（7）工作报告制度。监理单位应及时向建设单位提交监理月报与专题报告；在对项目验收时，提交监理工作报告；在监理工作结束后，提交监理工作总结报告。

（8）工程项目建设验收制度。在施工承包人提交验收申请后，监理单位应对其是否具备验收条件进行审核，并根据有关生态修复工程项目建设验收规程与合同约定，参与、组织和协助建设单位组织工程项目竣工验收。

（9）工程变更处理制度。工程项目建设变更包括设计变更和施工变更。生态工程项目建设变更是指因设计条件、施工现场条件，设计方案等发生变化或建设单位根据监理单位的建议，为实现合同目的对设计文件和施工状态所做的改变与修改。

（10）文件、资料、档案管理制度。在监理实施过程，建设各方来往文件、函件应建立严格的收发、签发、阅办制度，并分类整理建立监理档案。

## 6.5 生态修复工程项目建设总承包方项目管理要点

生态修复工程项目建设总承包方是受业主方委托，承担工程项目建设的设计、施工、抚育保质等全过程或若干阶段的施工承包任务，因此，项目建设总承包方作为项目建设的重要参与方，其项目管理主要服务于项目整体利益和总承包方本身的利益，其项目管理目标应满足合同条款的要求，包括项目建设的质量目标、进度目标、成本目标、安全文明施工目标、风险管理目标、项目建设总投资目标。

生态修复工程项目建设总承包方的项目管理工作涉及项目建设实施全过程，包括策划阶段、设计阶段、施工阶段、抚育保质阶段、竣工验收移交阶段。

生态修复工程项目建设总承包方项目管理的主要工作任务包括如下。

（1）安全文明管理；

（2）项目建设总投资控制管理；

（3）项目建设总承包方成本控制管理；

（4）进度控制管理；

（5）质量控制管理；

（6）合同管理；

（7）信息管理；

（8）风险管理；

（9）项目建设总承包方组织与协调管理。

在生态修复工程项目零缺陷建设实际中，投资方和开发方的项目管理，或由工程咨询公司提供的代表业主方利益的项目管理服务均属于业主方项目管理；施工总承包方、施工总承包管理方和分包方的项目管理均属于施工方的项目管理；材料与设备供应方的项目管理都属于供货方的项目管理。

# 第二章
# 生态修复工程项目零缺陷建设组织概述

## 第一节 组织与组织论

### 1 组织的概念和特征

#### 1.1 组织的概念

组织一词有两种词性，一是动词，指组织工作或者组织活动，它是任何管理活动的一项基本职能；二是名词，指按照一定章程和目标建立起来的机构，也就是人们常见到的政府机关、企业、学校、医院、公司、各层次经济实体、各党派和政治团体等，这些机构就是组织的实体形式。

#### 1.2 组织的基本特征

组织的基本特征是：有明确的目标、拥有一定资源，并有一定层级权责结构。

（1）组织有明确的目标。目标是组织的愿望和外部环境相结合过程的产物，任何组织的目标均受到外在物质环境和社会文化环境的影响与制约，并且根据目标的详细程度和长短期可将目标分为战略规划目标和详细计划目标。

（2）组织拥有资源。资源是组织有效运作的必要条件，组织拥有的资源主要包括人、财、物、信息与时间。

①人力资源：组织是有 2 个以上人在一起为了实现某个共同目标而协同行动的集合体。因此人力资源是组织的最大资源，是组织存在的前提和创造的源泉。

②财力资源：财力主要是指资金。组织存在和发展需要大量资金，只有拥有了资金，组织的各项工作才能有效运作起来。

③物力资源：物力资源主要指组织存在的各种硬件设施。如办公用房、汽车、电脑、办公桌等可以看得见、摸得着的多种实物体。

④信息资源：现代社会是信息社会。社会信息传输、交换、存储的手段十分发达，大量信息会对管理活动带来益处，在决策时可以有大量的材料进行分析和参考；然而，海量的信息又是一个难题，如何在众多的信息当中寻找对自己有价值、对决策有帮助的信息，这对每个管理者而言是个挑战。

⑤时间资源：时间是生命的尺度，具有不可重复性、不可再生性和不可替代性，因此，时间属于最稀缺资源。科学管理起源于工业革命后期企业家对效率的不懈追求，提高效率就是节约时间，以同样时间创造出更多成果、做更多的事就是效率。

(3) 组织保持一定的权责结构。权责结构表现为管理层次清晰，有明确的承担者，并且权力和责任对等，只有这样的组织才会运行起来有效率。如果只有权力没有责任或者只有责任没有权力，那么组织运行过程中就会有很多问题出现。

# 2　组织设计

组织设计是指对组织活动和其结构的设计过程，有效的组织设计在提高组织活动效能方面起着重大作用。组织设计有以下三个方面要点：一是组织设计是管理者在系统中建立最有效相互关系的一种合理化、有意识的过程；二是该组织过程既要考虑系统外部要素，又要考虑系统内部要素；三是组织设计的最终结果是形成组织结构，也就是形成具有一定管理层级关系和责权关系的组织架构。

## 2.1　组织构成因素

组织构成一般是上小下大的形式，由管理层次、管理跨度、管理部门、管理职能四大因素构成，各因素应密切相关、相互制约。

(1) 管理层次。管理层次是指从组织最高管理者到最基层实际工作人员之间等级层次的数量。管理层次分为四个层次：决策层、协调层、执行层和操作层。决策层的任务是确定管理组织的目标和大政方针以及实施计划，它必须精干、高效；协调层的任务主要是参谋、咨询职能，其人员应有较高业务工作能力；执行层的任务是直接调动和组织人力、财力、物力等具体活动内容，其人员应有实干精神并能坚决贯彻管理指令；操作层的任务是从事操作和完成具体任务，其人员应有熟练的作业技能。这四个层次的职能和要求不同，标志着不同职责和权限，同时也反映出组织机构中的人数变化规律。如果组织缺乏高智能的管理层次将使其运行陷于无序状态。因此，组织必须有必要的管理层次。但是，组织管理层次也不宜过多，否则会造成资源与人力的浪费、极易形成相互推诿与扯皮的内耗之中，也会使信息传递速度变慢、指令变性走样、协调困难等方面的问题。

(2) 管理跨度。管理跨度是指一名上级管理人员直接管理的下级人数。在组织中，在不考虑管理人员工作能力情况下，某级管理人员的管理跨度大小直接取决于这一级管理人员所需要协调的工作量。管理跨度越大，领导者需要协调的工作量就越大，管理的难度也越大。因此，为使组织能够高效地运行，必须设定合理的管理跨度。

管理跨度大小受很多因素影响。它与管理人性格、才能、精力、授权程度及被管理者素质有关；此外，还与职能难易程度、工作相似程度、工作制度和程序等客观因素有关。因此，确定适当管理跨度，需积累经验并在实践中进行必要的调整。

（3）管理部门。组织中各管理部门的合理划分对发挥组织的管理效应十分重要。如果管理部门划分不合理，会造成控制、协调管理方面的困难，也会造成人浮于事，浪费人力、物力和财力。同时，管理部门划分要根据组织目标与工作内容确定，形成既有相互分工又有相互配合的组织机构体系。

（4）管理职能。组织设计确定各部门的管理职能，应使纵向层次的领导、检查、指挥灵活，达到指令传递快、信息反馈及时，使横向各部门间相互沟通、协调一致，使各部门有职有责并尽职尽责。

## 2.2 组织设计原则

生态修复工程项目建设管理的组织结构设计一般应遵循以下 7 个原则。

（1）集权与分权统一原则。在任何组织中都不存在着绝对的集权和分权。在生态修复工程项目建设组织结构设计中，所谓集权，就是项目经理掌握所有管理大权，各专业工程师只是其命令的执行者；所谓分权，是指在项目经理授权下，各专业工程师在各自职责范围内有足够的管理权，项目经理主要起协调作用。

生态修复工程项目建设管理组织结构是采取集权或是分权形式，要根据生态修复工程项目建设特点与重要性，项目经理管理能力、精力及项目部人员的工作技能、工作能力、工作态度等因素进行综合考虑。

（2）专业分工与协作统一原则。对于生态修复工程项目建设管理组织结构来讲，分工就是将生态修复工程项目建设管理目标，特别是资金财务控制、进度控制、质量控制三大目标分解成各部门以及各工作人员的工作目标和任务，明确谁干什么，怎么干。在分工中特别要注意以下 3 点。

①尽可能按照专业化要求来设置组织机构；

②工作上要有严密分工，每个人所承担工作应力求达到较为熟悉的程度；

③分工后能够提高效率或产生较大的经济效益。

在生态修复工程项目建设管理组织结构中还必须强调协作。所谓协作，就是明确组织结构内部各部门之间和各部门内部的协调关系与配合方法。在协作中应该特别注意主动协作和协调配合。主动协作，是指要明确各部门之间的工作关系，找出容易发生矛盾的关键部位加以协调；协调配合，就是应该有具体可行的协作配合办法，对协作中的各项关系应逐步规范化、程序化。

（3）管理跨度与管理层次统一原则。在组织结构的设计过程中，管理跨度与管理层次是成反比例关系。这就是说，当组织机构中人数一定时，如果管理跨度加大，管理层次就会减少；反之，如果管理跨度缩小，管理层次肯定会增多。一般而言，在生态修复工程项目建设管理组织机构设计过程，应该在系统里考虑影响管理跨度的各种因素后，在实际实践过程根据具体情况确定管理层次。

（4）权责一致原则。在生态修复建设管理组织结构中，应明确划分职责和权力范围，做到责任和权力相一致。从组织理论上而言，在任何工作岗位上总应该有人承担一定职务，有了职务就会产生与职务相对应的权力和责任问题。一个组织结构做到权力和责任保持一致就可以做到组织结构的有效运转。权力大于责任就会导致个人权力膨胀，出现瞎指挥和滥用权力的现象；如果责任大于权力就会影响管理人员积极性、主动性和创造性，令组织缺少活力。

（5）职位和能力相称原则。在组织结构中，每一个工作岗位都要求具备相应能力的人，做到因事设岗而不是为闲人设岗。每项工作都应该确定具有完成该工作相应知识和技能的人来完成，然而，对人的能力考察是一项综合复杂性的工作，可以通过考察学历和经历进行相关的测验，了解其知识程度、经验、才能、兴趣等方面情况，进行综合评审。对组织设计工作而言，职务设计和人员评审应采用科学方法，尽可能使每个人现有和可能有的才能与其职务要求相适匹配，选择到岗位需求的人才，做到人尽其才、才得其用、用得其所。

（6）经济效益原则。生态修复工程项目建设管理组织设计必须将经济性和高效率性放在首位。组织结构中的每个人都应该为这个统一的目标，采取最适宜的结构形式，实行最有效的协调机制，尽可能高效地完成建设任务，减少过程中的扯皮现象。

（7）弹性原则。组织结构应具有一定稳定性才能发挥出较高的工作绩效，但是组织结构设定之后不会一成不变，应根据组织内、外部环境条件变化，根据组织目标对组织结构做出一定调整，使得组织具有较强的适应变化能力。

## 3　组织结构

组织结构，是指组织内部构成和各个组成单位确立的较为稳定的相互关系和联系方式。组织结构应包括：确定组织正式关系和职责的形式；确定向组织各个部门或个人分派任务和各种活动的方式；确定协调各项分类活动或任务的方式；确定组织中权力、地位和等级关系。

### 3.1　组织结构与职权的关系

组织结构确定了组织中部门与部门之间的关系，而部门是由人组成的，因此组织结构就确定了人与人之间的关系。组织结构当中人承担着一定的工作任务，因此，具备一定职权，组织结构就为职权提供了一定格局，也确定了组织成员之间关系。组织中的职权是指某一岗位人员合法地行使职位赋予的权力，它是组织中上级指挥下级的基础。

### 3.2　组织结构与职责的关系

组织结构与组织中各部门、各成员职责分派有直接关联。在组织中，有职位就有职权，只要有职权也就有职责。组织结构为职责的分配和确定奠定了基础，而组织管理则是以机构和人员职责的分派和确定为基础，利用组织结构可以评价组织各成员的功绩与过错，从而使组织中的各项活动有效地开展起来。

### 3.3　组织结构图

生态修复工程项目建设实践中，往往用组织结构图对组织结构进行简化表示。因为是简化后的抽象模型，因此组织结构图不能准确、完整地表达组织结构的内涵，仅能表示部门之间的关系，而不能反映每个部门的职能权限程度。

# 4　组织论

提起组织就会讲到组织论，组织论是一门重要的基础理论学科，主要是研究组织结构模式、组织内部分工以及组织工作流程，是生态修复工程项目建设管理的母学科。组织论包含的基本内容如图 2-1。

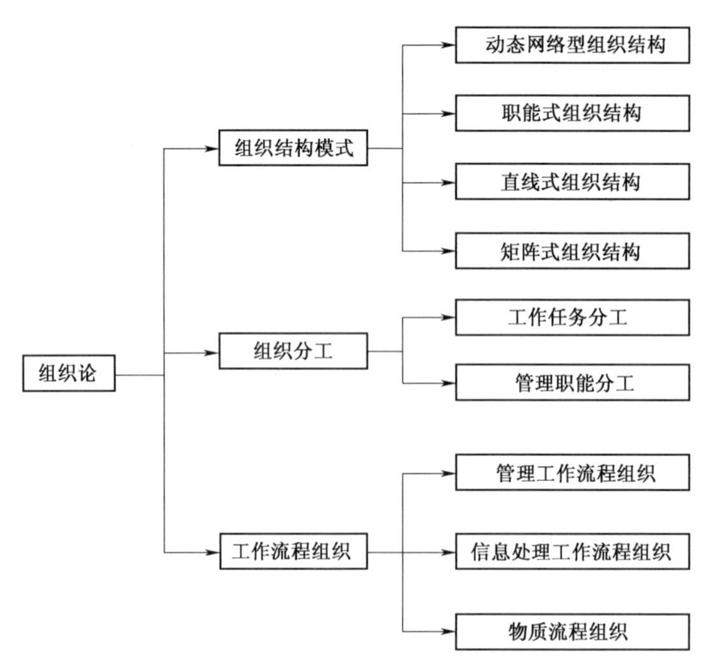


图 **2-1**　组织论的基本内容

## 4.1　组织结构模式

组织结构模式是指主要反映组织中各工作部门之间的指令关系，即部门之间职责和权力等方面的关系。指令关系可以简单地理解为哪一个工作部门或哪一位管理人员可以对哪一个工作部门或哪一位管理人员下达工作指令。它包括职能式组织结构、直线式组织结构、矩阵式组织结构、动态网络型组织结构。

## 4.2　组织分工

组织分工是指反映组织系统中各子系统或各元素的工作任务分工和管理职能分工。组织结构模式和组织分工都是一种相对静态的组织关系。

## 4.3　工作流程组织

工作流程组织是指反映一个组织系统中各项工作之间的逻辑关系，它是一种动态关系，其内容包括：管理工作流程组织、信息处理工作流程组织、物质流程组织。生态修复工程项目建设中的工作流程组织主要指项目实施任务的工作流程组织，如，对于设计任务的工作流程组织是方案设计、初步设计、技术设计和施工图设计。因此，对于生态修复工程项目建设而言，工作流程可以是多层次的规划设计。

# 第二节 组织结构的基本类型、特点和适用范围

组织结构分为直线式组织结构、职能式组织结构、矩阵式组织结构和动态网络型组织结构 4 种基本类型，其各自特点与适用范围叙述如下。

## 1 直线式组织结构

### 1.1 含义

直线式组织结构是指来自于军事严谨组织系统，我国传统组织结构就属于直线式组织结构。在直线式组织结构中，每个工作部门只能对其直接下属下达工作命令，不能超越级指挥，同时任何工作部门也只有一个直接上级管理部门。

### 1.2 特点

在直线式组织结构中，所有命令都是唯一的指令，即任何一个工作部门只能接受来自一个上级部门下达的工作指令；同时，一个上级部门只可以对其直属下级机构发布命令。如图 2-2，总经理可对其直接下属部门经理 1、部门经理 2 和部门经理 3 下达指令；部门经理 1 可以给其直接下属职员 1 和职员 2 发布指令；部门经理 1 不可以给职员 3、职员 4、职员 5 和职员 6 下达指令，因为他（她）不是他们的直接上领导。

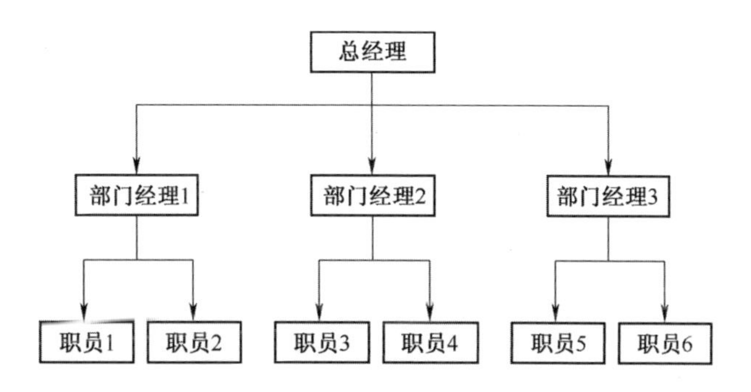


图 **2-2** 直线式组织结构图

从直线式组织结构中可以看出它的优点是：权力系统自上而下形成直线控制，一个下级只对一个上级负责，一个上级只对其直接管理下级发布指令，使得命令源单一，各自权力和责任清晰。但其缺陷是存在着专业分工不明确的缺点，由于一个下级只接受一个上级命令，导致不同部门间横向协调联系困难。

### 1.3 适用范围

直线式组织结构适用在项目规模较小、项目建设技术相对简单且单一，其组织部门之间横向联系比较少的生态修复工程项目建设中。

## 2 职能式组织结构

### 2.1 含义

职能式组织结构是指把专业技能有紧密联系的业务归类组合到一个部门，以提高工作效率，同时每一个职能部门可以对其下属和非直接下属下达指令，其组织结构如图 2-3。

### 2.2 特点

从图 2-3 可知，部门经理 1、部门经理 2 和部门经理 3 都可以在其管理职能范围，对工作 1、工作部门 2、工作部门 3 和工作部门 4 下达工作指令。因此，工作部门会接到多个部门经理指令，而这些工作指令有时可能是冲突的，例如，部门经理 1 要求工作部门 1 完成工作指令 1，与此同时部门经理 2 要求工作部门 1 完成另一项工作指令 2，这样对工作部门 1 而言，不知道该听哪个部门经理的指令。因此，职能式组织结构的最大特点是上级部门可以给任何下级部门发布指令，每一个工作部门会有多个指令源，并且这多个指令源彼此间可能会产生冲突，它让具体执行人员不知所措，从而影响组织运行的工作效率。

（1）职能式组织结构优点。职能式组织结构具有的 5 项优点如下所述。

①专业化程度高，营造出给各成员提供职业和技能上充分进行交流与进步的工作环境；

②技术专家可同时被不同项目聘用；

③职能部门可作为保持项目技术连续性的基础；

④在人力资源使用上具有较大连续性；

⑤职能部门可为本部门专业人才提供正常晋升途径。

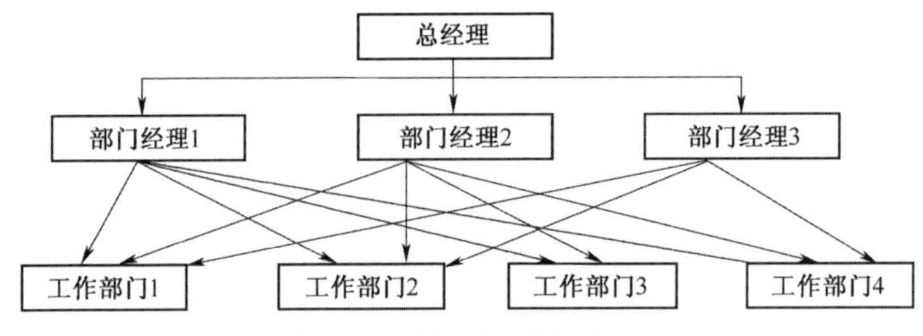


图 **2-3** 职能式组织结构图

（2）职能式组织结构的缺点。职能式组织结构的 7 项缺点如下。

①政出多门，命令源多，各职能部门间很难协调；

②职能部门有其日常性工作，项目或客户的利益往往得不到优先照顾，客户并不是其活动关注的焦点；

③职能部门工作方式多数仅面对本部门工作，而项目工作方式必须面向处理各种各样的

问题；

④经常会发生没有人承担项目全部责任的现象；

⑤对客户要求响应比较迟缓和艰难，这是因为在项目与和客户之间存在多个管理层次；

⑥项目经常得不到及时和正确地对待，调配给项目上的人员，其积极性不是很高；

⑦技术复杂的项目通常需要多个职能部门的共同合作，跨部门间的沟通与交流比较困难，因此，很可能会影响完成项目的质量与进程。

### 2.3　适用范围

职能式组织结构虽然突破了直线式组织结构指挥链的单一性，但是也因政出多门而在没有比较有效的约束情况下，下级部门会对工作有所懈怠。因此，职能式组织结构主要被运用在规模较小的生态修复工程项目建设中。

## 3　矩阵式组织结构

### 3.1　含义

矩阵式组织结构就是员工由公司有关部门指派，加入项目组织，受项目经理直接领导。矩阵式组织结构把职能原则和对象原则结合起来，既能发挥出职能部门的优势，也发挥出项组织的优势。

### 3.2　特点

在矩阵式组织结构中，职能部门是隶属于公司的永久性职能部门，而项目部属于临时组织，它是针对特定的生态工程项目建设任务而设立的临时、一次性组织。公司职能部门经理对本部门职员进行调配，以适应项目部相应岗位人员的需要，由项目部经理与项目组织职能人员在横向上有效地组织在一起，为实现项目建设目标而协同工作。由此可见，对于加入项目部职能人员而言，他们要接受两个领导的指挥，一是原职能部门经理领导，二是项目部经理领导，如图 2-4。

（1）矩阵式组织结构的优点。矩阵式组织结构的 3 项优点如下。

①由不同背景、不同技能和不同专业技术人员为了某特定项目共同工作，可以获得专业化分工优势，同时在面对特别棘手技术或行政等问题时，可以得到原职能部门的支持，能够更有效地完成项目工作任务；

②项目部是由原不同职能部门人员组成，职能人员可以在不同项目之间灵活分配，可以加强不同部门间的配合与信息交流，能够有效地克服职能部门之间相互脱节的弱点；

③项目部有明确的工作目标、规章制度等运作规程，这就可以增强职能人员直接参与项目部管理的积极性，增加项目部经理和和其成员对项目日标的责任感和工作热情。

（2）矩阵式项目组织结构的缺点。矩阵式项目组织结构的 3 项缺点如下所述。

①当组织中的信息和权利等资源不能共享时，项目部经理和职能经理之间会因为人力资源的不平衡而产生矛盾；

②项目部成员要接受项目部经理和原职能部门经理的双重领导，为此，要求他们必须具备较

高的人际沟通能力和平衡协调能力；

③组织内成员之间还会发生因为工作任务分配不均、权责不统一、不明确的各种问题。

## 3.3 扩展

在对矩阵式组织结构实践过程，为克服项目部成员是该服从项目部经理指挥还是听从原职能部门经理指挥的矛盾，在传统矩阵组织结构基础上延伸出以横向指令为主的矩阵式组织结构，如图 2-5。当原职能部门经理下达的工作指令与项目部经理的工作指令相矛盾时，职员要优先保证完成项目部经理的指令。相反，如果职能人员优先保证完成原职能部门经理的工作指令，那么该矩阵式组织结构就转换成以纵向指令为主的矩阵式组织结构如图 2-6。

公司
职能部门1
职能部门2
职能部门3
职能部门4
项目甲
项目乙
项目丙

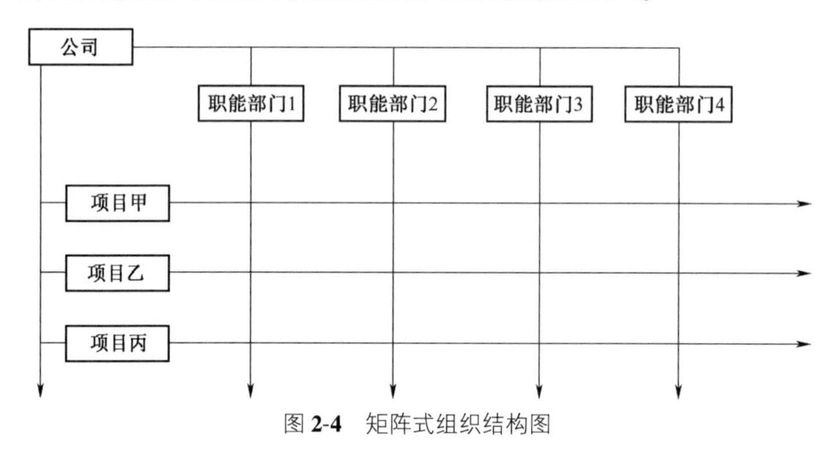

图 **2-4** 矩阵式组织结构图

公司
职能部门1
职能部门2
职能部门3
职能部门4
项目甲
项目乙
项目丙

图 **2-5** 横向指令为主的矩阵式组织结构图

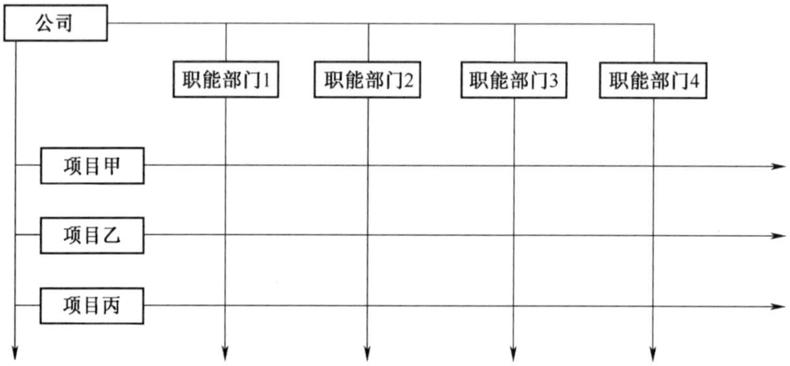

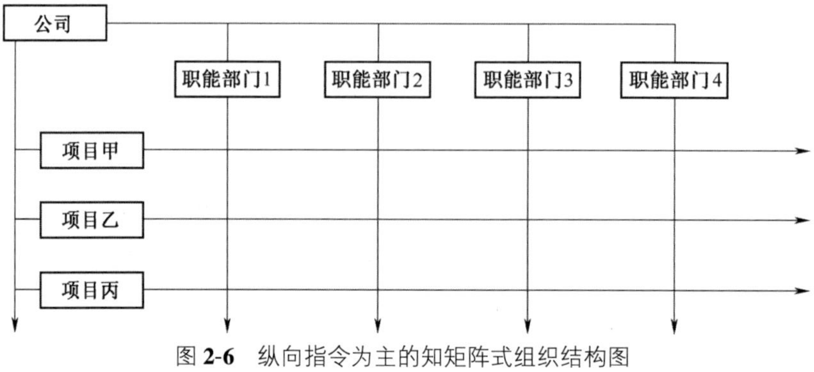

公司
职能部门1
职能部门2
职能部门3
职能部门4
项目甲
项目乙
项目丙

图 **2-6** 纵向指令为主的知矩阵式组织结构图

### 3.4 适用范围

矩阵式组织结构根据其特点和优势，已被运用在很多生态工程项目建设中。从实践效果来看，几乎所有重大、特大型生态工程项目建设均采用了矩阵式组织结构。

## 4 动态网络型组织结构

### 4.1 含义

动态网络型组织结构是以项目建设为中心，通过与其他组织建立研发、生产制造、营销等业务合同网络，有效发挥核心业务专长的协作性组织。

### 4.2 特点

动态网络型组织结构是组织基于信息技术日新月异的飞速发展，为应对更加激烈的市场竞争建立起来的临时性组织。它以市场组合方式替代传统纵向层级式组织，实现组织内在核心优势与外部资源优势的动态有机结合，因而更具敏感性和快速应变能力，如图 2-7。

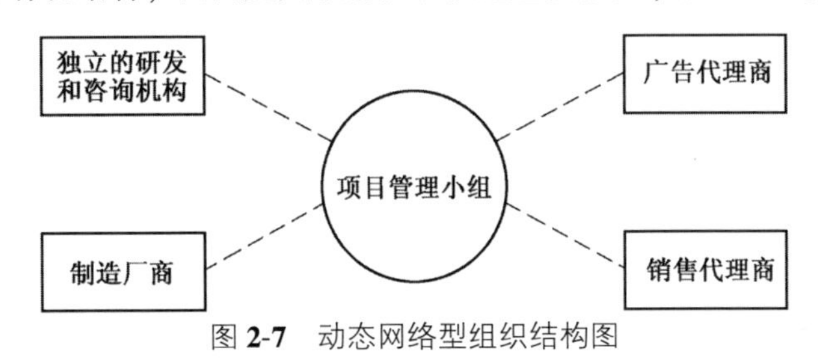


图 2-7 动态网络型组织结构图

（1）动态网络型组织结构的优点。动态网络型组织结构的 3 项优点如下。

①组织结构具有更大的灵活性和柔韧性，以项目建设为中心的合作可以更适应市场需求来配置和调整资源；

②网络中各价值链部分也随时根据市场需求变动情况增加、减少或撤并；

③组织结构进一步扁平化，因为组织中大多数活动都实现了外包，同时这些活动更多地靠电子商务来协调处理。

（2）动态网络型组织结构的缺点。动态网络型组织结构的 3 项缺点如下所示。

①可控性太差，动态网络型组织结构的有效工作都是通过与独立供应商的合作来实现，由于存在道德风险和逆向选择性，一旦组织所依赖的外部资源出现质量、资金和供货等问题，组织就会面临被动局面；

②同时，外部合作组织都是临时性，如果网络中某一不可替代合作单位退出，组织则将面临解散的风险；

③网络组织还要求建立较高组织文化以保证组织的凝聚力，然而，因项目属于临时性，随着项目建设的进展，其员工随时都有被解雇的可能，因此员工对组织的忠诚度也比较低。

### 4.3 适用范围

在信息资源日益丰富的现代社会，越来越多的企业采用动态网络形组织结构进行运作，这对于生态修复工程项目建设而言，将是一个新的尝试。但是从生态修复工程项目建设整个寿命周期而言，动态网络形组织结构是可以实现的，其工程项目建设从策划、立项、设计、招投标、施工现场、抚育保质、竣工等不同阶段，均可以通过动态网络型组织参与。然而，如果在某一阶段采用动态网络型组织进行管理，那将是一个新的挑战和有益的尝试。

## 第三节 项目零缺陷建设组织结构及管理

### 1 组织结构定义

生态修复工程项目零缺陷建设组织结构简称为项目结构图，指采用树状结构图来表达生态修复工程项目建设的组织结构，该结构图通过层层分解，对将要建设实施的生态修复工程项目进行分解，真实反映完成一项生态修复工程项目建设的工作任务，也就是通过组织结构图反映构成生态修复工程项目建设组成，如图 2-8。

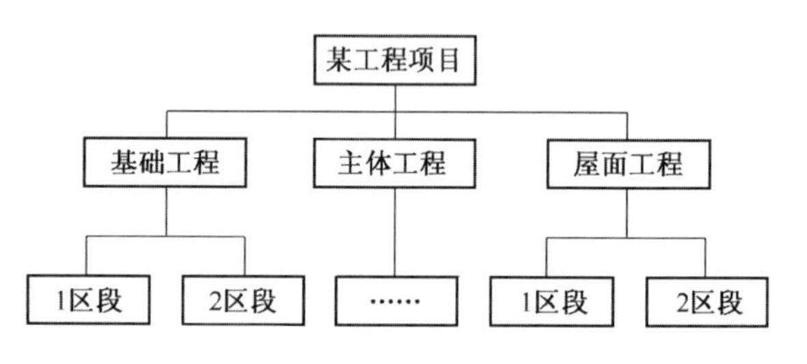


图 2-8 建设工程项目零缺陷结构图

### 2 组织结构分解

绘制生态修复工程项目零缺陷建设组织结构图的关键步骤，是对生态修复项目建设结构进行分解。生态修复项目建设结构分解没有统一格式，不同生态修复项目建设结构分解方式也不尽相同，但是不论采取哪种分解方式均应与生态修复项目建设施工的总体组织部署密切结合，并考虑该生态修复项目建设施工特有的组织结构和合同结构。

每项生态修复项目建设结构的分解，均要综合考虑项目特点及其所处内外环境条件进行分解。对于群体生态修复工程建设项目，可以参考以下 8 种方式进行结构分解。

（1）项目建设进展总体部署；

（2）项目建设组成；

（3）项目建设质量目标；

（4）有利于项目建设任务完成的设计、施工、监理和物资采购方的招标发包；

（5）有利于项目实施任务的顺利进行；

（6）有利于项目建设目标的控制管理；

（7）紧密结合合同结构进行；

（8）结合项目建设管理的组织结构等工作内容。

对于单项生态修复工程项目建设而言，可以根据分部分项工程进行结构分解。如某小流域水土保持综合治理工程项目建设可分解为：坡面截水造林水保工程项目、沟道堤坝建造水保工程项目、水库建造工程项目、水保林浇灌水管网建安工程项目等。同时也可以根据生态工程项目建设管理中投资、质量、进度三大控制目标的需要，将单项生态修复工程项目建设任务按照分部、分项工程项目进行分解。

## 3　组织结构编码

对生态修复项目零缺陷建设结构进行分解就是为了更好地实施项目建设管理。在当今信息化时代，要更加高效地进行沟通与管理，就应该充分利用信息网络技术带来的便利条件。在生态项目建设管理中首先就应该对项目建设的结构进行分解，然后进行结构编码，对项目建设结构进行编码就是为了更好地运用计算机进行存储。

### 3.1　含义

生态修复工程项目零缺陷建设结构编码是依据生态修复工程项目建设结构分解图，按照一定规律编码，编码是由一系列符号与数字组成。这些符号与数字的排列工作应该保证生态修复零缺陷建设各参与方之间的有效沟通，也是在生态修复项目零缺陷建设领域中充分运用和开发计算机技术的科技进步成果。

### 3.2　类型

每项生态修复项目零缺陷建设都会产生不同类型和不同用途的信息，为有组织地存储信息，方便信息检索、分类加工整理和使用，必须对项目建设信息进行编码。因为生态修复工程项目零缺陷建设的信息种类繁多，其编码工作也要分门别类实施与管理。

（1）按照组织不同内容进行编制。生态修复项目零缺陷建设组织的编码按照信息不同内容可以分为项目建设管理的组织结构编码；项目建设政府主管部门和各参与单位的组织编码；项目建设实施过程编码和工程分项目编码；项目建设业主方投资控制编码；项目建设施工方成本控制编码；生态修复工程项目零缺陷建设进度控制编码；生态项目零缺陷建设进度计划、项目建设进展报告与各类报表编码；项目建设合同编码；生态修复项目零缺陷建设档案编码等。

（2）依据不同用途进行编码。生态修复项目零缺陷建设中的信息编码工作，可以分为服务于项目建设的投资项编码、用于施工成本控制管理的成本项编码和用于项目建设进度控制管理的进度项编码等。

# 第四节
# 项目零缺陷建设管理组织

## 1　生态修复工程项目零缺陷建设管理组织的定义及其特征

### 1.1　定义

生态修复项目零缺陷建设管理组织，是指为完成特定生态修复工程项目建设目标任务而建立起来从事具体项目建设实施有组织的群体，具有临时性和一次性特征。生态修复项目零缺陷建设管理组织既可以从狭义角度来理解，也可以从广义角度来认识。

（1）狭义性生态修复工程项目零缺陷建设管理组织。狭义性生态修复工程项目零缺陷建设管理的组织，是指生态修复工程项目建设实施阶段性管理工作中的管理组织，主要是指由业主或业主委托指定的负责整个工程项目建设管理的项目公司、项目经理部，通常按项目建设管理职能设置部门职位，按项目建设管理流程完成属于自己管理职能分内的工作任务。

业主、项目管理公司、设计单位、施工承包商、设备材料供应商都有自己的项目经理部和人员，因此生态修复工程项目建设管理组织分为具体对象，例如，业主方的项目建设管理组织、项目管理公司的项目建设管理组织、施工承包商的项目建设管理组织。这些组织之间通过各种关系，有各种具体管理、责任和任务目标的划分，形成项目建设总体管理组织系统。

（2）广义性生态修复工程项目零缺陷建设管理组织。广义性生态修复工程项目零缺陷建设管理的组织，是指包括生态修复工程项目建设各项工作承担者、单位、部门组合起来的群体，有时也包括为项目建设提供服务或与项目建设有某些关联的部门，如政府行业行政管理部门、植物检疫管理部门、工商与税务管理部门等。广义性生态修复工程项目建设管理组织受项目建设系统结构限定，按项目建设工作流程进行工作，其成员完成规定工作任务。综合而言，广义性生态修复工程项目建设管理组织是由业主、设计单位、施工承包商、材料供应商、设备供应商、分包商、运营单位等所有项目参与者共同构成的复杂组织系统。在生态修复工程项目零缺陷建设管理具体工作中，每个参与者都有各自项目建设管理的工作内容。

可将生态修复工程项目零缺陷建设管理组织视为一个庞大的系统组织，该系统组织不仅包括建设管理单位本身的组织系统，还包括咨询、设计、施工、监理等参与单位共同或分别建立的针对该工程项目建设的组织系统，因此，就是说生态修复工程项目零缺陷建设管理组织可以包含有狭义性和广义性的两种认识和理解。

## 1.2 特征

生态修复项目零缺陷建设管理组织的建立和运行要符合设定的组织原则和规律。项目建设参与方来自不同的企业和部门，有不相同的隶属关系，有各自的利益追求，极容易产生组织摩擦和矛盾。为了保证生态修复工程项目建设的顺利运行，各参与者必须有组织、有效地组织起来，形成有利于项目建设实现的统一目标和利益。

（1）具有明确目的性。生态修复项目零缺陷建设组织设立就是为了完成特定的项目建设总目标任务，该总目标任务对广义性项目建设管理组织而言是通过合同来进行约定，对狭义性项目建设管理组织而说，是由在该项目建设决策阶段做出的计划安排来决定其建设目标和任务。

（2）具有“目标多元性”和“统一性”。是指针对广义性生态修复工程项目零缺陷建设组织而言的，广义性生态修复工程项目零缺陷建设管理组织不同于企业管理组织，其整个组织体系是由不同的相对独立、有各自经济利益的建设主体成员组成，如建设单位、勘察设计单位、材料设备供应单位、施工单位、监理单位等不同的利益主体，他们相互间不存在着行政隶属关系，每个组织都各自的价值取向和利益目标。因此，生态修复工程项目零缺陷建设管理的核心就是协调项目各参与方，为完成特定生态修复工程项目零缺陷建设目标协调一致。同时，生态修复工程项目零缺陷建设组织体系中的“目标多元性”与“统一性”相互矛盾，解决这一矛盾的方法在于将多元建设主体“一体化”于组织结构之中，采取“一体化”式管理来实现项目建设目标，以寻求项目建设过程中的协调和统一行动。

（3）具有一次性与临时性。生态修复项目零缺陷建设组织最明显的特点是具有一次性与临时性，是其区别于其他企业组织最大的不同点。生态修复项目建设的一次性决定了生态修复项目零缺陷建设组织的一次性特点，它是指一项生态项目建设都是一次性，有开始、结束的时间，也有明确的建设目标，而生态修复项目零缺陷建设组织就是为了完成该项目建设目标任务而临时组建的。因此，组织成员存在着更大的不安定感。

（4）生态修复项目零缺陷建设组织和企业组织之间的关联性。是指生态修复项目建设组织具有临时性，不论从广义角度还是从狭义理解，生态修复工程项目零缺陷建设组织就是企业组织派出去完成特定生态修复项目建设的团队，项目建设管理组织的成员来源于企业组织。对于生态修复项目建设行业而言，生态零缺陷建设产品的生产是以项目为载体来组织生产，项目建设组织是生态零缺陷建设生产的基本组织形式。由于建设项目参与方众多，因此在同一个工程项目建设中，会有不同经济利益目标追求的组织。

（5）生态修复项目零缺陷建设组织关系的多样性。从狭义性方面理解，生态修复工程项目零缺陷建设管理组织是以施工承包企业为主，为了特定生态项目建设临时组建的项目部组织。项目部成员来自于五湖四海，由相应专业人员组成项目部组织，其成员关系也就呈现出五花八门的多样性。

（6）具有弹性和可变性。是指表现为完成生态修复项目零缺陷建设任务的成员，随着项目建设进展，就会出现新加入和退出组织的这种变化。

（7）具有开放性。生态修复项目零缺陷建设组织必然要与外界发生一定的物质和能量交换，并且随着项目建设的进展不断地和外界环境发生着资金、物资和信息的交流。大量的资讯需要项目建设组织提供开放的信息交流通道，也就意味着组织与外界之间协调的功能加强，能有效地提高生态修复工程项目零缺陷建设组织的整体工作效率。

# 2　生态修复工程项目零缺陷建设管理组织的运行要素及其内容

## 2.1　运行要素

生态修复项目零缺陷建设组织运行的要素主要有：组织方式、组织结构、管理流程、组织制度、组织文化、信息管理、组织协调、组织运行力、组织优化与调整、组织绩效管理等。

（1）生态修复工程项目零缺陷建设管理组织方式。是一种系统化的指导和控制方法，通过组织方式使得系统正常运转。具体而言，组织方式就是管理方法和具体实施方式两方面的管理工作内容。随着生态修复工程项目建设理论和其技术发展，项目建设管理方式和具体实施类型也越来越丰富，如何根据生态修复工程项目零缺陷建设实际特征选择适合的模式，对生态修复工程项目零缺陷建设顺利发展具有重要意义。

（2）生态修复工程项目零缺陷建设管理组织结构。是指生态修复工程项目建设管理内部各部门之间的相互关系，它是按照领导体制、部门设置、层次划分、管理职能分工等构成的有机整体。生态修复工程项目零缺陷建设组织结构，主要反映组织结构中各系统之间的上下级关系、管理职能分工和工作任务分工，这就是静态的组织概念。

（3）生态修复工程项目零缺陷建设管理流程。生态修复工程项目零缺陷建设管理也是动态过程，为此组织必须遵循科学、适用而合理的管理流程。项目建设管理流程就是将建设管理实际需要的信息流和物质流有机地结合起来，保证各道专业工序和各管理部门间的协调和有序。项目建设管理流程是指需输入职能管理所需信息，经国计算机识别、计算和分析，就输出项目零缺陷建设管理需用的成果。

（4）生态修复工程项目零缺陷建设管理组织制度。是指为了保证项目建设的顺利实施而建立的规章制度。项目建设管理组织制度是保证组织有效运行的保障，以强化对组织内部成员进行工作上的指导和行为约束。通过项目建设管理制度体系的规范来对项目管理组织的岗位职责和工作流程进行管理，明确项目建设组织内部各成员权利和义务，规范和约束各方行为，这是保证生态修复工程项目零缺陷建设管理组织高效、有序运行的前提。

（5）生态修复工程项目零缺陷建设管理组织文化。是指生态修复工程项目建设管理的一系列系统体制、价值观念、基本信念、精神与道德观、行为规范等内容的综合体。组织文化对组织运行效率能够起到推动作用，可对组织成员起到潜移默化的熏陶作用，它对组织绩效起到长远的促进作用。良好的组织文化可提高项目建设运行效率；相反，不健康、不良的组织文化则会阻碍项目建设运行。而对于具有短暂生命的项目管理组织而言，其组织文化的建设和发展需要企业组织的强力支持与维护，并通过生态修复工程项目零缺陷建设管理层的倡导和推动，让项目成员积极参与形成，并融化在每个项目组织成员的思想意识和建设活动中去。

（6）生态修复工程项目零缺陷建设管理中的信息管理与组织协调。是指在生态修复工程项目建设管理工作过程，其根本就是信息管理与组织协调的过程。

①信息管理：就是指时刻要关注生态修复工程项目建设的具体情况，并通过对项目建设进行信息收集与分析，掌握和处理需要解决的技术、工艺和各种管理问题，探究产生问题的原因，寻找解决问题的最佳技术与管理途径。

②组织协调：是指生态修复工程项目建设管理者为实现项目建设的特定目标，通过有效协调与沟通，解决生态修复工程项目建设实施过程中的问题与矛盾，使得各参与单位的技术管理人员密切配合、步调一致，形成最大合力，以提高组织工作运行效率。因此，组织协调是保证项目建设管理组织系统高效、有序运行的重要手段。

（7）生态修复工程项目零缺陷建设管理的组织运行力。项目建设管理组织运行的根本动力是受项目建设利益驱动，为获取高额经济利益是各参与单位的核心动力，因此，满足项目建设各参与方以及组织成员的合理经济利益，是保证组织运行活力的根本举措。

（8）生态修复工程项目零缺陷建设管理的组织优化与调整。是指项目建设组织系统根据需要和环境变化，在分析组织系统缺陷、适应性、效率的基础上，对组织进行调整和整合。其工作包括：工作流程调整、组织结构调整、规章制度修订、责任分工调整以及信息处理系统调整等，其中以工作流程调整和组织结构调整为主要内容。

（9）生态修复工程项目零缺陷建设管理组织的绩效管理。是指对生态修复工程项目建设各参与方工作务实与财务绩效等各项完成指标进行综合考核、奖罚。

### 2.2　主要内容

（1）建立合理的项目建设组织结构。是指建立项目建设静态组织系统，可以细分为项目组织规划和项目组织结构设计两方面的工作。

（2）保证项目建设组织的零缺陷有序运作。其实质就是指建立动态项目建设组织系统，首先，需要通过建立严格制度化的体制实现组织的有序运行，并通过组织协调和组织优化不断地改进组织运行的效率；其次，要通过良好的组织文化来推动和优化组织运行的内外环境；最后，通过完善的绩效管理来对组织运行全过程进行评价和控制，以保证和促进、提高组织效率。

# 第五节
# 项目零缺陷建设管理组织结构类型

## 1　管理组织类型

生态修复工程项目零缺陷建设管理组织的类型有：工程指挥部式组织结构、项目公司式组织结构、CM 式组织结构、PM 式组织结构、PMC 式组织结构、代建制组织结构。

### 1.1　生态修复工程指挥部式组织结构

（1）生态修复工程指挥部式组织结构内容。是指由政府部门牵头，组织项目建设、设计、施工单位成立的项目建设指挥部、筹建处、办公室等对应组织部门。工程指挥部负责对项目建设勘察与规划设计、施工、监理、抚育保质、竣工验收等过程实施管理，其结构形式如图 2-9。建设项目经竣工经验收后达到质量合格指标要求后，即交付指定接收单位管护使用。

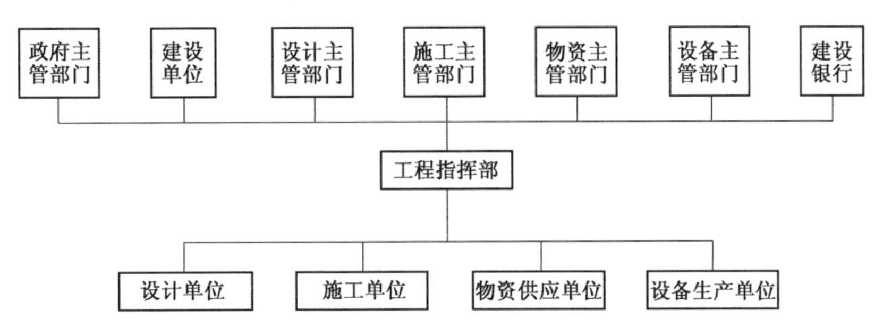


图 2-9　工程指挥部式组织结构图

（2）生态修复工程指挥部式组织结构作用。在指挥部式组织结构中，建设单位有较大的建设管理权威性，采用行政手段进行决策、指挥和协调各方面关系，调配项目建设所需要的设计单位、施工队伍和材料与设备等，这在计划经济经济政策体制下发挥了积极作用。1965 年至 1984 年间，我国许多特大型、大型、中型工程建设项目，均采用了工程指挥部方式进行建设管理，为我国经济发展奠定了基础。

由于工程指挥部式组织结构缺乏项目建设系统化管理的经验和手段，形成“只有一次教训，没有二次经验”的尴尬局面。另外，该模式兼有行政管理职能，在许多方面已经不适宜市场经济的发展，但其具有强制性行政干预的特点，目前在我国事关国民经济发展的大型、特大型项目建设中仍然被采用。

## 1.2 生态修复工程项目建设公司式组织结构

（1）生态修复工程项目建设公司式组织结构模式。项目建设公司在 BOT（Build Operate Transfer）模式中，是为特定工程项目建设目标而成立的专业项目建设公司，由其负责建设项目策划、资金筹措与偿还、建设实施、生产、建设、运营等事宜。因此，项目建设公司是我国适应社会主义市场经济体制兴起的一种新型组织。项目建设公司式组织结构模式如图 2-10。

（2）生态修复工程项目建设公司工作职责。生态修复工程项目建设公司肩负的 6 项工作职责如下所述。

①组建项目建设公司现场管理机构；

②编制工程项目建设计划和建设资金计划；

③对工程项目建设质量、进度、资金等进行管理；

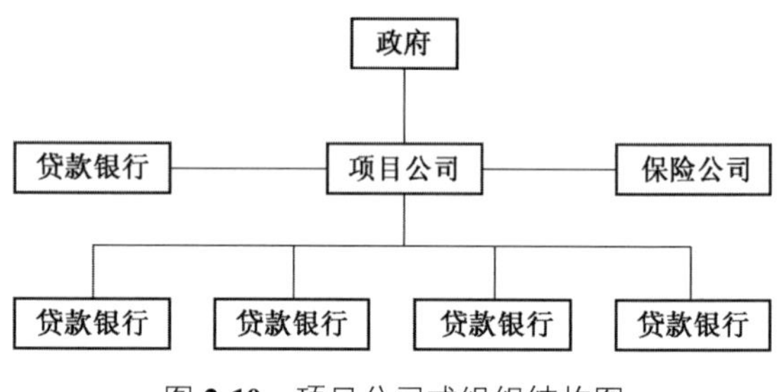


图 2-10 项目公司式组织结构图

④协调项目建设外部关系；

⑤直接负责项目建设过程的策划、筹资、组织人事任免、招投标、建设实施、后期经营、债务偿还、资产保值增值等全过程管理；

⑥按照国家有关规定享有充分的独立法人自主主权。

## 1.3 生态修复工程项目建设 CM 式组织结构

### 1.3.1 CM 式组织结构定义

（1）CM 式来历：CM（Construction Management）直译成中文就是“施工管理”或是“建设管理”的意思。为此，国内有些学者将其译为“建设工程管理”，但“建设工程管理”一词的概括范围宽大，很难确切表达 CM 模式的具体含义。因此，大部分人采用以 CM 模式来表达。CM 模式的确切含义：指其表达出的项目建设管理组织结构的根本出发点是为了缩短建设工期，其组织结构一般采用“快速路径法”施工，即 Fast-Track Method，也称为阶段施工法（Phased Construction Method）。“快速路径法”基本思路是采用“Fast-Track”的生产组织方式，即“设计一部分、招标一部分和施工一部分”的方法，实现设计与施工的充分衔接，以达到缩短整个项目建设工期的目的。

（2）CM 式作用：在 CM 模式使用中，从建设开始就雇佣具有施工经验的 CM 单位、CM 经理参与到工程项目建设实施过程中来，为设计人员提供施工方面的合理化建议，以便于提高施工进度、质量等管理效率。

### 1.3.2 CM 式组织结构类型

（1）代理型 CM 模式（“Agency”CM：CM 经理作为业主的咨询单位或代理机构，业主与

CM经理签订的合同属于固定成本加管理费的类型，业主在工程项目建设各阶段分别与勘察、规划设计、施工、监理等各承包商签订合同。因此，CM经理对各承包商没有命令权，只存在着协商、协调的关系，如图2-11。

(2) 风险型CM模式（“AT-Risk”CM）：指采用风险型CM式组织结构时，CM经理承担着施工总承包的角色，在实际应用风险型CM模式过程，业主通常会要求CM经理对其所承包工程项目建设做出一个的最大工程费用（Guaranteed Maximum Price，GMP）预算额，作为确定业主投资最高额上限，如图2-12。当工程项目建设整体完成后，如果工程项目建设结算超过GMP时，超出部分的资金则由CM单位进行赔付，但若最后的工程项目建设结算额低于GMP，则结余的项目建设资金全部归业主所有。

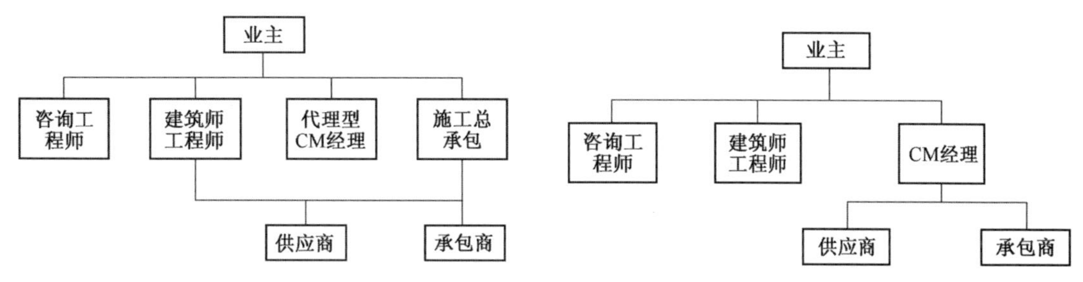


图2-11　代理型CM式组织结构图　　图2-12　风险型CM式组织结构图

### 1.3.3　CM式组织结构优缺点

(1) 优点。

①可协调设计单位完善项目建设设计方案，提高设计方案的施工可操作性；

②采取“快速路径法”施工，可有效缩短建设工期；

③有利于设计方案经过业主审批即可开工，极大地推动了项目建设进程；

④在设计阶段引入CM经理，在设计过程融入合理施工的建议，从而提高了项目建设效率和进程；

⑤促进项目建设提前完工；

⑥保证了业主对项目建设的直接控制。

(2) 缺点。

①存在着较大风险：因为在招投标选择承包商的阶段，工程项目建设规划设计方案尚未全部完成，工程项目建设预算总额不明确，业主对工程项目建设所需投资总额没有清晰的概念；

②设计单位承受着来自业主和CM单位的压力，从而影响规划设计质量。

## 1.4　生态修复工程项目建设PM式组织结构

生态修复工程项目建设管理式组织结构（Project Management，PM）是指项目建设管理公司按照合同约定，在工程项目建设决策阶段，为业主编制项目建设可行性研究报告，进行可行性研究和项目策划；在建设工程项目建设实施阶段，为业主提供招标代理、规划设计管理、采购管理、施工管理和竣工验收等管理服务，代表业主对项目建设进行质量、进度、投资、安全、合同、信息等控制管理。项目建设管理式组织中各方关系如图2-13。

## 1.5 生态修复工程项目建设 PMC 式组织结构

### 1.5.1 PMC 式组织结构定义

项目建设管理承包（Project Management Contraction，PMC），是指项目建设管理承包商代表业主对工程项目建设进行全过程、全方位的项目管理，包括项目建设整体策划规划、规划设计、招标、现场建设管理、抚育保质管理、竣工验收管理。PMC 是业主机构的延伸，从策划阶段到竣工验收全过程都对业主负责，PMC 机构的目标和利益始终与业主保持一致。PMC 式组织结构如图 2-14。

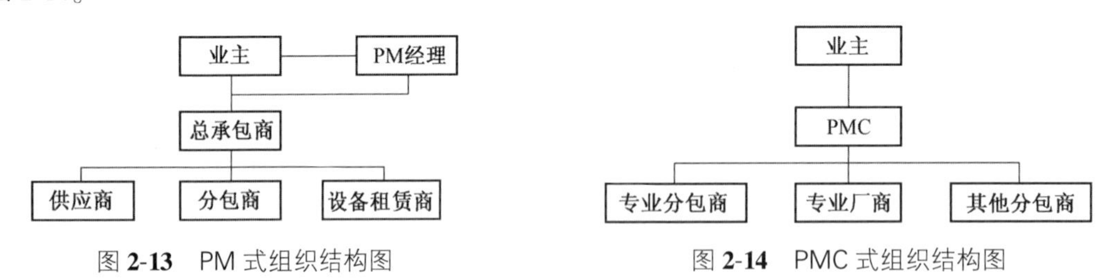


图 **2-13** PM 式组织结构图　　图 **2-14** PMC 式组织结构图

### 1.5.2 PMC 式组织结构应用

PMC 式组织结构的应用是指选择素质较高 PMC 承包商承担广义、狭义性的组织协调，对工程项目建设进行全方位管理。具体而言，PMC 式组织结构可以有效地完成项目前期阶段的准备工作，协助业主获得项目建设融资；对参与项目建设各承包商和供应商进行管理，确保项目建设总投资控制在合理最低额幅度内。

### 1.5.3 PMC 式组织结构类型

根据 PMC 组织工作范围，可分成以下 3 种类型：

（1）代表业主管理项目，同时承担一些界外和公用设施的“设计—采购—施工”（EPC）工作。这对 PMC 组织而言，风险虽高，但是相对应的利润回报率也高。

（2）作为项目建设业主管理队伍的延伸，仅是管理 PMC 承包商，不承担任何 EPC 工作。但其 PMC 模式对应的风险和回报率都比上一种低。

（3）作为业主顾问，对项目建设进行监督、检查，并将未完成的工作及时向业主汇报。此时 PMC 组织几乎不承担任何风险，所以获得利润回报率也最低。

### 1.5.4 PMC 式组织结构特点

（1）有助于提高建设期间整个工程项目的管理水平，确保项目成功建设。因为业主选择的 PMC 公司大部分都是实力强大的公司，有着丰富的项目管理经验和从事多年 PMC 背景，他们的技术实力和管理均达到很高的水平。

（2）有利于节省项目投资。PMC 公司，一般从设计开始到试运行阶段为止，全面介入建设工程项目管理。从基础设计阶段开始，就本着节约宗旨进行控制，从而降低项目采购和施工费用，达到节省投资目的。因为业主在和 PMC 公司签订合同时，一般都有节约投资就给予一定比例奖励的条款，所以 PMC 公司在保证建设工程质量和工期的前提下，尽可能为业主节约投资，这样 PMC 公司就会获得一定奖励。

（3）有利于精简业主建设期的管理机构。对于超大型项目，业主如果选用工程指挥部形式进行管理，就要建立一个结构相对庞大的指挥部，人数也相对多。当工程项目建设完成之后，工程指挥部的人员去留将会是一个非常棘手的问题。而PMC公司和业主之间仅仅是合同雇佣关系，在工程建设期间，PMC公司会针对项目特点组成合适的组织机构协调业主进行工作，业主只需要保留很少的人员管理项目，从而使业主精简了机构。

（4）有利于业主取得融资。PMC公司除对工程项目建设进行管理，还要承担项目建设融资、出口信贷等工作，以示对业主提供全面支持。因为从事PMC的公司对国际融资与出口信贷机构和出口信贷机构都非常熟悉，借此可以帮助业主对项目建设进行融资选择和出口信贷的选择，从融资机构而言，为了确保投资成功，也愿意由这些PMC公司进行管理，以确保项目的成功建成，使得投资收益具有较高的保障。

## 1.6　生态修复工程项目建设代建制组织结构

### 1.6.1　代建制组织结构概念

代建制组织结构是指政府部门对政府投资的非经营性工程建设项目，按照项目建设功能要求，通过公开招标选定工程项目建设管理单位，并委托其进行项目建设可行性研究、环境评估、规划设计、项目报审以及项目建设施工、监理的招投标和材料设备采购等整个建设过程的管理。代建制组织结构如图2-15。

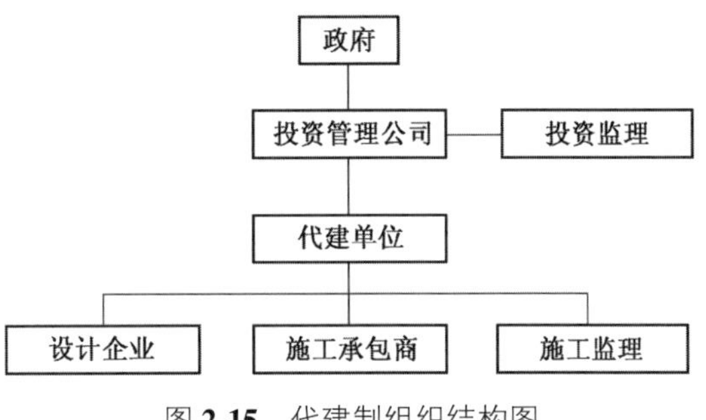


图2-15　代建制组织结构图

### 1.6.2　代建制组织结构的深层次含义

代建制是对我国政府投资的非经营性建设项目管现模式进行市场化改革的重要举措。代建制含有代建和制度两重含义。“代建”是指投资人将项目建设委托给专业化工程项目管理公司代为建设直至交付使用；“制”是制度，指规定在政府投资兴建的公益性建设项目中采用的管理模式。委托代建源于国际上通用工程项目建设总承包，但在我国，代建制还包括了制度内涵，它是一种结合我国国情的政府投资项目建设管理方式创新。

### 1.6.3　采取代建制组织结构目的

由政府选择具有对应资质的项目管理公司，全面负责生态工程项目建设全过程组织管理，促进政府投资工程项目建设“投资、建设，管理、使用”的职能分离，并通过专业化项目建设管理最终达到控制投资、提高投资效益和管理水平的目的。

# 2　管理组织结构选择

生态修复工程项目零缺陷建设组织结构的选择，主要决定于生态修复工程项目建设的复杂程度、项目建设投资、项目建设质量等级、项目建设工期及进度要求等。

## 2.1　复杂程度

对于不同建设程度的生态修复工程项目，则选择不同的项目建设组织结构形式。以下是按复杂程度选择的 2 种组织结构形式。

（1）对于复杂的生态修复工程零缺陷建设项目，采用 CM 组织结构最合适。这是因为在 CM 组织结构中，CM 管现承包商处于独立地位，与设计方、施工方均没有利益关联，会更加严格地专注于项目建设的控制管理。

（2）PMC 适用于项目投资额大、且必须采取相当复杂工艺的建设项目。一般而言，项目投资额越高、项目越复杂且难度越大，就越适合选择 PMC 组织。

## 2.2　投资额

生态修复零缺陷建设成本对于业主具有重要意义，通过它可以知道建设项目建设投资总额。但因生态修复工程项目建设周期长，存在着一定程度的风险，使得项目建设成本具有不确定性。传统方式的项目建设管理模式，从设计图纸中即可以预估出投资总成本额，具有早期成本明确性。CM 模式则是由一系列合同组成，随着项目建设的进展，建设成本才不断明确和清晰；在 PMC 模式中，项目建设合同总承包价一般是控制在规定的范围之内。

## 2.3　建设进度

在传统生态修复工程项目建设管理模式中，是在完成施工图设计之后通过招投标活动确定施工单位，再进行施工，其进度方式最慢。CM 模式则采取快速路径进行，其建设进度最快，可以加快工程项目建设施工速度，促进设计与施工的高水平的衔接。在 PMC 模式中，大部分的项目建设管理工作都由项目承包商承担，PMC 组织作为业主的代表，全权负责在项目建设前期的策划、勘查与规划、融资、可行性研究、项目建设建议、计划、招标、设计、施工、抚育保质、竣工验收等整个过程中的进度控制管理工作。

## 2.4　业主参与零缺陷建设活动的程度

在生态修复工程项目零缺陷建设管理模式中，业主可聘用社会中介公司进行招标、造价咨询等管理工作。在 CM 模式中，没有施工总承包商，业主与多家施工单位签订施工承包合同，聘监理公司进行工程项目建设管理。PM 模式中，业主聘请项目建设管理公司作为顾问，承担部分施工管理活动。PMC 模式中，业主聘请管理承包商作为业主代表，对项目零缺陷建设进行集成化系统化管理。

## 2.5　设计人员参与工程项目零缺陷建设管理程度

在传统项目建设管理模式当中，设计人员参与工程项目建设管理程度较高。CM 模式中，项目建设中的设计与管理工作彻底分离，设计人员虽然作为项目建设管理的重要参与方，但工程项目建设管理的职责主要由施工承包商承担，施工承包商要求设计人员适时、及时提供设计文件。在 PMC 模式中，设计人员在 PMC 组织指令下，完成项目建设基础规划设计任务，并交由 PMC 组织审查。详细设计文件则由 PMC 组织选定的设计总承包商来完成。

# 第三章
# 生态修复工程项目建设零缺陷策划

## 第一节 策划和项目策划的概念

### 1 策划的概念和功能

#### 1.1 概念

策划是一个既古老又新鲜的词汇。说它古老，是因为在我国古代典籍中对于策划思想的记录有很多。“策划”一词，在古代汉语中亦作“策画”。“策”的原意是指驾驭马车的工具，类似鞭子，“策”具有打破表面的意思，意指揭示事物内在的规律。“划”在古代汉语中特指“刻画”，专指形成蓝图的意思。“策划”一词最早出现于公元 2 世纪前后，东晋学者干宝在《晋纪总论》中引《晋纪》注云：“魏武帝为远相，命高祖（司马懿）为文学椽。每与谋策画，多善。”南朝学者范晔所撰《后汉书·魄嚣传》中有句“是以功名终申，策画复得”。说它新鲜，是因为近几十年来才有人对它进行系统的研究，如人们常说的广告策划、节目策划、项目策划等。关于策划一词的涵义也是众说纷纭，相对而言，美同哈佛企业管理丛书编纂委员会对策划所下的定义较为综合和全面：策划就是一种程序，在本质上是一种运用脑力的理性行为，基本上所有策划都是关于未来事物，换言之，策划是找出事物的因果关系，衡量未来可取之的最佳途径，作为目前决策之依据。亦即策划是预先决定做什么，何时做，如何做，谁来做，怎么做等。

#### 1.2 功能

策划是人的一种脑力活动或智力活动。策划的功能，概括起来主要有以下 5 点含义。

（1）计划功能。策划和计划这两者存在着一定的联系，但它们的区别也是显而易见的：如果把计划认为是对未来事物目标确认的话，那么策划则包含了制订计划和实现计划的行动方案这两个层面。策划的计划功能表现在为生成计划提供事先的构思和设计，保证切实可行的计划产生，可以说没有策划的计划多是空话。

（2）竞争功能。激烈的竞争必然会产生策划，没有竞争就没有策划。策划是竞争的手段。为了在竞争中打败对手，赢得胜利，策划者必须协助策划需要者，使其稳操胜券或有所作为，从而最终赢得市场竞争力。

（3）预测功能。策划的目的是实现未来某一特定的目标，因此预测未来是策划必不可少的功能，策划者通过对环境的长远发展变化进行超前分析研究，预测发展趋势，思考未来发展问题，以确保策划主体创造未来的主动性和最终胜利的可能性。

（4）决策功能。决策的前提和准备就是策划。策划为决策提供了各种经过论证、模拟甚至实验过的备选方案，决策者以策划方案为基础，进行选择和决断，从而保证决策的理智化、程序化、科学化和效益最大化。策划的决策保证功能是决策的正确性和可行性的有力保证。

（5）创新功能。科学策划的程序就是一个创新的过程，成功的策划就具有管理创新功能，策划者们通过策划来合理配置和调整资源，大胆创新，开拓进取。一个科学、合理的策划方案本身就是一个创新方案。

总而言之，策划为人们提供了新观念、新思路、新方法、新技艺，起到改善管理、提升竞争力的效果，使决策的正确性、计划的可行性、管理的科学性得以保障。策划的过程，就是发现问题和寻找对策解决问题的过程，策划的行动目标、手段、方法等都是在策划过程中提出来的。策划通过对策划需要者内外部生存条件的合理调整和科学管理，确保策划需要者在其实施工作中发挥优势，取得并保持成功。

## 1.3 策划具有的 3 个内在基本特征

（1）相对新颖性和精密性。策划独特的相对新颖性和精密性主要表现以下 3 方面。

①相对于策划者自己以前的思维更加新颖和精密：指面对同样一个问题，策划者思考的深度和广度要比以前有一定的进步。

②相对于决策者的认识水平更加新颖和精密：即策划者的思维深度或广度要强于决策者，否则，无论策划者的思维水平多么高，决策者也不能视其决策思维为策划。反之，也许一个策划方案对于策划者来说是陈旧的，但对于有些决策者来说是新颖的。

③相对于时代的进步程度更加新颖和精密：策划者的思维要与时俱进地创新，要不断超前于时代认识思维。

（2）相对超前性。策划的相对超前性主要表现在下述 3 方面。

①相对于其他策划者思维形成所需的时间要超前：是指一个策划者思考一个方案时，可能会有很多策划者都同时在思考，如若不超前，则可能在策划方案实施时会遭遇到意想不到的困难和险境。

②相对于决策者认识降解所需的时间要超前：策划的思想要转化成为决策者的思想，往往要有一个过程，因此，策划者应为策划思想转化成决策命令留有足够的时间。

③相对于管理者行为分解所需的时间要超前：决策者要把他的思想变成全体员工的行动，也需要一个过程。

（3）相对可操作性。

①策划方案能够降解为决策者理解和掌握的思路：指策划出的方案基本表达出了决策者的

意图。

②策划方案能够分解出执行者的行动步骤：指策划方案的可操作性不仅取决于策划者的思维本身，还取决于决策者和执行者的理解能力，策划者必须要把决策者和执行者的理解能力考虑到策划思维中去。

# 2　项目策划的特点和原则

## 2.1　特点

因项目本身的千差万别，因此对其策划的理解上，项目策划具有以下 4 个特点。

(1) 项目策划是一个知识管理的过程。项目策划涉及较多环节，包括现场调研、功能论证、可行性分析、战略规划、组织策划、管理策划、合同策划、技术策划、风险控制、抚育策划等多项内容，因此，需要针对项目策划涉及的不同知识分别进行管理。不仅如此，成功的项目策划还是组织者和建设实施者的知识储备库。

(2) 项目策划非常重视项目的经验和教训。由于项目策划发生在项目实施之前，进行决策之前就需要有多专业大量的历史数据作为支撑论据。因此有必要展开调查研究和资料收集工作，为项目提供充分的信息资料，在此基础上，针对项目的自身特点与特色，进行决策，或满足实施环节中的现实需求。

(3) 项目策划力求通过创新来寻求项目实施的增值。无论哪种项目，最终的现实诉求都是追求利益最大化。这就要求项目策划人员要利用自身的创新思维，通过提供各种创意，使项目与众不同，从而在差异化中寻求更多的生态经济增加值。

(4) 项目策划是一个动态过程。项目策划发生在实施之前，这就意味着对于项目自然条件等因素无法完全预测，因此在项目策划结束之后，项目策划人员还必须关注实施阶段现实环境条件的变化，根据反馈的信息对策划的局部方案作相应的调整。

通过上述特点分析，可以认为，项目策划是指在项目建设过程中，通过内外环境调查和系统分析，在获取充分信息的基础上，推知和判断项目建设市场业主、建设单位的需求，并针对项目的决策和实施，或决策和实施的某个问题，从战略、环境、组织、管理、技术和后期养护等方面进行科学论证，确立项目目标和目的，并利用各种技术知识和管理手段，通过创新思维为项目创造差异化特色，增强项目管理的科学性、合理性和适用性，它是有效控制项目活动的一个动态过程。

## 2.2　原则

(1) 可行性原则。项目策划顾虑最多的便是其可行性，没有可操作性的策划方案毫无使用价值。可行性原则要求策划人员时刻考虑项目的科学性、可行性，具体可从三方面的可行性分析来考虑。一是利害性分析，要深入分析考虑策划方案可能带来的生态防护效益、生态经济效果、实施风险等；二是经济性分析，分析策划实施过程中成本与效益之间的投入与产出的比例关系，以求最少的经济投入获得生态经济效益最大化的策划目标；三是科学性分析，首先要看策划方案是否建立在技术科学理论的基础之上，其次是分析策划方案的整体性是否和谐统一，各个环节是否具有可行性，不存在重大的功能缺陷、结构配置不合理等行为。

（2）价值原则。受项目策划本身的功利性驱使，从而体现出项目策划是以价值或效益为主导因素和先决条件，人们所有的策划活动其实质是在谋求价值或效益，因此项目策划要按照价值性原则来进行。项目策划的过程中有必要同时考虑项目的生态经济价值和战略性价值。

（3）集中原则。在面对充满竞争性的项目策划时，需要用到集中原则，即发挥并集中自己的优势去淘汰对手。运用这一原则时，需要弄清以下 4 点。

①辨认出成败关键点；

②摸清竞争对手的优缺点；

③集中自己的优势攻击竞争对手的缺点；

④在决定性部位投入更具优势的力量。

（4）信息原则。项目策划的关键还应注重信息的收集、整理和加工；信息作为必不可少的基础性情报，可以看做是项目策划的起点。信息原则包括 4 项要点如下。

①原始信息收集力求全面；

②原始信息要求真实、详细且可靠；

③信息加工要准确及时；

④要求保持信息的系统性和连续性。

（5）权变原则。世间万物都处在变化的氛围中，这就要求项目策划运用权变原则来加强对项目的动态管理。策划人员需要增强动态管理意识，应能预测项目可能发展变化的方向，并以此为依据，及时、适时调整策划目标。项目策划的权变原则是在实践中完善策划方案的根本保证。

（6）创新原则。一次成功的策划应该是创新的，并且能够取得理想的活动效果，即项目策划的创新原则，这也是项目策划创造性特征所要求的。

# 3 项目策划的发展历程

无论是在东方还是在西方，人类从很早就开始运用策划和研究策划。现如今，在世界各地，策划已经得到广泛的应用，策划的历史渊远而流长。

## 3.1 古代项目策划

中国古代应用策划相当广泛，但策划的目的多为政治、军事和外交服务，与今天的策划主要以服务经济效益、生态效益和生态经济效益为主有很大区别，中国古代的策划可以说完全是在为国家服务，这也是当时的历史环境所决定的。

中国古代策划早在春秋战国时期就十分盛行，上至君侯贵族，将相公卿，下至学者谋士都十分重视策划，以至于形成了一片百家争鸣、百花齐放的繁荣局面。当时的谋士，如张仪、苏秦等人，以所谓的“纵横家”名噪一时，为各诸侯国所器重。和纵横家一样，当时的儒家、道家、法家等创始人和杰出弟子，实际上也都是策划家。以孙子为首的兵家也在当时策划活动中占有重要的一席之地，兵家的许多策略放眼今天仍然适用，比如他们在当时以力量取胜的战争条件下，提出了“不战而屈人之兵”“出奇制胜”等策划观点，至今仍然发挥着积极的作用。

中国古代策划主要集中在权、势、术这 3 个层面之中。

（1）权。“权”即政权，中国古代策划家许多策划案例都是围绕着巩固政权而进行的，如古代的商鞅变法、吴起变法、王安石变法等，均是企图通过策划来达到观念更替的效果。变法风险很大，因此有必要进行周密的策划，提出具体的行动方案。

（2）势。“势”就是指形势或局势，比如对目前局势的分析论证，相当于对外部环境的分析判断，最典型的可谓三国时期诸葛亮的《隆中对》。

（3）术。“术”就是战术或方法，中国古代的术主要是提出一种办法，如《曹刿论战》中曹刿对战事的分析，赤壁之战诸葛亮对战事的分析和决策，都是生动的策划案例。

虽然中国古代策划大多与政治、军事有关，但在工程建设领域，策划也发挥过很好的作用。《左传·宣公十一年》说到：“令尹为艾猎城沂，使封人虑事，以授司徒。量功命日，分财用，平板干，称畚筑，程土物，议远迩，略基趾，具糇粮，度有司。事三旬而成，不愆于素。”意思是说楚国的左尹子重袭击宋国，楚庄公住在郔地等待。令尹艾猎在沂地筑城，派遣主持人“封人”考虑工程计划，将情况报告给“司徒”。测算工作量、工期和费用，分配材料和工具“板、干、畚”等，计算土方、器材和劳力的多少，研究取材路径的远近，巡视城基各处，准备粮食，审查监工的人选。做好策划后再开工，结果只用三十天就完成了筑城工程，没有超过原定的计划。由此可知，在春秋时代就已经有日程和定额计算的工程建设策划先例。

在北宋苏轼的《思治沦》中也有提到关于土木技术和计划，“今夫富人之营宫室也，必先料其赀财之半约，以制宫室之大小，既内决于心，然后择工之良者而用一人焉，必告之曰：‘吾将为屋若干，度用材几何？役夫几人？几日而成？土石材苇，吾于何取之？’其工之良者必告之曰：‘某所有木，某所有石，用材役夫若干，某日而成。’主人率以听焉。及期而成，既成而不失当，则规矩之先定也。”

在我国古代工程建设中，还有许多充满智慧而生动的项目策划案例。世界其他民族的许多具有卓越策划才能的杰出人物，也运用他们的超凡智慧，创造了一个又一个奇迹。如世界七大奇迹之一的古埃及金字塔，在当时来说工程异常浩大，不仅外形壮观雄伟，而且巨石结构之间叠砌的角度、线条等都是事先经过周密而严谨的策划计算，是世界古代工程项目建设中成功策划的先例。

## 3.2　现代项目策划

西方国家的现代策划来源于对项目的投资评价，因为项目投资评价是策划中可行性研究的重要组成部分。当时的私人资本为了追求利润最大化，开始在私人投资中采用项目前期评价的方法，实现对投资项目进行项目前期评价以期获得利润最大化的目的。最早的项目投资评价源丁美国，早在 1936 年，在开发田纳西河流域时，美国国会通过了《控制洪水法案》的议案，提出将工程前期可行性研究作为流域开发规划的重要内容纳入开发程序，使工程项目建设得以顺利进行，取得了很好的综合开发效益。第二次世界大战后，战争在一定程度上又刺激了经济的发展，以美国为首的西方国家进入了一个经济高速发展的时期，科学技术研究、经济管理科学以及世界全一体化的发展，为项目策划提供了大有可为的广阔天地。

西方发达国家的策划在 20 世纪 80 年代后期趋向成熟。在理论和实际操作上，美国的策划业首屈一指。第 23 届奥运会的策划是美国的大手笔，在此之前的奥运会全都亏损。而这届奥运会美国政府表示不予提供经济援助，但是美国著名策划大师尤伯罗斯，坚持个人组办奥运会，并采取了一系列严谨而有效的组织管理措施，结果不但没有亏损，反而盈利 2.5 亿美元。在此之后，美国策划业的从业人员激增，现在的美国策划业，软、硬件都很完备，已经处于世界的领先水平。

相对我国而言，由于经济和体制等多方面的原因，现代策划的发展远远落后于西方国家，中国从 20 世纪 70 年代开始进行项目投资评价的理论和方法的研究。但是真正的策划业起步发展却相当晚，在我国改革开放之后，策划开始被重新提了出来。特别是进入建设中国特色社会主义阶段，随着社会经济的发展，策划获得了前所未有的机遇。

# 第二节
# 策划的基本原理

## 1 策划的“八大兵法”

### 1.1 核心法则

寻找对决策起关键作用的核心因素，寻找“蝴蝶的翅膀”。混沌学指出初始条件的极小偏差，都将会引起结果的极大差异。混沌学有一个形象的比喻，“一只南美洲亚马孙河流域热带雨林中的蝴蝶，偶尔扇动几下翅膀，可以在两周以后引起美国德克萨斯州的一场龙卷风”。因此，作为策划人员需要在构成一个事件的众多因素中找出最具积极作用的核心因素，使策划工作事半功倍。对于策划起消极作用的因素，则需要设法加以有效避免。

### 1.2 穷究法则

穷究法则是指找出问题的所有相关制约因素，并有针对性地寻求解决之道。当所有细微问题都被解决之后，大问题也就迎刃而解了。穷究法则还要求策划人员具有发散性思维，即从一个问题发散开来，对项目进行全方位的思考，只有对项目剖析和挖掘得足够深入，才更有利于项目的顺利实施。

### 1.3 四适法则

适时、适地、适人、适度是指讲求策划的时间性、地域性、人学性和弹性。

策划的时间性，即要对项目的建设开启与竣工时间、工期进度等有一个全盘的方案；

策划的地域性，则需要考虑项目所处区域的自然、社会、交通与经济等综合条件等；

策划的人学性，强调了与人交流、沟通和协调在项目中的重要性；

策划的弹性，指策划的刚性和柔性，讲求的是策划要根据项目生态防护目的、建设目标、区域特点、行业态势等具体情况做到张弛有度。

### 1.4 前瞻法则

不过分纠缠于现况的诸多细枝末节而忽略动态、变化和未来发展态势。策划人员需要具备广博的知识和高尚的思想境界，在对现实清醒认识的基础上，对未来作出前瞻性的判断和把握。

### 1.5 冲突法则

将实施过程可能要发生的问题建立在有序管理的秩序中，将决策建立在困惑和矛盾的基础上，这样就有助于引发策划人员对问题的全方位思考，并通过全面的权衡、比较之后，作出较为理性的决策。

### 1.6 让位法则

影响决策的因素中一般起决定性影响的因素不会超过三个。策划人员需要在众多影响因素中寻找出关键性因素，应重点测试、分析和研究影响决策的关键性因素。

### 1.7 换位法则

要做好一项完善策划的前提是了解各利益群体的实质需求，因此需要策划人员进行换位思考，站在别人的地位与角度来分析和把握问题，兼顾与协调好与方案相关各方群体的利益。

### 1.8 对位法则

让策划的结论与相关各种人群、各种物件、各类体系自身的一套系统符号、语义、群体特征等都能够对号入座，使其各得其所，各获所需。

## 2 策划的心理原理

从策划的本质上来说，它是人脑对客观事物的主观反映和理性认识。作为人类智慧和创新的具体表现，无论是哪一类的项目策划，都离不开策划人员的心理活动。而人脑对项目的认知和反应受策划人员自身素质条件，即知识结构、社会阅历以及个性特征的制约。因此，项目策划带有强烈的主观特征和个体色彩，它能够综合反映项目策划者的心理基础。由于项目策划具有的这一心理基础，不同策划人员已有的认知水平和心理态势不同，致使现有思维判断有可能背离客观现实，从而影响到项目策划的科学性。因此，项目策划中人的心理障碍，正是策划人员在项目策划时应加以注意的。策划者的心理障碍主要有以下 4 种类型。

### 2.1 畏惧心理

畏惧心理是一个在正常生活工作环境中的人的共同心理特性，也是策划者的一个重要心理特征。特别是在中国人的眼里，求稳、怕出事的心理更为突出。这一心理特征对常人来说还没什么，但对于策划者就是一个问题。由于存在这样一种心理，很多简单的问题就变得复杂了。在三国时期，由于袁绍心里畏惧风险，从而失掉了很多次消灭曹操的大好时机，使自己原本的优势变成劣势，由安逸转入险境；因为诸葛亮有“从不弄险”的心理，就拒绝采纳魏延直捣曹操腹地的建议，从而失去了取胜的机会。

因此，项目策划者要用积极的心态来消除畏惧心理，这样才能减少精神束缚、拓宽思路，进行有效的思索与创新，策划出计出万全的方案来。

### 2.2 刻板现象

刻板现象是指人们对某个社会人群或对象形成一种固有的观念或固定看法，并作为判断的依据。刻板印象一旦形成就会具有很高的稳定性，且由于刻板印象的普遍存在，项目策划人员也难免会受到它的影响。尤其是在做过许多策划，拥有了丰富经验之后，就会形成经验主义的一种思维定势。策划人员要坚决摆脱千篇一律的固定思维方式，避免因为经验主义造成策划的失误甚至失败。

### 2.3 井蛙效应

所谓井蛙效应，是指在项目策划的具体实践中，策划人员往往表现出一种急功近利的行为，只顾眼前利益和局部利益，以至于忽略了长远利益和全局利益。为追求近期的功效，往往忽略对技术、技艺、方式、方法的正确性研究，常以局部和眼前的利益作为全局和长远的利益。这种策划心理，常会导致策划的失误，以致失败。

### 2.4 自我投射效应

自我投射是指人的心理外在化，即以己度人，把自己的情感、意志、愿望投射到他人身上，认为他人也是如此，结果就会造成对他人情感、想法的错误评价。在项目策划中，自我投射效应的影响就在于策划人员会根据自己的情感、意志和愿望，认为其他人员也是如自己期望那样。由于策划人员过分认定自己的思维结果是绝对正确的，而百般否定他人的意见，这时若有良好的交流与沟通渠道就显得非常重要。

## 3 策划的情感原理

情感是人所特有的一种心理过程和心理状态，是主体对客体是否满足自身的需要而产生的态度评价和情感体验。情感在性质和内容上取决于客体是否满足了主体的某种需要。满足了需要，就产生了积极、肯定的情感；反之，就会产生消极、否定的情感。情感对人的行为有着重要的影响。人们对于那些符合和满足自身需要的客观事物，会产生一种积极、肯定、喜爱和接近的态度和情感体验，甚至于对其相关的其他事物也会产生一种爱屋及乌的心态，而对那些与自身需要无关或相抵触的客观事物，则抱着消极、否定、敬而远之的情感倾向。项目策划面向策划主体人（如政府相关行业主管部门、建设单位、业主）时，项目策划人员就需要充分考虑项目主体人的情感体验，要加强情感的交流和沟通，激发主体人的积极、肯定、喜爱和接受的情感及情绪体验，让项目策划能最终在主体者中产生积极、有益的情感导向。如很多文艺类项目策划就是利用了这一情感原理获得了成功。

## 4 策划的创新原理

新设想能够带来焕然一新的项目策划方案，而新设想则来源于创新思维。创新是人类赖以生存和发展的重要手段，创新适用于人类一切的自觉活动。人类正是在创新思维与实践中不断地促使生存环境得到优化。策划作为人们一切理性活动的前提，创新原则当然也就成了它的重要评价标准了。为了更好地组织和发挥创新思维，项目策划人员有必要深入了解项目特点，并加以准确运用。当然并不是所有项目策划过程都需要创新思维，项目策划也会运用到许多程式化的东西。例如，工程建设类项目的项目策划需要满足许多国家标准和规范，在这方面就不能创新，但在建设成本管理、风险管理方面的策划上就可以通过创造性思维的有效整合，获得更多的创新带来的优势和利益。这就需要项目策划人员根据不同的项目，从策划的各个层面，包括观念层面、经营管理层面、实施操作层面和后期养护等层面上，主动去找寻突破口去进行创新。创新性思维主要具有以下 6 个特点。

### 4.1　独创性

这里的独创性又称为新颖性，它因项目而异。例如，对于生态防护项目来讲，它是采取因害设防、因地制宜的独特治理方案；对于房地产项目来说，可能是全新的地产概念；对于举办一届奥运会来说，可能是一场无与伦比的开幕式；对于竞争激烈的电子产品市场，可能是一款新产品的横空出世。因此，新理念、新概念、新思路、新方法、新技术、新工艺、新产品都是独创性的表现形式。对于策划人员来说，首要的就是要打破常规思维模式，驰入立体思维的空间，才有可能实现策划的独创性。

### 4.2　抽象化和概念化

这里指的是策划者应具有一种综合性的思维能力。运用这种能力，策划人员需要将项目看作是一个系统的整体，理解项目组成各部分之间的关系，统筹兼顾项目的各方面。对于综合型项目来说，具备这种思维能力尤为重要。

### 4.3　发散性

虽说人的思维活动可能很活跃，但日常性思维还是时常局限于某一思维平面，难以获得解决问题的最佳答案，因此，就需要培养发散性的思维。策划人员需要打破思维的固定态势，运用展开式联想的思维方式，可能会收获或达到意想不到的策划效果。

### 4.4　灵活性

策划中还需具备创新思维中的灵活性，是指策划人员在面对不断变化的外在需求时，需要以灵活性来应对；但是，策划人员还须具备从已有假设性定论迅速而灵活地转换到另一类已有新结论的思索能力。创新思维的灵活性不仅在于善于把握住新机遇，还在于舍弃无益或有害的假设或观念。

### 4.5　敏锐性

项目策划还要求策划人员具有捕捉机遇的敏锐性，是指策划者不仅要把握住生态文明建设的政策和方针，还包括了对技术与管理以及其他方面的关注。

### 4.6　持续性

造就创新思维的持续性，是指创新思维不是在短期内就可以练成的，一项完善的创新方案是长期深思熟虑的结果，并且要经历过多次的失败和挫折。因此，要求项目策划人员都需要具备抗压能力，有打持久战的思想准备。

## 5 策划的人文原理

项目策划的人文原理是指充分营造人与自然的和谐关系，激起人对自然合理开发、持续利用的热情，从而达到资源的永续发展和优化配置。

1999 年的昆明世界园艺博览会就是一次很好的证明。这次博览会是由国际博览局和国际园艺生产者协会批准，并经正式注册的 A1 类专业博览会。从 1999 年 5 月 1 日到 10 月 31 日，历时 184 天，其主题是："人与自然——迈向 21 世纪"。策划人员在"人与自然"的主题之上，还提出了"万绿之宗，彩云之南"这句能向世界展示和传播云南形象的核心理念。事实上，这一理念不仅成功地描绘和传达出了云南当地特有的文化底蕴，凸显了云南人与自然的和谐，也更加确定了云南绿色产业、旅游产业的定位。这次世博会不仅是自然界物种展示的盛会，同时还向世人呈现了人与自然和谐相处的景象，使自然景观与人文景观争相辉映。

### 6 策划的造势原理

项目策划的造势原理，是指策划人在策划时，利用一定形式的活动项目，比如文化节、博览会、比赛等，进而推广与之相关或不相关事物的知名度，从而取得一定的策划效果作用。

# 第三节 生态修复工程项目建设零缺陷策划

## 1 工程项目策划的概念

工程项目策划是指在工程建设领域内，策划人员根据项目建设单位、项目业主和项目承包商总的目标要求，站在不同的地位或角色，通过对建设项目进行系统分析，对建设活动的总体战略进行运筹规划，对建设活动的全过程或其中某一个子过程作出预先的谋划和设想，制定出最佳方案，以便在建设活动的时间、空间、结构三维关系中选择最佳结合点，重组资源并展开项目运作，为保证项目在完成后获得满意可靠的生态防护效益、经济效益和社会效益而提供科学的依据。

每一工程项目设想的提出，或每一个工程项目的建设实施，都有其特定的政治、经济和社会生活背景。从简单抽象的意图产生，到具体复杂的工程建设，在此期间的每一环节、每一过程的活动内容、方式及其所要求达到的预期目标，都离不开计划的指导，而计划的前提就是行动方案的策划，这些策划方案的优劣将直接关系到建设项目活动以及工程建设参与各方能否成功，能否实现预期目标。因此，工程项目策划是工程建设项目从决策到项目实施过程中的一个非常重要的环节。

由于工程项目策划是一种把建设意图转换成定义明确、系统清晰、目标具体且富有策略性动作思路的系统活动，因此通常为进行某一建设项目策划必须具备有三点：首先，必须是依据国家、地方法规和业主要求而设定的建设项目；其次，要能够对策划手段和结论进行客观评价的可能性；第三，要有能对策划程序和过程进行预测的可能性。

## 1.1　工程项目策划与项目周期的关系

一般生态修复工程项目建设周期可以划分为 5 个阶段。这些阶段包括：

（1）项目建设可行性研究与立项阶段。该阶段工作内容包括立项与计划、勘测与规划、建议与可行性研究、分项与详细设计等。

（2）项目建设招投标阶段。包括项目建设招标、投标、签订建设合同书等。

（3）项目建设现场阶段。包括项目建设施工的人力、物力、资金等准备，现场施工作业，建设施工所用进场人员、材料及作业过程的监理等。

（4）项目建设抚育保质阶段。包括建立与完善项目建设抚育保质机制、具体抚育保质的实施、抚育保质监理等。

（5）项目建设竣工验收阶段。包括制定项目建设竣工验收方案、竣工财务支付与结算、竣工项目的移交、项目建设技术与管理总结等。

工程项目策划的定义，很清楚地表明了工程项目策划与项目周期的关系，同时也确切地标明了建设工程项目策划与项目周期的关系，同时还可以清楚地看出建设工程的两大类项目策划：项目业主的策划和项目承包人的策划。

（1）工程项目策划的运作时间：对项目业主而言，主要是在项目建设周期第一阶段即工程项目决策期，并且随着项目建设的不断延伸，贯穿建设全过程；对于项目承包人来讲，则仅限于项目建设生命周期的某一阶段或某几个阶段。

（2）不同阶段的策划主体显然不同：是指策划目的和内容也随策划主体的不同而各异。

## 1.2　工程项目策划与可行性研究的关系

工程项目建设可行性研究是对投资项目的必要性、资源的允许性、技术的先进性及适用性、经济的合理性等进行综合论证的工作方法，是投资者对工程项目的市场情况、工程建设条件、技术状况、原材料来源等进行调查、预测分析，以作出投资决策的研究。由于可行性研究源于项目建设的投资活动，所以其实质是要反映这一投资活动是否合理与可行，亦即投资活动是否发挥出应有的生态防护经济效益，它与投资者的利益紧密相关。工程项目建设可行性研究的结论是项目建设投资者投资活动的主要依据，即项目建设的受益者以及项目产生的生态防护效益、经济与社会高低或大小是影响投资活动决策的主要因素。

显然，可行性研究分为项目业主和项目承包人的两类可行性研究。前者主要是研究项目立项以后的建设规模、性质、社会环境、空间内容、发挥生态效益要求、后期养护状况、抚育模式、技术条件、心理环境等影响项目实施和项目使用的各因素，从而为项目建设实施提供科学的依据。后者主要表现在对拟进入的市场、拟投标的工程项目、拟采用实施方案的评估，评估中标签约后的资源、技术、管理、社会环境等影响项目实施的综合因素，从而为寻找和确定最佳方案提供依据。

由此而知，项目可行性研究是不能取代项目策划的。同样，工程项目策划也不能取代可行性研究，尽管有些项目可行性研究的结论可资借鉴，但项目建设实施的依据仍必须通过项目策划来加以科学的制订和论证，因此，项目策划既要通过对建设活动的整体战略、策略运筹、资本运作、人财物运筹等，不断补充和完善项目可行性研究的成果，又要通过对工程建设活动全过程预先的谋划和设想，增强建设活动的可行性、可靠性、可操作性，使之真正成为项目建设实施运作的依据，且成为项目实施整体进程中不可或缺的一个环节，这也是项目策划区别于项目可行性研究或其他环节而独立出来的一个重要原因，当然，可行性研究和项目策划在借鉴其他学科的理论方法，运用近代科学手段等方面有着共同之处，有些方法甚至可以相互借用，如在项目策划过程中，对项目规模的把握就可借用可行性研究方法中的“期间经济损益分析方法”来加以深入细致的研究。

## 2 工程项目策划的特性

工程项目策划的特性是由其研究对象的项目特殊性决定的，归纳为以下 4 点。

### 2.1 物质性

工程项目策划的实质是对“工程项目”这个物质实体及相关因素的研究，因而其物质性是工程项目策划的一大特色。目的与目标、地域范围一经确定，人们的建设活动一经进行，作为空间、时间积累物和人类生产、生活活动载体的工程项目就完全是一个活生生的客观存在了。工程项目策划总是以合理性、客观性为轴心，以工程项目建设的时间、空间和实体的创作过程为首要点，其任务之一就是对未来目标的时空环境与工程项目进行构想，以各种图式、表格和文字的形式表现出来，这一过程是由工程项目建设目标这一物质实体开始，以工程项目策划结论——策划书的具体时空要求这一最终所要实现的物质时空为结束，全过程始终离不开时空、形体这一物质概念。

### 2.2 个异性

因为存在着工程项目的单件性特点，决定了工程项目策划的个异性。然而，工程项目的建设又是一种大规模的社会化生产，同类工程项目的生产可以从个性中总结出共性，为此，承担项目策划的策划者应将其共性抽出来加以综合，形成策划组织内部共享的知识资源体系，使项目策划的内部规范具有普遍性的指导意义。

### 2.3 综合性

工程项目建设策划是以达成目标为轴心，而现实中单一性的目标很少见。与一个工程项目建设活动相关的组织或人，其立场各有不同，对这个工程项目的期待也就各异；此外，工程项目的生态环境、社会环境、生态要求、物质条件及人文因素的影响都单独构成对工程项目的制约条件。工程项目策划就是要将这些制约条件集合在一起，扬主抑次，加以综合，以求达到一种新的平衡。这里的综合要求是指工程项目策划人员通过策划，使各相关因素在整体构成中各自占有正确的位置，也就是对于各个要素进行评价，评价的方法不同，则综合的方法也就可能不同。

### 2.4 多样性

项目策划应更重视项目建设地区的社会、经济、文化中的共性，立足实情展望未来。这也是现代项目策划所应持有的立场。

# 3 生态修复工程项目建设零缺陷策划的分类

生态修复工程项目零缺陷策划可按多种方法进行分类。按工程项目策划的范围可分为工程项目总体策划和工程项目局部策划。工程项目的总体策划一般指在项目决策阶段所进行的全面策划，局部策划可以是对全面策划任务进行分解后的一个单项性或专业性问题的策划。如按项目建设程序可划分为建设前期工程项目决策策划和工程项目实施策划。各类策划的对象和性质不同，策划的主体不同，策划的依据、内容和深度要求也不同。按照项目参与各方（在一些项目管理理论中将它们称为“项目关系人”）在项目中地位身份的不同，可将项目策划分为项目业主的零缺陷策划和项目承包人的零缺陷策划。

## 3.1 项目业主的零缺陷策划

项目业主在生态修复工程项目建设过程中常被称为“合同甲方”或“建设方”。项目业主的零缺陷策划包括工程项目建设决策策划和工程项目建设实施策划。项目业主的项目建设决策策划和项目建设实施策划的主要工作任务见表 3-1。

**表 3-1 生态修复工程项目建设零缺陷决策和建设实施零缺陷策划的工作任务**

| 策划工作任务 | 工程项目建设决策阶段 | 工程项目建设实施策划阶段 |
| --- | --- | --- |
| 环境调查与分析 | 项目建设所处自然生态环境，包括地形地貌、地质、气候、土壤等因子；项目建设欲达到的生态防护目的、目标与生态环境危害相对应；项目建设的社会与市场环境、政策环境等 | 建设期的生态环境危害程度调查与分析，需要着重调查分析项目区域自然环境条件的各项因子、建设市场环境条件、建设人财物环境条件等 |
| 项目建设定义与论证 | 包括项目建设的目的、功能、目标及其指导思想和原则；项目建设规模与规格、结构组成与设置；项目建设总投资、建设施工期、抚育保质期等 | 需要进行投资目标分解和论证，编制项目建设投资总体规划；进行项目实施所需材料、劳力与机械设备配置计划，以及编制项目建设总进度分解规划；制定项目建设质量目标、安全文明和风险防控目标等 |
| 项目建设组织策划 | 包括项目建设的组织结构分析、决策期组织结构、任务分工以及管理职能分工、决策期工作流程和项目的编码体系分析等 | 确定业主筹建班子的组织结构、任务分工和管理职能分工，确定业主方项目管理班子的组织结构、任务分工和管理职能分工，确定项目管理工作流程，建立编码体系 |
| 项目建设管理策划 | 制定项目建设期管理总体方案、建设施工期管理总体方案、抚育保质管理总体方案以及竣工验收移交管理总体方案等 | 确定项目建设实施各阶段的技术与管理方案，确定项目实施成本、安全等保险方案的管理方案 |
| 项目建设合同策划 | 策划决策期的合同结构组成、内容和文本，以及项目建设涉及的勘测调查、规划设计、施工、监理和机械设备材料供应等合同格式 | 确定项目建设勘察调查、规划设计、施工、监理和机械设备材料供应商的招标组织管理方案，确定与勘察调查、规划设计、施工、监理和机械设备材料供应商的签约合同管理以及合同文本 |

（续）

| 策划工作任务 | 工程项目建设决策阶段 | 工程项目建设实施策划阶段 |
|---|---|---|
| 项目建设效益策划 | 进行项目建设生态效益预测与分析、建设投资成本预测与分析；确定项目建设资金筹备和需求计划管理方案 | 进行项目建设实施的生态防护效益、建设实施资金需求量计划，以及制定实施期建设资金的需求计划 |
| 项目建设技术策划 | 项目建设防护功能效益分析、建设面积规模预测、采用先进且适用建设技术与技艺分析 | 对技术方案和关键技艺进行深化分析、预测与论证，明确实施技术标准、规范的应用和制定执行方案 |
| 项目建设风险分析 | 对项目建设技术、经济、安全、组织、管理等风险进行分析与评估 | 进行项目建设实施的技术、工艺、经济、安全、组织、管理等风险的分析、预测预评估，并制定具体应对方案 |

## 3.2 项目建设承包人的零缺陷策划

项目建设承包人在工程项目建设过程中常被称为“合同乙方”。项目建设承包人包括生态修复工程项目零缺陷建设所涉及的勘察调查者、规划设计者、施工者（包括总承包方、分包方）、监理者、材料设备供应方等。项目建设承包人的项目零缺陷策划包括投标签约策划和项目实施全过程策划，即生态修复工程项目零缺陷建设中标企业以及所组建的项目部。

生态修复工程项目建设施工企业的项目零缺陷策划，只针对项目现场施工作业、抚育保质、申请竣工验收及以后的移交等全过程。生态修复工程项目零缺陷建设施工企业项目零缺陷策划的主要任务见表3-2。

**表3-2 生态修复工程项目零缺陷建设施工企业项目零缺陷策划工作任务**

| 类别 | 内容 | 策划基本要求 |
|---|---|---|
| 战略策划部分 | 1. 工程项目概况 | 项目建设实施各相关单位名称、组织结构的基本概况，项目建设范围、造价、质量等级、开竣工及抚育保质期、技术规范要求、安全文明要求等 |
| | 2. 项目部经理人选 | 姓名、年龄、学历、专业职称和经理资质、项目实施经验与管理业绩等 |
| | 3. 项目部组建 | 人数、岗位专业设置、年龄结构、专业分工 |
| | 4. 项目建设施工主要技术与管理目标 | 工期目标、质量目标、技术工艺目标、职业安全健康管理目标、安全文明目标、成本目标、资金管理目标等 |
| 施工技术与管理策划部分 | 1. 进度计划 | 项目施工总工期控制计划、里程碑节点、主要工序、分项、分部工程的起止时间计划 |
| | 2. 现场平面布置和设备、材料配置策划 | 施工物质分期平面布置及管理要点、主要作业工序及监测仪器配置方案、现场临时使用水电与人员食宿配置 |
| | 3. 技术、工序技艺策划 | 分项、分部施工作业技术、规范、标准要求，施工重要部位及难点攻关或优化方案 |

（续）

| 类别 | 内容 | 策划基本要求 |
| --- | --- | --- |
| 施工技术与管理策划部分 | 4. 质量策划 | 项目实施的建设质量管控节点、作业过程质量管控实施方案，以及实施质量创优管控的投入费用分析与测算 |
| | 5. 职业安全健康策划 | 进行项目建设的重大危险源测试、识别和管理，以及安全文明施工作业投入费用计划 |
| | 6. 项目技管人员策划 | 项目部组织机构图、项目部技术与管理人员配置计划 |
| | 7. 施工物质策划 | 施工所需材料、设备等的采购或租赁方式、数量挤时间要求和计划 |
| | 8. 劳务策划 | 制定劳务单位工作内容，施工期间所需劳动力计划、劳动管理分析等 |
| | 9. 其他 | 其他对施工技术与管理有影响的因素分析和预测管理 |
| 项目施工经营策划部分 | 1. 施工成本分析、对比 | 测算项目施工合同预期收入，调整目标责任成本，将合同预算收入与投资预算、目标责任成本进行对比分析，分析、测算投标清单的盈利子目、亏损子目，分析责任成本，制定相对应的技术与管理策略 |
| | 2. 施工方案经济效益分析 | 对投标和中标后实施的经济效益进行分析与预测 |
| | 3. 合同履约分析 | 对照合同逐条识别合同需求和风险，确定风险对策 |
| | 4. 分包管理分析 | 制定分包项目、分包作业内容、分包方式、分包管理及策略 |
| | 5. 资金管理 | 测算施工各阶段现金流，制定平衡财务管理措施 |
| | 6. 协调、沟通策划 | 评估识别项目实施过程相关各方对项目施工绩效的影响因素和程度，形成沟通渠道并建立有效的沟通交流和协商机制 |
| | 7. 其他 | 其他对项目施工经营管理有影响的因素及对策 |

# 第四章 生态修复工程项目零缺陷建设管理

## 第一节 项目零缺陷建设管理标准化理论

### 1 管理标准的概念

管理标准是管理机构为行使其管理职能而制定的具有特定管理功能的标准。它是关于对某项管理工作的业务内容、职责范围、程序和方法的统一规定。

制定生态修复工程项目建设管理标准就是要运用标准化理论，对在生态修复工程项目建设管理实践中所发生的各种具有重复性特征的管理活动，进行科学而精辟的归纳和总结，形成规范，用以指导人们更加有效地从事生态修复工程项目建设管理活动。在生态修复工程项目建设的组织业务活动中，有许多管理工作都是重复进行的，诸如项目计划编制、项目建设文件制定与修改、进场材质的验收与保管、建设现场过程产品的管理、项目产品保质养护管理等，所有这些都是制定生态修复工程项目建设管理标准的对象。

### 2 管理标准的属性

生态修复工程项目建设管理标准与管理一样，也具有二重性，既具有与社会生产力、社会化大生产相联系的自然属性，又具有与生产关系、社会制度相联系的社会属性。

（1）生态修复工程项目建设管理标准的自然属性，就是要求在制定和贯彻管理标准的活动中，应当充分反映生态修复工程项目建设中生产发展的自然规律、技术和环境等各种要求。

（2）生态修复工程项目建设管理标准的社会属性，就是要求在制定管理标准中要充分反映不同社会的生产关系和客观经济规律的要求；要符合和体现不同社会制度的经济利益。

（3）在我国的生态修复工程项目建设中，不论制定什么管理标准，都应当反映社会主义市场经济规律的要求，要有利于促进社会主义市场经济发展和正确处理劳动者之间的关系，充分调动和提高生态修复工程项目建设者的劳动积极性。

# 3 管理标准的类型

## 3.1 管理标准的一般分类

生态修复工程项目建设管理标准根据不同的目的和用途，划分为不同的类别。在生态修复工程项目建设管理实际工作中通常按照标准所起作用的不同，分为以下管理标准类别。

### 3.1.1 管理基础标准

管理基础标准，是指对管理标准化的共性因素制定的标准，它对制定各种管理标准具有普遍的指导作用。例如术语、符号标准；代码、编码标准；管理通则（通用管理程序和管理方法标准）；图表账卡文件格式标准等。

### 3.1.2 技术管理标准

技术管理标准，是指为了保证各项技术工作更有效地进行，建立正常的技术工作程序制定的管理标准。例如图样、技术文件、标准资料、情报档案的管理标准；为进行科研、产品开发、设计、工艺、技术改造和设备维修工作等制定的管理标准；为合理利用原材料、能源所做的技术规定和计算等管理标准；以及质量与进度管理标准等。生态工程项目建设技术管理标准处于技术标准与管理标准的边缘，过去由于没有把管理标准单独分类，致使有些企业将其划归到技术标准类中。

### 3.1.3 经济管理标准

经济管理标准，是指为合理计划安排对生态修复工程项目建设的各种经济关系，对生态修复工程项目建设的各项经济活动进行计划、调节、监督和控制，采用经济办法管理经济，以保证生态修复工程项目建设的各项经济活动顺利运行。也就是说，它是促进和提高项目建设经济效益制定的管理标准。例如生态修复工程项目建设中的经济决策和经济计划标准；各种资源消耗和利用标准；劳动人事、工资、奖励、津贴和劳保福利标准；利润留成和分配标准；经济核算、经济活动分析和经济效果评价标准等。

### 3.1.4 生产经营管理标准

生产经营管理标准，是指为了正确地进行经营决策，合理地组织生态修复工程项目建设生产经营活动所制定的标准。例如生态修复工程项目建设市场调查和市场预测标准；生产作业计划标准；生产调度和过程产品保护管理标准；材料订货、采购与验收保管标准；劳动组织与定员标准；建设施工产品后期保质养护服务管理标准等。

### 3.1.5 工作标准

工作标准，就其属性来讲属于管理标准的一种类型，它是同管理业务标准相辅相成的，是对每个具体工作岗位做出的规定，从而形成一个生态修复工程项目建设完整的管理网络。因此，工作标准大体分为施工岗位的作业操作标准和管理岗位的管理工作标准。

## 3.2 管理体系标准的分类

根据 ISO 指南 72《管理体系标准的论证和制定》中的规定，管理体系标准分为 3 类。

### 3.2.1 A类：管理体系要求标准

管理体系要求标准，是指向市场提供有关组织的管理体系的相关规范，以证明组织的管理体系是否符合内部与外部要求（指通过内部和外部各方予以评定）的标准。例如管理体系要求标准（规范）、专业管理体系要求标准。

### 3.2.2 B类：管理体系指导标准

管理体系指导标准，是指通过对管理体系要求标准各要素提供附加指导或提供非同于管理体系要求标准的独立指导，以帮助组织实施和完善管理体系的标准。如关于使用管理体系要求标准的指导、关于建立管理体系的指导、关于改进和完善管理体系的指导、专业管理体系指导标准。

### 3.2.3 C类：管理体系相关标准

管理体系相关标准，是指就管理体系的特定部分提供详细信息或就管理体系的相关支持技术提供指导的标准。如管理体系术语文件、评审、文件提供、培训、监督、测量绩效评价标准，标记和生命周期评定标准等。

## 4 管理标准的作用

管理标准在生态修复工程项目建设管理活动中的作用，主要体现在以下 4 方面。

（1）建立协调高效的管理程序。参与生态修复工程项目建设的勘察设计、施工、监理等各方企业，各自的管理对象就是一个系统。对系统进行管理的实质，可以说就是按照各自的愿景目标和使命建立系统的一定秩序，使系统能高效地发挥其功能的活动。管理标准就是建立系统秩序的标准，通过制定和实施各类管理标准，使各种管理系统的要素之间形成有机联系，相关系统之间相互协调、密切合作，基层系统保证上层系统，子系统的目标保证系统的总体功能发挥和总体目标的实现。企业只有建立起这样的管理秩序，才能成为生态修复工程项目建设高效率和高效益的经济实体。

（2）有利于管理经验的总结、提高、普及和延续。生态修复工程项目建设管理科学化的过程，实际上就是不断认识本组织的特点、不断总结管理经验的过程。这个过程的实质就是使管理活动逐步走向有序化、标准化。这个过程是渐进式的，是经验的不断积累和不断深化的过程。管理标准就是这种积累的一种结晶方式，一种有效推进的途径。通过不断地总结管理经验，制定管理标准，使这些成功的经验得以推广，然后再根据管理活动中出现的新经验，通过修订标准再总结、再提高。另一方面，可以利用这些标准去培养新入企员工，从而也就可以使这些成功经验普遍推广并持续改进。

（3）有利于按“例外管理原则”管理企业。所谓“例外管理原则”，是指企业的高级管理人员，把一般日常事务授权给下级管理人员去处理，而自己只保留对例外事项，如有关企业重大政策和重要人事任免等的决策和监督权。企业建立了完善的管理标准后，员工再遇到同类管理事项则可按照标准执行，不必再请示领导，只有在发生新问题时才去请示。这样就可以把领导从日常琐碎的管理事务中解放出来，使其集中精力考虑一些有关企业长远发展的重大战略问题。由此可以看出，建立健全生态修复工程项目建设各方企业的管理标准，乃是实行按“例外管理原则”管理的前提条件。

（4）有利于实现“以法治企”。参与生态修复工程项目建设的勘察设计、施工、监理等各方企业，要实现科学管理根治企业管理中的混乱现象，就必须要用“以法治企”来替代“以人治企”。只有将科学的管理方法、管理原则、管理形式制定成为管理标准，经有关部门批准发布并被企业采用，就对企业全体员工具有一定的约束力，所有员工就必须严格地贯彻执行。如果管理标准需要改进，必须履行规定的程序。有了管理标准就可以使人们养成依法行事的习惯，从而使企业逐步走向“以法治企”的轨道。

# 5　管理标准的主要内容

## 5.1　管理标准的主要内容

生态修复工程项目建设管理作为一项综合性标准的工作内容，主要由以下 4 要素构成。

### 5.1.1　管理业务

管理业务（任务、职责、权限），是指管理活动中重复出现的业务，如计划编制、统计分析、材料采购、劳动力配置等。不同种类的管理标准，有着不同的管理业务内容，即使属于同一种类的管理标准，由于管理层次不同，管理的业务内容也有所不同。生态工程项目建设中的各类、各级管理标准的业务内容，都要根据该项业务的管理目标，从本部门实际出发，正确地确定该项管理业务的任务、职责和权限，这是制定管理标准的核心。

### 5.1.2　管理程序

管理程序是指从事生态修复工程项目建设某项管理工作应该先干什么、后干什么的具体行动步骤。它的作用是把某项管理工作在空间上的分布和时间上的次序加以明确和固定。管理程序可以通过文字内容、流程图、表格以及上述形式的组合，或企业认为适宜的其他方式作出规定。

### 5.1.3　管理方法

生态修复工程项目建设管里要实现其特定目标，必须有一定的科学方法。管理方法就是完成管理任务、行使管理职能所运用的规范、正规的方法。

### 5.1.4　管理成果的评价与考核

生态修复工程项目建设管里成果的评价、考核是组成管理标准的一个要素，同时也是管理标准与管理制度的重要区别之一。因此，对生态修复工程项目建设管理标准来说，应包括对贯彻执行标准所取得的管理成果进行评价和考核，而且尽量使考核指标量化，具有可测定性，从而才能使管理标准从制定到贯彻形成一个闭环管理模式。

## 5.2　制定或编制管理标准的原则

（1）管理标准应先进且合理。指在制定或编制管理标准时应使劳动者、劳动工具和劳动对象三者间实现最佳结合。

（2）管理标准应能调节生产关系。指在制定管理标准时应有助于调动劳动者积极性。

（3）管理标准应以现代经营思想为指导。指应树立牢固的“优胜劣汰”市场竞争观念。

（4）管理标准应实现管理的整体优化。指应有全局和优化配置的整体思维观念。

（5）制定管理标准应从实际出发。指在制定管理标准时应符合实际情况，讲求实效。

（6）企业管理标准应能有助于相关技术标准的实施。是指制定管理标准时，应把对应范围内的各项技术标准、技术规范、质量标准、工序流程等综合考虑，统一纳入管理标准范畴。

（7）编制管理标准应力求简单、通俗、适用、杜绝繁琐。管理标准可以由企业自行规定，也可以参照 GB/T 1.1—2009《标准化工作导则·第 1 部分：标准的结构和编写》的规定。

（8）管理标准应使用统一的编号方法。指企业在编制管理标准时，其编号应与技术标准和工作标准有所区别，以便识别和方便使用。

# 6 工作标准

## 6.1 工作标准的概念

### 6.1.1 工作标准的定义

工作标准是指为实现整个工作过程的协调，提高工作效率，对每个岗位的工作制定的具体标准。这里所说的“工作”不仅包括生产过程中的各项作业活动，而且包括为生产过程服务，对生产过程进行管理的其他各项活动。其范围不仅局限于企业，还包括服务业和政府机关的工作。

### 6.1.2 工作标准的属性

工作标准是管理标准的一种类型，它是同管理标准相辅相成的。管理业务标准是针对某一部门或某一管理环节，它协调和统一整个部门的管理活动。而工作标准则对每个具体工作（或操作）岗位做出规定，从而形成一个完整的管理网络。工作标准和管理业务标准在执行时相互渗透、互相补充。

### 6.1.3 工作标准的种类

工作标准是按岗位制定的，而具体的岗位很多。因此，只能将岗位大体上分为生产岗位和管理岗位，针对前者所制定的标准又称为作业标准，针对后者所制定的标准可称之为管理工作标准。一般来说，企业里的岗位分工越细，其作业标准的划分也就越细，这样才能有效地通过标准对各工作岗位的要求作出明确的规定。

## 6.2 工作标准化的目的和意义

### 6.2.1 工作标准化的目的

生态修复工程项目建设过程中各种工作标准的对象是人所从事的工作。任何一家如勘察、规划、设计、施工、监理等企业的生产活动，都是利用一定的“资源”（包括机械设备、能源、信息和工作场地等），通过“人”的体力和脑力劳动，把“原材料”加工成产品的活动。“人”“资源”和“原材料”这 3 要素的有机结合便是推动社会生态文明进步的生产力。企业的经济效益、社会财富的增加、扩大再生产的实现、经济的发展，以及社会的进步都同这 3 要素的合理组合和利用直接相关。

### 6.2.2 工作标准化的形成

一般来说，生态修复工程项目建设中一项活动按照同一程序重复多次就可能形成习惯。倘若通过分析研究，设计出最科学、合理的工作程序和作业方法，并将其制定为标准，用以约束同一工种的所有工人遵照执行，这样不仅可以加速个人良好习惯的形成，而且是形成群体合力习惯的最有效方法，进而推动工程项目整体质量的提高和加快施工建设进度。

### 6.2.3　工作标准化的意义

综上而言，作业标准化的过程是形成群体习惯和群体行为准则的过程，是人的素质升华的过程。它不仅能有效地消除不必要、不合理的作业程序和作业动作，而且能促进工人克服已经形成的不合理习惯和操作上的缺点，防止个体差别和非固定性不必要的扩大，增强人的作业可靠性。每个作业者的动作形成规范习惯，进而达到熟练程度之后，他的动作既能做到迅速、准确，又会感到轻松和协调，一旦达到能与机械设备体系的运动规律相适应的程度并具有应变能力，人在生产系统中的能动作用便可以得到最好的发挥，由三要素组成的生产系统便可以处于最佳运行状态，创造出生态修复工程项目较高的建设生产效率和施工经济效益。故此，在生态修复工程项目建设中开展作业标准化的目的和意义就在于此。

## 6.3　工作标准的内容

### 6.3.1　岗位目标

生态修复工程项目建设（勘察、规划设计、施工、监理等）企业是以管理目标为核心形成的立体多层次管理系统。企业的方针目标，通过制定各部门各分系统的管理标准，尤其是通过制定各工作岗位的工作目标，才能最后落到实处得以贯彻执行。在确定每个岗位的工作目标（工作任务）时，一定要从企业的整个目标管理系统出发，根据该工作岗位在系统中所处的地位、所起的作用，以及整个系统对它的要求来考虑和确定它的岗位目标。就整个企业来说，确定岗位目标的过程，实际上是企业目标系统的分解过程，这样才能较为科学地确定岗位目标，这是制定和完善工作目标的首要环节。

### 6.3.2　工作程序和工作方法

生态修复工程项目建设企业中的任何一个工作岗位上的工作，只要具有重复的特征，就可以通过总结经验或试验，优选出较为理想的工作程序和工作方法，以达到提高效率、减少差错的目的。将这些程序和方法纳入标准之后，既能提高个人的操作水平，又能使该岗位的所有工作人员的操作达到统一的标准要求。

### 6.3.3　业务分工与业务信息联系方式

生态修复工程项目建设现代企业以精细分工为特征，岗位是劳动分工的产物。任何岗位都不能孤立地发挥作用，都要依赖枝丫岗位的协作。这种相互分工、相互联系、相互协作配合的关系处理得越充分，系统的效率就越高。这里还包括信息传递方面的要求，都可在工作程序的优化过程中同时解决。

### 6.3.4　职责与权限

现代生态修复工程项目建设企业里的每个工作岗位都有与其承担任务相对应的职责和权限，这是行使其业务职能的必要前提。在制定工作标准时要注意恰当划分各岗位的职责与权限，明确与相关联岗位的分工、协调配合及该岗位必须具备的资源等要求。

### 6.3.5　质量要求与定额

对岗位工作必须规定明确的质量要求，有时还包括数量和时间上的要求，尽可能做到可测量、可考核。凡能规定定额的岗位，均应制定定额（时间消耗、物资消耗等），以便于考核度量以及执行按劳分配原则。

#### 6.3.6 对岗位人员的基本技能要求

对岗位人员的基本技能要求，是指应对生态修复工程项目建设现代企业岗位人员的技能，如操作水平、文化水平、管理知识等作出具体要求，并形成工作标准。

### 6.4 制定工作标准的原则

生态修复工程项目建设企业在制定岗位工作标准时，除了应遵守企业标准化工作的有关规定外，还应考虑遵守下列 6 项原则要求。

（1）制定岗位工作标准应从大局出发，要坚持局部服从整体、个体服从大局的原则；使每个岗位的职责、任务服从企业总目标，通过制定工作标准形成全员的目标管理系统。

（2）岗位之间应互相衔接、互相保证，形成有机联系，从而保证整个管理系统工作协调。

（3）应使操作者亲自参加制定标准，对标准进行讨论、发表意见。为提高工作效率和水平，制定标准时应以熟练操作者的经验为基础。

（4）应针对所制定的工作标准组织相关人员进行培训，可以由熟练工先行操作表演，再组织新工人上岗培训，并纳入工人技术登记考核内容。

（5）应考虑到工作系统中存在较多的随机因素，所以，工作标准化过程中要特别注意防止标准约束人的主动精神和创造性的负面作用，并注意持续改进。

（6）工业工程（industrial engineering，IE）是制定工作标准的科学方法。

## 第二节 项目零缺陷建设现场管理理论

生态修复项目现场是施工企业开展生态建设施工作业实施的场所。任何生态修复工程项目零缺陷建设施工、勘测、规划、可行性研究咨询、设计、监理等企业，最终都要通过现场提供的零缺陷产品或服务来满足业主的需求。现场中包含为了实现项目建设业主需求所必需的人员、设备、材料、作业工艺等方面的基础性管理要素。现场管理是生态修复工程项目零缺陷建设中重要的基础管理工作，现场管理的水平会对生态修复工程项目零缺陷建设的质量、效率、进度和生态防护效能产生直接的影响作用。

近些年来，我国生态修复工程项目建设施工企业开始逐渐认识到现场管理能力对于企业核心竞争力的决定作用。许多企业通过大力推进各类现场零缺陷管理改进活动，加强先进质量管理工具方法在现场中的科学运用，着力建立系统的现场管理机制和制度，不断提高现场管理的零缺陷质量、效率和效能。在这一过程中，企业迫切需要更加系统、更具实践性、更有规范性的理论，来指导生态修复工程建设现场零缺陷管理的改进活动，

### 1 现场零缺陷管理概述

深刻理解生态修复项目建设现场零缺陷管理的内涵是有效实施现场管理规范化准则的基础，企业需要根据不同生态建设项目类型特点，策划和选择适宜的管理方法，切实开展现场零缺陷管

理改进工作，努力提升零缺陷现场管理的成效。

## 1.1　现场种类

现场是指组织中提供生产和服务的场所。

产品制造和服务提供过程具有不同的特征（图 4-1），因此，可将其分为生产性现场与服务性现场 2 种类型。生产与服务现场中需要重点控制的管理要素、管理过程和管理目标也不尽相同。

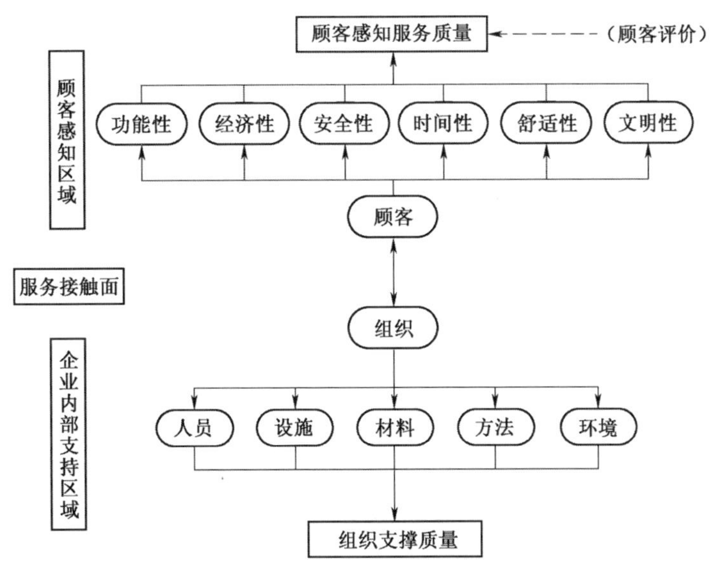


图 4-1　生产与服务过程

（1）生产（施工）现场。对于生产（施工）性质的现场（图 4-1 中“服务接触面”以下部分）来讲，管理者重点需要解决人员、设备、材料、作业工艺、生产环境等生产要素之间如何协调的问题，从而既能保证产品质量稳定，又能发挥出这些管理要素在生产（施工）过程中的效率和效能。

（2）服务现场。对服务性质的现场（图 4-1 中“服务接触面”以上部分）来讲，顾客通常会直接参与到提供服务的过程中，企业既会为顾客提供有形产品，也会为顾客提供无形产品。顾客会从服务的功能性、经济性、安全性、时间性、舒适性、文明性等方面来评价服务的感知质量。这些要素往往会受到顾客主观因素的影响，管理者重点要解决在服务现场中如何满足顾客个性化需求，从而不断提升顾客的满意度和忠诚度。

## 1.2　现场零缺陷管理

现场零缺陷管理是对现场全方位进行的计划、组织、指挥、协调、控制和改进的活动。

现场零缺陷管理是一项系统性的工作，围绕着对现场涉及各项管理活动的策划、控制和改进等重要阶段的展开，在这一过程中，需要通过系统地运用质量管理工具方法，不断提升各个阶段的工作质量和效率，发挥出为现场所匹配资源的管理效能。

### 1.2.1 现场零缺陷管理策划

在生态修复建设现场零缺陷管理策划阶段，需要确定现场管理的要求，设计现场中各项管理活动涉及的流程和操作方法。

现场管理要求来源于顾客需求，通过识别顾客、分析顾客需求、将需求转化为现场要求等步骤，形成现场管理目标。通常，可运用狩猎模型（KANO）、质量功能展开（QFD）、差距分析模型等管理工具，系统分析顾客需求，并进行需求转化。

依据现场管理要求，企业需要根据现场的类型，策划选择适宜的现场作业组织方式，匹配相应的管理资源，设计现场中的各项管理活动，既要保证各项管理流程运行的有效性和协调性，也要保证各项工作标准的可操作性。在进行现场管理活动设计时，需要识别各管理流程和操作方法中隐藏的潜在风险，运用防差错、工业工程等方法，消除与降低各类风险出现的概率。同时，为了满足顾客多样化的需求，更要不断地增强现场管理系统的灵活性。

### 1.2.2 现场零缺陷管理控制

在现场零缺陷管理控制阶段，要通过对各项现场管理活动的有效控制，保证现场管理目标的顺利实现。

依据质量控制反馈回路原理（图 4-2），为实现有效的现场控制，对于现场中的各项管理活动和流程，都需要建立必要的测量方法与手段，明确标准和判断异常的方法，制定异常处理机制。

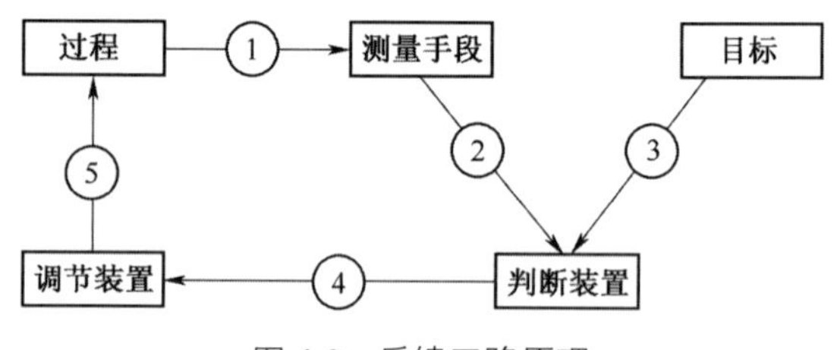


图 4-2 反馈回路原理

在实施现场控制过程中，需要以提升现场员工的素质技能为基础，通过系统运用 5S、目视化管理、标准化作业、统计过程控制（SPC）、全面生产维护（TPM）等管理工具，不断提升现场管理过程的效果、效率和效能。

### 1.2.3 现场零缺陷管理改进

在现场零缺陷管理改进阶段，要根据现场管理要求不断提升的需求，通过分析现场管理过程中产生的管理数据和信息，探讨改进机会。在改进过程中，可以系统运用 QC 小组、六西格玛（见本书第二篇第四章第二节 2.2 六西格玛管理）等质量改进工具。通过现场管理改进过程，不断优化各项现场管理活动的流程，提升产品制造能力和服务水平。

不论生产现场，还是服务现场，现场管理活动都可以按照上述程序方法进行系统的开展。

## 1.3 现场零缺陷管理的作用

企业的经营管理活动是围绕着组织战略来开展的。现场中的零缺陷管理活动是企业经营管理活动的重要组成部分。从图 4-3 所示零缺陷管理控制金字塔可知，企业中绝大部分管理控制活动都是在生产或服务现场开展的，一部分管理活动的控制由现场的员工来实施，一部分通过自动控制系统来完成。这些管理控制活动开展的质量和效率，将直接决定企业经营管理水平，对组织实现战略目标将会产生重要的影响作用。

提升现场零缺陷管理水平应从以下 3 个方面促进企业不断增强经营管理能力。

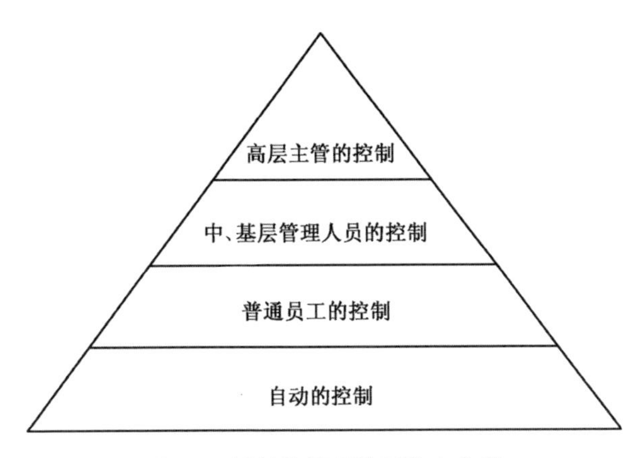


图 **4-3**　零缺陷管理控制的金字塔

### 1.3.1　增强企业创造价值的能力

创造价值能力是企业盈利能力的具体表现。企业经营管理的目标是通过不断向顾客提供有价值的产品或服务来完成，这些价值主要是通过各类现场中的管理活动来实现的。

（1）提升生产型企业创造价值能力的途径。对生产性质企业而言，其经营管理的一项重要任务就是不断优化生产制造过程的成本，提高生产资源的利用效率。通过现场有效管理可以不断改进生产流程和制造工艺，减少现场中各类不必要的成本损耗；同时，不断增强生产过程的灵活性，利用已有生产资源，满足顾客对产品多样化需求的要求。

（2）提升服务型企业创造价值能力的途径。对于服务性质的企业，经营管理的重要任务是不断优化服务的流程与水平，持续不断地提升顾客满意度和忠诚度。在大多数服务业，获取新顾客的成本要大于甚至远大于维护老顾客的成本。因此，顾客忠诚度对于服务企业的经营业绩会产生关键性的影响作用。服务现场是企业与顾客接触最重要的环节，只有通过有效服务接触过程管理，才能不断提升顾客对于服务产品和企业品牌的价值认知，从而促进顾客忠诚度的提高。

### 1.3.2　增强企业改进创新的能力

改进创新能力是企业实现可持续发展的基础。企业在经营管理过程中，大量的改进创新成果都来源于现场的实践。在现场管理过程，通过有效激励和授权措施，可以激发现场员工参与管理改进创新工作热情，不断增强员工的改进意识和改进技能。广大普通员工的积极参与，可以有效帮助企业在现场中发现更多有价值的改进机会，通过直接获得并分析来自于现场关于产品和服务的信息，持续提升企业创造价值的能力。

### 1.3.3　促进企业核心竞争能力的提升

企业的核心竞争能力具体表现之一就是能够低成本、高效率响应顾客多样化需求，实现“没有浪费与无效劳动的智慧制造与服务”。创造价值是企业经济发展的源泉。通过现场高效管理体系，建立科学思维、智慧服务的理念，把各种“工具”加以组合应用，不断创造出新方法和新模式，能够事半功倍地“学以致用”，致力于现场管理简明、可视、可测量、可操作、好用的标准。至此，可以不断优化产品生产和服务提供过程成本，增强企业资源创造价值的能力；同时，还可以不断提高生产与服务的效率，增强企业管理过程的灵活性，不断开发出满足顾客多样化高质量需求的产品与服务，使企业拥有自主核心竞争力，实现永续发展。

# 2 企业现场零缺陷管理准则的制定背景

生态修复建设施工企业现场零缺陷管理准则以全面质量管理作为核心理论依据，以国内外企业开展现场管理的经验作为实践基础，通过标准的实施，构建现场管理改进机制，建立起系统的企业现场管理实施方法，以提高运用先进质量管理工具方法的水平，达到促进和推动企业基础管理水平不断提升的目的。

## 2.1 国内外企业现场管理概况

日本及欧美国家在现场管理方面始终处于理论和实践的前沿。由于存在着经济社会发展和文化上的差异，东西方企业开展现场管理工作的侧重点有所不同。

### 2.1.1 欧美国家企业的现场管理

在欧美，以泰勒科学管理原理为起点，逐步建立了工业工程这门学科。工业工程（industrial engineering，IE）起源于20世纪初的美国，它以现代工业化生产为背景，在发达国家得到了广泛应用。现代工业工程是以大规模工业生产及社会经济系统为研究对象，在制造工程学、管理科学和系统工程学等学科基础上逐步形成和发展起来的一门交叉性的工程学科。它是将人、设备、物料、信息和环境等生产系统要素进行优化配置，对工业等生产过程进行系统规划与设计、评价与创新，从而提高工业生产率和社会经济效益专门化的综合技术，且内容日益广泛。工业工程中所涵盖的基本思想和管理工具，是今天广受关注的丰田生产方式的根基。此外，美国学者对丰田生产方式进行了深入研究，总结出了精益生产方式，并创造出了价值流图析等现场管理工具方法。

### 2.1.2 日本企业的现场管理

在日本，以丰田为代表的众多企业，在实践中涌现出了大量现场管理工具方法，以大野耐一为代表的现场管理专家，提出了现场、现实、现物的“三现主义”现场管理理念，并创造出了5S、目视化管理、防差错技术、快速换模、TPM等被广泛应用的现场管理工具方法。

质量是在工序中制造出来的。1950年6月15日，美国已故著名质量管理专家戴明博士应日本科学技术联盟邀请来到日本，举办了为期8天的“质量管理数理统计研修班”和为期1天的“经营管理者品质管理讲习会”。通过戴明博士条理详尽、通俗易懂的讲解，日本产业界的经营者、管理者、技术人员深受启发，对正处于摇篮期的日本质量管理的成长产生了重大影响，为“全面质量管理（TQC）”的形成及进化发展为当今的“全面质量经营（TQM）”，奠定并植入了持之以恒、永无止境的改进基因。

如何置于质量、成本、速度的最佳平衡，开展上自公司董事长下至普通员工全员参与，实现以企划、设计、制造、销售、服务为一体的“没有浪费和无效劳动的智慧制造与服务”，从而赢得顾客认可，以最小的投入获得最大绩效，成为了以丰田、小松、日立为代表的日本企业一直以来实施现场管理活动的宗旨所在。

伴随着时代与社会的发展，企业经营环境不确定性增加且风险多样化。近年来，日本企业界更加强调，现场管理水平的高与低、好与差取决于员工做事和工作的质量，而做事和工作的质量又与责任心、成本、速度、安全以及质量要求等诸多因素组合匹配的和谐程度密不可分。在互联网时代，面对繁复众多的工具、层出不穷的新方法、新模式，在学习和引进时，应保持理性。依照有用性（目的）→关联性（因果）→突破性（着眼点）的递进排序，理解现场改进思维方式、问题解决流程、应用工具三要素之间的逻辑关联，创新组合出“个性化”的解决方案，避免现场管理活动游离于日常工作和业务（SDCA）的轨道，导致碎片化、孤岛化。

日本企业的现场管理活动以“方针管理（PDCA）”和“日常管理（SDCA）”为基础，以“质量保证体系图”为路标，以QC工程表（QA矩阵）为枢纽，以“提高人与组织的活力”为导向，借助信赖性（可靠性）与质量管理的互通互联，通过开展5S、可视化、“小集团”——团队改善、防差错等活动，构建并不断地完善现场管理的运行机制，致力于标准作业指导书（SOP）的版本升级和“把规矩变成员工的习惯”，即标准化的实现，从而有效地实现现场管理的两大目标——“防止再发生”和“防患于未然”。

源自于丰田的“社长现场诊断”方式，现已为日本企业普遍采用。即：为了把公司确定的方针目标和任务要求贯彻落实到每一名员工的实际工作中，公司董事以上的全体高层领导每年定期巡视现场（work site visit），直接到一线与员工面对面地沟通交谈，以现地现物的方法确认实际状况，对于员工来说则能够获得当面向高层直接汇报和说明自己努力所取得的成果，或者困扰自己的疑难问题。

“质量保证体系图”是以实现产品的全部过程、生命周期为对象，依据使顾客愿意购买并且能够放心地使用公司所提供的产品，公司保证向顾客提供符合其质量需求并满意的产品与售后服务的基本理念制定出“质量保证规则”，在全公司构建横向（跨部门）与纵向（部门自身）互通互联的质量保证体制。依据质量保证体系图，由质量保证部具体负责全部门、全过程的现场质量管理活动的督导与协调。由此，不仅在生产线，从产品策划到销售、服务的每个阶段步骤，都能以“后工序是顾客”为准则，实现“不接受、不制造、不传递不良”的工序质量保证。

日本企业通常都会设置“质量保证部”或“经营企划部”等职能部门，依据质量保证规定和质量保证体系图，具体负责质量管理保证活动的日常实施与推进。

但在任何企业，“质量保证”都不是交由某个人或某单一的部门就能承担得了的。所有参与产品设计、制造的工作人员，会分担不同的工作任务，只有全员都做好自己的本职工作，设计质量才能得到确保。为此，日本企业普遍把“QC工程/工序表”作为现场管理必备的枢纽性管理文件，把设计要求转化分解为工艺流程卡、作业指导书、作业要领书、工位QA卡等，从而让每一位操作人员都明白“什么是必须要做的、什么是绝对不能做的”，有效、严格地实施工序管理。

QC工程/工序表也称为“质量管理工程/工序表”。这张表采用一览排序形式，标注出了为达到设计与预期的质量目标，以“防止再发生、防患于未然”为目的，各岗位按照规定流程，在实施和完成各自任务职责时的重点：操作顺序、操作要点及质量要求。需要基于任务功能要求与环境，结合质量功能展开（QFD）和工序失效模式与影响分析（PFMEA）等进行编制。

此外，质量管理与信赖性（可靠性）融合应用是日本现场管理的一个独具特色，也是日本现场管理的延伸。可靠性管理诞生于第二次世界大战后的美国，日本也在同一时期引进了这一概念，与“品质管理”相对应将其称为“信赖性管理”，并将这二者不断交流和融合。在这一过程中，TQM导入和采纳了很多可靠性手法。有代表性的可靠性管理手法如设计评审（design review，DR）、失效模式与影响分析（failure mode and effects analysis，FMEA）、故障树解析

(fault tree analysis, FTA)、可靠性框图（reliability block diagram, RBD）等也成为品质管理的主要手法。日本归纳提出了应用于现场管理的可靠性 7 种工具，那就是：可靠性数据库、可靠性设计技法、FMEA/FTA、设计评审、可靠性试验、故障解析以及威布尔分析。品质保证的步骤与可靠性手法工具如图 4-4。

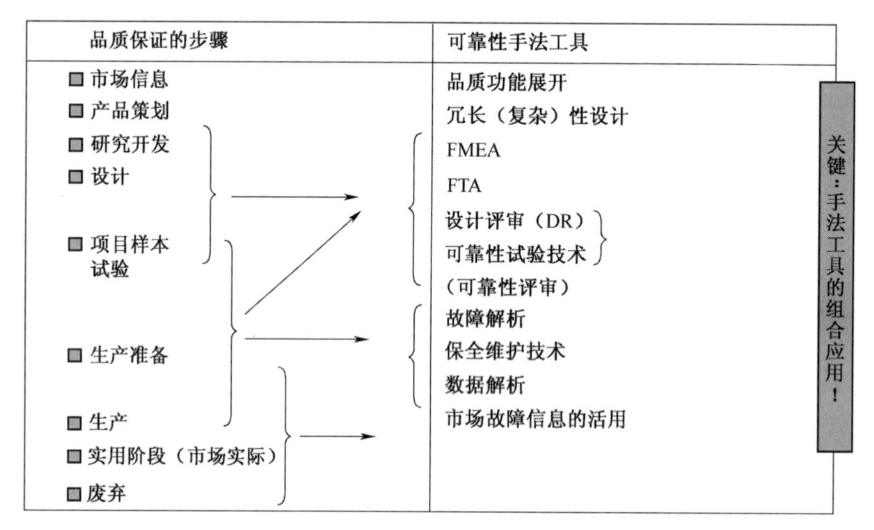


图 **4-4** 品质保证的步骤与可靠性手法工具

### 2.1.3 国内企业现场管理概况

20 世纪 60 年代，我国在机械工业行业创建了质量信得过班组这一形式，用以激励现场员工自主地进行管理，这是我国早期企业现场管理工作的代表。70 年代开始，我国企业开始逐步导入全面质量管理的理念和方法，在这一过程中，QC 小组等现场管理改进活动的开展，有效地推动了我国企业现场管理水平的提高。改革开放以后，国内企业不断引入欧美和日本的 ISO 9000 标准、卓越绩效模式、精益思想等许多先进管理理念和方法。许多优秀企业结合自身特点，不断进行管理创新，积极探索和实践适合我国企业的现场管理方法。

2009 年，中国质量协会开展了我国工业质量管理现状调查。调查结果表明，我国企业在生产作业过程中应用先进质量管理方法的程度还很低，企业现场管理水平和生产作业效率亟待改善和提升。

我国工业企业质量管理现状调查报告中指出：从通用设备制造行业调查结果来看，在生产作业过程控制方面，制定标准操作规范并实施产品的监视与测量的仅占 11%，制定了具体质量目标和操作规范的占 24%，能够定期进行质量审核并使用质量管理工具方法进行改进的仅占 14%，能够经常对过程控制方法进行改进的仅占 37%；在生产制造过程中识别和确定质量特性方面，不能够确定质量关键特性的企业占 4%，由设计部门和顾客共同确定的占 23%，从设计开始就能够直接关注到质量特性的占 25%；在设备管理方面，80% 以上的企业没有做到以“设备生命周期为对象，开展全面生产维护”。此外，在先进质量管理工具方法应用方面，企业实际应用的质量管理工具少，能够经常使用质量管理新旧 7 种工具、统计过程控制（SPC）等最基础的工具方法的企业不到 40%，能够应用六西格玛、精益生产等先进质量管理工具方法的不到 15%；能够做到有效运用大多数质量管理工具方法的企业不到 50%。调查还反映出我国企业的硬件设备近些年有了很大程度的提高，但是“管理”软实力明显不能满足要求，在通用设备行业，企业主导产品的生产采用国际标准的比例是 40%，采用国外先进标准的比例不到 20%。另外，企业各层次改进活动开展不充分，群众性改进活动的参与程度还比较低，50%以上的企业没有开展活动或仅有部分员工参加 QC 小组活动。以上这些调查数据表明，当前我国企业在现场管理过程中，其设计、计划、设备、班组、供应链、品质检验等方面存在诸多不足和改进空间。

## 2.2　企业现场零缺陷管理准则的意义

通过中国质量协会组织开展的一系列调查研究可以发现，我国企业的现场管理水平与国外优秀企业相比，无论是对现场管理的理解，还是管理工具方法运用的水平方面，均有很明显的差距。为此，中国质量协会从 2009 年起在全国范围内的企业全面推动现场管理改进活动。目的是引导企业全面审视现场管理，改变传统的现场管理做法，以现场管理全面改进作为企业核心竞争力提升的根本出发点和落脚点。同时，基于我国企业管理发展历史及现实管理特点，提炼出适合国内企业的现场管理方法，制定出了《企业现场管理准则（GB/T 29590—2013）》。企业通过实施该项国家标准，可以有效解决在现场管理过程中存在的一些问题。

### 2.2.1　对现场管理工作的认识

应让企业切实转变现场管理的思想认识和观念，不仅要意识到现场管理在企业中的重要地位和作用，更要意识到现场管理工作全面改进与提升的重要性和必要性，把现场管理工作提升到企业经营战略的高度。

### 2.2.2　对现场管理组织形式

要认识现场管理工作不再只是某个部门的事情，而是需要各部门共同协作、全员参与。当然，为了实现现场管理工作的全面改进与提升，企业需要有一个专业化的组织全面统筹负责现场管理工作。

### 2.2.3　对现场管理范围

现场管理不再单纯局限于生产现场管理，或单一管理活动，而是放眼于全局，面向企业的全面综合发展。现场管理不再仅是追求质量、成本等目标，而是以追求企业综合效益最优化和提高企业管理水平为目的。

### 2.2.4　对现场管理内容

现场管理应涵盖企业管理中涉及的各项专业管理、基础管理等工作，现场管理应该将这些内容有机地整合起来。

### 2.2.5　对现场管理程序

现场管理必须抛弃原有支离破碎的流程，要建立一个系统化的流程，构建出一个和谐的现场工作环境。

### 2.2.6　对现场管理方法

不求多，不求奇，不求难，确保适宜、有效、可操作的方法应用，真正实现方法的效果。并且要注重与企业现场实际的有效结合，使工具方法应用不流于形式，不成为脱离实际的“道具”。建立和实施企业现场管理准则，解决全面质量管理的理念和方法在现场管理中运用效果的问题，促进企业实现现场管理水平的全面改进与提升。

## 2.3 企业现场零缺陷管理准则的理论基础

全面质量管理（TQM）是企业现场管理准则的核心理论依据，标准的核心思想、基本理论和框架都是以 TQM 作为基础。此外，科学管理理论、生产运作管理理论、服务接触理论等管理理论和方法也为生态施工企业现场零缺陷管理准则提供了重要的理论支撑。

### 2.3.1 全面质量管理

全面质量管理是指一个组织以质量为中心，以全员参与为基础，目的在于通过顾客满意和本组织所有成员及社会受益而达到持续发展的管理途径。TQM 的内容伴随着管理理论的发展和企业经营的实践而不断充实，其中既蕴涵了许多重要的管理思想，也涵盖了大量的管理工具方法。

TQM 强调把以事后检验把关为主的管理，转变为以预防为主的管理。大量企业实践表明，实现预防性管理是提升企业管理活动质量和效率的重要基础。企业在经营管理过程的许多工作表现为救火式管理，因为缺乏对管理过程进行系统策划，经常出现大量的质量损失、成本损耗和效率下降等内耗现象。在现场管理过程中，需要秉承预防性管理的思想来开展工作。

（1）全面质量管理的基本理念：由以顾客为中心、持续改进和员工价值三个内容组成。这些基本理念构成了现场管理准则核心思想的基础。

①以顾客为中心。当下，企业已经能够非常深刻地理解，产品与服务的质量最终是由顾客来评判的。企业的经营活动需要紧密围绕顾客需求来开展，既要关注顾客对产品性能和服务过程感知的要求，也要关注顾客对产品制造和服务提供过程的成本、效率等要求。企业战略目标的实现依赖于经营管理过程满足顾客需求的能力。

在现场管理过程中，各项管理活动需要围绕企业战略展开，现场管理目标的实现应该能够有效支撑企业战略目标的实现。

②持续改进。企业的改进创新能力是其核心竞争力的重要组成部分。随着经济与技术的发展，产品的生命周期越来越短，顾客的需求也更为复杂，一方面，需求内容更加多样化，其次，需求变化速度也越来越快。企业只有通过持续改进与创新，不断提高产品性能和服务水平，优化企业内部管理流程，才能以更低成本、更高效率来满足顾客多样化的需求，不断提升企业的核心竞争力。大量改进与创新的机会源于现场的管理活动，因此，企业需要不断提升现场改进与创新的能力。

③员工价值。企业的各项管理活动是由不同层次员工来完成，因此，员工的意识和技能将决定经营管理质量。企业需要根据战略发展的要求，投入适当的资源，不断提升员工价值，为产品制造、服务提供和改进创新奠定坚实的基础。同时，企业通过有效的激励和授权管理措施，让员工的价值得到最大程度发挥。

（2）全面质量管理的 3 大关键过程：全面质量管理涵盖了质量计划、质量控制和质量改进 3 大关键过程（图 4-5），为构成各类型现场管理准则的框架提供了重要理论指导。企业经营过程的各项管理活动都是按照这三个阶段来展开的。

①质量计划。质量计划是管理活动的起始点。在这一阶段，首先要对顾客需求进行全面识别和系统分析；通过产品和服务的开发过程，将顾客需求转化为产品特征或服务特征；并根据产品或服务的特征和要求，设计产品制造或服务提供的过程。为了实现预防性的控制，降低运营过程

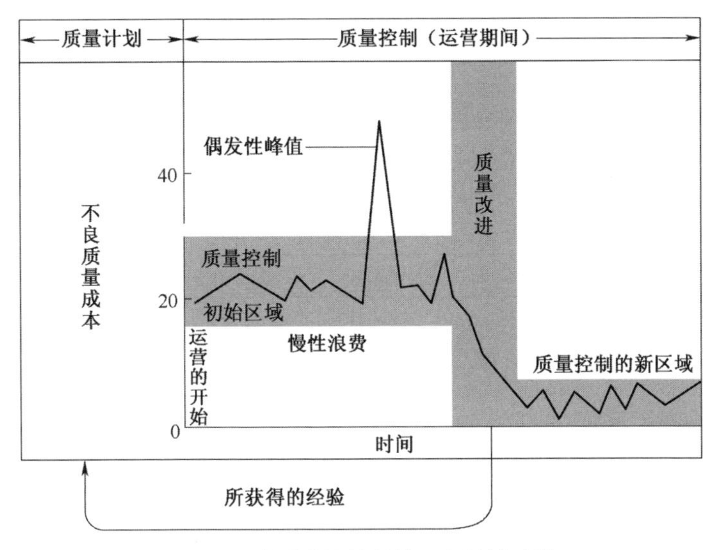


图 **4-5**　全面质量管理的三大关键过程

风险和不良质量成本，质量计划阶段的另一项重要任务是识别管理流程和活动中的风险点和潜在缺陷，采取适当方法消除风险，为过程高质量、高效率的运行奠定基础。

②质量控制。质量控制阶段的主要任务是根据计划阶段设计出的流程和标准，对各项管理活动进行监控，通过适当手段测量过程的状态，对于过程产生的波动，及时进行调整，以保证过程稳定运行。质量控制环节需要做大量的监测和调整工作。质量控制水平将直接决定运营过程的质量和效率。

③质量改进。如图 4-5，运营过程中的质量控制活动并不能显著减少过程中的浪费和不良质量成本，质量控制的主要目的是消除过程波动；因此，为使运营过程的质量和效率取得突破性提升，就需要采用适当方法进行过程的质量改进。通过质量改进过程，不断消除过程中的潜在缺陷和不良现象，降低运营过程成本，有效提升管理资源的利用效率。

### 2.3.2　科学管理理论

美国古典管理学家弗雷德里克·泰勒于 1911 年在他的著作《科学管理原理》中提出了科学管理理论。科学管理理论是现代管理科学发展的开端。

泰勒对科学管理作出了这样的诠释："诸种要素——不是个别要素的结合，构成了科学管理，它可以概括如下：科学，不是单凭经验的方法。协调，不是不和别人合作，不是个人主义。最高的产量，取代有限的产量。发挥每个人最高的效率，实现最大的富裕。"泰勒认为科学管理的根本目的就是谋求最高劳动生产率，最高的工作效率是雇主和雇员达到共同富裕的基础，要达到最高工作效率的重要手段是采用科学化、标准化的管理方法代替经验管理。这既阐明了科学管理的真正内涵，又综合反映出了泰勒的科学管理思想真谛。

科学管理的思想包含了工作定额、选择与培养优秀员工、标准化原理、计件工资制、劳资双方密切合作、建立专门计划层、职能工长制等方面的内容。

### 2.3.3　生产运作管理理论

生产运作是指将人力、物料、设备、资金、信息、技术等（投入）生产要素转换为产品或服务（输出）的过程。生产运作管理理论主要是对生产和服务活动进行研究，它包含了以下三个层次内容：

运作战略制定：包括产品和服务策略、竞争策略以及生产运作组织方式决策；

运作系统设计：包括生产技术选择、生产能力规划、供应链设计、设施选址与布局等；

运作系统的运行管理：包括需求与预测、生产计划、物料与库存等管理。

生产运作管理理论涉及管理学、运筹学、财务管理等相关学科的内容。其中，有关大批量生产运作和多品种小批量生产运作的内容，对于企业开展现场管理工作具有重要的指导意义。

（1）大批量生产。大批量生产特点是品种少、产量大、生产的重复程度高，其具备以下 3 个优势。

①从设计到产品生产周期短。使顾客订货前置期缩短，加快了资金周转。

②机械化、自动化水平高。使用人员少，劳动生产率高。

③产品质量稳定。大批量生产是基于美国福特汽车公司创始人亨利·福特的“单一产品原理”。按照这一原理，从产品、机器设备到员工操作均实行标准化，建立固定节拍流水生产线，实现了生产经营管理上的高效率与低成本目标。

（2）多品种小批量生产。多品种小批量生产的特点是品种繁多，且生产每一品种的数量很少，生产重复程度低，这些特征带来了下述 4 个问题。

①产品制造周期长，资金周转慢，顾客订货前置期长；

②在通用设备使用过程中，产品切换时间长，效率低；

③生产过程使用人员多，劳动生产率低；

④产品质量不易保证。

与大批量生产相比，多品种小批量生产的优势是可以灵活响应顾客需求，但效率低是它的主要缺陷。日本丰田汽车公司基于多品种小批量生产的特征，通过采用快速换型、人员多技能化、看板拉动等方法，克服了多品种小批量生产的缺点，建立起了独特的丰田生产经营管理方式。

### 2.3.4 服务接触理论

（1）服务接触理论内涵。服务接触的概念最早是由 R. B. Chase 于 1978 年提出，并建立了首个服务接触定义：“顾客必须待在服务现场的时间占总服务时间的比重。”随后，Calzon 将服务接触称为服务提供过程的“关键时刻”；Shostack 将服务接触定义为“顾客同一项服务直接相互作用的一段时间”，并区分了高、中、低接触类服务；Solomon 认为服务接触是“顾客与服务提供者间的二元互动关系”；Bateson 提出了服务接触三元组合理论，认为顾客、员工和服务组织共同构成服务接触，必须协同合作才能创造出更大利益，任何一方不应为了自身利益而试图控制整个接触过程。

通过归纳对于服务接触的不同界定，可以发现服务接触即为与组成服务及服务质量相关要素之间的互动行为。根据服务蓝图组成，可以将服务划分为 3 个区域：服务接触区域、内部支持区域和外部协调区域。

服务接触区域涵盖了顾客与服务系统间所有的互动行为，对顾客而言，在该区域内的互动行为都是可视且可评价的。一项服务过程的好坏，取决于服务质量构成要素系统与顾客的互动，从而满足顾客所期望的情况。

（2）日本服务业现场管理的改进步骤。欲实现“好的服务质量”，第一要认知并明确顾客是谁；第二要理解和清楚顾客需求的目的是什么；第三是为顾客提供满足其所需要的服务。据此，与生产制造业一样，日本企业通过对服务质量特征的不断探索与实践，总结归纳出了服务业现场管理改进的6个步骤：

①认知并确定自己的顾客——服务的对象；

②调查并把握顾客需求——现有服务商品的改进；

③调查并把握顾客需求——新服务商品的开发；

④将顾客需求转化为具体的质量特性——解读顾客需求的含意；

⑤设定重要质量特性和质量参数——明确改进的目标指向；

⑥实现质量目标水准——改进并提升服务的质量。

# 3　企业现场零缺陷管理的核心思想

企业现场零缺陷管理准则的制定是以全面质量管理的思想和方法作为核心指导理论，提出了以顾客为中心，提升效率和效能，节省时间、节约资源和优化节拍（“一心”“二效”“三节”）作为现场管理的核心思想，以顾客导向、系统协调、员工素质、效率提升、持续改善和现场和谐作为现场管理基本理念。在现场零缺陷管理改进提升过程中，只有准确理解企业现场管理准则核心思想的内涵，才能有效发挥出现场零缺陷管理准则核心思想的显著性、持续性作用。

## 3.1　企业现场零缺陷管理准则核心

### 3.1.1　现场零缺陷管理的核心理念

以顾客为中心，提升效率和效能，节省时间、节约资源和优化节拍（“一心”“二效”“三节”）是现场管理的核心理念。现场管理的主要工作任务是满足顾客需求，通过管理效率和效能的提升，不断增强满足顾客需求的能力，而“三节”是现场中实现提升管理效率和效能的具体途径。

3.1.1.1　以顾客为中心（“一心”）

现场管理的目的是通过高效管理活动和其流程，不断增强为顾客创造价值的能力，从而不断增强企业的核心竞争力。因此，现场管理的首要任务是以顾客为中心，根据现场提供产品或服务的特点，准确分析外、内部顾客的需求。

（1）生产现场的顾客类别。生产现场通常科学合理地分为外、内部2类顾客。

①生产现场的外部顾客：外部顾客是指产品最终的使用者。外部顾客通常会在产品的功能、质量、交付周期、成本、售后服务等方面提出具体要求，企业需要根据这些具体要求，组织对产品进行设计、制造和售后服务等。在这一过程中，企业需要密切关注新产品、新技术的出现，对顾客选择和使用产品的习惯所带来的改变，通过灵活开发产品和组织生产过程，及时满足顾客的合理需求；同时，也需要建立系统的机制，能够将顾客在使用过程中的反馈信息及时传递给产品开发和生产制造系统，并根据顾客意见，不断优化制造工艺和生产流程，从而更好地满足外部顾

客的要求。

②生产现场的内部顾客：内部顾客是指与生产现场直接相关的下道工序和横向相关部门。内部顾客通常会对中间产品的质量、交付以及相应管理资源配置等提出要求。企业要建立系统的流程，并匹配相应的管理资源，便于生产现场及时了解下道工序对产品质量、交付时间等方面的要求，从而保证生产流程的顺畅运转；同时，在设计管理流程和配置管理资源时，应该深入分析现场管理的实际需求，减少不必要的管理环节，提升管理效率，方便现场管理工作的顺畅开展。

（2）服务现场顾客。企业生产现场的顾客主要是指外部顾客，他们会对服务提供的便利性、服务提供过程的效率，以及在接受服务过程中获得良好感受等方面提出具体要求。在进行服务现场管理时，企业需要根据服务现场目标顾客群体的特征，从服务场所的选址、服务现场的环境布局、服务提供流程等管理内容深入分析顾客需求，并为服务现场匹配必要的管理资源。在服务提供过程中，需要建立系统性机制，及时收集顾客对服务过程的评价情况和新要求，并对服务流程进行持续优化，从而不断增强顾客的满意度和忠诚度。

#### 3.1.1.2 提升效率和效能（“二效”）

效率是指得到的结果与使用资源之间的关系，是单位时间内投入与产出比；效能是指为实现目标所显示的能力和所获得的效果及效益的综合反映。在保证产品和服务质量前提下，企业要始终思考如何提升现场作业效率。通过提升现场各项管理活动和流程效率，有效发挥出现场管理资源使用的整体效能。

提升效率的目的是为了以更快速度和更低成本满足顾客需求。在制造产品和提供服务过程，通过减少作业过程中不必要的工作环节和作业动作，不断优化流程，缩短作业周期，提升产品与服务交付的能力。

为了更好地发挥出现场管理效能，需要对现场管理流程进行系统策划，确保各项管理活动具有一致性管理目标。通过提升各项管理活动和流程效率，可以有效地挖掘现场管理资源的潜力；同时，也要通过整合内部管理流程和资源配给布局，发挥出管理资源的协同效应。

#### 3.1.1.3 节省时间、节约资源和优化节拍（“三节”）

“三节”是实现现场管理提高效率和效能的途径。通过对作业流程和作业技能的优化，不断优化产品加工工艺与服务提供的流程，从而有效缩短产品加工时间和提快服务速度，更好地响应顾客需求；为了提高生产和服务整体流程的效率，缩短产品制造周期，提升交付能力，在开展现场管理改进时，需要系统识别流程中的制约环节，并通过对制约环节的优化，实现流程节拍的改善，从而不断提升现场管理的整体效率；在对现场管理活动和流程优化过程中，可以通过对现场人员、空间布局、设备等资源的优化配置，不断提升现场管理资源的利用能力，从而实现节约资源的目的。

为了达到实现“三节”的目的，在现场管理过程中，需要对各项管理数据进行深入细致的搜集、归纳与分析，不断寻找改进空间，以便持续改进。

### 3.1.2 现场零缺陷管理的基本理念

企业现场零缺陷管理准则提出了以顾客导向、系统协调、员工素质、效率提升、持续改善和现场和谐作为现场管理的基本理念。现场零缺陷管理工作需要以顾客需要为导向，系统地策划现场管理中的各项活动和管理流程，通过营造和谐的现场氛围，提升现场员工的改善意识和改进技能，不断优化作业方法和管理流程，提升现场零缺陷管理过程中的整体效率。

（1）顾客导向。在开展现场管理过程中，现场应该以顾客需求为中心，充分识别各类顾客的需求与期望，关注顾客需求和期望的变化，提升现场满足顾客需求和期望的能力。现场需要对内外部顾客进行深入分析，并根据不同类别顾客的特点，确定分析顾客需求的方法，识别满足顾客需求的主导因素。在管理过程，将顾客需求准确地转化为现场与之相对应的管理活动和流程。

企业在日常管理中，要特别关注内部顾客的需求。在设计内部流程和标准时，是否考虑到流程和标准的使用者是谁，使用者的知识结构和技能工作经验是否满足相应的条件。

（2）系统协调。企业领导者应该促进现场实现系统化管理，确保现场管理过程与组织整体战略运行协调一致。在现场管理过程，各项管理活动和流程都要围绕内外部顾客需求展开。对企业而言，制造产品与提供服务是通过一系列衔接的工序或流程来完成的，企业在策划管理架构和职能时，需要保证各项管理活动和管理职能具备一致性的目标，从而避免会产生职能目标与顾客需求产生冲突的现象，消除不同部门、不同岗位之间的矛盾，实现现场管理过程职能之间、工作岗位之间、流程之间的协调一致。

（3）员工素质。现场员工的素质水平是实现现场管理目标的重要保证。企业需要结合现场和员工特点，通过系统激励机制和培训体系，增强员工的质量意识，提高员工现场管理技能和创新能力，激发员工参与现场管理的热情。在现场管理过程，需要向现场员工明确内外部顾客的具体需求，增强现场员工对自身工作价值的认知，提升工作成就感。根据岗位和员工自身需求，设立系统的现场员工职业发展通道，激发员工自主学习、自主提升的热情。

（4）效率提升。在现场管理过程，要始终秉承提升效率、减少浪费的基本理念，不断提升为顾客创造价值的能力。通过对现场管理活动和流程的深入分析，识别作业过程中的不必要浪费，并运用质量改进方法，不断优化作业和流程，减少不必要环节，有效提升管理资源在现场使用效率。

在生产现场中，会发生作业流程设计不合理所导致的瓶颈环节能力低下、设备整体利用效率不高、在制品库存过多等效率低下的现象。这时，生产现场需要通过对生产组织的整体优化，消除制约环节，优化生产节拍，提高人员、设备的工作效率，缩短产品加工制造周期，更好地发挥出管理资源的效能。

在服务现场中，会出现服务流程不畅和服务资源不足所导致的顾客等候时间过长、业务办理速度较慢等效率低下的现象。这时，服务现场需要对服务流程进行系统梳理，发现导致服务不畅的环节，优化并匹配充足的管理资源。

（5）持续改善。为了充分满足顾客持续提升的多样化需求，在现场管理过程，需要通过系统改进机制，对制造产品和提供服务能力进行持续提升。现场改进机制应该包括明确改进目标、识别改进机会来源、建立现场系统改进方法，以及确定现场员工所具备的改进技能。在现场管理改善过程，需要充分发挥现场员工的作用，提高现场员工素质，激发员工参与改进的热情，最终，形成持续改善的现场管理文化。

（6）现场和谐。企业需要营造诚信和谐、相互协作、安全健康、资源节约和保护环境的现场管理氛围，从而促进企业的可持续发展。

企业的可持续发展需要良好的文化和环境作为支撑，企业的管理理念需要落实到具体的现场管理工作之中。在开展现场管理工作过程，企业需要通过各种形式的活动和沟通方式，让员工深刻了解企业的核心文化，企业的管理人员在日常工作中要身体力行地践行企业管理理念。通过长时间的积累，真正在现场形成促进企业可持续发展的和谐文化。

## 3.2 企业现场零缺陷管理准则框架

### 3.2.1 现场零缺陷管理准则要求的内容

企业现场零缺陷管理准则要求由推进要素、过程和结果 3 部分组成。

（1）推进要素。推进要素部分包括领导作用、战略秉承、组织保证和员工素质 4 部分内容，这 4 部分内容构成了企业组织现场管理工作驱动最为重要的因素。

（2）过程。过程部分包括过程策划、过程控制、过程改进与创新 3 部分，这 3 部分按照 P—D—C—A 循环思想，确保现场管理工作的系统性和有机性。

（3）结果。结果部分包括质量、效率与效能、履约、员工素质、成本、安全以及环境保护与资源利用 7 项内容，科学合理地反映出了现场管理的全面性。

### 3.2.2 现场零缺陷管理准则框架

从图 4-6 可知，企业现场零缺陷管理准则框架以齿轮的图形来表示。企业在开展现场管理过程，始终围绕着现场零缺陷管理的核心，通过推进要素，驱使现场零缺陷管理过程中的各项工作系统、有序展开，从而促使不断地提升现场零缺陷管理的绩效。

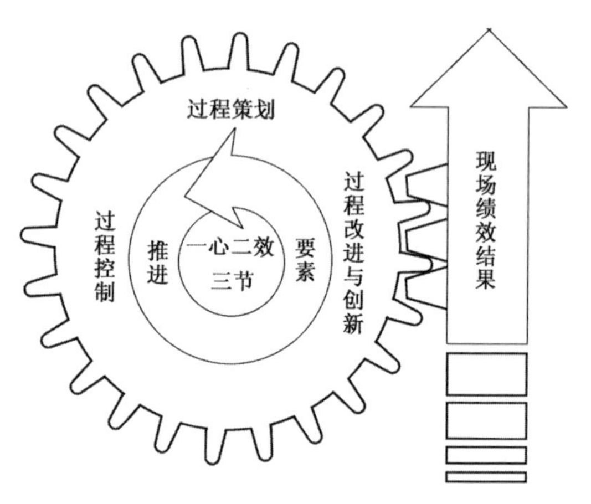


图 **4-6** 企业现场零缺陷管理准则框架图

# 第三节
# 复杂项目零缺陷建设管理

进入 21 世纪以来，复杂生态修复工程项目零缺陷建设在管理对象、管理环境、管理目标、组织结构、组织行为等因素的复杂化，对项目零缺陷管理理论和方法提出了新的挑战，原有的项目管理理论和方法已经很难满足新时代变革带来的新问题。这导致许多学者对新项目管理理论与方法的渴求与探索。复杂生态修复工程项目零缺陷建设管理研究和实践的主要领域包括复杂工程的复杂性来源，即复杂工程为什么复杂；复杂工程特点，即复杂在何处；复杂性测量，针对复杂工程项目零缺陷管理的新方法、新技术和新理论，以及担任复杂工程项目经理的能力标准等。随着项目复杂程度的不断提高，传统的理论与方法已经很难满足全面掌控复杂项目的需求，需要从系统科学特别是复杂性科学中汲取营养和理论支持，从复杂工程系统的视角来审视项目管理，通过方法、技术和理论的创新，最终实现复杂工程项目的综合集成和零缺陷管理。

# 1　复杂工程项目概述

## 1.1　复杂工程的相关概念

### 1.1.1　复杂系统的概念

系统广泛存在于社会、经济与工程领域。相比较而言，有的系统无论其要素、结构还是与环境的关系都比较简单，对这类系统我们一般可以用还原论的方法，即把系统分解成为若干部分，通过研究各个部分再进行“叠加”，就基本上弄清楚了系统的整体。这样的系统通常称为简单系统。但另有一类系统，由于其要素之间的关联比较复杂，系统结构形成了不同的层次，或由于其他各种原因，对这类系统一般不能仅仅通过“分解再叠加”的还原论来认识，这些系统通常称为“复杂系统”。复杂系统一般具有以下特点。

（1）系统呈现开放状态。系统与环境之间存在多种形式的物质、能量与信息交换，环境的不确定性、动态性对系统具有重要影响，系统与环境的交互是紧密的。

（2）系统具有“涌现”特征。系统的一种或多种（整体）行为、性质及特征，一般不能由系统的部分行为、性质及特征来决定和认识，也不能由其部分行为、性质和特征简单叠加来决定和认识，这一现象常称为系统的“涌现”。

（3）系统有自我调控能力。系统一般由多个具有自我学习、自我适应功能的自主主体参与和组成，自主主体在某种意义上是“活”的，因此它们能够组织和自组织形成系统的结构与功能。这样，系统也就成为“活”系统，是具有进化现象的系统。

（4）系统内部高度集成。由于系统各部分之间高度集成，各部分相互之间的作用“半径”不再是小范围，而是大范围甚至具有某种全局性。系统中某一个部分的哪怕是很弱小和微量的变化，都有可能被逐步放大而造成对系统宏观行为的全局影响。而且这些影响一般难以认识和预测。这种状况在直观上通常让人感到系统中一些事件的原因和结果之间并不是那么直接和显然，这就使得一些事情即使在系统设计之初尽量考虑周全，人们也常常对系统的意外行为“防不胜防”。

复杂系统的上述特性有时也称为系统复杂性。虽然复杂系统与系统复杂性不是一个概念，但通常为了简便理解而认为，复杂系统就是具有系统复杂性的系统，或具有系统复杂性的系统就是复杂系统，甚至把“复杂系统”与“系统复杂性”认为是同一件事物的两个方面。

### 1.1.2　复杂工程概述

实践证明，现代大型复杂工程，特别是投资巨大、技术先进、规模宏大及对社会经济发展有重大持续影响的基础性工程项目，它们为人类创造或改善了生存环境，或为人类社会和文明发展提供了重要支撑，同时它们也表现出更加丰富的复杂系统特性和内涵。从系统方法论角度，通过工程的系统要素分析，复杂工程具有如下 6 项特点。

（1）因为复杂工程的开放性更强，与环境的关联性更紧密，因此，复杂工程在立项和设计时，应该注重工程与环境的友好与和谐，进而把这些作为工程管理的重要目标。

（2）复杂工程的规划与论证，不仅要审视工程科学原理和技术可行性及考量工程商业价值和经济效益，还要从更广泛的社会层面对工程进行综合评估。例如，要评估工程对国家安全与社会经济发展的作用，工程对当代及子孙后代的可持续意义。

(3) 复杂工程的建设主体一般是一个群体，这个群体不但人数众多，而且由不同利益关系人组成，如政府、业主、咨询顾问、监理方、设计者、承包商、供应商等。而且每一方建设主体都有众多的单位参与，他们一方面因共同参与工程建设而具有共同的基本目标和利益诉求，另一方面在许多具体问题上因为各自地位与利益的不同，而使彼此的关系错综复杂。这种情况在一般项目建设中都存在，在复杂工程中情况更严重，矛盾与冲突更加突出。

(4) 从大范围来看，复杂工程的建设目标具有多元性，并形成复杂的工程目标体系。在这一体系中，目标地位、权重不同，表达方式有定性、定量，有些目标之间还存在约束、矛盾甚至冲突。

(5) 复杂工程设计和施工方案的比对和遴选，一般不再存在“绝对最优解”。由于工程目标的多元性，每个方案都只能是“非劣解”，而从众多的“非劣解”中确定最终满意的方案，工程主体的理念、偏好和价值观对方案的选择起到极大的作用。

(6) 工程业主在整合资源过程中，易出现缺乏相应专业知识和经验的情况，进而暴露出缺乏必要的工程控制能力和驾驭能力，甚至业主一时还缺少必要的工程资源。

### 1.1.3 复杂工程系统的概念

在理解复杂工程和复杂系统两个基本概念的基础上，南京大学盛昭翰教授将复杂工程与复杂系统两个概念联系起来，提出了复杂工程系统的概念。

从复杂工程系统的角度理解和认识复杂工程，不仅从工程层面理解诸如工程规模巨大、工程环境恶劣、工程技术复杂等“显性”的复杂性，更要从复杂系统层面理解其“隐性”的复杂性，具有的 5 项特殊复杂性特点如下所述。

(1) 复杂工程是一个动态、复合、开放的大系统。

(2) 工程建设主体是多元的，各自都有其自主性和自我适应性。

(3) 工程建设过程既包括“硬资源”的整合，它们是工程项目建设的物质基础，是工程物理性的表现，又包括“软资源”的整合，如组织模式、管理制度、管理程序、管理文化等，它们是工程物理性的规定与保证；更包括工程“硬资源”与“软资源”在更高层次上的融合，只有通过这种融合，工程建设才能保证有良好的有序性和有效性，才能保证工程最终有良好的综合型效果。

(4) 工程建设各部门之间、工程管理各环节之间、工程建设各阶段之间相互作用不只是双向、局部的，面是网络状的，甚至是全局性的。工程中某一个局部因素可能影响到工程项目建设的许多部分，影响的时间也可能具有持续性。甚至一些微小的影响会被放大以招致严重后果，特别是这一现象有时无法预测与认识，例如，看似“微不足道”的起因或隐患可能会造成重大的各种工程事故。

(5) 工程建设过程是系统组织和自组织的统一。综上所述，说“某项工程是一个复杂工程”，更应该从“某项工程是一个复杂系统”来理解。换言之，对一个复杂工程的理解，更注重理解它的复杂系统性，这将有助于我们更本质、更深刻地认识复杂工程，因此，通常把复杂工程称为复杂工程系统。

这一认识和理解十分重要，因为一旦认识到复杂工程是一个复杂系统，那么对复杂工程的组织管理自然需要采用复杂性管理思维。进一步，自然需要我们在复杂性管理思维中选择恰当的关于复杂系统的组织管理的方法和技术。

### 1.1.4 对复杂工程系统的理解

复杂工程项目系统也是一类系统工程，而且不是一般的系统工程，它是复杂系统工程，要用有关复杂系统工程的新思维去理解。这些思维含有以下 5 个基本点。

（1）管理复杂工程，首先要管理好具有自我学习、自我适应的工程主体。

（2）随着生态修复工程项目建设的不断演进，复杂工程组织管理的工作任务、特点、关键技术等都会发生变化，工程项目建设环境对工程的影响也会发生变化，因此，相应的管理技术与方法必须随着工程环境及工程任务的改变而不同，甚至连工程组织管理的主体构成与组织模式都会发生改变。

（3）要对复杂工程项目建设的组合、管理目标不断加以凝练和综合。

（4）复杂工程项目建设制定相应的组织管理方案、活动等，一般不可能“一蹴而就”，而是一个迭代、逼近和收敛的过程。

（5）复杂工程项目建设整个组织管理活动，不再只遵循一种原则、一种方法论，而需要综合多种方法论。在这些基本点指导下，复杂工程项目建设系统在具体活动中，应主要处理好以下 2 个问题：

①如何把握复杂工程项目建设系统的复杂性：系统复杂性主要是由于工程系统主体的自主行为导致系统自组织现象，并由此形成系统结构和性质。因此，对这类复杂工程系统采用传统的组织与管理手段不可能完全实现组织管理者的预期，而要同时处理好系统的自组织。

②正确把握住复杂工程项目建设系统的演化：既然复杂工程项目建设系统有自组织等复杂现象，那么组织管理这类系统时，必须要充分考虑到主体根据系统环境的变化而形成的自学习、自协调与自适应行为，即不仅系统环境在变，而且可能系统动力机制也在变。这就使得对工程主体行为和趋势的预测产生质的困难，另外复杂工程要素之间的关联方式、耦合紧密程度以及相互之间的影响都不同于简单工程系统，如系统中某一个局部、要素的变化，可能引起整个系统在全局范围内、在整体层次上的变化，即出现系统宏观现象的演化，这是一般简单系统不存在的现象，也是一般还原论方法无法认识和归纳的。

## 1.2 我国当前复杂工程项目建设特点及其共性问题

我国在工程项目建设实践中，复杂工程项目在建设过程，从其组织管理角度分析也具有显著的特点，且存在一些共性问题，结合上海 2010 年世博会工程项目管理的实践，归纳出复杂工程项目的下列特点与共性问题。

### 1.2.1 项目构成的复杂性

在中国，大型复杂群体项目特别多，把大量工程项目集中起来进行建设和管理是国家经济建设和发展的需要。如上海世博会工程，单体项目累计超过 400 个，有场馆类和市政类的建筑，前者又分为永久性场馆和临时性场馆，临时性场馆又包括外国国家自建馆、租赁馆和联合馆——不同类型的项目投资主体不同，管理组织不同，技术要求不同，进度紧迫性不同，所在地块不同——就需要区别对待，统筹考虑。

### 1.2.2 组织管理的复杂性

大规模项目的集中建设必须有庞大复杂的管理组织机构与之相对应。与国外相比，中国建设项目管理组织要复杂很多，体现出“集中力量办大事”的特征。如举全国之力筹办世博会，上有世博会组织委员会；中有世博执行委员会；下有世博事务协调局，内设35个部室，其中工程部具体负责项目建设管理。同时，上海市政府又成立了上海世博会工程建设指挥部，下设10个职能处室和10个项目部。因此，应仔细界定工作界面、工作分工与工作流程。

### 1.2.3 进度控制的复杂性

在经济高速发展的今天，高节奏、高速度、高效率成为完成各项工作的要求，项目管理的三大目标中进度控制就成为压倒一切的首要目标。例如，上海世博会必须在2010年5月1日开幕，但由于前期功能需求的不确定造成设计困难，拆迁组织协调工作的复杂性造成对开工时间的影响，受国际金融危机影响造成参展国不能确定等因素严重影响了总进度目标的控制。场馆建设与市政建设之间的相互制约、园区建设与轨道交通及越江隧道之间的影响，不同项目工序与不同工种立体交叉作业、相互间的配合等给进度计划与控制都带来新要求，应采取积极有效的技术方法进行创新。

### 1.2.4 信息沟通的复杂性

大型复杂群体项目的建设是集团军作战，现场千军万马且来自四面八方，分属不同系统、不同单位、不同部门，项目之间的信息沟通与交流体现出前所未有的复杂性。如何确保指令的快速和通畅，如何确保信息的透明和共享，如何确保突发事件快速响应和应急处置等是摆在项目管理者面前的新难题。为了实现项目管理的规范化、正规化，需要制定标准的管理工作流程，建立项目群管理信息平台，在确保数据安全前提下最大限度地实现信息共享。

### 1.2.5 项目管理的社会属性

大型复杂群体项目管理是跨组织、开放式管理，强烈地体现出项目管理的社会属性。如上海世博会工程建设项目拆迁腾地涉及复杂的社会问题，项目实施涉及城市中心区扰民问题，建设过程中涉及扬尘、噪声、垃圾处置等环境污染问题，施工过程中涉及保护农民工利益问题，还有反恐、防台风、防汛、人身安全及社会和谐等问题，应对项目管理内容和方法进行拓展，以满足发展目标的需要。

# 2 复杂工程项目管理的三维视角

“复杂工程项目管理的三维视角”是指项目对象维（project）、管理组织维（organization）和工作过程维（process），简称POP三维视角，如图4-7。项目对象维主要指对项目建设目标进行梳理并进行项目群分解，是对大型复杂群体项目的分解认识。管理组织维主要是指组织分解所形成的组织分解结构，它明确了执行工作任务的组织安排。工作过程维主要是指对工作任务进行全生命周期管理，它明确了完成或交付项目对象所必须执行的工作。

## 2.1 项目维

项目维视角是紧盯项目终极目标——项目对象，把项目群分解成若干单元，界定不同项目群的不同管理深度和内容，建立以项目对象分解技术为基础的结构化项目群管理体系，分析不同项

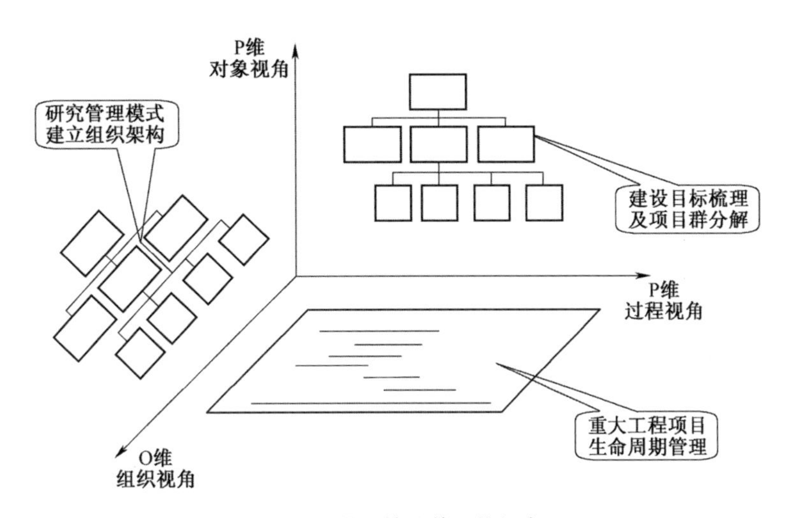


图 **4-7**　项目管理的三维视角

目群所应采取的不同管理对策，有的放矢地进行针对性管理。就任何一个复杂项目而言，都具有与以往其他项目不同的特点，项目管理者首先必须分析项目特点，结合经验，同时了解项目新情况，尽快予以调整和应对。

长期以来，项目管理基本上都是从 WBS 开始。美国 PMI 在其出版的《项目管理知识体系指南》中将 WBS 置于项目范围管理中，作为项目管理的首要工作。WBS 被给予了很多关注和重视，但其概念却常被误解。

项目广义分为 2 种：一种是没有形成实体的一次性活动，如某项演艺活动；第二种是有实体产生的一次性工作，如建设工程项目。简单的建设工程项目在 WBS 中通过分层来解决对工程实体对象的分解，如上层是项目对象分解，下层为工作任务包。但在大型复杂建设工程项目中，项目对象分解本身就很复杂，直接运用 WBS 会有严重的不适应性，会因将工作任务分解与项目对象分解混为一谈而产生思想上的困惑。

实际上，根据对项目群管理的系统论和管理哲学的拓展认识，项目群管理的第一步不应该是工作任务分解，而是项目实体对象分解，建立项目分解结构（project breakdown structure，PBS），对项目群进行梳理，并以此作为项目管理其他工作的基础。在大型群体复杂项目中，项目分解结构 PBS 应该是不同于工作任务分解结构 WBS 的独立分解结构。

项目群组成内容的属性在项目进展过程中处于不断变化之中，项目的范围、内容、性质可能会有变化，由此会带来项目分解结构的变化；项目管理单位、投资主体、组织机构也可能发生变更，会导致项目分解结构在整体上或局部有所变动。一般而言，在大型群体复杂项目全寿命周期中，项目分解结构作为项目群管理的主线，一直处于动态变化与调整之中，应不断进行梳理，形成一个体系。项目对象分解的方法也呈现出多样性，而不是固定、唯一、不变的。

以中国 2010 年上海世博会建设工程项目群为例，不同阶段的项目分解结构不同，一直处于变化和调整之中。

### 2.1.1　立项阶段的项目分解结构

在项目立项阶段，为了有利于项目前期报建审批手续办理，世博会项目采取了基于投资主体的项目对象分解方法，按投资主体对项目对象进行分解，形成如图 4-8 所示的项目分解结构（局部），以便于理清项目各投资主体的关系，也是对项目分解打包编制项目建议书和可行性研究报告真实情况的反映。在这种分解结构下，世博会共产生了 127 份前期批文和报告。

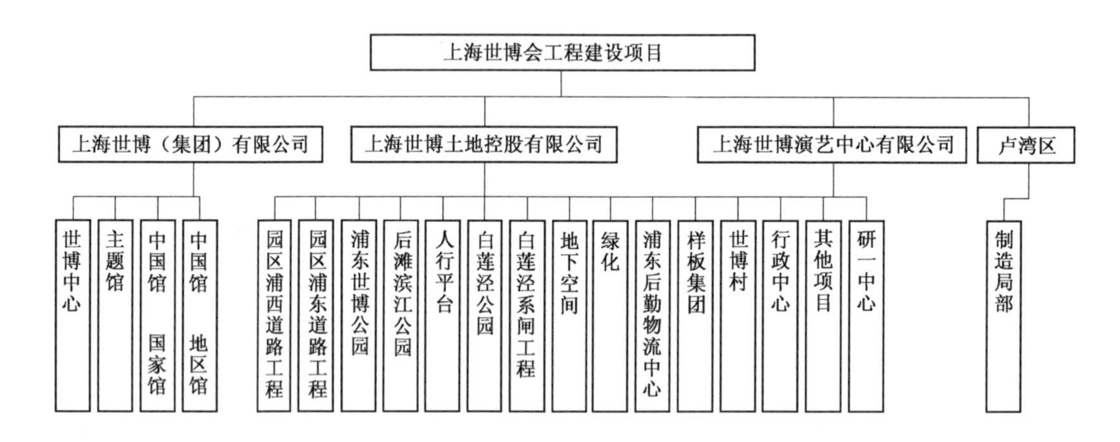


图 4-8 上海世博会建设工程项目分解结构（立项阶段）

### 2.1.2 设计阶段的项目分解结构

在上海世博会工程项目建设设计阶段，设计单位按照项目性质对所有项目重新进行分解，形成了大量设计文件，这种分解主要是从技术角度考虑，将上海世博会工程建设项目从专业上分为场馆类建筑、配套服务设施、交通服务设施和市政设施等 4 类，形成如图 4-9 所示的项目对象分解结构。

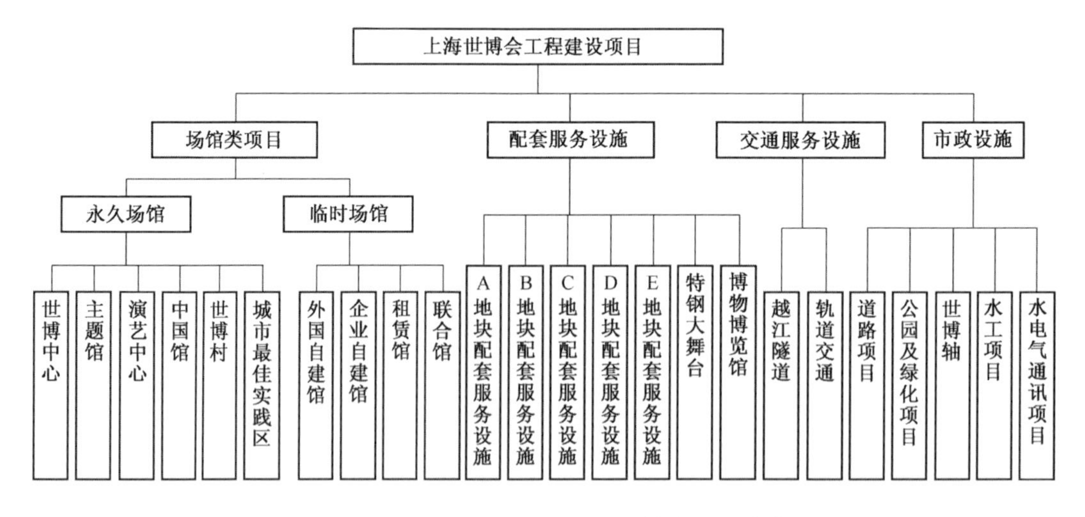


图 4-9 上海世博会建设工程项目分解结构（设计阶段）

以上 2 种项目分解结构截然不同，立项阶段的项目分解结构主要考虑项目投资主体的划分、项目建议书和可研报告批复，设计阶段的项目分解结构主要考虑项目专业性质。立项阶段和设计阶段的项目分解结构考虑的因素具有明显的极限性特征，但当项目真正开始实施建设时，这两种项目分解结构均不能满足项目建设管理的需要，需要重新进行分解。

## 2.2　组织维

在大型复杂群体工程项目中，传统的组织工具无论是线性型、职能型还是矩阵型组织结构，都很难准确表达巨系统的复杂组织结构以及项目群的差异化管理需求；且很难反映复杂项目组织中的“非正式组织”形式；传统组织分析技术也很难定量分析组织人员的工作量及其积压程度，更无法定量分析组织中的主观因素对工作目标实现的影响。

组织维视角是高度重视项目实施的组织措施——大胆进行组织模式创新，完善、优化建设管理的组织结构，强化管理基础性工作，理顺指令关系。进行合理分工，明确各项工作流程，以提高指挥部的管理组织效率。组织视角是三维视角中最关键的一维，也是唯一可以通过主观努力进行优化的因素。因为在三维视角中，项目对象维和目标维是刚性的，如不能改变拟建场馆的规模和工程量，不能改变于 2010 年 5 月 1 日必须开幕的进度目标，而管理模式和组织结构是可以通过主观努力进行优化的。在项目实施过程中，对上海世博会建设管理组织模式不断调整，提出了“管理重心下移，做强项目部”，依托专业团队，引进总体项目管理等一系列措施，极大地提高了管理效率。反映世博指挥部办公室全局管理职能的组织结构如图 4-10。

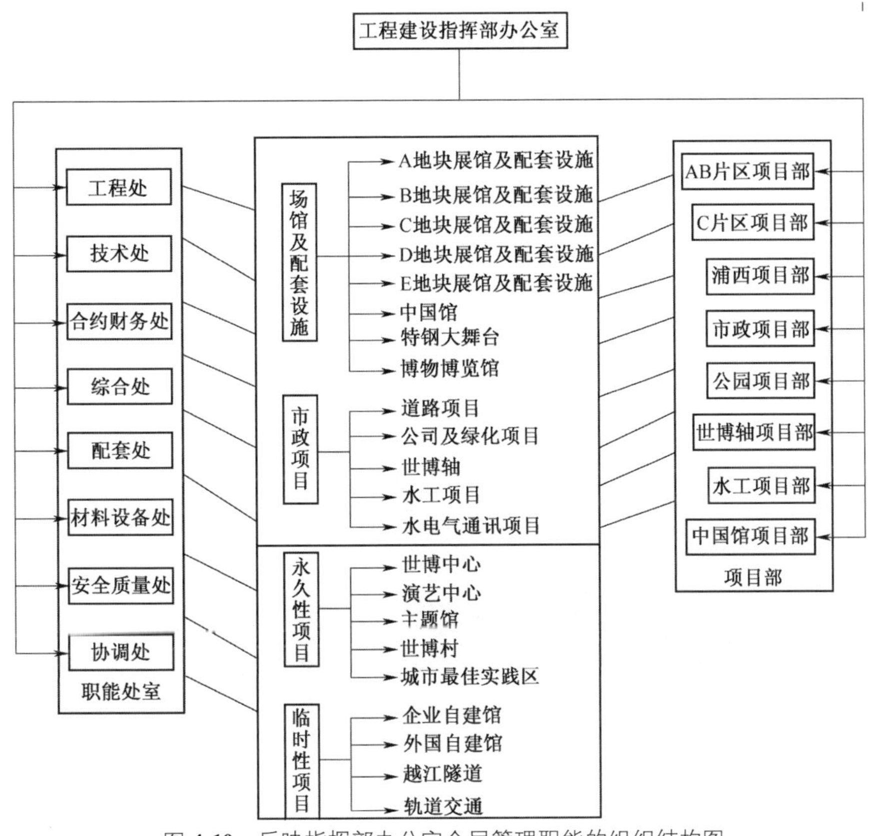

图 **4-10**　反映指挥部办公室全局管理职能的组织结构图

## 2.3　过程维

在项目和组织两项措施的基础上，过程维视角紧盯住项目进度目标，接下来就可以严谨地把项目进度向前推进。科学的进度管理应体现在工作的系统性、前瞻性和计划性上。应充分重视合理地编制工程进度计划，对项目进度计划分解、细化并形成计划系统。关注各子项目与其他子项目之间的联系，以全局视角对每个子项目进度予以严格控制，从而形成有效的动态控制体系，并适时跟踪进度执行情况。必要时对进度计划进行调整。世博会场馆正式开工后，建设工期仅有1000天，但由于对项目进行了周密、严格而合理的管理，其建设速度是陆家嘴开发建设速度的2倍。

对于有明确时间限定的大型复杂工程项目，如奥运会、世博会、国庆庆典等，工期具有明显强制性。不仅如此，由于此类项目包含众多的子项目，子项目之间又存在复杂联系，使得其进度控制具有复杂性。如果仅用传统方法采取网络计划编制项目群总进度计划，会造成计划节点太粗，起不到进度控制的作用；如果分别编制不同项目群细化的总进度计划，由于无法建立子项目之间的进度协调关系，同样控制不佳。为了解决这个问题，在世博会工程建设项目中采取了多阶网络进度计划方法，将计划分级，由总进度纲要和一系列子网络计划共同形成计划体系。总进度纲要是里程碑计划，从总体上对整个项目的关键节点进行把握。在总进度纲要的基础上，总体项目管理团队和指挥部办公室建立了逐级细化的进度计划体系（图4-11），依次编制了总进度规划（项目实施指导性计划）、分区进度计划（分区实施控制性计划）和单体进度计划（单体实施控制性计划）。多阶网络计划既细化了里程碑计划，使其具有可操作性，又建立了子项目的关联关系。在多阶网络进度计划体系中，每一个子项目计划都作为对上一级进度计划中部分节点的细化和扩展，与其他子项目发生着联系，从而保证对每个子项目进度控制是基于全局的视角。

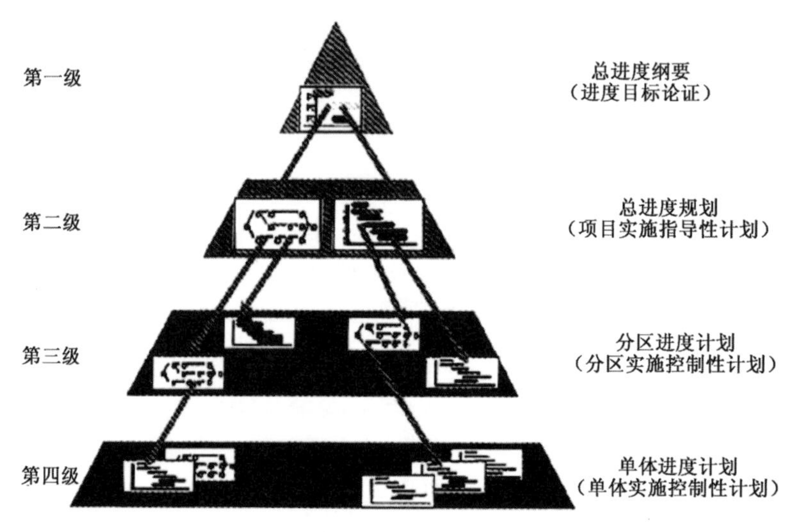


图4-11 大型群体复杂项目多阶网络进度系统

总之，大型复杂群体项目具备不同于普通项目的特性，要求对项目建设管理方法和技术进行拓展和创新。

首先，大型复杂群体项目管理应为项目对象分解而不应是工作任务分解。进行项目对象分解，建立PBS，并应以此作为项目管理其他工作的基础。其次，根据PBS特点进行组织优化，即遵循对项目对象和工作任务的分解，建立项目实施与管理组织机构，形成管理组织分解结构。最后，在项目实施过程，进行全寿命周期管理，从多阶角度推进建设进度。

# 3　复杂工程项目建设综合集成管理

在大型复杂工程项目建设管理过程中，就整个工程项目建设管理方法体系而言，所用方法体系应该是一个具有层次结构的方法论体系。

## 3.1　复杂工程项目建设综合集成管理简述

方法论（methodology）是在总结人们创造和运用各种方法的基础上，关于方法的一种规律性技能知识，方法论就是认识、分析和解决一类问题所确定的思路与原则。当然，在方法论总思路和原则的基础上，要想解决具体问题，还得需要具体技术、工具和程序，这是方法论“规定”下的具体方法。如果没有方法论，方法的设计与选择就可能是零散、无序的，难以有针对性和有效性；但只有方法论而没有技能方法，方法论就会只停留在“一般途径”上，缺乏实际操作的“抓手”。因此，方法论与方法既有紧密联系，又有层次之分。

方法论的确立与发展和人们认识客观世界的水平紧密相关。在历史上，随着科技水平发展和人们认识世界的不断深入，曾先后建立了不同的方法论，如还原论和整体论等；而当复杂性问题越来越受到人们关注时，一些新的方法论也被提出。

### 3.1.1　还原论

在牛顿机械力学基础上，人们认识世界采用了简单性原则，通过将事物分解为简单、确定、可分离、可还原、可量化的组成部分来研究其整体与规律，即还原方法论。在还原论指导下，人们遵循着分析、分解、还原的途径，把整体分解为部分，把高层次分解为低层次，并把各个部分、各个低层次弄清楚后，再把它们叠加、整合，那么原先整体的面貌就一目了然了。

还原论方法在很大程度上促进了近现代科学技术发展。但是随着人们对事物认识的进一步深入，还原论的不足日益明显。如还原论无法解释部分整合成整体过程中出现的涌现现象。

### 3.1.2　整体论

当还原论的方法在认识客观世界过程中面临着越来越多的问题时，整体论方法论逐渐受到重视。整体论是关于整体研究方法的理论，它具备以下 2 个特征。

（1）不对整体进行分解还原；

（2）关于整体的学科、理论、定律、概念不从关于部分的学科、理论、定律、概念中推导出来，而从某种整体的研究方法中得到。

整体论虽然能把握事物之间的整体关系，但缺乏一套有效的工具和方法，同时整体论采用模糊的方法来认识事物，不能深入揭示其本质，从而造成整体论发展缓慢，在实际运用中更多是一种理念和思维方式。

### 3.1.3　综合集成

从 20 世纪开始，人们认识事物从简单性、简单系统向复杂性、复杂系统转变，单个还原论和整体论都无法满足这种要求，因而需要有方法论的突破。20 世纪 80 年代中期，国外出现了复杂性研究，研究方法有不少创新之处，如遗传算法、演化算法、Swarm 软件平台、以 Agent 为基础的系统建模、用数字技术描述的人工生命等。

20 世纪 70 年代，我国科学家钱学森指出，“我们所提倡的系统论，既不是整体论，也非还原论，而是整体论与还原论的辩证统一”，是指在认识复杂事物时，从系统整体出发对系统进行分解，并在分解研究基础上，再综合到系统整体，实现 1+1>2 的整体涌现，最终解决问题。20 世纪 80 年代，钱学森又先后提出“从定性到定量综合集成方法”，以及它的实践形式“从定性到定量综合集成研讨厅体系”，并将运用这套方法的集体称为总体设计部。钱学森的基本思想是在分析、组织和管理复杂系统（也包括复杂工程系统）时，需要从系统层面上研究和解决问题，为此需要对不同领域、不同层次的信息和知识综合，需要采用人机结合、以人为主的研究方法，需要专家的合作和智慧的综合，需要从定性到定性定量相结合再到从定性到定量。

钱学森把这种“既不是整体论，也非还原论，而是整体论与还原论的辩证统一”的方法论称为综合集成。综合集成是一种专家体系合作以及专家体系与机器体系合作的研究工作方式。具体而言，是通过从定性综合集成到定性、定量相结合综合集成再到从定性到定量综合集成这样 3 个步骤来实现的。这个过程不是截然分开的，而是循环往复、逐次逼近的。

综合集成方法论是钱学森在长期工程项目建设实践背景下，融合多学科、多领域的技术和方法提出的一种用来认识、组织、管理和驾驭复杂系统的方法论。综合集成方法论对一般复杂系统，包括对复杂工程项目系统的组织管理，具有重要而深刻的指导性。也就是说，综合集成方法论是关于复杂工程系统的系统工程方法论。

综合集成管理就是一种基于方法论构建起来的管理思想与模式。具体地说，可以建立如图 4-12所示的大型工程项目建设管理的 3 层方法论体系。

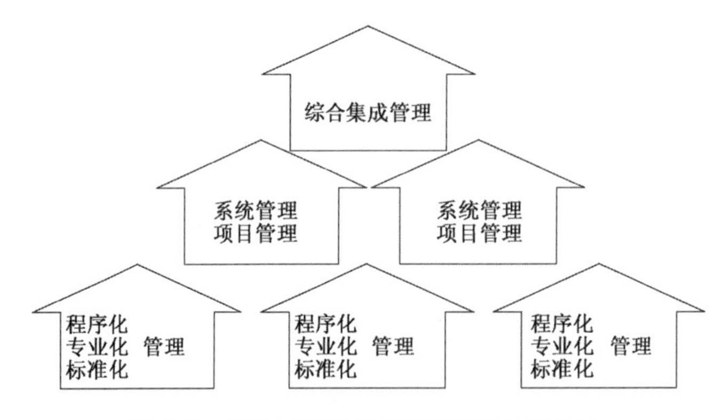


图 **4-12**　复杂工程建设管理三层方法论体系

在系统意义上，综合集成管理目标可以理解为是生成一个基于综合集成方法论的管理体系，因为它的直接任务就是为了解决复杂性管理问题，所以它所生成的必然是一个与被管理复杂系统相匹配的复杂系统，并以此系统来驾驭复杂性管理问题。由于大型工程项目复杂管理的要求，综合集成管理生成的管理体系除了具有一般工程管理体系的基本结构与功能外，还包含制度与文化建设、技术创新管理、工程审计等特质性功能。这正是综合集成管理与众不同之处，也是其强大能力的体现。

## 3.2　复杂工程项目建设综合集成管理的基本原理

综合集成管理作为一种管理模式，除了因为它遵循管理学基本原理之外，还因为它组织、管理复杂系统的任务和要求，使得它自然凸现出与“综合集成方法论”与“系统复杂性”相关联的“品质”。这些“品质”在一定程度上可以归纳为如下的综合集成管理的基本原理。

### 3.2.1　系统复杂性原理

综合集成管理的对象是一类复杂系统，因此，复杂系统的行为及机理对综合集成管理活动必然有重要的导向性，即综合集成管理的所有活动都十分关注以下 4 个方面。

（1）管理系统是高度开放状态。管理对象不仅表现出随环境变化而改变的动态，还在系统整体层面上发生结构、功能等“相变”或引起运行机理与规则的变化。

（2）管理系统是“活”体。由于复杂系统能够产生涌现，管理主体行为与被管理对象的反应之间就不只是简单、明晰的因果关系，因为“活”体的被管理对象会“自主的”朝着有利于自身生存与发展方向演化。

（3）管理系统的有序性不断增强。从管理过程来看，被管理对象的系统有序度将在综合集成管理作用下不断增强，无序与混乱程度不断减弱，这是管理主体在规定时间内将系统从相对无序转化为有序的定向过程。

（4）管理系统具有路径依赖性。大型工程项目作为物化了的工程系统，是其建设实施过程的终极产物，也是工程项目建设过程的最终演化结果。因此，综合集成管理必须构建相应的管理思想、科学管理体系、恰当管理职能与有效的管理方法。

### 3.2.2　统筹原理

虽然系统复杂性原理为我们提供了认识和研究被管理对象的视角，但更重要的是我们要有能够驾驭和控制被管理对象复杂性的素质能力。

（1）尽可能通过结构化系统模型降低管理对象的非结构成分与复杂性，同时尽可能准确地根据结构化模型的机理与输入/输出关系，描述系统行为和特征以及寻找管理方案，实施对被管理对象的现场控制。

（2）在系统分析与分解基础上，要形成整体的管理功能与驾驭能力，尤其对被管理对象的复杂问题要有系统性驾驭能力。

### 3.2.3　迭代与逼近原理

从认识论来看，管理主体对被管理对象复杂性的认识，以及由此获得相应的管理与驾驭能力是一个逐步由不知到知、由知之不多到知之较多、由知之片面到知之全面、由知之肤浅到知之深刻的过程。

要有效认识复杂系统并实施管理，需要逐步减少对被管理对象认识的模糊性和不确定性，逐步实现对多样性目标的凝练、对差异和冲突的协调，以及不同层次和关联方式的耦合、不同演化阶段的衔接、不同自主主体行为的协同、不同形态的平滑，以及在管理过程中大量分布式、异构信息与知识的集成与综合。

因此，可以认为组织、管理复杂系统的过程，必然是一个通过将较混乱、较片面、较模糊、较无结构化的系统，向着较为有序、全面、清晰、结构完善和优化系统转化的过程。这一过程在工作形式上，就是一个比对、逼近与收敛的过程。

### 3.2.4　自组织原理

由于管理对象中存在具有自学习、自适应性的自主主体，管理组织中体现出自组织特征。此时，管理主体不能期望实施的控制方案一定遵循确定的因果规律；相反，因为各自主主体的自利行为，会出现“上有政策下有对策”现象。因此，综合集成方法在管理策略上，更多采用诱导而不是强制的手段来实现工程目标。这种对具有自组织行为的被管理对象实施的更为柔性与间接的控制方法称为自组织控制。具体而言，对自组织的控制可以在责任共担、利益共享的原则下，通过合理工作流程、恰当激励补偿机制以及共享信息平台等，尽量使自主主体的自利行为与工程项目建设总目标协调一致。

## 3.3 复杂工程项目建设综合集成管理的基本职能

从本质、原则的角度来看，综合集成管理的职能就是组织、管理复杂系统，实施对系统复杂性的管理。如果进一步分析其管理作用与功能，还可以从管理职能分析上剖析综合集成管理关于领导、组织、决策、控制及创新等基本管理职能。

### 3.3.1 综合集成管理领导

所谓综合集成管理的领导可以理解为这样一个群体，他们通过有效的组织制度和机制设计，构建和提升主体的管理能力，并以此驾驭复杂的被管理对象。正是为了构建和提升解决复杂性问题的能力，作为管理主体的群体要由具有不同理念、不同目标、不同利益诉求和知识互补、能力互补、智慧互补的人群组成。

### 3.3.2 综合集成管理平台（组织）

由于综合集成管理的主要任务是复杂性管理，作为普通管理职能的“组织”无法反映综合集成管理职能本质特征。因此，采用“平台”概念来替代“组织”概念。“平台”的一般意义是指完成某一项工作任务必需的环境与条件。综合集成管理“组织”的功能本质，是通过制度、机制设计与管理创新产生驾驭管理复杂性能力。

### 3.3.3 综合集成管理复杂决策

综合集成管理是针对复杂性问题的管理，因此，它的第一位职能自然就是复杂性问题决策。综合集成管理的决策主体是群体，群决策模式指出了综合集成管理中决策主体的行为方式，而他们解决复杂性决策问题的技术路线则主要是“不断对比、逐步逼近、最终收敛、达成共识”。

### 3.3.4 综合集成管理综合控制

管理控制是根据既定工程目标对被管理对象的强制约束行为。综合集成管理更强调对管理复杂性的控制，所以综合集成管理意义下的控制模式与内容自然与系统复杂性有着密切的关系，并形成自身的特点。可以把这些特点归纳为综合控制。

### 3.3.5 综合集成管理创新

综合集成管理创新是指管理思想、理念、模式、方法、工具等，在已有管理学领域中的变革与创造。就这一意义而言，综合集成管理概念本身就是对管理理论的探索和创新。与任何学术探索一样，综合集成管理要真正具有理论和应用创新价值。同时，需要注意其科学性、操作性、实践性和适宜性。

## 3.4 综合集成管理的关键技术

综合集成管理的关键技术不是单个技术的创新，而是表现在相关方法和技术的结合，如定性和定量结合、信息技术和人智慧的结合、控制与自组织结合，以及面向综合研讨的群体共识形成和综合评价技术。

### 3.4.1　综合集成管理技术的凝练

综合集成管理作为继经验管理、科学管理、系统管理之后，面向复杂性管理的一种管理模式，应有一套相应的管理技术。大型工程项目综合集成管理的目标是要建立一个驾驭工程项目建设复杂性的系统，这一系统具体包括认识系统、协调系统和执行系统。要实现该目标，就要求综合集成管理具有实施相应职能的能力，如规划与战略、组织与平台、综合控制与复杂性决策等。

对于综合集成管理来说，其关键技术主要是多方法集成，如定性与定量结合、定性与信息技术结合、系统分析与系统综合的结合等。通过对大型工程项目综合集成管理运用技术的进一步分析和归纳，可以凝练出若干具有共性的关键技术。这些技术可被归纳为“元技术”“方法综合”和“管理功能”。其中元技术主要是指底层技术，方法综合是指管理过程中对已有技术与方法的综合，管理功能指工程项目建设管理方案的形成、群体协调机制和综合评价程序等。

### 3.4.2　定性与定量相结合

在复杂工程项目建设及其管理中，一方面要形成工程建设管理的思路、设想、规划、设计等；另一方面要运用逻辑推理、模型、数据及实验方法对问题进行精密计算和科学论证，这其中既需要定性方法，也需要定量方法。一般来说，定性与定量相结合在处理复杂问题过程中，是通过“从定性综合集成”到“定性、定量相结合综合集成”再到“从定性到定量的综合集成”这3个步骤来实现。

### 3.4.3　人机结合

对大型工程项目建设管理而言，综合集成管理的一个重要任务就是根据工程实践需要，借助各种必要工具、技术和方法，汇集各种信息、数据和资料，融汇各方面专家经验、知识与智慧，有效地解决工程项目建设中的重大决策、资源整合和配置、科技创新、现场管理、人际关系协调等。这就决定了必须采取人机结合，以人为主的方式，通过构建人、计算机的协同工作系统，采用定性、定量相结合的方法和手段，充分调动各种有效资源，并发挥其优势，进而协调解决大型工程复杂问题。

### 3.4.4　组织控制与自组织控制

在工程项目建设施工现场，综合集成管理最重要的工作任务，就是有效地对工程项目建设质量、工期、安全及投资等直接目标实施控制。按理说，与上述目标相关的一些控制问题，可以运用常规控制和系统工程技术来解决，但其中一些更具复杂性和综合性的控制问题，则需要运用新的综合集成管理控制技术来解决，如组织控制技术与自组织控制技术。

### 3.4.5　综合评价

综合评价是指运用有效方法，对被评价对象进行全面、合理和科学的多个指标评判与估计。其基本思想是将多个指标转换为一个能够综合全面反映情况的指标。

现代大型工程项目具有参建组织和人员多、工期长、风险高、影响面广等特点，而工程主体多元化、工程目标多属性则更需要通过综合评价为工程建设管理提供依据，因此，综合评价理论方法在工程管理领域具有重要的地位和广泛的应用前景。

### 3.4.6 群体经验、智能的综合和共识形成

复杂工程项目建设面临的复杂性问题涉及不同领域的专业技能知识，仅靠数据、信息和数学模型是不够的，还要依靠群体的经验和智慧，即“群决策”。通过群决策，将知识有序集成，从而认识和把握系统的混沌性，对经验和知识进行升华并达成共识。当然，群体的经验和知识从汇集到融合过程并不需要遵守严格的序列和线性关系，而是根据问题性质和阶段结果特征进行反馈和非线性关联。

总之，综合集成是一种具有中国系统科学特色的关于系统复杂性管理的方法论，同时也是复杂工程项目建设管理的方法论。首先，它是一种管理哲学思想，同时也是解决复杂系统问题的原则和路线，因此也是一种方法论，其本身就是对多种系统方法论和多种学科技术的“综合”和“集成”。

## 4 生态修复工程项目建设中复杂性的来源

生态修复工程项目建设中的复杂性，主要来源于工程系统的环境开放性、工程客体本身的复杂性以及工程建设主体认识能力的缺乏等几个方面。

（1）开放的生态修复工程项目建设环境导致的工程复杂性。复杂生态修复工程项目建设都是在开放的环境下实施，社会经济环境、自然地理环境与工程系统之间不断进行物质、信息的交换，而社会经济环境是不断发展变化的。这种环境的开放性必然不断地增加工程的复杂性。

（2）工程多主体导致的工程复杂性。复杂生态修复工程项目建设参建单位多，合同关系是建设主体之间最重要的关系，经济利益是各建设主体最基本也是最重要的价值标准。而复杂项目在工程价值观上有高远的思考，它不仅停留在经济效益层面。因此，复杂生态工程项目建设主体多元化、工程价值观多元化和利益格局的多元化，正是形成工程复杂性的根源之一。

（3）资源整合能力导致的工程复杂性。在复杂生态修复工程项目建设中，工程建设主体有时候拥有相应的工程资源，但资源整合难度很大，例如把政府行政力资源和市场配置力资源进行整合，把工程数据资源和专家经验、智慧资源进行整合都是很困难的。有时，工程建设主体还不具备所需要完备的工程资源，这就使得工程建设主体首先需要获取资源，然后再进行整合。总之，建设主体资源整合能力的缺乏是导致工程复杂性的又一来源。

（4）高度集成化导致的工程复杂性。复杂生态修复工程项目建设的复杂性还来自于高度集成化形成的动态复杂性。对于这一类工程项目，其建设目标和评价标准在原来工程直接目标的基础上进行了很大的拓展，且考虑到工程建设主体对工程的认识和理念的差异，工程目标本身也是动态变化的。这类工程项目建设的技术方案选择，除了考虑技术可行性以外，还要考虑技术方案对于系统集成和建设主体对于系统复杂性控制能力的影响。这类工程项目的约束，除一般性工程项目必须考虑的资源、技术约束以外，还必须考虑社会、经济和文化等方面的约束。

# 第四节
# 项目建设零缺陷管理理论

## 1　生态修复工程项目建设零缺陷管理原理

### 1.1　项目建设零缺陷管理概述

零缺陷生态修复工程项目建设管理的核心是“第一次将正确的事情做正确”，其关键是用系统思想进行思考。系统思想是指从整体出发，全面规划、统筹兼顾的思想。我国战略科学家钱学森和著名学者王寿云将系统思想描述为“辩证唯物主义体现的物质世界普遍联系及其整体性的思想”。系统思想在辩证唯物主义中取得了哲学形式的表达，在运筹学、控制论和其他系统科学中取得了定量描述形式，而在系统工程实践中则获得了丰富应用，综合多学科的系统论思想是零缺陷生态修复工程项目建设管理的重要理论基础。将系统思想应用到许多的具体领域时，系统工程的具体方法及其技术是丰富而适用，其方法论包括：硬系统方法论、软系统方法论、巨系统的“从定性到定量综合集成研讨厅体系”和“物理—事理—人理”方法论等。其中，硬系统方法论主要包括建模优化、系统评价等方法。

对于零缺陷工程管理，为实现生态修复工程项目建设管理的零缺陷目标，王新哲提出了基于并行工程的一种方法和技术。并行工程是系统化的集成方法，它采用并行方法来处理生态修复工程项目建设策划、设计、施工、抚育保质、竣工验收等过程，使得生态修复工程项目建设管理人员从项目策划开始，就系统谋划生态修复工程项目建设整个生命周期涉及的所有因素，包括建设投资、质量、进度及其功能效益作用等需求。并行工程中的“并行”概念是指纵向和横向两个方面，纵向以项目建设生命周期为主线，使建设产品相继经历策划、规划、可行性研究、设计、招投标、施工、抚育保质、竣工验收及移交等过程；横向是指在同一建设阶段相关技术与管理工作并行，即呈现出“瞻前顾后”和“左顾右盼”。并行工程项目建设工作的实施对于提高建设质量、降低成本、缩短工期有明显的效果。

生态修复工程项目建设属于复杂、庞大的系统工程范畴系列，由于其管理对象多而杂、参与方素质参差不齐、技术工艺和功能标准要求高等，为此在项目建设推进过程中难免出现各种诉求冲突和利益矛盾的问题，尤其在实施系统工程和并行工程后，成效与风险并存，协调各方需求、实施方案决策与选择是非凡的工作任务，而且在投资与成本约束条件下，这一工作将变得更加艰巨。而价值工程则提供了一种综合谋划生态修复工程项目建设全生命周期的成本和其功能作用，以提高决策者价值，从而探索出实现生态修复工程项目建设零缺陷目标的系统方法。

因此，系统工程、并行工程与价值工程这 3 者有机地共同构筑成零缺陷生态修复工程项目建设管理的理论基础。

## 1.2 系统工程

### 1.2.1 系统工程概述

#### 1.2.1.1 系统工程的产生与发展

社会生产实践的需要是催生系统工程产生和发展的动因。系统工程作为一门新兴学科，虽然形成于 20 世纪 50 年代，但其系统思想及其初步实践可以追溯到古代。系统思想最初反映在哲学上，主要是把世界当成统一的整体，如古希腊唯物主义哲学家德谟克利特曾提出“宇宙大系统”的概念，并最早使用“系统”一词；我国春秋时期思想家老子曾阐释了自然界的统一性；我国古代著名军事家孙武在其著作《孙子兵法》中运用了大量朴素的系统思想和运筹方法等。在各类工程项目建设实践方面，我国古代建造的都江堰工程就充分体现出了系统工程的思想，整个工程具有总体目标最优化、选址最优、自动分级排沙、利用地形并自动调节水量、就地取材及经济便捷等特点。此外，我国的万里长城、故宫、颐和园等工程的建设都应用了系统论方法。

15 世纪，西方许多学科从哲学统一体中分离出来，形成了自然科学许多门独立的学科。随着 19 世纪自然科学取得巨大成就，人类对各种自然过程之间的相互联系有了认识上质的飞跃，这为辩证唯物主义科学系统观的形成奠定了坚实物质基础，其相互关联性和整体性的思想就是系统科学的实质。随着 20 世纪近现代科学技术的兴起与发展，系统思想也发展成为系统论、控制论、信息论等理论。从 20 世纪 60 年代中后期开始，国际上出现了许多新的系统理论，我国科学家钱学森对系统理论和系统科学的发展做出了突出贡献。20 世纪下半叶以来，系统理论对管理科学与工程项目建设实践产生了深刻影响。系统工程学的创立，则促进和发展了系统理论的应用研究。系统工程所取得的积极成果又对系统理论进一步发展与研究提供了丰富的实践材料和广阔的应用领域。

系统工程发展过程中的里程碑事件如下：

①1930 年，美国发展与研究广播电视系统提出了系统方法的概念；

②1940 年，美国贝尔电话公司开发出了微波通信系统，并正式使用“系统工程”一词；

③1945 年，美国空军建立研究与开发机构，并提出了系统分析的概念；

④1957 年，H. Good 和 R. E. Machol 发表了第一部《系统工程》著作，标志着系统工程学科的形成；

⑤1958 年，美国实施“北极星”导弹计划，提出了网络优化技术；

⑥1965 年，R. E. Machol 编著了《系统工程手册》，标志着系统工程的实用化和规范化；

⑦20 世纪 60 年代，美国实施“阿波罗”登月计划，使用了多种系统工程方法并获得巨大成功；

⑧1972 年，国际应用系统分析研究所在维也纳成立，系统工程的应用也开始进入社会经济领域；

⑨20 世纪 80 年代，系统工程在国际上稳步发展，在中国的研究与应用达到高潮。1980 年 11 月，中国系统工程学会在北京成立。40 多年来，我国系统工程理论与实践工作者充分在工业、农业、军事、人口、能源、资源、环境、社会经济等领域都进行了广泛深入的研究与实践探索。

1.2.1.2　系统工程的概念

古今中外许多哲学家、军事家和思想家都对系统思想有过深刻的论述。但就其发展来说，从系统思想发展到系统论、控制论、信息论等系统理论过程，是与近现代科学技术兴起与发展紧密联系在一起的。人们普遍认为，系统是指由一定数量相互联系的要素，组成的具有特定功能且相对稳定的有机整体。系统普遍存在，整个宇宙就是一个庞大、内部各组成部分相互联系的系统；自然界、人类社会和生物内部组织、器官也都是系统的具体表现形式。可以说任何事物都是一个系统，从而使现代系统科学才得以创立和发展。一般认为，系统具有整体性、层次性、稳定性和开放性的特征。

系统工程在系统科学结构体系中是一门新兴学科，属于工程技术类。国内外学者对系统工程的含义有过不少阐述，但至今仍无统一的定义。

①1975 年，美国《科学技术辞典》将其论述为："系统工程是研究复杂系统设计的科学，该系统由许多密切联系的元素所组成。设计该复杂系统时，应有明确的预定功能及目标，并协调各元素之间、元素与整体之间的有机联系，以使系统能从总体上达到最优化的目标。在设计系统时，要同时考虑到参与系统活动的人的因素及其作用。"

②1978 年，我国科学家钱学森指出，"系统工程是组织管理系统的规划、研究、设计、制造、试验和使用的科学方法，是一种对所有系统都具有普遍意义的方法。"

③我国著名学者王众托认为："系统工程是一门总揽全局，着眼整体，综合利用各学科的思想与方法，从不同方法视角来处理系统各部分的配合与协调，借助于数学方法与计算机来规划和设计组建、运行整个系统，使系统的技术、经济、社会要求得以满足的方法性学科。"

系统工程研究对象是各类系统。这些系统的复杂性主要表现在：系统的功能和属性多样，由此带来的多重目标间经常会表现出此消彼长或相互冲突的关系；系统通常由多维且不同质要素构成，一般为人—机系统，而人及其组织、群体表现出固有的复杂性；由要素间相互作用关系形成的系统结构日益复杂化和动态化。因此，系统工程研究的对象是大型复杂系统，重点是其设计和运行。这些大型复杂系统包括：自然系统与人造系统，实体系统与概念系统，动态系统与静态系统，封闭系统与开放系统。大型复杂系统的任务是从整体上规划和组织一个新系统，或对原有系统进行改进，使新系统在人力、物力、财力、能量、时间、信息等限制条件下运行时能够得到最佳效果。

系统工程既具有广泛而厚实的理论和方法论基础，又具有明显的实用性特征。在运用系统工程方法分析与解决现实复杂系统问题时，需要确立系统的观点、总体最优化及平衡协调的观点、综合运用方法和技术的观点、问题导向和反馈控制的观点。这些观点集中体现出了系统工程方法的思想及应用要求。

1.2.1.3　系统工程的应用领域

现代系统工程在工程技术、社会经济、科技教育等各方面都得到应用，常见如下 10 种应用类型。

①工程系统：研究大型工程项目建设规划、设计、建造和运行。

②社会系统：研究整个国家、地区的社会系统运行、管理等问题。

③经济系统：研究宏观经济发展战略、经济目标体系、宏观经济政策、投入产出分析等。

④农业系统：研究农业发展战略、农业结构、农业综合规划等。

⑤企业系统：研究工业结构、市场预测、新产品开发、生产管理系统、全面质量管理系统等。

⑥科学技术管理系统：研究科学技术发展战略、预测、规划和评价等。

⑦军事系统：研究国防总体战略、作战模拟、情报通信指挥系统、参谋指挥系统和后勤保障系统等。

⑧环境生态系统：研究环境系统和生态系统的规划、设计、建设、治理等。

⑨人才开发系统：研究人才需求预测、人才结构分布、教育规划、智力投资等。

⑩运输系统：研究铁路、公路、航运、空运等方式的运输规划、调度系统、运输效益分析、城市交通网络优化模型等。

除此之外，还有能源系统、区域规划系统，等等。

### 1.2.2 系统工程方法论

方法论是人们认识世界和改造世界的根本方法哲学理论，它探索各种一般方法的内容、结构、作用、规律性、使用范围、发展趋势等。系统工程的方法论就是分析和解决系统开发、运作及管理实践中的问题时应遵循的工作程序、逻辑步骤和基本方法。在一般科学方法中使用的抽象方法、归纳与演绎方法、类比与联想方法、分析与综合方法等，在系统工程中常被采用。目前，有关系统工程的方法论主要有：硬系统方法论、软系统方法论、巨系统的“从定性到定量的综合集成研讨厅体系”和“物理—事理—人理”方法论。

#### 1.2.2.1 硬系统方法论

硬系统方法论（hard system methodology，HSM）是美国系统工程专家霍尔（Hall）于 1969 年提出的一种系统工程方法论。这种方法论的产生源于工程管理、工程经济学等领域，是传统工程方法的进一步综合和提炼，其主要应用领域是结构化的工程和组织问题。其内容直观展示于系统工程各项工作内容的霍尔三维结构图中（图 4-13）。霍尔三维结构集中体现出了系统工程方法的系统化、综合化、最优化、程序化和标准化等特点，这是系统工程方法论的重要基础内容。

三维结构中的时间维表示系统工程工作各个阶段。可依次划分为：规划阶段、拟订方案阶段、研制阶段、生产阶段、安装试验阶段、运行阶段和更新阶段。

三维结构中的逻辑维亦称思考过程，是指在实施系统工程中每个工作阶段需要经历的步骤。它也是运用系统工程方法进行思考、分析和处理系统问题时要遵循的一般程序，可以分为以下 7 个步骤。

①明确问题：指通过系统调查，尽量全面地收集和提供解决问题的有关资料，以及历史时期、现状的和未来发展时期的数据。

②系统指标设计：问题明确后，应选择具体评价系统功能的指标，以利于衡量所有供选择的系统方案。

③系统方案综合：按照问题的性质及其总功能目标要求，形成一组可供选择的系统方案，方案中要明确所选系统的结构和相应参数。在对系统方案进行综合时最重要的是自由地提出设想，而不应以任何理由加以限制。

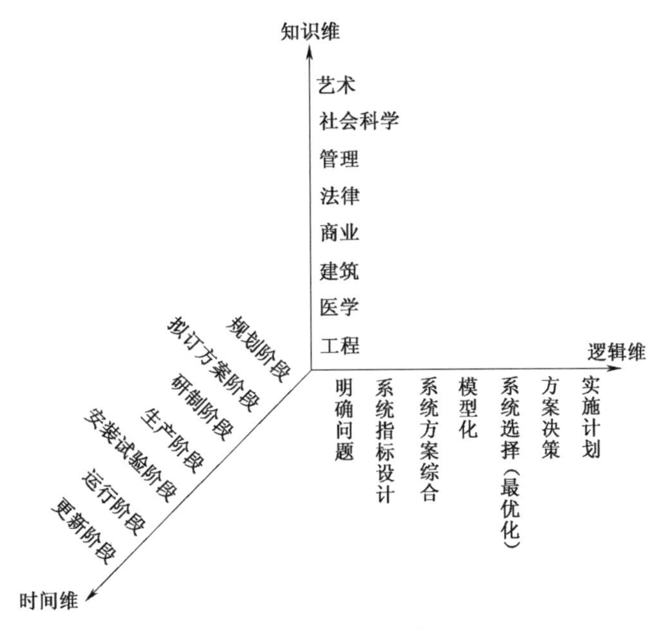


图 **4-13**　霍尔三维结构图

④模型化：对可能入选的所有方案，通过比较进行精简，然后对精简后方案进一步说明其性能和特点，以及与整个系统的相互关系。为了对众多备选方案进行分析比较，往往通过形成一组定量模型，把这些方案与系统评价目标联系起来。

⑤系统最优化选择：在一定限制条件下，选出多种入选方案中的最优者。当评价目标只有一个定量指标而且备选方案个数不多时，可以很容易确定最优者。而当备选方案个数很多，评价目标又有多个且彼此之间又有矛盾，要选出一个对所有指标都是优的方案，一般不可能，这就需要在各个指标间必须进行协调，即使用多目标优化方法来选出最优方案。

⑥方案决策：由决策层根据更全面要求，最后决定一个或几个方案予以试行。

⑦实施计划：根据最后选定方案，对系统具体实施。若在实施过程中，比较顺利或遇到困难不大，即可确定方案，或对方案略加修改完善，否则，需要重新进行选择和优化处理。

三维结构中的知识维是指为完成上述各阶段工作需要的各种专业技术知识。霍尔将其分为工程、医学、建筑、商业、法律、管理、社会科学和艺术等知识类。

由于硬系统方法论在系统管理实践中主要适用于解决结构化的技术问题，在解决复杂性社会系统问题时，存在着极大局限性。硬系统方法论未考虑系统中人的主观因素，认为只有建立数学模型才能科学地解决问题。但对具有复杂性社会系统来讲，建立精确的数学模型是不现实的。这些局限性随着非结构化、非技术性问题重要性的不断提高而日益突出，并由此引起人们极大的关注。针对这些不足，出现了许多建立在软系统思想基础上的软系统方法论。

1.2.2.2　软系统方法论

软系统方法论（soft system methodology，SSM）是英国兰切斯特大学切克兰德教授于 1981 年首次提出。软系统方法论强调通过人的交流讨论，对问题实质有所认识，逐步明确系统目标，经过不断反馈，逐步深化对系统的了解，得出满意的可行性答案，它不同于硬系统方法论中按部就班地处理问题的思维方式。

软系统方法论不强调系统的精确分析、建模和优化，而是通过组织讨论，听取各方面有关人员意见，反复学习、比较和认真斟酌，寻求最佳的满意结果。它主要依靠定性方法，而不是像硬系统方法论那样重视定量方法。

软系统方法论流程分为以下 7 个步骤，如图 4-14。

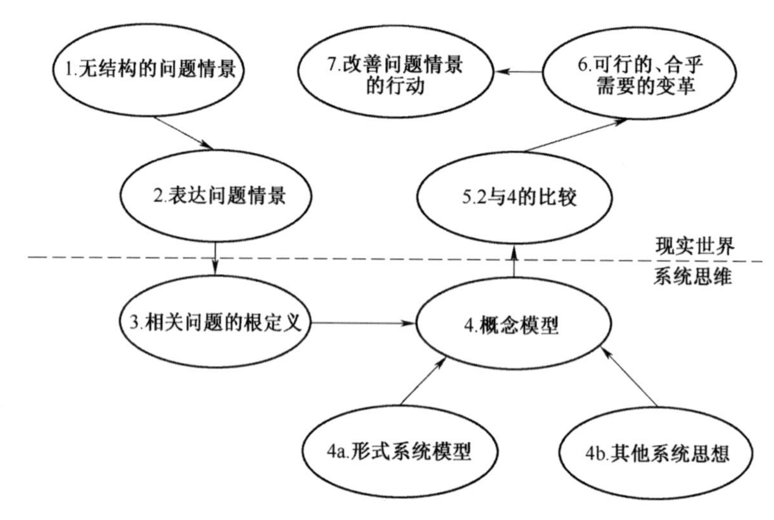


图 **4-14**　软系统方法论流程

①认真收集系统各种问题素材。

②对收集到的素材进行整理，寻找零散问题之间的内、外部联系，或对收集到的一些问题进行概括，找出其共同特征。

③首先要理解表达对应那个系统的存在性，进而找出这一系统的特征，并给这个系统起名。其次是对第 1 步的抽象，最后是对第 2 步的再进一步抽象。

④是指对第 3 步的展开和深入，由根定义规定了一个系统，这一步就是要表明根定义规定的系统必须包括什么内容，即根定义规定系统的必要结构。

上述第 3 步骤与第 4 步骤是思维与智力活动的产物。

⑤把由第 3 步骤与第 4 步骤思考产生的概念系统与实际的系统进行比较，比较概念系统与实际系统的差别，并且与问题情境相关人员就其差别进行讨论。

⑥在充分讨论基础上确定可行性变革，这里说的可行性变革是以系统情境中的人占优势态度与权力结构认可的需要为基础的。

⑦实施第 6 步骤选择的可行性方案进行行动。

由于实际生活中的问题总是由不同性质事物以复杂的关联方式交织在一起，所以常常是在不同阶段、不同方面使用不同的方法，重要的是怎样汲取它们的精神，掌握在处理系统问题时要灵活地运用它们的原则。

硬系统方法论和软系统方法论均为系统工程方法论，都以问题为起点，具有相应的逻辑过程。两者的不同主要表现在：前者以工程系统为研究对象，后者更适合以有人、社会参与的软系统问题为对象；前者核心是优化，而后者核心是比较学习；前者更多偏重定量分析，后者比较强调定性分析或定性与定量分析的有机结合。

1.2.2.3 巨系统的“从定性到定量综合集成研讨厅体系”

依据组成系统的子系统、子系统种类的多少以及它们之间关联关系的复杂程度，可把系统分为简单系统和巨系统两大类。

①简单系统：是指组成系统的子系统数量比较少，其相互之间关系简单，如建筑工程项目里的智能楼宇系统，就是小系统。如果子系统数量相对较多，如一栋办公楼，则称为大系统。不管是小系统还是大系统，研究这类简单系统都可从子系统相互之间的作用出发，直接综合成全系统的运动功能，这是直接做法，没有曲折，最多在处理大系统时，要借助大型计算机或巨型计算机。

②巨系统：指系统种类很多并有层次性结构，子系统之间关联关系又很复杂，那就是复杂巨系统；若这个系统处于开放状态，就称为开放的复杂巨系统，如生物体系统、人脑系统、人体系统、地理系统、生态系统、社会系统、星系系统等。这些系统在结构、功能、行为和演化方面都很复杂。因此 20 世纪 80 年代末至 90 年代初，钱学森等人提出处理巨系统的“从定性到定量综合集成方法”，以及它的实践形式“从定性到定量综合集成研讨厅体系”，这两者合称为综合集成方法，并将运用这套方法的集体称为总体设计部。综合集成方法就其实质而言，是将专家群体中多种专业有关专家、数据和各种信息与计算机技术有机结合起来，把各专业学科的科学理论和人的经验知识结合起来，这三者本身也构成了一个系统。这个方法的成功应用，就在于发挥这个系统整体与综合的优势。具体地讲，是通过定性综合集成，到定性、定量相结合与综合集成，再到从定性到定量综合集成这样三个步骤来实现的。这个过程不是截然分开，而是循环往复、逐次逼近。考虑到工程项目管理构成的系统不属于开放复杂巨系统，故在此不做赘述。

1.2.2.4 “物理—事理—人理”方法论

基于定性与定量相结合，我国学者顾基发于 1994 年提出具有东方文化传统的系统工程方法论——“物理—事理—人理”（WSR）方法论。

①“物理”：指涉及物质运动机理，它既包括狭义性的物理，还包括化学、生物、地理、天文等。通常人们运用自然科学知识回答“物”是什么，如自由落体运动可由万有引力定律解释，遗传密码是由 DNA 中的双螺旋体携带，核发电原理是将核反应产生的巨大能量转化为电能等。物理需要的是真实性，研究客观实在。工程力学、工程测量、工程结构、建造材料、房屋建筑学、土建力学与地基等课程传授的知识，主要用于解决各种工程活动中“物理”方面的问题。例如，工程力学主要研究物体的运动，研究作用在物体上的力和运动之间的关系，研究物体的变形以及作用在物体上的力和变形之间的关系。

②“事理”：指做事的道理，主要解决如何安排所有的设备、材料、人员。通常是用运筹学与管理学的知识来回答“怎样去做”。典型例子是美国阿波罗登月计划、核电站建设和供应链的设计与管理等。工程项目建设管理、运筹学、财务管理、企业管理、合同管理等知识，主要用于回答“事理”方面问题的基本知识。例如，工程项目建设管理主要研究工程项目建设的计划制定、组织实施、工期、质量和投资控制等。从一个建设项目概念的形成、立项申请、可行性研究、项目评估决策、设计、项目建设前期准备、开工、主要设备与材料采购、抚育保质，直到竣工及交付使用，管理范围包括项目建设全过程。

③“人理”：指做人的道理，就是“敬业、真诚、善良与感恩”。通常要用哲学、人文与社

会学知识来回答“应当怎样做”和“最好怎么做”的问题。实际生活中处理任何“事”和“物”都离不开人去做，而判断这些事和物是否应用得当，也须由人来完成，因此工程项目建设活动必须充分考虑到人的因素。人理作用可以反映在世界观、文化、信仰等方面，特别表现在人们处理一些“事”和“物”中的利益观和价值观上。“人理”强调做人的道理，“人理”居于统帅地位，对“物理”与“事理”影响巨大。据此可以说，在工程项目建设活动中，人是主体，由主体通过项目建设活动（做事）去创造工程项目新事物这个实体。

系统实践活动是物质世界、系统组织和人的动态统一。人们的实践活动应当涵盖这三方面和它们之间的相互关系，即考虑“物理”“事理”和“人理”，从而获得关于所考察对象的全面认识，或是对考察对象的更深层理解，以便于采取恰当、可行的对策。表 4-1 简要地列出了“物理”“事理”“人理”的主要内容。“物理”“事理”和“人理”是系统实践中需要综合考察的 3 个方面，仅重视“物理”和“事理”而忽视“人理”，做事难免机械，缺乏变通和沟通，没有感情和激情，也难以有战略性创新，很可能达不到系统的整体目标，甚至会走错方向或者找不到新目标；一味强调“人理”而违背“物理”和“事理”，同样会导致失败，如某些“献礼工程”“首长工程”等，其事先不做充分的调查研究，仅凭领导、少数专家主观愿望而导致有些工程项目建设的失败就充分说明了这一点。“懂物理、明事理、通人理”就是 WSR 方法论的实践准则。简单地说，形容一个人的通情达理，就是对其成功地实践了 WSR 方法论的精辟概括。

**表 4-1 “物理”“事理”“人理”工作内容**

| 项目 | 物理 | 事理 | 人理 |
| --- | --- | --- | --- |
| 对象与内容 | 客观物质世界的法则、规则 | 组织、系统管理和做事情的道理 | 人、群体、关系，为人处世的道理 |
| 焦点 | 是什么？功能分析 | 怎样做？逻辑分析 | 最好怎样做？人文分析 |
| 原则 | 诚实，追求真理 | 协调，追求效率 | 讲人性、和谐、感恩，追求成效 |
| 所需专业知识 | 自然科学 | 管理科学、系统科学 | 人文知识、行为科学、心理学 |

WSR 方法论的内容易于理解，而具有的 7 步骤是：①理解意图；②制定目标；③调查分析；④构造策略；⑤选择方案；⑥协调关系；⑦实现构想。

实施这些步骤不一定严格依照以上所描述的顺序，协调关系始终贯穿于整个过程。协调关系不仅是协调人与人的关系，WSR 方法论早期报告与文章中大多给出了这方面的例子，极易让人产生片面理解，而实际上协调关系是协调每一步实践活动过程中的“物理”“事理”和“人理”关系，协调意图、目标、现实、策略、方案、构想间的关系，协调系统在实践中的投入、产出和成效的关系。这些协调活动都是由人完成，着眼点与手段应在理解意图后，再根据简单的观察和以往的经验等形成对考察对象一个主观的概念原型，包括所能想到的对考察对象基本假设，并初步明确实践目标，以此开展调查工作。因人力、物力、财力、思维能力等资源有限，调查不会漫无边际、面面俱到，而调查分析的结果是将一个粗略概念原型演化为详细概念模型，使目标得到修正，然后形成策略和具体方案，并提交用户做出选择。只有经过真正有效的沟通后，实现构想才有可能为用户接受，并有可能启发其新的意图。

由 WSR 方法论可知，“物理—事理—人理”三方面共同影响着工程项目建设活动，如资金风险问题是由于资金活动安排不恰当、不合理造成，故可归为“事理”层，另一些问题是因资金资源短缺造成，可归于“物理”层；最后，问题解决与否，还得归结到“人理”方面。“事理”和“物理”两个层面的因素特点可以观察分析，然而，真正影响并决定“事理”和“物理”层表现的是“人理”层，它看不见，摸不着，但可以透过“事理”和“物理”层的表现水平，反映出项目建设活动“人理”层的状况。工程项目建设管理活动是由人、事和物构成的一个复合系统，基于WSR方法论，零缺陷工程项目建设管理应当涵盖这三方面和它们之间的相互关系，即综合考虑“物理”“事理”和“人理”，运用零缺陷系统工程方法，来提高工程项目建设管理水平。

总之，将上述系统论应用到具体领域时，可以从系统工程的主要原理出发进行阐述，但在此之前，要明确一个问题，就是系统工程的具体方法和技术丰富多样，在学习和运用过程，系统思想应贯穿于系统工程的全生命周期。具体实施时应考虑：运用整体性原理，确定各部分关系，明确目标；运用分解综合原理，分解目标，组织落实；运用动态性、反馈性原理，实行目标检查与评价。

### 1.2.3　系统评价方法

系统评价在管理系统工作中是非常重要的问题，尤其对各类重大管理决策必不可少。系统评价是对需要评价的系统，在特定条件下，按照评价目标进行系统价值认定和估计。通过评价查找工作是否达到要求，发现偏差就及时纠正。系统评价是系统决策的基础和前提。系统评价问题是由评价对象（what）、评价主体（who）、评价目的（why）、评价时期（when）、评价地点（where）及评价方法（how）等要素（“5WIH”）构成的复合体。系统评价程序如图4-15。系统评价常用的方法如下。

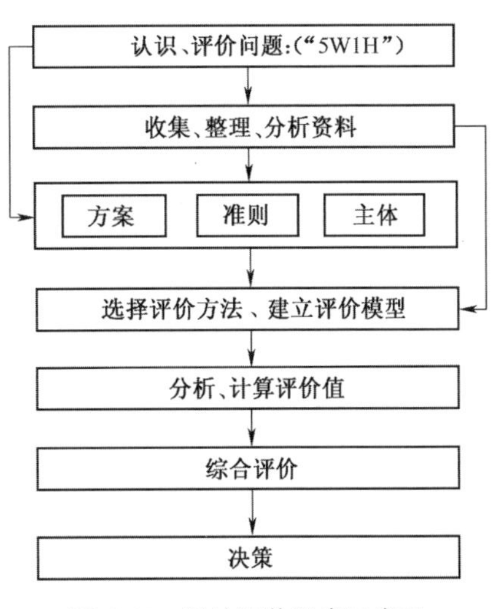


图**4-15**　系统评价程序示意图

#### 1.2.3.1　层次分析法

层次分析法（analytical hierarchy process，AHP）是20世纪70年代由美国运筹学家匹茨堡大学教授T. L. Saaty提出的多目标评价决策方法。该方法将决策者对复杂系统的评价决策思维过程数学化，是在经济学、管理学中广泛应用的方法。其基本思路是将复杂问题分解为若干层次和若干要素，在各要素间简单地进行比较、判断和计算，以获得不同要素和不同待选方案的权重，从而为选择最优方案提供决策依据。

层次分析法是有效处理不易定量化变量的多准则决策手段。它将复杂问题分解成递阶层次结构，然后在比原问题简单得多的层次上逐步分析；可以把人的主观判断采用数量形式来表达和处理；可以同时处理可定量和不易定量因素，将无法量化风险按照大小排出顺序，并把它们彼此区别开；以此提示人们对问题的主观判断是否存在不一致。其基本4步骤如下：

（1）确定评价目标：指明确方案评价准则，进而构造递阶层次结构模型。

①递阶层次结构类型：AHP建立的层次结构有如下3种类型。

完全相关性结构：指上一层每一要素与下一层所有要素完全相关；

完全独立结构：指上一层要素各自独立，且都有各不相干的下层要素；

混合结构：指一种既非完全相关又非完全独立的结构。

②递阶层次结构模型构造：分为下述 3 层。

目标层：又称最高层，指决策问题时欲求达到的总目标；

准则层：又称评价准则层，指评判方案优劣的准则，又叫因素层或约束层；

方案层：又称对策层，指决策问题的可行性方案。

各层间诸要素联系采用弧线表示，同层次要素之间无连线，因为它们相互独立；上层要素对下层要素具有支配关系，这样的层次结构就称为递阶层次结构。

（2）应用两两比较法构造判断矩阵：分为判断标度、判断矩阵。

①判断标度：表示要素 $i$ 对要素 $j$ 相对重要性的数量尺度，见表 4-2 所示。

**表 4-2 要素间两两比较的标度**

| 含义 | 因素 $i$ 与 $j$ 相对某属性同等重要 | $i$ 比 $j$ 稍微重要 | $i$ 比 $j$ 稍微重要 | $i$ 比 $j$ 强烈重要 | $i$ 比 $j$ 极端重要 | 上述两相邻判断的中间值 | $j$ 比 $i$ 重要 |
|---|---|---|---|---|---|---|---|
| 标度 | 1 | 3 | 5 | 7 | 9 | 2，4，6，8 | 倒数 |

②判断矩阵：判断矩阵 $\boldsymbol{A}$ 中的元素是以上一层某一要素作为判断标准，对下一层要素进行两两比较确定。

$$\boldsymbol{A}=\begin{pmatrix} a_{11} & \cdots & a_{1n} \\ \vdots & \ddots & \vdots \\ a_{m1} & \cdots & a_{mn} \end{pmatrix}$$

判断矩阵 $\boldsymbol{A}$ 中的元素 $\alpha_{ij}$ 表示根据某一判断准则，要素 $i$ 对要素 $j$ 相对重要性的数量表示，且有 $\alpha_{ij}>0$，$\alpha_{ij}=1/\alpha_{ji}$，$\alpha_{ii}=1$。

（3）确定各要素的相对重要度：若要知道同一层要素相对于其上层相对重要程度，需要求解判断矩阵的特征向量和最大特征根，其近似求解方法通常有求和法、方根法和幂法，下面以求和法为重点进行详细介绍。

①求出判断矩阵每行所有元素的算术平均值 $\overline{W}'_i$：

$$\overline{W}'_i=\frac{1}{n}\sum_{i=1}^{n}a_{ij},\quad i=1,2,\cdots,n \tag{4-1}$$

②将 $\overline{W}'_i$ 归一化，计算 $\overline{W}'_i$：

$$\overline{W}'_i=\frac{\overline{W}'_i}{\sum_{i=1}^{n}\overline{W}'_i},\quad i=1,2,\cdots,n \tag{4-2}$$

③计算判断矩阵的最大特征根 $\lambda_{\max}$：

$$\lambda_{\max}=\sum_{i=1}^{n}\frac{(AW)_i}{n\overline{W}_i} \tag{4-3}$$

④计算一次性指标（Consistency Index，$CI$），并进行一致性检验，其式（4-4）如下：

$$CI = \frac{\lambda_{max} - n}{n - 1} \tag{4-4}$$

式中：$n$——判断矩阵的阶数；查随机一致性指标（Random Index，$RI$），见表 4-3，并计算更为合理的一致性比率（Consistency Ratio，$CR$），其式是：

$$CR = CI/RI \tag{4-5}$$

**表 4-3　随机一致性指标 *RI***

| 维数 $n$ | 1 | 2 | 3 | 4 | 5 | 6 | 7 | 8 | 9 |
|---|---|---|---|---|---|---|---|---|---|
| $RI$ | 0 | 0 | 0.58 | 0.9 | 1.12 | 1.24 | 1.32 | 1.41 | 1.45 |

（4）计算综合权重并进行总的一致性检验：为获得层次目标中的每个指标或评价方案的相对权重，必须对各层次进行综合计算与检验，然后对相关权重进行总排序。

1.2.3.2　模糊层次分析法

（1）基本原理：AHP 是目前在进行多目标、多判据方案选优排序中应用较广泛的一种方法，其关键在于构造各层次的判断矩阵。但是由于客观环境的复杂性和决策者判断的模糊性，大量的研究将 AHP 扩展到模糊环境中去，即可得到模糊层次分析法（fuzzy analytic hierarchy process，FAHP）。FAHP 的基本步骤与 AHP 类似，但是由于所采取的标度不同，使得 FAHP 在判断矩阵结构、模糊判断矩阵的检验等方面适用范围更广，其表现的形式更加多种多样。

以下着重介绍 FAHP，具体内容包括如何建立模糊互补判断矩阵、模糊互补判断矩阵权重计算方法，以及模糊互补判断矩阵的一致性检验判断方法。

（2）模糊互补判断矩阵：在模糊层次分析中，对因素之间采取两两比较判断，采用定量方法来表示一个因素比另一个因素的重要程度，则得到模糊判断矩阵 $R=(r_{ij})_{n\times n}$，若其满足：$r_{ii}=0.5$，$i=1, 2, \cdots, n$；$r_{ij}+r_{ji}=1$，$i, j=1, 2, \cdots, n$；则这样的判断矩阵称为模糊互补判断矩阵。

为使任意 2 个方案关于某准则相对重要程度得到定量描述，采用表 4-4 所列的 0.1~0.9 标度法进行数量标度。实际上，人们在用 AHP 对社会、经济等系统诸因素进行测度过程，提出了一系列标度。根据这些标度得到的判断矩阵性质差异，将其归纳为两大类，即“互反性”与“互补性”标度。前者通常有 1~9 标度、指数标度、9/9~9/1 标度和 10/10~18/2 标度等；后者通常有 0.1~0.9 标度、0~1 标度、0~2 标度、−2~2 标度等。

**表 4-4　0.1~0.9 标度法及其意义**

| 标度 | 含　义 |
|---|---|
| 0.9 | 两个因素相比，一个比另一个极端重要 |
| 0.8 | 两个因素相比，一个比另一个强烈重要 |
| 0.7 | 两个因素相比，一个比另一个明显重要 |
| 0.6 | 两个因素相比，一个比另一个稍微重要 |
| 0.5 | 两个因素相比，具有同等重要性 |
| 0.4，0.3，0.2，0.1 | 反比较，如果因素 $i$ 和 $j$ 比较得 $r_{ij}$，则因素 $j$ 和 $i$ 比较得 $r_{ji}=1-r_{ij}$ |

根据表 4-4 表示出的数字标度，对因素 $i=1, 2, \cdots, n$ 相互进行比较，则得到如下模糊互补判断矩阵：

$$R = \begin{bmatrix} r_{11} & r_{12} & \cdots & r_{1n} \\ r_{21} & r_{22} & \cdots & r_{2n} \\ \vdots & \vdots & \vdots & \vdots \\ r_{n1} & r_{n2} & \cdots & r_{nn} \end{bmatrix}$$

(3) 模糊互补判断矩阵权重公式：采用下式（4-6）求解模糊互补判断矩阵权，该公式充分包含了模糊一致性判断矩阵的优良特性及判断信息，计算量小且便于计算机编程实现，为实际应用带来极大方便。

$$w_i = \frac{\sum_{j=1}^{n} r_{ij} + \frac{n}{2} - 1}{n(n-1)}, \quad i = 1, 2, \cdots, n \tag{4-6}$$

(4) 模糊互补判断矩阵一致性检验方法：为验证第 3 步得到的权重值是否合理，还需进行比较判断的一致性检验。当偏移一致性过大时，表明此时将权向量的计算结果作为决策依据不可靠。以下是采用模糊判断矩阵的相容性来检验其一致性原则的方法。

设矩阵 $\boldsymbol{A} = (a_{ij})_{n\times n}$ 和 $\boldsymbol{B} = (b_{ij})_{n\times n}$ 均为模糊判断矩阵，称

$$I(\boldsymbol{A}, \boldsymbol{B}) = \frac{1}{n^2} \sum_{i=1}^{n} \sum_{i=1}^{n} |a_{ij} + b_{ij} - 1| \tag{4-7}$$

为 $\boldsymbol{A}$ 和 $\boldsymbol{B}$ 的相容性指标。

设 $W = (w, w, \cdots, w_n)^{\mathrm{T}}$ 是模糊判断矩阵 $\boldsymbol{A}$ 的权重向量，其中 $\sum_{i=1}^{n} w_i = 1$，$w_i \geqslant 0$，令

$$w_{ij} = \frac{w_i}{w_i + w_j}, \quad i, j = 1, 2, \cdots, n \tag{4-8}$$

则称 $n$ 阶矩阵 $W^n = (w_{ij})_{n\times n}$ 为判断矩阵 $A$ 的特征矩阵。

对于决策者的态度 $\alpha$，当相容性指标 $I(A, W^n) \leqslant \alpha$ 时，认为判断矩阵为满意一致性的。$\alpha$ 值越小则表明决策者对模糊判断矩阵的一致性要求越高，一般可取 $\alpha = 0.1$。对于实际中的问题，一般均由多个（设 $k$ 个，$k = 1, 2, \cdots, m$）专家给出同一因素 $X$ 上的两两比较判断矩阵式(4-9)是：

$$R^k = (Y_{ij}^k)_{n\times n}, \ k = 1, 2, \cdots, m \tag{4-9}$$

它们均是模糊互补判断矩阵，则可以分别得到权重集的集合式（4-10）：

$$W^k = (w_1^k, w_2^k, \cdots, w_n^k), \ k = 1, 2, \cdots, m \tag{4-10}$$

进行模糊互补判断矩阵的一致性检验，要实施以下两方面的工作。

①检验 $m$ 个判断矩阵 $A^k$ 的满意一致性式（4-11）如下：

$$I(R^k, W^k) \leqslant \alpha, \ k = 1, 2, \cdots, m \tag{4-11}$$

②检验判断矩阵间的满意相容性式（4-12）是：

$$I(R^k, R^I) \leqslant \alpha, \ k \neq I, \ k, I = 1, 2, \cdots, m \tag{4-12}$$

可以证明，在模糊互补判断矩阵 $A^k$，$k = 1, 2, \cdots, m$，是一致可以接受的情况下，它们的综合判断矩阵也是一致可以接受的。也就是说只要当上述两个条件满足时，$m$ 个权重集的均值作为因素集 $X$ 的权重分配向量是合理和可靠的。权重向量表达式如下：

$$\boldsymbol{W} = (w_1,\ w_2,\ \cdots,\ w_n)^{\mathrm{T}}$$

式中：
$$w_i = \frac{1}{m}\sum_{k=1}^{m} w_i^k,\quad i = 1,\ 2,\ \cdots,\ n \tag{4-13}$$

1.2.3.3　模糊综合评价法

模糊综合评价法（fuzzy comprehensive evaluation method，FCEM）是一种基于模糊数学的综合评价方法。FCEM 根据模糊数学的隶属度理论把定性评价转化为定量评价，即用模糊数学对受到多种因素制约的事物或对象做出一个总体的评价。它具有结果清晰、系统性强的特点，能较好地解决模糊的、难以量化的问题，适合各种非确定性问题的解决。FCEM 最显著的特点有：相互比较，以最优的评价因素值为基准，其评价值为 1，其余欠优的评价因素依据欠优的程度得到相应的评价值；可以依据各类评价因素的特征，确定评价值与评价因素值之间的函数关系，即隶属度函数。

模糊综合评判就是应用模糊变换原理和最大隶属度原则，考虑与被评价事物相关的各个因素，对其所做出的综合性评价结论。

假设所研究的因素集和评语集分别为 $U = \{U_1,\ U_2,\ \cdots,\ U_m\}$，$V = \{V_1,\ V_2,\ \cdots,\ V_m\}$，则模糊综合评判模型的式（4-14）就如下：

$$B = AoR \tag{4-14}$$

其中，$R = (Y_{ij})_{m\times n}$ 是 $U\times V$ 的模糊子集，通常称为模糊矩阵，由各单因素评判结果得到，$Y_{ij}$ 表示第 $i$ 个素对第 $j$ 个评语的隶属度；$A = \{\alpha_1,\ \alpha_2,\ \cdots,\ \alpha_m\}$ 是 $U$ 上的模糊子集，常称为关于 $U$ 上的权向量；$B = \{b_1,\ b_2,\ \cdots,\ b_n\}$ 是 $V$ 上的模糊子集，常称为综合评判结果向量；“$o$” 为合成运算，可取为（+，×）。

当确定综合评判结果已经属于哪个评语时，则应采取最大隶属度原则，若 $b_{j_0} = \max b_j$（$1 \leq j \leq n$），则断定评判结果为第 $j_0$ 个评语。此外，还需考虑各因素的权重，获取权重可以考虑采用 AHP 方法。最后，根据评分大小给出其对应级别，从而给方案进行排序。

1.2.3.4　网络层次分析法

采用 AHP 方法的重要前提是，假设在这一层次结构中不同层次以及同一层次间的元素互不影响、相互独立。但现实生活中的系统复杂多变，各元素之间不可能或者很少相互独立，因此，AHP 存在很大的局限性。为满足现实生活的具体要求，使制定决策更加具有实践性，Saaty 于 1996 年提出网络层次分析法（analysis network process，ANP），用来弥补 AHP 的缺陷与不足。ANP 适用于复杂系统多属性的决策方法，其以网络形式呈现出复杂问题。ANP 基本原理与 AHP 基本相同，但其两者的模型结构不同，并且 ANP 引入了超矩阵的应用和分析。使用这种方法，所有网络结构中的元素都能对相对结论产生影响。它们不仅受备选方案权重影响，同时也被它们所属元素集影响，通过反馈能更好地反映现实生活。该方法具有系统性、简洁性和实用性。

（1）ANP 基本结构：LANP 由控制层和网络层构成。控制层包括目标和决策准则，其结构与 AHP 控制层结构相同，控制层可以没有准则，但至少要有一个目标；网络层由多个因素构成，元素组内部元素间相互影响和彼此依赖性，元素组之间有相互作用和反馈，任何一个元素或元素组可能是影响源，也可能是影响汇。ANP 基本结构如图 4-16，图中箭头表示影响的流向。

(2) 超矩阵：设 ANP 中控制层元素依次为 $P_1$，$P_2$，…，$P_m$，网络层中元素组分别是 $C_1$，$C_2$，…，$C_N$，其中元素组 $C_i$ 中的元素为 $e_{i1}$，$e_{i2}$，…，$e_{in_i}$，$i=1$，…，$N$。以控制层元素 $P_S(s=1, 2, \cdots, m)$ 为准则，以 $C_i$ 中的元素 $e_{jI}(I=1, 2, \cdots, n_j)$ 为次准则，对元素组 $C_i$ 中元素对 $e_{jI}$ 的重要性大小进行比较，由此构造判断矩阵并计算出归一化特征向量 $W_{in}$。如果此特征向量满足一致性检验，则为网络元素排序向量（权重）。同理，可以得到相对于其他元素的排序向量，进而得到矩阵 $W_{ij}$ 的计算式（4-15）是：

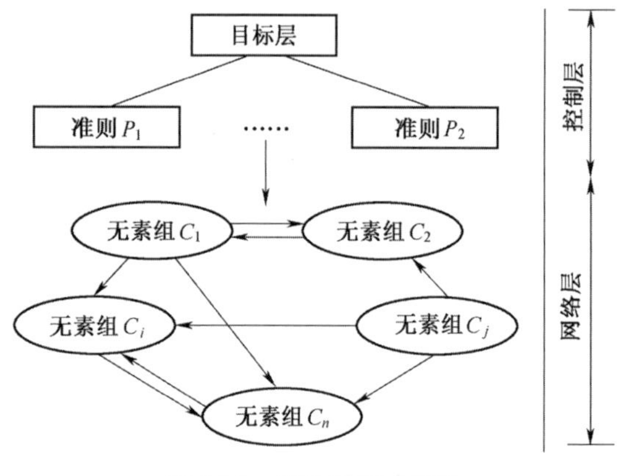


图 **4-16**　ANP 的基本结构

$$\boldsymbol{W}_{ij}=\begin{bmatrix} w_{i1}^{j1} & w_{i1}^{(j2)} & \cdots & w_{i1}^{(jn_i)} \\ w_{i2}^{j1} & w_{i2}^{(j2)} & \cdots & w_{i2}^{(jn_i)} \\ \vdots & \vdots & \vdots & \vdots \\ w_{in_i}^{j1} & w_{in_i}^{(j2)} & \cdots & w_{in_i}^{(jn_i)} \end{bmatrix} \tag{4-15}$$

其中，$\boldsymbol{W}_{ij}$ 的列向量为 $C_i$ 中元素 $e_{i1}$，$e_{i2}$，…，$e_{in_i}$ 对 $C_j$ 中 $e_{j1}$，$e_{j2}$，…，$e_{jn_j}$ 的影响程度排序向量。若二者互不影响，则 $\boldsymbol{W}_{ij}=0$。综合后可得到在控制层元素 $P_S$ 下的超矩阵 $\boldsymbol{W}$ 的式：

$$\boldsymbol{W}=\begin{bmatrix} W_{11} & W_{12} & \cdots & W_{1N} \\ W_{21} & W_{22} & \cdots & W_{2N} \\ \vdots & \vdots & \vdots & \vdots \\ W_{N1} & W_{N2} & \cdots & W_{NN} \end{bmatrix} \tag{4-16}$$

其中，超矩阵 $\boldsymbol{W}$ 的子块 $\boldsymbol{W}_{ij}(i, j=1, 2, \cdots, N)$ 列和为 1，但 $\boldsymbol{W}$ 不一定是归一化的。

(3) 加权超矩阵：以控制层元素 $P_S$ 为准则，对 $P_S$ 下各组元素对准则 $C_j$ 的重要性进行比较，得到一个归一化的排序向量 $(a_{1j}, a_{2j}, \cdots, a_{Nj})^{\mathrm{T}}$，将所有的排序向量综合起来构成权重矩阵 $\boldsymbol{A}$，其计算公式（4-17）如下：

$$\boldsymbol{A}=\begin{bmatrix} a_{11} & a_{12} & \cdots & a_{1N} \\ a_{21} & a_{22} & \cdots & a_{2N} \\ \vdots & \vdots & \vdots & \vdots \\ a_{N1} & a_{N2} & \cdots & a_{NN} \end{bmatrix} \tag{4-17}$$

其中，元素 $a_{1j}$ 表示在控制层元素 $P_S$ 准则下，第 $i$ 个元素组对第 $j$ 个元素组成的影响权重。若二者无相互影响关系，则 $a_{1j}=0$。$\boldsymbol{W}$ 的加权超矩阵式（4-18）为：

$$\overline{\boldsymbol{W}}=\boldsymbol{A}\times\boldsymbol{W}=(\overline{\boldsymbol{W}}_{ij})=(a_{ij}\times W_{ij}) \tag{4-18}$$

其中，$i$，$j=1$，2，…，$N$，其列和为 1。

为了充分体现网络层各元素之间的相互影响关系，需要对（加权）超矩阵进行稳定性处理，即计算（加权）超矩阵的极限值 $\overline{W}^{\infty}$。若 $\overline{W}^{\infty}$ 收敛，则其第 $j$ 列就是网络层各元素对第 $j$ 个元素相对于总目标的权重。

（4）ANP 方法的步骤：采取 ANP 方法需要进行以下 5 步骤的操作。

①确定目标、准则：首先对决策问题进行详细描述，涵盖该决策问题的目标、准则和子目标，以及该决策问题的参与者及其目标，并给出该决策问题的可能产出。

②依据目标、准则构建 ANP 网络：将决策问题转化成为科学、合理的网络系统。该网络结构可以通过专家决策者的头脑风暴等方法获得。一个网络结构模型可能在图中既有反馈，又有循环。

③构造判断矩阵并计算权重向量：同 AHP 相似，元素集中的决策元素按照一定准则，就其相对重要性进行两两比较，构造判断矩阵，同时元素集之间也要以目标为准则构造判断矩阵。此过程是通过评判专家、决策者根据自身经验和可获得信息对元素进行比较而进行的。如果存在一个元素集，其内部元素会相互影响，此元素集权重矩阵即可通过相对优势度来获得，即以元素集内某一元素为准则，对元素进行两两比较。相对重要程度的数值还需按照表 4-2 所示标度法进行划分。

④构建并计算超矩阵：ANP 中超矩阵理念类似于马尔可夫链，在相互依赖、影响的系统中，为获取决策需要的总体优先权，应当构建并计算超矩阵。其方法如下：

构建超矩阵：首先需要将前面由相对比较矩阵得到的基本优先权向量，按照合理顺序放入一个矩阵中，由此获得超矩阵。

超矩阵加权：在网络结构中，因元素集间通常存在相互依赖性，因此超矩阵中所列的和一般大于 1。故此必须对超矩阵进行修正，就是进行超矩阵加权，使各列的和等于 1。超矩阵加权首先要构造元素集之间的加权矩阵。

超矩阵求极限：超矩阵加权后即变成加权超矩阵，然后对其求极限，当超矩阵中各列数值相同时，就表示超矩阵达到稳态，从而获得元素集中所有元素的极限相对影响排序。

⑤选择最优方案：根据极限超矩阵中各元素的权重排序，找到备选方案的权重向量，然后依据权重值大小，选择出最优方案。

1.2.3.5　系统评价方法应用

绿色供应链是以绿色制造理论和供应链管理技术为基础的现代管理模式，从整个供应链角度考虑环境影响和资源效率，力求使产品在其生命周期全过程中，对环境产生副作用最小、资源利用率最高。在建立绿色供应链过程，其关键是选择合适供应商，尤其是选择符合可持续发展战略目标要求的绿色供应商。生态工程项目建设中的绿色供应链管理，是在项目建设方案规划设计、材料及设备供应、施工现场管理、抚育保质、竣工验收及移交整个生命周期过租中贯彻环保理念，通过对信息流、物流、资金流的有效控制管理，使生态建设工程对生态环境产生的生态防护效益、经济效益和社会效益最高。生态建设绿色供应链管理涉及建设单位、勘察设计单位、供应商、施工单位、监理单位等，下面仅对如何筛选绿色供应商的问题进行叙述。首先，根据生态工程项目建设特点构建绿色供应商评价指标体系；其次，利用 AHP 和 FCEM 进行绿色供应商选择研究。

（1）绿色供应商评价指标体系：在现有供应商评价指标体系文献中很少引入绿色信息。一个理想的绿色供应商不仅应该保证本企业的生产环境符合法规要求，而且应该具备从源头控制污染、防止环境污染意识。因此，在设置指标时不仅要包含反映出供应商本身素质的指标，还要有能反映该企业管理绿色环境的指标。遵循系统全面、简明科学、稳定可比、灵活可操作等原则，突出环保因素，绿色供应商评价指标体系如图 4-17。图 4-17 中价格作为一级指标，二级指标中绿色战略包含绿色设计、生产等企业绿色文化。

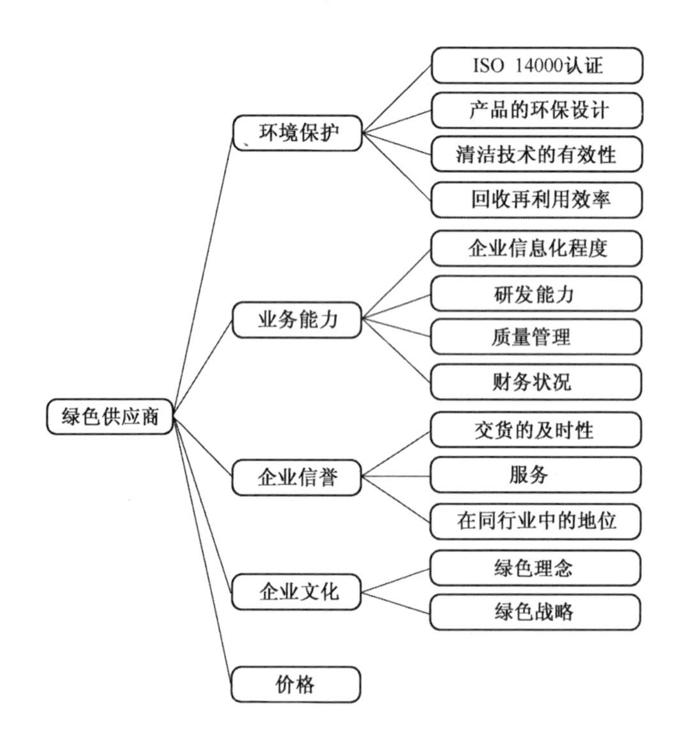


图 **4-17**　绿色供应商评价指标体系及层次结构图

基于前叙 AHP、FCEM 原理及其方法，可先采用 AHP 计算 FCEM 中的权重向量，然后再将两种方法进行集成。以下是通过例子进行的应用说明。

（2）应用实例：某项目现有 3 家供应商（$X$）可供选择，$X=(X_1, X_2, X_3)$，供应商 $X_1$ 在交货及时性方面做得比较好，且在同行业中具有较高信誉，产品价格较低，较为重视企业内部环境控制和财务管理；供应商 $X_2$ 很重视产品的环境影响，已通过 ISO 14001 认证和 ISO 9000 系列认证，业务素质较强，研发能力较强，产品价格较高，是一家知名企业；供应商 $X_3$ 也很有竞争力，价格适中，服务周到，注重企业形象，信誉较好。因为这 3 家供应商企业的竞标情况不同，采购方无法直接做出选择，则采用 AHP 和 FCEM 进行综合评价和选择。

①建立指标体系：根据 AHP 理论，建立绿色供应商选择的指标体系（图 4-17）。

②建立评价集：依据绿色供应商综合能力，将其分为“好、较好、一般、较差和差”5 个级别，以达到评价目的，即 $V=\{v_1, v_2, v_3, v_4, v_5\}$ = {好，较好，一般，较差，差}；对应分值集是：$F=(1, 0.8, 0.6, 0.4, 0.2)$。

③利用 AHP 确定指标权重：采用专家打分法，得到各级判断矩阵，并计算相对权重。以 $U_1$ 为例，则有式（4-19）：

$$A_1 = \begin{vmatrix} a_{11} & a_{12} & a_{13} & a_{14} \\ a_{21} & a_{22} & a_{23} & a_{24} \\ a_{31} & a_{32} & a_{33} & a_{34} \\ a_{41} & a_{42} & a_{43} & a_{44} \end{vmatrix} = \begin{vmatrix} 1 & 1/2 & 3 & 1/3 \\ 2 & 1 & 3 & 1 \\ 1/3 & 1/3 & 1 & 1/4 \\ 3 & 1 & 4 & 1 \end{vmatrix} \tag{4-19}$$

矩阵中 $a_{21}=2$ 说明 ISO 14001 认证 $U_{11}$ 与产品的环保设计 $U_{12}$ 相比更重要。同理可得到 $A_2$，$A_3$，$A_4$ 及 $A$（一级指标判断矩阵）。对矩阵进行一致性检验，就有以下公式：

$$CI=(\lambda_{max}-n)/(n-1)=(4.0875-4)/(4-1)=0.0292$$

$$CR=CI/RI=0.0292/0.9=0.03<0.1$$

显然，该判断矩阵通过一致性检验。类似地，可得到所有指标权重，见表 4-5。

**表 4-5　对供应商 $X_1$ 的评价信息意义**

| 目标 | 一级指标 $U$ 及权重 $W_i$ | 二级指标 | 评价值（$R_i$） | | | | | 二级指标权重（$i$） |
|---|---|---|---|---|---|---|---|---|
| | | | 好 | 较好 | 一般 | 较差 | 差 | |
| 绿色供应商选择 | 环境保护 $U_1$（0.2288） | ISO 14001 认证 $U_{11}$ | 0.2 | 0.1 | 0.2 | 0.3 | 0.2 | 0.1840 |
| | | 产品环保设计 $U_{12}$ | 0.1 | 0.2 | 0.4 | 0 | 0.3 | 0.3321 |
| | | 清洁技术有效性 $U_{13}$ | 0 | 0.1 | 0.3 | 0.2 | 0.4 | 0.0895 |
| | | 回收再利用效率 $U_{14}$ | 0.1 | 0 | 0.3 | 0.2 | 0.4 | 0.3943 |
| | 业务能力 $U_2$（0.2588） | 企业信息化程度 $U_{21}$ | 0.1 | 0.1 | 0.3 | 0.3 | 0.2 | 0.1503 |
| | | R&D 能力 $U_{22}$ | 0 | 0.3 | 0.4 | 0 | 0.3 | 0.3318 |
| | | 质量管理 $U_{23}$ | 0 | 0.1 | 0.3 | 0.2 | 0.4 | 0.1503 |
| | | 财务状况 $U_{24}$ | 0.2 | 0.1 | 0.2 | 0.2 | 0.3 | 0.3676 |
| | 企业信誉 $U_3$（0.1994） | 交货及时性 $U_{31}$ | 0.1 | 0.2 | 0.2 | 0.1 | 0.4 | 0.2500 |
| | | 售后服务 $U_{32}$ | 0.2 | 0 | 0.4 | 0.3 | 0.1 | 0.5000 |
| | | 在同行业中地位 $U_{33}$ | 0.1 | 0.2 | 0.4 | 0 | 0.3 | 0.2500 |

（续）

| 目标 | 一级指标 $U$ 及权重 $W_i$ | 二级指标 | 评价值（$R_i$） | | | | | 二级指标权重（$i$） |
|---|---|---|---|---|---|---|---|---|
| | | | 好 | 较好 | 一般 | 较差 | 差 | |
| 绿色供应商选择 | 企业文化 $U_4$（0.0941） | 经营理念 $U_{41}$ | 0 | 0.1 | 0.3 | 0.2 | 0.4 | 0.3333 |
| | | 绿色战略 $U_{42}$ | 0.1 | 0.2 | 0.3 | 0.3 | 0.2 | 0.6667 |
| | 价格 $U_5$（0.2188） | — | 0.4 | 0.2 | 0.2 | 0.1 | 0.1 | 1.0000 |

④运用 FCEM 进行综合评价：分为一级、二级模糊综合评价。

（a）一级模糊综合评价：根据 $B_i = \omega_i \times R_i = (b_{i1}, b_{i2}, b_{i3}, b_{i4}, b_{i5})$，结果见表 4-6。

（b）二级模糊综合评价：根据 $B = (\alpha_1, \alpha_2, \alpha_3, \alpha_4, \alpha_5) \cdot (B_1, B_2, B_3, B_4, B_5)^{\mathrm{T}}$，“·”是模糊评价中的最大最小算法，结果为：$B = (0.17, 0.14, 0.28, 0.15, 0.24)$。

**表 4-6　供应商一级模糊综合评价结果**

| | 一级指标 | 很好 | 较好 | 一般 | 较差 | 差 |
|---|---|---|---|---|---|---|
| 绿色供应商选择 | 环境保护 | 0.1094 | 0.0938 | 0.3148 | 0.1520 | 0.3300 |
| | 业务能力 | 0.0885 | 0.1664 | 0.2964 | 0.1487 | 0.3000 |
| | 企业信誉 | 0.1500 | 0.1000 | 0.3500 | 0.1750 | 0.2250 |
| | 企业文化 | 0.0667 | 0.1667 | 0.3000 | 0.2000 | 0.2667 |
| | 价格 | 0.4000 | 0.2000 | 0.2000 | 0.1000 | 0.1000 |

⑤计算供应商 $X_1$综合得分：$C_1 = BF^{\mathrm{T}} = 0.5697$。

⑥同理对 $X_2$、$X_3$两家供应商进行层次模糊综合评价，得出的综合评分结果是：$C_2 = 0.7104$，$C_3 = 0.5502$。因此，最终确定的最佳绿色建筑供应商是 $X_2$。

### 1.2.4　项目建设的系统分析

（1）项目建设系统思想。每个建设项目都是一个系统，且具有鲜明的系统特性。实施项目建设管理，必须采用系统的思想、原理和方法，研究分析项目建设的系统构成以及与这个系统有关联的一切内外环境，全面、动态、统筹兼顾地分析处理问题，寻求项目建设系统目标的总体优化以及与外部环境的协调发展。参与项目建设的所有直接和间接参加者、项目管理者和被管理者等，都各自以某种形式存在于项目建设系统中，因此，在对项目建设管理中，项目管理者和参与者都应树立系统思想，以系统化观念指导工作非常重要。其重要性主要体现在以下 3 方面。

①不论项目建设处在生命周期哪个阶段，管理者和参与者都应树立全局观念，系统地观察问题和解决问题，对项目建设进行全面、整体计划和安排，减少和避免在对系统进行决策、管理和具体操作上的各种失误。

②管理者利用系统分析方法将复杂项目分解，观察项目内部结构和各部联系，在做出决策、制订计划、采取措施时，充分考虑各方内外联系和相互影响，使系统各要素之间相互协调，减少系统内部的矛盾和冲突，使各子系统正常运行。

③以系统思想强调项目建设总目标和总效果，强调系统目标的一致性，寻求项目建设整体最优化，而不是局部和个体优化。项目建设整体性不仅体现在项目建设过程，也体现在项目建设生命周期的完整性和项目与其环境联系的完整性上。

（2）项目建设的系统描述。项目建设作为具有复杂性的系统，可从不同角度和方面加以描述。

①项目建设内、外部系统：指按照项目建设自身实体的构成和项目建设涉及的各方主体，可将项目建设分为内、外部关联系统，如图 4-18。

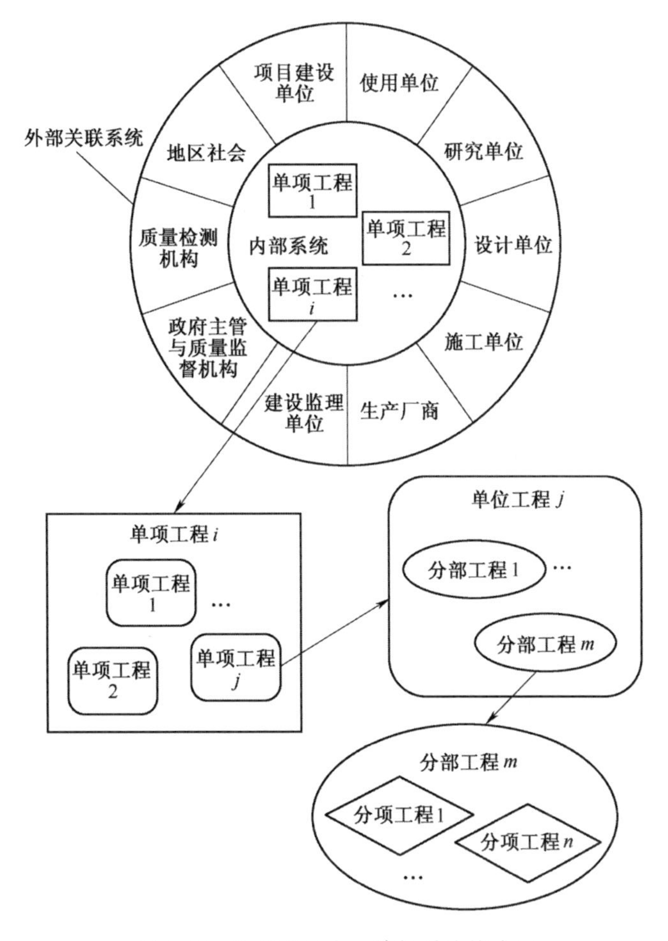


图 **4-18**　建设项目内、外部系统构成图

项目建设内部系统：指构成系统的单项工程、单位工程、分部工程、分项工程等子系统，它们决定着项目建设的本质特征、性质、类型和基本形象，决定着项目建设技术与管理的全方位。内部系统由项目建设设计设定，通过实物模型、规范、标准、结构图等来描述。

项目建设外部关联系统：涉及的主体有项目建设单位、使用单位、研究单位、设计单位、施工单位、生产厂商、监理单位、政府主管与监督部门、质量检测机构和工商税务等。

②项目建设的目标系统：是指由项目建设各个目标组成的互相联系、互相制约的多目标体系。通过将项目建设总目标逐层分解成各个子目标，子目标再分解成若干个可操作的分目标，形成目标系统；然后通过项目建设实施，逐层实现分目标，最终实现项目建设总目标。因为采取项

目建设目标管理方法，因此，项目建设目标系统是项目建设管理的主线。为使目标系统更好地发挥主线作用，目标系统应具有完整性、协调性、明确性及动态性。

③项目建设行为系统：是指应把实现项目建设目标的必需工作都纳入计划和控制管理之中，并根据各项活动的逻辑关系，制定有序的工作流程，保证项目建设实施过程的程序化、合理化，通过项目建设的系统化管理，保证项目建设各部分之间实现有利、合理的协调，形成一个高效率的建设施工作业过程。项目建设的行为系统通常用项目结构图、网络图、实施计划、资源计划等表示。

④项目建设组织系统：通常，项目建设参与者包括建设单位、设计单位、监理单位、施工商、分包商、供应商等，他们通过以合同方式为纽带，形成项目建设施工的经济合作关系，从而形成一个庞大的组织体系。项目建设法人与各有关方的合作关系如图 4-19。

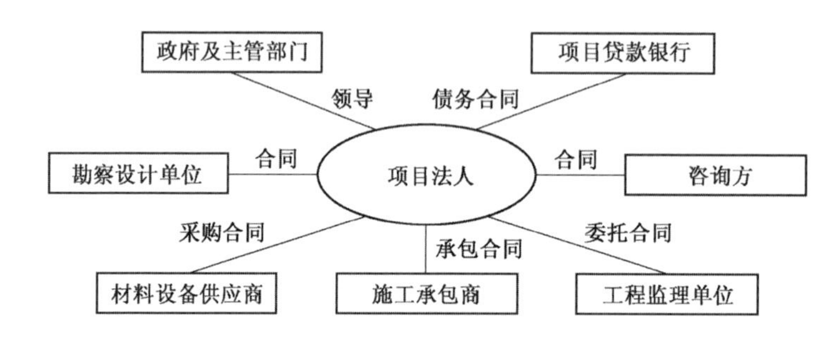


图 **4-19**　项目法人与有关方的关系

上述 4 个系统之间存在着错综复杂的内在联系，它们共同构成项目建设系统一个完整的系统，并从多个方面决定着项目建设的成败。

（3）项目建设系统的特点。

①项目建设系统的一般性特点。工程项目建设作为一个有机性的系统，即具有一般系统的特点，如项目建设是由许多要素组合而成，各要素相互联系与影响呈现出相关性，也有设定的目标，具有明确的目的性。同时，项目建设既要利用外部环境条件，又受到外部环境的影响、制约，项目系统必须与外部环境协调发展，具有适应外部环境的特点。项目建设属于社会技术系统，除具有一般系统的特点外，还具有开放性和动态性。

②现代工程项目建设系统的特点。对于现代工程项目建设而言，由于科学技术迅猛发展，不断出现新工艺、新型材料，从而使得项目建设系统更具有技术更新快、专业技术要求高的特点；现代工程项目建设不确定性大，受外部环境干扰多，具有风险性大、技术工艺水平要求越来越复杂的特点；现代工程项目建设规模大，投资额度高，参加单位多，国际性项目建设越来越多，对项目建设的计划准确性和精确度要求越来越高，对项目建设目标的实现要求越来越严格。

（4）项目建设系统的环境分析。项目建设项环境是指对项目建设有影响的所有自然因素和社会因素的总和。任何项目建设都是处于一定的自然和社会环境之中，项目建设作为一个开放系统，其建设实施过程，总会受到环境的制约和影响。环境是项目建设产生风险的根源，它决定着项目建设的需求、存在价值和建设实施方案内容。

对项目建设来讲，其环境影响因素通常包括政治、经济、社会、法律、自然、人文、技术等。在项目建设整个生命周期中，环境与项目建设自始至终存在着不可分割的互动关系。在项目建设生命周期不同阶段，决定项目建设和其价值变化的环境因素是不同的。由于环境条件和项目建设本身的动态性，要想把握不同阶段环境因素的内涵及变化趋势，就必须充分、细致地分析项目建设的环境因素，并保证对项目建设环境认知的动态性、连贯性和正确性。

## 1.3 并行工程

### 1.3.1 并行工程概述

并行工程（concurrent engineering，CE）一词最早出现在美国国防部先进研究计划局（DARPA）报告中，随后美国防御分析研究所（IDA）发表著名的 R-338 研究报告，正式提出并行工程的理论和方法。

并行工程理论是指在产品开始开发时，就考虑到产品生命周期从概念生产到产品报废整个过程的所有因素，力求做到综合优化设计，最大程度地避免设计错误，减少设计变更及其反复修改次数，提高质量，降低成本，使产品一次开发成功，有效缩短产品开发周期。

并行工程不同于传统的“反复做直到满意”的思维习惯，注重强调“一次成功”。据统计，建造成本 70%以上与设计阶段有关，因此，设计出最优化的工程项目和建设组织实施方案，对降低项目建设成本有着极大的意义。美国建筑业学会（Construction Industry Institute，CII）在 1995 年研究表明，并行工程可在不增加成本的情况下有效缩短建设工期。并行工程具有如下 3 项重要特性。

（1）工作过程并行。并行工程的主要目标是把原本按顺序阶段串行的工作过程，通过组织和技术于段转化为交叉并行工作，尽早开始，以缩短工期、提高质量、降低成本。例如，产品开发设计、工艺流程设计、生产技术准备、采购、生产等各种活动交叉并行；项目建设过程的一体化设计，特定条件下的采购、施工作业、保质的搭接等并行工序。

（2）团队协同。并行工程需要多学科、跨部门，甚至是跨组织的多人参与，团队成员是涉及项目建设产品生命周期的所有关联人，以确保产品的整体优化。这些成员代表不同立场、具有不同技术背景、可能在不同地点工作，需要有一个组织和技术手段来保障他们打破原组织和部门的壁垒，有效地协同工作，发挥项目建设组织的群体智慧。

（3）高度信息集成。项目建设工作的并行交叉和多专业跨部门协同需要高度信息集成来保证。各项工作、各成员间需要进行双向信息交流与数据共享，必须借助信息化处理系统，如计算机辅助设计与制造（CAD/CAM）、建筑信息模型化（Building Information Modeling，BIM）、集成项目建设管理软件等进行各类信息和数据的交流共享，通常还需要一个统一的信息入口，如项日建设信息门户（Project Information Portal，PIP）等。

并行工作必然会带来高度不确定条件下的决策，并导致更多的工作迭代。如果控制不当，有可能带来大量返工，反而延长工作时间，增大成本，因此实施并行工程需要对组织和技术中的不确定性进行预先分析，通过模块化、标准化，集成产品开发团队（Integrated Product Team，IPT），高度信息集成等方式来应对这种不确定性。

### 1.3.2 并行工程与零缺陷工程管理的相互关联

并行工程作为系统化的思想和方法，是零缺陷工程管理的重要理论基础，它秉承“第一次将正确的事情做正确”的思想，从一开始就系统、全面地考虑工程项目建设从构思、设计、施工、运维到竣工等各阶段的管理要素，包括质量、进度与成本等，通过现代信息化技术，将工程项目建设活动有效衔接，减少返工、窝工和浪费，提高建设质量，达到工程项目建设目标，满足项目建设者的需求。

在工程项目建设领域，并行工程不但极大地改变了各行业的工程项目建设行组织结构，而且有效改变了项目建设的工作方式，这就可以理解为：通过集成优化设计、制造、施工和安装活动，最大限度地促成各项工作活动的并行和协同，实现缩短工期、提高质量和降低成本的目标。并行工程模式与传统建设工程模式的不同见表 4-7。在项目建设中采用并行工程具有如下 3 项优点。

**表 4-7 并行工程模式与传统建设工程模式比较**

| 项目 | 并行工程模式 | 传统建设工程模式 |
|---|---|---|
| 过程 | 并行，阶段之间能够有效地衔接 | 阶段性，按顺序开展建设施工 |
| 组织 | 扁平化，减少管理链和管理环节 | 面向职能层级式纵向管理组织 |
| 合同 | 基于团队的多方协议，平等关系 | 基本是签订双边合同，属于契约关系 |
| 合作 | 倾向于长期合作共赢，优势互补 | 局限于单个项目，以专业分工为合作基础 |
| 沟通 | 通过统一信息平台进行高效率沟通 | 被限定在一定阶段范围内 |
| 资源 | 更容易实现资源共享 | 资源共享受到限制 |
| 风险 | 不确定因素多，强调风险共担 | 相对较小，但常常是风险与收益不平衡 |
| 冲突 | 彼此信任，冲突限定在可控程度 | 彼此不信任，利益不统一极易造成冲突 |
| 变更 | 相对较少 | 较多 |
| 效果 | 提高质量、降低成本、缩短工期，并且持续改进 | 三大控制目标难以同时保证，不能令项目建设方、监理方满意 |

（1）提高质量。并行工程设计不仅考虑到项目建设的各项性能，还考虑与工程项目建设相关的各工序过程的工作质量，质量不仅是度量项目建设的标准，而且是设计、施工等过程的度量标准。为获得项目建设的高质量，并行工程强调设计产品与过程并行，以实现优化建造过程，减少项目建设缺陷，以便于建设施工运营等。

（2）缩短工期。缩短工期，是指通过提高设计质量来缩短设计周期，减少反复修改设计的工作量，同时通过优化施工工序提高了施工效率。由于在设计阶段不仅完成施工图纸设计，而且充分考虑施工计划、工艺及方法，最终导致工期缩短。

（3）降低成本。并行工程目的不是单纯地降低项目建设生命周期中某阶段的成本，而是要通过对设计、施工等全过程一体化设计和综合优化来降低项目建设在整个生命周期中的消耗，使得工程项目建设产品的总成本最低。

### 1.3.3 并行工程的应用实施

#### 1.3.3.1 实施并行工程的总体框架

根据王慧明和齐二石等人的研究，在工程项目建设实践中实施并行工程可采取图 4-20 所示总体框架。该框架包括 3 个层级：设计阶段层、设计/建造一体化工具层、知识基础和数据库层。

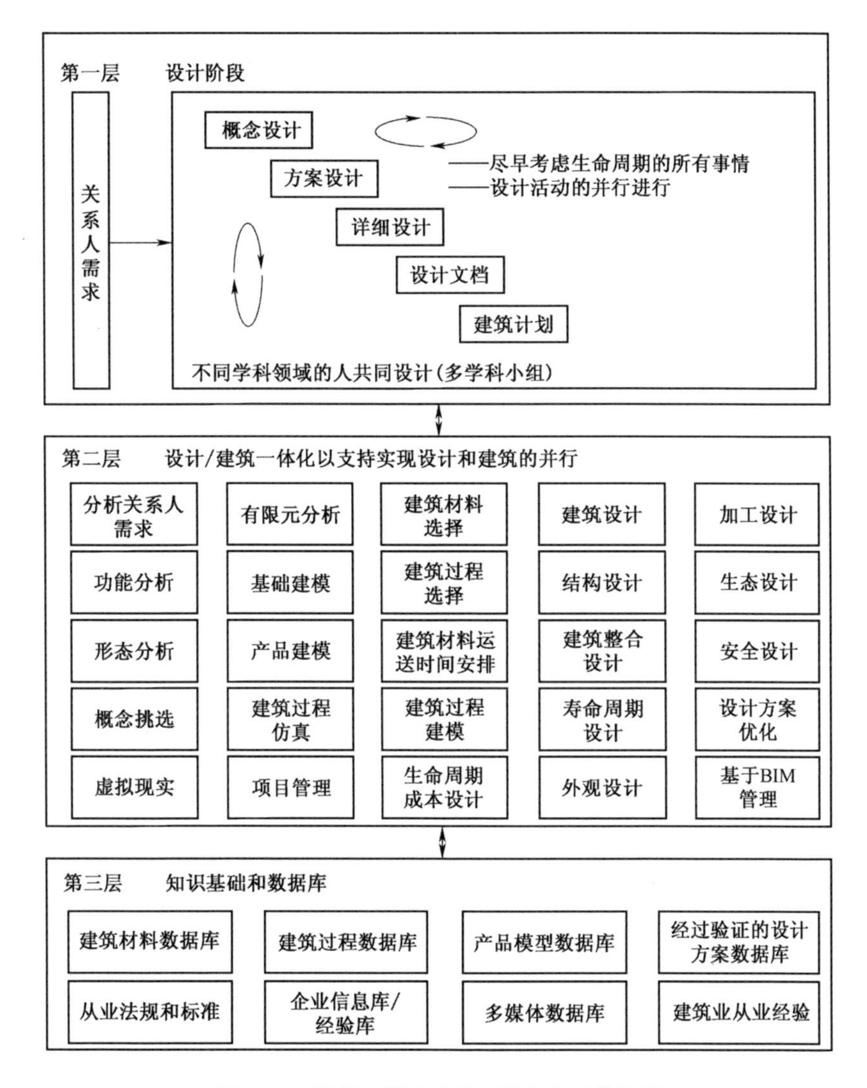


图 **4-20**　并行工程在建设工程中应用的框架

(1) 第 1 层设计阶段层：包括初步设计阶段、方案设计阶段、详细设计阶段、设计方案文档制作以及建设策划与计划等。在此阶段就应充分考虑顾客目标、需要、愿望以及期望，需要做到下述 3 个步骤：

①应用质量功能展开（QFD）的结构化方法，以准确、客观、合理方式尽早定义和描述客户的需求；

②将客户需求转化成设计术语来进行表述，以便于设计；

③应尽可能地利用并行工程原理处理客户需求，应采取多学科、多专业参与设计的方式，尽可能更早、更全面地谋划项目建设生命周期的技术与管理问题，始终把满足客户需求放在第一位。

(2) 第 2 层设计/建造一体化工具层、第 3 层知识基础和数据库层中的工具、技术、知识和数据库层，必须做到以下 4 点：

①使第 1 层活动涉及的不同学科知识尽可能地实现并行应用；

②能尽早考虑影响项目建设生命周期的技术与管理问题；

③能有效集成项目建设涉及的所有专业技术知识；

④在项目建设整个生命周期中，各项设计决策都能追溯到客户最初需求。

并行工程包含的一体化设计和系统优化，强调项目建设工作能够尽量并行搭接进行，但并不意味着所有工作都必然要搭接。这里存在着一个项目建设工作划分详细程度问题，涉及项目建设的技术要求、组织管理等，“并行”是并行工程追求的目标，不是必要条件。

例如，某项建设工程项目在没有规划设计方案和可行性报告情况下，无法进行设计，项目建设规划与其设计不能完全同时进行。实施并行设计必须在各专业共享工程项目建设全局数据库的基础上，对设计中各专业设计进程进行合理组合和规划，形成渐进式的迭代设计过程集成，以实现设计方案进程的最大程度地交叉和迭代进行。

并行工程在工程项目建设中的实施包括项目建设开发的过程重组和综合优化，并行团队组建和运行，以及集成信息交流平台建设三个核心要素。项目建设开发过程重组是并行工程实现的技术基础，在重组基础上进行的综合优化使得工作可以交叉并行，从而保证质量、压缩工期，同时又不增加成本；并行建设团队综合各方需求并在建设全过程中贯彻，从而在整体上优化项目建设，减少项目建设过程的资源浪费，这是并行工程实施的组织基础；高度集成的信息交流平台可以提高信息利用效率，避免和降低冲突和不确定性对项目建设的影响，最终实现项目建设目标，这是实施并行工程的支撑环境。

#### 1.3.3.2 工程项目建设开发过程的重组和综合优化

（1）串行建设过程。我国工程项目建设通常是按项目策划、设计、施工、运维等阶段进行分期、独立式的串行管理，涉及建设方、使用方、设计方、施工方、供应商、专业人员等，其核心过程如图 4-21（a）。这种建设过程模式从概念设计到施工是一个串行过程，前一道工序结束后，后一道工序才能开始，工期较长。后一道工序出现问题将回溯对前道工序进行返工，反馈链条多且长，极易产生信息沟通上的扭曲和失真，导致多道工序发生返工、窝工、推诿扯皮等现象，不但影响工程项目建设质量、进度、成本和安全，甚至会为后续运维埋下隐患。

（2）并行建设过程。并行工程采用图 4-21（b）所示的并行建设过程模式。这种模式建立在项目建设数据模型基础上，采用过程重组和优化技术，通过一个集成信息交流平台来高效、集中地交换各道工序过程中的信息，使得原本本串行的工序可以搭接并行。由于并行工程的目的不是单纯优化某个阶段，而是从一开始就对整个过程进行重组和综合优化，因此可以在不增加成本的基础上提高质量、缩短工期，实现项目建设零缺陷。

并行工程模式与违反基本建设程序的“边勘察、边设计、边施工”实施方式有着本质上的区别，并行工程并非要求所有工序都无条件地同步交叉进行，而是需要通过并行技术与管理手段将原项目构策划、设计、招标、施工、交付使用的分段式顺序进行重组，对建设工序进行合理的分解并重新排序，通过严谨的工程技术工艺方法和组织手段，借助现代化信息技术进行管理创新。

采用虚拟项目建设技术，利用 CAD/CAM、BIM、可视化设计、施工效果与过程模拟、施工方案可实施性验证等，在计算机虚拟环境中对工程项目建设过程进行全面仿真模拟，从一开始就

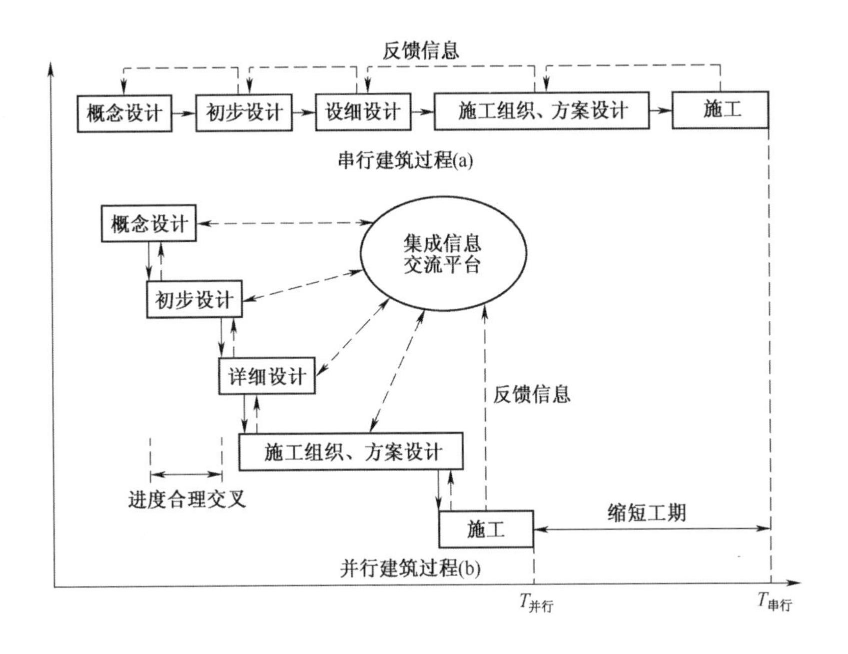


图 **4-21**　并行建设与串行建设的区别

尽量考虑后续过程可能出现的设计变更、施工安全事故、运维费用高昂等缺陷，从而可以最小的代价避免产生这些缺陷。

工程项目建设过程重组和综合优化是对原工序进行分解和排序，会增大沟通成本和返工迭代概率的增大。为降低这种负面影响，并行工程要确保各并行搭接工序之间的界面和接口最小化，这其中包括产品及过程界面两个方面。

产品界面是指工序成果之间的界面和接口，它体现产品质量；过程界面指的是工序过程之间的界面和接口，体现过程质量。界面最小化要做到：①利用标准和规范，以及该领域被验证过的最佳实践模式，设计出合理、适用的界面分解规则和程序，并利用系统界面管理方法将所有界面统一管理起来；②利用面向供应商 X 的成本与运维设计来简化工程项目建设；③产品和过程尽量标准化、模块化、程序化，将过程减少到适合和必要的程度；④充分利用模拟方法对整个并行过程进行模拟再现，以便尽早发现、分析和解决存在的重组和优化问题。

（3）并行进度控制层面。指经过过程重组后将会形成新的工序排序依赖关系，主要是过程依赖和资源依赖 2 种。

①过程依赖：指项目建设工序在时间上同时或开始搭接，是通过将项目建设分解为相互独立、迭代进行的若干子过程，并且对分解后的子过程进行重组来实现。

②资源依赖：指完成工序需要的人员、设备、材料、资金、信息的独占性导致工序之间的依赖。

上述两种依赖都要求对项目建设进度计划进行深度优化设计。

（4）工程项目建设过程重组和优化步骤。其重组和优化的 6 个步骤如下：

①对现有项目建设开发过程进行建模；

②收集各种创造性观点，并进行分析与优化；

③对项目建设工序过程进行重新优化设计；

④在划分后的小组层面上对全局存在问题进行分类；

⑤定义项目建设合理的工序过程，以尽可能地做到费用最少、时间最短；

⑥对每一个子过程重复上述步骤。

（5）过程重组应综合考虑和协调的因素。过程重组应综合考虑和协调的 6 个因素如下：

①确定项目建设各过程间的相互关系，特别是信息流向；

②将过程中串行模式转变为并行模式，使下游工序活动信息在执行过程得到及时反馈；

③上游工序设计活动要利用信息预发布技术，以便让后续工序活动也融入项目建设活动，减少在项目建设过程后期出现返工；

④随着项目建设过程各种软、硬件的开发与集成，对团队素质提出更高的要求；

⑤利用企业和组织原有应用系统，特别是已经积累了大量数据的软件系统；

⑥定期对过程进行评价和核实，为过程优化提供准确数据。

（6）IDEFO 图。在项目建设过程重组和优化技术中，各工序活动过程的功能分析和建模是核心与基础。IDEFO 是采用分析系统功能活动及其联系的结构化技术。它采用图形方式对完成一道工序活动所需步骤、操作、数据要素以及各项具体活动之间的联系方式进行建模，其基本图形是一个方盒（图 4-22），其中“活动”表示设计、施工等功能活动，“输入”表示该活动需要消耗的资源，“输出”表示活动的结果和产出；“控制”表示活动的约束条件；“机制”是活动赖以进行的基础和支撑条件，指执行活动中的人与软、硬件设备等；“调用”表示执行活动需要参考其他模型或模型中相关部分的内容。

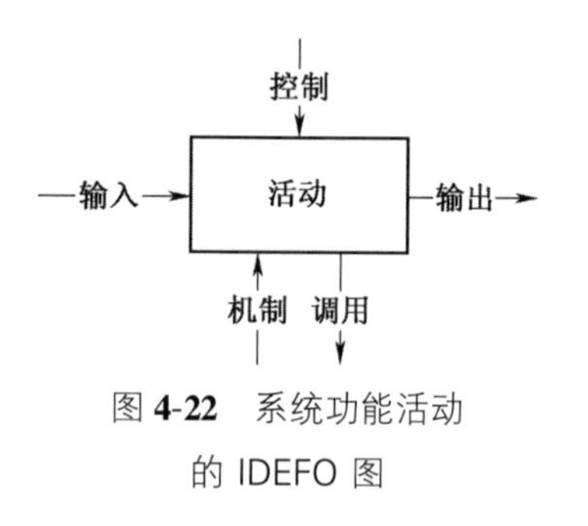


图 **4-22**　系统功能活动的 IDEFO 图

利用 IDEFO 图，并行建设过程可以描述为图 4-23 所示的模型。该模型将并行工程项目建设划分为管理、策划、设计、施工和运维五个功能活动，并针对每一个功能活动的具体要求，又进一步细分成更微观活动，其中每一个细微化的活动都可以是重组优化后的结果。这 5 个功能活动的作用及意义如下。

①管理：指为确保项目建设的实现开展的计划、组织、领导、控制等方面的管理活动。管理活动的最终目的是让参与项目建设的发包方、设计方、施工方满意，为此需要明确项目建设目标、组建项目建设并行团队、获得充分授权、制定项目建设计划、实施项目控制和绩效激励等活动。这些管理活动贯穿于项目建设整个生命期，需要来自建设各阶段的反馈信息，其运行基础是项目推进人的授权和支持。管理活动需要利用沟通、谈判、冲突解决等多种技能，特别是信息高效沟通，且需要一个集中、跨阶段的信息交流平台来实现。

②策划：是指围绕建设方的要求和欲达到要求的途径来开展，是将项目建设设想转化成规划、执行计划和对应规范、标准。这一功能模块的控制主要来自项目建设方、项目建设计划、合同和优化信息。其输出包括项目建设策划知识和项目团队绩效信息。

③设计：是指把项目建设方要求传达给施工者。设计把策划方案中的规划和执行计划变成招标文件和施工组织方案、运行文件、维护文件。该功能模块的控制包括选址信息、合同和策划信

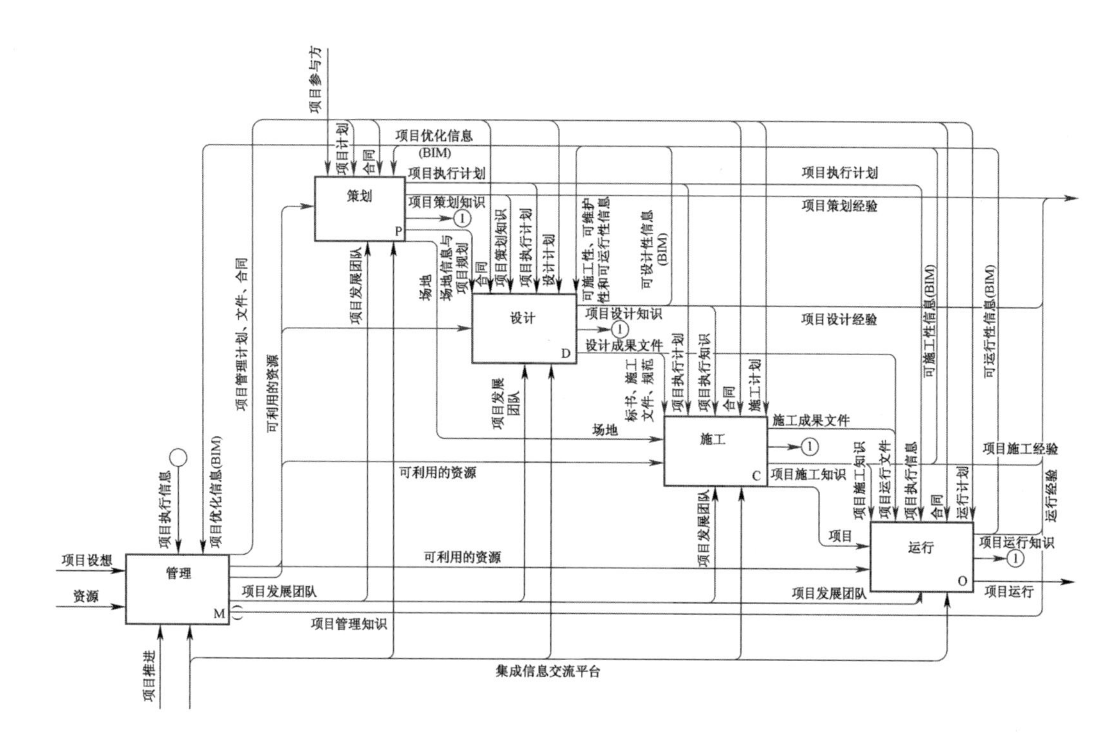


图 **4-23**　并行建设过程模型

息。设计活动输出包括设计团队的绩效信息和项目建设设计文件等。

④施工：是指把设计方案转化成竣工的项目建设实体。施工的输出有：项目运行和维护文档、项目建设施工技艺和施工团队的绩效信息。控制包括投标书、施工文档和规范与标准、项目执行计划和设计图纸文件等。

⑤运维：是指项目建设活动都是为能够提供给最终用户一个发挥预定功能的项目实体。运维输出有运维技术信息和运维团队绩效信息。运维的控制包括施工技术与管理、项目运维和维护文档、项目建设施工执行计划、运维计划和合同等。

整个并行建设实施需要大量信息流来支撑，包括纵向、横向信息流，因此，需要建立一个从全方位的信息集成平台对产生的信息流进行管理及应用。

该模型是并行工程项目建设过程的一个框架模型，在实际应用时，需要根据工程项目技术与管理的实际情况再进行重组和优化，如对设计活动可以再细分为概念设计、初步设计、施工图设计和编制施工计划四项，其中编制施工计划是提前将施工活动中的工序作业流程提前到设计活动中来，从而提高工作绩效。

#### 1.3.3.3　组建并行团队

实施并行工程项目建设需要高效、柔性和强健的组织，它以跨学科和多部门的一个多功能团队密切合作为基础，以团队有效沟通为手段，通过各功能团队的平行作业以实现改进质量、缩短工期和降低成本的目标。

实行并行工程应鼓励开放式交流和减少信息流动障碍，并行团队的运行意味着个人和小组并行工作，而不是依从初步设计、详细设计、施工图设计、施工准备等顺序串行进行。并行团队内各成员的工作可以平行交叉地进行，并尽早开始工作，以满足客户需求为目标来统一思想，在设计时就要考虑到项目建设产品的可施工性、可检测性、可维护性等因素。跨部门与学科的集成产品开发团队 IPT 是并行团队的主要形式，该团队工作方式能大大加强项目建设产品生命周期各阶段人员交流与合作，并建立交叉功能间的联结。

IPT 是经历过众多项目建设，由多学科、跨部门专业人员组成的团队，如建设方、设计方、施工方、监理方、材料设备供应商和政府有关单位等，共同负责项目建设规划、设计和实施。根据 IPT 小组成员聚集和沟通方式的不同，可分为实体与虚体小组两种类型；根据其功能的不同，又分为功能交叉小组和完整小组。

小组应在项目建设启动后立刻组建，人数根据项目建设规模从几人到几百人不等。大型 IPT 由多层次的 IPT 小组组成，并随工程项目建设任务的阶段进展而动态调整。IPT 小组要求通过关键人员的协同定位或利用信息技术来保证小组成员间能有效地沟通、协商与交流。

组建 IPT 团队有如下 5 项要求。

（1）参与工程项目建设的各方技术与管理应人员积极参与和早期介入。

（2）随项目建设的不同阶段，实行动态管理，团队决策核心也应随之调整。

（3）团队成员间需要高效沟通，应在同一地点工作，鼓励成员间进行信息交流。

（4）明确团队目标、要求、承担角色以及工作程序，鼓励团队成员工作目标一致，成员必须具有团体主义的合作精神。

（5）项目团队要有充分授权，对项目执行过程发生的问题有足够的决策权力，特别是应具有资源分配和激励团队成员的权力。

IPT 团队的组建和运行会对原组织架构、权力分配、文化等产生较大冲击，因此，往往需要配合组织管理变革来推进。

#### 1.3.3.4 集成信息交流平台建设

项目建设工序交叉并行和并行团队工作模式，对信息交流共享提出了极高要求，必须要有设计合理、运行高效的信息系统，在团队成员间建立一个集信息采集、加工、传递、存储、检索的可视化、数字化的高度共享集成平台，并由一个统一信息入口进行管理。

（1）建立项目建设信息门户（Project Information Portal，PIP）。是指在项目建设生命周期过程，对项目参与各方产生的信息和技艺在进行集中管理基础上，为项目建设参与各方在互联网平台上提供—个获取个性化项目建设信息的单一入口，从而为项目参与各方提供一个高效率信息交流和共同工作的平台。

PIP 分为 PSWS 模式、ASP 模式 2 种模式：

PSWS 模式（Project Specific Website）：指为一个项目建设信息处理服务而专门建立的项目专用门户网站，也称为专用门户。

ASP 模式（Application Service Provide）：指由 ASP 服务商提供的为众多单位、众多项目服务的公用网站，也称为公用门户，如图 4-24。

设计与实现 PIP 也是一项系统工程工作，需要明确如下 3 个问题：

①工序接口：需要为项目建设设立统一而明确的接口，包括工序标准化和模块化、沟通与信息流规范化管理等。并行项目建设团队包括多个组织，特别是新成员加入会对工序接口统一化增

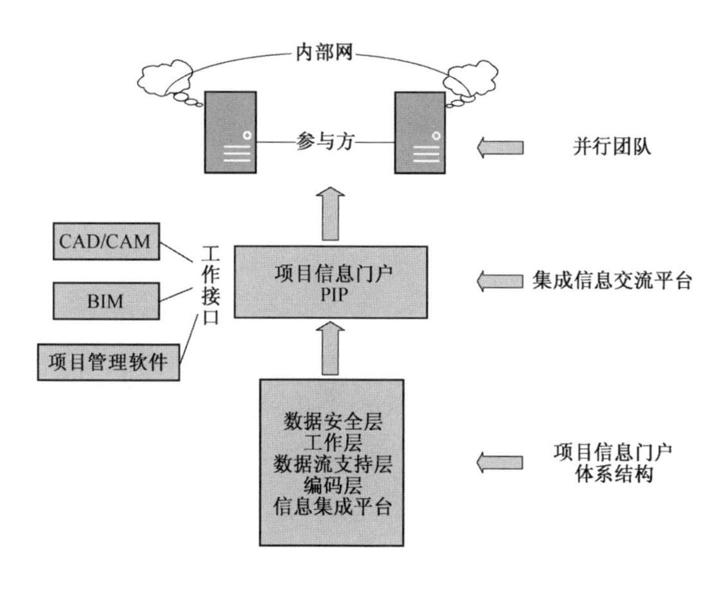


图 **4-24**　集成信息交流平台

加难度，这就需要建设方强有力的支持和推动。

②需要与现有系统集成：工程项目建设各阶段运用 CAD/CAM、BIM、项目管理软件等计算机辅助系统，可将收集到的数据需要通过计算机进行有效系统集成。

③过程可视化：需要把各部门、组织间的复杂交叉关系可视化，通过规范的信息发布和反馈机制，协调整个团队的工作。

最近兴起的 BIM 技术在集成信息交流平台建设中占据核心地位，它是应用于工程项目建设设计管理的数据化工具，通过参数模型整合项目建设相关信息，在项目建设策划、设计、施工和维护的全生命周期过程中进行共享和传递，使工程项目建设技术与管理人员对建设中的信息做出正确理解和高效应对，为设计团队以及包括建设、设计、施工及监理单位在内的各方建设主体提供协同工作基础，在确保建设质量、提高建设生产率、节约成本和缩短工期方面发挥重要作用。

除利用上述计算机信息技术外，并行工程项目建设还需要开发必要的应对机制，以妥善解决比传统项目建设模式更频繁、更激烈的技术与管理冲突问题。如果解决不力，将会严重危害并行工程项目建设实施效果。

（2）并行工程项目建设存在的冲突。主要存在着以下 3 类冲突问题：

①过程冲突：交叉并行使得项目建设工序间的依赖关系变得更为复杂，一项工序进程的技艺问题会蔓延到其他工序。并行项目建设若信息掌握不全面、不具体就会带来不确定性，拖延、窝工和返工在并行项目建设中会产生更多的过程冲突。

②资源冲突：并行工序抢夺组织稀缺资源，工序间的高度依赖关系导致资源难于分配，特别是受到多种因素影响下确定的一些工序优先使得资源紧缺。

③团队成员冲突：并行团队成员来自不同部门和组织，代表不同的利益方，一方面使得项目建设计划和实施能够更合理地体现多方利益，从而对项目建设生命周期全过程进行优化；另一方

面却使得项目建设在实施方案和技术与管理途径上频繁产生冲突。团队成员间不同个性与文化使得他们在面临同样问题时有不同的理解和看法，若采取不妥善的处理方式，将不利于团队的高效执行。

并行团队成员间的冲突不完全有害，适当冲突有利于团队的融合。冲突能够把潜在矛盾暴露出来，避免今后产生更为严重的问题。并行工程项目建设应建立和确立有利于团队成员达成共识、目标统一，并彼此高度的信任。

### 1.3.4　并行工程成功关键因素和面临挑战

技术重组与优化是并行工程成功的保证，在实践中制约并行工程实施的因素是人及其组织这两个因素。并行工程作为一种管理方式的变革，面临最大的挑战是人的问题，其成功也在很大程度上依赖人的有效管理，主要涉及如下问题：

（1）并行工程是“一把手”工程。实施并行工程涉及部门调整、权力分配、人际关系及激励政策等，这对组织成员是非常敏感的事情，其推行必然会面临利益和思想认识上的重大挑战，因此，组织最高层领导给予强力支持是必要条件。

推行并行工程也需要获得各部门领导大力支持。并行工程就是跨部门团队具有高度的资源分配权力，这将极大地削弱传统职能部门的权力，首要领导的决心、威望、影响力和领导艺术，是赢得各部门主管密切配合的关键。

（2）建立健全组织机构和运行机制。建设方强力参与推行并行工程是建立在一整套组织架构基础上，这些组织架构需要以并行团队高效执行为核心进行构建。并行团队需要获得足够授权，明确与各职能部门的权力边界和工作接口。团队必须根据项目建设各阶段的管理重点进行动态调整，因此团队内部决策机制也需要动态调整。建设方在工程项目建设中占有核心地位，因此，工程项目建设方在建立并行组织机构团队中应发挥决定性助推作用。

（3）并行工程是一种组织文化变革。并行工程代表一种建立在零缺陷系统思想基础上的文化，而不仅仅是一种方法或技术。组织文化具有强力黏结性，在短期内不易改变，因此并行工程文化需要最高领导以身作则和强力推行，特别是在起步阶段更需要强有力的支持。

（4）并行工程应用于项目建设存在的外部不利因素。并行工程应用于项目建设存在的外部不利因素，是指如下 3 种不利因素。

①项目建设设计者和施工者不属于同一组织。当市场交易成本远大于组织内部管理成本时，对设计者与施工者进行跨组织协调很困难，并行工程项目建设成本有可能超过其收益。

②用于项目建设的物质采购具有阶段性强的特点。其分工明确且必须依据有关标准、规范等规定，企业只能严格执行无法变更。传统方式是在设计图纸完成后再进行工程项目建设招标，通过竞标方式选择工程项目建设施工单位。

③项目建设过程受气候环境条件影响大。风灾、地质灾害等会对工期和作业工艺造成困难，这对实施并行工程带来极大影响。为此，在实施并行工程过程中，建立和执行完善的自然灾害风险防范应急机制方案，会增大并行工程的运行成本。

（5）并行工程应用于项目建设的有利条件。并行工程应用于项目建设的有利条件，是指随着移动互联网、3D 打印等现代信息和制造技术的快速发展，人们在信息交流、沟通和工程制造上的成本显著降低，饱含创意、为客户需要而量身定做的工程项目产品越来越显现出其价值。并行工程在快速、高质量、低成本满足个性化定制领域具有天然优势，将必然在工程项目建设领域发挥越来越大的作用。

## 1.4　价值工程

### 1.4.1　价值工程概述

价值工程（Value Engineering，VE）是由美国通用电气公司工程师麦尔斯（L. D. Miles）于20世纪40年代提出的新兴科学管理技术，它是一种降低成本、提高经济效益的有效方法。1978年，价值工程思想传入我国，很快就获得学术界、实业界和政府有关部门的关注，于1987年颁布了《价值工程基本术语和一般工作程序》国家标准，并在2009年进行修订，最终形成GB/T 8223.1—2009国家标准。

在国家标准中，价值工程被定义为：通过各种相关领域协作，对研究对象的功能和费用进行系统分析，持续创新，旨在提高研究对象价值的一种管理思想和管理技术。价值工程将价值$V$的表达式（4-20）设为：

$$V = F/C \tag{4-20}$$

式中：$F$——功能；

$C$——产品的全生命周期成本。

$F$是指产品能够满足使用者某种需求的天然或特有的一种属性，它是产品的具体用途。在项目建设过程，项目功能分为美学功能和使用功能，如图4-25。使用功能是指对象具有的与技术经济用途直接相关的功能，表示用户通过直接使用产品的某些技术性能而得到满足；美学功能是指与使用者精神感觉、主观意识有关的功能，指产品能够引起用户精神愉悦的性能。

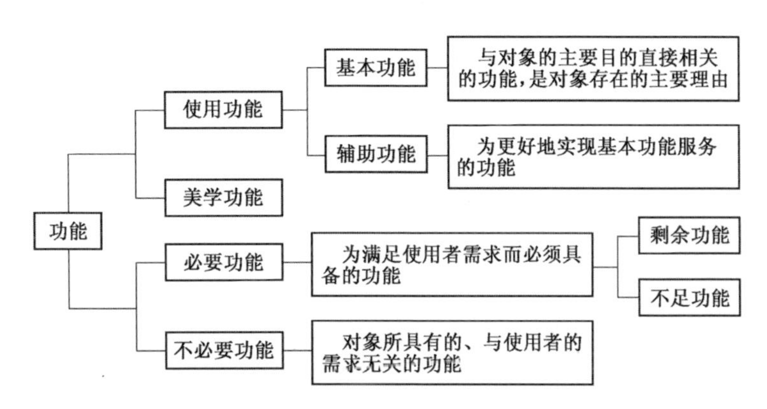


图4-25　功能的分类

$C$对项目建设产品来说，是从决策、立项、设计、施工、保质、使用、维护到报废等各个阶段支出费用的总和。通常可以设工程项目建设全生命周期分为生产周期和使用周期2个阶段，全生命周期成本$C$等于生产周期成本$C_1$与使用周期成本$C_2$之和，其中生产成本指为建设过程所必须付出的费用，使用成本是指建设产品竣工交付使用后需要付出的费用。产品的全生命周期成本与功能的关系如图4-26。

从图4-26可以看出，产品功能和为此付出生命周期成本的关系是一个U形关系，而不是简单的线性关系。产品功能提高会带来 2 个不同效果：一方面，导致生产成本升高；另外也会导致使用成本降低。价值工程需要实现在满足用户功能需求的情况下，使总成本最低，也就是体现价值最大的方案。

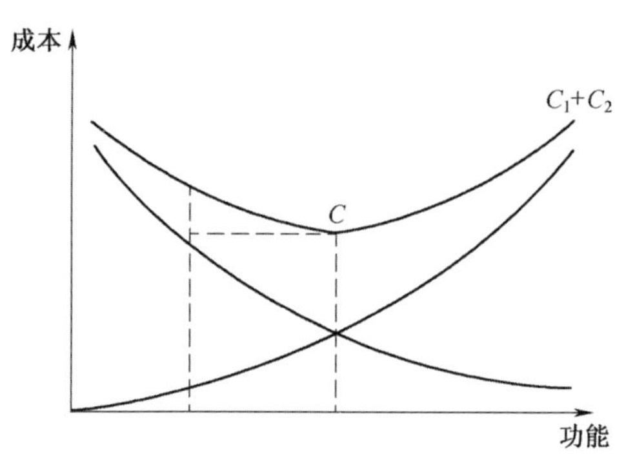


图 **4-26** 建设产品的全生命周期成本与功能的关系

通过价值计算公式可得出提高价值的 5 种途径，见表 4-8。

据统计，工程项目建设业平均每年要多支出 20%无效费用，这些无效费用既不能提高工程项目建设质量，更不会增大项目建设效益，反而严重地降低了工程项目建设的经济合理性。因此，在工程项目建设始时，就应该通过细致地搜索和分析，尽量发现这部分无效费用，并把这些浪费尽可能消除，实现费用支出的零缺陷。

**表 4-8 提高项目建设价值的途径**

| 途径 | 功能 | 费用 | 类型 |
| --- | --- | --- | --- |
| Ⅰ | 不变 | 降低 | 节省型 |
| Ⅱ | 提高 | 不变 | 改进型 |
| Ⅲ | 大幅度提高 | 小幅度提高 | 投资型 |
| Ⅳ | 提高 | 降低 | 双向型 |
| Ⅴ | 小幅度提高 | 大幅度提高 | 牺牲型 |

价值工程以满足使用者的需求为出发点，致力于研究项目建设功能和建设成本的合理匹配，其核心目的是用最低总成本获得必要功能，提高建设质量，节省投资。

（1）在工程项目建设中推广应用价值工程的作用。

①价值工程为建设方提供了较为合理的控制造价方法，有利于节约国家投资，提高建设投资效益。目前，国内工程项目建设行业对工程造价的控制主要集中在施工成本控制，在设计期采用价值工程进行造价控制来说还比较少。将价值工程项目建设理论应用于工程项目建设设计阶段的造价控制，能够更好地为在设计期控制项目建设造价服务，这在一定程度上有助于通过设计来提高控制造价的水平。

②工程项目建设管理是一项系统工程，项目建设实施就是将劳动力和生产材料筑聚成建设成品实体的过程。由于项目建设从立项、计划到竣工，其建设周期较长，在管理过程必须针对其全生命周期活动进行系统分析与思考。价值工程就是一种系统思考方式，需要考虑项目建设全生命周期的总成本，而不是当前可见的建设成本。价值工程不单纯地追求最低成本，而是考虑功能与成本的优化匹配与平衡，是指要在保证和满足项目建设用户功能的情况下，使总成本最低。在设计方案比选过程，价值工程对经济指标和技术指标都做出相应调整和优化，以保证设计方案质量，提高项目资源利用效率，从设计这个源头上提升项目建设的价值。

（2）实施价值工程应遵循的基本原则。在实施价值工程过程中，应充分发挥项目建设方的主导作用，并吸纳、聚集和组织设计师、工程师、会计师、管理人员等各方专业人才，并充分发挥其技术与管理智慧的优势，保证价值工程的有效、有序进行。在价值工程实践过程中，应遵循以下 6 项基本原则。

①打破过去技管条框，创新和提高，分析、找出并克服障碍，激发独创性；

②分析项目建设产品各种功能时，要深入挖掘项目产品功能的各项关键要素，具体分析，避免一般化和概念化；

③收集、分析和使用可用的成本信息资料；

④充分利用各专业专家的智慧，反复修改和完善优化项目建设产品实施方案；

⑤采用先进、适用和实用技术，采购和使用技术性能优越与质量合格的材料、设备；

⑥以项目建设最合理的投资与造价作为选择项目建设实施方案的唯一评判标准。

### 1.4.2　价值工程的实施

实施价值工程分为事前研究阶段、价值研究阶段和事后研究阶段。其中，价值研究阶段是价值工程活动主体部分，又可划分为 6 个子阶段，分别是：收集信息阶段、功能分析阶段、创新阶段、评估阶段、开发阶段和演示阶段（表 4-9）。

**表 4-9　价值工程方法的工作程序**

| 阶段 | 子阶段 | 活动内容 |
| --- | --- | --- |
| 事前研究 | 1. 收集用户数据阶段 | 收集用户属性<br>完成数据文件 |
| | 2. 确定评价阶段 | 确定评价因素<br>确定研究范围 |
| | 3. 建立模型阶段 | 建立数据模型 |
| | 4. 确定研究成员阶段 | 确定研究成员 |
| 价值研究 | 1. 信息阶段 | 完成信息收集<br>修正范围 |
| | 2. 功能分析阶段 | 功能定义<br>功能分类<br>开发功能模型<br>建立功能—价值联系<br>建立成本—功能联系<br>建立价值标准<br>选择功能进一步研究 |
| | 3. 创新阶段 | 创造新功能价值方案 |
| | 4. 评估阶段 | 评价新方案并划分等级<br>选择最佳价值方案进行开发 |
| | 5. 开发阶段 | 进行基准分析<br>完成技术数据收集工作<br>制定实施计划<br>准备最终建议书 |

（续）

| 阶段 | 子阶段 | 活动内容 |
| --- | --- | --- |
| 价值研究 | 6. 演示阶段 | 口头汇报<br>准备书面报告 |
| 事后研究 | 1. 实施阶段 | 完成变更准备<br>实施变更<br>监控实施 |
| | 2. 收尾阶段 | 实施后评价 |

其中，开发功能模型、建立功能—价值联系、建立成本—功能联系、建立价值标准和选择功能进行进一步研究等活动又组成功能价值评价阶段。

价值研究是价值工程实施最重要的阶段，以下是价值工程研究工作内容。

#### 1.4.2.1 收集信息阶段

（1）项目建设信息收集与整理的工作内容。项目建设信息收集与整理的具体工作内容是：

①收集项目建设信息；

②确定项目建设进度、范围和投资；

③确定项目建设价值指标；

④选择价值研究对象和目标。

（2）信息收集方法。主要包括访问、查询、函询、实地调查等。信息收集应准确、全面、及时，要对信息来源和可信度有明确的判断，尽可能收集第一手信息资料，并妥善进行分类归档备查。

#### 1.4.2.2 功能分析

理解、定义和分析功能是价值分析与研究的最关键工作环节，其工作内容包括功能定义、功能分类、功能模型开发、确定功能价格、明确成本—功能关系、确定价值系数和选择部分功能实行进一步价值研究。

（1）功能定义。功能是项目建设产品及其他一切研究对象存在的根据。

①功能研究对象转变：价值工程改变了传统以实物为研究中心的方式，实行以功能为中心进行研究问题。因此，功能分析第一步，就是从研究对象实体中抽象出“功能”这一本质，以回答“它的功能是什么”。

②功能定义：是指在对功能充分明确基础上，用精简而准确的语言给予表述。定义功能原则为动名词结构，指用一个主动动词加上一个可计量名词来定义功能。如建设组织、防止火灾、抚育植物等。动词用来回答“做什么”的问题，关注点在功能用途，而不是设计或产品本身，如挖坑、假植、运输、加固、防护、填筑、混合、碾压、开采、整平等，要避免使用“提供”“浏览”这类含义广泛的动词，以及以“化”字结尾、不易明确对象的动词。名词用来指明动词动作施加的对象，如苗木、土方、肥料等。功能定义要求“动词+名词”的结构尽量准确简练和全面系统。

（2）功能分类。其主要目的在于为后续功能整理提供分析基础，一般从使用功能、美学功能、必要功能、不必要功能这 4 个方面进行分类。

(3) 功能整理。指按照功能系统逻辑关系，对已经定义的各个单元功能进行分析与判定，弄清它们的重要程度以及所处地位，并将它们进行有序排列的过程。功能整理的两种重要工具是功能系统图和功能分析系统技术。

①功能系统的概念：项目建设产品总功能和最终目的实现需要组合多个分功能，这些分功能间存在着复杂的结构关系，分功能及其结构关系称为项目建设产品的功能系统。

②功能系统逻辑关系：指功能系统由从目的到手段，逐步向后延伸，同时又逐步向外扩展的树状结构图形组成。称这种功能图形是功能系统图（图 4-27）。

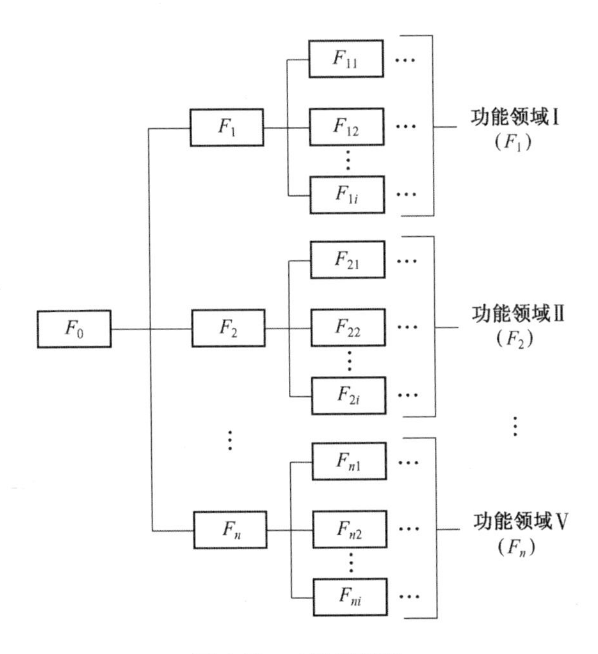


图 **4-27**　功能系统图

功能间的“目的—手段”逻辑关系就是功能系统的逻辑关系：在功能系统中，一个功能相对于它前面的功能就是手段，即下位功能；而相对于它后边的功能就是目的，即上位功能。在图 4-28 中，$F_1$相对于 $F_0$就是手段，而相对于 $F_{11}$等就是目的。排在最前，没有目的功能的 $F_0$是项目建设产品的基本功能，它的下位功能（$F_1$，$F_2$，…，$F_n$），连同它们各自的下位功能都被称为功能领域，最右边没有下位功能的功能被称为末位功能。

③绘制功能系统图的方法：是指依据“目的—手段”逻辑，自上而下、从左至右地，将功能按照基本功能、主要从属功能、次要从属功能的顺序进行排列。

总体而言，分为直推法、系统分析法两种典型方法和功能分析系统技术。

直推法：是指从项目建设产品的基本功能开始，向后依次寻找实现该功能的手段直接推进方式，直至找到末位功能为止，如图 4-28。

系统分析法：是指把基本功能与从属功能、主要功能与次要功能分开，然后优先连接主要功能系列，再把次要功能或从属功能系列附加进去的功能整理方法。

系统分析法的 4 个步骤是：一是在功能定义基础上，编制记有功能定义、对应组成成分名称

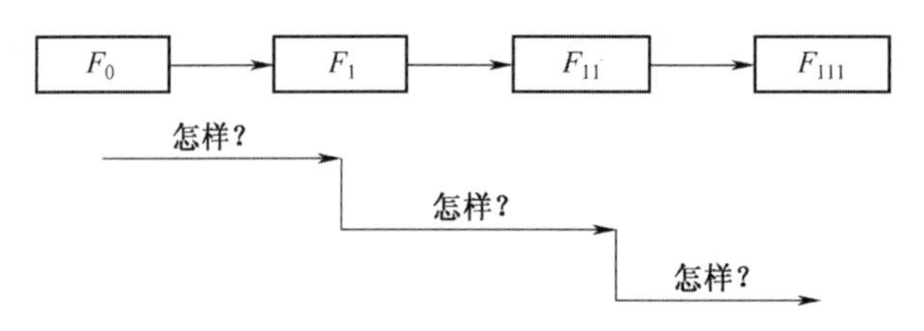


图 4-28　直推法的提问模式

以及成本卡片；二是区分基本功能和次要功能；三是按功能重要程度排序；四是添加次要功能系列。

功能分析系统技术（function analysis systems technique，FAST）：FAST 是功能系统图的拓展，也是系统和结构化过程，它有利于细致、彻底地进行功能分析。FAST 语言主要由“如何”“为何”“何时”“和”“或”以及范围界限、逻辑路径和敏感度矩阵等组成，一个基本的 FAST 模型如图 4-29。

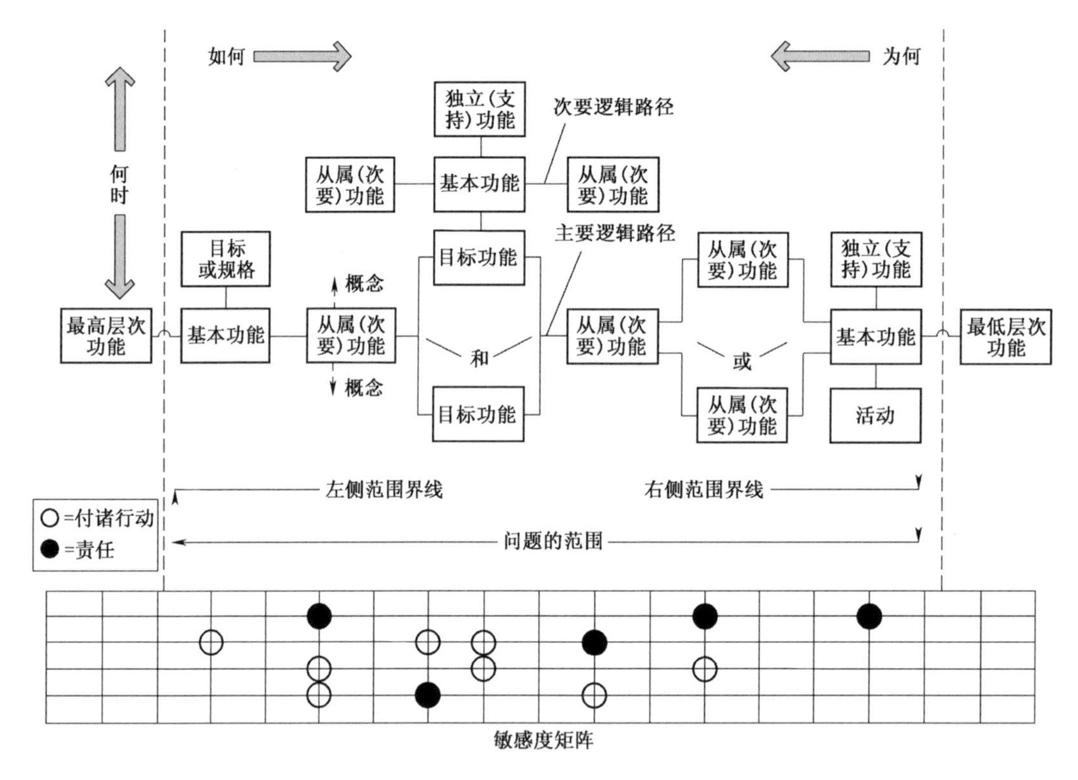


图 4-29　基本 FAST 模型

“如何”和“为何”：指从左往右提问“如何”问题时，就是追问实现功能的方法；从右往左提问“为何”问题时，就是追问功能的目标。

“何时”：指不是以时间为导向，主要表示原因与影响。

“和”与“或”：“和”是逻辑路径的分支，表示两个路径同时需要；而“或”是逻辑路径的分岔处，显示有两个或者更多独立逻辑路径。

范围界限：是指 FAST 模型中用虚线标出的两条竖线，用来表示价值研究内容的范围。

最高层次功能：是指价值研究目标，又称为“最高层次功能”，一般位于左侧范围界线以外。任何一个功能的左侧功能都比该功能具有更高层次的功能。

基本功能：其位于左侧范围界线右边，是项目建设产品或服务研究的目标，也是价值研究的主要内容。一般情况下，基本功能一经确认就不会再做改变。如果项目建设的基本功能不能实现，那么项目建设产品或服务将失去其市场价值。

从属（次要）功能：它位于基本功能右侧，对基本功能起辅助作用，同时也能为实现基本功能提供相关的技术方法与途径。

项目建设要求或者说明书：是指其用来描述项目建设运作的前提和条件，只有满足了这些要求，项目建设才能达到其最高层次功能。它不与 FAST 主体相连，可用虚线框或带阴影图框这两种特殊标记方式表示项目建设要求和说明书，以区别于 FAST 图其他部分。

依赖功能：从位于基本功能右侧功能开始，每一个功能都与紧临它左边的功能存在依赖关系。

独立功能：是指在逻辑线路上处于加强和控制地位的功能，它们不依赖其他功能。独立功能一般位于逻辑线路功能之上，根据问题范围、本质和层次来确定它们的辅助地位。

敏感度矩阵：FAST 模型可以叠加很多信息，从而扩展为多元模型。如相关责任部门、各事件或功能发生事件的间隔、每项功能成本、相应检查点，等等。

（4）功能价值评价。是指对实现功能方案的价值评价，属于一种定量评价方法。功能价值评价的标准分为绝对标准和相对标准。相对标准是指把价值分析研究对象的价值与实现方案比较，比较两者的价值高低；绝对标准是指当其功能是使用者所需要的必要功能，而建设成本又为最低成本时，该价值就是价值评价的标准。

功能价值评价大致分为如下 5 个步骤：

①计算功能目前成本；

②确定功能的目标成本；

③计算价值系数；

④计算成本改善期望值；

⑤选择价值系数低、成本改善期望值大的功能或功能区域作为重点改进对象。

1.4.2.3　提出创新方案

提出创新方案的目的是找到新方法实现项目建设功能，常用的创新方法有头脑风暴法和德尔菲法等。创新首先要有宽松、平等、自由的环境，若是外行人士提出的合理性奇异方案不要轻易否定；其次，要采用一些相对固定的流程和规则，避免跑题和思路涣散，以便于方案整理。创新方案阶段的目标是提出新方案，而不是评价，因此，此阶段应以数量求质量，鼓励成员提出更多方案，鼓励直觉和逆向思维，从不同角度观察和发现问题。

1.4.2.4　方案评估

方案评估是指根据确定准则对创新方案进行全面、综合评价，并选择最优方案的活动，通常采用 AHP 系统评价方法。需要注意的是，通常人们会引入专家的常规经验进行辅助评估，但是专家的评估不能替代决策者的决定，决策者必须自己做出决策并承担决策的责任。

#### 1.4.2.5 方案开发

经选优筛选出的方案应当整理成表述清楚的提议，使得建设方能够一目了然理解方案的意图，以及其如何有助于工程项目建设开展，同时识别出不利于方案的潜在因素。意见中应包括正文、概述、图表、假设条件、相关计算论据、设计施工方及供应商信息、成本比较工作表，以及描述方案意图的必要信息。正文还应明确那些可能因本方案得到加强与补充的提议内容。注意事项应说明可靠性、业主利益、质量控制、投资、运营管理成本、生命周期、进度、风险、实用性等。

#### 1.4.2.6 工作演示

经过对方案详细评价和进一步开发，得到提升最优价值方案的说明文档。但是，方案是否被采纳和付诸实施，还需要价值小组进行方案价值提升陈述和提交，最终由决策者、决策部门定夺。工作演示是价值工程团队工作的关键环节，是实现“价值研究”到“价值实现”质的飞跃。如果没有得到决策者审核通过，该价值工程团队工作就此结束。为此，在工作研究阶段，价值工程团队要充分利用各种条件扩大自己的影响力，特别要充分阐述该价值研究工作对决策者的价值，因为价值工程运行也有其功能和生命周期成本，应争取一次性成功，这是与零缺陷工程管理“一次成优”密切联系在一起的。

一旦价值方案获得决策者批准，就进入实施阶段，该阶段包括制定实施计划和跟踪并检查结果两项工作。

价值方案的实施在很多情况下意味着对项目建设施工流程、施工环境和组织文化的改变，因此在制定实施计划时要充分考虑组织变革对方案执行的影响。

跟踪检查要贯穿于方案实施全过程，并且要与建设施工队伍人员密切配合，收集各部门、各工序环节的有关信息，时刻计算实际成本与目标成本的差异，并分析偏离目标成本的原因，及时采取有效措施加以解决。所有工作完成后，还需要及时总结经验教训，分析价值工程整体方案在开发与实施过程存在的问题，并及时汇集和归档，形成组织的过程资产。这对组织今后优化创新管理至关重要。

### 1.4.3 零缺陷视角的价值工程

价值工程提出了一种提高项目建设方案价值的系统方法，其实质是成本效益分析法，重在强调项目建设方案实施之前就综合考虑方案给决策者带来的功能效益及作用，以及为此需要付出的整体投资额，并选择体现价值最大的方案，贯彻系统工程思想的工作思路。

零缺陷工程管理要求“第一次将正确的事情做正确”，在价值工程中就是要求方案与行动的价值最大化。“第 1 次将正确的事情做正确”包括 2 层含义：首先是要完全达到项目建设方决策者要求达到的功能和目标，不能出现折扣和缺陷，同时要有效率；其次是保证能“一次交付”，不能发生返工。这种“不能有”缺陷和返工不是说绝对要求不出现瑕疵，而是说将缺陷与返工折算成费用，这种缺陷和返工的代价应该最低。特别是项目建设技术与管理者在思想上绝对不能有“差不多”“出事也可以弥补”等思维，而应敬业、尽善、尽美，提交自己尽到最大工作努力、让决策者满意的工作成效。

价值工程中的“价值”可以推广到零缺陷工程管理思想中。价值 = 功能/成本，其中“功能”可理解为决策者的质量或缺陷率、进度等目标值，而“成本”被认为是为达到这个目标值应付出的代价。这种代价可分两类。

（1）获取成本。指随目标值增大而增加的检验成本、材料成本、购买成本等。

（2）维持成本。是指随着目标值的增大而减少的返工成本、浪费成本等。

获取成本和维持成本的综合就是项目建设价值方案的全部生命期成本，叫作全成本（图 4-30）。如果把价值工程中的“功能”理解为“质量”，那么，寻找“价值”的最佳方案就是寻找质量成本最低的方案，这是质量管理的核心工作之一；若把“功能”理解成“风险”，寻找“价值”最佳方案就是寻找最低成本下的风险应对措施，这也正是风险管理的核心工作之一；如果把“功能”理解为“进度”，寻找“价值”最大的方案就是要寻找最低全成本情况下的工程项目建设进度，这恰好是并行工程的核心工作之一。

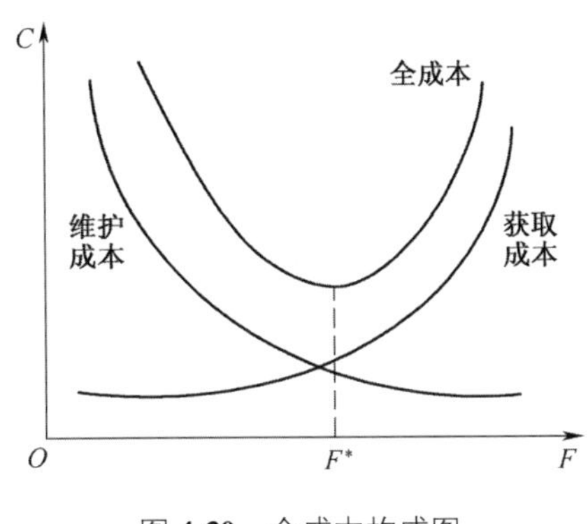


图 **4-30** 全成本构成图

价值工程中价值、功能和成本都是针对决策者而言，是决策者面临的价值、功能和成本，因此，决策者的价值取向在价值工程分析中具有重要作用，需要首先予以明确。假如，全成本的计算与外部环境有直接关系，在一个消费者难以索赔且缺乏竞争的市场中，很难让产品开发与制造的决策者去考虑维护成本。此外，一个方案对不同阶层人的影响效果不同。

项目建设决策者不同，对零缺陷的理解就会不同。一些决策者认为万分之一的缺陷率就已经算是“零缺陷”了；而另一些决策者则会认为，必须不超过十万分之一才算合格。价值工程寻求价值最大化，并不是寻求最低成本，而是在保证功能满足决策者要求基础上的成本最小化，在图 4-31 中就意味着 $F$ 必须要在满足决策者要求的基础上价值最大，而不能仅是全成本最低。

价值工程方法真正地贯彻了零缺陷工作的核心理念：只有把项目建设工作做到最精细，一次性正确交付才能算是真正做到了零缺陷。

# 2 生态修复工程建设零缺陷管理团队的构建理论

“第 1 次将正确的事情做正确”其核心是人。邓小平同志曾讲过，人是生产力中最活跃的因素。实施零缺陷生态修复工程项目建设管理，项目团队是关键性因素，其构成的独特性、复杂性及不稳定性对零缺陷生态修复项目建设管理的实施构成重要影响。从系统工程思想出发，尤其是采取以人为主要研究对象的系统方法论，通过分析零缺陷团队表征，以提出构建零缺陷团队方法，从团队角度来创建生态修复工程项目建设管理的“零缺陷”，这是当前及今后生态修复建设特别需要解决的头等问题。

## 2.1 零缺陷项目建设管理团队概述

### 2.1.1 团队组织管理概述

团队这个名词曾经有很多定义。史蒂夫·布赫和托马斯·罗夫曾经说过：“并非穿着同样的衬衫就能够形成团队。”将一些人简单地聚集在一起工作，那只能叫作群体，而不是团队，二者最大差别就在于团队具有创造性，而群体只具有复制性。基于零缺陷项目建设团队组织，在充分发挥团队组织创造性的同时，更在于要积极克服人的劣根性、懒惰性和松散性。

对于生态修复工程项目建设团队组织的研究，主要涉及团队组织管理、项目建设管理和人力资源管理 3 项，基于生态修复建设零缺陷团队组织的管理与策划，也是通过上述 3 项内容的研究，结合项目建设管理与策划的相关需要，打造零缺陷生态修复工程项目建设团队组织的实施模型。

（1）团队组织管理。斯图尔特（Stewart）于 1999 年提出团队组织建设理论，将团队组织建设理解为团队组织输入、团队组织过程、团队组织输出 3 个方面。其中，团队组织输入由任务应用、相互依赖、自我领导、团队目标、团队构成等组成；团队组织过程包括团队开发、社会化、权利与影响、冲突和领导等；团队组织输出包括团队的有效性、团队有效性潜力、团队协作、团队有效性提高等。

斯图尔特理论为人们从不同的团队组织阶段和角度，来分析影响零缺陷项目建设团队组织的因素提供了思路。图 4-31 是有关团队组织构成及其成员分工的“10 条经验”。

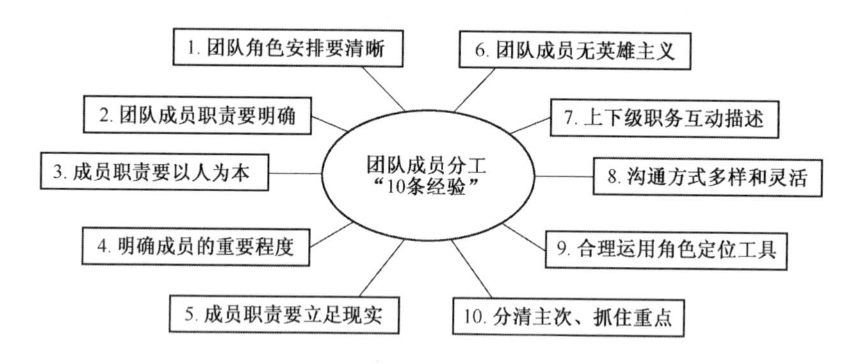


图 **4-31** 团队成员分工的“10 条经验”

（2）项目建设管理。根据美国项目管理协会对项目建设管理的界定，项目建设管理由十大知识领域构成（图 4-32）。项目建设管理理论是项目建设团队组织管理的重要理论支柱，它是构建零缺陷项目建设团队组织的关键性因素。

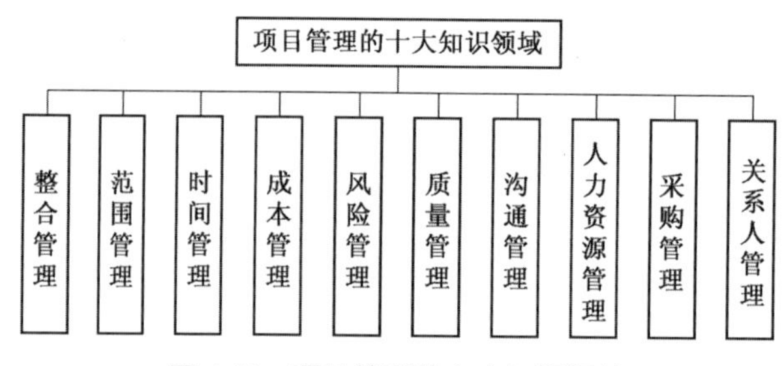


图 **4-32** 项目管理的十大知识领域

①项目建设管理采用组织结构形式，将直接影响项目建设团队组织的运作过程并最终影响其绩效。目前项目建设管理一般采用职能型、项目型和矩阵型 3 种组织结构，组织结构的不同会导致项目建设团队职权的相应变化。

②项目建设管理各项工作内容，实际上是项目建设团队组织职责的体现，在一定程度上它规

范了项目部经理和其团队组织成员的职责和权力。

③项目建设成功的关键在于质量、进度、成本和业主满意度，而这也是衡量项目建设团队组织绩效的标准。

④业主满意度是项目建设成功最重要的度量指标，对团队组织运作的影响很大，它使建立“客户驱动的项目团队”成为许多项目建设管理的重要目标之一。

（3）项目建设人力资源管理。项目建设团队组织的管理，实质是对人的管理。人力资源管理涉及团队组织成员选聘、项目建设团队组建、团队人员管理、项目沟通和冲突管理，它与零缺陷项目建设团队组织的绩效和有效性有直接关系。因此，为创建零缺陷项目建设团队组织，在对新入人员选聘工作管理上进行培训、绩效管理、薪酬管理和职业生涯规划等人力资源管理的相关理论方法，都可以在团队管理中应用。

### 2.1.2　零缺陷团队组织的 9 大表征

零缺陷团队表征的体现是目标明确一致、共享和有效授权、团队成员角色有效配置、良好沟通和归属感、价值观和行为规范、坚定的客户导向、专注计划、冲突和不确定性的有效管理、有效的边界管理和变更控制。

零缺陷团队具备的九大表征内容见表 4-10。

**表 4-10　零缺陷团队的九大表征**

| 序列 | 表征 | 详细描述说明 |
|---|---|---|
| 表征 1 | 目标明确一致 | 团队成员都能清楚地描述出团队的共同工作目标，都能够自觉地投身于这个目标，而且这个目标是高标准、具有一定挑战性 |
| 表征 2 | 共享和有效授权 | 1. 团队成员能够共享团队中其他人的智慧、各种资源、信息，以及能够承担起团队赋予的工作责任；<br>2. 团队领导能够为成员提供获得必要技能和资源的渠道，团队工作制度能够支持团队实现工作目标，在团队中能够做到人人各司其职 |
| 表征 3 | 团队角色有效配置 | 团队中能具备不同的成员角色，并能得到合理配置，这些角色有实干者、协调者、推进者、创新者、信息者、质检者、监督者、组织者、 |
| 表征 4 | 良好沟通和归属感 | 1. 在团队成员间肯公开表达自己想法，不同意见与观点能够受到重视；<br>2. 项目建设团队成员间能够及时转达项目建设意图、目标、质量标准、工期进度、变更内容及其他可交付成果；<br>3. 归属感等于凝聚力。团队成员愿意成为这个组织一员，具有一种自豪感，成员之间可以分享成果，共担失败，愿意帮助其他成员克服困难 |
| 表征 5 | 价值观和行为规范 | 团队成员拥有共同的价值观和行为规范，可为其他成员提供共同和可兼容性的平台，否则会使组织内部无法沟通和合作 |
| 表征 6 | 坚定的客户导向 | 团队成员知道谁是客户以及其需求，并与客户保持和谐与持续的沟通，确保客户对项目建设每一个阶段的进展表示满意 |
| 表征 7 | 专注计划 | 1. 团队成员从开始就认真、专注项目建设计划；<br>2. 计划内容有确认项目建设目标、界定范围、确定客户需求、确定任务预测工期与成本、安排分工等其他活动 |

（续）

| 序列 | 表征 | 详细描述说明 |
| --- | --- | --- |
| 表征 8 | 冲突和不确定性的有效管理 | 团队分析并明确能够避免或减轻潜在消极事件发生的方法，并积极谋划稳妥解决冲突和不确定因素的预警方案 |
| 表征 9 | 有效的边界管理和变更控制 | 1. 范围扩大、变更，这在项目建设中不可避免，但变更必须是在为实现项目建设目标、质量、进度等而对非解决不可问题的确定；<br>2. 有效的边界管理包括恰当的变更控制流程、对客户和其他利益相关者期望的管理 |

### 2.1.3 构建零缺陷团队组织

根据上述零缺陷团队组织具备的九大表征，由图 4-33 可以看出，应从 6 个重要方面来构建项目建设零缺陷管理团队组织。

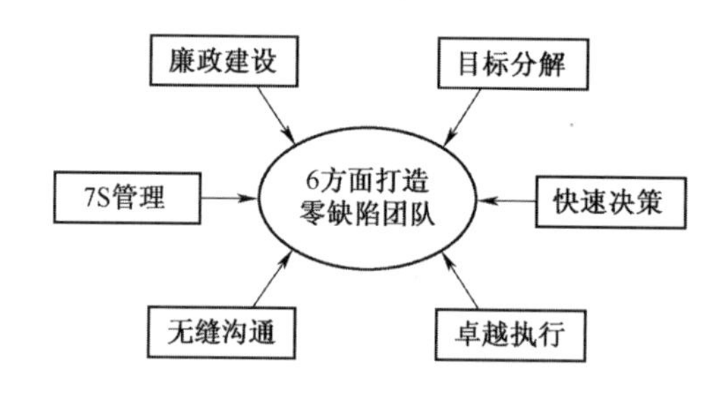


图 **4-33** 构建零缺陷团队的 6 个重要方面

## 2.2 项目建设目标分解实现零缺陷

项目建设目标分解指的是将建设总目标在纵向、横向和时序上分解到各作业队、各部门以至具体个人，最终形成覆盖目标体系的过程。目标分解是明确目标责任前提，是使总目标得以实现的基础。目标分解分为三个阶段，首先是确定目标，确认项目、目标与使命的关系；其次是明确可交付成果及其他绩效；最后是项目界定，按地段、专业技艺类别进行分解。

### 2.2.1 确定目标

确定项目建设目标，是对“正确的事”的明确，需要综合考虑项目、战略目标及组织使命之间的集成。新增项目时，如果忽略了与战略目标匹配这个重要问题，形成不够集成的战略体系，就会与零缺陷背道而驰，如图 4-34。

### 2.2.2 明确项目建设绩效及可交付成果

在工程建设过程中，其关键绩效指标（KPI）是指质量、进度、造价。这 3 者构成三维约束条件，并且相互影响。零缺陷团队必须动态确定三维约束条件的相对优先级，并向团队成员清晰地传递在某个阶段哪些维度指标更重要，这在处理项目建设中各种问题及其冲突矛盾非常奏效。

在生态修复工程项目建设项目中，应结合项目建设程序，根据项目的复杂程度，列出不同层级的交付成果，见表 4-11。

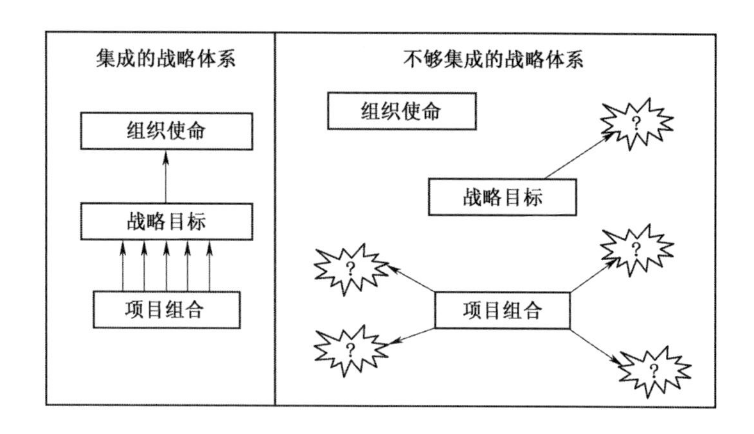


图 **4-34** 项目、战略目标、组织使命的 2 种体系

**表 4-11 生态修复工程项目建设可交付成果明细**

| 序号 | 建设阶段 | 高层可交付成果 | 低层可交付成果 |
|---|---|---|---|
| 1 | 立项批复 | 项目建议书、可行性研究报告及立项批复文件、项目建设章程等 | …… |
| 2 | 初步设计及施工图设计 | 初步设计、投资概算及其批复文件，各专业施工图设计，相关顾问公司及参建单位选取，招标文件编制等 | …… |
| 3 | 实施阶段 | 七通一平工作，招标文件、工程量清单及控制价编制，“三控三管一协调”，绩效监控，风险管理及档案管理等 | …… |
| 4 | 收尾阶段 | 竣工验收，结算审核，财务决算及批复，总结及评价 | …… |

### 2.2.3 项目界定

项目建设自启动开始，需将项目建设按目标和客户需求系统地分解，达到“第一次将正确的事情做正确”标准，这就是项目界定。对于大型、复杂、技艺要求高的建设项目而言，项目团队必须通过要素分解、责任划分、识别关键绩效指标、估算工期和造价来对其进行清晰的界定才能实现零缺陷。项目界定核心就是工作分解过程，这是把大型、技艺要求高、工序繁多且复杂的工作分解成一套可计量、易操作、可管理、可考核的工作体系工具。

美国项目管理协会将工作分解结构（work breakdown structure，WBS）定义为：项目团队完成的以可交付成果为导向的工作层次分解，以完成项目目标和创造需要的可交付成果，分析和界定整个项目范围。WBS 是项目团队在项目计划中进行零缺陷系统思考的基础，一个团队大部分工作都与 WBS 有关，如图 4-35。项目建设过程，某些关键工作被忽视或遗漏、项目边界划定不清晰、风险未识别，常可导致建设项目出现质量问题、工期延误及追加投资等；将项目分解成可以进行进度计划、成本估算、绩效和质量监管及控制的 WBS 工作包是解决这些问题非常有效的方法之一。

（1）WBS 的层次和具体内容。在工程项目建设过程，WBS 的最高层级是建设项目或其中某分项目，下一层级表示项目建设整个生命周期的主要可交付成果范围，最低层级的分支是指拟完成项目建设具体工作的工作包，即为完成一项使命的一系列努力集合。零缺陷工程项目建设管理需要以可交付成果为导向进行 WBS 工作。

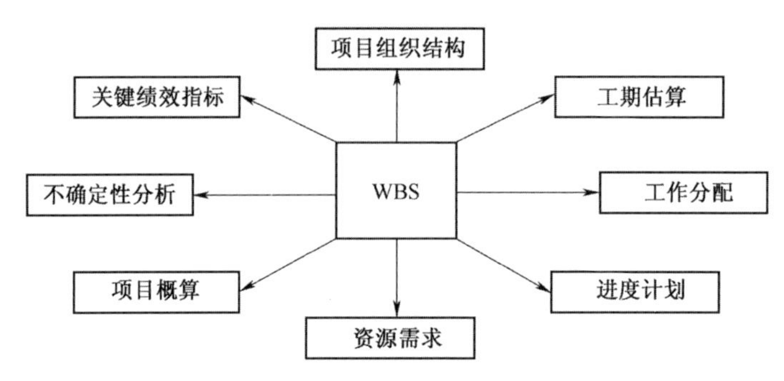


图 4-35　WBS 在项目中的中心位置

（2）有关团队的 WBS 编制方法。

①思维导图法：是指在一张空白纸上，工程项目建设团队把欲完成的项目建设分项或单项工作任务名称写在中心位置，然后采用头脑风暴法，找出能够代表项目建设要素的高层级可交付成果。

②自上而下的大纲法：是指在项目建设开始阶段与思维导图一致，项目建设团队应对主要可交付成果达成一致。

③自下而上的聚合法：是指从工作包开始构建 WBS。因聚合法不能提供一个由原因推出结果顺势的 WBS 框架，团队可能只见树木不见森林。这与系统工程思想相违背，因此，只适用于一些结构相对固定和简单的工程项目建设。

（3）关于团队 WBS 的管理方法。

①进行分项并加总检查：不论采取哪种方法编制 WBS，团队成员最后均应该检查自己的工作，并进行分项汇总，以确定下一层各任务加总之和就是它们上一层的母工作。团队负责人也应该进行分项加总检查，以利于团队成员检查初始 WBS 是否完整，团队成员可以自查和反问“如果我们完成了这一可交付成果的所有子工作包，我们是否完成了这一可交付成果，我们还需要做哪些额外的工作”，这样即可一步步逼近完整、可操作的 WBS 层级。

②为最终的 WBS 要素编号：对于大型、复杂项目建设而言，为 WBS 各层次要素进行编号非常必要，如对于一个有四层结构的工程项目建设，最高层级可交付成果可以编号为“1、2、3、4”等，可交付成果下面的工作可以编号为“1. 1、1. 2、1. 3、1. 4”，完成“1. 2”项目的子任务包括“1. 2. 1、1. 2. 2、1. 2. 3”等。这种编号系统有助于就工作包和特定任务进行项目沟通，同时它也是进行高效项目建设管理的基础。

③分派责任：每项工序任务都需要有人负责，且应具体到个人，每个人都应该对及时保质保量完成工作任务负责。任务分派是指选定团队中有能力、适合来完成这项工作的人选确定。根据项目建设规模，任务可以分配到可交付成果层，也可以下溯到工作包层，或者两者之间。基于此思维导图法可以协助任务分派，而且对于确定合适的负责人选非常奏效。

④审核任务分派：分派工作任务完成后，团队应当从全局审视这一分工。若某项工作未被分派，其原因是团队中暂时没有合适人选或者该项工作未被清晰地界定。针对这些情况，团队组织应当综合考虑完善任务描述、工作外包、招聘具有专业技能人员或对现有人员培训。

作为 WBS 全面审查工作的一项重要内容，项目建设负责人应当确保团队成员对选定的分包与外包工作负责，清楚项目技术要求、质量、进度、造价等信息，负责处理项目建设实施过程中出现的问题，工作外包不意味着责任转移。

## 2.3　快速决策造就项目建设管理实现零缺陷

决策速度是完成决策过程的快慢程度，指从开始制订行动计划到决策实施花费的时间。快速决策要求在花费少量时间的前提下保证决策的科学性、合理性和可行性，能够在工程项目建设过程中做到零延时。项目建设内、外系统构成复杂，要达成零缺陷工程项目建设管理，就需要通过快速决策造就零缺陷。

### 2.3.1　决策分类、体系及其步骤

（1）决策的 6 大分类标准。决策是指对项目建设方向、目标及实现途径做出决定的过程，在工程项目建设过程，可将决策划分为六类（表 4-12）。

**表 4-12　生态修复工程项目建设可交付成果明细**

| 序号 | 分类标准 | 决策类型 | 内容说明 |
| --- | --- | --- | --- |
| 1 | 决策主体 | 集体决策 | 为充分发挥集体智慧，由多人共同参与决策分析与研究，并制定决策文件 |
| | | 个人决策 | 按照个人技能知识水平、经验与判断力作出的决策决定，常用于日常工作中程序化和职责范围内的工作决策 |
| 2 | 决策范围 | 宏观决策 | 指站在全局高度对项目、单位的定位、发展战略、资源整合等进行战略性、全盘性的统筹规划 |
| | | 微观决策 | 指带有局部性某一具体问题作出的决策，是宏观决策的延续和具体化，具有单项性、具体性、定量化特点 |
| 3 | 决策地位 | 战略决策 | 指解决全局性、长远性、战略性做出的重大决策决定 |
| | | 战术决策 | 指为实现战略决策，解决某一问题作出的决策，以战略决策规定的目标为决策标准 |
| 4 | 决策问题出现频率 | 常规型决策 | 也称为程序型决策，指决策者对所要决策问题有法可依、有章可循、有先例可参考的结构性较强、重复性的日常事务作出的决策 |
| | | 非常规型决策 | 又叫非程序型决策，指对具有大量不确定因素、缺乏可靠信息资料、无常规经验可循、必须经过专业分析研究才能确定解决方案作出的决策 |
| 5 | 决策问题了解程度 | 确定型决策 | 指决策过程的结果完全由决策者做出的行动决定决定类，它可采用最优化、动态规划等方法解决 |
| | | 风险型决策 | 指决策者对决策对象的自然状态和客观条件清楚，也有明确的决策目标，但实现决策目标必须要冒一定风险 |
| | | 非确定型决策 | 也称非标准决策或非结构化决策，指决策人无法确定未来各种自然状态下发生频率做出的决策 |
| 6 | 决策制定过程作用 | 突破性决策 | 促进事态向着发展方向改变和性质突变的决策 |
| | | 追踪性决策 | 在决策过程，根据反馈回信息对已发生偏差进行调整和修正的再次决定决策 |

（2）决策5大体系。现代项目建设管理的决策体系，是由决策系统、智囊系统、信息系统、执行系统以及监督系统组成的统一体。其具体内容见表4-13。

**表4-13 生态修复工程项目建设可交付成果明细**

| 序号 | 项目 | 具体内容说明 |
|---|---|---|
| 1 | 决策系统 | 对管理事项作出决策。其任务是以现代决策手段和技术对信息系统进行科学处理，使信息全面且准确，并对智囊系统提供方案进行选择和分析，最终做出实施决策 |
| 2 | 智囊系统 | 充分利用信息系统提供信息为决策系统拟定多种备选方案，并对方案进行预测和有效反馈，提供和评估决策方案，规范评价决策实施效果 |
| 3 | 信息系统 | 包括管理信息系统和决策支持系统，以决策支持系统为主。其中，决策支持系统是以模型技术为主体，通过对话方式选择和修改模型，并存取数据库中的大量数据，形成决策问题的方案并得出结论 |
| 4 | 执行系统 | 指对决策系统的各项决策指令付诸实施的系统 |
| 5 | 监督系统 | 对执行系统贯彻执行决策系统的指令情况进行检查监督，并帮助决策系统自我调节，以保证决策指令的顺利贯彻执行、决策目标的顺利实现 |

（3）决策4步骤。从表4-14得知，决策是对项目建设技术与管理问题进行分析和解决的过程，分为确定决策目标、拟定决策方案、优选决策方案和执行决策方案4步骤。

**表4-14 生态修复工程项目建设可交付成果明细**

| 序号 | 步骤 | 分步骤 | 具体内容说明 |
|---|---|---|---|
| 1 | 确定决策目标 | 提出问题 | 寻找差距，确定问题性质、特点和范围 |
| | | 目标规划 | 根据内、外约束条件，对于未来要达到目的和结果进行判断，并最终确定决策目标 |
| 2 | 拟定决策方案 | 价值分析 | 是落实项目建设目标、评价和选择方案依据 |
| | | 起草方案 | 起草决策方案阶段包括规划阶段和精心详细设计阶段 |
| 3 | 优选决策阶段 | 方案评估 | 对拟定决策方案进行分析和评估，评估方法分为经验评估法和数学分析法 |
| | | 方案选择 | 根据评估结果，最终选择、确定方案 |
| 4 | 执行决策方案 | 方案试验 | 通过试验，若成功则可进入普遍实施阶段；若失败，则进行改正与完善 |
| | | 普遍实施 | 在执行决策方案过程，加强决策反馈和追踪等工作，以利于在更大范围推广实施 |

### 2.3.2 快速决策管理办法

在工程项目建设管理中，主要运用线性规划法、决策树法、敏感性分析法和赫威斯准则等决策方法。

（1）线性规划法。采用线性规划法，是在相互关联多变量约束条件下，解决、规划一个对象的线性目标函数最优化的问题，指给予一定数量人力、物力和其他资源等，规划如何应用才能得到最为合理的经济效益。

（2）决策树法。决策树法，是常用的风险分析决策方法，采用树形图来描述各方案在未来的收益计算、比较及选样的方法。决策树法是随机决策模型中最为常见、最普及的决策模式和方法，能够有效地控制决策带来的风险。

（3）敏感性分析法。敏感性分析法是指从众多不确定性因素中找出对项目建设经济效益指标有重要影响的敏感性因素，并分析、测算其对项目建设经济效益指标的影响和敏感性程度，从而判断项目建设承受风险能力的一种不确定性分析方法。

（4）赫威斯准则。赫威斯准则方法又称乐观系数决策法，是介于乐观决策法和悲观决策法之间的决策方法。该方法既不是乐观决策法那样在所有方案中选择效益最大的方案，也不是悲观决策法那样从每种方案的最坏处着眼进行决策，而是在极端乐观和极端悲观之间，通过乐观系数确定一个适当值作为决策依据。

### 2.3.3　快速决策管理工作规范

（1）个人决策工作规范。个人决策工作规范应遵循以下 5 项要点。

①目的：为项目建设管理决策者提供工作指导，使决策具有合理性和安全性；

②适用范围：适用于项目建设管理中程序化和职责范围内工作事项的决策；

③工作标准：决策者依据个人价值观、知识、经验阅历以及所掌握的信息去设计和发布决策，在具体执行决策过程，必须达到以下 4 个标准，一是对日常管理工作事项和问题有快速且有效的感知度；二是能够透过事物表象挖掘出事物的本质；三是能够从不全面情况中获取和预测重要的变化信息；四是能够促使团队其他成员下定决心，果断选择和执行有关工作。

④工作流程：根据决策需要，个人决策工作流程如图 4-36。

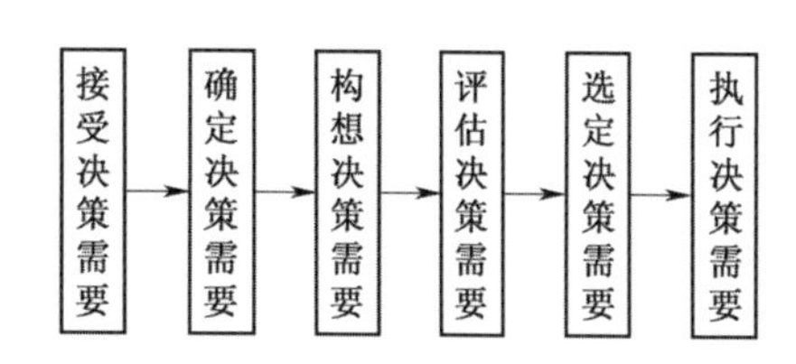


图 **4-36**　个人决策工作流程

⑤注意事项：执行个人决策时，由于决策者的惯性思维，很容易在事物发生变化时仍然按照以往观点、思维来作出决定，通过分析决策者个人决策工作规范，使管理者避免在决策时出现因循守旧、固执己见等偏见。

（2）群体决策工作规范。

①目的：能够充分发挥组织成员集体的智慧，多人共同参与决策，并有组织决策机制、制度和规范支持组织的战略决策管理。

②适用范围：适用于涉及项目建设目标多重性、时间动态性和不确定状态性，需要由多人进行决策的项目建设技术与管理工作事项和问题。

③工作标准：在执行决策过程，必须达到以下 4 项标准：一是群体决策需要集中不同专业领域专家的意见，以提高决策的针对性；二是群体决策要利用复合技术与管理知识和可行性方案，有效梳理和筛选优秀决策方案；三是群体决策时需要得到多数成员的肯定与认可，保证决策方案能够顺利贯彻实施；四是群体决策要鼓励决策成员勇于承担风险，以保证决策顺利实施，降低决策成本。

④工作流程：群体决策是从分析与处理问题开始，其工作流程如图 4-37。

⑤工作方法：群体决策方法有头脑风暴法和德尔菲法。在采用头脑风暴法时，与会者应不分职位高低平等议事，共同协商后形成统一的决策决定意见。

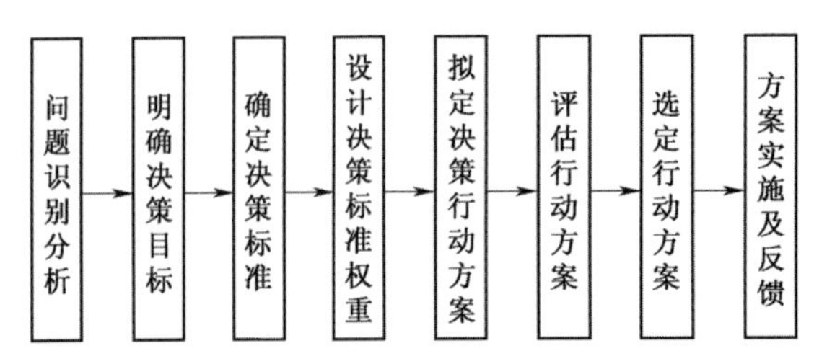


图 **4-37** 群体决策工作流程

### 2.3.4 项目快速决策路径图

团队或团队成员在作出快速决策时，不仅要做到科学合理，并且要在最短时间内设计出决策方案，并迅速进入执行阶段。基于此，应设计项目快速决策路径图（图 4-38），以便使每个成员在快速决策时都熟知每个关键点，从而造就项目建设管理的零缺陷。

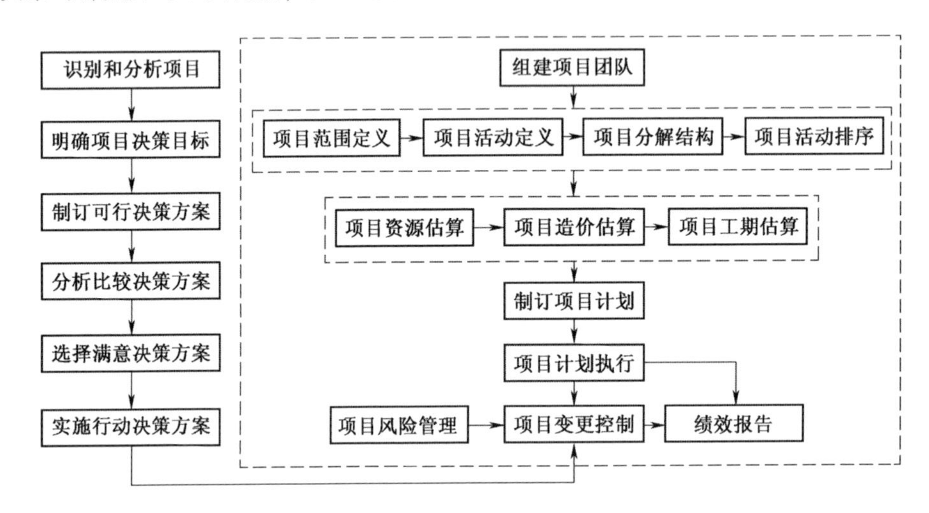


图 **4-38** 项目快速决策路径图

## 2.4 卓越执行体现项目建设管理零缺陷

在工程项目建设过程，为什么设计方案总是一改再改？为什么项目建设管理制度不能保证效率？为什么经各方审查通过的项目建设计划总是不能落到实处？其根本原因就在于执行不力。为实现项目建设目标，在项目建设管理中就必须注重于提高团队的执行力，卓越执行就会体现零缺陷。

### 2.4.1 卓越执行实现途径

（1）建立团队共同使命与目标。建立团队统一的使命与目标，使团队成员明确共同努力的方向，有利于激发团队执行力的提升；如果团队没有明确的使命和目标，团队就会失去前进的动力，团队执行力也会极大地降低。

（2）制定合理组织结构和高效工作流程。

①合理组织结构：团队的组织结构主要有职能型、项目型和矩阵型 3 种。职能型和项目型结构型代表了两种极端组织结构类型，其缺点比较明显。

职能型结构的优点是职责明确、各司其职，适合常规工作，但在项目建设管理中其缺点常出现“个别设计”“只见树木，不见森林”的现象。

项目型结构的优点是团队成员可以专心致志，团队跨职能部门，而且决策权清晰。这比“个别设计”模式有更高质量的产出，但缺点是按其全盘实施难度很大，人员流通比较困难。

矩阵型结构介于职能型、项目型之间，兼顾职能型和项目型的优点，满足项目建设及其常规工作的复合型需求。

②高效工作流程：流程决定效率，流程影响效益。合理的项目建设工作流程是提高项目建设管理工作效率的源泉，也是项目建设团队取得高绩效的工作基础。

（3）制定严格的管理制度。制定出的制度要具有权威性、科学性和可操作性，使团队成员都明确自己的岗位职责和工作标准，通过制度整合团队使命、目标、组织和人力资源等要素，将分力组合成合力，杜绝推诿、扯皮等不良现象。

（4）提升团队士气。通过适时、适量的激励提升团队士气非常必要，激励团队成员最重要的是从语言、行为、物质及奖金等来营造氛围，达到提升团队士气的目的。

（5）发挥领导带动作用。作为不同阶层的领导管理者，都应当在其职责范围内规范履行五项职能，发挥引领和带动作用：①确定团队目标，制定项目建设管理目标分解体系；②承担设计组织结构、工作流程和制定工作制度的职责；③合理安排团队成员工作任务，制定工作完成时效和步骤；④协调团队成员间的工作矛盾，解决项目建设中的技术、管理与资源冲突问题；⑤检查、评价团队绩效，并纠正可能出现的偏差。

### 2.4.2　卓越执行实施模型

卓越执行实施需要“软件”和“硬件”系统的支持，这两者共同保证项目建设各项工作的高效实施。其实施模型如图 4-39。

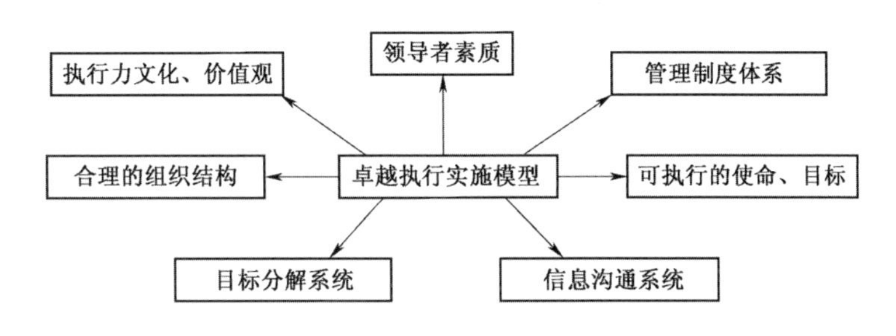


图 **4-39**　卓越执行实施模型

从卓越执行实施模型图得知，领导素质是卓越执行最关键因素；执行力文化、价值观是实施卓越执行的平台；管理制度体系是卓越执行系统的规范；合理的组织结构是卓越执行实施的基础；可执行的使命、目标是卓越执行的导向；目标分解系统是确保卓越执行实施的基本因素；信息沟通系统是卓越执行实施的保证。

### 2.4.3　卓越执行与执行不到位

（1）执行不到位具体表现及其解决方法。在工程项目建设中并不是所有的决策都能得到有效执行，在实际工作中，执行不到位的具体表现有五点：虎头蛇尾、浅尝辄止、遇事拖延、马虎轻率、偏离目标。

上述执行不到位的表现，有些是团队成员认识不到位，有些是性格使然，更有些则是深层次、普遍的人性劣根性。对于团队成员中出现执行不到位的原因分析和解决方法推荐（表4-15）。

**表4-15 执行不到位原因分析及解决办法**

| 原因类型 | 原因分析 | 解决方法 |
| --- | --- | --- |
| 目标不确定 | 卓越执行，首先明确团队要做什么，其次是将目标分解、细化，若没有统一、明确的目标，执行力越高，则结果会偏离目标越远 | 目标计划书<br>WBS |
| 指令不清晰 | 领导没有清晰地将使命、目标传达给下级，导致执行层不清楚所要执行的命令，执行过程会出现偏差 | 计划确认书<br>任务说明书 |
| 结构不合理 | 机构混乱、职责不清、“学非所用、用非所长”，虽分工但不合作，相互推诿扯皮，团体工作效率低下 | 岗位职责<br>工作指导书 |
| 主次不分 | “眉毛胡子一把抓”，不分主次、先后、轻重缓急，没有遵循二八定律 | KPI责任书<br>工作进度表 |
| 跟踪不到位 | 过程检查、指导、跟踪管理不到位，如果出现技术与管理问题，其结果就会与目标发生很大偏差，执行力将会被大打折扣 | 工作确认报告<br>追踪检查表 |
| 团队不合作 | 缺乏团队合作精神，没有团队意识，各自为政、互不协调、效率低下 | 文化建设<br>价值观培养 |

（2）执行不到位与时间管理。

①帕金森定律：是指只要还有时间，工作就会不断扩展，直到用完所有时间；也就是说工作总是在规定完成期限内的最后一刻才会做完。在工程项目管理中，团队成员在完成任务上的拖沓，可能会造成工期、进度的延误。

②学生综合征：指团队成员倾向于将开工拖延到必须开始的最后一刻，如果项目团队成员发现项目到完工前还有很多可支配时间，可能就不会始终如一地工作，从而影响项目建设进度。

③从属事件中的统计偏差：当团队根据项目进度计划实施一系列工作时，可能会出现一些工作提前完成，而另一些工作滞后完成。平均而言，人们一般会认为两者能形成互补，但不幸的是，这种做法会对项目建设工期进度造成危害。

④帕累托定律（二八定律）：是种不平衡法则，简单而言，在原因与结果、投入与产出、勤奋与报酬之间存在的这种不平衡关系，可以分为2种不同类型：多数，它们只能造成少量影响；少数，它们会造成重大影响，即20%/80%。二八定律运用在时间管理上，其实质就是控制做事顺序，把个人主要精力放在那些能体现80%价值的20%工作任务上，即善于分清主次和轻重。

⑤浪费时间的原因：浪费时间主要体现在以下8个方面：目标设置不明确；理事无逻辑、不简洁；做事拖拉、无效率；事必躬亲、不懂授权；做事不分主次；消极思维产生盲目行为；做事有头无尾；把简单事情复杂化。

（3）卓越执行型人才标准。评判卓越执行型人才的3大标准如下所述。

①信守承诺：指自我约束、目标聚焦和心理合约3个心理要素，对自己起到激励和约束

作用。

②结果导向：指要求对自己肩负的职责在规定时间内有效、果断地完成，对自己岗位职责范围的工作都负责到底。

③永不言败：是结果导向和信守承诺的保障，它构成卓越执行的内生动力。

### 2.4.4　卓越执行实施方法与步骤

项目建设团队是一个有机的系统组成，因此，基于系统评价要素，提出团队卓越执行采用的5W2H 方法，其实施的 7 个步骤如下。

①1W——主体：指做什么（what），明确该任务重要性，无须纠缠与主体无关的事务。

②2W——目的：为什么做（why），明白完成任务会怎样，任务未完成会如何。

③3W——地点：指在哪做（where），判断指定的地点，若不在指定地点，会产生怎样的后果。

④4W——顺序：何时做（when），确定任务开始执行与结束的时间。

⑤5W——人员：指谁来做（who），明确谁来负责这项工作，换成别人会如何。

⑥1H——方法：指怎么做（how），寻找做这项工作方法，判断其他方法如何。

⑦2H——成本、程度：指明确做到什么程度、花费多少（how much）。

## 2.5　无缝沟通产生项目建设管理零缺陷

无缝沟通是项目建设成功的特征之一，在项目建设启动过程，项目团队应该制定沟通计划，通过适当方式，并在适当时间向适当人群传递恰当的信息。

### 2.5.1　无缝沟通的作用

（1）无缝沟通在项目建设启动阶段的作用。无缝沟通能保持项目建设信息渠道畅通，确保管理者与员工对目标、标准及规范达成一致，确保制定工程项目建设计划的科学性、客观性、适用性和可行性。

（2）无缝沟通在项目建设实施阶段的作用。其重要作用表现在以下 3 方面。

①员工汇报工作进展和在工作中难题、困难向管理者求助；

②管理者对员工工作和其目标之间出现的偏差及时纠正，保证工作按照既定路线运行的有效保证措施；

③无缝沟通有利于项目建设技术与管理问题的解决，有利于开阔眼界、创新思路，有利于项目建设顺利发展。

（3）无缝沟通在项目建设竣工验收阶段的作用。无缝沟通能够确保项目建设竣工验收的工作质量，及时就验收标准、程序等进行交流沟通，保障项目建设顺利竣工验收，同时也能促使项目建设管理团队总结经验，持续提高。

### 2.5.2　沟通障碍及其注意事项

（1）沟通障碍。在工程项目建设团队中只要有沟通，必然也就会产生沟通障碍，而推崇团队无缝沟通，就是要努力克服这些沟通障碍。总体而言，团队沟通障碍产生的原因如图 4-40 所示。

（2）沟通注意事项。采用无缝沟通在克服沟通障碍时，应该努力克服、消除和注意如

图 4-41所列事项。

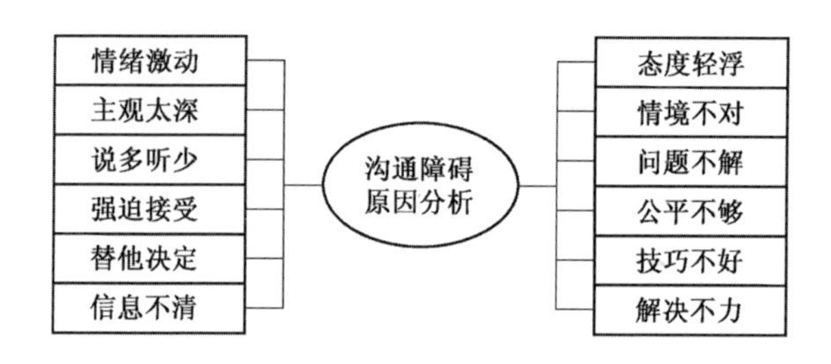


图 4-40 团队沟通障碍产生的原因

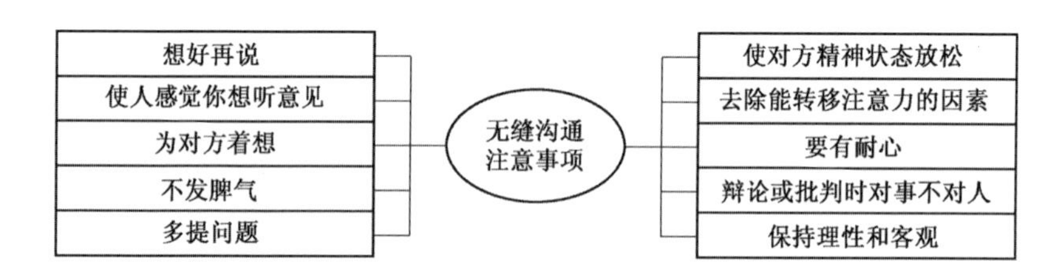


图 4-41 无缝沟通应注意事项

### 2.5.3 无缝沟通对象

沟通对象分为 2 大类：项目建设各方间沟通和项目建设团队内部沟通。

（1）项目建设各方间沟通。项目建设各方间的沟通，应注意：谁需要项目建设的哪些信息？需求项目建设信息的频率？采用何种有效传递方式？为此，可从数理角度出发，将项目建设各方信息沟通变量汇建一个沟通矩阵（表 4-16）进行交流、传达。

**表 4-16 沟通计划矩阵表**

| 项目建设各方单位 | 该方组织关注什么 | 沟通频率 | 沟通形式 | 负责人 |
|---|---|---|---|---|
| 项目建设主管部门 | 项目建设规划、建设期限、投资等高层信息 | 1 次/年 | 文件、报告和汇报会 | ××× |
| 项目建设单位 | 项目建设规划、可行性报告、建议书、设计、投资预算等 | 1 次/季 | 文件、图纸及口头汇报 | ××× |
| …… | …… | …… | …… | …… |

（2）项目建设团队内部的沟通。沟通计划的第二个维度是项目建设团队内部沟通，这是项目建设沟通计划的主要形式，也是项目建设顺利实施的前提条件。当团队集中办公时，最有效的形式是工作例会。例会频率应视具体情况而定，对于进度要求高的项目，例会频率应该高点，每天 15 分钟的早晨碰头会，让团队主要成员汇报昨天工作进展及存在问题，组织负责人布置当天工作任务量及要求。

### 2.5.4　无缝沟通有效管理冲突

冲突是项目建设中技术、管理与资源的问题和矛盾处于不和谐状态，是项目建设过程的固有特征，在项目建设生命周期中，自始至终都存在着多种形式的冲突。冲突可分为与任务相关冲突和人际冲突。关于项目建设任务和决策分歧的冲突，能够促使相关人更完整、更深入地了解问题，属于有益冲突；人际冲突是个人性格差异造成的结果，属于不利冲突。零缺陷项目建设团队必须意识到并非所有冲突都是不好的，稳妥处理冲突可以为项目建设起到积极有效的作用；当误解、忽视或矛盾处理不当时，冲突则会破坏一个团队的和谐并危及项目顺利建设。无缝沟通是管理冲突最为有效的方式，可以确保项目建设的零缺陷进程。

人际冲突是项目建设团队中其他一些问题的征兆，犹如团队冰山，如图 4-42。零缺陷项目建设团队领导者必须予以正视，善于用制度、规范和领导智慧化解冲突。

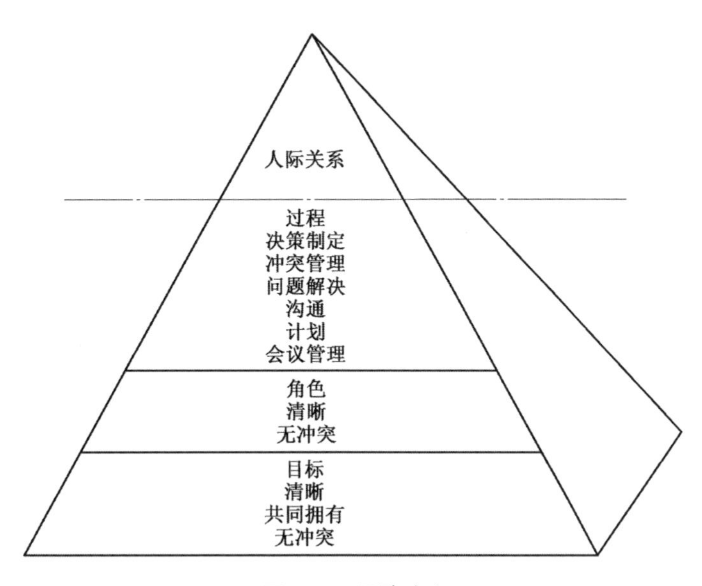


图 **4-42**　团队冰山

虽然冲突有利于对事物的深入研究，但必须要对其进行有效管理，不可任其发展。无缝沟通管理冲突时必须要遵循以下 3 项基本原则。

（1）系统思考原则。系统思考原则，是指从全局出发，追求全局最优而不是个别最优。组织活动就是一种“系统”，采取系统思考可以帮助组织者认清事物的整个变化形态，并了解如何有效地掌握变化，开创新局面，这也正是系统工程在人、组织处理与人有关的非结构性问题时的完美再现。系统思考的关键在于从全局角度发现冲突的“杠杆点”，亦即可引起结构上重要而持久改善的点，一旦找到了这个最佳杠杆点，便能创造出最大的力量。系统思考是“看见整体”的修炼，它是一个架构，可以看见相互关联而非单一的事件，看见逐渐变化的事物形态而非瞬间即逝的一幕。

（2）对事不对人原则。无论处理何种冲突，对事不对人是办事的准则。对待矛盾冲突双方一定要公正，不能有偏袒。偏袒只会激化冲突，而且可能导致冲突位移。另外，解决冲突时应避免情绪化泛滥，只有在理智的前提下，冲突才有可能得到合理而公正地解决。

（3）双赢原则。冲突结果只有双赢才会是富有建设性的解决之道，在项目建设中要倡导互相尊重与理解，求同存异，求大弃小。当然，当双方冲突不可调和时，管理者只有采取强制手段和策略解决冲突矛盾。

## 2.6 7S管理提升工程项目建设零缺陷

对于工程项目建设管理团队组织而言，项目建设现场管理是项目施工管理的基础，而实施零缺陷工程项目管理，施工现场安全、文明作业管理尤为重要。故此，为实现工程项目建设管理零缺陷，必须对施工现场推行7S管理。

### 2.6.1 7S管理概述

7S管理是现场管理的一种科学方法，是指对现场的各种生产要素所处状态不断进行整理（seiri）、整顿（seiton）、清洁（seiketsu）、规范（standard）、安全（safety）、节约（saving）及提升人素养（shitsuke）的活动，它从现场细节中体现出零缺陷工程项目建设管理的理念。这7个要素相互之间互为支撑、构成一个有机系统组成，如图4-43。

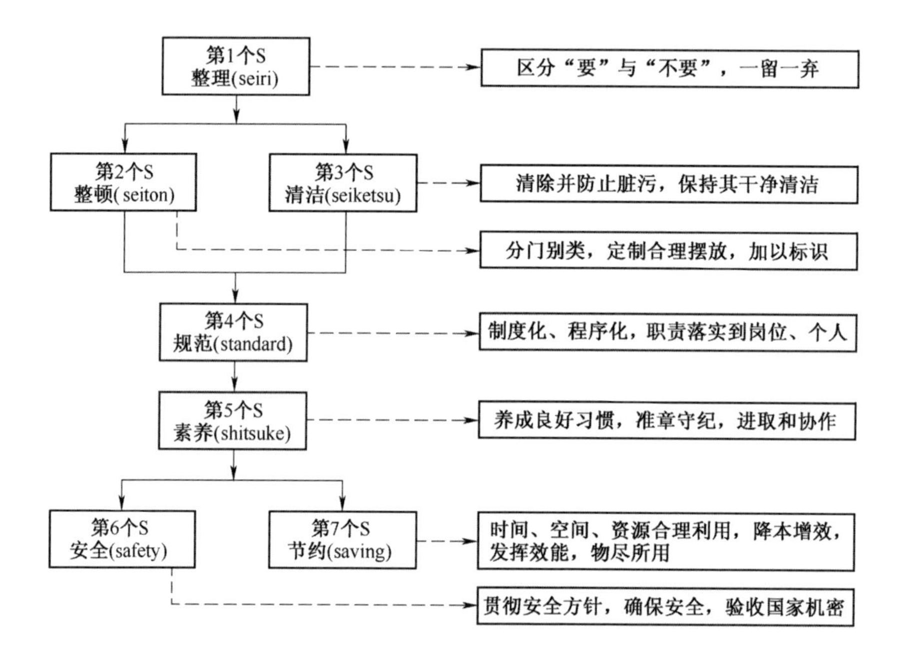


图4-43 7S管理要素关系图

零缺陷管理倡导产品的质量是来自前期预防，其核心是“一次将事情做对”。这不仅是一种工作态度和工作作风，而且升华为一种文化理念。基于7S现场管理是零缺陷质量管理的基础和核心，其精华与精髓的5方面体现如下。

①将7S管理作为一个平台夯实项目建设零缺陷管理基础；

②将7S管理作为一种方法贯穿于项目建设现场的每次的零缺陷思维活动中；

③把7S管理作为一项有效管理措施促进项目建设安全管理的进程；

④将7S管理作为一个载体塑造良好的项目建设管理文化氛围；

⑤将7S管理作为一种项目建设管理手段来提升作业人员的技艺素质水平。

### 2.6.2　7S 管理实施框架

#### 2.6.2.1　设立 7S 管理机构

7S 管理是零缺陷工程项目建设管理中一项持久性的基础工作，也是一项涉及面广、工作难度大、综合性强的工作，项目建设团队组织任何部门都无法单独负责，必须由现场主要领导负责，组织与协调各部门共同实施管理。施工现场应成立现场 7S 管理领导小组，成立 7S 管理办公室作为其日常工作机构，以实现组织与管理上的保证。

#### 2.6.2.2　建立 7S 管理制度体系

建立《施工现场 7S 管理规定》《施工现场 7S 管理评价标准考核细则》《施工现场 7S 管理手册》《施工现场 7S 管理星级验收审核程序》等制度文件，对 7S 管理要求、考核要求、验收要求以及具体实施标准做出详细规定，实现项目建设管理制度的全覆盖。

#### 2.6.2.3　7S 管理的基本内容

7S 管理主要立足于项目建设现场实践，涉及对施工现场人、材料、机械、场地等要素的管理，从而打造安全、整齐、文明与作业有序的工作现场。

（1）实施 7S 管理标准的具体内容。7S 管理从具体内容上分为办公区域与公共设施、作业现场及库房、文化素养修养、安全生产与节能减排四类，包括 25 个方面、102 项基本要求和 8 个关键性否决指标，具体如下。

①整理、整顿、清洁范围与内容：7S 管理所涉及的 14 项内容。

（a）办公室物品和文件资料；

（b）办公区通道、门窗、地面、墙壁；

（c）现场施工作业材料、设备、仪器、工装、工具等；

（d）设置现场临时材料、设备与仪器等存放场所；

（e）作业区场地、栽植植物苗木及其附属工程；

（f）现场成品、半成品保护；

（g）现场作业记录与文件；

（h）库房与储物室；

（i）厨房、卫生间、浴室与垃圾箱等；

（j）植物种苗与其他施工原材料；

（k）道路与车辆；

（l）环境与房间卫生；

（m）标识系统；

（n）项目建设施工文化教育宣传。

②规范、标准：所涉及下述 4 方面的规范和标准。

（a）7S 管理规范；

（b）7S 管理培训；

（c）办公室安全管理规范；

（d）安全文明生产作业规范。

③素质修养内容：所涉及下述 3 方面的素质修养。

（a）行为规范；

（b）注重团队意识；

（c）开展日常7S管理活动与创新。

④安全控制与节约范围：所涉及下述4方面的安全控制与节约范围。

（a）现场设备、设施及材料；

（b）危险源与危险点；

（c）作业环境与职业卫生；

（d）重视节能减排工作管理。

（2）现场应用7S管理的具体要求：施工现场7S管理主要体现在4个方面。

①现场综合管理：现场综合管理包括11项内容。

（a）施工平面布置图设计科学合理，物料器具定位管理标准化，现场作业与材料器具、设备停放、存储与施工平面布置图相符；

（b）施工作业整齐，材质符合要求；

（c）施工场地设有施工单位标牌、标识；

（d）施工临时办公大门内有“一图三板”；

（e）料具和构配件码放整齐，符合要求；

（f）施工作业场所内外零散碎料和垃圾清理及时，做到一日一清；

（g）成品保护措施健全有效；

（h）作业责任区分片包干，个人岗位责任制健全；

（i）施工工序流程、设备配置符合组织设计方案；

（j）季节性施工方案和措施齐全，切实可行；

（k）现场运输道路平整、通畅。

②料具管理：料具管理包括7项内容。

（a）现场堆放材料要整齐、不妨碍交通；

（b）施工临时存放各种料具要种类、分规格码放整齐；

（c）材料保管要采取保湿、遮阳、防雨、防潮、防损坏措施；

（d）贵重施工物品应办理出入库手续进行管理；

（e）混凝土及外运垃圾的遗洒必须及时清扫；

（f）现场苗木、肥料、砖、沙石、钢材等料具合理使用；

（g）施工文件图纸资料管理严格，文档使用管理程序齐全。

③环境保护管理：环境保护管理包括5项内容。

（a）土建施工作业应有防尘措施；

（b）机械作业应按规定安装除尘装置；

（c）油料库应有防火、防渗漏管理措施；

（d）施工机械设备应有降噪声管理措施；

（e）要对员工的人为活动有规范管理措施。

④施工与生活环境卫生管理：施工及生活环境卫生管理包括8项内容。

（a）施工现场环境整齐清洁；

（b）临时办公室清洁整齐，窗明地净；

（c）临时宿舍、更衣室要清洁，床铺上下整齐卫生；

（d）生活垃圾按指定地点集中，及时清理；临时食堂内外整洁卫生，炊具干警，无腐烂变质食品；

（e）临时食堂要有食品卫生许可证；

（f）炊事人员要有身体健康证，且必须穿戴工作服和工作帽，保持个人卫生；

（g）加工、保管生熟食品要分开，食品有遮盖；

（h）卫生间屋顶墙壁严密，门窗齐全有效，并有专人清扫保洁，有灭蝇、蛆措施。

#### 2.6.3　7S 管理具体方法

施工现场 7S 管理是一项综合性、全员性的管理工作，涉及计划、技术、安全、调度等，施工总平面管理，材料仓储管理以及施工道路、防火设施、场地卫生、环境保护、安全保卫等方面。实现施工现场 7S 管理必须采取强有力的管理措施。

（1）设立强有力的管理组织。7S 管理需要通过“领导负责制”及“齐抓共管制”设立强有力的组织管理保证，明确现场主要领导负责制，成立 7S 管理领导小组及管理办公室，以对整个施工现场实行责任划片负责制，确保其管理效果。

（2）建立切实可行的制度。建立 7S 管理制度要符合现场实际，应确保其完整性和适用性，并通过加强 7S 管理标准教育，强化下属单位内部培训以保证落实制度。

（3）建立长效运行机制。建立 7S 管理工作长效机制，杜绝流于形式，使 7S 管理工作常态化，应从以下 5 点着手开展管理工作：确保责任层层落实、明确监督检查机制、建立问题归零机制、完善考核奖励机制并注重培养文化素质。

#### 2.6.4　7S 管理要点

##### 2.6.4.1　合理定置

（1）合理定置。是指在施工期间把施工现场需用的材料、设备等物质，在空间上合理布置和存放，使施工现场秩序化、标准化、规范化，体现出文明施工水平。

（2）合理定置依据。国家、行业、地方和企业关于施工现场管理的法规、规定、管理办法、设计要求等，依据《建设工程施工现场管理规定》《工程项目管理实用手册》等，施工区域规划图、施工总平面图、制定施工计划、施工组织实施方案、材料设备等物资需要量及进场计划和运输方式等。

（3）合理定置内容。指施工现场的固定建筑物与构筑物、坐标网、测量放线标桩，弃、取土场地，垂直运输设备位置，作业与生活临时设施，材料与半成品、构件和各类机具的存放位置，安全防火、消防设施等。

（4）合理定置管理程序。合理定置的 2 项管理程序分别是如下。

①合理定置设计与修改设计：合理定置设计是指施工计划和施工组织设计方案中的施工总平面布置图。它在开工前设计，并在开工初期按图定置物资。但施工过程属于动态过程，物资的需求量和进入量是动态变量，其施工总平面布置图必须根据动态情况进行及时调整，以确保其科学合理。定置设计的实质是对现场空间布置的细化和具体化。

②合理定置方案实施是按照施工计划规定及有关标准的要求，对施工现场材料、机具设备、设施、预制构件配件等进行科学整理，将施工现场所有的物品定置，并要做到有物必有区，有区必有牌；按区按图标识定置；按标准、规定存放，确实体现出施工现场图物相符。

2.6.4.2 目视管理

（1）目视管理定义及其内涵。目视管理是一项符合工程项目建设现代化施工要求和心理需要的科学管理方式，它是施工现场管理的重要工作内容之一，是搞好安全、文明施工的重要管理措施。目视管理是以视觉显示为手段，以公开化为原则，尽可能地向全体施工人员提供所需信息，让大家都能够看得见，并形成大家都自觉参与完成项目建设任务目标管理系统。

（2）目视管理的主要内容与形式。目视管理的 6 项主要内容与形式如下所述。

①把施工任务指标与实际完成量制作成图表，并公之于众，使员工知道自己完成工作任务的情况；

②施工现场管理制度、操作规程、工艺标准、现场管理实施细则等应该上墙挂拦告示，使全体职工按章执行；

③在合理定置过程，对永久固定物、临时设施、材料设备等堆、停放位置等，必须设置准确的标志牌、标志包、标志线等视觉标识；

④施工管理人员在现场应佩戴其身份的证卡、袖标；

⑤要在施工现场显要位置设置标牌，将工程项目建设名称、建设单位、设计单位、施工单位、监理单位及其负责人与现场负责人的姓名，以及工程项目建设开工、抚育保质期限、竣工日期等标示清楚；

⑥合理利用各种色彩的安全标志，以增加人们对安全生产、预防事故的心理意识作用。

2.6.4.3 环境保护

（1）组织管理措施。实行环境保护目标责任制，责任落实到人，加强日常检查、考核与监控工作。

（2）采取技术措施。针对项目建设施工产生的垃圾、噪声等污染，严格按照国家法律和行业法规规定，采取对应技术措施进行处理，使之符合有关标准规定。

（3）生活区域要达到规定的卫生标准，预防疾病，并制定具体管理实施办法。

## 2.7 廉政措施保障项目建设零缺陷

腐败是一种社会历史现象，反腐败也是当今世界各国普遍关注的问题。应加强廉政建设，强化反腐败管理，改进作风，建立一支廉洁自律的工程项目建设管理团队组织，保障实现零缺陷项目建设目标。

### 2.7.1 腐败的特点

在工程项目建设中产生的腐败现象具有如下特点：

（1）腐败主体广泛。腐败涉及项目建设投资、建设、招标代理机构、勘察设计、施工、监理、材料设备供应商等单位，也涉及政府有关机构、企事业单位等部门。

（2）滋生腐败环节繁多。从前期立项阶段开始，到工程项目建设规划设计、施工，再到抚育保质阶段，涉及的环节众多，每个环节都有可能发生贪污腐败现象。

（3）腐败手段隐秘。贪污腐败日益纷繁复杂，腐败各种隐蔽手段层出不穷。

（4）腐败危害严重。在工程项目建设中腐败现象的危害性极大，也包括腐败直接造成工程项目建设质量低劣甚至财产损失，以及引发和造成工程项目建设安全、质量事故和人员伤亡等重大、特重大事故。

### 2.7.2 腐败原因剖析

导致工程项目建设滋生腐败现象的原因主要归纳为以下 4 点。

（1）腐败者价值取向扭曲，自省自律力度不够。

（2）权力集中且运行失控，监管形同摆设。

（3）管理制度建设严重滞后，执行力度极不够完善。

（4）工程项目建设市场缺乏信用和诚实，对违法违纪案件处罚力度不够。

### 2.7.3 廉政风险点及其防范措施

#### 2.7.3.1 工程项目建设廉政风险点

（1）勘察、设计环节。该阶段腐败现象的主要表现是：勘察、设计企业资格管理混乱，借用、挂靠资质现象普遍；对勘察、设计招投标监管力度不够，存在非法转包、分包现象；勘察、设计文件的编制不严谨、不规范、不标准，给工程项目建设的规范施工、质量等级、工期进度、设计变更等带来严重危害。

（2）招标环节。该阶段腐败现象的主要表现是：没有严格按照招标文件履行招标工作，透露标底价、虚假评分，使不符合项目建设资格要求的投标人中标，这对项目建设带来极大的潜在危害。

（3）材料采购环节。建设施工材料、设备采购成为职务犯罪易发、多发的环节，该阶段发生的以次充好、以假代真等腐败现象，同样也会给工程项目建设的规范施工、质量等级、工期进度、设计变更等带来严重危害。

（4）施工现场环节。该阶段是工程项目建设的重要环节。在此期间，项目建设施工任务量大、周期长，对工程项目建设质量、进度的控制管理起着决定性作用。因此，该时期对出现的违规操作作业、无证上岗、偷工减料、隐蔽工程弄虚作假等监管不力的腐败现象，会直接给工程项目建设质量、工期进度、安全文明施工带来毁灭性的危害，也是引发项目建设施工风险的真正根源。

（5）竣工验收环节。该阶段是全面考核项目建设产品是否实现预期功能作用需求、是否符合设计标准要求、工程质量是否达标、能否交付使用的关键所在。施工单位为了顺利通过验收，通常会隐瞒质量不合格的工程分、单项目，对验收人员采取贿赂手段。因此，该阶段的腐败现象亦会直接给项目建设带来特大危害。

#### 2.7.3.2 工程项目建设防范腐败管理措施

（1）勘察、设计环节。该阶段防范腐败的管理措施。

一是强化对勘察、设计企业资质资格审核管理；二是加大对项目建设单位违规处罚力度。

（2）招标环节。该阶段防范腐败可采取 4 项管理措施。

①严格招投标程序，规范执行《中华人民共和国招投标法》等法律法规；

②对招标单位及招标中介公司人员加强廉政和法律教育，并确实强化对招标过程的监管力

度，对招标全过程进行监督，设立举报和投诉制度；

③建立和完善投标人不良投标违规记录与制裁制度；

④严格合同审核程序，实行多人负责把关负责制，精细合同审核会签流程。

（3）材料采购环节。对该类防范腐败采取的2项管理措施，一是建立和完善物资采购制度，重要设备、材料实行招标采购方式，并实施采购验收管理制度；二是实行采购集中分权管理模式，建立相互协调与相互制约的工作机制，规范采购物质过程滥用权力，实现采购透明化。

（4）施工现场环节。该阶段防范腐败应该采取的3项管理措施如下。

①严格现场检查、记录、处罚工序作业流程；

②设立施工作业人员责任追究制度，对玩忽职守、怠工失职等行为的直接责任人实行严肃处理；

③加大对监理单位、监理人员违规违法惩处力度，完善并严格执行对工程项目建设监理单位的监督管理制度。

（5）竣工验收环节。该阶段防范腐败采取的3项管理措施如下。

①制定和完善项目建设竣工验收移交制度，加强项目建设竣工验收与工程项目质量评级的管理；

②加强对项目建设施工过程工艺、工序流程的记录，建立建设施工文件图纸资料的建档管理，并规范其借阅归档制度；

③规范和加强竣工财务结算管理，杜绝“吃、拿、卡、要”。

### 2.7.4 治理工程项目建设腐败对策

（1）加强廉洁教育，提高工程项目建设管理者的拒腐意识。加强对建设、施工单位人员的廉政教育，针对腐败易发多发的关键管理环节，有的放矢地开展事前、事中教育，增强法纪意识，引导建设企业以诚信立业、靠质量生存，树立正确的市场竞争理念和经营道德，坚决杜绝靠行贿承揽工程建设项目、靠偷工减料增加效益的错误理念与行为。

（2）注重项目制度建设，把抓制度落实放到更加突出的位置。

①认真落实项目建设招投标法：严格审查投标投人资质，禁止虚假挂靠投标；对投标全过程严格监督，禁止串标行为；对中标单位进行跟踪监督，禁止违规分包、转包等不良行为。

②建立权力制衡机制：坚持决策、监管、操作三分离，坚持科学的项目论证决策程序，制定招投标规范程序，建立公开的审批程序，严格专家资格评定标准。

③建立岗位工作责任制：把廉政建设责任制延伸到工程项目建设领域，建立具体的岗位廉政工作责任制，从建设单位主管、招标工作人员、专家评委，到施工、采购、监理、验收等工作人员，并根据其职务、岗位、职责和权限，制定严格的责任要求、工作制度和岗位纪律，通过实施岗位廉政工作责任制、廉政合同等制度对管理行为进行约束，哪个环节出现问题，其责任者都会受到相应处罚。

（3）健全监管机制，对工程项目建设实施多角度全过程督查。

①结合项目建设具体情况，通过完善制度、明确责任、畅通信访举报渠道等方式形成内部对滥用权力的监督制约机制，重视对廉政高风险环节的监督，对工程项目建设领域腐败问题起到强有力的遏制作用。

②实施全程监督：应紧密围绕监督的目标要求，把实施对工程项目建设监督的工作职责、程序、内容、方法和纪律等，以制度形式固定下来，形成靠制度监督、按程序办事、由纪律约束的监督模式。自觉接受有关监管部门对项目招投标、资金支付、工程质量、工程造价等环节的监督，本着认真、负责、坦诚的态度接受检查监督意见，并结合外、内部的有效监督，共同约束滥用权力的行为，有力防范廉政高风险环节中腐败行为的滋生与发展蔓延。

③健全工程项目建设内控审计制度，通过对工程项目建设审计，做到“事前严格审查、事中跟踪检查、事后坚决处置”的全程监督。

# 3　生态修复工程建设零缺陷质量管理理论

质量管理是生态修复工程项目建设管理的核心环节之一，零缺陷理念来源于零缺陷产品质量管理。零缺陷生态修复工程项目建设质量管理是基于“第一次将正确的事情做正确”的理念，对生态修复工程项目建设全过程的质量进行系统指挥和控制组织的协调活动，具体体现到生态修复工程项目建设管理中为：通过项目策划，制定明确的工程建设质量目标，确定合理运行过程和资源分配方案；建立完善的质量保证体系，从组织、制度、措施 3 个方面来保证生态修复工程项目建设全员、全过程、全方面质量管理的实现；通过对项目实施全过程各阶段质量进行控制，保证项目质量达到预期目标，满足质量各层次要求，实现生态修复工程质量的零缺陷管理。

## 3.1　生态修复工程项目建设质量管理概述

根据《质量管理体系基础和术语（GB/T 19000—2008/ISO 9000：2005)》的定义，质量是“一组固有特性满足要求的程度”。可以理解为：质量是指产品或服务的固有特性，满足客户和相关方面的明确需求或隐含需求的能力。从广义上讲，质量不仅指产品质量，也包括生产活动或过程的工作质量，还包括质量管理体系的运行质量。

质量管理是指在质量方面指挥和控制组织的协调活动，通常包括质量策划、质量保证、质量控制等。其中，质量策划致力于制定质量目标，并规定必要的运行过程和相关资源以保证其实现；质量保证是所有计划和系统工作实施达到质量计划要求的基础，为项目质量系统的正常运转提供可靠的保障；质量控制则是监督项目的实施结果，将项目的结果与事先制定的质量标准进行比较，寻找偏差并及时纠偏的过程。

生态修复工程项目建设质量管理是指在项目实施过程中，指挥和控制项目各参与方对于工程质量进行协调的活动，其管理范围贯穿于工程建设的决策、勘察、规划、设计、施工的全过程。对于建设方而言，需要调动与项目质量有关的各参与方所有人员的积极性，共同做好本职工作，才能完成质量管理任务。

生态修复建设项目质量是对项目产生或发挥出的生态防护效能、安全、适用、经济、持续等特性的综合要求，以满足要求的程度反映了生态修复工程项目建设质量的优劣。生态修复工程项目建设质量可以分为以下 4 个层次。

第一层次是满足生态防护功能的要求，也称为工程项目的功能性质量，是反映项目有效发挥生态防护功能需求的一系列特性指标；第二层次是满足安全可靠的要求，即项目构筑物在满足生态防护功能要求的基础上，要保证在正常发挥生态防护条件下的安全性和可靠性；第三层次是满足生态环境的要求，包括项目防护范围内的规划布局、地质地貌、土壤土质、水资源状况、交通运输等，还要考虑其与周边生态环境治理与防护的协调性和适宜性；第四层次是满足生态文明的要求。生态工程项目建设造景特性的质量需要有设计者的设计理念、创意和创新，也不能缺少施工者对于设计意图的领会和精宜施工，然而，更重要的是要求建设者要有以打造人与自然和谐相处的心态来进行建设项目质量管理的理念。从本质上讲，零缺陷生态修复工程项目建设质量管理的过程就是生态修复项目实现艺术升华的过程。

### 3.1.1 生态修复工程项目建设质量的基本特点

生态修复工程项目具有防护性、整体性、固定性、多样性、综合性等特点，其实施过程又具有程序繁多、涉及面广、协作关系复杂、生产周期长、条件多变等技术与管理特征，使得其质量也表现出不同于其他建设工程项目产品的特点。

（1）质量影响因素多。项目质量的形成贯穿于项目从决策、规划、设计、施工与监理、验收的各个阶段，且各阶段对工程质量的形成都有着不可替代的作用，因而，生态修复工程项目建设质量必然受到众多因素的影响。

（2）质量水平波动性大。生态修复建设工程项目产品不同于传统的建设工程项目或工业产品，它具有显著的单件性、移动性和不重复性，其施工过程也不同于工业产品的生产流水线，不具备生产工艺规范、检测技术完善、生产设备成套、生产环境稳定等特点。生态修复工程项目建设材料性能离散性大、施工工艺多样化、受自然环境影响显著等都导致项目建设质量水平具有较大的波动性。

（3）质量具有一定隐蔽性。生态修复建设项目施工过程中，工序多、中间产品多且隐蔽工程多，因此，必须严格控制各道工序和中间产品的质量。一旦由于隐蔽工程检查不到位，导致过程质量隐患不能及时发现，很容易为后续工程质量事故埋下隐患。

（4）质量验收局限性。生态项目建成以后，不能像某些产品那样可以拆开检查内在质量，仅能通过防护产品的外观检查，很难完全正确判断其质量优劣，质量验收具有很强的局限性。

（5）质量评价方法特殊。生态修复工程项目建设的过程检查和验收有多种方法，如性能检测检查评价方法、质量记录检查评价方法、尺寸偏差与限值实测检查评价方法、观感质量检查评价方法等，但对于质量的评价都只能是通过抽样检验得出整个批次物资的质量，或者通过每个分工程项目的质量得出整个工程项目质量的优劣。

（6）质量事故危害性大。生态修复工程项目建设质量事故一旦发生，补救和修复的难度很大，不仅会造成极大的生态防护和经济损失，甚至有可能威胁到区域生态防护的安全，会造成极大的社会影响。

### 3.1.2 生态修复工程项目建设质量的形成过程

生态修复工程项目建设质量形成分为质量需求识别、质量目标定义和质量目标实现 3 个阶段。

（1）质量需求识别过程。质量目标决策是生态修复建设单位的质量管理职能。在生态修复建设项目决策阶段，通过识别生态修复建设意图和需求，对建设项目的性质、规模、防护功能、系统构成和建设标准要求等进行策划、分析、论证，制定整个建设项目的质量总目标，并对项目内各个子项目的质量目标提出明确要求。建设方的需求和法律法规的体现，是决定生态修复建设项目质量目标的主要依据。

（2）质量目标定义过程。生态修复工程项目建设质量目标的具体定义过程，主要是在生态修复工程项目设计阶段。生态修复工程项目设计的任务就是按照建设方的建设意图、决策要点、相关法律和标准、规范的强制性条文要求，通过方案设计、扩大初步设计、技术设计和施工图设计等环节，对生态修复工程项目各细部的质量特性指标进行明确定义，将生态修复工程项目建设质量目标具体化，确定各项质量目标值，为生态修复工程项目的施工标准、规范作业活动及质量控制提供依据。可以说，设计阶段的零缺陷对确保生态修复工程建设质量意义重大。

在生态修复工程项目施工阶段，施工承包单位有时也会根据建设方要求创造精品工程的具体情况来制定更高的项目质量目标，对设计阶段定义的质量目标进行补充与完善。

（3）质量目标实现过程。生态修复工程项目建设实体形成过程就是工程质量目标的实现过程，其核心过程是施工阶段，包括施工准备过程和施工作业技术与管理活动过程。其任务是按照质量策划的要求，通过施工单位质量管理以及监理单位质量监督，严格按设计图纸和施工标准作业，最终把特定的劳动对象转化成符合质量标准的生态建设工程项目产品实体。

综上所述，生态修复建设工程项目质量的形成过程，贯穿于项目的决策和实施过程。这些过程的各个重要环节构成了生态工程建设的基本程序，它是生态修复工程项目建设客观规律的体现。生态修复工程项目质量的形成过程，就是在遵循生态修复建设程序的实施过程中，对生态修复工程项目实体注入一组固有的质量特性，以满足建设方的预期要求。在这个过程中，建设方的项目管理担负着对整个生态修复工程项目建设质量总目标的策划、决策和实施监控的任务，同时，需要协调项目各参建单位，明确各参建方对质量目标的控制职能和相应的质量工作责任。

### 3.1.3　生态修复建设方零缺陷质量管理责任

在生态修复工程项目建设质量管理中，建设方是生态修复工程质量控制的主体和核心，具有举足轻重的作用。为此，建设方必须明确职责，运用系统工程理论和方法，妥善组织协调各参建单位，在项目各阶段进行监督控制，确保工程质量及工程顺利进行。建设方对生态修复工程项目建设质量管理的责任可概括为以下 5 个方面。

（1）决策责任。建设方需要对项目建设过程各个环节中影响工程质量的重大事件进行决策，包括质量与进度目标的提出、施工过程变更发生、竣工验收阶段对工程合格性评价等。零缺陷质量管理中，不仅要求建设方对项目质量目标的确立进行决策，更强调对项目实施过程中的突发事件进行及时响应和快速决策。

（2）计划责任。建设方计划责任的核心在于使项目实施过程中的各种情况都尽可能得以预见，这也是项目质量控制的基础。零缺陷质量管理要求建设方围绕项目的全过程、总目标，将实施过程的全部活动都纳入计划轨道，用动态的计划系统协调和控制整个项目，保证生态修复工程项目建设的协调有序和预期目标的顺利实现。

（3）组织责任。建设方的组织责任包括建设单位内部项目管理机构和组织建立，同时也包括按照法律程序确定可靠的勘察、规划、设计、施工、监理单位，协调各参建单位实施项目各阶段的建设任务，组织管理各方在项目建设中的权利、义务、责任和冲突。

（4）协调责任。生态修复工程项目建设的复杂性和系统性使得生态项目各阶段在相关层次、相关部门之间存在着大量的交叉环节，容易形成复杂的关系和矛盾。零缺陷质量管理要求建设方充分履行自己的协调责任，确保生态修复工程项目质量管理系统的稳定、持续运行。

（5）控制责任。建设方的控制责任是生态修复建设项目质量目标实现的可靠保证，不断通过决策、计划、协调、信息反馈等手段，采用科学管理方法确保目标的实现。零缺陷质量管理要求建设方基于对全过程质量的系统考虑，明确项目各阶段的质量控制内容，并采用有效的控制措施来保证生态修复工程项目建设质量的零缺陷。

### 3.1.4 建设方全过程质量管理任务

#### 3.1.4.1 项目决策阶段质量管理

项目投资决策阶段是选择和决定投资行动方案的过程，包括对拟建生态项目的必要性和可行性进行技术、经济论证。在这一阶段，建设方就生态修复工程项目质量管理的主要任务是提出质量目标，并对达成目标的可行性进行论证。

在对生态修复工程项目建设质量目标制定过程中，建设方应从全局出发，根据项目背景、防护需求、资金筹措和资源可调配等情况，充分考虑各利益相关者的需求，运用系统思考、价值管理等理论方法和工具对生态修复工程质量目标进行严密的论证，以保证生态修复工程项目质量目标的科学性、合理性。项目决策阶段建设方就生态修复工程项目建设质重管理任务如图 4-44。

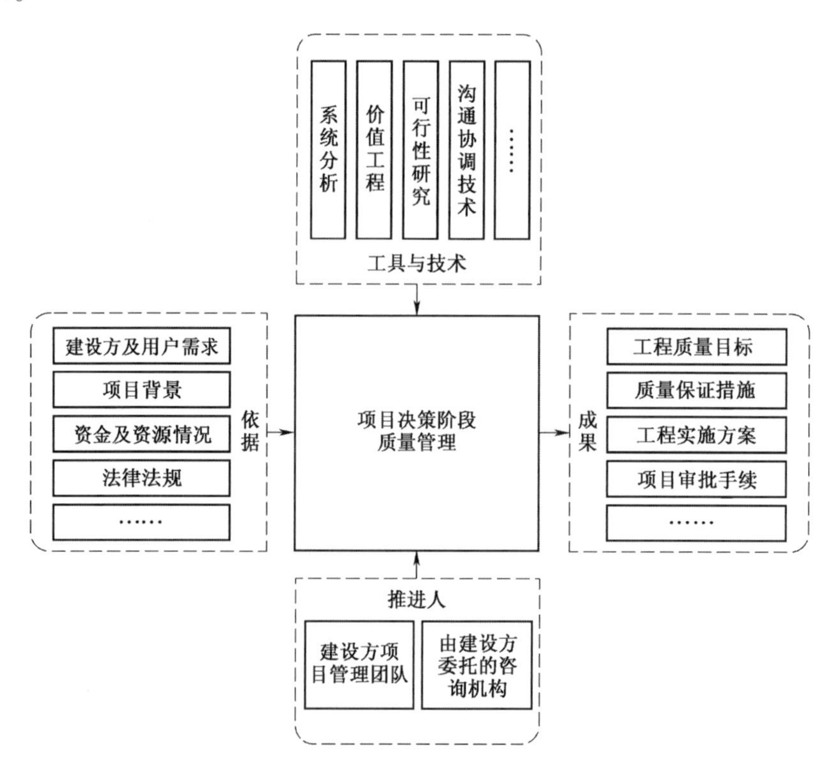


图 4-44 项目决策阶段建设方工程质量管理工作任务

#### 3.1.4.2 设计阶段质量管理

生态修复建设项目的质量目标和水平，要通过设计使其具体化，并以此作为施工依据，因此，设计质量的优劣直接影响项目的功能作用、防护价值和投资经济效益。设计质量，就是在严格遵守技术标准、法规的基础上，正确处理和协调资金、资源、技术、环境条件的约束，使设计项目能够更好地满足建设方所需要的生态防护功能和作用。

设计阶段质量管理的主要任务包括编制设计任务书中有关质量管理的内容；审核优化设计方案，满足相关规范、规划等要求；组织专家对优化设计方案进行评审；从质量控制角度对设计图纸提出合理化建议；跟踪审核设计图纸，实行限额设计；建立项目设计协调程序，在施工图设计阶段进行协调等。

3.1.4.3 招投标阶段质量管理

生态修复工程项目建设招投标阶段是建设方依法确定项目实施各参建单位的过程。通过招投标选择优秀勘察、规划、设计、施工、监理等单位，是项目建设质量目标实现的可靠保证。

招投标阶段质量管理的任务主要包括：编制招标文件，并在招标文件中明确提出质量目标；严格审查投标单位资质，将工程业绩及其在业界的信誉作为考评重要依据；严格依据招投标程序进行项目采购，杜绝违规采购，提高采购人员业务素质，加大对自身采购人员的监督力度，防止腐败；对投标文件进行审核，针对其对质量目标的响应程度进行分析；制止和打击串标、围标等扰乱正常招投标秩序的行为，并取消其投标资格；提高合同管理意识，培养专业合同管理人才，做好合同管理工作，恰当处理各方的权利、责任和义务，不损害其利益，以提高各单位参建项目的积极性。

生态修复工程项目建设施工招标是招投标阶段极为重要的工作，在其质量管理方面除上述任务外，还应体现在下述 3 方面。

（1）招标文件要明确施工需求、技术参数、质量档次等。

（2）保证工程量清单和控制价编制的准确性。为了保证编制质量，可以聘请两家造价咨询单位独立、“背对背”地分别编制工程量清单，通过相互比对编制成果，将误差控制在 0.5%范围内，最后修正工程量清单，作为招标文件组成部分；并在此基础上分别编制招标控制价，再进行比对，最终确定控制价。这个过程可保证工程量清单和控制价编制的准确性，有效降低不平衡报价及后续索赔的系统性风险，提高招标质量。

（3）对潜在中标人根据具体情况开展清标工作，保证招标质量。

3.1.4.4 施工阶段质量管理

项目施工阶段是生态修复工程项目建设质量目标实现的过程，由于施工阶段中参与主体最多、人员流动最大、可变因素最多和最易产生质量问题的阶段，因此，需要建设方对该阶段质量进行重点管理。

实行监理制度是施工过程中质量管理的重要保证，建设方通过对监理单位资质进行审查，选择专业能力强、社会信誉良好的监理单位，可以实现对施工阶段的质量控制。通常，建设单位对于监理单位的管理包括：建立健全项目激励约束机制，提高其对生态工程项目建设质量监督管理的积极性；审查监理单位的监理规划、人员配备及其质量保证体系，确保监理工作能够落实到位；对监理工作、监理日志等监理成果进行检验检查，确保监理工作质量质量；同时，建设方不应过分干预监理人员，应尊重监理单位的专业工作，确保其科学、公正地对生态修复工程项目建设施工作业进行监督管理。

对于施工单位的施工质量管理任务要按照事前、事中、事后 3 个阶段划分。

（1）事前质量管理。对正式施工前的质量进行控制，其内容包括：在施工准备阶段，对技术、物资、人力、现场、组织等准备工作进行严格的质量控制；对施工单位提出的开工申请进行审查，通过后方可允许其进场施工。

（2）事中质量管理。对施工过程中的质量进行控制，内容包括：督促施工单位加强施工技艺管理、加强施工工序控制、做好材料及机械的质量控制，以保证施工过程的质量管理；对重要工程部位或专业工程进行中间检查和技术复核，做好隐蔽工程检查，督促完善成品保护，保证中间过程的质量控制；加强检验批、分项、分部工程质量验收，督促对检验中发现的质量问题或质量事故进行整改；加强对设计变更与施工图修改的审核。

（3）事后质量管理。施工完成后，对形成的生态成品进行质量控制，包括：组织完成竣工验收，对生态工程项目建设施工质量文件进行审核、建档与备案。同时，建设方要在施工阶段做好施工与设计的协调工作，包括设计联络、设计交底和图纸会审、设计现场服务和技术核定、设计变更控制等管理。

#### 3.1.4.5 竣工验收阶段的质量管理

在竣工验收阶段，建设方应严格按照生态修复工程项目建设竣工验收程序，对工程项目质量进行严格把关，以保证项目质量满足设计防护功能目标的要求。生态工程项目建设竣工验收要经过验收准备、预验收和正式验收 3 个阶段，各个阶段的参与主体和主要工作内容见表 4-17。

**表 4-17 生态修复工程项目建设各验收阶段参与主体及其主要工作内容**

| 验收阶段 | 参与主体 | 主要工作内容 |
| --- | --- | --- |
| 验收准备 | 建设单位、施工单位、监理单位、设计单位 | 1. 核实工程施工完成情况<br>2. 检查工程质量，提出整改完成期限<br>3. 整理汇总项目建设施工档案资料，绘制竣工图<br>4. 编制项目施工竣工验收报告 |
| 预验收 | 建设项目上级主管部门、建设单位、施工单位、监理单位 | 1. 核实竣工资料完整性<br>2. 检查项目建设标准、分析与评定项目建设质量<br>3. 检查返工、补充或完善项目的工程质量<br>4. 编制完整的项目竣工报告<br>5. 预验收合格，建设单位向主管部门提出正式验收报告 |
| 正式验收 | 政府有关部门组成的验收委员会、建设单位及相关单位 | 1. 审查项目建设施工技术资料档案<br>2. 评审项目质量，对主要部位的施工质量进行复验、鉴定，对工程的防护性、功能性、先进性、合理性进行鉴定、评审 |

为保证生态修复工程项目建设质量，工程分部分项工程验收应严格按照竣工阶段质量控制流程图进行，如图 4-45。

### 3.1.5 建设方对生态建设质量的影响因素

生态项目建设方对生态修复工程项目建设质量的影响因素主要包括以下 5 个方面。

（1）建设方对质量目标的设定。生态修复工程项目建设质量目标是生态修复工程项目建设意愿的具体化，是建设方工程项目管理的核心和依据，建设方的一切质量行为都是为了实现其质量目标。质量目标制定不科学、不合理会直接影响到生态修复工程项目建设质量的管理效果。质

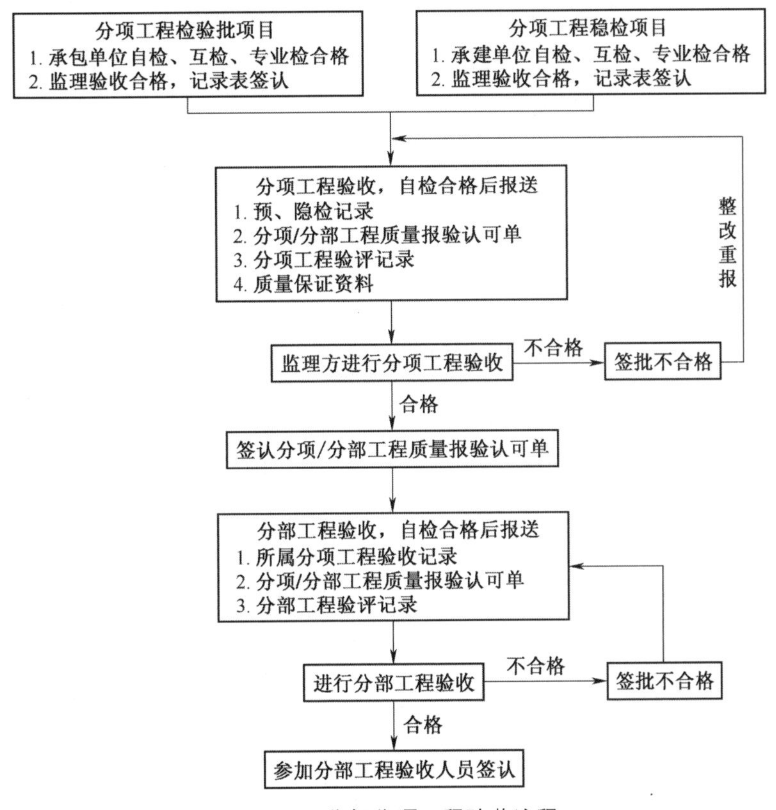


图 **4-45**　分部分项工程验收流程

量标准过低会直接导致建成后的工程项目不能满足生态防护功能需求的要求；质量目标与项目投资、资源调配能力不匹配，会影响质量目标的实现程度；计划工期过于紧缩会间接引起工程项目质量的下降和工程投资的增加等。

（2）项目团队的沟通协调能力。建设方是生态修复工程项目建设的组织、发起者，沟通各方信息、协调各方关系是生态工程项目建设质量管理的主要内容，其项目管理团队沟通协调能力的强弱决定了生态修复工程项目建设质量管理工作能否顺利展开。在项目决策阶段，建设方和咨询单位有关项目建设的目的等信息进行充分沟通，从而保证项目评估以及可行性研究的质量，同时还要协调好建设单位内部以及建设单位与政府部门的关系，以确保项目建设能够顺利实施；在项目准备阶段，要及时向勘察、规划、设计、施工承包商等发布项目信息，并尽可能多地掌握各投标单位的资料与信息，择优选择承包商，同时也要协调好各承包商的进场顺序，以保证项目如期开工；在项目实施阶段，首先要协调好项目所在地及其周边的关系；其次要协调好监理、设计、施工的关系，以便确保项目相关信息能够在各组织间顺利流通，并就工程的突发情况与各方做好沟通和协调；在项目竣工验收阶段，建设方要做好设计、施工、监理及政府部门之间的沟通协调工作，促成验收工作的顺利进行，并把握好生态修复工程项目建设质量验收关。

（3）建设方的合同管理能力。建设方与各参建单位之间通过合同契约的关系形成一个完整的生态修复工程项目建设团队。合同是建设方实施生态修复工程项目建设质量管理的重要依据，也是衡量各方履约情况的最佳准则，建设方的合同管理能力直接关系到生态修复工程项目建设质量管理的成败，为此，建设方与各单位签订合同时，必须约定双方在生态修复工程项目建设过程中的权利、责任和义务。

(4) 质量保证体系的完善程度。完善的质量管理体系是保障整个生态修复工程项目建设质量的核心，质量保证体系的建立和完善有助于调动生态修复工程项目建设质量管理人员的积极性，及时发现和妥善处理生态修复工程项目建设质量问题，保障生态修复工程项目建设质量目标的顺利实现。质量保证体系不完善、不健全易导致质量信息不能有效传递，贻误质量控制的时机，甚至会造成质量安全事故。

(5) 质量意识及管理理念。建设方是生态修复工程项目建设质量管理最初驱动力的提供者，如果建设方质量意识薄弱，出现盲目压缩工期、随意更改设计、违反建设规定、降低工程防护标准等情况，会从源头上减少工程项目的驱动力，这会使最终的生态修复工程项目建设质量无法保证，使生态修复工程项目防护质量目标无法实现。

零缺陷质量管理提出“第一次将正确的事情做正确”的理念，保证建设方对生态工程项目建设质量进行全员、全过程、全方位的有效管理，项目实施过程中注重过程质量和工作质量，通过采取激励约束措施，以调动各方主体参与工程项目质量管理的积极性，切实保证工程项目质量管理的效果和工程项目防护目标的实现。

## 3.2 生态修复工程项目建设零缺陷质量策划

零缺陷建设质量策划是整个生态修复工程项目质量管理工作的前提和基础，它直接关系到质量体系在项目上运行的成败，具有举足轻重的地位。GB/T 19000-2000 给出质量策划的定义是：它是质量管理的一部分，致力于制定质量目标并规定必要的运行过程和相关资源以实现质量目标。其含义主要有：质量策划是质量管理的一部分，是质量管理诸多活动中不可或缺的中间环节，是连接质量方针和具体质量管理活动的桥梁和纽带；质量策划致力于设定质量目标；质量策划要为实现质量目标规定必要的作业过程和相关资源。也就是说，质量策划除了设定质量目标外，还重点要规定这些作业过程和相关资源，才能使被策划的质量控制、质量保证和质量改进过程得到实施；质量策划的结果应形成质量计划。

需要注意的是，与质量策划不同，质量计划是一类文件，它是特定为某个产品、项目或合同而编制的，为达到质量目标规定其质量措施、资源和活动顺序，用以实施控制或改进的指导文件，它是质量策划的一个输出性文件。质量策划的基本工作流程如图 4-46。

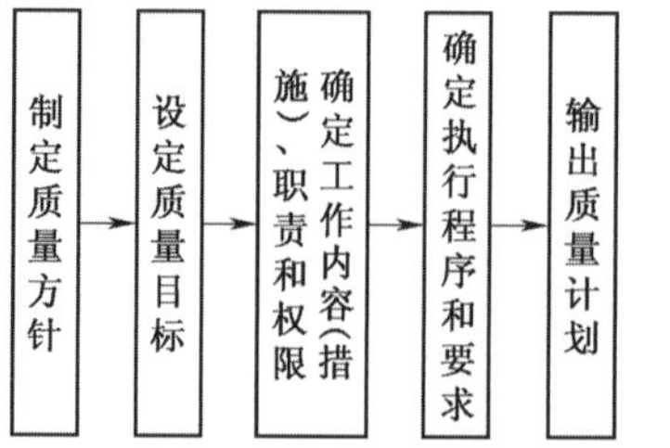

制定质量方针 → 设定质量目标 → 确定工作内容(措施)、职责和权限 → 确定执行程序和要求 → 输出质量计划

图 4-46 质量策划的基本工作流程

生态修复工程项目零缺陷建设质量策划更强调制定质量目标的人员通过零缺陷工作理念的灌输，在生态修复工程建设质量零缺陷目标制定时采用更多的科学方法，以保证项目质量目标制定的合理性，及其质量计划输出的正确性。

### 3.2.1 生态修复建设零缺陷质量策划过程

生态修复工程项目建设零缺陷质量策划过程如图 4-47。

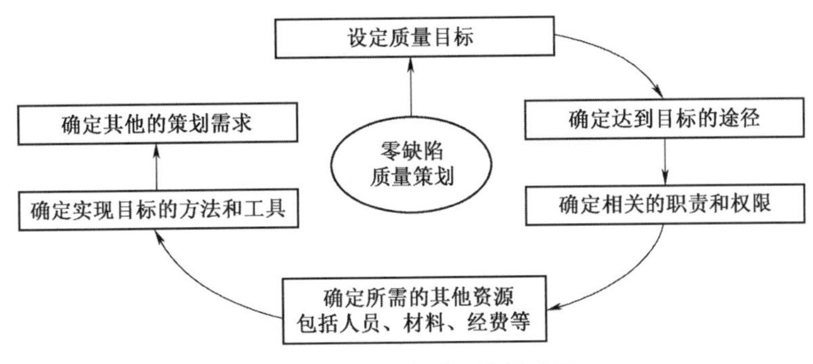


图 **4-47**　零缺陷质量策划过程

### 3.2.2　生态修复建设全过程质量管理目标的设定

（1）投资决策阶段。对项目建设实施的必要性和可行性进行技术、经济论证。项目决策正确与否，直接关系到项目建设后所产生生态防护效益的成败，关系到项目造价的高低及投资效果的好坏。项目投资决策需要强有力的技术支持，建设方可以委托专业咨询公司对项目实施的可行性进行分析和论证，对生态修复工程项目建设的重大问题向建设单位提供决策建议，为项目投资决策提供正确的依据。

（2）设计阶段。有效地控制设计质量，对设计进行质量跟踪；定期地、分阶段地对设计文件进行审核；必要时，对设计计算过程进行审核，若发现不符合质量标准和要求，责令设计单位修改，直至符合标准为止。审查过程中，特别要注意过分设计和不足设计 2 种极端情况的发生。生态工程项目设计涉及项目的投资、防护效能、质量和进度，应该在保证工程质量零缺陷的前提下，协调好投资、防护效益、进度和质量之间的关系。

（3）招投标阶段。一般情况下，建设单位选择的施工企业资质优良、有信誉且负责任，则在项目建设过程中更容易形成共同的目标。因此，项目建设单位必须从法律和建设项目总体效益最终承担者的角度，坚定不移地把质量放在首位，选择重视质量并具备较强质量管理能力的施工企业。

（4）施工阶段。在监理单位的现场监督、协作下把控施工过程的各个环节，确保工程建设质量优良。生态修复建设项目施工阶段是形成建设项目实体和最终产品质量的关键阶段，建设单位在这一阶段，需要做好设计、施工、监理及政府监管部门间的协调工作，切实落实监理和施工单位的质量责任，牢固树立质量的生命线意识，坚持零缺陷工作理念，保证质量形成的每一个过程都能满足质量目标的要求。

（5）竣工验收阶段。生态修复工程项目建设竣工验收是对施工全过程的最后一道质量把关程序，是建设投资成果转入产生生态防护效益的标志，也是全面考核投资效益、检验设计和施工质量的重要环节。在竣工验收阶段，要保证工程质量善始善终、不折不扣、不拖不欠、全面按设计要求完成工程施工任务，将施工过程资料整理完备，及时申请竣工验收，并监督施工单位完善抚育保质期内质量缺陷的处理工作。

### 3.2.3　生态修复建设零缺陷质量策划的原则

生态修复工程项目建设零缺陷质量策划作为零缺陷质量管理的起点，是对生态修复工程项目质量管理活动的整体规划，其目标是为生态修复建设产品制定符合业主要求的质量方针和质量目标，并以质量目标为导向建立工程质量管理运作体系。零缺陷质量策划需要把握以下 4 项原则。

（1）以生态防护需求为导向制定质量方针与质量目标。

（2）基于系统工程、并行工程、价值工程确定质量管理工作部署。

（3）完善生态修复工程项目建设所有的工作流程，并强化其过程管理。

（4）制定围绕生态修复工程项目建设质量问题的预防技术与管理措施。

## 3.3 生态修复工程项目建设零缺陷质量保证

质量保证在国际标准 ISO 9000-2008 中定义为“为了提供足够的信任表明实体能满足质量要求，而在质量体系中实施并根据需要进行证实的全部有计划、有系统的活动”。

质量保证分为内部质量保证和外部质量保证。内部质量保证是向组织的管理者提供信任，通过开展质量管理体系评审以及自我评定，根据证实质量要求已达到的见证材料，使管理者对组织的产品体系和过程的质量满足规定要求充满信心。外部质量保证是为了向顾客和第三方等提供信任，使得他们确信组织的产品体系和过程的质量已满足规定要求，具备持续提供满足顾客要求并使其满意的产品质量保证能力。

### 3.3.1 质量保证的组织体系

项目质量目标实现依赖于健全的组织保证，要有按程序标准办事的各类人员，把各项标准执行落实到岗位，落实到人。组织体系人员应该来自零缺陷团队，通常包含以下 4 类人员。

（1）质量保证体系总负责人。质量保证体系总负责人对整个质量保证体系设计、标准审核、体系总评价和产品的最终质量负责。质量体系总负责人需要对自己构建的质量体系进行审核，以验证是否持续满足质量目标实现的要求。

（2）各参建单位负责人。各参建单位负责人需要根据本单位所应当承担的质量责任，制定其内部对于质量保证体系进行完善的各种目标和标准，保证项目实施各阶段质量得到控制。

（3）保证体系的日常执行人员。保证体系的日常执行人员是保证体系组织系统的主体；要明确他们在体系内的岗位与责权，明确每个岗位应执行的标准、信息记录和反馈的责任等。

（4）监护与协调系统运转的工作人员。监护与协调系统运转的工作人员，是指负责组织建立保证体系的人员，以及专职和兼职的质量管理员；对他们要明确建立哪种体系包干责任，建立保证体系档案，经常记录体系运行情况，坚持不合格不准上岗的原则。只有这样才能树立严格按标准办事的风气，才能发挥组织的保证作用，才能通过建立体系来提高人员素质。

### 3.3.2 质量保证的制度体系

项目质量保证的制度体系包括法律体系、合同体系、内部制度体系及质量文化体系，各要素之间的关系如图 4-48。

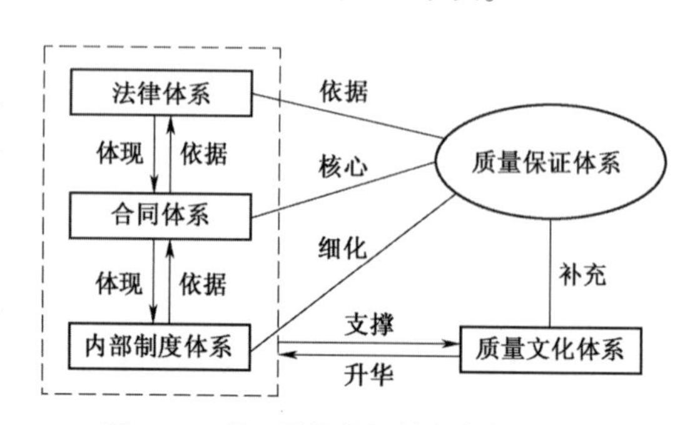


图 4-48 项目质量保证的制度体系框架

#### 3.3.2.1 法律体系

质量保证制度体系必须要以国家相关法律法规作为依据，各类法律法规中对于质量的要求是质量管理所必须满足的最低标准。例如，生态修复工程项目建设设计质量的保证，首先要满足设计规范和行业标准的要求，合同签订需要以国家相关法律法规为依据，等等。在生态建设项目的实施过程中，建设方与施工承包商签订承包合同前，必须按照《中华人民共和国招标投标法》的规定对需要发包的工程项目内容进行招标，并对投标人按时递交的投标文件组织开标、评标和定标，以确定施工承包商；然后根据《合同法》《中华人民共和国森林法》《中华人民共和国草原法》《中华人民共和国水土保持法》等相关法律确定合同内容，明确合同双方的责权利关系；最后双方签订承包合同。因此，法律体系不仅是生态修复项目建设实施的依据，也是保证生态修复建设项目质量的基础和准则。

3.3.2.2　合同体系

工程的合同体系是指为了保证项目的顺利完成所签订各种合同的总和。生态修复项目建设是一个极为复杂的建设过程，分别经历勘察、规划、可行性研究、设计、工程施工等阶段，需要建设单位、勘察、规划、设计、施工、咨询、监理、材料设备供应单位等各参建方的协调配合。生态修复工程项目中这种关系的确立和维持都要依靠合同，如图 4-49。

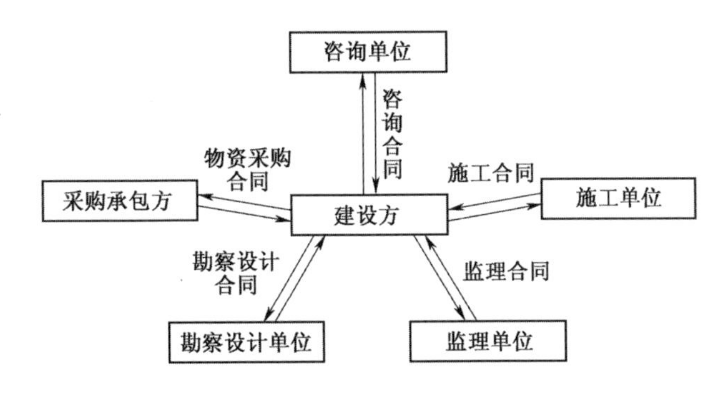


图 **4-49**　工程项目建设的合同体系

合同体系是质量保证体系的核心，加强项目合同管理对于项目质量保证有着极其重要的作用。为保证项目质量零缺陷，建设单位在签订合同时需要把握以下原则。

（1）合同签订前要认真审查，做到合同内容和条款公正、合法、完善，不仅要在法律层面体现公正、合法性，而且要在技术、经济层面体现完善性，尤其要清楚约定项目的范围、计价方式以及双方的权利和义务，做到有法可依。比如签订的合同对施工界面是否约定清晰，不同合同之间的施工界面是否无缝对接，等等。

（2）合同签订后要及时、认真地做好合同分析，从执行的角度提前预想、分析、补充和解释合同，用零缺陷思维将合同目标和合同规定落实到合同实施的具体问题和具体事件上来，比如质量控制、进度控制和造价控制等，用以指导具体工作；同时，要及时发现合同中存在的纰漏，识别合同风险，优化工作方式、方法和措施，通过符合规定的方式来修正合同。

（3）在合同分析的基础上，要切实做好合同交底。在传统工程建设管理中，比较重视“图纸交底”，但却很少有“合同交底”。在现代市场经济中必须将传统的“按图纸施工”转变到“按合同施工”上来。图纸仅是合同组成的一部分，图纸之外的很多管理要素要以合同的形式来约定和体现。

（4）在生态修复工程项目建设实践过程中，要有效地对合同进行控制，保证在约束条件变化情况下通过工程监督、密切跟踪和科学诊断来实现合同目标。

①工程监督：这是生态修复工程项目建设管理的重要一环，要确保按照预先确定的各种计划、设计、施工方案来组织实施工程建设，比如监督是否按图纸规定技艺施工作业，是否按投标文件约定的条款内容实施，出现变化时是否按要求和规定进行变更和洽商等。

②密切跟踪：在对生态修复工程项目建设监督基础上，要及时收集工程资料和相关数据，并进行分析、整理，得到能够反映工程实施状态的各种信息，为工程诊断和科学决策提供客观、翔实的技术与管理依据。

③科学诊断：通过密切跟踪，分析合同执行过程中的偏差及其原因，并采取调整措施，使工程实施一直围绕着合同约定的目标进行。

（5）通过生态修复工程项目建设实施，用零缺陷系统工程管理理念，及时修正各项合同的内容和目标，从而实现项目建设最终的生态修复防护总目标。

（6）注重合同台账及档案管理。生态修复工程项目建设单位应设立专门的项目建设技术资料管理机构，建立健全项目建设资料档案管理制度，为项目建设持续管理提供依据。

#### 3.3.2.3 内部制度体系

尽管合同订立必须依据具体实施的生态修复工程项目建设来约定和细化责、权、利各项条款，但生态修复工程项目建设过程中存在很多不确定性因素，同时合同本身也具有不完备性的特点，因而合同条款不可能事无巨细地纳入所有的确定或不确定事件。事实上，在国家法律、合同协议书和通用条款中都规定，对合同双方均有约束力的合同文件，不仅包括签订合同时已经形成的文件，也包括合同履行过程中双方有关工程洽商、变更、工作制度要求等书面协议或文件，这就为项目内部制度的制定提供了法律依据。因此，在合同履行过程中，应细化项目内部制度，以对合同中规定不明确、不详细的条款或未考虑到的因素进行修改、补充和完善，比如《全过程造价控制程序》《变更洽商审批流程》《合同签订订工程款支付流程》等。这些项目内部制度是项目合同体系的有机组成部分，它不仅可以完善和补充合同内容，而且也为合同的顺利履行提供了保证，从而有利于保证项目建设质量零缺陷目标的实现等。

#### 3.3.2.4 质量文化体系

质量文化是质量管理的升华，质量文化体系是质量保证体系的重要补充和完善。质量保证制度的建立可以保证项目质量控制各个环节有章可循，然而，当质量保证制度的内涵未被项目团队成员心理认同时，制度只是虚无的“文化”，至多只反映管理规律和管理规范，对人们只是外在约束，一旦监管力度不到位或监督失效，违背制度要求的行为就很容易出现。当质量保证制度的内涵已被大多数人心理接受并自觉遵守时，制度就变成了一种文化，人们会自觉、热情地从事工作，质量保证制度的实现成本会有很大降低，并且效果会更加显著。

零缺陷质量文化的灌输，其核心就在于团队成员改变心智模式，树立“一次将事情做对”的零缺陷理念，增强主观能动性的发挥。团队成员对生态建设达到高质量、高品质的主动追求是项目从作品到精品升华的内生动力。

### 3.3.3 质量保证的措施体系

生态修复工程项目建设质量保证的措施体系包括以下 6 方面。

（1）强化全员质量意识。组织项目团队成员学习质量体系程序文件和项目质量方针、质量目标，明确岗位质量和质量要素，熟悉项目开展过程中质量控制和监督事项，使全体人员认识到质量管理体系是各项活动的行为准则，各项技术与管理工作制度、质量评定标准是项目实施过程中的强烈要求，必须严格遵照执行，提高全员零缺陷质量意识。

（2）提高作业人员素质。坚持岗前培训制度，狠抓员工培训，做到特殊工种持证上岗。在施工期间，组织有关作业人员到其他施工现场参观学习，使他们及时掌握先进施工技艺和操作方法，提高作业水平，同时技术负责人向施工技术人员讲解生态工程项目建设施工中容易出现的质量问题，提高员工发现问题、处理问题的能力，确保工程质量零缺陷。

（3）认真组织技术交底。项目团队在开工前要精心编制施工组织计划和施工作业实施方案，认真熟悉图纸，做好施工图审核工作。对每个单项工程、分部工程，施工前都要逐级完善技术交底，特别是关键工序和重要部位都必须实行书面交底。

（4）把好材料质量关。施工材料采购必须严格按照《物资采购控制程序》制度，对运到施工现场物资认真验收，做到相关文件齐全、有效，标识明确无误，并按规定对物资进行检验、试验和完整记录，严防不合格物资进入工序。

（5）完善工序质量检查和持续改进。认真执行工序质量“三检”：自检、互检、专检制度，通过自检进行质量抽查和质量确认；工序完工后，严格执行工序交接制度与验收制度，确保每道工序、质量达标；对检查中发现的质量问题，及时采取措施进行整改，整改后再进行复查，未经复核和验收不得进入下道工序，严格遵循零缺陷工程管理准则。

（6）坚持质量总结通报制度。坚持召开项目质量报告会，及时研究分析作业层反馈的质量信息，制定处理措施。按时、按期编制工程质量通报，召开质量总结会，加强对质量工作的监督和指导。同时，利用监理日常的工地检查报告，及时总结经验，查找不足，持续改进质量管理工作。

## 3.4　生态修复工程项目建设零缺陷质量的控制

生态修复工程项目建设质量控制就是对工程的实施情况进行监督、检查和测量，并将工程实施结果与制定的质量标准进行比对，判断其是否符合质量标准，找出存在偏差，分析偏差形成原因的一系列活动。生态修复工程项目建设零缺陷工程质量控制是指通过对影响质量因素的人进行零缺陷思想教育，按照零缺陷理念对生态修复工程实施的全过程进行监督、检查和测量，并将工程实施结果与制定的零缺陷质量标准进行比对，以判断其是否符合质量标准，找出存在偏差，分析偏差形成原因的一系列活动。

质量控制是质量管理的重要组成部分，其目的是使产品或服务、体系或过程的固有特性达到规定要求，即满足合同、法律、法规及技术规范等方面的质量要求。所以，质量控制是对产品质量产生和形成全过程的所有环节实施检控，及时发现并排除这些环节中有关技术活动偏离规定要求的现象，并尽快使其恢复正常。

生态修复工程项目建设零缺陷质量控制的原则包括：把“质量第一”作为对工程质量控制的基本原则；以人为核心，重点控制人的素质和人的行为，充分发挥人的积极性和创造性，以人的工作质量来保证工程质量；预防为主，加强过程和中间工序产品的质量检查和控制；坚持零缺陷质量标准，以质量标准作为评价工序产品质量的尺度；恪守职业道德，贯彻科学、公正、守法的职业规范。

### 3.4.1 生态修复建设方质量控制措施

（1）宏观控制措施。所谓宏观控制，其核心就是对参建单位的优选，主要包括以下3方面。

①在充分考察设计队伍的基础上，对设计单位进行优选，从生态防护功能、生态修复项目建设体系结构设计与选用植物品种、工程材料以及新技术、新工艺等多方面提高设计质量，从而充分地满足委托单位的设计要求。

②择优选择施工队伍是控制生态修复工程项目建设质量的前提。建设方应严格按照招投标程序和生态建设市场管理规定选择施工单位，一支施工技术能力较强、素质较高、设备和设施装备优良的队伍，在生态修复工程项目建设管理、组织施工、处理和解决施工难点等多方面都具有较丰富的经验，应当优先选用。

③选好监理单位是控制生态建设工程质量的保障。监理单位应对施工材料质量严格把关，对于材料的采购渠道、质量和数量、设备厂家、性能都应当监督检查，特别对苗木与种子、钢材、水泥等，除了检验相关证书和化验单外，还要进行抽样试验，在施工使用以前解决可能由材料引发的问题，做到材料必须合格方准进场使用。

（2）微观控制监督。微观控制监督就是对整个生态修复项目建设过程实施动态管理，包括操作程序的质量管理，要求建设单位及其委托的监理单位对项目实施各个环节进行切实监督和检查。以突出预防为主，加强过程管理，把管理工作的重点从事后把关转移到事前预防上来，从结果管理到过程管理，从竣工验收算总账改为施工过程的各环节把控。

（3）明确监理职责。生态修复工程项目建设监理的目的在于保证生态修复工程项目能够按照合同规定的质量要求进行施工作业，达到建设方的生态防护建设意图，取得良好的生态投资效益。应当注意的是，必须明确监理职责，工程监理的质量控制不能仅满足于旁站监督，而应进行全方位的质量监督管理，且应贯穿于施工准备、施工、抚育保质、竣工验收、移交等阶段。监理工程师应综合运用审核有关的文件、报表，现场质量监督、检查与检验，利用指令控制权、支付控制权，规定质量监控工作程序等方法或手段进行质量控制。

（4）加强合同管理。生态修复工程项目建设过程的复杂性决定了其合同体系的庞大，这就要求建设方必须加强合同管理能力，使参建各方严格遵守合同规定的各项内容，认真履行各自职责，约束各自行为，进而保证生态修复工程项目建设质量。

（5）加强协调管理。生态修复工程项目建设实施过程中的协调管理包括以下3项内容。

①技术协调：指设计与施工之间进行设计联络、设计交底、图纸会审、设计现场服务等。

②管理协调：指建立一整套健全的管理制度，以减少施工中各专业间相互配合问题。

③组织协调：指建立专门的项目建设会议制度，解决实施过程中的问题，特别是在较为复杂部位施工前，应组织技艺与管理协调会，使各专业进一步明确施工工序衔接顺序和责任。

### 3.4.2 影响生态修复工程项目建设质量主要因素及其控制方法

影响生态修复工程质量管理的因素通常包括人、材料、设备、施工技术与方法、环境因素等，生态修复工程项目建设质量零缺陷的实现必须要保证对这些因素的严格控制。

（1）人为因素。人为因素是生态修复工程项目建设质量管理中的决定性因素。人是生态修复工程项目开展过程中的主体，影响生态修复工程项目建设质量管理的人为因素包括项目建设管理者、决策者、勘察者、规划者、设计者、施工者和监理者等，他们的素质对于实现工程质量零缺陷目标尤其重要。其中，人员素质包括人的文化素质、思想素质、技术素质、管理素质以及工作经验等多方面的内容。人为因素质量控制方法如下。

①组建高效零缺陷管理团队，建立完善的质量保证组织体系。

②在项目质量管理过程中始终贯彻零缺陷质量管理的理念。

③要严格审查各参建单位资质，包括企业整体素质、管理者素质以及员工队伍个人素质，尤其要认真核查技术负责人的综合素质。

④技术工人要持证上岗，设计、施工等相关人员的技术等级和相关资格证要真实有效。

⑤建立完善的管理制度，制定合理的奖罚制度与措施，并始终执行到位。

⑥定期召开质量分析会，及时掌握现场实际情况，对每个分项工程、每道工序都要制定具体的质量要求，对可能发生的质量问题进行分析研究，做到提前预防控制。

（2）材料因素。施工材料、半成品及工程施工机械设备是生态工程实体的构成部分，其质量是工程实体质量的基础。施工材料质量控制方法如下。

①成立由各相关部门参加的材料评议采购小组，把好材料采购关。

②做好材料采购招投标工作，严格招投标程序，以质量优、价位合理、信誉度高为中标原则，实行公开、公正的材料采购招投标。

③必须针对工程特点，根据施工材料性能、质量标准、适用范围和对施工的要求等方面进行综合考虑，慎重地选择和使用材料。

④严格进行施工材料的试验和检验程序。要求承包单位对主要原材料实行复试，并妥善保管复试结果；对于材料的试验和检验单位也要认真进行考察。

⑤对用于项目施工的植物新品种、新材料、新产品要核查、鉴定其证明文件，并了解其运用案例及效果。

⑥加强材料进场后的管理。施工现场实行7S管理，材料要合理放置，并要设立明显标志，要有专人负责，经常检查和登记、办理出入领用手续等。

（3）设备因素。生态修复工程项目建设施工设备安装质量控制主要包括检查、验收设备的安装、调试和试车运转质量。要认真审查供货厂家的资质证明、产品合格证、进口材料和设备商检证明，并要求施工承包单位按规定进行复试；设备的安装要符合设备技术要求和质量管理标准；机械设备调试要按照设计要求和程序进行，要求试车运转正常。

施工机械设备是所有施工方案得以实施的重要物质基础，合理选择和正确使用施工机械设备是保证施工质量的重要措施，其质量控制管理方法如下。

①对于主要施工设备应审查其规格、型号是否符合施工组织设计的要求。

②检查承包商提供的施工机械配备表是否综合考虑了施工现场的条件、机械设备性能、施工技艺和方法、施工组织和管理等各种因素，是否使之合理装备、配备使用、有机联系，以便充分发挥机械设备的施工作业效能。

（4）方法因素。在生态修复工程项目建设质量控制系统中，制定和采用技术先进、经济合理、安全可靠的施工技艺方案，是生态修复工程质量控制的重要环节。施工方法指的是施工过程中现场所使用的施工作业实施方案，主要包括技术方案和组织方案。技术方案包括作业方法以及施工工艺，组织方案包括施工中的空间划分以及劳动力资质和施工顺序。方法因素的质量控制方法如下。

①施工组织设计和施工作业实施方案的编制、审查和批准应符合规定程序。

②施工作业实施方案设计与编制应符合国家的技术政策，充分考虑承发包合同规定的条件、施工现场条件及法规条要求。注意其可操作性，工期和质量目标切实可行。

③对采用新结构、新材料、新工艺、大跨度、高大结构等施工作业实施方法时，要稳妥处理质量问题的预案。

④积极推广应用新材料、新工艺，对已经过科学鉴定的研究成果应大胆应用于生产实践中，采取科学的施工方法，确保生态工程项目建设质量实现零缺陷。

（5）环境因素。环境因素是指施工作业环境、施工质量管理环境以及项目区域的自然条件环境。施工作业环境包括防护设施、施工现场的平面布置以及施工作业面大小等；施工质量管理环境包括组织体系、施工质量管理制度等；自然条件环境包括地质地貌、土壤类型及其养分状况、地表地下水、气候、自然植被盖度等条件。生态建设工程施工过程中有很多环境因素是不可抗拒和不可预见的，其中自然环境的多变性尤其明显。所以在生态修复工程项目建设质量管理工作中，建设单位要重点考虑和控制施工场地的环境因素，并积极预防不利因素，从而为生态修复工程项目建设质量管理提供良好的环境条件。环境因素的质量控制方法如下。

①监督施工单位项目管理人员在组织施工中应结合场地状况、工程特点、气候等情况，因地制宜地组织、管理、指导工程施工作业。

②按照合同要求控制开工季节，合理选择开工时机，计划安排好工期，避开雨季等不良气候天气，避免不利季节影响生态工程项目建设质量。

③督促施工单位加强施工现场管理，做好工地现场的噪声、扬尘控制等，营造良好的施工现场环境，创建绿色安全文明工地。

### 3.4.3 生态修复工程项目建设全过程质量控制内容

#### 3.4.3.1 项目决策阶段质量控制

加强生态修复工程项目建设投资决策阶段的质量控制，就是要提高可行性研究深度、投资决策的准确性与科学性；注重可行性研究中多方案的论证；注重考察可行性研究报告是否符合项目建议书要求，是否符合国民经济长远规划、国家生态文明建设的方针政策，是否具有可靠的自然、经济、社会环境等基础资料和数据，内容、深度和计算指标方面是否达到了相应的生态效益防护目标与生态价值的要求。同时，确定工程项目建设质量目标，提出最佳建设方案，这是生态修复工程项目质量形成的前提。

生态修复工程项目建设可行性研究应注意如下 4 项问题。

（1）生态修复工程项目建设可行性研究所提出的质量要求应多方面论证、科学决策，使生态工程项目建设质量、进度、投资三大目标协调统一，不能脱离这三大目标相互制约的关系而单独地提出满足防护功能、使用价值和质量水平的要求。

（2）注意项目建设选用植物种的合理性，在生态防护效能上、技术经济上与项目投资目标相协调，在自然环境条件上与所在地区自然生态环境相协调。

（3）生态修复工程项目建设应符合国民经济的发展要求。根据国民经济发展的长期计划和自然灾害危害状况，确定生态修复工程项目建设的最佳投资方案、质量目标和建设周期，使生态工程项目预定的质量目标在投资、进度目标下顺利实现。

（4）注重生态建设可行性研究深度以及投资决策的准确度、适用性和科学性，要对多个方案进行比对，优中选精；关注相关的内容是否符合有关方针政策和标准规范要求，以此来加强生态建设投资决策阶段的质量控制。

3.4.3.2　项目设计阶段质量控制

生态修复工程项目建设设计目标是根据项目决策目标的要求，通过项目设计过程，使其目标具体化，它是影响生态项目质量的决定性环节。生态修复工程项目建设设计质量控制以达到或满足生态建设防护目标为核心，进行防护功能性、科学性、合理性、适用性、经济性质量控制。项目设计在技术上是否先进、适用、经济上是否合理、防护功能及其结构上是否可靠和优化，都将决定生态修复建设项目是否产生持续的生态防护功能及其质量。

生态修复工程项目建设设计阶段质量控制应注意如下问题。

（1）重视对生态工程项目建设设计单位的选择。设计单位的选择对设计质量有根本性的影响，建设方和项目管理者在项目建设立项策划初期就必须对它引起足够的重视。

（2）加强对设计工作的控制。对阶段设计成果应先审核，才能进行下一步设计，否则无效；由于设计工作的特殊性，对一些大型、重点工程，可以委托设计监理或聘请专家咨询，对设计质量、设计成果进行审查把关。

（3）严格控制图纸会审工作，深入分析、发现和解决各专业设计之间存在问题。

3.4.3.3　项目招投标阶段质量控制

生态修复工程项目建设招投标阶段质量控制是通过优选施工单位。按照生态工程项目建设规模、工艺技术水平程度等情况，制定招投标文件中投标人的资格等级、技术力量组成、机械设备、业绩、中标条件等内容。

生态修复工程项目建设施工招投标阶段质量控制应注意如下问题。

（1）确保评标质量规定。要依据招标文件的规定和要求，从所有符合招标资信预审通后的投标人中，通过对投标文件进行审查、评审和比较，本着科学、公正、公平、择优选择中标候选人的原则，对投标人的报价、技术方面进行初评和详评确定中标候选人。

①要严格和规范评标规定：生态修复工程项目建设评标委员会对所有投标文件进行初审，对与招标文件规定有实质性不符的投标文件，应当判定其无效。

②评标委员会可以要求投标人澄清：要求投标人对有效投标文件中含义不明确之处进行必要的澄清，但不得超过投标文件记载的范围或改变投标文件的实质性内容。

③重新招标的规定：经评标委员会评审，认为所有投标文件都不符合招标文件要求时，可以否决所有投标，招标人应当重新组织招标，对已参加本次投标的单位，重新参加投标不应再收取招标文件费。

（2）评标标准规定。施工招标项目的评标标准应该包括以下 10 项规定的内容。

①投标人投标文件的响应性。

②投标人的资质、营业执照、营业范围应符合招标文件要求，并且具有施工类似工程项目的业绩。

③投标人组建的投标项目施工管理组织机构和管理制度健全，项目经理具有相应生态修复工

程项目类别的项目经理资格证书，并具有中级以上技术职称，有从事过类似工程项目和施工经营管理的经验，各专业技术管理人员的素质均能满足招标项目施工管理的需要。

④施工方案合理，能有效地解决施工中的技术难题，主要是指投标文件中所提出的施工方法和技术措施具有可靠性、先进性，能保证招标工程质量和工期，不含过时、落后、无法实现的或费工费时的施工方法、施工措施和施工工艺。

⑤施工总体布置合理，大型临建设施能满足工程高峰施工的需要，而且布置均在招标人所给定的使用地范围之内。

⑥施工资源配置应能满足招标工程施工计划强度的需要，保证在拟订的施工措施中所列多个工作面同时施工的强度和数量需要。资源包括施工机械设备的总台数、设备性能、设备的新旧程度和完好程度、各种技术工人的素质等。

⑦能保证质量和工期要求，针对项目要求和具体情况采取专门技术方案的措施。

⑧工程临建设施和生活设施能够保证施工人员的生产、生活、工作安全、环保文明的基本需要。有完善的质量保证体系和安全文明施工作业的方法及措施。

⑨投标人有良好的社会信誉和较好的财务状况，投标文件中的预付款计划符合招标文件的规定，各施工年度提出的现金流动计划与施工进度安排相吻合。

⑩投标人的投标报价应是具有竞争性的合理价格，主要工程单价的组成合理，没有严重的不均衡报价。

#### 3.4.3.4 项目施工阶段质量控制

生态修复工程项目建设施工阶段对工程质量控制的措施包括，派驻监理工程师进行现场监理、审核施工作业实施方案、控制材料质量、检查工序质量等一系列措施，来保证生态修复工程项目施工符合规范和合同规定的质量要求。其中加强工序质量控制是重点，通过实施检查认证制，严格控制每道工序质量，关键部位进行旁站监理、中间检查和技术复核，从而防止质量隐患。施工过程质量控制就是要以工序质量控制为核心，设置质量预控点，严格质量检查，加强成品保护，实现质量零缺陷目标。

生态修复工程项目建设施工阶段应注意的 4 项质量问题如下所述。

(1) 严格和规范施工单位的施工作业能力、人员素质、材料准备、机械设备、财务能力等方面的现场检查和督促，禁止工程非法转包、分包。

(2) 对施工单位施工准备工作的质量进行全面检查与控制；做好监控准备工作、设计交底、图纸会审、设计变更及其控制工作；完善施工现场布置，严把开工前各项工作质量关。

(3) 施工过程中，配合监理工程师对自检系统与工序的质量控制，对施工单位的质量控制工作进行监控；组织有关各方对工程变更、图纸修改进行研究审查；对工程重要部位和工序等进行试验、技术复核；对已发生的质量问题和质量事故进行及时处理、整改等。

(4) 加强对监理工作质量的控制。通过对监理委托内容具体实施过程的监督控制，使监理工程师较好地履行监理委托合同所规定的各项职责；通过监理工作月报和现场监督对监理工作进行管理，并根据监理月报反映的质量情况，通过现场勘察来督促监理和施工单位对有关质量问题采取相应措施，共同推进质量控制，达到预期质量控制目标。

3.4.3.5　项目抚育保质阶段质量控制

生态修复工程项目建设抚育保质阶段对工程质量控制的措施包括派驻监理工程师进行现场监理、审核抚育保质作业实施方案、控制所用水肥料药剂质量、检查防治病虫害质量、防火防毁损质量等一系列措施，以此来保证生态工程项目简述抚育保质符合规范和合同规定的质量要求。其中加强抚育保质质量控制是重点，通过实施检查认证制，严格控制每项抚育保质措施质量，关键抚育保质实施时实行旁站监理、中间检查和技术复核，从而防止质量隐患。抚育保质过程质量控制就是要以合理、到位的造林植物养护和配套工程措施存在缺陷修补的质量控制为核心，设置质量预控点，严格质量检查，加强抚育保质实时记录及其检查，实现抚育保质质量的零缺陷工作目标。

生态修复工程项目建设抚育保质阶段应注意的 4 项质量问题如下所述。

（1）督促和检查施工单位是否按生态修复工程项目建设规模、结构及其内容设立相应的抚育保质养护队伍，检查与核实抚育保质技术与管理人员上岗专业证及其素质能力。

（2）严格和规范施工单位抚育保质所用材料准备、机械设备等方面的情况，现场检查和督促，严禁施工单位在抚育保质阶段人员不到位或抚育保质养护工作不实的行为。

（3）对施工单位施工准备工作的质量进行全面检查与控制；做好监控准备工作、设计交底、图纸会审、设计变更及其控制工作；完善施工现场布置，严把开工前各项工作质量关。

（4）在抚育保质过程中，施工单位应对施工中存在缺陷的植物与工程措施进行修补和完善，配合监理工程师对修补项目质量的质量控制，对施工单位的抚育保质质量控制工作进行监控；对工程重要部位等的保质修补进行检查和复核。

3.4.3.6　竣工验收阶段质量控制

生态修复工程项目建设竣工验收阶段，要严格按照相关标准、规范、制度和程序对整个生态工程项目建设实体和全部的施工记录资料进行交接检查，严格掌握项目质量标准，做好质量评定工作，不合格产品不予验收，以保证生态项目建设质量符合零缺陷管控目标。

生态修复工程项目建设竣工验收阶段应充分发挥如下 2 方面的作用。

（1）保证作用。通过验收判断是否有“不合格”的分部、分项工程，并严格责令其限期返工整改，把住生态修复建设质量关，整改后质量合格方能给予验收。

（2）信息反馈作用。通过对验收掌握的数据和信息进行分析与评价，并反馈给施工承包商，督促其改进工作。另外，建设方应加大对隐蔽工程工序的检查和验收，如有必要，可以对由监理单位完成验收的重要隐蔽工程进行抽检。

# 参 考 文 献

1 汪中求．细节决定成败［M］．北京：新华出版社，2004.

2 李远清，华孝清．领导实用数学［M］．合肥：安徽人民出版社，1988.

3 刘义平．园林工程施工组织管理［M］．北京：中国建筑工业出版社，2009.

4 中国质量协会．《企业现场管理准则》标准解读［M］．北京：中国质检出版社，中国标准出版社，2013.

5 李春天．标准化概论（第五版）［M］．北京：中国人民大学出版社，2010.

6 王新哲．零缺陷工程管理［M］．北京：电子工业出版社，2014.

7 宋伟香．建设工程项目管理［M］．北京：清华大学出版社，2014.

8 乐云．建设工程项目管理［M］．北京：科学出版社，2013.

9 康世勇．园林工程施工技术与管理手册［M］．北京：化学工业出版社，2011.

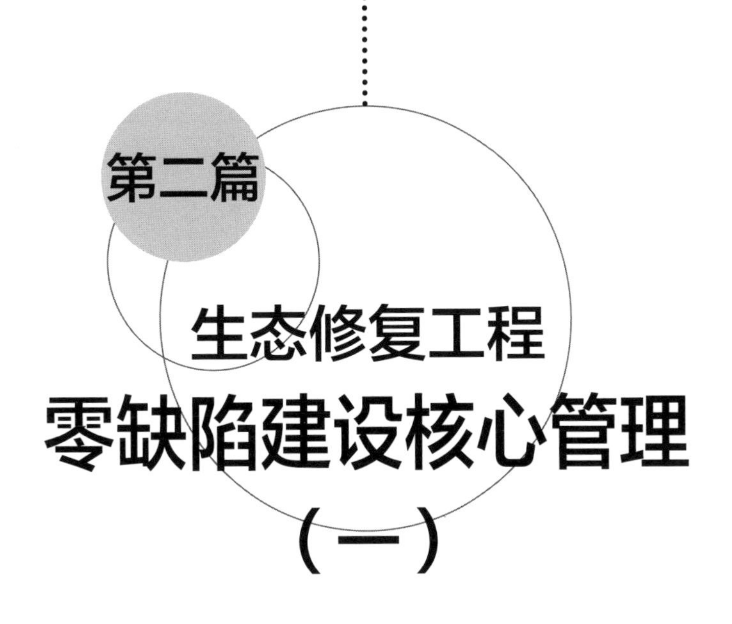

# 第二篇 生态修复工程零缺陷建设核心管理（一）

# 第一章

# 生态修复工程项目
# 零缺陷建设投资计划与概预算

## 第一节
## 项目零缺陷建设投资计划

### 1 生态修复工程项目零缺陷建设投资计划简述

（1）生态修复工程项目零缺陷建设投资计划的组成。生态修复工程项目建设管理的投资计划工作是对投资目标不断进行明确和结构化分解过程，而投资计划的表现形式是投资计划工作的成果，一般表现为各阶段项目投资目标规划、工程估算、工程概算、工程预算、合同造价、结算造价等，最终通过决算形成实际总投资。

（2）生态修复工程项目零缺陷建设投资计划的分阶段内容。从图 1-1 中可以看出，对应于各阶段不同工作，投资计划是不相同的，在生态修复工程项目零缺陷建设可行性研究阶段，通常只对拟建项目有一概括性的描述和了解，因而只能据此编制一个较粗略的投资计划，这就是投资匡算；在设计准备阶段，根据设计要求文件编制出总投资规划；进入设计阶段，随着方案设计、初步设计、施工图设计的完成，也依次确定出投资估算、设计概算、施工图预算等投资计划；在生态修复工程招标阶段选定承包单位，明确工程合同价格；施工结束，编制工程结算；生态修复工程项目建设竣工验收后，组织编制工程决算，形成最终实际总投资。其中，设计概算是设计文件

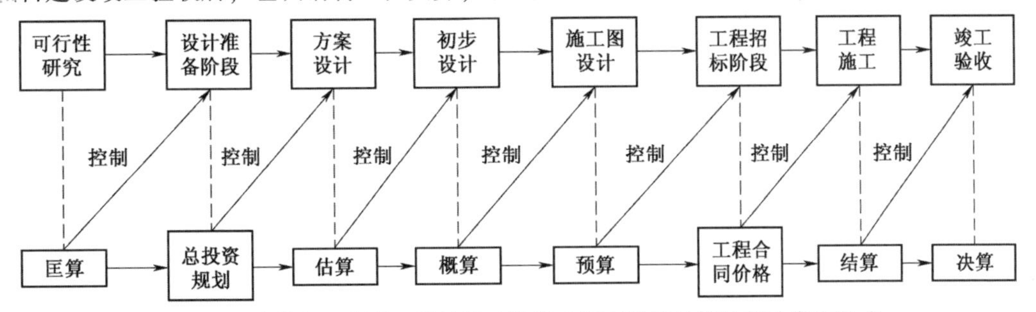


图 1-1　生态修复工程项目零缺陷建设程序和各阶段投资计划的表现形式

的重要组成部分，是在投资估算控制下由设计单位根据初步设计（或扩大初步设计）图纸、概算定额（或概算指标）、费用定额、建设地区设备与材料预算价格等资料编制的生态建设项目从筹建到竣工交付使用所需全部费用的文件。设计概算分为单位工程概算、单项工程综合概算和建设项目总概算3级。

（3）生态修复工程项目零缺陷建设施工图预算。施工图预算是由设计单位在施工图设计完成后，根据施工图设计图纸、现行预算定额、费用定额以及地区设备、材料、人工、施工机械台班等预算价格编制和确定的生态修复工程零缺陷建设造价的文件。施工图预算一般可分为单位工程预算、单项工程预算和建设项目总预算3级。

综上所述，生态修复零缺陷建设工程投资计划的编制是随着工程项目建设进展而不断深入的，在各建设阶段形成的投资计划相互联系、相互补充又相互制约。从投资匡算、投资估算、设计概算、施工图预算到工程承包合同价格，计划形成过程中各环节之间相互衔接，前者控制后者，后者补充前者，投资计划系统的形成过程是一个由粗到细、由浅到深和准确度由低到高不断完善和精确的过程。

# 2 生态修复工程项目零缺陷建设投资组成

生态修复工程零缺陷建设投资是由生态建设固定资产投资和流动资产投资所组成。

（1）生态建设固定资产投资。生态建设固定资产投资是指进行一个生态工程项目建造所需要花费的全部费用，即从生态建设项目确定建设意向直至建成竣工验收为止的整个建设期间所支出的总费用，这是保证生态工程项目建设活动正常进行的必要资金，是生态建设项目投资中的最主要部分。

（2）生态建设流动资产投资。生态建设流动资产投资是指为维持生态建设项目发挥生态防护效益而占用的全部周转资金。一项生态修复工程项目建设竣工交付发挥生态防护综合效益后，还必须要有一笔资金用来抚育养护和管理生态修复工程项目建设植物及其附属设施。为此，在进行生态修复工程建设项目投资估算时，应把这笔投资也考虑在内。

从生态修复工程零缺陷建设管理角度，投资控制的主要对象是建设现场和后期抚育管理投资的问题。生态修复零缺陷建设工程投资主要由植物栽植工程费用、配套工程措施费用、施工设备及工器具购置费用、抚育保质费、建设期利息等组成。

# 3 生态修复工程项目零缺陷建设投资规划

## 3.1 生态修复零缺陷建设项目投资规划简况

在生态修复项目零缺陷建设前期阶段，投资计划的工作主要是进行项目投资规划。

生态修复零缺陷建设项目投资规划是在建设项目实施前期对项目投资费用的用途做出的计划和安排，依据生态修复零缺陷建设项目的防护绿化性质、特点和要求等，对可行性研究阶段所提出的投资目标进行论证和必要的调整，将生态修复建设项目投资总费用根据拟定的项目组织和项目组成内容或项目实施过程进行合理分配，进行投资目标的恰当分解。

一般情况下，投资规划的依据主要是生态修复工程项目零缺陷建设意图、项目性质、建设标准、基本防护绿化功能和要求等项目构思和描述分析，根据项目定义，确定项目的基本投资构成框架，从而确定生态修复零缺陷建设项目每一组成部分投资的控制目标；或是在生态修复零缺陷建设项目的主要内容基本确定的基础上，确定建设项目的投资费用和项目各个组成部分的投资费用控制目标。

## 3.2　生态修复零缺陷建设项目投资规划的主要内容

一般而言，生态修复零缺陷建设项目投资规划文件主要包括以下 3 项主要内容。

### 3.2.1　生态修复工程项目零缺陷建设投资目标的分析与论证

生态修复零缺陷建设投资目标是生态修复工程项目建设预计的最高投资限额，是项目实施全过程中进行投资控制最基本的依据。投资目标确定的合理与科学，直接关系到生态修复零缺陷建设投资控制工作的有效进行，关系到投资控制目标的实现。因此，进行生态修复零缺陷建设项目投资规划，首先需要对投资目标进行分析与论证，既要防止高估冒算产生投资冗余和浪费的现象，又要避免出现投资费用发生缺口的情况，使生态修复零缺陷建设项目投资控制目标科学、合理与切实可行。

### 3.2.2　投资目标的分解

（1）开展生态修复工程项目零缺陷建设投资目标分解目的。为了在生态修复工程项目零缺陷建设的实施过程中能够真正有效地对项目投资进行控制，仅有一个项目总投资目标是不够的，还需要进一步将总投资目标进行分解。另一方面，也只有对投资总目标进行分解细化，才能更准确地进行投资目标的规划，找出总投资目标确定过程中的问题，调整和最终确定投资控制总目标。对建设项目的投资目标进行切块分解是投资规划最基本也是最主要的工作任务。

（2）生态修复工程项目零缺陷建设投资目标分解的作用。生态修复工程项目零缺陷建设的投资目标分解，是为了将生态修复建设项目投资分解成可以有效控制和管理的单元，能够更为准确地确定这些单元的投资目标。通过这样的分解，就可以清楚地认识到项目实施各阶段或各单元之间的费用关系，明确项目范围，从而对项目实施的所有工序能够进行有效的控制。生态修复零缺陷建设项目投资的总体目标必须落实在建设的每一阶段和每一项工程单元中才能顺利实现，各个阶段或各工程单元的投资目标基本实现，是整个建设项目投资目标实现的基础。

生态修复工程项目零缺陷建设投资目标分解的另一个作用是给建设项目实施全过程投资计划编制制定一个费用组成的标准，为建设全过程投资控制服务。对一项生态建设项目来说，在实施不同阶段往往存在着多种投资目标分解的方式。不同阶段，不同单位对同一项目所做出的投资计划中，其投资构成会有不同，这就给投资控制中不同阶段计划之间的比较带来困难。通过投资规划，可以统一投资分解框架，用于今后各阶段的投资计划编制，以及为投资控制打下基础。

### 3.2.3　投资目标的风险分析和风险控制策略

生态修复工程项目零缺陷建设投资规划是在设计前进行，因此有许多假设条件，应该在规划报告中进行说明，条件一变，则投资目标也会随之发生改变。

在生态修复工程项目零缺陷建设实施过程中，存在影响项目投资目标实现的不确定因素，即实现投资目标存在风险。因此，编制投资规划时，需要对投资目标进行风险分析，分析实现投资目标的影响因素、影响程度和风险度等，制定投资目标风险管理措施和方案，采取主动控制措施，保证生态修复建设项目投资目标的实现。

生态修复工程项目零缺陷建设投资目标控制及其实现的风险来自各个方面，例如设计风险、施工风险、材料或设备供应风险、组织管理风险、工程资金供应风险、合同风险、工程环境风险和技术风险等。投资规划过程中需要分析影响投资目标的各种不确定因素，事先分析存在哪些风险，衡量各种投资目标风险的风险量，通过制定风险管理工作流程，采取切实可行的风险控制和管理方案，来降低风险量。

## 3.3 生态修复零缺陷建设项目投资规划编制

编制生态项目投资规划需要根据建设项目基本特点确定相应程序，主要编制程序如下。

### 3.3.1 进行项目总体构思和生态防护功能策划

生态修复工程建设项目投资策划内容包括项目定义、编制生态修复建设项目总体构思方案和防护功能描述报告等。这是编制投资规划的基础。

### 3.3.2 投资目标的分解，进行投资切块

根据生态建设项目决策策划所做的项目定位，分析总投资构成，进行项目总投资目标的分解，分配项目各组成部分的投资费用，进行投资切块，完成对投资目标分解。

项目总投资分解，既要考虑到项目构成，即子项目的组成，又要考虑到基本建设费用组成，要综合进行考虑。另外，项目总投资切块和分解方案还要考虑到今后设计过程中编制概算、预算的方便，招标时标段划分、标底编制的方便以及承包合同的签订、合同价计算以及实际支付款的方便，直至项目结算以及竣工决算的方便。投资规划中所做的总投资目标分解和切块方案，是以后各阶段投资控制的投资组成标准，是投资总目标控制的依据。

### 3.3.3 计算和分配投资费用

根据生态修复建设项目总投资目标的分解和投资切块，计算和分配项目各组成部分的投资费用。例如，对于配套工程措施的附属建筑，可以依据防护功能描述文件中的建筑方案构思、机电设备构思、建筑面积分配计划和分部分项工程等的描述，列出建筑工程（土建）的分项工程表，并根据工程建筑面积，套用相似工程分项工程量按面积（平方米）估算指标，计算各分项工程量，再套用与之相适应的综合单价，计算出各分部分项工程的投资费用。同理，可以根据生态防护功能描述报告中对设备购置及安装工程的构思和描述，列出设备购置清单，参照或套用设备安装工程估算指标，计算设备及其安装费用；根据项目建设期中涉及的其他部分的费用支出安排、前期工作设想和国家或地方的有关法律和规定，计算确定各项其他投资费用及需考虑的相关费用等。

### 3.3.4 编制投资规划说明

（1）编制投资规划说明的内涵。在对生态修复工程项目建设各组成部分的投资费用、项目总体投资费用进行分析基础上，结合投资规划计算所依据的条件和假设条件中，编制说明文件，明确计算方法和理由，并对拟定投资目标进行分析和论证。

（2）编制投资规划编制方法。生态修复工程项目建设各组成部分投资费用规划编制方法较多，应依据项目性质、拥有技术资料和数据，根据投资规划的要求、精度和用途等不同，有针对性地选用适宜方法进行编制，可以采用综合指标估算方法、比例投资估算方法、单位工程指标估

算方法、模拟概算方法或其他编制方法。

(3) 采取模拟概算方法编制投资规划的方法。应用模拟概算方法进行生态修复工程项目建设投资费用规划的编制，主要采用分项工程量指标估算的方法，根据项目总体构思和描述报告，在列出项目分部工程的基础上，划分出各个分项工程，再根据项目实施面积，套用类似工程量指标，计算出各个分项工程的工程量，以便能够借鉴套用概算指标或概算定额。

(4) 使用分项工程量指标方法编制投资规划。采用分项工程量指标的方法进行生态建设投资费用规划，由于是将整个生态修复工程项目建设分解到分项工程量的深度，可适用于不同时间和不同地区的概算指标或定额，是较为准确的投资费用估算方法。采用这一方法，如何套用分项工程的工程量估算指标，是需要解决的一个关键问题。在没有完整、系统的分项工程量估算指标情况下，需要依靠平时基础资料的积累，利用地区性工程量技术经济指标作为参考。

# 第二节
# 项目零缺陷建设概预算编制

## 1　生态修复工程项目零缺陷建设概预算概念

生态修复工程项目零缺陷建设概预算是指在生态修复工程项目建设过程，依据工程设计方案（设计图、工程量清单）、工程预算定额（国家、地方直接费和间接费标准）、材料预算价格以及取费标准，预先计算和确定生态修复工程建设全部造价费用的技术经济文件。

## 2　生态修复工程项目零缺陷建设概预算的作用

概预算的确切与否，是关系到整个生态修复工程项目零缺陷建设的质量和进程，是保质保量按期完成生态修复工程项目建设、合理组织施工和工程建设过程合同管理的重要依据。其 5 项重要作用如下所述。

①概预算是确定生态修复工程项目建设总造价的重要基础性文件，它为工程建设的合理运行提供了基础保证。

②概预算能够为生态修复工程项目建设招、投标提供充足的依据。

③概预算是按章管理与拨付生态修复工程项目建设资金的依据。

④概预算是施工企业编制施工组织设计方案和施工作业实施方案、全方位开展施工技术与管理，以及进行施工全过程成本核算的依据。

⑤概预算也是制定和控制生态修复工程项目建设与施工技术经济指标的依据。

## 3　生态修复工程项目零缺陷建设概预算编制依据

(1) 建设施工设计图。通过包括生态植物种植工程、附属土建工程（内又分为道路、建筑与土方、沙障工程等多个分项工程）、供水灌溉工程（内又分为水源、管网输水与浇灌三个分项工程）、绿地排水工程（内分排水设施、排水两分项工程）、供电工程（内分供电与配电、架空线路敷设、电缆敷设三分项工程）5类单项工程的平面、立面、剖面图和设计说明书，以及施工设计变更等文件，达到确定工程设计施工质量规格，计算施工作业工程量等目的作用。

（2）工程量清单。指对构成和详实反映生态修复工程项目建设整个实体各单项、分项实物工程量汇总清单的细致审核、计算，为准确编制概预算提供明细基础。

（3）工程技术质量指标。指在生态修复工程项目施工作业过程规定采取的工艺方法、措施、技术路线、工序和物料等指标要求，以保证达到设计质量指标、按期完成各项施工任务。

（4）现场施工作业条件。根据生态修复工程项目建设现场工程施工作业条件所能采取的工序、操作方法、劳动组织及技术措施等，为拟定合理施工方案提供基础条件。

（5）工期要求。生态建设工期要求是指发包方与施工方正式签订的生态修复建设工期合同文件内容。

（6）预算定额。预算定额是指《全国统一生态工程预算定额》《全国市政工程预算定额》《园林工程消耗量定额》及地方现行定额。

（7）当地施工材料价格。当地施工材料价格，是指各地生态修复工程项目建设施工材料当地、当时的价格及其走向趋势。

（8）劳动力市场价。劳动力市场价是指生态修复工程项目建设所在地现行社会人工工资、工程管理费水平及其走向趋势。

（9）机械台班定额。机械台班定额是指生态修复工程建设施工机械作业台班消耗量及燃料等价格变动趋势。

# 4 生态修复工程项目零缺陷建设概预算编制程序

## 4.1 零缺陷建设概预算编制准备

（1）搜集资料。搜集包括工程建设设计图及说明书、相关概预算定额及费用指标、材料价格表、预决算取费标准及税率等文件资料。

（2）熟悉设计图纸及其说明书。通过实地踏勘和向勘察、设计、建设单位相关人员询问、解疑，应全面掌握工程建设和设计意图，为正确套用定额、准确计算工程量奠定基础。

（3）熟悉和掌握有关概预算定额及规定。应熟悉现行相关定额内容及规定，掌握定额使用的工作内容、施工方法、材料规格要求、工程量计算规则等。

（4）掌握施工组织设计方案内容。只有在对现场进行反复、详细勘测的基础上，达到完全熟悉和掌握工程施工组织设计的全部内容，才能准确、到位地编制出合格的预算。

## 4.2 零缺陷建设概预算编制程序

（1）确定单、分项工程和计算工程量。根据生态修复工程项目建设设计图和说明书，结合工程现场实地条件、建设项目及特点，依据概预算定额的项目划分，对整个工程进行分项，然后根据工程量计算规则和计量单位的规定，对每一分项工程的工程量进行具体而细致的计算。

（2）编制工程预算书。确定单位预算价值：按照定额中的子目及规定，套用定额并计算每一分项工程的直接费用；在此应反复核算，防止错套、漏套和错算；分项工程直接费是分项工程量乘以预算定额单价求的。计算工程直接费：指各分项工程直接费的总和；计算其他各项费用：指计算直接费、间接费、计划利润、税金等其他造价组成部分；工程预算总造价计算：汇总工程直接费、间接费、计划利润、税金等费用，即可得出工程预算总造价。校核：工程预算编制完成后，应由有关人员对预算进行全面核对，以保证预算的准确性。装订：要编写“×××工程预算书编制说明”，并填写其封面，装订成册。

（3）工料统计分析。根据单项、分项工程的数量和相应定额中的项目所列用工及用料数量，计算出各工程项目所需的人工及材料数量，经统计分析，最后汇总出整个工程施工所需的工料数量。

（4）审核与审批。生态修复工程项目建设预算书编制全部完成后，应组织有关人员对预算再进行一次全面的检查与核对，确定无误即可上报（送）至工程建设单位和有关部门审批。

# 第三节 项目零缺陷建设概预算类型及相互间关系

## 1　生态修复工程项目零缺陷建设设计概算

### 1.1　设计概算的含义

生态修复工程零缺陷建设设计概算是指在初步设计或扩大初步设计阶段，依据设计成果，对生态建设项目勘察至竣工交付使用所需全部费用进行的概略计算。设计概算是初步设计文件的重要组成部分，是在投资估算或投资规划控制下，根据初步设计图纸、概算定额（指标）、各项费用定额或取费标准、建设地区自然、交通与社会经济条件和设备、材料、劳动力价格等资料编制而成。

### 1.2　设计概算的内容

生态修复工程项目零缺陷建设设计概算分为三级：建设项目总概算、单项工程综合概算、单位工程概算，其各级概算之间的关系如图 1-2。

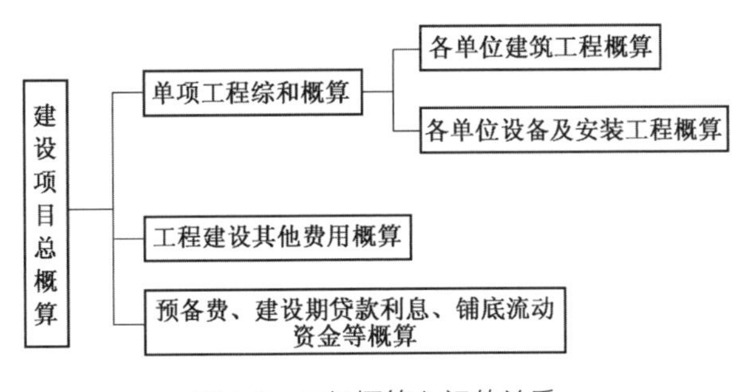


图 1-2　三级概算之间的关系

### 1.2.1 单位工程概算

单位工程概算是指在初步设计阶段概略计算单位工程建设费用的文件，它是单项工程综合概算的组成部分。单位工程概算可分为建设工程概算（包括植物工程、配套工程措施工程、浇灌与排水管网工程、简易道路工程等概算），设备购置及安装工程等概算。

### 1.2.2 单项工程综合概算

单项工程综合概算，是指在初步设计阶段概略计算单项工程全部建设费用的文件，它是生态建设项目总概算的组成部分，由单项工程内各专业单位工程概算汇总编制而成。单项工程综合概算包括建设工程费用，设备购置及安装工程费用，单项工程内的工具、器具、生产购置费以及其他费用等。如果生态修复工程建设项目只有 1 个单项工程，则与这个单项工程建设有关的工程建设其他费用，也要综合到单项工程综合概算中。

### 1.2.3 建设项目总概算

建设项目总概算是指确定整个项目从策划筹建到竣工投入使用所需全部费用的文件，它由各单项工程综合概算、工程建设其他费用概算、抚育保质费、建设期贷款利息等汇总编制而成。

## 1.3 单位工程概算的编制

生态修复工程项目零缺陷建设设计概算的编制是从单位工程概算开始，经过逐级汇总而成的，单位工程概算的编制是整个设计概算工作的基础。

### 1.3.1 生态修复零缺陷建设单位工程概算的编制方法

编制生态建设单位工程概算一般有扩大单价法、概算指标法，类似工程预算法 3 种形式，可根据编制条件、依据和要求的不同适当进行选取。

（1）扩大单价法。扩大单价法也称为概算定额法、扩大结构定额法，它是根据初步设计图纸资料和概算定额的项目划分计算出工程量，然后套用该计算定额基价，计算汇总后，再计取有关费用，最后得出单位工程概算的方法。采用扩大单价法编制生态建设单位工程概算比较准确，但计算较繁琐。当初步设计达到一定深度、建设结构比较明确时，可采用这种方法编制工程概算。

（2）概算指标法。若由于设计深度不够等原因，对一般附属配套、辅助性工程措施等项目，以及投资比较小、建设防护内容比较简单的生态修复工程项目，可采用概算指标法编制概算。采用概算指标编制概算的方法有如下 2 种。

①第 1 种方法：直接用概算指标编制单位工程概算。当设计对象的结构特征符合概算指标结构特征时，可直接用概算指标编制概算。

②第 2 种方法：采用修正概算指标编制单位工程概算。当设计对象的结构特征与概算指标的结构特征局部有差别时，可用修正概算指标，再根据已计算的建设实施面积乘以修正后的概算指标及单位价值，最终就可计算出工程概算价值。

（3）类似工程预算法。当拟建生态修复工程项目与已建生态修复工程类似，项目设计特征基本相同，或者采用前两种方法有困难时，可以采用类似工程预算法编制单位工程概算。类似工程预算法就是以原有相似工程的预算为基础，按编制概算指标的方法，求算出单位工程概算指标，再按概算指标法编制单位工程概算。

#### 1.3.2　设备及安装工程概算的编制方法

设备及安装工程概算编制方法指设备购置费用概算和设备安装工程费用概算的内容。

（1）设备购置费概算。设备购置费由设备原价和设备运杂费组成，按照各项设备原价的参考值进行计算，设备运杂费按其详细组成进行计算汇总。

（2）设备安装工程概算。设备安装工程的概算可采用预算单价法、扩大单价法、概算指标法进行概算。

①预算单价法：当初步设计有详细设备清单时，可直接按预算单价（预算定额单价）编制设备安装工程概算。根据所计算出的设备安装工程量，乘以安装工程预算单价，经汇总求得。采用预算单价法编制概算，计算方法比较具体，精确性较高。

②扩大单价法：当初步设计的设备清单不完备，或仅有成套设备的重量时，可采用主体设备、成套设备或工艺线的综合扩大安装单价编制概算。

③概算指标法：当初步设计的设备清单不完备，或安装预算单价及扩大综合单价不全，无法采用预算单价法和扩大单价法时，可采用概算指标编制概算。

## 2　生态修复工程项目零缺陷建设施工图预算

### 2.1　施工图预算的含义

生态修复工程项目零缺陷建设施工图预算是指根据施工图、预算定额、各项取费标准、建设地区的自然、交通和社会经济条件等资料编制的生态修复工程项目建设预算造价文件。在我国，施工图预算是各种工程建设企业和建设单位签订承包合同、实行工程预算包干、拨付工程款和办理工程结算的依据，也是生态修复建设施工企业编制计划、实行经济核算和考核经营成果的依据；在实行招投标承包制的情况下，亦是建设单位确定标底和施工企业投标报价的依据。施工图预算是关系建设单位和施工企业经济利益的技术经济文件。

### 2.2　施工图预算的内容

生态修复零缺陷建设项目施工图预算由一系列计算数字表格和文字说明组成。施工图预算也分为三级，包括生态建设项目总预算、单项工程预算和单位工程预算。生态修复零缺陷建设项目总预算包含若干个单项工程预算；单项工程预算包含若干个单位工程预算。

单位工程预算包括生态建设工程预算和其设备安装工程预算，其中建设工程预算又分为植物工程预算、配套工程措施预算、浇灌与排水工程预算、简易施工道路工程预算、抚育保质预算等。

施工图预算由直接费、间接费、利润与税金构成；设备及安装工程的单位工程预算还包括设备及其备件的购置费。

### 2.3　施工图预算的编制

编制生态修复工程项目零缺陷建设施工图预算大致可以分为两个步骤，即工程计量和套价。施工图预算的编制方法依据计价方法不同又分为单价法、实物法 2 种不同的方法。

（1）单价法。采用单价法编制生态修复零缺陷建设施工图预算，就是根据地区统一的单位估价表中的各分项分部工程定额基价，乘以相应的各分项工程工程量，并相加，就得到单位工程的人工费、材料费和机械使用费之和，再加上措施费、规费、管理费、利润和税金，即可得到单位工程施工图预算。单价法编制生态修复零缺陷建设施工图预算的步骤如图 1-3。

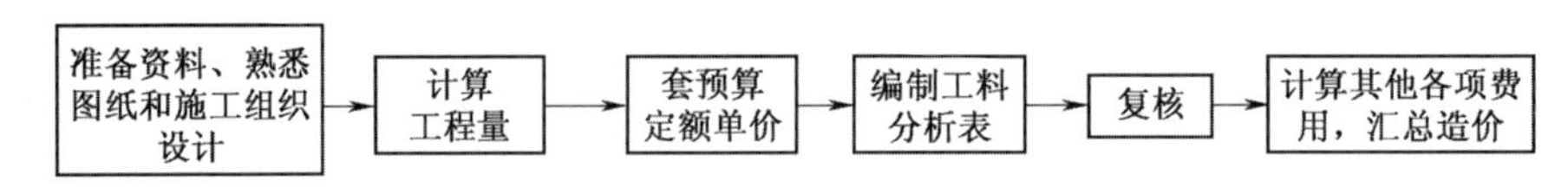


图 **1-3** 单价法编制施工图预算步骤

单价法编制施工图预算具有如下 3 项特点。

①采用了地区、部门统一编制的预算单价，因此便于造价管理部门进行统一管理。

②计算简便，工作量小。

③量价不分，在市场价格波动较大时，预算会偏离实际水平，造成误差。

（2）实物法。采用实物法进行施工图预算，先应计算各分项工程工程量，分别套取预算定额，并按类相加，求出单位工程所需的各种人工、材料和机械台班的消耗量，然后分别乘以当时当地各种人工、材料和机械台班的实际单价，求得人工费、材料费和机械使用费，再汇总求和。对于措施费、管理费、规费、利润和税金的确定，则根据当时当地生态建设市场供求情况或者国家有关规定予以具体确定。实物法编制施工图预算的步骤如图 1-4。

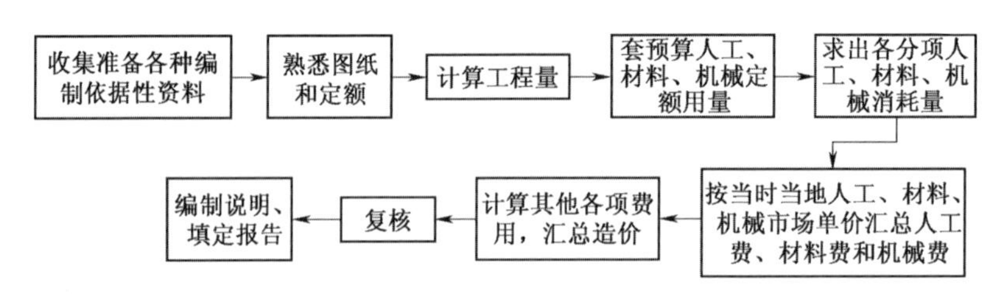


图 **1-4** 实物法编制施工图预算步骤

实物法编制施工图预算具有如下 3 个特点。

①所用人工、材料和机械台班单价都是当时当地的市场实际价格，所编制出的预算误差较小，能反映项目建设实际水平。

②量价分离，符合国际惯例，是我国工程造价改革方向。

③编制工作量较大，计算过程较繁琐。

# 3 生态修复工程项目零缺陷建设施工作业预算

## 3.1 生态修复工程零缺陷建设施工作业预算概念

生态修复工程零缺陷建设施工作业预算是指由施工企业自行编制的用于企业内部核算的预算。其编制依据是施工定额、施工组织设计、施工现场作业条件等，施工作业预算额应小于施工图预算额。

### 3.2　生态修复工程项目零缺陷建设施工作业预算的主要作用

①施工作业预算是施工企业编制施工作业计划、全面实施技术与管理的依据。

②施工作业预算是施工企业下达施工任务、对材料与设备进行管理和控制进度的依据。

③施工作业预算是施工企业作业队、班组和个人按劳取酬的依据。

④施工作业预算是生态项目建设施工企业进行经济分析、管理和控制成本的依据。

## 4　生态修复工程项目零缺陷建设各类概预算的关系

生态修复工程项目零缺陷建设设计概算、施工图预算和施工作业预算之间既有区别，又存在着相互对比、参考的关系。这 3 者之间相互关系见表 1-1。

**表 1-1　生态修复工程零缺陷建设 3 类概预算之间关系**

| 概预算种类 | 编制单位 | 编制期限 | 精度要求 | 数量关系 |
|---|---|---|---|---|
| 设计概算 | 设计单位 | 初步设计阶段 | 较粗放 | |
| 施工图预算 | 施工企业 | 工程施工前 | 精细 | 低于设计概算 |
| 施工作业预算 | 施工企业 | 施工作业前 | 精确 | 低于施工图预算 |

# 第四节
# 项目零缺陷建设概预算费用组成

生态修复工程项目零缺陷建设概预算主要由直接费、间接费、利润和税金组成。

## 1　项目零缺陷建设概预算的直接费组成

(1) 人工费。人工费是指参与生态修复工程项目施工的所有劳务人员的基本工资、加班工资等总额。

(2) 材料费。材料费主要包括如下 4 大类别。

①材价；

②材料运杂费；

③材料损耗费；

④检验试验费等。

(3) 机械使用费。机械使用费内含以下 5 个项目。

①折旧费；

②大修费、日常保养及修理费；

③安装、拆卸及场外运费；

④操作工资；

⑤燃料费等。

（4）措施费。措施费包括如下 10 项类别的费用。

①环境保护费；

②安全施工费；

③文明施工费；

④临时设施费；

⑤夜间施工费；

⑥2 次搬运费；

⑦排水、降水费；

⑧大型机械设备进出场及安装费；

⑨混凝土、钢筋混凝土模板及支架费；

⑩已完工程及设备保护费等。

## 2 项目零缺陷建设概预算间接费组成

（1）规费。生态修复工程零缺陷建设概预算间接费中的规费内含 8 个科目如下。

①排污费；

②定额测定费；

③社会保障费；

④养老保险费；

⑤失业保险费；

⑥医疗保险费；

⑦住房公积金；

⑧危险作业意外伤害保险费。

（2）企业管理费。生态修复工程零缺陷建设概预算中的企业管理费内主要含有如下 6 项。

①管理人员工资；

②办公费；

③差旅费；

④固定资产使用费；

⑤工会经费；

⑥职工教育经费等。

（3）贷款利率费。生态修复工程零缺陷建设概预算中的贷款利率费包括如下 2 类。

①短期贷款利率；

②长期贷款利率费。

## 3 项目零缺陷建设概预算利润计取

生态修复工程项目零缺陷建设概预算利润计取是指施工企业完成生态修复工程项目建设施工作业所应获得的盈利，其计算公式（5-1）如下。

利润=（直接费+措施费+间接费）×相应利润取费率（%） （5-1）

## 4　项目零缺陷建设概预算税金组成

生态修复工程项目零缺陷建设概预算税金由营业税、城建税、教育附加税等组成。

①营业税：收入的 3%；

②城建税：营业税额的 3%；

③教育附加税：营业税额的 3%；

④地方教育附加税：营业税额的 2%；

⑤印花税：借款合同 0.005‰、财产保险合同 1‰、财产租赁合同 1‰。

# 第二章 生态修复工程项目零缺陷建设施工项目部

## 第一节 项目部和项目部经理的零缺陷施工技术与管理职责

国内当今生态修复工程建设市场中企业之间的竞争，实质是体现在各公司施工项目部之间的竞争。如何搞好项目部零缺陷建设与管理是生态修复工程施工企业强化内部管理、提高竞争力的关键。项目部是施工企业最活跃、最前沿、最基层的组织细胞，是生态修复工程零缺陷建设技术与管理最重要和唯一的执行者，是连接企业与员工的平台，是培育员工、激励人才最重要的生产阵地和实践舞台；生态建设企业的发展战略、管理思想、管理目标和对施工工程的技术操作、工期进度、工程质量、成本控制、竣工验收等项目要通过项目部来具体操作和实施，企业施工生产经济效益要通过项目部来实现，安全文明施工要由项目部来保证，企业文化实施要靠项目部来建设。提高项目部工作水平、工作效率和项目部经理的综合管理水平、素质，建设适应新形势、新要求、新标准的“安全型、技术型、管理型、效益型、质量型、创新型、节约型、和谐型、团队型、发展型”的零缺陷项目部，对于实现生态修复工程建设施工企业的各项生产经营目标，加快发展和做强做大，对于培养造就一支吃苦耐劳、技术精湛、作风优良、爱岗敬业、团结合作、勇于创新、敢打硬仗的高素质项目部施工队伍，都具有非常重要的作用和意义。

### 1 项目部经理和项目部的地位与作用

项目部建设与管理的关键就是要提高项目部经理的综合素质水平。项目部经理是生态修复工程企业施工技术与管理第一线指挥者、组织者和管理者，也是把工程施工目标与责任分解、落实到具体岗位的关键人物，项目部经理的素质与工作能力直接决定着生态修复工程的施工效果。因此，生态修复工程施工企业应以注重和提升项目部经理素质为龙头，以加强项目部经理培训为入手，切实提高项目部经理的管理素质和管理水平，真正使项目部在经理的带领下，努力使工程施工技术与管理工作实现“五化”：技术规范化、管理信息化、质量标准化、考核制度化、团队和谐化，从而不断提升项目部的整体施工能力和素质水平。

## 1.1　项目部经理在工程施工过程和企业中的地位与作用

（1）项目部经理在工程施工过程和企业中的地位。项目部经理是生态修复工程建设施工技术与管理的直接计划者、组织者、管理者和监督者，也是企业派到工程施工现场的全权代表；项目部经理在工程施工技术与管理中处于中心地位，是施工技术与管理决策的关键人物。项目部经理是生态修复工程施工企业与建设单位（甲方）进行有效交流、沟通、协商的工地现场代表，也是连接员工与企业的主要桥梁。项目部经理的首要职责是工程施工技术与管理，即充分发挥项目部全体人员的主观能动性和施工积极性，团结协作，合理地组织和调度人力、物力、财力，充分利用各方面信息进行交流、沟通、协调和协商，使工程施工均衡有效地实施，最终做到保质、按期、安全文明地完成工程施工承包合同约定的各项施工任务指标。项目部经理是施工责、权、利的主体，他的素质高低和职责是否到位，将直接影响着生态修复工程建设施工进程和施工企业的形象。

（2）项目部经理在工程施工过程中的作用。项目部是生态修复工程项目建设相对独立地现场实施与操作的临时单位，在其内部组织里无论是什么专业、什么工种都应该是在项目部经理的统一管理、统一领导、统一控制之下，承担着某项工作、工序的施工作业操作任务，因此，项目部经理实则上起着六个方面的重要作用。

①项目部经理是生态修复工程施工现场的“首脑人物”，对生态修复工程建设技术与管理起着计划、组织、协调、管理和监督的作用。

②项目部经理在生态修复工程建设全过程，是保证工程质量、提高施工效率、降低施工成本、防止工伤和重大安全文明事故发生的直接管理责任人。

③项目部经理是解决生态修复工程建设施工作业技术难题的攻关带头人。

④项目部经理是激励员工的指导者，是提高员工技术、技能和管理技巧的现场教练。

⑤项目部经理是工程建设技术与质量管理的持续改进谋划者、组织者和监管者。

⑥项目部经理是代表施工企业与工程建设、监理和设计等单位进行现场交流、沟通、协商的“全权大使”。

（3）项目部经理在生态修复工程施工企业中的作用。

①代表企业落实工程施工任务，起着组织实施的管理作用。

②是施工企业行为、素质的规范代表，起着标兵示范作用。

③是员工与企业上级组织联系的桥梁和纽带。

④是施工企业钻研专业技术、学习业务知识和科技创新的带头人。

⑤肩负着带出一支和谐团结、技术过硬和拼搏向上的高素质施工队伍的使命。

## 1.2　项目部在施工过程和企业中地位与作用

（1）项目部在工程施工过程和企业中的地位。认清项目部在生态修复工程建设施工过程和企业中的地位，是进行项目部建设、提升项目部施工技术与管理综合能力，以及发挥其核心作用的关键和基础。项目部是生态修复工程建设施工企业中的特殊“移动生产车间”，是企业不可或缺的重要组成部分，是工程建设过程的核心组织，在企业生产经营、企业发展中的地位相当重要。具体可从以下 5 个方面加以概括。

①从生态修复工程计划、设计、施工作业和日常养护建设管理链条看，项目部是把虚拟的生态修复工程设计蓝图变成地面实物、实体的唯一制造者。

②从生态修复工程建设全过程看，项目部是工程建设施工技术与管理的计划者、组织者、管理者、实施者和监督者。

③从企业施工生产经营管理运行体系的组织结构看，项目部是企业组织结构和生产运行链条中的最重要和最基本的单元。

④从企业管理的角度看，项目部是生态修复工程建设施工企业管理的基础单位，它能够构成高素质、有竞争力的企业，无法想象一个低素质的项目部能够打造出高质量、高标准的生态精品工程。

⑤从员工成长和个人职业生涯发展的角度看，项目部是企业员工实现职业培训，提高岗位技能和不断发展个人职业生涯的自然“学校和教室”，天然的任课老师就是生态修复工程建设施工生产实践。项目部在生态修复工程建设和企业施工生产经营发展过程中的地位是无可替代的，也是不能忽视的，必须重视和加强项目部建设，才能有效地提高生态修复工程建设效果和施工企业的整体素质及市场竞争力。

（2）项目部在生态修复工程建设过程中的作用。项目部在建设施工过程技术与管理作用发挥的好坏，将直接影响着生态修复工程建设进程，也会给施工企业的施工经济效益和企业形象带来直接的正反面的影响作用。

项目部是完成生态修复工程建设的保障单位和施工企业的基层单位。项目部在生态修复工程建设过程肩负着艰辛繁重、技术操作复杂而管理头绪多的工作任务，是生态修复工程建设实施的有力保障单位。项目部是生态修复工程建设技术与管理实施规则的制定者、实施者、管理者和监督者，是确保实现施工工程质量优、工期短、成本合理的建设基础环节。

故人云：没有规矩，不成方圆。企业进行生态修复工程建设技术与管理活动，必须制定和执行相对应的实施硬规则来保证其正常、有序的运行。实施规则的贯彻和落实到位，员工是载体，项目部则是组织落实和引导监管实施的基础环节。如果工程建设技术与管理的各项实施规则贯彻执行不力，首先是要影响到工程施工质量和进度，其次是影响到施工企业对实施规则的总体落实和执行。所以要想抓好整个工程在施工过程技术与管理的制度建设、提高执行力度，项目部必须制定出适合生态修复工程建设施工特点，易于执行和监管的技术与管理实施硬规则。项目部通过对生态修复工程建设技术与管理硬规则的扎实贯彻和执行，起着推动和促进生态修复工程建设技术与管理更加科学化、制度化和规范化的作用。项目部通过对工程施工所需人力、物力和资金的招聘、采购调运和筹集，对施工资源起着计划和筹备的作用。项目部通过在施工过程对员工专业技术技能的培训、改进和提高，施工技术革新和创新，安全文明施工制度的实施，这些措施均对员工素质起着培养和提高的作用。项目部通过在施工过程对工程质量不间断和有效的监管，对工程建设的整体质量起着有效保证的作用。

（3）项目部在生态修复工程施工企业中的作用。项目部在生态修复工程施工企业中的作用与其地位密不可分，地位重要则其作用才会明显。项目部组织实施完成的生态修复工程施工任务指标，是施工企业生产总指标的构成部分；只有项目部的施工生产任务指标顺利完成，企业的总生产目标任务才能顺利实现。项目部在生态工程施工企业中的 4 项主要作用如下所述。

①项目部是施工企业落实施工技术与管理实施规则，实现企业文化建设的重要环节，是企业生存和发展的基石；项目部在企业管理中发挥最基础的重要作用，所以企业管理者必须要抓住项目部这个基础，通过系统完整的项目部建设与管理，提高企业的管理素质和水平。

②项目部是生态修复工程建设施工企业生产流程链条中不可或缺的关键环节。

③项目部是企业进行队伍建设、提高员工素质的培训基地。

④项目部是激发员工创新、解决和攻克工程施工过程技术与管理问题、难题的团队。

## 2 项目部经理和项目部的施工技术与管理职责

项目部经理是企业任命的对工程建设施工行使技术与管理的现场首席长官，项目部是代表施工企业对所承担的工程施工行使全方位技术与管理权力的专业职能部门。项目部经理和项目部在工程施工过程所处的特殊地位和其所应该发挥的重要作用，决定了项目部经理和项目部的工作职责内容。项目部经理和项目部肩负的施工技术与管理六项职责如下。

（1）负责对工程施工全方位地进行整体计划、组织、管理和监督的职责。直接对工程施工全方位地进行整体计划、组织、管理和监督的职责，这是项目部经理和项目部实施生态修复工程建设技术与管理的首要工作任务，即通过有计划、有组织、有步骤地对工程施工全体人员、施工全部过程、施工全部物资材料和施工全部进出资金进行有始有终、有效、到位的控制与管理。

（2）负有监管工程质量和施工进度的职责。项目部经理和项目部对工程施工质量、进度进行合理的分解和落实，建立健全有效的检查和监督机制，保证所施工作业的工程质量和工期达到施工承包合同规定的各项指标要求，这是项目部经理和项目部的第 2 项工作任务。

（3）负有安全文明施工管理、监督的重要职责。项目部经理和项目部肩负着工程安全文明施工制度的制定和执行，任命专职或兼职的安全文明管理员对安全文明施工行为进行有效的检查、监管、考核和奖罚，这是项目部及其经理肩负的又一项重要工作任务。

（4）肩负着工程建设技术与管理质量持续改进的职责。项目部经理和项目部负有对工程施工作业全过程、施工全体人员和全面的技术、技能、操作程序与管理制度、管理程序、管理方法等进行不间断的修改、补充、完善的工作任务。

（5）负有在工程建设过程对员工进行培训与教育的职责。项目部经理和项目部负有在工程施工过程培养员工专业学习和提高技术技能素质的热情与机会，经常给予员工信心、责任心、创新、遵守制度和团结协作的教育和激励，并建立规范的奖罚制度，并严格贯彻与执行。

（6）肩负着在建设施工全过程践行全方位管理的职责。在生态修复工程建设施工现场，与建设、监理、设计等单位，进行有效交流、沟通、协商和现场稳妥处理与施工有关的问题，这是项目部经理和项目部负责在工程施工现场理顺与工程建设、监理、设计等单位的合作关系，并努力保持处于融洽状态的关系，其职责工作内容是施工日常有关事务与上述各有关单位和人员进行有效的交流、沟通、协商和妥善处理，及时办理工程施工设计变更等必要审批手续。

# 第二节
# 项目部经理和项目部的施工技术与管理工作内容

生态修复工程项目建设施工涉及信息、人力、物力、财力等多方面资源，必须实行系统化、程序化、细节化的作业操作技术与管理模式。施工是一项跨专业、跨工种、跨部门、跨学科和保质养护周期较长，又正处于发展进步之中集综合性、实践性极强的生态环境系统修复建设工程，因此，项目部经理和项目部必须严格按照生态修复工程设计要求的技术工艺和承包建设合同规定的指标，遵循创建优质精品工程、保证工期、控制成本和安全文明施工的4项基本原则，整合各种资源为工程施工所用，“众人拾柴火焰高”，团结协作，带领项目部施工团队，应用科学、合理、有效、实用的技术与管理方法和手段，采取切实可行的施工技术与管理措施，创造出“天人合一”的21世纪现代化生态修复建设精品工程。

项目部经理和项目部的工程建设技术与管理工作性质，属于务实性强、实践性浓、特别注重施工过程使用正确的技术工艺、技能操作，注重施工细节、施工质量、工期工效、施工成本控制、施工安全文明和施工达到景观效果的工作，虽然其工作看似千头万绪，但其实则归纳起来主要有以下8项重要工作内容。

## 1 充分搜集、筛选和利用招投标施工信息

### 1.1 搜集信息的重要性

正确实施生态修复工程项目建设技术与管理的首要工作任务，就是广开渠道、积极搜集、妥善筛选和充分、合理利用对施工有益的各种信息。信息是一种无形财富，也是情报。《孙子·谋攻篇》云：“知己知彼，百战不殆。”21世纪是信息化的社会，现代化的市场经济建设一刻也离不开信息，“信息就是金钱”并不是夸大其词。信息更是生态修复工程项目部经理和项目部可利用的第三种资源，即生态修复工程建设把项目部组织、技术与管理素质作为第一种资源，施工物力和财力列为第二种资源，信息作为第三种资源越来越受到生态修复工程建设企业的青睐。谁占有信息量越多，谁决策的准确度就越高，信息所体现的价值也就越大。

### 1.2 信息搜集渠道

信息的搜集方法或渠道：首先是通过建立广泛而真诚的人际关系获取；其次是细心留意各种新闻媒体的宣传报道；三是多走多看，实地收集。获得的信息必须经过精心分析、认真验证其真伪后再采纳利用。经过筛选和采纳使用的对施工有益信息，其作用有3个方面。

①为生态修复工程建设技术与管理正确决策提供依据；

②可以直接为生态修复工程建设施工招揽、聘用到优秀人才和高素质的合格劳动力、采购和调运到适用的施工物资；

③能起到提高建设工效、降低工程建设成本的作用。

# 2　制订施工计划

制定施工计划是工程建设技术与管理整个过程的起点和首要工作步骤。施工计划是在工程施工目标任务明确的基础上，项目部为保证完成工程实施目标的方法、步骤和前提，是项目部经理和项目部的一项基本工作内容。生态修复工程建设技术与管理的其他工作环节只有在计划确定了之后才能实施和进行，并且随着计划的调整而改变。工程施工计划也是项目部对目标工程未来施工作业活动的事先安排，可为后续制定施工作业实施方案提供依据。

## 2.1　施工计划的作用

制定生态修复工程施工计划就是要求全体施工成员预先知道做什么、怎样做、何时何地何人做、使用什么机械器具和材料、做到何种程度、应做数量是多少、成本是多少、达到的质量水平等。为此，生态修复工程项目建设施工计划的作用是：①可以有效地为所有施工成员指明施工路线，协调整个施工步骤和活动。②可以预测、规避工程施工管理中可能发生的障碍或隐患，减少工程施工任务或目标遭受冲击的可能性。③可以消除施工过程人力、物力、财力的浪费，提高工效；④可以为工程施工提供质量和进度管理标准，有利于项目部经理和项目部进行管理控制。

## 2.2　制定施工计划的步骤

制订、编制生态修复工程项目施工计划的 2 大步骤如下。

①必须清晰、全面地掌握工程施工自身人力资源数量、技术操作能力、现场管理水平、机械设备状态、物资材料供应能力和可用周转资金数额等资源状况，并对其前景作出准确的预测和估量。

②确定工程施工预期计划的目标或结果，并且要确定为达到这一目标需要做哪些工作，重点在哪里、采取什么策略，如何应用技术和管理措施去完成计划工作的目标任务；确定前提条件，既估测整个计划活动所处的未来施工环境，预期未来施工条件可能要发生的变化，进行预期计划的决策等；还要谋划、编制 1~3 套备选方案；并全面权衡、评估方案利弊，选择和确定第 1 方案和备用的 2、3 方案；制订支持总计划实施的具体、细致、量化性的派生计划；编制实施计划的开支预算。

## 2.3　施工计划的内容

编制生态修复工程项目施工总计划内容中应包含有：施工总进度计划、单项与分项工程施工计划、施工劳动力计划、施工机械计划、施工材料计划、施工后勤服务计划等。

# 3　施工技术管理

## 3.1　施工技术管理的任务和要求

施工技术管理的任务和要求，是指在生态修复工程项目建设技术管理对施工过程各项技术工作活动过程和技术工作的各种要素进行科学、合理、有效、实用管理的总称。“各项技术工作活动过程”和“技术工作的各种要素”构成了生态修复工程施工技术管理的对象。“各项技术工作活动过程”指的是：生态修复工程施工前、施工现场作业过程、竣工验收过程的全部技术与管理工作过程；“技术工作的各种要素”指的是生态修复工程施工技术工作赖以进行的技术人才、装备、信息、文件、资料、档案、标准、操作规程规范和技术责任制等，它们属于技术管理的基础性工作。

### 3.2 施工技术管理的作用

生态修复工程项目建设技术管理工作强调的是对技术工作的管理，即运用管理的职能如计划、组织、指挥、协调、授权、控制、沟通等手段，去促进和推动技术工作的实施，而并非指技术本身。生态修复工程施工质量的优劣，虽然较大程度上取决于企业的技术和装备水平，然而技术的作用能否真正发挥出来，又同技术工作的组织管理密切相关。技术管理在生态修复工程施工中的作用表现在以下 4 个方面。

①保证施工过程符合生态修复工程技术规范、标准要求，保证施工按正常秩序进行。

②使工程施工建立在先进、适用的技术基础上，从而保证、提高工程的整个施工质量。

③不间断地更新和开发施工新技术，促进施工技术现代化，进而推动企业提高竞争力。

④充分挖掘机械设备的潜力和材料性能，完善施工劳动组织，从而不断地提高劳动生产率，圆满完成施工目标计划任务，降低工程施工成本，提高园林景观工程施工经营效果。

我国长期、大量的建设实践证明，做好生态修复工程建设技术管理工作有三个要点：一是明确技术管理的目标任务，完善各项技术标准和技术要求的基础性工作；二是认真贯彻执行熟悉和审查施工图纸制度、技术交底制度、施工组织设计制度、材料检验与施工试验制度、施工质量检查和验收制度、技术档案制度、技术责任制度和技术复核及审批制度；三是加强施工队伍和其管理机构的建设，充分发挥生态修复工程建设施工技术人员的专业职能作用。

## 4 施工控制管理

生态修复工程项目施工控制管理者就是项目部和项目部经理，按照工程建设技术与管理的目标和计划，对施工活动进行检查、监督、考核和奖罚。当发现技术与管理出现偏差、失误时，应及时采取纠正措施，使施工能够按预定计划实施或适当调整，以确保施工工程按约施工。施工控制管理是项目部经理和项目部行使管理职能的一项重要工作。生态修复工程实施施工，项目部如果缺乏完善的有效控制组织系统和手段，那么无论施工计划制订得多么周密，仍然不可能使施工计划得到很好的落实与执行，也就难以完成合同规定的施工目标任务。

生态修复工程施工控制管理过程执行以下 3 个步骤。

### 4.1 确立施工控制管理标准

施工计划是施工控制管理的前提，而施工标准则是施工控制管理的基础，因此，控制管理过程首先是制定专门的控制管理标准。根据不同的施工工序时间序列、不同的施工工种、不同的施工机械、不同的施工材料，确立相对应的施工控制管理对象；对在工程施工过程易于发生偏差的工序实行重点控制管理；采用统计分析法、经验估测法和技术分析法制定施工控制管理标准，具有简明、合理、适用、可行、可操作、一致、相对稳定和有前瞻性的施工控制管理标准，可以保证控制管理系统的有效性和持续性，能够促进工程施工的良性进程。

### 4.2　衡量施工实际绩效

衡量建设技术与管理实际绩效就是以施工控制标准为依据，对施工各工序进行检查、比较，从而确定施工技术与管理实际绩效与标准之间的偏差，为采取纠正措施提供依据，这是施工控制管理过程的核心工作内容。采用实地观察与测量、统计报表和口头报告的形式收集施工技术与管理绩效信息，并对收集到的施工技术与管理实际绩效信息与标准比对，确定施工偏差幅度，以便采取有效的技术与管理纠正措施。

### 4.3　纠正施工偏差

对施工偏差进行纠正是施工控制管理过程的最后一个步骤。为了有针对性地纠正施工偏差，需要对施工偏差产生的原因进行分析，生态工程施工实际绩效偏离施工标准的原因是多种多样的，综合归纳主要有以下 3 方面：①施工操作者自身原因造成，如工作不负责、能力有限、不胜任等，采取的措施有重申规章制度、明确责任、讲明激励和处罚条例，培训或调换；②对施工环境条件发生变化估计不足而导致产生的施工偏差，因这些变化是不可预见和控制的，项目部应及时采取补救措施或者调整施工计划和标准；③制定的施工控制管理标准不切合实际，过高或过低都会导致偏差的产生，这时就应该根据具体情况对施工控制管理标准修正，使之处于合理、可行的水平。

## 5　施工授权管理

生态修复工程项目建设施工是由多个不同专业的单、分项工程组成的综合、复合性工程，其施工作业过程也必然要由多专业工种的员工协同配合来共同完成，加之施工质量、工期及安全文明的严格要求和项目部经理不可能做到凡事都事必躬亲，因此，项目部经理必须对员工进行授权管理，赋予员工更多的责任、权力和激励，就能够充分发挥他们的潜质能力和作用，以便把项目经理从施工日常琐碎事务中解脱出来，能够有时间、有精力轻松地从事施工计划、组织、调度、管理、控制、协商等更重要的工作。实施施工授权管理必须在过度分权与过度集权、过度监管和放任不管之间，寻求实现最佳的平衡和适合程度。学会放权、敢于授权、用人不疑、委以重任，这是项目部经理成功进行生态修复工程项目建设技术与管理中最重要的工作能力和素质。

进行施工授权管理时，项目部经理必须准确地交代清楚授权的工作内容，即授权要完成的工作目标、权限、为什么要完成、做什么、质量与进度要求、经费预算，配备的资源和帮助，以及如何指导、监督他们等；授权要面向和挑选专业技能优秀的人员担任负责人。

## 6　施工学习与培训管理

项目部经理和项目部不仅要善于发现施工技术与管理的优秀人才，更重要的是要激发员工的持续学习热情并给予培训的机会，在施工实践中有意识地加强对员工学习与培训的管理，把生态修复工程建设全过程这个现场当做员工实践学习和培训的天然课堂，是有效提高员工专业技术、技能素质，推动员工不断成长的有效途径。

为激发项目部员工学习和培训的热情，可以通过下述5个途径。

①用施工企业的愿景目标牵引员工的学习、培训热情；

②用员工的职业生涯发展目标需要来指引员工的学习、培训热情；

③用营造施工学习型组织和学习氛围、打造学习型施工企业的办法，充分激发员工学习、培训的欲望和热情；

④制定和落实施工企业内部良性竞争的机制，为员工营造学习和培训的动力环境；

⑤完善员工学习、培训制度，加大学习、培训的资金投入。

## 7 施工奖罚管理

对员工实施奖罚管理是项目部经理和项目部行使行政权力的主要职能。通过奖罚，能够增强工程建设管理者的影响力，是为了达到预定施工目标而采取的有效管理手段之一。奖励是项目部经理和项目部对员工施工技术与管理工作成绩给予经济和精神的肯定与表彰，处罚则是对员工懒惰、失误、违反施工规章制度所进行的经济和组织处分。在生态修复工程建设技术与管理全过程中应以奖励为主，适当处罚。处罚是为了帮助员工树立正确的施工操作意识，改进工作态度和方法，避免再犯类似错误。对员工处罚时应注意的4个要点如下所述。

①对错误行为应给予及时的处罚；

②明确告知其被处罚的原因；

③处罚标准应一视同仁；

④处罚量或幅度应适当和适用，不可把为处罚员工当成目的。

## 8 施工关怀与服务

生态修复工程项目建设过程是项目部员工战胜各种艰辛和克服困难的过程，因此，项目部经理和项目部对施工过程的有效管理过程也就是对员工进行真诚关心、热心服务的过程，应是员工最大的服务者。即对员工实行以人为本，人性化的管理，奉行和执行管理就是服务的原则，才能有效激励员工对工程施工技术与管理工作的激情和积极性，为顺利完成工程施工目标任务创造内部有利条件和扎实的群众基础。

项目部是由人组成的，人所具有的习性，项目部同样存在。人的自然秉性决定了其利己的本性，同理，项目部也是以投入的最少欲想获取最大的回报。因此，项目部要想真正获得最大的施工利益，就绝不可以慢待员工，而且要善待每一名员工。“善待员工”是生态工程建设技术与管理通往成功之路的一条康庄大道，它同时可使员工和项目部各有所得。关心、服务和善待员工，对员工要有发自内心的爱心、实心、关心和耐心，才会赢得员工对工程施工技术与管理的信心、决心、专心和恒心。

项目部经理和项目部关心、服务和善待员工应从以下6个方面做起。

①公平、公正、公开按员工的施工工作绩效计酬；

②在施工现场为员工妥善解决饮食、住宿和交通等生活需求问题；

③为员工办理养老、医疗、工伤等社会保险，并按时足额缴纳属于企业支付的社会保险

金额；

④给予员工平等接受教育、培训的权利和机会；

⑤为员工建立享受福利的制度，并且切实付诸实施，不开“空头支票”；

⑥为员工营造和谐和心情愉悦的工作环境条件。

# 第三节 项目部工作人员的岗位职责标准

生态修复工程项目建设技术与管理的成功与失败、顺利与挫折，同项目部经理和总工程师的岗位职责水平高低有着直接的关系。项目部经理和总工程师在其岗位的综合素质完全可以反映他的工作能力大小，实践证明，项目部经理和总工程师的技术与管理工作能力就等于他的领导力、影响力和项目部的凝聚力与执行力，也透视出生态修复工程建设施工企业的竞争力。

## 1 项目部经理的岗位职责标准

担任生态修复工程建设施工的项目部经理应该具备的 6 项技术与管理岗位任职综合素质标准如下。

(1) 具备身心健康且吃苦耐劳的精神。“一切的成就，一切的财富，都始于健康的身心。”拿破仑·希尔《成功学全书》“健全的心灵寓于健康的身体”。这句格言可追溯到古老的罗马时代，而且历久弥新，到今天仍然适用。如果你想获得生态工建设工技术与管理的成功，想成为一名称职的项目部经理，你必须要注意保持身体的健康，善待自己的身心，合理饮食、劳逸结合。经常持有乐观、积极的心态，这对于项目部经理的健康，进而对其工程建设技术与管理工作和个人生活都起着重要而有益的作用。同时，作为项目部经理，在有了健康身心的良好体质体能基础上，还必须要有不怕苦、不怕累、不拍繁与烦的精神，以及身先士卒、执著、顽强拼搏的心态和工作风格。

(2) 具备施工技术与管理能力。称职的项目部经理，不但要具备丰富而扎实的生态修复工程建设技术与管理复合专业基础知识，而且还要有对生态修复工程建设整体进行全面计划、组织、控制、交流、协调、授权、培训、奖罚和服务的综合管理工作能力和工作技巧，具有进行建设施工现场分析问题、解决问题和决策的技能，有灵活运用各种社会公共关系的技巧和能力，有韧性、敏锐、创造性开展建设技术与管理的工作能力。只有具备或完善了个人综合素质的建设技术与管理人员，都有承担项目部经理的任职资格。

(3) 具有超强的建设现场管理责任心。项目部经理对待生态修复工程建设技术与管理的工作责任心主要体现在：首先，要忠于职守、严格履行经理的各项岗位职责；其次，认真尽责，即在行使建设技术与管理经理职务时要做到精力集中、一丝不苟、专心致志；第三，有执著、不懈努力的心态，在施工过程中要有勇气、有毅力、有能力去克服各种困难和难题，能够经得住挫折和逆境的考验。

(4) 注重学习。生态修复工程是 21 世纪全球性和中国社会和谐发展与科技进步的标志产物，而其工程建设技术与管理方法和模式也呈现出与时俱进的时代特征，因此，作为项目部经理要想适应这种形势发展的需求，就必须坚持学习，学习营造生态工程环境的一切建设技术与管理的新技术、新成果、新方法。学习犹如逆水行舟，不进则退。只有树立正确的学习心态，通过持久不懈学习才能提高自身的工程建设技术与管理工作能力与素质，才能带出一支学习型、创新型、效益型的项目部施工组织，才能创造出优质的生态精品工程。

（5）具有积极的心态（PMA 黄金定律）。“成功人士的首要标志，在于他的心态。一个人如果心态积极，乐观地面对人生，乐观地接受挑战和应付麻烦事，那他就成功了一半。”拿破仑·希尔先生告诉我们，要想取得事业成功，首先必须认识到你的隐形护身符。我们每个人都佩戴着隐形“护身符”，一面刻着 PMA（积极心态），另一面刻着 NMA（消极心态）。积极心态（PMA）是正确的心态，它能吸引财富、成功、快乐和健康，它是由积极、正面的特征组成，如信心、诚实、希望、乐观、勇气、进取、慷慨、容忍、机智、敏锐等；消极心态（NMA），它能使人终身陷在低谷、不可自拔，即使爬到巅峰，也会被它拖下去，它的特征特性展现出的是消极、悲观、失望、颓废、不健康的心理意识和态度。

项目部经理培养积极心态（PMA）必须要做到的 12 个要领如下所述。

①言行举止像你希望成为的人；

②要心怀必胜和成功的想法；

③用美好的感觉、信心和愿景目标去影响每一名员工；

④使你遇到的每一名员工都感到自己重要、被需要；

⑤心存感恩；

⑥要经常赞赏员工；

⑦始终微笑面对每个人；

⑧学习、寻找新观念；

⑨对鸡毛蒜皮的小事视而不见、不斤斤计较；

⑩培养奉献精神；

⑪永远也不要消极地认为什么事是不可能的，养成乐观、豁达的习惯和胸怀；

⑫经常使用我能行、我能干、我乐观、我健康等自动提示语，为自己助力和加油，为自己增强自信心。

（6）具备高素质的职业道德修养水平。具备高素质的道德修养是项目部经理综合素质的重要方面，也是经理的人格魅力，更是衡量施工企业市场竞争力的一个重要方面。因为一家卓越施工企业的品牌背后是公司所有员工的品质修养为基础。“修”是指陶冶、锻炼、学习和提高，“养”是指培育、涵养和熏陶。修养是指项目部经理为了实现工程建设的目标，所进行的勤奋学习和涵养锻炼的工夫，以及经过长期努力所达到的职业道德水准和品质。孔子说：听其言，观其行，知其性。具体地讲就是在生态修复工程项目建设施工职业生涯中，项目部经理应“欲修其身者，先正其心”，即加强内心的修养、培养高尚的情操和道德，具有现代成功人士所共有的精、气、神，古人的“吾日三省吾身”说的就是这个意思。项目部经理是工程建设施工的掌舵者、布道者、践行者。“德”是工程成功施工的根，正如蒙牛创始人牛根生给自己立的座右铭：“小胜凭智，大胜靠德”，说的就是这个理。因此，项目部经理就要不断学习和了解建设技术与管理职业对其岗位道德的要求和标准，时常进行自我检查、自我反省，客观地看待自己、解剖自己，勇于正视自己的缺点和错误、敢于自我批评，修正和完善自己的职业道德品质修养，努力向道德极致的水平发展。

## 2　项目部总工程师岗位的10项职责标准

（1）根据公司的总体规划和工程项目管理体系，在项目部经理领导下，总工程师制定项目实施技术与管理工作计划，分解项目施工任务并严格执行和监管。

（2）组织制定项目部各部门的规章制度、工作职责与工作标准，并经相关领导审批后严格监督执行。

（3）组织编制施工技术任务书，根据评审和批准的任务书进行技术设计。

（4）参与制定并严格执行项目实施预算，定期上报施工资金使用情况。

（5）组织修改施工方案，完善各工艺准备、控制工序质量，及时稳妥地办理设计变更；制定与准备施工机械设备计划，管理确保机械设备安全运行和调试。

（6）组织项目部人员进行软硬件设计工作，组织编写施工、保质抚育和竣工验收技术报告；测算和核实已完工项目及其工程量，为竣工验收进行准备。

（7）组织编制施工质量、进度及其技术工序衔接计划方案，严格现场监管并强化技术服务；负责管理项目施工作业各种资料的收集、归档、保管，完善施工资料。

（8）负责组织建设项目团队，协助经理完善对员工的选拔、配备和考核。

（9）负责组织对项目部相关人员进行技术与管理培训，履行施工作业技术工艺交底、图纸会审等技术管理工作；组织和完善内部协调、协商等沟通工作，并代表项目部负责与业主、监理公司、设计单位等做好上报、审批等工作。

（10）完成项目部经理交办的其他与技术管理相关的工作任务。

## 3　项目部采购工作人员的岗位职责标准

### 3.1　项目部采购经理的岗位职责

项目部采购经理的主要职责是根据公司经营计划和项目部现场管理计划组织实施项目的采购工作，以确保项目实施的正常运行。项目部采购经理的工作岗位职责见表2-1。

**表2-1　项目部采购经理岗位工作职责**

| 职责 | 履行岗位工作职责内容 |
| --- | --- |
| 职责1 | 负责制定项目采购计划，拟定项目采购的具体工作方针、目标和行动实施方案 |
| 职责2 | 负责制定或编制项目采购计划预算，经批准后组织实施采购 |
| 职责3 | 执行项目采购计划，确保项目实施正常运行 |
| 职责4 | 组织人员对所采购物质的市场行情调研，并预测价格变化趋势 |
| 职责5 | 负责积极寻找物质供应渠道，调查和熟悉掌握供货途径 |
| 职责6 | 全面负责采购物流、信息流、资金流的管理工作 |
| 职责7 | 负责开发、选择、处理、考核供应商，建立供应商的档案管理工作 |

（续）

| 职责 | 履行岗位工作职责内容 |
|---|---|
| 职责 8 | 负责采购招标文件与合同的审核、签署和组织执行 |
| 职责 9 | 负责采购物质的质量检测、控制和质量事故的预防及处理 |
| 职责 10 | 严格控制项目采购成本与费用，严格审核采购清单和物质调拨单 |
| 职责 11 | 负责项目采购工作人员的现场培训和绩效考核工作 |
| 职责 12 | 负责协调项目采购和其他内外相关部门的关系 |

### 3.2 项目部采购主管的岗位职责

项目部采购主管的岗位主要工作职责是在项目部采购经理的直接领导下负责实施采购工作，协助采购经理完成项目采购任务，其具体岗位工作职责见表 2-2。

**表 2-2 项目部采购主管岗位工作职责**

| 职责 | 履行岗位工作职责内容 |
|---|---|
| 职责 1 | 协助经理编制项目采购计划方案 |
| 职责 2 | 负责根据公司招标管理制度或规定编制项目采购招标文件 |
| 职责 3 | 负责编制项目采购招标活动方案，组织人员具体实施项目采购的招标工作 |
| 职责 4 | 负责对竞标单位的资质、信誉等进行严格审查 |
| 职责 5 | 负责协助评标小组进行投标人的评标工作 |
| 职责 6 | 负责组织拟定项目采购合同文本，并及时提交上级审核、审批 |
| 职责 7 | 负责与项目供货中标人进行采购合同谈判 |
| 职责 8 | 负责对采购合同的实施进行跟踪监督，及时处理合同履行过程的问题，确保合同如约履行 |
| 职责 9 | 负责对竞标者的投标书等资料进行整理、归档 |
| 职责 10 | 及时完成采购经理交办的其他工作任务 |

## 第四节 复杂项目部经理任职岗位能力标准

### 1 复杂工程建设项目经理能力标准评判

复杂生态修复工程项目建设对其项目经理的能力、素质提出了更高、更标准的要求。

判别复杂工程建设项目经理能力标准的传统方法是通过还原法，将角色分解为单元、元素、基础知识和工作行为作为评估标准。这些评估标准不能很好地描述复杂工程建设项目。因此，对复杂工程建设项目经理管理能力的整体理解和对其个人能力的评估，必须通过多种视角才能达到。

## 1.1　复杂工程建设项目经理能力标准评判角度

以下这些标准通过 9 个角度来对复杂工程建设项目经理的角色进行了描述。

①策略和项目群管理；

②商业规划，全生命期管理，报告和业绩衡量；

③改变和行程；

④创新、创造、更聪明地工作；

⑤组织架构；

⑥系统思考，系统体系，整合；

⑦领导能力；

⑧文化和人性；

⑨正直和治理。

每个观点都用来反映与项目管理实施者相关的独特能力。这些观点代表多个方面可能会相互冲突，将其融合可以得到对复杂工程建设项目经理所操控系统的整体理解。

每种观点都有它的关键基础专业知识区域。对于每个基础专业知识区域，具体的知识技能和理论也会被列出来，同时规定出知识所要求的深度。

每种观点是内部一致的，同时被分解为能力元素，这些能力元素更多地被用来描述可观察、可评估的工作行为。对于在工作场所的每个行为，这些标准定义了每个角色所需要的能力层次。

## 1.2　复杂工程建设项目经理能力标准的能力层次评判

这些标准定义了在工作场所的行为、基础知识和以下这些角色的特殊属性：项目经理和高级项目经理（不包括传统项目管理权）、项目群主管、复杂工程建设项目群主管和复杂工程建设项目组合主管。对于复杂工程建设项目经理在每种工作场所的行为，这些标准都定义了每种角色需要的能力层次。工作场所的行为用下列 4 个层次进行评估。

①发展（D）：直接管理下的应用能力；

②执行者（P）：没有直接管理需求，在标准进程，程序和系统范围内应用能力；

③主管（C）：在没有直接管理需求的情况下应用能力，直接管理其他人，并指导其他人能力的发展；

④领导（L）：提供专业领导能力。在进程、程序和系统设计中他们是公认的领导者，同时具有灵活性和创造性地使用能力。

## 1.3　复杂工程建设项目经理能力标准的基础知识层次

具备扎实的基础知识，可以让项目经理通过使用第一原则的方法适当、灵活地应对变化中的环境。扎实的基础知识可以让复杂项目经理不必严格或者是刻板地使用权限，而是可以让他们在项目策略和组织结构为适应特定项目周期，所进行了调整的情况下使用权限。

对于各种观点，这些标准定义了对于每种角色所需要基础知识的合理水平。对基础知识通过以下 4 个层次进行评估。

①意识；

②理解概念；

③理解理论基础；

④专家。

因为复杂工程建设项目群经理和复杂工程建设项目组合经理都要负责复杂工程建设项目群和项目组合，恰当地说这些角色对于每种观点都需要相同的基础专业知识水平。

### 1.4　复杂工程建设项目经理能力标准的 5 种特定属性

①明智和自我意识；

②行动和结果导向；

③创造和领导创造性的团队；

④集中和果断；

⑤影响力。

每种特定属性都包含多种单独的属性。针对每种单独的属性都规定了需要达到的行为水平。这些标准根据以下 4 个层次定义了每个角色展示各特定属性的程度。

第一层次：经验学习（E）。项目经理通过经验行为发展特定属性；

第二层次：规范（N）。项目经理有一些特定属性，并且操作它们，项目经理被视作将这些特定属性作为常规行为使用；

第三层次：导师（M）。项目经理指导他人使用特定属性；

第四层次：象征（S）。项目经理通过他们的行为被作为一些特定属性象征，项目经理领导团队的特定属性发展。

## 2　复杂工程建设项目经理能力标准

复杂工程建设项目经理能力标准见表 2-3。

**表 2-3　复杂项目经理的工作能力标准**

| 序号名称 | 工作能力要素 | 基础知识素质 |
| --- | --- | --- |
| 角度 1 | 策略和项目群管理 | |
| 说明 | 这一角度具体说明了标准要求的理解复杂项目群所处环境的能力，制定和实现系统的策略的能力，以及应对业主临时要求的能力。<br>这一策略需要考虑项目群的背景，项目复杂性和不确定性的等级，承包商和业主的成熟度，市场和服从程度来实现业主的符合目标并且物有所值的成果 | |
| 描述 | （1）建立愿景和描述任务，定义成果；<br>（2）建立环境扫描系统；<br>（3）选择策略；<br>（4）建立策略化的项目设置；<br>（5）项目/项目群实施 | （1）策略规划和不确定性；<br>（2）项目群和组合项目管理；<br>（3）外包；<br>（4）联盟；<br>（5）项目交付方法；<br>（6）业主经营的国际环境；<br>（7）业主经营商务与业务环境 |

（续）

| 序号名称 | 工作能力要素 | 基础知识素质 |
|---|---|---|
| 角度 2 | 商务计划/全生命周期管理/报告和业绩衡量 | |
| 说明 | 这一角度具体说明了标准要求的发展和实现项目群商务计划，报告和业绩衡量的能力。商务计划从高标准的项目进度计划和全部项目预算的整体角度定义了项目群。商务计划还识别并且定义了操作目标、项目群的主体，建立了用以性能管理方法的报告框架，性能管理方法是报告方法的一部分。另外，商务计划的过程确定了应遵循生命周期管理流程，提供了建立项目群门户审查框架的基础 | |
| 描述 | （1）设计并建立商务计划书，全生命周期管理，报告和业绩衡量；<br>（2）发展中的领导力和对商务计划、门户的审查，全生命周期管理，报告和业绩衡量的管理；<br>（3）对策略性商务计划和用以实现策略性成果的预算的不断发展中的管理；<br>（4）建立项目群出口的标准；<br>（5）采购 | （1）商务计划；<br>（2）性能测试；<br>（3）报告；<br>（4）持续改进和全面质量管理；<br>（5）治理和财务立法；<br>（6）项目群的全面财务管理 |
| 角度 3 | 变化和过程管理 | |
| 说明 | 这一角度具体说明了标准要求的在对突发策略的实现进行中的变化和过程管理。因为复杂项目群是动态和变化系统，处理发展中的变化是一种常规事物，大部分复杂项目着手于面向愿景的过程。项目群主管，复杂项目群主管和复杂项目组合主管需要计划，并且随着过程不断地调整他们的策略。<br>沟通和利益相关者的管理对以下这些方面非常重要：利益相关者的队列，创造动机；驱动持续改进，问题的避免和解决；项目文化的产生和发展；政策管理 | |
| 描述 | （1）定义项目环境文化，包括关键的关键值和他们的继承性；<br>（2）依据规模、风险和复杂性对项目和项目群进行分类；<br>（3）对业主、承包商和关键的利益相关者的成熟度和个性化的轮廓与领导力类型进行分类；<br>（4）决定在项目环境中需要的变革的规模和变革的频率；<br>（5）对影响、不确定性、风险领域和变革的抵抗力的分类；<br>（6）发展一套适应项目文化和领导类型的变革和过程管理的策略；<br>（7）建立一套变革和过程管理的系统；<br>（8）建立利益相关人管理策略和计划；<br>（9）建立沟通的策略和计划；<br>（10）试点项目：象征意义和管理意义；<br>（11）双环学习 | （1）变革管理；<br>（2）种群生态学；<br>（3）资源依艘；<br>（4）利益相关者的管理；<br>（5）意义管理；<br>（6）多元化和政策管理；<br>（7）项目与组织生命周期；<br>（8）配置管理 |
| 角度 4 | 创新/创造力与更为智慧的工作 | |
| 说明 | 具体说明了规定要求的可以导致项目群中创新、创造力和持续改进的设计、发展领导和管理项目组织的能力，这些项目群本质上属于复杂和非线性的 | |

（续）

| 序号名称 | 工作能力要素 | 基础知识素质 |
| --- | --- | --- |
| 描述 | （1）驱动性创新；<br>（2）识别关键的创新机遇；<br>（3）评估创新机遇；<br>（4）驱动性的持续改进；<br>（5）标杆管理/最好的品种：<br>（6）设计管理 | （1）认知能力；<br>（2）创新和创造力；<br>（3）组纲学习；<br>（4）计划设计 |
| 角度 5 | 组织结构 | |
| 说明 | 这一角度具体说明了规定要求的对复杂项目群设计、建立和管理组织结构的能力 | |
| 描述 | （1）设计项目群组织；<br>（2）建立和管理项目群组织；<br>（3）发展项目群成熟度；<br>（4）策略化人力资源管理 | （1）组织化设计；<br>（2）7S 框架和辩证法；<br>（3）网络图（松散耦合系统）；<br>（4）团队；<br>（5）组织成熟度；<br>（6）综合项目和流程团队；<br>（7）奖励制度设计；<br>（8）适合，分裂和一致性 |
| 角度 6 | 系统思维，系统体系和整合 | |
| 说明 | 这种观点明确说明了在项目管理的复杂性中运用系统思维所需要的能力，系统思维是一种有效地处理日益增加的复杂性和世界的变化率方法。项目经理需要有能力将项目群作为一个整体进行管理，并且将项目群放到具体环境中进行管理，而不是作为孤立于环境的项目。<br>系统思维为项目群主管提供了一种强有力的方法，以提高项目群的表现，并降低或解决关键项目的风险。系统思维不是一个单一的方法，它包括了一系列的方法和可能的工具。<br>大多数项目都在更大的系统中，而且其自身也是系统，并且越来越多的项目群是系统体系。在国际上，项目绩效的衡量尺度正在从投入/产出而转为基于成果和新出现的观点。这些变化，以及不断增加的环境不确定性，使项目群主管不仅将项目群作为一个系统，而且同样重要的将项目群作为一个更大的系统的一部分和一个系统体系。在许多项目群中，导致项目群失败的原因是未能处理好外部力量 | |
| 描述 | （1）按照类型对系统进行分类；<br>（2）使用应急方法来应用系统思维；<br>（3）结合适当的系统思维理念来设计项目的组织结构；<br>（4）设计适应混沌与不确定性的组织结构；<br>（5）运用系统思维；<br>（6）规划混沌和高度不确定性；<br>（7）规划具有复杂性和混沌特征的项目群；<br>（8）为系统中的系统设计结构和过程管理战略 | （1）系统思维的类型和工具集；<br>（2）多种角度和下一代项目管理；<br>（3）科学的哲学；<br>（4）复杂性理论；<br>（5）混沌理论；<br>（6）系统中的系统；<br>（7）系统结构；<br>（8）系统工程 |
| 角度 7 | 领导能力 | |

（续）

| 序号名称 | 工作能力要素 | 基础知识素质 |
|---|---|---|
| 说明 | 领导能力是作为项目群主管、复杂项目群主管以及复杂组合项目主管的最重要工作能力。<br>这一角度明确说明了领导复杂项目群所需要的能力，领导能力是组织结构中的一个关键变量，并极大地影响着项目群的文化、理念和为项目群制定应急战略并取得成功的能力 | |
| 描述 | （1）理解；<br>（2）塑造；<br>（3）调配；<br>（4）激励；<br>（5）情境领导 | （1）领导方式和情境管理；<br>（2）取长补短；<br>（3）授权；<br>（4）价值观与信任；<br>（5）团队精神，感知沟通的可靠性；<br>（6）对问题的解决；<br>（7）言语方式 |
| 角度 8 | 文化和人类性 | |
| 说明 | 这种观点明确说明了理解文化、认知、人格和人类的生命周期，并在项目群组织及其系统的设计和运作过程中进行应用所需要的能力。<br>人类性指的是作为一个人的生理现实和它对我们如何思考、做出决定、保存记忆和价值观的影响。它还包括如我们的个性和生命周期阶段等问题 | |
| 描述 | （1）理解和融合各国之间的文化差异；<br>（2）文化价值观（国家的，组织的和亚文化）被用来理解人，而且是设计项目组织结构和变更、流程中的关键投入或驱动力；<br>（3）理解在系统以及过程设计中对项目群中的人员和股东的利用；<br>（4）为理解人和设计项目组织结构、变更、流程，而进行人格描绘；<br>（5）理解人的生命周期各阶段以理解他人 | （1）认知；<br>（2）文化是如何建立的；<br>（3）文化是如何演变或变化的；<br>（4）人口生态学；<br>（5）人格描绘；<br>（6）生命周期的阶段；<br>（7）有限理性；<br>（8）神经语言说服和身体语言 |
| 角度 9 | 正直和治理 | |
| 说明 | 这一个角度明确说明了在复杂项目群中传达正直和管理所需的能力 | |
| 描述 | （1）建立对正直和治理法令在组织上的要求；<br>（2）定义项目特定的正直和治理要求；<br>（3）设计正直和治理系统；<br>（4）管理正在进行的正直和治理行为；<br>（5）设计和履行合同文书 | （1）代理理论；<br>（2）立法正直和管理要求；<br>（3）国际化的管理——与国家宪法相联系；<br>（4）合同法；<br>（5）合同管理 |
| 角度 10 | 特殊属性 | |
| 说明 | 本角度明确说明了区分项目群主管、复杂项目群和项目组合主管的个人属性 | |
| 描述 | （1）智慧和自我认识；<br>（2）行动和结果导向；<br>（3）创建和领导具有创新精神的团队；<br>（4）集中注意力的和勇敢者；<br>（5）影响力 | |

# 第五节 项目部物资采购零缺陷管理

## 1 项目部物资采购零缺陷管理制度

### 1.1 物资采购招标管理制度

---

**项目物资采购招标管理制度**

第1章 总则

第1条 为规范对公司采购招标的管理，选择合格的投标方，维护公司利益，特制定本制度。

第2条 本办法适用于公司项目物资采购的招标。

第3条 原则上项目造价在××万元及以上时，项目物资采购必须通过招标的办法选择供货单位，并且至少有三家以上的单位参与竞标。

第4条 有下列情形之一者，可以不采用招标方式。

1. 项目造价在××万元以下时，项目部可选择三家以上合作单位，按照质优价廉的原则选择供货单位，并填报《供应商考察结果审批表》，经公司招标小组审批后即可。

2. 经公司董事会审批过的、与公司确立了长期合作供货关系的项目。

3. 某些地方政府的垄断工程。

第5条 公司招标时应遵守以下6项原则。

1. 全面招标原则，凡符合招标条件的项目全部招标。

2. 整体招标原则，项目作为一个整体进行招标，不允许拆分。

3. 资质审查原则，参加投标的单位必须通过公司的资质审查。

4. 低价中标原则，在同等情况下，价低者中标。

5. 透明公正原则，整个招标工作的程序、步骤等全部公开，禁止暗箱操作。

6. 保密原则，做好标底、投标文件、评标、定标等的保密工作，以避免影响招标、评标的公平性。

第2章 招标的管理机构、职责

第6条 项目采购招标管理由公司设立的招标工作小组全面负责，工作小组由项目部经理、施工经理、采购经理、财务部经理等相关人员组成，招标小组进行集体决策。

第7条 招标工作由采购主管组织人员具体执行。

第8条 招标过程中各相关人员的职责。

1. 项目部人员提出全面的招标要求，组织人员负责招标的执行工作，监督招标工作的进程。

2. 采购人员负责预审投标单位的资质，建立合格投标商的档案，编制招标文件。

3. 财务部人员，负责与其他部门共同编制标底、参与评标工作。

第3章 对投标方的资质要求

第9条 项目采购的投标单位必须经过公司招标小组的审查方可参加竞标，所有项目采购招标必须从合格投标单位中选择。

第 10 条　合格的投标单位必须满足以下要求。

1. 证件齐全、管理规范。

2. 在行业中有一定的知名度，技术力量与资金实力雄厚。

3. 在以往的经营中信誉良好。

4. 近三年内无重大质量、安全事故发生。

第 11 条　对合格投标单位的评估不是一成不变的，应每隔一段时间重新评估一次，评估内容包括投标单位工作的质量、进度、与公司的响应程度等，评估结果记入其档案作为选择依据之一。

第 4 章　招标的过程及要求

第 12 条　招标过程一般分为制订招标计划、编制招标文件、发布招标信息、解答招标疑问、开标、评标、发中标通知及资料保管 9 个阶段。

第 13 条　招标工作小组负责根据项目部提供的资料编制整体招标计划，报总经理批准后执行。

第 14 条　招标文件。

1. 招标文件由采购主管组织相关部门人员共同起草，经招标工作小组审批后作为公司项目部的标准格式文件。

2. 规范的招标文件应包括正文与附件。

①正文内容：指招标内容，包括招标范围、项目简介、工期、质量要求、物资需求、投标须知、投标截止日期、开标时间和地点、评标办法、违约责任、投标押金、相关规范、投标文件格式、特别约定等。

②附件内容：包括物资需求清单、拟签供货合同等。

3. 招标文件中的物资需求应包括计价文件约定、合同造价的包含范围、货款的支付方式、主要材料价格、采购过程中各种费用的提取方式及报价明细表等内容。

4. 施工类工程采购招标一般根据施工图中所需材料、设备编制标底，以标底作为评标的重要依据。若施工图不能及时提供，应采用费率招标。

5. 采用费率招标的项目必须在招标文件与合同中明确计费的依据，并规定在施工图预算编制完成后及时根据施工图的预算和中标费率确定采购物资的造价，双方就核对后物资总造价签订补充协议内容。

第 15 条　招标信息的发布与投标邀请。

1. 招标信息应在当地主要的报纸上或建设交易服务中心发布，按政府有关部门的规定办理发布手续。

2. 实行邀请投标时，邀请对象应从来购经理提供的合格投标商档案中选取。

3. 若合格投标单位档案中没有合适的投标单位，由招标工作小组重新组织考察并确定符合要求的投标方，录入合格投标单位档案。

第 16 条　发标与答疑。

1. 在向投标单位发放招标文件前，招标工作小组须根据项目要求和公司规定对投标方进行资质审查。审查内容参考本制度第 10 条的相关内容。

2. 招标答疑要做好记录工作，记录文件应作为招标文件的附件一并发给投标单位。

第 17 条　开标。

1. 在投标文件收取截止日期后，原则上不再接受任何投标文件。

2. 项目部组织人员进行开标工作，开标工作在招标工作小组监督下进行，开标时应现场拆分、参与开标的全体人员签字确认，并将记录开标内容与过程的文件资料进行存档。

第 18 条　评标与定标。

1. 评标、定标时一般采用最低投标价法、综合评标打分法与合理最低投标价法进行评议，根据货比三家的原则对各投标商的投标文件进行充分、科学的比较与论证。

2. 招标工作小组应根据招标文件中的相关要求，并结合项目具体状况，客观、公正地制定评标办法。

3. 评出的中标单位必须满足招标文件规定的要求，且投标价格原则上应是合理最低价。

4. 在投标与定标的过程中，与投标单位有利害关系的相关人员应回避。

5. 评标过程中，如果投标单位的标价相同或接近，则应对比投标方的企业信誉、资质、业绩等，在这些方面占优势的企业可优先中标。

6. 确定中标单位后，应在三个工作日内向中标单位发出（中标通知书），并将结果以书面形式通知其他投标单位。

第 19 条 招标结束后，采购经理应及时与中标单位签订合同，并收集整理招标过程中的全部资料进行分类、存档。

第 20 条 有下列情形之一者，必须重新进行招标。

1. 发现投标单位在招标过程中互相串通投标。

2. 发现投标单位在招标过程中向招标工作小组成员行贿。

3. 发现投标单位以他人名义投标或弄虚作假，骗取中标。

4. 开标后，发现投标单位皆不满意。

第 21 条 在招标过程中，参与招标工作的公司员工应严格遵守员工准则与职业道德，不得与投标单位私下接触，不得接受投标单位的贿赂，不得泄露标底，不得透露有关评标的情况。如参与招标工作人员玩忽职守，公司将严厉追查当事人的责任，情节严重者将移交司法机关处理。

第 5 章 附则。

第 22 条 本制度由项目部制定，其修改、解释权归项目部所有。

第 23 条 本制度经公司董事会审议批准，自颁布之日起执行。

## 1.2 项目部物资采购管理制度

---

### 项目部物资采购管理制度

第 1 章 总则

第 1 条 为规范公司项目采购行为，在保证公司项目正常运行的前提下确保物资的质量，最大限度地降低采购成本与费用，特制定本制度。

第 2 条 本制度适用于公司项目物资采购相关事项。

第 3 条 本制度中的物资采购领导小组是指在物资采购和招投标过程中实施工作指导和监督的管理机构。

第 4 条 本制度中的采购人员包括公司项目采购人员与其他部门直接或间接参与采购工作的人员。

第 2 章 物资采购组织结构与职责分工

第 5 条 公司物资采购组织框架如图 2-1 所示。

第 6 条 公司项目施工物资采购领导小组由项目部经理、施工经理、采购经理、财务经理等人员组成，项目部经理任组长，其他人员为组员。

第 7 条 公司项目物资采购领导小组的工作职责如下。

1. 对公司项目的所有采购工作实施指导和管理。

2. 依据物资采购经理提供的采购报告确定长期战略合作伙伴。

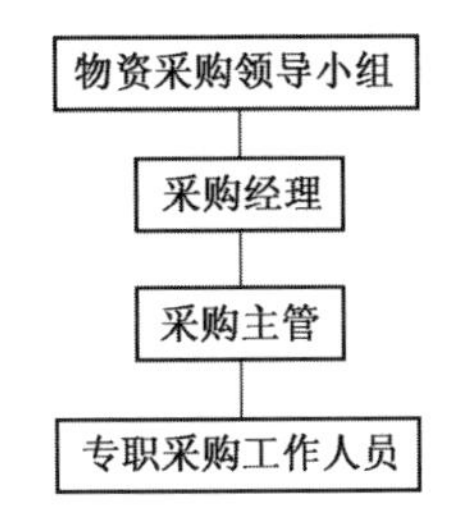


图 2-1　项目部物资采购组织框架

3. 负责对采购管理人员就技术、经济、节能等方面提出的替换方案和建议做出评审。

4. 对采购管理人员提交的采购报告做出批复。

5. 其他必须由公司项目物资采购领导小组完成的工作。

第 8 条　物资采购涉及招标时，招标主持人的职责参照公司《招标管理制度》中的相关规定。

第 9 条　公司项目采购人员的具体职责如下。

1. 贯彻执行采购管理制度。

2. 配合公司项目采购管理人员建立采购信息库。

3. 根据采购计划要求提前列出采购清单。

4. 在物资采购招标主持人的指导下，完成权限范围内采购招标文件的拟定工作。

5. 负责采购材料设备的现场验收，对材料、设备的质量是否符合设计要求进行检验。

6. 负责物资的质量、数量、资质证明、价格等方面的核实和确认。

7. 在工作过程中，发现对公司或项目质量不利的问题和情况（如材料、设备质量不合格，施工单位不按操作规程安装设备等）行为，应及时向主管领导上报。

8. 负责对供应商的信誉进行初步审核。

9. 完成上级领导交办的其他任务。

第 3 章　采购工作准则

第 10 条　采购人员在把物资供应商的信息录入信息库前，必须对供应商进行综合考评，对其生产能力、质量保证、付款要求、售后服务、产品特点等进行比较，并以报告的形式上报公司物资采购领导小组批准，确保录入信息库的资料正确、有效。

第 11 条　公司所有员工均有权推荐优秀的供应商，经公司采购经理审核、公司物资采购领导小组核准后可纳入公司物资采购信息库。

第 12 条　公司的采购方式主要分为邀请招标、议标、询价采购、直接签订合同（长期战略合作伙伴）四种；必要时可以采用公开招标形式。

第 13 条　公司必须从供应商信息库中选取适合的供应商，但区域性较强的物资除外。

第 14 条　采购人员在采购某项物资时，可以采用多轮洽商、多次谈判的方式，以便降低项目采购成本。

第 15 条　公司采购人员必须坚持“秉公办事，维护公司利益”的原则与供应商协商采购物品的价格及其他事项，并做好记录，以报告形式上报。

1. 单宗采购总额预计××万元（含）以上报公司物资采购领导小组批准。

2. 单宗采购总额预计××万元以下的报项目采购经理核准。

3. 报告中包括物资技术参数、质量、价格、特点等内容，以表格形式体现。

第16条 采购报告得到批复后，依照公司领导批示意见，综合考虑“质量、价格、售后服务”等要素确定供应商。

第17条 公司采购人员必须坚持“五不购”和“三比一算”的采购工作原则。

1. “五不购”的内容

①没有提供书面采购计划且未经物资采购领导小组批准的不购。

②材料、设备规格不符，质量不合格，价格不合理的不购。

③无材质证明和产品合格证的不购。

④经考评不合格的产品不购。

⑤代用品的材料不购。

2. “三比一算”的具体方法

三比一算是指比质量、比价格、比售后服务、算成本。

第18条 物资单宗采购总额预计在××万元以上（不含），原则上应以招标采购的形式来完成。

第19条 招标采购必须坚持以下4项原则。

1. 及时、准确、真实、完整地公开必要的信息资料。

2. 凡满足招标文件要求的投标商均有机会参与竞标。

3. 严禁投标方以非正常渠道获取特权，损害其他投标人的利益。

4. 招投标双方都应本着诚实守信的原则履行其应尽的义务。

第20条 采购人员在采购过程中若违反原则、损害公司利益，一经查出，公司将依照相关规定严肃处理。

第21条 公司采购人员采购物资时，必须与供货商签订《订货合同》，合同一式四份，双方各执两份，一份提交公司采购管理人员备案，一份留公司财务保存。

第4章 采购人员职业规范

第22条 采购是一项重要、系统、严肃的工作，各级管理人员和采购经办人必须具有高度的责任心和职业道德，维护公司利益。

第23条 采购人员代表公司形象，工作中应当有礼、有利、有节，不允许有傲慢的举止和不礼貌的行为。

第24条 采购人员只有在有助于项目合作及协调工作的前提下，经领导同意后方可接受供应商的邀请，进行参观、考察等公开的商务活动。

第25条 采购人员只有经部门主管领导的认可后，方可接受供应商的宴请；在采购谈判过程中，无论有任何原因都不允许接受供应商直接或间接的带有娱乐性质的邀请。

第5章 违规惩罚

第26条 采购人员有下列情形之一，给公司造成经济或名誉损失的，根据情节轻重，公司将分别给予相关责任人记过、免职、辞退等行政处罚及200~10000元的经济处罚；给公司造成重大损失的，公司将依法追究其法律责任。采购人员主要的违规表现包括以下几个方面。

1. 私自接受或向供应商索取财物。

2. 接受财、物后未主动上缴公司。

3. 有意或无意泄密，以下行为均视为泄密。

①泄露其他供应商对同类产品的报价。

②泄露其他供应商信息。

③泄露标底。

④泄露其他对公司不利的秘密或出现公司认定的泄密行为。

4. 故意规避或不执行项目采购规定。

5. 隐瞒供应物资问题。

6. 知情不报或与投标人串通在投标过程中作弊。

7. 在供应商年度考评中徇私舞弊。

8. 出现其他有损公司形象或不利于公司项目采购的行为。

第 6 章　附则

第 27 条　本制度由项目部制定，其修改、解释权归项目部所有。

第 28 条　本制度经公司董事会审议批准后，自颁布之日起执行。

# 2　项目部物资采购零缺陷管理的相关表格

## 2.1　项目部采购计划表

项目部采购计划内容如下表所示。

编号：　　　　**××××××项目物资采购计划表**　　　　日期：　年　月　日

| 物资名称 | 规格 | 单位 | 数量 | 使用期 | 交货期 | 每日最高用量 | 基本存量 | 最高存量 | 进本存量比率 | 经济订购数量 |
|---|---|---|---|---|---|---|---|---|---|---|
| | | | | | | | | | | |
| | | | | | | | | | | |
| | | | | | | | | | | |

填写人：　　　　审核人：　　　　审核日期：　年　月　日

## 2.2　项目部采购申请单

项目部采购申请单如下表所示。

申请采购单编号：　**××××××项目物资采购计划表申请单**　　申请日期：　年　月　日

<table>
<tr><td rowspan="4">申请采购项目</td><td>品名</td><td></td><td>规格</td><td></td><td>料号</td><td></td><td>部门</td><td></td><td>数量</td><td></td></tr>
<tr><td rowspan="2">用途说明</td><td colspan="3" rowspan="2"></td><td>需要 日期</td><td></td><td colspan="2">预算编号</td><td colspan="2"></td></tr>
<tr><td>申请人</td><td colspan="2"></td><td colspan="2">部门经理</td><td></td></tr>
<tr><td>料别</td><td colspan="4">□物料　□设备　□其他</td><td>交货情况</td><td colspan="4">□一次交货　□分批交货</td></tr>
<tr><td rowspan="5">询价记录</td><td>供应商名称</td><td>单价</td><td>总价</td><td>交货期及品质</td><td>供应商选择</td><td>参考资料</td><td>库存量</td><td></td><td>可用天数</td><td></td></tr>
<tr><td></td><td></td><td></td><td></td><td></td><td></td><td>申请购量</td><td></td><td>可用天数</td><td></td></tr>
<tr><td></td><td></td><td></td><td></td><td></td><td></td><td>上次购买单价</td><td></td><td>供应商</td><td></td></tr>
<tr><td></td><td></td><td></td><td></td><td></td><td>项目部经理</td><td colspan="2"></td><td>采购经理</td><td></td></tr>
<tr><td></td><td></td><td></td><td></td><td></td><td>财务经理</td><td colspan="2"></td><td>采购主管</td><td></td></tr>
</table>

## 2.3 采购供应商调查表

对采购供应商调查的内容如下表所示。

编号　　　　　　　　××××××供应商调查表　　　　　　　　填写日期：　年　月　日

<table>
<tr><td rowspan="5">供应商基本信息</td><td>公司名称</td><td colspan="2"></td><td>地址</td><td colspan="2"></td></tr>
<tr><td>成立日期</td><td></td><td>占地面积</td><td></td><td>企业性质</td><td></td></tr>
<tr><td>负责人</td><td colspan="2"></td><td>联系人</td><td colspan="2"></td></tr>
<tr><td>电话</td><td></td><td>传真</td><td></td><td>E-mail</td><td></td></tr>
<tr><td>公司网址</td><td colspan="5"></td></tr>
<tr><td rowspan="7">企业生产技术设备信息</td><td colspan="2">主要生产设备及用途</td><td colspan="4"></td></tr>
<tr><td colspan="2">检测仪器校对情况</td><td colspan="4"></td></tr>
<tr><td colspan="2">主要生产线</td><td colspan="4"></td></tr>
<tr><td colspan="2">设计开发能力</td><td colspan="4"></td></tr>
<tr><td colspan="2">正常生产能力</td><td>/月</td><td colspan="2">最大生产能力</td><td>/月</td></tr>
<tr><td colspan="2">正常交货周期</td><td colspan="4"></td></tr>
<tr><td colspan="2">最短交货期及说明</td><td colspan="4"></td></tr>
<tr><td rowspan="5">产品信息</td><td colspan="2">主要产品及原材料</td><td colspan="4"></td></tr>
<tr><td colspan="2">产品介绍</td><td colspan="4"></td></tr>
<tr><td colspan="2">产品遵守标准</td><td colspan="4">□国际标准 □国家标准 □行业标准 □企业标准</td></tr>
<tr><td colspan="2">产品认证情况</td><td colspan="4"></td></tr>
<tr><td colspan="2">产品销售区域</td><td colspan="4"></td></tr>
<tr><td rowspan="2">人员信息</td><td colspan="2">公司员工总人数</td><td>人</td><td colspan="2">管理人员</td><td>人</td></tr>
<tr><td colspan="2">技术人员人数</td><td>人</td><td colspan="2">品质管理部人数</td><td>人</td></tr>
<tr><td rowspan="3">财务信息</td><td colspan="2">固定资产净值</td><td>万元</td><td colspan="2">营运资金</td><td>万元</td></tr>
<tr><td colspan="2">资产负债率</td><td>%</td><td colspan="2">短期负债</td><td>万元</td></tr>
<tr><td colspan="3">银行信用等级</td><td colspan="3"></td></tr>
<tr><td>调查日期</td><td colspan="3">年　月　日</td><td>调查人</td><td colspan="2"></td></tr>
<tr><td colspan="2">采购主管签字</td><td colspan="5"></td></tr>
</table>

填表人：　　　　　　　　审核人：　　　　　　　　审核日期：　年　月　日

## 2.4 采购招标记录单

采购招标记录单内容如下表所示。

编号 ××××××供应商调查表 填写日期： 年 月 日

| 投标人 | 代号 | 投标项目 | 联系人 | 联系方式 | 递交时间 | 投标文件介绍 | 备注 |
|---|---|---|---|---|---|---|---|
| | | | | | | | |
| | | | | | | | |
| | | | | | | | |

填表人： 审核人： 审核日期： 年 月 日

## 2.5 项目采购验收表

项目采购验收内容如下表所示。

编号 ××××××项目采购验收表

<table>
<tr><td rowspan="2">名称</td><td rowspan="2">类别</td><td rowspan="2">订货数量</td><td colspan="2">是否符合规格</td><td rowspan="2">供应商</td><td rowspan="2">实收数量</td><td rowspan="2">单价</td><td rowspan="2">总价</td></tr>
<tr><td>是</td><td>否</td></tr>
<tr><td></td><td></td><td></td><td></td><td></td><td></td><td></td><td></td><td></td></tr>
<tr><td></td><td></td><td></td><td></td><td></td><td></td><td></td><td></td><td></td></tr>
<tr><td>是否分批交货</td><td>□是<br>□否</td><td>会计科目</td><td colspan="2"></td><td>检查方式</td><td colspan="3">□抽样：____%不良<br>□全数：____个不良</td></tr>
<tr><td colspan="2">验收结果</td><td colspan="3">材料员</td><td colspan="2">仓储保管员</td><td colspan="2">质量工程师</td></tr>
<tr><td colspan="2"></td><td colspan="3"></td><td colspan="2"></td><td colspan="2"></td></tr>
</table>

填表人： 审核人： 审核日期： 年 月 日

## 2.6 项目物资检验报告单

项目物资检验内容如下表所示。

编号 ××××××项目物资检验报告单

<table>
<tr><td colspan="2">订单编号</td><td colspan="4"></td><td>供应商代码</td><td colspan="3"></td></tr>
<tr><td colspan="2">需求日期</td><td colspan="4"></td><td>验收日期</td><td colspan="3"></td></tr>
<tr><td>名称</td><td>规格</td><td>厂牌</td><td>单位</td><td>收货数</td><td>单价</td><td>金额</td><td>拒收数</td><td>拒收原因</td><td>订单欠量</td></tr>
<tr><td></td><td></td><td></td><td></td><td></td><td></td><td></td><td></td><td></td><td></td></tr>
<tr><td></td><td></td><td></td><td></td><td></td><td></td><td></td><td></td><td></td><td></td></tr>
<tr><td colspan="2">材料员意见</td><td colspan="3"></td><td colspan="2">仓储保管员意见</td><td colspan="3"></td></tr>
</table>

填表人： 审核人： 审核日期： 年 月 日

# 3 项目部物资采购零缺陷管理流程

## 3.1 项目部物资采购招标零缺陷管理流程

项目部物资采购招标零缺陷管理流程如图 2-2，其流程说明见表 2-4。

表 2-4　项目部物资采购招标零缺陷管理流程说明

| 任务概要 | 项目招标管理相关工作 |
|---|---|
| 节点控制 | 相关说明 |
| ① | 采购人员发布的招标信息需要说明招标项目的名称、地点、规格或质量等级和数量等情况 |
| ② | 采购人员收到供应商资格审查文件后，须根据公司及项目的要求对供应商的资质、信誉等方面进行细致审查 |
| ③ | 采购人员需要对供应商的投标书进行初步评审，剔除明显不合格的供应商 |

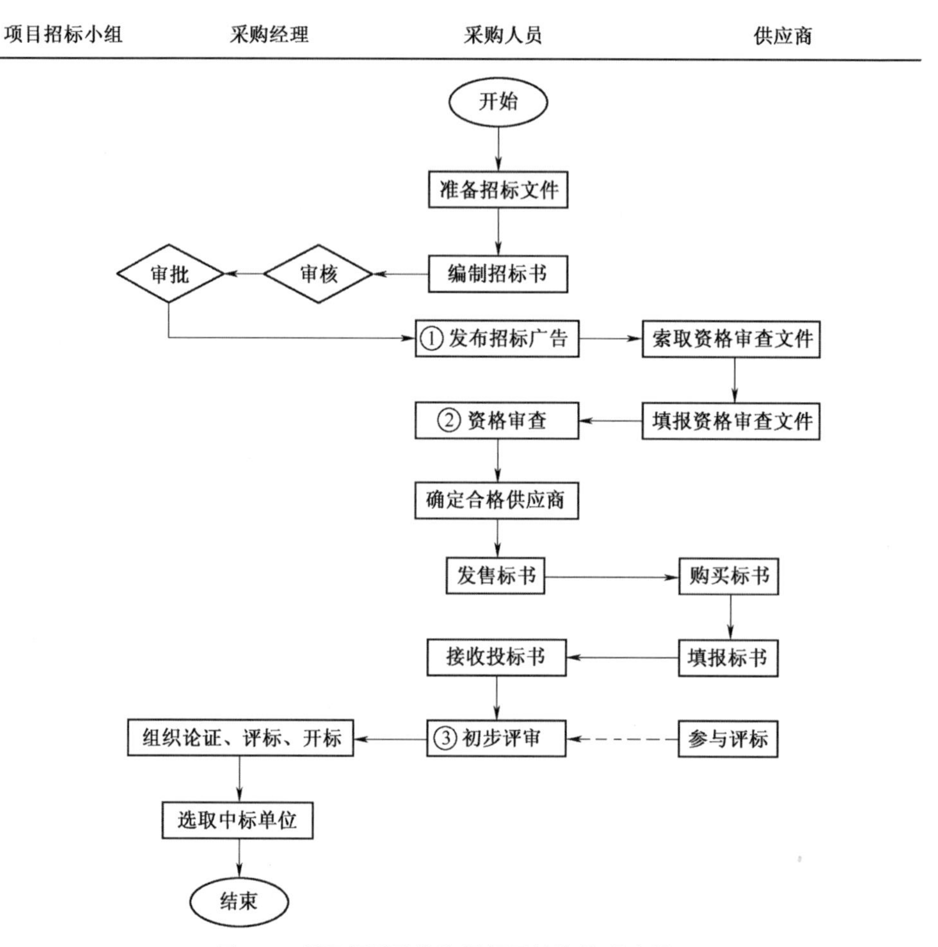


图 2-2　项目部采购物资招标零缺陷管理流程

## 3.2　项目部采购投标零缺陷管理流程

项目部物资采购投标零缺陷管理流程如图 2-3，其流程说明见表 2-5。

表 2-5　项目部物资采购投标零缺陷管理流程说明

| 任务概要 | 项目投标管理相关工作 |
|---|---|
| 节点控制 | 相关说明 |
| ① | 项目部收到招标信息后应及时进行调查，并详细分析投标环境是否符合公司的要求 |

（续）

| 任务概要 | 项目投标管理相关工作 |
|---|---|
| ② | 公司通过资格审查后，项目部需要分析此次投标的经济性、风险性、中标可能性等，以确定公司的投标报价 |
| ③ | 投标文件递交应关注截止日期，防止因时间延误导致投标失败 |

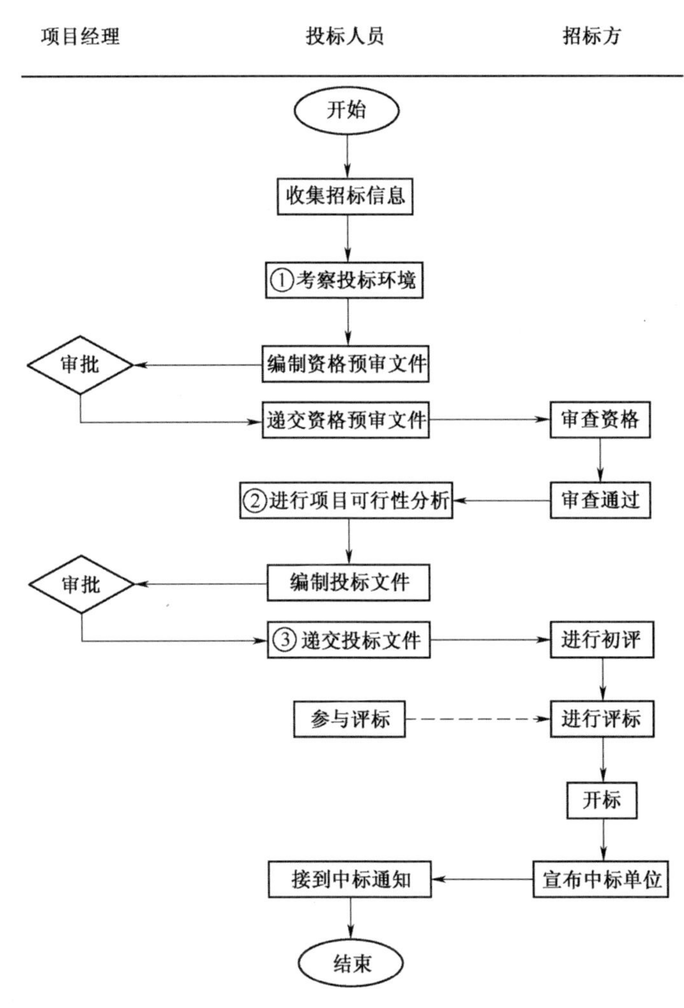


图 **2-3**　项目部物资采购投标零缺陷管理流程

## 3.3　项目部物资采购零缺陷管理流程

项目部物资采购零缺陷管理流程如图 2-4，其管理流程说明见表 2-6。

**表 2-6　项目部物资采购零缺陷管理流程说明**

| 任务概要 | 项目投标管理相关工作 |
|---|---|
| 节点控制 | 相关说明 |
| ① | 采购人员制定物资采购计划前需要收集项目计划、项目范围说明书、项目进度计划等资料 |

（续）

| 任务概要 | 项目投标管理相关工作 |
| --- | --- |
| ② | 采购计划中应说明对采购过程进行管理的具体内容，包括组织和落实采购人员、分配采购任务、明确采购物资、规定采购进度、供应商说明等 |
| ③ | 拟定的合同条款需要报上级领导审批，涉及金额较大的采购合同需要报主管副总审批，采购合同需要呈请公司的法律顾问或法律主管审阅 |

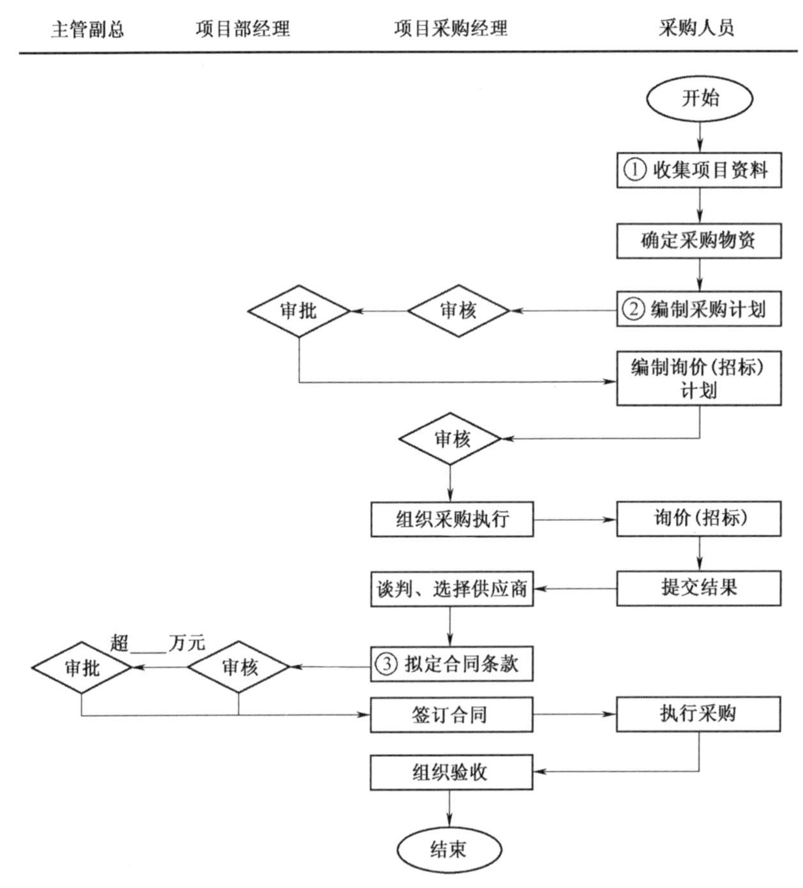


图 2-4 项目部物资采购零缺陷管理流程

# 4 项目部物资采购零缺陷管理方案

## 4.1 项目部物资采购招标实施方案

**×××项目物资采购招标实施方案**

一、采购单位

本次项目采购单位是××××××有限责任公司，简称招标方。

二、招标内容

本次项目招标所要采购的物资明细如下表所示。

**×××项目采购物资招标方案**

| 名称 | 类别 | 规格 | 数量 | 主要技术指标 | 备注 |
|---|---|---|---|---|---|
| | | | | | |
| | | | | | |
| | | | | | |
| | | | | | |

三、采购要求

1. 投标方提供的采购物资必须是由正规厂家生产的优质产品。

2. 投标方必须严格按照招标方规定的技术指标提供采购物资。

3. 投标方不得随意更改采购物资的规格，若确因实际情况需要更改时，必须得到招标方的同意。

4. 工期要求。

①采购项目中的材料必须于××××年××××月××××日之前运到招标方的库房待检。

②采购项目中的设备必须于××××年××××月××××日之前完成安装与调试。

5. 售后服务。

①设备安装调试完毕后须现场向招标方进行免费技术咨询、介绍和指导，并提供免费操作培训。

②免费操作培训按招标方指定时间、地点，每年不少于××××次。

③所供应的设备免费保修期为三年，设备出现故障投标方人员 24 小时内须到达指定地点解决问题；若有需求需要投标方须免费更换升级设备。

四、招标对象

此次招标对象应从公司的（合格供应商名录）中选取三家以上的供应商；若供应商名录中达不到三家，由采购主管组织相关人员通过调查确定供应商，补够招标时供应商的要求数量。

所有供应商应满足以下要求。

1. 具有中华人民共和国法人资格和具有独立承担法律责任的能力。

2. 遵守国家法律、行政法规，诚信经营，具有良好的商业信誉。

3. 具有履行合同的能力（生产供应能力、资金实力等）、资质和良好诚信的履行合同记录。

4. 具有 3 年以上采购物资经验，所采购物资生产厂家必须通过质量体系认证。

五、招标咨询

1. 投标方在××××年××月××日～××××年××月××日期间可与招标方联系，获取采购招标文件，对采购招标文件如有疑点可要求澄清。

2. 招标方具体的联系方式如下。

地　　址：　××省××市××区××街××号（邮编：××××××）

电子邮箱：　××××@××××. com

联系人：×××

联系电话：座机：××××-××××××××，手机：××××××

传　　真：××××××××

六、投标报价

1. 投标方应仔细阅读本采次采购招标文件的所有内容，按其要求提供投标报价文件，并保证所提供全部资料的真实性，否则，其投标会被拒绝。

2. 投标标报价文件主要由以下4个部分组成。

①投标方营业执照加盖公章的复印件。

②法人代表授权书。

③售后服务承诺书。

④投标方认为需提供的其他资料。

3. 投标报价需标明招标方案采购项目的优惠率，报价应包含所有相关费用，包括货物、包装、运输、税金、安装、售后服务、升级等费用。

4. 投标报价文件的签署及规定。

①投标报价文件须签署一份正本和三份副本，在每一份投标报价文件中都要明确注明“正本”和“副本”字样，如正本和副本有差异，以正本为准。

②投标报价文件正本和副本须打印并经正式授权的投标方代表签字与加盖单位公章。

5. 投标标报价文件的递交。

①密封和标记：投标方应将投标报价文件（一份正本和三份副本）密封，在标明投标项目和投标方名称后，由投标方代表带到开标场所，若未按上述规定密封和标记，其投标书作废。

②投标报价文件递交的截止时间：为××××年××月××日××：××之前。

七、开标

1. 开标时间为××××年××月××日××：××。

2. 开标地点为××××××有限责任公司办公大楼会议室。

3. 开标程序如下。

①各投标方代表确认其投标文件的密封完整性。

②招标工作人员检验投标方提交的投标文件和资料是否合格。

③宣读投标方的投标报价、质量、投标保证金、优惠条件。

④宣读评标期间的有关事项。

八、评标

1. 评标委员会。

①评标委员会成员由公司项目部经理、施工经理、财务经理、采购经理及采购相关人员组成，由采购经理负责主持。

②评标委员会对投标报价文件进行审查、质疑、评估和比较。评标期间如安排询标，投标方有责任派代表参加。

2. 评标工作基本原则。

①严格遵循国家有关法律、法规及行业标准。

②保护招标方的各项合法利益。

③为客观、公正地对待所有投标方，对投标方的投标评价均采用相同的程序和标准审核。

④评标严格按照采购招标文件的要求和条件进行。

九、定标

1. 定标的标准为投标报价符合采购招标文件的要求，并能确保圆满地履行合同且能提供对招标方最为有利的最低报价的投标方。

2. 中标通知。

①评标结束确定中标后5日内，招标方将以书面形式发出《中标通知书》。

②不通知其他落标的投标方。

③招标方无须向落标方解释落标原因，不退还投标文件。

十、签订合同

1. 中标方按照《中标通知书》指定的时间、地点与招标方签订物资供货合同。

2. 采购招标文件、中标方的投标报价文件等均为签订经济合同的依据。

3. 中标方应按照合同约定履行义务，不得向他人转让中标项目。

十一、付款

1. 单项价格超过××万元的采购物资在公司项目部收货后 60 日内支付合同总额的 90%，材料在 6 个月后付清尾款，设备在 12 个月后付清尾款。

2. 单项价格低于××万元（不含）的采购物资在公司项目部收货后 30 日内支付合同总额的 95%，材料在 6 个月后付清尾款，设备在 12 个月后付清尾款。

十二、交货地点

交货地点为招标方指定的交货地点。

十三、交货时间

交货时间为合同约定的交货时间。

## 4.2　项目部材料采购计划方案

---

**×××项目材料采购计划方案**

一、材料采购招标目的

为确保项目采购人员能够制订科学、合理的材料采购计划，确保所购材料能够满足项目的需求，降低采购成本与费用，特制定本方案。

二、材料采购计划的编制

1. 材料采购计划由采购计划表、采购作业计划、采购要求说明文件及采购工作文件组成。

2. 材料采购计划的编制程序如下。

①收集采购材料信息。

②分析需购材料的库存及采购数量。

③确定采购方式。

④预测采购成本与费用。

⑤编制正式的采购计划并报审。

3. 材料采购计划编制的依据如下。

①采购范围说明，包括项目设计说明书、项目执行说明书、项目功能说明书。

②需购材料的说明。

③采购所需资源。

④需购材料的市场状况。

⑤相关的计划结果。

⑥采购时的制约条件与基本假设。

4. 材料采购计划中必须包括以下四个方面的内容。

①确定采购需求。

②预测采购风险。

③采购方式与合同类型的选择。

④编制采购计划文件。

三、采购计划编制人员

1. 公司项目部采购经理负责组织、指导采购人员编制采购计划。

2. 公司项目部经理负责监督、审批采购计划，采购招标管理小组负责其相关工作。

四、采购计划内容

1. 材料采购计划如下表所示。

编号　　　　**×××项目材料采购计划表**　　　　日期：年　月　日

| 材料名称 | 规格 | 单位 | 经济定量 | 项目施工使用阶段 | 采购方式 | 交货期 | 采购等级 | 责任人 |
|---|---|---|---|---|---|---|---|---|
| | | | | | | | | |
| | | | | | | | | |
| | | | | | | | | |
| | | | | | | | | |

2. 材料采购工作计划如下表所示。

编号　　　　**×××项目材料采购工作计划表**

| 采购阶段 | 实施项目 | 开始时间 | 结束时间 | 责任人 | 备注 |
|---|---|---|---|---|---|
| 采购准备 | 收集采购资料 | | | | |
| | 确定采购需求 | | | | |
| | 确定采购材料并分类 | | | | |
| | 选择供应商 | | | | |
| | 执行招标计划 | | | | |
| 采购实施 | 向供应商询价并确定材价 | | | | |
| | 实施采购招标 | | | | |
| | 与供应商签订采购合同 | | | | |
| | 履行采购合同义务 | | | | |
| 采购验收 | 验收采购材料的质量和数量 | | | | |
| | 采购文件资料分类归档 | | | | |

3. 材料采购指标说明如下表所示。

编号　　　　**项目部施工材料采购说明书（1）**

| 材料类别 | 说明内容 | | | | | 预算总额 | 关键指标 |
|---|---|---|---|---|---|---|---|
| | 编号 | 材料名称 | 单位 | 数量 | 单价 | | |
| | | | | | | | |
| | | | | | | | |

（续）

| 材料类别 | 说明内容 | | | | | 预算总额 | 关键指标 |
|---|---|---|---|---|---|---|---|
| | 编号 | 材料名称 | 单位 | 数量 | 单价 | | |
| | | | | | | | |
| | | | | | | | |
| | | | | | | | |
| | | | | | | | |
| 总计 | | | | | | | |

五、材料采购预算

项目施工需采购施工材料预算如下表所示。

编号　　　　　　　　　　**项目部施工材料采购说明书（2）**

| 材料类别 | 材料名称 | 采购数量 | 单位 | 单价 | 采购周期 | 材料成本 | 人工成本 | 总成本 |
|---|---|---|---|---|---|---|---|---|
| | | | | | | | | |
| | | | | | | | | |
| | | | | | | | | |
| | | | | | | | | |
| | | | | | | | | |
| 总计 | 材料成本总预算 | | | 人工成本总预算 | | | 材料采购总预算 | |
| | | | | | | | | |

## 4.3　项目部施工材料设备检验方案

---

**×××项目施工材料设备检验方案**

一、检验目的

为确保公司项目施工中所采购的材料、设备的质量，规范材料、设备检验程序，贯彻采购物品的达标采购原则，特制定本方案。

二、检验时间

对材料、设备的检验时间，应根据其送达的具体日期确定，一般情况下材料送达规定地点后的 3 天内必须检验完毕，设备安装调试完成后 3 个工作日内必须完成验收工作。

材料、设备的检验时间超出 3 天时，检验人员必须给出合理的延长理由，否则对其按渎职论处，并给予供送货单位适当的经济赔偿。

三、检验人员

1. 材料、设备的检验工作由材料、设备检验小组负责。

2. 材料、设备检验小组组长应为材料工程师，其成员由采购验收人员、质量管理人员及使用部门的技术人员等组成。

四、检验项目

材料、设备的检验项目内容如下表所示。

编号 **项目施工材料、设备的质量检验项目及要求明细表**

| 检验项目 | 具体要求的检查内容 |
| --- | --- |
| 外观检查 | 1. 检查材料内外包装是否完整，有无破损、碰伤、浸湿、受潮、变形等现象 |
| | 2. 检查设备及附件外表有无残损、锈蚀、碰伤等现象 |
| | 3. 若发现上述现象，应及时做详细记录，并拍照或录像 |
| 数量验收 | 1. 以采购申请、供货合同和装箱单为依据，检查材料、设备主机及其附件的规格、型号、配置及数量，并逐项清点核对 |
| | 2. 认真检查随机所附产品说明书、操作规程、检修手册、保修卡、质量检验合格证等资料是否齐全 |
| | 3. 认真做好验收地点、时间、参验人员、箱号、品名、应收和实收数量等验收记录 |
| 质量验收 | 1. 严格按照合同条款、设备使用说明书、操作手册的规定和程序进行安装、试机 |
| | 2. 对照设备说明书认真进行各项技术参数测试，检查设备的技术指标和性能是否达到合同要求 |
| | 3. 质量验收时须认真做好记录，如若设备、材料出现质量问题，应将详细情况书面通知供货商，视情况程度决定是否退货、更换或要求供货商派员维修 |

五、检验准备

材料、设备的检验人员在检验前需要做好以下6项准备工作。

1. 确定检验标准。

①根据公司与供应商约定的材料或设备质量标准制定验收标准。

②验收标准为采购合同所规定的材料或设备的具体要求和条件。

③检验标准为议价时的合格样品。

④检验标准为相关产品的国家品质标准或国际品质标准。

2. 确定验收项目和抽检比例（检验物资时）。

①验收项目可根据采购材料或设备的特点进行选择。

②对批量采购的材料采取抽检的方式，即从所有材料中按总量10%的比例进行抽查，零星采购的物资则采用全检方式。

3. 准备相关文件。

检验人员收集并熟悉材料、设备的有关文件，包括技术标准与采购合同。

4. 准备检验器具。

检验人员应在检验前准备好经校验的衡器、量具等验收用检验工具。

5. 准备设备与人员。

对大批量的材料、大吨位的设备进行检验时，必须要有装卸、搬运的机械与人员配合，检验人员应提前做好机械与人员的申请调用事宜。

6. 准备防护品。

检验采购的特殊材料时，如有毒、腐蚀、放射性时，必须准备好防护用具。

六、检验执行

1. 检查采购凭证是否齐全、合格。

检验人员在检验材料、设备时首先应对有关采购凭证进行检验，包括合格证、化验单、试验报告、供应商检验单、装箱单、物资明细表、磅码单、发货票、运输数据等，检查其是否齐全、合格。

2. 对照合同条款与采购凭证的内容。

检验人员应对照采购合同及请购单的内容，按照合同条款规定的供货人姓名、供货品种、规格、数量、重量、包装方式、检验标准和方案、交货时间和地点等与有关单位核对，并将采购凭证提供的材料、设备的质量检验结果与合同规定的相应标准进行对照，以确保无误。

3. 检验材料、设备的质量。

检验人员按照确定的检验项目、检验标准与检验方式检查材料、设备的质量。

七、检验处理

1. 检验人员完成材料或设备的检验后需要填写《检验报告单》报相关部门审批。

2. 检验人员需要将检验过的材料、设备与未检验的材料、设备区分开来，避免混淆。

3. 材料、设备的检验结果不合格应及时与采购人员联系，由其负责与供应商按照合同约定进行处置或协商解决。

# 第三章 生态修复工程项目零缺陷建设监理

为了适应生态修复工程项目零缺陷建设监理形势发展的需要，不断提高生态修复工程项目零缺陷建设监理队伍的整体工作素质，进一步规范和加强生态修复建设监理工作，按照国家基本建设三项制度的总要求，本章围绕着“三控制、两管理、一协调”的基本框架，立足生态修复工程项目零缺陷建设的特点，遵循国家和行业颁发的关于加强生态修复工程项目建设监理工作的规章制度、规范，结合目前我国工程项目建设监理理论，以及生态修复工程项目零缺陷建设的类型、组织管理、投资体制、施工组织等实际情况及施工监理的实践经验，运用生态修复工程项目建设监理理论体系，提出生态修复工程项目零缺陷建设监理理论的基本概念，形成生态修复工程项目零缺陷建设监理理论基本体系，阐述生态修复工程项目零缺陷建设监理理论的组成及其基本内容，旨在为推动生态修复工程项目零缺陷建设监理工作的健康发展。

## 第一节 项目建设监理理论

1988 年，我国建立建设工程监理制之初就明确界定，建设工程监理是专业化、社会化的建设单位项目管理，所依据基本理论和方法来自建设项目管理学，又称工程项目管理学；它以组织论、控制论和管理学作为理论基础，结合建设工程特点形成的一门新兴学科。监理学科的对象是对建设工程管理总目标的有效控制，即包括费用、质量和时间 3 个目标的控制。

### 1 工程项目建设监理基本原理

#### 1.1 工程项目建设施工监理的概念

监理是指有关执行者根据一定的行为准则，对某些行为进行监督管理，使这些行为符合准则要求，并协助行为主体实现其行为目的。建设工程监理是指针对工程建设，实行社会化、专业化的建设工程监理单位接受业主的委托和授权，根据国家、地方政府或企业（事业单位或个人）批准的建设工程项目文件，有关工程建设的法律、法规和建设工程监理合同，以及其他工程建设合同所进行的旨在实现工程项目投资目的的微观监督管理活动。

## 1.2　工程项目建设施工监理的原则与特征

### 1.2.1　施工监理的原则

（1）权责一致的原则。监理公司（单位）承担工程施工监理工作职责应与业主授予的权限相一致，即业主向监理单位的授权，应以能保证其正常履行监理工作职责为原则。

（2）公正、独立、自主的原则。监理工程师在对生态工程建设过程履行监理工作职责时，必须以科学的态度，尊重技术原理、工艺事实，与工程建设各方协同配合，公正地维护各方的正当、合法权益，始终坚持公正、独立、自主行使监理职责的原则。业主与承包商虽然都是独立的经济主体，但他们追求的工程建设目标和活动行为也各不相同，监理工程师应在按合同约定的权、责、利基础上，削弱或消除双方的差异性、协调双方的一致性。

（3）综合效益原则。生态修复工程建设监理活动不但要顾及业主建设目标的经济效益，还必须考虑与社会效益、环境效益的统一与结合，符合公众的利益。

（4）预防为主的原则。监理工程师在现场实施监理控制过程中，必须具备对生态修复工程项目建设施工活动行为的超前预见、预测能力，并把重点放在“预控”上，“防患于未然”。制定相对应的多项对策及防范措施方案，切实做到事前有预测、预案，情况变了有对策、有措施。

（5）实事求是原则。在生态修复工程项目建设施工监理工作中，监理工程师应尊重事实，其任何判断和发出的指令都应以证明、检验、试验数据资料为依据，以理、以事实服人。

（6）严格监理与热情服务的原则。监理工程师在处理自身与施工商关系，以及处理业主与施工商之间的利益关系时，不但要立场公正，为业主提供高效率的服务，而且也应坚持严格按合同合理、合情办事，认真履行其职责赋予的各项要求。

### 1.2.2　施工监理的基本特征

（1）工程监理是针对工程项目建设所实施的监督管理活动。工程建设监理活动都是围绕着具体的工程项目来进行的，并以此来界定工程建设监理的范围；监理主要是针对建设项目的要求而开展的，直接为建设项目提供管理服务的行为。离开工程建设项目，项目业主、设计单位、施工企业、材料与设备供应商及监理单位，它们的行为就不属于工程建设监理的范围。

（2）工程建设监理的行为主体是监理单位。监理公司应是具有独立性、社会化、专业化的单位，是专门从事工程建设监理技术服务活动的组织。只有监理公司才能按照独立、自主的原则，以“公正的第三方”的身份开展生态修复工程建设施工监理活动。

（3）工程建设监理的实施需要业主的委托和授权。工程建设监理的产生源于市场经济条件下的社会需求，始于业主的委托和授权，这是工程建设监理和政府对工程建设所进行的行政性监督管理的重要区别。在实施工程建设监理中，业主与监理单位的关系是委托与被委托、授权与被授权的关系。二者是市场合同关系，是需求与供给关系，是一种委托与服务的关系。

（4）工程建设监理是有明确依据的工程建设行为。工程建设监理是严格地按照国家批准的工程项目建设文件，以及有关工程建设的法律、法规、工程建设监理合同和工程建设其他合同实施的。各类工程建设合同是工程建设监理的最直接依据。工程监理公司是指取得企业法人营业执照，具有监理资质证书的依法从事建设工程监理业务活动的经济组织。

（5）建设监理主要发生在工程项目建设的实施阶段。监理活动主要出现在工程项目建设的设计、招标、施工、竣工验收和保修阶段。工程建设监理的目的是协助业主在预定的投资、质量、进度目标内建成项目；监理的主要内容是针对完成投资、实施质量与施工进度的控制、合同管理、组织协调等，这些活动也主要发生在工程项目的建设实施阶段。

（6）工程建设监理是微观性质的监督管理活动。监理活动是针对一个具体的工程项目展开的。项目业主委托监理的目的，就是期望监理公司能够协助他实现项目投资目的。因此监理活动必须是紧紧围绕着工程项目建设的各项投资活动和施工作业活动所进行的监督管理。

## 1.3 工程项目建设监理的依据与方法

### 1.3.1 工程项目建设监理依据

工程项目建设监理的目的是力求实现工程项目建设目标。是指对全过程的建设工程项目监理要力求在计划的投资、进度和质量目标内全面实现项目建设的总目标；阶段性的工程项目建设监理要力求实现本阶段项目建设目标。工程项目建设监理的依据主要包括以下 3 项内容。

（1）工程项目建设文件。工程项目建设文件包括批准的可行性研究报告、项目建设选址意见书、建设用地规划许可证、工程项目建设规划许可证、批准的施工图设计文件和施工许可证等。

（2）有关法律、规章和标准规范。有关的法律、规章和标准规范，包括《合同法》《招标投标法》《建设工程质量管理条例》《建筑法》《工程监理企业资质管理规定》《工程建设标准强制性条文》《建设工程监理规范》等有关的工程技术标准、规范、规程。

（3）工程项目建设委托监理合同和有关工程项目建设合同。工程项目建设委托监理合同和有关工程项目建设合同，是指相关的工程项目建设咨询合同、勘察合同、设计合同、施工合同与材料设备采购合同等。

### 1.3.2 工程项目建设监理方法

工程项目建设监理的基本方法是一个系统，它由不可分割的若干个子系统组成。它们相互联系、相互支持、共同运行，形成一个完整的方法体系。这个系统的组成部分就是监理的目标规划、组织协调、动态控制、合同管理与信息管理。

（1）目标规划。工程项目建设目标规划是以实现目标控制为目的的规划和计划，它是围绕工程项目、进度和质量、投资目标进行研究确定、分解综合、安排计划、风险管理、制定措施等多项工作的集合。规划的过程是一个由粗至细的过程，它随着工程项目建设的进展，分阶段地根据可能获得的工程项目建设信息对前一阶段的规划进行细化、补充、修改和完善。

工程项目建设目标规划工作包括正确地确定投资、进度、质量目标或对已经初步确定的目标进行论证；按照目标控制的需要将各目标进行分解，使每个目标都形成一个既能分解又能综合满足控制要求的目标划分系统，以便实施控制；把工程项目建设实施过程、目标和活动编制成计划，采用动态的计划系统来协调和规范工程项目建设实施，为实现预期目标构筑一座桥梁，使项目协调有序地达到预期目标；对计划目标的实现进行风险分析和管理，以便采取针对性的有效措施实施主动控制；制定各项目标的综合控制措施，力保项目目标的实现。

（2）组织协调。组织协调与目标控制密不可分，协调的目的就是为了实现项目目标。在监理过程中，当设计概算超过投资估算时，监理工程师要与设计单位进行协调，使设计概算与投资限额之间达成妥协，既要满足业主对项目功能和使用的要求，又要力求使费用不超过限定的投资额度；当施工进度影响项目运作的时间时，监理工程师就要与施工单位进行协调，或改变投入，或修改计划，或调整目标，直到制定出一个较理想的解决问题方案为止；当发现承包单位管理人员不称职，给工程项目建设质量造成影响时，监理工程师要与承包单位进行协调，促其换人确保工程质量。

（3）动态控制。动态控制是指在完成工程项目建设过程，通过对过程、目标和活动的跟踪，全面、及时、准确地掌握工程项目建设的动态信息，将实际目标值和工程项目建设状况与计划目标和状况进行对比；如果偏离了计划和标准要求，就采取措施加以纠正，以便计划总目标顺利实现。

动态控制是在目标规划的基础上针对各级分目标实施的控制，以期达到实现计划总目标的目的。整个动态控制过程都是按事先安排的计划进行。一项完善的计划首先应当是可行且合理，需要经过可行性分析来保证计划在技术上可行、资源上可行、财务上可行、经济上合理；同时，要通过必要的反复完善的过程来验证，力求使其达到优化程度。

（4）合同管理。监理单位在工程项目建设过程中的合同管理，主要是根据监理合同的要求，对工程项目建设过程中各类承包合同的签订、履行、变更和解除，进行监督、检查，对合同双方的争议进行调解和处理，以保证合同依法签订和全面履行。

合同管理对于监理单位完成监理工作任务非常重要。根据国外经验，合同管理产生的经济效益往往大于技术优化所产生的经济效益。一项工程合同，应当对参与项目建设的各方建设行为起到控制作用，同时具体指导一项工程分项目如何操作完成。所以，从这个意义上讲，合同管理起着控制整个项目建设实施的作用。

（5）信息管理。在实施监理的过程中，监理工程师要对所需要的信息进行收集、整理、处理、存储、传递、应用等一系列工作，这些工作总称为信息管理。为有效地进行项目建设控制，全面、准确、及时地获得工程信息十分重要。这就需要建立一个科学报告系统，通过这个报告系统来传递经过核实的准确、及时、完整的工程信息。收集信息要由专人来完成，信息的及时性需要有关人员对信息管理持主动积极的态度，信息的准确性要求管理人员认真负责地去对待。这就要求监理工程师能够事先了解存在的问题并对工程状况事先进行预测。只有熟悉并研究工程项目建设的实际情况，才能对来自各方信息进行分析、判断、去伪存真，掌握真实可用的信息，对众多的费用、工期和质量等方面的信息，必须进行加工、处理、分类和归纳。

# 2　工程项目建设监理制度

## 2.1　我国工程项目建设监理制度历史

国家推行工程项目建设监理制度，国务院规定了实行强制监理的工程建设范围。实行监理的建设工程项目，由建设单位委托具有相应资质的工程项目监理单位监理。项目建设单位与其委托的工程项目监理单位应当订立书面委托监理合同。

工程项目建设监理应当依照法律、行政法规及有关技术标准、设计文件和工程承包合同，对承包单位在施工质量、工期进度和建设资金使用等方面，代表建设单位实施监督。工程监理人员认为工程项目施工作业不符合工程项目建设设计要求、施工技术标准和合同约定，有权要求施工企业限期改正；工程监理人员认为工程设计不符合工程项目建设质量标准、规范、工艺要求，或者违反合同约定的质量、进度等要求，应当报告建设单位，要求设计单位修正。

### 2.1.1 我国工程项目建设监理制度的产生

中华人民共和国成立以来，长期实行计划经济体制，企业所有权和经营权不分，投资和工程项目建设均由国家承担，也没有业主和监理单位，设计、施工单位也不是独立生产经营者，工程项目建设产品不是商品，有关方面也不存在买卖关系，政府直接支配建设投资和进行建设管理，设计、施工单位在计划指令下开展工程项目建设活动。在工程项目建设管理上，则一直沿用建设单位自筹资金、自己管理、自己建设的方式。建设单位不仅负责组织设计、施工、申请和购置材料设备，还直接承担了工程项目建设的监督和管理职能。这种由建设单位自行管理项目建设的方式，使得一批批的筹建人员刚刚熟悉项目建设管理业务，就随着工程项目建设竣工而转入生产、使用单位，而另一批新建工程项目的筹建人员，则又要从头学起。如此周而复始地在低水平阶段重复，严重地阻碍了我国工程项目建设水平的提高。这种以国家为投资主体采用行政手段分配建设任务的状况，暴露出许多缺陷，诸如建设投资规模难以控制，工期、质量不能保证，重复建设和浪费极其严重。在投资主体多元化并全面开放建设市场的形势下，上述建设模式就无法适应新形势的建设需求了。

十一届三中全会之后，改革开放推动了我国建设工程监理制度的出台。我国最早实行建设监理制度的工程项目是 1982 年招标、1984 年开工的云南鲁布革水电站引水隧道工程项目，1986 年开工的西安至三原高速公路工程项目也实行了监理制度。监理制度在这些工程项目建设实践中获得了极大成功，鲁布革水电站引水隧道建设工程项目，创造了工期、劳动生产率和建设质量的三项全国纪录，在全国引起很大震动，受到建设行业的广泛好评。

1984 年我国开始推行招标承包制和开放建设市场，极大地增强了工程项目建设领域的活力，但同时也出现了建设市场秩序混乱、工程项目质量形势十分严峻的局面。产生这一现象的主要原因是在注入激励机制的同时，没有建立相应的约束机制。1988 年 3 月，七届人大一次会议的《政府工作报告》中特别强调：在进行各项管理制度改革的同时，一定要加强经济立法和司法，要加强经济管理与监督。因此，1988 年组建建设部时，设置了“建设监理司”，除具体归口管理工程项目建设质量、安全和招投标外，还具体实施建设监理制度的重大改革。1988 年 7 月 25 日，建设部向全国建设系统印发了第一个建设监理文件：《关于开展建设监理工作的通知》，其中详细阐述了我国建立建设监理制度的必要性，明确了监理的范围和对象、政府的管理机构与职能、社会监理单位以及监理内容，对监理立法和监理组织提出了具体要求，正式开始了我国工程项目建设监理制的推广与实施。

### 2.1.2　我国工程项目建设监理制度的发展

我国工程项目建设监理的实施就其发展过程而言，可分为以下 3 个阶段。

（1）试点阶段（1988~1993 年）。1988 年 8 月和 10 月，建设部分别在北京、上海召开了两次建设监理会议，确定北京、上海、天津、南京、宁波、沈阳、哈尔滨、深圳 8 个市和交通、能源两个部的公路与水电工程项目建设实行监理试点。同年 11 月 12 日，研究制定了《关于开展建设监理试点工作的若干意见》，为试点工作的开展提供了依据；1989 年下半年建设部发布《建设监理试行规定》，这是建设中国特色的建设监理制度的第一个法规性文件；1992 年监理试点工作迅速发展，《建设工程监理单位资质管理试行办法》《监理工程师资格考试和注册试行办法》先后出台，《监理取费办法》也制定颁发；1993 年 3 月 18 日，中国建设监理协会成立，标志着我国建设监理行业的初步形成。

（2）稳步推进阶段（1993~1995 年）。1993 年 5 月，建设部在天津召开了第五次全国建设监理工作会议。会议分析了全国建设监理工作形势，总结了试点工作经验，对各地区、各部门建设监理工作给予了充分肯定。建设部决定在全国结束建设监理试点，并从当年转入稳步推进阶段。截至 1995 年年底，全国 29 个省、自治区、直辖市和国务院 39 个工业、交通等部门推行了建设监理制度。全国已开展监理工作的地级以上城市有 153 个，占总数 76%；已成立监理单位 1500 多家，其中甲级监理单位 123 家，监理从业人员达 82000 多人，其中有 1180 多名监理工程师获得了注册证书，一支具有较高素质的监理专业队伍开始形成。全国累计接受监理的建设工程项目投资规模达 5000 多亿元，接受监理的工程项目覆盖率在全国平均约为 20%，全国大型水电建设工程项目、铁路建设工程项目、大部分国道和高等级公路建设工程项目全部实行了建设监理。

1995 年 12 月，建设部在北京召开了全国第六次建设监理工作会议。会议总结了 7 年来建设监理工作成绩和经验，对下一步监理工作进行了全面部署，还出台了《建设工程监理规定》和《建设工程监理合同示范文本》，进一步完善了我国建设监理制度。这次会议的召开，标志着我国建设监理工作已经进入全面推行的新阶段。

（3）全面推行阶段（1996 年以后）。1996 年，生态修复、园林工程项目建设监理进入全面推行阶段，目前归属于林业、水保等生态工程监理类别，已作为独立的工程项目建设监理类别存在。

生态修复工程项目建设列入监理资质管理的范围，还存在着以下 4 方面的问题。

①有关法律、法规尚未健全。如参考的园林工程定额等标准，现在主要依据 1999 年建设部发布的《城市绿化工程施工及验收标准》，其内容除绿化工程施工外，还有少量绿化工程附属设施内容，其他如土方工程、灌溉与排水工程等涉及较少。目前运作中，只能参考建筑、公路、给水排水等建设工程或行业标准。

②对生态修复工程项目建设监理的重要性及各种法律、法规、制度宣传力度不够。

③个别业主对监理单位的监理职责理解不够。

④监理工作人员综合素质较低，履行监理工作职责不到位、不规范等。

总之，生态修复工程项目建设监理今后还要面临许多亟待解决的问题，只有与时俱进、踏着建设生态文明前进的步伐，才能有序、规范地促进生态监理工作的顺利开展。

## 2.2　工程项目建设监理制度的基本内容

（1）在一定范围内强制实行工程项目建设监理。工程建设项目是否实行监理，应由业主决定，建设监理并不具有强制性。但我国是以公有制为主的社会主义国家，必须加强对涉及国计民生的工程项目建设管理，必须加强对政府和国有企业投资建设项目的监理；此外，我国建设监理市场不发达，必须在一定范围内强化和加大建设工程项目监理的推行力度。因此，《中华人民共和国建筑法》授权国务院可以规定实行强制监理的建筑工程范围。1995 年 12 月 15 日，建设部、国家计委联合发布《工程建设监理规定》，明确了实行强制监理的建筑工程项目范围，主要包括：①大、中型工程项目；②市政、公用工程项目；政府投资兴建和开发建设的办公楼、社会发展事业项目和住宅工程项目；③外资、中外合资和国外贷款、赠款、捐款建设的工程项目。

（2）工程项目建设监理招投标制。建设部在《1998 年建设事业体制改革的工作要点》中提出“积极推进建设监理招标制”，《中华人民共和国招标投标法》中规定了有关的工程项目应实行建设监理招投标制。监理招投标制的全面实行将发挥以下三个方面的积极作用。

①有利于规范业主行为：通过监理招投标制，可转变业主观念，加深社会各界对监理工作的认识，提高建设监理地位，使业主自觉接受监理。

②有利于规范监理单位行为：可以促进监理企业自身素质的不断提高，促进监理企业加强管理、提高业务水平，提高参与市场的竞争能力。

③有利于形成统一开放、竞争有序的监理市场：通过实行招投标，可以打破行业垄断、部门分割、权力保护，发挥工程建设监理市场机制作用，实现优胜劣汰。

（3）工程项目建设监理单位实行资质管理。严格工程项目建设监理单位的资质管理是保证工程建设市场秩序的重要措施。《建筑法》规定了工程项目建设监理单位从事监理活动应当具备的条件：有符合政府工商行政管理部门规定的注册资本；有与其从事工程项目建设活动相对应的具有法定执业资格的专业技术人员；有从事相关工程项目建设活动所应有的技术装备，以及法律、行政法规规定的其他条件；同时，要求工程项目建设监理单位必须按核定的资质等级，经资质审查合格，取得相应等级的资质证书后，方可在其资质等级许可范围内从事工程项目建设监理业务活动。

（4）监理工程师实行考试和注册制度。实行监理工程师考试和注册制度，主要是限定从事监理工作的人员范围，保证监理工程师队伍具有较高业务素质和工作水准。监理工程师资格考试、考核工作由建设部、人事部共同组织实施。监理工程师注册由监理工程师所在监理单位提出申请，经本省、本地区监理工程师注册机关核准并报建设部备案后，发给注册证书，予以注册。只有取得注册证书的专业监理人员，才能以监理工程师名义上岗执业。

（5）从事监理工作可以合法获取酬金。生态修复工程项目建设监理是高智能的专业技术服务，这种服务是有偿且报酬高于社会平均水平。1992 年，建设部和国家物价局联合发布了《关于发布建设工程监理费有关规定的通知》，为监理工作酬金计取提供了参考标准。

# 第二节
# 项目零缺陷建设监理概述与组织设立

## 1　生态修复工程项目零缺陷建设监理概述

### 1.1　项目零缺陷建设监理的概念

根据国家有关规定，生态修复工程项目建设监理，是指具有相应资质的林业、水土保持、园林绿化等工程项目建设监理公司，经过招投标程序中标后，受生态修复工程项目建设单位委托，按照监理合同对生态修复工程项目建设实施中的质量、进度、安全文明施工、环境保护等进行的管理活动。内容包括林业防护造林工程项目、水土保持工程项目、沙质荒漠化防治工程项目、盐碱地生态改造工程项目、土地复垦工程项目、退耕还林工程项目、水源涵养林保护工程项目、天然林资源保护工程项目的施工监理。

生态修复工程项目零缺陷建设监理，是指具有生态修复工程项目建设监理相应资质的监理公司，受建设单位委托，按照监理合同对生态修复工程项目建设中的质量、进度、安全文明施工、环境保护等进行现场管理的活动，并代表建设单位对施工公司施工作业行为进行监控的专业化服务活动。

①生态修复工程项目零缺陷建设监理的行为主体是监理公司，它区别于林业、水土保持等行政主管部门监督管理的特点是不具备行政强制性。

②生态修复工程项目零缺陷建设监理实施的前提是需要建设单位委托和授权，并在生态修复工程项目建设规定范围和约定期限内行使建设现场的管理权。

③生态修复工程项目零缺陷建设监理的依据，是生态修复工程项目建设文件、有关法律法规规章和标准规范，以及生态项目建设委托监理合同和有关的项目建设合同等。

④生态修复工程项目零缺陷建设监理的工程范围指涉及国家、社会公共利益的生态修复建设工程项目，目前主要是针对生态修复工程项目建设施工阶段的监理。

### 1.2　项目零缺陷建设监理的发展

我国生态修复工程项目建设监理起步较晚，20 世纪末开始试点，进入 21 世纪才开始推行。随着国家林业防护造林、水土保持、荒漠化防治、盐碱地改造、土地复垦、退耕还林和水源涵养林保护等生态工程项目建设的大规模发展，特别是对开发建设项目生态保护工作的日益重视，使得生态修复工程项目建设监理得到了全面快速的发展。

国家环境保护总局、铁道部、交通部、水利部、国家电力公司、中国石油天然气集团公司 2002 年 10 月 13 日以环发〔2002〕141 号文，联合发出《关于在重点建设项目中开展工程环境监理试点的通知》，明确指出：建设单位按环境影响报告书（含水土保持方案）审批文件要求制定施工期工程环境监理计划；建设单位应依据设计文件中的环境保护要求，在施工招标文件、施工合同和工程监理招标文件、监理合同中明确施工单位和工程监理单位的环境保护责任；施工单位在项目建设施工阶段，应严格按照环境保护法律、法规、政策和项目设计文件中的环境保护要求，以及与建设单位签订的承包合同中的环保条款，做好防治污染和生态保护措施的实施工作；建设单位应委托具有工程项目建设施工监理资质，并经环境保护业务培训的第三方单位对设计文件中保护措施的实施情况进行工程项目建设的环境监理；工程环境监理资质按国家工程监理行政主管部门的有关规定执行。工程监理单位在项目施工阶段，依据建设单位委托和监理合同中的环境保护要求，将环境保护监理工作纳入工程项目监理细则。项目竣工验收时，建设单位应向环境保护行政主管部门提交工程环境监理总结报告，作为工程项目竣工环境保护验收的必备文件；未经批准任何单位不得在施工中变更环境保护设计，若确因工程项目建设需要做重大变更，应按有关规定办理变更审批手续；项目建设施工阶段，建设单位应定期向项目所在地区环境保护行政主管部门及项目主管部门提交工程项目建设监理报告。项目所在地区环境保护行政主管部门对施工现场的污染防治和生态保护措施落实情况进行监督，水行政主管部门对水保方案进行监督检查。对未按国家有关环境保护法律、法规和政策及批复的环境影响报告书的要求施工的，应责令建设单位限期改正，造成生态破坏的要采取补偿措施或予以恢复。从而对开发建设项目的水土保持工程项目监理提出明确要求。

水利部《关于加强大中型开发建设项目水土保持监理工作的通知》（水保［2003］89号）进一步明确指出：凡水利部批准的水土保持方案，在其实施过程中必须进行水土保持监理，其监理成果是开发建设项目水土保持设施验收的基础和验收报告必备的专项报告；承担水土保持监理工作的单位及人员根据国家建设监理的有关规定和技术规范、批准的水土保持方案及工程项目设计文件，以及工程项目施工合同、监理合同，开展监理工作。从事水土保持工程项目建设监理工作的人员必须取得水土保持监理工程师证书或监理资格培训结业证书；水土保持投资在3000万元以上（含主体工程中已列的水土保持投资）的建设项目，承担水土保持工程项目监理工作的单位还必须具有水土保持监理资质；水土保持监理实行总监理工程师负责制，根据项目特点设立现场监理机构，配备各专业监理人员，对水土保持工程项目建设进行质量、进度和投资控制。监理单位在监理过程中，应对水土保持工程项目建设的单元工程、分部工程、单位工程提出质量评定意见，作为水土保持工程项目建设验收及评估的基础；承担水土保持工程项目建设监理工作的单位，由建设单位通过招标方式确定，并向水土保持方案批准单位备案。承担水土保持监理工作的单位要定期将监理报告向建设单位和有关水行政主管部门报告。同时，其监理报告的质量将作为考核监理单位的依据。

该通知从监理单位资质、人员，监理依据、范围、内容等方面作出了具体规定，从而有力地推动了水土保持等其他生态工程项目建设监理工作的快速发展。

## 1.3　项目零缺陷建设监理的工作特性

（1）服务性。服务性是指生态项目零缺陷建设监理公司利用自己的专业知识、技能与经验、信息以及必要的试验、检测手段，为生态项目建设单位提供现场管理服务。监理公司具有的服务性是生态工程项目建设监理的重要特征之一。①监理公司是智力密集单位，其本身不是建设产品的直接生产者和经营者，它为建设单位提供智力服务。监理公司拥有多学科、多行业、具有长期从事生态工程项目建设工作的丰富实践经验、精通技术与管理、通晓经济与法律的高层次专门人才。②监理公司的监理工程师通过对生态工程项目建设活动进行组织、协调、监督和控制，保证建设合同的顺利实施，达到建设单位的建设意图。③监理工程师在生态修复工程项目建设合同实施过程，有权监督建设单位和承包单位严格遵守国家有关生态建设标准和规范，贯彻国家的生态文明建设方针和政策，维护国家利益和公益。从这一意义上理解，监理工程师的工作也属于服务性的。④监理公司的劳动与其对应报酬属于技术服务性的合理收入，它不同于承包施工公司的盈利，而是按其支付脑力劳动量的大小取得相应的报酬。

（2）独立性。独立性是生态修复工程项目零缺陷建设监理的又一个重要特征，其表现在以下 3 方面。

①监理公司在财务、业务和管理上必须具备独立性。其单位和个人不得与生态修复工程项目建设各方发生利益关系。我国工程项目建设监理有关规定指出，监理公司的“各级监理人和监理工程师不得是施工、设备制造和材料供应单位的合伙经营者，或与这些单位发生经营性隶属关系，不得承包施工和建材销售业务，不得在政府机关、施工、设备制造和材料供应单位任职”。这样规定，正是为了避免监理公司和其他单位之间发生利益牵连，从而保持自己的独立性和公正性，这也是国际惯例。

②监理公司与建设单位是平等的合同约定关系。监理公司按约承担的监理工作任务不是由建设单位随意指定，而是由双方事先按平等协商的原则确立于合同之中，监理公司可以不承担合同以外建设单位随时指定的任务。如果实际工作中出现这种需要，双方必须经过协商，并以合同形式对增加的工作加以确定。监理委托合同一经确定，建设单位不得干涉监理工程师的正常工作。

③监理公司在实施监理工作过程，是处于生态修复工程项目建设承包合同签约双方间独立的一方，它可以自己的名义，行使依法成立的监理委托合同所确认的职权，承担项目建设施工的技艺、质量、安全、职业道德和法律等相关责任。

（3）公正性。公正性是指监理单位和监理工程师在实施生态修复工程项目零缺陷建设监理活动中，排除各种干扰，以公正的态度对待委托方和被监理方，以有关法律、法规和双方签订的生态修复工程项目建设合同为准则，站在第三方立场上公正地加以解决和处理，做到“公正地证明、决定或行使自己的处理权”。公正性是监理公司和监理工程师顺利履行其职能的重要条件。监理获得成效的关键，在程度上取决于能否与施工公司以及建设单位进行良好的合作、相互支持、互相配合。而这些均是建立在监理的公正性基础之上。

公正性也是监理制对生态修复工程项目零缺陷建设监理进行约束的必要条件。实施建设监理制的基本宗旨是建立适合社会主义市场经济的生态修复工程项目建设新秩序，为开展生态文明建设创造安定、协调的环境，为业主和承包商提供公平竞争的环境条件。建设监理制的实施，使监理公司和监理工程师在生态修复工程项目建设中具有重要的地位。所以，为了保证生态建设监理制的顺利实施，就必须对监理公司及其监理工程师制定约束条件，而公正性要求就是其重要的约束条件之一。公正性是实施监理制的必然要求，是社会公认的职业准则，也是监理公司和监理工程师的基本职业道德准则。公正性必须以独立性为前提。

（4）科学性。科学性是监理单位区别于其他一般服务性组织的重要特征，也是其赖以生存的重要条件。监理公司必须具有发现和处理项目设计和施工公司存在的技术与管理问题的能力，能够提供高水平的专业服务，所以必须具有科学性。科学性必须以监理人员的高素质为前提，按照国际惯例，监理公司的监理工程师，都必须具有相当学历，并有长期从事生态修复工程项目建设工作的丰富实践经验，精通技术与管理，通晓经济与法律，经权威机构考核合格并经政府主管部门登记注册，发放证书，才能取得公认的合法资格。监理公司不拥有一定数量持证人员，就不能正常开展生态工程监理业务。社会监理公司的独立性和公正性也是其具有科学性的基本保证。

## 1.4　项目零缺陷建设监理的特点

生态修复工程项目除具有一般基本工程项目建设共性外，还具有自身的特殊性，这就决定了生态修复工程项目零缺陷建设监理具有以下 6 个特点。

（1）工程项目小而分散，监理成本高、难度大。生态修复项目建设是因害设防的综合治理工程项目，广域分布，区域分散。就单项工程项目建设投资而言，小则几万至十几万元，大则几十万元，这些工程分布在几平方公里乃至几百平方公里的区域范围，或者延绵几百上千公里。往往跨区域、跨省区建设，从而增加了监理工作的成本和难度。

（2）监理面对的施工主体多种多样。生态修复工程项目零缺陷建设规模和施工难度差异较大，其项目建设施工的主体层次不一。如开发建设项目水土保持工程项目、水土保持治沟骨干坝工程项目、沙质荒漠化防护林工程等规模较大项目，通过招投标程序，由符合建设施工资质的施工企业组织施工，有些造林、种草、小型水保工程项目、基本农田建设、灌溉管网等分部工程项目则由专业施工队和当地群众施工，因而监理所面对的施工队伍人员素质参差不齐。

（3）防治措施种类繁多，对监理人员综合素质要求高。生态修复工程项目零缺陷建设采取的防治措施类型涉及专业及学科种类繁多，如既有种苗、栽植、植物病虫害防治、水保水利、林学技术、固沙防护林、牧草种植技术及土木工程技术，更要有生态恢复机理和生态文明建设基础理论，同时还得掌握现场监理管理等多学科专业技能。因此，从事生态修复工程项目建设监理的监理工程师，有别于其他建设工程项目的最大区别是需要的监理人员是多专多能的复合型人才。

（4）监理项目点多线长面广，以巡视为主。生态修复工程项目零缺陷建设涉及地域广阔，监理工程师开展工作时，一般以巡视监理为主，对重点控制的关键工序、要害部位、隐蔽工程的施工作业应采取旁站监理工作方式，并如实记录。

（5）生态修复工程项目建设季节性强，对监理进度影响较大。生态修复工程项目零缺陷建设以春、夏、秋季种植施工作业为主，有些分部工程项目建设施工受汛期影响与制约等，监理公司在审查、审批进度计划时应充分考虑季节因素对工期进度的影响。

（6）投资主体多元化，控制与协调难度大。生态修复工程项目零缺陷建设作为社会公益型项目，其投资既有中央补助、地方匹配，也有企业出资，还有引进外资和社会募捐等各种形式，投资主体和受益主体往往不统一，监理控制建设投资额难度极大。

## 1.5　项目零缺陷建设监理的作用

### 1.5.1　能够有效提高项目建设投资决策的科学化水平

在建设单位委托监理公司实施全方位全过程监理过程，当建设单位有了项目建设初步投资意向后，监理公司可协助建设单位选择适当的工程咨询机构，管理项目建设咨询合同实施，并对咨询结果进行评估和提出有价值的修改意见和建议；或者直接从事工程项目建设咨询工作，为建设单位提供建设方案，可使项目投资更加符合投资意向和市场需求。监理公司参与或者承担项目决策阶段的监理工作，有利于提高项目投资决策水平，避免投资决策失误，也为实现生态文明工程项目建设投资综合效益最合理化打下了良好基础。

#### 1.5.2　有利于规范生态修复项目建设各参与方的行为

在生态修复工程项目建设中，监理公司可依据委托监理合同对施工公司的建设施工行为进行现场监督管理。由于这种约束机制贯穿于生态修复项目建设全过程，可采取事前、事中和事后控制相结合方式，可有效地规范施工公司的施工作业行为，最大程度地避免违规、违章等不良作业行为的发生。即使出现不当行为，也可以及时制止，最大程度地避免造成不良后果。应当说，这是现场监理约束机制的根本目的。另外，开发建设工程项目的建设单位，由于受其行业和专业限制，对生态工程项目建设有关法律、规章、制度、标准及有关规范了解不够，也可能出现不当建设行为。在这种情况下，监理公司可向建设单位提出合理建议，从而避免发生不当建设行为，这对规范建设单位的建设行为也可起到一定约束作用，当然，要发挥上述约束作用，监理公司首先必须规范自身行为，并接受政府部门的监督管理。

#### 1.5.3　有利于促使施工公司保证项目建设质量和施工作业安全

在加强施工公司自身对生态项目建设质量管理的基础上，由监理公司介入项目建设施工过程管理，对保证生态修复项目建设质量和安全文明施工有着重要作用。

#### 1.5.4　有利于实现生态修复工程项目建设投资效益的最大化

①在满足生态修复项目建设设计预定功能和质量标准前提下，使投资额最少。

②在满足生态修复工程项目建设设计预定功能和质量标准前提下，其项目建设寿命周期费用（或全寿命费用）最少。

③生态修复项目建设本身的投资效益与其环境、社会效益的综合效益最大化。

### 1.6　项目零缺陷建设监理的范围

水利部、国家林业和草原局等国家部委明确规定，林业防护造林工程、水土保持工程、沙质荒漠化防治工程、盐碱地改造工程、土地复垦工程、退耕还林工程和水源涵养林保护工程等各类生态修复工程项目建设依法实行建设监理。符合下列情况之一的各类生态修复工程项目的大规模发展，必须实行建设监理。

①关系国家、社会公共利益和公共安全的各类生态工程建设项目；

②使用国有资金投资和国家融资的各类生态工程建设项目；

③使用外国政府、国际组织贷款与援助资金建设的各类生态工程项目。铁路、公路及高速公路、城镇、矿山、电力、石油天然气、建材等开发建设项目配套的各类生态防护工程项目，都应当规范按照生态项目建设程序实行施工监理。

### 1.7　项目零缺陷建设监理的主要任务

生态修复工程项目零缺陷建设监理的主要工作内容是依据项目建设合同，严格控制生态修复工程项目建设投资、质量和工期，并协调参与建设各方的工作关系，采取组织、经济、技术、合同和信息管理措施，对建设全过程和各参与方行为进行监督、控制和协调。生态修复工程项目零缺陷建设全过程实施监理的主要工作任务见表 3-1。

**表 3-1 生态修复工程项目零缺陷建设全过程监理工作任务**

<table>
<tr><th>阶段</th><th>控制目标</th><th>监理主要工作任务</th></tr>
<tr><td rowspan="3">规划、设计阶段</td><td>投资控制</td><td>监理公司：协助业主制定项目建设投资目标计划；技术经济分析协调配合设计投资合理化；改进意见、优化设计方案<br>监理工程师：项目建设总投资论证，确认可行性；组织设计方案选优；协助业主确定合理的投资方案；确定投资目标系统划分；协助设计单位进行限额设计；编制本阶段资金使用计划和付款控制；审核设计概算达到概预算却不超估算；设计挖潜，节省投资；积极寻求一次性投资少、质量优质、全寿命经济性合理的设计方案</td></tr>
<tr><td>质量控制</td><td>监理公司：制定质量目标规划；提供设计所需质量数据资料；优化设计；满足项目建设总目标要求<br>监理工程师：论证项目建设设计总质量目标；确定设计质量标准；确定优化设计方案；协助业主选择设计单位；跟踪并协调解决设计过程发现的问题；审查设计阶段成果并提出修改意见；对设计涉及的材料、设备是否满足规范要求进行确认；进行设计文件验收</td></tr>
<tr><td>进度控制</td><td>监理公司：协助业主设计项目建设工期；编制总进度计划；协调并力求使设计按期完成；依据合同为设计单位提供数据资料；协调外部关系，使设计顺利进行<br>监理工程师：对项目建设总进度目标进行可行性论证；制订项目总进度计划、总控制性进度计划、设计进度计划并监督其实施；受业主委托编制有关材料、设备供应进度计划并控制其执行；编制本阶段工作进度计划并控制其实施；积极开展组织协调</td></tr>
<tr><td>招投标阶段</td><td>规范公正性控制</td><td>协助业主编制招标文件；协助业主编制标底文件；参与对投标人资格进行预审；组织开标、评标、定标；协调业主与中标人签订生态工程项目建设合同</td></tr>
<tr><td rowspan="4">施工现场阶段</td><td>投资控制</td><td>协助业主通过支付进度款控制、变更费用控制、预防并及时妥善处理索赔控制，帮助业主实现建设费用不超计划投资额</td></tr>
<tr><td>质量控制</td><td>通过对施工投入、施工作业工序及安装等全过程控制，对施工公司人员专业资格、材料、设备与机械机具、施工实施方案、作业技艺、环境全面控制，按标准、规范达到项目建设质量目标</td></tr>
<tr><td>进度控制</td><td>制定、完善项目建设施工进度控制性计划；审核施工公司施工作业进度计划；协调参建各方关系；预防处理工期索赔使进度达到计划工期要求</td></tr>
<tr><td>安全文明施工控制</td><td>制定和完善项目建设安全文明施工监理规划；审核施工公司安全文明施工职责、作业制度和条例，并现场监督其付诸实施</td></tr>
<tr><td rowspan="2">抚育保质阶段</td><td>组织管理体系控制</td><td>制定项目抚育保质监理计划，检查和督促施工公司抚育保质机构设置与其职责；定期、不定期现场检查抚育保质效果及其工作记录是否真实与完整</td></tr>
<tr><td>质量控制</td><td>制定对抚育保质现场、工作记录、使用材料的检查与核查规划，及时发现和纠正抚育保质不到位现象，确保项目建设抚育保质达到预期质量目标</td></tr>
<tr><td rowspan="3">竣工验收阶段</td><td>方案控制</td><td>制定完善的项目竣工验收、移交等工作大纲；协助业主参与项目竣工验收、移交和质量等级评定等相关工作</td></tr>
<tr><td>技术资料验收控制</td><td>编制竣工项目完整的施工技术资料名录，并协助业主完成项目施工技术资料验收</td></tr>
<tr><td>完工实体验收控制</td><td>根据项目建设施工合同、工程量变更单等正式资料，协助业主参与现场对项目建设施工质量与数量的验收，并参与项目移交和质量等级等评定相关工作</td></tr>
</table>

## 1.8　项目零缺陷建设监理的主要依据

生态修复工程项目零缺陷建设监理的主要依据可以概括为以下 4 个方面。

①有关涉及生态修复工程项目建设的法律、规章；

②国家和地方政府有关行业部门颁发的生态项目建设相关技术规范、标准等；

③政府建设主管部门、项目建设单位批准的项目建设、规划、设计文件等；

④依法签订的生态修复工程项目建设设计、施工、物资采购及监理合同等。

## 1.9　项目零缺陷建设监理的准则

监理公司从事生态零缺陷建设监理活动，应遵循守法、诚信、公正、独立、科学的准则。

### 1.9.1　守法

守法，这是任何具有民事行为能力的单位、个人最基本的行为准则。对于监理公司来讲，守法，就是要依法开展监理经营活动。其守法应遵循的 4 项行为准则如下所述。

（1）监理公司只能在核定业务范围内开展监理经营活动。核定业务范围，是指经建设监理资质管理部门审查确认的监理公司资质证书中填写的经营业务范围。核定监理业务范围的 2 项内容如下。

①监理业务性质：指可以监理的生态修复工程项目专业类别，如林业工程项目造林施工监理、水土保持工程项目施工监理等专业，监理公司只能在核准的专业范围内承担监理业务。

②监理业务的等级：是指要按照核定监理资质等级承接监理业务，甲级资质监理公司可以承接一等、二等、三等工程项目的建设监理业务；丙级资质监理公司，一般只能承接三等工程项目的建设监理业务。

（2）监理公司在经营生态工程项目建设监理业务活动期间，不得伪造、涂改、出租、出借、转让、出卖《监理单位资质等级证书》。

（3）生态修复工程项目建设监理合同一经双方依法签订，即具有一定法律约束力，监理公司应严格按照合同规定履行其工作内容。

（4）监理公司应遵守国家有关企业法人的其他法律、法规规定，包括行政、经济和技术等多方面。

### 1.9.2　诚信

诚信是考核企业信誉的核心内容。监理公司应坚守诚信原则，向项目业主单位提供优质技术咨询服务。监理公司和每一名监理人员，能否做到诚信，不仅会直接影响到服务质量，同时，也会影响到监理公司、监理人员自身声誉和今后的市场开拓。所以说，诚信是监理公司经营活动基本准则的重要内容之一。

### 1.9.3　公正

公正是指监理公司在处理建设单位与施工公司间的建设矛盾和纠纷时，要做到“一碗水端平”，是谁的责任，就由谁来承担；该公平地维护谁的权益，就维护谁的权益。绝不能因为监理公司是受项目业主委托的缘故，就一味偏袒项目业主。通常情况下，监理公司维护建设单位的合法权益容易做到，而不损害施工公司的正当利益则比较难。为此，监理公司要做到公正，必须履行以下4项基本原则。

①培养高素质的职业道德，不为私利而违心地处理建设活动问题。

②坚持实事求是的原则，不单纯地只唯上级或建设单位的意见是从。

③提高综合分析问题的工作能力，不为局部、表面现象而模糊、不辨真伪。

④不断提高自己的综合理解、熟练运用工程建设合同条款的能力，以便以合同条款为依据，恰当、合理地协调和处理生态项目建设中的各种问题。

#### 1.9.4 独立

独立地开展对生态修复工程项目建设监理活动是监理公司应遵循的又一基本准则，其表现主要在以下3个方面。

（1）监理公司应恪守独立监理的工作准则。监理单位在人际关系、业务关系和经济关系上必须独立，其单位和个人不得与生态工程项目建设参与各方发生利益关系。我国建设监理有关规定指出，监理单位的“各级监理负责人和监理工程师不得是施工、设备制造和材料供应单位的合伙经营者，或与这些单位发生经营性隶属关系，不得承包施工和建设材料销售业务，不得在政府机关、施工、设备制造和材料供应单位任职”。制定和履行这样的规定，正是为了避免监理单位和其他单位之间发生利益牵制，从而保持自己的独立性和公正性，这也是国际惯例。

（2）监理单位与建设单位是平等的合同约定关系。监理单位承担的项目建设监理任务不是建设单位随便指定，而是由双方事先按平等协商的原则确立于合同之中，监理公司可以不承担合同以外建设单位随时指定的任务。如果实际工作中有这种需要，双方必须经过协商，并以合同形式对增加的工作加以确定。监理委托合同一经双方签字确定，建设单位不得干涉监理公司和监理工程师的正常工作。

（3）监理单位在实施监理过程，是介于生态修复工程项目建设承包合同签约双方中独立的一方，它以自己的名义，行使依法确定的监理委托合同所确认的职权，承担相应的项目建设监理工作责任、职业道德责任和法律责任。

#### 1.9.5 科学

科学是指监理公司的监理活动要依据科学方案，运用科学手段，采取科学方法。生态工程项目建设监理结束后，还要进行科学总结。总之，监理工作的核心之一是“预控”，必须要有科学思想、科学方法。凡是处理业务要有可靠依据和凭证；判断问题，要用数据说话。项目监理机构实施监理要制订科学计划，采用科学手段和科学方法。只有这样，才能提高监理服务质量，符合建设监理事业发展的规律。

## 2 生态修复工程项目零缺陷建设监理组织的设立

### 2.1 项目监理组织机构设置原则

（1）集权与分权相统一的原则。在项目建设现场监理机构中，集权是指总监理工程师掌握所有监理大权，各专业监理工程师只是执行者。分权是指专业工程师在各自管理范围内，有足够的决定权，总监理工程师主要起协调作用。

（2）专业分工与协作相统一的原则。对项目现场监理机构而言，分工就是将三大控制监理目标分成各部门、各监理人员的目标和任务，明确干什么、怎么干。协作就是指明确组织机构内部各部门之间和各部门内部的协调关系与配合方法。

（3）管理跨度与管理层次相统一的原则。①管理层次：是指从组织最高管理者到最基层工作人员之间的层次等级的数量；管理层次分为：决策层、协调层、执行层和操作层。②管理跨度：是指一名上级管理人员直接管理的下级人数；在项目监理机构设计中，应通盘考虑决定管理跨度的各种因素后，在实际运用中根据具体情况确定合理的管理层次。③管理人员组成：指在项目监理机构中，决策层由总监理工程师和其助手组成；协调层和执行层由各专业监理工程师组成；操作层主要由监理员、检查员等组成。

（4）权责相统一的原则。在项目监理机构中应明确设定职责、划定权力范围，不同岗位职务应有不同的权责，同等岗位职务赋予同等权利，做到责任和权利相一致。

（5）才职相对称的原则。每项工作都应该确定为完成该工作应具备的专业技能，根据每个人经历、知识、技能，做到才职对称、人尽其才、才得其用、用得其所。

（6）经济效益原则。项目监理机构设计，应组合成最适宜的结构形式，实行最有效的内部协调与沟通，从而大幅度减少或没有内耗，提高监理机构的整体工作效率。

（7）弹性原则。项目监理机构既要相对稳定，又要随组织内、外环境条件的变化做出相应调整，使其具有较高的适应性。

## 2.2　项目监理组织机构人员结构

### 2.2.1　项目监理组织人员结构

（1）小型生态修复工程项目建设监理组织。在总监理工程师领导下分别设立投资、质量、进度控制监理员，如图 3-1。

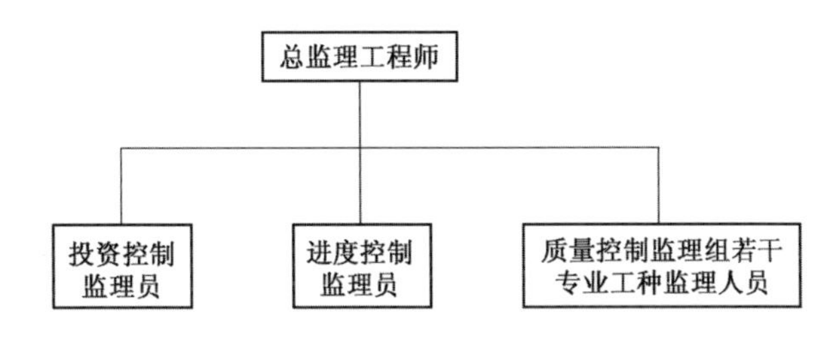


图 **3-1**　中型生态修复项目监理组织

（2）中型生态修复工程项目建设监理组织。可随施工的基础阶段、设备安装阶段、抚育保质阶段进行监理人员充实调整，但基本框架不应变更，如图 3-2。

（3）大型生态修复工程项目建设监理组织。其机构在上述组织框架基础上还应进一步充实，主要设有：①测量检测工程师；②材料、设备及施工半成品检测试验室；③文书档案管理室。

### 2.2.2　项目监理工程师组织结构的一般形式

无论采用哪种类型监理组织结构形式，都需要在现场设置与项目建设规模相匹配的监理组织。对于小型生态修复工程项目，可以按现场监理工程师的组织结构模式设置较简单的监理班子。图 3-3 所示的驻地监理组织具有广泛的代表性。

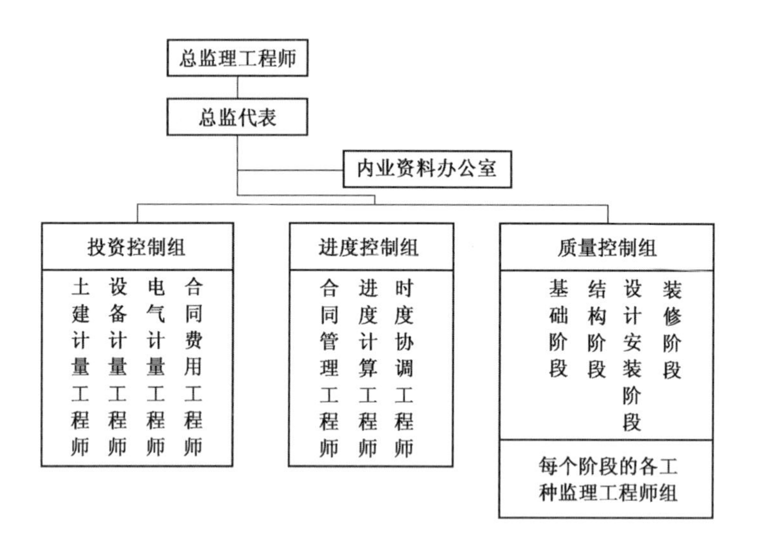


图 3-2 中型生态修复项目监理组织

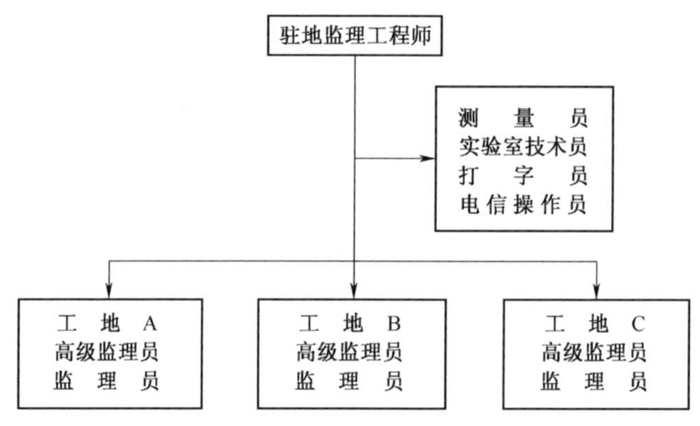


图 3-3 驻地监理组织形式

## 2.3 项目建设监理人员的合理配置

### 2.3.1 监理现场人员需求量的确定

监理一个生态工程项目建设施工需要多少监理人员，主要由项目建设施工工程密度和工程复杂程度来确定。施工密度：是指单位时间完成的工程量。

（1）施工密度。国际上以每年完成 100 万美元的工程量作为一个单位，来确定项目建设现场所需各类监理人员的数目。表 3-2 所示数据是根据东南亚地区及附近国家大型工程项目建设监理经验，所确定的每年完成 100 万美元建设工程量所需的各类监理人员数目。

**表 3-2 大型工程项目建设施工密度**

| 工程复杂程度 | 工程师配置人数 | 监理员配置人数 | 行政文秘配置人数 |
|---|---|---|---|
| 简单 | 0. 20 | 0. 75 | 0. 10 |

（续）

| 工程复杂程度 | 工程师配置人数 | 监理员配置人数 | 行政文秘配置人数 |
|---|---|---|---|
| 一般 | 0.25 | 1.00 | 0.20 |
| 一般~复杂 | 0.35 | 1.10 | 0.25 |
| 复杂 | 0.50 | 1.50 | 0.35 |
| 很复杂 | $0.50^{+}$ | $1.50^{+}$ | $0.35^{+}$ |

根据国内许多工程监理实践经验得出一个中等复杂程度的中型项目工程，每年完成100万元人民币的工程量所需的监理人员为0.6~1人，应配置各类监理人员的适宜比例为，监理工程师：监理员：行政文秘=1：3：1。

（2）工程复杂程度。工程复杂程度是一种等级尺度，由0（很简单）到10（很复杂）分五个等级来评定，见表3-3。

**表3-3　工程项目复杂程度等级**

| 分值 | 工程项目复杂程度及等级 | 分值 | 项目复杂程度等级 |
|---|---|---|---|
| 0~3 | 简单工程项目 | 7~9 | 复杂工程项目 |
| 3~5 | 一般工程项目 | 9~10 | 很复杂工程项目 |
| 5~7 | 一般~复杂工程项目 | | |

每1项工程项目又可列出9种工程特征（表3-4），对这9种工程特征中的每一种，都可以用0~9的分值来打分，求出9种工程特征的平均数，即为工程复杂程度的等级。例如，工程特征的平均分数为8，则可按表3-3确定是复杂工程项目。

**表3-4　工程项目复杂程度评定表**

| 序号 | 工程项目特征名称 | 程度 |
|---|---|---|
| 1 | 设计业务 | 简单到复杂 |
| 2 | 工地位置 | 方便到偏僻 |
| 3 | 工地气候 | 温和或恶劣 |
| 4 | 工地地形 | 平坦至崎岖 |
| 5 | 工地地质 | 简单到复杂 |
| 6 | 施工方法 | 简单到复杂 |
| 7 | 工地后勤支援 | 有限或广泛 |
| 8 | 施工工期 | 紧迫至从容 |
| 9 | 工程项目性质 | 专业性一般到特殊 |

### 2.3.2　建设现场监理执行组织的人员层次

根据我国工程项目建设监理的有关规定："监理单位应根据所承担的监理任务，设立由总监理工程师、监理工程师和其他监理工作人员组成的项目监理小组，在工程建设过程，工作小组应进驻现场。"一个标准现场监理组织，必须是由3个层次不同专业人员组成。其中，总监理工程师及其助理为第1层次，各专业工程师、办公室主任为第2层次，各类检查员及有关人员为第3

层次。

# 3 生态修复工程项目零缺陷建设监理组织成员的职责与要求

## 3.1 现场监理人员工作职责

### 3.1.1 总监理工程师的工作职责

总监理工程师经监理公司法人代表授权，具有相关技术职称、取得监理工程师职称资格证书并注册，是工程项目建设现场监理机构的总负责人，行使委托监理合同赋予监理公司的权利与义务，主持现场监理工作。其负有的工作职责如下所述。

（1）在监理公司领导下，全面负责项目监理工作，是与建设单位进行业务联系的人。

（2）依据建设监理合同要求，确定现场监理人员的分工和岗位职责。

（3）在项目建设招标阶段，负责参与对承包单位资质、人员资格的审查。

（4）主持编制监理规划，并协助组织监理交底工作和第一次工地会议。

（5）组织监理组会审设计图纸；参加工程项目设计图纸交底会议；审查承包单位编制的施工组织设计和重点部位施工技艺方案，并提出改进意见；对施工设计变更进行技术核定核审，提出合理化处置建议。

（6）审查承包单位选择的分包施工单位。

（7）签署开工令、停工令、业务联系单和工程项目建设质量整改单。

（8）主持编写、整理监理月报、监理报告；组织记录工程日记，审阅施工监理日记。

（9）签署当月合格工程量、计量支付证明书，参加延误工期索赔处理，并提出处理依据。

（10）参加和组织工程项目建设例会、协调会。

（11）妥善协调建设单位与承包单位之间的关系。

（12）组织监理人员参加质量、安全、文明及风险事故的调查和处理；事故处理完成后，按要求进行复验和签证。

（13）在工程项目建设竣工验收前负责编制单位工程项目建设质量评估报告，并组织专业监理工程师审核竣工申请资料，参加工程项目竣工初验和终验；项目建设结束后编写监理工作总结。

（14）组织监理成员召开监理会议，学习国家和上级主管部门颁发的监理法规和文件，并开展项目建设监理工作业务交流活动。

### 3.1.2 监理工程师工作职责

监理工程师是指具有相关专业职称，取得监理工程师资格证书并注册，根据工程项目建设监理岗位职责分工和总监理工程师指令，负责实施某一专业的监理工作，可签发监理文件的监理专业人员。其负有的岗位工作职责如下。

（1）依据监理、施工合同文件内容，熟悉和掌握施工图纸、施工操作规范、工序技艺和质量验收标准内容，以及有关生态工程项目建设法规和条例内容。

（2）参加由总监组织的审查设计图纸和施工组织设计，并提出意见供总监参考；监督承包公司按设计图纸和施工组织设计方案进行施工作业；负责编写监理实施细则。

（3）审查重点部位施工技术方案和承包单位拟采用新技术和新工艺，提出意见并报告总监；督促承包公司按审批同意后的技术措施和工艺进行施工作业；检查承包公司质保管理体系；督促施工进度计划的制订与落实。

（4）审批确认承包公司已进场关键设备的性能、规格、数量。

（5）复核承包公司施工放样和预埋件、预留孔放样工作，做到在工序实施过程的检查和监督。在承包公司自检合格基础上进行检查验收，并签署质量检验单、隐蔽工程验收单，以及批准下道工序施工。

（6）提交质量事故整改通知单，处理承包公司施工中发生的一般质量事故，参与重大质量事故调查并提供事故发生的有关情况。

（7）审查承包公司提交的工程计量申报表、项目月付申报表，并提供确切数据供总监审核签认。

（8）发现问题及时向总监汇报或在总监授权下进行处理。

（9）参与承包商申请索赔和延期的事因调查，审查索赔和延期申请单，交总监审核签认。

（10）按职责范围处理监理日记中记录问题，同时向总监汇报工作情况，按时参加项目建设监理会议。

（11）检查进场材料、苗木、成品、半成品构件、设备质量及其保证资料。根据项目建设进展情况，及时通知试验（材料）监理、测量监理工程师，并进行工程项目建设试验和测量复核工作。

### 3.1.3　监理员工作职责

监理员是指经过监理业务培训，具备生态工程项目建设相关专业技术知识，从事具体监理工作的监理人员。有12项岗位工作职责。

（1）作为总监、监理工程师助手，努力完成总监、监理工程师交办的监理工作任务。

（2）详阅设计图纸、文件，正确理解设计意图，严格按照监理程序、监理依据，实地进行跟踪检查、验收。

（3）按专业和岗位分工，经常巡查项目施工现场，掌握工程项目建设施工进展信息，及时报告总监、专业监理工程师。

（4）收集、汇总监理资料，交内业人员统一归档。

（5）负责检查、检测并确认材料、设备、苗木、成品和半成品的质量，以及试块取样的见证工作。

（6）检查施工公司是否按设计图纸、施工组织设计方案和施工技术规范施工，是否按进度计划施工，并对发生的违规问题随时予以纠正。

（7）检查确认工序质量，进行验收并签署质量合格单。

（8）严格施工过程的跟踪检查，发现问题及时向总监、监理工程师报告。

（9）检查施工公司人力、材料、设备、施工机械投入和运行情况，并进行记录。

（10）负责工程计量并签署原始凭证。

（11）正确填报和签署监理文件原始凭证和记录工作。

（12）填写和保管项目监理日记。

#### 3.1.4 监理资料、信息整理员的岗位工作职责

（1）负责月度工程量计量，负责复核施工公司申报和已完工程量，负责施工进度款核定。

（2）负责起草编写监理月报，并按时发送监理月报。

（3）负责现场收集建设施工信息。

（4）负责收集、整理工地会议纪要，并交项目负责人审查后发送。

（5）信息传递按文件、资料签认流程框架图进行，并采用计算机存储及信息的分析与处理工作。

（6）负责对项目建设文件资料进行妥善保管。

（7）对技术资料、文件、报告的收发应办理签收登记手续，签收的资料应及时转交有关人员，以便确认资料完整性、准确性和有效性。

（8）负责办理文件资料收发手续。

（9）负责现场办公、劳保用品保管与发放。

（10）负责现场人员的考勤工作。

### 3.2 监理工作人员职业道德守则

生态修复工程项目建设监理是生态文明建设领域里高尚的工作。要使监理工作做到“守法、诚信、公正、科学”，监理人员就应该具有高度的工作责任心和原则性，认真负责；精心监理，绝不马虎从事；实事求是，公正办事，绝不曲意奉承；具有高度的自觉性，反腐倡廉，克己奉公，决不能见利忘义。监理人员应时刻牢记监理人员职业道德守则和工作纪律，坚持以身作则地认真执行。具体10项内容如下所述。

（1）贯彻国家建设方针，遵守建设监理法规。

（2）依法经营，正当竞争，不转包监理业务，不转借岗位证书。

（3）严格信守监理合同，全面履行义务，正确行使权利。

（4）不故意损害项目法人、被监理方和监理同行的名誉和利益。

（5）科学监理，诚信服务，爱岗敬业，努力提高监理业务水平。

（6）坚持公正、合理处理有关方的争议事件。

（7）不得在政府部门任职，不得在影响公正执行监理业务的单位兼职。

（8）不得向影响公正执行监理业务的单位或个人收取酬金和礼品。

（9）不得从事与监理项目有关的商品经营或业务介绍活动。

（10）不得泄露与监理项目合同业务有关的保密资料。

### 3.3 监理人员专业素质要求

生态修复工程项目建设监理工作离不开对质量、进度和投资的“三控”。但作为生态建设监理，最重要是质量。质量又包括两个方面：一是保证植物苗木的成活保存率；二是控制项目整个附属设施的质量达标，力求达到设计要求。为此，要求生态建设监理人员应具备以下工作业务素质。

（1）必须懂得设计。生态修复工程项目建设是汇集植物、土壤、地质地貌、流体力学、气

象与气候等综合性的学科，因此，要求生态建设监理人员必须真正理解设计的生态建设意图，并能够融会贯通地体现在生态修复建设施工监理工作中。

(2) 熟知造林苗木存活的栽植方式。应该熟知适宜的造林种草季节、土质、整地方式、施肥、浇水灌溉、水质、修剪和病虫害防治等综合技术，这样就可以避免因不懂而造成盲目指示施工公司错误作业而引发索赔。

(3) 生态修复工程项目建设施工是一门人工塑造绿色生态环境景观技术，这种性质就决定了施工作业的季节性、专业性和分工协作的特性。由此就要求监理人员能正确判断施工作业人员每人每日所能保质完成的数额，避免施工公司为超赶进度忽视工序质量而冒进施工，造成项目建设质量下降、返工等质量事故的发生。

(4) 能够判别苗木质量优劣。只有使用优质乔灌草种苗进行造林种植，才能确保生态修复工程项目的建设质量。为此，现场监理工作人员应具备正确识别优质、合格、劣差种苗，防止质量、规格不达标或携带病虫害、受机械损伤的种苗进场和栽种。

(5) 能够娴熟掌控附属配套设施的建设安装技术和质量要求。现场监理工作人员应具备建造水库及坝堤等土建，设置固沙沙障，绿地管网建设安装等附属配套设施的建设施工技术与质量要求标准的素质能力。

(6) 具有合同管理能力。能够及时、准确地理解、细化和合理解释项目建设合同内容，防止施工公司曲释、误解合同内容或者利用合同内容疏漏投机取巧。

## 3.4　监理公司的地位

### 3.4.1　监理公司与建设单位的关系

(1) 监理公司与建设单位的法律地位平等。监理公司与建设单位的法律地位平等性主要体现在以下 2 方面。

①双方均是生态修复工程建设市场经济中独立的法人实体：社会不同企事业单位的法人，虽经营性质与其业务范围不同，但绝没有主仆之别。即便是在同一行业，各独立企业法人之间，也只有大小之别、经营种类的不同，不存在从属关系。

②双方都是生态修复工程建设市场中的主体：建设单位为了高效地完成自己担负的生态修复工程项目建设，而委托监理公司替自己履行一些具体的事项。建设单位与监理公司之间是一种委托与被委托的合作关系。建设单位可以委托一家监理公司，也可以委托多家监理公司。同样，监理公司可以接受委托，也可以不接受委托。委托与被委托关系建立后，双方只是按照约定条款，履行其职责、义务和权利，并获得各自应得利益。所以说，两者在合作关系上仅维系在委托与被委托的水准上。监理公司仅按照委托的要求开展工作，对建设单位负责，并不隶属建设单位领导。建设单位对监理公司的人力、财力、物力等没有任何支配权和管理权。如果两者之间的委托与被委托关系不成立，那么，就不存在任何关联。

(2) 建设单位与监理公司之间是一种委托与被委托、授权与被授权的关系。建设单位与监理公司是相互依存、相互促进、共兴共荣的合作关系。监理公司接受委托之后，建设单位就把生态修复工程项目建设的部分管理权力授予监理公司。诸如项目建设组织协调工作的主持权、施工质量、施工进度以及材料与设备质量的确认权、完工工程量与进度款支付的确认权以及围绕项目建设的各种建议权等。监理公司根据建设单位的授权开展工作，在项目建设实施中居于相当重要的地位，但是，监理公司毕竟不是建设单位代理人。监理公司既不能以建设单位的名义开展监理活动，也不能让建设单位对自己的监理行为承担任何民事责任。

（3）建设单位与监理单位之间是合同关系。建设单位与监理公司双方订立的建设监理合同一经双方签订，就意味着双方的权利、义务和职责都体现在签订的监理合同之中。众所周知，建设单位、监理公司、施工公司是生态建设市场中的三大行为主体。建设单位发包项目建设任务，施工公司承接项目建设业务。在这项交易活动中，建设单位向施工公司购买生态建设产品。建设单位的意愿是投资少而能获得更大的建设效益，但施工公司却想得是要以最少的付出获取最高额的利润。为此，监理公司的责任则是既帮助建设单位购买到货真价实的建设产品，而又不损害施工公司的合法权益。也就是说，监理公司与建设单位签订的监理合同，不仅表明监理公司要为建设单位提供高智能的监理服务，维护建设单位的合法权益，而且也表明，监理公司有责任不损害施工公司的合法权益。可见，监理公司在生态建设市场交易中处于建设商品买卖双方的中间，起着维系公平交易、等价交换的制衡作用。因此，不能把监理公司单纯地看成是建设单位利益的代表。

#### 3.4.2 监理公司与建设承包人的关系

承包人是指承接生态修复工程项目建设勘察、规划设计、施工、材料与设备供应的单位，即凡是承接生态项目建设业务的单位，相对于建设来说，都称其为承包人。

监理公司与承包人不存在着任何合同关系，但是，由于双方共同参与了同一生态修复工程项目的建设活动，均起着不可或缺的地位与作用，必然会发生直接的接触。

（1）监理公司与承包人的法律地位平等。监理公司与承包人的法律地位平等关系主要体现在，都是为了完成生态修复工程项目建设任务而应承担一定责任。无论是监理公司还是承包人，都是在生态修复工程项目建设的法规、规范、标准等条款的制约下开展工作。监理公司与承包人之间不存在任何的领导与被领导的关系。

（2）监理公司与施工公司之间是监理与被监理的关系。虽然监理公司与施工公司没有合同关系，但是，监理公司与建设单位签订有监理合同，施工公司与建设单位签订有承包合同。监理公司依据建设单位的授权，就有了监督管理施工公司履行生态修复工程项目建设承包合同的权力。为此，施工公司就应理智地接受监理公司对自己实施生态修复工程项目建设活动行使的监督与管理。

## 第三节 项目零缺陷建设监理规划、规划大纲与监理实施细则

### 1 生态修复工程项目零缺陷建设监理规划

#### 1.1 项目零缺陷建设监理规划概念

生态修复工程项目零缺陷建设监理规划，是指项目建设监理公司在接受建设单位委托后编制

的指导项目监理组织，全面开展监理工作的纲领性文件。生态修复工程项目建设监理是监理单位依据生态建设相关法律、行政法规及技术标准、设计文件和项目建设合同，对生态修复工程项目建设施工实施监督管理，目的是实现建设目标。

实施任何项目的有序管理都必须始于规划。进行有效规划，首先必须确定项目目标。目标确定后就要制订实现目标的可行性计划。制订计划后，计划涉及的工作将落实到责任人，工作的分工、细化和协调产生组织机构。为了使项目管理组织机构有效地发挥其职能作用，必须明确该组织机构中每个人的职责、任务和权限。项目管理组织机构负责人的协调管理能力相当重要，应恰当配备人选。管理的控制功能用来确定计划的执行情况是否有效，管理目标的运行情况如何，要不断地将实际与计划进行比对，找出差距，分析原因，采取措施，然后进行调整。整个过程会涉及组织机构内、外部关系的协调。只有这样，才能实现项目建设总目标。可见监理公司对项目零缺陷建设监督管理过程就是对项目建设组织、控制、协调的过程，生态修复工程项目建设监理规划就是项目监理组织对项目建设管理过程设想的文字表述。这也是编制项目建设监理规划的最终目的。生态修复工程项目建设监理规划，是监理人员在项目建设现场有效地开展监理工作的依据和指导文件。

## 1.2　项目零缺陷建设监理规划编写依据

生态修复工程项目零缺陷建设监理规划必须根据监理委托合同和监理项目的实际情况来制定。在编制前要收集以下5项与生态修复工程项目建设有关资料作为编制依据。

①设计图、工程量表和有关资料；

②项目建设相关法律、规章、标准和规范等；

③项目建设监理合同；

④项目建设施工承包合同；

⑤监理公司本身状况。

## 1.3　项目零缺陷建设监理规划编写要求

（1）编写内容应具有针对性和指导性。项目建设监理规划作为现场指导全面开展监理工作的纲领性文件，其方案应与项目施工组织设计一样，具有针对性和指导性。对生态修复工程建设项目而言，任何两个项目都会有区别，每个项目都有其特殊性，因而对于每个项目都要求有适宜的规划方案。每个项目的监理规划既要考虑项目自身特点，也要根据承担这个项目监理的监理公司情况来编制，只有这样，监理规划才有针对性，才能真正起到指导作用，因而才可行和实用。在监理规划中要明确规定项目监理组织在项目实施过程中，每阶段要做什么、谁来做、在何地做、何时完成，以及做到什么程度等。只有这样的监理规划才能真正起到有效的指导作用，确实成为项目监理组织实施各项监理工作的依据，也才能称其为纲领性文件。

（2）应由项目总监理工程师主持监理规划编制。我国建设监理规定中明确工程项目建设监理实行总监理工程师负责制。因此，编写监理规划就必须要在总监理工程师主持下，同时还要广泛征求各专业监理工程师和监理员的意见。在编写过程还要听取建设、施工公司的意见，以便使监理工程师的工作得到各方支持和理解。

（3）编写监理规划要遵循科学性和实事求是的原则。科学性和实事求是是完善监理工作的基础，也是确保监理质量的重要保证，在编写时必须遵循这两个原则。

（4）建设监理规划内容表达方式。其内容表达应文字简洁、直观、意思确切；综合使用表格、示意图和文字说明。

（5）分阶段编写建设监理规划的原则。应按生态修复工程建设项目立项、设计、招标、施工、抚育保质、竣工验收过程，分阶段、分步骤编写监理规划。

## 1.4　项目零缺陷建设监理规划方案审定

生态修复工程项目零缺陷建设监理规划方案在总监理工程师主持下完成编制后，应由监理公司技术负责人审定。在这一过程，如实际情况发生重大变化而需要调整监理规划时，要对其进行修改补充，审定批准后的监理规划方案应在第一次工地会议前分送给建设单位、施工公司等，以便正式执行。

## 1.5　项目零缺陷建设监理规划方案主要内容

生态修复工程项目零缺陷建设监理规划方案，是在项目建设监理合同签订以后编制的指导开展监理工作的纲领性文件。它对项目建设监理工作起着全面规划和进行监督指导的重要作用。因此，监理规划比监理大纲在内容和深度上更为详细和具体，而监理大纲是编制监理规划的依据。在项目总监理工程师主持下，以监理合同、监理大纲为依据，根据项目建设特点和具体情况，充分收集与项目建设有关的信息和资料，结合监理公司自身情况认真编制。其主要内容包括以下11个方面。

### 1.5.1　总则

（1）项目建设基本概况。

①名称、性质、规模、等级、建设地点、自然条件与当地社会经济状况；

②项目建设组成、主要技术工艺及特点；

③项目建设目的、指导思想及原则等。

（2）项目建设主要目标。其主要目标包括以下3方面：

①项目建设总投资及其组成；

②计划工期（计划开工、完工日期）；

③项目建设质量目标。

（3）项目建设组织。包括项目建设主管部门、发包人、质量监督机构、设计单位、承包人、监理单位、材料设备供货人等简况。

（4）项目建设监理范围和内容。指发包人委托监理的项目建设范围和要求等。

（5）项目建设监理主要依据。列出开展项目监理依据的法律、规章、国家及部门颁发的技术标准，批准的项目建设等有关合同文件、设计等名称、文号等。

（6）项目建设监理组织。指现场监理组织形式与部门设置，部门分工与协作，主要监理人员的配置、岗位职责和分工等。

（7）项目建设监理程序。指根据项目建设设计方案规定的工序顺序进行监理。

(8) 监理方法和制度。指制定技术文件审核与审批、项目建设质量检验、工程计量与付款签证、会议、施工现场紧急情况处理、工作报告、验收等监理方法和制度。

(9) 监理人员守则和奖惩制度。指监理公司对现场监理人员制定和执行的工作职责、制度以及奖罚处置管理办法。

### 1.5.2 项目建设质量控制

(1) 质量控制原则。指严格执行项目建设合同、规范、标准规定的质量管理要求。

(2) 质量控制目标。根据合同和有关规定，明确项目建设施工的质量要求和目标。

(3) 质量控制内容。根据监理合同明确监理质量控制的主要工作内容和任务。

(4) 质量控制措施。制定质量控制程序和方法，并明确其控制点、要点与难点。

(5) 建立和完善质量控制制度。指制定和执行的项目现场质量控制各项制度。

### 1.5.3 项目建设进度控制

(1) 原则。指严格执行项目建设合同、规范、标准规定的进度管理要求。

(2) 目标。根据项目建设情况，建立进度控制目标体系，确定控制目标。

(3) 内容。根据监理合同明确监理公司对施工进度控制的主要内容。

(4) 措施。制定项目施工进度控制程序、制度和方法，确保工期目标。

### 1.5.4 项目建设投资控制

(1) 投资控制原则。指严格执行项目建设合同、规范及规定的建设管理要求。

(2) 投资控制目标。应依据建设施工合同，建立项目现场控制投资的管理体系。

(3) 投资控制内容。依据监理合同，明确投资控制的主要工作内容和任务。

(4) 投资控制措施。建立项目现场进度款支付管理制度，并采取工程计量、程序化审签和按进度支付的管理方法。

### 1.5.5 项目建设合同管理

(1) 项目建设设计变更的处理程序和监理工作方法。

(2) 建设施工违约事件处理程序和监理工作方法。

(3) 项目建设合同索赔处理程序和监理工作方法。

(4) 项目建设施工担保与保险的审核和查验。

(5) 项目施工承包、分包管理的监理工作内容与程序。

(6) 项目建设施工争议的调解原则、方法与程序。

(7) 施工清场、撤离的监理工作内容。

### 1.5.6 项目建设协调

制定与执行监理公司项目建设现场协调的工作内容、原则与方法。

### 1.5.7 项目建设验收与移交

制定和执行监理公司在项目建设验收与移交中的工作内容、原则与方法。

### 1.5.8 抚育保质期监理

制定和执行抚育保质期起算、终止的依据和程序，明确其监理工作内容。

### 1.5.9 项目建设监理信息管理

(1) 制定和完善信息管理程序、制度及人员岗位职责。

（2）完善信息资料文档清单及编码系统。

（3）建立信息文档计算机管理系统。

（4）建立文件信息流管理系统。

（5）建立文件资料归档管理系统。

（6）现场记录内容、职责和审核资料的归档。

（7）项目建设现场监理指令、通知、报告内容和程序。

#### 1.5.10 项目建设监理设施

制订现场交通、通信、试验、办公、食宿等设施设备的使用计划和规章制度。

#### 1.5.11 其他

指根据生态修复工程项目零缺陷建设监理合同需要包括的其他工作内容。

# 2 项目零缺陷监理规划大纲与监理实施细则

## 2.1 项目零缺陷监理规划大纲

### 2.1.1 零缺陷监理规划大纲的概念和作用

项目建设监理规划大纲是监理公司在项目法人进行建设项目监理招标过程，监理公司为中标而编制的监理投标实施方案性文件，它是监理投标书的重要组成部分。

规划大纲主要有以下作用：①通过项目法人审核监理实施方案，目的是让项目法人认可与信服本监理公司能够胜任该项目建设监理工作，从而承揽到监理业务；②监理公司组建监理现场机构、制定监理方案、编制建设监理规划的基础和依据。

### 2.1.2 零缺陷监理规划大纲制定

监理规划大纲应当根据项目法人发布的建设项目监理招标文件制定，应包括以下 3 项内容。

（1）监理公司拟派主要监理人员及其职业资格情况介绍。要重点介绍项目总监理工程师情况，这是决定监理公司投标成败的关键。

（2）监理公司编制监理方案的内容。监理公司编制监理方案的具体内容主要有以下 4 方面。

①监理项目组织机构方案；

②质量、进度、投资三大目标控制方案；

③项目建设涉及的合同管理方案；

④监理组织机构在监理过程进行组织协调的工作方案等。

（3）说明监理公司的文件。确切说明监理公司提供给项目法人的反映监理阶段性工作成果的文件，这有助于监理公司承揽到项目建设监理业务。

### 2.1.3 零缺陷建设监理规划大纲编写

监理公司应根据项目建设监理招标文件、项目特点、规模，以及监理公司自身状况、以往承担项目监理的经验来编写监理大纲。通常监理大纲的 10 项具体内容如下。

（1）项目建设特点与建设概况。项目建设特点与建设概况是指以下 5 方面的情况。

①项目建设、设计、监理单位名称，监理项目名称；

②建设地点、工程规模、建设质量等级；

③建设施工主要技艺与工序技术、项目总投资；

④建设工期、计划开工与完工日期；

⑤其他与项目建设相关情况。

（2）监理范围及监理目标。根据项目法人监理招标文件，详细列出监理公司的工作范围，以及应实现的项目建设质量、进度、造价监理控制目标。

（3）监理公司组织形式。根据项目建设特点与规模，说明监理公司在该项目建设中采取的监理组织形式，并在对应位置上列出监理人员名单。

（4）项目建设造价控制工作任务。说明监理公司对项目建设施工进行造价控制的任务及手段；主要内容包括 4 项。

①按项目建设阶段、年、季、月度编制资金使用计划，并控制其执行；

②按月进行投资计划值与实际值比较，并提交投资控制报表；

③审核各类施工进度付款单；

④计算、审核索赔金，并采取相应的反索赔措施。

（5）进度控制管理。监理公司对施工项目进行进度控制，必须完善的 2 项工作如下所述。

①审核设计方、施工方和材料、设备供应商提出的进度计划，并检查、督促其执行；

②在项目实施过程，按月度做进度计划值与实际值比较，并定期提交进度报表。

（6）项目建设质量控制的主要任务。项目建设质量控制的 5 项主要任务如下。

①现场审核原材料、构配件及设备质量；

②检查施工质量，特别要加强对关键工序、隐蔽项目的质量验收，并进行单位工程、单项工程质量验收和工序完工验收；

③详细审核施工组织设计；

④处理施工质量、进度、安全文明等建设事故；

⑤审核施工公司资质及质量管理保证体系。

（7）项目建设合同管理。协助项目业主处理有关合同变更、索赔及纠纷事宜。

（8）信息与档案管理。项目建设监理信息与档案管理的 4 项工作任务如下。

①建立本项目建设信息体系；

②负责本项目信息收集、整理和保存，并向业主提供项目建设信息管理服务，定期编制和上报各类监理报表；

③建立项目建设监理工作会议制度，并整理会议记录；

④建立与完善监理档案。

（9）项目建设组织协调的任务。项目建设组织协调的 2 项工作任务如下。

①协调参与项目建设各单位之间的配合关系，协助业主处理有关问题；

②处理与项目建设有关的纠纷事宜。

（10）项目零缺陷建设监理报告目录。项目零缺陷建设监理报告的 14 项目录如下所述。

①监理月报；

②监理通知；

③设计变更通知；

④施工不合格通知；

⑤项目施工检验认可书；

⑥竣工、验收项目移交证书；

⑦项目建设暂停指令；

⑧停工指令；

⑨复工通知；

⑩工程款支付凭证；

⑪单位工程施工进度计划审批表；

⑫延长工期审批表；

⑬工地指令；

⑭接受建设单位委托，处理上述未包括的其他与项目建设有关的事宜。

## 2.2 零缺陷监理实施细则

### 2.2.1 零缺陷监理实施细则的概念和作用

建设监理实施细则又称为监理工作细则，它是在监理规划指导下，已落实各专业监理责任后，由专业监理工程师针对项目具体情况制定的更具有实施性和可操作性的业务文件。监理实施细则在编写时间上滞后于建设监理规划，其编写主持人一般就是项目监理组织各专业或各子项目负责人，其内容具有局限性，是围绕本专业或子项目主要监理工作目标编写的，它起着具体指导监理实施工作的作用。

### 2.2.2 零缺陷监理实施细则的编写要点

①应在工程施工前，由项目和专业监理工程师编制完成，相关各监理人员参与，并经总监理工程师审核批准；

②应符合监理规划基本要求，充分体现项目建设特点和合同约定的要求，结合项目建设施工方法和专业特点，具有明显的针对性；

③监理实施细则要体现项目建设目标的实施和有效控制，明确控制措施和方法，具备可行性和可操作性；

④细则应突出监理工作的预控性，要充分考虑可能发生的各种情况，针对不同情况制定相应的对策和措施，突出监理工作的事前审批、事中监督和事后检验；

⑤监理实施细则可根据实际情况按进度、分阶段编制，但应注意前后连续性和一致性；

⑥总监理工程师在审核时，应注意各专业监理实施细则间的衔接与配套，以便组成系统、完整的监理实施细则体系；

⑦在监理实施细则条文中，应具体写明引用规程、规范、标准及设计文件名称、文号等；

⑧在实施监理过程中，应根据实际情况对监理实施细则进行补充、修改和完善；

⑨监理实施细则主要内容及条款，可随不同生态修复工程建设项目而进行调整。

### 2.2.3 零缺陷监理实施细则的主要内容

（1）总则。

①编制依据：包括施工合同文件、设计图纸文件、监理规划、经监理批准的施工组织设计方

案，以及施工材料、构配件和设施设备的使用技术说明，工程建设设备的安装、调试、检验等技术资料；

②适用范围：写明该监理实施细则适用项目、专业。

③人员及分工：指负责该项目、专业工的监理人员、职责及其分工。

④监理依据：指适用项目建设监理工作范围内使用的技术标准、规程、规范的名称及文号。

⑤监理实施已具备条件：发包人为该项工程开工和正常进展应提供的必要条件。

（2）开工审批内容和程序。

①指单位、分部工程开工审批程序和申请内容。

②混凝土浇筑开仓审批程序和申请内容。

（3）质量控制内容、措施和方法。质量控制内容、措施和方法是指从下述6个方面开展的质量控制工作。

①质量控制标准与方法：根据技术标准、设计要求、合同约定等，具体明确项目建设质量标准、检验内容以及质量控制措施，明确质量控制点及旁站监理方案等。

②材料、构配件和设备质量控制：具体明确材料、构配件和工程设备的运输、储存管理要求，以及报验、签认程序、检验内容与标准。

③项目建设质量检测试验：根据项目建设施工实际需要，明确对承包人检测试验室配置与管理要求，对检测试验工作与技术条件、试验仪器设备、人员岗位资格与素质、工作程序与制度等要求；明确监理公司检验抽样方法和控制点的设置、试验方法、结果分析以及试验报告的管理等。

④施工过程质量控制：确定项目施工过程对质量控制的要点、方法和程序。

⑤工程质量评定程序：根据规程、规范、标准、设计文件和合同约定要求等，确定质量评定内容与标准，并注明引用文件名称及其章节。

⑥项目施工质量处置程序：指对发生施工质量缺陷和质量事故的处理程序。

（4）进度控制内容、措施与方法。进度控制的内容、措施与方法，是指从以下7个方面对进度控制开展的工作。

①进度目标控制体系：将进度目标分解为分目标和阶段性目标，由此构成建设项目进度控制目标管理系统。

②进度计划表达方法：指采用横道图、柱状图、网络图（单代号、双代号、时标）、关联图、“S”曲线、“香蕉”图等方式，达到满足合同和控制管理的需要。

③施工进度计划申报：确定项目建设总进度计划、单位工程进度计划、分部工程进度计划、年进度计划、月进度计划等的申报时间、内容、形式和份数等。

④施工进度计划审批：确定进度计划审批的职责分工、要点、时间等管理要求。

⑤施工进度过程控制：确定施工进度监督与检查的职责分工；拟定形象进度、劳动效率、资源、环境因素等检查内容；明确进度偏差分析与预测的方法和采用图表、计算机软件等手段；制定进度报告、进度计划修正与赶工措施的审批管理程序。

⑥项目建设施工停工与复工：指确定的施工作业停工与复工管理程序。

⑦工期索赔：指制定和执行的项目建设控制工期索赔的措施和方法。

（5）投资控制内容、措施和方法。

①投资目标控制体系：指投资控制的措施和方法，以及年度季度投资使用计划；

②计量与支付：指采取计量与支付的依据、范围和方法，以及计量、付款申请的内容及应提供资料，计量与支付的申报、审批程序；

③项目建设实际投资额统计与分析；

④控制费用索赔的措施和方法。

（6）施工安全文明与环境保护控制内容、措施和方法。

①监理公司制定与执行的施工安全文明控制管理体系；

②施工公司应建立与执行的施工作业安全文明保证管理体系；

③工程不安全因素分析与预控管理措施；

④环境保护管理的内容与措施。

（7）合同管理主要内容。

①现场设计变更管理：明确变更处理的监理管理工作内容与程序；

②索赔管理：明确索赔处理的监理管理工作内容与程序；

③违约管理：确定合同违约管理的监理工作内容与程序；

④工程担保：明确工程担保管理的监理工作内容；

⑤工程保险：制定与执行工程保险管理的监理工作内容；

⑥工程分包：明确分包管理的监理工作内容与程序；

⑦争议解决：制定项目建设合同双方争议的调解原则、方法与程序；

⑧清场与撤离：明确承包人清场与撤离的监理工作内容。

（8）信息管理。

①信息管理体系：指设置信息管理人员及职责，制定文档资料管理制度；

②编制监理文件格式、目录：制定监理文件分类方法与传递程序；

③通知与联络：确定监理公司与发包人、承包人之间通知与联络的方式与程序；

④监理日志：制定监理人员填写监理工作日志制度，并详细拟定监理日志格式和内容，以及管理办法；

⑤监理报告：明确监理月报、工作报告和专题报告的内容和提交时间、程序；

⑥监理会议纪要：指制定与执行监理会议纪要记录要点和发放程序。

（9）工程验收、移交程序和内容。

①确定分部、分项和隐蔽工程的验收程序及监理工作内容；

②明确阶段验收程序及其监理工作内容；

③明确单位工程验收程序与监理工作内容；

④明确合同项目完工验收程序及其监理工作内容；

⑤明确工程移交程序及其监理工作内容；

⑥其他根据项目或专业需要应包括的内容。

## 3 项目零缺陷监理规划大纲、监理规划、监理实施细则的区别

通过表 3-5 可知，零缺陷监理规划大纲、监理规划、监理实施细则有明显的区别。

表 3-5 零缺陷监理规划大纲、监理规划、监理实施细则的区别

| 项目 | 零缺陷监理规划大纲 | 监理规划 | 监理实施细则 |
|---|---|---|---|
| 编制负责人 | 监理公司经营或技术部门 | 总监理工程师主持 | 专业监理工程师编写 |
| 编制时间 | 招投标期 | 签订项目建设监理合同后 | 组建项目建设监理现场组织后 |
| 作用 | 为项目监理投标中标 | 指导项目现场监理组织全面开展监理实施工作 | 指导和规范项目专业监理工作业务 |
| 编制对象 | 项目建设整体监理工作 | 项目建设整体监理工作 | 项目专业监理工作 |

# 第四节 项目建设监理公司的资质管理

## 1 生态修复工程建设监理公司资质类别

生态修复工程建设监理企业应当按照已具备的注册资本、各专业技术人员数量和工程监理业绩等资质条件申请不同的资质，经审查合格，取得相应等级的资质证书后，才能在其资质等级许可范围内从事生态文明工程项目建设监理活动。生态修复工程项目建设监理企业的资质按照等级划分为综合资质、专业资质和事务所三类。这里重点介绍综合资质、专业资质的等级标准。

### 1.1 综合资质标准

①具有独立法人资格且注册资本不少于 600 万元。

②具有 5 个以上工程类别的专业甲级工程监理资质。

③注册监理工程师不少于 60 人，注册造价工程师不少于一级注册建筑师、一级注册结构工程师。

④企业具有完善的组织结构和质量管理体系，有健全的技术、档案等管理制度。

⑤企业具有必要的工程试验检测设备。

⑥申请工程监理资质之日前一年内，没有规定禁止的行为。

⑦申请工程监理资质之日前一年内，没有因本企业监理责任造成质量事故。

⑧申请工程监理资质之日前一年内，没有因本企业监理责任发生三级以上工程建设重大安全事故或者发生 2 起以上四级工程建设安全事故。

### 1.2 专业资质标准

#### 1.2.1 甲级标准

①具有独立企业法人资格，注册资本不少于 300 万元。

②企业技术负责人应为注册监理工程师，有 15 年以上从事工程建设工作经历或具有工程类

高级职称。

③注册监理工程师、注册造价工程师、一级注册建造师、一级注册建筑师、一级注册结构工程师及其他勘察设计注册工程师累计不少于25人；其中，相应专业注册监理工程师不少于《专业资质注册监理工程师人数配备表》中要求配备的人数，注册造价工程师不少于2人。

④企业近2年内独立监理过3个以上相应专业的二级工程项目。

⑤企业具有完善的组织结构和质量管理体系，有健全的技术、档案等管理制度。企业具有必要的工程试验、检测设备。

⑥申请工程监理资质之日前一年内，没有规定禁止的行为。

⑦申请工程监理资质之日前一年内，没有因本企业监理责任造成质量事故。

⑧申请工程监理资质之日前一年内，没有因本企业监理责任发生三级以上工程建设重大安全事故或者发生二起以上四级工程建设安全事故。

#### 1.2.2 乙级标准

①具有独立企业法人资格，注册资本不少于100万元。

②企业技术负责人应为注册监理工程师，有10年以上从事工程建设工作经历。

③注册监理工程师、注册造价工程师、一级注册建造师、一级注册建筑师、一级注册结构工程师及其他勘察设计注册工程师累计不少于15人。其中，相应专业注册监理工程师不少于《专业资质注册监理工程师人数配备表》中要求配备的人数，注册造价工程师不少于2人。

④具有较完善的组织结构和质量管理体系，有技术、档案等管理制度。

⑤有必要的工程试验、检测设备。

⑥申请工程监理资质之日前一年内，没有规定禁止的行为。

⑦申请工程监理资质之日前一年内，没有因本企业监理责任造成质量事故。

⑧申请工程监理资质之日前一年内，没有因本企业监理责任发生三级以上工程建设重大安全事故或者发生二起以上四级工程建设安全事故。

#### 1.2.3 丙级标准

①具有独立法人资格且注册资本不少于50万元。

②企业技术负责人应为注册监理工程师，并具有8年以上从事工程建设工作的经历。

③有相应专业的注册监理工程师不少于《专业资质注册监理工程师人数配备表》中要求配备的人数。

④有必要的质量管理体系和规章制度。

⑤有必要的工程试验检测设备。

## 2 生态修复工程建设监理公司资质取得

### 2.1 生态监理公司资质

生态修复工程项目林业、水土保持、土地复垦等工程建设监理单位资质，是企业技术能力、管理水平、业务素质、经营规模、社会信誉等综合性实力的真实反映。对生态项目建设监理单位进行资质管理制度是我国实行市场准入控制的有效手段。

申请监理资质的单位（以下简称申请人），应当按照其拥有技术负责人、专业技术人员、注册资金和工程监理业绩等条件，申请对应资质等级。经审查合格，取得资质证书后，才能在其资质等级许可范围内从事生态修复工程项目建设监理活动。

生态修复工程项目建设监理单位的注册资本既是企业从事经营活动的基本条件，也是企业清偿债务的保证。生态修复工程监理单位所拥有的专业技术人员数量主要指其拥有注册监理工程师的数量，这是反映企业从事监理工作的工程项目范围和业务能力。工程监理业绩则反映工程监理企业开展监理业务的经历及其成果。

## 2.2　资质等级和业务范围

资质等级：林业、水土保持工程项目施工监理资质分甲、乙、丙三个等级。

业务范围：不同等级林业、水土保持施工监理资质具有不同的业务范围。甲级可以承担各等级林业、水土保持工程项目建设施工监理业务；乙级可以承担二等以下各等级林业、水土保持工程项目建设施工监理业务；丙级可以承担三等林业、水土保持工程项目建设施工监理业务。

## 2.3　资质申请、受理和认定

### 2.3.1　资质申请

监理公司申请资质，其公司应当具备林业、水土保持工程项目建设监理单位资质等级标准所规定的资质条件。

监理公司资质通常是按照专业逐级申请，申请人可以申请一个或者两个以上专业资质。政府林业、水保专业主管部门每年集中审定一次监理公司的资质申请，受理时间政府主管部门提前3个月向社会公告。

申请人应当向其注册所在地的省、自治区、直辖市人民政府林业、水保主管部门提交申请材料。

省、自治区、直辖市人民政府林业、水保行政主管部门应当自收到申请材料之日起20个工作日内提出审批意见，并连同申请材料转报国家林业和草原局、水利部。国家林业和草原局和水利部按照国家行政许可法的相关条款规定给予办理。

首次申请监理单位资质，申请人应当提交以下6方面的材料：

①林业、水土保持工程项目建设监理单位资质申请表；

②企业法人营业执照或工商行政管理部门核发的企业名称预登记证明；

③企业验资报告；

④企业章程；

⑤法定代表人身份证明；

⑥资质等级申请表中所列监理工程师资格证书和申请人同意注册证明文件，总监理工程师岗位证书，造价人员资格或职称证书，以及上述监理、造价人员的聘用合同。

申请晋升、重新认定、延续监理单位资质等级，除提交前款规定材料外，还应提交以下3类材料：

一是原林业、水土保持工程项目建设监理单位资质等级证书的副本；二是林业、水土保持监理单位资质等级申请表所列监理工程师的注册证书；三是近三年承担过的林业、水土保持工程项目建设监理合同书，以及已完工程项目的建设单位意见。

申请人应当如实提交有关材料和反映真实情况，并对申请材料的真实性负责。

#### 2.3.2 资质认定

①国家林业和草原局、水利部应当自受理申请之日起20个工作日内作出认定或者不予认定的决定；在20个工作日内不能作出决定，经本机关负责人批准，可以延长10个工作日，决定予以认定的，应在10个工作日内颁发林业、水土保持工程项目建设监理单位资质等级证书，不予认定的，应当书面通知申请人并说明理由。

②国家林业和草原局、水利部在作出决定前，应当组织对申请材料进行评审，并将评审结果在国家林业和草原局、水利部网站公示，公示时间为7日。国家林业和草原局、水利部应当将上述评审和公示时间告知申请人。

③林业、水土保持工程项目建设监理单位资质等级证书包括正本一份、副本四份，正本和副本具有同等法律效力，有效期为5年。

④资质等级证书有效期内，监理单位名称、地址、法定代表人等工商注册事项发生变更，应在变更后30个工作日内向国家林业和草原局、水利部提交林业、水土保持工程项目建设监理单位资质等级证书变更申请，并附工商注册事项变更的证明材料，以便办理资质等级证书变更手续。国家林业局、水利部自收到变更申请材料之日起3个工作日内办理变更手续。

⑤若监理单位分立，应当自分立后30个工作日内，除按规定提交有关申请材料以及分立决议和监理业绩分割协议，须申请重新认定监理单位资质等级。

⑥资质等级证书有效期届满，需要延续，监理单位应在有效期届满30个工作日前，向国家林业和草原局、水利部提出延续资质等级申请。国家林业和草原局、水利部在资质等级证书有效期届满前，作出是否准予延续的决定。

⑦国家林业和草原局、水利部应当将资质等级证书的发放、变更、延续等情况及时通知省、自治区、直辖市人民政府林业、水利、行政主管部门或者流域管理机构，并定期在国家林业和草原局、水利部网站公告。

## 3 生态修复工程建设监理公司的资质对口管理

为了加强对生态修复工程项目建设监理单位的资质管理，保障其依法经营业务，促进生态修复工程项目建设监理事业的健康发展，国家林业和水利建设行政主管部门对林业、水土保持工程项目监理单位资质管理工作制定了相应的管理规定。生态修复工程项目建设监理单位资质管理，主要是指对生态修复项目建设监理单位的设立、定级、升级、降级、变更、终止等的资质审查、批准以及资质监督检查等工作。

### 3.1 资质审批制度

对于符合资质等级标准的从事生态项目建设监理业务的企业，由国家林业和草原局、水利部向其颁发相应资质等级的林业、水土保持工程项目建设监理企业资质证书。

### 3.2　资质监督检查制度

国家林业和草原局、水利部对全国的林业、水土保持监理单位资质实行年检和日常监督检查制度。国家林业和草原局、水利部在履行监督检查职责时，有关单位和人员应当客观、真实反映情况，并提供相关材料：县级以上地方人民政府林业、水利、行政主管部门和流域管理机构发现监理单位资质条件不符合相应资质等级标准的，应当向国家林业和草原局、水利部报告；国家林业和草原局、水利部按照相关法令重新认定其资质等级。监理单位被吊销资质等级证书的，3 年内不得重新申请；被降低资质等级的，2 年内不得申请晋升资质等级；受其他行政处罚的，1 年内不得申请晋升资质等级。法律法规另有规定的，从其规定。

## 4　生态监理公司及其工作人员的违规处罚

### 4.1　对生态监理公司的违规处罚

（1）监理公司有下列行为之一的，限期责令整改、处以 50 万~100 万元罚款，并降低资质等级或吊销资质证书，其违法所得予以没收，造成损失的，承担连带赔偿责任。

①超越本公司资质等级许可的业务范围承揽监理业务；

②未取得相应资质等级证书承揽监理业务；

③以欺骗手段取得的资质等级证书承揽监理业务；

④允许其他单位或者个人以本公司名义承揽监理业务；

⑤非法或违规转让监理业务；

⑥与项目法人或者被监理单位串通，弄虚作假、造成工程质量降低；

⑦将不合格建设项目、建设材料、构配件和设备按照质量合格签字；

⑧与被监理单位以及建设材料、构配件和设备供应单位有隶属关系或者有其他利害关系者承担该项目建设监理业务的。

（2）监理单位有下列行为之一的，责令限期改正，给予警告；无违法所得的，处 1 万元以下罚款，有违法所得的，予以追缴，处违法所得 3 倍以下且不超过 3 万元罚款；情节严重者，降低其资质等级，构成犯罪的，依法追究有关责任人员的刑事责任。

①以串通、欺诈、胁迫、贿赂等不正当竞争手段承揽生态工程项目建设监理业务；

②利用工作便利与项目法人、被监理单位以及项目建设材料、构配件和设备供应单位串通，谋取不正当利益的违法行为。

（3）监理单位有下列行为之一的，责令限期改正，逾期未改正则责令停业整顿，并处 10 万~30 万元罚款；情节严重的降低资质等级，直至吊销资质证书；造成重大安全事故，构成犯罪的，对直接责任人依法追究刑事责任；造成损失的依法承担赔偿责任。

①未对施工组织设计中的安全技术措施、专项施工方案进行审查；

②发现施工安全事故隐患未及时要求施工公司整改或暂时停止施工的行为；

③施工公司拒不履行整改或者不停止施工，未及时向有关行业行政主管部门或者流域管理机构报告的行为；

④未依照法律、法规和生态修复工程项目建设强制性标准实施监理的行为。

（4）监理单位有下列行为之一的，责令限期改正，给予警告；情节严重者，降低资质等级。

①聘用无专业监理人员资格的人员从事监理工作业务；

②隐瞒有关情况、拒绝提供材料或者提供虚假材料的行为。

（5）监理单位安全生产监理责任，有下列情形之一，责令限期改正，逾期未改正则责令停业整顿，并处10万~30万元罚款；情节严重者则降低其资质等级，直至吊销资质证书；造成重大安全事故，构成犯罪的监理公司，对其直接责任人依法追究刑事责任；对造成的经济损失依法承担赔偿责任。

①事前未严格、认真审查施工组织设计中的安全措施、专项施工方案符合强制性标准；

②发现施工作业安全隐患，未及时要求整改，情况严重未要求停工；

③施工方拒绝整改或停工未及时向有关主管部门汇报；

④未按生态修复工程项目建设法律、法规、强制标准监理施工作业中的违规行为。

### 4.2 对生态监理公司工作人员的违规处罚

监理人员从事生态修复工程项目建设监理活动时，有下列行为之一的，责令限期改正，并给予警告；其中，监理工程师违规情节严重者，则注销其注册证书，2年内不予注册；有违法所得则予以追缴，并处1万元以下罚款；造成经济损失则依法承担赔偿责任；构成犯罪的，依法追究刑事责任。

①利用执（从）业工作便利，索取或者收受项目法人、被监理单位以及建设材料，构配件和设备供应单位财物；

②与被监理单位以及建设材料、构配件和设备供应单位串通，谋取不正当利益的行为；

③非法泄露执（从）业工作中应当保守秘密的违规行为；

④监理人员因过错造成质量事故，则责令停止执（从）业1年，其中，监理工程师因过错造成重大质量事故，则依法注销其注册证书，5年内不予注册；情节特别严重者，终身不予注册；

⑤监理人员未执行法律、法规和生态修复工程项目建设强制性标准，责令停止执（从）业3个月以上1年以下，其中，监理工程师违规情节严重，则注销其注册证书，5年内不予注册，造成重大安全事故者，终身不予注册；有构成犯罪的行为，则被依法追究刑事责任。

# 第五节 项目零缺陷建设监理工作内容

## 1 生态修复工程项目零缺陷建设质量控制监理

### 1.1 生态修复工程零缺陷建设质量

#### 1.1.1 工程质量含义

工程质量具有两个方面的含义：一是指工程产品的特征性能，即工程产品的质量；二是指参与工程建设各方面的工作水平、组织管理等，即工作质量。

#### 1.1.2　生态修复工程项目零缺陷建设质量

生态修复工程项目零缺陷建设质量是指在国家和行业颁布的有关法律、法规、技术标准和具体项目建设设计文件和合同中，对生态修复工程项目的功能、安全、适用、经济、美观等特性的综合要求，包括设计质量、施工质量、材料质量等相关方面。生态修复工程项目建设质量的优劣，不仅关系到项目区域生态环境条件的改善，而且关系到国家生态环境治理和经济的可持续发展，同时也直接影响到广大人民群众的切身利益。

#### 1.1.3　生态修复工程项目零缺陷建设质量目标

生态修复工程项目零缺陷建设质量目标是监理工作控制的三大重要目标之一，质量控制是为了全面实现生态修复工程项目零缺陷建设质量目标所采取的作业、技术与管理活动。这些作业、技术与管理活动包含在生态修复工程项目建设的前期、施工过程和后期管理工作中，如勘测、规划、可行性研究、初步设计、招投标、施工准备、材料与苗木种子采购、施工试验与检验、阶段验收、竣工验收、缺陷修补等一系列环节。对这一系列环节作业、技术与管理活动进行有效控制，就是生态修复工程项目建设质量控制。只有这样，才能使生态修复工程项目零缺陷建设质量满足规定要求。

#### 1.1.4　有效控制生态修复工程项目建设质量是监理单位的一项根本性工作

生态修复工程建设项目作为国家基础设施的建设项目，由建设单位对工程质量负全部责任。建设单位委托监理单位对生态修复工程项目建设质量进行全面监理。施工阶段的大量监理业务工作，就是对生态修复工程项目建设质量的控制。生态修复工程项目建设质量控制的对象是建设过程，质量控制贯穿于生态修复工程项目建设的各个环节，其结果是使全过程均达到规定的质量要求。因此，生态修复工程项目建设质量控制是监理工作中最基础、工作量最大的一项工作任务。

### 1.2　质量控制

#### 1.2.1　质量控制含义

工程项目建设的质量控制，就是指为保证某一产品、过程或服务满足规定的质量要求所采取的作业、技术与管理活动。

#### 1.2.2　生态修复工程零缺陷建设质量控制

生态修复工程项目零缺陷建设质量控制，是指对生态修复工程项目建设在可行性研究、勘测、规划、设计、施工准备、建设施工、抚育保质、竣工验收等各阶段、各环节、各因素的全过程、全方位的质量监督控制。

#### 1.2.3　施工阶段是零缺陷工程质量控制的重中之重

生态修复工程项目建设施工阶段是形成工程质量的重要环节，也是监理机构进行质量监控的重点。生态修复工程项目质量的优劣，对生态修复工程项目能否安全、可靠、经济、适用地在规定生态防护经济寿命内正常运行，发挥设计功能，达到预期的防护目的关系重大。没有质量就谈不上进度与效益，没有质量其他的一切都是零。

### 1.3　影响生态修复工程项目零缺陷建设质量的因素

施工阶段对生态修复工程项目建设质量控制是在产品形成过程中，监理单位控制合同各方，主要是控制施工单位的工程质量，工程质量又反映到工序施工过程中的每一环节、每一因素。因此，工程项目建设质量取决于施工过程的工序质量。就是说生态修复工程建设质量控制，是采用各种手段对每道工序的人、机械、材料、技艺方法、环境等要素进行有效控制。

### 1.3.1 人的因素

人的因素对工序质量影响主要是操作人员的质量意识，遵守操作规程与否，技术水平，操作经验与熟练程度等。对人的因素的控制措施是：严格质量制度，明确质量责任，进行质量教育与培训，提高其责任心；建立质量奖罚责任制，进行岗位技术练兵；严格遵守规程，加强监督检查，改进操作方法等。

### 1.3.2 机械因素

对工序质量起影响作用的机械因素主要是机械的数量与性能，特别是机械的性能，因此采用的控制措施是符合质量进度要求的机械数量和合理地选择施工机械的形式和性能参数，加强对施工机械的维修、保养和使用管理。

### 1.3.3 材料因素

影响工序质量的材料因素主要是指材料的成分、物理性能、化学性能等。控制措施是加强对订货、采购和进场后的检查、验收管理工作，使用前的试验、检验工作，以及材料现场管理和合理使用等。

### 1.3.4 技艺因素

影响工序质量的技艺方法因素主要是工艺方法，即工艺流程、工序间的衔接、工序施工手段选择等。控制方法是制定正确的施工方案，加强技术业务培训和工艺管理，严格工艺纪律，合理配合和使用机具等。

### 1.3.5 环境因素

影响工序质量的环境因素主要有工程地质、水文、气象、噪声、通风、振动、照明、污染等，对其控制措施是创造良好的工序环境，排除环境的干扰等。

## 1.4 生态修复工程项目零缺陷建设质量管理体系

影响生态修复工程项目零缺陷建设质量形成的因素很多，不论是哪个方面、哪个环节出现了问题，都将会导致工程质量缺陷，甚至造成质量事故。譬如，如果建设单位将工程发包给不具备相应资质等级的施工、设计单位；或指示施工单位使用不合格建设材料、构配件和设备；或者勘察单位提供的水文地质数据资料不准确；或设计单位计算错误，设备选型不准；或者施工单位不严格按照设计图施工作业，偷工减料；或者监理单位把关不严，不严格对隐蔽工程进行检查验收等，都会造成工程质量出现缺陷，甚至导致重大质量事故。因此，生态工程项目建设质量管理最基本的原则和方法就是建立健全质量管理责任制，由有关各方对其自身的工作负责。影响生态修复工程项目零缺陷建设质量的责任主体是建设单位、勘察设计单位、监理单位、施工单位、材料设备供应单位等。

### 1.4.1 建设单位的零缺陷质量检查管理体系

为了规范和约束生态建设施工等单位的行为，确保生态修复工程项目零缺陷建设质量，国家有关职能部门对建设单位的质量责任作出了一系列规定。建设单位为了维护政府部门或自身利益，充分发挥生态建设投资效益，需要建立自己的质量检查管理体系，成立质量检查管理机构，对工程建设的各个工序、隐蔽工程和各个建设联合体的生态工程项目建设质量进行检查、复核和认可。在已实行建设监理的生态修复工程项目中，建设单位已把这些工作的全部或部分委托给监理单位来具体承担，但建设单位仍要对生态修复工程项目建设质量进行检查和管理，以担负起建设生态修复工程项目零缺陷质量的全面责任。

### 1.4.2　监理单位的零缺陷质量控制体系

监理单位受建设单位委托，按照监理合同对生态修复工程项目建设参与者的行为进行监控和督导。以生态修复工程建设活动为对象，以政令法规、技术标准、设计文件、工程合同为依据，以规范建设行为，提高经济效益为目的。从监理过程来分析，它既可以包括项目评估、决策的监理，又可以包括项目实施阶段和抚育质保期的监理。其任务是从组织和管理的角度来采取措施，以期达到合理地进行投资控制、质量控制和进度控制。在生态修复工程项目建设实施阶段，监理单位依据监理合同授权，进行进度、投资和质量控制，而质量控制是监理工作的中心内容，其主要任务是：审查施工承包单位选择的分包单位；组织设计交底和图纸会审，审查设计变更；审查施工单位提出的施工技术措施、安全施工措施等；检查用于工程的设备、材料和构配件的质量，审查试验报告和质量说明书；采取旁站、巡视或平行试验等形式对施工工序和过程的质量进行监控；签发工序、单元、分部工程验收合格证；核实工程量，签发工程进度付款凭证，审查工程结算；督促施工单位履行建设施工合同，调解合同双方争议；督促整理承包合同文件的技术档案资料；协助建设单位完善各阶段的工程验收和主持竣工初验工作，提出竣工验收报告等。对所有单元工程（对于分工序的单元工程，应为工序工程）的施工，施工单位应在自检合格后，填写单元工程报验单，并附上单元工程质量评定表和必要的试验报告单；属于隐蔽工程，应报隐蔽工程验收报验单。监理工程师必须严格对每 1 个单元（工序）进行检查，检查合格，签发单元（工序）工程合格认可单，方可进行下 1 单元（工序）施工。若不合格，应立即给施工单位下达监理通知书，并指明整改项目。凡整改项目，整改结果应反馈给监理工程师。对未经监理工程师审查或审查不合格的单元（工序）工程，不予认可，不签发付款凭证。对质量可疑部位，监理工程师可要求进行抽检，要求施工单位对不合格或有缺陷的工程部位采取返工或补修措施。

监理单位对工程质量的控制，有一套完整、严密的组织机构、工作制度、控制程序和方法，它们构成了生态修复工程项目建设质量的控制体系，是我国生态修复工程项目零缺陷建设质量管理体系中一个重要的组成部分，对强化生态修复工程项目建设质量管理工作，保证生态修复工程项目建设质量发挥着越来越重要的作用。

### 1.4.3　勘察设计单位的零缺陷质量保证体系

勘察设计单位零缺陷质量保证体系，是指着重从以下 3 方面内容来强化勘察设计质量。

（1）勘察设计零缺陷工作质量对生态建设质量的重要性。生态修复工程项目建设勘察、设计是生态修复工程项目建设最重要的阶段。其质量优劣，直接影响生态修复建设项目的功能和使用价值，关系到国民经济及社会的发展和人民生命财产的安全。只有勘察、设计工作做好了，才能为保证整个生态修复工程项目建设质量奠定基础。否则，后续工作质量做得再好，也会因勘察设计的“先天不足”而不能保证生态修复工程项目建设的最终质量。生态修复工程项目建设地质地貌勘察是工程建设的一项基础性工作，其任务是查明生态修复工程项目建设地区的工程地质条件，研究地形地貌、地质构造及水文地质特征，预测建筑物在施工及运行中地质环境可能产生的变化，并对存在的工程地质问题作出评价，为设计提供可靠的地质资料。生态修复工程项目建设结构设计是按照技术先进、功能到位、经济合理、安全适用、确保质量的要求，对承受外来作用（荷载等）的生态工程建设项目进行设计，使之能满足各项预定功能。生态修复工程项目建设设计是依据勘察成果进行的，勘察成果文件是设计的基础资料和依据，勘察文件资料的质量直接影响设计质量。如在不知道地基承载力情况下，就无法进行地基基础设计，而一旦地基承载力情况发生变化，基础设计的尺寸、配筋等都要随之修改，甚至基础设计方案也要随之改变，这就给设计工程增添很多工作量，从而造成工作的反复，继而会影响到设计质量。

（2）设计是整个生态修复工程项目零缺陷建设的灵魂。生态修复工程项目零缺陷建设质量在很大程度上取决于设计质量。建设项目能否满足规定要求和具备所需要的防护特征和特性，主要依靠设计质量来体现。如果一个项目设计方案选择不合理，或计算错误，就直接影响生态修复工程项目的生态防护功能、效益和使用寿命，后期施工质量再好，也没有实际意义，即便是设计图纸出现小小的差错，也可能给生态修复工程项目建设施工带来不必要的麻烦，而影响生态修复工程项目建设进度。

（3）勘察设计单位应强化自身素质建设。应以较为完善的勘察设计质量来保证生态修复工程项目建设质量，是生态修复工程项目建设的一个中心环节。要想取得较好的勘察设计质量，勘察设计单位就应顺应市场经济发展要求，建立健全自己的质量管理保证体系，从组织上、制度上、工作程序和方法等方面来保证勘察设计质量，以此来赢得社会信誉，增强在社会市场经济中的竞争力。勘察设计单位，也只有建立为达到一定的质量目标而通过一定的规章制度、程序、方法、机构，把质量保证活动加以系统化、程序化、标准化、规范化和制度化的质量管理保证体系，才能确保勘察设计成果质量，从而担负起勘察设计单位的质量责任。

（4）施工单位的零缺陷质量保证体系。施工现场阶段是生态修复工程项目零缺陷建设质量的形成阶段，是生态修复工程项目建设质量监督的重点，勘察、设计的思想和预计方案都要在这一阶段得以实现。生态修复工程项目建设施工，是指根据合同约定和生态修复工程项目建设设计文件及相应的技术标准、规范要求，通过各种技术作业，最终形成建设生态修复工程项目实体的活动。由于生态修复工程项目建设施工面宽、线长、分散且持续时间长，影响质量稳定的因素很多，从而造成管理难度较大，因此，施工阶段质量控制的任务十分艰巨。在勘察、设计质量达标的前提下，整个生态修复工程项目建设质量状况，最终取决于施工质量。所以说，施工单位必须以对国家对人民高度负责的精神，严格按照生态修复工程项目建设设计文件和技术标准实施施工作业，严把质量关，认真做好生态修复工程项目建设施工过程中的各项质量控制和质量管理工作，切实担负起施工单位的施工质量责任。为此，施工单位应建立和运用系统工程的观点与方法，以保证工程质量为目的，将企业内部各部门、各环节的生产、经营、管理等活动严密地组织起来，明确他们在保证生态修复工程项目建设质量方面的任务、责任、权限、工作程序和方法，形成一个有机整体的质量保证体系，并采取必要的措施，使其有效运行，从而保证生态修复工程项目建设的零缺陷施工质量

（5）政府零缺陷质量监督管理体系。为了确保生态修复工程项目零缺陷建设质量，保障社会生态环境的公共安全，保护人民群众生命和财产安全，维护国家和人民群众的利益，政府必须

加强对生态修复工程项目建设质量的监督管理。国务院 279 号令《建设工程质量管理条例》（以下简称《条例》）的颁布，将政府质量监督作为一项制度，并以法规的形式予以明确，强调了建设工程的质量必须实行政府监督管理。国家对建设工程项目质量的监督管理主要是以保证建设工程使用安全和环境质量为主要目的，以法律、法规和强制性标准为依据，以工程建设实物质量和有关的工程建设单位、勘察设计单位、监理单位及材料、配件和设备供应单位的质量行为为主要内容，以监督认可与质量核验为主要手段。政府质量监督体现的是国家意志，工程项目接受政府质量监督的程度是由国家强制力来保证的。政府质量监督并不局限于某一个阶段或某一个方面，而是贯穿于建设活动的全过程，并适用于建设单位、勘察设计单位、监理单位、施工单位及材料、构配件和设备供应单位等。由于建设工程周期长、环节多、点多面广，而工程质量监督是一项专业性强、技术性强，而且很繁杂的工作，政府不可能有那么多的精力来亲自进行日常监督检查，为此，《条例》第四十六条明确规定，建设工程质量的监督管理职责可以是建设行政主管部门或者其他有关部门委托的工程质量监督机构来承担，各级工程质量监督机构是代表政府履行相应权力，其工作是向各级政府部门负责。

综上所述，生态修复工程项目零缺陷建设质量管理体系是项目建设单位负责，监理单位控制，勘察、设计、施工单位保证和政府监督相结合的复合型体制。他们各司其职的质量担当责任，但不能相互替代。

# 2　生态修复工程项目零缺陷建设投资控制监理

## 2.1　投资与投资控制原理

### 2.1.1　投资与基本建设

（1）投资的概念。

①投资：通俗指经济主体为获取经济效益而垫付货币资金或其他资源用于某些事业的经济活动工程。投资属于商品经济范畴。投资活动作为一种经济活动，是随着社会化生产的产生、社会经济和生产力的发展而逐渐产生和发展的。

②投资的种类：按投资途径和方式分为直接投资和间接投资；按形成资产的性质分为固定资产投资和流动资产投资；按其时间长短分为长期投资和短期投资。

③建设项目投资：指某一经济主体为获取项目将来的收益而垫付资金用于项目建设的经济行为，所垫付的资金就是建设项目投资。目前建设项目投资有以下两种含义。

一般建设项目投资是指工程项目建设所需全部费用总和，也就是建设项目投资为项目建设阶段有计划地进行固定资产再生产和形式最低流动资金的一次费用总和。

广义建设项目投资指建设项目投资阶段、运营阶段和报废阶段所花费的全部资金，也就是指建设项目寿命周期内所花费的全部费用。它是一个以资金形式资产，通过管理资产，提高资产效益，最后资产转为资金的动态增值循环过程，是一个从资产流动物质流再到资产流的动态过程。

（2）基本建设的概念。基本建设是指固定资产的建设，即建筑、安装和购置固定资产的活动及其与之相关的工作。基本建设包括以下 3 项工作。

①建筑安装工程：基本建设的组成部分，是工程建设通过勘测、设计、施工等生产性活动创

造的建筑产品。本项工作包括建筑工程和设备安装工程两个部分。

②设备工具器具购置：由建设单位根据项目建设的需要向制造行业采购或自制达到固定资产标准的机电设备、工具、器具等工作。

③其他基建工作：不属于上述两项的基建工作，如勘测、规划、设计、科学实验、征地移民、水库清理、各类生态修复工程项目建设、施工队伍转移、生产准备等工作。

### 2.1.2 投资控制内涵

投资控制是工程建设项目管理的重要组成部分，是指在建设项目的投资决策阶段、设计阶段、施工招标阶段、施工阶段，采取技术与管理有效措施，把建设项目实际投资控制在原计划目标内，并随时纠正发生的偏差，以保证投资管理目标的实现，以求在项目建设中能合理使用人力、物力、财力，实现投资最佳经济效益。投资控制主要体现在投资控制机构及其人员对工程造价的管理。

（1）投资控制机构及其控制人员。生态修复工程项目零缺陷建设投资控制机构及其控制人员，是指包括各级计划部门的投资控制机构及其工作人员和建设单位的投资控制人员。实行建设监理制度以后，监理单位受建设单位委托，可对工程项目的建设过程实行包括投资控制在内的监督管理，故可把监理工程师包括在这一类投资控制人员之列。

（2）生态修复工程项目零缺陷建设造价。生态修复工程项目零缺陷建设造价是指生态修复工程项目实际建设所花费的费用，是个别劳动的反映，即某一个施工企业在建设项目中所耗用的资源。工程造价是以竣工决算所反映出项目的劳动投入量，计划投资是项目投资活动的起点，贯彻于项目建设的始终。工程造价围绕计划投资波动，直至工程竣工决算才完全形成。

①生态修复工程项目零缺陷建设造价：也称其为工程净投资，是指在工程项目总投资中扣除回收金应核销的投资支出与本工程无直接关系的转出投资后的金额。

回收金额：一是指保证工程建设而修建的临时工程，施工后已完成其使命，需进行拆除处理，并回收其余值；二是施工机械设备购置费的回收，因此项目费用已经构成了施工单位的固定资产，在工程建设使用过程中，设备折旧费以台班费的形式进入了工程投资，故施工机械设备购置应全部回收。

应核销的投资支出：指不应计入交付使用财产价值而应该核销其投资的各项支出，它包括生产职工培训费、施工机构转移费、职工子弟学习费、劳动支出，不增加工程量的停、缓建维护费，拨付给其他单位的基建投资，移交给其他单位的未完工程、报废工程的损失等。

与本工程无直接关系的工程投资：指工程建设阶段列入本工程投资项目下，而在完工后又移交给其他国民经济部门或地方使用的固定资产价值。

②生态修复工程项目零缺陷建设投资金额：是指生态修复工程项目投资金额的量值，也就是投资的资金数。工程项目投资额分为计划投资额（也称目标投资额）和实际投资额。

计划投资额：指生态修复工程项目建设预先确定的投资资金数（或劳动投入量）。

实际投资额：是指生态修复工程项目在建设过程中实际发生的各种资源消耗、且以货币形式表示的总资金额。

对于一般工程项目而言，实际投资额就是工程造价；但对于生态修复工程项目而言，其实际投资额与工程造价不等值，通常来说生态修复工程的实际投资额要大于该工程造价。

③生态修复工程项目零缺陷建设成本：也称其为建筑成本或施工成本，是指施工单位在创造生产过程为评价企业生产利润的一种造价指标，可以说是施工单位在建筑安装施工中支付的生产费用总额。工程成本内容按其经济用途可分为人工费、材料费、施工机械使用费、其他直接费、施工管理费5项。工程成本是从建筑企业的生产出发来计算其生产消耗的成本，因此它不包括设备工具器具费用以及其他基本建设费用。工程成本核算一般应以单位工程作为核算对象。

④生态修复工程项目建设价格：指采取生态防护措施的价格，它是社会劳动的平均值。

### 2.1.3　投资零缺陷控制内容

（1）前期工作阶段的零缺陷投资控制。

①生态修复工程项目建设前期阶段投资控制内容：是指通过对生态修复工程项目在技术、经济和施工上是否可行，进行全面分析、论证和方案比较，确定项目投资估算数，它是建设项目设计概算的编制依据。

②生态修复工程项目零缺陷建设前期工作内容：包括项目规划、建议书、可行性研究（含投资估算）。

③生态设计单位应依据国家有关规定编制投资估算：可行性研究报告投资估算经上级主管部门批准，就是生态工程项目建设决策和开展工程设计的依据。同时，可行性研究报告投资估算即作为控制该建设项目初步设计概算静态总投资的最高限额，不得任意突破。

（2）设计阶段的零缺陷投资控制。生态修复工程项目设计阶段零缺陷投资控制的主要工作，是指通过工程初步设计确定建设项目的设计概算，设计概算是计划投资的控制标准，原则上不得突破。

（3）施工准备阶段的零缺陷投资控制。生态修复工程项目施工准备阶段零缺陷投资控制的主要工作内容，包括编制招标标底或审查标底，对投标单位的财务能力进行审查，确定标价合理的中标人。

（4）施工阶段的零缺陷投资控制。施工阶段零缺陷投资控制的主要工作内容是造价控制。通过施工过程中对工程费用的监测，确定生态修复工程建设项目的实际投资额，使它不超过项目建设计划投资额，并在实施过程中进行动态管理控制。

（5）项目竣工后的零缺陷投资分析。生态修复工程建设项目竣工后通过项目决算，应进行投资回收分析，以评价其投资效果。

## 2.2　生态修复工程项目零缺陷建设经济评价

### 2.2.1　经济零缺陷评价的概念

生态修复工程项目零缺陷建设经济评价，是根据项目与各项技术经济因素和各种财务、经济预测指标，对项目的生态效益、经济效益、社会效益进行分析和评估，从而确定生态修复工程项目建设投资效果的一系列分析、计算和研究工作。

### 2.2.2　经济零缺陷评价内容

生态修复工程项目零缺陷建设经济评价包括财务评价和国民经济评价2项内容。

（1）财务评价。是指在国家现行财税制度和价格体系条件下，计算生态修复工程项目建设范围内的效益和费用，以考察项目在财务上的可行性。

（2）国民经济评价。是指在合理配置国家资源的前提下，从国家整体的角度来分析计算生态工程项目建设对国民经济的净贡献，以考察项目的经济合理性。

### 2.2.3 经济零缺陷评价原则

由于财务评价与国民经济评价之间存在着差异，对同一项目作两个层次评价，有可能出现多种情况，为此对建设项目经济评价工作必须规定以下同一法则。

①财务评价与国民经济评价的结论均可行的项目，应予以通过。

②项目经济评价应遵循效益与费用口径对应一致的原则。

③项目经济评价以动态分析为主，静态分析为辅。

④国内项目财务评价适用财务价格，即以现行价格体系为基础的预测价格。

⑤用于项目国民经济评价的重要参数，由国家权威机构发布，并定期予以调整；用于财务评价的重要参数，分别由行业测定，经有关部门综合协调后发布应用。

### 2.2.4 生态修复工程项目零缺陷建设经济评价方法与程序

（1）财务零缺陷评价。分为财务评价概念及其评价程序 2 项内容进行精确说明。

财务评价概念：是指根据国家现行财税制度和价格体系，分析、计算项目直接发生的财务效益和费用，编制财务报表，计算评价指标，考察项目的盈利功能、清偿能力以及外汇平衡等财务状况，据以判别项目的财务可行性。

财务评价程序：财务评价主要应履行以下 4 项工作程序。

①收集、整理和计算基础数据资料，包括项目投入物和产出物的数量、质量、价格及项目实施进度安排等。

②运用基础数据编制基本财务报表。

③通过基本财务报表计算各项评价指标。

④依据基准参数值，进行财务分析。

财务评价内容及指标：其主要内容及指标涉及 4 项具体内容：财务盈利能力分析、清偿能力分析、外汇效果分析、不确定性分析。

（2）国民经济评价。国民经济评价分为国民经济评价概念及其评价程序以下 2 项具体内容来进行说明。

①国民经济评价的概念：国民经济评价是按照资源合理配置的原则，从国家整体角度考察项目的效益和费用，用货物影子价格、影子工资、影子汇率和社会折现率等经济参数，分析、计算项目对国民经济的净贡献，评价项目的经济合理性。

②国民经济评价的程序：国民经济评价可以在财务评价基础上进行，也可以直接进行。

直接进行国民经济评价的程序：一是识别和计算项目的直接效益、间接效益、直接费用、间接费用，以影子价格计算项目效益和费用；二是编制国民经济评价基本报表；三是依据基本报表进行国民经济评价指标计算；四是依据国民经济评价的基准参数和计算指标进行国民经济评价。

在财务评价基础上进行国民经济评价的程序：一是经济价值调整，剔除在财务评价中已计算为效益或费用的转移支付，增加财务评价未反映的外部效果，用影子价格计算项目的效益和费用；二是编制国民经济评价基本报表；三是依据基本报表进行国民经济评价指标计算；四是依据国民经济的基准参数和计算指标进行国民经济评价。

### 2.2.5　经济评价指标与零缺陷计算

评价生态修复工程项目零缺陷建设经济效益是一项非常复杂的问题，需要有一套科学、适用的指标体系，随着经济形势的发展，还要不断地完善经济评价指标体系。

（1）资金流量零缺陷计算。资金流量零缺陷计算是指经济评价时需分年计算净资金流量，并编制各种资金流量表，以便计算各项指标。

（2）经济评价指标零缺陷计算。经济评价指标零缺陷计算按是否考虑资金时间价值，分为静态、动态指标等进行计算。

①静态指标：是指计算时不考虑资金时间价值的经济评价指标，包括投资回收期、简单投资收益率、资产负债率、固定资产投资、国内借款偿还期及外汇效果指标等。

②动态指标：是指计算时考虑资金时间价值的下述各项评价指标。

净现值（NPV）：是指将计算各年净现资金流量按一定收益率 $i$ 为折现率逐年折算到现值（或计算期初）后的代数和，它是反映项目计算期内获利能力的动态评价指标。

净现值率：是净现值与投资现值（PVI）之比值，反应项目投资资金利用率。

净终值：是指将计算期内各年净现值流量按一定收益率 $i$ 为折现率逐年折算到终值（计算期末）后的代数和。

净年值：是指将计算期内务年现金流量按一定收益率 $i$ 为折现率折算为等额年后的评价指标。

内部收益率（IRR）：当项目计算期一定时，净现值（$i$）为折现率 $i$ 的函数，且随着 $i$ 值增大，净现值（$i$）单调连续递减，净现值（$i$）值由正值递减为负值期间有一个 $i$ 值使净现值（$i$）= 0。内部收益率 IRR 就是在项目计算期内使净现值（$i$）= 0 时的收益率 $i$。即内部收益率指项目在整个计算期内各年实际净现金流量的累积数值等于零时的折现率。

动态回收投资期：是指项目在给定基准收益率 $i$ 下，以项目的净现金流量的现值回收投资现值所需要的时间。

外汇效率指标：动态计算外汇评价指标是外汇净现值，换（节）汇成本。

外汇净现值：是衡量项目对国家外汇的真正贡献（创汇）或消耗（用汇），可通过外汇流量表计算项目在计算期内各年净外汇流量现值的代数和求得。

经济效益费用比（EBCR）：水利、水保等生态修复工程项目建设在进行国民经济评价时常计算经济效益费用比，经济效益费用比是项目效益现值与费用现值之比。

### 2.2.6　生态修复工程项目建设的不确定性分析

（1）不确定性分析概念。生态修复工程建设项目不确定性分析就是分析不确定性因素对评价指标的影响，估计项目可能承担的风险，分析项目在财务和经济上的可靠性。

（2）盈亏平衡分析。盈亏平衡分析是指研究生态修复工程项目建设投产后正常年份的产出、成本和利润 3 者之间的平衡关系，以利润为零时的收益与成本的平衡为基础，测算生态修复工程建设项目的生产负荷状况，度量生态修复工程项目建设项目承受风险的能力。

（3）敏感性分析。敏感性分析是指在研究和预测生态修复工程项目主要因素发生浮动时对经济评价指标的影响，分析最敏感因素对评价指标的影响程度，确定经济评价指标出现临界值时各主要敏感因素变化的数量界限，为进一步测定生态修复工程项目建设评价决策的总体安全性，生态修复建设项目运行承受风险的能力等，提供定性分析依据。敏感性分析是盈亏平衡分析的深化，可用于财务评价，也可用于国民经济评价。

（4）概率分析。概率分析是指使用概率研究预测各种不确定因素和风险因素的发生对生态修复工程项目建设经济效益评价指标影响的一种定量分析方法，利用这种分析可以把不确定因素及其对生态项目投资经济效益影响的程度定量化，从而比较科学地判断生态修复工程建设项目在可能的风险因素影响下是否可行。

## 2.3 投资零缺陷控制的任务、内容与方法

### 2.3.1 规划设计阶段的零缺陷投资控制

（1）设计招标。将设计招标方式引入设计阶段，其目的是为了得到更加优化的设计方案，设计招标的方式可以采取一次性总招标，也可以划分单项、专业招标。其招标内容一般是可行性研究的设计方案，初步设计可以由前两项内容中标的设计单位来做，施工图设计则可以由设计单位承担，也可以由施工单位承担。

（2）设计竞赛。设计竞赛是建设项目设计阶段控制投资的有效方法之一，国外项目建设中，已广泛开展使用，对于降低工程费用、缩短项目工期起到了重要作用。

设计竞赛又称为设计方案竞赛。设计方案竞赛不存在中标不中标的问题，而是通过竞赛，选取优秀设计方案。

设计竞赛只宣布竞赛名次，没有名次的给点补偿，前几名的方案可请人加以综合汇总，吸收各方案优点，做出新设计方案。作为监理工程师，如能在设计方案上为建设单位做出成绩，使建设单位得到满意的设计方案，又降低费用，则对随后开展的监理工作是非常有利的。

（3）标准设计。标准设计是指按国家现行规定的标准规范，对各种建筑、结构和构配件等编制的具有重复作用性质的整套技术文件，经主管部门审查、批准后颁发的全国、部门或地方通用的设计。标准设计是生态修复工程项目建设标准化的一个重要内容，也是国家标准化的组成部分。

（4）限额设计。限额设计的基本原理：是指按照批准的可行性研究投资估算，控制初步设计，按照批准的初步设计总概算控制施工图设计，同时各专业在保证达到使用功能的前提下，按分配的投资限额控制设计，并严格控制设计的不合理变更，保证不突破总投资限额的生态工程项目建设设计过程。限额设计的基本原理是，通过合理确定设计标准、设计规模和设计原则，合理取定概预算基础资料，层层设计限额，实现投资限额的控制和管理。

限额设计的控制内容：要采取以下5项内容来到做有效控制。

①建设项目从可行性研究开始，便要建立限额设计观念，合理、准确地确定投资估算，是核算项目建设总投资额的依据。获得批准后的投资估算，就是下一阶段进行限额设计及控制投资的重要依据。

②初步设计应该按核准后的投资估算限额，通过多方案的设计比较、优选来实现。初步设计应严格按照施工规划和施工作业实施方案，按照项目建设施工合同文件要求进行，并要切实、合理地选定费用指标和经济指标，正确确定设计概算。经审核批准后的设计概算限额，便是下一步施工详图设计控制投资的依据。

③施工图设计是设计单位的最终产品，必须严格地按照初步设计确定的原则、范围、内容和投资额实行设计，即按设计概算限额进行施工图设计。但由于初步设计受外部工程地质、设备、材料供应、价格变化以及横向协作关系等条件的影响，加上人们主观认识的局限性，经常会给施工图设计和以后的实际现场施工，带来局部变更和修改，合理地修改、变更是正常的，关键是要进行核算和调整，来控制施工图设计不突破设计概算限额。对于涉及建设规模、设计方案等的重大变更，则必须重新编制或修改初步设计文件和初步设计概算，并以批准的修改初步设计概算作为施工图设计的投资控制额。

④加强设计变更管理工作，对于确实可能发生的变更，应尽量提前实现，以减小损失。对影响工程造价的重大设计变更，更要用先算账后变更的办法解决，这样才能保证设计不突破限额。

⑤对设计单位实行限额设计，因设计单位设计而导致投资超支，应给予处罚，若节约投资，应给予奖励。这方面，原国家计划委员会规定，从 1991 年起，凡因设计单位的错误、漏项或扩大规模和提高标准而导致工程投资超支的，要扣减设计费。

（5）价值工程。价值工程又称为价值分析，是运用集体智慧和有组织的活动，着重对产品进行功能分析，使之以总成本最低，可靠地实现产品的必要功能，从而提高产品价值的一套技术经济科学分析方法。从价值工程的概念可知，价值工程是研究产品功能和成本之间关系问题的管理技术。功能属于技术指标，成本则属于经济指标，它要求从技术和经济两方面来提高产品的经济效益。

功能评价概念：从价值工程的工程程序来看，当功能分析明确了用户所要求功能之后，就要进一步找出实现这一功能的最低费用（也称功能评价值），以功能评价值为基准，通过实现功能的现实成本相互比较，求出两者比值（也称功能价值）和两者之差（又称改善期望值）。然后选择功能价值，改善期望大的功能，做价值功能进一步开展活动的重点对象。这种评价工程价值的工作称为功能评价，其程序有：求算功能的现实成本；求算功能价值；计算出功能价值，选择价值低的功能作为改善对象。

功能评价的公式是：

$$V = F/C \tag{3-1}$$

式中：$V$——功能价值；

$F$——功能评价值；

$C$——功能现实成本。

（6）设计概算编制。设计概算分为项目设计概算内容以及建设设计概算作用 2 项内容。

设计概算是初步设计概算的简称，是指在初步设计或扩大初步设计阶段，由设计单位根据初步设计图纸、定额、指标、其他工程费用定额等，对工程投资进行概略计算，这是初步设计文件的重要组成部分，是确定工程设计阶段投资的依据，经过批准的设计概算是控制工程建设投资的最高限额。生态修复工程项目建设设计概算的编制内容及相互关系如下：单位工程概算是确定单项工程中的各单位工程建设费用的文件，是编制单项工程综合概算的依据；单项工程综合概算是确定一个单项工程所需建设费用的文件，是根据单项工程内各专业单位工程概算汇总编制而成的；生态建设项目总概算是确定整个建设项目从筹建到竣工验收所需全部费用的文件。它是由各个单项工程综合概算以及工程建设其他费用和预备费采用概算汇总编制而成的。

生态修复工程项目建设设计概算作用：其概算作用有以下 7 项内容。

①设计概算是确定建设项目、各单项工程及各单位工程投资的依据：按照规定报请有关部门或单位批准的初步设计及总概算，一经批准即作为建设项目静态总投资的最高限额，不得任意突破，必须突破时须报原审批部门（单位）批准。

②设计概算是编制投资计划的依据：计划部门根据批准的设计概算编制建设项目年度固定资产投资计划，并严格控制投资计划的实施。若建设项目实际投资数额超过了总概算，那么必须在原设计单位和建设单位共同提出追加投资的申请报告基础上，经上级计划部门审核批准后，方能追加投资。

③设计概算是拨款的依据：有关部门根据批准的设计概算和年度投资计划，进行拨款和贷款，并严格实行监督控制。对超出概算部分，未经计划部门批准，不得追加拨款和贷款。

④设计概算是实行投资包干的依据：在进行概算包干时，单项工程综合概算及建设项目总概算是投资包干指标商定和确定的基础，尤其经上级主管部门批准的设计概算或修正概算，是主管单位和包干单位签订包干合同，控制包干数额的依据。

⑤设计概算是考核设计方案的经济合理性和控制施工图预算依据：设计单位根据设计概算进行技术经济分析和多方案评价，以提高设计质量和经济效果。同时保证施工图预算在设计概算的范围内。

⑥设计概算是实施项目建设前准备和落实技术经济责任制的依据：是指设计概算为进行各种施工准备、设备供应指标、加工订货及落实各项技术经济责任制的确切投资依据。

⑦设计概算是有效提高项目建设管理水平不可或缺的措施：设计概算是控制项目投资，考核建设成本，提高项目实施阶段工程管理和经济核算水平的必要手段。

设计概算编制程序：设计概算主要有下述 11 个编制程序。

①详实了解生态修复工程项目建设情况和深入调查研究；

②编写设计概算编制工作大纲；

③编制项目建设施工所涉及的各种类基础价格表；

④编制工程措施、植物措施、临时工程或封育治理措施单价和调差系数；

⑤编制材料、施工机械台班费、措施单价汇总表；

⑥编制工程措施、植物措施、施工临时工程或封育治理措施、独立费用用概算；

⑦编制分年度投资计划；

⑧编制总概算和编写说明；

⑨打印整理资料；

⑩审查修改和资料归档；

⑪设计工作总结。

设计概算编制主要有以下 6 种方法：确定编制原则与编制依据；确定计算基础价格的基本条件与参数；确定编制概算单价采用的定额、标准和有关数据；明确各专业互相提供资料的内容、深度要求和时间；落实编制进度及提交最后成果的时间；编制人员分工安排和提出计划工作量。

（7）设计概算审查。

审查设计概算对建设项目而言有以下 5 方面的意义。

审查设计概算，有利于合理分配投资资金、加强投资计划管理。编制出的设计概算过高或过低，都会影响投项目建设投资计划的真实性，影响投资资金的合理分配。因此，审查设计概算是为了准确确定工程项目建设造价，使投资更能遵循客观经济规律。

审查设计概算，可以促进概算编制单位严格执行国家有关概算的编制规定和费用标准，从而提高编制设计概算的质量。

审查设计概算，有助于促进设计的技术先进性与经济合理性。概算中的技术经济指标，是概算的综合反映，与同类工程对比，便可查出它的先进性与合理程度。

审查设计概算，可以使建设项目总投资力求做到准确、完整，防止任意扩大投资规模或出现漏项，从而减小投资缺口，缩小概算与预算之间的差距，避免故意压低概算投资，搞“钓鱼”项目，最后导致实际造价大幅度地突破概算。

经过审查后的设计概算，给建设项目投资的落实提供了可靠的依据，打足投资，不留缺口，以提高建设项目的投资效益。

①设计概算审查的方法和步骤：审查设计概算可分为全面审查法、重点审查法、经验审查法、对比审查法等 4 种方法。

全面审查法：是指按照全部施工图要求，结合有关预算定额分项工程中的工程细目，逐一、全部地进行审核的方法。其具体计算方法和审核过程与编制预算的计算方法和编制过程基本相同。

重点审查法：是指抓住工程预算中的重点进行审查的方法。一般情况下，重点审查法的以下 3 项工作内容是：一是选择工程量大或造价较高的项目实行重点审查；二是对补充单价进行重点审查；三是对收取各项费用的费用标准和计算方法进行重点审查。

经验审查法：是指监理工程师根据以往的实践经验，审查容易发生差错工程项目的方法。如土方工程中的平整场地和余土外运，土壤分类等。基础工程中的基础垫层、砌砖、砌石基础、挡土墙工程、钢筋混凝土组合柱、基础圈梁、室内暖沟盖板等，均是容易出差错的科目，应重点加以审查。

对比审查法：把一项单位工程，按直接费、间接费分解，然后再把直接费按工种和分部工程进行分解，分别与审定的标准图预算进行对比分析的方法，称为分解对比审查法。

审查分为以下 4 个步骤进行审查：一是确切掌握有关情况；二是采取分析对比；三是处理概算中的问题；四是研究、定案、调整概算。

②设计概算审查的内容：应对以下 5 项内容逐一进行认真审查。

生态修复工程建设项目审查设计概算的编制依据：包括国家综合部门的文件，水利部、国家林业和草原局、住房和城乡建设部等规定和各省、自治区、直辖市根据国家规定或授权指定的各种规定及办法，以及建设项目的设计文件等。审查编制依据的合法性、编制依据的时效性、编制依据的适用范围。

审查概算文件的组成：应对组成设计概算的全部文件进行审查，查验是否存在缺项。

审查总图布置：查验其是否符合生产工艺要求，全面规划，紧凑合理。

审查项目建设投资：审查项目建设投资产生的生态、社会、经济效益。

审查一些具体建设投资项目：如工程措施费用、植物措施费用、其施工临时工程费用、独立费用。

### 2.3.2 招投标阶段零缺陷投资控制

（1）合同价格。生态修复工程项目建设施工合同包括合同文件、规范、图纸、工程量清单、投标书、投标书附件、中标函、合同协议书等。它们之间相互补充、互为说明，是一个有机的结合体。在生态工程招标过程中，经过投标、开标、议标和决标，根据投标人报送的标函资料，就标价、工期、工程质量等条件综合评价分析，最后选定中标人，双方签订生态修复工程项目建设施工合同，此时双方认可的工程承包价格，即为合同价格。

（2）合同价格的形成。根据合同支付方式的不同，合同价格形式一般分为总价合同、单价合同和成本加酬金合同。在工程招标前，监理工程师必须理解和懂得各种类型合同的计价方法，弄清其优缺点和使用时机，并协助建设单位根据工程实际情况，认真研究并确定采用合同价的形式和发包策略，这对生态修复工程项目建设的顺利招标及有效管理非常必要。

①总价合同：是指支付给承包方的款项在合同中有一个“规定的金额”，即总价。它是以图纸和工程说明书为依据，由承包方与发包方经过商定作出的具体金额数。

总价合同的2个主要特点：其价格是根据实际确定并由承包方实施的全部任务，按承包方在投标报价中提出的总价确定；需要实施的工程量应在事先确定。

总价合同一般分为4种格式。

固定总价合同：是指合同价格计算是以图纸及规定、规范为基础，承发包双方就承包项目协商一个固定总价，由承包方一次性确定，不能变化。

可调值总价合同：指合同总价一般也是以图纸及规定、规范为计算基础，但它按“时价”进行计算；这是一种相对固定的价格。在合同执行过程中，由于通货膨胀而使所用的工料成本增加，因而对合同总价进行相应的调值。但是合同价依然不变，只增加调值条款。

固定工程量总价合同：指建设单位要求投标人在投标时按单价合同办法分别填报分项工程单价，从而计算出工程总价，据之签订合同。原定建设工程项目全部完成后，根据合同总价付款给施工单位。

管理费总价合同：指施工单位用某一监理单位的管理专家对发包合同的工程项目进行施工管理和协调，由建设单位付给一笔总的管理费用。

②单价合同：是指工程量变化幅度在合同规定范围之内，招、投标方按双方认可的工程单价，进行工程结算的承包合同。单价合同又分为3种形式：估算工程量单价合同；纯单价合同；单价与包干混合式合同。

③成本加酬金合同：成本加酬金合同有成本加固定百分比酬金合同、成本加固定金额酬金合同、成本加奖罚合同和最高限额成本加最大固定酬金合同4种形式。

### 2.3.3 施工阶段零缺陷投资控制

（1）资金使用计划编制。

①施工阶段编制资金使用计划的目的：为了加强与完善对投资控制管理工作，使资金筹措与使用等工作有计划、有组织地协调运作，监理工程师应于施工前编制资金使用计划。资金使用计划编制的目的有4项：资金使用计划是监理工程师审核施工单位施工进度计划、现金流计划的依据；资金使用计划是项目筹措资金的依据；资金使用计划是项目检查、分析实际投资值和计划投

资值偏差的依据；资金使用计划是监理工程师审核施工单位施工进度款申请的参考依据。

②资金使用计划编制要点：分为项目分解与项目编码、按时间进行编制资金使用计划。

项目分解与项目编码：要编制资金使用计划，首先要进行项目分解。为了在施工中便于实行项目的计划投资和实际投资比较，故要求资金使用计划中的项目划分与招标文件中的项目划分一致，然后再分项列出由建设单位直接支出的项目，构成资金使用计划项目划分表。

我国建设项目编码没有统一格式，编码时，可针对不同具体工程项目拟定合适的编码系统。

按时间进行编制资金使用计划：在项目划分表基础上，结合施工单位投标报价、项目建设单位支出预算、施工进度计划等，逐时段统计需要投入的资金量，即可得到建设项目资金使用计划。

③审批施工单位呈报的现金流通量估算：按规定，在中标函签发日之后，于规定时间内，施工单位应按季度向监理工程师提交现金流通量估算，施工单位根据合同有权得到全部支付的详细现金流通量估算。监理工程师审批施工单位的现金流通量估算。监理工程师审查施工单位提交的预期支付现金流通量估算，应力求使其资金运作过程合理，使费用控制良好。

（2）工程计量与计价方式。

①工程计量：在生态修复工程项目建设施工过程中，对施工单位所实施工程量的测量和计算，简称计量。工程计量控制是监理工程师控制管理的主要工作内容。

计量原则：计量项目必须是计划中规定的项目；计量项目应确属完工或正在施工项目的已完成部分；计量项目的质量应达到规定技术标准；计量项目的申报资料和验收手续应该齐全；计量结果必须得到监理工程师和施工单位双方确认；计量方法的一致性；监理工程师在计量控制上具有权威性。

计量工作内容：在生态修复工程项目建设施工阶段所做的计量工作，以已批准规划、可行性研究和初步设计以及有关部门下达的年度实施计划为依据。纳入生态修复工程项目建设计量的3项主要措施有：配套工程措施工程量计量；乔木林、灌木林、经济林、果园、人工种草等植物措施计量；其他对应拦挡工程、斜坡防护工程、土地整治工程、防护排水工程、产流拦蓄工程、固沙工程等工程量的计量。

计量方式：由监理工程师独立计量；由施工单位计量，监理工程师审核确认；监理工程师与施工单位联合计量。实际工作中，通常采用后2种方式为主。

计量方法：生态修复工程项目建设一般按季度报账。首先，施工单位每季度提供工程量自验资料和施工进度图。监理工程师现场按规定比例抽查审核，确定实际完成工程量。对开发建设项目相应实施生态防护工程的计量，全部按实际所完成的工程量审核和确认。

②计价方式：在生态修复工程建设施工过程中，采用单价计价方式进行工程款支付。

（3）工程款支付。工程款支付的4项条件是：经监理工程师确认质量合格的工程项目；由监理工程师变更通知的变更项目；符合计划文件的规定；施工单位的工程施工技术与管理活动使监理工程师满意。

预付款支付：生态修复工程项目建设批准实施后，有关部门为了使工程顺利进展，需要以预付款形式支付给施工单位一部分资金，帮助施工单位尽快开始正常施工。预付款一般为已批准年度计划的30%。

中期付款：也称阶段付款。生态项目建设一般采用季度付款方式。根据监理工程师核定的工程量和有关定额计算应支付的金额，由总监理工程师签发支付凭证，申请支付资金。

年终决算：是指在第四季度根据全年完成的工程量，结合有关部门下达的全年投资计划和已确认的季度支付，核定施工单位全年完成的总投资，将未付部分支付给施工单位。

最终结算：生态修复工程项目建设施工完工后，经有关部门组织验收。验收合格后，进行财务决算，建设单位将剩余款项拨付给施工单位。

（4）变更费用控制。

①施工承包合同变更：是指生态修复工程项目建设施工承包合同成立后，在尚未履行或尚未完全履行时，当事人双方依法经过协商，对合同进行修订或调整所达成的协议。施工承包合同变更时，当事人可对原合同的部分条款作出修改、补充或增加新的条款，以适应客观事物的变化。合同变更是合同内容变更，也即当事人权利和义务变更。生态修复工程项目建设施工承包合同变更必须满足以下 5 个条件：双方当事人协商一致；法律、法规规定应由主管机关批准成立的合同，其重大变更应由原批准机关批准；变更合同的通知或者协议应当采用书面形式；合同变更不影响当事人要求索赔的权利；经过公证或鉴证的施工承包合同，需要变更或解除时，必须再到原公证或鉴证机关审查备案。

引起工程变更的原因很多，比如施工现场的变更、设计变更、工程项目范围发生变化、进度协调引起监理工程师发出的变更指令。

②工程变更费用调整的原则：工程变更单价调整是监理工程师审核工程变更的主要内容，应遵守以下 4 项原则。若项目相同，则按工程量清单中已有单价；如果没有适用于该变更工程的单价，则可以用清单中类似项目的单价并加以修正；如果做不到以上两条中所述，或监理工程师认为原单价已不合理或不适用时，则监理工程师应与建设单位、施工单位进行协商确定新的单价；如仍不能达成一致，监理工程师有权独立决定他认为合适的价格，并相应通知施工单位，将 1 份副本呈报建设单位；此决定不影响建设单位和施工单位解决合同中争端的权利。

（5）索赔控制。

①索赔控制：索赔是指在履行工程承包合同过程中，合同一方当事人根据索赔事件的事实和遭受损害的后果，按照合同条款规定和法律依据，向承担责任的另一方提出补偿或赔偿的要求，包括要求经济补偿或延长工期 2 种情况。

②索赔原因：建设单位违约；合同缺陷造成；不利自然条件和客观障碍所致；监理工程师指令；国家政策法律、法令变更；其他原因所致或其他施工单位干扰。

③索赔程序：一般提出索赔要求；报送索赔材料；双方协商解决；邀请中间人调解；提交仲裁或诉讼。

④索赔报告内容：索赔报告共计由题目、总论部分、合同论证部分等 5 项内容组成。

题目：指对索赔报告核心内容的精辟概括。

总论部分：总论部分应简明扼要，一般包括序言、索赔事项概述、具体索赔要求、索赔报告编写及其审核人员名单。

合同论证部分：其篇幅可能很大，其具体内容应根据各个索赔事项的特点而不同。一般来说，合同论证部分应包括索赔事项的发生情况、发现的索赔通知书、索赔事项的处理过程、索赔要求的合同根据、指明所附的证据资料。

索赔款额计算部分：在索赔报告中，施工单位应分别阐明索赔款要求总额；各项索赔款如变更额外增加开支的款项（人工费、材料费、设备费、总部管理费、工地现场管理费、贷款利息等）财物费用、税收、利润等；指明各项开支的证据资料。

证据指实施工程项目期间收集的不可预见地质资料、施工现场记录报表等。

工程所在地不可预见地质资料：指地震、飓风以及其他重大自然灾害；经济法规税收规定、海关进口规定、外币汇率变化、工资和物价定期报道等；发布的气候预报，尤其是异常天气记述等。

施工现场记录报表：包括现场施工日志、施工检查员报告、建设单位聘任监理工程师的指令和往采函件、每日出勤工人和设备报表、完工验收记录、施工事故详细记录、施工会议记录、施工材料记录、同建设单位与监理工程师的电话记录和工地风、雨、湿度、温度记录等。

工程项目财务报表：指施工进度款季度报表及收款记录、工人工资表、材料设备及其配件采购单、付款收据、收款收据、工程款及索赔款拖付记录、现金流动计划报表、会计总账、批准的财务报告、会计来往信件及文件等。

⑤可索赔的费用：指可允许纳入计算索赔项目之中的7项费用，即人工费、材料费、设备费、低值易耗品消耗费、现场管理费、总部管理费、融资成本。

⑥不允许索赔的费用：在一般情况下，不允许计入索赔费用的有施工单位的索赔准备费；工程保险费；因合同变更或索赔事项引起的工程计划调整，分包合同修改费用；因施工单位不适当的擅自行为而扩大的损失；索赔金额在索赔期间的利息。

⑦索赔费用的计算：工程建设计算索赔额的方法很多，每个项目的索赔款计价方法也通常视具体情况而有所不同。但是，索赔款额的计算方法通常都沿用以下3种通用原则。

总费用法：亦指总成本法，它是在发生多次索赔事件以后，重新计算该工程的实际总费用，实际总费用减去投标报价时的估算总费用为索赔金额（式3-2）。

$$索赔金额=实际总费用-投标报价估算费 \tag{3-2}$$

修正总费用法：是指对总费用法进行了相应的修改和调整，使其更合理（式3-3）。

$$索赔金额=某项工作调整后的实际总费用-该项工作调整后的报价费用 \tag{3-3}$$

实际费用法：也称其为实际成本法。它是以施工单位为某项索赔工作所支付的实际开支为根据，分别分析计算索赔值的方法，故亦称分项法。实际费用法是施工单位以索赔事项的施工引起的附加开支为基础，加上应付的间接费和利润，向建设单位提出索赔款的数额。

⑧监理工程师对索赔审查与处理：监理工程师对索赔要求的审查和合理处理，是施工阶段控制投资的一个重要方面，主要包括审定索赔权、分析索赔事项和协商解决3项内容。

审定索赔权：工程施工索赔的法律依据，是该工程项目的合同文件，也要参照相关施工索赔的法规。监理工程师在评审施工单位的索赔报告时，首先要审定施工单位的索赔要求有没有合同法律依据，即有没有该项索赔权。

事态调查和索赔报告分析：索赔应基于事实基础，这个事实必须以实际现场情况和各种资料为证据，索赔报告中所描述的事实经过必须与所附证据符合。

分析索赔事项：对施工单位索赔事项进行分析的目的，是从施工实际情况出发，对发生的一系列变化造成对施工的影响，进行客观的可能状态分析，从而判断施工单位索赔要求的合理程度。即使在受到干扰而发生索赔事项的条件下，对施工单位造成的可能损失款额或工期进行客观公正的评价。

仔细分析索赔报告：监理工程师应对索赔报告仔细审核，包括合同与事实根据、证明材料、索赔计算、照片与图表等，在此基础上提出明确的意见或决定，正式通知施工单位。

协调讨论解决：监理工程师在上述工作基础上，应通过加强与建设单位和施工单位的沟通、协商与讨论，及早澄清一些误解和不全面的结论，因为双方都可能存在不完全理解的观点、偏见和看法，这样可以避免和减少今后出现更多的误解或引起争议。

⑨反索赔：是指对索赔而言的，它是对要求索赔的反措施，是变被动为主动的一个策略性行动。当然，无论是索赔或反索赔，都应以该工程项目的施工承包合同文件为依据，绝不是无根据的讨价还价，更不是无理取闹。反索赔一般包括6种情况：工程拖期反索赔、施工缺陷反索赔、施工单位履行的保险费用反索赔、对指定分包商的付款反索赔、建设单位合理终止合同或施工单位不正当地放弃工程的反索赔、其他损失的反索赔。

### 2.3.4 竣工验收阶段投资控制

（1）竣工决算。

①竣工决算的内容：生态修复工程项目建设施工竣工决算，包括从筹建开始到竣工投产交付使用为止的全部建设费用，即建筑工程费用，安装工程费用，设备、工器具购置费用以及其他费用。

②竣工决算报告编制依据：生态修复项目建设竣工决算报告编制的依据有如下6项。

经项目主管部门批准的设计文件、工程概（预）算和修正概算；

上级计划部门下达的历年基本建设投资计划；

经上级财务主管部门批准的历年年度基本建设财务决算报告；

招投标合同及有关文件和投资包干协议及有关文件；

历年有关财务、物资、劳动工资、统计等文件资料；

与工程质量检验、鉴定有关的文件资料等。

③竣工决算报告的编制要求：生态项目建设竣工决算报告主要有3项编制要求：必须按照规定格式和内容进行编制，应该如实填列经核实的有关表格数据。

生态修复工程项目建设经竣工验收机构验收签证后的竣工决算报告，方可作为财产移交、投资核销、财务处理、合同终止并结束建设事宜的依据。

生态修复工程项目建设竣工决算报告是生态修复工程项目建设竣工验收的重要文件。基本建设项目完工后，在竣工验收之前，应该及时办理竣工决算。

生态修复工程项目建设，按审批权限，投资不超过批准概算并符合历年所批准的财务决算数据的竣工决算报告，由项目主管部门进行审核。

（2）项目后评价。

①项目后评价的意义：生态修复工程项目建设后评价，是指与项目建设前期的可行性研究相对应的，一般而言，是对项目达到正常效益能力后的实际效果与预期效果的分析评价。它要求对

预期效果与实际效果加以客观的比较，并分析两者产生背离的原因，将分析总结取得的经验教训，反馈到今后的项目可行性研究与投资决策、项目管理中去。开展项目后评价，对提高项目的管理水平，改善项目建设的投资效果有重大作用。项目建设后从三方面评价：有利于项目更好地发挥预期作用，产生更大的社会、经济、生态效益；有利于提高项目建设的投资决策水平；有利于提高项目建设实施的管理水平。

②项目后评价的内容包括 5 项：项目建设影响评价；项目建设成本—效益（效果）评价；项目建设过程评价；项目建设后的土地持续利用评价；项目建设产生效益（效果）持续性评价。

③项目后评价的程序：提出问题；筹划准备；深入调查、收集资料；分析研究；编制项目评价报告。

④项目后评价的方法：生态修复工程项目建设后评价的方法，按所使用方法属性划分，可分为定性方法和定量方法；按所使用方法内容可分为资料收集方法、市场预测方法和分析研究方法。

资料收集方法、市场预测方法和分析研究方法中既含有定性方法，也含有定量方法。

资料收集方法：资料收集是项目后评价中的一项重要工作内容和环节，资料收集的效率和方法，直接影响到项目后评价的进展和结论的正确性。常用的项目后评价资料收集的具体方法主要有专题调查会、固定程序的意见征询、非固定程序的采访、实地观察法、抽样法。

市场预测方法：项目后评价是在项目投产后进行的，其数据资料大部分均是项目建设准备、建设现场、投产运营等过程中的实际数据。但这些数据对于项目后评价还是不够。为了与项目前评价进行对比分析，项目后评价需要根据实际情况对项目运营期间全过程进行重新预测。用于项目后评价的市场预测方法很多，主要有经验判断法、历史引申法两种方法。

分析研究方法：分析研究是项目后评价的一个重要阶段，实际调查和市场预测得到的各种数据资料，需要经过加工处理、采取一定的分析方法进行深入分析，以发现问题，提出改进措施。项目后评价常用的分析研究方法有：指标计算法、指标对比法、因素分析法、统计分析法和回归分析法等。

# 3　生态修复工程零缺陷建设进度控制监理

## 3.1　进度控制概论

生态修复工程项目零缺陷建设进度控制是建设监理中投资、进度、质量 3 大控制目标之一。工程进度失控，必然导致人力、物力、财力的浪费，甚至可能影响工程质量与安全。拖延工期后赶进度，易引起费用增大，工程质量也容易出现问题。特别是植物措施受季节制约，如果赶不上工期，错过栽植季节，将会造成重大损失。若工期大幅拖延，便不能发挥应有的效益。特别是淤地坝、拦洪坝等具有水保防洪要求的工程，若汛前不能达到防汛坝高，将会严重影响工程安全度汛。开发建设生态修复工程项目要受主体工程制约，若盲目地加快工程进度，亦会增加大量的非生产性技术支出。投资、进度、质量是相辅相成的统一体，只有将工程建设进度与资金投入和质量要求协调起来，才能取得良好的零缺陷建设效果。

### 3.1.1 基本概念

（1）建设工期。建设工期是指建设项目从正式开工到全部建成投产或交付使用所经历的时间。建设工期一般按月或天计算，并在总进度计划中明确建设的起止日期。建设工期分为工程准备阶段、工程主体阶段和工程完工阶段。

（2）合同工期。合同工期是指发包人与承包人签订合同中确定的承包人完成所承包项目的工期。合同工期按开工通知、开工日期、完工日期和保修期等合同条款确定。

（3）建设项目进度计划。一个建设项目的顺利完成需要对其实施过程中的各项活动进行周密安排，这一安排就是建设项目进度计划。它体现了项目实施的整体性、全局性和经济性，是项目实施的纲领性计划安排，它确定了工程建设的工作项目、工作进度以及完成任务所需的资金、人力、材料和设备等资源的安排。组成项目进度计划的建设活动具有4个特点：①建设活动应该是有序的；②建设活动需要全局的总体控制；③建设活动需要合理的资源配置和必要的资源供应保障；④建设活动受到建设环境因素的制约。

（4）进度控制。进度控制是指在生态修复工程项目建设实施过程中，监理机构运用各种手段和方法，依据合同文件赋予的权利，监督、管理建设项目施工单位（或设计单位），采用先进合理的施工方案和组织、管理措施，在确保工程质量、安全和投资的前提下，通过对各建设阶段的工作内容、工作程序、持续时间和衔接关系编制计划动态控制，对实际进度与计划进度出现的偏差及时进行纠正，并控制整个计划实施，按照合同规定的项目建设期限加上监理机构批准的工程延期时间，以及预定的计划目标去完成项目的活动。

### 3.1.2 进度控制分类

根据划分依据的不同，可将进度控制分为不同类型。按照控制措施制定的出发点，可分为主动控制和被动控制；按照控制措施作用于控制对象的时间，可分为事前控制、事中控制和事后控制；按照控制信息的来源，可分为前馈控制和反馈控制；按照控制过程是否形成闭合回路，可分为开环控制和闭环控制。

控制类型的划分是人为主观的，是根据不同的分析目的而选择的，而控制措施本身是属于客观性的。因此，同一控制措施可以表述为不同的控制类型，也就是说，不同划分依据的不同控制类型之间存在内在的同一性。下面简要介绍主动控制与被动控制及其两者的关系。

（1）主动控制。就是在预先分析各种风险因素及其导致目标偏离的可能性和程度的基础上，拟订和采取有针对性的预防措施，从而减少乃至避免进度偏离。主动控制也可以表述为其他不同的控制类型。主动控制是一种事前控制，它必须在计划实施之前就采取控制措施，以降低进度偏离的可能性或其后果的严重程度，起到防患于未然的作用。主动控制是一种前馈控制，通常是一种开环控制，是一种面对未来的控制。

（2）被动控制。是从计划的实际输出中发现偏差，通过对产生偏差原因的分析，研究制定纠偏措施，以使偏差得以纠正，工程实施恢复到原来的计划状态，或虽然不能恢复到计划状态但至少可以有效减少偏差的严重程度。被动控制是一种事中控制和事后控制，是一种反馈控制，是一种闭环控制，是一种面对现实的控制。

（3）主动控制与被动控制的关系。在生态修复工程项目零缺陷建设实施过程中，如果仅采取被动控制措施，就难以实现预定目标。但是，仅采取主动控制措施却是不现实的，或者说是不可能的。这表明，是否采取主动控制措施以及究竟采取什么主动控制措施，应在对风险因素进行定量分析的基础上，通过技术经济分析和比较来决定。在某些情况下，被动控制反倒可能是较佳的选择。因此，对于建设工程项目进度控制来说，主动控制和被动控制两者缺一不可，都是实现建设工程进度所必须采取的控制方式，应将主动控制与被动控制紧密结合起来，要做到主动控制与被动控制相结合，关键在于处理好以下 2 方面问题。

①要扩大信息来源渠道：指不仅要从本生态修复工程项目建设活动中获得实施情况的信息，而且要从外部环境获得有关信息，包括已建同类工程的有关信息，这样才能对风险因素进行定量分析，是纠偏措施有针对性。

②要把握好输入这个环节：是指要输入两类纠偏措施，不仅有纠正已经发生偏差的措施，而且有预防和纠正可能发生偏差的措施，这样才能取得较好的控制效果。需要说明的是，虽然在建设工程实施过程中仅采取主动控制是不可能的，有时是不经济的，但不能因此而否定主动控制的重要性。实际上，牢固确立主动控制的思想，认真研究并制定多种主动控制措施，尤其要重视那些基本上不需要耗费资金和时间的组织、经济、合同等方面的主动控制措施，并力求加大主动控制在控制过程中的比例。

### 3.1.3　生态修复工程项目零缺陷建设进度控制的特殊性

（1）施工作业的季节性。生态修复工程项目零缺陷建设施工受季节性影响较大，如造林，宜在苗木休眠期而且土壤含水量较高季节栽植，一般在春秋季实施能获得较高成活率，一旦错过适时施工季节，就会影响造林成活率。同样，如果种草不能在适时季节种植，也会影响出苗率。而有些工程措施，如淤地坝则要考虑汛期的安全度汛，在我国北方，冬天冻土季节土方不能上坝，混凝土、浆砌石也不宜施工作业等；否则，就不能保证工程质量。

（2）投资体制多元化。生态修复工程项目建设是公益性建设工程，长期以来，工程建设投资由中央投资、地方匹配、群众自筹三部分组成。近几年，国家实行积极的“三农政策”，取消了农民的义务工，工程建设投资变成了中央投资和地方匹配两部分；加之生态工程建设项目大多处于交通不便、贫困地区，地方财政比较困难，建设资金难以落实，地方匹配资金经常不能足额保证或及时到位，从而增大了投资控制和工程进度控制的复杂性。

（3）开发建设项目中生态修复工程建设的从属性。开发建设项目中工程建设受主体工程的制约，其进度安排不能与主体工程计划进度相协调匹配而发生冲突，施工安排应尽量协调一致，工程进度控制难度大。

### 3.1.4　影响工程进度的主要因素

影响生态修复工程项目零缺陷建设进度的因素很多，主要可概括为以下 5 个方面。

（1）投资主体因素。当前，生态修复工程项目零缺陷建设投资主体主要包括国家投资和企业出资 2 个方面，投资主体、责任主体和受益主体经常不统一。就生态修复工程项目零缺陷建设而言，通过科学规划、统筹安排、合理布设，实现生态环境改善的长远利益和群众脱贫致富的现实利益结合，调动地方政府尤其是当地群众治山治水治沙的积极性，是确保生态修复工程项目零缺陷建设进度的根本因素。开发建设项目所应履行的水土保持生态修复工程项目建设，则应该以强化企业的社会责任为核心，以落实主体工程与水土保持工程“三同时”制度为重点，协调水土保持生态工程建设中的地方利益与群众利益，保证生态修复工程项目零缺陷建设进度。

（2）计划制订因素。生态修复工程项目建设具有很强的综合性，工程分布点多面广，工程类型形式多样，工程规模差异很大，施工队伍参差不一。通过制订切实可行、细致周密的实施计划，科学确定工程建设实施目标、工作进度以及完成工程项目所需的资金、人力、材料、设备等，才能实现规划确定的生态经济建设目标。在制订计划过程中应注意以下3方面特点。

①生态修复工程项目建设施工作业面大，且生态修复工程建设项目大多属于面状和线状工程，作业面跨度很大，与点状工程集中施工调度相比，有明显的施工技术与管理不同之处。

②生态修复工程项目建设施工专业类型多，工程施工涉及水利工程、造林种草、土地整治、土地复垦、沙质荒漠化防治、盐碱地改造、地质灾害防治、小型水土保持工程施工等诸多专业，具有综合性、复合性和交叉性的特点，要求设计、监理、施工企业技术与管理人员，熟练掌握各相关专业的技能知识。

③人力、物力和资金调度不同，生态修复工程项目建设施工对象大多属于专业施工队临时聘用的当地农民，加之工程项目分散分布，劳动力的组织、调度较为困难；在资金的计划调度使用上，生态工程项目建设资金经常到位较晚，先期组织施工需大量的启动资金和预付资金，在制订计划时，也应予以充分考虑。

（3）合同管理因素。实行生态修复工程项目建设招投标制，签订责、权、利对等统一，公正、合法、清晰、操作性强的项目建设合同，防止“不平等条约”，避免合同履行中出现歧义，减少争议和调解，是保证生态修复工程项目建设施工按期顺利实施的重要条件。

（4）生产力要素。组织生态项目实施的劳动力、劳动材料、机械设备、资金、管理等生产力要素，都会对生态工程项目建设产生直接影响，各生产力要素之间的不同配置，会产生不同的实施效果。

①人是生产力要素中具有能动作用的因素：人员素质、工作技能、人员数量、工作效率、分工与协作安排、职业道德与责任心等都会对施工进度产生重大影响作用。

②施工工艺与设备对施工进度也参生重大影响力作用：一定程度上讲，工艺技术和设备水平决定着施工效率，因此，先进的工艺和设备是施工进度的重要保证。

③施工材料也是一项不可忽视的重要因素：只有合格的材料按时供应，才能保证现场施工作业不出现停工、窝工现象。另外，材料不同，对工艺技术、施工条件的要求也不同，对施工进度亦影响很大。

④资金是施工进度顺利进行的基本保证：资金不能按时足额到位，其他生产力要素也就无法正常投入。因此，保证资金投入，合理安排、管理、使用资金，对工程建设进度具有决定性的影响作用力。

（5）项目建设自然环境因素。任何项目的建设都要受到当地气候、水文、地质等自然因素的影响。要保证工程项目建设的顺利实施，就要合理编制项目进度计划，抓住有利时机，避开不利的自然环境因素。治理骨干坝应在汛期之前达到防汛坝高，冬季封冻以后不能进行土坝施工；生态造林、种草措施要避开干旱时节，抓住春秋两季实施作业。如果春季异常干旱，秋季也可进行造林种草；小型蓄水保土工程应安排在农闲时节，以免与农业活动相冲突。因此，为保证生态工程项目建设进度，要充分考虑这些多变因素，制定应急方案和替代方案，及时调整进度安排，将不利环境因素影响减小到最低程度。

## 3.2　进度控制理论

### 3.2.1　进度控制原理

进度控制的主要原理是系统原理。系统是由若干个相互区别又相互联系的单元，按一定结构组成的有一定功能的有机整体。生态修复工程项目建设是由植物措施、工程措施等多项工程、多种工作按一定层次一定关系组成，且功能目标明确的复合性系统。其任务有诸多方面、多个单位、多种专业承担，有条不紊进行的有机整体组织，才能达到既定的质量、进度和投资目标。因此，对生态工程项目建设的计划、管理与控制，就应该遵循系统管理原理，用系统的观点来加以分析，从它们之间相互联系、相互协调上来看待和处理，以达到整体的最优化。生态修复工程项目零缺陷建设进度控制实施系统示意图如图 3-4。

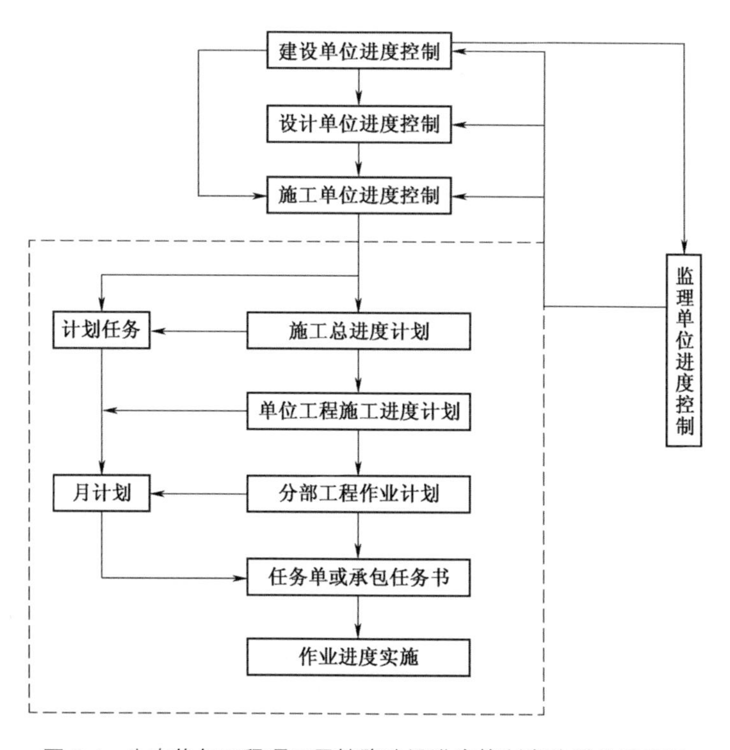


图 **3-4**　生态修复工程项目零缺陷建设进度控制实施系统示意图

图 3-4 中表示了项目建设中各参建单位进度控制间的关系，建设单位进度计划体现了建设单位对项目建设期限的总要求和分段建设的时间目标，以及建设准备，主要单项工程设计、施工和交工使用的总体安排。设计单位、施工单位的进度要受建设单位的控制，但建设单位不直接干预进度管理工作，而委托监理单位来具体实施控制管理。监理单位依据建设单位监理合同和建设单位与设计、施工单位分别签订的承包合同中规定的职责和授权，具体实施对各单位进度的监督控制，同时要编制总目标、分阶段、分项目，按年度、季度、月度分解的监理计划，完善对各单位进度实施的检查与监督；预测、防止和排除进度的拖延、脱节和相互干扰现象，保证正常、协调地运行，使各项具体进度目标和进度总目标得以实现。

### 3.2.2 进度控制的措施和任务

（1）进度控制的管理措施。进度控制的管理措施应该包括组织措施、技术措施、经济措施及合同措施。

进度控制的组织措施主要包括以下5项：

①建立进度控制目标体系，明确生态修复工程项目建设现场监理组织机构中进度控制的工作人员及其职责分工；

②建立工程进度报告制度及进度信息沟通网络；

③建立进度计划审核制度和进度计划实施中的检查分析制度；

④建立进度协调会议制度，包括协调会议召开的时间、地点和参加人员等；

⑤建立图纸审查、工程变更和设计变更管理制度。

进度控制的技术措施主要包括以下3项工作内容：审查承包商提交的进度计划，使承包商能在合理状态下施工；编制进度控制工作细则，指导监理人员实施进度控制；采用网络计划技术及其他科学适用的计划方法，并结合运用电子计算机，对生态修复工程项目建设进度实施动态控制。

进度控制的经济措施主要是及时办理工程预付款及其工程进度款支付手续、对应急赶工给予优厚的赶工费用、对工期提前给予奖励、对工程延误收取误期损失赔偿金。

进度控制的合同措施一是推行CM承发包模式，对建设工程实行分段设计、分段发包和分段施工；二是加强合同管理，协调合同工期与进度计划之间的关系，保证合同中进度目标的实现；三是严格控制合同变更，对各方提出的工程变更和设计变更，监理工程师应严格审查后再补入合同文件之中；四是加强风险管理，在合同中应充分考虑、评估风险因素及其对进度的影响程度，以及相应的处理方法；五是加强索赔管理，公平、公正地处理索赔事件。

（2）进度控制的主要工作任务。

设计准备阶段进度控制的工作任务是：收集有关工期的信息，进行工期目标和进度控制决策；编制工程项目总进度计划；编制设计准备阶段详细工作计划，并控制其执行；进行环境及施工现场条件的调查与分析。

设计阶段进度控制的工作任务是编制设计阶段工作计划，并控制其执行；编制详细的出图计划，并控制其执行。

施工阶段进度控制的工作任务是：编制施工总进度计划，并控制其执行；编制单位工程施工进度计划，并控制其执行；编制工程年度、季度、月度实施计划，并控制其执行。

为了有效地控制生态建设工程进度，监理工程师要在设计准备阶段向建设单位提供有关工期的信息，协助建设单位确定工期总目标，并进行环境及施工现场条件的调查和分析。在设计、施工阶段，监理工程师不仅要审查设计单位和施工单位提交的进度计划，更要编制监理进度计划，以确保项目建设进度控制目标的实现。

### 3.2.3 进度计划体系

（1）进度计划。首先必须对项目建设进度进行合理的规划并制订相应计划。进度计划越明确、越具体、越全面，进度控制的效果就越佳。

①进度计划与进度控制的关系：进度规划需要反复进行多次，这表明进度计划与进度控制的动态性相一致。随着建设工程的进展，要求进度与之相适应，需要在新的条件和情况下不断深入、细化，并可能需要对前一阶段的进度计划作出必要的修正或调整，真正成为进度控制的依据。由此可见，进度计划与进度控制之间表现出一种交替出现的循环关系。

②进度计划的质量：进度控制的效果直接取决于进度控制的措施是否得力，是否将主动控制与被动控制有机地结合起来，以及采取控制措施的时间是否及时等。但是，进度控制的效果虽然客观，但人们对进度控制效果的评价却是主观性的，通常是将实际结果与预定的计划进行比较。如果出现较大偏差，一般就认为控制效果较差；反之，则认为控制效果较好。从这个意义上讲，进度控制的效果在很大程度上取决于进度计划的质量。为此，必须做好合理确定并分解目标和制订可行且优化的计划这两方面工作。

制订计划首先要保证计划的可行性，即指保证实现计划的技术、资源、经济和财务的可行性，同时还应根据一定的方法和原则力求使计划优化。对计划的优化实际上是做多方案技术经济分析和比较。计划制订得越明确、越完善，目标控制的效果就越好。

（2）组织机构。为了有效地进行进度控制，需要做好设置进度控制管理机构、配备合适的进度控制管理人员、落实进度控制机构和人员的工作任务和职责分工、合理组织目标控制管理的工作流程和信息流程等组织管理工作。

（3）进度计划体系。进度计划是进度控制的基础，各参建单位的进度计划共同组成进度计划体系。根据计划编制角度的不同，项目进度计划分为两类；一类是项目建设单位组织编制的总体控制性进度计划；第二类是施工单位编制的实施性施工进度计划。这两种计划在项目实施中的作用有很大差别。建设工程进度控制计划体系主要包括建设单位的计划系统、监理单位的计划系统、设计单位的计划系统和施工单位的计划系统。

①建设单位编制（或委托监理单位编制）的进度计划：包括工程项目前期工作计划、工程项目建设总进度计划和工程项目年度计划。

②监理单位编制的进度计划：包括监理总进度计划及其按工程进展阶段、按时间分解的进度计划。

③设计单位编制的进度计划：包括设计总进度计划、阶段性设计进度计划和设计作业进度计划。

④施工单位编制的进度计划：包括施工准备工作计划、施工总进度计划、单位工程施工进度计划及其分部工程进度计划。

⑤施工单位的实施性施工进度计划：是指由施工单位编制并得到监理工程师同意的进度计划，对合同双方具有合同效力，它是合同管理的重要文件。经监理单位批准的施工总进度计划（称合同进度计划），作为控制本合同工程进度的依据。

（4）进度计划的表示方法。生态修复工程零缺陷建设进度计划的表示方法有多种，常用的有横道图和网络图 2 种。

①横道图：也称甘特图。其优点是形象、直观、易编、易理解，容易看出计划工期；其缺点是工作间关系不明确，不利于进度的动态控制；关键工作、线路不明确，不利于抓住主要矛盾；

不能反映机动时间，无法合理组织和调度指挥；不能确切反映费用与工期的关系，不便于缩短工期、降低施工成本。

②网络图：其优点是能明确表达各工序间逻辑关系；时间参数的计算，可找出关键线路和关键工序；通过网络计划时间参数的计算，可明确各工序的机动时间；网络计划可用计算机进行计算、优化和调整。其缺点是不直观明了，但通过时标网络图就可弥补这一缺陷。

### 3.2.4 进度控制的监理工作程序

（1）监理工作程序。生态修复工程项目零缺陷建设监理工作在项目实施时，通常将其实施过程划分为设计阶段、施工招标阶段、施工准备阶段、施工现场阶段和保修阶段。生态修复工程项目设计监理目前尚未开展，施工招标一般由建设单位组织或委托有关单位进行。下面重点介绍生态修复工程项目建设施工现场阶段和保修阶段的监理工作程序。

生态修复工程项目零缺陷建设施工进度控制的监理工作程序如图 3-5。

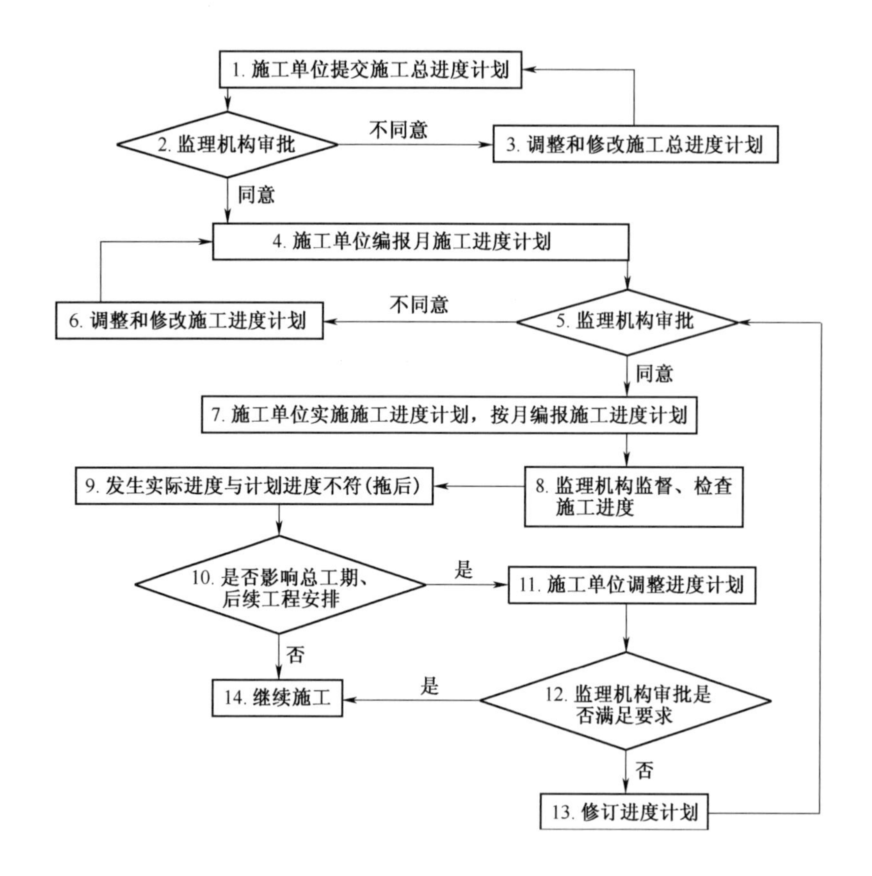


图 **3-5** 工程进度零缺陷控制的监理工作程序图

（2）进度计划的编制程序。

①利用网络计划技术编制生态修复工程项目零缺陷建设进度计划：其编制程序一般包括 4 个阶段、10 个步骤，具体编制程序内容详见表 3-6。

表 3-6　生态修复工程零缺陷建设网络计划进度编制程序

| 编制阶段 | 编制步骤 | 编制阶段 | 编制步骤 |
|---|---|---|---|
| 计划准备阶段 | 1. 调查研究 | 计算时间参数及确定关键线路阶段 | 6. 计算工作持续时间 |
| | 2. 确定网络计划目标 | | 7. 计算网络计划时间参数 |
| 绘制网络图阶段 | 3. 进行项目分解 | | 8. 确定关键线路和关键工序 |
| | 4. 分析逻辑关系 | 优化网络计划阶段 | 9. 优化网络计划 |
| | 5. 绘制网络图 | | 10. 编制优化后网络计划 |

②一般建设工程进度计划的零缺陷编制程序如图 3-6。

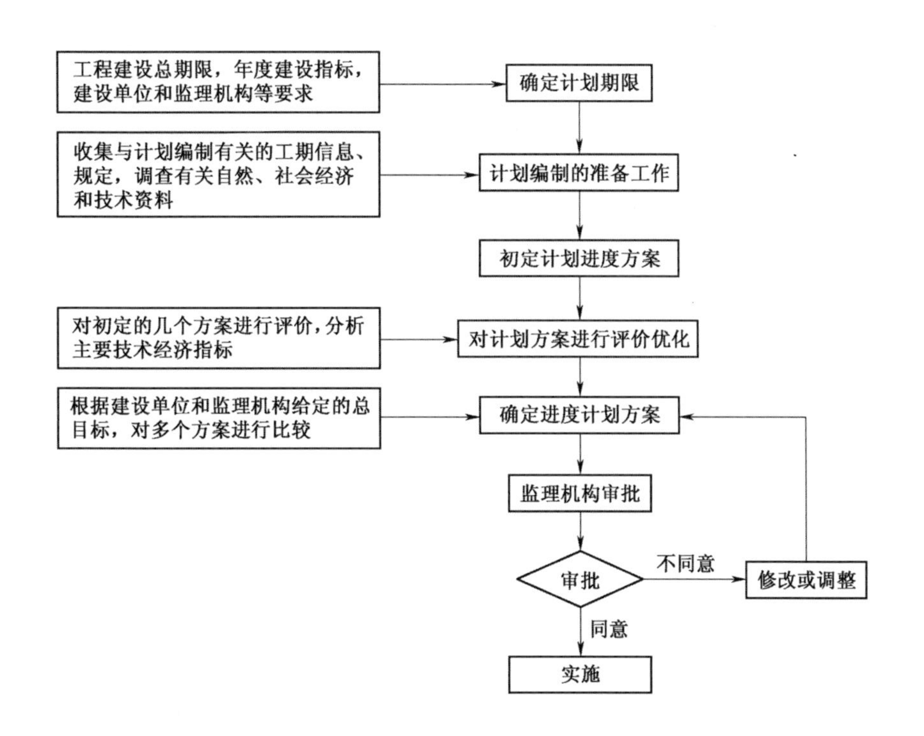


图 3-6　一般工程建设进度计划的零缺陷编制程序

### 3.2.5　监理单位实施施工进度零缺陷控制的权限

在建设单位与监理单位签订的监理委托合同中，明确规定了建设单位授予监理机构进行施工合同管理的权限，并在建设单位与施工单位签订的施工合同中予以明确，作为监理机构进行施工合同管理的依据。根据城乡住房建设部、水利部和国家林业和草原局等颁布的建设工程施工合同条件的有关规定，监理单位行使施工进度零缺陷控制管理的权限如下。

（1）签发开工令。监理机构应在专用合同条款规定的期限内，向施工单位发出开工令。施工单位应在接到开工通知后及时调遣人员和调配施工设备、材料进入工地。开工通知具有十分重要的合同效力，对合同项目开工日期的确定、开始施工具有重要作用。

①监理机构应在施工合同约定的期限内，经建设单位同意后向施工单位发出进场通知，要求施工单位按约定及时调遣人员和施工设备、材料进场进行施工准备。进场通知中应明确合同工期

起算日期。

②监理机构应协助建设单位向施工单位移交施工合同约定应由建设单位提供的施工用地、道路、测量基准点以及供水、供电、通信设施等开工的必要条件。

③施工单位完成开工准备后，应向监理机构提交开工申请。监理机构在检查建设单位和施工单位的施工准备满足开工条件后，签发开工令。

④由于施工单位原因使工程未能按施工合同约定时间开工，监理机构应通知施工单位在约定时间内提交赶工措施报告并说明延误开工原因。由此增加的费用和工期延误造成的损失由施工单位承担。

⑤由于建设单位原因使工程未能按施工合同约定时间开工，监理机构在收到施工单位提出的顺延工期要求后，应立即与建设单位和施工单位共同协商补救办法，由此增加的费用和工期延误造成的损失由建设单位承担。

监理机构应审批施工单位报送的每一分部工程开工申请，审核施工单位递交的施工措施计划，检查该分部工程的开工条件，确认后签发分部工程开工通知。

（2）审批施工进度计划。施工单位应按施工合同技术条款规定的内容和期限以及监理单位的指示，编制施工总进度计划报送监理机构审批。监理机构应在《施工合同技术条款》规定的期限内批复施工单位。经监理机构批准的施工总进度计划（称合同进度计划），作为控制本合同工程进度的依据，并据此编制年、季和月进度计划报送监理机构审批，监理机构认为有必要时，施工单位应按监理机构指示的内容和期限，并根据合同进度计划的进度控制要求，编制单位工程（或分部工程）进度计划报送监理机构审批。

（3）审批施工作业实施方案和施工措施计划。施工单位应按合同规定的内容和时间要求，编制施工作业实施方案、施工措施计划和施工图纸，报送监理机构审批，并对现场作业和施工方法的完备和可靠负全部责任。

（4）劳动力、材料、设备使用监督权和分包单位审核权。监理机构有权深入施工现场监督检查施工单位的劳动力、施工机械、材料等使用情况，并要求施工单位完善施工日志记录，并在进度报告中反映劳动力、施工机械、材料等使用情况。对施工单位提出的分包项目及其分包作业单位，监理机构应严格审核，提出建议，报建设单位审批。

（5）施工进度的监督权。无论何种原因发生工程的实际进度与合同进度计划不符时，施工单位应按监理机构的指示在28天内提交一份经修订的进度计划报送监理机构审批，监理机构应在收到该进度计划后的28天内批复施工单位。批准后的修订进度计划作为合同进度计划的补充文件；不论何种原因造成施工进度计划滞后，施工单位均应按监理机构的指示，采取有效赶工措施。施工单位应在向监理机构报送修订进度计划的同时，编制一份赶工措施报告报送监理机构审批，赶工措施应以保证工程按期完工为前提调整和修改进度计划。谁造成进度计划滞后谁负责。

（6）下达施工暂停指示和复工通知。监理机构下达施工暂停指示或复工通知，应事先征得建设单位同意。监理机构向施工单位发布暂停工程或部分工程施工的指示，施工单位应按其指示立即暂停施工。不论由于何种原因引起的暂停施工，施工单位均应在暂停施工期间负责妥善保护工程和提供安全保障。工程暂停施工后，监理机构应与建设单位和施工单位协商采取有效措施积极消除停工因素的影响。当工程具备复工条件时，监理机构应立即向施工单位发出复工通知，施工单位收到复工通知后，应在监理机构指定的期限内复工。

（7）施工进度的协调权。监理机构在认为必要时，有权发出命令协调施工进度，这些状况通常包括：各施工单位之间的作业干扰、场地与设施交叉、资源供给与现场施工进度不一致，以及进度拖延等。但是，这种进度的协调在影响工期的情况下，应事先征得建设单位同意。

（8）工程变更建议与变更指示签署权。监理机构在其认为有必要时，可以对工程或其任何部分的形式、质量或数量作出变更，指示施工单位执行。但是，对涉及工期延长、提高造价、影响工程质量等的变更，在发出指示前，应事先得到建设单位批准。

（9）工期索赔的核定权。对于施工单位提出的工期索赔，监理机构有权组织核定，如核实索赔事件、审定索赔依据、审查索赔计算与证据材料等。监理机构在从事上述工作时，作为公正、独立的第三方开展工作，而不是仲裁人。

（10）建议撤换施工单位工作人员或更换施工设备。施工单位应对其在工地的人员进行有效管理，使其能做到尽职尽责。监理机构有权要求撤换那些不能胜任本职工作或行为不端或玩忽职守的施工人员，施工单位应及时予以撤换。监理机构若发现施工单位使用的施工机械设备影响工程进度或质量时，有权要求施工单位增加或更换施工设备，施工单位应予及时增加或更换，由此增加的费用和工期延误责任由施工单位承担。

（11）完工日期确定。监理机构收到施工单位提交的完工验收申请报告后，应审核其报告的各项内容，并按以下 4 种情况进行处理。

①监理机构审核后发现工程尚有重大缺陷时，可拒绝或推迟进行完工验收，但监理机构应在收到《完工验收申请报告》后的 28 天内通知施工单位，指出完工验收前应完成的工程缺陷修复和其他的工作内容与要求，并将《完工验收申请报告》同时退还给施工单位。施工单位应在具备完工验收条件后重新申报。

②监理机构审核后对上述报告及报告中所列的工作项目和工作内容持有异议时，应在收到报告后的 28 天内将意见通知施工单位，施工单位应在收到上述通知后的 28 天内重新提交修改后的《完工验收申请报告》，直至监理机构同意为止。

③监理机构审核后认为工程已具备完工验收条件，应在收到《完工验收申请报告》后的 28 天内提请建设单位进行工程验收。建设单位在收到《完工验收申请报告》后的 56 天内签署工程移交证书，颁发给施工单位。

④在签署工程项目竣工验收移交证书前，应由监理机构与建设单位和施工单位协商核定工程项目的实际完工日期，并在移交证书中写明。

## 3.3　网络图控制技术简介

网络图是网络计划技术的基础。网络图是由箭线和节点组成，用来表示一项工程或任务的工作流程图，分为双代号网络图和单代号网络图 2 种。工作是计划任务按需要粗细程度划分而成的、消耗时间或同时也消耗资源的一个子项目或子任务。工作可以分成既消耗时间也消耗资源和只消耗时间而不消耗资源两类。而既不消耗时间，也不消耗资源的是虚拟工作，虚拟工作的作用在于：表示相邻两工作间的逻辑关系。有时为避免两项同时开始、同时进行的工作具有相同始节点和完成节点，也须对虚拟工作加以区分。在单代号网络图中，虚拟工作只能出现在网络图的起点节点或终点节点处。

①工艺关系：指生产性工作之间由工艺过程决定、非生产性工作之间由工作程序决定的先后顺序关系。

②组织关系：指工作之间由于组织安排需要或资源（劳动力、原材料、施工机具等）调配需要而规定的先后顺序关系。

③工作关系：工作关系可以分为5种。它们分别是紧前工作、紧后工作、先行工作、后续工作、平行工作。

④网络图中的线路：网络线路是指由始到终的通路。关键线路是总持续时间最长的线路（单代号不适用），关键线路上的工作为关键工作，关键工作是进度控制的重点。

### 3.3.1 网络图绘制

（1）双代号网络图绘制规则。网络图必须按照已确定的以下9种逻辑关系进行绘制。

①网络图中严禁出现循环回路；

②网络图中的箭线向右，不得向左或斜偏左；

③网络图中严禁双向箭头和无箭头连线；

④网络图中严禁无箭尾节点和无箭头节点的箭线；

⑤严禁在箭线上引入、引出箭线，但起点节点、终点节点可用母线；

⑥应尽量避免箭线的交叉，当不可避免时，可用过桥法或指向法处理；

⑦网络图中应只有一个起点节点和一个终点节点（部分工作需分期完成的网络除外），除起点节点、终点节点外，不许无外向和无内向箭线的节点；

⑧不许有多余虚工作；

⑨箭头编号大于箭尾编号。

（2）单代号网络图绘制规则。单代号网络图的绘图规则与双代号基本相同，但两者的主要区别是：当网络图中有多项开始工作时，应增设一项虚拟的工作（S），作为该网络图的起点节点；当网络图中有多项结束工作时，应增设一项虚拟的工作（F），作为该网络图的终点节点。

### 3.3.2 网络图时间参数及其计算

（1）网络图时间参数。

①与工期相关的3个时间参数：是指计划工期 $T_p$、计算工期 $T_c$、要求工期 $T_r$。

②与工作相关的7个时间参数：是指持续时间 $D_{i-j}$、最早开始时间 $ES_{i-j}$、最早完成时间 $EF_{i-j}$、最迟开始时间 $LS_{i-j}$、最迟完成时间参数 $LF_{i-j}$、总时差 $TF_{i-j}$和自由时差 $FF_{i-j}$。

③与节点有关的2个时间参数：是指节点最早时间 $ET_j$节点最迟时间 $LT_j$。

④与时间间隔相关的1个时间参数：是指本工作最早完成时间与紧后工作的最早开始时间差值 $LAG_{i,j}$（$FF_{i-j}=\min\{LAG_{i,j}\}$）。

（2）网络图计算公式。网络图参数的计算公式见表3-7。

（3）网络时间参数的计算方法。

①双代号网络时间参数计算。对于双代号网络时间参数需用以下5种方法进行计算。

计算最早开始时间：指从起点到终点，用加法，取大值。

计算工期：指结尾工作的最早完成时间，取大值。

计算最迟完成时间：指从终点到起点，用减法，取小值。

总时差：指最迟完成时间减最早完成时间。

**表 3-7　网络图参数计算公式**

| 参数分类 | 参数名称 | 参数符号 | 计算公式 |
|---|---|---|---|
| 工期参数 | 计划工期 | $T_p$ | |
| | 计算工期 | $T_c$ | $T_c = \max\{EF_{i-n}\}$ |
| | 要求工期 | $T_r$ | |
| 工作参数 | 持续时间 | $D_{i-j}$ | |
| | 最早开始时间 | $ES_{i-j}$ | $ES_{i-j} = \max\{EF_{h-i} + D_{h-i}\}$ |
| | 最早完成时间 | $EF_{i-j}$ | $EF_{i-j} = ES_{i-j} + D_{i-j}$ |
| | 最迟开始时间 | $LS_{i-j}$ | $LS_{i-j} = LF_{i-j} - D_{i-j}$ |
| | 最迟完成时间 | $LF_{i-j}$ | $LF_{i-j} = \min\{LS_{j-k}\}$ |
| | 总时差 | $TF_{i-j}$ | $TF_{i-j} = LF_{i-j} - EF_{i-j}$ |
| | 自由时差 | $FF_{i-j}$ | $FF_{i-j} = T_p - EF_{i-n}$ |
| 节点参数 | 节点最早时间 | $ET_j$ | $ET_j = \max\{ET_i + D_{i-j}\}$ |
| | 节点最迟时间 | $LT_j$ | $LT_i = \min\{LT_j - D_{i-j}\}$ |
| 时间间隔参数 | 时间间隔 | $LAG_{i-j}$ | $LAG_{i-j} = ES_j - EF_i$ |

注：下角标 $h$、$i$、$j$、$k$ 为顺序排列，代表了计算所用参数的前后顺序。

计算自由时差：对于终节点，用 $T_p$ 减工作的最早完成时间；对于有紧后工作的工作，其自由时差为今后工作的最早开始时间减本工作的最早完成时间，取小值。

②节点参数计算。节点最早时间自起点沿箭线方向依次加持续时间，取大值；节点最迟时间自终点沿箭线方向逆推减持续时间，取小值。

③单代号参数计算。总时差等于本工作与紧后工作时间间隔 $LAG_{i,j}$ 加紧后工作总时差 $TF_j$，取小值。其他参数与双代号网络计算步骤相同。

（4）关键线路和关键工作的确定方法。

①关键工作的确定方法。可按照以下 3 种方法确定关键工作：

按工作法计算时间参数：当 $T_p = T_c$ 时，总时差 $TF = 0$ 的工作为关键工作；当 $T_p \neq T_c$ 时，总时差 $TF$ 最小的工作为关键工作。

按节点法计算时间参数：满足 3 个条件的工作，2 个必要条件：当 $T_p = T_c$ 时，开始节点的最早时间等于最迟时间，完成节点的最早时间等于最迟时间。1 个充分条件：完成节点的最迟时间减开始节点的最早时间再减这 2 个节点代表的工作持续时间等于零，则该工作为关键工作。

确定关键线路和关键工作：如果确定了关键线路，则关键线路上的工作为关键工作。需注意的是关键工作不一定在关键线路上。

②关键线路的确定方法。为总持续时间最长的线路为关键线路；标号法；在时标网络中，时标网络关键线路从终点节点开始，逆箭线方向判定；凡自始至终不出现波形线的线路即为关键线路；所有相临 2 个工作时间间隔等于零的线路为关键线路，应当注意关键线路可能不止 1 条；关键线路可能有虚拟工作；关键线路上的工作必须完全是关键工作且相临 2 个工作之间的时间间隔为零，当利用关键节点判别关键线路和关键工作时，还要满足判别式前节点最早时间 $ET_i$+工作持续时间 $D_{ij}$=完成节点最早时间 $ET_j$ 或 $LT_i+D_{ij}=LT_j$ 同一工作，自由时差不超总时差，总时差为零，自由时差必为零。

### 3.3.3 双代号时标网络计划

（1）双代号时标网络计划的特点。

①在时标网络计划中，以实箭线表示工作，实箭线的水平投影长度表示该工作的持续时间；以虚箭线表示虚拟工作，由于虚拟工作的持续时间为零，故虚箭线只能垂直画；以波形线表示工作与其紧后工作之间的时间间隔；但以终点节点为完成节点的工作除外，当计划工期等于计算工期时，这些工作箭线中波形线的水平投影长度表示其自由时差。

②时标网络计划既具有网络计划的优点，又兼顾了横道计划直观易懂的优点，它将网络计划的时间参数直观地表达出来。

③时标网络计划宜按各项工作的最早开始时间编制。为此，在编制时标网络计划时应使每 1 个节点和每 1 项工作（包括虚拟工作）尽量向左靠，直至不出现从右向左的逆向箭线为止。

（2）时间参数判定。

①从最早完成时间图上看，工作实线部分右端点对应的时间为最早完成时间。

②总时差由终点节点开始，对于终点，总时差为计划工期减去最早完成时间，其他工作看紧前工作，总时差加时间间隔，取小值；时间间隔是波线，注意虚工作波线不能列入计算。

③自由时差从终点算起，计划工期减最早完成时间，其他工作比较简单，仅看波形线。

④最迟时间=本工作最早开始时间加总时差，最迟完成时间=最早完成时间+总时差。

（3）网络计划的优化。

①工期优化。是指网络计划的计算工期不满足要求工期时，通过压缩关键工作的持续时间以满足要求工期目标的过程。工期优化的原则是不改变网络计划工作间的逻辑关系，压缩关键工作持续时间达到工期最优目标。工期优化不能将关键工作压缩成非关键工作，当有多条关键线路时，必须将各关键线路持续时间压缩相同数值。

②费用优化。也称其为工期成本优化，是指为寻求工程总成本最低时的工期安排，或按要求工期寻求最低成本的计划安排过程。费用与工期的关系如图 3-7，可以看出工期在某一时点，工程总成本最小。而直接费与持续时间关系如图 3-8，可以看出工作持续时间缩短而直接费增加，因此在压缩关键工作持续时间时，应将直接费与时间轴交角最小的关键工作作为压缩对象（将该曲线近似看成直线），对于有多条关键线路的需要同时压缩多个关键工作持续时间时，应将它们组合的直接费与持续时间关系于时间轴交角最小的工作作为压缩对象。

③资源优化。资源指为完成 1 项计划任务所需投入的人力、材料、机械设备和资金等。完成 1 项工程任务所需要的最基本资源量是不变的，不可能通过资源优化将其减少。资源优化的目的是通过改变工作的开始时间和完成时间，使资源按照时间的分布符合优化目标。

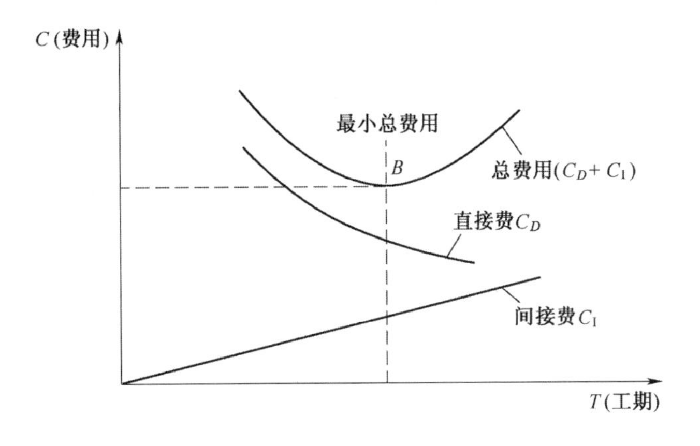


图 **3-7**　总成本与工期关系

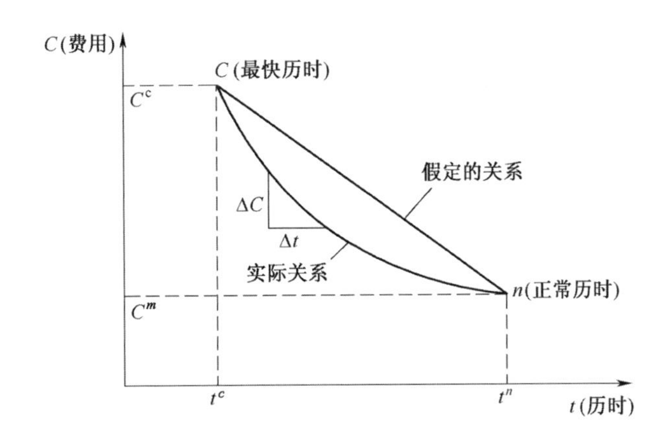


图 **3-8**　直接费与持续时间关系图

在通常情况下，网络计划的资源优化分为 2 种，即“资源有限，工期最短”的优化方案和“工期固定，资源均衡”的优化方案。前者是通过调整计划安排，在满足资源限制条件下，使工期延长最少的过程；而后者是通过调整计划安排，在工期保持不变条件下，使资源需用量尽可能均衡的过程。在“资源有限，工期最短”的优化方案中，当工期增量 $\Delta t$ 为负值时，说明此时对应的工作被移动后工程总工期没有增加，而且该工作还有总时差。

### 3.3.4　单代号搭接网络计划

（1）基本概念。单代号搭接网络计划是指只要其紧前工作开始一段时间后，即可进行本工作，而不需要等其紧前工作全部完成之后再开始。工作之间的这种关系称为搭接关系。

①工作之间的搭接关系是：FTS，STS，FTF，STF。

②混合关系是：STS+FTF，FTS+STF。

这里的 S 指开始，F 指完成，T 指到，如 FTS 指从结束到开始的搭接关系。

（2）搭接关系的参数及计算。各种搭接关系及计算说明见表 3-8。

表 3-8 搭接关系的形式及其计算说明

| 搭接类型 | 表示形式 | 图示 | 计算说明 |
|---|---|---|---|
| 工作搭接 | FTS | 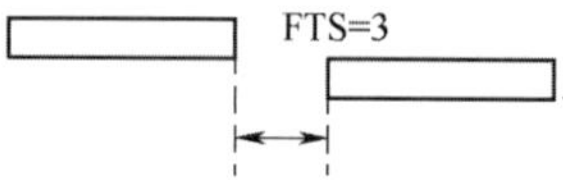 FTS=3 | （1）最早开始时间和最早完成时间计算：<br>①起点节点：$ES=EF=0$<br>②和与起点节点相连：$ES=0$，$EF=ES+ES$<br>③相邻时距为 FTS：$ES_j=EF_i+FTS_{i\text{-}j}$<br>④相邻时距为 STS：$ES_j=ES_i+STS_{i\text{-}j}$<br>⑤相邻时距为 FTF：$EF_j=EF_i+FTF_{i\text{-}j}$<br>⑥相邻时距为 STF：$EF_j=ES_i+STF_{i\text{-}j}=ES_J+D_j$ $ES_j=EF_j-D_j$<br>⑦工作有多个紧前和紧后时应分别根据搭接关系计算 $EF_j$，取大值<br>（2）相邻两项工作时间间隔计算：<br>①FTS 搭接：当 $ES_j>(EF_j+FTS_{i-j})$，$LAG_{i-j}=ES_j-EF_i-FTS_{i-j}$<br>②STS 搭接：当 $ES_j>(FS_i+STS_{i-j})$，$LAG_{i-j}=ES_j-ES_i-STS_{i-j}$<br>③FTF 搭接：当 $EF_j>(EF_i+FTF_{i-j})$，$LAG_{i-j}=EF_j-EF_i-FTF_{i-j}$<br>④STF 搭接：当 $EF_j>(ES_i+STF_{i-j})$，$LAG_{i0-j}=EF_j-ES_i-STF_{i-j}$<br>⑤混合搭接：根据①~④分别计算，取小值<br>（3）工作时差<br>①总时差：$TF_n=T_p-T_c$；$TF_i=\min\{LAG_{i-j}+TF_j\}$后并判断该工作最迟完成时间是否超出计划工期，如果超出则用虚线与虚拟工作连接<br>②自由时差：<br>尾点：$FF_n=T_p-EF_n$<br>其他点：$FF_j=\min\{LAG_{i-j}\}$<br>（4）工作最迟完成时间和最迟开始时间：<br>①最迟完成时间：$LF_i=EF_i-FF_i$<br>②撮迟开始时间：$LS_i=ES_i+TF_i$ |
| | STS | 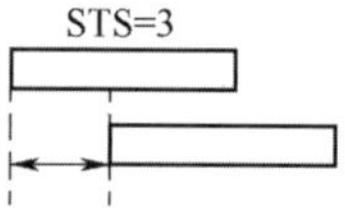 STS=3 | |
| | FTF | 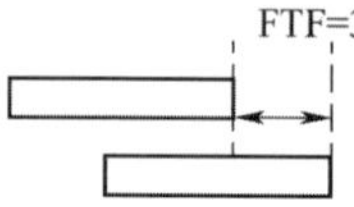 FTF=3 | |
| | STF | 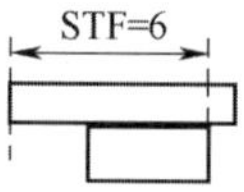 STF=6 | |
| 混合搭接 | STS+FTF | 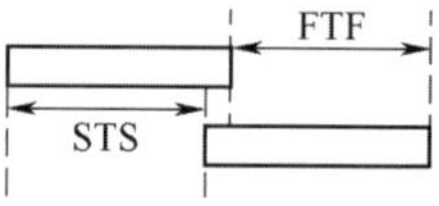 FTF<br>STS | |
| | FTS+STF | 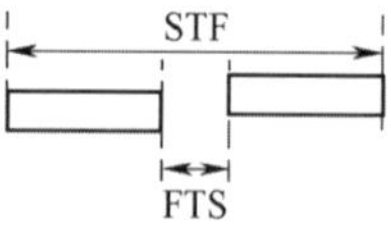 STF<br>FTS | |

# 4 生态修复工程零缺陷建设监理信息管理

## 4.1 信息在建设现场监理控制工作中的作用

### 4.1.1 信息是监理单位实施控制的基础

生态修复工程项目建设现场控制是监理单位的主要手段。控制的主要工作任务是把实施情况与计划目标进行比较，找出差异，对结果进行分析，排除和预防产生差异的原因，使总体目标得以实现。为了进行比较分析和采取措施来控制生态工程项目建设投资目标、质量目标和进度目标，监理单位首先应掌握相关项目3大目标的计划值，3大目标是项目控制的主要依据；其次，监理单位还应了解这3大目标的执行情况。只有这两个方面的信息都充分掌握了，监理单位才能实施控制工作。从控制的角度来看，离开了信息是无法得以开展其有效工作的，所以，信息是控制不可或缺的基础。

#### 4.1.2　信息是监理决策的依据

生态修复工程项目建设监理决策的正确与否，直接影响着项目建设总目标的实现及监理单位、监理工程师的信誉。监理决策正确与否，取决于多种因素，其中最重要的因素之一就是信息。如果没有可靠、充分的信息作为依据，正确决策无从谈起。例如，如果监理单位参加建设单位的生态修复工程项目建设招标时，监理工程师要对投标人进行资格预审，以确定哪些报名参加投标的施工公司能够满足招标工程的需要。为此，监理工程师就必须了解报名参加投标的众多施工公司技术水平、财务实力和施工管理经验等方面信息。再如，施工阶段对施工企业的支付决策，监理工程师也只有在了解有关承包合同规定及其施工实际情况等信息后，才能决定是否支付等。由此可见，信息是监理现场决策管理的重要依据。

#### 4.1.3　信息是监理单位协调项目建设各方的重要媒介

生态修复工程项目建设过程会涉及众多参与单位，如项目审批单位、建设单位、勘察单位、咨询单位、设计单位、施工公司、材料设备供应商、银行、水电路单位、毗邻单位、运输单位、保险公司、税收部门等，这些单位都会对项目目标的实现带来一定的影响。如何才能使这些单位有机地联系起来呢？关键就是要用信息把他们有机地联系起来，处理他们之间的合作、协作关系。

总之，生态修复工程项目建设监理信息渗透到监理工作的每一方面，它是生态修复工程项目建设现场施工监理控制工作不可缺少的要素。

### 4.2　工程项目建设监理信息分类

生态修复工程项目建设监理过程中必然会涉及大量信息，可以依据不同标准进行分类，以便于在监理工作中进行管理和应用。

#### 4.2.1　按照建设监理的目的划分

（1）投资控制信息。投资控制信息是指与投资控制直接相关的信息，如各种估算指标、类似工程造价、物价指数、概算定额、预算定额、工程项目建设投资估算、设计概算、合同价、施工阶段支付账单、原材料价格、机械设备台班费、人工费、运杂费等。

（2）质量控制信息。质量控制信息是指国家有关质量政策与质量标准、项目建设标准、质量目标分解结果、质量控制工作流程、质量控制工作制度、质量控制风险分析、质量抽样检查数据等。

（3）进度控制信息。进度控制信息是指施工定额、项目总进度计划、进度目标分解、进度控制工作流程、进度控制工作制度、进度控制风险分析、某作业时段进度记录等。

#### 4.2.2　按照建设监理信息来源划分

（1）项目内部信息。项目内部信息是指取自工程项目建设本身的工程概况、设计文件、施工方案、合同结构、合同管理制度、信息资料编码系统、信息目录表、会议制度、现场监理组织、项目投资目标、项目质量目标、项目进度目标等所含信息。

（2）项目外部信息。项目外部信息是指来自项目外部环境的如国家相关政策与法规、国内及国际市场原材料及设备价格、物价指数、类似工程造价、类似工程进度、投标单位实力、投标单位信誉、毗邻单位情况等相关情况信息。

### 4.2.3 按照信息稳定程度划分

（1）固定信息。固定信息是指在一定时间内相对稳定不变的信息，这类信息又可分为以下3种。

①标准信息：指施工定额、原材料消耗定额、施工作业计划标准、设备和工具耗损程度等各种定额和标准。

②计划信息：指反映在工程建设计划期内已定施工任务的各项指标情况。

③查询信息：是指在一个较长时期内，很少发生变更的信息，如国家和部委颁布的技术标准、不变价格、监理工作制度、现场监理工程师人事卡片等。

（2）流动信息。流动信息是指不断地变化着的信息。如项目实施阶段的质量、投资及进度统计信息，反映在某一时刻项目建设实际进度及计划完成情况。再如，项目实施阶段原材料消耗量、机械台班数、人工工日数等，也都属于流动信息。

### 4.2.4 按照信息层次划分

①战略性信息：是指有关项目建设过程战略决策所需要的信息，如项目规模、项目建设投资总额、建设总工期、施工单位选定、合同价确定等信息。

②策略性信息：指供建设单位作中短期决策所用的信息，如项目年度计划、财务计划等。

③业务性信息：是指施工现场中各业务部门的日进度、月支付额等信息，这类信息较具体、全面，精度要求较高。

### 4.2.5 按照信息性质划分

①生产信息：指施工生产过程中的施工进度、材料耗用、库存储备等各种信息。

②技术信息：指技术部门提供的技术规范、设计变更书、施工方案等信息。

③经济信息：指项目建设投资、资金耗用、流动资金额等信息。

④资源信息：指资料来源、材料供应与销售等信息。

### 4.2.6 按其他标准划分

（1）按照信息范围大小不同。按照信息的范围大小幅度，可把建设监理信息分为精细信息和摘要信息2类：精细信息比较具体详尽，摘要信息比较概括抽象。

（2）按照信息时间不同。按照信息发生或产生的时间，可把建设监理信息分为历史性信息和预测性信息2类：历史性信息是有关过去的信息，预测性信息是有关未来的信息。

（3）按照监理阶段不同。按照监理的不同阶段，可把建设监理信息分为计划信息、作业信息、核算信息及报告信息；在开始监理时，需要有计划信息；在监理过程中，应有作业、核算信息；在某一项监理工作结束时，需要有报告信息。

（4）按照对信息的期待性不同。按照对信息的期待性不同，可把建设监理信息分为预知信息和突发信息2大类：预知信息是监理工程师可以预估，它发生在正常情况下；突发信息是监理工程师难以预计，它发生在特殊情况下。

## 4.3　建设监理信息零缺陷管理

在生态修复工程项目建设监理工作中，每时每刻都离不开信息。因此，监理信息管理工作的优劣，对监理效果影响极为明显。监理信息管理的中心工作是数据处理，它包括对数据收集、记载、分类、排序、存储、计算或加工、传输、制表、递交表工作，使有效信息资源既得到合理、充分的使用，又符合及时、准确、适用、经济的管理要求。

### 4.3.1　监理数据收集

监理数据收集，是指收集监理原始信息，这是很重要的基础工作。信息管理工作质量在很大程度上取决于原始资料的全面性和可靠性。监理信息分内源与外源，外源信息主要是指各类合同、规范以及设计数据等，这需要在建立信息系统本底数据库时录入，此处主要讨论监理内源信息，即项目实施过程中现场数据的收集。监理工程师所做的监理记录，主要包括工程施工历史记录、工程质量记录、工程计量和工程付款记录、竣工验收记录等内容。

（1）工程项目施工历史记录。

①现场监理员日报表：主要包括当天施工内容，当天参加施工作业的工种、数量、施工单位等，当天施工使用机械的名称、数量等，当天发生的施工质量问题，当天施工进度与计划施工进度的比较，当天综合评语，应注意事项的其他说明。现场监理员的日报表可以采用表格式，力求简明，要求每天填报，一式2份。

②现场每日气候、水情记录：当天最高、最低气温，当天降雨量、降雪量、风向与风速；当天坝址最大流量、最高水位等水文状况；因自然原因当天损失的工作时间等；若施工现场区域大，工地气候情况差别较大，则应记录2个或多个测试点的气候资料。

③工地日记：主要指现场监理员的日报表，现场每天的天气水情记录，监理工程师纪要，其他有关情况与说明等。

④驻施工现场监理负责人日记：主要指当天所作出的重大决定，当天对施工企业所做出的主要指示，当天发生的纠纷及解决办法，该项目总监理工程师来施工现场谈及事项，当天与该工程项目总监理工程师的口头谈话摘要，当天对驻施工现场监理工程师、监理员的指示，当天与其他人达成的任何主要协议，或对其他人的主要指示等。该日记属于驻现场监理负责人的个人记录，应每日记录。

⑤驻施工现场监理负责人周报：驻施工现场监理负责人应每周向工程项目总监理工程师汇报一周内所发生的重大事件。

⑥驻施工现场监理负责人月报：驻施工现场监理负责人应每月向总监理工程师及建设单位汇报下列情况：工程施工进度状况，工程款支付情况，工程进度拖延原因分析，工程质量情况与问题，工程建设进展中的施工重大差错、重大索赔事件、材料与设备供给困难、工地组织及协调、异常气候情况等主要困难与问题。

⑦驻施工现场监理负责人对施工企业指示：主要指正式函件、日常指示，如在每日工地协调会中发出的指示，在施工现场发出的指示等；口头指示仅用于日常小事，应事后以书面形式加以确认。

⑧驻施工现场监理负责人交给施工企业的补充资料：指设计变更文件、图纸等。

（2）工程项目施工质量记录。工程项目质量记录可分为试验记录和质量评定记录 2 种。

①试验结果记录，见表 3-9。

②试验样本记录，见表 3-10。

③质量检查评定记录，见表 3-11。

**表 3-9 试验结果记录表**

| 试验对象（类型） | 要求试验项目（配合压实实验） | 已进行试验项目（现场观察结果） | 试验已获认可或被拒绝 | 遗漏试验与已采取措施 |
|---|---|---|---|---|
| 土工试验 | ①同意压实厚度<br>②同意压实设备与遍数<br>③同意材料含水量 | ①已量测压实厚度<br>②所用压实设备与遍数<br>③已量测含水量 | | |

**表 3-10 试验样本记录**

| 序号 | 试验对象（试验类型） | 要求试验项目 | 已进行试验项目 | 试验已获认可或被拒绝 | 遗漏试验与已采取措施 |
|---|---|---|---|---|---|
| 1 | 土工试验 | | | | |
| 2 | 材料试验 | | | | |
| 3 | 混凝土试验 | | | | |
| … | …… | | | | |

（3）工程项目施工监理会议记录。工地会议是开展监理工作重要的方法，会议中包含着大量的监理信息，这就要求项目现场监理单位必须重视工地会议记录，并建立完善的会议制度，以便于会议信息的收集。会议信息包括会议名称、主持人、参加人、召开会议时间、会议地点等，每次工地会议都应有专人记录，会议后应有正式会议纪要等。工地会议属于监理工程师行政管理的一部分工作，它包括开工前第一次会议及开工后的工地经常会议。工地会议记录忠实于会议发言，原话必录，类似流水账记录，不可加入记录人的感情色彩，以确保记录真实性。工地会议记录应针对会议内容编制相应的表格，以使数据格式规范，便于计算机处理。

**表 3-11 土沟槽开挖与基础处理单元工程质量评定表**

<table>
<tr><td colspan="3">单位工程名称</td><td></td><td>单元工程量</td><td></td><td>编号</td><td></td></tr>
<tr><td colspan="3">分部工程名称</td><td></td><td>检查日期</td><td colspan="3">年 月 日</td></tr>
<tr><td colspan="3">单元工程名称、部位</td><td></td><td>评定日期</td><td colspan="3">年 月 日</td></tr>
<tr><td colspan="2">项 次</td><td>项目名称</td><td>质量标准</td><td colspan="3">检 验 结 果</td><td>评定</td></tr>
<tr><td rowspan="2">检查项目</td><td>1</td><td>沟槽开挖</td><td>开挖断面尺寸、坡度、水平位置、高程应按设计要求评定</td><td colspan="3"></td><td></td></tr>
<tr><td>2</td><td>基础处理</td><td>除岸坡结合槽基础外，其他沟槽基础必须进行处理</td><td colspan="3"></td><td></td></tr>
</table>

（续）

| 项次 | | 项目名称 | 质量标准 | 设计值 | 实测值 | 合格数（点） | 合格率（%） | 评定 |
|---|---|---|---|---|---|---|---|---|
| 检测项目 | 1 | 标高 | 允许误差 0～+5cm | | | | | |
| | 2 | 宽、深边线范围 | 允许误差 0～+10cm | | | | | |
| 施工企业自评意见 | | | 质量等级 | 监理单位核定意见 | | 核定质量等级 | | |
| 检查项目质量全部符合质量标准，检测项目合格率_ % | | | | | | | | |
| 施工企业名称 | | | | 监理单位名称 | | | | |
| 检查负责人 | | | | 核定人 | | | | |

### 4.3.2　监理信息加工

原始数据收集后，须将其加工以使它成为有用信息，通常加工操作方法主要有：一是依据特定标准将数据进行排序或分组；二是将 2 个或多个简单而有序数据按一定顺序连接、合并；三是按照不同目的计算求和或求平均值等；四是为快速查找建立索引或目录文件等。

根据不同管理层次对信息的不同要求，监理信息的加工从浅到深分为以下 3 个级别：

①初级加工：指滤波、整理等，如图 3-9。

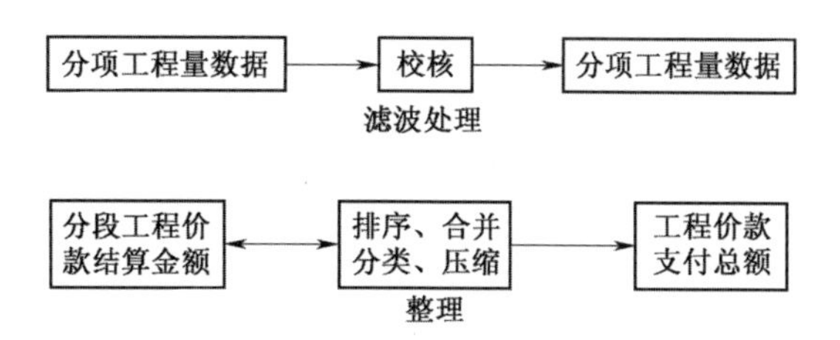


图 **3-9**　监理信息的初级加工

②综合分析：是指将基础数据综合成决策信息，供监理单位人员或项目建设单位高层决策人员使用，如图 3-10。

③数学模型统计与推断：采取特定数学模型进行统计计算和模拟推断，为监理提供辅助决策服务，如图 3-11。

图 **3-10**　监理信息的综合分析处理

图 **3-11**　数学模型统计与推断

### 4.3.3　监理信息存储

经过加工的数据需要保存，即指信息存储。信息存储与原始数据存储有区别。信息存储强调为什么要存储这些信息，存在什么介质上，存储多长时间等，也就是说要解决存储的目的与对监理的作用。存储牵涉到的问题很多，如数据库设计等。

### 4.3.4　监理信息维护

信息维护是指在监理信息管理中要保证信息始终处于适用状态，要求信息经常更新，以保持数据准确性，做好安全保密工作，使数据保持唯一性。另外，尚应保证信息存取方便。

### 4.3.5　监理信息使用

信息处理目的在于使用，将其应用于监理工作中，信息的价值才能够得以实现。而经过加工的信息，其应用关键是信息流的畅通。监理工作中的信息流大致分为 3 种，如图 3-12。

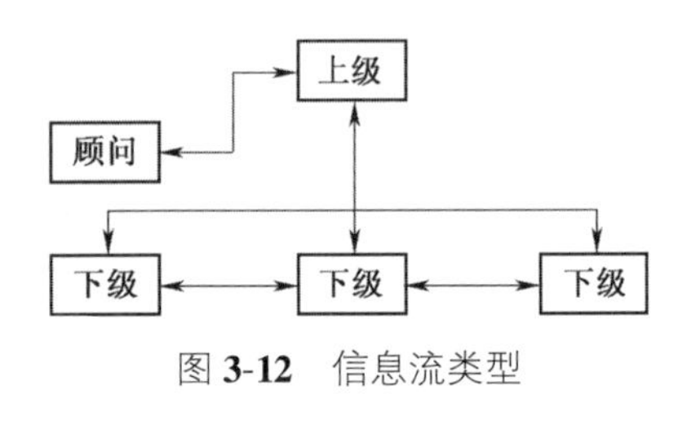

图 **3-12**　信息流类型

（1）自上而下的信息流。这种信息流在以往的情况下不太被重视。它应该包括 3 部分内容，见表 3-12。

**表 3-12　自上而下信息流的内容**

| 下级必须了解的信息 | 下级应该了解的信息 | 下级想了解的信息 |
| --- | --- | --- |
| ①项目总体目标；<br>②监理项目组织结构，与他相关的一切单位；<br>③监理项目各工作部门最重要的工作任务与职责；<br>④监理项目进展程序，期中进度，结束时间；<br>⑤监理项目相关的工作条例、规定 | ①与他相关的工作进展情况；<br>②项目建设总目标的变化；<br>③与他相关工作中出现的问题、困难 | ①项目特殊情况；<br>②短期安排、原因 |

（2）自下而上的信息流。自下而上的信息流除了现场监理日记、天气状况、施工内容与人员设备、工程计量、工程质量等，还应注意及时向施工企业搜集有关资料，并将其向总监理工程师报告，其内容有：

①每周定期工地碰头会记录，见表 3-13。

**表 3-13　施工现场碰头会议记录**

| 日期：　　　　地点： | 记　录　内　容 |
| --- | --- |
| 上次会议执行情况及本次会议研究问题 | |
| 双方意见及协商解决办法 | |
| 需要向监理工程师请示的问题 | |
| 监理工程师签字 | |
| 施工企业代表签字 | |
| 备　注 | |

②施工人员、设备、材料、工程量进度旬报。

③月汇报主要内容：所辖施工段开工项目名称及各项目具体开工日期，各项目完成工程量及其形象进度，各项目材料使用量，各项目机械设备情况，各项目完成工日及现有人员情况，材料、施工单位提供文件、图纸、供电等供应情况，其他情况，存在问题，下一步开展项目，建议要求等。

（3）横向间的信息流。所谓横向间的信息流，是指各同级之间的信息沟通。

3 种信息流都应有明晰的流线，并都要畅通。实际工作中，自下而上的信息流比较容易畅通，而自上而下的信息流一般情况下渠道不畅或流量不够。这是在今后生态修复工程项目建设监理中所应予以克服的缺陷。信息流的畅通是信息有效使用的基础，进一步的工作尚需解决一些技术与管理问题，一般可分为 3 个阶段或层次。

①数据处理阶段：主要侧重于提高工作效率，采用一定的技术设备，进行数据加工，硬件可能已较为先进，但软件不能配套，只使用一些简单或单项的程序解决孤立问题。

②管理信息系统阶段：该阶段监理工程师已认识到信息及时转化为价值的重要性，从而把信息主要用于监理目标控制。采用电子计算机与功能齐全的先进软件系统综合处理数据。

③辅助决策阶段：重视引进和开发智能型管理软件，建设监理专家系统、决策支持系统等，从而能够对一些施工质量检查与处理索赔支付等中型决策问题进行优化诊断，并提供选择适用、实用方案。

目前，生态修复工程项目零缺陷建设监理中的信息使用达到第一阶段内容的要求，已不成问题。利用管理信息系统进行信息管理还不够成熟，尚没有一套较为完善与普遍适用于生态修复工程项目建设监理的信息系统，而建设监理专家系统的开发，尚待进一步努力。

# 第四章
# 生态修复工程项目零缺陷建设施工质量管理

质量正在日益成为全世界各行业关注的焦点。著名质量管理大师朱兰博士曾经讲过，“正如20世纪是生产率的世纪一样，21世纪将是质量的世纪”。在一个全球化的竞争性市场上，质量已经成为取得成功的最重要因素之一。在我国生态修复工程项目建设半个多世纪的历程中充分证明，生态修复工程项目的建设质量是人工修复生态系统环境和企业竞争力的核心。生态修复工程项目建设质量是组织（指生态修复工程项目建设业主及设计、施工、监理单位）最重要的绩效考核因素之一，质量管理则是组织塑造其竞争力最重要的途径。为此，在生态修复工程项目零缺陷建设中，业主、设计、施工、监理四方组织的领导、中层管理者和班组长、员工都应该学习和培养质量和质量管理的意识，建立、健全和强化质量管理体系，实行全面的质量管理绩效考核机制，这是生态修复工程项目零缺陷建设管理的重中之重。

## 第一节 质量管理的基础理论

## 1 质量管理的基本概念

### 1.1 质量的概念

#### 1.1.1 质量定义的诠释

“质量”是人们常用的词语，也是质量管理中一个最基本的概念。这里所说的“质量”一词，既不同于物理学中的质量概念，也并非哲学意义上的“质”与“量”的组合，而是以ISO 9000：2005《质量管理体系基础和术语》国际标准中的质量定义为诠释。

质量：一组固有特性满足要求的程度。

这一定义看起来高度抽象，但只要把握住了“特性”和“要求”这两个关键词就不难理解。

这一定义是从“特性”和“要求”这两者之间关系的角度来描述质量的，亦即某种事物“特性”满足某个群体“要求”的程度。满足的程度越高，表示这种事物的质量就越高或越好，反之则认为该事物的质量低下或差。

### 1.1.2　质量的特性

质量定义中“特性”的载体，即指质量概念所描述的对象，早期只局限于产品，以后逐步延伸至服务，现今扩展到了过程、活动、组织乃至它们的结合。这里特性指的是“可区分的特征”，ISO 的质量定义中特别强调了用于描述事物质量的特性是“固有特性”，就是指某事或某物本来就有的，尤其是那种永久的特性。“固有”的定义是“赋予”或外在，事物的“赋予”特性如“价格”等，不属于质量范畴。

### 1.1.3　质量定义中固有的要求

质量定义中的“要求”是指各种不同的相关方，即与组织的绩效或成就有利益关系的个人或团体，如顾客、股东、雇员、供应商、银行、公司、合作伙伴、社会等所提出的。“要求”反映了人们对于质量概念所描述对象的需要或期望。这些“要求”有时是明确规定的，如产品购销合同中对于产品功效的规定；也可以是隐含的或不言而知的，如银行对客户存款的保密性，即使客户没有特别提出这些要求，也应该必须保证；还可以是由法律、法规等强制规定的，如食品卫生、电器的安全性能等。

## 1.2　质量管理的概念

### 1.2.1　管理的概念

管理就是指一定组织中的管理者，通过实施计划、组织、领导和控制来协调他人的活动，带领人们实现组织目标的过程。计划、组织、领导和控制这些活动称为管理的职能。计划就是要确立组织所追求的目标以及实现目标的途径。组织活动指对于群体活动的分工和协作。领导意味着对人们施加影响以使人们全心全意地去实现组织目标的过程。控制就是随时纠正实施过程中的偏差，确保活动或事物按计划运行。

### 1.2.2　质量管理的定义

通过上述对管理的理解，可知质量管理就是为了实现组织的质量目标而进行的计划、组织、领导和控制等一系列的活动。在 ISO 9000：2005 国际标准中，质量管理被定义为：“在质量方面指挥和控制组织的协调一致的活动。”

在该定义的注解中进一步说明：在质量方面的指挥和控制活动通常包括制定质量方针和质量目标，实施质量策划、质量控制、质量保证和质量改进。因此，质量管理可以进一步解释为确定和建立质量方针、目标和职责，并在质量管理体系中通过诸如质量策划、质量控制、质量保证和质量改进等手段来实施的全部管理职能的所有活动。

质量管理是组织围绕使产品质量满足不断更新的质量要求和需求而开展的策划、组织、计划、实施、检查和监督审核等所有管理活动的总和，这是组织管理的一个中心环节。

质量管理必须由组织（企业）的最高领导者负责，这是实施质量管理的一个基本条件。质量目标及其职责应逐级分解、落实，各级管理者都须对目标的实现负责。实施质量管理涉及企业的所有成员，每个成员都要参与到质量管理活动之中，这是现代全面质量管理的一个重要特征，实行全面质量管理是基于组织全员参与的一种质量管理形式。

## 1.3 产品的概念

ISO 9000 系列标准体系 2000 年版对产品的定义是："产品是过程的结果。"因此可以说，没有过程就不会有产品。但是这种结果有两种：一种是人们所期望的结果，如工程质量达到合格或优秀的生态工程建设项目，另一种就是不合格工程或"半截子"工程。下面是对产品定义的注释说明。

①产品是一个广义的概念，包括了硬件、软件、流程性材料和服务四大类型。

②产品可以有形，如乔灌苗木植物、钢材、水泥、砂石、坝体、蓄水池、装载机、工程等硬件和流程性材料；产品也可无形，如计算机程序、信息、工艺流程或某项服务等。

③产品包括向顾客提供有意识的部分和无意识的污染、副作用。

④多数产品是由不同的成分类型组成。从其具有的主导成分可以称为硬件、流程性材料、软件、服务等类型。

## 1.4 质量方针和质量目标

### 1.4.1 质量方针

质量方针是指"由组织的最高管理者正式颁布的、该组织总的质量宗旨和方向"，它是企业组织的质量政策，也是企业全体员工必须遵守的准则和行动纲领，更是企业长期开展质量活动的指导原则。因此，对质量方针的理解有以下 2 层内容。

①质量方针应与组织的总方针相一致，并提供制定质量目标的框架。

②质量管理的八项原则，即以顾客为中心、领导作用、全员参与、过程方法、管理的系统方法、持续改进、基于事实的决策方法、互利的供求关系，都是制定质量方针的基础。

### 1.4.2 质量目标

质量目标的概念是"与质量有关的、所追求或作为目的的事物"。故此，对于质量目标有以下 2 个认识。

①质量目标应建立在企业组织制定的质量方针基础之上，它应与质量方针相一致。

②在组织内不同层次都应规定质量目标。在生态工程项目建设施工作业中，应制定定量而具体、可测的质量目标。

企业组织最高管理者应确保在组织内部的相应职能和层次上建立质量目标考核制。制定质量目标要与当时、当地的情况相适应，不应该是视质量越高越好的"质量至善论"，要以满足用户需要为宗旨。

## 1.5 质量保证

### 1.5.1 质量保证的概念

ISO 9000 系列标准 2000 年版给质量保证的定义是："质量管理中致力于对达到质量要求提供信任的部分。"从其定义可知，其指导思想是强调对用户负责，其思路是为了使用户或其他相关方能够确信组织的产品、过程和体系能够满足规定的质量要求，就必须提供充分的证据，以证明组织有足够的能力满足相应的质量要求。“证据”是指质量测定证据和管理证据。

#### 1.5.2　质量保证的内涵

①内部质量保证指为了使企业组织领导确信本组织提供的产品或服务能够满足质量要求所进行的活动。

②外部质量保证指为了使用户确信本企业组织提供的产品或服务等能满足质量要求所进行的活动。

# 2　朱兰（质量管理）三部曲

质量策划、质量控制和质量改进这三个管理过程，是由国际著名质量管理专家朱兰博士倡导和推崇，并且在质量管理中被频繁应用，是构成质量管理的主要内容，即“朱兰三部曲”。他认为：“要获得质量，最好从建立组织的‘愿景’以及方针和目标开始，目标向成功的转化（使质量得以实现）是通过管理过程来进行的。过程也就是产生预期成果的一系列活动。”

## 2.1　质量策划

质量策划指旨在明确组织（工程项目建设业主及设计、施工、监理单位）的质量方针和质量目标，并对实现这些目标所必需的各种行动进行规划和部署的过程。

组织的最高管理者应对实现质量方针、质量目标和质量要求所需的各项活动和资源进行质量策划，并将策划结果以正式文件的形式发布。质量策划是生态修复工程项目建设质量管理中的策划工作活动，是组织和质量管理部门的重要质量职责之一。组织预想创建优质生态工程建设项目，就必须根据项目自然生态环境条件、建设材料的市场信息、国内外生态修复建设技术及动向等因素，对修复破损生态环境而实施的生态修复工程项目建设质量进行策划。对治理和修复什么样的生态环境，应采取什么样的植物和工程技术措施，达到什么样的技术、质量水平，提出明确的目标和要求，并就进一步为如何达到这样的目标和实现这些要求，从技术、组织、人力及资源配置和协调等方面进行策划。这里必须注意质量策划和质量计划的区别，质量策划强调的是生态修复工程项目建设的一系列动态活动，而质量计划却是一种书面上的文件，但编制质量计划可以是质量策划的一部分工作内容。

## 2.2　质量控制

质量控制是指“质量管理中致力于达到质量要求的部分”（ISO 9000：2000—3.2.10）。

质量控制的目标是确保产品质量能满足用户的要求。为实现这一目标，需要对产品质量的产生、形成的全过程中所有环节实施监控，并及时发现和排除这些环节中有关技术活动偏离规定要求的现象，使其恢复正常，对影响产品质量的技术、管理及人的因素始终处于受控状态，从而达到控制质量的目的。为此，对质量控制定义的解释如下所述。

（1）质量要求是指“对产品、过程或体系的固有特性要求”。固有特性是产品、过程或体系的一部分；被赋予的特性，如某一产品的价格，不是固有特性。质量要求包括对产品、过程或体系所提出的明确或隐含的要求。

（2）质量控制贯穿于产品形成的全过程，对产品形成全过程的所有环节和阶段中有关质量作业的技术与管理全部活动都应进行控制。

（3）质量控制包括作业技术和管理活动，其目的在于监视产品形成全过程，并排除在产品质量产生形成过程中所有阶段出现的导致不满意的原因或问题，使之达到质量要求。

为了使质量控制发挥有效作用，必须注重以下四个环节的应用：①凡影响到质量要求的各种作业技术和管理活动都应制订计划和程序。②为保证计划和程序的有效运行，应在实施过程中进行连续的评价和验证。③对不符合计划和程序活动的情况进行分析，对异常活动进行处置并采取纠正措施。④必须对质量控制的动态性给予关注；由于质量要求随着时间的进展而在不断变化，为满足新的质量要求，对质量控制要不断更新要求。故此，应不断地提高设计技术、工艺、检测的水平，不断进行技术与工艺的改进和改造，不断更新控制方法。总而言之，质量控制不能停留在一个水平上，应永无止境地不断发展、不断前进。

### 2.3 质量改进

质量改进是推进全面质量管理的精髓。任何一个组织都应不断地进行质量改进，提高质量管理水平，实现和保持规定的产品质量。ISO 9000 系列标准体系 2000 年版对质量改进的定义是："质量管理中致力于提高有效性和效率的部分"（ISO 9000：2000—3.2.12）。

有效性是指"完成所策划活动并达到所策划结果的程度度量"。效率是指"所达到的结果与所使用的资源之间的关系"。

质量改进的目的是向组织自身和顾客提供更多的利益，如以更低的消耗、更低的成本、更多的收益，以及更新的产品和服务等。质量改进是通过整个组织范围内的活动和过程的效果以及效率的提高来实现的。质量改进不仅与产品、质量、过程以及质量环等直接有关，而且也与质量损失、纠正措施、预防措施、质量管理、质量体系、质量控制等有着密切的关联，所以说质量改进是通过不断减少质量损失，从而为本组织和顾客提供更多利益。质量改进是质量管理的一项重要支柱，它通常是在质量控制的基础上进行。

还应当指出的是，有效实施质量策划、质量控制、质量改进这三个质量管理过程，其前提是组织必须建立起一个完善而有效运行的质量管理体系。

## 3 全面质量管理

### 3.1 全面质量管理（TQM）是现代质量管理发展的最高境界

ISO 8402：1994 将全面质量管理（TQM）定义为"一个组织以质量为中心，以全员参与为基础，目的在于通过让顾客满意和本组织所有成员及社会受益而达到长期成功的管理途径"。这里的"管理途径"一词是英文的"approach to managenment"，意味着全面质量管理就是以质量为中心的一种企业管理方式。

### 3.2 全面质量管理的有效性在过去半个多世纪中被世界各国的实践证明

日本国内企业在第二次世界大战之后通过深入开展全面质量管理，用了近 20 年时间，一跃成为全球第二大经济强国。美国在 20 世纪七八十年代的国际竞争中处于劣势，八九十年代通过广泛而深入的质量运动，美国产业界最终扭转了颓势，重新夺取了全球产业霸主的地位。1978年改革开放以后，特别是我国加入世界贸易组织后，全面质量管理在我国也得到了广泛深入的推行。我国一大批先进企业通过全面质量管理使其产品质量赶上或超过了发达国家的质量水平，凭借着长期不懈的、精致的全面质量管理水平，有些企业已经跃身成为世界500强企业。

# 第二节 质量管理标准化

## 1　标准化在质量管理中的作用

标准化在工程项目建设的质量策划、质量控制和质量改进这三个质量管理普遍过程中，都发挥着巨大的规范作用。

### 1.1　标准化与质量管理朱兰三部曲的内在联系

#### 1.1.1　质量策划亦是标准化过程

在对某工程项目实施质量管理过程中的质量策划时，就意味着确立目标、辨识顾客、确定顾客需要、开发顾客需要产品的功能或特性、开发能够产生这些产品功能或特性的过程，并建立起对其过程实行控制管理的体系，即将策划纲领性内容转入生产实施阶段。不难看出，在质量策划活动中，确定产品功能或特性和建立产出产品的过程这些工作，实质上就是在对产品产出过程的所有阶段实施标准化的规定，也就是说标准化是质量管理工作过程中更加细化、程序化和具体化的规定。

#### 1.1.2　质量控制催生标准化的进程

质量控制就是要使管理的对象不折不扣地符合策划预期的质量要求或质量目标，如开挖植树坑的尺寸、施肥量、喷洒农药浓度等，既不期望大或多、也不期望小或少。可见控制性的管理活动具有重复性。实现质量目标的方法和条件一经设定，管理控制的任务就是采用同样的方法，在同样条件下，重复进行同样的工序活动，从而获得同样的结果。重复性工序活动如果每次都用一种随心所欲的方式去做，其效率就会非常低下。如若把那些能够降低消耗或加快速度等有益的方法作为规则规定下来，并在相类似的所有活动中推广应用，则能起到事半功倍的效果。针对重复性的活动所规定的有益规则就是我们讲的标准。企业在生产经营活动中有相当的部分都是重复性的活动，从而存在着大量的各种各样的标准。从这个意义上讲，质量控制性活动也就是贯彻实施各种标准的进程，使得企业生产经营活动能够有序进行。

#### 1.1.3　质量改进不断完善标准化

质量管理改进性的活动就是打破现状，促使管理的对象比原先的水准更高。在实施改进管理时，要通过探索的方式来寻求实现目标的途径，因而，改进活动是一种项目攻关式的活动，具有一次性的特性；改进目标一旦实现，活动也就宣告结束。在此之中，改进活动同标准仍然有着密切的关联。这是因为人们实施改进的程序、改进应用的方法等往往是标准化的，改进以现有标准为出发点，改进目标的实现则意味着将要在新的标准下进行控制。如此反复就使得企业生产经营活动的水准能够持续不断得以提高。

### 1.2 标准化与质量管理的合心作用

由此可见，质量管理活动与标准化须臾不可分离。在质量管理活动中积极主动地开展标准化将会使孤立的个人经验蓄积转化为组织的财富，也使得组织的运营对于个人的依赖降低到最低的程度。在遇到问题时，具有标准化意识的管理者采取的是一种“对事不对人”的处理方式，他们关注的是找出产生问题的原因，并针对发现的原因来制定解决问题的对策。如果对策起到立竿见影的作用，则通过标准化将之固定下来成为新的工作标准方式，从而彻底消除类似问题再次发生的根源。故此，标准化绝非仅仅是标准化部门或标准化人员的事情，而是组织中每一个部门、每一个管理人员、每一个技术人员，甚至每一个成员都应当树立的一种意识，都应当具备的一种技能。在生态修复工项目建设施工企业中搞好质量标准化的教育、培训，促进其管理者和员工对于质量标准化工作的重视，培养他们在生态修复建设施工工作中自觉、主动地运用质量标准化的意识，将会为提升企业管理水平和竞争力奠定一个坚实的基础。

## 2 质量管理的标准化方法

在长期的质量管理实践中，人们总结和提炼出了许多精致的标准化方法论。下面着重论述卓越绩效模式——TQM 标准化、六西格玛管理、标杆分析这三种质量管理标准化方法。

### 2.1 卓越绩效模式——TQM 标准化

卓越绩效模式是由著名的美国马尔科姆·鲍德里奇国家质量奖和欧洲质量奖规定的综合管理模式，它是一套标准化了的全面质量管理实施办法。这种由美国开创的质量评奖准则，已经被全世界许多国家采用，成为企业组织贯彻全面质量管理事实上的国际标准。在吸收国际经验并结合我国企业实践的基础上，我国于 2004 年 8 月正式发布了国家标准 GB/T19580 — 2004《卓越绩效评价准则》。这就标志着卓越绩效在我国的企业界推广进入了一个新阶段，亦标志着 TQM 标准化在我国的实践上升到了一个新的层次。

#### 2.1.1 卓越绩效的由来与实质

（1）卓越绩效的由来。20 世纪 80 年代在世界激烈的市场竞争压力下，受到日本企业界有关质量活动的启示，美国工商界对于开展质量活动呈现出了与日俱增的兴趣，有识之士主张通过设立国家质量奖来促进美国企业的质量活动。1987 年 1 月 6 日，美国通过了设立马尔科姆·鲍德里奇国家质量奖的法案，并建立一套评价标准，即卓越绩效准则（criteria for performance excellence），体现这套准则的管理便被称为“卓越绩效”模式。随后欧洲质量奖于 1992 年诞生。这种有助于提升各国企业竞争力的质量奖活动便在世界各地蔓延开来，全世界目前共有 60 多个国家实施了类似模式。大多数情况下，质量奖均是以美国马尔科姆·鲍德里奇国家质量奖或欧洲质量奖为范本，来建立评奖方式和其标准的。这些评奖标准已经成为企业经营管理事实上的国际标准。

（2）卓越绩效的实质。卓越绩效准则是全面质量管理（TQM）的一种实施细则，是对以往全面质量管理实践的标准化、条理化和具体化。“卓越绩效”这四个字已不再是其字面上的简单含义，而是成为一个特定术语，亦即“一种综合的组织绩效管理方式”[美国国家标准和技术研究院（NIST）的定义]。

### 2.1.2 卓越绩效模式的基本构成

（1）卓越绩效模式的价值观。卓越绩效模式的价值观，是指对于TQM的本质特征或是TQM所持有基本信念的描述，共有如下11项：

①前瞻性领导；

②顾客驱动的卓越策划；

③组织和个人的学习；

④重视雇员和合作伙伴；

⑤头脑的敏捷性；

⑥注重组织和产品的未来；

⑦促进创新的管理；

⑧基于事实的管理；

⑨具有社会责任感；

⑩注重结果和创造价值；

⑪系统的视野。

（2）卓越绩效模式的评价准则。卓越绩效模式的评价准则是由总分值为1000分的7个类目“要求”组成的一套评价准则。这7个类目分别是领导，战略计划，顾客和市场，测量、分析和知识管理，人力资源，过程管理，经营结果。

上述这7个方面的内在联系如图4-1。

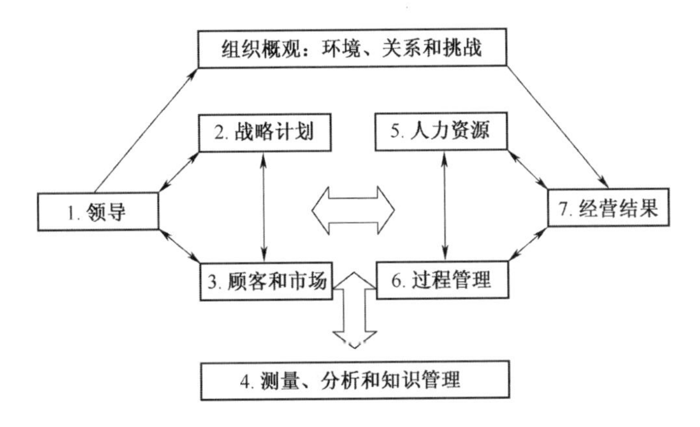


图4-1 卓越绩效准则的逻辑模型

（资料来源：《卓越绩效准则》. 北京：中国人民大学出版社，2005）

其中领导、战略计划及顾客和市场代表着领导三要素，旨在强调聚焦于战略和顾客的领导的重要性。人力资源、过程管理和经营结果代表着结果的3要素，是说明组织产出经营结果的工作是由组织的成员和伙伴通过关键过程来实现的，组织所有的行动都指向经营结果，这里的经营结果是由顾客、财务以及非财务的结果共同构成的一个综合体，其中还包括了人力资源和社会责任方面的结果。测量、分析和知识管理则构成了组织绩效管理体系的基础。

（3）卓越绩效评价准则的细分。卓越绩效准则 7 个类目又细分为 18 个条目（items）。每个条目又包括了 1 个或多个要点，其构成见表 4-1。

表 4-1 2009~2010 年卓越绩效准则结构组成

| 类目 | 条目 |
|---|---|
| 1. 领导 | 1.1 高层领导 |
| | 1.2 治理与社会责任 |
| 2. 战略计划 | 2.1 战略制定 |
| | 2.2 战略展开 |
| 3. 顾客 | 3.1 顾客联系 |
| | 3.2 顾客意见 |
| 4. 测量、分析和知识管理 | 4.1 组织绩效测量、分析和改进 |
| | 4.2 信息、知识与信息技术的管理 |
| 5. 员工 | 5.1 员工参与 |
| | 5.2 员工环境 |
| 6. 过程管理 | 6.1 工作系统 |
| | 6.2 工作过程 |
| 7. 经营结果 | 7.1 产品结果 |
| | 7.2 顾客结果 |
| | 7.3 财务与市场结果 |
| | 7.4 员工结果 |
| | 7.5 过程有效性结果 |
| | 7.6 领导结果 |

### 2.1.3 卓越绩效准则的作用与用法

（1）卓越绩效准则的作用。卓越绩效准则的 4 项作用如下所述。

①卓越绩效准则是把 TQM 的理念注入组织中的一种有效手段，并推动其核心理念渗透到全体成员的思想和行动中。

②卓越绩效评价准则为指导组织实现质量计划提供了一种框架，它是一幅“卓越绩效”设计图，为组织勾勒出了必须重视的七个类目。

③卓越绩效准则使得企业组织认清现状、找出不足、发挥优势；它为组织成员提供了一个沟通的平台，使得人们用同一种语言来讨论和沟通企业的经营管理问题，明确需要改进的项目和实施改进后的效果。

④卓越绩效准则是组织在管理中驾驭复杂性的一台仪表盘。一个企业组织就犹如是一个复杂的系统，其有效运作的管理必须有一个系统的思路；卓越绩效准则在实践中，通常起到近年来广为人们关注的“平衡计分卡”的作用，它有助于实现管理的重点突出与全面兼顾的结合，有利于正确评价和引导组织中各部门和全体员工的行为，从而使质量管理的努力能够真正用到引导组织走向成功的方向上。

（2）卓越绩效准则的用法。卓越绩效准则的2项用法如下所述。

①企业组织可以依据卓越绩效准则申报包括全国质量奖的各类质量奖项，这是一种常见的用法。

②还可以在开始运行或深化质量管理时将准则作为一个信息源，用来帮助、引导组织策划和学习，建立质量管理的共同语言，促进卓越绩效的沟通和最佳惯性的共享。有些组织借助于准则来建立实现卓越绩效的过程，还有的组织则利用准则来进行自我评价并采取相对应的行动。

## 2.2 六西格玛管理

六西格玛管理是近年来得到广泛普及的一种质量改进方法模式，其实质是对过程的持续改进，它是一种持续改进的方法论。通过实施六西格玛管理活动，充分体现出了“只有能够衡量，才可以实施改进”的质量管理思维。管理意味着通过有组织的努力去实现目标的活动或过程。没有测量就不能认识事物，就更谈不上确立质量目标。基于这种认识，美国摩托罗拉公司在开发六西格玛管理方法论时，首先确定了用以衡量企业各方面质量的一种通用的、可横向比较的测量尺度，并在此基础上设定了企业质量改进的奋斗目标，进而又提出了实现质量目标的一套系统化步骤或程序。

### 2.2.1 质量的衡量与质量改进目标

欲改进质量，首先必须能够衡量质量。摩托罗拉公司创造性地引入了一个衡量质量的通用指标，称为“百万机会缺陷数”（defects permillion opportunity，DPMO）。缺陷是指导致顾客所有不满意的情况。一般而言，缺陷率、合格率等指标无法在不同产品、不同部门之间进行横向比较，因为不同产品、不同部门的工作，其工作性质、步骤和复杂程度不同。对象越复杂，出错的机会也就越多，反之会少一些，但相对于同样出错机会而言却是能够比较的，因而利用出错机会作为通用的衡量尺度是符合逻辑的。

依据这一尺度，摩托罗拉公司确立了其质量改进的目标，就是将百万机会缺陷数（DPMO）降至3.4；这意味着如果面临着100万次出错的可能性，实际上只允许出错3.4次。由于DPMO是一个比率，从而可以将之与正态曲线上的一定σ（西格玛）范围内所包括的面积相对应，每一个DPMO的数值都可以用一个相应的西格玛数值来表示，反之也一样（注：在将DPMO与西格玛进行对应时，正态曲线设定为离中心值有1.5个西格玛的偏移）。DPMO的值越小，则其相对应的西格玛值就越大，说明质量水平就越高。因此，从这个角度说，西格玛值可以用于度量质量水平。4个西格玛的质量水平对应着的DPMO数值为6210、5个西格玛的质量水平对应着的DPMO为233，而6个西格玛的质量水平对应着的DPMO数值为3.4这一质量目标。这就是“六西格玛管理”名称的由来。

### 2.2.2 实现六西格玛目标的“六步法”

现代质量管理是通过对过程进行改进实现高质量、低成本和高生产率的。实现六西格玛质量管理目标就是要对过程进行持续不断的改进。持续改进是通过6个步骤的循环实现的。

①明确你所提供的产品或服务是什么：这里的“你”代表组织在形成产品过程链条上的任意一个环节。可以是一个部门、一道工序或一个班组等。这里的“产品或服务”指的是这一特定环节的输出。通过这个步骤的活动，要明确你所提供的产品和服务是什么，同时也要确定测量

你的产品和服务的单位。

②明确你的顾客是谁，他们的需要是什么：这里的顾客是指过程链上的“你”的下一个环节，你的产品或服务质量的优劣是由你的顾客来判定的。在这一步骤中，要明确你的顾客，明确顾客的关键需要，并要同顾客就这些关键需要达成共识。

③为了向顾客提供使他们满意的产品和服务，你需要做什么：这里要明确的是，为了满足你的顾客需要，你需要什么？谁来满足你的需要？从过程链的角度来看，这是要明确你的上一个环节，以及为了使你能够满足顾客的需要，他们应当为你提供什么条件。

④明确你的过程：这一步骤中，借助于流程图将过程的现状描绘出，以便一览过程。

⑤纠正过程中的错误，杜绝无用功：在上一步骤对过程现状充分认识、了解的基础上，分析过程中的错误和冗余，制定纠错后的新流程图。

⑥对过程进行测量、分析、改进和控制，以确保改进的持续进行：指在对纠错后的过程运行下一个轮回中，又发现新问题，再进行测量、分析、改进和控制的进行。

通过周而复始地实施这六个步骤，企业就可以保持持续改进，逐步实现六西格玛质量管理水平。六西格玛质量管理循环如图 4-2。该循环也称为 MAIC 循环，MAIC 分别取自英文 measure（测量）、analyse（分析）、control（控制）和 improve（改进）的单词字头。六西格玛管理方法论蕴含着丰富的质量思想内涵。以顾客为中心、有效的领导、全员参与、面向过程的管理、系统化的管理、持续改进、以事实为依据和互利互惠的组织间关系的八项现代质量管理基本原则，在六西格玛管理活动中得到了充分的体现。

图 **4-2** 六西格玛管理的 **MAIC** 循环

## 2.3 标杆分析

标杆分析（benchmarking）是近年来企业界及其他组织广泛采用和实施的一种质量改进活动。“benchmarking”是当今管理领域中最为流行的词汇之一，这种方法被认为是组织“开展工作的一种常规方式（away of doing business）”，是各类管理人员履行职务的一种有效手法，也是一种标准化解决问题的方法论。

所谓标杆分析就是通过对比和分析先进组织的行事方式，对本组织的产品、服务、过程等关键的成功因素进行改进和变革，使之成为同业最佳的系统性过程。标杆（benchmark）一词原意是测量学中的“水准基点”，在此引申为在某一方面的“行事最佳者”或“同业之最”，即学习和超越的榜样。在我国，还被译为标杆法、水平对比法、基准评价法、标杆管理法、基准化、标杆分析、对标管理等。这种方法是由美国施乐公司于 20 世纪 70 年代末首创的。标杆分析的实质是对组织的变革，是对因循守旧、抱残守缺、按部就班、不思进取等陋习的围剿。标杆分析活动是持续改进的有力工具，它是质量管理的一项常规性工作。在开展标杆活动时，通常采用小组的方式来操作。小组一般由最熟悉所要改进领域的 3~6 人组成。

### 2.3.1 标杆分析活动的 5 个步骤

（1）确定实施标杆分析的领域或对象。组织的资源和时间是有限的，因此开展标杆分析活动，应当集中于那些对于改进组织的绩效和顾客的满意最具有影响的关键性成功因素。选定了改进的领域或对象还必须对之加以量化，要明确使用何种指标来描述该对象，用何种测量方法来衡量对象的状态。不能量化的事物很难进行比较，更难于施加改进。

（2）明确自身的现状。标杆分析主要是通过调查、观察和内部数据分析，真正了解改进对象的现状。为此，小组必须绘制出本组织在该领域中当前状况的详细流程图，因为一张详细流程图有助于小组就当前过程的运行方式、所需时间和成本、存在缺陷和失误获得共识。

（3）确定谁是最佳者，也就是选择标杆分析的标杆。据各方面综合信息来确定所选领域中的标杆。通常有 4 种类型的标杆，基本组织内部的不同部门、直接的竞争对手、同行组织以及全球范围内的领先者。许多组织在刚开始推行标杆活动时，一般都是先从内部标杆开始的，这样做有利于积蓄经验、锻炼队伍，面向全球领先者开展的标杆分析是这一活动的最高境界。

（4）明确标杆是怎样做的。通过对所选定标杆的信息情报收集和分析，形成准确反映其能力和长处的完整资料，找出优于自己并成为行业之最的专业能力和特长。可以通过图书馆、互联网、行业协会、公共论坛、会议、讲座、产品贸易展示会等渠道获取信息。

（5）确定并实施改进方案。在详细分析内外部资料的基础上，由改进小组提出优化改进方案，并得到组织最高领导者批准后，在组织内全面推动实施改进方案。

#### 2.3.2　实施标杆活动的作用及效果

推行标杆活动最直接的效果是可以给组织的产品、服务和过程的质量带来大幅度改善，其 5 项作用及效果陈述如下。

①帮助组织正确认识自身在市场中的真实地位，找出差距；

②学习并应用更先进的方法来减少缺陷、提高质量、降低成本，从而更加满足顾客的需求；

③利用外部标杆建立起的目标，能够进一步增强和提高组织的竞争实力；

④能够有效地激发和焕发个人、团体和整个组织的潜能；

⑤能够使组织变得更有活力，打破障碍、促进变革、推动发展。

# 第三节
# 项目零缺陷建设质量管理原理

## 1　项目建设质量管理原理概述

生态修复工程项目零缺陷建设质量管理分为工程项目质量、工序质量和工作质量，并以此 3 项作为阐述生态修复工程项目零缺陷建设质量管理的原理。

### 1.1　工程项目质量的概念、特性及特点

#### 1.1.1　概念

工程项目质量是指工程项目所固有的特性满足要求的程度。工程项目是工程建设实际运营的过程和方式，是建设生产管理的对象及其结果。工程项目质量不仅包括活动和过程的结果及质量，还包括活动和过程本身的质量。具体地说，主要包括工程项目的结果——工程产品的质量、

建设工程项目运行中的过程质量、服务质量和工作质量。工程项目质量充分体现在工程建设全过程所承建工程的使用价值，而且必须达到设计、规范、规程和合同规定的技术质量标准，是工程项目满足社会建设需要必须具备的质量特征。

### 1.1.2 特性

①适用性：是指工程项目满足使用目的的各种性能。应从其内部构造和外观形状两方面来加以验证或检验，内容包括生态修复的理化性能、结构性能、使用性能和外观性能等。

②寿命：即工程项目的耐久性，是指工程项目正常使用期限的长短。

③可靠性：是指工程项目在使用寿命期限和规定的条件下，完成设定的生态修复功能的能力。即要求工程项目不仅在竣工验收时要达到规定的工程质量指标，而且在长期的生态防护期限内也应保持其生态功能和生态作用。

④安全性：指项目在使用周期内的安全保障程度，是否对人及周围环境造成不良危害。

⑤经济性：是指项目从规划、勘察、设计、施工到整个成品使用寿命周期内的成本和消耗的费用。考核项目的经济性主要从设计成本、施工成本和使用养护成本三者之和来衡量。

⑥与环境协调性：是指工程项目与其周围生态环境及已建工程的协调程度，与所在地区的社会、经济、环境和谐发展的协调能力，以及适应更大范围内的可持续发展要求。

### 1.1.3 特点

生态修复工程项目质量特点是由工程建设本身和施工建设特点决定的。其建设施工的 4 项特点是：一是生态修复工程项目建设产品的固定性，施工的流动性；二是施工产品的多样性，作业的单件性；三是施工产品形体庞大、投入高、施工周期长，具有风险性；四是施工的社会性，即施工要受到外部环境的约束。

正是由于上述 4 个特点的共同作用，从而造就了项目质量具有如下 4 项特点。

（1）影响工程项目质量因素多。生态修复工程项目建设质量在建设全过程中，会受到多种因素的影响和制约，如决策、设计、材料、机具设备、施工方法与工艺、技术措施、组织管理方式、人员素质、工期、造价、作业条件等，这些因素直接或间接地共同作用、影响着项目质量。

（2）工程项目质量波动性大。生态修复工程项目建设属于一种露天特殊的作业方式，其过程会受到很多系统性因素和偶然性因素的影响，因此，工程项目质量极容易产生波动、不稳定的状况。如材料的规格或品种出现错误、施工作业方法不当、组织管理疏漏、工艺或操作不规范等行为，都会使工程项目质量发生不同程度的波动。

（3）工程项目质量具有隐蔽性。在生态修复工程项目建设过程，由于存在着分项工程交接多、工序交接多、隐蔽工程多，若不及时在作业过程随时进行现场检验，仅在完工后检查外观，是很难评判出工程项目内部结构的质量优劣。

（4）工程项目质量评价方法特殊。对生态修复工程项目建设质量的验收或评定，是按检验批、分项工程、分部工程、单位工程、单项工程进行的。检验批的质量是构成分项工程以及整个工程项目质量检验的基础，检验批质量取决于主控项目和一般项目的抽样检验结果。隐蔽工程的质量在隐蔽操作前要检查合格后再验收，涉及结构安全的试块、试件及有关材料，应按规定进行见证取样检测，涉及结构安全和使用功能的重要分部工程要进行抽样检测。对项目质量的评价方法要体现“验与评分离、强化验收、完善检测手段、严格过程控制”的指导思想。

## 1.2　工序质量与影响其的因素

### 1.2.1　工序质量

工序质量亦称“作业”工序，是工程项目建设过程的基本环节，也是组织施工过程的基本单位。工序是由各分部分项工程分解、方便操作的施工过程。工序质量被称为建设施工过程质量，即指工序的成果符合设计、工艺技术标准要求的程序。在生态修复工程项目建设施工全过程中，劳动力素质及其操作技能水平、原材料规格及其质量、操作方法、机械设备和施工作业环境这 5 大要素，对工序质量都有着不同程度的直接影响作用。

### 1.2.2　影响工序质量的因素

在生态修复工程项目建设中，任何一道工序质量发生问题，都会导致整个工程项目质量将受到影响，为此，必须要掌握五大要素的变化与整个工程项目质量的相关性，对每一道工序细节都应给与足够的重视，有效控制工序质量波动，才能建造出质量合格的成品工程。用工序能力和工序能力指数来表示工序质量。工序能力是指工序在一定时间内处于控制状态下的实际作业操作能力。在施工过程，工程项目质量特征值总是分散分布的，工序能力越高，工序能力指数就越大，则工程项目质量特征值的分散程度越小，工程项目质量就越优质；反之，工序能力越低则反映出工序能力指数越低，工程项目质量就越差。

## 1.3　工作质量

工作质量是指在建设过程，所必须进行的组织管理、技术应用、作业操作、材料采购供给、后勤保障等方面，对工程施工应达到质量的保证程度。合格率、返工率及次品率均是反映工作质量的指标，工序质量是工作质量的具体体现；工作质量没有工程项目质量那样形象和直观，难以定量；通常用各项工作对工程施工的保障程度来衡量，并通过工程质量的优劣、合格与不合格产品的数量对比、施工生产率高低和工程或企业盈亏等经济指标来间接反映。

## 1.4　工程项目质量、工序质量与工作质量三者之间的关系

工程项目质量、工序质量和工作质量的含义虽然不同，但三者是有着密切联系的。工程项目质量是建设技术与管理的最终结果，它取决于工序质量。工作质量则是工序质量的基础和保证，所以，若发生工程项目质量问题并不是单纯只解决工程项目质量问题就能够解决问题的，而应该准确分析和判断起因是在工序质量上还是在工作质量上，从发生质量问题的根源上抓起，以提高工作质量来保证工序质量，继而保证建设施工作业的工程项目质量达标。

# 2　项目零缺陷建设质量的全方位控制与管理

## 2.1　工程项目建设质量多方位控制目标

对生态修复工程项目零缺陷建设阶段的质量管理与控制，是生态修复工程项目建设、设计、施工、监理单位应共同承担的责任目标和重要工作任务。

①管理、控制项目质量的总目标，是贯彻执行工程项目建设质量法规和强制性标准，正确配

置施工要素和采用科学、合理、实用、适用的技术工艺与管理方法，实现工程项目预期的使用功能和质量标准。这是参与各方都应承担的责任。

②建设单位对质量管理、控制的目标是通过施工全过程的全面质量监督、检查、协调和决策，保证竣工的工程项目达到投资决策所确定的质量等级标准。

③施工企业的质量管理、控制目标，是通过施工作业全过程的全面质量自控，保证交付满足建设施工合同与设计文件规定的质量标准的工程项目成品。

④监理单位的质量监督工作目标，是在施工全过程中通过审核施工质量文件、报告、报表及现场检查、检测和控制结算支付等手段，监控施工方的质量活动行为，协调施工过程的质量控管关系，规范履行对工程质量的监督工作责任，使工程质量达到设计和合同规定的质量标准。

## 2.2 工程项目建设质量的控制对策

就工程建设施工项目而言，对工程项目质量的管理、控制，就是为了确保达到合同、规范所规定的质量标准，所要采取的一系列检测、监控措施、手段和方法。

### 2.2.1 以人的工作质量确保工程项目质量

生态修复工程项目质量是包括参与工程建设的业主、设计者、施工者和监理者在内的所有人共同创造的。每一个参与人的思想意识、责任感、事业心、质量观念、技术或管理等素质水平，都直接影响着工程项目质量。据统计资料证明，88%的工程项目质量安全事故都是由于人的失误所造成。为此，工程项目建设管理者就应当始终把以人为本、狠抓人的工作质量、有效避免人的失误，作为工程项目建设的首要管理工作任务，以人的持续优异工作质量创造出优质的工程项目质量。

### 2.2.2 严格控制使用物资的质量

生态修复工程项目建设离不开材料、成品、半成品、构配件和机械设备等物资，建设所使用的质量合格物资材料是构成工程项目质量的基础。为此，应严格管理和控制建设施工物资材料的质量，从订货、采购、验收、入库登记、取样化验、试验等过程均应严格管理、把关，杜绝假冒、伪劣物资材料进场和施工使用。

### 2.2.3 规范执行《工程建设标准强制性条文》

该款条文是工程建设全过程的强制性规定，具有法律强制性效力，是工程参与各方主体执行工程建设强制性标准的依据，也是政府对执行工程项目建设强制性标准情况实施监督的依据。严格、规范执行《工程建设标准强制性条文》，是贯彻《建设工程质量管理条例》和现行生态修复工程项目建设质量验收标准的有力保证。

### 2.2.4 全面管理施工过程、严格控制工序质量

在工程建设全过程中，要确保工程项目的整体质量，就必须对建设全过程质量都进行控制，使每个分项、分部工程均符合质量标准。而分项、分部工程均是由多道工序完成的，故此，管理与控制工程项目质量的重心是在对工序质量的管理与控制，每一道工序质量均达到质量标准，那么整个工程项目质量就能够得到保证。

### 2.2.5 切实贯彻“以预防为主”的方针

“以预防为主”，防患于未然，把建设质量问题消灭在萌芽状态之中，这是现代企业关于质

量与安全管理的理念。为此，就要加强对影响建设质量因素的控制，切实加强在工程项目建设施工前、施工过程，对工程项目质量的有效管理，加强对工序、材料供应、操作与养护等细节的质量进行严格的检查与控制管理。

#### 2.2.6 严把检验批质量检验评定关

检验批的质量等级是分项工程、分部工程、单位工程、单项工程质量等级评定的基础；检验批的质量不符合质量标准，分项工程、分部工程、单位工程、单项工程的质量也就成为不合格工程项目。为此，对检验批质量检验评定时，务必坚持质量标准、严格检查与监督，以确保检验批质量。

#### 2.2.7 严防建设过程系统性因素引致的质量变异

建设过程的系统性因素是指使用不合格材料、违规操作、机械设备发生故障等，都会造成工程质量事故。系统性因素的特点是易于识别、容易消除，是可避免消除的因素；故此，只要在建设过程增强质量观念，提高工作质量，关注和完善工序操作的每道细节，是完全可以预防系统性因素导致的工程质量变异。

# 第四节 项目零缺陷建设质量管理

## 1 项目零缺陷建设质量管理程序概述

### 1.1 项目零缺陷建设质量管理的内涵

生态修复工程项目零缺陷建设质量管理是指致力于满足工程质量要求，保证工程质量符合工程项目建设合同、规范标准所采取的一系列措施、手段和方法。工程项目质量的要求主要体现在工程项目建设合同、设计方案文件、技术规范规定的质量标准。

### 1.2 项目零缺陷建设质量管理监控主体

生态修复工程项目零缺陷质量管理按实施主体分为自控主体和监控主体。施工企业属于自控主体，它以工程项目建设合同、设计图纸和技术规范为依据，对施工准备、施工现场作业操作和竣工验收交付阶段全过程的工序质量、工作质量和工程质量，进行全面控制式管理的行为，以实现合同约定的质量目标要求。工程项目建设和监理单位是工程项目零缺陷质量的监控主体。

### 1.3 项目零缺陷建设质量管理控制

生态修复工程项目零缺陷质量管理以工程质量的形成过程，应包括建设施工全过程各阶段对所有行为的质量控制。零缺陷质量控制就是将实际状态与事先制订的质量标准作对比，分析存在偏差和产生偏差的原因，并采取相对应对策，这是一个循环往复的过程，其实质就是对生态修复工程项目建设施工采取全面的质量管理。

# 2 PDCA 循环法质量管理的基本程序

## 2.1 PDCA 循环法质量管理的由来

PDCA 循环法质量管理（图 4-3）也称为全面质量管理，它是美国学者戴明把“系统工程、数学统计、运筹学”等运用到管理中，并根据管理的客观规律总结出来的，通过计划（plan）、实施（do）、检查（check）、处理（action）的循环过程（简称 PDCA 循环）而形成的一种行之有效的管理方法。它将质量管理细分为计划、实施、检查和处理四个阶段，以及具体实施的 8 个步骤。

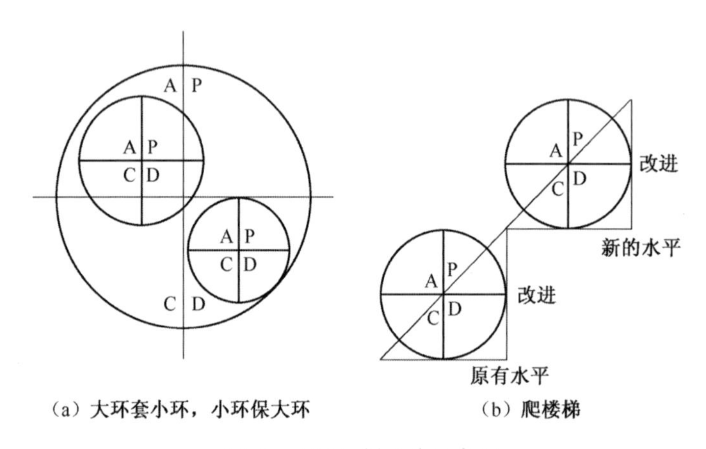


（a）大环套小环，小环保大环　　（b）爬楼梯

图 4-3 PDCA 循环法示意图

## 2.2 PDCA 循环法质量管理的基本内容

（1）第一阶段（P 阶段）。

①调查生态修复工程项目建设施工现状，并分析、找出已发生或存在的生态修复工程项目质量问题；

②对生态修复工程项目质量问题进行系统、深刻的分析，查出导致发生生态修复工程项目质量问题的影响因素；

③确定导致生态修复工程项目质量问题的主要影响因素、主要原因；

④制定纠正生态修复工程项目质量问题的对策、措施及行动计划。

（2）第二阶段（D 阶段）。严格执行质量管理措施。指在具体施工行动中应贯彻执行确定的质量管理各项措施。

（3）第三阶段（C 阶段）。检查施工作业质量效果。工程建设施工质量计划被落实执行后，应对其及时进行检查和测试，并把实际取得的质量结果与计划质量标准进行比较和分析，总结成绩，查找不足。

（4）第四阶段（A 阶段）。

①巩固正确施工措施，制定标准施工行为，并形成适用、可行的规章制度在工程建设施工过

程中得到切实贯彻执行。

②把遗留的工程质量问题转入下一次 PDCA 循环之中给予解决。

PDCA 循环的四个阶段共 8 个步骤之间紧密联系，相互交叉，彼此间不是截然分开的。PDCA 循环具有 2 项特点：一是大环套小环，小环保大环，相互促进。从图 8-2（a）可以看出，PDCA 循环既适用于解决生态修复工程建设施工企业整体的问题，又适用于解决企业各部门的问题，也适用于班组或个人的问题。上一级循环是下一级循环的依据，下一级循环是上一级循环的组成部分，是对上一级循环的具体落实和执行。通过各个小循环的不断运转，推动上一级循环直至整个循环的不断运转，从而把企业的管理工作有机地结合起来。二是 PDCA 循环上进法，图 8-2（b）告诉我们，PDCA 循环每转动 1 周就上升 1 个台阶，就犹如“爬楼梯”。每经过 1 次循环，一些问题得到了解决，质量水平会上升到一个新高度，也就会有了新的更高的质量目标，在新的基础上继续开展 PDCA 循环。如此循环往复，生态修复工程项目建设施工中的质量问题不断得到解决，生态修复工程建设质量和施工企业的管理水平就会不断得到持续性的改进与提高。

经过上述 4 个阶段 8 个步骤的施工质量管理运行，就是完成 1 次 PDCA 循环过程。PDCA 循环的特点是只有经过周而复始的循环，即反复进行计划→实施→检查→处理的质量管理步骤，就能不间断地解决生态修复工程项目建设中的质量问题，继而推动生态修复工程项目建设质量持续改进和提高。在一定意义上，可以将 PDCA 循环看作为是生态修复工程建设管理活动的一个基本抽象和高度概括。

## 3　项目零缺陷建设质量管理检查

### 3.1　项目零缺陷建设质量管理检查的重要性

对生态修复工程项目零缺陷建设质量的检查是指按国家标准、规范，采取一定测试手段，对项目质量进行全面核实、验收的管理行为。通过质量检查，可避免不合格的原材料、构配件进入工程实体中，通过对中间工序检查可及时发现质量不合格情况，采取返工或补救措施。因此，质量检查是对施工质量的零缺陷精细化管理、监督和控制的有效手段，是确保项目零缺陷质量的保证。

### 3.2　项目零缺陷建设质量管理检查的方式

对生态修复工程项目零缺陷建设质量的检查，是一项专业性、技术性、普遍性的管理工作，通常以专项专业检查为主，并结合自检、互检、交接检相结合的方式进行。

①自检：是指项目施工队（组）或操作者，对其作业的质量自我把关、自我控制的行为。

②互检：指施工队组或操作者之间相互检查、监督、找差错的行为，共同提高工程质量。

③交接检：是由队（组）长或工长组织前后工序的交接班质量检查，以确认和确保前道工序质量，为下道工序的施工质量创造条件，从而形成合格的工序质量链。

④专项专业质量检查：是指生态修复工程项目建设单位、监理工程师和项目部专职施工质量管理检查员，在工程项目建设施工全过程中，对工程项目施工作业进行分期、分批、分段、分项的专门检查、测试与验收，并必须完整记录等工作行为。

# 4 项目零缺陷建设质量保证措施

生态修复工程项目建设中建立的较系统的三方面质量管理体系是：①设计、施工单位的全面质量管理保证体系；②工程项目建设单位（业主）、监理公司的质量检查体系；③各级政府部门设立的质量监督体系。这三方面共同行使其职责作用，以确保工程项目建设质量。

## 4.1 设计、施工企业的全面质量管理保证体系

### 4.1.1 质量保证

质量保证是指生态修复工程施工企业对业主在工程项目质量方面做出的担保，即企业向业主保证其承建的生态修复工程项目在规定期限内能满足设计及其生态防护功能。对此，保证工程项目质量的前提是必须从加强工程项目的规划设计开始，并确保从施工现场作业到竣工验收全过程的质量管理到位。故此，可以说质量保证是质量管理的引申和发展，它不仅包括施工企业内部各个工序环节、各个部门对工程项目的全面管理，以保证最终生态工程项目产品的质量，而且还包括规划设计、现场作业完工后的保质抚育养护等质量管理活动。对生态修复工程项目实施有效、到位的质量管理是质量保证的基础，质量保证是质量管理要求达到的终目的。

### 4.1.2 质量保证的作用

（1）通过质量保证体系正常运行，在确保生态修复工程项目建设质量的同时，可为该工程项目设计、设计阶段有关系统的质量职能正常履行及质量效果评价的全部证据，并向业主表明，工程项目是遵循合同规定的质量保证计划来完成的，质量完全符合合同规定的要求。

（2）对于施工企业来说，通过质量保证活动可以有效地保证生态修复工程项目建设质量，或及时发现工程质量事故征兆，防止质量事故的发生，使施工作业处于正常状态之中，进而达到降低因质量问题产生的损失，提高企业的生态修复工程项目建设施工经济效益。

### 4.1.3 质量保证的内容

质量保证的内容贯穿于生态修复工程项目建设施工全过程。

（1）按照生态修复工程项目建设过程分类，必须做到规划设计阶段质量保证、施工材料采购和施工准备阶段质量保证、施工作业阶段质量保证、施工后的保质抚育养护阶段质量保证。

（2）按照专业类别分类有设计质量保证、施工组织管理质量保证、施工材料、机械设备供应质量保证、安全文明施工作业质量保证以及计量及检验质量保证。

### 4.1.4 质量保证的途径

（1）以检查为手段的质量保证。是对照国家有关生态修复工程建设施工验收的规范，对工程项目建设质量效果是否合格做出最终评价，即事后把关，但不能通过它对质量加以控制。因此，它不能从根本上保证工程项目质量，只不过是质量保证的一般措施和工作内容之一。

（2）以工序管理为手段的质量保证。是通过对工序能力的研究，充分管理设计、施工工序，使每个环节均处于严格控制之中，以此保证最终的质量效果。但它仅是对设计、施工作业工序进行了控制，并不能对保质抚育养护阶段实行有效的质量控制。

（3）以“四新”为手段的质量保证。是对生态修复工程项目建设从规划设计、施工、抚育

保质养护的全过程实行的全面质量保证措施。这种质量保证措施克服了上述两种手段的不足，可以从根本上确保生态修复工项目建设质量，这也是目前最高端的质量保证手段。“四新”是指在生态修复工程项目建设中开发和应用新技术、新工艺、新材料、新机械设备。

#### 4.1.5　全面质量保证体系

全面质量保证体系是以保证和提高生态修复工程项目建设质量为目标，运用系统论的理念和方法，把企业各部门各环节的质量管理职能和活动合理地组织起来，形成一个有明确任务、职责权限，又相互协调、互相促进的有机管理网络整体，使得质量管理制度化、标准化，从而生产出高质量的生态修复工程项目产品。

生态修复工程项目建设实践证明，只有建立全面质量保证体系，并使其正常运行，才能使建设单位、设计单位、施工公司、监理公司，在风险、成本、利润三方面达到最佳和谐状态。我国的建设工程质量保证体系一般由思想保证、组织保证和工作保证三个子体系组成。

## 4.2　建设、监理单位的质量检查体系

生态修复工程项目建设实行监理制度，是我国在工程建设领域体制改革中推行的一项科学管理制度。监理单位受业主委托，在监理合同授权范围内，依据国家法律、规范、标准和生态工程项目建设合同文件，对生态工程项目建设施工现场进行全面的动态监督管理。

在生态修复工程项目建设施工阶段，监理工程师既要进行合同管理、信息管理、工期进度控制和施工款拨付审核管理，而且还要对建设施工全过程中各道工序进行严格的质量控制，从而使得建设施工全过程各环节的质量都置于监理工程师控制之下，在生态修复工程项目建设施工现场，监理工程师拥有完全的“质量否决权”。

生态修复工程建设质量检查体系监理控制的4项内容如下所述。

①凡是进入建设现场的施工材料、机械设备等物资，必须经过监理人员检验合格后才能使用；

②每道施工工序都必须按照批准的流程和工艺作业，必须经过施工企业“三检”（初检、复检、终检），并经监理人员最后验证合格，方可进入下道工序；

③工程施工的隐蔽作业部位或关键工序，必须在监理人员到场的情况下才能作业；

④所有的单项工程、分部工程，必须要有监理人员参加方可进行质量和工程量的验收。

## 4.3　政府部门的工程质量监督体系

国务院有关确保建设工程质量的文件明确指出：工程质量监督机构是各级政府的职能部门，代表政府行使工程质量监督权，按照“监督、促进、帮助”的原则，积极支持、指导工程项目建设、设计、施工单位的质量管理工作，但不能代替各单位原有的质量管理职能。

各级工程质量监督体系，主要由各级工程质量监督站代表政府行使质量监督职能，对工程项目建设实施第三方的强制性工作监督。其基本工作内容如下所述：①对施工企业资质审查；②施工过程中对控制性结构的质量重点进行核查；③竣工后核验工程质量等级；④参与处理工程各类事故；⑤协助政府部门审查优质工程项目。

# 第五节
# 影响项目零缺陷建设质量因素的控制

## 1 项目建设全过程对工程零缺陷建设质量形成的影响

### 1.1 项目可行性研究阶段对工程项目建设零缺陷质量的影响

项目可行性研究是指在对生态修复工程项目零缺陷建设有关技术、投资、预期生态防护功能及效益、环境等各方面条件进行调查研究的基础上，对各种生态修复建设方案及其工程建成后产生的生态防护效益、经济效益和社会效益进行分析论证，以确定项目建设的可行性，并提出最佳的建设方案作为决策、设计依据的一系列工作过程。对生态修复工程项目建设可行性研究阶段工作质量的管理，是确定项目的建设质量要求及依据，因而它必然会对项目的决策和设计质量产生直接影响，它是影响生态修复项目零缺陷建设质量的首要环节。

### 1.2 项目决策阶段对工程项目零缺陷建设质量的影响

生态修复工程项目建设决策阶段质量管理工作的要求，是确定工程项目建设应当达到的质量目标及水平。生态修复工程项目建设通常要求从总体上同时控制项目建设投资、质量和进度。但鉴于上述三项目标呈互为制约的关系，要做到投资、质量、进度三者的协调统一，达到业主最为满意的工程项目建设质量水平，就必须在项目可行性研究的基础上通过科学决策，来确定生态修复工程项目建设所应达到的质量水平程度。决策阶段易发生的以下 2 种现象值得注意。

①没有经过生态修复建设资源论证、生态防护效能预测、盲目建设，项目建成没能达到预期的生态修复防护作用和效果，从根本上讲是对生态建设投资的浪费和不负责。

②盲目追求生态修复工程项目建设的高标准、高档次、高规格，缺乏生态修复工程项目建设质量经济性考虑的决策，也将对工程质量的形成产生不利影响。

因而，决策阶段确定的项目建设方案是对项目建设目标及其质量水平的决定，项目在投资、进度目标约束下，预定质量标准的确定，是影响生态修复工程项目建设质量关键阶段。

### 1.3 设计阶段对工程项目零缺陷建设质量的影响

生态修复工程项目建设设计阶段质量管理工作的要求是，根据决策阶段业已确定的质量目标和水平，通过具体设计使之形成设计方案。总体平面设计布置关系到各项防护功能组织和平面布局；竖向设计关系到地上、地下设施的功能协调性及其质量标准值的总作用；平面和竖向的两方面设计，直接把建设意图转变为工程蓝图，将生态、经济、社会效益融为一体，为生态修复工程项目建设施工提供标准和依据。设计造林苗木规格、植物与工程措施配置合理性、地上与地下设施的协调性、造林密度适宜性等都直接影响着生态修复工程项目零缺陷建设的质量。

设计方案技术上是否可行，经济上是否合理，生态修复的防护功能是否完善，都将决定着生态修复工程项目建成之后发挥出的生态防护功能作用大小或优劣，因此，设计质量也是影响生态修复工程项目零缺陷建设质量的决定环节。

## 1.4　施工阶段对工程项目零缺陷建设质量的影响

在生态修复工程项目建设施工阶段，承包施工企业项目部和监理公司均是影响工程质量的主体单位。

### 1.4.1　施工企业项目部对工程项目建设质量的影响

施工企业是生态修复工程项目建设现场施工阶段开展作业实施活动的主体单位。生态修复工程项目建设施工作业阶段，是根据设计文件和图纸通过有组织的施工作业活动，形成工程实体的连续过程。因此施工阶段质量管理工作是保证形成工程建设合同要求的工程实体质量，这一阶段施工企业项目部所有人、所从事的所有分项或分部工程质量、工序质量和工作质量，都直接影响生态修复工程项目建设的最终质量，它是影响生态修复工程项目建设质量的关键环节。

### 1.4.2　监理公司对生态修复工程项目建设质量的影响

监理公司是依据业主委托的工程建设监理合同工作内容，代替业主对施工企业项目部行使现场监督和检查。监理公司及其监理人员是否严格履行监理合同赋予的监理工作业务，是否在整个施工期内标准、规范、持续地监理，也是影响生态工程项目建设质量的关键环节。

## 1.5　竣工验收阶段对工程项目零缺陷建设质量的影响

生态修复工程项目建设竣工验收阶段对零缺陷质量管理的要求是，通过对工程质量的检查和评定，来考察考核工程质量的实际水平是否与设计方案确定的质量水平相符，是否达到工程建设施工合同的规定要求，是项目建设施工过程向生态修复工程实体发挥生态功能效益转移的必要环节，它体现的是生态修复工程项目建设质量水平的最终结果。因此工程竣工验收阶段影响着生态修复工程项目能否最终体现其生态防护或生态修复的功能、作用，能否体现出生态工程项目建设投资效益的最佳衡量手段，它是评价和影响生态修复工程项目零缺陷建设质量形成的最后重要环节。

# 2　项目零缺陷建设质量形成的影响因素

影响生态修复工程项目零缺陷建设质量的因素主要来自于五大方面，即人、材料、机械、方法和环境。在工程建设施工过程中，事先对这五方面的因素严加控制，是建设施工管理的核心工作，更是保证生态修复工程项目零缺陷建设施工质量的关键。

## 2.1　人的质量意识和质量能力对工程项目零缺陷建设质量的影响

人是生态修复工程项目建设质量活动的主体。对生态修复工程项目建设而言，人是泛指参与工程建设相关的单位、组织和个人，应包括 3 项内容：

①建设单位、勘察设计单位、施工承包商、监理公司及材料、机械设备供应商等；

②政府主管部门及工程质量监督检测单位；

③工程项目建设策划者、设计者、作业操作者、管理者等。

生态修复工程项目建设企业实行企业资质准入管理制度，职业资格注册制度、持证上岗制度以及质量责任等制度，规定按资质等级承揽工程项目建设施工任务，不得越级、不得挂靠、不得转包，严格杜绝无证设计、无证施工。

人的工作质量是工程项目质量的重要基础组成部分，只有首先提高工作质量，才能保证工程项目建设质量，而工作质量的高低，又取决于参与工程项目建设的所有单位和人员。因此，每个工作岗位和每个人的工作都直接或间接地影响着工程项目的质量。提高工作质量的关键，在于教育、培养和控制人的素质，人的素质包括很多方面，主要有思想认知程度、技术水平、文化修养、心理行为、道德水准、质量意识、身体条件等。

## 2.2 建设施工材料的质量因素

（1）材料是指在生态修复工程项目建设中使用的如苗木、肥料、土壤、水泥、钢筋等各种原材料，以及半成品、成品、构配件和机械设备等，它们是生态修复建设生产的劳动对象。生态修复工程项目建设质量的水平在很大程度上取决于材料的产地来源、材料质量的优劣，因此，正确合理地选购材料，严格控制材料构配件及其成品的质量规格、性能、特性是否满足设计规定的标准，直接关系到生态修复工程项目建设质量的形成。

（2）材料质量是形成生态修复工程项目实体质量的基础，使用的材料质量不合格，工程项目质量也肯定不会符合标准和要求。故此，加强工程项目建设材料的质量控制管理，是保证和提高工程项目建设质量的重要保障，更是控制工程项目质量影响因素的有效措施。

## 2.3 机械设备对工程项目质量的影响

机械设备是指生态修复工程项目建设施工机械设备和检测施工质量所用的仪器设备。机械设备是规模化、加快工程项目建设施工进度的重要物质条件，是现代机械化建设施工中不可缺少的设施，它对工程项目质量有着直接的影响作用。所以，在确定施工机械设备型号及其性能参数时，都应考虑到它对保证工程质量的影响，特别要考虑它经济上的合理性、技术上的先进性、维护上的方便性和操作上的安全性等。

用于质量检验、检测的仪器设备，是评价和鉴定工程项目建设质量的物质基础，它对工程质量评定的准确性和真实性，对确保生态修复工程项目建设质量有着重要的影响作用。

## 2.4 技艺方法对工程项目质量的影响

工艺方法是指对生态修复工程项目建设施工方案、施工技术措施、施工工艺、施工组织设计等的综合概括。施工方案的合理性、施工技术措施的适用性、施工工艺的先进性、施工组织设计的科学性，都对生态修复工程项目建设质量有着重要的影响作用。

（1）施工作业实施方案包括工程技术方案和施工组织方案。前者指施工技术、工艺、方法、机械、设备模具等配置，后者指施工程序、工艺顺序、作业流向、劳力组织之间的计划和调节。通常的施工顺序是先准备后施工作业、先工程措施后栽种植物、先栽种乔灌苗木后栽种地被苗等。这两种方案都会对生态修复工程项目建设质量的形成产生影响作用。

（2）在建设施工实践中，经常由于对施工作业实施方案考虑不周和施工工艺落后拖延工程建设进度，出现影响工程质量，窝工浪费人力、物力等的不良现象的发生。为此，在制定施工作业实施方案和施工工艺时，必须结合工程项目建设的实际，从技术、组织、管理、措施、经济等各方面进行全面分析、综合考虑，确保施工作业实施方案技术上可行、经济上合理，且有利于提高和保证生态修复工程项目建设质量。

## 2.5　建设施工环境对工程项目建设质量的影响

环境因素对生态修复工程项目建设质量的影响，具有复杂多变的特点，如气候条件就变化万千，温度、湿度、大风或沙尘、暴雨、严寒或酷暑，地形平缓或陡峭、质地松散或坚硬等，都直接影响着生态修复工程项目的建设质量。因此，根据生态修复工程项目的环境状况特点和项目建设的具体条件，应该对影响生态修复工程项目建设质量的环境因素，采取科学、合理、有效的技术与管理措施严格控制。影响生态修复工程项目建设质量的环境因素大体可分为 3 类。

### 2.5.1　技术环境

生态修复工程项目建设技术环境，包括生态修复工程项目建设区域的地质地貌类型及其组成、地表水文、地下水储量及其分布走向、气候（降水、风速及风力、温度、无霜期等）、自然植物类型及覆盖率等自然环境条件，以及生态修复工程项目建设施工现场的交通道路状况、通信条件、供电照明电力条件、食宿条件、材料和劳动力市场供应等作业环境状况。

### 2.5.2　管理环境

生态修复工程项目建设管理环境，是指由生态修复工程项目建设承包发包合同结构所派生的诸多单位、诸多专业共同参与建设施工的管理关系，组织协调方式及现场建设施工质量控制系统等构成的管理环境，如质量保证体系、质量管理制度、安全施工管理制度等。

### 2.5.3　施工作业劳动条件环境

生态修复工程项目建设施工作业劳动条件环境，是指劳动力队伍数量及其综合素质、劳动组合方式、作业场所环境条件、临时食宿处距离作业场地距离等。

# 参 考 文 献


1 乐云．建设工程项目管理［M］．北京：科学出版社，2013.

2 王辉忠．园林工程概预算［M］．北京：中国农业大学出版社，2008.

3 田元福．建设工程项目管理［M］．北京：清华大学出版社，2010.

4 王玉松．看范例快速学预算之园林工程预算［M］．北京：机械工业出版社，2010.

5 宋伟香．建设工程项目管理［M］．北京：清华大学出版社，2014.

6 康世勇．园林工程施工技术与管理手册［M］．北京：化学工业出版社，2011.

7 刘邦治．管理学原理［M］．上海：立信会计出版社，2008.

8 余序江，许志义，陈泽义．技术管理与技术预测［M］．北京：清华大学出版社，2008.

9 毕结礼．企业班组长培训教程（基础篇）［M］．北京：海洋出版社，2005.

10 梁子．只为成功找方法不为失败找借口［M］．北京：中华工商联合出版社，2007.

11 吴建兵．成功做老板——创业计划、经营策略、法律实务［M］．海口：南方出版社，2000.

12 田野．拿破仑·希尔成功学全书［M］．北京：经济日报出版社，2007.

13 袁艳烈．项目部规范化管理工具箱［M］．北京：人民邮电出版社，2010.

14 孙先红，张治国．蒙牛内幕［M］．北京：北京大学出版社，2006.

15 吴立威．园林工程施工组织与管理［M］．北京：机械工业出版社，2008.

16 林立．建筑工程项目管理［M］．北京：中国建材工业出版社，2009.

17 范宏，杨松森．建筑工程招标投标实务［M］．北京：化学工业出版社，2008.

18 郑大勇．园林工程监理员一本通［M］．武汉：华中科技大学出版社，2008.

19 水利部水土保持监测中心．水土保持工程建设监理理论与实务［M］．北京：中国水利水电出版社，2008.

20 孙献忠．水土保持工程监理工程师必读［M］．北京：中国水利水电出版社，2010.

21 李敏，周琳洁．园林绿化建设施工组织与质量安全管理［M］．北京：中国建筑工业出版社，2008.

22 王长峰，李英辉．现代项目质量管理［M］．北京：机械工业出版社，2008.

23 李春天．标准化概论［M］．北京：中国人民大学出版社，2010.

生态文明建设文库
陈宗兴　总主编

# 生态修复工程零缺陷建设管理

## 下

康世勇　主编

中国林业出版社

**图书在版编目（CIP）数据**

生态修复工程零缺陷建设管理：上下册／康世勇主编 .– 北京：中国林业出版社，2020.7
（生态文明建设文库／陈宗兴总主编）
ISBN 978-7-5219-0632-5

Ⅰ.①生… Ⅱ.①康… Ⅲ.①生态恢复–生态工程–研究 Ⅳ.①X171.4

**中国版本图书馆 CIP 数据核字（2020）第 104530 号**

**出 版 人** 刘东黎
**总 策 划** 徐小英
**策划编辑** 沈登峰　于界芬　何　鹏　李　伟
**责任编辑** 沈登峰　李　伟
**美术编辑** 赵　芳
**责任校对** 许艳艳

**出版发行** 中国林业出版社（100009 北京西城区刘海胡同 7 号）
http://www.forestry.gov.cn/lycb.html
E-mail:forestbooks@163.com 电话：(010)83143523、83143543
**设计制作** 北京涅斯托尔信息技术有限公司
**印刷装订** 北京中科印刷有限公司
**版　　次** 2020 年 7 月第 1 版
**印　　次** 2020 年 7 月第 1 次
**开　　本** 787mm × 1092mm　1/16
**字　　数** 1073 千字
**印　　张** 41.5
**定　　价** 135.00 元（上、下册）

## “生态文明建设文库”

## 总编辑委员会

## “生态文明建设文库”

## 编撰工作领导小组



## 编辑项目组

## 《生态修复工程零缺陷建设管理》

## 编审委员会

**主　任：**王玉杰

**副主任：**康世勇　张　卫　戴晟懋　杨文斌　宋飞云　丁国栋　徐小英

**编　委**（按姓氏笔画为序）：

王　敏　田永祯　朱　斌　刘　忠　刘天明　许文军　李　伟
李忠宝　李学丰　杨长峰　沈登峰　迟悦春　武志博　苗飞云
赵玉梅　贺　艳　高天强　郭洋楠　桑华飚　康静宜　梁振金

## 编写组

**主　编：**康世勇

**副主编：**张　卫　吴团荣　康静宜　何莆霞　任星宇　王子进　何　杰
王雨田　于　澜

**作　者**（按姓氏笔画为序）：

丁志光　丁国栋　于　澜　王　岳　王　敏　王子进　王雨田
王海燕　田永祯　白　丽　冯　薇　朱　斌　乔　平　任星宇
刘　玉　刘伟娜　刘亮平　刘勇强　许文军　李　东　李　旭
李　喜　李忠宝　李学丰　李学文　吴团荣　何　杰　何莆霞
迟悦春　张国彦　张怡轩　张继东　武志博　苗飞云　周明亮
赵玉梅　赵廷宁　郝昕宇　胡学东　娜仁花　贺　艳　秦树高
高广磊　高天强　郭洋楠　康世勇　康静宜　梁振金　温利荣
赖宗锐

# 目　　录



## 上　　册

### 第一篇　生态修复工程零缺陷建设管理原理



### 第二篇　生态修复工程零缺陷建设核心管理（一）

# 下 册

## 第三篇 生态修复工程零缺陷建设核心管理（二）

## 第四篇 生态修复工程建设零缺陷招标投标



## 第五篇 生态修复工程建设零缺陷竣工验收

## 第六篇 生态修复工程建设零缺陷后评价

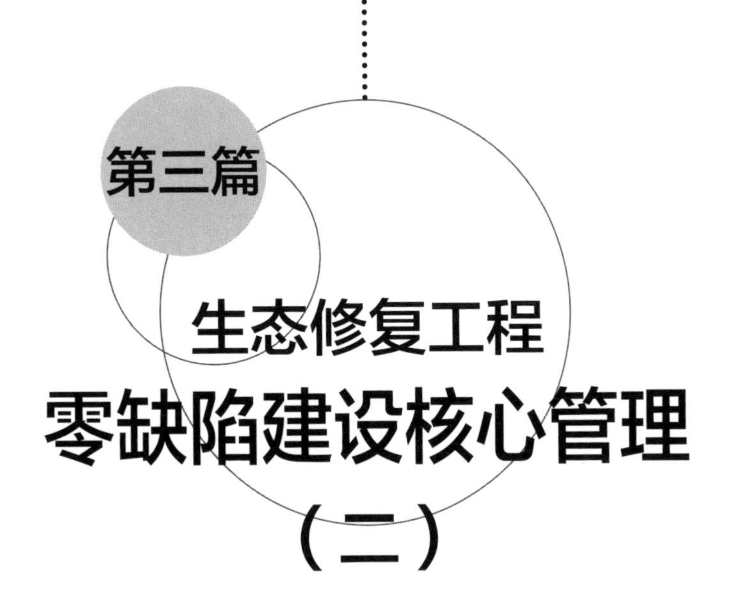

# 第三篇 生态修复工程零缺陷建设核心管理（二）

# 第一章 生态修复工程项目零缺陷建设施工进度管理

## 第一节 项目零缺陷建设进度管理概述

### 1 项目零缺陷建设进度管理

#### 1.1 工程建设进度的概念

进度是指对工程实施结果的时间进展情况，即工程建设施工作业的开始时间、过程持续时间和结束时间的总时间。工程建设施工进度与施工企业诚信履行合同、节约施工成本有着直接的关系；它是反映施工企业综合素质的一个重要指标。

#### 1.2 项目零缺陷建设进度管理的含义

生态修复工程项目零缺陷建设进度管理，是指在既定工期期限内，编制出最优化的建设进度实施计划，在执行计划过程中应定期、不间断地检查建设施工实施情况，并与计划进度比较，若出现偏差，要分析产生的原因和对工期的影响程度，制定出必要的调整措施，修改原定计划，不断地如此循环，直至工程建设施工作业项目全部实施完毕、正式通过竣工验收。

在生态修复工程零缺陷建设进度管理过程中，应以实现合同约定的交工日期作为进度管理的最终目标。工程建设进度是一个综合指标，它是由工程建设的施工项目任务、工期和成本这三者的有机结合，它能全面反映工程施工的进展状况。因此，不能狭义地把进度理解为工期管理，应该把工期与工程实物、施工成本、劳动与资源消耗等方面统一进行控制管理。

因此，在对生态修复工程项目零缺陷建设进度进行管理的过程中，施工进度计划、施工成本、施工资金周转、施工物资计划等方方面面都已经构成建设进度管理的基础。

## 1.3 实现项目零缺陷建设进度目标的管理措施

### 1.3.1 对建设进度管理总目标的分解方法

①按单位工程分解为交工分目标；

②按施工作业专业或工种或施工阶段分解为完工分目标；

③按年、季、月期的计划分解为时间分目标。

分解生态修复工程项目建设进度目标并不是每次都要分解到分项工程或工序，这需要根据控制主体的要求而定。如果分解是为了满足施工作业要求，则必须分解到工序，若为满足专业承包工种或施工阶段的要求，则可分解到分部工程或单位工程或单项工程。

### 1.3.2 对建设进度控制实施的动态管理方法

（1）对进度目标的分析和论证。对进度目标进行分析和论证，其目的是论证进度目标是否合理、能否实现。如果经过科学的论证，目标不可能实现，则必须调整目标或计划。

（2）编制进度计划。应在充分收集资料和调查研究的基础上编制进度计划。工程建设进度受到许多因素的影响，必须事先对影响进度的各种因素进行分析，预测它们对计划可能产生的影响程度。

（3）对进度计划的跟踪检查与调整。在生态修复工程项目施工全过程中，对进度计划方案进行不间断地计划、执行、检查、分析、调整的动态循环过程，就是对进度的动态管理。

# 2 项目零缺陷进度管理基本原理及应用

## 2.1 动态循环控制原理及应用

对生态修复工程项目零缺陷建设进度的控制是一个动态管理过程。从生态修复工程项目建设开工之日始，实际建设施工进度就不断地发生着变化。在执行进度计划过程，有时实际进度按计划进度运行，两者相吻合；但由于工程建设施工易受干扰影响的特殊性，实际建设施工进度与计划进度往往表现为不一致，经常产生超前或落后的偏差。为此，应分析产生偏差的原因，并采取对应的措施，调整原进度计划，使两者在新起点上重合，继续实施施工作业活动。此后，建设施工进度又会在新的干扰因素作用下产生新的偏差，就需要再次分析和调整，对建设施工进度的这种动态循环管理直至整个工程项目建设施工结束而止。

经归纳，涉及生态修复工程项目建设进度动态循环管理有3项要点。

### 2.1.1 对进度目标的分析和论证

对进度目标的分析和论证，目的是论证进度目标是否合理、能否实现。如果经过科学的论证，目标不可能实现，则必须调整目标或计划。

### 2.1.2 编制进度计划

应在充分收集资料和调查研究的基础上编制进度计划。必须对影响进度的各种因素进行分析，预测它们对计划可能产生的影响程度。

### 2.1.3 对进度计划的跟踪检查与调整

在生态修复工程项目建设全过程中，对进度计划方案进行不间断地计划、执行、检查、分析、调整的动态循环过程，就是对工程项目建设进度的动态循环管理。

## 2.2　系统控制原理及采取的措施方式

### 2.2.1　建设进度系统控制的原理内容

（1）建设进度计划的系统控制。建设进度总目标分解后，可得到单位工程、分项工程建设进度计划和季、月、旬的作业计划，它们共同构成工程整体的施工进度计划系统组成部分。在执行进度计划时，从月、旬作业计划开始，逐级按目标控制，进而达到对总目标的控制。

（2）建设进度目标的系统组织管理。生态修复工程项目建设项目管理者、监理单位和施工企业项目部经理、施工作业队长、班组长等，共同组成工程建设进度组织管理系统。在工程项目建设施工全过程中，进度组织管理系统应按照预先规定的建设进度要求，严格行使检查、督促和落实各自进度目标的管理职责；项目部各施工队、班组按照进度计划规定的目标进度指标要求，尽职、努力完成各自承担的进度任务。

（3）建设进度检查控制系统的设置。应以生态修复工程项目建设单位牵头、监理负责，包括施工项目部、施工队、作业操作班组四个层次都设置建设进度管理的职能部门或专职管理员；其工作任务是具体承担对工程建设进度的检查、统计、整理、分析和调整的职责。

### 2.2.2　对建设进度控制采取的措施方式

（1）在保证工程建设进度目标的前提下，应将对生态修复工程项目建设投资目标和质量目标的影响减少到最低程度。

（2）适当调整生态修复工程项目建设进度目标，不影响或基本不影响工程的投资目标和质量目标。

## 2.3　信息反馈原理

信息反馈方式分为正式反馈和非正式反馈两种。正式反馈是指以书面文字报告形式，非正式反馈是指口头等汇报形式。项目部应当把非正式反馈适时转化为正式反馈，才能更加有利于发挥其对工程建设进度控制的作用。信息反馈是生态工程项目建设进度控制管理的的主要环节，施工作业实际进度首先通过信息反馈给基层进度管理员，经过对其汇总，进度管理员再将信息逐级向上汇报，直至进度主控制（管理）部门，主控制（管理）部门综合统计、整理各方面信息，经分析、比较后作出决策，调整建设进度计划，使其符合预定的工期目标。

生态修复工程项目建设施工对进度控制（管理）的过程就是信息不断反馈的过程。

## 2.4　统计学原理

生态修复工程项目建设的工期越长，影响建设进度的因素就越多。为此，充分、有效地利用统计学的原理和方法，对影响工程项目建设进度的各因素进行影响程度的估测，并在确定建设进度目标时，进行实现建设进度目标的风险分析。

在编制生态修复工程项目建设进度计划时，要充分利用已有的实践经验和类似的工程项目建设资料。编制建设进度计划时要留有余地，并具有一定程度的弹性。在建设施工期控制进度时，要对建设施工作业过程的相关数据进行统计分析，群策群力、发挥各专业技能的作用，在保证工程项目建设质量的前提下，制定出切实可行的加快施工作业速度方法，并付诸实施，以达到缩短工期、保证工程项目进度目标计划的顺利实现。

## 3 项目零缺陷建设进度影响因素的分析

### 3.1 影响建设进度因素的来源种类

影响生态修复工程项目零缺陷建设进度的因素多种多样，经归纳有人为因素、技术因素、管理因素、材料采供因素、设备与购配件因素、机具因素、水文与气候因素、地质因素、其他环境和社会因素，以及其他未预料的因素。其中人为因素影响最多、最大，其来源有建设单位、上级管理机构、设计、监理、有关协作单位和社会等各方面。

### 3.2 干扰建设进度的原因

干扰生态修复工程项目零缺陷建设进度的原因主要分为以下3类。

（1）错误地估计了生态修复工程项目建设施工的特点及其实现的条件，包括对有利因素估计过高，对不利因素估计过低，甚至缺乏对工程建设项目的风险进行客观、合理的认真分析。

（2）生态修复工程建设项目决策、筹备与实施中存在着组织管理上的重大失误。

（3）不可预见事件的突然发生导致的严重影响与制约。

### 3.3 干扰建设进度所导致结果种类

（1）工期延误。指由于施工企业自身的原因造成施工工期延长的行为。延误所造成的一切损失皆由施工企业自行承担，包括为加快施工进度采取必要措施所增加的费用支出，同时还要向业主支付一定数额的工期延误补偿费。

（2）工期延期。指由于施工企业以外的原因造成施工工期延长的情况。若在工程建设施工过程出现施工工期延长的情况，是否确定为工期延期，对施工方和业主都很重要，应按合同条款和有关规定，应合情、合理地对工期延误和工期延期加以鉴别和准确确定。

# 第二节 项目零缺陷建设进度的表达

## 1 项目零缺陷建设施工进度的描述对象

生态修复工程项目零缺陷建设进度控制的对象，是建设施工过程各阶段、所有参加者的技术与管理活动，是指对单项工程、分项工程、单位工程、分部工程等建设活动。在以工程分解后为对象编制的进度计划基础上，建设进度控制的对象是各项目的工序单元，即进度计划中的具体作业操作任务。由于工程建设进度目标分解到施工队、作业班（组）各层次，即可通过统计和汇总得到工程项目建设进度状况、工程项目现阶段完成程度，就可以实现计划与实际进度状况的描述和二者间的对比。

# 2　项目零缺陷建设进度的表达要素

## 2.1　持续时间

生态修复工程项目建设持续时间，是指表达生态修复工程项目建设施工过程某道工序作业或操作任务的时间完成程度。如某项工程施工的一项工序作业，计划持续时间为 30 天，现已作业 15 天，表明已完成工期 50%，但不等于工程建设施工实体进度已绝对完成 50%。在这 15 天里，完成的工程量进度可能是小于 50%或大于 50%或等于 50%。

## 2.2　实物工程量

对于分项工程中操作性质、内容单一的工序作业任务，可以用其特征工程量来表达它们的实际进度情况。如对配套工程措施中土建工程中的墙体、土方、钢筋混凝土等，可以体积（$m^3$）表达，钢结构和吊装则以重量（t）表达，设置沙障可用长度（m）表达；绿化工程中的针阔乔木以株表达，花灌木以穴表达，地被植物以面积（$m^2$）表达，等等。

## 2.3　作业完毕工程的价值量

生态修复工程项目建设施工作业完毕工程的价值量，是指施工作业已完成的工程量与相对应单价的乘积。通过该要素可以将不同种类的分项工程进行统一，能够更确切地反映工程建设的价值进度状况。

## 2.4　资源消耗指标

生态修复工程项目建设施工资源消耗指标，是指在工程建设过程人工、机械台班、材料、成品与半成品等的消耗数量。其指标可以用货币形式统一进行统计，确切计算出施工过程各阶段、各工序的工程建设施工实际成本。

# 3　项目零缺陷建设进度计划的表示方法

## 3.1　采用横道图表示工程项目施工进度计划

横道图又称甘特图，它是广泛应用的生态修复工程项目零缺陷建设进度计划表达方式。横道图通常在左侧垂直向下依次排列工程建设施工各项目任务名称，而在右边与之紧邻的时间进度表中，则对应各项任务逐一绘制横道线，从而使每项任务的起止时间均可由横道线的 2 个端点来得以表示。

采用横道图的缺点是不能明确地表达建设施工任务之间的逻辑关系，无法直接进行计划的各种时间参数计算，不能表明影响计划工期的关键工作，不利于对进度计划的优化与调整等。横道图适用于一些建设施工简单、粗略的工程进度计划编制。

## 3.2 采用斜线图表示工程建设施工进度计划

斜线图是把横道图中的水平进度线改绘为斜线，它与横道图有类似的进度计划表达方式。其优点是可明确表达不同施工过程之间分段流水、搭接施工的情况，且能直观反映相邻2个施工过程之间的流水步距；在使用上，其缺点与横道图类同。

## 3.3 采用线型图表示工程项目建设进度计划

线型图是采用二维直角坐标系中的直线、折线或曲线，来表示完成一定工程量所需的时间，即在一定时间内能完成工程量的进度计划表达方式。线型图常用形式有：时间—距离和时间—速度2种线型图表现方式。其中时间—距离线型图，常用于绿化里程、浇灌水管道安装、建议道路修建等分项工程的进度计划表达，图中连接线的斜率，表示着按计划安排该时点所应达到的作业效率；而时间—速度线型图则用于表达计划完成工程量（或投资金额）与时间之间的相互关系，如在进度计划执行情况检查及项目成本分析过程中，常采用的S形曲线图即为典型的速度图。

使用线型图的优点是对进度计划表达的概括性强，且表达出的实际进度与计划进度对比的效果直观；缺点是在绘制图时，要按众多的分项工程分别绘制，绘图工作较为繁琐。

## 3.4 采用网络图表示工程项目建设进度计划

在对生态修复工程项目零缺陷建设进度控制中，还可以利用网络计划技术编制建设进度计划。将收集到的实际进度信息进行比较和分析，再利用网络计划进行工期优化、成本优化和资源配置优化的处理，使工程建设进度管理更加科学、合理、适用和实用。

网络图是指利用箭线和节点组成的网状图形，来表示生态修复项目零缺陷建设各分项工程系统进度计划的表达方式。按绘图不同表达方法，分为双带号和单代号网络图；按建设施工持续时间是否按计划天数长短比例绘制，又可分为时标网络图和非时标网络图；而按照在图中是否表示不同工序之间的搭接关系，网络图还可以分为搭接网络图和非搭接网络图。

采用网络图表达出来的进度计划称为网络计划，而依托网络计划进行的进度计划管理方法称为网络计划方法。网络计划方法有4个优点。

①能够正确表达各分项工程工序之间相互关联与依存的关系；

②通过网络计算与分析能够确定影响工期的关键工序，从而使进度计划管理者充分掌握工程进度管理控制的主动权；

③能够进行计划方案的优化和比较，选择最优化计划方案；

④能够运用计算机手段实施辅助计划管理。

现在，网络计划已成为表达工程进度计划普遍采用的方式，但其缺点是计划编制过程较为复杂，且网络计算与分析工作量也较大。

在常规下，网络计划原理与方法的集合称为网络计划技术，它主要由以下3项内容依次组成：编制各种形式的网络计划；对工程项目建设施工各工序的开始时间、完成时间及工期等，进行网络计划时间参数的计算；进行网络计划的优化和调整。因此，网络计划技术不仅要解决网络计划的编制问题，更为重要的是解决网络计划执行过程中的各种动态管理问题，网络计划技术力图采用统筹的方法对工程建设任务进行统一规划，以求得工程建设的合理工期，所以它是对工程建设进度实施系统管理的一个极为重要的方法论。

根据国家标准《网络计划技术在项目计划管理中应用的一般程序（GB/T13400.3—92）》，利用网络计划技术进行生态修复工程项目建设施工进度控制的阶段及步骤见表1-1。

**表 1-1　网络计划技术的应用步骤**

| 阶段 | 步骤 | 阶段 | 步骤 |
|---|---|---|---|
| 1. 准备阶段 | （1）确定网络计划目标<br>（2）调查研究<br>（3）施工方案设定 | 5. 优化并确定正式网络计划 | （12）网络计划优化<br>（13）编制正式网络计划 |
| 2. 绘制网络图 | （4）项目分解<br>（5）工序逻辑关系分析<br>（6）绘制网络图 | 6. 实施调整与控制 | （14）网络计划贯彻<br>（15）检查、数据采集<br>（16）调整与控制 |
| 3. 时间参数计算，确定关键线路 | （7）计算工序持续时间<br>（8）计算其他时间参数<br>（9）确定关键线路 | 7. 结束阶段 | （17）总结与分析 |
| 4. 编制可行网络计划 | （10）检查与调整<br>（11）编制可行网络计划 | | |

# 4　项目零缺陷建设进度的实施

生态修复工程项目零缺陷建设进度计划的实施，是建设现场管理过程中控制进度的重要管理手段和工作内容之一。

## 4.1　编制工程项目建设施工月（旬）作业计划及施工任务书

### 4.1.1　编制工程项目建设施工月（旬）作业计划

在已编制出的生态修复工程项目零缺陷建设施工组织设计中，有关建设施工进度计划内容是按单位工程的整体项目编制的，它远远不能满足实际施工作业的精细化要求；为此，应按月、旬的时间序列要求，以及根据建设现场情况，编制更加细致的施工作业计划。月（旬）作业计划应以贯彻工程建设进度计划，明确各分项工程各工序的施工作业任务及满足工期作业要求为前提。

### 4.1.2　编制与下达工程建设施工任务书

施工任务书是进行工程建设技术与管理的计划性文件，也是施工工程量核算和记录的原始文件。它把工程建设任务准确地下达到作业操作队、班（组），并将施工计划执行与技术和质量管理、成本核算、材料管理等内容融为一体，构成进度计划和施工作业的连接纽带。

## 4.2　完善施工记录及掌握施工现场实际情况

生态修复工程项目建设施工过程，如实记载每项分工程或工序的开始日期、作业进程和结束日期，能够为实施进度计划管理中的检查、分析、调整、总结提供原始资料。为此，要求施工作业队、班（组）连续跟踪、如实记录，并借助图表等方式形成施工完整的原始系统记录资料。

## 4.3　实行调度管理

稳妥、合理的调度管理对生态修复工程项目现场建设施工进度起着重要的控制和协调作用。进度控制是指对施工所需的人工、材料、机械设备及资金等各种资源，进行全面合理的计划、调整和平衡。

在生态修复工程项目建设施工过程，要求调度管理工作做到及时、灵活、准确而果断。调度管理有 6 项主要工作内容。

①及时检查建设施工作业计划执行中的问题，分析、找出原因，并采取合理的协调、控制管理措施；

②对施工材料供应实行超前模式的管理；

③控制建设现场临时设施的安全文明使用；

④按工程建设计划开展施工前的各项技术与管理的准备工作；

⑤传达项目部的有关工程项目建设施工决策管理意图；

⑥准确、及时发布建设施工调度令。

# 第二章
# 生态修复工程项目零缺陷建设施工定员与定额管理

## 第一节 项目零缺陷建设施工定员管理

### 1 施工定员管理概述

施工定员是指生态修复施工企业根据生态修复工程项目建设规模和技术工艺的特点，为保证建设施工作业的有序进行，在一定时期内必须配备的各类人员数量和比例。项目部施工定员包括全部施工人员，即施工作业操作、技术与管理3种类型人员均纳入定员管理范围。

### 2 建设施工定员零缺陷管理原则

参与生态修复工程项目建设的所有人员都实行定员管理，其零缺陷管理原则如下。

①必须以生态修复工程项目建设要完成的工程质量、进度和安全文明指标为总目标。

②对各类建设施工作业、技术与管理人员的设置，应认真遵循精简、精干、快捷、高效、节能降耗的原则，为均衡组织施工活动，合理用人和进行动态管理营造良好、有序的定编定员基础环境条件。

③在各类人员配置过程应做到人尽其才、人事相宜，且各类人员的数量比例关系要协调；并要随着建设的进展适时调整人员的比例结构，以提高施工生产率。

### 3 建设施工定员零缺陷管理作用

对生态修复工程项目建设施工项目部实行零缺陷定员管理是企业经营管理的一项基础工作。有如下5项主要作用。

①为企业保持正常的施工活动配备各种人员，是编制员工需要量计划的基础；

②确定工资基金的依据；

③合理使用劳动力的尺度，促进、改善劳动组织，加强劳动纪律；

④有利于在施工过程建立各级安全岗位责任制，从而促进和提高施工生产率；

⑤合理定员是项目部各类员工调配的主要依据，有利于合理调配、使用员工。

## 4 建设施工定员零缺陷管理方法

（1）以劳动定额定员方法。以劳动定额定员的方法适用于按劳动定额宜计量、宜计数的施工作业工序。其定员计算式（2-1）是：

$$\text{定员人数}=\frac{\text{计划工程量}}{\text{该工种工人产量定额}}\times\text{计划出勤工日利用率} \tag{2-1}$$

（2）按机械设备定员方法。按机械设备定员的方法适用于机动车辆及机械操纵等的定员，其计算式（2-2）是：

$$\text{机械设备定员人数}=\text{必须机械台数}\times\frac{\text{每台机械工作班次}}{\text{操纵定额}}\times\text{计划出勤工日利用率} \tag{2-2}$$

（3）按人员比例定员的方法。按人员比例定员的方法是指以某类人员占工人总数或与其他类人员之间的合理比例关系确定人数。如某工序作业工人人数可按技术员的比例定员。

（4）按岗定员方法。按岗定员的方法是指生态修复工程施工项目部，按照建设施工技术与管理的岗位配备必要的人数定员。如调度管理员、安全员、质检员、材料员、资料员、会计、出纳等。

（5）按组织机构职责分工定员方法。指以生态修复工程项目零缺陷建设施工技术与管理实际需要人员数进行定员。

# 第二节 项目零缺陷建设定额

## 1 项目零缺陷建设定额

### 1.1 定额的概念

工程项目建设定额是指在正常建设作业条件下，在对人工、材料和机械采用先进、合理使用管理的条件下，应用科学方法制定出的完成单位工程合格产品所消耗的劳动力、材料、机械设备及其价值的数量标准。从广义上理解，工程定额就是对工程项目建设施工作业规定的额度或限额。

我国制定和颁布的生态修复工程建设定额，具有科学性、适用性、系统性、统一性、法令性、稳定性和实效性等特点。它是生态修复工程项目建设应遵循的权威性重要依据标准。

### 1.2 工程定额的作用

#### 1.2.1 是编制生态修复工程项目建设计划的基本依据

实行定额制是对生态修复工程建设进行计划管理的基础，国家、地区或企业在制定生态修复建设计划中，都直接或间接地以定额作为计算人工、物资、资金等各类所需资源需用量的依据。另外，严格贯彻执行定额也是施工企业提高施工的计划管理水平，合理安排施工进度，推动建设质量提高与工期进程的基本依据。

#### 1.2.2　是确定工程造价的依据

通过应用工程定额的计算，能准确地计算出工程建设所需的劳动力、材料、能源、机械设备等的消耗数量，据此就可推算出工程建设总造价。

#### 1.2.3　是衡量技术方案和劳动生产率的尺度

通过定额计算，可以得出不同设计方案的造价额度；定额又可用来对同一建设施工产品，在同一操作条件下使用不同作业方式的分析和比较。当前，施工作业实施过程中的人工劳动消耗量所占比值较大，通过劳动定额又可分析人力劳动消耗中存在的问题，有助于促进提高劳动生产率。因此，定额既是比较生态修复工程项目建设设计方案经济合理性的尺度，也是衡量施工作业劳动生产率的标准。

#### 1.2.4　是按劳计酬的依据

通过应用定额标准，可以充分体现生态修复工程项目建设施工作业劳动者多劳多得，按劳分配的公平原则。

#### 1.2.5　是施工企业实行经济核算的依据

通过工程定额，可以对资源消耗和施工成品进行记录、计算、分析和对比，考核生态修复工程项目建设施工资源消耗量，有利于朝着降低建设施工成本的方向持续改进。因此，工程定额又是施工企业进行经济核算的基本依据。

### 1.3　工程定额的种类

#### 1.3.1　按定额反映的物质消耗内容分类

按定额反映的物质消耗内容，可把工程定额细分为3种。

①人工劳动消耗定额；

②机械消耗定额；

③材料消耗定额。

#### 1.3.2　按定额编制程序和用途分类

工程定额按定额编制程序和用途进行分类，又可把工程定额细分为6种。

①概算定额；

②概算指标；

③预算定额；

④施工定额；

⑤工序定额；

⑥工期定额。

#### 1.3.3　按制定单位和执行范围分类

工程定额按制定单位和执行范围进行分类，则细分为4种。

①全国统一定额；

②部门统一定额；

③地区统一定额；

④企业定额。

# 2 项目零缺陷建设预算定额

## 2.1 预算定额的概念与作用

### 2.1.1 概念

预算定额是指在正常合理的施工作业条件下，规定完成一定计量单位合格的分项工程或结构构件所必需的人工、材料和机械台班消耗的数量标准。

### 2.1.2 作用

预算定额主要有8项作用。

①编制设计图预算、确定工程预算造价的基本依据；

②工程招标、投标过程确定标底和报价的主要依据；

③对设计方案、新结构、新材料进行技术经济性评价的主要依据；

④确定劳动力、施工材料、施工机械、成品、半成品需要量的标准；

⑤施工企业与建设单位办理工程结算的依据；

⑥施工企业进行经济核算和控制工程施工成本的依据；

⑦政府对工程建设进行统一计划管理的重要工具；

⑧编制概算定额的基础。

## 2.2 预算定额与施工定额的关系

预算定额以施工定额为基础编制，二者都是施工企业实行科学管理的工具，但二者又有许多不同之处，二者的5项主要区别如下所述。

①预算定额是面向建设单位用于编制设计图预算、施工企业投标报价和工程结算的依据；施工定额是施工企业用于编制施工预算的依据。

②预算定额中除包含人工、材料、机械台班等消耗量以外，还包含费用和单价，而施工定额只单纯包含人工、材料、机械台班的消耗量。

③预算定额水平反映大多数施工企业和地区能达到的平均水平，是社会平均水平的体现；施工定额则反映的是平均先进水平，要比预算定额高出约10%。

④预算定额是综合性定额，不仅考虑到了施工定额中未包含的多种因素，而且还包含了为完成分项工程或构配件的全部工序操作内容。

⑤施工定额所含项目的划分远比预算定额的划分更加细致，精确程度相对也高，它是编制预算定额的基础资料。

## 2.3　预算定额的内容与编排形式

### 2.3.1　内容

要正确使用预算定额，就必须了解和熟悉定额手册的组成结构和内容。预算定额手册主要由文字说明、定额项目和附录 3 项内容组成。

（1）文字说明。预算定额的文字说明主要由 3 项内容组成。

①定额总说明：位于整个定额手册的开始部分，主要阐述预算定额的编制目的、编制原则、编制依据、定额的适用范围和作用，定额中已考虑和未考虑的因素，使用方法及有关问题的说明，以及工程量计算的规则等内容。

②分部工程说明：位于各分部工程的开头部分，主要介绍分部工程定额中包括的分项工程，使用定额的一些具体规定和处理方法，分部工程考虑和未考虑的因素，以及各项工程的工程量计算规则和方法。

③分节说明：位于各分节的开头部分，主要说明本节所包含的工程内容、有关规定及使用方法。

（2）定额项目表。生态修复工程项目零缺陷建设的分项工程定额项目表是预算定额手册的核心内容，其表达形式见表 2-1。分项工程定额项目表将各分部工程归类，并以不同内容划分为若干个分项工程项目排列的。它主要由说明（或工作内容）、计量单位、表体和附注等部分组成。说明着重解释各分项工程定额项目包含那些主要工序。表中按不同内容列出若干分项的定额编号，列有完成定额计量单位施工产品的分项工程造价和其中的人工、材料、机械等消耗量及相应费用。附注内容带有补充定额的性质，以进一步说明各子项目定额的使用范围或者有出入时如何修正，它们也是正确使用定额的重要依据。

**表 2-1　预算定额项目表实例**

栽植乔木（带土球，单位：株）

工作内容：包括挖坑、栽植（落坑、扶正、回土、捣实、筑浇水圈）、浇水、覆土、保墒、整形、清理等

| 定额编号 | | | | 10-154 | 10-155 | 10-156 | 10-157 | 10-158 |
|---|---|---|---|---|---|---|---|---|
| 项目 | | | | 栽植乔木（带土球），土球直径（cm）小于 | | | | |
| | | | | 20 | 30 | 40 | 50 | 60 |
| 基价（元） | | | | 1.18 | 2.10 | 3.51 | 5.38 | 9.32 |
| 其中 | 人工费（元） | | | 1.14 | 2.06 | 3.43 | 5.26 | 9.15 |
| | 材料费（元） | | | 0.04 | 0.04 | 0.08 | 0.12 | 0.17 |
| | 机械费（元） | | | — | — | — | — | — |
| 名称 | | 单位 | 单价（元） | 数量 | | | | |
| 综合工日 | | 工日 | 22.88 | 0.05 | 0.09 | 0.15 | 0.23 | 0.40 |
| 材料 | 水 | $m^3$ | 1.65 | 0.025 | 0.025 | 0.050 | 0.075 | 0.100 |

（3）定额附录。定额附录位于定额手册的最后，内容有机械台班预算价格、材料名称、规格及预算价格表，混凝土、砂浆配合比表等。它们主要作为定额换算和编制补充预算定额的基本依据，是定额应用的重要补充资料。

#### 2.3.2 编排形式

预算定额手册是根据工程结构和施工程序等，按章、节、项目、子项目等顺序排列。“章”是将单位工程中结构性质相近、材料大致相同的施工对象归纳为同一类型。章以下，又按工程性质、工程内容、施工方法及使用材料分成若干节。节以下，再按工程性质、规格、材料类别等分成若干项目。在项目中还据其规格、材料等再细分为许多子项目。定额的章、节、子目都有统一的编号格式，分为 3 个符号和 2 个符号两种编号方法：

（1）采用 3 个符号的编号方法。使用章-节-子目 3 个号码进行定额项目编号。如：5-2-6，第 1 个数字 5 代表第五章的分部工程，第 2 个数字 2 代表第 2 节，第 3 个数字 6 代表第 6 子目。

（2）采用 2 个符号的编号方法。采用章-子目 2 个号码进行定额项目的编号。如：5-3，第 1 个数字 5 代表第五章的分部工程，第 2 个数字 3 代表第 3 个子目。

## 3 项目零缺陷建设施工定额

### 3.1 概念

施工定额是以同一性质的施工作业过程或操作工序为测量对象，确定生态修复工程项目建设施工作业工人在正常施工条件下，为完成单位合格产品所需要的劳动、机械、材料消耗的数量标准；生态修复工程项目建设施工企业定额也称为施工定额。施工定额是施工企业直接用于生态修复工程项目建设施工管理的一种定额。

### 3.2 作用

施工定额是施工企业进行施工经营管理的基础，也是制定其他各种实用性定额的基础。它是企业编制施工预算、工料分析和“两算对比”的基础；又是编制施工组织设计、施工作业实施方案和确定人工、机械台班数和材料需要量计划的依据；是施工企业项目部向施工队签发任务单、限额领料的依据；是组织施工队（组）开展劳动竞赛，实行内部经济核算、承发包、计取劳动报酬和颁发奖金的重要依据；更是企业编制预算定额和补充定额的基础。

### 3.3 组成

施工定额由劳动定额、机械台班使用定额和材料消耗定额 3 项组成。

#### 3.3.1 劳动定额

（1）劳动定额的含义。劳动定额也称人工定额，是生态修复工程项目建设施工作业工人在正常施工条件下，在一定的施工技术与组织管理条件下，在平均先进水平基础上制定的。它表明每名生态修复工程作业工人施工作业完成单位合格产品所必须要消耗的劳动时间，或在单位时间里施工操作完成的合格产品数量。

（2）劳动定额的作用。劳动定额的作用主要表现在组织施工生产和按劳分配两个方面。在一般情况下，这两者是相辅相成的，即施工生产决定分配，分配促进施工生产。当前施工企业项目部推行的多种形式经济责任制分配方式，都是以劳动定额作为核算基础。

（3）确定劳动定额消耗量。确定劳动定额消耗量的指标是时间定额。时间定额是在拟定基本工作时间、辅助工作时间、不可避免中断时间、准备与结束工作时间，以及休息时间基础上制定的。

①确定基本工作时间：基本工作时间在必需消耗的工作时间中所占比例最大。在确定基本工作时间时，必须细致、精确。基本工作时间消耗一般应根据计时观察资料来确定。其做法是，首先确定工作过程每一组成部分的工时消耗，然后再综合得出工作过程的工时消耗。如果组成部分的产品计量单位和工作过程的产品计量单位不符或不一致，应先求出不同计量单位的换算系数，经对产品单位换算一致后再相加，即可得出工作过程的工时消耗，继而就可计算出基本工作时间。

②确定辅助工作时间和准备与结束工作时间：辅助工作和准备与结束工作时间的确定方法与基本工作时间相同。然而，如果这 2 项工作时间在整个工作时间消耗中所占比例在 5%～6%之间，则可归纳为一项，以工作过程的计量单位表示，确定出工作过程的工时消耗。如果在计时观察时不能取得足够的资料，也可采用工时规范或经验数据来确定。如具有现行的工时规范，可以直接利用工时规范中规定的辅助和准备与结束工作时间的百分率来计算。

③确定不可避免中断时间：在确定不可避免中断时间定额时，必须注意由工艺特点所引起的不可避免中断才可列入工作过程的时间定额。不可避免中断时间需要根据测时资料通过整理分析获得，也可以根据经验数据或工时规范，以占工作日的百分率表示此项工时消耗的时间定额。

④确定休息时间：休息时间应据工作班作息制度、经验资料、计时观察资料，以及对工作的疲劳程度作全面分析来确定。同时，利用不可避免中断时间作为休息时间。从事施工作业操作不同工种的工人，疲劳程度是有很大的差别。为合理确定休息时间，要对各工种的工人进行观察、测定，以及生理和心理测试，以确定其疲劳程度。

据作业操作轻重和工作条件优劣，将各工种划分为不同级别。如我国某地区把体力劳动的工时规范分为 6 类：最沉重、沉重、较重、中等、较轻、轻便，见表 2-2。

**表 2-2　施工作业工人工种体力劳动等级**

| 疲劳等级 | 轻便 | 较轻 | 中等 | 较重 | 沉重 | 最沉重 |
|---|---|---|---|---|---|---|
| 等级 | 1 | 2 | 3 | 4 | 5 | 6 |
| 休息时间占工作日百分率（%） | 4.16 | 6.25 | 8.33 | 11.45 | 16.7 | 22.9 |

⑤确定定额时间：把确定的基本工作时间、辅助工作时间、不可避免中断时间、准备与结束工作时间和休息时间相加，就是劳动定额的时间定额。根据时间定额可计算出产量定额，时间定额和产量定额互为倒数。时间定额的计算式（2-3）至式（2-6）如下：

作业时间＝基本工作时间+辅助工作时间　（2-3）

规范时间＝准备与结束工作时间+不可避免中断时间+休息时间　（2-4）

工序作业时间＝基本工作时间+辅助工作时间＝［1−辅助时间（%）］　（2-5）

定额时间＝作业时间/［1−规范时间（%）］　（2-6）

### 3.3.2　机械台班使用定额

（1）机械台班使用定额的概念。生态修复工程零缺陷建设施工作业过程，有些工序或作业是由人工与机械配合共同完成的，机械或人机配合完成的施工作业中就包含机械工作时间。机械台班使用定额又称机械台班消耗定额，是指在正常施工条件下，经合理的劳动组合和有效调度使用机械，完成单位合格产品或某项施工作业任务所必需的机械工作时间，包括准备与结束时间、基本工作时间、辅助工作时间、不可避免中断时间以及操作机械工人生理需要的休息时间。

（2）机械台班使用定额的表现形式。按机械台班使用定额的表现形式分为时间定额和产量定额2种。

①机械时间定额：在合理劳动组织与调度管理条件下，完成单位合格产品所必需的工作时间，包括有效工作时间（正常负荷下的工作时间和降低负荷下的工作时间）、不可避免中断时间、不可避免的无负荷工作时间。机械时间定额以“台班”表示，即以1台机械作业班8h时间为1个作业班单位。机械时间定额的计算式（2-7）为：

单位产品机械时间定额（台班）= 1/台班产量 （2-7）

由于机械必须由人工配合，因此应列出机械人工时间定额，即式（2-8）如下：

单位产品人工时间定额（工日）= 台班总人数/台班产量 （2-8）

②机械产量定额：是指在合理劳动组织与调度管理条件下，机械在每个台班时间内应完成合格产品的数量。其计算公式（2-9）如下：

机械台班产量定额 = 1/机械台班时间定额 （2-9）

机械时间定额和机械产量定额互为倒数关系。

（3）机械台班使用定额的确定。

①确定正常施工作业条件：是指拟定工作地点的合理组织和人员合理编制状况。

合理组织工作地点：就是对机械施工地点和材料的放置位置、工人操作场所作出科学合理的平面布置和空间安排。要求施工机械和操纵工人在最小范围内移动，但又不妨碍机械运转和工人操作；使机械开关和操纵装置尽可能地设置在工人近旁，以节省工作时间和减轻劳动强度；应最大限度发挥机械效能，减少工人的手工劳动。

确定合理的工人编制：应根据施工机械性能和设计能力的专业分工和劳动工效，合理确定操纵机械工人和直接参加机械施工作业的工人人数。

②确定机械1h纯工作正常生产率：确定机械正常生产率时，必须首先确定机械纯工作1h的正常生产率。机械纯工作时间就是指机械的必需消耗时间。机械1h纯工作正常生产率，就是指在正常施工组织条件下，具有必需知识技能的技术工人操纵机械1h的生产率。根据不同机械的工作特点，确定各种机械1h纯工作正常生产率的方法也有所不同。对于循环动作机械，确定机械纯工作1h正常生产率的计算式（2-10）至式（2-12）如下：

机械循环1次的正常延续时间 = Σ（循环各组成部分正常延续时间）−交叠时间 （2-10）

机械纯工作1h循环次数 = 60×60（s）/循环1次的正常延续时间 （2-11）

机械纯工作1h正常生产率 = 机械纯工作1h正常循环次数×1次循环生产产品数量 （2-12）

根据现场观察资料和机械说明书确定各循环组成部分的延续时间；将各循环组成部分的延续时间相加，减去各组成部分之间的交叠时间，求出循环过程的正常延续时间；计算机械纯工作1h正常循环次数；计算循环机械纯工作1h正常生产率。

对于连续动作机械，确定机械纯工作1h正常生产率应根据机械类型与结构特征，以及工作过程的特点来进行。计算式（2-13）为：

连续动作机械纯工作 1h 正常生产率＝工作时间内生产产品数量/工作时间（h）　（2-13）

工作时间内产品数量和工作时间的消耗，要通过多次现场观察和机械说明书来取得数据。对于同一机械进行作业不同类别的工作过程，如挖掘机所挖土壤类别不同，碎石机破碎石硬度和粒径的不同，均需分别确定其纯工作 1h 的正常生产率。

③确定施工机械正常利用系数：是指机械在工作班内对工作时间的利用率。机械利用系数、机械和机械在工作班内的工作状况有着密切的关系。因此，确定机械正常利用系数，首先要拟定机械工作班的正常工作状况，保证合理利用工时。

确定机械正常利用系数，要计算工作班正常状况下准备与结束工作，机械启动、维护等工作所必需消耗的时间，以及机械有效工作开始与结束时间，从而计算机械在工作班内的纯工作时间和机械正常利用系数。计算式（2-14）是：

机械正常利用系数＝机械在 1 个工作班内纯工作时间/1 个工作班延续时间（8h）（2-14）

④计算施工机械台班定额：在确定了机械工作正常条件、机械 1h 纯工作正常生产率和机械正常利用系数之后，采用下列式（2-15）计算施工机械的产量定额：

施工机械台班产量定额＝机械 1h 纯工作正常生产率×工作班纯工作时间　（2-15）

或式（2-16）、式（2-17）：

施工机械台班产量定额＝机械 1h 纯工作正常生产率×工作班延续时间×机械正常利用系数　（2-16）

施工机械时间定额＝1/机械台班产量定额指标　（2-17）

### 3.3.3　材料消耗定额

（1）材料消耗定额概念。材料消耗定额是指在正常施工条件下，在合理使用材料的情况下，施工作业单位合格产品所必需消耗的一定品种、规格的材料，包括半成品和配件等的数量标准。

材料消耗定额是编制材料施工需要量采购计划、运输计划、供应计划、准备仓储面积和经济核算的依据。制定合理的材料消耗定额，是促进生态修复工程建设施工有效组织材料供应，加强建设施工现场有序调度管理，保证建设质量、工期进度的正常运行，合理利用资源、减少积压与浪费、降低施工成本的必要前提。

（2）材料消耗定额组成。施工材料消耗分为必需材料消耗和损失材料消耗 2 类。

必需材料消耗是指在合理用料条件下，施工作业单位合格产品所需消耗的材料。它包括直接用于生态修复工程的施工材料、不可避免的施工废料与材料损耗。

必需消耗材料属于施工正常消耗，是确定材料消耗定额的基本数据。其中，直接用于施工的材料，编制材料净用量定额；不可避免的施工废料与材料废料，编制材料损耗定额。材料各种损耗量之和称为材料损耗量，减去损耗量之后净用于工程实体上的材料数量称为材料净用量，它与材料损耗量之和称为材料总消耗量，损耗量与总消耗量之比称为材料损耗率，用下列式（2-18）至式（2-21）表示它们之间的关系：

损耗率＝损耗量/总消耗量×100%　（2-18）

损耗量＝总消耗量－净用量　（2-19）

净用量＝总消耗量－损耗量　（2-20）

$$总消耗量=净用量/(1-损耗率)或=净用量+损耗量 \tag{2-21}$$

为简便，通常将损耗量与净用量之比作为损耗率，即为式（2-22）、式（2-23）：

$$损耗率=损耗量/净用量\times 100\% \tag{2-22}$$

$$总消耗量=净用量\times（1+损耗率） \tag{2-23}$$

（3）材料消耗定额计算。在编制材料消耗定额时，某些工序、单项和综合定额中涉及周转材料的确定和计算。如劳动定额中的架子工序、模板工序等。周转性材料在施工过程中不属于一次性消耗材料，而是可多次周转使用，要经过多次修理、补充才被逐渐消耗尽的材料，应作为一种施工工具和措施来对待，如模板、钢板柱、脚手架、麻包、绳索等。在编制材料消耗定额时，应按多次使用、分次摊销的办法来确定。

周转性材料消耗的定额量是指每使用1次摊销的数量，其计算必须考虑1次使用量、周转使用量、回收价值和摊销之间的关系。

# 4 项目零缺陷建设企业定额

## 4.1 企业定额的概念

企业定额是企业根据自身的经营范围、技术水平和管理水平，在一定时期内完成单位合格产品所必需的人工、材料、施工机械的消耗量以及其他生产经营要素消耗的数量标准。

企业定额反映了企业的施工生产与生产消费之间的数量关系，是施工企业生产力水平的体现，每个企业均应拥有反映自己企业能力的企业定额。企业定额是生态修复工程建设施工企业进行施工管理和投标报价的基础和依据，因此，企业定额是企业的商业秘密，是企业参与市场竞争的核心竞争能力的具体表现。

## 4.2 企业定额的表现形式

企业定额的构成及表现形式因企业的性质不同、取得资料的详细程度不同、编制目的不同、编制方法不同而不同。其构成及表现形式主要有以下8种。

①企业劳动定额；

②企业材料消耗定额；

③企业机械台班消耗定额；

④企业施工定额；

⑤企业定额估价表；

⑥企业定额标准；

⑦企业产品出厂价格；

⑧企业机械台班租赁价格。

## 4.3 企业定额的特点与性质

### 4.3.1 特点

①管理优胜性：其编制过程与依据可以表现企业局部或全面管理方面的特长和优势。

②水平先进性：其人工、材料、机械台班及其他各项消耗应低于社会平均劳动消耗量，才能保证企业在竞争中取得先机。

③技术优势性：其内容必须体现企业自身在技术、工艺方面的特点和优势。

④价格动态性：其价格应反映企业在市场操作过程中能取得的实际价格。

#### 4.3.2　性质

企业定额是施工企业内部管理的定额。企业定额影响范围涉及企业内部管理的方方面面，包括企业生产经营活动的计划、组织、协调、控制和指挥等各个环节。企业应根据本企业的具体条件和可能挖掘的能力、市场需求和竞争环境，根据国家有关政策、法律和规范、制度，自己编制定额，自行决定定额的水平，当然允许与同类企业和同一地区的企业之间存在定额水平的差距。

### 4.4　企业定额的作用

#### 4.4.1　企业定额在企业计划管理方面的作用

企业定额在企业计划管理方面的作用，主要表现在它既是企业编制施工组织设计的依据，也是企业编制施工作业实施方案的依据。

施工组织设计是指导拟建生态修复工程进行施工准备和施工生产的技术经济文件，其基本任务是根据招标文件及合同协议规定，确定出经济合理的施工作业方案，在人力和物力、时间和空间、技术和组织上对拟建生态修复工程作出最佳的安排。施工作业实施方案则是根据企业的施工计划、拟建生态修复工程的施工组织设计和现场实际情况编制的。这些计划的编制必须依据施工定额。因为施工组织设计包括三部分内容：即资源需用量、使用这些资源的最佳时间安排和平面规划。施工中实物工作量和资源需要量的计算均要以施工定额的分项和计量单位为依据。施工作业实施方案是施工单位计划管理的中心环节，编制时也要用施工定额进行劳动力、施工机械和运输力量的平衡；计算材料、构件等分期需用量和供应时间；计算实物工程量和安排施工形象进度。

#### 4.4.2　企业定额在合理低价中标中的作用

在现行生态修复工程项目招投标活动中，有些招标单位采用合理低价中标法选择承包方占的比重很大，评标中规定：除承包方资信、施工方案满足招标工程要求外，工程投标报价将作为主要竞争内容，选择合理低价的单位为中标单位。

企业在参加投标时，首先根据企业定额进行工程成本预测，通过优化施工组织设计和高效管理，将竞争费用中的工程成本降到最低，从而确定工程最低成本价；其次依据测定的最低成本价，结合企业内外部客观条件、所获得的利润等报出企业能够承受的合理最低价。从而可避免盲目降价使得报价低于工程成本中标，从而造成亏损现象。

国外许多工程招标均采用合理低价法，企业定额也可作为企业参与国外工程项目投标报价的依据。

#### 4.4.3　定额是企业激励工人的条件

激励在实现企业管理目标中占有重要位置。所谓激励，就是采取某些措施激发和鼓励员工在工作中的积极性和创造性。行为科学者研究表明，如果职工受到充分的激励，其能力可发挥80%~90%；如果缺少激励，仅仅能够发挥出20%~30%的能力。但激励只有在满足人们某种需要的情形下才能起到作用。完成和超额完成定额，不仅能获取更多的工资报酬以满足生理需要，而且也能满足自尊和获取他人（社会）认同的需要，并且进一步满足尽可能发挥个人潜力以实现自我价值的需要。如果没有企业定额这种标准尺度，实现以上几个方面的激励就缺少必要的手段。

#### 4.4.4 企业定额在企业管理中的作用

施工企业项目成本管理是指施工企业对项目发生的实际成本通过预测、计划、核算、分析、考核等一系列活动，在满足生态修复工程项目建设质量和工期的条件下采取有效的措施，不断降低成本，才能达到成本控制的预期目标。

在生态修复工程项目建设施工企业日常管理中，以企业定额为基础，通过对项目成本预测、过程控制和目标考核的实施，可以核算实际成本与计划成本的差额，分析原因，总结经验，不断促进和提升企业的总体管理水平，同时这些管理办法的实施也对企业定额修改和完善起着重要作用。所以企业应不断积累各种结构形式下成本要素的资料，逐步形成科学合理，且能代表企业综合实力的企业定额体系。

企业定额是企业综合实力和生产、工作效率的综合反映。企业综合效率的不断增长，还依赖于企业营销与管理艺术和技术的不断进步，反过来又会推动企业定额水平的不断提高，形成良性循环，企业的综合实力也会不断地发展和进步。

#### 4.4.5 企业定额有利于生态修复工程建设市场的健康和谐发展

生态修复工程项目建设施工企业的经营活动应通过项目的承建，来谋求质量、工期、信誉的最优化。只有这样，企业才能走向良性循环的发展道路，生态修复建设行业才能走向可持续发展的道路。企业定额的应用，使得企业在市场竞争中按实际消耗水平报价，有效避免了施工企业为了在竞标中取胜，无节制地压价、降价，造成企业亏损、发展滞后现象的发生，也避免了业主在招标中的腐败行为。在我国现阶段生态修复工程建设业实行市场经济时期，企业定额的编制和使用一定会对规范发包、承包行为和建设施工业的可持续发展，产生深远和重大的影响作用。

企业定额适应了我国工程造价管理体系和管理制度的变革，是实现工程造价管理改革最终目标不可或缺的一个重要环节。以各自企业定额为基础按市场价格做出报价，能真实反映出企业成本的差异，在施工企业之间形成有秩序而良性的竞争，从而真正达到市场形成价格的目的。因此，可以说企业定额的编制和运用是我国工程造价领域改革关键而重要的一步。

### 4.5 企业定额的编制原则

#### 4.5.1 先进性原则

我国现行生态修复工程项目建设定额水平是以正常施工条件，多数施工企业的施工机械装备程度，合理的施工工期、施工工艺、劳动组织为基础，反映了社会平均消耗水平标准；而企业定额水平反映的是在一定生产经营范围内、在特定的管理模式和正常的施工条件下，某一施工企业的项目管理部通过合理组织、科学安排后，生产者经过努力能够达到和超过的水平。企业定额先进性有 4 项原则。

①要考虑那些已经成熟并得到推广的先进技术和先进经验。但对于那些尚不成熟，或已经成熟尚未普遍推广的先进技术，暂时还不能作为确定定额水平的依据。

②对于原始资料和数据要加以整理，剔除个别的、偶然的、不合理的数据，尽可能使计算数据具有实践性和可靠性。

③要选择正常的施工条件，行之有效的技术方案和劳动组织、组织合理的操作方法，作为确定定额水平的依据。

④从实际出发，综合考虑影响定额水平的有利和不利因素（包括社会因素），这样才不致使定额水平脱离现实。

### 4.5.2　适用性原则

企业定额作为企业投标报价和工程项目成本管理的依据，在编制企业定额时，应根据企业的经营范围、管理水平、技术实力等合理地进行定额的选项及其内容的确定。简明适用性原则，就是要求施工定额内容既要能满足组织施工生产和计算工人劳动报酬等多种需要，同时，又要简单明了，容易掌握，便于查阅，便于计算，便于携带。

编制选项思路上，应与《建设工程工程量清单计价规范（GB50500—2008）》中的项目编码、项目名称、计量单位等保持一致和衔接，这样既有利于满足清单模式下报价组价的需要，也有利于借助国家规范尽快建立自己的定额标准，从而更有利于企业个别成本与社会平均成本的比较分析。对影响生态工程造价主要、常用的项目，在选项上应比传统预算定额详尽具体。贯彻适用性原则，要努力使企业定额达到项目齐全、粗细恰当、布置合理的效果。

### 4.5.3　量价分离的原则

企业定额中形成工程实体的项目实行固定量、浮动价和规定费的动态管理计价方式。企业定额中的消耗量在一定条件下相对固定，但不是绝对不变的，企业发展不同阶段企业定额中有不同的定额消耗量与之相适应，同时企业定额中的人工、材料、机械价格以当时市场价格计入；组织措施费根据企业内部有关费用的相关规定、具体施工组织设计及现场发生的相关费用进行确定；技术措施性费用项目（如脚手架、模板工程等）应以固定量、不计价的不完全价格形式表现，这类项目在具体生态修复工程项目中可根据工程的不同特点和具体施工方案，确定一次投入量和使用期进行计价。

### 4.5.4　独立自主编制的原则

生态修复工程建设施工企业作为具有独立法人地位的经济实体，应根据企业具体情况和要求，结合政府的技术政策和产业导向，以企业盈利为目标，自主地制定企业定额。在推行工程量清单计价的环境下，应注意在计算规则、项目划分和计量单位等方面与国家相关规定保持衔接和吻合。

《建设工程工程量清单计价规范》确定了工程量清单计价的原则、方法和必须遵守的规则，包括统一的项目编码、项目名称、计量单位、工程量计算规则等。留给企业自主报价，参与市场竞争的空间，将属于企业性质的施工技艺、管理方法、施工措施和人工、材料、机械的消耗水平、取费等由企业自己根据自身和市场情况来确定，给企业充分选择的权利。

### 4.5.5　动态性原则

当前生态修复建设市场新树种、新材料、新工艺层出不穷，施工机具及人工市场变化也日新月异，同时，企业作为独立的法人盈利实体，其自身的技术水平在逐步提高，生产工艺在不断改进，企业管理水平也在不断提升。所以企业定额应与企业实时的技术水平、管理水平和价格管理体系保持同步，应当随着企业的发展而不断得到补充和完善。

## 4.6 企业定额的编制依据

生态修复建设工程施工企业定额编制的依据有：

①国家的有关法律、法规，政府的价格政策，现行劳动保护法律、法规；

②现行的施工与验收规范，安全技术操作规程，国家设计规范；

③现行定额，工程量计算规则；

④现行的全国通用生态修复建设标准设计图集、附属配套工程措施标准图集、定型设计图纸、具有代表性的设计图纸，地方生态修复建设通用图集和附属配套工程措施通用图集，并根据上述资料计算工程量，作为编制定额的依据；

⑤有关生态修复建设工程的科学实验、技术测定和经济分析数据；

⑥新植物种、高新技术、新型结构、新研制的附属配套工程措施和新的施工技艺方法等；

⑦现行人工工资标准和地方材料预算价格；

⑧现行机械效率、寿命周期和价格；机械台班租赁价格行情。

## 4.7 企业定额的组成

### 4.7.1 工程实体消耗定额

生态修复工程建设工程实体消耗定额，是指构成生态修复工程项目建设实体的分部（项）工程的人工、材料、机械的定额消耗量。实体消耗量就是构成工程实体的人工、材料、机械的消耗量，其中人工消耗量要根据企业工程的操作水平确定；材料消耗量不仅包括施工过程中的净消耗量，还应包括施工损耗；机械消耗量应考虑机械的损耗率。

### 4.7.2 施工取费定额

施工取费定额是指以某一自变量为计算基础，反映专项费用企业必要劳动量水平的百分率或标准。它一般由计费规则、计价程序、取费标准及相关说明等组成。各种取费标准，是为施工准备、组织施工生产和管理所需的各项费用标准。如企业管理人员的工资、各种基金、保险费、办公费、工会经费、财务经费、经常费用等。同时也包括利润与按有关规定计算的规费和税金。

### 4.7.3 措施性消耗定额

生态修复工程建设施工措施性消耗定额，是指定额分项工程项目内容以外，为保证工程项目施工，发生于该工程施工前和施工过程中非工程实体项目的消耗量和费用开支。

### 4.7.4 企业工期定额

生态修复工程建设施工的企业工期定额，是指由施工企业根据以往完成工程的实际积累参考全国统一工期定额制定的生态修复工程项目建设施工消耗的时间标准。

# 第三章 生态修复工程项目零缺陷建设施工机械设备管理

## 第一节 项目零缺陷建设施工机械设备管理概论

### 1 项目零缺陷建设施工机械设备管理概念

#### 1.1 施工机械设备管理的重要性

施工机械设备是物化的科学技术，是生态修复工程项目建设施工企业的主要生产力，是保持企业在市场经济中稳定协调发展的重要物质基础。随着生态修复工程项目建设施工机械化程度的不断提高，机械设备在生态修复工程零缺陷建设现场施工作业中越来越能够体现出不可替代的优势作用。

#### 1.2 施工机械设备管理的概念

项目施工机械设备管理，就是根据项目施工生产的需要和机械设备的特点，在项目施工生产活动中，为了解决好人、机械设备和施工生产对象的关系，充分发挥机械设备的生产效率，获得最佳的经济效益，而进行的组织、计划、调度、监督和调节等工作。

#### 1.3 施工机械设备管理属于技术经济性的管理范畴

机械设备管理包括技术性、经济性管理。所谓技术性管理，是指对机械的选择、验收、安装、调试、使用、保养、检修、改造、报废等技术因素进行的管理。其目的是使机械保持最佳安全技术状况，发挥机械的最大效能和效率。所谓经济性管理，就是根据机械设备的价值运动形态而对机械设备的购置投入、使用成本控制、有形损耗（保养、维修、大修、保管）、无形损耗（技术落后、改造）、报废残值、变价处理、更新投入、效益分析等方面经济因素进行的管理。其目的是追求机械设备的最佳经济生命周期，做到费用最低、效益最大化。

# 2 项目零缺陷建设施工机械设备选择

选择机械设备种类，是机械设备管理的首要环节。机械设备选择的基本原则是技术先进、经济合理。在一般情况下，技术先进和经济合理是统一的，但是由于购置成本、使用条件、运输成本、施工作业条件等原因，两者经常会发生矛盾，先进机械设备在一定条件下，未必经济合理。因此，在选择施工机械设备时，必须全面合理考虑技术与经济的要素，综合多方面因素进行分析比较。

## 2.1 选择机械设备需关注的事项

选择机械设备时应考虑的5项因素如下所述。

### 2.1.1 经济性

配置施工设备时应挖掘企业潜力，尽可能地在企业现有机械设备中选用，或对现有设备进行更新改造以满足项目施工作业要求，不必盲目购置新设备。

### 2.1.2 适用性

选择的机械设备在技术上要适用于施工作业对象和工作环境，工作效率能够满足施工进度要求。工程量大而集中时，应采用大型专用机械设备，工程量小而分散时，应采用一机多用或移动灵活的中小型机械设备。

### 2.1.3 协调性

各种施工作业机械之间应当成系统配套，装备合理，品种数量要比例适当。根据工程量、施工方法、进度要求和工程特点，先确定主要设备机种和规格而后确定辅助机械等。例如，在水保筑堤坝工程施工中，其动力、挖土石、装车或回填、外运与衬砌等设备之间必须要协调配套，否则就可能出现“短板效应”，使得整个施工作业线的工作效率下降。

### 2.1.4 可维修性

选购机械设备时，要考虑维修配件来源和维修方便，同类设备型号应尽可能统一，以增强机械备品备件的通用性。

### 2.1.5 其他要求

其他要求是指考虑机械设备的耐用性、安全性、灵活性等因素。

## 2.2 选择机械设备方式

从施工机械设备来源看，生态修复建设施工项目所需用的施工机械设备可由下列4种方式提供。

### 2.2.1 本企业内租赁

从本企业专业机械租赁公司租用所用施工机械设备。

### 2.2.2 社会市场租赁

从社会上的建筑机械设备租赁市场上租用设备。

上述从本企业专业机械租赁公司、社会上机械租赁市场租用的施工机械设备，除应满足技术性能方面要求外，还必须符合相关资质要求（特别是大型起重设备与特种设备），如出租设备企业的营业执照、租赁资质、机械设备安装资质、安全使用许可证、设备安全技术定期检定证明、机型机种在本地区注册备案资料、机械操作人员作业证及地区注册资料等。对资料齐全、质量可靠的施工机械设备，租用双方应签订租赁协议或合同，明确双方对施工机械设备的管理责任和义务后，方可组织施工机械进场。

#### 2.2.3　自带机械设备

使用进入施工现场的分包工程施工队伍自带的施工机械设备；对于施工队伍自带机械设备进入施工现场，应对其机械设备的质量合格证、安全使用许可证、设备安全技术定期检定证明等进行检查，确保设备的适用性和作业生产效率。

#### 2.2.4　新购置机械设备

新购置机械设备是指新购买施工所需使用的机械设备；对于根据施工需要新购买的施工机械设备，其中的大型机械及特殊设备，应在充分调研基础上，写出经济技术可行性分析报告，经企业有关领导和专业管理部门审批后，方可购买。

不论哪种来源渠道，提供给项目施工机械设备必须满足施工作业技术性能的相关要求。

# 3　项目零缺陷建设施工机械设备管理

## 3.1　施工机械设备管理

### 3.1.1　施工机械设备使用管理

为了有效管理、使用好机械设备，项目管理人员必须懂得并遵守机械设备使用的技术规定，合理组织，科学使用。主要应注意以下6方面。

（1）机械设备技术试验规定。对新购置或经过大修改装的机械设备，在使用前，必须进行技术试验，以测定其技术性能、工作性能和安全性能，确认合格后方能验收，投入生产使用，这是正确使用机械设备的必要措施。技术试验包括试验前检查与保养，无负荷试验，负荷试验，试验后技术鉴定。

（2）机械设备的走合期规定。对于新购置或经过大修的机械设备，在初期使用时，都要先进行一段时期试用，工作负荷或行驶速度要逐渐由小到大，使机械设备各部分配合达到完善磨合状态。如果不经过这段走合期磨合，一下就进行满负荷作业，就会造成机械设备的过度磨损。因此，为了提高机械设备的使用寿命，就必须遵守机械设备走合期规定。其内容应按机械设备使用说明书的规定和有关规定执行。

（3）机械设备的防冻规定。施工机械设备多数在露天作业，因寒冷、低温、风大或雪多等，会给机械设备使用带来很多麻烦，如果防冻措施不当，不仅会因不能保证正常运转而影响施工任务完成，而且还会冻坏机械，影响使用寿命。因此，必须按有关冬季机械设备使用规定使用，入冬前对设备的防寒措施、工作制度进行一次全面检查，加强对操作人员与保修工的防寒知识教育，采取得力管理措施，改善防寒条件，做好设备的防寒工作。具体措施如下：

①对于冬季设备用油、防冻液、防滑链条、预热用水和保暖用品等，应事先统筹计划；

②对于固定设备机房、移动设备停机棚等，应做好保温保暖工作；

③对于未用防冻液设备，应事先根据设备说明书，详细查找有多个防冻点，做到不漏掉1个防冻点，挂牌显示、责任到人，以防冻破机体事故的发生；

④对于室外停机设备，启动前，当烘烤有关部位时，应注意看护，谨防火灾；

⑤设备启动后应低速运转，待水温、油温仪表显示正常后，方可投入运转或起步行驶。

（4）机械设备的保养规定。设备保养是保证其正常运转，减少故障，杜绝事故发生，最大程度地发挥设备效能，延长设备使用寿命的一项极其重要工作。设备保养按保养目的和作用不同，可分为日常例行保养、定期保养、停放保养、走合期保养、换季保养以及工地转移前保养（退场设备整修）等多种情况，施工单位应按照“养修并重，预防为主”的原则，依照不同机型所规定周期和作业范围，科学地制订机械设备保养计划，明确设备保养责任，确保设备保养达到规定标准要求。

（5）机械设备的运转监视与状态监测。在设备使用过程中，操作人员应结合仪表，随时关注设备的温度、振动、声音、气味、烟色和排烟、工作压力、输出动力情况及操作感觉，发现不正常现象或听到异响（异常感觉）应立即停机检查，予以排除，并记入交接记录。如有严重故障，应及时报告，严禁机械设备带“病”作业。

（6）创造有利于机械设备使用的条件。要创造出以下6项条件以便于机械设备的使用。

①考虑机械设备特点，合理安排施工顺序，避免2次返工；

②安排生产计划时，要考虑机械设备的维修保养时间；

③稳妥布置机械施工工作面与运行路线，排除妨碍机械施工的障碍物；

④夜间施工要安排照明设备；

⑤制定安全施工措施，按机械设备技术性能合理使用，不许超负荷作业，并与机械设备操作人员进行详细技术交流；

⑥避免低载、低负荷使用；同样也要避免超载、超负荷使用。

### 3.1.2 机械设备的作业场地管理

机械施工作业现场应达到通视、平整、排水畅通的程度。应提前划定行车路线，并设置路标予以标示，以避免机械相互干扰、降低运行效率；应经常对道路平整和维修。建设施工现场应设置机械作业专门管理人员，进行现场协调、指挥，发现问题及时在现场给予解决。

## 3.2 机械设备操作人员管理

机械设备需要靠人去掌握和使用，如果操作人员能合理使用机械设备，就能充分发挥机械的作业效率，保证项目施工顺利实施，从而显示出机械化施工优越性。反之，就会使机械设备生产率降低、过度磨损、使用寿命短、事故增多，以至影响施工机械效率的发挥。所以，必须对机械设备操作人员进行有效管理，充分发挥人的主观作用，达到人与机械设备有机组合，才能充分发挥机械设备的应有效率。在对机械设备管理工作中，通常应遵守以下要求。

### 3.2.1 建立和实行机械设备操作人员岗位责任制管理

（1）使用机械必须实行“两定三包”制度。使用机械设备必须实行“两定三包”制度，是指定人、定机，包使用、包保管、包养修责任制，并且操作人员要相对稳定；调整主要施工设备机长及其他操作人员应征得设备管理部门同意；凡使用设备均应有专人负责保管，多人操作的大型设备应实行机长负责制，小型设备可设专人兼管数台。

（2）机械设备操作人员必须坚守岗位。为确保机械设备正常运行，操作人员要做到班前检查机况、班后擦拭机体，使设备外观整洁，达到无污垢、无碰伤、无锈蚀的“三无”和不漏水、不漏油、不漏气、不漏电的“四不漏”要求。

（3）操作人员要做到“三懂”与“四会”。是指操作人员要懂构造、懂原理、懂性能和会使用、会保养、会检查、会排除故障，从而达到正确使用设备，按规定保养，按要求定质、定量、定点、定时加油，定期换油，保证油路畅通，保证设备运转经常处于良好状态下，严格执行安全技术操作规程的要求。

### 3.2.2　严格规范机械设备操作人员持证上岗制度

机械设备操作人员必须持证上岗，即通过专业培训考核合格后，经有关部门注册发给设备操作证，设备操作证年审合格，在有效期范围内，且所操作的机种与所持证允许操作机种相吻合，才能进行相应的操作，严禁无证操作。

### 3.2.3　作业前交底管理

施工前首先应对机械设备操作人员进行培训。培训的内容包括工程施工作业概况、特点、机械操作要求、质量要求、各机械的配合作业要求、安全文明作业规定等。

### 3.2.4　机械设备操作交接班制度管理

交接班制度是保证机械设备正常运转的基本制度，必须严格执行。交接班制度由值班机长执行，多人操作的单机或机组除执行岗位交接外，值班负责人或机长应进行全面交接交接并填写机械运转、交接记录。设备交接时，要全面检查，不漏项目，交代清楚，并认真填写设备运转交接记录，严格做到以下“五交清”工作事项内容。

①交清设备技术状况。指交清机械设备维护保养情况与存在问题。

②交清设备运转情况。交清燃油、润滑油（脂）、冷却液、液压油、电力消耗和备用情况。

③交清附备件情况。指交清机械设备的备品、附件、工具情况。

④交清完成工作量。指本班所完成的工作量。

⑤交清作业准备等事宜。指交清为下一班施工作业准备与应注意事项。

⑥单班作业要求。单班作业机械虽不履行交接，亦应做好机械清洁养护和整理工作，并填写运转记录。

### 3.2.5　巡回检查制度管理

对机械设备的巡回检查制度管理，是加强机械设备维修保养，消除隐患，保持设备良好的技术状态，必须坚持巡回检查制度。设备使用前后，办理交接班时，均应由操作人员按规定路线对该台设备各部件进行一次详细、全面的巡回检查；正在使用的设备，也应利用休息停机间隙进行巡回检查。对检查中发现的问题，应立即采取有效措施予以纠正，并记入运转记录中，重大问题要向上级及时报告。

施工单位机械主管工程师（或机械总工程师）应在现场对所管辖的机械设备有重点地进行巡视检查，定期对操作人员填写的运转记录和交接班记录进行复核确认。

此外，机械操作人员还必须明确机组人员责任制，并建立考核制度，奖优罚劣，使机组人员严格按规范作业，并在本岗位上发挥出最优工作业绩。责任制中应对机长、机员分别制定责任内容，对机组人员应做到责、权、利三者相结合，定期考核，奖罚明确且到位，以激励机组人员努力做好本职工作，使其所操作机械设备在一定条件下发挥出最大作业效能。

### 3.3 施工企业自有机械设备管理

对施工企业自有机械设备的管理主要体现在正确估算机械设备折旧年限。正确估算机械使用年限，可为机械设备更新换代做好准备工作。从理论上讲，当机械设备的运行产值效益大于运行费用（包括能耗、修理、工资及折旧），说明机械还在经济适用期，但随着机械磨损、机械故障的不断发生，其修理费、能耗及工资不断加大，致使其工效降低，到一定程度运行费用就会和产值效益相差无几，甚至大于产值效益，此时应立即淘汰。

# 第二节 项目建设机械设备类型及其使用性能

## 1 土方施工机械

### 1.1 推土机

#### 1.1.1 特点

推土机是土石方工程建设施工的主要机械，它主要由拖拉机与推土工作装置 2 部分组成。其行走方式有履带式和轮胎式 2 种，传动系统主要采用机械传动和液力机械传动，工作装置的操纵方法分液压操纵与机械传动。推土机具有操纵灵活、运转方便、工作面较小、既可挖土又可在较短距离内运送土方、行驶速度较快、易于转移等特点。

#### 1.1.2 型号

推土机主要有以下 2 类型的型号。

（1）新式推土机的型号。新式推土机型号有 $T_2$-60（功率 44kW）、$T_1$-100（功率 66kW）、移山-80（功率 66kW）、$T_2$-100（功率 66kW）、$T_2$-120（功率 88、103kW）、征山-160（功率 119、132kW）、黄河-180（功率 130、132kW）、T-180（功率 132kW）、上海-240（功率 22kW）等。

（2）旧式推土机的型号。旧式推土机型号有东方红-60（功率 44kW）、$T_1$-50（功率 40kW）、东方红-54（功率 40kW）、$T_2$-80（功率 66kW）、$T_3$-80（功率 66kW）、$T_3$-100（功率 66kW）、$D_{y2}$-100（功率 66kW）、$T_2$-100A（功率 103kW）、上海-120（功率 88kW）、$T_4$-180（功率 130、132kW）等。

#### 1.1.3 作业方式

推土机适用于场地平整、压实、开沟挖池、运距 100m 内的堆土（效率最高为 60m）、筑路、叠堤坝修梯台、回填管沟、推运碎石、松碎硬土及杂土等作业。根据需要还可配置多种作业装置，如安置松土器可破碎三、四类土；安置除根器可拔除直径<450mm 的树根，清除直径在400~2500mm 的石块；加安除茎器，可以切断直径<300mm 的树木。

#### 1.1.4 作业最佳范围

推土机在 50m 工作距离范围内作业能够获得最佳的技术经济效果。

## 1.2　铲运机

### 1.2.1　特点

铲运机在生态修复工程项目的土方工程建设施工中，主要用来铲土、运土、铺土、平整和卸土等作业。其操作简单灵活，不受地形限制，不需特设道路，准备工作简单，能独立工作，不需其他机械配合就能完成本工序作业，行驶速度快，易于转移；需用劳力少，动力少，作业效率高。它本身能综合完成铲、装、运、卸 4 道工序，能控制填土铺撒厚度，并通过自身行驶对卸下的土壤起初步的压实作用。

### 1.2.2　型号

铲运机按其行走方式分为：拖式铲运机和自行式铲运机 2 种；按铲斗的操纵方式又分为机械操纵（钢丝绳操纵）和液压操纵 2 种。

### 1.2.3　作业范围

铲运机适合的作业范围是大面积整平、开挖大型基坑、沟渠、运距 800~1500m 内的挖运土(效率最大为 200~350m)，填筑路基、堤坝，回填压实土方，适宜在坡度 20°以内的场地作业。

### 1.2.4　作业特点

铲运机适宜在坡度 20°以内的场地作业。开挖坚硬土时需用推土机助铲，开挖三、四类土宜先用松土机预先翻松 20~40cm；自行式铲运机用轮胎行驶，适合于长距离，但开挖亦须用助铲配合。

## 1.3　挖掘机

### 1.3.1　概述

挖掘机按行走方式分为履带式和轮胎式 2 种；按传动方式分为机械传动和液压传动 2 种；按工作方式有周期工作的单斗式装载机和连续工作的链式与轮斗式装载机。土方工程主要使用单斗铰接式轮胎装载机，它具有操作轻便、灵活、转运方便、快速、维修较易等特点。斗容量有 0.1、0.2、0.4、0.5、0.6、0.8、1.0、1.6、2.0$m^3$ 等多种。根据工作装置不同，有正铲、反铲 2 种；机械传动挖掘机还有拉铲和抓铲，使用较多的为正铲，其次为反铲。拉铲和抓铲仅在特殊情况下使用。

### 1.3.2　正铲挖掘机的作业特点

正铲挖掘机作业特点是装车轻便灵活，回转速度快，移位方便。能够挖掘坚硬土层，易控制开挖尺寸，工作效率高；能够开挖停机面以下土方；适宜工作面应在 1.5m 以上；当开挖高度超过挖土机挖掘高度时，可采取分层开挖；可装自卸汽车外运。适用范围：开挖含水量不大于 27%的 1~4 类土和经爆破后的岩石与冻土碎块；大型场地整平土方；工作面狭小区较深的大型管沟和基槽路堑的开挖；独立基坑的开挖；边坡的开挖。

### 1.3.3　反铲挖掘机作业特点

反铲挖掘机作业的特点是操作灵活，挖土、卸土均在地面作业，不用开运输道。可开挖地面以下深度不大的土方；经济合理开挖深度是 1.5~3m，最大挖土深度为 4~6m；可装自卸汽车运土和用于沟壕两侧甩土、堆放；较大较深基坑可用多层接力挖土。可开挖含水量较大的 1~3 类砂土或黏土；可开挖管沟、基槽、独立基坑、边坡。

### 1.3.4 拉铲挖掘机作业特点

拉铲挖掘机的作业特点是可挖深坑，挖掘半径及卸载半径大，操纵灵活性较差。可开挖停机面以下土方；可装自卸汽车和将土甩在基坑（槽）两边较远处推放；开挖掘面误差较大；能挖掘1~3类土，用于挖掘河床、填筑路基、堤坝和不排水挖取水中泥土。

### 1.3.5 抓铲挖掘机作业特点

抓铲挖掘机的作业特点是钢绳牵拉灵活性较差，工效不高，不能挖掘坚硬土；可以装在简易机械上工作，使用方便。适用开挖土质比较松软，施工面较狭窄的深基坑、基槽、桥基、桩孔挖土，水中挖取土，清理河床；可用于装卸散装材料；可装自卸汽车运土或甩土；在排水不良条件下也能开挖作业；其吊杆倾斜角度应在45°以上，距边坡应不小于2m。

## 1.4 $DY_4$-55型液压挖掘装载机

### 1.4.1 特点

$DY_4$-55型液压挖掘装载机是在铁牛-55型轮式拖拉机上配装各种不同性能工作装置而成的施工机械。它的最大特点是一机多用，能够有效提高机械使用率；其整机结构紧凑，机动灵活且操纵方便，机上各种工作装置易于更换。

### 1.4.2 $DY_4$-55型液压挖掘装载机作业特点

$DY_4$-55型液压挖掘装载机的作业特点是机械带有反铲、装载、起重、推土、松土等多种工作装置，适用于中、小型土方工程的开挖作业，以及松散材料的装卸、重物吊装、场地平整、小型土方回填等生态修复工程建设施工作业。

### 1.4.3 $DY_4$-55型液压挖掘装载机主要技术规格

$Y_4$-55型液压挖掘装载机的主要技术规格见表3-1。

表3-1 DY-55型液压挖掘装载机技术规格

<table>
<tr><th colspan="2">项目</th><th>单位</th><th>性能数据</th><th colspan="3">项目</th><th>单位</th><th>性能数据</th></tr>
<tr><td rowspan="5">装载斗</td><td>斗容量</td><td>$m^3$</td><td>0.6</td><td rowspan="3">推土装置</td><td colspan="2">刀片宽度</td><td>m</td><td>2.2</td></tr>
<tr><td>额定提升力</td><td>kg</td><td>1000</td><td colspan="2">最大入土深度</td><td>mm</td><td>60</td></tr>
<tr><td>最大卸斜高度</td><td>m</td><td>2.47</td><td colspan="2">最大推力</td><td>t</td><td>3.5</td></tr>
<tr><td rowspan="2">最大卸斜高度时的最大卸斜角度</td><td rowspan="2">°</td><td rowspan="2">60</td><td rowspan="4">起重装置</td><td colspan="2">最大起重量</td><td>t</td><td>1</td></tr>
<tr><td colspan="2">最大起吊高度</td><td rowspan="3">m</td><td>4</td></tr>
<tr><td rowspan="7">挖掘铲斗</td><td>斗容量</td><td>$m^3$</td><td>0.2</td><td colspan="2" rowspan="2">吊钩中心线至拖拉机前轮中心线间最大距离</td><td rowspan="2">2.732</td></tr>
<tr><td>最大挖掘深度</td><td rowspan="5">m</td><td>4</td></tr>
<tr><td>最大挖掘半径</td><td>5.17</td><td colspan="2" rowspan="2">行走速度</td><td>前进</td><td rowspan="2">km/h</td><td>1.732~22.3</td></tr>
<tr><td>最大卸斜高度</td><td>3.18</td><td>后退</td><td>1.03~4.74</td></tr>
<tr><td rowspan="2">最大卸斜高度时的卸斜半径</td><td rowspan="2">3.505</td><td rowspan="3">发动机</td><td colspan="2">型号</td><td></td><td>4115T</td></tr>
<tr><td colspan="2">功率</td><td>kW</td><td>40</td></tr>
<tr><td>最大回转角度</td><td>°</td><td>180</td><td colspan="2">转速</td><td>r/min</td><td>1500</td></tr>
<tr><td colspan="2">操纵方式</td><td></td><td>机械、液压</td><td colspan="3">整机重量</td><td>t</td><td>5.8</td></tr>
</table>

# 2　压实施工机械

生态修复工程项目建设施工过程，需要使用各种压实机械对堤坝、简易路基、附属建筑、挡土墙、水池等基础进行压实处理。

## 2.1　便携式打夯机

便携式小型打夯机有冲击式和振动式之分。其特点是体积小，重量轻，构造简单，机动灵活、实用，操纵、维修方便，夯击能量大，夯实工效较高，在生态修复建筑工程施工作业中被广泛使用。但其劳动强度较大，常用的有蛙式打夯机、内燃式打夯机、电动式打夯机等，适用于砂土、粉土、粉质黏土的基坑（槽）、管沟及边角部位的基础夯实，以及配合压路机对边缘或边角碾压不到之处的夯实。

## 2.2　压路机

### 2.2.1　压路机种类

按重量分为轻型（<5t）、中型（5～10t）和重型（>10t）3 种；按形状有平田压路机、带槽根压路机、轮胎压路机和羊足压路机等 4 种。大面积机械化回填压实使用较广泛的为羊足压路机。羊足压路机在缓轮表面装有许多羊足形滚压件，有单筒式和双筒式之分。筒内根据要求可分为空筒、装水、装砂，以提高单位面积的压力，增加压实效果。压路机虽具有压实质量佳、操作工作面小、机动灵活等优点，但缺点是需用拖拉机牵引作业。一般羊足压路机适用于压实中等深度的粉质黏土、粉土、黄土等。因羊足会使表面土壤翻松，对于砂、干硬土块及石砾等压实效果不佳，不宜直接使用。

### 2.2.2　平碾式

适用于黏性土和非黏性土的大面积场地平整和对路基、堤坝的压实作业。平碾压路机又称光碾压路机，具有操作方便、转移灵活、碾压速度较快等优点，但其接触面积大，单位压力较小，上层密实度大于下层。按重量等级分为轻型（3～5t）、中型（6～10t）和重型（11～15t）3 种；按装置形式的不同又分为单轮压路机、双轮压路机及三轮压路机等几种；按作用于上层荷载的不同，则分为静作用压路机和振动压路机 2 种。

静作用压路机适用于薄层土上或表面压实、平整场地、修筑堤坝及道路工程；振动平碾压路机适用于填料为碎石渣、碎五类土、杂填土或粉土的大型填方工程。

## 2.3　内燃夯土机

### 2.3.1　特点

内燃夯土机的特点是构造简单、体积小、重量轻、操作和维护简便、夯实效果强，作业效率高，所以可广泛用于各项生态修复建设工程的土壤夯实作业，特别是在作业场地狭小，无法使用大中型机械的场合，更能发挥其优越性。

### 2.3.2　作业优势

内燃夯土机是根据两冲程内燃机工作原理制成的一种夯实机械。除具有一般夯实机械优点外，还能在无电源地区施工作业。在经常需要短距离变更施工地点的施工场所，更能发挥其独特的优点。

### 2.3.3 构造

内燃夯土机主要由气缸头、气缸套、活塞、卡圈、锁片、边杆、夯足、法兰盘、内部弹簧、密封圈、夯锤、拉杆等组成；其主要技术数据与工作性能见表 3-2。

**表 3-2 内燃夯土机主要技术数据与工作性能**

| 机型 | | HN-60（HB-60） | HN-80（HB-80） | HZ-120（HB-120） |
|---|---|---|---|---|
| 机重（kg） | | 60 | 85 | 120 |
| 外形尺寸（mm） | 机高 | 1228 | 1230 | 1180 |
| | 机宽 | 720 | 554 | 410 |
| | 手柄高 | 315 | 960 | 950 |
| 夯板面积（$m^2$） | | 0.0825 | 0.42 | 0.0551 |
| 夯击力（kN） | | 40 | 60 | 100 |
| 夯击次数（次/min） | | 600~700 | 60 | 60~70 |
| 跳起高度（mm） | | | 600~700 | 300~500 |
| 生产率（$m^2$/h） | | 64 | 55~83 | — |
| 动力设备发动机型号 | | IE50F2.2kW 汽油机改造 | 无压缩自由活塞式汽油机 | 无压缩自由活塞式汽油机 |
| 燃料 | 汽油 | — | 66 号 | 66 号 |
| | 机油 | — | 15 号 | 15 号 |
| 混合比：汽油：机油 | | 20：1 | 16：1 | 16：1~20：1 |
| 油箱容量（L） | | 2.6 | 1.7 | 2 |

### 2.3.4 使用要点

使用内燃夯土机施工作业要特别关注以下 9 项注意要点。

①当夯土机需要更换作业场地时，可将保险手柄旋上，装上专用两轮运输车运送。

②夯土机应按规定的汽油机燃油比例加油；加油后应擦净漏在机身上的燃油，以免发生火灾。

③夯土机启动时务必使用启动手柄，不得使用代用品，以免损伤活塞；严禁一人启动而另一人操作，以免相互间动作不协调而发生安全事故。

④夯土机在作业中需要移动时，只要将夯土机往需要方向略为倾斜，夯土机即可自行移动；切忌将头伸向夯土机上部或将脚靠近夯土机底部，以免碰伤头部或碰伤脚部。

⑤夯实时夯土层必须摊铺平整。不准夯打坚石、金属与硬土层。

⑥在夯实作业前及工作中要随时注意各连接螺钉有无松动现象，若发现松动应停机拧紧；特别应注意汽化器气门导杆上的开口锁是否松动，若已经变形或松动应及时更换新的，否则在作业时锁片脱落会使气门导杆掉入气缸内造成重大事故。

⑦为避免发生偶然点火、夯土机突然跳动造成事故，当夯土机暂停工作时，须旋上保险手柄。

⑧夯土机在工作时，靠近其 1m 范围之内不准站立非操作人员；在多台夯土机并列工作时，其间距不得小于 1m；在串联工作时，其间距不得小于 3m。

⑨长期停放时夯土机应将保险手柄旋上顶住操纵手柄，关闭油门，旋紧汽化器顶针，将夯土机擦净，套上防雨套，装上专用两轮车推到存放处，并应在停放前对夯土机进行全面保养。

## 2.4　蛙式夯土机

### 2.4.1　蛙式夯土机适用的作业场地

蛙式夯土机适用于堤坝、道路、护坡、建筑等工程的土方夯实及场地平整；对施工中槽宽500m以上，长3m以上的基础、基坑、灰土进行夯实；对较大面积的填方与一般洒水回填土的夯实作业等。

### 2.4.2　蛙式夯土机构造

蛙式夯土机主要由夯头、夯架、传动轴、底盘、手把及电动机等部分组成。

### 2.4.3　蛙式夯土机主要技术数据与工作性能

蛙式夯土机的主要技术数据与工作性能见表3-3。

**表3-3　蛙式夯土机主要技术数据与工作性能**

| 机型 | | HW-20 | HW-20A | HW-25 | HW-60 | HW-70 |
|---|---|---|---|---|---|---|
| 机重（kg） | | 125 | 130 | 151 | 280 | 110 |
| 夯头总重（kg） | | | | | 124.5 | |
| 偏心块重（kg） | | | 23±0.005 | | 38 | |
| 夯板尺寸 | 长（a）（mm） | 500 | 500 | 500 | 650 | 500 |
| | 宽（b）（mm） | 90 | 80 | 110 | 120 | 80 |
| 夯击次数（次/min） | | 140~150 | 140~142 | 145~156 | 140~150 | 140~145 |
| 跳起高度（mm） | | 145 | 100~170 | | 200~260 | 150 |
| 前进速度（m/min） | | 8~10 | | | 8~13 | |
| 最小转弯半径（mm） | | | | | 800 | |
| 冲击能量（N·m） | | 200 | | 200~250 | 620 | 680 |
| 生产率（$m^2$/台班） | | 100 | | 100~120 | 200 | 50 |
| 外形尺寸 | 长（$L$）（mm） | 1006 | 1000 | 1560 | 1283.1 | 1121 |
| | 宽（$B$）（mm） | 500 | 500 | 520 | 650 | 650 |
| | 高（$H$）（mm） | 900 | 850 | 900 | 748 | 850 |
| 电动机 | 型号 | YQ22-4 | YQ32-4或<br>YQ2-21-4 | YQ2-224 | YQ42-4 | YQ32-4 |
| | 功率（kW） | 1.5 | 1或1.1 | 1.5~2.2 | 2.8 | 1 |
| | 转速（r/min） | 1420 | 1421 | 1420 | 1430 | 1420 |

### 2.4.4　蛙式夯土机使用要点

使用蛙式夯土机施工作业时，应特别关注以下12项要点。

①安装后各传动部分应保持转动灵活，间隙适合，不宜过紧或过松。

②安装后各紧固螺栓和螺母要严格检查其紧固情况，保证牢固可靠。

③在安装电器同时必须安置接地线。

④开关电门处管的内壁应填以绝缘物；在电动机的接线穿入手把的入口处，应套绝缘管，以防电线磨损漏电。

⑤操作前应检查电路是否符合要求，地线是否接好；各部件是否正常，尤其要注意偏心块和带轮是否牢靠；然后进行试运转，待运转正常后才能开始作业。

⑥操作和传递导线人员都要戴绝缘手套和穿绝缘胶鞋以防触电。

⑦夯土机在作业中需穿线时，应停机将电缆线移至夯土机后面，禁止在夯土机行驶的前方隔机扔电线；电线不得扭结。

⑧夯土机作业时不得打冰土、坚石和混有砖石碎块的杂土以及一边硬的填土，同时应注意地下建筑物，以免触及夯板造成事故；在边坡作业时应注意坡度，防止翻倒。

⑨夯土机前进方向不准站立非操作人员；2 机并列工作间距不得小于 5m，串列作业间距不得小于 10m。

⑩作业时电缆线不得张拉过紧，应保证 3~4m 的松余量；递线人应依照夯实线路随时调整电缆线，以免发生电缆线缠绕与扯断的危险。

⑪夯实作业完毕之后，应立即切断电源，卷好电缆线，如有破损处应用胶布包裹。

⑫蛙式夯土机长期不用时，应进行一次全面检修保养，并应存放在通风干燥的室内，机下应铺垫木板，以防机件和电器潮湿损坏。

## 2.5 HZ-380A 型电动振动式夯土机

### 2.5.1 特点

HZ-380A 型电动振动式夯土机属于一种平板自行式振动夯实机械，具有结构简单、操作方便、生产率和密实度高等特点，密实度能达到 0.85~0.90，可与 10t 静作用压路机密实度相比。

### 2.5.2 主要技术数据与工作性能

HZ-380A 型电动振动式夯土机的主要技术数据与工作性能见表 3-4。

表 3-4 电动振动式夯土机主要技术数据与工作性能

| 机型 | | HZ-380A 型 |
|---|---|---|
| 机重（kg） | | 380 |
| 夯板面积（$m^2$） | | 0.28 |
| 振动频率（次/min） | | 1100~1200 |
| 前行速度（m/min） | | 10~16 |
| 振动影响深度（mm） | | 300 |
| 震动后土壤密实度 | | 0.85~0.9 |
| 压实效果 | | 相当于 10t 静作用压路机 |
| 生产率（$m^2$/min） | | 3.36 |
| 电动机 | 型号 | $YQ_2$32-2 |
| | 功率（kW） | 4 |
| | 转速（r/min） | 2870 |

### 2.5.3　夯实土类

HZ-380A 型电动振动式夯土机适用于含水量小于 12%和非黏土的各种砂质土壤、砾石、碎石和建设工程地基、水池基础与道路工程中铺设小型路面，修补路面与路基等压实作业。

### 2.5.4　夯实机理

HZ-380A 型电动振动式夯土机以电动机为动力，经 2 级 V 带减速、驱动振动体内的偏心转子高速旋转，产生惯性力使机器发生振动，以达到夯实土壤目的。

### 2.5.5　使用要点

使用 HZ-380A 型电动振动式夯土机可参照蛙式夯土机的有关要求；在无电力施工区，还可用内燃机代替电动机作动力，这样使得振动式夯土机能在更大范围内得到应用。

# 3　混凝土施工机械

按照混凝土施工作业工艺的要求，混凝土机械分为搅拌机械、输送机械和成型机械 3 类。这里重点介绍混凝土成型机械中的振动器（图 3-1）。

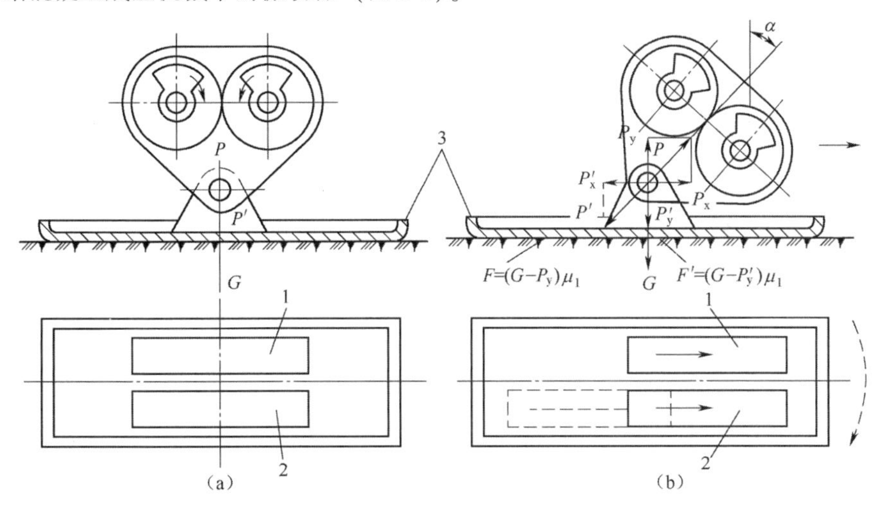


图 3-1　混凝土机械振动平板夯自移和转向时的原理图

（a）中心线垂直；（b）中心线向右偏斜时

1、2—激振器；3—工作底板

## 3.1　外部振动器

外部振动器是对混凝土的外表面施加振动，以促使混凝土得到捣实。可以将它安装在模板上，作为“附着式”振动器；也可以安装在木质或铁质底板下，作为移动“平板式”振动器；除用于振捣混凝土外，还可用于夯实土壤。因为该机器产生持续的震动作用，从而使受振的面层密实，强度得到提高。在浇灌各种土建混凝土时使用它，能节约水泥 10%～15%，并且可显著提高施工作业的劳动效率，有效缩短混凝土浇灌周期。

## 3.2　内部振动器

内部振动器又称其为插入式振动器，混凝土振捣棒。它的作用及使用目的和外部振动器相同。当浇灌的混凝土厚度超过25cm时，应使用插入式混凝土振捣棒。

# 4 起重施工机械

起重机械在生态修复工程项目建设施工过程，可用于装卸各种物资材料、移植大树、山石掇筑、拔除大树根；若安置上附加设备还可以实施挖土、推土、打桩、打夯等其他作业。

## 4.1 汽车式起重机

它是一种将自行式全回转起重机构安装在通用或特制汽车底盘上的起重机。其动力由汽车发动机供给。该式起重机有$Q_1$-5型汽车起重机、$Q_2$型汽车起重机和$Q_2$-3型汽车起重机类。

## 4.2 少先式起重机

这是一种用于人工移动的全回转轻便式单臂起重机。作业时不可变幅，适用于规模不大，但大中型机械设备难以到达的施工作业场地。

## 4.3 卷扬机

指以电动机为动力，通过不同传动形式的减速、驱动卷筒运转作垂直和水平运输的施工作业机械。其特点是构造简易紧凑、操作简单、转移方便。在施工中配以人字架、拔杆、滑轮等辅助设备作小型构件的吊装使用。分为单筒慢速卷扬机和单筒手摇卷扬机2种。

## 4.4 环链手拉葫芦和电动葫芦

环链手拉葫芦又称为差动滑车、倒链、车筒、葫芦等。它是一种操作简单又携带方便的的人力起重机械，适用于起重次数较少、规模不大的工程施工作业，尤其适用于流动性大、作业面积小且工地无电源的工程施工。电动葫芦是又一种简便的起重机械，它一般安装在直线或曲线工字梁的轨道上，用来起升和运输重物；电动葫芦具有尺寸小、重量轻、结构紧凑、操作方便等特点，因此，近来被广泛地代替手拉葫芦使用。

# 5 提水施工机械

水泵是生态修复工程项目建设施工中被普遍使用的提水机械。它不但用在土方施工、提水、蓄水等作业中，还用来对生态建设绿地进行灌溉、排涝、施肥、喷药等方面。水泵分为多种类型号，在准备使用水泵过程应根据以下方法订货、选购和安装。

## 5.1 选择适宜型水泵

选择水泵的技术依据是水的流量与扬程。其选型的正确步骤是：

①确定水流量：根据各种给水或排水的量、期限要求来计算和确定给水、排水流量。

②确定扬程：准备订购的水泵扬程应大于实际扬程加管路损失扬程的和。

③确定水泵合理台数：要根据预定流量和实际情况合理确定水泵台数，宜选用型号、性能相同的水泵，以利于今后的维修与配件。

④宜选用污水型泵：生态修复建设给排水多混有泥沙，应尽可能地选用和使用具有能提排污水性能的水泵。

### 5.2　选择适宜的水泵动力机械

为水泵提供动力的机械有电动机和柴油机之分，在有电源的地区要使用电动机。水泵动力机械的功率一般应大于水泵的轴功率10%～20%。

### 5.3　水泵管材与附件的选择

水的管路是要损失扬程的。当管路直径一定时，水流量越大，流速也越大，扬程损失也就越大；因此，管路直径一般要比水泵的口径略大，借以降低水的流速，减少扬程损失。一般水泵直径在10cm以下时，管路直径基本与水泵直径相等，当水泵直径在15cm以上时，管路直径应大于水泵直径。

当管路直径大于水泵直径时，应在水泵出入口安配渐变管。渐变管的长度要根据大头直径和小头直径的差来决定，一般是大、小头直径差数的7倍。水泵出口处的渐扩管可以是同心式的；水泵入口处渐细管应做成偏心式的，以便安装后上面能够保持水平。选择水泵管路时应尽量少用弯头，尽量少安装阀门、止逆阀和不采用底阀等，以减少水头损失。

## 6　栽植施工机械

### 6.1　挖坑机

#### 6.1.1　悬挂式挖坑机

①挖坑机的特点：挖坑机又叫穴状整地机，主要用于栽植乔灌木，大苗移植时整地挖坑穴，也可用于挖施肥坑、埋设电杆、设桩等作业。使用挖坑机每台班可挖800～1200个穴，而且挖坑整地质量也较好。

②悬挂式挖坑机机械组成：该挖坑机悬挂在拖拉机上，由拖拉机动力输出轴道通过传动系统驱动钻头进行挖坑作业，包括机架、传动装置、减速箱和钻头等几个主要部分。

③挖坑机工作原理：挖坑机的工作部件为钻头；用于挖坑的钻头为螺旋形，工作时螺旋片将土壤排至坑外，堆在坑穴的四周。用于穴状整地的钻头为螺旋齿式，也叫松土型钻头；工作时钻头破碎草皮，切断根系，排出石块，疏松土壤；被疏松的土壤不排出坑外，而留在坑穴内。

④悬挂式挖坑机主要技术参数（表3-5）。

表3-5　悬挂式挖坑机主要技术参数

| 主要指标 | | 型号 | | | | | |
|---|---|---|---|---|---|---|---|
| | | WD80 | W80C | WKX-80 | W45D | 1WX-80（50） | ZWX-70 |
| 外形尺寸（mm） | 长(钻头至连结中心) | 2120 | 2100 | 2530 | 1800 | 2270 | 1900 |
| | 宽 | 800 | 800 | 1200 | 600 | 800 | 460 |
| | 高（运输状态） | 2440 | 2000 | 1380 | 1750 | 1700 | 1500 |
| 重量（kg） | | 298 | 293 | 300 | 310 | 270 | 200 |

（续）

| 主要指标 | | 型号 | | | | | |
|---|---|---|---|---|---|---|---|
| | | WD80 | W80C | WKX-80 | W45D | 1WX-80（50） | ZWX-70 |
| 钻头 | 直径（mm） | 790 | 790 | 820 | 450 | 790，490 | 700 |
| | 长（mm） | 1157 | 1090 | 770 | 700 | 1090 | 900 |
| | 螺旋头数 | 2 | 2 | 2 | 2 | 2 | |
| | 转速（r/min） | 184 | 154 | 144 | 280 | 175，132 | 250 |
| 运输间隙（mm） | | 570 | 485 | 300 | 480 | >300 | >300 |
| 挖坑直径（mm） | | 800 | 800 | 830 | 450 | 800，500 | 700 |
| 挖坑深度（mm） | | 800 | 800 | 720 | 450 | 800 | 600 |
| 出土率（%） | | >90 | >90 | >90 | >90 | >90 | |
| 生产率（坑/班） | | 900~1000 | 800~1000 | | 1400~1600 | 500~700 | 100~120 坑/h |
| 配套动力 | | 东方红-54 | 丰收-35 | 丰收-37 | 丰收-35 | 东风-50 | 东风-30 |

### 6.1.2 手提式挖坑机

①手提式挖坑机适用地形。主要用于地形复杂地区的造林挖坑整地作业。

②手提式挖坑机特点。它是由小型二冲程汽油发动机为动力，属于重量轻、功率大、结构紧凑、操作灵便、生产率高的挖坑机械。

③手提式挖坑机构造。由发动机、离合器、减速器、工作部件带纵部分和油箱等组成。

④手提式挖坑机主要技术参数（表 3-6）。

**表 3-6 手提式挖坑机主要技术参数**

| 项目 | 型号 | | | | |
|---|---|---|---|---|---|
| | W3 | ZB5 | ZB4 | ZB3 | ZW5 |
| 发动机型号 | 051 | 1E52F | YJ4 | 051 | 1E52F |
| 最大功率 kW（r/min） | 2.2（1500） | 3.7（6000） | 3（6000） | 2.2（5000） | 3.7（6000） |
| 汽油、机油混合比 | 15∶1 | 15∶1 | 20∶1 | 15∶1 | 15∶1 |
| 启动方式 | 启动器 | 拉绳 | 拉绳 | 启动器 | 拉绳 |
| 离合器接合转速（r/min） | 2000~2200 | 2800 | 2800 | 2800 | 2800 |
| 减速器型式 | 齿轮 | 摆线针齿 | 摆线针齿 | 摆线针齿 | 蜗杆蜗齿 |
| 减速比 | 21.96∶1 | 26∶1 | 26∶1 | 26∶1 | 26∶1 |
| 钻头类型 | 挖坑型 | 挖坑型 | 挖坑型 | 整地型 | 整地型 |
| 挖坑直径（mm） | 280~320 | 320 | 320 | 450 | 450 |
| 最大深度（mm） | 450 | 450 | 450 | 400 | 400 |
| 钻头转速（r/min） | 228 | 230 | 230 | 230 | 230 |
| 重量（kg） | 20 | 13.5 | 13.5 | 14.5 | 14.1 |
| 操作人数 | 2 | 2 | 2 | 2 | 2 |
| 生产率（穴/h） | 150~400 | | | 400~500 | 400~500 |

## 6.2 开沟机

### 6.2.1 圆盘开沟机

旋转圆盘开沟机是由拖拉机的动力输出轴驱动，圆盘旋转抛土开沟。其优点是牵引阻力小、沟形整齐、结构紧凑、效率高。圆盘开沟机分为单圆盘式和双圆盘式 2 种。双圆盘开沟机组行走稳定，工作质量比单圆盘开沟机好，适用于开大沟。旋转开沟机作业速度较慢（200~300m/h），需要在拖拉机上安装变速箱减速。

### 6.2.2 铧式开沟机

铧式开沟机由大中型拖拉机牵引，犁铧入土后，土垡经翻土板、两翼板推向两侧，侧压板将沟壁压紧即成沟道。

## 6.3 液压移植机

### 6.3.1 特点

它是采用液压操作用以移植大乔灌木所用，亦称为自动植树机。它起树和挖坑工作部件为四片液压操纵的弧形铲，所挖坑形呈圆锥状。机上备有给水桶，若土质坚硬时，可边给水边向土中插入弧形铲，以提高作业效率。

### 6.3.2 型号与移植树苗规格

液压移植机的型号很多。我国引进美国的液压移植机所挖坑直径为 198cm、深 145cm，能够移植胸径 25cm 以下的树苗。

### 6.3.3 工作主要技术参数

液压移植机的主要技术参数，见表 3-7。

**表 3-7 液压移植机工作主要技术参数**

| 型号 | 大约翰（美）自行式 | 巴米亚 $T_s$-30 牵引式 |
|---|---|---|
| 移植树苗最大胸径（cm） | 25 | 8 |
| 树苗最大高度（cm） | 视交通条件 | 视交通条件 |
| 树苗移植土球最大胸径（mm） | 198 | 75 |
| 挖坑最大深度（cm） | 145 | 80 |
| 收合运送时高度（cm） | 407. 7 | 240 |
| 收合运送时宽度（cm） | 224. 2 | 188 |
| 移植机重量（kg） | 5221 | 1500 |

# 7 植物抚育养护机械

## 7.1 绿地植物枝丫修剪机

绿地修剪机是生态建设绿地养护管理中使用最普遍的机械。按切割装置不同，分为 5

类：旋刀式、滚刀式、往复剪切式、甩刀式、盘式等，其中以旋刀式和滚刀式使用最为普遍。

按配套动力和底盘形式，绿地修剪机械可分为3类：便携式、步行操纵式（手扶式）、乘坐式。便携式主要应用在切割装置为尼龙绳的树木修剪机上，用于修剪树木、灌木、花坛周围等难于修剪场所的草坪，以侧挂式为主。步行操纵式又可分成步行操纵推行式和步行操纵自走式2类，后者是目前使用最为普遍的机型，主要用于中小型草坪的修剪作业。乘坐式则有坐骑式、拖拉机悬挂式或牵引式等，主要用于修剪大中型草坪。

### 7.1.1 高空作业车

高空作业车是将修剪人员提升到接近树冠高度的升降设备，修剪作业则仍由站在工作平台上的工人使用手工工具来完成。

### 7.1.2 便携式枝丫修剪机

便携式枝丫修剪机分手持式和背负式2类，由小汽油机驱动；其传动方式分为机械传动、液压传动、气压传动3种，目前以液压传动使用比较普遍。

### 7.1.3 轻型矮把油锯

轻型矮把油锯也经常用于修剪枝丫，特别是修剪比较粗的枝丫。它是由小汽油机驱动链轮，使锯链沿导板作高速运动进行切削树枝干的。

### 7.1.4 小型动力割灌机

小型动力割灌机主要用于清除杂木、剪整草地、割竹、间伐、打杈等。具有重量轻、机动性能优越、对地形适应性强等优点，尤其适用于山地、坡地作业。可分为手扶式和背负式2类，背负式又可分为侧挂式和后背式2类。它一般由发动机、传动系统、工作部分及操纵系统4部分组成，手扶式割灌机还配有行走系统。

目前，小型动力割灌机的发动机大多采用单缸二冲程风冷式汽油机，发动机功率在0.375～202kW范围内。传动系统包括离合器、中间传动轴、减速器等。中间传动轴有硬轴和软轴2种类型。侧挂式采用硬轴传动，后备式采用软轴传动。

### 7.1.5 油锯与电链锯

油锯与电链锯又称汽油动力锯，在生态绿化施工中不仅可以用来伐树、截木、去除粗大枝杈，还可应用于树木整形、修剪。使用油锯的优点是作业效率高、成本低、通用性强、移动方便且操作安全。油锯分为015型油锯（又称高把油锯）和YJ-4型油锯。015型油锯的锯板可根据作业需要调整成水平或垂直状态，锯把手呈高悬臂式，操作者以直立姿态平稳地站着工作，无须大弯腰，可减轻操作时的疲劳。YJ-4型油锯：锯板在锯身上所处状态是不可改变的，因采取特殊的构造方式，保证了该油锯在各种操作状态下均能正常工作。

### 7.1.6 轧草机

轧草机主要用于大面积地被草的整修。轧草机进行轧草的方式分为滚刀式、旋刀式2种；国外轧草机型号种类繁多。我国各地生态、园林绿化部门亦试制成功多种轧草机，可广泛对大面积草被整修，基本实现了草被修剪的机械化。上海机动轧草机主要技术性能见表3-8。

表 3-8　上海机动轧草机主要技术性能

| 技术性能 | 数据指标 | 技术性能 | 数据指标 |
|---|---|---|---|
| 轧草高度 | ±8cm | 发动机型号 | F165 汽油机 |
| 轧草幅度 | 50cm（次） | 功率 | 2. 2kW |
| 列刀转速 | 1178r/min | 转速 | 1500r/min |
| 行走速度 | 4km/h | 外形尺寸：长×宽×高 | 280cm×70cm×180cm |
| 生产率 | ±0. 1hm²/h | 机体重量 | 120kg |

## 7.2　绿地喷灌机械

### 7.2.1　绿地喷灌系统类型

绿地喷灌系统即喷洒灌溉系统，它将具有一定压力的水喷到空中，然后散成水滴降落在绿地地面上，是供给植物水分的一种先进灌溉方法。

绿地喷灌系统就是把喷灌水源、喷灌设备和绿地工程紧密联系起来，以达到将灌溉水均匀地喷洒到绿地上，来满足生态绿化植物生长对水分的要求，这种水利设施就称之为绿地喷灌系统。其水来源有河流、渠道、库塘、井泉等。应选择满足喷灌系统对水量和水质要求条件的水源。喷灌系统的绿地田间工程构成内容组为输水渠道、渠系建筑物和土地平整，应该达到供喷灌的土地平整且符合各项设计技术要求。绿地喷灌系统有很多种类。按获得压力的方法，分为机压式喷灌系统和自压式喷灌系统；按喷洒特征分为定喷式喷灌系统和行喷式喷灌系统；按设备组成分为管道式喷灌系统和机组式喷灌系统。管道式喷灌系统又分为固定管道式喷灌系统、半固定管道式喷灌系统与移动管道式喷灌系统。机组式喷灌系统则分为定喷机组式喷灌系统和行喷机组式喷灌系统。

我国目前生态建设绿地采用的各种喷灌系统的 5 项结构特征如下所述。

（1）定喷机组式喷灌系统。定喷机组式喷灌系统是在田间布设一定规格的输水明渠或暗管，并每隔一定距离设置抽水坑（抽水井）。喷灌机沿渠道或暗管移动，在每预定的抽水点（抽水坑）处作定点喷洒。

（2）移动管道式喷灌系统。移动管道式喷灌系统是指可移动的水泵及动力机组，并配有一定数量的可移动管道（一级或多级），还带有多个喷头工作的喷灌系统。

（3）固定管道式喷灌系统。固定管道式喷灌系统包括管道在内的系统组成，在整个喷灌季节，甚至常年固定不动，动力与水泵组成固定泵站，管道多埋入地下，喷头装在固定于支管的竖管上。

（4）半固定管道式喷灌系统。半固定管道式喷灌系统中支管和喷头是可移动的，在一个位置喷洒完毕，即可移到下一处。由于支管和喷头可移动，减少了其数量，从而降低了系统的投资。

（5）行喷机组式喷灌系统。行喷机组式喷灌系统分为中心支轴式、平移自走式和平移转动式等几种。这类喷灌系统均具有一定长度的喷灌支管，支管用桁架或吊索支撑在拖拉机或行走塔架上，并随之移动或转动。在支管上设置许多小喷孔或安装一些固定式或旋转小喷头，随着支管的移动和转动，喷头不断改变其喷洒方向。由于喷洒是连续进行的，受风的影响较小。

### 7.2.2 生态绿地喷灌系统的机械组成

绿地喷灌系统主要由水源、抽水装置（包括水泵等）、动力机、主管道（含各种附件）、竖管、喷头等组成；由抽水装置、动力机、喷头组和在一起的喷灌设施合称为喷灌机械。

（1）绿地喷灌机械类型Ⅰ。按喷头的压力，喷灌机械可分为近喷式和远喷式2种。

①近喷式喷灌机。其压力为0.5~3kg/m$^2$，射程为5~20m，喷水量为5~20m$^3$/h。

②远喷式喷灌机。其压力为3~5kg/cm$^2$，喷射距离为15~50m，喷水量为18~70m$^3$/h。

高压远喷式喷灌机的工作压力为6~8kg/cm$^2$，喷射距离为50~80m甚至100m以上，喷水量为70~140m$^3$/h。

（2）绿地喷灌机械类型Ⅱ。依据喷头的结构与水流形状，喷灌机械还分为射流式、固定式和孔管式3类。

①射流式喷头。又称其为旋转式喷头，是目前普遍使用的一种喷头形式。它由喷嘴、喷管、粉碎机构、转动机构、扇形机构、弯头、空心轴、套轴等组成。

②漫射式喷头。也称为固定式喷头，特点是在喷灌过程喷头的所有部件都是固定不动的，而水流是在呈全圆周或部分圆周（扇形）同时向四周散开。与射流式喷头相比，它的射程较短（5~10m），但喷灌强度大（15~20mm/h以上），多数喷头水量分布不均匀。漫射式喷头按结构形式又分为折射式、缝隙式和离心式3类。

③孔管式喷头。是由一根或多根直径较小的管组成，在管顶部分布一些直径仅2mm的喷水孔。根据喷水孔分布形式可分为单列孔管和多列孔管2种。

## 7.3 植物病虫害防治常用机械

### 7.3.1 防治生态植物病虫害常用机械

防治生态修复建设中的植物病虫害常用机械，根据其性能、特点以及防治需要，选择适宜的机械防治。

（1）喷雾喷粉机械。

①机动喷雾喷粉机：其型号多种，这里仅介绍WF-14G和3WFD-14型喷雾喷粉机。

特点和性能：整机较轻，耐腐蚀，药箱口大，独特的喷管固定设计，便于操作者在林中随意作业操作；超低量喷雾，雾滴细，用量少，效率高；该机采用的均衡供药系统技术，自始至终均匀供药，无残留、省农药、药效稳定。

主要技术参数：表3-9所列3WFD-14与WF-14G机型喷雾喷粉机技术参数内容。

适用范围：适合用于乔、灌木等树木的施药；也适合用于农田、草场颗粒施肥、施除草剂和植物生长调节剂等。

②背负式喷雾喷粉机：也简称为背负机，采用气流输粉、气压输液、气力喷雾原理，由汽油机驱动的机具。具有操纵轻便、灵活、生产效率高等特点，广泛用于较大面积的农林植物病虫害防治工作，以及化学除草、叶面施肥、喷洒植物生长调节剂、城市卫生防疫、消灭仓储害虫及家畜体外寄生虫、喷洒颗粒等工作。它不受地理条件限制，在山区、丘陵地区及零散地块上都很适用。以6HWF-20型机为例，简要介绍背负机的主要性能。

**表 3-9 喷雾喷粉机主要技术参数**

| 3WFD-14 机型 | | | WF-14G 机型 | | |
|---|---|---|---|---|---|
| 指标 | 单位 | 参数值 | 项目 | 单位 | 参数值 |
| 外形尺寸 | mm | 410×500×645 | 外形尺寸 | mm | 540×440×702 |
| 净重 | kg | 10.5 | 净重 | kg | 12.5 |
| 药箱容量 | L | 14 | 药箱容量 | L | 14 |
| 叶轮转速 | r/min | 6500 | 油箱容量 | L | 1.3 |
| 喷药量（液剂） | kg/min | ≥4 | 水平喷雾量 | kg/min | 0~2 |
| 射程 | m | ≥12 | 水平喷雾最大射程 | m | 16 |
| 雾滴平均直径 | μm | ≤120 | 垂直喷雾最大射程 | m | 18 |
| 配套动力 | | 1E40FP-3Z | 喷粉宽幅度 | m | 30 |
| 汽油机标定功率 | kW（r/min） | 1.83（6000） | 水平喷粉量 | kg/min | ≥3 |
| 耗油率 | g/(kW·h) | ≤530 | 配套动力 | | 1E53FP |
| 点火方式 | | 电子点火 | 汽油机标定功率 | kW（r/min） | 3.0（7000） |
| 启动方式 | | 反冲启动 | 耗油率 | g/(kW·h) | ≤544 |
| 停机方式 | | 油路全闭式 | | | |

特点和性能：功率大（5马力，3.675kW），射程高（喷雾垂直射程18m、喷粉≥25m），启动性强；风力损耗小，风机效率高；带有供药泵，可调节喷量；汽油机自带冷却风扇，冷却效果优越。

主要技术参数：表3-10所列6HWF-20型背负式喷雾喷粉机技术参数内容。

**表 3-10 背负式喷雾喷粉机 6HWF-20 型技术参数**

| 指标 | 单位 | 参数值 |
|---|---|---|
| 外形尺寸 | mm | 545×470×700 |
| 净重 | kg | ≤14 |
| 药箱容量 | L | 12 |
| 叶轮转速 | r/min | 6500 |
| 喷雾 | m | ≥18 |
| 配套动力 | | 1E54F |
| 汽油机标定功率 | kW（r/min） | 3.3（6500） |

适用范围：适用于高大树木植物等病虫害的防治，以及城市菜场、垃圾场等大面积场所的卫生消毒防疫工作。

③高压动力喷雾机：这里仅以3WH-36型机为例进行说明。

特点和性能：3WH-36型担架机动喷雾机由B-36三缸柱塞泵与汽油机等配套组成。结构紧凑，功率大，耗油少，重量轻，压力高，雾化好；射程可达18~20m，操作简便，维修方便。在林间有水源区域作业，可就地吸水，自动混药。主要喷洒部件为长杆三喷头，喷幅宽，效率高。

主要技术参数：表3-11所列3WH-36型高压动力喷雾机技术参数内容。

**表3-11 高压动力喷雾机3WH-36型技术参数**

| 指标 | 单位 | 参数值 |
|---|---|---|
| 外形尺寸 | mm | 410×500×645 |
| 净重 | kg | 10.5 |
| 药箱容量 | L | 14 |
| 叶轮转速 | r/min | 6500 |
| 喷液剂药量 | kg/min | ≥4 |
| 喷粉剂药量 | kg/min | ≥6 |
| 喷雾射程 | m | ≥12 |
| 喷粉射程 | m | 21 |
| 雾滴平均直径 | μm | ≤120 |
| 配套动力 | | 1E40FP-3Z |
| 汽油机标定功率 | kW（r/min） | 1.83（6500） |
| 耗油率 | g/（kW·h） | <530 |
| 点火方式 | | CDI电子点火 |
| 启动方式 | | 反冲启动 |
| 停机方式 | | 油门全闭式 |

适用范围：适用于造林绿化、农业种植、果园、花圃等植物的防治病虫害喷药，以及抽水、喷灌与公共场所、垃圾场地等喷药消毒灭菌等作业。

④车载高射程喷雾机。这里仅以6HW-50型车载高射程喷雾机为例说明。

特点与性能：配备单缸风冷柴油发电机系统、喷雾系统、风送系统、供药系统、全自动/手动控制系统；射程远，穿透性好，可超低量、低量、常量喷雾；操作方便，可手动、全自动遥控操作（包括遥控启动、功能控制等操作；液力和气力共同雾化的两相流雾化喷头，附件喷头可实现超低量、低量、常量喷雾，用药省、药剂利用率高、污染小、防治成本低；劳动强度低、工作效率高（每小时可防治100亩以上）；风送，靶标性强，雾滴飘移少。操作时喷筒可固定和摆动，实现定向和上下宽幅施药功能（喷筒可自动上下摆动，水平和旋转360°）；具有专门的发电输出接口，可供电使用。

主要技术参数：表3-12所列6HW-50型车载高射程喷雾机技术参数内容。

**表3-12 6HW-50型车载高射程喷雾机技术参数**

| 指标 | 单位 | 参数值 |
|---|---|---|
| 外形尺寸 | mm | 1400×1900×1100 |
| 净重 | kg | 400 |
| 药箱容量 | L | 400 |
| 风速喷筒 | | 垂直面转角-15°~85°，水平面转角-90°~90°可扩大到360° |
| 雾谱范围 | | 50~150μm |
| 射程（无风时） | m | 垂直20~25、水平38~45 |
| 喷量 | L/h | 40~600 |

适用范围：适用于高速公路绿化带、农田防护林、城市行道树等高大树木植物的病虫害防治作业。

⑤车载式双桅柱升降高喷程森防风送喷雾机。仅以 FH-15 型为例说明。

特点与性能：遥控或电控兼容、升降幅度大、喷射角度回旋大、安全可靠、灵活方便。升降机自动锚定装置、升降平稳、摆动量小；喷洒装置高点喷雾、提高能源利用率、减少雾滴飘移和环境污染。作业人员可坐在驾驶室内或离开喷雾机机械遥控升降、控制俯仰角和水平旋转，能及时准确有效控制喷药角度、时间和药量，同时能避免农药对作业操作人员的毒害。功力强、风量大、喷程高、覆盖范围广、雾化均匀、雾粒超细、对物体有较强的穿透力和药液附着力、能有效地节约用药量；适用性强，可对不同高度树木植物进行喷药。以柴油发电机组为电力能源，提供升降机的升降、药泵电机工作、轴流风机工作和自动锚定正常工作所需的电力。当升降机将安装在其顶部的轴流风机和特制喷筒升至高点时，药泵工作后产生的压力将药液通过胶管送至喷筒口混合轴流风机产生的气流喷向物体，同时可遥控控制喷筒的俯仰角和水平旋转角。操作性能稳定、安全可靠、喷雾效果显著、工作效率高、升降控制性能良好、灵敏度高。

主要技术参数：表 3-13 所列 FH-15 型车载式双桅柱升降高喷程森防风送喷雾机技术参数。

适用范围：适用于高大密集的林木、行道树及密集林带等的病虫害防治。也可用于对公路沿线边坡植被进行喷药和喷施肥料等作业。

⑥车载式远射程风送喷雾机。以风华牌 D2000 型号为例。

**表 3-13　FH-15 型车载式双桅柱升降高喷程森防风送喷雾机技术参数**

| 指标 | 单位 | 参数值 |
|---|---|---|
| 外形尺寸 | mm | 15m 双桅柱升降机 |
| 功率 | kW | 5. 5 |
| 桅柱升降高度 | m | 13. 1 |
| 风量 | $m^3$/min | 180 |
| 俯仰角度 | ° | -10~90 |
| 水平旋转角 | ° | 1800 |
| 药箱容量 | L | 1500 |
| 遥控器距离 | m | ≤100 |
| 转速 | r/min | 2800 |
| 最大喷射高度 | m | ≥30 |
| 水平射程 | m | ≥30 |
| 喷雾量 | L/min | 9~18 |
| 压力 | MPa | 1. 5~3. 5 |
| 流量 | L/min | 24~40 |

特点与性能：该型机械遥控、电控兼容，启动快捷、使用安全、灵活方便；可装配在各种轻卡货车上，能够随时拆卸；操作人员在驾驶室或离开喷雾机械遥控作业，可有效避免农药对作业人员的污染毒害；该式喷雾机功力强、风量大、射程远、覆盖面积广，雾粒均匀细小，可实现精量喷雾；对物体有较强的穿透力和药液附着力，能有效节约用药量和减少非植物污染；使用范围

广，喷雾速度快，可随意遥控调节喷雾俯仰角和水平旋转角，工作效率高；改机以柴油发电机组为电力能源，向喷筒上的轴流风机和带动药泵的电机供电，药泵经运转产生压力将雾药箱内药液输送到喷筒口的喷嘴喷出，再经轴流风机产生的风压和风力将雾液进行切割破碎后，形成液气混合雾状喷向物体。

主要技术参数：表 3-14 所列风华牌 D2000 型车载式远射程风送喷雾机技术参数。

**表 3-14 D2000 型车载式远射程风送喷雾机技术参数**

| 指标 | 单位 | 参 数 |
|---|---|---|
| 外形尺寸 | cm | 158×145×175 |
| 规格 | | 20kW 柴油发电机组，11kW 轴流风机，药箱 400~2000L |
| 功率 | kW | 5.5 |
| 桅柱升降高度 | m | 13.1 |
| 机组净重 | kg | 845 |
| 水平射程 | m | ≥40 |
| 雾粒度 | μm | 100~150 |
| 风量 | $m^3$/min | 240 |
| 流量 | L/min | 24~40 |
| 俯仰角度 | ° | -10~90 |
| 射程高度 | m | ≥30 |
| 风压 | Pa | 2000 |
| 喷雾量 | L/min | 16~24 |
| 水平旋转角 | ° | 180 |
| 药箱容量 | L | 2000 |

适用范围：森林、大型果园、草场、高大密集行道树病虫害防治，以及车站、码头、学校、机场、公共场所、垃圾场的卫生防疫等喷药杀菌消毒、除尘降温等作业。

⑦车载式低容量风送喷雾机。这里仅以风华牌 FH50 型为例。

特点与性能：结构紧凑、体积小、重量轻、使用安全方便、适应配置多种运载车辆，遥控、电控、线控兼容，作业人员可在驾驶室内或远离设备遥控作业；功力强、风量大、雾化均匀、射程远、工作效率高；旋转的气流能有效翻动植物叶片，使叶片正反面受药、穿透性大、药液附着力强；低容量喷雾，省时节水节药；以汽油发电机组为动力源，向喷筒上的轴流风机和带动药泵的电机供电，药泵经运转产生压力将药箱内药液输送到喷筒口的喷嘴上喷出，再经轴流风机产生的风压和风力将雾液进行切割破碎后形成液气混合雾状喷向物体。

主要技术参数：表 3-15 所列 FH50 型车载式低容量风送喷雾机技术参数。

适用范围：生态防护林绿地、防风固沙林带、农田林网、公路绿化带、草地等喷药防治病虫害；街道、车站、学校、机场、公共垃圾场等卫生防疫喷药杀菌消毒，除尘降温。

**表 3-15　FH50 型车载式低容量风送喷雾机技术参数**

| 指标 | 单位 | 参　数　值 |
|---|---|---|
| 规格 | | 5kW 汽油发电机组，2.2kW 轴流风机，药箱 500L |
| 整机尺寸 | cm | 125×120×90 |
| 转速 | r/min | 2800 |
| 风量 | $m^3/min$ | 166 |
| 流量 | L/min | 4.5~12 |
| 喷射高度 | m | ≥15 |
| 雾滴直径 | μm | 100~150 |
| 药泵工作压力 | MPa | 1.0~2.5 |
| 风压 | Pa | 700 |
| 水平喷射 | m | ≥28 |
| 喷雾量 | L/min | 4.5~10 |
| 俯仰角度 | 0 | -10~90 |

⑧车载式超低量喷雾机。这里仅以 3WC-30-G 和 3WC-30-4P 机型为例。

特点与性能：这 2 种机型具有的共同特点是：风力雾化，低压喷药，可喷洒生物制剂，保证活性；机内电器设备全部采用 12V 安全电压；可选配不同容积的外置药箱，并配置快速接口；设计有移动脚轮、搬运杆，以便于移动；采用柴油机提供动力，经济性能强。

3WC-30-G 机型主要性能：该机是一种车载可分离式风送机动喷雾机，其自身有完整的动力系统、雾化系统、风机系统、喷雾执行系统、控制系统等装置；喷雾机直接装载在皮卡汽车、小型货车或农用车厢内，可手动与遥控操作，边行驶边进行喷雾施药作业。

3WC-30-4P 机型主要性能：该机是一种车载可分离式风送机动喷雾机，其自身有完整的动力系统、雾化系统、风机系统、喷雾执行系统、控制系统等装置；喷雾机直接装载在皮卡汽车、小型货车或农用车厢内，可手动、遥控操作，边行驶边进行喷雾施药作业。

该机具有劳动强度低、工作效率高、防治成本较低等特点；同时也可实施低容量喷雾（喷量>每分钟 21 时），药剂利用率高、污染小，有利于保护环境，促进林木植物生长。

技术参数：表 3-16 所列 3WC-30-G、3WC-30-4P 型车载式超低量喷雾机技术参数。

**表 3-16　3WC-30-G、3WC-30-4P 型车载式超低量喷雾机技术参数**

| 指标 | 单位 | 3WC-30-G 机型参数 | 3WC-30-4P 机型参数 |
|---|---|---|---|
| 发动机型式 | | 单缸、立式、风冷、4 冲程柴油机 | 单缸、立式、风冷、4 冲程柴油机 |
| 整机尺寸 | mm | 654×1100×1130 | 654×1100×1130 |
| 重量 | kg | 200 | 220 |
| 额定功率 | kW（r/min） | 5.7（3000）　6.3（3600） | 5.7（3000）　6.3（3600） |
| 额定转速 | r/min | 3000/3600 | 3000/3600 |
| 启动方式 | | 电启动 | 电启动 |

（续）

| 指标 | 单位 | 3WC-30-G 机型参数 | 3WC-30-4P 机型参数 |
|---|---|---|---|
| 最低燃油耗油率 | | 3000r/min：275.1（376） | 3000r/min：275.1（376） |
| （全油门） | g（mL）/kW·h | 3600r/min：281.5（385） | 3600r/min：281.5（385） |
| 燃油牌号 | | 0#（夏）~10#（冬）柴油 | 0#（夏）~10#（冬）柴油 |
| 风机 | | 高压离心风机 | 高压离心风机 |
| 风量 | | >30m$^3$/min | >30m$^3$/min |
| 风压 | | >3500Pa | >3500Pa |
| 雾化方式 | | 高速旋切气流 | 高速旋切气流 |
| 喷头型式 | | 四喷头 | 四喷头 |
| 流量 | L | 50~300 连续可调 | 50~300 连续可调 |
| 内置药箱 | L | 50 | 50 |
| 喷雾方向 | | 可调（上半球） | 可调（上半球） |
| 水平喷雾转角 | | 不小于 180° | 不小于 180° |
| 垂直喷雾转角 | | 不小于 90° | 不小于 90° |
| 喷雾开关 | | 线控（手动） | 遥控（手动） |

适用范围：上述 2 种机型具有射程远、穿透性强等特点，可防治林木绿地病虫害，还可以快速杀灭蝗虫以及大面积农林病虫害；也可用于环境消毒防疫及其它防疫用途等。

（2）烟雾机。烟雾机也称烟雾打药机，属于便携式机械。烟雾机分为热力烟雾机、触发式烟雾机、脉冲式烟雾机、燃气烟雾机、燃油烟雾机等种类。

①背负式热力烟雾机。这里仅以 TSB-35W 型为例。

特点与性能：TSB-35W 型背负式热力烟雾机具有以下 3 项显著特点与性能，一是该机以脉冲式发动机为动力，具有重量轻、操作方便、生产率高、应用广泛等特点；在森林、橡胶林中有很好的防治病虫害效果，在坡陡与道路条件差的地方使用功效更显著；此外，它也可以用于农田高秆作物病虫害防治。二是该型机性能稳定，射程高，烟量大，烟雾粒径小，弥漫性强，附着力高，并具有极强的穿透性；射程与弥漫高度可达 20m 以上。三是效率高，用药省，每亩用药只需 5~8g，防治成本低。

主要技术参数：详见表 3-17 所列 TSB-35W 型背负式热力烟雾机技术参数。

**表 3-17 TSB-35W 型背负式热力烟雾机技术参数**

| 指标 | 单位 | 技术参数 |
|---|---|---|
| 燃料消耗 | L/h | 1.8 |
| 燃料箱容积 | L | 1.2 |
| 药箱容积 | L | 6 |
| 供电方式 | | 2×1.5V（1#电池） |
| 药液输出量 | L/h | 10~35 |
| 重量（空机） | kg | 11 |
| 外形尺寸 | mm | 700×345×950 |
| 雾粒平均直径 | μm | 20 |
| 喷头喷孔直径 | mm | 1.6 |

适用范围：林地、苗圃、森林、果园、茶园等交通条件较差绿地的病虫害防治。

②背负式弯管烟雾机。仅以 6HYB-45B（W）、6HYB-25AI（W）型为例。

特点与性能：有 6HYB-45B（W）和 6HYB-25AI（W）型两种。

6HYB-45B（W）型采用专利自吸式化油器，性能稳定可靠，功率大，可喷水雾和烟雾；药液开关为陶瓷阀芯，耐酸碱性农药的腐蚀；304 不锈钢药箱可耐药液腐蚀；防治病虫害速度快，每小时作业面积 40 亩以上。

6HYB-25AI（W）型采用专利结构集成式金属模压铸化油器、结构精巧合理，性能稳定可靠；作业效率高、用药省，防治成本低，弥漫性强、附着力高；设计了高可靠性供油单向球阀和新型金属增压单向阀；金属管替代橡胶管；关药、泄压融为一体，操作安全、方便；配置不锈钢防护罩，可有效保障操作人员安全。

主要技术参数：详见表 3-18 所列 6HYB-45B（W）、6HYB-25AI（W）型技术参数。

**表 3-18　6HYB-45B（W）、6HYB-25AI（W）型背负式弯管烟雾机技术参数**

| 主要参数指标 | 单位 | 6HYB-45B（W）型参数 | 6HYB-25AI（W）型参数 |
|---|---|---|---|
| 外形尺寸 | cm | 70×38×80 | 940×380×580 |
| 药箱容积 | L | 8.5 | 6 |
| 油箱容积 | L | 1.5 | 1.2 |
| 耗油量 | L/h | 1.8 | 2 |
| 重量 | kg | 10.5 | 11.5 |
| 药液喷射量 | L | ≤45 | ≤45 |
| 电源 | | 3V DC（2 节 1#电池） | 3V DC（2 节 1#电池） |
| 启动方式 | | 电动手动 | 手动（可加装电启动） |

适用范围：上述 2 种型号烟雾机都适用于交通条件较差的林地、森林、农田、果园病虫害防治，以及菜场、垃圾场、下水道、仓库、船舱等处消毒杀菌。

③普及型肩挎式烟雾机。仅以 OR-2 型为例。

特点与性能：OR-2 型普及型肩挎式烟雾机发动机没有曲轴连杆活塞等转动部件，不存在任何情况下的机械磨损，使用寿命长，构造简单，发动机启动后电源即被关闭，非常省电，效率高，操作与维修方便；动力和喷药系统之间无齿轮等传动装置，靠自身气路与液路自行输送药液；烟雾粒径小，有极好的穿透性和弥漫性，附着性好，可获得理想的防治效果；该式烟雾机不需要频繁维护。

主要技术参数：OR-2 型普及型肩挎式烟雾机的主要技术参数见表 3-19 所列内容。

**表 3-19　OR-2 型普及型肩挎式烟雾机主要技术参数**

| 参数指标 | 单位 | 参数 |
|---|---|---|
| 外形尺寸 | mm | 1040×270×305 |
| 药箱容积 | L | 4 |
| 油箱容积 | L | 1.15 |
| 耗油量 | L/h | 0.6 |
| 雾粒直径 | μm | ≤30 |

适用范围：OR-2 型普及型肩挎式烟雾机适用于森林、苗圃、果园、茶园、农田及大面积草场的病虫害防治，以及城市、郊区绿地花木、蔬菜园地和塑料大棚的病虫害防治。也可用于医院、会议室、影剧院、体育场馆、码头、车站、公交车、客运列车的卫生消毒，城市下水道与暖气通道、地下室、防空洞和各种货物仓库的消毒杀菌处理。

④背负式烟雾机。仅介绍其特点与性能、主要技术参数、适用范围。

特点与性能：有 OR-3Z/W、OR-4 等机型；其特点和性能与普及型肩挎式烟雾机 OR-2 型相同。区别在于技术指标和操作规程（见说明书）。

主要技术参数：背负式烟雾机的主要技术参数详见表 3-20 所列内容。

适用范围：大面积林木植物、农业植物的病虫害防治以及室内外卫生防疫。

（3）灭虫布撒器。灭虫布撒器是由布撒器定向、定点将药包发射到目标植物上方，爆炸后形成烟云，漂浮弥散至目标植物体上，从而达到防治病虫害的施药设备。有便携式、移动式和车载式 3 种。

**表 3-20 OR-3Z/W、OR-4 型背负式烟雾机主要技术参数**

| 指标 | 单位 | OR-3Z/W 参数 | OR-4 参数 |
|---|---|---|---|
| 外形尺寸 | mm | 1030×290×280<br>730×390×750 | 1000×285×338 |
| 最大喷烟量 | L/h | 20 | 20 |
| 药箱容积 | L | 6.1 | 5.5 |
| 油箱容积 | L | 1.15 | 1.1 |
| 耗油量 | L/h | 0.8 | 1 |
| 雾粒直径 | μm | ≤30 | ≤30 |

特点和性能：一是便携式布撒器轻便灵活，适用于车辆不能到达的地方；使用便携式布撒器 3 人 1 组作业操作，每天可布撒 60~80 发，灭病虫 500~600 亩。二是移动式布撒器可在丘陵山地布撒，不用挖坑便可直接发射，即保护了植物，又可在同一地点全方位布撒；3 人 1 组作业，每天可布撒 100~120 发，灭病虫害 600~1000 亩。三是车载式布撒器机动快捷，适用于车辆能够到达的地方，极大地减轻了作业人员的体力强度；3 人 1 组作业，每天可布撒 100~120 发，灭病虫害 600~1000 亩。四是灭虫布撒器系统是一种用于森林病虫害防治的新型设备，是军工和林业技术的有机结合；具有成本低、效率高、方便快捷、费效比好等特点，有效降低了作业人员的劳动强度，尤其是在丘陵、陡坡和山地等人工作业和飞机喷洒难以作为的地区更显示出其强大优势。

主要技术参数：灭虫布撒器的主要技术参数详见表 3-21 所列内容。

**表 3-21 灭虫布撒器主要技术参数**

| 指标 | 单位 | 参数 |
|---|---|---|
| 最大斜射高度 | m | 250 |
| 射程 | m | 70~400 |
| 药包体布撒直径 | m | ≥40（1.88 亩） |
| 发射与布撒过程 | | 不会产生明火 |

适用范围：适合周边无通信、输电线、村庄、建筑物等人口稀疏地区或无安全隐患区林木、农业植物的病虫害防治；尤其适用于地形地貌复杂，交通不便的地区。

注意事项：使用灭虫布撒器作业操作时应关注以下 10 项。

①作业人员应佩戴防噪声耳套，穿有明显标志的作业服装。

②森林防火警戒期和天气干燥时禁止作业。

③使用灭虫药包与布撒器的单位，在作业前应向当地县级以上公安部门备案；在使用灭虫布撒器时，除遵守药剂使用注意事项外，还必须遵守有关安全规定。

④严格按照灭虫药包与布撒器安全管理暂行方案使用。

⑤灭虫药包应存放在专用库房；库房应通风干燥，库房温度不得超过 35℃，相对湿度控制在 75%以下，并配备有消防器材。

⑥库房设置防雷设施，严禁在库房内进行可能引起火灾的作业。

⑦灭虫药包可以按延期时间分类堆垛或货架存放；堆垛高度不得超过 1. 8m。

⑧灭虫药包产品从制造日期起，在正常条件下运输、贮存，有效期为 2 年。

⑨发射药管与灭虫药包必须分开运输、贮存；搬运灭虫药包过程，必须轻拿轻放，绝不允许摔打、磕碰、掉地等现象发生。

⑩灭虫药包掉地，经认真仔细检查，确定无裂纹、无变形、无烟气管陷入体内等现象，方可使用；如出现严重变形等现象，决不允许使用。

（4）打孔注药机。打孔注药机是一种轻便、高效、灵活的植保机械，专用于高大树木根茎部注药防治病虫害；注入树体药液随着树液的流动输送到树体各部位，以达到杀虫效果。以 BG-305D 型为例。

特点与性能：一是无残留，药量利用率高，不污染环境；不受气候影响，不伤天敌；药效快，药效期长。二是 BG-305D 型注药机由 2 部分构成：一部分是钻孔部分，由 1E36F 汽油机作为输出动力，钻头钻入深度 4~10mm；二是注药部分，由手枪式注射器通过输药软管连接于背负药箱，进行注药，注药量可按刻度在 1~4ml 范围内往复作业。三是打孔注药机注药防治害虫，不仅操作简便、效果显著，而且省药、省工、不污染空气和伤害天敌，既可防治天牛、吉丁虫等蛀干害虫，又可防治蚜虫、介壳虫、螨类等食叶害虫。

主要技术参数：打孔注药机的主要技术参数详见表 3-22 所列内容。

**表 3-22　BG-305D 型打孔注药机主要技术参数**

| 指标 | 单位 | 参数 |
|---|---|---|
| 外形尺寸 | mm | 500×270×430 |
| 净重 | kg | 9 |
| 传递方式 | | 离心式摩擦离合器、软轴、硬轴 |
| 钻孔直径 | mm | 10. 6 |
| 最大钻孔直径 | mm | 70 |
| 软轴长度 | mm | 793 |
| 油箱容积 | L | 1. 4 |

（续）

| 指标 | 单位 | 参数 |
|---|---|---|
| 汽油机型号 | | 1E36FB |
| 最大输出功率 | kW（r/min） | 0.81（6000） |
| 点火方式 | | 电子打火 |
| 启动方式 | | 反冲启动 |
| 停机方式 | | 油路全封闭 |
| 药桶容积 | L | 5 |
| 每次注药量 | ml | >0~10 |

适用范围：主要适用于高大乔木根干注药使用。钻头可根据需要在4~10mm内调换；注药量可按刻度在1~4ml范围内往复作业。

（5）药械保养。

①汽油发动机药械保养。指对药械的日常保养、50小时保养、100小时保养、500小时保养、喷洒部件保养、长期待机保存6项内容。

日常保养：清理汽油机表面油污与灰尘；拆除空气滤清器，用汽油清洗滤网；检查油管、接头是否漏油，结合面是否漏气，压缩力是否正常；检查汽油机外部紧固螺钉，如松动要旋紧，如脱落要补齐；保养后将汽油机放在干燥阴凉处用塑料布或纸罩盖好，防止灰尘油污弄脏，防止磁电机受潮受热，导致汽油机启动困难。

50小时保养（按汽油机运转累计时间计）：完成日常保养；清洗油箱、燃油过滤网、化油器浮子室；清洗火花塞积碳，调整间隙至0.6~0.7mm；清除消声器中的积碳；拆下导风罩，清除导风罩内部与汽缸盖和汽缸体散热片间的灰尘和污泥。

100小时保养：完成50小时保养；拆开化油器全部清洗；拆卸缸体、活塞环、清除缸体顶部、进气口、排气口、活塞顶、活塞环槽、火花塞的积炭；拆下风扇盖板、风扇，清除壳体内部油污尘垢；清洗曲轴箱内部。清洗过程中应不断地转动曲轴，以达到清洗主轴承和连杆轴承的目的；检查点火系统，查看各连接处是否接触良好。

500小时保养：拆卸全机（曲轴连杆除外）清洗和检查，同时检查易损零件磨损情况，是否在规定范围内，应根据具体情况进行修理与更换。

喷洒部件的保养：喷雾后，应将各部件擦洗干净，药箱内不许留残液；喷粉后，应将粉门处与药箱内外清洗干净；不使用药械时，应将其药箱盖松开；药械清洗干净后，应将其机器低速运转2~3min。

长期待机保存：将药械机器外表面擦洗干净，在金属表面上涂防锈油。卸下火花塞，向气缸内注入15~20g专用汽油，用手转动4~5转，将活塞转至上止点，再装上火花塞。拧下喷粉机药箱两侧螺钉，取下药箱，将粉门处与药箱内外表面擦洗干净；特别是粉门部位，如有残留农药就会引起粉门动作不畅，漏粉严重；然后装上药箱，并将药箱盖拧松。取下喷雾机喷洒部件并清洗干净，另外存放。将油箱和化油器内的燃油全部放干净。将机器罩上塑料薄膜存放于干燥无尘处。

②柴油发电机药械保养。柴油发电机药械一般由柴油机、发电机、控制箱、燃油箱、启动和控制用蓄电瓶、保护装置、应急柜、喷雾机（包括柱塞泵）等部件组成。对其常规维护与保养方法和程序如下。

按照说明书规定和使用规范正确使用：按规定更换检查机油和燃油情况，正确无误地按照使用说明书要求定期进行检查保养；没有安装空气滤清器不得使用发电机；柱塞泵、柴油机内缺少润滑油时，应及时补加；柱塞黄油杯无黄油时要及时加注，柱塞泵不得无水工作。

每天要检查柴油发电机机油平面，冷却液平面；检查柴油机有无损坏、渗漏，皮带是否松弛或磨损。

每周要检查空气滤清器，清洁或更换空气滤清器芯子；放出燃油箱与燃油滤清器中的水或沉积物。

每周要对机组的 4 漏现象、表面、启动电池、机油、燃油和水过滤器等进行检查。

不用药械作业时，每隔 1 月发动 1 次机器，发动时每次不得少于 2min；风机、药泵、摆动等系统可开启约 20min，并对药械所有部件进行加润滑油保养，为下次作业操作做好准备；每半年应进行加载试机等方面维护。

作业期每天作业后，必须往喷雾机药箱内注入适量清水，再启动动力，对药箱、管道、风机、泵、喷头等实施检查和清洗处理，以减少药蚀危害程度；之后要排净机内和管内积水。

机器不用时，应将油污擦拭干净，放在阴凉、通风、干燥处，用塑料膜全覆盖，严禁碰撞、挤压；过冬存放时应将药箱内药液、发动机机油、柴油排干净；并定期更换 3 滤。

③烟雾机故障维修与保养。指对烟雾机进行常见故障与排除方法、烟雾机机器保养。

常见故障与排除方法：指烟雾机发生启动困难、运行不稳或熄火、喷烟不正常的情况。

启动困难分为以下 3 种情况进行的故障排除方法。接通电源无电火花，仅有微弱唧唧声或无声，可能原因与排除方法：某些接点接触不良，检查各连接点后连接；火花塞受潮或击穿，采取擦干或更换措施。火花塞积碳、油浸，可对其擦拭干净；火花塞间隙过大或过小，可调至 1.5～1.7mm；磁电极损坏，要及时更换新件。化油器内腔干燥，可能原因与排除方法：油箱盖没盖紧或漏气，旋紧或换新盖；进油管滤网堵塞，清洗滤网；进油单向阀失灵，更换新件；进油喷嘴堵塞，清洗疏通。化油器内腔油多，可能原因与排除方法：进气阀膜片脏或变形，应清洗或更换；排气管积碳，清除积碳；燃烧室系统漏气，应更换密封件；油门旋钮开度大，关闭油门，由小到大慢慢打开；化油器内腔油多，将油门关闭，连续打气吹干或打开进气阀擦干。

运行不稳或熄火：详见表 3-23 所列其原因与排除方法。

**表 3-23　烟雾机故障原因与排除方法**

| 故障原因 | 排除方法 |
| --- | --- |
| A. 油中有杂物或缺油 | 换油或加油 |
| B. 进气阀膜片脏或变形 | 清洗或更换 |
| C. 排气管积炭 | 清除积碳 |
| D. 进油单向阀堵塞或损坏 | 清除或更换 |
| E. 油门旋钮开度不适 | 调整油门旋钮或关闭 |

喷烟不正常：烟雾机喷烟不正常原因有完全不喷烟和部分不喷烟。

完全不喷烟可能原因是药箱盖未盖紧或垫片漏气，要盖紧或调换垫片；也可能是滤网、管道、增压阀或喷嘴堵塞，可对其清洗疏通即可。烟雾机部分不喷烟故障原因与排除方法详见表 3-24 所列。

**表 3-24 烟雾机部分不喷烟故障原因与排除方法**

| 故障原因 | 排除方法 |
|---|---|
| A. 管路接头脱落 | 连接并拧紧 |
| B. 箱盖或药液阀漏气 | 修理或更换 |
| C. 增压单向阀失灵 | 修理或更换 |
| D. 发动机因管中积碳而功率下降 | 清除积碳 |

机器保养可采取以下 4 种方法对烟雾机进行保养：使用后要把残液清理干净，否则残留药液长时间会使药箱和输药管等零件提前老化、腐蚀，从而缩短使用寿命；甚至会使管路堵塞，影响下次作业使用。使用后要把没用完的汽油清理干净。机器使用时应确保油液和油箱、药液和药箱内无任何沉淀物、脏物，以免导致油路、药路堵塞。每次使用后，请务必用随机附件的“喷管积碳清理工具”清理喷管中的积碳。

## 7.4 其他防治植物虫害器械

### 7.4.1 诱捕器

诱捕器主要用于监测预报和诱杀害虫。在防治林业、农业、仓储害虫上运用较为广泛。

（1）诱捕器组成。诱捕器应配有引诱剂，引诱剂绝大多数具有专一性，不会对天敌和其他昆虫起作用。引诱剂是由昆虫性信息素和一些增效剂组成，有些引诱剂制作成诱芯，悬挂（或放置在诱捕器内）在诱捕器中；也有的引诱剂与不干胶混合，直接涂抹在诱捕器内壁，组合成一套完整的害虫诱捕器。诱捕器形状和大小因诱捕对象不同而不同，最终目的是起到最佳诱捕数量。

（2）影响诱捕器引诱效率的因素。诱捕器的诱捕效果与昆虫信息素组分及其含量、增效剂配比、诱捕器形状大小、诱捕器悬挂高度、引诱剂放置时间等因素相关。如昆虫性信息素组分缺少或配比不佳直接影响诱捕器的引诱效果。有时为了增强引诱效果，可增加辅助剂，以增强引诱效果，为此把该类辅助剂称为增效剂。增效剂的添加可以是 1 种或多种，根据引诱效果而定。当引诱剂组分与含量配置好后，需根据害虫习性与虫体大小，设计合理诱捕器，以达到最佳引诱效果；诱捕器悬挂高度直接影响诱捕器的诱捕效果，其高度应根据被诱害虫的生物学特性来确定（主要与被引诱害虫飞翔高度相关）。诱捕器悬挂太高或太低均不利于诱捕。如引诱剂放置时间太久，其成分已挥发完或即将挥发完，势必对诱捕害虫的效果产生影响。目前应用于生产的有舞毒蛾、沙棘木蠹蛾、光肩星天牛、柳毒蛾、蚜虫、杨干透翅蛾、白杨透翅蛾、灰斑古毒蛾、美国白蛾、红脂大小蠹等诱捕器。

### 7.4.2 虫情测报灯

虫情测报灯又叫诱虫灯，是根据黑光灯诱虫原理，结合害虫生物学特性和现代技术而生产出的一种测报工具，主要用于害虫预测、预报和监测。

（1）虫情测报灯原理。根据害虫的趋光、趋色、群集趋性、视感趋波等特性引诱害虫；近距离用光，远距离用波，加以黄色外壳和气味引诱害虫扑灯，并通过高压电网杀死害虫。

（2）虫情测报灯构造。虫情测报灯主要分为 5 部分：控制器、紫外线光源、高压杀虫网、绝缘支架、外部结构。

①控制器。为测报灯核心部件，是实现智能控制的中枢；天黑开灯，天亮和雨天关灯的智能化功能都是靠它来实现的。虫情测报灯的核心技术就是以长波紫外线来吸引害虫的靠近，最终将害虫杀死。

②紫外线光源。紫外线光源主要有 3 种。

峰值为 365nm 的紫外线光源：该光源也称为黑光灯；大多数昆虫喜欢 330~440nm 的紫外线光波，特别是鳞翅目和鞘翅目昆虫。峰值为 365nm 的长波紫外线灯管，能引诱大多数趋光性害虫，以便进行测报和诱杀。

光谱紫外线光源：光谱紫外线灯管发射波长为 300~450nm 光线，可将蚊子、飞蛾等诱至灯光区内，有驱之不散的效果。

特种紫外线光源：以特定紫外线光源进行有选择诱杀，对特定昆虫有高度诱杀性，又可保护天敌；该光源主要通过灯管荧光粉的配置来控制灯光波长，以便捕杀害虫效果更强。

③高压杀虫网。是指采用金属线相间缠绕成的网，以 2 根线分别通电，使金属网附带高压电，紫外线光源放置于网中间，夜晚昆虫受到光源吸引，就会触到金属线遭电击而死。

④绝缘支架。主要用来缠绕杀虫网，多由陶瓷、玻璃、塑料制成；根据绝缘性强弱，多采用陶瓷管作为支架。陶瓷管既坚固耐用，又能防止杀虫网相互触碰造成短路。

⑤外部结构。通常由塑料制成，分为顶盖和下支撑板 2 部分；顶盖多为盖状，起到遮盖灯体，防晒防雨的作用。在盖子上安装有方便悬挂的吊环、电源开关、光控器、干控器等；通过电线进行连接，控制着虫情测报灯的正常工作；下支撑板安装在虫情测报灯底端，形状类似漏斗，称为接虫盘，有较大开口，方便被击杀的害虫滑下，为收集被击杀害虫，通常在底座下套 1 个袋子，以便接住被击杀的害虫，方便以后对害虫数量与种类的统计。同时，袋子内可装少量挥发性农药，对还没有被彻底击毙的害虫进行熏杀，从而能达到更好的杀虫效果，防止存活的害虫挣脱、逃跑。

（3）虫情测报灯使用。

①虫情测报灯放置地点。应尽量选择在远离公路、灯源、人为干扰较少和行走方便的林地内，林间设置密度以灯光相互不影响为宜，距离一般为 1km 以上为宜。

②虫情测报灯开闭时间。于每天太阳落山后 30min 开灯，太阳升起前 30min 关灯。

③虫情测报灯支架制作。使用虫情测报灯时需要一个挂灯支架，简便支架可由 3 根长杆制作，先将 3 根长杆的一端绑定在一起，然后将它们分开架起，用铁丝穿过测报灯的吊环，挂在架子上即可；挂灯时，接虫袋最下方与地面的距离要不能低于 1. 5m。

### 7.4.3　杀虫灯

杀虫灯是据昆虫趋光性，利用昆虫特定敏感光谱范围作为诱虫光源，诱集并有效杀灭昆虫，以降低害虫指数，它是防治虫害和虫媒病害的专用装置；杀虫灯基本结构包括诱虫光源、杀虫部件、集虫部件、保护部件、支撑部件等。

灯光诱虫是替代化学防治，实现农、林、牧产品质量安全的最佳生物保护办法。我国从20世纪60年代开始，就有应用灯光诱杀害虫的研究报道，主要用于农作物害虫防治；进入70年代，开始推广使用煤油灯诱虫，有电源的地方使用白炽灯、普通荧光灯或紫外灯诱虫，继而又有高压汞灯、双波灯、频振灯、节能灯、节能宽谱诱虫灯、LED灯诱杀害虫的研究与应用。杀虫灯防治林木病虫害，逐渐得到广泛的推广应用。

（1）杀虫灯分类。

①按电源类型分类。按电源类型将杀虫灯分为交流电、蓄电池、太阳能3类杀虫灯。

交流电杀虫灯：适用于有交流电源的使用场地，是传统杀虫灯供能方式，可人工控制，也可实行全自动控制；这种灯具有严重局限性，需有供电电源。

蓄电池杀虫灯：该类杀虫灯配有蓄电池与充电器；适用于无交流电供电条件的区域；以蓄电池为杀虫灯能源，实现半自动控制，使用安全性优于交流电杀虫灯；但需及时充电，价格较交流电杀虫灯高。

太阳能杀虫灯：配有太阳能供电系统的太阳能、蓄电池与控制器；适用于阳光充足的环境；白天由太阳能对蓄电池充电，夜晚蓄电池对杀虫灯供电，一般都有自动控制系统，能全自动安全高效工作，是节能、环保的新能源杀虫灯。太阳能杀虫灯售价较高，但一套杀虫灯有效范围通常约为30亩，太阳能电池板工作寿命20年以上，一次投资20年受益，工作期间不再需要支付电费。其他部件工作寿命为1年、3年、5年不等，加上维修费用，投资不足5000元/台，每亩平均费用≤10元/年，每年每亩可节约农药成本和喷药用工费用100多元。

②按诱虫光源分类。主要分为火光、电转换光2类。

火光杀虫灯：它是最原始的诱虫光源，在20世纪70年代推广利用煤油灯诱虫；现已不再运用。

电转换光杀虫灯：电能转化的多种特定频率光波；现用杀虫灯均采用电转换光。电转换光源根据转换技术原理又分为：白炽灯、汞灯和LED（半导体）灯3大类。

白炽灯是指电流加热发光体至白炽状态而发光的电光源，如普通白炽灯、卤钨灯；白炽灯因很多能量作为热能散失，故光效率低，能耗最高；白炽灯光波一般只包括部分可见光段，诱虫种类少，现在已基本不用。

汞灯是以汞作基本元素，并充有适量其他金属或其他化合物的弧光放电灯；是利用汞蒸气在放电过程中辐射紫外线，使荧光粉发出可见光；其中，汞蒸汽压力又分为低压、高压、超高压3类。由于汞灯所消耗电能大部分用于产生紫外线，因此，汞灯发光效率远比白炽灯和卤钨灯高，是目前节能的电光源，诱虫光源多属此类；但各种汞灯之间节能效率、诱虫效果还有差异。

LED灯为发光二极管，是一种固态半导体器件直接把电转化为光。是最新型最节能光源，但都是单色光，光谱狭窄，用几种颜色的LED灯组合起来，光谱幅度也不可能很宽，因此，LED灯诱虫种类少，而且价格高。使用LED灯作诱虫光源还需要进行系统的诱虫效果试验；目前，不宜配用于杀虫灯使用。

③按杀虫方式分类。主要分为电击式、水溺式、毒杀式和其他一些方式。

电击式：适用于各种生产条件，高压电击式杀虫灯售价较高；诱集来的害虫，通过高压电网击倒，由集虫器收集；高压电击式杀虫灯杀虫效果较强，一般灯下虫害较少或没有虫害；因为害虫都是被光引诱过来的，均在灯周围 1m 直径范围内飞舞，只要碰到杀虫网就会被击倒，最终绝大部分都会被击倒进入杀虫灯的集虫装置内。

水溺式：适用于水资源条件较好的地方，杀虫效果不及高压电击式杀虫灯；水溺式杀虫灯售价较低，可设置在自然水面、人工水池上，或在灯下设水盆；害虫围诱虫光源飞舞，倒影诱虫光源诱集害虫落入水中而溺死，或直接喂养食虫动物。诱虫光源周围设挡虫板，害虫围灯飞舞，撞击挡虫板就会跌落水中，杀虫效果较强；也可不设挡虫板。水溺式杀虫灯杀虫效果较差，掉入水中的害虫有部分还可能重新起飞逃逸；特别是用水盆集虫，水盆面积较小，引诱来而未被溺死的害虫，就会聚集在灯下 1m 半径范围内，形成虫害，需要特别防治；但是，如果实施种养结合，就可以完全避免这个弊端，而且能变害为宝，提高效益。因此，水溺式杀虫灯最适宜用于水产养殖塘，或禽类、蛙类养殖场。

毒杀式和其他一些方式：毒杀式必须用挥发性强，有嗅杀作用的化学农药，而且毒杀的害虫也不能作为高蛋白饲料，在生产中不提倡采用；只有测报，研究单位需要收集尸体完整的害虫标本时采用。其他还有粘连式等方式，但因使用繁琐不宜采用。

（2）灯光诱虫的范围。

①灯光诱虫的有效范围。灯光诱虫的有效范围就是以害虫可看见诱虫光源的距离为半径所做的圆，通常距离约 80～100m，有效面积约 30～45 亩；各种害虫视力有差异，为保证杀虫灯使用效果，一般都把杀虫灯有效范围确定为 20～30 亩。

②各类灯光诱虫的有效范围。灯光诱虫的有效范围还与诱虫光源种类和功率有关。节能灯光效率高，诱虫有效范围较大。较低功率的节能宽谱诱虫灯其诱虫有效范围也能超过较大功率的白炽、普通荧光灯、紫外灯。

③灯光诱虫有效范围与杀虫灯安置的高度也有关。“高灯远照”，在害虫可看见杀虫灯的距离范围内，杀虫灯安装位置越高，有效范围也越大，但安装位置过高，一方面不便于操作，另一方面对诱杀飞翔能力差的昆虫有一定影响。因此，要综合考虑杀虫灯悬挂高度。

（3）灯光诱虫的效果。

①各类灯光诱虫的效果差异。不同种类的昆虫对不同波段光谱的敏感性不同，如绿光对金龟子，黄光对蚜虫有较强的诱集力，波长为 400～680nm 人类可见光包括了各种色光；波长 320～400nm 人类看不见的长波紫外光对数百种害虫有较强的诱集力。在长波紫外光和可见光的光谱范围内，光谱范围越宽，诱虫种类越多。紫外灯就是黑光灯。

②一般把波长 320～680nm 覆盖长波紫外光和可见光光谱范围的光源称为宽谱诱虫光源。宽谱诱虫光源诱杀害虫种类多，效果显著，数量大；宽谱诱虫光源对于鳞翅目类各种成虫有特效，如地老虎、食心虫、美国白蛾等。有显著诱集效果的其他主要害虫包括鞘翅目类的金龟子、天牛、步甲、跳甲、蚊子、蝇、蠓、虻、叶蝉、蝼蛄等；据对各种环境中的不完全统计，诱杀害虫超过 1500 种，宽谱诱虫灯对于常见的各类害虫绝大部分都有效。

### 7.4.4　红外线捕鼠器

（1）红外线捕鼠器原理。红外线捕鼠器是利用老鼠有沿墙根和固定鼠道行走的习性，先将捕鼠器放于老鼠经常行走的路径，将红外线捕鼠器通上电，把地面的罩子向上托起置于顶盖上方悬挂着，当有老鼠经过的时候罩子便会自动从天而降，将老鼠罩住，再通过罩子上的活动门窗把老鼠分流到配套的鼠笼关押，从而将老鼠成功活捉。这种捕鼠器不直接杀死老鼠，老鼠不会在捕鼠器里留下警告同类的气味（临死老鼠通常会分泌一种警告同类的气味——外激素，同类嗅到后会远离有这种气味的地方；因此，传统捕鼠器继续捕捉老鼠一般都会失败），可以反复使用，捕鼠效果显著。

（2）红外线捕鼠器使用方法。

①将该装置放于老鼠经常出没的墙根处（如有需要可放置少量小块食物于框内以加强诱鼠效果，但诱饵必须偏离中心线），其中一侧紧贴墙面，注意地面必须平整，以防止老鼠从框下逃离。

②插上电，检查捕鼠器罩上的小门是否关闭严密（以防止被关闭老鼠从罩子上逃离），将捕鼠器罩子向上水平自然托起，悬挂到顶盖下方，此时顶盖提手处指示灯应该先亮一会儿就自动熄灭，说明通电正常。

③为了测试机器的正常工作，可以用一块拳头大小的小物件代替老鼠从捕鼠器罩子下面快速通过，如果罩子成功掉了下来则说明工作正常。

④当捕捉到老鼠后，将配套的小鼠笼子门打开，并与捕鼠器罩子的小门严密对接（必须靠拢以防止老鼠逃跑），然后打开捕鼠器罩子小门，敲打罩子周围，将老鼠驱赶到小笼里面，然后再关闭小门，老鼠就被成功活捉。

⑤老鼠可以直接被淹死或者用于喂养蛇等。

### 7.4.5 毒绳

应用绑毒绳防控植物有害生物，具有防早治小、省工省力、无污染、保护有益生物等优点，是除治造林植物有害生物行之有效的预防手段。

（1）使用毒绳（绑毒绳）前的准备工作。

①选择防治对象。以防治幼虫下树越冬的害虫，如松毛虫等；以及在危害期幼虫有沿树干上下活动习性的部分鳞翅目食叶害虫等。

②落实防治任务。使用毒绳防治的地区，要根据往年造林苗木有害生物发生防治、越冬虫情调查等情况，提前明确当年春季需绑毒绳防治的种类、地点、防治面积、时间等，以便确定毒绳需求数量、取用毒绳时间等。

③选择与清理防治区域。根据当地发生的林业有害生物种类、主要造林树种、建群树种等情况，选择与清理防治区域。选择与清理防治区域时应特别关注的3类事项：选样轻度与轻度以下发生区为防治区域；防治的树种要有明显主干；做好防治树种周围丛生植株的清理、老树皮和翘裂树皮刮环等作业工作。

④做好虫情测报工作。由于农药的有效期限制，毒绳捆绑后有效杀虫时间具有时限性，只有在被防治害虫沿树干做上下爬动时，毒绳才能起到应有的杀虫效果；因此，提前进行虫情测报工作，可为绑毒绳提供有利时机，能够及时防治，以便达到预期防治虫害效果。

（2）捆绑毒绳要点与注意事项。

①毒绳盛于塑料袋内，挂于腰间，以便于扯出；

②捆绑时毒绳绕树干2圈，打死结，捆绑牢实；

③操作者需戴薄胶手套；

④按顺序捆绑，以便保证防治区树木全捆绑，无遗漏；

⑤禁止操作时吸烟、饮水、饮食等行为，避免将接触毒绳的器具误入口中；

⑥当天或工作结束后，应将剩余毒绳及时归整，统一保存，严禁乱丢乱放；

⑦捆绑作业结束后，必须及时用肥皂洗手、洗脸等。

（3）检查毒绳防治效果。毒绳捆绑作业后的第 2 天，应开始做防治效果检查。检查覆盖范围应包含树冠投影全部，每次检查记录后，要清理虫尸，检查间隔时间 1~2 天为宜。害虫上下树活动结束，检查终止。

# 第四章 生态修复工程项目零缺陷建设施工安全文明管理

## 第一节 安全文明零缺陷施工管理概述

安全生产是指生产过程处于避免人身伤害、设备损坏及其他不可接受损害风险的状态。对于生态修复工程建设施工全过程而言，要求达到的“安全生产状态”系指安全文明施工机制及其相应的管理制度、措施等。安全文明施工是生态修复工程建设项目重要的控制目标之一，也是衡量施工企业项目部管理水平的重要标志。因此，项目部必须首当把实现安全文明施工当做工程建设过程组织技术与管理活动中的重要工作任务来抓。

安全文明施工是施工企业经营管理中的重要组成部分，它属于一门综合性的系统科学。安全文明施工管理的对象是建设施工全过程涉及的所有人、物、环境的状态管理与控制，是生态工程建设整个施工活动过程的一种动态管理。通过对施工作业活动各要素具体状态的控制，使其不安全、不文明的行为和状态减少或者消除，不引发为安全文明事故。从而为保证生态修复工程项目零缺陷建设施工的工程效益目标在安全上得以充分保证。

### 1　安全文明施工事故致因理论

导致施工安全文明事故发生的因素是事故的致因因素。为主动、有效地预防安全文明施工事故，首先必须认真探索、了解和认识导致事故发生的各种原因。

#### 1.1　因果连续论

该理论的观点是，安全文明事故的发生不是一个孤立事件，尽管事故发生在某一瞬间，却是一系列互为因果的原因事件相继作用而共同导致的结果。该理论以事故为中心，将事故原因精辟地概括为 3 个层次：直接原因、间接原因和基本原因。

#### 1.2　能量意外施放论

能量意外施放论的核心要点是：在调查伤亡事故原因中发现其中大多数事故都是因为过量能

量所致，或干扰人体与外界正常能量交换的危险物质意外释放引起的，并且这种过量能量或危险物质的释放都是由于人为的不安全、不文明或物质的不安全状态造成的。

## 1.3　现代系统安全理论

现代系统安全理论认为，建设工程建设施工系统中存在的危险源是事故发生的根本原因，防止事故的核心就是消除、控制系统中的危险源。

### 1.3.1　危险源的本质及其产生原因

危险源是指“可能造成人员伤亡、职业病、财产损失、工作环境破坏或这些情况组合的根源或状态”；风险的含义是“某一特定危害性事件发生的可能性与后果的组合”。危险源是引发风险的原因，风险是危险源引发的结果。由于危险源与风险的存在，才有可能造成人员伤亡、损害人体健康导致职业病的产生。其具体原因如下所述。

（1）存在能量及有害物质。企业施工活动就是把能量及相关物质（包括有害物质等）转化为产品的过程，因而称能量和有害物质是第一类危险源，它是事故产生的物质基础和内因。

①能量。是指做功的能力，它既可造福人类，又可引发危险事故的发生。因此，在一定条件下，一切产生、供给能量的能源和其载体都可能是危险源；故此，对其必须控制使用。

②有害物质。包含种类有工业粉尘、有毒物质、腐蚀性物质和窒息性气体等。

（2）能量和有害物质失控。在生态修复工程项目建设施工过程中，能量、物质按人们的意愿在施工作业操作系统中流动，转换成产品；但对其也必须采取有效、有序的约束和控制管理措施。一旦发生失控就会使能量、有害物质意外释放，造成事故。故此，失控也是一种危险源，被称为第2类危险源，它决定了危险源发生的外部条件和可能性大小。

### 1.3.2　危险源的根源分析

（1）人的不安全行为。人在建设施工活动中曾引起或可能引发事故的行为，必然是不安全行为。事故致因中，人的因素指个体人的行为与事故的因果关系。人的自身因素是人的行为根据和内因；环境因素是人的行为外因，是影响人行为的条件。非理智行为在引发事故的行为中所占比例相当大，在施工过程出现各种违章、违规和不文明行为等现象，都是非理智行为的表现，因此，控制非理智行为是安全文明施工管理中一项严肃、细致和艰巨的工作任务。

（2）物的不安全状态。施工作业过程中发挥一定作用的机械、物料、生产对象以及其他要素统称为物。物均具有不同形式、性质的能量，有出现能量意外释放、引发事故的可能性。把物引发事故的状态称为物的不安全状态。在施工作业过程中，极易出现物的不安全状态，这与人的不安全、不文明行为或操作、管理失误有直接关系。当物的不安全状态运动轨迹与人的不安全文明行为轨迹交叉，就会为创造事故的发生提供时间和空间条件。因此，正确识别物的不安全状态，有效控制其发展，对预防、消除事故有直接的现实作用和意义。

（3）管理与环境缺陷。由于管理及环境的缺陷存在，影响、加剧了物的不安全状态和人不安全行为的危险程度，使事故发生的可能性犹如雪上加霜，极易加快加重事故的发生和程度。

# 2 安全文明零缺陷施工管理原理

## 2.1 系统原理

生态修复工程项目零缺陷建设的安全文明施工系统原理，就是要把安全文明施工管理与投资、质量、进度管理纳入同一个复合系统管理之中。在实施安全文明零缺陷施工管理目标的同时，还需要满足生态修复工程项目零缺陷建设的投资目标、质量目标和进度目标，只有做到这4个目标关系相互协调、彼此平衡和有机配合，才能建设出优质、零缺陷的精品工程。为此，必须综合做到以下3方面的工作程度。

①保证生态修复工程建设施工全过程的基本安全目标实现不容动摇。

②必须发挥安全文明施工管理对项目投资建设目标、质量目标、进度目标的积极作用。

③确保安全文明施工目标的合理并能实现。为确保安全文明施工目标的合理并符合实际需要，在设定时应充分采纳来自内、外部最可能影响到安全文明目标实现的各种信息与资料，如现行法律法规、标准规范和要求；施工现场危险源和重要环境因素的识别、评价及控制策划结果；可供选择的施工技术方案；其他相关财务、经营要求意见，同类型施工经验等。

## 2.2 动态、控制管理

### 2.2.1 事前预防控制管理

应预先在建设施工技术与管理计划中制定全面、可行的安全文明施工作业方案，并切实付诸施工实际；加强安全文明施工技术在工程施工管理中的系统控制作用，用程序化、标准化、数量化和全员化的格式规范安全文明施工管理，避免安全文明施工预控的先天性缺陷。事前控制管理措施，一是强调安全文明施工目标的计划预控；二是对安全文明施工计划在准备工作状态的有效控制管理。

### 2.2.2 事中控制管理

首先是对施工作业活动的安全文明行为进行约束，即对作业操作者在相关制度下的自我行为约束；其次，是来自他人对安全文明施工过程和结果进行的外部监控，这里指来自项目部、施工队（组）的内部自检、互检和来自企业外部的监控，如监理公司、项目建设单位安全文明监管部门等。

### 2.2.3 事后纠正控制管理

是指对安全文明施工活动结果的评价和偏差的纠正。当发生安全文明施工事故隐患时，应迅速客观分析原因、立即采取立竿见影的措施予以纠正偏差。

## 2.3 风险管理原理

安全文明零缺陷施工风险管理原理就是通过识别与工程施工现场相关的所有危险源和环境因素，分析、评价出重大危险源和重大环境因素，并有针对性地制定出控制措施和管理方案，建立明确、清晰的施工现场危险源和环境因素识别、评价和有效控制的管理体系，形成和体现系统性、超前性的安全文明事故预防思想。生态修复工程安全文明施工风险管理的目的是控制和减少施工现场的安全文明风险，实现零事故预防的安全文明施工目标。

生态修复工程安全文明施工风险管理是一个随施工进度而动态循环、持续改进的过程。

### 2.4　经济学原理

生态修复工程项目安全文明零缺陷施工管理应遵循安全文明经济学原理，应深刻分析施工安全文明成本与工程安全文明事故率之间的关系。当安全文明施工成本投入较低时，其事故发生率就较高，反之，安全文明施工成本投入较高时，事故率就较低。为有效防止和减少施工安全文明事故率，必须投入必要的安全文明施工基金。为此，施工单位应建立和落实安全文明施工资金保障制度，工程安全文明施工资金必须用于安全文明施工防护用具及设施的购置与更新、安全文明施工措施的落实、安全文明施工作业环境条件的改善等。

### 2.5　协调学原理

施工项目部在实现工程安全文明零缺陷施工管理方面，应协调内、外机构对安全文明施工有利的一切因素，充分发挥组织机构、人员的功能作用，加强对安全文明施工的组织协调，有效减少和控制安全文明事故的发生，实现工程建设施工的安全文明零缺陷目标。

## 3　安全文明零缺陷施工基本原则

### 3.1　安全文明零缺陷施工必须正确处理的5种关系

#### 3.1.1　安全文明施工与危险并存

安全文明施工与危险在同一事物运动中是相互对立、相互依赖而并存的。但是随着事物的运动变化，安全文明施工与危险每时每刻都在变化着，进行着你强我弱的转化；转化的态势将向着强者的一方倾斜。故此，欲保持强盛的安全文明施工态势，就必须要采取多种技术和管理措施，始终实行以预防为主的策略，使不安全、不文明的危险因素处于完全可知、可控制的状态之下。

#### 3.1.2　安全文明施工行为与施工作业的统一

生态修复工程建设只有有了安全文明施工措施的保障，才能持续、稳定地运行。如若施工过程不安全、不文明的行为层出不穷，建设施工现场势必会陷入混乱，甚至瘫痪的状态。由此可见，标准、规范的安全文明施工行为是工程建设施工的护身符，“安全文明第一”也是生态修复工程建设施工作业的生产力。

#### 3.1.3　安全文明施工行为与工程质量的相互包涵

从广义上分析，生态修复工程项目建设质量包涵安全文明施工的工作质量，安全文明施工行为也蕴含着质量的程度。这两者相互促进、交互作用、互为因果。安全文明第一同质量第一两者之间并不矛盾。安全文明第一是从保护施工因素角度提出的，而质量第一则是从关心施工成果的角度强调的。安全文明施工行为为工程质量服务，而工程质量则需要安全文明行为来保证，在生态修复工程建设过程对两者哪一方均不可以轻视或漠视，否则施工就会陷入失控、被动状态，导致无法实现预期的施工目标。

### 3.1.4 安全文明施工行为与建设进度的互保

生态修复工程建设进度应以安全文明施工行为做保障和前提，安全文明施工的态势就是有序促进建设进度。在生态工程建设技术与管理中应追求安全文明施工行为的加速度，竭力避免不安全、不文明施工行为的减速度。生态修复工程安全文明施工行为与建设进度成正比例关系，两者始终处于相辅相成的紧密连带关系。

### 3.1.5 安全文明施工行为与施工效益的兼顾

对生态修复工程项目建设施工安全文明行为进行组织管理，将明显起到改善施工作业条件、调动全体员工工作积极性的作用，进而提高生态修复工程建设施工经济效益的巨大增长。因此，在安全文明施工管理中，应从实际适用、实用的效果出发，安排适度、适当的投入，精打细算、统筹谋划，以起到推动工程建设施工的经济效益。

## 3.2 坚持安全文明零缺陷施工管理的6项基本原则

### 3.2.1 管理工程建设施工必须同时管理安全文明作业行为

对安全文明施工管理是工程建设管理中的重要组成部分。在管理施工作业的同时应加强对安全文明行为的管理，不仅要明确项目施工领导人的安全文明管理责任，也应使一切与施工作业有关联的机构、人员明确各自工作职责范围内的安全文明行为管理责任。把安全文明责任制度的建立和落实，切实体现在管施工作业同时管安全文明行为。

### 3.2.2 坚持安全文明施工行为管理的目的

安全文明施工行为管理的对象是对施工中的人、物和环境状态的管理。只有有效地控制人的不安全、不文明行为和物的不安全状态，减少、消除或避免事故，才能达到保护参与施工作业劳动者的安全和健康的目的。没有安全文明管理的目的是一种盲目、无效的行为。

### 3.2.3 必须坚持以预防为主

有效的安全文明施工管理不是处理事故，而是把可能发生的事故消灭在萌芽状态。采取预防为主，首先应使全体员工端正对安全文明施工管理的认识，在安排与布置施工任务时，针对施工过程可能出现的危险因素，提前予以消除处理是最明智之举。在施工中应实行制度化、定时化的检查，是消除施工不安全、不文明行为的预防管理措施。

### 3.2.4 坚持全面动态式、精细化式管理

对安全文明施工与管理不只是操作工人和安全文明管理机构应负的职责，更应该是项目部全体人员在施工全过程内肩负的工作任务和使命，从开工直至竣工的整个施工过程，应使全员牢记安全文明意识，并在每一项具体行为工作中把安全文明真正贯彻和落实到细微之处，实行安全文明施工行为的全员、全过程、全方位、全天候的动态式、精细化式管理。

### 3.2.5 安全文明施工管理重在对施工全过程的控制

把安全文明施工作业与管理贯穿于整个建设施工过程，实现对施工全过程安全文明管理的有效控制，才能保证按期完成预定的施工目标任务。为此，应在建设施工前、建设现场、保质养护和竣工验收四个动态时期，对安全文明施工管理的所有细节进行精益求精的把握，若把握不到位，就会影响到施工的正常进程。因此，对施工全过程的安全文明细节给予足够的重视，就会实现安全文明管理的有效控制，就会为生态工程顺利竣工打下坚实的基础。

#### 3.2.6　始终坚持持续改进

生态修复工程项目建设管理者欲获得工程零缺陷建设施工的圆满竣工，一定要不遗余力地重视对安全文明施工管理细节的改进、改进、再改进。安全文明零缺陷施工作业与管理改进的方向，就是满足生态修复工程零缺陷建设对安全文明施工作业的要求，一句话，就是要适应市场形势发展对安全文明施工行为的规范、标准作业的要求。应不断摸索新规律，总结管理、控制的措施、方法与经验，持续改进，稳步提高安全文明施工管理水平。生态修复工程施工市场竞争的实践证明，一家生态修复工程施工企业如果在市场上被淘汰出局，并不是被你的竞争对手淘汰的，而是被你自己内部糟糕的管理淘汰出局的。没有与时俱进，不重视安全文明零缺陷施工细节的改进管理就是糟糕式管理的具体表现之一。

## 第二节
## 安全文明零缺陷施工技术措施

## 1　概述

针对生态修复工程项目施工过程中已知或已出现的危险因素、不文明行为，采取消除或控制的一切技术措施统称为安全文明零缺陷施工技术措施。安全文明零缺陷施工技术措施是改善施工作业工艺、设备，控制施工环境中的一切不良状态，消除和控制不安全、不文明因素对施工人员产生伤害与干扰影响的有力手段。安全零缺陷施工技术措施主要有防火、防毒、防爆、防洪、防风、防尘、防雷、防触电、防环境污染等。文明零缺陷施工管理措施分为组织管理措施和现场管理措施。文明施工组织管理措施是指健全文明施工的组织管理机构、制度、资料档案记录、开展竞赛等；文明施工现场管理措施是指合理布置施工作业现场，现场合理利用各种色彩、安全色、安全标志等。

### 1.1　安全零缺陷施工技术措施的标准

安全零缺陷施工技术措施必须针对具体的危险因素或不安全状态，以控制危险因素的生成和发生为重点，以达到安全效果为评价控制技术措施的唯一标准。其6项标准如下。

#### 1.1.1　防止人为失误的能力

防止人为失误的能力，是指有效防止在施工工艺过程、作业操作过程，由于人为失误直接产生或间接造成严重安全后果的有效预防能力。

#### 1.1.2　有效控制人为失误后果的能力

有效控制人为失误后果的能力，是指即使出现人为失误或发生意外险情，其后果也不会导致发生危险结果的现场安全控制能力。

#### 1.1.3　防止故障或失误的传递能力

防止故障或失误的传递能力，是指当发生故障或失误时，能够有效防止引发其他故障或失误的连锁反应，避免故障或失误扩大化的控制能力。

#### 1.1.4 故障或失误后导致事故的难易程度

故障或失误后导致事故的难易程度是指在生态修复工程项目建设施工作业过程中，至少有2次相互独立的故障或失误同时发生，才能引发恶性事故的能力或程度。

#### 1.1.5 承受能量释放的能力

承受能量释放的能力是指对意外偶然发生超常能量的释放有足够的承受能力。

#### 1.1.6 防止能量蓄积的能力

防止能量蓄积的能力是指采取限量蓄积和溢放的技术与管理措施，随时能够泄掉多余能量，防治能量释放造成安全事故。

### 1.2 文明零缺陷施工管理措施

生态修复工程项目建设文明零缺陷施工应采取的12项管理措施如下。

（1）应对重点施工现场设置围栏或围挡。围栏材料质地应达到坚固、稳定、整洁和美观。

（2）设置标明施工工程名称。应以及建设、设计、监理、施工单位和工地代表人姓名、开竣工日期、施工批准文号等明显内容的标牌；主要施工作业部位点、危险区域和道路口都应设置醒目的安全警示宣传标语牌。

（3）应规范按照施工现场平面图设置临时设施。在规范按照施工现场平面图设置临时设施时，要随不同的施工进展调整，合理布置。

（4）现场施工人员应佩戴胸卡。施工现场作业与管理人员应佩戴证明其工作职责的身份证胸卡。

（5）现场用电和照明要求。现场规范安装、设置用电线路，并有夜间安全照明。

（6）施工机械安全检验要求。施工机械须经安全检验合格方许进场使用作业，并按规定位置与路线布置；运送渣土等材料应覆盖防护罩，以防土渣、尘埃飞扬洒落污染环境。

（7）现场道路和输水系统要求。应保证施工道路畅通，输水系统处于通顺状态，随时清理施工带来的建筑与生活垃圾，保持工地场容场貌的整洁。

（8）施工现场生活设施要求。施工现场应设置必要的生活设施，并符合卫生、通风、照明等要求，住宿、就餐、饮水应达到卫生防疫要求的标准条件。

（9）现场消防灭火要求。对处于建设现场施工作业操作的区域和材料存放库房（地），必须制定和落实消防灭火器材、消防管理制度和措施。

（10）对操作工进行卫生保健知识培训要求。应对工人开展经常性的卫生防病、防疫、食品安全的宣传教育，并配备保健医药箱。

（11）严禁焚烧或掩埋规定。禁止在施工现场焚烧或掩埋塑料等各类包装材料、有毒与有害物质。

（12）其他要求。未经许可夜间不得施工作业。

## 2 安全文明零缺陷施工技术措施优选

### 2.1 优选原则

有效预防是消除安全文明施工事故的最佳途径。在采取安全文明施工技术措施时，应遵循预防性措施优先选择、根治性措施优先选择、紧急性措施优先选择的3原则，并依次排序。以保证采取措施与行为落实的速度，也就是要按措施的属性分出轻、重、缓、急的处理等级。

### 2.2　优选顺序

安全文明零缺陷施工技术措施的优选顺序如下：根除危险与不文明因素→限制或减少危险与不文明因素→隔离、屏蔽、连锁→安全故障与不文明事件的安全与文明设计→减少故障或失误与不文明行为→校正行动。

## 第三节
## 安全文明零缺陷施工管理措施

### 1　教育与培训

对员工进行安全文明零缺陷施工行为的教育与训练，既能增强人的安全文明施工意识，增加安全文明施工知识，又可提高安全文明施工技能，有效防止不安全、不文明行为。教育、训练是控制人的安全文明行为的重要手段和方法，因此，进行安全文明教育、训练时要做到严肃、严格、严密、严谨，讲求实效；并且开展教育与训练的方法应适时、宜人、宜岗，内容合理、方式多样。

### 1.1　目的

安全文明零缺陷教育、训练应包括知识、意识、技能这三方面的内容。不仅要使操作工人熟练掌握安全文明施工现场技能知识，而且更能正确、认真地在作业操作过程中规范应用，最终体现安全文明的零缺陷行为。

### 1.2　内容

（1）新工人入场前应完成3级安全文明施工教育、培训，并且规定合格者方能上岗。

（2）结合施工作业工序进程，适时进行安全文明施工知识的教育。其培训内容应与工种、工序吻合，干什么训练什么，反复训练、严格要求、分步验收、合格上岗。

### 1.3　加强措施

进行各种形式、不同内容的安全文明施工教育、训练，应把每次教育、训练的时间、地点、内容等详细地记录在安全文明教育培训记录本上，并与施工作业操作过程取得的实效检查、考核、奖罚等记录，一起形成系统的安全文明施工管理档案，以全面推动安全文明零缺陷施工管理的有效进程。

# 2　安全文明零缺陷施工管理措施

## 2.1　安全施工管理措施

为确保零缺陷施工安全，项目部应对生态修复工程项目建设施工作业全过程、全方位进行零缺陷动态式管理。其11项零缺陷动态管理的主要内容及方式如下。

（1）上岗资格和劳动组织关系管理。从事生态修复工程建设施工作业操作、技术与管理的人员，必须具备相对应的职业岗位资格、上岗资格和任职工作能力，并符合持证上岗的需求和要求。纳入施工现场劳动组织管理的人员包括作业操作、后勤服务、技术与管理等人员，其人员数量必须满足施工的需要，各工种应配置合理，管理人员称职，管理制度健全并始终保证得到扎实贯彻与执行。

（2）安全施工教育培训管理。项目部应按照安全施工教育培训制度的要求，对参与施工活动的所有从业人员均进行安全培训教育。安全教育培训内容有：新工人按“3级安全教育”、变换工种安全教育、转场安全教育、特种作业安全教育、班前安全活动教育、季节性安全施工教育等，并定期检查安全培训落实情况及实际效果，建立、建全、保存安全培训、检查和考核记录档案。

（3）安全施工技术交底管理。向施工作业操作工人进行安全技术交底管理的内容有生态工程建设施工场地的环境条件、设计与工艺特点、作业危险关键点等；针对施工危险点应采取的预防措施、注意事项、相应的操作规程和标准要求，如若发生事故后应及时采取的避难和急救措施。

安全施工技术交底应做的2项核心工作内容：①应按安全技术交底的组织实施方案具体落实；②应针对各工种、各岗位，分施工时期、分步、分项逐步进行安全技术交底。

（4）施工现场危险警示的标志管理。在生态修复工程项目建设现场入口处、机械设备、临时动力用电设施、脚手架、基坑边沿、爆破物和危险气体、液体存放等危险处，都应设置明显的安全警示标志。安全警示标志必须符合《安全标志（GB2894—1996）》《安全标志使用导则（GB16719—1996）》的规定。

（5）施工机械与设施的使用管理。在使用施工机械设施前，必须由机械管理部门专业人员对安全保险、传动保护装置和性能进行细致的检查、校核，并填写检校记录，合格方可进场使用。在机械设施作业工作期间，应定期不间断地对其采取检查、维护、保养和调整等管理措施。

（6）施工现场临时用电管理。施工现场临时安装用电变配电装置、架空线路或埋地电缆干线的敷设、分配电箱等设备，应由专职电工组装，并组织安全部门和专业技术人员共同按临时用电组织设计要求的规定检查验收，不合格处必须及时整改，再经检验合格后才准许用电使用，此间应填写验收记录。用电使用期间必须由专职电工负责日常检查、维护和保养。

（7）施工现场地下设施的防护管理。对生态修复工程项目建设现场和毗邻区域的供水、供电、供气、通信、光缆等地下埋设管线，以及邻近建筑物、构筑物、地下工程等，都应采取专项防护措施，并设置专业人员进行监管。

（8）施工现场消防安全管理。生态修复工程项目建设现场的火灾隐患虽然明显要小于其他建筑工地，但发生火灾隐患还是可能存在的，如一些临时设施、堆放易燃材料场地、库房、作业棚等场所。因此，必须贯彻“以防为主，防消结合”的防火方针。建立健全防火领导组织，普及防火安全教育，配置必要的灭火器材、工具，并切实加强防火检查，消除火灾隐患，提高全体施工人员对火灾的警惕性。

(9) 施工季节性安全管理。施工季节性安全管理是指针对气候季节特点开展的安全施工作业管理。

①雨季施工。应当采取防洪、防雷击、防触电、防坑槽坍塌、排水泄洪等组织管理措施。

②冬季施工。应采取防滑、防冻、防煤气中毒、防火等措施。

③夏季施工。应采取必要的防暑降温等措施。

(10) 安全施工验收管理。施工现场的安全验收必须严格遵照国家标准、规定，按照施工方案或安全技术措施的设计要求，严格把关，验收完毕后应办理签字手续，验收人对验收结果的安全保证性能负责。

(11) 安全施工记录资料管理。施工安全记录资料应随着施工的进展，依据施工资料档案组卷归档的标准要求，有序补充和填写有关反映施工的进度、质量、安全、工艺、材料、设备及作业活动情况等内容。当每一阶段的施工作业完成，相应的安全记录资料档案也随之形成，整理组卷。施工安全资料档案应真实、齐全、完整，施工相关各方的现场审核签字手续齐备、字迹清晰、结论明确。

## 2.2　文明施工管理措施

文明零缺陷施工是营造有序作业环境的良好行为，对促进生态修复工程项目建设安全施工作业、加快施工进度、保证施工质量、降低施工成本、提高施工经济效益和社会效益都起到重要的作用。项目部必须严格遵守建设部颁发的《建筑施工安全检查标准（JGJ59—1999）》中对文明施工的规定。

### 2.2.1　文明零缺陷施工的组织和制度管理

应将生态修复工程项目建设文明零缺陷施工纳入项目部建设施工技术与管理的系统之中，实行现场文明零缺陷施工的统一监督管理。制定切实可行的文明零缺陷施工要求制度，并与岗位责任制、经济责任制、安全检查责任制、奖罚制、竞赛制等专项管理制度紧密挂钩。同时，应加强与落实现场文明施工检查、考核和奖惩的管理，其范围应包括施工整个过程、各施工区、生活区、场容场貌、垃圾清运、个人佩戴胸卡及文明制度执行等内容，以促进文明零缺陷施工管理的实施。

### 2.2.2　文明零缺陷施工宣传与教育管理

对项目部全体人员可通过短期培训、讲座、听广播、观看影像、办宣传栏等方式进行文明施工行为的教育，特别应重点对临时劳务工人的岗前包括文明零缺陷行为的培训教育。

### 2.2.3　施工现场职业卫生零缺陷管理

生态修复工程项目建设过程对人体造成职业危害的类型主要有粉尘、毒物、噪声、振动和高温等。为此，项目部应把消除职业病危害纳入工程零缺陷建设施工管理之中，采取相应的防尘、防毒、防噪、防振、防高温中暑等必要的卫生防治技术措施。

### 2.2.4 施工劳动保护零缺陷管理

生态修复工程项目建设施工劳动保护零缺陷管理主要包括劳动防护用品发放和劳动保健管理2项内容。劳动防护用品必须严格遵守国家经贸委颁发的《劳动防护用品配备标准》规定，以及于1996年4月23日劳动部颁发的《劳动防护用品管理规定》等相关法律、法规，认真按施工作业操作工种规范发放、使用和管理。

# 第五章
# 生态修复工程项目零缺陷建设风险管理

## 第一节 项目零缺陷建设风险概述

### 1 项目风险

#### 1.1 含义

项目风险就是可能影响项目成功完成的任何潜在因素。为更好地理解风险的概念，有必要知道风险与不确定性的关系。严格来讲，二者是有区别的。

风险是指事前可以知道所有可能出现的结果，并知道每种结果发生的概率；不确定性是指事前不知道可能有哪些结果，或即便知道可能有哪些结果，也不知道其发生的概率有多大。但在实际应用中，二者难以区分，因此在工程项目风险管理实践中，可以认为，风险是可以测定概率的不确定性。

#### 1.2 类别

根据不同标准，项目风险可以分成很多种类。

##### 1.2.1 按风险造成后果划分

（1）纯粹风险。纯粹风险是指只会带来损失，不会带来收益的风险，例如自然灾害对灾民而言就是纯粹风险。

（2）投机风险。投机风险是指既可能造成损失，又可能带来收益的风险，例如买彩票对彩民来讲就是一种投机风险。投资项目中的风险一般情况下都属于投机风险。

##### 1.2.2 按风险来源划分

（1）自然风险。自然风险是指由于自然力作用造成财产损失、人员伤亡的风险，如在水利工程建设施工过程中，因发生洪水或地震而造成的人员伤亡、工程损害、材料和机器损失就属于自然风险。

（2）人为风险。人为风险是指因为人的活动而产生的风险。人为风险通常包括行为风险、经济风险、技术风险、政治风险和组织风险等。

#### 1.2.3 按风险影响范围划分

①局部风险。指其发生的结果只影响到项目局部或部分。

②总体风险。指其发生的结果可影响到项目总体。

#### 1.2.4 按风险可预见性划分

①已知风险。指经过认真分析其发生的可能性可以预见的风险。

②可预测风险。指可以预见其发生但不可预知其后果的风险。

③不可预测风险。指其发生与否及后果影响程度皆不可预测的风险。

#### 1.2.5 按项目风险的承担者来划分

按项目风险的承担者来划分，主要分为以下6类。

①业主风险；

②政府风险；

③承包商风险；

④设计方风险；

⑤供应商风险；

⑥担保方风险等。

#### 1.2.6 按项目发起人与项目公司对风险能否控制为标准来划分

①系统外风险（不可控制风险）；

②系统内风险（可控风险）。

# 2 项目零缺陷建设面临的风险

## 2.1 项目建设风险的含义

生态修复工程项目建设过程，可能在其决策和实施的各个环节都存在一些阻碍因素，使得原有计划、方案受到影响，造成生态修复工程项目建设目标不能实现。所有影响这些环节的内外部不确定性因素都可以称为生态修复工程项目建设风险。

## 2.2 项目建设风险的特点

生态修复工程项目建设是一项综合性活动，涉及技术、资金、人力、材料、组织、管理等内外环境中的诸多因素，这就使得它面临着较大的不确定性。因此，就造成生态修复工程项目建设风险具有以下特点。

#### 2.2.1 风险的多样性

在同一个生态修复工程项目建设中，一定有多种风险同时存在。如自然风险、决策风险、资金风险、法律风险、技术风险、合同风险等。因此，生态修复工程项目建设者面对的风险不止一个，这就要求建设者要纵观全局，有效利用资源，有重点地控制风险的发生及其造成的不良影响。

#### 2.2.2　风险的客观性

在任何一个生态修复工程项目建设中以及在一个生态修复工程项目建设的任何阶段，都客观地存在着各种风险，这是不以人的意志为转移的。因此，建设者不可以指望风险不存在或者会消失，而是应该认清其实质及来源，运用一定的方法及工具对其进行科学的管理控制。

#### 2.2.3　风险的普遍性

风险的普遍性是指风险不仅存在于所有的生态修复工程项目建设过程，同时也说明在一个项目建设进展中的各个环节都会遇到各种各样的风险，如目标的确定、可行性研究、技术设计、图纸绘制、高层决策、信息传递、施工作业过程皆有可能产生一些失误，从而带来一定的风险。

#### 2.2.4　风险的相关性

风险的影响往往不是局部的，在某一段时间内，风险会随着项目进展而逐渐扩大。一个行为活动受到风险干扰，可能影响与它相关的活动。所以在生态修复工程项目建设中多数风险的影响会随着时间推移有扩大的趋势。

#### 2.2.5　风险的规律性

生态修复工程项目建设风险的发生有一定的规律性，这是由项目实施的规律性所决定的。正因为如此，项目风险在一定程度上可以预测。

#### 2.2.6　风险的可变性

当引起风险的因素发生变化时，也必然会导致风险的变化。风险的可变性是指对某种风险而言，其性质、风险量在一定条件下可以发生变化的特性。

### 2.3　项目零缺陷建设中风险的类别

生态修复工程项目建设风险根据不同分类标准划分为很多种类，按生态修复工程项目建设风险后果的承担者来划分，主要有以下 6 类风险。

#### 2.3.1　项目建设业主（法人）面临的风险

这类风险由于风险来源的不同又可以划分为自然风险、社会风险、经济风险和项目组织实施的风险等。

（1）自然风险。自然风险是指项目建设所在地的地理位置、自然条件、气候因素等可能对项目的完成产生不利影响，这些风险均属于自然风险。

（2）社会风险。社会风险指生态修复工程项目建设所在地区的体制、法律及各种规章制度以及国家由于改革做出的新决策可能会严重影响项目建设进程，有时还会对项目建设造成致命打击，这些风险均属于社会风险。

（3）经济风险。经济风险是指在生态修复工程项目建设寿命期内，可能会遭遇到如下 6 种情形。

①国家或地方或项目业主经济发展不景气；

②所在地投资环境较差，由于某些原因可能有些人不仅不予以支持，反而对项目建设加以限制或制约；

③物价动荡不稳，造成人力、物资供需状况不稳定；

④通货膨胀幅度较大；

⑤项目建设投资或应付工程款回收期长；

⑥资金筹措困难等。

（4）项目组织实施的风险。项目组织实施的风险是指生态修复工程项目建设实施过程可能会发生下列4种状况。

①工程项目建设合同条款不合理；

②工程项目建设业主上级单位对项目建设的不合理干预过多；

③项目建设投资方不负责任；

④工程项目建设设计不合理等。

### 2.3.2 项目建设承包商面临的风险

生态修复工程项目建设承包商作为项目建设承包合同中的一方当事人，是业主的合作者。依据合同约定，双方各有其权利和义务，每一方的行为都可能侵害到对方的利益，从而为对方带来风险。承包商面临的风险主要有生态修复工程项目建设施工承包决策失误风险、签约风险和履约风险、责任风险等。

（1）项目建设施工承包的决策失误风险。

①项目建设施工承包商在做出是否承包某项生态修复工程项目建设施工的决定时，一般是先收集相关信息，然后对信息进行分析、预测和得出结论，为决策提供依据；因此，信息的质量会影响到决策的水准，由此对决策正确与否产生影响。

②承包商或其代理人若是专业水平欠缺或缺乏诚信，也会对生态修复工程项目建设施工承包产生不良后果。此外，生态修复工程项目建设是通过招投标活动来发包，承包方若报价过高，则中标率就会大大降低，从而造成投标活动及其费用无果的风险；若报价过低，又会面临中标后施工成本大、利润较低或难以收回成本的风险。

（2）签约和预约的风险。在签订生态修复工程项目建设承包合同时，若承包商具备的合同签约水准较低或签约过程有失误，就会面临很大的风险。通常包括以下3种情况。

①合同中存在不平等、定义模糊和遗漏的条款。出现这些现象实际上就对承包商构成了潜在的风险，而且承包商尚未意识到这些潜在风险情况，因此，这些风险造成的后果往往是极其严重的。

②施工技术与管理不规范。是指承包商由于自身的施工技术与管理水平低下，从而未达到合同约定的要求标准，造成赔款。

③施工财务管理不严谨。指承包商在工程项目建设施工财务管理方面存在问题，成本失控而给承包商公司造成巨大损失的风险。

（3）责任风险。承担生态修复工程项目建设合同规定的项目施工责任是承包商不可推卸之责任。如果承包商有意或无意地出现了质量事故、不完全履行合同，就要对由违约而引起的风险后果负责。

### 2.3.3 项目建设监理人面临的风险

生态修复工程项目建设监理人是业主聘用，代理业主对承包商就工程项目建设质量、进度等方面履行监督工作的责任人，与业主签有监理服务合同书。其监理工作内容是，监理人要履行生态修复工程项目建设监理人应尽的职责。在生态修复工程项目建设中，业主可能会对工程提出过分的、不切实际的要求或对本应由监理工程师决定的事情乱加干预。而监理工程师却要为这些事情造成的不良后果负责。其次，由于承包商一些缺乏诚信的行为而造成的后果，也有可能使监理工程师遭遇责任风险。此外，生态修复工程项目建设是一项综合性、复杂性的活动，因而工程项目建设的监理工作需要娴熟、高水准的监理技能和沟通能力，这其中任何一项的欠缺或疏忽都会给监理工程师带来风险。综上所述，监理工程师主要面临着来自业主、承包商及其自身三方面的风险。

#### 2.3.4　建设工程项目咨询人面临的风险

生态修复工程项目建设咨询人主要面临着来自业主行为的风险，即对生态修复工程项目建设标准提出不当要求、对可行性研究施加不当要求等，以及自身工作素质能力、态度和信息掌握不全面、责任心不强等风险。

#### 2.3.5　项目建设设计人面临的风险

与上述情况类似，生态修复工程项目建设设计人主要面临着来自业主的某些行为带来的风险，如投资先天不足、不当干预设计行为等和自身业务素质造成的风险等。

#### 2.3.6　项目建设贷款人面临的风险

生态修复工程项目建设发放贷款人主要面临的是贷款不能按时收回，或者根本无法收回的风险。

## 第二节　项目零缺陷建设中风险的识别

生态修复工程项目建设风险管理过程，首要任务是进行风险识别。识别风险是整个风险管理工作的基础，只有正确、及时地识别风险、分析风险，才能更好地制定相应的风险管理措施。然而，由于风险具有隐蔽性，对其识别绝不是一件容易的事，这就要求风险管理者必须全面认真地搜集资料，恰当有效地运用各种工具和方法对风险的可能发生、潜在的不确定性加以确认，以识别出真正对当前生态修复项目零缺陷建设中各专项任务有影响的风险。

### 1　项目零缺陷建设风险识别的概念

生态修复工程项目零缺陷建设风险识别就是通过搜集和分析相关资料，确定何种风险可能影响到当前正在建设的生态修复工程项目，并将这些风险的特性整理形成文档的过程。它是生态修复建设风险管理的基础和重要组成部分。一般情况下，生态修复工程项目零缺陷建设风险识别流程如图 5-1 所示。

#### 1.1　搜集资料

需要搜集与生态修复工程项目建设风险管理相关的资料主要有生态修复工程建设环境、类似生态修复工程项目建设、生态修复建设设计、建设条件、项目范围管理计划、项目人力资源与沟

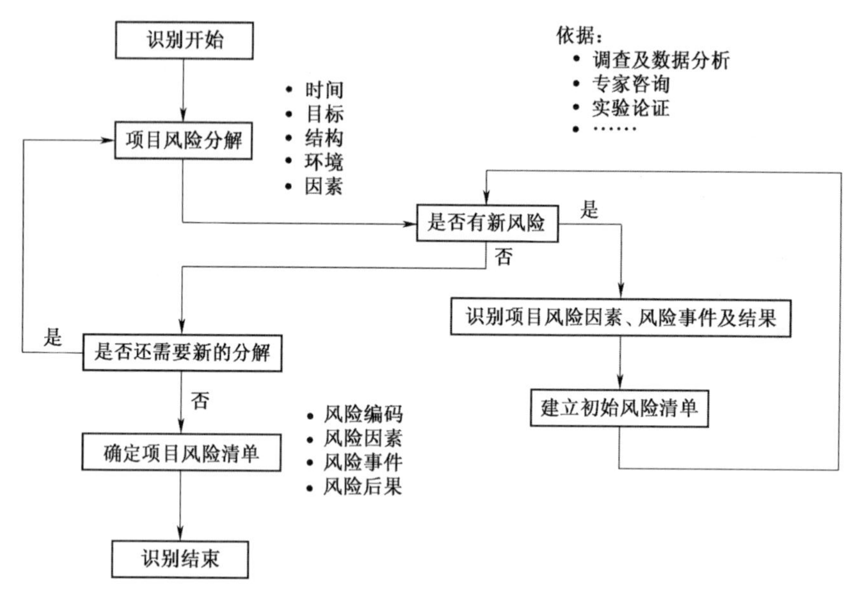


图 5-1 项目零缺陷建设风险识别过程

通计划、项目资源需求计划，以及项目采购与合同管理计划方面的资料等。

## 1.2 不确定性分析

根据所搜集资料，对实现预测、可能影响到生态修复工程项目建设的不确定性因素进行分析，确定这些不确定性因素有哪些会给项目建设带来风险。

## 1.3 建立初步风险清单

在不确定性分析基础上，将那些给项目带来危险的客观存在和潜在的风险及其来源列成清单，作为下一步进行风险分析基础。

## 1.4 确定各种风险事件并推测其结果

根据建立初步风险清单中所开列各种风险来源，推测其对项目造成的可能影响，在生态修复工程项目建设中主要考虑财务方面的影响。

## 1.5 风险归纳分类

根据风险对生态修复工程项目建设可能造成影响力大小、风险性质及其彼此间可能发生的关系，对风险进行归纳、分类。为了风险管理方便，具体操作时，可以首先按照风险存在于项目内、外部来分类，然后再按照风险属于技术类、非技术类来分类和按生态修复建设目标分类。

## 1.6 编制项目零缺陷建设风险清单及报告

风险识别的结果是形成文档化和报告，作为进一步风险分析和管理的依托。风险识别报告包括以下 4 方面内容。

#### 1.6.1　风险来源表

风险来源表是指以下 3 项所描述的文字内容。

①风险事件的可能后果；

②风险发生事件的估计；

③风险事件预期发生次数的估计。

生态修复工程项目建设风险表还可以按照项目风险的紧迫程度、项目费用风险、进度风险和质量风险等单独做出风险排序和评价。

#### 1.6.2　风险识别流程图

风险识别流程图是指将某项生态修复工程项目建设按照建设实施步骤，以若干个模块形式组成一个流程图，能够较为清晰地表示出风险识别的成果。

#### 1.6.3　风险分类表

根据生态修复工程项目建设风险管理的实际需要，每一类风险还可以作进一步细分。找出风险因素后，为了在采取控制措施时能分清轻重缓急，故需要给风险因素划定等级。通常按事故发生后果的严重程度划分。

#### 1.6.4　风险症状描述

风险症状描述是指风险已发生或即将发生的外在表现形式，描述风险症状能使风险管理人对风险发生更敏感、对风险的观察更敏锐，以便及时采取应对措施。根据风险表中列明的各种主要风险来源，推测与其相关联的各种合理可能性，包括盈利与损失、人身伤害、自然灾害、时间与成本、节约或超支等方面。然后，对每一类风险发生概率与潜在危害绘制二维结构图，称为风险预测图。通过图 5-2 得知，风险预测图能够直观地看到某一潜在风险的相对重要性，以及不同的风险程度。风险曲线离坐标原点越远，表明风险越大。

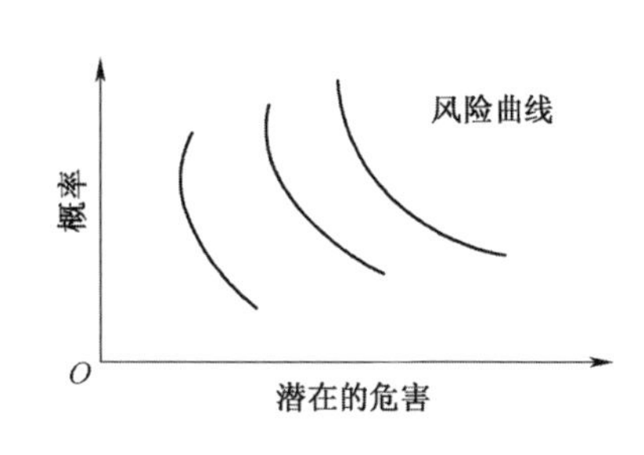


图 **5-2**　风险预测图

#### 1.6.5　对风险管理其他方面的要求

较为完善的生态修复工程项目建设管理，应在每一阶段工作成果中对前面工作进行总结和对今后工作提出建议。风险识别过程中，往往会发现项目管理其他方面也存在着很多问题，这些都应在报告中加以说明，以促进项目管理完善。

## 2　项目零缺陷建设风险识别的方法

生态修复工程项目零缺陷建设风险管理过程，风险识别是基础性工作，其完成效果直接影响到后续风险管理的成效。因此，进行风险识别时应力求识别出尽可能多的风险，要做好这一工作，可以借助一些技术和工具，下面分别加以说明。

### 2.1　德尔菲法

德尔菲法又叫专家调查法，是由赫尔姆和达尔克于 20 世纪 40 年代提出，它是一种常见的定性分析方法，在管理学应用极为广泛。这种方法旨在通过集中专家智慧、系统地解决问题。运用此方法进行风险识别时操作要点如下：

①由项目风险管理员选定相关领域人数不超过 20 人的专家，并与他们建立直接的函询关系。

②请专家阅读有关背景资料，并明确所要分析的问题及有关要求。

③请专家根据资料回答与风险识别有关的问题，并填写调查表。

④专家们必须“背靠背”，不发生任何形式联系，每位专家独立、匿名完成问卷。

⑤管理人员收集问卷，并对问卷进行整理、归纳、编辑，向专家们发送出归纳编辑结果，然后进一步征询他们的意见。

⑥对专家意见再次综合整理后反馈给他们，如此反复，直至专家们的意见基本趋向一致，作为风险识别的最后依据。

## 2.2　头脑风暴法

头脑风暴法也叫集思广益法。此方法旨在建造一个宽松、自由的思考环境，与会人员相互启发，激发零散性思维，使人们思路大开，其想法像风暴一样奔涌而出，从而获得有创造性意见、建议。

在用于生态修复工程项目建设风险识别时，头脑风暴法有以下操作要点。

①参加头脑风暴会议的人员由项目风险研究领域的专家或具备风险管理经验的项目组成员组成。

②选择会议主持人要善于引导启发，反应灵敏，有较强判断、归纳、综合的能力。

③会议期间，主持人鼓励与会人员尽可能多地发表意见并忠实记录，与会人员彼此间不打断发言，不批评他人发表的意见，不必因为担心别人会对自己的见解提出异议而拘束。与会人员也可以对别人发表过的意见加以改进，提出更新的、进一步的想法。

④对发言数量的重视要高于对质量的重视，以鼓励与会人员能够畅所欲言。

⑤发言终止后，共同评价每一条意见，由主持人总结出主要结论。

实践经验表明，头脑风暴法可以排除折中方案，对所讨论问题通过客观、连续分析，找到一组切实可行方案，因而头脑风暴法在军事和民用决策中得以广泛应用。如美国国防部在制订长远科技规划中，曾邀请 50 名专家采取头脑风暴法开了两周会。参会者的任务是对事先提出的长远规划提出异议。通过讨论，得到一个使原规划文件变为协调一致的报告，在原规划文件中，只有 25%～30%的意见得到保留。由此可以看出头脑风暴法的实用价值。

然而，头脑风暴法的时间、费用等实施成本很高。此外，头脑风暴法要求参会者具有较高的素质。这些因素是否满足会影响头脑风暴法实施效果。

## 2.3　情景分析法

情景分析法就是针对生态修复工程项目建设未来某种状态，运用数字、图表和曲线等其他描述方式进行详细描述与分析，从而预测引起项目风险的因素及其影响程度的一种方法。通过这种方法可以说明项目中某些事件出现风险的条件和影响因素，以及当假定某些因素发生变化时，项目会发生何种风险，产生何种后果等。

## 2.4　敏感性分析法

敏感性分析法是考察当自变量发生某种程度变动时，能引起因变量的变动范围，从而能够了解因变量受到某些自变量变化的影响有多大，对哪些自变量较为敏感。将此方法用于风险识别过程时，则需考察当项目的销量、单价、成本、投资、项目寿命、建设期等自变量，以及各种前提假设发生某种程度变动时，生态工程项目建设的净现值（NPV）、内部收益率（IRR）等经济评价指标会出现多大范围变动，以此来判定哪些变数应该值得关注。

## 2.5　核对表法

运用核对表法进行风险识别时，可以通过搜集历史上类似项目资料及访问相关人，弄清以往类似项目中曾有风险，并将它们列在一张表上。识别人员根据这张表结合目前情况，预测其中有哪些风险可能会在当前项目中出现，核对表法是一种依赖于过去历史经验而运用的风险识别方法。在实践中，可以列出风险核对表，见表 5-1 和表 5-2。

**表 5-1　项目建设融资风险核对表**

| 项目建设融资成功条件 | 项目建设融资风险特征 |
|---|---|
| 项目建设融资只涉及信贷风险，不涉及资本金 | 工期延误，收益推迟 |
| 切实进行了可行性研究，编制了财务计划 | 成本费用超支 |
| 项目建设使用产品、材料的费用要有保障 | 技术、工艺欠缺 |
| 价格合理的能源供应要有保障 | 承包商财务管理混乱、失败 |
| 项目建设成品要有对应市场 | 项目建设上级单位过多干涉 |
| 能够以合理运输成本将产品运至市场 | 未向保险公司投保人身伤害险 |
| 项目建设技术陈旧 | 原材料涨价或货源供应短缺、供应不及时 |
| 项目产品在市场上没有竞争力、寿命比预期缩短 | 要有便捷、畅通的通信手段 |
| 项目建设管理不善 | 能够以预想价格采购到建设施工材料 |
| 对担保物的评价过于乐观 | 承包商富有成熟资信、技术能力且诚实可靠 |
| 项目建设方无财务清偿能力 | 不需要未经检验的新技术 |
| | 合营各方签有协调、满意的协议书 |
| | 稳定、诚信可靠的投资环境，已办妥执照、许可证等证件 |
| | 不存在被政府没收的风险 |
| | 国家风险令人满意 |
| | 对于货币、外汇风险事先已考虑 |
| | 项目建设主要发起人已投入足够的资本金 |
| | 项目建设价值足以充当担保物 |
| | 对资源和资产已进行了满意的评估 |
| | 已向保险公司缴纳了足够的保险费、取得了保险单 |
| | 对不可抗拒力已采取了预案措施 |
| | 建设成本超支问题已作预防处置措施 |
| | 投资者可获得足够高的资本金收益率、投资收益率和资产收益率 |
| | 对通货膨胀率已进行了预测 |
| | 利率变化预测显示可靠 |

表 5-2　项目建设过程可能出现的风险因素检查

| 生命周期 | 可能出现的风险因素 |
|---|---|
| 全过程 | 对一个或更多阶段投入时间不够<br>没有记录下重要信息<br>尚未结束一个或更多前期阶段就进入了下一阶段 |
| 概念 | 没能书面记录下所有背景信息与计划<br>没有进行正式的成本—收益分析<br>没有进行正式的可行性分析<br>你不知道是谁首先提出了项目创意 |
| 计划 | 准备计划人没有承担过类似项目的经历<br>未制定项目完成计划<br>遗漏了项目计划的某些内容<br>项目计划部分或全部没有得到所有关键成员批准<br>指定完成项目的人不是准备计划人<br>未审查计划、也没有人提出任何疑问 |
| 执行 | 主要客户的需要发生了变化<br>收集到的有关进度和资源消耗的信息不完整、不准确<br>项目建设进展报告不一致<br>一个或更多重要项目支持者有了新的支持目标对象<br>在建设实施期间替换了项目团队成员<br>市场需求发生了变化<br>做了非正式变更，没有对它们给整个项目影响进行一致分析 |
| 结束 | 一个或更多项目驱动者没有正式批准项目成果<br>所有项目工作未完时，人员就分配到了新项目建设组织中 |

## 2.6　鱼刺图法

### 2.6.1　鱼刺图法概论

一般情况下，风险识别有两种思路，一种是由因到果，即从原因到结果，先找出项目可能发生哪些事情，再看事情会引发何种结果；另一种是由果索因，即从结果找原因。鱼刺图法是一种由果索因的思维方式，见图 5-3 所示。

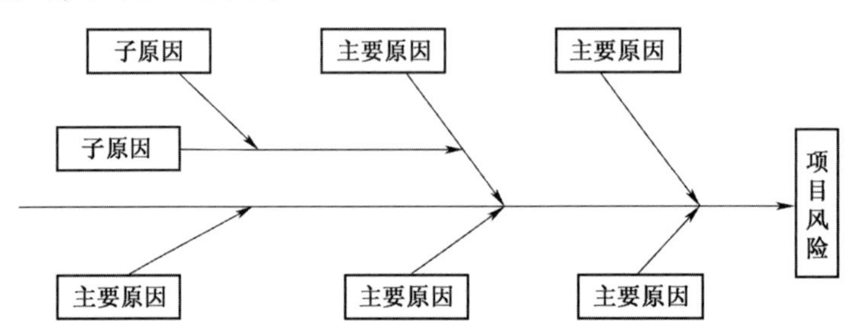


图 5-3　项目风险识别鱼刺图

### 2.6.2　运用鱼刺图法的要点

①明确分析的风险问题，将要解决的问题明确化并放在主干箭头最右边；

②确定造成风险的主要原因；

③确定各主要原因的子原因；

④将每层原因进一步深化分析，直至到最后的原因可测可控。

## 2.7　SWOT 技术

### 2.7.1　SWOT 技术概况

SWOT 技术是综合运用生态修复工程项目建设的优势（strengths）与劣势（weaknesses）、机会（opportunities）与威胁（threats）等方面，从多视角对项目建设风险进行识别。通过 SWOT 分析，可以结合项目所处内外部环境进行较为客观全面的分析，确定项目有无劣势以及项目所面临机会和威胁，从而制定相对应策略。

### 2.7.2　SWOT 分析矩阵

进行 SWOT 分析时，通常采用 SWOT 分析矩阵。如某拟建的生态修复工程项目，通过对其内部关键因素和外部因素进行分析，得出表 5-3 所示 SWOT 分析矩阵。

**表 5-3　某拟建生态修复建设项目 SWOT 分析矩阵**

| 优势 | 劣势 |
|---|---|
| 1. 地处长江三角洲，享受优惠所得税率<br>2. 人力资源结构合理，员工队伍年轻化<br>3. 拥有规范化的管理平台<br>4. 公司资产稳步增长<br>5. 财务指标基本良好 | 1. 负债迅速增加，影响大额借款融资能力<br>2. 公司对金融风险缺乏规避策略<br>3. 内部沟通存在一定问题<br>4. 生产管理能力有待提高 |
| **机会** | **威胁** |
| 1. 国内经济保持高速增长<br>2. 引进技术、经营水平进一步提高<br>3. 国内各专业人才不断涌现 | 1. 外国竞争力很强的企业进入中国市场<br>2. 国内外环保法规更加严格 |

### 2.7.3　SWOT 技术分解方法

在运用 SWOT 技术方法时，首先要建立生态修复工程项目建设的工作分解结构（WBS），然后从生态修复工程项目中分解的最小单位（工作包）来进行识别项目风险。

## 2.8　工作分解结构

（1）工作分解结构（work breakdown structure，WBS）是结构分解工具，它是将项目按其内在结构或实施顺序进行逐层分解而形成的结构示意图，它可以将项目分解到相对独立、内容单一、易于成本核算与检查的若干工作单元，并能把各工作单元在项目中的地位与构成直观地表示出来。从而，通过控制这些单元成本、进度和质量目标，使它们之间关系协调一致，达到控制整个项目目标。

（2）生态修复工程项目的工作分解结构是由施工项目各部分构成、面向成果的树型结构，该结构界定并组成了施工项目的全部范围。一个组织过去所实施项目的工作分解结构可以作为新项目的工作分解结构样板。虽然每个项目都是独一无二的，但仍有许多施工项目彼此间都存在着某种程度相似性。许多应用领域都有标准、半标准的工作分解结构作为样板，如混凝土工程项目、设备安装项目的工作分解结构。

（3）工作分解结构是实施项目、创造最终生态修复工程项目建设产品或服务所必须进行全部活动的清单，是工程项目建设进度计划、人员分配，预算计划的基础，是对生态修复工程项目建设风险实施系统工程管理的有效工具。

### 2.9 财务数据法

财务数据可以确切反映生态修复工程项目建设的基本状况。风险管理人员可以通过分析有关财务报表，以及将其与财务预算和财务预测相结合发现项目风险。这种风险识别方法局限性较大，风险识别效果不全面，所以在应用时应当在拥有财务信息基础上，同时搜集其他信息资料和辅之以其他手段、方法来进行风险识别，而不只局限于独立使用财务数据法。另外，利用此方法时必须保证财务数据的可靠性。

# 第三节 项目零缺陷建设风险的评估

生态修复工程项目零缺陷建设风险识别解决了风险存在性的问题，让管理者清楚了项目建设中有哪些风险，它们发生的概率多大，项目风险造成的损失有多大，风险何时发生，它们对工程项目建设会造成什么样的综合后果影响等，要解决这些问题，就应当在生态修复工程项目建设风险识别的基础上进行风险评估和评价。

## 1 项目零缺陷建设风险评估的概念、过程、目的

### 1.1 项目零缺陷建设风险评估的相关概念

#### 1.1.1 项目零缺陷建设风险评估

生态修复工程项目零缺陷建设风险评估就是在对各种风险进行评估基础上，综合度量和考虑生态修复工程项目建设风险发生频率高低、造成损失程度大小、对项目综合影响以及风险之间的内在联系，然后根据规定、公认的指标与标准，确定有无必要采取风险控制措施及采取措施的力度。

#### 1.1.2 项目零缺陷建设风险水平

项目风险水平分为单个和整体风险水平两个层次。整体风险水平的确定相当重要，它需要在清楚各单个风险水平高低基础上，考虑各单个风险之间关系、相互作用情况下进行。整体风险水平不是各单个风险水平的简单加减汇总，而是在计算时需要依据单个风险之间的相关性运用数学方法求得。

### 1.2　项目零缺陷建设风险评估的过程

生态修复工程项目零缺陷建设风险评估的 3 项操作要点如下所述。

（1）确定生态修复工程项目零缺陷建设风险评价标准。对单个生态修复工程项目风险要确定单个风险水平，对整体项目风险则要确定整体风险水平。

（2）确定生态修复工程项目零缺陷建设风险水平。确定生态修复工程项目零缺陷建设风险水平时，包括单个、整体 2 级风险水平。

（3）生态修复工程项目零缺陷建设风险水平比较。生态修复工程项目零缺陷建设的风险水平比较，是指将风险水平与评价标准相比较。

### 1.3　项目零缺陷建设风险评估的目的

生态修复工程项目建设风险管理中，风险评价是至为关键的一步，它以风险识别和评估为基础，为后续风险应对与控制提供依据。

项目风险评估包括风险估计与风险评价 2 项内容。风险评估的主要任务是进行风险发生概率估计与评价；风险后果严重程度估计与评价，风险影响范围大小估计与评价，以及对风险发生时间估计与评价。风险评估实质上是应用各种风险分析技术处理不确定性的过程，它是风险识别和风险管理之间联系的纽带，是决策的基础。用于风险分析方法有很多，尤其是现代数学和计算机技术的迅猛发展为风险研究提供了大量模型技术。目前风险分析常用技术主要有专家调查法、蒙特卡罗模拟和敏感性分析，其他技术如 CIM、模糊数学、多目标决策树等，尽管也有应用，但并不广泛。这些方法各有利弊，有时仅采用一种方法很难达到预期要求，需要将多种方法结合起来进行项目风险分析。上述方法又可以分为定性、定量风险分析方法。

## 2　项目零缺陷建设风险评估的方法

### 2.1　数理统计法

项目组成员积累了关于某项风险的较多数据资料时，可采用此方法。如要顾及某项风险后果的严重程度，则可根据以下 4 个步骤进行评估。

①将历史资料中涉及该风险、类似风险后果严重程度量化。

②统计出各个后果严重程度范围内该风险发生次数，得出频数估计。

③画出风险频率分布直方图。

④描绘出风险总体分布曲线。

通过以上步骤的操作，就可得到该风险后果严重程度的分布曲线。由此曲线可以进一步评估，在目前项目中该风险后果严重程度在某些范围内的概率有多大，有时也根据频率分布直方图来评估。由于此方法需要较多的历史数据，且较为繁琐，所以在工程项目建设实践中常采用下面的理论概率分布法。

### 2.2　理论概率分布法

生态修复工程项目建设实践中，有些类别的风险较为常见，人们对它们已知之甚多，并通过分布函数知悉它们的分布规律，这时就可以直接依据这种分布去求出某项风险发生的概率。在风险评估中常用的分布主要有离散分布、等概率分布、阶梯矩形分布、梯形分布、三角形分布、二项分布、正态分布和对数正态分布等，具体选择哪一种要根据所描述的对象及信息情况而定。

## 2.3 主观概率法

在评估某项风险时，没有可以参考的相关历史数据或数据资料很少，项目管理人员就可以根据自己的经验或召集相关专家推测风险事件发生的概率。

## 2.4 外推法

外推法是生态修复工程项目建设风险分析的一种有效方法，将其分为前推、后推、旁推 3 种类型。前推法是根据历史数据资料推测未来风险发生概率及其造成后果严重程度的方法，运用前推思路中的回归分析法是其中的主要方法。

任何事物都不会孤立存在，一些事物的发展变化总是与另一些事物的发展变化有着直接或间接联系。一般而言，这种关系不会是一种严格的函数关系，但有时人们却可以用某种函数、曲线去拟合这种关系，以对事物将来发展变化做出预测。回归分析是利用统计学原则描述随机变量间相关关系的方法；可以根据预测对象与影响因素之间的关系将回归分析分为线性回归和非线性回归。

## 2.5 主观评分法

主观评分法是评估项目风险的主观性方法，它通过让项目管理人员对项目每个阶段各因素打分来对项目风险做出评估。虽然这种方法简便易行，但其可靠性完全依赖于管理人员的经验与水平，因此应当慎用。

## 2.6 盈亏平衡分析法

盈亏平衡分析法又叫量本利分析法，此方法目的是通过分析产品产量、成本与盈利之间关系，找出盈利与亏损临界点，以评估各种不确定性因素作用下生态修复工程项目建设风险状况。采用 $B$ 表示销售收入，$P$ 表示单位产品价格，$Q$ 表示产品销量，$C$ 表示总成本费用，$C_f$表示固定成本，$C_v$表示单位产品变动成本，则有下述 4 种情况时的计算式。

①盈亏平衡产量计算。其计算式（5-1）如下：

$$Q^* = C_f/P - C_v \tag{5-1}$$

若其他条件不变时，当 $Q>Q^*$ 时盈利；反之则亏损。

②盈亏平衡生产能力利用率计算。其计算式（5-2）是：

$$E^* = Q^*/Q \times 100\% = C_f/(P - C_v)Q_c \times 100\% \tag{5-2}$$

当其他条件不变时，实际生产能力大于 $E^*$ 时盈利；反之则亏损。

③盈亏平衡销售价格计算。其计算式（5-3）为：

$$P^* = C_v + C_f/Q_c \tag{5-3}$$

当其他条件不变时，$P>P^*$ 盈利；反之则亏损。

④盈亏平衡单位变动成本计算　其计算式（5-4）是：

$$C_v^* = P - C_f/Q_c \tag{5-4}$$

当其他条件不变时，$C_v > C_v^*$ 时盈利；反之则亏损。

总而言之，生态修复工程项目建设风险管理人员可以通过估计各因素与盈亏平衡点处相应取值的差距来进行风险评估。

## 2.7　敏感性分析法

敏感性分析是指通过测定 1 个、多个不确定因素变化导致的决策评价指标变动幅度，了解各种因素变化对实现项目目标的影响程度，从而确定项目建设风险程度。根据所分析因素的多寡，敏感性分析可分为单因素敏感性分析和多因素敏感性分析。运用该方法的 4 个操作要点如下所述。

### 2.7.1　确定具体的评价指标

敏感性分析是在确定性分析基础上进行，因此一般情况下，敏感性分析指标应与确定性分析指标一致。当确定性分析中评价指标较多时，敏感性分析可围绕其中 1 个或若干个最重要的指标进行。

### 2.7.2　选择欲分析的不确定因素并设定其变动范围

在生态修复工程项目建设实践中，对项目建设产生影响的不确定因素很多，但并没有必要对所有不确定因素都进行敏感性分析。如果预计某种风险因素在设定范围内的变动会比较显著地影响决策评价指标的变动，则可将其确定为需要分析的风险因素，否则将其定为不需要分析因素。

### 2.7.3　计算各不确定因素对项目目标影响程度

计算各不确定因素对项目目标的影响程度，其具体方法是，设定需要分析因素以外，其余因素固定不变，使所需分析因素值发生变化，计算每次变化后评价指标的对应值，观察评价指标变化程度，为直观起见，可以将评价指标随不确定因素变动而变动的程度用表格或图像形式表示出来。

### 2.7.4　确定出敏感因素

所谓敏感因素，即其变动能明显影响评价指标或项目目标的不确定因素。确定敏感因素时，可使所要分析的不确定因素每次改变相同幅度，在此前提之下比较不同因素对评价指标的影响程度。

## 2.8　概率分析法

概率分析法可以帮助我们知道风险因素对项目影响发生的可能性有多大。概率分析法就是通过研究各种风险因素发生不同变动幅度的概率及其对项目造成影响，从而对项目风险因素做出评估的过程，可以说，概率分析法是敏感性分析法的延伸与完善。若以某个风险因素对项目效益的影响为例时采用此方法，其 5 项操作要点如下所述。

①列出风险因素的所有可能结果；

②列出风险因素出现每种可能结果的概率（$p_1$，$p_2$，…，$p_n$），这些概率最好是依据有关历史数据资料预测所得，若条件不允许，也可使用主观概率；

③列出风险因素各种可能结果出现时项目的效益值（$x_1$，$x_2$，…，$x_n$）；

④根据以上数据，采用下列 3 式计算项目效益期望值、方差、标准差：

$$E(X) = \sum_{t=1}^{n} p_t x_t \tag{5-5}$$

$$D(X) = \sum_{t=1}^{n} [x_i - E(X)]^2 p_t \tag{5-6}$$

$$\sigma = \sqrt{D(X)} \tag{5-7}$$

⑤根据以上运算结果计算项目效益值落在某范围内的概率，见式 5-8：

$$P(X \leqslant x) = \Phi\left(\frac{x - E(X)}{\sigma}\right) \tag{5-8}$$

事实上，$\Phi\left(\frac{x - E(X)}{\sigma}\right)$ 的值可以通过查阅正态分布数值表求得。有了 $P(X \leqslant x)$ 的值就可以清楚地知道风险因素对项目的影响了。

决策树是以方块、圆圈和三角形为结点，由直线连接结点形成的树状结构，方块代表决策点；圆圈代表状态点；三角形代表结果点。由决策点引出的直线代表方案分枝，由状态点引出的直线代表概率分枝。在概率分枝的末端列出各方案在不同状态下的损益值。决策树法的具体操作 3 个要点如下：绘制决策树；计算各方案的项目损益期望值，并将损益期望值标在状态结点上端；对损益期望值进行对比，选其最大者填在决策点上，此决策点对应方案就是最优方案，其风险最小。

## 2.9 层次分析法

层次分析法（analytical hierarchy process，AHP）是定性与定量相结合的评价方法，其特点是可以细化工程项目建设风险评价因素和权重体系，采用两两比较法，提高了评价准确性，可以通过分析结果对其逻辑性、合理性进行辨别。

### 2.9.1 层次结构模型

运用层次分析法，首先必须确定评价目标，然后需要明确方案评价准则，再把目标、评价准则连同行动方案一起构造一个层次结构模型。在这个模型中，目标、评价准则和行动方案处于不同层次，相互关系用连线表示。评价准则可以细分为多层。

### 2.9.2 因素两两比较的标度

层次结构模型建立之后，评价者根据已掌握的知识、经验和判断，从第一个准则层开始向下，逐步确定各层诸因素相对于上一层各因素的重要性权数，然后经过计算，排出各方案的风险大小排序。

层次分析法在确定各层不同因素相对于上一层各因素的重要性权数时，利用了这样的事实：3 个以上的对象放在一起，难以比较，但是，2 个对象就容易比较。因此，层次分析法使用了两两比较的方法。两两比较，重要性标度则以表 5-4 中的规定为准。

### 2.9.3 判断矩阵

对比两两比较标度，就可以具体地确定各层不同因素的重要性权数。评价者从评价目标角度，将多个因素重要性两两相比，将得到结果写在下面的判断矩阵 A 中。

**表 5-4　重要性标准**

| 标度 $\alpha_{ij}$ | 定义 |
|---|---|
| 1 | 因素 $i$ 与因素 $j$ 同样重要 |
| 3 | 因素 $i$ 比因素 $j$ 略重要 |
| 5 | 因素 $i$ 比因素 $j$ 较重要 |
| 7 | 因素 $i$ 比因素 $j$ 重要得多 |
| 9 | 因素 $i$ 比因素 $j$ 略重要得多 |
| 2，4，6.8 | 因素 $i$ 比因素 $j$ 重要性比较结果介于以上结果中间 |
| 倒数 | 因素 $j$ 与因素 $i$ 比较 |

### 2.9.4　判断矩阵特征向量的计算

判断矩阵写出后，就要计算判断矩阵特征向量。A 的特征向量分别用 $W$ 表示。

### 2.9.5　综合矩阵

特征向量 $W$ 从不同角度比较了物理、化学法方案；用 $W$ 构造一个综合矩阵 C；然后用矩阵 C 乘以 $W$，就可得到一个新向量 $W_f$，$W_f$ 表明，从评价目标的整体角度判断各方案风险大小。

### 2.9.6　判断矩阵的一致性检验

由于层次分析法采用两两比较法，所以会出现判断不一致情况。如 3 个对象甲、乙、丙经过两两比较，很可能会得出如下结果：甲比乙强，乙比丙强，丙比甲强。这就是判断不一致的结果，根据判断不一致的判断矩阵算出的特征向量，会得出错误结论。因此，就需要对判断矩阵进行判断一致性的检验。

计算一致性指标 $C_I$，其定义式（5-9）是：

$$C_i = \frac{\lambda_{max} - n}{n - 1} \tag{5-9}$$

式中：$n$——判断矩阵阶数；

$\lambda_{max}$——判断矩阵的最大特征值。计算 $\lambda_{max}$ 的方法如下。

计算向量 $A_W$ 公式（5-10）：

$$A_W = AW \tag{5-10}$$

计算 $\lambda_{max}$ 公式（5-11）如下：

$$\lambda_{max} = \frac{1}{n}\sum_{i=1}^{n}\frac{(A_w)_i}{W_i} \tag{5-11}$$

然后从表 5-5 中查取随机性指标 $C_R$，并计算比值 $C_I/C_R$，当 $C_I/C_R<0.1$ 时，一致性通过。如检验未通过，让专家重新评价，并调整其评价值，然后再检验，直至通过。

**表 5-5　随机性指标 $C_R$ 数值**

| $n$ | 1 | 2 | 3 | 4 | 5 | 6 | 7 | 8 | 9 | 10 | 11 |
|---|---|---|---|---|---|---|---|---|---|---|---|
| $C_R$ | 0 | 0 | 0.58 | 0.9 | 1.2 | 1.24 | 1.32 | 1.41 | 1.45 | 1.49 | 1.51 |

## 2.10　蒙特卡罗模拟技术

生态修复工程项目建设风险的特点决定了风险管理是一个动态过程。在风险管理初期，所面对风险素可能较多，并且各个因素的状态也不确定，但随着项目建设的推进，项目风险因素会逐渐明确，其状态也会被掌握得更清楚。同时，风险因素的不确定性很大，其状态不可能是一个精确的常数值。

将模拟技术应用于风险评价，就可以很好地解决上述问题。随着模拟次数增多，模拟结果会反映实际变化情况。借助计算机，根据实际情况对模拟参数进行设置，可反映不同情形，并且实现起来既经济、又很简单。

蒙特卡罗方法（Monte Carlo simulation，MCS）又称随机抽样技巧或统计试验方法，它是估计生态修复工程项目建设风险常用的方法。应用蒙特卡罗模拟技术可以直接处理每个风险因素的不确定性，并把这种不确定性在投资、成本等方面的影响以概率分布的形式表示出来。在该方法中所有元素都同时受风险不确定性的影响，由此克服了敏感性分析方法受一维元素变化的局限性。另外，可以编制计算机软件来对模拟过程进行处理，极大地节约了时间。该方法比较适合在大中型建设项目中应用。

使用蒙特卡罗模拟技术分析生态修复工程项目建设风险的5个基本过程如下所述。

①设定参数并统计分析得到其取值概率。假设方案中的各参数是随机变量，可以通过经验，或对这些参数统计分析得到其可能取值及取值概率，设随机变量可能的取值为 $x_1$，…，$x_n$，则对应概率分别为 $p_1$，…，$p_n$。

②模拟参数的组合。采用随机数产生程序生成随机数，不同随机数代表不同参数值，就可以确定一组参数值的组合。

③根据所得参数值组合和经济效益计算公式，计算项目经济效益。经过 $n$ 次随机抽样计算，就可以得到一系列经济效益值。

④计算得到方案各个参数的风险度值。根据计算的结果，绘制经济效益概率分布图，并计算其期望值、标准差等，可以得到该方案各个参数的风险度。

⑤获得优选方案。对各方案多个参数风险度进行比较，就可以得到项目的满意方案。

# 第六章 生态修复工程项目零缺陷建设信息化管理

实施生态修复工程项目零缺陷建设过程，需要大量与建设目标跟踪和控制相关的信息。一项生态修复工程项目零缺陷建设过程中涉及的信息量不但数量大，而且涉及类型广泛、专业种类多、形式多样。随着信息技术、计算机技术和通信技术的飞速发展，以及生态修复工程项目建设规模的不断扩大，有效的信息管理对项目零缺陷建设管理的顺利实施有着越来越重要的现实意义。

## 第一节 项目零缺陷建设信息化管理的内涵与任务

### 1　项目零缺陷建设信息化管理的内涵和意义

#### 1.1　项目零缺陷建设信息化管理的内涵

生态修复工程项目零缺陷建设决策和实施过程，不仅是物质生产过程，而且还是信息产生、处理、传递和运用过程。在项目策划、规划、设计和招投标、建设准备、建设现场阶段等主要任务之一就是生产、处理、传递和应用信息，这些阶段的主要工作成果是工程项目建设信息。虽然工程项目建设阶段的主要任务是按图施工，其主要工作成果是完成工程项目建设的实体，但施工阶段的物质生产过程始终伴随着信息的产生、处理等过程。它一方面需要施工阶段之前信息过程产生的信息，另一方面又不断地产生新信息。实际上生态修复工程项目零缺陷建设施工阶段是物质过程和信息过程的高度融合，如图 6-1 所示。

#### 1.2　项目建设信息化管理的意义

生态修复工程项目建设信息管理是通过对各个系统、各项工作和各种数据的管理，使生态修复工程项目建设信息能方便和有效地被获取、存储、存档、处理和交流。生态修复工程项目建设

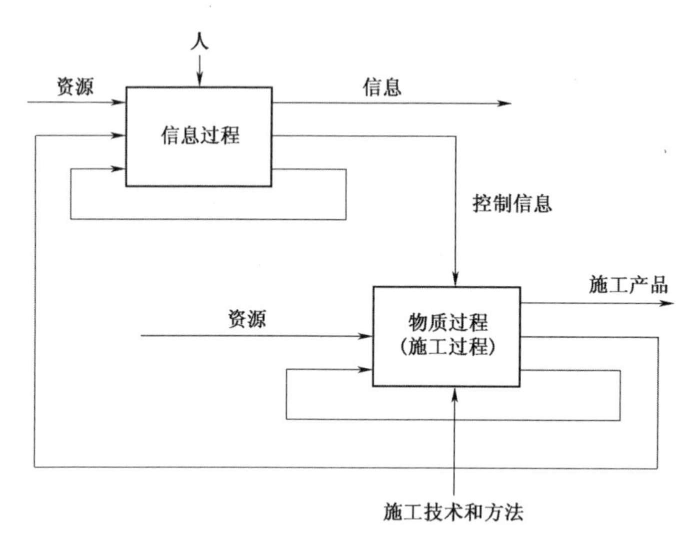


图 **6-1** 项目零缺陷建设中的信息过程与物质过程

信息管理的目的，旨在通过信息传输的有效组织管理和控制，为生态修复工程项目建设提供增值服务。

# 2 项目零缺陷建设信息化管理的任务

生态修复工程项目零缺陷建设一般具有周期较长、参与单位众多、单件性和专业性强等特征，一个建设项目在决策和实施过程，项目信息数量巨大、变化多而且错综复杂，项目信息资源的组织与管理任务重大。为此，应主要做好以下 5 方面工作。

## 2.1 编制项目零缺陷建设信息化管理规划

在整个生态修复工程项目建设决策和实施过程，工程项目建设各参与方都有各自的信息资源组织与管理任务。为充分利用和发挥信息资源价值、提高信息管理效率，以及实现有序和科学的信息管理，各参与方都应编制各自信息管理规划实施方案，以规范各自的生态修复工程项目建设信息管理工作。

## 2.2 明确项目零缺陷建设管理组织中信息化管理部门的任务

生态修复工程项目零缺陷建设管理组织中各个工作部门管理工作都与信息处理有关，而信息管理部门的主要工作任务如下所述。

①负责编制信息管理规划实施方案和更为详细具体的信息管理手册，对信息管理规划实施方案和手册作必要的修改、补充，并检查和督促其执行。

②负责协调和组织项目管理组织中各工作部门的信息处理工作。

③负责信息处理工作平台的建立和运行维护。

④与其他工作部门协同组织收集、处理信息和形成各种反映项目建设进展和项目目标控制的报表和报告等信息。

⑤负责工程项目建设档案管理等。

### 2.3 编制和确定信息化零缺陷管理工作流程

信息管理工作流程对整个项目建设管理的顺利实施有着非常重要的意义，其内容如下：
①信息管理规划和手册编制、修订工作流程；
②为形成各类报表和报告，应建立收集、录入、审核、加工、传输和发布信息的工作流程；
③建立生态修复工程项目建设施工档案管理工作流程。

### 2.4 建立项目建设信息管理处理平台或信息中心

由于生态修复工程项目建设大量数据处理的需要，在当今时代应充分重视利用信息技术手段进行信息处理，其核心手段是基于网络信息处理平台。

在国际上，许多建设工程项目都专门设立了信息管理部门，也称为信息中心，用来确保信息管理工作的顺利运行。也有一些大型项目专门委托咨询公司从事项目信息动态跟踪和分析，以信息流指导工程项目建设的物质流、人员流，从宏观上对项目建设实施进行控制。

# 第二节 项目零缺陷建设管理信息化种类

生态修复工程项目零缺陷建设的管理信息，按其信息来源、稳定程度、性质、层次和工作流程划分为以下 5 大类。

## 1 按项目零缺陷建设信息化来源分类

### 1.1 内部信息

内部信息取自生态修复工程项目建设本身，指工程项目建设概况、规划设计方案文件、建设施工方案、合同履约内容、合同管理制度、标准规范、信息资料的编码系统、信息目录表、建设施工现场调度会议制度、监理制度及组织、项目建设投资目标、项目建设质量目标、项目建设进度及工期目标等。

### 1.2 外部信息

外部信息是指来自于项目建设外部环境的信息，如国家有关政策与法规、国内及国际市场上原材料及设备价格、物价指数、类似工程项目建设造价、类似工程项目建设施工进度、招投标单位经济实力、项目建设施工单位信誉及诚信度等。

## 2 按项目零缺陷建设信息化稳定程度分类

### 2.1 固定信息

固定信息是指在一定时间内相对稳定不变的信息，包括标准信息、计划信息和查询信息。

①标准信息是指建设施工各种定额和规范或标准，如施工定额、原材料消耗定额、生产作业计划标准、机械设备与工具耗损程度等。

②计划信息是反映在计划期内已定任务的各项指标完成情况。

③查询信息主要指国家和行业颁布的技术标准、不变价格、现场监理工作制度、监理工程师人事简历等情况。

### 2.2 流动信息

流动信息是指处于不断变化着的信息，以及反映在某一阶段项目建设实际进度与计划完成指标对比情况。其信息类别包括如下6项。

①项目建设施工各阶段质量；

②项目建设投资与施工成本统计信息；

③项目建设施工进度统计信息；

④项目建设施工各阶段原材料消耗量；

⑤机械台班数；

⑥人工工日数等。

## 3 按项目零缺陷建设信息化性质分类

### 3.1 技术信息

技术信息是信息组成里最基本的部分，涉及的信息有3方面。

①项目建设施工设计信息；

②建设施工作业技术规范、标准、使用说明与操作要求等信息；

③项目建设施工现场变更信息等情况。

### 3.2 经济信息

经济信息是生态修复工程项目建设中的重要组成部分，也是经常受到各方关注的信息内容。将其划分为4类。

①材料价格；

②人工成本；

③项目建设施工财务报表资料；

④项目建设施工现金流状况等。

### 3.3 管理信息

管理信息有时在生态修复工程项目建设信息中并不引人注目，但它设定了一个项目正常运转的基本机制，是保证项目顺利实施的关键因素，起着不可忽视的重要组织功能作用，如①施工项目部的组织结构；②项目部成员职责及分工；③项目部工作人员岗位工作任务；④项目部工作流程等。

### 3.4　法律信息

法律信息指在项目建设实施中涉及的一些法规、强制性规范、合同条款等。这些信息与生态修复工程项目建设目标并一定有直接的对应关系，但它们设定了一个比较硬性的框架，项目建设施工必须要满足这个框架的要求。

## 4　按项目零缺陷建设信息化层次分类

### 4.1　战略性信息

战略性信息是指有关项目建设过程的战略决策所需要的信息，包括以下 5 项。

①项目建设规模、档次；

②项目建设投资总额；

③项目建设总工期；

④项目建设施工承包商资质及选定；

⑤项目建设施工合同价确定等信息。

### 4.2　策略性信息

策略性信息是指提供给建设单位中层及部门领导做中短期决策所使用的 3 类信息。

①项目建设年度计划；

②项目建设财务计划；

③项目建设总体规划等。

### 4.3　业务性信息

业务性信息指的是项目建设各业务部门的日常工作信息，包括以下 4 类。

①日建设施工进度；

②月度支付施工进度款额；

③按旬、月度进行的施工质量检查考核评比结果；

④日、旬、月、季度安全文明检查考核评比结果等。

## 5　按项目零缺陷建设信息化工作流程分类

按生态修复工程项目建设信息的工作流程划分为以下 4 类。

①计划信息；

②执行信息；

③检查信息；

④反馈信息等。

# 第三节 项目零缺陷建设管理信息化系统的含义、结构与功能

## 1 信息化系统的含义

### 1.1 项目零缺陷建设管理信息化系统含义的核心

现代生态修复工程项目零缺陷建设管理信息化系统（project management information system, PMIS）是由人、计算机和管理规章制度构成的能处理生态修复工程项目零缺陷建设信息的集成化系统，它通过收集、存储昔及分析项目实施过程中的有关数据，辅助项目建设管理人员和决策者进行规划、决策和检查，其核心是辅助进行项目建设目标控制。

### 1.2 项目零缺陷建设管理信息化系统的意义

虽然计算机技术进步有力地促进了生态修复工程项目建设管理信息系统的发展，但它是一个有机系统，计算机只能辅助项目管理人员进行管理活动，而绝对不能代替人的智力作用。特别是项目建设管理决策活动，更离不开人的技能、智慧、经验和判断能力，决策层次越高，对人员的才能依赖性越大。从本质上来讲，管理信息化系统只是按照人所确定的方法和模型快速地完成大量数据处理工作，从而为管理决策提供必要和充分的信息支持，为正确而适时决策提供科学依据。

## 2 信息化系统的结构与功能

### 2.1 项目零缺陷建设管理信息化系统的结构组成

#### 2.1.1 项目零缺陷建设管理信息化系统组成

根据生态修复工程项目零缺陷建设管理的主要内容，一项完整的生态修复工程项目建设管理信息系统（PMIS），主要由成本控制子系统、进度控制子系统、质量控制子系统、合同管理子系统、行政事务处理子系统和公共数据库等组成，其结构如图 6-2 所示。

#### 2.1.2 项目零缺陷建设管理信息各子系统与公用数据的交汇

在项目建设管理整个信息化系统中，各个子系统与公用数据库相联系，进行数据传递和交换，使项目建设管理各种职能任务共享共同的数据，从而减少数据的冗余，保证数据兼容性和一致性。

#### 2.1.3 项目建设管理信息数据库的作用

具有集中统一规划的信息数据库，是生态修复工程项目建设信息管理系统成熟的重要标志。生态工程项目建设信息只有集中统一，才能成为工程项目建设管理的资源，能够为工程项目建设

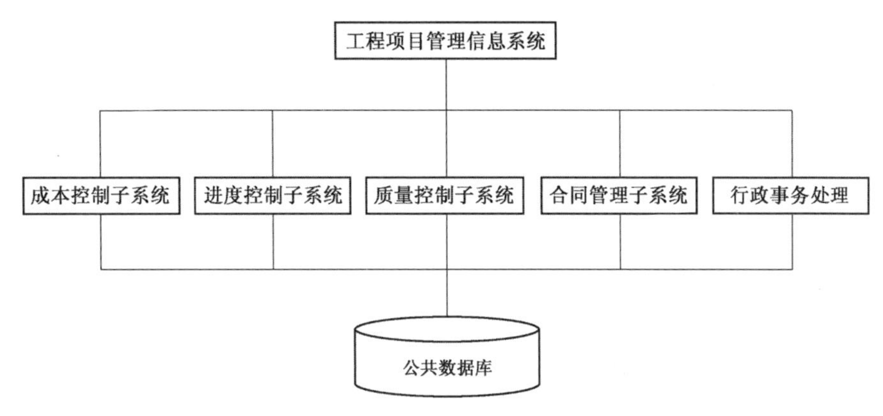


图 6-2　管理信息系统结构图

的各种目标规划和控制所共享。数据库具有完善的数据库管理功能系统，它对整个系统中数据组织、传输、存取等进行统一集中管理，使数据为项目建设技术与管理的多种用途服务。

### 2.2　项目零缺陷建设管理信息化系统功能

生态修复工程项目零缺陷建设管理信息化系统具有以下 4 项主要功能。

①成本控制；

②进度控制；

③质量控制；

④合同管理。

# 第四节
# 项目零缺陷建设管理信息化系统的开发

## 1　信息化系统的开发

生态修复工程项目建设管理信息系统开发是一项非常复杂的系统工程，必须采用科学合理的开发技术和方法。生态修复工程项目零缺陷建设管璨信息系统的开发，主要包括系统分析、系统设计与系统实施 3 个阶段。

### 1.1　开发方式

生态修复工程项目零缺陷建设管理信息化系统开发的基本方式有以下 4 种：

①自行开发。指生态修复工程项目建设管理信息化系统由用户自己组织开发。

②委托开发。由用户采用招标方式，选择和委托管理信息化系统专业开发公司、高等院校、研究所等单位开发生态工程项目建设管理信息化系统。

③联合开发。指用户和开发单位联合共同开发生态修复工程项目建设管理信息化系统。该开

发方式可利用用户有关人员懂管理和开发专业人员的优势。

④购买软件。在购买软件前要进行充分论证，选择既满足生态修复工程项目建设管理需要，又较经济的商品软件。

## 1.2 系统分析

系统分析是生态修复工程项目零缺陷建设管理信息化系统开发的第一阶段，也是直接关系到系统开发成败和质量的重要阶段。系统分析的主要任务是全面了解和掌握原系统状况，确定对新系统的要求，即要求新系统“做什么”，并提出实施和评价新系统的方案。系统分析一般包括下列具体内容：

①目标分析。建立系统目的是为项目管理提供信息支持、辅助管理和决策。

②需求分析。主要是分析在生态修复工程项目建设管理中需要哪些信息的支持，以及为取得这些信息需要收集哪些原始数据。信息需求一般由具体的生态修复工程项目建设管理信息化系统的开发目标而定。

③功能分析。在进行功能分析时，系统分析员要对项目建设管理组织机构中各业务部门的职能作详细分析，从而确定系统应有功能和合理的管理组织机构。

④限制分析。指分析在系统开发中设备、人力、投资、管理方式和组织协调等各方面对其的限制。

⑤系统方案分析。指根据确定的开发目标和对系统功能、限制等方面的详细分析结果，可对已经建立的新系统提出各种可能方案。

## 1.3 系统设计

系统设计是生态修复工程项目零缺陷建设管理信息化系统开发的重要工作阶段。系统设计的任务是在明确“做什么”基础上，确定“如何做”，即要去实现系统分析阶段提出的系统目标和系统模型，详细地确定新系统结构，并为实施下阶段系统做好充分准备工作。系统设计分为初步设计和详细设计 2 个阶段。

### 1.3.1 初步设计

初步设计称作总体设计或概要设计。它是在系统分析后确定系统模型的基础上，用自上而下的方法，建立系统结构的过程。

### 1.3.2 详细设计

详细设计又称为物理设计。其主要工作内容有代码设计、输出设计、输入设计、文件设计、处理过程设计等内容。

## 1.4 系统实施

系统实施的任务是按照系统设计确定的系统结构，去具体实现计算机管理信息系统。包括信息化系统程序设计、程序调试和系统调试、系统评价等内容。

### 1.4.1 信息化系统程序设计

信息化系统程序设计的任务是为每个模块编写程序，也就是将处理过程设计得到的流程图及其说明书，转换成用某种程序设计语言写出的源程序。

#### 1.4.2 信息化系统调试

信息化系统调试包括程序调试、功能调试和系统总调试。程序调试是对单个程序进行语法和逻辑检查，是为了消除程序和文件中的错误。系统调试分两步进行，首先对各模块进行调试，确保其正确性；然后再进行总调试，即将主程序和功能模块联结起来调试，这是为了检查系统是否存在逻辑错误和缺陷。

#### 1.4.3 信息化系统转换、运行和评价

①系统转换。指将新系统取代原系统。系统转换要求尽可能平稳，使新系统安全地取代原系统，对现阶段管理业务工作不产生冲击。

②运行与维护。系统转换完成即可投入运行。系统正常运行后，对程序和数据进行修改，或根据外界条件变化对系统进行调整，这就称为系统维护。

③系统评价。系统投入正常运行后，为弄清新系统是否达到预期效果，要对新系统进行新系统是否达到了系统分析提出的主要目标、新系统各种文档资料是否完整和新系统开发是否产生了较大经济效益 3 方面评价。

## 2 项目零缺陷建设信息化安全管理

生态修复工程项目零缺陷建设信息应分类、分级进行管理。保密程度要求高的信息应按高级别保密求进行防泄密管理。一般性信息可以采用对应适宜的方式进行管理。

### 2.1 项目零缺陷建设信息化安全管理体系

信息化的安全是实施生态修复工程项目零缺陷建设技术、服务和管理的统一，这三者构成信息安全管理。信息安全管理体系的建立必须同时关注这三方面。

信息安全技术是整个信息系统安全保障体系的基础，由专业安全服务厂商提供的安全服务是信息系统安全保障措施，信息系统内部安全管理是安全技术有效发挥作用的关键。安全技术偏重于静态的部署，安全服务和安全管理则分别偏重于信息系统外部和内部两个方面动态的支持与维护。

#### 2.1.1 信息化安全技术

（1）信息安全技术。指为保障信息完整性、保密性、可用性和可控性，采用的技术手段、安全措施和安全产品。完整性、保密性、可用性和可控性是信息安全的重要特征，也是基本要求。信息安全技术方面依据信息系统的分层次模型，考虑到每个层次上的安全风险分析和安全需求分析，在每个层次上部署和实施相应安全产品和安全措施。

（2）信息系统安全问题。信息系统安全问题的解决，需要具备专业安全技能和丰富安全经验，否则不但不能真正解决问题，稍有不慎或操作失误都可能影响系统正常运行，从而造成更大损失。安全技术部署和实施由专业安全服务厂商提供安全服务来实现，确保安全技术发挥应有效果。通过专业、可靠、持续的安全服务来解决应用系统日常运行维护中的安全问题，是降低安全风险、提高信息系统安全水平的一个重要手段。

#### 2.1.2 信息化安全服务

信息安全服务是由专业安全服务机构对信息系统用户进行安全咨询、安全评估、安全方案设

计、安全审计、事件响应、定期维护、安全培训等服务。安全服务根据用户情况分级分类进行，不是所有的项目用户都需要所有的安全服务。安全服务机构根据用户信息的价值、可接受成本和风险等综合情况为用户定制适当的安全服务。

### 2.1.3 信息化安全管理

信息系统内部安全管理也是必不可少的措施。安全管理不完善，可能会遇到很多安全问题，如内部人员错误操作、故意泄密和破坏行为，以及社会工程学不正当攻击等。整个信息安全管理体系的建设过程都离不开信息系统内部的安全管理，安全管理贯穿项目安全技术和安全服务的整个过程，并为维持信息系统安全生命周期起到关键性作用。信息安全管理是制定安全管理方针、政策，建立安全管理制度，成立安全管理机构，进行日常安全维护和检查，监督安全措施执行。安全管理内容非常广泛，它包括安全技术各层次的管理，也包括对安全服务的管理，还包括安全策略、安全机构、人员安全管理、应用系统安全管理、操作安全管理、资料文档安全管理、灾难恢复计划等。

综上所述可知，生态修复工程项目建设信息的安全技术、安全服务和安全管理三者之间有着密切的关联，它们从整体上协同、共同作用，保证信息系统长期处于一个较高安全水平和稳定的安全状态。总之，生态修复工程项目建设信息安全需要从各个方面综合筹划，全面防护，形成一个安全体系。只有上述 3 方面都做到足够的高度，才能保障企业信息系统能够全面、长期地处于较高的安全水平。

## 2.2 项目零缺陷建设信息化安全管理内容

生态修复工程项目零缺陷建设信息化安全管理是信息安全的核心。其具体内容包括信息风险管理、信息安全策略和信息安全教育。

### 2.2.1 信息风险管理

信息风险管理能够有效地识别企业的资产，评估威胁这些资产的风险，评估假定这些风险成为现实时企业所承受的灾难和损失。通过安装防护措施来降低风险、避免风险、转嫁风险、接受风险等多种风险管理方式，协助管理部门根据企业的项目建设业务目标和业务发展特点制定企业信息安全策略。

### 2.2.2 信息化安全策略

信息安全策略从宏观角度反映企业整体的安全思想和观念，作为制定具体策略规划的基础，为其他所有安全策略标明应该遵循的指导方针；具体策略可以通过安全标准、安全方针和安全措施来实现；安全策略是基础，安全标准、安全方针和安全措施是安全框架，在安全框架中，使用必要的安全组件、安全机制等提供全面安全规划和安全架构。项目信息安全需求的各个方面是由一系列安全策略文件所涵盖；策略文件繁简程度与企业规模相关。通常而言，企业应制定并执行以下 15 项策略性文件。

（1）物理安全策略。包括环境安全、设备安全、媒体安全、信息资产的物理分布、人员访问控制、审计记录、异常情况追查等。

（2）网络安全策略。包括网络拓扑结构、网络设备管理、网络安全访问措施（防火墙、入侵检测系统、VPN 等），安全扫描、远程访问、不同级别网络的访问控制方式、识别、认证机制等。

（3）数据加密策略。包括加密算法、适用范围、密钥交换和管理等。

（4）数据备份策略。包括适用范围、备份方式、备份数据的安全存储、备份周期、负责人等。

（5）病毒防护策略。包括防病毒软件安装、配置、对软盘的使用、网络下载等做出规定等。

（6）系统安全策略。包括网络访问策略、数据库系统安全策略、邮件系统安全策略、应用服务器系统安全策略、个人桌面系统安全策略、其他业务相关系统安全策略等。

（7）身份认证及授权策略。包括认证及授权机制、方式、审计记录等。

（8）灾难恢复策略。包括负责人员、恢复机制、方式、归档管理、硬件、软件等。

（9）事故处理、紧急响应策略。包括响应小组、联系方式、事故处理计划、控制过程等。

（10）安全教育策略。包括安全策略发布宣传、执行效果的监督、安全技能培训、安全意识教育等。

（11）口令管理策略。包括口令管理方式、口令设置规则、口令适应规则等。

（12）补丁管理策略。包括系统补丁更新、测试、安装等。

（13）系统变更控制策略。包括设备、软件配置、控制措施、数据变更管理、一致性管理等。

（14）商业伙伴、客户关系策略。包括合同条款安全策略、客户服务安全建议等。

（15）复查审计策略。包括对安全策略定期复查、对安全控制及过程重新评估、对系统日志记录审计、对安全技术发展跟踪等。

应该注意的是企业制定安全策略须遵守相关法律条款；有时信息安全策略内容与员工个人隐私相关联，在谋划对信息资产保护的同时，也应该对这方面内容给予明确说明。

### 2.2.3　信息化安全教育

信息化安全意识和相关技能的教育，是实施项目建设信息安全管理的重要工作内容，其实施力度将直接关系到项目信息安全策略被理解程度和被执行效果。为保证信息管理安全的成功和有效，项目管理部门应当对项目各级管理人员、用户、技术人员进行信息安全培训，所有人员必须了解并严格执行企业信息安全策略。

信息化安全教育应当定期、持续地进行，在生态修复工程项目建设策划、设计、施工、监理等企业中，应建立信息安全文化并有机地容纳到企业整体文化体系中，才是从根本上解决信息安全的有效方法。为此，在生态修复工程项目建设信息安全教育具体实施过程，应该有针对性地进行以下层次性的信息安全教育活动。

（1）要掌握信息化管理体系构成的项目与内容。主管信息安全工作的高级负责人及各级管理人员，重点要了解、掌握企业信息安全的整体策略及目标、信息安全体系构成、信息安全管理部门的建立及其管理制度的制定等。

（2）对信息化安全管理及维护人员的工作素质要求。负责信息安全运行管理及维护的技术人员，重点是充分理解信息安全管理策略，切实掌握信息安全评估的基本方法，对信息安全操作和维护技术的合理运用等。

（3）信息化系统用户应该掌握的信息安全管理相关工作内容。信息化系统用户重点是学习各种安全操作流程，了解和掌握与其相关策略，包括自身应该承担的信息化安全职责等。

# 第七章
# 生态修复工程项目零缺陷建设竣工验收管理

竣工验收管理是生态修复工程项目零缺陷建设技术与管理过程中的最后一个关键环节，也是全面考核已完工生态修复工程项目建设实体的质量与数量，确认生态修复工程建设项目能否发挥生防护功能、交付业主投入使用的重要管理工作步骤。

## 第一节 项目零缺陷建设竣工验收概述

### 1 项目零缺陷建设竣工验收概念和作用

#### 1.1 竣工验收的概念

生态修复工程项目零缺陷建设竣工验收，是指当生态修复建设工程项目按设计各项要求完成施工时，承包施工单位就要向建设单位必须办理的申请验收、移交等手续，是建设单位通过竣工验收对施工工程成果进行质量、功能使用、设施安全等全方面考核评价的过程，即工程质量与数量等的交接过程。竣工验收在整个生态修复工程项目建设施工全部完成后，一次集中验收，或分期、分批组织验收。

#### 1.2 竣工验收的作用

对生态修复工程项目零缺陷建设竣工验收的作用主要体现在以下 4 方面。

①它是生态修复工程项目建设投资成果转入功能使用的标志；

②竣工验收是全面考核工程建设投资效益的必要手段；

③它是检验设计合理与否的有效方法；

④是确保生态修复工程项目建设竣工质量的重要管理环节。

# 2　项目零缺陷建设竣工验收的依据、标准和时间

## 2.1　竣工验收依据

### 2.1.1　竣工验收范围

凡纳入生态修复工程项目建设计划中的项目，按批准设计文件所规定的内容建成，符合验收标准，生态修复工程项目建设单位必须会同施工方和监理公司及时组织验收，并办理固定资产移交手续。

### 2.1.2　竣工验收依据

生态修复工程项目建设竣工验收的 5 项依据如下所述。

①有关生态修复工程项目招投标文件和施工合同；

②项目建设设计图纸、工程量清单和设计说明书；

③图纸施工会审记录、设计变更审批单等；

④国家、地方和企业现行的工程施工竣工验收规范；

⑤工程施工有关记录，以及构件、材料合格证明书等。

## 2.2　竣工验收标准

生态修复工程项目建设竣工验收标准，一般分解为两大部分内容：一是附属工程项目，包括各类土建工程、灌溉管网工程、供电工程、简易道路工程、固沙机械沙障工程等多项；二是乔灌草造林种植工程，含地面绿化工程、坡面立体绿化工程等项。以上生态修复工程项目建设竣工验收的标准如下。

### 2.2.1　项目建设竣工验收标准

（1）生态修复工程项目建设验收标准。凡是生态修复工程项目建设施工所涵盖的供水及浇灌管网、沙障固沙设施、土建等工程措施设施，应按照设计图样、技术说明书、验收规范、工程质量和评定标准验收，并应符合合同所规定的合格工程项目质量标准和工程量清单内容。

（2）生态修复建设工程项目建设验收标准。其验收标准是指对生态修复工程项目建设所含的土建、机械沙障、浇排管网、道路修建和供电工程中安装项目的验收标准，所安装各种设备、管网、电子仪表、通信等工程项目应全部完毕，要求按施工技术质量达到设计或规范标准，并应完成规定的各道工序；全部符合安装技术的质量要求，能够正常运转达到设计要求，并达到水通、电通、路通及喷泉等能够按要求进行工作。

### 2.2.2　绿色植物种植工程竣工验收标准

（1）绿化工程项目竣工验收标准。竣工验收应遵守以下 4 项验收标准。

①施工项目及其技术质量应达到设计要求，如乔灌树木和草的品种质量、种植穴、槽（坑、穴）的地点规格大小，以及整地、施肥、栽植方式等，应符合对应的规范要求。

②乔、灌木成活率应达到规定成活率以上，珍贵树种和孤植树应保证 100% 成活，地被草生长茂盛，无杂草，种植成活率应达到 95%。

③植物整形修剪符合设计要求，地被草种植或铺设质量符合设计要求。

④绿地附属设施工程质量的验收应符合《建筑安装工程质量检验评定统一标准》（GB301）的有关规定等。

（2）坡面立体绿化工程项目竣工验收标准。

①施工项目和技术质量应达到立体绿化设计的要求，如立体攀缘植物配置形式、供植物攀缘的材料配置样式与工艺、土壤改良与人工介质配制、浇水与排水设施设置等，均应满足设计规范标准。

②立体攀缘植物成活率应达到98%以上。

③栽植密度与后期修剪、理藤应符合设计要求。

④附属设施工程质量的验收应符合《建筑安装工程质量检验评定统一标准》（GB301）的有关规定等。

## 2.3 竣工验收时间

### 2.3.1 生态附属建筑工程项目竣工验收时间

属于生态修复防护附属建筑工程的施工项目竣工验收，一般分为以下4个阶段进行。

①分部或分项工程验收；

②中间验收；

③竣工初验收；

④最终验收。

### 2.3.2 植物种植工程项目竣工验收时间

植物种植工程项目的竣工验收时间，应符合下列4项规定。

①新栽植乔灌木、攀缘植物的验收，应在满1年生长周期后方可验收。

②地被植物应在当年成活后，郁闭度达到80%以上时进行验收。

③种植一二年生花卉及观叶植物，应在种植15天后组织验收。

④春季种植的宿根花卉、球根花卉，应在当年发芽出土后组织验收；秋季种植的宿根花卉、球根花卉应在翌年春季发芽出土后组织验收。

# 第二节 项目零缺陷建设竣工验收程序

## 1 概述

生态修复工程项目建设施工方按照签订合同、设计文件的要求已经完成施工作业，由施工方先自行组织内部模拟验收，通过后，施工方即可向监理公司和建设单位提出竣工验收申请，并准备竣工验收资料。自验收中若发现存在缺陷，可视缺陷程度限期整改，直至合格。监理工程师对资料审查，确认合格后，通知业主组织监理、设计、施工等单位进行初次的竣工预验，并于预验后出具结论，指出存在问题。经施工单位整改预验中发现的问题或缺陷后，业主向主管部门提交正式验收申请，由工程建设主管部门组织正式竣工验收。竣工零缺陷验收管理程序如图 7-1 所示。

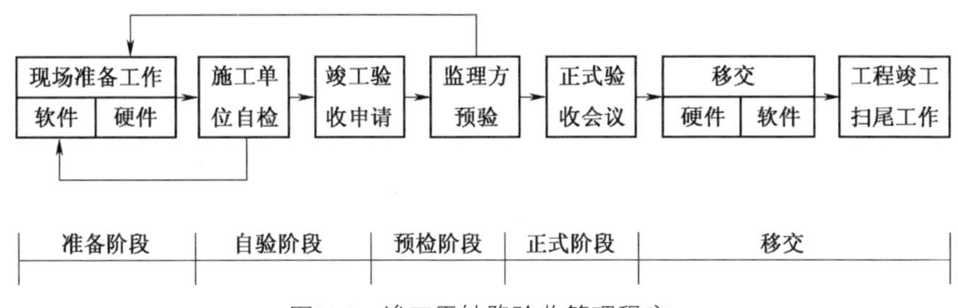


图 7-1　竣工零缺陷验收管理程序

# 2　项目零缺陷建设竣工预验收程序

预验收是在施工单位完成自检自验，并认为符合正式验收条件，申报工程验收之后和正式验收之前的这段时间内进行的非正式验收。由施工方、设计单位、监理方、质量监督等人员组成预验收组织，重点检查完工工程项目是否达到验收的要求，对各项文件、资料认真审查。经过预验收，找出不足进行整改，为正式验收做好准备。预验收包括以下 4 个程序：

①审查施工单位提交的验收申请报告。

②由监理方同建设、设计、施工单位组成的验收班子进行现场初验。

③对初验中发现问题由监理及时发出整改通知或备忘录，要求整改。

④审查施工方提交的工程项目竣工验收资料（苗木、材料、设备构件的质量合格证明资料；试验、检验资料；核查隐蔽工程记录和施工记录；预审竣工图；编写工程竣工质量评估报告）。

# 3　项目零缺陷建设竣工正式验收程序

对生态修复工程项目零缺陷建设正式竣工验收，是由国家、地方政府、建设等单位专家参加的最终整体验收。竣工正式验收所要进行的 6 个零缺陷工作程序如下所述。

①组织建设、设计、施工、监理等单位参加正式验收。

②施工方代表汇报工程施工完成、自检和竣工情况。

③总监理工程师通报监理工作和初验结果，发表竣工验收和质量评估意见。

④建设单位、监理及其他参加验收单位的人员共同进行工程实地验收。

⑤针对验收中发现的问题，对施工单位提出限期整改或处理意见。

⑥建设单位对工程质量等级进行最终评定。

# 4　项目竣工零缺陷质量验收与质量评估

## 4.1　项目建设竣工零缺陷质量验收

### 4.1.1　项目零缺陷建设竣工质量验收项的划分

①竣工质量验收项的划分。按现行施工质量验收标准和文件规定，应对评定质量的工程划分

分部（子分部）工程、分项工程和检验批，同时明确划分的具体原则和内容，要列表说明。

②施工单位检查评定结果。施工单位应对分项、分部及单位工程验收的质量评定结果，以及有关数据进行细致的分析和评定，查找施工技术与管理中存在的问题，总结经验。

### 4.1.2　项目竣工质量的零缺陷验收内容

（1）分项工程竣工质量验收内容。生态修复工程项目建设施工分项工程竣工质量的验收，主要包括以下 2 项内容。

①子分项工程所含的检验批质量情况。按主控项目、一般项目逐项评述验收情况，对定量项目应有具体抽测数据。

②分项工程竣工质量验收记录情况。描述所含检验批验收情况，以及对检验批中尚未检验项目的验收情况。

（2）分部、子分部工程竣工质量验收内容。生态修复工程项目建设施工分部、子分部工程的竣工质量验收内容，主要应包括以下 4 项所述内容。

①分部、子分部工程的竣工质量情况；

②质量控制资料的核查情况；

③包括地基与基础、主体结构和设备安装等分部工程，对其安全及功能检验和抽样检测结果的情况；

④工程的外观感竣工质量验收情况。

（3）单位工程竣工质量验收应包括以下 4 项内容。

①单位工程所含分部工程项目的竣工质量情况；

②质量控制资料的核查情况；

③主要功能项目的抽查情况；

④外观感质量验收情况。

上述验收中所使用的数据，应由监理人员通过在工程项目建设监理过程中，旁站、见证、验收、实测实量和具有相应资质的检测单位出具的检测报告获得。

## 4.2　项目建设竣工质量的零缺陷验收评估

当生态修复工程项目建设现场施工完工，并经施工单位对工程质量自检合格后，由监理方组织初验活动，根据初验结果写出相应的工程质量评估报告，供建设单位、质量监督部门核验时参考。质量评估报告按单项、分项或分部工程分别单独评写。

### 4.2.1　质量评估报告的内容

（1）生态修复工程项目建设概况。生态修复工程项目建设的概况，是指生态修复工程项目名称、等级、建设地址、建筑规模、结构形式、植物种植面积以及主要功能的设计参数和开竣工时间。

（2）生态修复工程项目建设单位。生态修复工程项目的建设单位，应包括建设单位、设计单位、勘察单位、承包施工单位（包括重要的专业分包单位）、质监机构、承担见证取样检测及有关结构安全检测等参与单位。

（3）生态修复工程项目建设施工情况简述。生态修复工程项目建设施工的情况，主要由以下 4 项内容所组成。

①施工过程简述，应突出执行国家强制性标准条文的情况；

②施工单位现场项目管理机构的质保体系和监管情况简述；

③对施工过程由监理单位出具的“监理工程师通知单”，以及整改和回复情况简述；

④施工过程的工程设计变更和工程质量协商事宜及处理情况，以及工程施工安全、文明事故及处理情况。

#### 4.2.2 项目建设质量评估的依据

①建设单位提交的生态修复工程项目建设设计图纸及说明；

②国家和地方现行有关建设工程质量管理的法律、法规、规定和实施办法等；

③国家和地方现行工程项目建设质量验收标准及验收规范。

# 参 考 文 献

1 吴立威．园林工程施工组织与管理［M］．北京：机械工业出版社，2008.
2 刘义平．园林工程施工组织管理［M］．北京：中国建筑工业出版社，2009.
3 林立．建筑工程项目管理［M］．北京：中国建材工业出版社，2009.
4 王玉松．看范例快速学预算之园林工程预算［M］．北京：机械工业出版社，2010.
5 梁伊任．园林建设工程［M］．北京：中国城市出版社，2000.
6 王国栋．劳动定额定员的制定与管理［M］．北京：劳动人事出版社，1985.
7 周占文．新编劳动定额定员学［M］．北京：电子工业出版社，2005.
8 崔奉伟．园林绿化工程预决算快学快用［M］．北京：中国建材工业出版社，2010.
9 贺训珍．园林工程施工员一本通［M］．北京：中国建材工业出版社，2008.
10 王九龄．中国北方林业技术大全［M］．北京：北京科学技术出版社，1992.
11 韩同银，李明．建筑施工项目管理［M］．北京：机械工业出版社，2012.
12 郑跃泉，李永光，党平．喷灌与微观设备［M］．北京：中国水利水电出版社，1998.
13 韩烈保，田地，牟新待．草坪建植与管理手册［M］．北京：中国林业出版社，1996.
14 王乃康，茅也冰，赵平．现代园林机械［M］．北京：中国林业出版社，2001.
15 吴春笃，陈汇龙．喷灌机械的使用与维护［M］．北京：科学出版社，1999.
16 刘朝霞．鄂尔多斯林业有害生物防治实务全书［M］．北京：中国农业科学技术出版社，2012.
17 李敏，周琳洁．园林绿化建设施工组织与质量安全管理［M］．北京：中国建筑工业出版社，2008.
18 谢颖．工程项目管理［M］．北京：科学出版社，2008.
19 乐云．建设工程项目管理［M］．北京：科学出版社，2013.
20 宋伟香．建设工程项目管理［M］．北京：清华大学出版社，2014.
21 田元福．建设工程项目管理（第2版）［M］．北京：清华大学出版社，2010.
22 邓铁军．工程建设项目管理（第3版）［M］．武汉：武汉理工大学出版社，2014.
23 康世勇．园林工程施工技术与管理手册［M］．北京：化学工业出版社，2011.
24 叶怀祥．建筑工程项目经理一本通［M］．北京：中国建材工业出版社，2014.
25 宋伟香．建设工程项目管理［M］．北京：清华大学出版社，2014.
26 盖卫东．建筑工程甲方代表工作手册［M］．北京：化学工业出版社，2014.

# 第四篇

# 生态修复工程建设零缺陷招标投标

# 第一章 生态修复工程项目建设零缺陷招标

生态修复工程项目建设零缺陷招标，是以生态修复工程项目零缺陷建设的行为为主导，包括项目建设过程中所必需的施工、设计、监理、材料设备供应商等，当然还涵盖设计前必须开展的勘测、规划、可行性研究咨询等专业项目业务招标。这些业务的招标与施工招标路径模式基本相同，其差别就是根据所招标项目内容对招标运作模式进行加减。

招标是市场经济中常用的一种交易方式。在这种交易方式下，通常由项目建设方（业主）作为招标方，通过发布招标公告或者向一定数量特定承包商发出招标邀请等方式发出招标信息，提出所需招标项目的性质及其数量、质量、技术指标要求，完成期、竣工期和提供咨询服务时间，以及承包商、供应商的资格要求等招标条件，表明将选择最能够满足招标要求的承包商、供应商与之签订合同的意向，由各有意提供工程项目建设必需的勘测、规划、咨询（可行性研究）、设计、施工、监理和材料设备供应服务的报价及其他响应招标要求条件的单位，参加投标竞争。经招标方对各投标人的报价及其他条件进行规范审查比较后，按照规定的程序从中择优选定中标者，并与其签订生态修复工程项目零缺陷建设相关专业业务合同。

## 第一节 招标概述

### 1 招标的基本概念与招标制度的特点和作用

#### 1.1 招标的基本概念

招标是一种国际上惯用的交易方法，是发包人向社会提出交易条件，以征询各建设工程项目承包商和供货商的最佳报价及最佳条件，经比较而最终成交。

招标的原则是实行公平竞争，实现优胜劣汰，防止垄断。《中华人民共和国招标投标法》第五条规定："招标投标活动应当遵循公开、公平、公正和诚实信用的原则。"

生态建设施工、设计、监理等企业，如果要通过投标竞争成为被选中的承包单位，就必须具备投标竞争过程所需的中标条件，这些条件主要是技术、经济实力和管理素质经验。

### 1.2 招标制度的特点

招标（投标）既然是市场经济体制下的产物，其制度及其规则应遵守市场经济的运行规律，与其他经济贸易方式相比，招标具有公开性、公平性、公正性和组织性的特点。

### 1.3 招标制度的作用

生态修复工程项目建设实行招标制度，可以有效防止市场经济竞争中垄断与保护弊端的产生，促进竞争机制，以推动生态修复工程项目建设技术和管理水平的提高，它具有以下 5 个方面的积极作用。

①有利于促进项目业主单位更加完善和加快建设前期各项管理工作；

②有利于合理降低工程项目建设造价；

③有利于保证工程项目建设质量；

④有利于缩短建设工期；

⑤有利于使工程项目建设纳入法制化管理体系，提高建设施工承包合同履约率。

## 2 招标管理的零缺陷原则

在生态修复工程项目建设零缺陷招标管理过程中，招标活动涉及单位有招标人、投标人、招标代理机构等，招标人是提出招标项目、进行招标的法人或者其他组织。投标人是响应招标、参加投标竞争的法人或者其他组织。招标人应具有编制招标文件和组织评标的能力，可自行办理招标事宜，也可以委托招标代理机构办理招标事宜。

开展招标投标是当前建设工程领域最主要的交易方式。我国招标投标法规定，“招标投标活动应当遵循公开、公平、公正和诚实信用的原则”，这也是生态修复工程建设零缺陷招标投标管理应遵守的最基本原则。

### 2.1 公开原则

招标投标活动的公开原则，首先是要求招标活动的信息要公开。实行招标信息公开，即招标资格预审公告、招标公告、招标文件（包括评标标准和评标方法）等信息公开，开标程序和内容公开，中标结果公开。

采用公开招标方式，应当发布招标公告。依法必须进行招标的生态修复工程建设项目，其招标公告必须通过国家指定的报刊、信息网络或其他公共媒介发布。招标公告、资格预审公告、投标邀请书，都应当载明可供潜在投标人决定是否参加投标竞争所需要的信息，另外，开标程序、评标标准和程序、中标结果等都应当公开、公示。

### 2.2 公平原则

招标投标活动的公平原则，是要求招标人和评标委员会应严格按照规定条件和程序办事，平等、一视同仁地对待每一位投标竞争者，不得对不同的投标竞争者采用不同标准。招标人不得以任何方式限制或者排斥本地区、本系统以外的法人或者其他组织参加投标。

### 2.3　公正原则

招标投标活动中，招标人或评标委员会的工作行为应当公正。对所有的参加投标竞争者都应平等对待，不能有特殊倾向。特别在评标时，评标标准应当明确、严格、公正，对所有在投标截止日期以后送到的投标书都应拒收，与投标人有利害关系的人员都不得作为评标委员会的成员。招标人和投标人双方在招标、投标活动中的地位平等，任何一方不得向另一方提出不合理要求，不得将自己的意志强加给对方。

公正原则与公平原则有共同点也有不同点，其共同之处在于创造一个公平合理、平等竞争的投标环境；其不同之处在于二者的着眼点不同，公平原则更侧重于从投标人的角度出发，考察是不是所有投标人都处于同一个起跑线上。而公正原则更侧重于从招标人和评标委员会的角度出发，考察是不是对每一个投标人都给予了公正的待遇。

### 2.4　诚实信用原则

诚实信用是民事活动的一项基本原则。招标投标活动是以订立生态修复工程项目建设各项合同为目的的民事活动，当然也适用这一原则。诚实信用原则要求招标、投标各方都要诚实守信，不得有欺骗、背信的行为。

## 3　招标范围与招标方式

### 3.1　招标范围

#### 3.1.1　不同类别建设工程项目的招标范围

（1）必须采取招投标的建设工程项目。招标投标法规定，下列工程建设项目的勘察、设计、施工、监理以及与工程建设相关的重要设备、材料等的采购，必须进行招标采购。

①大型、公益和公众安全项目：指大型基础设施、公用事业等关系社会公共利益与安全的项目，包括能源、交通运输、邮电通信、水利、城市设施、生态环境保护、市政工程、科技、教育、文化、体育、旅游、商品住宅（包括经济适用住房）等项目，以及其他公用事业项目和基础设施项目。

②国有资金投资项目：指全部或者部分使用国有资金投资或者国家融资的建设项目，包括使用各级财政预算资金的项目、使用纳入财政管理的各种政府专项建设资金项目、使用国有企业事业单位自有资金，并且国有资产投资者实际拥有控制权的项目、使用国家发行债券所筹资金的项目、使用国家对外借款或者担保所筹资金的项目、使用国家政策性贷款的项目、国家授权投资主体融资的项目、国家特许的融资项目。

③使用国际资金建设项目：使用国际组织或者外国政府贷款、援助资金的项目，包括使用世界银行、亚洲开发银行等国际组织贷款资金的项目、使用外国政府及其机构贷款资金的项目、使用国际组织或者外国政府援助资金的项目。

上述范围内的各类工程建设项目，包括项目勘察、设计、施工、监理及与工程有关的重要设备、材料等采购，达到下列标准之一的，必须进行招标。

①施工单项合同估算价在200万元以上的建设项目；

②重要设备、材料等货物的采购，单项合同估算价在100万元以上的采购项目；

③勘察、设计、监理等咨询服务，单项合同估算价在50万元以上的项目；

④单项合同估算价虽低于前三项规定标准，但总投资额在3000万元以上的项目。

（2）无须采取招投标的建设工程项目。招标投标法另外规定，建设项目属于下列情况之一的，可以不进行招标。

①涉及国家安全、国家秘密或者有特殊保密要求的建设工程项目；

②利用扶贫资金实行以工代赈、需使用农民工等特殊情况，不宜招标的项目；

③建设项目勘察、设计采用特定专利或者专有技术，或者其建筑艺术造型有特殊功能要求的项目；

④参与投标的承包商、供应商或服务提供者少于3家，不能形成有效竞争的项目；

⑤其他原因不适宜招标的建设工程项目。

### 3.1.2 单项建设工程项目的招标范围

建设工程项目招标的范围，也就是准备发给投标单位承包的内容。它可以是建设工程项目的全部建设任务，也可以是其中某个阶段或某一专项工作。按招标范围不同，可分别称为建设工程项目全过程招标、阶段招标和专项招标。

（1）建设工程项目全过程招标。全过程招标是指通常所说的“交钥匙工程”招标。采用这种招标形式，业主一般只提出功能要求和竣工期限，投标单位即可对项目建议书、可行性研究、勘察、规划、设计、材料设备询价与采购、工程施工、职工培训、生产准备等，直至竣工投产、交付使用，实行全面总承包，并负责对各阶段各专项的分包任务进行综合管理、协调和监督。为了有利于建设与生产衔接，必要时业主可选派适当人员，在总承包单位的统一组织下，参加工程项目建设的有关工作。通过建设全过程招标确定下来的总承包关系，要求发包、承包双方密切配合协作。有关决策性的重大问题应由业主或其上级主管部门作出最终决定。

全过程招标主要适用于各种大中型建设项目，要求承包单位必须具有雄厚的经济实力和丰富的组织管理经验。为适应这种要求，国内外某些大承包商通常和勘测、规划设计单位组成设计施工一体化的承包公司；或者更进一步扩大到与若干专业承包商、材料生产厂商、银行和咨询机构，组成横向经济联合体，这是近年来工程项目建设业尝试的一种新的发展趋势。

（2）建设工程项目阶段招标。这种招标方式的内容是对建设工程项目全过程中某一阶段或某些阶段的工作，如勘测调查、可行性研究、规划、设计、施工和材料设备等建设任务，进行分别招标的方式。工程项目施工招标，按承包内容分为包工包料、包工部分包料和包工不包料3种情况。

（3）建设工程项目专项招标。专项招标的内容是建设工程项目的某个阶段中的某一专门项目，由于专业性强，通常须请专业承包单位来承担。例如，可行性研究中的某些辅助研究项目，勘察设计阶段的工程地质勘察、供水水源勘察，基础或结构工程设计，供电系统及防灾系统设计，建设准备过程中的设备选购和生产技术人员培训，施工阶段的深基础施工，金属结构制作与安装，生产工艺设备、通风系统等的安装，都可以实行专项招标。

## 3.2　招标方式

按照招标投标法规定，我国招标的类型包括公开招标和邀请招标两种。目前，在国际上通行的招标方式主要是公开招标、邀请招标和两阶段招标三种。还有一种重要的招标类型是议标。因为议标不在我国法规许可的招标类型之内，且其组织程序与竞争性谈判类似，这里就不做详细介绍。

### 3.2.1　公开招标

公开招标又称“无限竞争性招标”，是招标人以招标公告的方式，邀请不特定的法人或其他组织参加投标，招标公告应当通过国家指定的报刊、信息网络或者其他媒介发布。公开招标优点是招标人有较大的选择范围，可从众多的投标人中选择报价合理、工期较短、技术可靠、资信良好的中标人，具有招标的广泛性、公正性和透明度。但是公开招标的资格审查和评标工作量较大，且耗时长、费用高，并有可能因资格预审把关不严导致鱼目混珠的现象发生。

如果采用公开招标方式，招标人就不得以不合理的条件限制或排斥潜在的投标人。如，不得限制本地区以外或本系统以外的法人或组织参加投标等。

### 3.2.2　邀请招标

邀请招标是招标人以投标邀请书的方式，邀请3个以上具备承担招标项目能力、资信良好的特定法人或其他组织参加投标。邀请招标亦称有限竞争性招标，招标人事先经过考察和筛选，将投标邀请书发给某些特定的法人或组织，邀请其参加投标。

为了保护公共利益，避免邀请招标方式被滥用，各个国家和世界银行等金融组织都有相关规定：按规定应该招标的建设工程项目，一般应采用公开招标，如果要采用邀请招标，需经过批准。

对于有些特殊项目，采用邀请招标方式确实更加有利。根据我国有关规定，有下列情形之一的，经批准可以采用邀请招标方式。

①项目建设技术复杂或有特殊要求，只有少量几家潜在投标人可供选择的情况；

②项目建设受自然地域环境限制时；

③项目建设涉及国家安全、国家秘密或者抢险救灾，适宜招标但不宜公开招标的项目；

④项目建设中拟公开招标费用与项目价值相比2者差价过大，不值得公开招标的项目；

⑤法律、法规规定不宜公开招标的建设项目。

### 3.2.3　两阶段招标

两阶段招标是指将建设工程项目招标过程分为以下2个阶段。

（1）第1阶段招标。第1阶段招标是指招标人公开邀请对招标工程项目具备规定资质条件的承包商报名参加投标资格预审。预审文件主要包括以下2个部分。

①第1部分：指有关招标工程项目基本情况的介绍和工程量清单，以及申请参加资格预审承包商必须具备的基本条件的说明。

②第2部分：是指参加资格预审承包商应提交的文件资料，包括企业注册资质等级证件，有关工程项目施工业绩、设备状况、主要技术与管理人员资历及管理经验、财务状况及资信证明等能表明其实力的资料。招标单位预先确定并公开资格预审标准，然后从众多参加预审承包商中按

标准选定合格单位，再邀请他们参加投标竞争。这一阶段的活动不涉及报价问题，承包商主要是凭借自己的技术、管理能力、经济实力和社会信誉，来争取获得下次投标的资格，所以称为非价格竞争。

（2）第2阶段招标。第2阶段招标是指资格预审合格承包商从招标单位取得招标文件，制定投标策略和报价方案，对招标人的要求积极地响应，争取中标。因此，这一阶段称为报价竞争，也是投标过程的关键性竞争。

两阶段招标比邀请招标增加了透明度，符合竞争机会均等的原则。资格预审又限制了不合格承包商盲目参加竞争，有利于提高招标质量，还比公开招标减少了审评投标书的工作量，兼有上述2种招标方式优点，因此，在国际建设工程市场被广泛采用。

# 第二节 招标条件与招标程序

## 1 招标条件

2012年2月1日开始实施的《中华人民共和国招标投标法实施条例》第七条规定："按照国家有关规定需要履行项目审批、核准手续的依法必须进行招标的项目，其招标范围、招标方式、招标组织形式应当报项目审批、核准部门审批、核准。项目审批、核准部门应当及时将审批、核准确定的招标范围、招标方式、招标组织形式通报有关行政监督部门。"

## 2 招标程序

生态修复工程项目建设公开招标程序如图1-1。邀请招标程序与公开招标的程序和内容基本相同，不同之处是没有资格预审的步骤，只增加了发出投标邀请书的步骤。

### 2.1 组建招标组织

招标组织一般包括招标方（业主）的代表，与项目建设业务相对应的技术、经济和项目管理人员，招标工作组织人员和招标代理机构人员。

### 2.2 制定招标方案

招标人应该根据自身管理能力、建设工程项目特点、外部环境条件等因素，经过充分研究、对比分析后，拟定招标方案。招标方案应确定标的数量、内容和范围以及合同类型，明确招标方式，并应根据项目进度计划要求编制招标工作计划。

### 2.3 招标审批

按照国家有关规定需要履行审批、核准手续且必须依法进行招标的项目，其招标范围、招标方式、招标组织形式应当上报项目审批、核准部门审批、核准。在招标开始前，项目应取得规划、

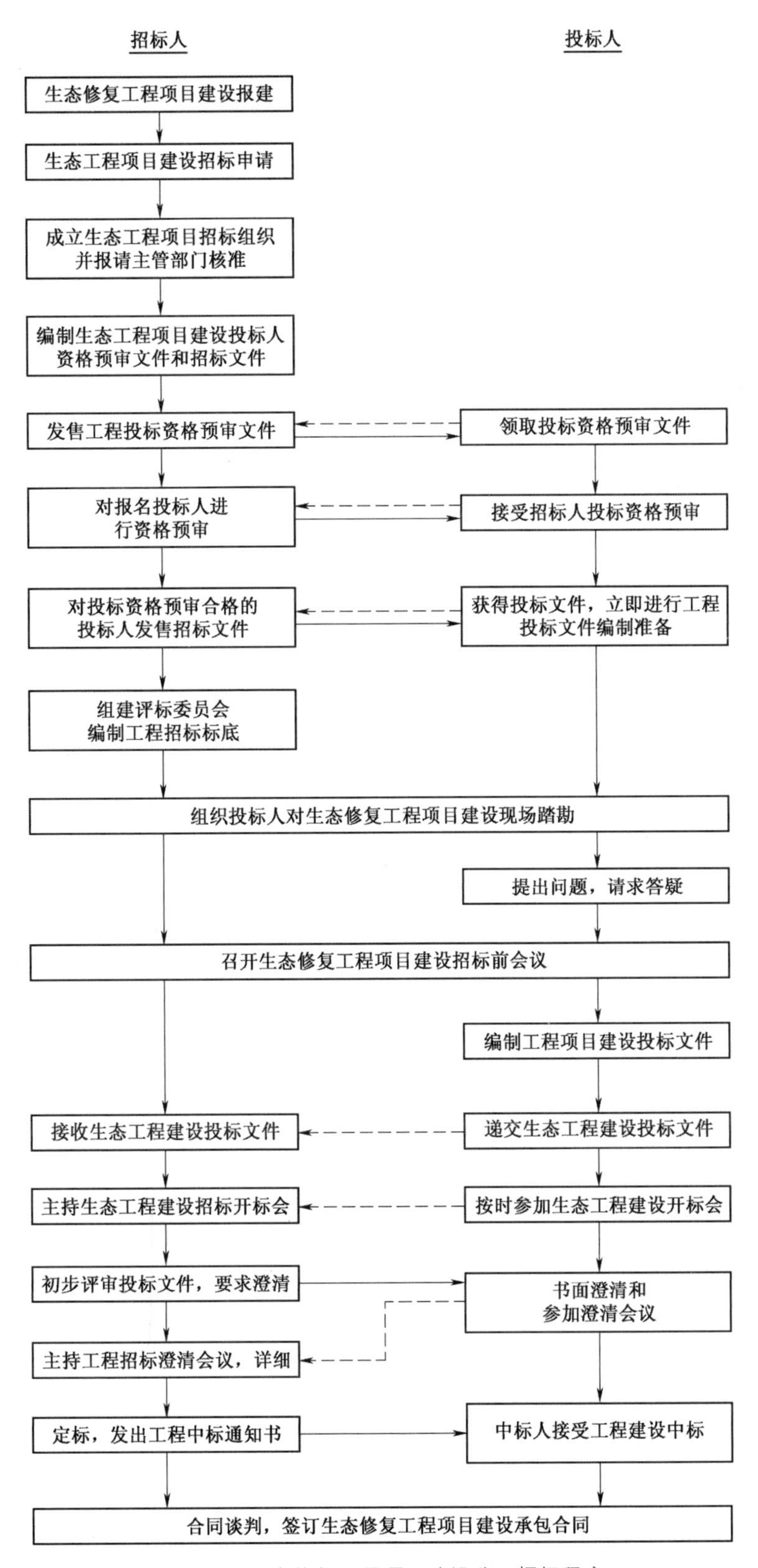


图 **1-1**　生态修复工程项目建设公开招标程序

用地许可、审批文件。同时，招标人应当有进行招标项目的相应资金或者资金来源已经落实，并应当在招标文件中如实载明。

## 2.4 招标公告发布并接受报名

招标公告由招标人通过国家指定的报刊、信息网络或其他媒介，以及建设工程招投标的有形市场发布，招标公告内容应包括：项目名称、项目地点、项目内容概述、投资来源、招标内容和数量、工期要求、发布招标文件时间、投标截止日期（需要具体到年、月、日、时）和地点、开标时间（应该与投标截止时间相一致，如有特殊原因，也只能相差1~2h）、招标单位的联系方式等。

采用公开招标方式，招标人必须发布招标公告；采用邀请招标方式，招标人可不发布招标公告而直接向合格投标人发出投标邀请。

## 2.5 投标资格预审

资格预审是指对于大型、复杂的建设工程项目或成套设备，在正式组织招标以前，对供应商资格和能力进行的预先审查，它是招投标程序的一个重要环节，是避免未达到相应技术与经济能力的供应商参与投标的有效管理途径。

资格预审的重点审查内容为投标人的签约资格和履约能力。

## 2.6 招标文件编制

招标文件是投标人编制投标书的主要依据，其组成通常包括以下6项内容。

### 2.6.1 建设工程项目综合说明

编制建设工程项目综合说明的目的是帮助投标人了解所建设（招标）项目的概况，主要包括工程项目名称、地点、规模、招标范围、设计单位、自然条件、社会经济条件、工程项目建设质量、工期以及保质抚育期限等。

### 2.6.2 投标须知

投标须知的6项主要内容如下所述。

①总则；招标项目情况；

②投标文件编制格式；

③投标文件递交要求；

④开标；

⑤评标；

⑥合同格式与签订事项。

### 2.6.3 设计及其说明书

编制设计及其说明书的主要目的是便于投标人了解招标工程项目建设的具体任务、实施范围面积、技术工艺工序要求，据此能够编制拟定施工方案和进度安排。初步设计阶段招标，应提供总平面图，各单项工程平面、立面、剖面图与结构等图；施工图阶段招标，则应提供全部图纸。设计技术说明书要明确招标工程适用的施工验收技术规范，保质抚育期内承包单位应承担的工作责任等说明。

#### 2.6.4　工程量清单

工程量清单是投标人计算标价和招标单位评标的重要依据，通常以每一个招标工程项目为对象，按分部分项列出工程的数量，并说明采用的计算方法。

#### 2.6.5　投标须知

投标须知是帮助投标人正确和完善履行投标手续的指导性文件，目的在于避免造成废标，投标取得满意的结果。投标须知的内容主要包括：填写和投送标书的注意事项、废标条件、决标优先和优惠条件、勘察现场和解答问题安排、投标截止时间及开标时间和地点，工程款结算办法、业主供料情况以及材料、人工调价条件以及投标质保金数额等。

#### 2.6.6　合同条款

合同主要条款的作用一是使投标人明确中标后作为承包人应承担的义务和责任，二是作为洽商签订正式合同的基础。其主要内容包括以下 17 条。

①合同所依据的法律、法规；

②工程项目建设任务内容（工程项目表）；

③承包方式（包工包料、包工不包料，合同总造价等）；

④开工、竣工日期；

⑤提供技术资料的内容与时间；

⑥施工准备工作内容；

⑦材料供应及价款结算办法；

⑧工程价款结算办法；

⑨以外币支付时所用外币种类及比例；

⑩工程质量及验收标准；

⑪工程变更处置办法；

⑫停工及窝工损失的处理办法；

⑬按期或提前竣工与拖延工期的奖罚办法；

⑭竣工验收方法与最终结算；

⑮保质抚育期内的责任；

⑯分包规定；

⑰争端处理办法等。

## 2.7　编制标底的形式

在我国现行工程项目建设招标过程中分为编制标底和无标底 2 种形式，建设单位可根据项目建设的具体情况选择和确定编制标底的形式。

#### 2.7.1　编制标底的形式

（1）招标标底的作用。生态修复工程建设招标标底价格是建设单位为掌握当地现阶段工程造价，控制工程投资的基础指标数据，并以此为标准依据测评所有投标方的投标报价情况，衡量和决定中标单位。

（2）编制招标标底的原则。

①根据《建设工程工程量清单计价规范》要求，工程量清单的编制与计价必须遵循以下4统一原则：项目编码统一，项目名称统一，计量单位统一，工程量计算规则统一；

②遵循市场形成价格的原则；

③体现公开、公平、公正的原则；

④招投标双方风险合理分担的原则；

⑤标底计价内容、口径，与工程量清单规范计价下的招标文件规定应完全一致的原则；

⑥一项单位工程只能编制一个标底的原则。

（3）编制招标标底的依据。编制生态修复工程项目建设零缺陷招标标底的10项依据是：

①《建设工程工程量清单计价规范》；

②招标文件商务条款；

③工程设计文件；

④有关工程施工规范、标准和工程验收规范、标准；

⑤施工组织设计和施工技术方案；

⑥施工场地地质、水文、气候以及施工区域其他情况资料；

⑦招标期间工程施工有关材料和机械设备的市场价格水平状况；

⑧工程施工所在地区的劳动力市场价格情况；

⑨由招标方采购的材料、设备到货计划情况；

⑩招标方制定的工期计划。

### 2.7.2 无标底的形式

建设项目招标无标底的形式是指，在有些工程项目建设招标过程中，为有效降低工程项目建设成本，在满足招标人全部招标资格审查条件的情况下，所有合格投标人中的报价最低者中标。

## 2.8 组织投标人踏勘现场并答疑

### 2.8.1 踏勘现场

招标文件发出后，招标人（业主单位）应按规定日程，组织投标人踏勘施工现场，并详细介绍项目建设实施现场的环境条件情况。

### 2.8.2 答疑会议（又称标前会议）

答疑会议是指招标人在招标文件规定日期（投标截止日期）前，为解答投标人研究招标文件和现场勘察中所提出的有关质疑问题而举行的会议，又称交底会。在答疑会议上，招标人除了向投标人介绍工程项目概况外，还可对招标文件中某些内容加以修改或补充说明，有针对性地解答投标人书面提出的各种问题，以及会上投标人即席提出的相关问题。会议结束后，招标人应按其口头解答的内容以书面补充通知的形式发给每个投标人，作为招标文件的组成部分，与招标文件具有同等效力。踏勘现场与答疑会议可以同时组织，也可以分开组织。

## 2.9 组织开标、评标

### 2.9.1 开标

开标是在招标公告事先确定的时间、地点，召集评标委员会全体成员、所有投标人等有关人员，在公证人监督下，将密封投标文件当众启封，公开宣读投标人名称、投标函、投标项目、报价等，由招标人法定代表签字认可。

国家《招标投标法》第三十六条规定：开标时，由投标人或者其推选的代表检查投标文件的密封情况，也可以由招标人委托的公证机构检查并公证；确定无误后，由工作人员当众拆封、宣读。开标过程应作记录，并存档备查。

《施工招标投标管理办法》第三十五条规定：在开标时，投标文件出现下列情形之一的，应当视作无效投标文件，不得进入评标：

①投标文件未按照招标文件要求予以密封的；

②投标文件中的投标函未加盖投标人企业法定代表人印章或企业公章的，或者企业法定代表人委托代理人没有合法、有效的委托书原件和委托代理人印章的；

③投标文件的关键内容字迹模糊、无法辨认的；

④投标人未按照招标文件的要求提供投标保函或者投标保证金的；

⑤组成联合投标的，投标文件未附联合体各方共同投标协议的。

### 2.9.2　评标

评标是指由招标人依法组建的评标委员会对投标文件进行评审的过程。评标委员会由招标人代表和有关技术、经济等方面的专家组成，成员人数为 5 人以上单数，其中技术、经济等方面的专家不得少于成员总数的 2/3。评标委员会的专家成员，应当由招标人从建设行政主管部门及其他有关政府部门确定的专家或者工程招标代理机构的专家库内相关专业的专家名单中确定。确定专家成员一般应当采取随机抽取方式。与投标单位有利害关系人员不得进入相关项目的评标委员会。评标委员会成员的名单在中标结果确定前应当保密。

评标分为以下 2 个阶段。

（1）初步评审。初步评审是指评标委员会对投标文件的形式、资格、响应性进行评审，以判断投标文件是否有重大偏离与保留，是否在实质上响应了招标文件要求。经过初步评审合格的投标文件才能进入详细评审。

（2）详细评审。详细评审，是指评标委员会根据招标文件确定的评标方法、因素和标准，对通过初评的投标文件作进一步评审与比较。其评审内容包括技术与商务评审 2 部分。

## 2.10　定标

定标是招标人依据评标结果确定中标人的过程。评标委员会推荐的中标候选人应当限定在 1~3名，并标明排列顺序，招标人应当接受评标委员会推荐的中标候选人，不得在评标委员会推荐的中标候选人之外确定中标人。当评标委员会在评标定标中无明显失误和不当行为时，招标人应当按照中标候选人的顺序确定中标人。当确定中标的中标候选人放弃中标或者因不可抗力提出不能履行合同时，招标人可以依序确定其他中标候选人为中标人。招标人也可以授权评标委员会直接确定中标人。定标以后，招标人应当向中标人签发中标通知书。

## 2.11　合同谈判

在正式合同签订前，招标方与中标方须进行签约谈判，对合同结构、要求以及其他条款加以澄清，以取得一致意见。谈判内容应包括责任、变更权限、适用的条款和法律、技术和商务管理方法、所有权、合同融资、技术解决方案、总体进度计划、付款以及价格等。合同谈判应以招标文件、投标文件为基础展开，不得颠覆招标文件、投标文件的实质性内容。

### 2.12 签订项目建设合同

招标人和中标人应当在中标通知书发出之日起30日内，按照招标文件、投标文件以及合同谈判期间取得的共识签订合同。中标人如逾期或拒签合同，或签约后不交履约保证金，则招标人有权没收其投标保证金，以补偿自己的损失。对未中标的单位，由招标人通知并退还其投标保证金。

# 第三节 招标代理与招标无效

## 1 招标代理

### 1.1 招标代理机构的资质条件

招标代理机构是依法设立、从事招标代理业务并提供相关服务的社会中介组织。

招标代理机构应当具备下列条件。

①有从事招标代理业务的营业场所和相应资金；

②有能够编制招标文件和组织评标的相应专业力量；

③有可以作为评标委员会成员人选的技术、经济等方面的专家库。

### 1.2 招标代理机构的资质管理制度

我国对招标代理机构实施资质管理制度。从事工程项目建设招标代理业务的招标代理机构，其资格由国务院和省、自治区、直辖市人民政府建设行政主管部门认定。按照我国《工程建设项目招标代理机构资格认定办法》，工程招标代理机构资格分为甲级、乙级和暂定级三个等级。不同等级资质的招标代理机构其业务范围如下所述。

#### 1.2.1 甲级代理机构

甲级代理机构可以承担各类工程的招标代理业务。

#### 1.2.2 乙级代理机构

乙级代理机构只能承担总投资1亿元人民币以下的工程招标代理业务。

#### 1.2.3 暂定级代理机构

暂定级代理机构只能承担总投资6000万元人民币以下的工程招标代理业务。

招标代理机构资质证书具有一定有效期，甲级、乙级工程招标代理机构资格证书的有效期是5年，暂定级工程招标代理机构资格证书的有效期为3年。

我国招标投标法规定，招标代理机构与行政机关和其他国家机关不得存在隶属关系或者其他利益关系。招标代理机构应当在招标人委托的范围内办理招标事宜，并遵守关于招标人的规定。

### 1.3　招标代理机构的承担业务

招标代理机构在其资格许可和招标人委托的范围内开展招标代理业务，任何单位和个人不得非法干涉。招标代理机构不得在所代理的招标项目中投标或者代理投标，也不得为所代理招标项目的投标人提供咨询。招标代理机构不得涂改、出租、出借、转让资格证书。

招标代理机构可以在其资格等级范围内承担下列 7 项招标事宜。

①拟订招标方案，编制和出售招标文件、资格预审文件；

②审查投标人资格；

③编制标底与工程量清单；

④组织投标人踏勘现场；

⑤组织开标、评标，协助招标人定标；

⑥草拟工程项目建设合同；

⑦招标人委托的其他事项。

招标人委托招标代理时，应当与被委托的招标代理机构签订书面委托合同，合同约定的收费标准应当符合国家有关规定。

## 2　招标无效

依据《招标投标法》以及原国家计委等七部委颁布的规章《工程建设项目施工招标投标办法》（2003 年 30 号令）和《工程建设项目施工招标投标办法》（2005 年 27 号令），对招标无效做出如下规定。

招标人或者招标代理机构有下列情节严重的情形之一，招标无效。招标无效的规定共为十条，这里所谓情节严重是指在实质上影响了招标结果的公平。

（1）未在指定的媒介发布招标公告的；

（2）邀请招标不依法发出投标邀请书的；

（3）自招标文件或资格预审文件出售之日起至停止出售之日止，少于 5 个工作日；

（4）依法必须招标的项目，自招标文件开始发出之日起至提交投标文件截止之日止，少于 20 日的；

（5）应当公开招标而不公开招标的；

（6）不具备招标条件而进行招标的；

（7）应当履行核准手续而未履行的；

（8）不按项目审批部门核准内容进行招标的；

（9）在提交投标文件截止时间后接收投标文件的；

（10）投标人数量不符合法定要求不重新招标的。

# 第二章 生态修复工程项目建设零缺陷投标

生态修复工程项目建设市场中的施工、设计、勘察、规划、咨询、监理以及材料设备等企业，应该主动通过多种途径，积极搜集各种有关生态修复工程项目建设招标的信息，并加以认真分析、筛选和深入研讨，以积极的心态，多方位地参与投标活动，在生态修复工程项目建设市场竞争中树立品牌，提升知名度，使企业不断发展和壮大。

## 第一节 项目建设零缺陷投标的概念与程序

### 1 项目建设零缺陷投标的概念

投标是对项目业主建设招标的响应，即卖方向买方发出的承诺条件和报价实盘，以便招标的买方进行选择贸易成交的行为。

生态修复工程项目建设施工、设计、监理等企业的投标（tender，bid）也叫报价（offer），即工程施工、设计、监理等承包企业作为卖方，根据买方（业主）的招标条件，以报价的形式争取获得项目建设施工、勘测、规划、咨询、设计、监理等承包权和材料设备供货权。项目建设零缺陷投标报价过程历经投标选择、分析、估算实施成本和报价决策等程序，它既是集生态修复项目零缺陷建设技术与管理实践经验和理论综合知识为一体的高智能工作，又是一项十分艰辛、复杂而且充满风险、具有智慧性和挑战性的工作。

生态修复工程项目建设零缺陷投标的要求，必须依据《招标投标法》第二十六条的规定："一是投标人应当具备承担招标项目的能力；二是国家有关规定对投标人资格条件或者招标文件对投标人资格条件有规定的，投标人应当具备规定的资格条件。"

### 2 项目建设零缺陷投标的程序

图 2-1 详细列出了生态修复工程项目建设零缺陷投标过程的主要工作步骤，经归纳，投标人所应履行的零缺陷主要工作程序如下。

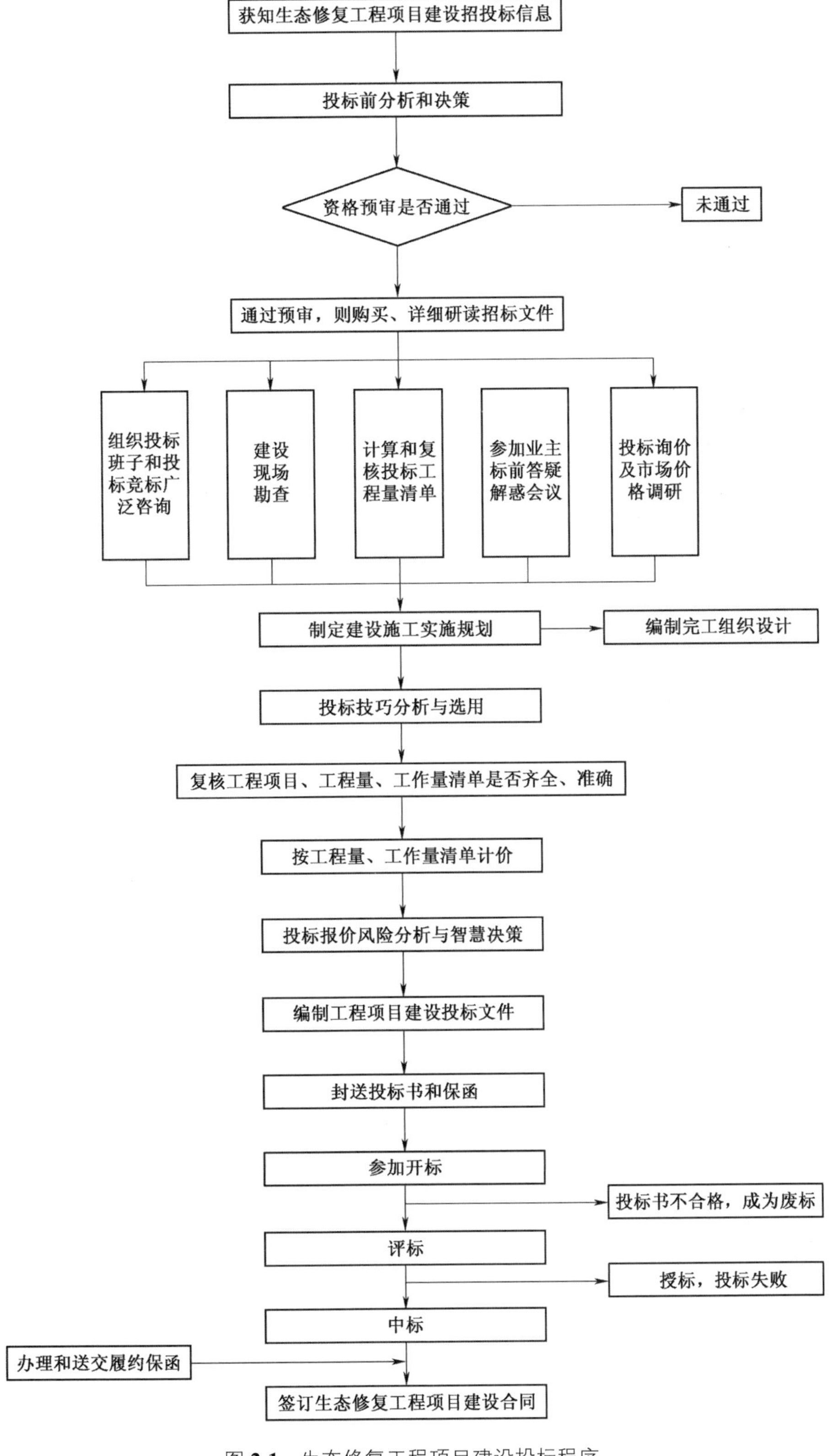


图 **2-1**　生态修复工程项目建设投标程序

（1）收集招标信息：生态修复工程项目建设施工、设计、监理等企业，应通过各种新闻媒体、网络等渠道，广泛搜集和详细调查了解生态修复工程项目建设招标信息，并认真对招标信息进行投标分析、筛选和决策。

（2）决策投标：生态修复工程项目建设施工、设计、监理等企业，应理智地决策投标，并严格、规范地按招标人的投标资格要求，积极参加投标资格预审。

（3）投标前的准备：生态修复工程项目建设施工、设计、监理等企业，在决策投标后，要充分、细致地进行投标前的各项综合准备。

（4）编制投标文件：生态修复工程项目建设施工、设计、监理等企业，在投标活动中，应当规范、严谨地编制投标文件、投标报价和参与投标的各项工作。

（5）出席开标会议：生态修复工程项目建设施工、设计、监理等企业，应按时参加开标会议。

（6）准时参加答疑会议：生态修复工程项目建设施工等各企业，应按时参加招标方邀请的答疑、澄清会议。

（7）中标谈判：生态修复工程项目建设施工、设计、监理等企业，获得中标通知书后，应积极、稳妥地准备合同谈判资料，参加合同谈判。

（8）签订合同：生态修复建设施工等各企业，应细心、认真地审阅合同文本。若发现有对己方不利的条款，要立即与甲方协商解决，待达成共识后签订项目建设施工（勘测、规划、可行性研究咨询、设计、监理和材料设备供货等）承包合同书，并开始履约。

## 第二节 卖方零缺陷投标的前期管理

持有生态修复工程项目建设勘测、规划、可行性研究咨询、设计、施工、监理和材料设备供货资质等级的各法人公司，是生态修复工程项目建设的卖方和主力生产者，也是生态修复工程项目建设市场中投标、竞标的主要参与者。在生态修复工程项目建设市场中进行施工、设计、监理等业务的零缺陷投标，投标人前期必须履行和完成以下3方面的工作内容。

①投标人企业资格预审；

②组建精炼的投标班子；

③按时参加招标现场踏勘和答疑会等工作步骤。

### 1 投标资格预审

根据《中华人民共和国招标投标法》第十八条的规定，生态修复工程项目建设招标人可以根据招标项目本身的要求，在招标公告或者投标邀请书中，要求从事勘测、规划、可行性研究咨询、设计、施工、监理和材料设备供货等专业业务的潜在投标人提供其有关资质证明文件和业绩的情况，并对所有潜在投标人进行资格审查。

生态修复工程项目建设勘测、规划、可行性研究咨询、设计、施工、监理和材料设备供货的各法人公司投标人，在获取生态修复工程项目建设有关招标信息后，可以从招标人处获得资格预审调查表，投标工作从填写资格预审调查表开始。此时，应完成以下 3 项工作。

（1）备齐投标资格预审所需的资料文件：为顺利通过资格预审，投标人应将资格预审资料准备齐全，并将原件扫描存入电脑内随时备用。在资格预审内容中，投标人的公司财务状况、技术工艺、技术人员、机械设备等情况是通用资料内容，要根据招标项目加以增减改动或补充即可作为资格预审书递交甲方。

（2）认真、详实填写投标资格预审调查表：在填表时应详细分析和全面判断，针对招标项目特点，对反映公司业绩经历及经验、技术、设施水平等重要内容的填写，应做到准确、简明扼要、精辟。这是招标人审查的重点。

（3）分析和确知自己公司实力的优劣势：在投标决策阶段，应精心研究并确定本公司优先发展的地区和优势项目，关注信息收集，遇有合适的投标项目，尽早做资格预审的申请准备，并参考前述的资格预审方法，为自己打分，分析、找出存在不足。若本公司力量薄弱、实力差，则应与适宜的合作伙伴组成联合体共同参加投标。

# 2　组建零缺陷投标班子

## 2.1　单独组建投标班子

当生态修复工程项目建设施工、勘测、规划、可行性研究咨询、设计、监理和材料设备供货公司决策参加某项建设工程的投标决定后，首先要组建一个多种专业人员组成、精练的投标班子。须认真挑选投标班子组成成员，并具备以下 5 项基本素质条件。

①非常熟悉和了解生态修复工程项目建设招标文件及合同条款内容，具备拟订或审核合同文稿的文笔能力，对投标过程提问及请求答疑、合同谈判与签订有着丰富的经验技能；

②对《中华人民共和国招标投标法》《中华人民共和国合同法》等法律法规有一定的知识基础；

③具备娴熟的工程设计、建设施工技术与管理专业工作技能；

④选择熟知生态修复工程项目建设各种物资材料种类、规格、市场行情价格的专业人员参加；

⑤选择具备丰富工程投标报价技能的专业人员参加。

## 2.2　组成联合体投标班子

《中华人民共和国招标投标法》第三十一条规定：两个以上法人或者其他组织可以组成一个联合体，以一个投标人的身份共同参与投标。

### 2.2.1　投标联合体各方应具备的条件

《中华人民共和国招标投标法》规定：投标联合体各方都应当具备承担招标项目的相应能力；国家有关规定或者招标文件对投标人资格条件有规定的，联合体各方均应当具备规定的相应资格条件。由同一专业单位组成的投标联合体，就中标项目向招标人承担连带责任。

### 2.2.2　投标联合体各方内部关系及其对外关系

（1）内部关系以协议形式确定。在组建投标联合体时，应依据《中华人民共和国招标投标法》和有关合同法律的规定共同订立书面投标协议，在协议中拟定各方应承担的具体工作和责任。如果各方是通过共同注册并进行长期经营的合资公司，则不属于《中华人民共和国招标投标法》所说的联合体，因此，联合体多指联合集团或联营体。

（2）联合体对外关系。中标的联合体各方应当共同与招标人签订合同，都应在合同书上签字和盖章。在同一类型的债权债务关系中，联合体任何一方都有义务履行招标人提出的合同条款范围内的要求。招标人可以要求联合体任何一方履行全部义务，被要求方不得以“内部订立的权利义务关系”为由拒绝履行义务。

（3）联合体的特点。组成投标联合体应具备以下 5 项特点。

①增大融资能力：大型生态修复工程项目建设需要有巨额履约保证金和周转资金。资金不足则无力承担这类工程。采取联合体则可以增大融资能力和融资额，减轻单独一家公司的资金压力，实现以较少资金获得参加大型建设工程项目施工的目的。

②分散风险：承担大型生态修复工程项目施工要承担的风险因素很多，多家公司参与可以分散工程项目施工所带来的风险压力。

③弥补技术力量的不足：承建大型生态修复工程项目需要多种类的专业技术力量协同配合，而技术力量薄弱的公司，即使承担了大型工程项目的施工建设任务，也要冒很大的技术性风险；但组建成为联合体则情况大为不同，各公司间可以取长补短，形成建设技术与管理的合力，能够出现 1+1>2 的效果。

④互相检查报价：实行联合体各方自编报价后互查的方式，可有效避免漏报和错报现象的发生，从而提高投标报价的可靠性和准确性，提升合伙竞争力。

⑤确保工程项目建设按期完成：通过联合体各方的共同协作，可以加快生态修复工程项目建设施工进度、提高工程施工作业按期完工的可靠性。

# 3 参加招标现场踏勘和答疑会

## 3.1 参加招标现场踏勘的目的

现场踏勘是招标人组织所有投标人对工程项目建设现场和周围环境条件进行的实地勘察。投标人通过对现场调查，可增加了解招标人进行工程项目建设的意图和目的，以此作出是否投标和投标策略、报价等。招标人应主动、详细地向投标人介绍工程项目现场条件的有关情况。

## 3.2 投标人在踏勘时应收集的资料内容

项目建设施工等企业的投标人，在建设现场踏勘时应收集的资料内容是：

①生态修复工程项目建设现场地形、地貌、地质、气候、土壤等自然条件；

②项目现场及周围的交通、水电供应等条件状况；

③项目建设总体布置情况，包括施工材料场、房屋使用等；

④所需施工材料在当地的来源和储量的情况；

⑤当地劳动力来源、技能水平及工资行情；

⑥当地机械修配能力及配件供应条件情况；

⑦周围环境对项目建设施工的限制情况，如对作业操作过程的振动、噪声、爆破限制等；是

否应对工地周围建筑物采取防护措施等。

### 3.3　现场踏勘后提出疑问

投标人在对现场勘察后若有疑问，应以书面形式向招标人提出。

招标人应召开标前会议，进一步说明工程招标情况，或补充修正标书中的某些问题，解答投标人提出的各类问题。投标人必须按时参加招标会议，否则被视为弃标或退出投标。

# 第三节
# 确定投标零缺陷的策略和报价技巧

生态修复工程项目建设投标的零缺陷决策，是施工、勘测、规划、可行性研究咨询、设计、监理和材料设备供货等企业，承揽承包生态修复工程项目建设投标经营决策的重要程序和工作；是零缺陷投标过程中的关键步骤，直接关系到能否中标和中标后的经济效益。为此，投标人应高度重视投标决策。投标决策应包括以下 2 方面的工作内容。

①选定所投标的生态修复工程项目建设标段，包括一次性投标机会选择和多个投标机会的筛选；确定投标方向和目标；

②确定投标所采取的技巧。

## 1　确定投标零缺陷的策略

生态修复工程项目建设投标零缺陷决策，是指项目建设施工、勘测、规划、可行性研究咨询、设计、监理和材料设备供货等企业，为实现自身的生产经营目标，面对项目建设中的施工、设计、监理招标等项目，主动寻求并采取最优化、零缺陷投标行动方案的活动。

### 1.1　投标前的零缺陷准备

#### 1.1.1　深入研读招标文件

施工、勘测、规划、可行性研究咨询、设计、监理和材料设备供货等企业的投标人员，应深入研读生态修复工程项目建设单位发布的招标文件，要明确搞清楚以下 4 项内容。

①承包方应承担的责任和有效报价范围；

②有关工程承包施工的各项技术要求指标；

③招标文件是否规定有特殊材料、设备或工艺，对没有掌握的价格必须及时“询价”；

④理出投标人未弄懂或招标文件中含糊不清的问题，向招标人提出并要求澄清。

#### 1.1.2　必须搞清、弄懂的合同条款重要内容

从影响项目建设投标报价和决策的角度，在投标前应搞清、弄懂的合同条款重点内容如下。

①涉及工程项目建设工程量任务的条款；

②工程项目建设施工设计变更的条款；

③工程建设施工质量履约保证金制度，保证金归还办法及程序；有关拨付建设施工材料预付

款、进度款、质保金支付及总结算的条款；

④其他，如关于不可抗力、仲裁、合同有效期、合同终止、税金及保险等条款。

## 1.2 一次性投标机会的无误选择

### 1.2.1 分析公司承揽工程项目施工、设计、监理等的胜任能力

投标决策前，首先要对本企业承揽生态修复工程项目建设任务能力有一个准确的自我判断，正确分析企业当前具备的工程建设技术与管理能力十分重要。

具体分析和判断所采用的方式和方法如下所述。

（1）用企业经营能力指标确定承揽投标业务的能力。企业的经营能力指标是指技术装备产值率、流动资金周转率、全员劳动生产率等。这些指标依据经验数据，均以年为单位，采用一元线性回归等方法预测承揽施工能力的变动趋势，以确定企业未来经营能力和规模。

（2）采用量、本、利分析和确定业务能力。应根据工程量、成本和利润的关系，按实物工程量、营业额等计算出盈亏平衡点，以确定企业内部经营保本最低限度的工程承揽经营规模。

（3）用边际收益分析方法确定业务能力。承揽项目建设业务的成本分为固定成本和变动成本两部分，总的趋势是总成本随着承揽工程建设业务规模的增加而增大，但单位产品的成本却随着承揽业务规模的增加而逐渐降低。固定成本不变，承揽规模越大，摊入每个产品的固定成本就越少。但是，若承揽规模超过一定限度时，必须追加设备与管理人员等投资，这样平均成本又会随着承揽规模的增加而增大。把由增加每一个产品而同时增大的成本，称为边际成本，即每增加一个单位产量而需要追加的成本。当边际成本小于平均成本时，平均成本随着承揽规模的增加而减少；若边际成本大于平均成本，此时增大承揽工程规模就是增大平均成本。因此，企业承揽工程任务的经营存在一个最高承揽工程规模的产量点。在盈亏平衡点与最高规模产量点之间的承揽工程量都是可盈利的工程产量。

### 1.2.2 按企业经营状况确定投标目标

投标企业决定是否参加某项生态修复工程项目的投标，首先应根据企业自身技术与经营状况，再确定投标的目标。有可能设定的 3 个投标目标选择如下所述。

①为获得最大经营利润；

②是企业正常的经营行为；

③为克服企业当前面临的生存危机而进行的拼搏。

### 1.2.3 判断投标机会的标准

判断投标机会的标准，是指企业欲达到什么标准就决定参加投标，达不到则不参加投标。投标目标不同，确定的判断标准也不相同。企业经对照判断标准，投标该工程招标项目已经达到某一标准，则决定投标。判断标准从以下 3 个方面进行综合拟定。

①现有技术力量对招标工程项目的满足程度，它包括技术水平、机械设备、人员队伍数量和素质等；

②周转资金条件，指用于承揽工程建设业务的周转资金能否满足进度的需要等；

③投标环境情况的调研参考，应详细调查和分析的内容有，招标单位的资信是否已履行审批手续，该招标工程项目建设资金是否到位，招标过程是否存在暗箱操作的行为，参与投标的竞争

对手情况，本企业在投标中具备的优势和存在的技术缺陷等。

#### 1.2.4　判断是否投标的步骤

首先确定是否投标的影响因素，其次确定评分方法。再根据以往经验确定最低得分标准。

影响企业工程投标的因素来自 8 个方面（表 2-1），权数合计为 20，每个因素按 5 分制打分，满分 100；从表 2-1 中可以得知参与该工程投标最低得分标准为 65 分，实际打分 70 分，满足最低得分标准，可以投标。

### 1.3　多个工程投标机会的正确筛选

当企业面对有若干个项目可供投标时，应慎重决定参与其中一项或几项工程的投标。

#### 1.3.1　权数计分评价法

权数计分评价法是指采用表 2-1 所列的方法对不同标段的投标工程打分，选择得分较高的一项或几项工程项目参与其的投标活动。

**表 2-1　工程投标因素评分**

| 影响投标因素 | 权数 | 评价 | 得分 | 影响投标因素 | 权数 | 评价 | 得分 |
|---|---|---|---|---|---|---|---|
| 技术水平 | 4 | 5 | 20 | 利润 | 2 | 2 | 4 |
| 机械设备能力 | 4 | 3 | 12 | 对今后投标影响 | 2 | 0 | 0 |
| 设计能力 | 1 | 3 | 3 | 招标单位信誉 | 2 | 5 | 10 |
| 施工经验 | 3 | 5 | 15 | 合计 | 20 | | 70 |
| 竞争激烈程度 | 2 | 3 | 6 | 最低能接受的分数 | | | 65 |

#### 1.3.2　经验判断法

在面临多项生态修复工程项目可供投标时，应根据以往的经验以及在细致调研当前投标情况的基础上，经过综合判断，再确定参与一项或几项工程的投标活动。

### 1.4　确定投标方向和目标

在投标前，要确定是投什么性质的标，以便明确投标方向和目标。按投标性质分类，可分为风险标和保险标；按投标效益分类，又可分为盈利标和保本标。

#### 1.4.1　风险标

明知承揽该项目难度大，且技术、设备和资金上都有难题，但招标工程的盈利丰厚，或为开拓、进军新的市场领域而决定参加投标；同时，去努力克服、解决存在的各种难题，这就是风险标。投风险标既会有绝境逢生的可能，也会有可能的亏损之灾，因此，必须全面审慎从事，三思而后行。

#### 1.4.2　保险标

对预投标承揽的生态修复工程项目建设的情况，从技术、设备、资金等资源配置上都胸有成竹，在此基础上去投标，称之为保险标。经济实力较弱的企业应该着重考虑投保险标。

#### 1.4.3　盈利标

盈利标是指所招标的生态修复工程项目是本企业的强项，但为竞争对手的弱项；或招标人意向明确，或本企业此时任务已经饱满，企业处于利润丰厚期，在此情况下投标，称为投盈利标。

#### 1.4.4 保本标

当企业无后续工程建设承揽业务，必须争取中标来扭转局面。但招标的工程项目对企业又无优势可言，加之竞争对手林立，此时就应投保本标，至多可投薄利标。

# 2 确定投标零缺陷的报价技巧

## 2.1 投标零缺陷的策略和技巧

生态修复工程项目建设施工、勘测、规划、可行性研究咨询、设计、监理和材料设备供货等企业，参加投标竞争的目的在于得到能够获取利润的承包合同。为此，投标企业在投标报价过程中除了要核算项目建设施工、勘测、设计等业务成本并计算利润外，还要考虑到报价时如何使用合理的策略和技巧，以达到既能中标又可盈利的零缺陷目的。

### 2.1.1 投标科学决策技巧

投标决策首先要弄清三个问题：一是从企业经营战略和项目客观条件两个方面分析，明确是否承揽；二是从项目实际出发，拟定施工方案，编制施工组织设计，分析工程质量和进度有没有保证：三是进行成本测算，与预算成本相比较，分析判断是否盈利。为确保投标决策的准确可行，决策者必须潜心研究市场、掌握各种价格信息动态变化，力争做到知己知彼和科学合理的决策。

决策者特别要注意掌握找出期望的标准与实际之间的差距，同时决策人要经常考察分析企业内外环境发生的变化，对企业的经营状况进行分析，查出存在的故障和隐患，对发现的问题要分类评估、界定。

在组织投标时要注意“三个结合”：企业内部与企业外部相结合；投标人员与施工技术管理人员相结合；领导与专业业务人员相结合。这样做不仅有效地保障了投标力量，而且起到协调配合作用，使重大投标决策问题能够随时做出决定并处置，从而保证了投标组织的高效率运转。

编制标书之前，在熟悉招标文件的同时，应扎实进行调查咨询。具体做法如下所述。

①聘请权威咨询单位作为投标顾问，因为各种咨询单位有时会受聘于业主参加招标工程。项目的制定标书等工作，加强与他们的沟通与联系，能够提前掌握工程项目建设的相关重要信息，为投标创造有利条件。

②参加重大生态修复工程项目建设投标，投标人应及时联系具有实力和资信的银行为其提供贷款资金，以便为顺利完成项目施工筹备必需的周转资金。

③了解投标主要竞争对手的技术、管理、设备、信誉状况和投标报价特性等，做到知己知彼。

④请教专家审核标书的有关内容，对报价水平、决策思考等方面求得指点，以增加标书的准确性、规范性和正确性。

⑤调查了解业主对招标报价的取向意图，是选最低价还是选合理报价中标。

### 2.1.2 制定投标施工组织方案的技巧

施工组织方案是投标人对拟建生态修复工程项目施工所作的总体部署和对工程质量、工期、安全等各方面所作出的承诺，也是招标方了解投标人企业管理水平、施工技术、机械设备和施工队伍素质能力等各方面情况的一个窗口。

在生态修复工程项目建设招投标阶段，投标人制定的施工组织方案与施工组织设计不同，主要是它的深度与范围不及施工组织设计。制定投标施工组织方案的目的是为了计算有关费用，它对于中标后编制施工组织设计具有指导性作用。制定施工组织方案时，其依据是遵照生态修复工程项目建设设计图纸、工程量清单，以及业主提出的开竣工日期要求，施工现场和市场调查的成果等。编制施工组织设计则是以保证工程项目建设质量，保证工程施工技术经济指标，保证工程项目建设的顺利竣工，保证工程项目的安全文明施工作业，保证工程施工成本最低等为前提，其内容应包括施工方案、技术工艺与工序、施工进度计划、施工机械作业计划、施工材料与设备需要计划、施工劳动力配给计划、施工现场临时供水电和生活后勤保障等。对业主而言，要选择的中标承包商应是技术先进，包括设计、采购、施工作业工序、质量、安全的保证，施工方案合理，合同工期的优化，劳动力的分配等，而这些均是通过技术指标来表达。所以，技术指标的编制质量如何，对中标的成功与否有着直接的影响。在编制施工组织设计和技术措施时应向标准化、规范化看齐。

### 2.1.3　核对招标项目施工工程量的技巧

在核对招标人提供的工程量清单时，如果发现清单存在误差或者漏项，投标人不宜自己更改补充，而应在投标致函中加以注明，待中标后签订项目建设施工承包合同时，以书面形式向甲方提出，或留待竣工结算时作为调整承包价格处理。

## 2.2　投标零缺陷报价的技巧

关于投标策略和技巧的决策，情况较为复杂，应该根据招标的具体情况，采取实用、精辟的综合措施。主要考虑投标时机的把握，投标方法和手段的运用等方面。如：在获得招标信息后，可采取马上投标或是先观望，再决定；在投标截止有效期内，是先期还是稍后递交投标文件；在投标报价上，是采取扩大标价法，还是不平衡报价法或其他报价法；在投标对策上，是寻求投标报价方面的有利因素，还是寻求其他方面的支持，或兼而有之。

### 2.2.1　细心研究招标项目的特点进行投标报价

投标时，既要清楚自己公司的优劣势，也要分析招标项目的整体特点，按照该生态修复工程项目建设特点、施工条件等考虑投标报价。

（1）投标报价应调高的情况通常包括以下 7 类；

①施工作业条件差、交通不便的生态修复建设工程项目；

②专业技艺标准要求高的技术密集型建设工程项目，而本公司不但具备这些技艺且有专长；

③总造价较低的小型生态修复建设工程项目，以及自己不愿意做而被邀请投标时，不便于投标的工程项目；

④特殊生态修复建设工程项目，如山石陡坡生态防护工程项目、风水复合侵蚀防护工程项目等；

⑤业主对项目建设工期要求迫切；

⑥有实力投标的竞争对手少时；

⑦项目建设资金支付条件不理想。

（2）投标报价应调低的情况通常包括以下5类：

①施工条件较为优越的生态修复工程项目，工序简单、工程量大且易于实施的工程；

②本公司目前急于打入某一市场、某一地区或虽已在某地区经营多年，但即将面临没有工程项目施工合同业务的情况；

③临近有已开工的生态工程项目时；

④投标竞争对手较多，竞争中标形势严峻时；

⑤招标人项目建设资金已经到位且具有讲合同重信誉的社会公信度时。

### 2.2.2 投标报价的技巧运用

投标技巧是指生态修复工程建设施工、设计、监理等企业在投标中，所使用的各种操作技能和方法。生态修复工程零缺陷投标的核心和关键是报价，因此投标报价的零缺陷技巧至关重要，其技巧主要有以下5种。

（1）投标人应主动向业主宣传。作为投标人，为达到投标能中标的目的，应向业主宣传本企业的实力，提供重信誉、守合同、专业技术素质优的具体业绩资料，获得业主对本企业的良好印象。必须时刻关注业主的每一个动态和变化，使承包商的所作所为满足业主的每一个要求，争取做到“我方提供的工程项目服务既符合业主各项要求，而且质优价廉”才能获得中标。另外多与业主进行访问式的交流和沟通，以便获取更多的工程建设信息。

（2）扩大标价法。指除按正常已知条件编制标价外，对工程中变化较大或没有把握的工程项目，采取增加不可预见费的方法，扩大标价，以降低风险。该做法的优点是中标价即为结算价，减少了对工程建设项目造价再调整的繁琐手续过程，不足之处是投标的总报价过高。

（3）不平衡报价法。也称为前重后轻法，是指在总报价基本确定的前提下，调整内部各子项的报价，以既不影响总报价，又能在中标后满足资金周转的需要，获得较为理想的收益。其常规的做法如下所述：

①对能早结账收回工程款的前期工程建设服务项目，单价可适当报高些；而对于水电设备安装、装饰等后期工程项目，单价可适当报低些。

②对预计今后工程量可能增加的项目，单价可适当报高些；而对工程量可能减少的项目，单价可适当报低些。

③对工程建设意图不清晰或设计图纸内容不明确或有错误，预计修改后工程量要增加的项目，单价可适当报高些；而对工程建设项目明确的项目，单价可适当报低些。

④对只有单价而没有工程量的项目，或招标人要求包干报价的项目，单价宜报高些；对其余的项目，单价可适当报低些。

⑤对暂定、任意或选择项目中，实施可能性大的项目，单价可报高些；估计不一定实施的项目，单价可适当低报。

（4）多方案报价法。即对同一个招标工程项目编制多个投标报价方案。采取多方案报价的方法，有时是招标文件规定允许的，或是投标人根据投标情形需要决定采用的。投标人决定采取该方法主要是基于以下2种情况。

①若发现招标文件中的工程范围含糊不清、不具体、不明确或不公正，或对技术规格、工程

质量要求过于苛刻，可先按招标文件要求报一个价，然后再详细说明如果招标人对合同要求做某些修改，报价能够降低多少。

②如果发现设计图中存在某些不合理，但可以改进或采用新技术、新工艺、新材料能替代的项目内容，或者本公司现有的施工技术或设备满足不了招标工程的要求，可先按设计图报一个价，然后再附上另一个修改设计的比较方案，说明改动设计后报价可降低多少。这种情况称为修改设计法。

（5）突然降价法。是指为迷惑竞争对手而采取的一种竞争方法。常规做法是，在准备投标报价过程先考虑好降价的幅度，然后故意散布一些虚假的报价信息如欲弃标、按一般情况报价或要报高价等，当临近投标截止日期前，则按低价投标，以出其不意法战胜对手。

## 2.3　编制投标书应规避发生的各类错误

（1）封面：应认真负责地防止和避免出现下述 4 种错误。封面格式是否与招标文件要求格式一致，文字打印是否有错字；封面标段是否与所投标段一致；企业法人或委托代理人是否按照规定签字或盖章，是否按规定加盖单位公章，投标单位名称是否与资格审查时的单位名称相符；投标日期是否正确。

（2）目录：应认真避免出现下述 2 种错误。目录内容从顺序到文字表述是否与招标文件要求一致。

目录编号、页码、标题是否与内容编号、页码（内容首页）、标题一致；投标书及投标书附录：应认真避免出现下述 6 种错误。投标书格式、标段是否与招标文件规定相符，建设单位名称与招标单位名称是否正确；报价金额是否与“投标报价汇总表合计”“投标报价汇总表”“综合报价表”一致，大小写是否一致，国际标中英文标书报价金额是否一致；投标书所示工期是否满足招标文件规定或要求；投标书是否按要求加盖投标人单位公章；法人代表或委托代理人是否按要求签字或盖章；投标书日期是否正确，是否与封面所示吻合。

（3）修改报价的声明书（或降价函）：应认真避免出现下述 2 种错误。修改报价的声明书内容是否与投标书相同；降价函是否按照招标文件要求装订或单独递送。

（4）授权书、银行保函、信贷证明：应认真避免出现下述 6 种错误。授权书、银行保函、信贷证明是否按照招标文件要求格式填写；上述 3 项是否由法人正确签字或盖章；委托代理人是否正确签字或盖章；委托书日期填写是否正确；委托权限是否满足招标文件规定或要求，是否加盖单位公章；信贷证明中信贷数额是否为招标文件明示要求，如招标无明示，是否符合标段总价的一定比例。

（5）报价：应认真避免出现下述 14 种错误。报价编制说明要符合招标文件要求：繁简得当；报价表格式是否按照招标文件规定格式，子目排序是否正确；“投标报价汇总表合计”“投标报价汇总表”“综合报价表”及其他报价表是否按照招标文件规定填写，编制人、审核人、法人代表是否按规定签字盖章；“投标报价汇总表合计”与“投标报价汇总表”内的数字是否吻合，是否存在算术错误；“投标报价汇总表”与“综合报价表”的数字是否吻合，是否有算术错误；“综合报价表”的单价与“单项概预算表”的指标是否吻合，是否存在算术错误。“综合报价表”所列费用是否齐全，特别是反复修改时更要注意；“单项概预算表”与“补充单价分析表”“运杂费单价分析表”的数字是否吻合，工程量与招标工程量清单是否一致，是否有单位标注和算术错误；“补充单价分析表”“运杂费单价分析表”是否有偏高、偏低现象，要细致分析原因，所用工、料、机单价是否合理、准确，以免产生不平衡报价；“运杂费单价分析表”，所标示运距是否符合招标文件规定，是否符合调查实际；配合辅助工程费用是否与标段设计概算相接近，降低造价幅度是否满足招标文件要求，是否与投标书其他内容的有关说明一致，招标文件要求的其他报价资料是否准确、齐全；定额套用是否与施工组织设计安排的施工方法一致，机具配置尽量与施工方案相吻合，避免工料机统计表与机具配置表出现较大差异；定额计量单位、数量与报价项目单位、数量是否相符合；“工程量清单”表中工程项目所含内容与套用定额是否一致；“投标报价汇总表”“工程量清单”采用 Excel 表自动计算，数量乘单价是否等于合价（合价按四舍五入规则取整）。合计项目反求单价，单价保留 2 位小数。

（6）对招标文件及台同条款的确认和承诺：应认真避免出现下述 5 种错误。投标书承诺与招标文件是否吻合；承诺内容与投标书其他有关内容是否一致；承诺是否涵盖了招标文件的所有内容，是否实质上响应了招标文件的全部内容及招标单位的意图，承诺在招标文件中隐含的分包工程等要求，投标文件在实质上是否予以自应；招标文件要求逐条承诺的内容是否逐条承诺；对招标文件（含补遗书）及合同条款的确认和承诺，是否确认了全部内容和全部条款，不能只确认、承诺主要条款，用词要确切，不允许有保留或留有其他余地。

（7）施工组织及施工进度安排：应认真避免出现下述 28 种错误。工程概况是否准确描述；计划开竣工日期是否符合招标文件中工期安排与规定，分项工程的阶段工期、节点工期是否满足招标文件规定。工期提前要合理，要有相应措施，不能提前的绝不提前；对工期文字叙述、施工顺序安排与“形象进度图”“横道图”“网格图”是否一致；总体部署：施工队伍及主要负责人与资审方案是否—致，文字叙述与“平面图”“组织机构框图”“人员简历表”及拟任职务等是否吻合；施工方案与施工方法、工序工艺是否匹配；施工方案与招标文件要求、投标书有关承诺是否一致。材料供应是否与甲方要求一致，是否统一代储代运，是否甲方供应或招标采购。临时通信方案是否按招标文件要求办理。若有要求架空线，则不能按无线报价。施工队伍数量是否按照招标文件规定配置。

工期进度计划：总工期是否满足招标文件要求，关键工程工期是否满足招标文件要求。

（8）特殊工程项目是否有特殊安排：在冬季施工的项目措施要得当，影响质量必须停工，膨胀土雨季施工要考虑停止作业，跨越季节性的工程措施要在雨季前或结冻前完工，其工序、工期安排要合理。

①“网络图”工序安排是否合理，关键线路是否正确。

②“网络图”如需中断时，是否正确表示，各项目结束是否归到相应位置，虚作业是否合理。

③“形象进度图”“横道图”“网络图”中工程项目是否齐全。

④“平面图”是否按招标文件布置了施工队伍驻地、施工场地及大型设施等位置，驻地、施工场地及大临工程占地数量及工程数量是否与文字叙述相符。

⑤劳动力、材料计划及机械设备、检测试验仪器表是否齐全。

⑥劳动力、材料是否按照招标要求编制了年、季、月计划。

⑦劳动力配置与劳动力曲线是否吻合，总工天数量与预算表中总工天数量差异要合理。

⑧标书中的施工方案、施工方法描述是否符合设计文件及标书要求，采用数据是否与设计一致。

⑨施工方法与工艺的描述是否符合现行生态修复建设设计规范和现行设计标准。

⑩是否有防汛措施（如果需要），措施是否得力、具体、可行。

⑪是否有防盗（治安）、消防措施及农忙季节劳动力调节措施。

⑫主要工程措施材料数量与预算表工料机统计表数量是否吻合一致。

⑬机械设备、检测试验仪器表中设备种类、型号与施工方法、工艺描述是否一致，数量是否满足施工需要。

⑭施工方法、工艺的文字描述及框图与施工方案是否一致，与重点工程施工组织安排的工艺描述是否一致；总进度图与重点工程进度图是否一致。

⑮施工组织及施工进度安排的叙述与质量保证措施、安全保证措施、工期保证措施叙述是否一致。

⑯投标文件的主要工程项目工艺框图是否齐全。

⑰主要工程项目的施工方法与设计单位的设计路径是否一致，理由是否合理、充分。

⑱施工方案及其方法是否考虑与相邻标段、前后工序的配合与衔接。

⑲临时工程布置是否合理，数量是否满足施工需要及招标文件要求。临时占地位置及数量是否符合招标文件规定。

⑳过渡方案星否合理、可行，与招标文件与设计意图是否相符。

（9）工程质量：应认真避免出现下述 5 种错误。

①质量目标与招标文件及合同条款要求是否一致。

②质量目标与质量保证措施“创全优目标管理图”叙述是否一致。

③质量保证体系是否健全，是否运用 ISO 9002 质量管理模式，是否实行项目负责人对工程质量负终身责任制。

④技术保证措施是否完善，特殊工序项目是否单独有保证措施。

⑤是否有完善的冬、雨季施工保证措施及特殊地区施工质量保证措施。

（10）安全保证、环境保护与文明施工保证措施：应认真避免出现下述 5 种错误。

①安全目标是否与招标文件及企业安全目标口径一致。

②确保既有铁路运营及施工安全措施是否符合铁路部门有关规定；投标书是否附有安全责任状。

③安全保证体系及安全施工作业制度是否健全，责任是否明确。

④安全保证技术措施是否完善，安全工作重点是否单独有保证措施。

⑤环境保护措施是否完善，是否符合环保法规，文明施工措施是否明确、完善。

（11）工期保证措施。应认真避免出现下述 2 种错误。

①工期目标与进度计划叙述是否一致，与“形象进度图”“横道图”“网络图”是否吻合。

②工期保证措施是否可行、可靠，并符合招标文件要求。

（12）控制（降低）建设造价措施：应认真避免出现下述 3 种错误。

①仔细阅读招标文件是否要求有此方面的措施，若没有要求则不提。

②若有控制建设造价的要求，措施要切实可行，具体可信（不过头承诺、不虚吹）。

③遇到特殊有利条件时，要发挥优势，如施工队伍临近、就近取材、利用原有设施设备等。

（13）配置施工组织机构、队伍组建、主要人员简历及证书：应避免出现下述7种错误。

①组织机构框图与拟作业施工队伍是否一致。

②拟上施工队伍是否与施工组织设计文字及“平面图”叙述一致。

③主要技术及管理负责人简历、经历、年限是否满足招标文件强制标准，拟任职务与前述是否一致。

④主要负责人证件是否齐全。

⑤拟作业施工队伍的类似工程业绩是否齐全，并满足招标文件要求。

⑥主要技术管理人员简历是否与证书上注明的出生年月日及授予职称时间相符，其学历及工作经历是否符合实际、可行、可信。

⑦主要技术管理人员一览表中各岗位专业人员是否完善，符合标书要求；所列人员及附后的简历、证书有无缺项，是否齐全。

（14）企业有关资质、社会信誉证书：应认真避免出现下述6种错误。

①营业执照、资质证书、法人代表、安全资格、计量合格证是否齐全并满足招标文件要求。

②重合同守信用证书、AAA证书、ISO 9000系列证书是否齐全。

③企业近年来从事过的类似生态工程项目主要业绩是否满足招标文件要求。

④在建生态修复工程项目及投标工程项目与企业生产能力是否相符。

⑤企业财务状况表、近年财务决算表及审计报告是否齐全，数字是否准确、清晰。

⑥所报送的企业优质工程证书是否与业绩相符，是否与投标书的工程对象相符，且有影响性。

（15）其他复核检查内容：应认真避免出现下述21种错误。

①投标文件格式、内容及份数是否与招标文件要求一致。

②投标文件是否有缺页、重页、装倒、涂改、污损等错误。

③复印完成后的投标文件如有改动或抽换页，其内容与上下页是否连续。

④工期、机构、设备配置等修改后，与其相关的内容是否修改换页。

⑤投标文件内前后引用的文件资料等内容，其序号、标题是否相符。

⑥如有综合说明书，其内容与投标文件叙述是否一致。

⑦招标文件要求逐条承诺的内容是否逐条承诺。

⑧按招标文件要求是否逐页小签，修改处是否由法人或代理人小签。

⑨投标文件底稿是否齐备、完整，所有投标文件是否建制电子文件。

⑩投标文件是否按招标文件规定格式包装、加盖正副本章、密封章。

⑪投标文件纸张格式、页面设置、页边距、页眉、页脚、字体、字号、字形等是否按规定统一。

⑫页眉标识是否与本页内容相符。

⑬页面设置中“字符数/行数”是否使用了默认字符数。

⑭附图的图标、图幅、画面重心平衡，标题字选用得当，颜色搭配悦目，层次合理。

⑮在同一个生态修复工程建设项目中同时投多个标段时，其共用部分内容是否与所投标段相符。

⑯国际投标以英文标书为准时，应加强中英文对照复核，尤其是对英文标书中工期、质量、造价、承诺等重点章节的复核。

⑰投标书所列各项图表是否图标齐全，设计、审核、审定人员是否签字。

⑱采用施工组织模块，或摘录其他标书的施工组织内容是否符合本次投标的工程项目对象。

⑲标书内容描述用语是否符合生态专业语言，打印是否有错别字、标点符号使用不妥之处。

⑳改制后，其相应组织机构名称是否作了相应的修改。

㉑是否由企业或项目招标所在地县级检察机关为企业投标开具了“企业无行贿信誉证明”函件。

# 第四节 编制零缺陷投标文件及其投送

编制零缺陷投标文件包括制订项目建设投标项目规划和编制投标书两项具体实务性工作，以及后续的标书包装和投送。

## 1 制订工程投标零缺陷规划

### 1.1 投标零缺陷规划的制订目的

在投标过程，必须编制全面的生态修复工程项目建设投标零缺陷规划，用以规范、标准地指导投标活动。若中标，则须编制详细的完成项目组织设计方案；若进入项目实施阶段，则需要制定更为详实的作业实施方案，用来正确指导工程项目的作业工作行为。投标规划内容包括作业方法、进度计划、技术力量、机械设备、材料、劳动力计划、设施等。制订投标规划的依据是工程量清单、设计图及说明书、招标文件要求的开、竣工日期，以及对当地材料、机械设备、劳动力价格的调查。编制规划方案的原则，是在保证工程建设质量和工期的前提下，达到工程建设的施工、设计、监理项目的成本最低、利润最大。

### 1.2 投标零缺陷规划的内容

#### 1.2.1 选择和确定工程项目完成方法

根据生态修复工程项目建设设计内容，研究对应的项目完成技术方法。对于业务等较为简单的工程项目，应结合已有的作业技术水平来选定作业方法，努力做到节省开支，加快进度；对于大型复杂的工程项目则需要制定多套完成方案，并加以综合比较。

#### 1.2.2 选择完工设备和设施

确定设备设施应与制定作业方法同时进行；在对工程估价过程，还要对各种设备设施的型号、动力功效等进行比较；或采用租赁的可行性调研。

#### 1.2.3 编制完工进度计划

对生态修复工程项目建设进度计划的编制，应紧密结合作业方法及设备的选定。在制定工程完工计划中，应提出各时段内应完成的工作量或工程量及限定日期。至于是采用网络进度计划还是线条进度计划，应根据招标文件的要求而加以确定。

# 2 编制投标零缺陷文件

生态修复工程项目建设施工、勘测、规划、可行性研究咨询、设计、监理和材料设备供货投标人，应按照业主招标文件的要求编制投标零缺陷文书，并对招标文件提出的实质性要求做出相应的文字说明。零缺陷投标书应包括拟派出承揽工程建设项目施工的项目负责人，主要技术与管理人员的简历、业绩，拟用于完成招标工程项目的机械设备名录等。

零缺陷投标书的内容组成，应根据工程建设单位要求使用的文本格式来确定，招标人对此一般都会有明确、详细的规定说明。填写标书的内容必须严格做到准确、规范，不得有差错、漏项，否则在投送标书后，招标方开标后发现标书有任何的不规范和瑕疵，都将会被作为废标处置。废标是指不能参加竞标活动的作废标书。

## 2.1 投标零缺陷文件的编制程序

#### 2.1.1 编制投标书的文件组成

①投标函；

②完工组织设计及其他辅助资料；

③投标报价；

④招标文件要求必须提供的其他相关资料。

#### 2.1.2 编制投标文件的程序

编制项目建设投标文件的6项程序如下所述。

①对涉及生态修复工程项目建设施工、勘测、规划、可行性研究咨询、设计、监理和材料设备供货服务的有关方面，应详细进行市场、经济和法律法规等内容的调查与分析；

②依据生态修复工程项目建设意图反复对现场踏查，或对工程量清单进行复核计算；

③制订完工工作内容全面的工程项目完成规划；

④对完成工程项目进行概算，计算施工、设计或监理的总成本；

⑤确定投标报价；

⑥编写和审定投标书。

## 2.2 零缺陷投标书的编制内容

#### 2.2.1 编制商务标书的零缺陷内容

各地商务标书的格式略有不同，《建设工程工程量清单计价规范》规定商务标书包括如下的9项内容。

①投标总价及工程项目总价表；

②单项工程费汇总表；

③单位工程费汇总表；

④分部分项工程量清单计价表；

⑤措施项目清单计价表；

⑥其他项目清单计价表；

⑦零星工程项目计价表；

⑧分部分项工程量清单综合单价分析表；

⑨项目措施费分析表和主要材料价格表。

#### 2.2.2　编制技术标书的零缺陷内容

（1）项目完工组织设计方案：是以所承揽的生态修复工程项目作为编制对象，用来指导项目施工、设计、监理的技术性文件。它是企业为在竞标中夺标和在完成过程指导、控制、计划和安排技术劳动力、材料、机械供应的依据，也是项目建设过程履行合同的重要依据。

项目完工组织设计方案由如下5项工作内容组成。

①工程建设或设计基本情况、要求和特点；

②充分结合企业的技术与管理、机械力量和建设场地条件，提出合理而明确的工序顺序、工期进度、工艺方法、技术劳动力组织等部署或安排；

③以方案为依据，对完工所需的材料、工具、机械设备和技术劳动力等资源配置做出的计划与安排；

④根据工程建设场地实际情况，进行总平面设计与布置，工作内容是对临时用水、电、路、施工作业、生活用地的平面合理布置；

⑤设计、组织和协调与工程建设、设计、监理、施工各方关系的技能和要求标准。

此外，在项目完工组织设计方案里还应编制的4个附表是：投入机械设备表，技术劳动力计划表，计划开、竣工日期和施工进度网络图和施工现场总平面布置图及临时用地表等。

（2）完工项目管理班子的配备情况：其配备情况应该包括施工、设计、监理企业项目管理班子的配备情况表、项目负责人简历表、项目技术总负责人简历表和项目其他人员配备的说明资料等。

（3）完工项目拟分包情况：是指据生态修复工程设计项目的情况，按项目类型或专业工种的作业进行说明。

（4）替代方案及报价：是指生态修复工程项目建设投标备用作业方案及其相应的报价组成情况说明。

## 3　投标书的零缺陷包装与投送

### 3.1　投标书的零缺陷包装

生态修复工程项目建设施工、勘测、规划、可行性研究咨询、设计、监理和材料设备供货等投标方，应该对投标书进行正确、规范的零缺陷包装。要制作清晰的标书封面，封面上设置图案应为与生态修复工程项目建设有关联的主题，并标明机密，但不得在封面上标注与投标报价有关联的任何信息。投标方应准备内容和格式相同的 1 份正本和 3～5 份副本标书，用信封分别把正本和副本进行密封，并在封口处加贴封条，封条处加盖公司法人代表或其授权代理人印章和公司公章，然后分别在其封面上注明“正本”和“副本”的字符，最后一起放入投标文件袋中。

应在投标文件袋上注明所投标的生态修复工程项目名称和标段、投标人全称及其详细的通信地址。若正本与副本投标书有差异，招标方以正本信息内容为准进行招标。

## 3.2 投标书的零缺陷投送

生态修复工程项目建设施工、勘测、规划、可行性研究咨询、设计、监理和材料设备供货等投标方，应按照招标方规定的投标截止日期前，在招标人指定的地点准时、无缺陷地向招标方递交投标书。否则，在投标截止日期以后送达的标书，招标方将会拒收，使得投标人无缘参与该项投标竞标活动。

# 第三章 生态修复工程项目建设零缺陷合同签订

## 第一节 项目建设签订零缺陷合同

生态修复工程项目零缺陷建设合同是指发包方（又称建设单位、招标方或甲方）与承包方（指专门从事承揽生态修复工程项目建设中的施工、勘测、规划、设计、监理等企业承包人或乙方）之间，为完成商定的生态修复工程建设项目，确定甲乙方各自应有的权利、义务和应承担责任的合法协议。在生态修复工程项目建设合同中，发包方与承包方应是平等的民事主体，在签订合同时，双方应共同遵循自愿、诚信、公平、公开的原则，甲、乙方必须具备相应的技术与经济资质，并有履行生态修复工程项目建设合同的能力。在对合同标的范围内的工程项目时，发包方必须具备有筹备足够生态修复工程项目建设资金和称职、到位的组织管理履约能力。

生态修复工程项目建设发包方，可以是国家机关及事业单位、具备法人资格的各种企业、经济联合体、社会团体或个人，有建设生态修复工程项目的意向，能够自觉自愿履行合同规定的责任义务，且具备支付项目价款能力的合同当事人或发包人都可以是项目的建设单位。

生态修复工程项目建设承包人，应是具备与所承包工程专业类别、规模对等的公司法人资质，具有与生态修复工程项目相匹配的施工、勘测、规划、咨询、设计、监理等技术与管理的专业技术、资金、装备能力，并被发包人认可和接受的合同当事人。

### 1 项目建设零缺陷合同的作用和特点

#### 1.1 项目建设零缺陷合同的作用

首先，生态修复工程项目建设合同一经签订，对甲、乙方来说均具有法律约束力；合同明确了建设发包方和承包方在项目零缺陷建设中的权利和义务，这是双方履行合同的行为准则和法律依据。其次，签订项目零缺陷建设合同也有利于在工程项目建设过程能够有效地监督和管理，有利于生态修复工程项目零缺陷建设的有序进程。特别是在当前市场经济体制下，合同是维系市场良性循环运转和发展的重要因素。

## 1.2 项目建设零缺陷合同的特点

### 1.2.1 合同标的的特殊性

①生态修复工程项目建设合同中标的的生态防护构筑物，都属于不可移动的固定物品；

②建设合同内约定的工程各个建设项目因其与生态防护环境的特殊关联性，它们之间具有不可替代的单一独立性；

③工程项目的单一性决定了工程建设技术与管理的移动性，即工程承包方必须围绕着合同标的物不断转移；

④生态修复工程项目所在位置就是工程建设承包方生产作业的工作场所。

### 1.2.2 合同履行期限的长期性

履行生态修复工程项目建设合同过程中的长期性是生态工程项目建设的特点决定的。这里以承包生态修复工程项目施工为例说明：承包工程施工在生态修复工程项目整个建设过程一般都经历以下 5 个时期。

①承包方经投标中标后，签订生态修复工程项目建设承包施工合同时期；

②生态修复工程项目建设施工前准备人力与劳力、物资材料和资金的时期；

③开工后的建设现场施工时期，即承包施工方必须经历一个按设计、按工序、按工艺要求的精细化作业操作过程；

④项目现场施工完工后至正式竣工验收、移交的期间，还需要有一个时间较长的保质养护时期；

⑤项目建设施工竣工验收和移交时期。

在上述 5 个不可或缺的过程中，还有可能发生不可抗力、设计变更等多种原因造成的工期顺延。所有这些情况都决定了生态修复工程项目建设合同在履行过程具有的长期性。

### 1.2.3 合同履行过程的多元性和复杂性

合同履行的多元性是指承包参与生态修复工程项目建设的施工方、设计方、监理方等在履行合同过程，不但要协调、调度公司内部技管人员，而且还要与外聘技术与管理人员、劳务民工、材料供应商、机械设备出租或操作等各方，发生各种合作或协作的经济合同关系。上述这些都构成了生态修复工程项目建设合同在履行过程滋生出的多元性。

合同履行的复杂性是指项目建设过程，参与工程施工、勘测、规划、咨询、设计、监理等企业，不但要与生态修复工程项目建设单位协调处理好彼此间的合作关系，而且还要主动到项目所在地的公安、土地、工商、税务、植物检疫、劳动等政府部门办理相关的注册登记手续，并在项目建设期间接受这些政府部门的随时检查和行政管理；与此同时还应对项目的安全文明施工、环境污染、地上设施、地下管网、构筑物，以及工程项目建设涉及的设计变更、不可抗力等各种不可预见的复杂性变化，迅速做出正确的判断和快速的处理。

# 2　项目建设零缺陷合同的签订与履行

## 2.1　签订项目零缺陷建设合同的原则和条件

### 2.1.1　签订施工、设计、监理等零缺陷合同的原则

（1）合法性原则。发包方与承包方订立的生态修复工程项目建设施工、勘测、规划、咨询、设计、监理等合同，必须严格执行《建设工程施工合同》（示范文本）；并且双方应自觉自愿地认真遵守《中华人民共和国合同法》《中华人民共和国建筑法》和《中华人民共和国环境保护法》等法律法规。

（2）平等与协商原则。合同的主体双方都依法享有自愿订立生态修复工程项目建设合同的权利。且在自愿、平等的基础上，在履行合同过程中双方应采取相互尊重、友好沟通与交流、相互理解与协商、严格与关心的方式，为生态修复工程项目的顺利建设营造和谐、友好的合作氛围环境。

（3）公平与诚信原则。订立合同属于承包、发包双方的双务合同。因此，任何一方都不能只强调自己的权利而不注重其义务的履行。为此，在合同订立过程中，双方应讲诚实、守信用，并充分考虑对方的合法利益，以善意的方式设定合同条款。

（4）过错责任原则。在生态修复工程项目建设合同的订立内容中，还应明确规定违约的责任以及仲裁条款。

### 2.1.2　订立零缺陷合同应具备的条件

生态修复工程项目施工、勘测、规划、咨询、设计、监理等承包方与建设单位签订生态修复工程项目建设项目相关合同同时，必须具备如下 7 项条件。

①立项计划和设计概算已经得到建设单位的上级主管部门批准；

②建设资金已列入国家或地方政府（企业）的年度建设财政计划之内；

③建设所需要的设计文件和有关技术、经济资料已准备就绪；

④建设资料、施工材料与设施设备等已经落实；

⑤项目建设已纳入招投标管理范畴，中标文件已经下达；

⑥项目建设现场条件已成熟，即不会受到任何“第三方”干扰；

⑦建设的合同主体双方都符合法律规定，并均有履行合同的能力。

## 2.2　项目建设零缺陷合同相关人的合法权益

### 2.2.1　项目发包人的责任与义务

生态修复工程项目建设发包人的义务有以下 8 项。

①遵守法律；

②发出开工通知；

③提供施工场地；

④协助承包人办理施工作业相关证件和批件；

⑤组织设计交底；

⑥按期支付合同价款；

⑦组织项目施工竣工验收；

⑧组织移交等其他义务。

### 2.2.2 项目施工承包人的责任与义务

（1）承包人的一般义务。承包人应承担的包括遵守法律、纳税、完成承包工作等。

（2）履约担保。履约担保是指承担人应保证其履约担保在发包人颁发工程签收证书前一直有效，发包人应在工程接收证书颁发后28天内把履约担保退还给承包人。该条款规定了履约担保的时效和归还时间条件。

（3）分包。生态修复工程项目建设施工承包人在分包施工项目时应承担以下5项责任。

①承包人不得将其施工承包的全部工程项目转包给第三人，或将其承包的全部工程项目肢解后以分包的名义转包给第三人。

②承包人不得将工程项目主体、关键性工序分包给第三人。除专用合同条款另有约定外，未经发包人同意，承包人不得将工程项目建设的其他部分或工作分包给第三人。

③分包人的资格能力应与其分包工程的标准和规模相适应。

④按投标函附录约定分包工程项目时，承包人应向发包人和监理人提交分包合同副本。

⑤承包人应与分包人就分包工程项目施工向发包人承担连带责任。

（4）联合体。生态修复工程项目建设施工承包人联合体应承担以下3项责任。

①联合体各方应共同与发包人签订合同书。联合体各方应为履行合同承担连带责任。

②联合体协议经发包人确认后作为合同附件。在履行合同过程中，未经发包人同意，不得修改联合体协议。

③联合体牵头人负责办理与协调和发包人、监理人的关系，并接受指示，负责组织联合体各成员全面履行合同。

（5）承包人项目经理。承包人项目经理应持证上岗，并切实履行承包施工技术与管理的相关责任。

（6）承包人现场查勘。项目承包人应认真调查、勘测生态修复工程项目施工范围内的环境情况。

（7）依据《劳动法》的有关规定对承包人内部管理做出约定。承包人必须明确保障承包人所有人员的合法权益，包括按规定必须给雇用劳务人员按时发放工资。

（8）工程价款应专款专用的条款。生态修复工程建设发包人应当按照合同支付工程项目施工价款，承包人应当专款专用。

（9）不利物质条件约定。上述2条是承包人的责任，即对工程相关环境应当承担的责任和风险，如遇到不利物质条件时的处理程序。在国际咨询工程师联合会（FIDIC）合同相关条款中，其内容表述为“不可预见的物质条件”。所谓“不可预见”指在投标基准日前，一个有经验的承包商所不能合理预见的风险。不利物质条件可在专用条款中作进一步具体约定。

### 2.2.3 项目零缺陷建设施工监理人的责任与义务

（1）监理人的职责和权利。生态修复工程项目零缺陷建设监理人应承担以下3项职责和权利。

①监理人受发包人委托，享有生态修复工程项目建设合同约定的权力。监理人在行使某项监理职责权力前需要经发包人事先采取书面形式的批准文件，而通用合同条款没有明确指明的监理工作内容，应在专用合同条款中确切指明。

②监理人发出的任何指示应视为已经得到发包人的批准，但监理人无权免除或变更合同约定的发包人和承包人的权利、义务和责任。

③合同约定应由承包人承担的义务和责任，不能因为监理人对承包人提交文件的审查或批准，对生态修复工程项目施工过程技艺、工序、材料和设备的检查和检验，以及为实施监理做出的指示等职务行为而减轻或解除。

监理人受发包人委托，在生态修复工程项目建设合同约定的范围内行使权利是一种委托代理，因此，上述条款按照“委托代理”的法律意思表示做出了规定。

在生态修复工程项目建设中实行工程监理制是我国学习和引进了国际先进的建设制度和管理经验，创下了闻名中外的“鲁布革冲击”效应，实行了项目法人负责制、招标投标制、工程建设监理制及合同管理制等重要制度，引发了建设管理体制的一系列改革。将市场竞争机制引入了我国原有的计划经济建设行业，很快就取得了积极有效的结果。监理人的权利、义务、责任和报酬等在发包方与监理方的委托合同中有了具体明确的规定。

在生态修复工程项目建设监理实践中应当防止两种倾向：一是不能因为有了项目监理人，项目发包人就放弃应当承担的责任与义务；二是仅把监理工程师看作是项目建设过程发包人的质量、进度监督员，而忽视监理工程师不能在合同授权范围内独立开展监理工作。

（2）总监理工程师。监理人在履行现场监理工作中必须设立总监理工程师，要依据项目建设施工情况，制定其职责并严格行使。

（3）监理人员。生态修复工程项目建设施工现场监理人员，应在总监理工程师领导下认真履行其岗位职责分工和工作程序。

## 2.3　项目建设零缺陷合同签订的程序

签订生态修复工程项目建设零缺陷合同的程序一般分为要约和承诺2个阶段。

### 2.3.1　要约

要约是指希望和他人订立合同的意思表示。提出合同要约的一方为要约人，接受要约的另一方是被（受）要约人。要约人应列出合同的主要条款，并在要约说明中明确承诺给予被要约人答复的期限。要约具有法律约束力，必须具备合同的一般条款。

### 2.3.2　承诺

承诺是指受要约人作出同意要约的意思表示。必须是在承诺期限已经发出。表明受要约人完全同意对方的合同条件，如果受要约人对要约人的合同条件不是全部同意，就不算是承诺。

## 2.4　项目建设零缺陷合同格式

生态修复工程项目建设合同格式是指合同的文件形式，一般有条文和表格式2种。生态修复工程项目建设零缺陷合同综合以上2种格式，以条文格式为主辅以表格，共同构成规范的生态修复工程项目建设零缺陷合同文本格式。

标准生态修复项目建设零缺陷承包合同由合同标题、序文、正文、结尾4部分组成。

#### 2.4.1 合同标题

合同的标题是指合同的正式名称，如××××××生态修复工程项目建设××合同。

#### 2.4.2 合同序文

合同的序文主要是指包括合同主体双方（甲乙方）的正式名称、合同编号（序号）以及简要说明签订本合同的主要法律依据。

#### 2.4.3 合同正文

合同的正文是指合同的重要组成部分，其详细内容由以下15部分组成。

①工程概况：含工程名称、地点、投资单位、建设目的、立项批文、工程量清单表。

②工程造价：指合同价。即工程项目建设单位应支付给施工、设计、监理方按质量要求完工的各项费用。

③建设工期指承包方完成工程施工、设计、监理等任务规定的开、竣工日期期限。

④承包方式是指只包工不包料的清包方式，还是包工包料的完全承包方式。

⑤工程质量指施工、设计、监理等承包方必须达到的工程或工作质量等级要求。

⑥技术资料交付时间，指设计文件、概预算及相关技术资料的提供时间。

⑦工程设计变更，指工程建设过程设计变更所涉及的造价增减处置条款。

⑧工程建设材料、设备的供应方式，是指承包方自备或甲方提供的供应方式。

⑨工程建设施工定额依据及现场职责。

⑩工程款支付方式及结算方法。

⑪双方相互协作事项及合理化建议方式约定。

⑫注明工程施工保质养护、设计、监理期限。

⑬工程竣工验收，包括验收内容、标准及依据，验收人员组成、验收方式及日期。

⑭工程移交，指工程通过建设单位的正式竣工质量验收后，按验收明细表移交甲方。

⑮违约责任、合同纠纷及仲裁条款。

#### 2.4.4 合同结尾

在合同的结尾部分，要注明合同的份数、存留和生效方式、签订日期、地点、法人代表签章，合同公证单位、合同未尽事项或补充条款等附件。

### 2.5 项目建设零缺陷合同履行

#### 2.5.1 合同的履行

（1）合同履行的责任和义务。生态修复工程项目建设合同的履行是指合同主体的双方当事人，根据合同的规定在适当的时间、地点，以适当的方式全面完成自己所承担的责任和义务。

（2）严格履行合同。严格履行合同是指生态修复工程项目建设者与施工、设计、监理承包商等所有当事人应尽的责任和义务。因此，各方必须共同按约定履行合同的各项条款，实现合同所要求达到的预定目标。

#### 2.5.2 合同履行中的纠纷处理方式

生态修复工程项目建设合同在履行过程中，如若产生纠纷，则对合同双方纠纷的处理有协商、调解、仲裁、诉讼4种方式，但应以协商为主、调解优先的原则进行合同纠纷的处理。

# 3　项目建设零缺陷合同格式条款

## 3.1　合同格式条款的概念

格式条款又称为标准条款，是指当事人为了重复使用而预先拟定，并在订立合同时未与对方协商就采用的条款。在合同中，可以是部分条款为格式条款，或所有条款均为格式条款。

## 3.2　合同格式条款应用时的注意事项

为了提高生态修复工程项目零缺陷建设过程的签约效率，格式条款已经得到普遍使用；为此，若对格式条款产生争议，合同双方应当按照常规的理解予以解释，对格式条款内容出现2种以上含义解释的，应当作出不利于提供格式条款的一方的解释。当格式条款与非格式条款不一致时，应采用非格式条款或双方协商解决。

# 4　项目零缺陷建设合同缔约的过失责任

## 4.1　合同缔约过失责任的赔偿责任鉴别

合同缔约过失责任既不同于违约责任，也有别于侵权责任，是指在生态修复工程项目建设相关合同缔约过程中，当事人一方或双方因自己的过失而致使合同不成立、无效或被撤销，应对信赖合同为有效成立的另一方赔偿经济损失。缔约过失责任的规定确实能够解决此类情况发生时的责任承担问题。

## 4.2　合同缔约过失责任发生的条件

合同缔约过失责任是针对合同尚未成立应当承担的责任，合同成立必须具备一定的条件。合同缔约过失责任包括缔约一方受到损失或有损失，损害事实是构成民事赔偿责任的首要条件，如果没有损害事实的存在，也就不存在损害赔偿责任；合同缔约过失责任方有过错在先，包括其故意行为和无意识过失行为导致的后果责任；在合同尚未缔约成立时一方对另一方已经发生的损害行为，这就是缔约过失责任有别于违约责任的最重要原因。

合同一旦签字即生效成立。当事人若发生过错责任，不论是故意行为还是其他原因所致的过失行为，都应当承担违约责任或者不履行合同的法律责任。

# 第二节
# 项目建设施工合同索赔

在生态修复工程项目建设过程中，建设方（项目业主）与参与建设的勘察、规划、咨询、设计、监理、材料或设备供应方等均会有发生合同索赔的可能，但在生产实践中，以施工索赔发生率颇多，引发施工索赔的原因也因地域、因项目、因人为等不同境况而居首位，为此，在这里仅以施工合同索赔为例来系统阐述索赔的起因、解决途径及其程序。

# 1 项目建设施工合同索赔概述

## 1.1 项目建设施工合同索赔概念及特点

### 1.1.1 施工索赔的概念

索赔是指在合同履行过程，一方当事人因对方不履行或未能正确履行合同所约定的义务而遭受损失后，向对方提出的补偿要求。索赔是合同当事人之间相互、双向的正当行为。

### 1.1.2 施工索赔的特点

①索赔是法律赋予签订合同的一种双向、正当的权利主张；

②索赔必须以法律和合同为依据；

③索赔必须建立在损害后果事实已经客观存在的基础上；

④索赔应采用明示的方式，即应该有书面索赔文件，其内容和要求应该明确而肯定；

⑤索赔是一种未经合同另一方的单方行为。

## 1.2 项目建设施工索赔的作用及类型

### 1.2.1 施工索赔的作用

①对违约者起警戒作用，能够有效保证合同的履行；

②落实和调整双方的合同经济责任关系；

③维护合同当事人的正当权益；

④促进工程施工造价趋向更合理。

### 1.2.2 施工索赔的类型

（1）按索赔当事人分类。根据索赔当事人的原因情况，分为以下 4 种。

①承包人与发包人之间的索赔；

②承包人与分包人之间的索赔；

③承包人与供货人之间的索赔；

④承包人与保险人之间的索赔。

（2）按索赔事件的影响分类。根据索赔事件的影响情况，分为以下 4 种。

①发包人未能按合同规定提供施工条件，导致工期拖延的索赔；

②承包人在现场遇到不可预见的外部障碍或条件的索赔；

③工程施工变更索赔；

④因不可抗力影响、发包人违约，使工程被迫停止施工作业，并不再继续而提出的施工索赔。

（3）按索赔要求分类。根据索赔要求的情况，分为以下 2 种。

①工期索赔：要求发包人延长工期，推迟竣工日期；

②费用索赔：要求发包人补偿费用损失，调整合同价格。

（4）按索赔所依据理由分类 。根据索赔理由的情况，分为以下 3 种。

①合同条款索赔：指合同约定条款范围内的索赔；

②合同外索赔：指施工过程发生干扰事件的性质已经超出合同范围；

③道义索赔：指由于承包人重大失误而向发包人恳请的救助。

（5）按索赔处理方式分类。根据索赔处理的情况，分为以下 2 种。

①单项索赔：是指针对某一项干扰事件发生时或发生后，向甲方提出的索赔；

②总索赔：又叫一揽子索赔或综合索赔，即承包人将工程中未解决的单项索赔集中起来，提出一份总索赔报告，以一次性解决所有索赔问题的方案。

# 2　项目建设施工索赔的原因

## 2.1　施工索赔的原因

索赔属于合同履行过程的正常风险管理，其原因主要包括以下 4 种。

①业主在起草、编制工程项目招标、合同文件中出现明显的错误或漏洞；

②在工程建设市场长期处于买方市场态势下，因投标竞争的需要，“以低价中标，靠索赔赢利”已经是司空见惯的事；

③单纯是发包人一方违约，如业主一方的工程师现场指示不当或工作不力等问题；

④不可预见事件的发生和影响。

## 2.2　施工索赔成立的条件

承包施工方要求索赔成立，必须同时具备以下 4 个条件。

①与合同相比，事实已经造成了施工方实际的额外费用增加或工期损失；

②造成费用增加或工期损失的原因，不是由于施工方自身的原因所致；

③这种经济损失或权益损害也不是由施工方应承担的风险所造成；

④施工方在规定期限内，向发包方提交了书面索赔意向通知和索赔报告。

## 2.3　施工项目索赔应具备的理由

①发包方违反合同约定，给施工方造成的费用和时间损失；

②因工程设计变更而造成的费用、时间损失；

③因监理工程师对合同文件的歧义解释、技术资料不确切，或由于不可抗力导致的施工条件改变，造成费用和时间的增加；

④发包方提出提前完成施工项目或缩短工期而造成的费用增加；

⑤发包方延误支付工程进度款项期限，造成施工方的损失；

⑥对合同约定以外的项目进行检验，且检验合格或非施工方原因导致项目缺陷的修复，所发生的经济损失或费用；

⑦非施工方原因导致的工程施工暂时停工；

⑧物价上涨，法规变化及其他原因。

## 2.4 常见工程项目施工的合同索赔

### 2.4.1 因合同文本引发的索赔

起因于合同文本造成的索赔种类有以下 3 类。

①文本组成问题；②文本有效性，如设计图变更带来的重大施工后果；③图纸和工程量清单表中的错误。

### 2.4.2 有关工程施工索赔

因现场条件和其他原因所造成的索赔情况，可分为以下 8 类。

①工程施工地质条件发生变化；②工程质量要求变更；③工程施工过程人为障碍；④额外的试验和检查费等；⑤变更命令有效期；⑥指定分包方违约或延误；⑦增减工程量；⑧其他有关工程施工方面的索赔。

### 2.4.3 价款索赔

①价格调整；②由于货币贬值和严重经济失调；③拖延支付工程进度款。

### 2.4.4 工期索赔

①延展工期；②因延误产生损失；③因赶工而发生的费用。

### 2.4.5 特殊风险和不可抗力灾害的索赔

①特殊风险；②不可抗力灾害。

### 2.4.6 工程暂停、终止合同的索赔

①暂停施工损失；②因终止合同。

### 2.4.7 财务费用补偿的索赔

对财务费用的损失要求补偿，是指因各种原因导致承包施工方财务开支增大，从而造成贷款利息的财务开支，使承包施工方增大工程施工的间接成本。

## 2.5 工程项目施工索赔的依据

### 2.5.1 合同条件

合同条件是索赔的主要依据，其依据包括以下 10 项。

①合同书原件；②中标通知书；③投标书及附件；④合同专用条款；⑤合同通用条款；⑥建设施工所使用的标准、规范及有关技术文件；⑦设计图纸；⑧工程量清单；⑨工程报价单或预算书；⑩在合同履行中，发包方、承包施工方有关工程施工的洽谈、变更等书面协议文件，均视为合同的有效组成部分。

### 2.5.2 签订合同依据的法律、法规

①适用法律与法规包括《合同法》《招标投标法》和《建筑法》。②适用标准、规范的《建筑工程施工合同示范文本》。

### 2.5.3 其他相关证据

指能够证明索赔事实的一切证明资料。其内容包括以下 10 项。

①书证；②物证；③证人证言；④视听材料；⑤有关当事人陈述；⑥鉴定结论；⑦勘验、检验笔录；⑧往来信函、会议纪要、施工现场文件、检查检验报告、技术鉴定报告；⑨作业交接记

录，材料采购、订货、运输、进场、使用记录等；⑩会计核算凭证、财务报表等资料，工程图片、录像等。

# 3　项目建设施工索赔的处理

## 3.1　索赔处理的程序

在合同履行中处理每一个施工索赔事项，都应当按照工程施工索赔的惯例和合同的具体规定进行。承包施工方应按以下程序以书面形式向发包方提出索赔。

①提出索赔申请：在索赔事件发生28日内，以书面形式向发包方提出索赔意向通知书。

②报送索赔资料：提出补偿经济损失或延长工期的索赔报告及有关资料。

③发包方答复：在收到、审核承包施工方送交的索赔报告后，发包方应于28日内给予答复，或要求承包施工方进一步补充索赔理由和证据。发包方工程师在28日内未予答复或未对承包施工方作进一步要求，视为该项索赔已经认可。

④持续索赔：当索赔事件持续进行时，承包施工方应阶段性向发包方提出索赔意向。

⑤仲裁和诉讼：发包方与承包施工方就索赔未能达成共识，即可进入仲裁或诉讼程序。

## 3.2　编制索赔文件的方法

索赔文件组成是：索赔通知书、索赔报告和附件。其编制方法如下。

### 3.2.1　索赔意向通知书内容

索赔意向通知书的组成，应包含以下5项内容。

①索赔事件发生的时间、地点及工程部位；

②索赔事件发生时，在场的双方当事人或其他有关人员；

③索赔事件发生的原因和性质；

④承包人对索赔事件发生后的态度及采取的措施；

⑤说明事件的发生将会给承包人产生额外支出或其他不利影响；

⑥提出具体的索赔意向，并注明所依据的合同条款或法律、法规。

### 3.2.2　索赔报告的内容

索赔报告主要包含以下5项内容。

①标题：应能高度概括索赔事件的核心内容；

②总述部分：应准确地叙述索赔事件，包括事件发生的真实时间、过程，承包施工方付出的努力和增加的开支，以及具体索赔要求；

③论证部分：是索赔报告的关键部分，应明确指出依据的合同具体条款或会议纪要等；

④索赔款计算部分：通过合理计算索赔应得的具体金额数量；

⑤证据部分：应保证引用证据的效力和可信程度，对重要证据应附有文字说明及确认件。

### 3.2.3　附件

附件是指应含有索赔证据和详细的计算书。

### 3.3 对施工索赔证据的要求

①收集索赔证据的重要性：指索赔过程，对收集有效索赔证据的管理是不可忽视的工作。

②索赔证据应具备有效性：其有效性应包括以下3项内容：真实性指索赔证据的客观存在；全面性指提供的证据能说明索赔事件的全部内容；法律效力指提供的证据必须符合国家法律的规定。

### 3.4 发包方（业主）对索赔的审查处理

当发包方受理索赔管理部门对索赔额超过其权限时，应报请业主审查批准。业主首先根据索赔事件发生的原因、责任范围、合同条款，审核承包方的索赔申请和管理部门的处理意见，再依据工程建设目的、投资控制和竣工要求，以及针对承包人在施工中的缺陷或违反合同规定等相关情况，决定是否批准索赔要求。

### 3.5 承包方是否接受最终索赔处理

承包方如果接受最终的索赔处理决定，索赔事件处理即告结束。若承包方不同意，就发生合同争议，甚至导致仲裁或诉讼法院裁决。为此，合同双方应争取以和谐协商的方式解决。

### 3.6 施工索赔的解决途径

①双方无分歧解决；

②双方友好协商解决；

③通过调解解决；

④通过仲裁或法院诉讼解决。

## 4 项目建设施工承包人和工程发包人的索赔

### 4.1 项目建设施工承包人索赔

#### 4.1.1 承包人索赔管理的方法

（1）正确认识施工索赔的重要性。

①索赔是施工合同管理的重要工作环节。施工合同是索赔的依据，索赔的整个处理过程是履行合同的过程，也称为合同索赔。管理日常单项索赔可由合同管理员完成；对重大、综合性索赔，应从工程日常文件资料中提供。因此索赔的前提是加强施工合同等资料的管理。

②索赔是促进施工计划管理的动力。在索赔过程，必然要对原施工计划工期与实际工期、原计划施工成本与实际发生成本的比较，可以看出实际工期和实际成本与二者原计划的偏离程度，就能理清施工索赔与计划管理之间的相互对比关系，即索赔是计划管理的动力。

③索赔是挽回施工成本损失的重要手段。在发生索赔事件后，必然会导致增加施工人工程成本的现象，就需重新确定工程成本，为此只有通过索赔这种合法手段才能做到。

（2）努力创造索赔处理的最佳时机。索赔处理的最佳时机，是指承包人已施工完工程得到业主的满意认可，即为提出索赔要求的成熟时机。为此，承包人创造工程施工索赔处理最佳时机的途径如下。

①认真履行合同规定的各项职责和义务；

②遵守诚信原则，全方位考虑双方利益。

（3）关注重大索赔，着重于实际损失。

①关注重大索赔：指集中精力抓住索赔事件中影响力大、索赔额高的事例；而对小额索赔可采用灵活方式处理；

②着重于实际损失：就是在计算索赔额时应实事求是，不弄虚作假。

（4）收集索赔证据资料的原则性要求。

①设立由专人负责、职责分工的工程施工索赔专门管理部门；

②建立健全工程施工文件档案的管理制度；

③对重大事件的相关资料应有针对性的收集管理。

（5）施工索赔常用的技巧和策略。

①充分完善各项索赔准备，做到索赔有理、有利、有节；

②有的放矢，选准索赔目标；

③正确确定索赔数额；

④重视索赔时效。

#### 4.1.2　承包人防止和减少索赔的措施

（1）规范投标工作。规范性投标工作，是指在工程投标过程，应通过公平、公正的投标行为，显示本企业的技术与管理能力，从而保证中标。即完善施工索赔的事前控制与管理，将索赔降至零或最少。

（2）加强工程质量和工期管理。承包方应着重加强和规范施工质量和进度的有效管理。

①加强施工质量管理：严格按设计、标准和规范要求进行施工作业，推行全面质量管理；

②有效控制施工进度：合理组织与管理工程施工，切实执行施工进度计划，有效防止承包人由于自身管理不善造成的工程施工进度延期。

（3）采取切实可行的成本控制措施。成本控制不但可以提高工程施工的经济效益，而且也为索赔打下扎实的基础。成本控制包括定期对成本进行核算和分析，严格控制开支。当发现某项工程费用超出预算时，应立即查明原因，采取控制措施。对计划外开支应提出索赔。

（4）有效实施合同管理。生态修复工程项目建设施工的实践表明，合同管理的水平越高，索赔的水平和成功率也就越高。合同管理的 3 项内容如下。

①实现工程管理上的“三大控制”，即施工质量、进度与成本控制。

②有利于进行合同分析、合同纠纷处理等工作，从而实现承包施工的目标。

③项目部应设置合同管理部门，其组织结构宜采用垂直式和矩阵式相结合的方式，垂直式可保证项目部经理对合同管理的直接监管，矩阵式可以使合同管理部门加强同其他部门的横向工作联系，有利于综合各部门的力量处理索赔事件。同时，合同管理部门还应经常与业主、监理单位、工程分包人进行广泛的联系和沟通，以便于及时总结和调整合同管理的重点工作。

（5）注重培养员工的索赔意识和素质。生态修复工程项目建设施工索赔是一门跨学科的综合性专业技术管理知识，涵盖生态修复工程项目建设施工技术、管理、成本、合同、法律、写作等多门专业知识。面对索赔过程的艰巨性和复杂性，要求从事索赔管理的人员应具有以下3种意识和素质。

①培养与索赔相关联的合同、风险、成本、质量及进度意识和观念；

②学习和积累索赔的综合知识和技能；

③学习和掌握用于索赔交涉过程中的公关技巧和语言沟通、交流能力。

## 4.2 项目建设工程发包人索赔

### 4.2.1 发包人索赔的内容及方式

发包人索赔的内容及方式主要有以下2项。

①发包人向承包人索赔的内容：有工程质量索赔；工程进度索赔；

②发包人向承包人索赔的方式：以书面通知承包人，并从应付工程款中扣除相应数额的款项；留置承包人在施工现场的各类型设施、设备和材料等。

### 4.2.2 发包人索赔的特点

发包人向承包人进行索赔具有如下3项特点。

①索赔发生事例频率较低；

②在索赔处理过程，发包人处于主动地位；

③索赔目的是获得保质、按期完工的工程，同时防止和减少工程建设投资损失的发生。

### 4.2.3 发包人索赔的处理方法和注意事项

发包人进行的索赔处理主要有以下2种。

(1) 以管为主，管帮结合。发包人应充分发挥监理单位对工程现场管理、控制的作用，促进承包人加强对工程施工的技术与管理力度；又要对承包人采取切实的指导、帮助措施。

(2) 索赔处理注意事项。发包人应注意慎重和不滥用扣款或留置物资等方式。

## 4.3 反索赔

### 4.3.1 反索赔的概念

反索赔是相对索赔而言，是对提出索赔方的反驳。发包人可针对承包人的索赔进行反索赔；承包人也可针对发包人的索赔进行反索赔。通常的反索赔主要指发包人向承包人的索赔。

### 4.3.2 反索赔的作用

成功的反索赔，具有如下4个特点：

①能减少和防止经济损失；

②能阻止对方的索赔要求；

③必然促进有效索赔；

④能增长管理人员的士气，推动工程建设施工工作的开展。

### 4.3.3 反索赔的实施

实施反索赔，理想结果是对方企图索赔却找不到索赔的理由和根据，而己方提出索赔时，对方却无法推卸自己的责任，找不出反驳的理由。反索赔管理是一项系统工程，应始于合同签订，贯穿于整个合同履行的全过程。为此，应采取的5项有效管理措施和方法如下。

①为防止对方索赔，应签订对己方有利的施工合同。

②认真履行施工合同，防止己方违约。

③发现己方违约，应及时采取有效补救措施；及时收集有关资料，分析合同责任，测算给对方造成的损失数额，做到心中有数，以应对对方可能提出的索赔。

④合同双方都违约时，应抢先向对方提出索赔。

⑤反驳对方索赔要求的措施有：用我方的索赔对抗对方的索赔要求，最终使双方都作出让步；反驳对方的索赔报告：找出有力证据，说明对方的索赔不符合合同规定，没有根据，计算不准确等，从而使己方不受或少受损失。

### 4.3.4　反驳对方的索赔报告

反驳对方的索赔报告应采取如下所述4项措施。

①对索赔理由的分析，找到对己方有利的合同条款；

②对索赔事件真实性分析，实事求是地认真分析对方索赔报告中证据资料的真实性，搜索反驳对方事实的依据；

③对索赔事件双方责任的分析，准确分析和确定双方各自应承担的违约责任；

④对索赔数额的计算，重点分析和计算索赔费用原始数据来源及计算过程是否正确，计算所用定额是否符合当地工程预算文件的规定。

### 4.3.5　反索赔报告及其内容

反索赔报告是指合同一方对另一方索赔要求的反驳文件，其5项内容如下。

①高度概括阐述对对方索赔报告的评价；

②对对方索赔报告中的问题和索赔事件进行合同总体评价；

③反驳对方的索赔要求；

④发现有索赔机会，提出新的索赔；

⑤结论；附各种证据资料。

# 参 考 文 献

1 何伯森．工程招标承包与建立［M］. 北京：人民交通出版社，1993.
2 范宏杨，松森．建筑工程招标投标实务［M］. 北京：化学工业出版社，2008.
3 马楠，张国兴，韩英爱．工程造价管理［M］. 北京：机械工业出版社，2009.
4 康世勇．园林工程施工技术与管理手册［M］. 北京：化学工业出版社，2011.
5 陈川生，沈力．招标投标法律法规解读评析——评标专家指南［M］. 北京：电子工业出版社，2009.
6 乐云．建设工程项目管理［M］. 北京：科学出版社，2013.
7 宋伟香．建设工程项目管理［M］. 北京：清华大学出版社，2014.
8 吴立威．园林工程施工组织与管理［M］. 北京：机械工业出版社，2008.
9 林立．建筑工程项目管理［M］. 北京：中国建材工业出版社，2009.
10 范宏，杨松森．建筑工程招标投标实务［M］. 北京：化学工业出版社，2008.
11 宋伟香．建设工程项目管理［M］. 北京：清华大学出版社，2014.
12 段国胜．经济合同管理［M］. 呼和浩特：远方出版社，1996.
13 何伯森．工程招标承包与监理［M］. 北京：人民交通出版社，1993.
14 刘义平．园林工程施工组织管理［M］. 北京：中国建筑工业出版社，2009.

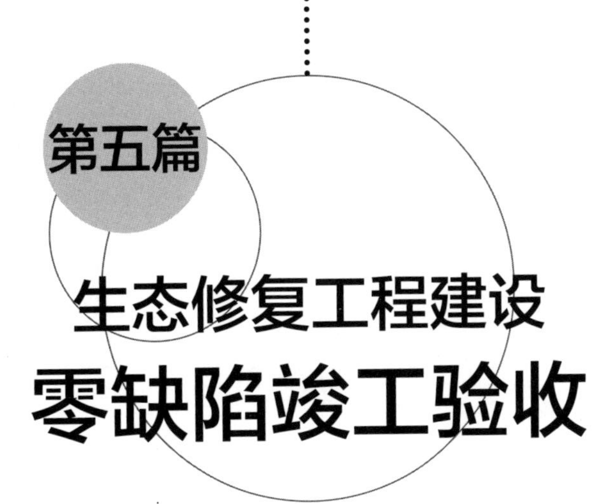

# 第五篇

# 生态修复工程建设零缺陷竣工验收

# 第一章
# 生态修复工程项目建设施工竣工零缺陷验收管理

## 第一节 项目建设施工质量的零缺陷验收

### 1 施工质量零缺陷评定

#### 1.1 评定的依据

（1）生态修复工程项目建设施工质量零缺陷评定的依据。

①国家、行业有关生态修复工程建设施工各相关技术标准、规范；

②经批准的生态修复工程项目建设施工设计文件、施工图纸、设计变更通知书、厂家提供的说明书及有关技术文件；

③生态修复工程建设施工承包合同中采用的技术标准；

④生态修复工程试运行期的试验及观测分析成果；

⑤施工原材料和中间产品的质量检验证明或出厂合格证、检疫证等。

（2）单元工程质量的零缺陷评定。生态修复工程项目建设施工的单元工程质量应先由施工单位质检部门组织自评，然后由监理工程师核定。

（3）重要隐蔽工程与工程关键部位的施工质量零缺陷评定。生态修复工程建设中的重要隐蔽工程及工程关键部位的质量，应在施工单位自评合格后，由监理单位监理工程师先进行复核，再由建设单位组织核定。

（4）分部工程质量的零缺陷评定。分部工程质量评定应在施工单位质检部门自评基础上，监理工程师复核，建设单位核定。

（5）单位工程质量的零缺陷评定。单位工程质量零缺陷评定应在施工单位自评的基础上，由建设单位、监理单位复核，报质量监督单位核定。

（6）质量等级的零缺陷核定。质量等级应由该项目质量监督机构在单位工程质量评定基础上进行零缺陷核定。其工程施工质量评估报告格式见表1-1。

（7）质量事故处理后的工程质量零缺陷评定。建设质量事故处理后，应按处理方案所指出的质量要求，重新进行工程质量的零缺陷检测和评定。

## 1.2 施工质量零缺陷评定

### 1.2.1 工程施工单元工程质量零缺陷评定

（1）单元工程质量等级标准。生态修复工程建设单元工程质量等级标准应按相关技术标准规定执行。

（2）单元工程质量确定。生态修复工程建设单元工程质量达不到合格标准时，应及时处理。处理后其质量等级应按下列3项规定确定。

①全部返工重新施工的，可重新评定质量等级。

②经加固补强并经鉴定能达到设计标准要求的，其质量可按合格处理。

③经鉴定达不到设计标准要求，但建设单位、监理单位认为能基本满足防御、防护标准和使用功能要求的，可不加固补强，其质量可按合格处理，所在分部工程、单位工程不应评优；或经加固补强后，改变断面尺寸或造成永久性缺陷的，经建设单位、监理单位认为基本满足设计标准要求，其质量可按合格处理，所在分部工程、单位工程不应评优。

（3）单元工程质量核定办法。建设单位或监理单位在核定单元工程质量时，除应检查工程现场外，还应对该单元工程的施工原始记录、质量检验记录等资料进行查验，确认单元工程质量评定表所填写数据、内容的真实和完整性，必要时可进行抽检。同时，应在单元工程质量评定表中明确记载质量等级的核定意见。

### 1.2.2 工程项目施工分部工程质量的零缺陷评定

（1）生态修复工程项目施工分部工程质量确定为合格的评定标准。

同时符合下列2项条件的生态修复工程施工分部工程可确定为合格：单元工程质量全部合格；中间产品质量与原材料质量全部合格。

（2）生态修复工程施工分部工程质量确定为优良的评定标准（格式）。生态修复工程建设施工质量零缺陷评定内容按表1-1所示格式进行。

同时符合下列条件的生态修复工程项目施工分部工程质量可确定为优良：

①单元工程质量全部合格，其中有50%以上达到优良，主要单元工程、重要隐蔽工程与关键部位的单元工程质量优良，且未发生过质量事故。

②中间产品与原材料质量全部合格。

### 1.2.3 工程项目施工单位工程质量零缺陷评定方法

（1）生态修复工程项目施工单位工程质量确定为合格的评定标准。

同时符合下列条件的生态修复工程项目建设施工单位工程可确定为合格：

①分部工程质量全部合格。

②中间产品与原材料质量全部合格。

③大中型工程外观质量得分率达到70%以上。

④施工质量检验资料基本齐全。

**表1-1　生态修复工程项目建设施工质量评定报告（格式）**

| 生态修复工程项目建设施工质量评定报告 |
| --- |
| |
| 生态修复工程项目名称： |
| |
| 生态修复工程建设质量监督机构： |
| |
| 年　月　日 |

（续）

| 工程名称 | | 建设地点 | |
|---|---|---|---|
| 工程规模 | | 所在区域 | |
| 开工日期 | | 完工日期 | |
| 建设单位 | | 施工单位 | |
| 设计单位 | | 监理单位 | |

一、生态修复工程建设设计与批复情况（简述工程主要设计指标、效益及主管部门的批复文件）

二、生态修复工程建设质量监督情况（简述监督人员的配备、办法与手段）

三、生态修复工程建设质量数据分析（简述工程质量评定项目的划分、分部工程、单位工程的优良率、合格率与中间产品质量分析计算结果）

（续）

| 四、生态修复工程建设质量事故及处理情况 |
| --- |
| 五、生态修复工程建设遗留问题的说明 |
| 六、生态修复工程建设报告附件目录 |
| 七、生态修复工程建设质量等级评定意见<br><br>质量监督机构负责人：（签字）<br>（公章）<br>年　月　日 |

（2）生态修复工程施工单位工程质量确定为优良的评定标准。

同时符合下列条件的生态修复工程建设施工单位工程可确定为优良：

①分部工程质量全部合格，其中有50%以上达到优良，主要分部工程质量优良，且施工中

未发生过重大质量事故。

②中间产品和原材料质量全部合格。

③大中型工程外观质量得分率达到 85%以上。

④施工质量检验资料齐全。

#### 1.2.4 工程项目施工质量零缺陷评定

（1）生态修复工程项目质量确定为合格的评定标准。生态修复工程建设施工单位工程质量全部合格的工程可评定为合格。

（2）生态修复工程项目质量确定为优良的评定标准。生态修复工程项目建设中的单位工程质量全部合格，其中有 50%以上的单位工程质量优良，且主要单位工程质量优良，可评为优良。

## 2 施工质量零缺陷验收方法

根据建设单位对生态修复工程项目建设招投标和工程承包施工合同的规定，以及竣工工程必须达到的质量等级要求，并参照国家或地方有关生态修复工程建设质量等级的评定标准，甲方工程竣工验收组对待验收工程质量采用严格、分阶段、分项、分部位详细的现场零缺陷勘测、验收和认定。

### 2.1 隐蔽工程质量的零缺陷验收方法

生态修复工程建设施工中属于隐蔽施工作业的项目贯穿于整个施工过程，其质量零缺陷验收项目与内容繁多。如各类基础工程的地质、土质、标高、断面结构、地基、垫层等；混凝土工程的钢筋质量、规格、数量、布排结构、焊接接口工艺与位置；预埋件构造、操作工艺、质量、位置等；水电管网铺设的水电管线规格、作业工艺、质量、接口对接、管线防水保护等；绿化工程的挖坑换土规格、施放肥药量、乔木移植土球规格、栽植深度等。

对隐蔽工程施工质量各项目的验收方法如下。

①生态修复工程建设施工企业项目部各施工队在对诸多隐蔽工程项目施工作业过程中，要严格按照设计标准要求作业操作，并提前通知监理人员现场监督；若工序质量合格应请监理人员确认并签字，及时办理隐蔽工程施工现场签证手续。隐蔽工程施工作业现场记录应存档保管，竣工验收时以备查阅。

②验收组对隐蔽工程施工的关键项目、部位要进行现场重点抽查和复验。具体方法很多，如人工挖开土层后进行观测和测量，或者采用仪器进行均匀布点取样探测、分析化验和数据统计，最后依据数据运算结果得出质量等级结论。

### 2.2 单项、分项与分部工程质量的零缺陷验收方法

甲方竣工验收组对竣工工程的单项、分项与分部工程质量验收方法，属于隐蔽工程工艺、工序部分的质量验收一般参照上述隐蔽工程质量验收方法进行；属于非隐蔽的单项、分项和分部工程的质量验收，通常采取以下 3 种综合方法现场零缺陷验收。

①采用现场实体外表观测、测量与逐个计数等验收方式，并作详细记录；

②对各项目实体实物的规格尺寸、结构构造、功能参数、安全系数和运行状态等质量数据，进行现场验证和并作详细的验收记录；

③查阅项目部各施工队的全部作业操作工序、工艺等技术管理记录。

验收组最后把所有的有关工程质量验收情况全部资料综合汇总，并对照有关国家或地方的工程质量标准，经综合评判或打分，即可得出该项目建设施工竣工质量验收的等级结论。

## 第二节 项目建设施工的零缺陷验收

生态修复工程项目建设施工验收是在工程质量评定基础上，依据既定的验收标准，采取一定的技术检测与管理手段，来检验生态修复工程产品特性是否满足验收标准的过程。对于生态修复工程来讲，各种类型的生态工程验收各有不同的要求。但就总体而言，生态修复工程项目建设施工的零缺陷验收包括单项措施验收、阶段验收、自查初验和竣工验收。

### 1　施工零缺陷验收的依据与目的

#### 1.1　项目建设施工零缺陷验收依据

在生态修复工程项目建设施工合同条件下，对生态修复工程项目建设施工各类型工程验收的依据，总体来说，是工程承包合同。其具体 5 项零缺陷验收依据陈述如下。

①有关生态修复工程建设施工合同或协议条款；

②业已获得批准的生态修复工程项目建设设计文件和图纸；

③得到批准的生态修复工程项目建设现场变更及其相应文件；

④施工现场应用的各种生态修复工程建设技术规范、标准和规定；

⑤生态修复工程项目建设实施计划和年度实施计划。

#### 1.2　项目建设施工零缺陷验收目的

生态修复工程项目建设施工零缺陷验收的目的归纳起来主要有以下 6 个方面。

①检查施工是否达到批准的质量与进度设计要求；

②检查施工中有何缺陷或问题，如何处理；

③检查实体是否达到设计生态修复防护的初步条件；

④检查设计提出的管理手段是否具备；

⑤总结施工经验教训，为工程交付使用管理和技术进步服务；

⑥可否办理有关生态修复工程项目建设施工竣工后的交接手续。

# 2 施工零缺陷验收的一般规定

## 2.1 生态修复工程项目建设施工零缺陷验收规定

### 2.1.1 项目建设单项措施验收与阶段验收

生态修复工程项目建设单项措施验收是按设计和合同（或协议）完成某一项生态修复治理措施或部分治理任务时进行的验收。如对林业防护林、流域水土流失治理、风蚀沙埋沙害治理、盐碱地造林改造、土地复垦、退耕还林还草、水源涵养林与天然林保护工程等进行的验收。春季造林，完成工程整地、苗木定植后进行的验收，秋季针对苗木成活率达到要求后所进行的验收等。阶段验收主要指某一生态修复治理阶段结束所进行的验收，一般按照年度实施计划，在每年年终，对当年按实施计划完成的治理任务进行检查验收，对年度生态修复治理成果作出评价。单项措施验收和阶段验收，多以施工过程中的某一道工序、某一分项工程或某一单项工程为单元，按照年度实施计划的要求，结合生态修复工程项目建设特点以及其实施的季节安排等因素。在施工单位自验基础上，向监理机构提交验收申请，并按要求提交以下6项资料。

①验收工程所在生态修复工程建设施工区域的设计图与自验图；

②已完成生态修复工程建设的单项设计、典型设计或标准设计文件以及施工要求；

③按照生态修复工程项目建设计划与年度实施计划，已完和未完工程的清单；

④生态修复工程施工实施组织、安排计划及与有关乡、村签订的合同或协议文件等；

⑤生态修复工程建设施工记录以及质量检查、试验、测量、观测记录等；

⑥已完工的单项工程实际耗用投资及主要材料数量和规格，耗用劳动力等情况。

监理机构收到施工企业的验收申请后，经审查符合验收条件，应立即组织有关人员，与施工单位负责人一起，按照有关质量要求、测定方法，逐项按图斑、地块具体进行验收。验收内容包括项目涉及的各项治理措施，如在实施完成防护林防灾治理措施、坡耕地治理措施、荒地治理措施、沟壑治理措施、盐碱地治理措施、土地复垦治理措施、退耕还林还草措施、水源涵养林和天然林保护工程过程中，根据设计工序，无论是植物工程措施缓释配套工程措施，完成一项，验收一项。验收的重点一是质量，二是数量。对不符合质量标准的治理措施，不予验收；对经过返工，达到质量要求的可重新验收，补记其数量。

在验收过程中，监理工程师对验收合格的措施填写验收单，验收单填写内容包括生态修复工程项目建设名称、措施名称、位置（图班号，所在乡、村等）、数量、质量、实施时间、验收时间等，监理工程师与施工单位负责人分别在验收单上签字。

特别需要指出的是，国家水利部对治沟骨干坝专门制定了技术规范，其验收程序更为严格，如放水涵洞等隐蔽工程，在没有覆盖以前就应该先行验收。在验收过程中，施工单位的技术人员应当填写《隐蔽工程验收记录》，监理工程师要进行认真审核、检查与鉴定，如有问题，必须处理合格后，方可签字覆盖；坝体达到1/3坝高、2/3坝高或设计坝高时要进行阶段验收；土坝、涵洞、卧管、溢洪道等分部工程完成并具备提前投入使用条件时，应进行该项工程验收。

### 2.1.2 项目建设竣工验收

生态修复工程项目建设施工竣工验收是指按照计划或合同文件的要求，基本完成施工全部工序内容，经自验质量符合要求，具备投产和运行条件，可以正式办理工程移交前进行的一次全面验收。

施工单位按照合同（或计划）的要求全面完成各项治理任务，经自验认为质量和数量均达到合同和设计要求，各项治理措施经过防护期的考验基本完好，造林、种草成活率、保存率符合规定要求，施工资料齐全，可向生态修复工程项目建设单位（监理机构）提出竣工验收申请报告；同时，应提供有关资料。

（1）生态修复工程项目建设施工提交的综合治理资料目录。需提交的综合治理资料主要有以下 8 项目录。

①生态修复工程项目建设施工综合治理竣工总结报告；

②以生态修复工程项目建设施工标段为单元的竣工验收图、验收表；

③项目实施组织机构与人员组成名单，包括行政、技术负责人等；

④单项措施验收和阶段验收记录及其相关资料；

⑤生态修复工程项目建设施工工程量检查核实单；

⑥有关生态修复工程项目建设施工综合治理措施实施的合同、协议等；

⑦施工材料（苗木、种子）等质量检验资料与工程质量事故处理资料；

⑧有关生态修复工程建设项目施工标准、规范规定的其他资料。

（2）生态修复工程项目建设施工提交的配套土建工程措施资料目录。需提交的配套土建工程措施 11 项资料目录如下。

①工程竣工报告（包括设计与施工 2 项内容）；

②竣工图纸与竣工项目清单（隐蔽工程应标明其所在位置、高程）；

③竣工决算与经济效益分析，投资分析；

④施工记录和质量检验记录；

⑤阶段验收和单项工程验收鉴定书；

⑥生态修复工程项目建设施工合同书；

⑦生态修复工程项目建设施工现场大事记和主要会议记录；

⑧生态修复工程建设项目全部设计文件与设计变更及其有关批准文件；

⑨有关生态修复工程项目建设迁建赔偿协议和批准文件；

⑩生态修复工程项目建设施工质量事故处理资料；

⑪生态修复工程项目建设抚育保质管护制度等其他有关文件、资料。

（3）生态修复工程项目建设施工提交资料的审查。监理单位接到施工单位的竣工验收资料后，应组织人员对资料进行详细审查，要求所提供资料不得擅自修改或补做，必须如实反映生态建设综合治理的实际情况。审查通过按照有关标准、规范的要求，结合项目实施计划、前阶段验收资料和工程核实单，对竣工图、完成工程量表、报告与设计图、工程量表、报告的对照检查，做到资料齐全，相互之间没有矛盾。

（4）生态修复工程项目建设施工竣工验收。对施工单位提交的资料审查结束后，项目建设单位应组织有关单位的人员，对生态修复工程项目建设施工各项治理措施进行正式验收。在验收过程中，根据施工治理程度、质量和效益等，对治理成果作出恰当的评价。对存在的问题，提出具体而明确的整改意见。

## 2.2 开发建设项目水土保持工程验收的规定

### 2.2.1 水土保持工程零缺陷自查初验

对开发建设水土保持工程项目进行零缺陷自查初验，是指项目建设单位或其委托监理单位在水土保持设施建设过程中，组织开展的水土保持工程设施验收，主要包括分部工程的自查初验和单位工程的自查初验，这是行政验收的基础性工作。

（1）分部工程自查初验的程序与内容。分部工程自查初验应由建设单位或其委托的监理单位主持，设计、施工、监理、监测和质量监督等单位参加，并应根据建设项目及其水土保持工程设施运行管理的实际情况决定运行管理体制单位是否参加。分部工程自查初验应填写《分部工程验收签证》，作为水土保持单位工程自查初验资料的组成部分。参加自查初验的成员应在签证上签字，分别送达各参加单位。归档资料中还应补充遗留问题的处理情况并有相关责任单位的代表签字。水土保持分部工程自查初验的5项内容如下所述。

①鉴定水土保持工程设施是否达到国家强制性标准以及合同约定要求的标准；

②按《水土保持工程质量评定规程》（SL336—2006）和国家相关技术标准，评定分部工程的质量等级；

③检查水土保持工程设施是否具备运行或进行下一阶段建设的条件；

④确认水土保持工程设施的工程量与投资额；

⑤对水土保持工程建设施工遗留问题提出处理意见。

（2）单位工程自查初验的程序与内容。单位工程自查初验由建设单位或其委托的监理单位主持，设计、施工、监理、监测、质量监督、运行管理单位参加。重要的水土保持单位工程还应邀请地方水行政主管部门参加。单位工程自查初验应填写《单位工程验收鉴定书》，作为技术评估和行政验收的依据，形成的《单位工程验收鉴定书》应分别送达参加验收的相关单位，并预留技术评估机构和运行管理单位各一份。单位工程自查初验的5项内容包括如下。

①对照批准的水土保持工程建设方案及其设计文件，检查水土保持工程设施是否完成；

②鉴定水土保持工程设施质量并评定其等级，对工程缺陷提出处理要求；

③检查水土保持工程建设效果及管护责任落实情况，确认是否具备安全运行条件；

④确认水土保持工程建设工程量的投资额度；

⑤对水土保持工程建设施工遗留问题提出处理要求。

### 2.2.2 水土保持工程技术评估

技术评估是指建设单位委托的水土保持设施验收技术评估机构对建设项目中的水土保持工程项目建设设施的数量、质量、进度及水土保持工程建设效果等进行的全面评估。

（1）水土保持工程项目建设技术的零缺陷评估程序。应当按照以下6项零缺陷程序进行水土保持工程技术评估。

①熟悉项目基本情况并进行现场巡查，拟定技术评估的工作方案；

②走访当地居民和水行政主管部门，收集督查等相关资料，调查施工期间水土流失及其危害情况、防治措施情况和防治效果；

③组织多专业专家进行现场查勘与技术评估；

④讨论并草拟总体评估意见，提出行政验收前需要解决的主要问题并督促落实；

⑤征求当地水行政主管部门与建设单位的意见；

⑥核实行政验收前需要解决的主要问题的落实情况，完成技术评估报告。

（2）水土保持工程建设技术评估的主要内容。水土保持工程建设技术评估的主要内容应包括以下 11 项。

①评价建设单位对水土流失防治工作的组织管理；

②评价水土保持工程建设方案后续设计与实施情况；

③评价施工单位制定和遵守相关水土保持工程建设管理制度的情况，调查施工过程中采取的水土保持临时防护措施的种类、数量和防治效果；

④抽查核实水土保持工程设施的数量；

⑤对重要水土保持单位工程进行核实和评价检查，评价其施工质量，检查工程存在的质量缺陷是否影响工程使用寿命的安全运行；

⑥评价水土保持工程建设施工监理、监测工作；

⑦判别建设项目的扰动土地整治率、水土流失总治理度、土壤流失控制比、拦渣率、林草植被恢复率、林草覆盖率等指标，是否满足建设项目水土流失防治标准，分析能否达到批复同意的水土流失防治目标。检查水土流失防治效果与生态环境恢复和改善情况，调查施工过程水土流失防治效果，分析评价水保工程设施试运行的效果及其运行管理责任落实情况。

⑧根据水土保持质量监督部门或监理单位的工程质量评定报告或评价鉴定意见，评估水保工程质量等级或质量情况；

⑨分析评价水土保持工程建设投资完成情况；

⑩开展公众调查，了解当地群众对建设项目水土保持工程建设工作的满意程度，总结成功经验和不足之处；总结水土流失防治技术与管理的经验和教训；

⑪提出水土保持工程建设行政验收前、后需要解决的主要技术与管理问题。

（3）水土保持工程建设行政验收。水土保持工程建设行政验收是指由水行政主管部门在水土保持工程设施建成后主持开展的水土保持工程设施验收，是主体工程验收（含阶段验收）前的专项验收。

行政验收应按以下 6 项程序进行水土保持工程建设行政验收：

①审查建设单位提交的验收申请材料，受理验收申请；

②听取水保工程建设技术评估机构的技术评估汇报，确定行政验收时间；

③召开预备会议，听取水保建设单位有关验收准备情况汇报，确定验收组成员名单；

④现场检查水保工程设施及其运行情况，从水保工程设施竣工图中抽取重点工程和重点部位，现场查勘不同防治区和主要防治措施的质量、数量、防治效果、生态与环境状况等；

⑤查阅水土保持工程建设施工有关资料；

⑥按水土保持工程建设规定程序召开验收会议，并形成验收意见。

水土保持工程建设行政验收主要包括以下 5 项内容：一是检查水土保持工程设施是否符合批复的水土保持方案及其设计文件的要求；二是检查水土保持工程建设设施的施工质量和管理维护

责任落实情况；三是检查水土保持工程建设投资完成情况；四是评价水土保持工程建设防治水土流失效果；五是对水土保持工程建设存在的问题提出具体处理意见。

# 第三节 项目竣工验收的零缺陷管理

## 1 项目建设施工单位竣工验收零缺陷准备

### 1.1 零缺陷盘查生态修复工程项目建设施工完成项目和工程量

对生态修复工程项目建设施工作业实施完成项目和数量进行细致的零缺陷盘查，是生态修复工程项目竣工验收的必要工作内容，目的是对照施工合同清单看项目部究竟完成了哪些项目的施工，详细摸清具体完成了多少工程量，应分别对植物种植和配套附属工程措施等单项工程进行盘查。采用查阅施工技术资料档案和对已完工工程现场实地测量相结合的办法，如实查清施工作业实施完成项目和工程量，并按工程类型、完成项目、单位、实际完成工程量、合同工程量，以及实际施工与合同对比超或欠等内容分别填制工程竣工盘查表。

### 1.2 绘制生态修复工程项目建设施工零缺陷竣工图

竣工图是如实反映项目部实施生态修复工程项目施工技术与管理的成果图纸，它以平面投影的形式再现经过工程施工作业建造后，使得生态修复建设环境区域中凸现的乔、灌、草立体防护林带和配套构筑的坡面水平沟与鱼鳞坑、渠、坝、机械沙障、给排水、简易道路和供电等工程措施实体实物。竣工图是工程竣工验收的重要依据，项目部必须给予足够的重视，详实地进行精确的零缺陷绘制。

#### 1.2.1 绘制生态修复工程项目建设施工零缺陷竣工图的依据

绘制生态修复工程项目建设施工零缺陷竣工图的依据如下：

①生态修复工程项目建设施工设计图；

②施工设计变更设计图和施工设计变更审核审批单；

③施工作业技术资料档案；

④施工已完成工程项目和工程量竣工盘查表。

#### 1.2.2 绘制生态修复工程项目建设施工零缺陷竣工图的要求

绘制生态修复工程项目建设施工竣工图的3项具体要求如下所述。

①要做到竣工图所标绘的工程项目内容，必须与施工作业实施实际完成的情况相吻合；

②必须是最新绘制完成的工程图纸；

③竣工图除对已完工项目进行标绘外，图面上还应附有项目部技术总监与经理的签名、绘制日期和施工企业公章，还要给建设、监理、设计单位在竣工验收审核审查时在图上预留签审意见位置。

### 1.2.3　绘制生态修复工程项目建设施工零缺陷竣工图的种类和方法

①生态修复工程建设施工作业实施过程未发生过设计变更，项目部可按施工设计图再复绘制作为工程竣工图即可。

②在生态修复工程项目建设施工作业实施过程中，发生过一般性或仅是个别项目增减施工量的设计变更，则可对原设计图进行简单的修改和重新标注，即可作为工程竣工图使用（已改，请阅审），并附上施工设计变更审批单。

③在施工作业实施过程发生过重大设计变更，则应该按施工设计变更后的项目及工程量重新绘制生态工程竣工图，也须附有施工设计变更图和其变更审批单。

## 1.3　编制生态修复工程项目建设施工竣工零缺陷验收报表和说明

项目部应当严格按照建设单位编制出台的，用于生态修复工程项目建设施工竣工验收的一系列报表格式及其要求进行零缺陷填制，并应附有编制完善的文字材料加以说明。

### 1.3.1　填制竣工验收表格种类

竣工验收表格的种类，有竣工报告、竣工验收证书、竣工验收表、竣工交接证书等。

### 1.3.2　编制竣工材料说明

编制竣工材料的内容是，施工开工日期与完工日期、施工设计变更情况、工程量完成情况及竣工验收申请报告、保质养护技术措施及记录等。

## 1.4　施工技术资料档案零缺陷汇总与整理

施工技术资料档案是生态修复工程项目建设中需永久性保存的技术资料，也是生态修复工程项目建设施工竣工验收的主要依据。因此，对施工技术资料准备应该符合生态修复工程项目建设对技术资料建档管理的规范、标准和要求，必须要做到准确和齐全，能够满足生态修复工程项目建设施工竣工移交后的日常使用、维修、改造和扩建施工作业的技术与管理需要。施工技术资料档案应包括以下 8 项内容。

①建设单位有关生态修复工程项目建设的立项报告、计划、可行性研究等文件；

②提交竣工验收的有关内容：生态修复工程建设名称、地理位置、建设面积、项目、工程量、主要工序和工艺等技术与管理资料；

③生态修复工程项目所处的地质地貌与地形勘测数据、水准点坐标位置记录、建筑沉降观测记录等资料；

④生态修复工程项目建设施工作业中使用新工艺、新材料、新技术、新设备的试验、检验与鉴定记录等；

⑤生态修复工程项目建设施工质量事故的发生及处理结果的详细记录；

⑥生态修复工程项目建设施工作业完工所有的设施、建筑或功能在使用过程应注意事项的说明资料；

⑦生态修复工程建设施工设计图纸及会审记录、施工设计变更设计图及审批记录等；

⑧生态修复工程项目建设施工竣工图、竣工验收申请报告、验收报告、竣工验收证书和保质养护合格证书等。

### 1.5　施工单位在竣工验收前的零缺陷自检

生态修复工程项目建设施工单位在竣工验收前进行零缺陷自检，是指在项目部经理主持下，由项目部技术、质量、进度、材料、预算、合同等管理部门和各施工队长、班组长、工长等共同组成自检小组，在建设单位组织的正式竣工验收前，按照国家和地方有关生态修复工程建设主管部门规定的竣工验收标准及要求，并参照合同预约条款，对竣工预验收工程分项、分段、分层逐一进行全面检查，并应做详细的自检记录。对不符合质量标准和要求的项目与部位，要制定修补标准和措施，限期必须完成。对自检查出的所有问题妥善处理完毕后，项目部还应组织人员对待验收成果场地进行全面的整理。其3项零缺陷工作内容如下。

①生态修复工程建设防护效果测定、观察记录等；

②植物栽植成活、保存率调查与测试，所有附属工程措施的设施和功能发挥测定与调查；

③在待验收生态修复工程项目建设施工入口醒目位置，布置能够说明该项生态修复工程竣工和施工等详细情况的平面图、表格和文字简介。

## 2　项目建设施工单位零缺陷申请交工验收

### 2.1　交工验收零缺陷申请

如果将整个生态修复工程建设项目分成若干个合同交予多家施工单位，施工方已经完成了合同规定的抚育保质工程内容或按合同约定可分步移交工程时，均可申请交工验收。

### 2.2　交工零缺陷验收内涵

交工零缺陷验收通常为单位工程，但在某些特殊情况下，也可以是单项施工工程。施工单位所完成生态修复工程抚育保质期满且满足竣工条件后，自身要先进行预检验，修补有缺陷的工程部位。有些设备安装工程还应与甲方及监理工程师共同进行无负荷的单机和联动试车。施工单位在完成以上工作并准备好竣工资料以后，即可向甲方提交竣工验收申请报告。

## 3　项目建设施工单项工程零缺陷验收

### 3.1　单项工程零缺陷验收

单项工程零缺陷验收对大型生态修复工程项目零缺陷建设的意义重大，尤其是一些能独立发挥作用、产生显著生态修复防护效益的单项工程，更应该是竣工一项验收一项，这样可以使生态修复工程项目及早发挥生态防护效益。单项工程的验收也称交工验收，即通过验收合格后甲方便可投入使用。

### 3.2　零缺陷初步验收

零缺陷初步验收是指国家有关主管部门还未进行最终验收认可，只是施工涉及的有关各方先进行的零缺陷验收。由甲方组织的零缺陷交工验收主要是按照国家颁布的生态修复工程建设有关技术规范和施工承包合同，对以下 6 方面进行零缺陷的检查、检验。

①检查生态修复工程建设施工的工程质量、隐蔽工程验收资料及关键部位的施工记录等，考查施工质量是否符合合同要求。

②检查、核实所竣工的生态修复工程项目准备移交给甲方的所有技术资料的完整性及准确性。

③检查抚育保质期间的工作记录及对所发现质量问题是否得到改正。

④按照生态修复工程项目建设设计文件与合同检查已完建工程是否有漏项。

⑤在生态修复工程交工验收中如发现需要返工、修补的工序项目，明确规定完成期限。

⑥其他有关问题。在验收合格后，甲方与施工单位共同签署《生态修复工程建设施工交工验收证书》，再由施工单位将所有技术资料装订成册交予甲方。

## 4　项目建设施工全部工程的零缺陷验收

生态修复工程项目建设全部施工工程完成后，由国家有关主管部门组织的竣工验收，也称为动用验收。甲方全权组织全部生态修复建设工程的竣工验收。竣工验收分为验收准备、预验收及正式验收 3 个阶段。

### 4.1　验收准备阶段

生态修复工程建设竣工验收准备阶段的工作应由甲方组织施工、监理与设计单位共同参与进行，其工作内容主要包括以下 7 点。

①核实植物绿化工程、配套工程措施的完成情况，列出已交工工程与未完工工程一览表，包括工程量、预算价值、完工日期等。

②提出生态修复工程建设竣工验收项目的财务决算分析。

③落实竣工工程移交工作事项，提出工程移交报告。

④整理汇总生态修复工程项目建设施工档案资料，将所有档案资料整理装订成册，分类编目，并绘制工程竣工图。

⑤检查生态修复工程项目建设施工质量，查明需返工或补修的部位或工序工程，提出具体的修补竣工时间。

⑥核实登载生态修复工程项目建设的固定资产，编制工程固定资产构成分析表。

⑦编写生态修复工程项目建设施工竣工验收报告。

### 4.2　预验收管理

生态修复工程建设施工预验收阶段通常由上级主管部门或甲方代表组织设计、监理、施工、使用单位及有关部门组成预验收组，主要包括以下 7 项内容。

①检查生态修复工程项目建设标准，评定质量，对隐患与遗留问题提出处理意见。

②检查、核实生态修复工程建设竣工项目所有档案资料的完整性与准确性是否符合归档要求。

③检查抚育保质履行情况与生态修复防护效果状况。

④督促返工、补修、补做工程的完工状况。

⑤预验收合格后，甲方向主管部门提出正式验收报告。

⑥编写竣工预验收报告、移交准备情况报告。

⑦解决验收中有争议的问题，协调项目建设与有关方面、部门的关系。

### 4.3 正式验收管理

生态修复工程项目建设施工竣工的正式验收由国家有关主管部门组成的验收委员会主持，建设单位与有关部门参加，验收工作主要包括以下6项工作内容。

①审查生态修复工程建设施工竣工项目移交生产使用的各种档案资料。

②审查抚育保质作业技术与管理规程，检查项目生态修复防护效果状况。

③听取建设单位对项目建设的工作报告。

④评审项目质量，对主要工程部位的施工质量复验、鉴定，对工程设计的防护性、合理性、先进性、经济性进行鉴定与评审。

⑤核定工程收尾项目，对遗留问题提出处理意见。

⑥审查竣工预验收鉴定报告，签署《国家验收鉴定书》，对整个项目作出总验收鉴定，对项目产生的生态修复防护功能作用作出结论。

## 5 项目建设施工竣工验收遗留问题的零缺陷处理

### 5.1 项目建设施工竣工验收相关事项的妥善处理

①生态修复工程项目建设施工在竣工验收时，由于各方面原因，还有一些零星项目无法按时完成，承发包双方应协商妥善处理。

②对已经形成和发挥出生态修复防护能力，但近期内不能按设计规模建成的，要对已经完成的部分进行验收。

③生态修复工程建设项目基本达到竣工验收标准，虽存在一些零星任务未完成，但不影响生态修复防护效益正常发挥的，也需办理竣工验收手续，剩余未完成部分，限期完成。

④一般已具备竣工验收条件的生态修复工程建设项目，3个月内要组织验收。

### 5.2 竣工后事项的零缺陷处理

①在生态修复工程项目建设事后控制中，应督促施工单位适时进行质量回访与抚育保质期内的质量保修；

②切实落实施工单位与建设单位共同履行生态修复工程项目建设竣工后的交接手续，会同项目使用接收单位完善交接中的工程实体和技术资料档案交接手续。

## 6 项目建设施工项目竣工零缺陷验收管理常用表格

### 6.1 项目建设分项工程质量零缺陷验收表格

生态修复工程项目建设分项工程质量零缺陷验收记录表见表1-2。

**表 1-2　生态修复工程项目建设分项工程质量零缺陷验收记录表**

**生态修复工程项目名称：××生态修复工程建设**　　　　编号：×××

| 分项工程名称 | 流域水保堤坝砌体工程 | 质量验收执行标准 | 《堤坝砌体工程质量验收规范》 |
|---|---|---|---|
| 序号 | 检验批部位、区、段 | 监理单位验收意见 | 建设单位验收意见 |
| 1 | 一区（段）①~⑤轴 | 合格 | 合格 |
| 2 | 一区（段）①~⑩轴 | 合格 | 合格 |
| | | | |
| | | | |
| 附件：检验批工程质量验收资料 | | | |
| 监理工程师验收意见：<br>本分项工程所含检验批工程质量经验收合格，本分项工程验收合格<br>监理工程师：××× 验收日期：××××年××月××日 | | | |
| 施工单位工地代表的验收意见：<br>本分项工程所含检验批工程质量经验收合格，本分项工程验收合格<br>施工单位工地代表：×××<br>验收日期：××××年××月××日 | | | |

## 6.2　项目建设分部工程质量零缺陷验收表格

生态修复工程项目建设分部工程质量零缺陷验收记录表见表 1-3。

**表 1-3 生态修复工程建设分部工程质量零缺陷验收记录表**

**生态修复工程名称：××生态修复工程** 编号：×××

| 分项工程名称 | 生态绿地浇灌水管网工程 | | 质量验收执行标准 | 《绿地浇灌水管网安装施工质量验收规范》 |
|---|---|---|---|---|
| 序号 | 子分部工程名称 | 检验批数 | 监理单位验收意见 | 建设单位验收意见 |
| 1 | 取水、输水管道安装分项工程 | 15 | 合格 | 合格 |
| 2 | 辅助设备安装分项工程 | 15 | 合格 | 合格 |
| 3 | 管网工程开挖、回填土石方分项工程 | 15 | 合格 | 合格 |
| | | | | |
| | | | | |
| 附件：分项工程质量验收资料 | | | | |

总监理工程师验收意见：

该子分部工程所含分项工程经验收合格，该子分部工程验收合格

总监理工程师：×××

日期：××××年××月××日

生态修复工程项目建设单位技术主管验收意见：

该子分部工程所含分项工程经验收合格，该子分部工程验收合格

工程建设单位技术主管：×××

日期：××××年××月××日

生态修复工程施工单位工地代表的验收意见：

本分项工程所含检验批工程质量经验收合格，本分项工程验收合格

施工单位工地代表：×××

日期：××××年××月××日

## 6.3 项目建设单项工程质量零缺陷验收表格

生态修复工程项目建设单项工程质量竣工零缺陷验收记录表见表 1-4。

**表 1-4　生态修复工程项目建设单位工程质量竣工零缺陷验收记录表**

**生态修复工程名称：××生态修复工程**　　　　编号：×××

| 生态修复工程项目类型 | 沙质荒漠化土地固沙造林种草 | 固沙造林种草与机械沙障措施施工面积 | 先期人工设置 3m×2.5m 网格沙障、春季栽种灌木 985000hm$^2$、雨季播种草 6800hm$^2$ |
|---|---|---|---|
| 施工单位 | ××××生态　绿化公司 | 开工日期 | ××××年××月××日 |
| 序号 | 项目 | 验收记录 | 验收结论 |
| 1 | 分部工程 | 共核查 8 分部工程，经查 8 分部工程符合设计要求，0 分部工程不符合设计要求 | 合格 |
| 2 | 施工质量控制、资料核查情况 | 共核查 53 项，经审查合格建设管理要求 53 项，经核定符合生态建设规范要求 53 项 | 合格 |
| 3 | 固沙机械沙障设置与防护效益测定结果 | 共核查 25 项，符合设计要求 25 项；共抽查 12 项，符合设计要求 12 项，经返工处理符合设计要求 0 项 | 合格 |
| 4 | 固沙植物成活、保存率与防护效益测定结果 | 共核查 35 项，符合设计要求 35 项；共抽查 18 项，符合设计要求 18 项，经返工处理符合设计要求 0 项 | 合格 |
| 5 | 综合验收结论 | 验收合格 | 合格 |
| 附件：分项工程质量验收资料 | | | |
| 总监理工程师验收意见：<br>同意验收<br>总监理工程师：×××<br>日期：××××年××月××日 | | | |
| 生态修复工程建设单位技术主管验收意见：<br>同意验收<br>生态工程建设单位技术主管：×××<br>日期：××××年××月××日 | | | |
| 生态修复工程施工单位工地代表的验收意见：<br>同意验收<br>生态工程施工单位工地代表：×××<br>日期：××××年××月××日 | | | |

# 第四节 项目竣工技术资料的零缺陷验收

生态修复工程建设项目施工技术与管理资料档案也是生态修复工程建设竣工零缺陷验收管理的重要内容之一。为此，生态修复工程项目建设单位、监理公司，应对项目部施工作业全过程的技术与管理资料档案，也要进行严格的零缺陷竣工审查和验收，这是生态修复工程项目建设施工竣工零缺陷验收管理必须履行的工作程序。

## 1 施工技术资料档案验收零缺陷审查内容

生态修复工程项目建设施工技术资料零缺陷审查内容包括以下4大类。

### 1.1 项目建设施工前技术资料

生态修复工程项目建设承包施工中标通知书、施工合同书、合同资格审查审核单；施工组织设计方案、施工作业实施方案、分项与单项工程设计。

### 1.2 项目建设施工作业现场过程技术资料

①开工报告、图纸会审及设计技术交底记录、施工作业技术工艺交底记录；
②施工设计变更审批单，施工场地地形高程测量记录，定点测量放线记录；
③施工材料、机械设备、构件质量合格证书；
④施工质量试验、检验记录与报告；
⑤隐蔽工程工序、工艺施工作业质量记录、现场检验分析报告；
⑥施工日志。

### 1.3 项目建设施工抚育保质过程技术资料

①项目施工抚育保质单位人员组成及其工作职责；
②项目抚育保质作业、设施设备运行等记录；
③项目工艺和缺陷等作业记录；
④项目防火、防洪、防盗伐等记录。

### 1.4 项目建设施工竣工验收过程技术资料

①项目施工竣工总图；
②单项与分项工程竣工图；
③项目建设施工竣工验收申请书或报告；
④竣工验收其他有关文件资料等。

## 2　施工项目竣工技术资料档案零缺陷验收方法

生态修复工程建设项目施工竣工技术资料档案的零缺陷验收，其零缺陷工作方法如下。

### 2.1　对技术资料档案的零缺陷审阅指正

应把项目施工竣工技术资料档案中的一些失误、欠缺或遗漏之处进行记录，然后对资料档案的重点内容仔细审阅，最后与施工单位协商请其给予更正或补充完善。

### 2.2　零缺陷复核校对

监理工程师把已经收集到的数据与项目部掌握的资料数据进行核对，对出现不一致的数据都要标记，然后双方商讨解决和处理。

### 2.3　现场实地零缺陷验证

当发生有多处资料数据不一致或难以确定时，双方应重新测量予以验证。

# 第五节
# 项目竣工的零缺陷移交管理

## 1　施工项目竣工零缺陷移交程序和方法

### 1.1　生态修复工程建设施工项目竣工零缺陷移交程序

生态修复工程建设施工项目通过竣工验收和质量等级评定后，即可向建设单位提出工程移交申请，并在建设单位主持、协调下，施工单位项目部与接受单位办理正式移交手续。

### 1.2　生态修复工程建设施工项目竣工零缺陷移交方法

应把预移交的生态修复工程按项目制成“生态修复工程建设施工竣工移交证书”表，其内容应含生态修复工程项目名称、单位、开工日期、完工日期、数量、抚育保质期、生态修复防护功能使用或运行状况、移交单位、接受单位、建设或监理单位、交接日期等。移交证书一式3份。经建设或监理单位、项目部和接收单位3方代表现场共同对移交工程项目清点后，应在“工程竣工移交证书”上，3方代表分别签名并加盖本单位公章，3方各执一份，竣工移交手续就此圆满结束。

## 2　施工项目竣工技术资料档案零缺陷移交

### 2.1　生态修复工程项目竣工技术资料档案移交时间

生态修复工程建设竣工项目正式通过竣工验收、质量等级评定后，施工技术资料档案的移交也就列入生态修复工程项目建设竣工移交的第 2 项工作内容。

### 2.2 生态修复工程项目竣工技术资料档案零缺陷移交内容

施工单位项目部应把编制完成的全套零缺陷施工技术资料档案分别移交给建设单位、接收单位、监理单位；在移交过程应填写生态修复工程建设施工竣工项目技术资料档案移交书，其内要注明移交日期、目录、内容和页数，并由移交单位、接收单位、建设单位负责人或代表分别签名和加盖本单位公章。

## 3 施工项目竣工其他相关事项的零缺陷移交

生态修复工程建设施工项目竣工后其他事项的零缺陷移交是指，施工单位项目部在对生态修复工程项目履行保质养护工作期间专门配置或配备的有关工具、材料，以及零配附件、技术与管理事项等资料，也一并移交给生态修复工程项目建设单位和接收单位。属于生态修复工程项目建设施工零缺陷移交的其他事项具体内容主要有以下 3 大类。

### 3.1 项目施工保质养护作业管理资料

生态修复工程项目施工保质养护期采取的技术与管理措施、实施方法和详细记录等资料。

竣工生态修复工程项目绿地在抚育保质期间的日常作业管理办法、制度、用工数量及岗位职责等资料。

### 3.2 施工保质养护期间绿地植物和机械设施等日常养护管理资料

竣工生态修复工程功能运行、操作和设施设备日常保养维修措施、工艺办法或技巧等资料。

竣工生态修复工程植物浇水、施肥、病虫害防治、修剪、除草、防火等养护技术管理资料。

### 3.3 生态修复工程项目施工保质养护的其他相关事项

竣工项目设施设备配置的专门维修工具、零配件、易损耗备用配件和各种材料等。

为竣工生态修复工程提供过设施设备、关键部位构件、特殊材料等的供货商，以及特殊工艺承包商，施工材料生产厂家与供应商的信息资料，应包括供货商或厂家的全部名称、项目、电话、详细地址、邮编、电子邮箱、网站等。

# 第二章 生态修复工程项目建设施工竣工财务零缺陷管理

## 第一节 项目建设施工单位竣工财务的零缺陷管理

生态修复工程项目建设施工竣工结算书是施工企业依据合同约定的施工工程量清单任务内容，在合同工期限定期限内，全部完成生态修复工程项目建设施工作业的所有工序工作，并且，经过建设单位组织正式的竣工验收后，工程质量合格且达到合同要求，在工程移交、交付使用前，由施工企业根据合同工程量清单要求、预算价格与变更、签证等实际发生施工费用的增减变化情况据实进行编制，经发包方审核确认，正确反映施工工程最终实际造价，并作为向生态修复工程项目建设单位进行最终工程价款结算的正式经济性依据文件。

### 1 项目建设施工单位竣工结算零缺陷管理

#### 1.1 项目建设施工竣工结算书的作用

①竣工结算书是确定生态修复工程项目单位或单项工程施工最终造价，完结建设单位与施工企业就项目建设施工的合同关系和双方彼此经济责任的正式性依据文件。

②竣工结算书是生态修复工程项目施工企业确定施工的最终确切收入，以及企业进行经济核算和分析、考核施工成本的依据，它直接反映生态修复工程建设施工企业的经营效果。

③竣工结算书能够真实凸现生态修复工程项目建设施工工作量和实物量的实际完成情况，可为建设单位编报生态修复工程项目建设竣工决算书提供充足的依据。

④竣工结算可真实反映生态修复工程项目建设实际造价情况，它是编制生态修复工程项目建设概预算定额、概预算指标的基础性资料。

#### 1.2 项目建设施工竣工零缺陷结算书内容

生态修复工程建设施工竣工零缺陷结算书内容是由直接费、间接费、计划利润和税金构成。

它以竣工结算书为表现形式，包括单位、单项工程竣工结算书及竣工结算说明书等零缺陷结算文件。

竣工结算书中应包括和体现“量差”和“价差”的计费内容。“量差”是指在生态修复工程项目招投标计价文件中所列应完成工程量与施工实际完成工程量不符而产生的区别。“价差”是指在签订生态修复工程项目建设施工合同时的计价或取费标准与实际情况不符而产生的差别。

## 1.3 项目建设施工竣工零缺陷结算方式

### 1.3.1 施工图预算加签证结算方式

施工图预算加签证的结算方式是指，以原审定的施工图预算作为生态修复工程项目建设施工竣工结算时的主要依据。凡在施工过程发生的由于设计、进度、施工场地变更等增减工程施工费用，经建设、设计、监理单位共同签证后，应与原施工图预算共同构成工程竣工结算文件，报经建设单位审核后办理工程竣工结算手续。

### 1.3.2 预算包干结算方式

预算包干结算方式也称为施工图预算加系数包干结算。它是指在编制施工图预算时，另外计取预算外包干费。其计算式（2-1）、式（2-2）是：

$$预算外包干费=施工图预算造价\times包干系数 \tag{2-1}$$

$$结算工程价款=施工图预算造价\times（1+包干系数） \tag{2-2}$$

式中包干系数由建设单位和施工企业双方商定。为此，施工企业在签订合同条款时，应确切标明预算外包干费的范围和其包干取费系数。以这种方式结算，可以为施工方减少签证时带来的扯皮现象，提高施工结算工作效率，同时还可以预先估算出项目建设施工的总造价。

### 1.3.3 按施工作业面积造价包干结算方式

施工与发包双方根据预定的生态修复工程项目建设设计图纸及有关资料，商定单位面积（$m^2$）的施工造价，生态修复工程项目质量经验收合格后，按已完工的合格面积（$m^2$）为结算依据，向施工方支付工程价款。

### 1.3.4 招标、投标定价结算方式

招标（建设）单位与投标施工单位按照中标报价、承包施工方式、范围、工期、质量标准要求、奖罚规定、结算及付款方式等内容签订施工承包合同，合同约定的生态修复工程项目施工费就是结算总价，竣工结算时，其他奖罚费用、包干范围外增加的施工项目另行计价和支付。

### 1.3.5 竣工后一次结算方式

竣工后一次结算方式是指生态修复工程建设施工作业工期不超过 12 个月，或者项目建设承包合同价在 100 万元以内的施工工程，甲方可按承包施工方的工程施工作业进度，实行工程价款在每月的月中预支，待全部工程施工项目保质完工后，经竣工验收合格可 1 次全部结清。

## 1.4 项目建设施工竣工结算书零缺陷编制

生态修复工程项目建设施工企业在进行竣工结算时，应详细收集、分析影响施工工程量差、

价差和费用（取费）变化的各项原始凭证，并根据施工完工实际情况对施工图预算的主要项目内容进行零缺陷的检查、核对；然后根据收集到的结算资料实行分类汇总、计算量差、价差，作费用调整；最后对结算数据分别归类汇总，编制竣工结算说明书和填写竣工工程结算单。初稿编制完成后应由专人进行零缺陷复核审查和校核。

### 1.4.1　竣工结算书零缺陷编制依据

①生态修复工程建设竣工报告、竣工验收证明、竣工图、图纸会审记录、设计变更单等。

②生态修复工程建设施工中标通知书、承包施工合同书、工程量清单、预算造价等资料。

③施工图预算、采购构件及材料凭证、材料价差签证、技术交底记录、设计变更通知、施工现场变更记录、经监理方签证认可的作业技术措施、技术核定单、隐蔽工程施工记录等。

④预算定额、间接费定额、材料预算价格、构件、成品半成品价格，预算外施工签证和记录，以及国家或地区新近颁发的有关工程施工定额调整规定等。

### 1.4.2　竣工结算书零缺陷编制方法

编制生态修复工程项目建设施工竣工零缺陷结算书的方法，是以生态修复工程项目建设设计原施工图预算为基础，加入设计变更、签证增减计价等项目内容后，进行调整、补充或完善的施工财务工作。

（1）竣工结算调整的主要内容。

①工程量变化调整：是指生态修复工程项目建设预算工程量与施工作业实际完成工程量不符而导致的增减变化。主要由以下 3 类原因造成：

施工现场多种变更：建设单位和施工承包方提出的工艺、材料改变等。

工程设计变更：由设计单位对生态修复工程项目建设设计提出修正、补充完善等，而导致的工程项目或工程量增减。

施工预算偏差：这是由于在对生态修复工程项目建设进行施工预算时出现差错而造成的工程量偏差，可在工程量验收时应予以纠正。

②关联费用调整：是指因工程量的增减而致使施工直接费、间接费、利润和税金也应随之的调整。其调整的主要内容有：直接费调整；各种间接费、利润和税金的调整；在施工期间因国家、地方政府颁布新的建设费用定额或取费标准规定，也应纳入调整范围。

③材料价差调整：在生态修复工程项目建设施工作业期间，因材料生产或销售市场发生价格性的涨降变化因素而导致的材差，或者因改变施工作业使用材料的种类、规格等引起的材差，或者调运材料运距加大而引起的价差，上述这些价差都应在符合相关规定的范围内予以合理调整。

④其他费用调整：或许由于工程建设单位的诸多原因，而致使施工方发生如窝工、运输、机械进出场搬迁等额外费用，也属于费用调整的范畴，应分摊到工程竣工结算项目之中。

（2）竣工结算书编制内容。生态修复工程项目建设施工竣工结算书由封面、编制说明、结算项目汇总表、设计变更调整计算表、材差调整计算表、施工预算、合同及中标通知等文件资料组成。

# 2 项目建设施工单位竣工财务的零缺陷分析管理

## 2.1 项目建设施工竣工收支的零缺陷核算管理

### 2.1.1 竣工总收入结算额汇总

应把建设单位向施工企业支付的各种用于生态修复工程项目建设施工的所有应付款项，如生态修复工程项目建设施工材料预付款、各工期段进度款、竣工结算款等统一进行汇总，确切核算出生态修复工程项目建设施工的总收入额。

### 2.1.2 生态修复工程项目建设施工总支出额汇总

项目部应从生态修复工程项目建设施工投标开始，直至生态修复工程项目建设施工竣工移交之日期间的所有支出，即对在施工全过程实际发生的用于生态修复工程项目建设施工作业的各项成本，如直接费、间接费、不可预见费、税金等进行分类核算和汇总，详细而确切计算出生态修复工程项目建设施工的总成本。

## 2.2 项目建设施工竣工财务的零缺陷分析

生态修复工程项目建设施工竣工财务的零缺陷分析是指以生态修复工程项目建设施工竣工全部收入与施工全部支出财务数据资料为主要依据，认真对施工财务活动的全过程进行复核和汇总，客观分析、评价施工财务计划的完成情况。

### 2.2.1 施工整体财务运行状况零缺陷分析

通过竣工财务零缺陷分析，项目部可以从财务运行的角度衡量生态工程施工的效果，掌握履行施工技术与管理职责的执行情况，它有利于企业积累和掌握施工现场技术与管理的规律性，能够有效地进一步总结、改进施工技术与管理水平。竣工财务分析包含以下项目内容。

（1）资产负债表。资产负债表是反映施工企业在经营期限内，如月末、季末、年末生态修复工程项目施工财务状况的报表，它是根据“资产=负债+所有者权益”公式，按照一定的分类标准和顺序，把施工企业在某一时期的资产、负债和所有者权益各项目要素如实填写而成，它反映出施工企业进行生态修复工程项目建设施工技术与管理的经济效益运行水平状况。

（2）利润表。利润表又叫损益表或收益表，它是反映施工企业在施工经营某一时期（月末、季末、年末）的施工经营成果的会计报表。它是通过某一时期企业的收入与同一时期的费用支出进行配比，以此计算出施工企业在某一时期的净利润或净亏损。

（3）现金流量表。现金流量表是以现金为基础编制的反映施工企业财务状况变动的会计报表。现金流量表揭示出施工企业在一定会计期间内，有关现金和现金等价物的流入和流出的信息。在这里，现金是指施工企业的库存现金，以及可以随时用于支付的存款。现金等价物是指企业持有的期限短、流动性强、易于转换为已知现金额和价值变动风险相对很小的投资。现金流量是指现金和现金等价物的流入和流出数额。

### 2.2.2 偿还能力零缺陷分析

偿还能力零缺陷分析分为短期偿还能力分析和长期偿还能力分析 2 种。

（1）短期偿还能力分析。短期偿还能力分析是指分析生态修复工程项目建设施工企业的短期偿还能力，预知企业是否有足够的现金（包括银行存款）或其他能在短期内变为现金的资产，即流动资产的变现能力，以支付即将到期的债务。评价企业短期偿还能力的财务比率分为流动比率和速动比率。流动比率是流动资产与流动负债的比率。流动比率在评价企业短期偿还能力时具有一定局限性，若流动比率较高，但流动资金的流动性较低，则企业偿还能力不高，原因是企业在流动资产中存货等变现能力较弱的项目占比例太大，因为存货只有经过销售才能变为现金，如果存货滞销，变现就有困难或者问题，所以在评价企业短期偿债能力时，需要用速动比率来衡量。流动资产扣除存货后的资产称为速动资产。速动资产与流动负债的比率即为速动比率。

企业的速动比率保持在 1 较为合适，说明企业的财务运行状况正处于良性状态。

（2）长期偿还能力分析。评价生态修复工程项目建设施工企业长期偿还能力的财务比率主要有负债比率、负债对所有者权益比率。负债比率是企业负债总额与资产总额的比率，也称资产负债率或举债经营比率，这一比率可以反映债权的保障程度。负债对所有者权益比率，是比较债权人所提供资金与所有者所提供资金的对比关系，这个比率越低，说明企业的长期财务状况越好，财务风险越小。

### 2.2.3　营运能力零缺陷分析

营运能力分析是指对生态修复工程项目建设施工企业在资产管理方面效率的衡量。一般用流动资产周转率（包括存货周转率、应收账款周转率）和总资产周转率来评价。流动资产周转率可以反映流动资产的流动速度和利用效果。它有两种表现效果，即流动资产周转次数（周转率）和流动资产周转天数。流动资产周转次数越多，其周转速度就越快，说明流动资产利用效果就越高；流动资产周转天数表示流动资产周转 1 次所需要的天数，周转 1 次需要的天数越少，流动资产周转的速度就越快，周转利用效果也就越佳。

### 2.2.4　盈利能力零缺陷分析

对生态修复工程项目建设施工企业进行盈利能力的分析，是判断企业赚取利润能力的大小以及市场变化的条件对其盈利能力的影响。一家企业只有获得足够多的利润额，才能有生存和发展的基础。因此，凡是与企业有关系的人，包括企业的投资者、债权人、经营者和员工等，无不对企业获利能力寄以莫大的关心和厚望。评价一家施工企业盈利能力的比率指标很多，常用来说明生态修复工程项目施工企业盈利能力或水平的财务分析指标有以下几种。

（1）资本金利润率分析。资本金利润率是建设施工企业一定时期内的利润总额与资本金总额之比。它表明投资者把资金投入企业后作为施工资本的获利程度。其计算式（2-3）是：

$$资本金利润率=\frac{利润总额}{资本金总额}\times100\% \tag{2-3}$$

上式中的利润总额采用所得税后的净利润。资本金总额则是指生态修复工程项目施工企业在工商行政管理部门登记注册的资本总额。资本金利润率越大，则说明投资资本的收益水平越高，表明施工企业的盈利能力越强。

（2）销售利润率分析。销售利润率是指生态修复工程项目建设施工企业，在一定时期内的利润总额与销售收入之比。它反映了销售收入的收益水平。其计算式（2-4）是：

$$销售利润率=\frac{利润总额}{销售收入}\times100\% \tag{2-4}$$

销售利润率越大，表明每百元销售收入所带来的利润越多，表明生态修复工程项目建设施工企业的经济效益就越显著。

（3）成本费用利润率分析。成本费用利润率是指生态修复工程项目建设施工企业，在一定时期内的利润总额与成本费用之比。它反映了施工企业的所得总收益与所耗总支出之间的比例关系。

计算成本费用利润率的式（2-5）是：

$$\text{成本费用利润率}=\frac{\text{利润总额}}{\text{成本费用总额}}\times 100\% \tag{2-5}$$

成本费用利润率越高，说明生态修复工程项目建设施工技术与管理所带来的利润越大，也表明施工企业的经济效益越佳。该指标与上述销售利润率有密切的关系，把这两个指标结合在一起分析，可更确切、更全面地评价生态修复工程项目施工企业的盈利水平高低。

# 第二节 项目建设单位竣工财务的零缺陷管理

## 1 项目建设单位竣工结算的零缺陷审核管理

### 1.1 项目建设单位竣工结算零缺陷审核管理科目

#### 1.1.1 建设单位复核审查竣工结算书

生态修复工程项目建设单位（业主）接到施工承包企业提交的竣工结算书后，业主应以单位工程为基础，对施工合同内规定的施工工程量内容进行检查与核对，包括各分项工程项目、工程量、单价取费和计算结果等。

#### 1.1.2 建设单位详细核审竣工项目

生态修复工程项目建设单位核查合同工程的执行情况，主要包括以下几方面：开工前期费用是否准确；植物与工程措施工程量是否准确；施工材料等价差是否按规定进了调整；施工设计变更记录与合同价格的调整是否相符；实际施工中有无与施工图要求不符的项目；单项工程综合结算书与单位工程结算书是否相符。

#### 1.1.3 纠正核查过程中发现的不符合合同规定情况

纠正核查过程中发现的不符合合同规定情况，是指多算、漏算或计算错误等，予以调整。

### 1.2 项目建设单位竣工结算零缺陷办理的科目

#### 1.2.1 竣工结算审核后报审

将批准的生态修复工程项目建设施工竣工结算书送交有关部门审查。

#### 1.2.2 办理生态修复工程项目建设施工竣工价款终结付手续

生态修复工程项目建设竣工结算书经过确认后，应及时向施工单位办理生态修复工程项目价款的最终结算拨付款手续。

# 2　项目建设单位竣工零缺陷决算管理

## 2.1　项目建设竣工零缺陷决算的概念

生态修复工程项目建设竣工零缺陷决算是指所有工序作业竣工后，按照国家有关规定，由建设单位报告项目建设成果和财务状况的总结性文件，这是零缺陷考核其投资效果的依据，也是办理交付、动用、验收的零缺陷依据。

竣工零缺陷决算是以实物数量和货币指标为计量单位，综合反映生态修复工程建设竣工项目从策划开始到项目竣工交付发挥出生态修复防护效益为止的全部建设费用、生态修复防护效果和财务情况的总结性文件，是竣工验收报告的重要组成部分，竣工决算是正确核定新增固定资产价值，考核分析生态修复建设投资效果，建立健全经济责任制的依据，是反映生态修复建设项目实际造价和投资效果的文件。

## 2.2　项目建设竣工零缺陷决算的作用

生态修复工程项目建设竣工零缺陷决算的作用主要表现在以下 3 个方面。

### 2.2.1　项目修复建设的全面总结性作用

生态修复工程项目建设竣工决算采用实物数量、货币指标、建设工期和各种技术经济指标，能够综合、全面地反映生态修复工程建设项目自策划到竣工为止的全部建设成果和财务状况，它是竣工生态修复工程项目建设成果与财务情况的总结性文件。

### 2.2.2　项目修复建设的财务价值依据作用

项目竣工决算是竣工验收报告的重要组成部分，也是办理交付使用资产的依据。建设单位与使用管理单位在办理交付资产的验收交接手续时，通过竣工决算反映交付使用工程实体资产的全部价值，包括固定资产、流动资产、生态防护效益资产和递延资产的价值。同时，它还详细提供了交付使用工程资产的名称、规格、型号、价值和数量等资料，是使用管理单位确定各项新增资产价值并登记入账的依据。

### 2.2.3　项目修复建设的考核评价作用

生态修复工程建设项目竣工决算是分析和检查设计概算的执行情况，考核和评价生态修复工程项目建设竣工建设投资效果的依据。竣工决算反映了竣工项目计划、实际的建设规模、建设工期以及设计和实际的生态防护能力，反映了概算总投资和实际的建设成本，同时还反映出了生态修复工程建设项目所达到的主要技术经济指标。

## 2.3　项目建设竣工零缺陷决算的内容

大、中型和小型生态修复工程建设项目的竣工零缺陷决算包括建设项目从开始策划到项目竣工交付使用为止的全部建设费用，其内容包括竣工财务决算说明书、竣工财务决算报表和生态修复工程项目建设造价分析资料表 3 个方面的内容。

### 2.3.1 竣工财务决算说明书

竣工财务决算说明书主要反映竣工生态修复工程项目建设成果和技术与管理经验，是对竣工决算报表进行分析和补充说明的文件，它是全面考核分析生态修复工程项目建设投资与造价的书面文件，其内容主要包括以下 7 项。

（1）生态修复工程建设项目概况及对生态修复工程项目建设总的评价。生态修复工程建设项目概况及其评价，是指从生态修复工程项目建设进度、质量、安全、造价、生态修复防护效益预测及施工方面进行分析说明。进度方面主要说明开工和竣工的时间，对照合理工期和要求工期，分析是提前还是延期；质量方面主要根据竣工验收组成或质量监督部门的验收进行说明；安全方面主要根据劳动工资和施工部门的记录，对有无设备和安全事故进行说明；造价方面主要对照概算造价，说明节约还是超支，用金额和百分率进行说明分析；生态修复防护效益预测是指该项目预计产生和发挥出的生态修复防护综合效益。

（2）生态修复工程项目建设资金来源与运用等财务分析。主要包括该项生态修复工程建设价款结算、会计财务的处理、财产物资情况及债权债务的清偿情况。

（3）生态修复工程项目基本建设收入、投资包干结余、竣工结余资金的上交分配情况。是指通过对基本建设投资包干情况的分析，说明投资包干额、实际支用额和节约额，投资包干的有机构成和包干结余的分配情况。

（4）生态修复工程项目建设各项经济技术指标的分析。是指对生态修复工程项目建设概算执行情况分析，根据实际投资完成额与概算进行对比分析；新增生态修复防护能力产生的经济效益分析，说明支付使用财产占总投资额的比例、占支付使用财产的比例，不增加固定资产的造价占投资总额的比例，分析有机构成。

（5）生态修复工程项目建设问题及建议。是指生态修复工程基本建设项目管理及决算中存在的问题及建议。

（6）生态修复工程项目建设决算与概算分析。是指生态项目修复建设决算与概算的差异和原因分析。

（7）生态修复工程项目建设其他事项说明。是指在生态修复工程项目建设中需要说明的其他事项。

### 2.3.2 竣工财务决算报表

生态修复工程建设项目竣工财务决算报表要根据大、中型和小型建设项目分别制定。

（1）大、中型生态修复工程建设项目竣工财务决算报表有如下 5 项。

①生态修复工程建设项目竣工财务决算审批表：该表作为竣工决算上报有关部门审批时使用，其格式按照中央级项目审批要求设计的，地方级项目可按审批要求作适当修改，大、中、小型项目均要按照表 2-1 所列要求填报此表。

②生态修复工程项目建设概况表：大、中型生态修复工程建设项目竣工概况表见表 2-2。该表综合反映大、中型生态修复建设项目的基本概况、内容，包括该项目修复建设总投资、建设起止时间、新增生态修复防护能力、主要材料消耗、建设成本、完成主要工程量和主要生态修复防护技术经济指标及基本建设支出情况，为全面考核和分析生态修复工程项目建设投资效果提供依据。

**表 2-1　生态修复工程项目建设竣工财务决算审批表**

| 生态修复工程项目建设单位（法人） | | 生态修复工程项目建设性质 | |
|---|---|---|---|
| 生态修复工程项目建设名称 | | 项目建设主管部门 | |

项目建设开户银行意见：

（盖章）
日期：××××年××月××日

生态修复工程项目建设单位审批意见：

（盖章）
日期：××××年××月××日

生态修复工程项目建设主管部门或地方政府财政部门审批意见：

（盖章）
日期：××××年××月××日

**表 2-2 生态修复工程大、中型项目建设竣工工程概况**

<table>
<tr><td>生态修复工程项目建设名称</td><td colspan="3"></td><td colspan="2">生态修复建设位置</td><td colspan="4"></td></tr>
<tr><td>生态修复工程项目设计单位</td><td colspan="3"></td><td colspan="2">施工企业</td><td colspan="4"></td></tr>
<tr><td rowspan="3">生态修复工程项目建设面积（hm²）</td><td>计划</td><td colspan="2">实际</td><td colspan="2" rowspan="3">总投资（万元）</td><td colspan="2">设计</td><td colspan="2">实际</td></tr>
<tr><td rowspan="2"></td><td colspan="2" rowspan="2"></td><td>固定资产</td><td>流动资产</td><td>固定资产</td><td>流动资产</td></tr>
<tr><td></td><td></td><td></td><td></td></tr>
<tr><td rowspan="2">新增生态防护效益</td><td colspan="3">效益名称</td><td colspan="2">设计</td><td colspan="4">实际</td></tr>
<tr><td colspan="3"></td><td colspan="2"></td><td colspan="4"></td></tr>
<tr><td rowspan="2">建设起止时间</td><td>设计</td><td colspan="8">从 年 月 日开工至 年 月 日竣工</td></tr>
<tr><td>实际</td><td colspan="8">从 年 月 日开工至 年 月 日竣工</td></tr>
<tr><td>设计概算批准文号</td><td colspan="9"></td></tr>
<tr><td rowspan="3">完成工程量</td><td colspan="5">建设面积（hm²）</td><td colspan="4">设备（台、套、t）</td></tr>
<tr><td colspan="3">设计</td><td colspan="2">实际</td><td colspan="2">设计</td><td colspan="2">实际</td></tr>
<tr><td colspan="3"></td><td colspan="2"></td><td colspan="2"></td><td colspan="2"></td></tr>
<tr><td rowspan="2">抚育保质</td><td colspan="5">抚育保质作业工作内容</td><td colspan="2">投资额</td><td colspan="2">完成时间</td></tr>
<tr><td colspan="5"></td><td colspan="2"></td><td colspan="2"></td></tr>
</table>

<table>
<tr><td rowspan="10">生态工程建设支出</td><td>项目</td><td colspan="2">概算</td><td>实际</td><td>主要指标</td></tr>
<tr><td></td><td colspan="2"></td><td></td><td rowspan="9"></td></tr>
<tr><td>机械设备</td><td colspan="2"></td><td></td></tr>
<tr><td rowspan="2">待摊投资<br>其中：<br>建设单位管理费</td><td colspan="2"></td><td></td></tr>
<tr><td colspan="2"></td><td></td></tr>
<tr><td>其他投资</td><td colspan="2"></td><td></td></tr>
<tr><td>待摊基建支出</td><td colspan="2"></td><td></td></tr>
<tr><td rowspan="2">非建设项目投资</td><td colspan="2"></td><td></td></tr>
<tr><td colspan="2"></td><td></td></tr>
<tr><td>合计</td><td colspan="2"></td><td></td></tr>
<tr><td rowspan="4">主要材料消耗</td><td>名称</td><td>单位</td><td>概算</td><td>实际</td><td></td></tr>
<tr><td>××</td><td></td><td></td><td></td><td></td></tr>
<tr><td>××</td><td></td><td></td><td></td><td></td></tr>
<tr><td>××</td><td></td><td></td><td></td><td></td></tr>
<tr><td>生态防护技术经济指标</td><td></td><td></td><td></td><td></td><td></td></tr>
</table>

③大、中型生态修复工程项目建设竣工财务决算表：见表 20-3。该表反映竣工的大中型生态修复工程建设项目从开工到竣工为止全部资金来源和运用情况，它是考核和分析大中型生态修复工程建设投资效果，落实结余资金，并作为报告上级核销基本建设支出和基本建设拨款的依据。

**表 2-3 生态修复工程大、中型项目建设竣工财务决算表**

| 资金来源 | 金额 | 资金占用 | 金额 | 补充资料 |
|---|---|---|---|---|
| 一、基建拨款<br>1. 预算拨款 | | 一、基本建设支出<br>1. 交付使用资产 | | 1. 基建投资余额借款期末余额 |
| 2. 基建基金拨款<br>3. 进口设备转账拨款 | | 2. 在建工程<br>3. 待核销基建支出 | | 2. 应收生产单位投资借款期末余额 |
| 4. 器材转账拨款 | | 4. 非经营项目转出投资 | | 3. 基建结余资金 |
| 5. 煤代油专用资金拨款 | | 二、应收生产单位投资借款 | | |
| 6. 自筹资金拨款 | | 三、拨款所属投资借款 | | |
| 7. 其他拨款 | | 四、器材 | | |
| 二、项目资本金<br>1. 国家资本<br>2. 法人资本<br>3. 个人资本 | | 其中：待处理器材损失<br>五、货币资金<br>六、预付与应收款<br>七、有价证券 | | |
| 三、项目资本公积金 | | 八、固定资产 | | |
| 四、基建借款 | | 固定资产原值 | | |
| 五、上级拨入投资借款 | | 减：累计折旧 | | |
| 六、企业债券资金 | | 固定资产净值 | | |
| 七、待冲基建支出 | | 固定资产清理 | | |
| 八、应付款 | | 待处理固定资产损失 | | |
| 九、未交款<br>1. 未交税金<br>2. 未交基建收入<br>3. 未交基建包干结余<br>4. 其他未交款 | | | | |
| 十、上级拨入资金 | | | | |
| 十一、留成收入 | | | | |
| 合计 | | 合计 | | |

④生态修复工程大、中型建设项目交付使用竣工财务决算表：见表 2-4。该表反映生态修复工程项目建成后新增固定资产、流动资产、防护经济效益和递延资产价值的情况及其价值，作为财务交接、检查生态修复建设投资计划完成情况和分析其投资效果的依据。

**表 2-4 生态修复工程大、中型项目建设竣工交付使用资产总表**

| 单项生态修复工程项目名称 | 总计 | 固定资产 | | | | | 流动资产 | 防护经济效益 | 递延资产 |
|---|---|---|---|---|---|---|---|---|---|
| | | 生态修复建设工程 | 附属工程 | 设备 | 其他 | 合计 | | | |
| | | | | | | | | | |

支付单位盖章　　年　月　日　　　　　　　　　　　　接收单位盖章　　年　月　日

⑤生态修复工程项目建设竣工交付使用资产明细表：详见表 2-5 所示填报内容。该表反映交付使用的固定资产、流动资产、生态防护经济效益和递延资产及其价值的明细情况，是办理生态修复工程建设项目资产交接和接收单位登记资产账目的依据，同时也是使用单位建立资产明细账和登记新增资产价值的依据。

**表 2-5 生态修复工程项目建设竣工交付使用资产明细表**

| 单项生态修复工程项目名称 | 生态修复工程建设项目 | | | 设施设备 | | | | | | 流动资产 | | 生态防护经济效益 | | 递延资产 | |
|---|---|---|---|---|---|---|---|---|---|---|---|---|---|---|---|
| | 类型 | 面积（$hm^2$） | 价值（万元） | 名称 | 规格型号 | 单位 | 数量 | 价值（万元） | 合计 | 名称 | 价值（万元） | 名称 | 价值（万元） | 名称 | 价值（万元） |
| | | | | | | | | | | | | | | | |

支付单位盖章　　年　月　日　　　　　　　　　　　　接收单位盖章　　年　月　日

（2）小型生态修复工程项目建设竣工财务决算报表。小型生态修复工程项目建设竣工财务决算报表有：竣工财务决算审批表（详见表 2-1 所示的填报内容）、交付使用资产明细表（详见表 2-5 所示填报内容）和财务决算总表（详见表 2-6 所示填报内容）。

由于小型生态修复工程建设项目内容比较简单，因此可将交付使用资产明细表（详见表 2-5 所示填报内容）与财务情况合并编制一张“竣工财务决算总表”，主要反映小型生态修复工程建设项目的全部工程和财务状况。

**表 2-6　生态修复工程建设小型项目竣工财务决算总表**

| 生态工程建设项目名称 | | | 建设地域 | | | | | 资金来源 | | 资金运用 | |
|---|---|---|---|---|---|---|---|---|---|---|---|
| 设计概算批准文件号 | | | | | | | | 项目 | 金额（元） | 项目 | 金额（元） |
| 建设占地面积 | 计划 | 实际 | 总投资/万元 | 计划 | | 实际 | | 一、基建拨款<br>其中：预算拨款 | | 一、交付使用资产 | |
| | | | | | | | | | | 二、待核销基建支出 | |
| | | | | 固定资产 | 流动资产 | 固定资产 | 流动资产 | 二、项目资本 | | | |
| | | | | | | | | 三、项目资本公积金 | | 三、非经营项目转出投资 | |
| 新增防护经济效益 | 效益名称 | | 设计 | 实际 | | | | 四、基建借款 | | 四、应收生产单位投资借款 | |
| | | | | | | | | 五、上级拨入借款 | | | |
| 建设起止时间 | 计划 | 从　年　月　日 开工<br>至　年　月　日 竣工 | | | | | | 六、企业债券基金 | | 五、拨付所属投资借款 | |
| | 实际 | 从　年　月　日 开工<br>至　年　月　日 竣工 | | | | | | 七、待冲基建支出 | | 六、器材 | |
| 基建支出 | 项目 | | | | 概算/元 | | 实际/元 | 八、应付款 | | 七、货币资金 | |
| | 配套工程措施工程 | | | | | | | 九、未付款<br>其中：未交基建收入、未交包干收入 | | 八、预付与应收款 | |
| | 机械设备、工器具 | | | | | | | | | 九、有价证券 | |
| | 待摊资金<br>其中：建设单位管理费 | | | | | | | 十、上级拨入资金 | | 十、原有固定资产 | |
| | 其他投资 | | | | | | | 十一、留成收入 | | | |
| | 待摊销基建支出 | | | | | | | | | | |
| | 非经营性项目转出投资 | | | | | | | | | | |
| | 合计 | | | | | | | 合计 | | 合计 | |

### 2.3.3　生态修复工程项目建设造价比较分析

经批准的生态修复工程建设项目概、预算是考核实际生态修复建设工程造价和进行生态修复工程造价比较分析的依据。在分析时，可先对比整个项目的总概算，然后将建设工程费、机械设备器具购置费和其他工程费用逐一与竣工决算表中所提供的实际数据和相关资料及批准的概算、预算指标、实际的总工程造价进行对比分析，以确定竣工项目总造价是节约还是超支，并在对比分析基础上，总结先进经验，找出节约和超支的内容和原因，提出改进措施。在实际工作中，应主要分析以下 3 项内容。

（1）主要实物工程量。对于实物工程量出入比较大的情况，必须查明其原因。

（2）主要材料消耗量。考核主要材料消耗量，要按照竣工决算表中所列的 3 大材料实际超概算的消耗量，查明是在项目建设的哪个环节超出量最大，再进一步查明超耗的原因。

（3）考核建设单位管理费、工程建设其他直接费、现场经费和间接费的取费标准。考核建设单位管理费、工程其他直接费、现场经费和间接费的取费标准要按照国家和各地区的有关规定，根据竣工决算报表中所列的建设单位管理费与概预算所列的建设单位管理费数额进行比较，依据规定查明是否多列或少列费用项目，确定其节约超支的数额，并查明原因。

## 2.4 项目建设竣工零缺陷决算的编制

### 2.4.1 竣工零缺陷决算的编制依据

生态修复工程项目建设竣工决算的编制依据包括以下 10 个方面。

①项目建设计划任务书和有关文件；

②项目建设总概算和单项工程综合概算书；

③项目建设设计图纸及说明书；

④项目建设设计交底、图纸会审资料；

⑤项目建设合同文件；

⑥项目建设竣工结算书；

⑦项目建设各种设计变更、经济签证；

⑧项目建设机械设备、材料调价文件及记录；

⑨项目建设竣工档案资料；

⑩项目建设相关的项目资料、财务决算及批复文件。

### 2.4.2 竣工零缺陷决算的编制步骤

编制生态修复工程项目建设竣工零缺陷决算应遵循下列 5 个程序。

①收集、整理有关生态修复工程项目建设竣工决算依据；

②清理生态修复工程项目建设账务、债务和结算物资；

③填写生态修复工程项目建设竣工决算报告；

④编写生态修复工程项目建设竣工决算说明书；

⑤报生态修复工程项目建设上级单位审查。

# 第三章 生态修复工程项目建设竣工后技术与管理零缺陷总结

## 第一节 项目建设各参与方全过程技术与管理零缺陷分析

生态修复工程项目建设质量合格、工程数量符合建设合同工程量清单要求，通过竣工正式验收后，参与的建设单位、勘察单位、规划咨询单位、设计单位、施工单位、监理单位和机械与材料供应商等，都应对其在生态修复工程项目建设过程中所发挥的技术与管理行为进行系统、全方位的剖析与分析，深刻回顾、细致反省各自在生态修复工程项目建设全过程中施展技术与管理的“得”与“失”，为今后建立和形成自己一整套完整、有效的生态修复工程项目建设技术与管理模式，积累和总结宝贵的实践经验。

### 1 项目建设各参与方技术与管理零缺陷分析的作用、目的意义

从生态修复工程项目建设技术与管理的产生、发展及与其他学科的紧密联系，以及来源于生态修复建设实践、再应用于生态修复建设实践的目的，都说明对建设技术与管理进行零缺陷分析是十分必要的，尤其当前我国正在建设美丽中国成为天蓝地绿水清的生态文明社会的今天，对生态修复工程建设技术与管理方法系统分析的意义就更加深远，作用更加重大。这种分析作用从生态修复工程建设位居不同角色出发，其分析作用是不同的。

#### 1.1 项目建设业主单位竣工后的回顾与零缺陷分析

从生态修复工程项目建设业主角度来看，其出发点必须要着重考虑生态修复工程项目建设的防护功能与效果作用，而且还须从整体、全局、全过程、全方位系统地进行策划和布局，即对生态修复工程项目建设效能、建设质量、投资、建设技术、工期、抚育保质期限、规划设计、招标、建设前准备、建设施工现场、竣工验收及移交等技术与管理内容，在技术与工艺、管理程序与手段方法上应先行系统、有机协调、运作通畅的设置，建设单位在生态修复工程建设中位居龙头和起着关键性、无可替代的重要作用，对生态工程建设成败尤为重要。故此，建设单位就应对

上述所叙的生态修复工程项目建设各项工作进行认真、细致、科学、系统、完整的分析与反思，查找失误、不完善之处、欠缺或漏洞，为今后持续改进建设管理水平和提高生态修复工程项目建设质量奠定良好的基础。

## 1.2 项目建设设计单位竣工后的回顾与零缺陷分析

在严格遵循生态修复工程项目建设单位指导思想、方针和宗旨的前提下，规划设计单位的重要作用是把生态修复工程项目建设的宏伟策划设想，科学、系统、有机地、协调地落实到相对应的生态修复建设技术、功能、规模、投资、工期等具体方案上，为此，项目建设竣工后，规划设计单位应从生态修复工程项目建设设计的依据和原则两方面，来回顾和解析项目建设规划设计方案中的技术依据是否科学、系统、准确、充分和适地适技，其生态修复防护效益功能是否达到和符合项目策划立项的指导思想和方针，所规划设计方案是否既满足修复防护技术和质量要求，又达到经济合理、节省投资的效果，是否满足当地社会经济可持续发展的要求，等等。

## 1.3 项目建设施工单位竣工后的回顾与零缺陷分析

从生态修复施工企业具备的施工技术工艺、资金和现场管理实力方面看，分析不仅对施工企业当前的整体水平与素质，有着极大的推动和促进作用，而且对企业今后进一步增强市场品牌效应，拓宽、扩大市场竞争范围，提高市场竞争力和占有率也有着极其重要的作用；从施工技术与管理水平对施工成本影响作用看，分析可以找出施工全过程中的失误、偏差、疏漏、薄弱和不到位之处，为今后规范、标准、有序、有效进行施工技术与管理奠定基础，能够起到降低施工成本的作用。

施工企业对生态修复工程项目建设施工全过程，进行全面、系统的技术与管理分析的目的意义如下。

①可以反映、总结和揭示施工企业施工技术与管理行之有效的成功经验和方法，充分展示其施工技术与管理的能力、素质与水平，印证施工企业对生态修复工程项目建设的综合施工实力。

②通过分析，应该做到自查自清，找出施工企业自身施工技术与管理的缺陷、存在问题及产生原因，分清是主观原因所致还是客观条件所限，正确评价施工企业施工技术与管理的不足之处，为在未来的工程施工技术与管理中克己之短、避免类似失误打下良好的基础。

③通过分析，可以为施工企业在今后生态修复工程施工作业实施过程中，发扬和强化自己的施工技术与管理强项，克服和修正自身施工技术与管理的短缺项与薄弱项，既扬己之长又要坚决克己不足，努力打造具备生态修复工程项目建设施工技术与管理的核心竞争力，更加注重细节、注重执行力、注重内部的协调与默契配合，注重遇事只为成功找方法、不为失误或失败找借口，朝着善于学习和不断创新的高效团队、卓越型施工企业的目标迈进。

## 1.4 项目建设监理单位竣工后的回顾与零缺陷分析

监理单位是受生态修复工程项目建设单位委托，按照生态修复工程项目建设监理合同，对生态修复工程项目建设施工中的质量、进度、变更、安全文明等进行的全方位现场管理活动，并代表建设单位（业主）对施工企业建设实施行为进行监控的专业化服务活动。为此，一项生态修复工程项目建设竣工后，参与建设监理的监理单位应从领导、监理队伍整体综合素质、现场监理管理制度与管理手段、监理工作敬业与执著性上，以及独立、客观、公正履行监理职责上进行分析，回顾其行为是否发生或存在着瑕疵、漏洞或失误之处，以便积累生态修复工程项目建设监理服务的技术与管理经验，为今后顺畅开展生态修复工程项目建设监理服务起到更大、更加公正、更加科学的作用。

# 2　项目建设各参与方技术与管理零缺陷分析的依据

生态修复项目建设各参与方技术与管理零缺陷分析的依据主要来自以下 3 个方面。

## 2.1　国家颁布的生态修复工程项目建设方针、政策、法律、法规

国家与地方各级政府部门颁布的有关生态修复工程项目建设的方针、政策、法律、法规、标准、规程、规范、规定、办法、要求等，均是生态修复工程项目建设各参与方都应当自觉遵守和进行分析的主要理论依据。

## 2.2　项目建设各参与方自身发展的需求

生态修复工程项目建设各参与方在当前和今后面临着更加规范、标准实施生态修复建设生态文明的大环境态势之下，如何积极应对生态修复工程项目建设技术与管理的综合能力和素质提出更高、更细、更加严格的要求与标准等情况。

## 2.3　项目建设各参与方系统技能资料形成的要求

生态修复工程项目建设各参与方在建设活动全过程，积累与形成的各项技术与管理系统技能资料也是进行分析的基础依据。现将其具体内容陈述如下。

①项目建设前准备的一系列技术与管理文件，有项目实施策划方案、可行性分析与论证、规划设计方案、建设招标文件、建设合同书，以及施工组织设计方案、施工作业实施方案、施工计划、专业人员与工人工种组成结构配比、规章制度、日志、记录、抚育保质制度等。

②项目建设现场技术与管理的一系列文件，包括现场组织调度计划与安排，材料供应管理，各工序有效衔接与交接记录，质量与进度控制与检查考核，规章制度执行、检查与考核，作业场地测量放线与复核记录，施工设计变更记录与审批，安全文明施工检查与考核记录，后勤服务计划、实施、管理与检查考核记录，各单项工程施工作业记录，生态工程保质养护作业技术措施与检查考核记录，以及施工日志、测试、检验、试运行、分析、化验记录等技术资料档案。

③项目建设竣工验收技术与管理的一系列文件，包括竣工验收证书与记录、工程质量评审与等级证书、竣工总结算单，竣工验收、竣工工程质量等级评定记录、纪要等，生态修复工程项目建设竣工实体和技术资料档案移交记录、手续单等。

# 3　项目建设竣工后技术与管理零缺陷分析的种类和方法

## 3.1　项目建设竣工后技术与管理零缺陷分析的种类

生态修复工程项目建设各参与方竣工后开展技术与管理全面、系统分析的零缺陷方法，主要

有以下 3 类。

#### 3.1.1 综合零缺陷分析

综合分析一般用于生态修复工程建设活动的定期分析。当一个季度或年度建设终结后，根据建设进度、质量、成本、财务、材料消耗和建设日志等实际情况资料，对建设全过程投入、产值收入、直接与间接成本等方面的情况要进行综合分析，以检查一个季度或一个年度期限内项目建设运行的全面情况。通过综合分析可以了解建设各参与方对工程建设技术与管理活动的全貌，是全面检查建设各参与方完成项目建设任务指标情况，寻找和发现各自在建设技术与管理中存在问题的有效方法，便于今后采取有效的技术与管理措施，加强和改进生态修复工程项目建设技术与管理的薄弱环节。

#### 3.1.2 专业零缺陷分析

专业分析采取定期和不定期两种方式。专业分析能为综合分析提供基础技术资料，它是生态修复工程项目建设参与各方内部各专业部门围绕着项目建设各个时期的中心任务目标，检查本单位有关项目建设技术与管理任务指标完成情况的一种方法，通过专业分析能够发现还存在着哪些问题，今后如何规范解决，需要哪些部门协调与配合解决，以便采取相应的技术与管理措施。专业分析一般用于生态修复工程项目建设各参与方单位的技术、材料、技术资料、办公文秘、后勤服务和各专业施工队。

#### 3.1.3 专题零缺陷分析

一般采用不定期的专题分析。它是根据在综合分析和专业分析过程中，对发现的生态修复工程项目建设技术与管理重要问题进行重点分析。其目的是反映、揭示生态修复工程项目建设技术与管理的突出问题和薄弱环节，便于今后对症采取更加先进的建设技术与管理措施，切实解决问题。如生态修复工程项目建设技术与管理中普遍存在而需要突出解决的问题是，如何协调建设实施进度与质量两者之间的关系和矛盾，对此就应该进行深刻的专题分析，解决的途径要根据施工企业的作业操作实力、材料供应、工序衔接等实际情况，全面、合理、稳妥地计划、安排和调度，在保证质量的前提下如何尽可能地加快施工作业进度。为此，对生态修复工程项目建设技术与管理全过程进行有重点的专题分析，可以看出建设施工工艺水平、建设施工作业质量、建设施工进度、建设安全文明施工行为、建设施工成本控制等建设技术与管理项目，哪些项目还需改进和进一步加强，哪些项目还有潜力可挖，哪些技术与管理方法收效最大、最快，以便今后总结和推广。由于专题分析突出重点，内容分析透彻，所以能够起到立竿见影的效果，而且也容易为生态修复工程项目建设各参与单位广大技术与管理人员和工人掌握，便于集思广益。

上述 3 种分析方法，内容虽有不同，但相互之间又有着紧密的联系，在应用时应针对生态修复工程项目建设技术与管理的具体实践情况，适地适技，加以灵活应用和改进。

### 3.2 项目建设竣工后技术与管理的零缺陷分析方法

生态修复工程项目建设技术与管理零缺陷分析的具体方法，要用对比的方法来发现问题，进而改进建设技术与管理工作。即运用比、找、改的分析方法达到改进建设技术与管理的目的。

#### 3.2.1 比

“比”是指比计划、比上期、比先进。“计划”是建设各参与方技术与管理努力工作欲实现的奋斗目标，它是依据生态修复工程建设现实基础而制定的，计划具有先进性和指导性，需要参与建设的全体人员努力才能完成。建设实施计划付诸执行后，是不是完成了计划或是超额完成了计划，哪些项目完成，哪些项目没有完成，就需要用实际完成工程数量与计划建设工程数量比对。“上期”是建设实际完成的工程数量，它比计划更能反映建设者在实施时期的技术与管理活动情况，本期与上期对比就能发现一系列的问题。同工种的 2 个施工队之间或 2 个人之间，2 台机械之间，部门与部门之间，其作业、操作的工作效率是不平衡的，通过对比就可确立先进榜样，带动和推动项目建设朝着不断挖掘潜力、提高工效，强化对建设现场技术与管理力度的方向发展。但在比先进时，应该注意对比条件的可比性，对比的属性是否相同，对比的作业操作和工作基础条件是否一致，对比的口径（计价、单位、时间等）是否相同。比可以先粗后细，有利于找出问题的线索，然后根据需要，有步骤、有重点地细化和深入下去分析。

#### 3.2.2　找

“找”就是指找差距、找问题、找经验。“比”提供了分析问题的线索，但差距究竟在什么地方，存在什么问题，有什么好的经验，还需要靠“找”来解决。各参与方在建设全过程中的任何一项技术与管理活动，都不是孤立的，都有着紧密联系。如某一项作业工序的实施成本增加了，它可能是施工单位的现场作业工艺与管理问题，或设计上的缺陷，但也可能是工艺流程、工序衔接、作业操作、材料供应或是成本核算方法上的问题。再如，在建设成本控制上，总指标是完成了，但具体到某个部门或某个施工单位，问题就可能很多，还有潜力可能没有挖掘出来。因此，光依靠对数字进行对比是远远不够的，还应该采取如开座谈会、个别交流、现场剖析、实物评比等方法方式。只有善于从建设完成的数字对比中抓住核心和关键性问题，逐个、逐步地具体深入分析研究，才能找出项目建设技术与管理中的差距、失误和经验。

#### 3.2.3　改

“比”和“找”都是竣工后分析过程使用的方法和手段，目的是为了改进。如果只做到上述分析为止，那只能是功亏一篑，徒然浪费人力和物力而已。因此，要使分析见效，还必须要付诸实际行动，切实加以改进。而要想获得改进的效果，其方法是把生态修复工程项目建设技术与管理分析出的问题和结果集中起来，确实弄清楚改什么，从哪里开始改起，把这些需要改进的问题纳入下阶段建设实施技术与管理的计划、制度和管理措施之中，然后再贯彻和落实到后续的项目建设技术与管理实践中，使它变成生态修复工程建设全体人员的实际行动，才能实现和达到改进的目的。“改”的具体做法与质量管理中的持续改进有异曲同工的效果。

## 4　项目建设竣工后技术与管理零缺陷分析的主要内容

### 4.1　项目建设前技术与管理零缺陷分析的内容

对于生态修复工程项目建设前准备期间技术与管理“得”与“失”内容的零缺陷分析，应剖析、归纳和理清的经验与教训有以下 4 方面。

（1）生态修复工程项目建设招投标过程采用的工作思路、程序、方法、措施和技巧等，哪些是有效的、哪些是徒劳无益的；在招投标人员组成、招投标决策、预测报价、风险分析等环节中哪些做得很得体、完善，值得今后沿用；那些有缺陷、存在失误或不到位，是属于判断上的失误还是技术上或管理程序上的差错等。

(2) 生态修复工程项目建设招、投标人员组建过程的工作步骤、方法或技巧等，哪些值得总结和今后推广使用，哪些需要进一步改进和加强，在各专业技术与管理员工配置或选聘、各工种技工与民工计划、招聘培训与管理过程中，什么是对的，有利于今后推广使用，有哪些是走了弯路的，亟待改进。

(3) 在办理建设各项正式手续过程中，如在建设施工承包合同审核审定，以及开工报告工作中，需要吸取什么教训、今后哪些方面应该加强、改进或注意。

(4) 在建设物资准备过程中哪些工作方法、筹备措施是实用和有效的，今后应该推广使用，哪些办法或措施存在着缺陷或漏洞，今后如何改进、如何避免失误或漏洞等。

## 4.2 项目建设施工现场技术与管理的零缺陷分析内容

对生态修复工程项目建设施工现场技术与管理过程的“得”与“失”工作零缺陷分析，应该深刻、细致而广泛地剖析、归纳、理清建设现场的全部技术与管理经验和教训。具体需要零缺陷分析的内容有如下14个方面的内容。

(1) 采取哪些组织与调度管理措施、办法和模式是科学、有效、实用、适用、合理的，值得今后加以推广使用，哪些措施、办法是不适用、不可用的，需要进一步修正和改进的。

(2) 摸索出真正能够起到保证生态建设质量、加快工期进度的正确建设技术与管理措施、方法有哪些。即总结和提炼出值得今后大力提倡、推广使用的技术与管理措施与方法的精华与核心，修正、改进那些不适用、不实用、不利于、不符合、不恰当的建设技法、措施或方法。真正做到取其精华，去其糟粕，推动今后生态修复工程建设技术与管理上一个台阶。

(3) 归纳、总结和保留那些适合、有利于生态修复工程项目建设执行、检查、考核和奖罚的“硬规则”，淘汰和改进、修正一切不利于生态修复工程项目建设技术与管理的规章制度。

(4) 生态修复工程项目建设现场执行力管理中哪些方法、措施是能够促进、提升和贯彻执行力的，哪些对执行力贯彻是不利的，是应该加以改进、完善或补充的。

(5) 生态修复工程项目建设过程哪些财务管理措施、制度或办法有利于规范生态修复工程项目建设现场的财务管理，有利于在生态修复工程项目建设过程中起到加强财务管理、控制无效支出的作用，哪些需要修正、补充或淘汰。

(6) 在生态修复工程项目建设施工材料供应管理过程中，哪些材料供应管理制度和措施能够真正起到保证建设进程、提高工序工效、保证工程质量的作用，哪些不适用、影响和滞后了建设进度和质量，需要进一步改进、补充或淘汰。

(7) 在生态修复工程项目建设技术资料档案管理过程中，哪些制度、措施、方法是有利于技术资料档案的建立、保管、借阅和存档的，哪些需要改进、修正、补充或淘汰。

(8) 在生态修复工程项目建设施工现场测量放线的技术与管理过程中，哪些措施、方法是有效的，有利于测量放线的准确和快捷，哪些需要改进、补充或提高。

(9) 在涉及生态修复工程项目建设施工设计变更技术与管理的过程中，哪些方法、措施或手段是有效的，有利于项目建设施工作业，哪些方面做得还不够、不到位，今后需要加强、提高或改进。

(10) 在生态修复工程项目建设安全文明施工作业管理过程中，哪些技术与管理制度、措施、办法是有效的，能够起到保障安全文明施工的作用，哪些需要改进、强化、补充或完善。

(11) 在对内、对外的交流、沟通、协调、协商的技术与管理过程中，哪些处理关系的方法、措施和技巧是有效的，能够起到推动和促进施工进程的作用，哪些需要改进、补充或淘汰。

(12) 在生态修复工程项目建设施工后勤服务管理过程中，哪些方法、做法或措施是有效的，能够使全体员工享受到安全、实惠而周到的食宿管理服务，那些方面做得还不够、不完善，需改进、补充或加强。

(13) 在生态修复工程项目建设各单项工程的施工技术与管理过程中，哪些作业操作的工艺、技能或技巧是有利于工程施工进程的，应该发扬光大；哪些方面做得还存在漏洞、不完善或不到位，需要进一步改进、完善或加强，进一步提高施工技术与管理的素质和水平。

(14) 在生态修复工程项目建设施工抚育保质养护时期，哪些抚育保质养护的技术与管理措施能够真正、有效地起到提高生态修复工程项目建设质量、完善建设工程生态修复防护功能的作用，哪些需要改进、补充或继续加强。

### 4.3 项目建设施工竣工验收技术与管理的零缺陷分析内容

生态修复工程项目建设施工竣工验收阶段的技术与管理“得”与“失”工作内容进行零缺陷分析，应认真剖析、归纳、理清竣工验收和移交过程的主要技术与管理经验与教训。具体需要零缺陷分析的 4 方面内容如下。

(1) 在生态修复工程项目建设竣工验收技术与管理过程中，哪些办法、方式和措施对竣工验收能够起到推动和促进的作用，应该加以总结和沿用；哪些存在着弊端、不利于顺利竣工验收，今后需要改进、补充、完善或淘汰。

(2) 在竣工验收准备过程中，哪些技术与管理方法、措施或技巧能够起到完善、推动和加快竣工验收进程的作用，哪些需要改进、补充或淘汰。

(3) 在竣工验收工程实体、技术资料档案移交过程中，哪些方法、措施有利于正常或加快移交的进行，哪些需要继续改进和完善。

(4) 在竣工工程质量等级评定过程中，哪些方法、措施和技巧是有效的，应该加以总结，今后继续发扬沿用；哪些方面存在着失误、缺陷和缺点，需要改进、补充完善或淘汰。

# 第二节
# 项目建设技术与管理零缺陷总结

## 1 项目建设技术与管理零缺陷总结的概念与意义

### 1.1 项目建设技术与管理零缺陷总结的概念

把全体参与生态修复工程项目建设技术与管理职责的所有单位、所有参与者，在一定期限内对已完工的生态修复工程项目建设技术与管理工作中的成功经验和失误教训，加以全面而系统的零缺陷整理归纳、分析研究，做出条理清楚、清晰的结论，用来指导今后生态修复工程项目建设技术与管理的书面文件，就叫零缺陷总结。

### 1.2 项目建设技术与管理零缺陷总结的意义

零缺陷总结对于巩固生态修复工程项目建设技术与管理成绩，改进工作，积累经验资料，提高各参建单位的技术与管理素质、水平，提升团队执行力、打造核心竞争力，都有着极其重要的意义和作用。参与技术与管理的广大技术人员、管理者、工人是生态修复工程项目建设的主力军，只有善于把广大员工、工人丰富的生态修复建设技术与管理实践经验总结出来，才会产生巨大的智慧、力量和效益。在建设过程摸索新技术、新方法、新工艺，弄清什么是应该发扬推广的，什么是应该补充改进的，什么是应该防止和避免的，对正确建设技术与管理的认识才会不断加深，生态修复建设技术与管理的水平和素质才会得到不断提高。所以，对建设技术与管理进行零缺陷总结，是探索生态修复工程项目零缺陷建设技术与管理模式的有效途径，也是推动零缺陷建设各参与单位建设技术与管理进步的最有效方法。

## 2 项目建设技术与管理零缺陷总结的类型

生态修复工程项目建设技术与管理零缺陷总结的种类，可以按项目、专业、工种、工序、范围、作业工期等进行划分，但大体上可分为全面总结和专题（项）总结。

### 2.1 项目建设技术与管理零缺陷全面总结

零缺陷全面总结是指在一定时期内，各参与单位对生态修复工程项目建设技术与管理的工作，进行系统而广泛的总结，如阶段总结、年终总结、半年总结等。全面总结涉及生态修复工程项目建设技术与管理的 6 个时期，即：建设前策划设计时期、建设招投标时期、建设准备时期、建设现场时期、抚育保质时期和竣工验收时期；其内容覆盖既要完整又必须系统，要整理归纳出对整个生态修复工程项目建设具体实施技术与管理的现场自然环境条件、社会经济与交通条件、准备情况、作业进展程度、质量指标、施工财务运行状况和安全文明行为等，并精确指出建设技术与管理全过程工作的成绩与缺点，主要经验与教训，以及存在问题和下一步工作打算等。全面总结，既要有生态修复工程项目建设的整体概括、说明，又要有重点、突出建设全过程的主要问题。

### 2.2 项目建设技术与管理零缺陷专题（项）总结

生态修复工程项目建设技术与管理零缺陷专题（项）总结，是建设中某一项专题为中心，对一定时期内某个建设项目，如单项与分项工程、工艺、工序、勘测、规划、设计、监理和材料设备采购供应等，以及材料供给、进度管理、质量检查、安全文明作业等，某一项建设技术与管理的专题（项）总结。如配套工程措施建设施工技术与管理专题总结，建设施工队伍管理专题总结，施工材料供应管理专题总结等。专题总结应紧密围绕专题中心，把其实施的条件、过程、情况和遇到的技术与管理问题，解决问题的思路、方法与措施，以及突出的经验、教训等，做出简明扼要的叙述和具体的分析、结论。

## 3　项目建设技术与管理零缺陷总结的格式

生态修复工程项目建设技术与管理零缺陷总结没有固定格式，常用格式有以下 4 种。

### 3.1　按建设顺序式零缺陷总结

按照生态修复工程项目建设的基本情况、进度和质量要求、建设完成的进展情况、成绩和缺点、经验和教训、存在的问题、今后须加强与改进的方向顺序展开叙述。这种格式类似工作汇报，但在说明建设成效、缺点、存在不足和问题时，还应该讲述对成效和缺点、问题的成因分析，挖掘、找出基本经验和教训的实质，以便今后发扬成绩、改正和纠正缺点。

### 3.2　分阶段式进行零缺陷总结

把整个生态修复工程项目建设全过程分为建设前策划设计时期、建设招投标时期、建设准备时期、建设现场时期、抚育保质时期和竣工验收时期 6 个阶段，分别对各个阶段的建设技术与管理核心工作目标、项目内容进行分析，说明问题。分阶段总结格式能够说明每一阶段的成功经验和失误教训，怎样使项目建设从策划设计阶段推进到招投标阶段，从建设前准备阶段推进到建设现场，从抚育保质阶段再推进到竣工验收阶段，能够深刻、系统地揭示每一阶段如何解决建设技术与管理面临的难题和困境，怎样纠正失误与偏差，用何种技术与管理途径和方法去完成建设目标任务等。

### 3.3　条款式零缺陷总结

采用逐条叙述的条文格式，把生态修复工程项目建设技术与管理的成效、成绩、经验、失误、缺点、教训分别写在有关条文里的总结方式。如水土保持工程项目建设中的堤坝工程建设技术与管理总结、沙质荒漠化防治工程项目建设中的乔灌草栽植技术与管理总结等。这种格式开门见山，每条既是独立的，又是与其他条目内容相互联系的。

### 3.4　比对标准式零缺陷总结

比对标准式零缺陷总结，是指采用先确立标准，然后用标准去衡量、检查生态修复工程项目建设的实际完成状况，可以发现其问题并探索找出解决问题的具体方案。这种格式多用于专项检查性的总结。

# 第三节
# 项目建设技术与管理零缺陷奖罚

古今中外无数战争案例中，对军队中的士兵实行公正奖罚是部队战斗力强盛的重要保证措施。就生态修复工程项目建设各参与单位而言，其员工有能力、有业绩、有突出贡献该奖而不奖或奖励力度不够，则会导致对员工工作能力与素质的忽视，进而会逐渐削弱员工的工作热情；员工有错该罚而不罚，则会导致对员工行为错误的纵容，进而给本单位组织和项目建设工作带来极其恶劣的负面影响。在生态修复工程项目建设过程建立奖罚公正的管理体制是促进员工成长、激励项目建设技术与管理潜能的重要保证。对参与各单位的所有人员进行科学、合理、公正、公开的零奖罚，能够鼓励先进、鞭策落后、带动中间，可有效地达到共同提高的目的，是保证各参建单位实现生态修复工程项目建设目标任务零缺陷完成的前提。

# 1 项目建设技术与管理的零缺陷奖罚原则

## 1.1 在奖罚过程始终注重交流与沟通

实施零缺陷奖罚的方式应该让被奖罚者有个心理接受和承受的过程。行奖、施罚者与员工之间的思想交流和沟通顺畅，奖罚就容易接受；若存在思想隔阂或误解，员工思想上就会有抵触情绪，奖励会被理解为收买人心，处罚会被认为是故意整人、打击报复，都无正效应可言。因此，在对员工奖罚之前应该进行积极、有效的零缺陷交流和沟通，使被处罚者能够预知被处罚的原因，才能够起到让被罚者认识错误、改正错误和教育大家的作用；让大家都明白受奖励或处罚者为何得奖、为何受罚。只有这样才能在生态修复工程项目建设技术与管理过程，起到树立和弘扬正气、鼓励先进的作用。

## 1.2 奖罚适度、前后一致

奖赏过多会使奖励贬值。不仅不会使受奖者增强荣誉感和成就感，反倒使人们对其产生厌倦心理，并报以无所谓的态度，起不到激励与刺激的正作用。同理，罚不能罚不当罪，处罚过轻，不能教育本人、警示他人。处罚过重，不给犯错者改正的机会，也一样起不到应有的效果。零缺陷奖罚是说奖罚不能带有个人感情色彩，要讲原则、讲制度、讲公正、讲公开，处罚力度前后应一致。在施工过程，只要是有贡献或犯过错，对所有的人都一视同仁地实施零缺陷奖励或处罚，不搞双重标准、不搞厚此薄彼，才能服众。

## 1.3 严守信用、讲究时效

行使零缺陷奖罚必须言出有信，说到做到，不能随心所欲，说了不算。如果高兴就奖、不高兴即罚，会使员工无所适从、人心混乱。长此以往，奖罚也就失去了应有的意义和效用。奖励及时是为了让员工尽快见到做出成绩的好处；对员工发生了失误或出了偏差当场处罚，是为了让员工看到犯错误的害处。因此，奖罚要注意时效性，时过境迁，奖罚的作用就不明显。但有时为了使犯错误者心服口服，也为了避免管理者处理问题时头脑发热，宜采取“冷处理”的方法，效果可能会更好一些。不过“冷处理”的间隔期不宜过长。

## 1.4 始终坚持以身作则

“其身正，不令而行；其身不正，虽令不行。”项目部管理者自己有私心、贪奖、贪赏，就不能有效地奖励员工；自己有短处、有错误和怕罚，就不敢大胆地处罚员工。只有严于律己、处处身先士卒、起模范带头表率，才能让员工心服口服。

上述 4 项零缺陷奖罚的基本原则，是为了让实施的奖罚都有利于各参与单位所有成员的进步，是为了提高员工从事生态修复工程项目建设技术与管理的素质和工作效率。只有做到公正零缺陷的考核才能做到公正零缺陷的奖罚，为此，生态修复工程项目建设各参与单位领导者应该公平、公正、公开地执行考核和检查，不可凭感觉随意处罚或奖励员工。

# 2　项目建设技术与管理零缺陷奖罚方式

## 2.1　奖励方式

生态修复工程项目建设零缺陷奖励要遵循的原则是：在 21 世纪的今天，各参与单位对先进工作者的奖励应该是与时俱进，跟得上时代的步伐，与社会物质文明建设同步。一般而言，奖励有两种相互结合的形式，首先是物质奖励，其方式有重奖、加薪、晋级、休假、疗养、进修，以及奖励别墅、轿车等重奖。其次是精神奖励，如授予荣誉称号、公开表彰和表扬等形式。

## 2.2　处罚形式

对在生态修复工程项目建设技术与管理过程中犯了错误、发生了失误或懒惰等行为，要本着“惩前毖后，治病救人”的原则，要积极稳妥地采取以下适当、适量的零缺陷处罚方式。

①公开批评、教育，并令其作出深刻检讨；

②对错误情节严重者，除对其公开进行批评、教育外，还要给予一定的经济处罚；

③对个别心怀歹意且屡教不改者，则应该及时给予坚决开除的处罚决定；

④对严重侵占公私财物、已经触犯了国家法律的行为，其情节特别严重者，应当立即向所在地的公安、检察机关举报，依法追究其刑事责任。

# 参 考 文 献

1　梁伊任 . 园林建设工程［M］. 北京：中国城市出版社，2000.
2　蒲朝勇 . 水土保持工程建设监理理论与实务［M］. 北京：中国水利水电出版社，2008.
3　刘义平 . 园林工程施工组织管理［M］. 北京：中国建筑工业出版社，2009.
4　康世勇 . 园林工程施工技术与管理手册［M］. 北京：化学工业出版社，2011.
5　孙献忠 . 水土保持工程监理工程师必读［M］. 北京：中国水利水电出版社，2010.
6　吴立威 . 园林工程施工组织与管理［M］. 北京：机械工业出版社，2008.
7　盖卫东 . 建筑工程甲方代表工作手册［M］. 北京：化学工业出版社，2014.
8　张先治，陈友邦 . 财务分析［M］. 第 4 版 . 大连：东北财经大学出版社，2007.
9　田元福 . 建设工程项目管理［M］. 第 2 版. 北京：清华大学出版社，2011.
10　王辉忠 . 园林工程概预算［M］. 北京：中国农业大学出版社，2008.
11　陆仲坚 . 财经应用文［M］. 上海：知识出版社，1982.
12　王瑞祥 . 现代企业班组建设与管理［M］. 北京：科学出版社，2007.
13　宋红超 . 优秀是教出来的［M］. 北京：机械工业出版社，2008.

第六篇
生态修复工程建设
零缺陷后评价

# 第一章 生态修复工程项目建设零缺陷后评价概述

## 第一节 项目建设零缺陷竣工后评价概论

### 1 项目建设零缺陷竣工后评价的概念

#### 1.1 项目建设零缺陷后评价的概念

生态修复工程项目建设零缺陷后评价是指对已经建设施工完成后的项目（或规划方案）的目的、执行过程、效益、作用和影响所进行的系统、全过程、客观的分析；通过生态修复工程项目建设活动实践的零缺陷检查和总结，确定项目预期的目标是否达到，项目或方案是否合理有效，项目的主要生态防护技术经济效益指标是否实现；通过分析评价找出成败的原因，总结经验教训；并通过及时有效的信息反馈，为未来新项目的决策与提高完善投资决策管理水平提出建议，也为后评价项目实施运营中出现的问题提出改进建议，从而达到提高投资效益的目的。

#### 1.2 项目建设零缺陷后评价的意义

综上所述，零缺陷后评价首先是一个总结经验教训的过程。通过对项目日的、执行过程、效益、作用和影响所进行的全面系统的零缺陷分析，总结经验，吸取教训，提高决策者、建设者和管理者的决策、管理和建设水平。其次，通过零缺陷后评价可增强生态修复工程建设投资者的责任心。由于零缺陷后评价的透明性和公开性的特点，可以比较公正客观地确定生态修复建设投资决策者、管理者和建设者实际工作中存在的问题，提高其责任心和工作水平。第三，零缺陷后评价主要是为生态修复工程项目建设投资决策服务的。通过零缺陷后评价建议的反馈，完善和调整相关方针、政策和管理程序，提高生态修复工程项目建设决策者的能力和水平，达到提高和改善生态修复建设投资效益的目的。

## 2 项目建设零缺陷竣工后评价的作用

生态修复工程项目建设竣工零缺陷后评价主要服务于生态修复工程项目建设投资，是出资人对投资活动进行监督的重要管理手段。项目零缺陷后评价也可以为改进企业经营管理提供帮助。结合我国开展生态修复建设项目后评价以来的实际效果，零缺陷后评价的主要作用归纳为如下5方面。

### 2.1 为提高项目建设零缺陷决策科学化水平服务

项目建设前评估为项目建设投资决策提供依据。前评估中所做的预测是否合理、正确，需要通过项目建设实践来检验，需要项目后评价来分析与判断。通过建立完善的后评价制度和科学的评价方法体系，一是可以促进前评估工作者增强责任感，努力完善前评估工作，提高生态修复工程项目建设预测的准确性；其次可以通过项目后评价反馈的信息，及时纠正建设决策中存在的技术与管理问题，从而提高未来项目建设决策以及决策管理的科学化水平。

### 2.2 为政府制订和调整有关项目建设投资政策提供参考

项目后评价总结出的经验教训，通常会涉及政府宏观经济管理中的某些问题。政府相关部门可根据反馈的信息，合理确定和调整投资规模与投资流向，协调各产业部门之间及其内部的各种比例关系，及时进行修正某些不适合生态经济和谐发展的宏观经济政策、技术经济政策和已经过时的指标参数。此外，政府相关部门还可以通过建设必要的法规、法令、相关的制度和机构，促进生态修复工程项目建设投资管理的良性循环。

### 2.3 为银行调整信贷政策提供依据

为生态修复工程项目建设提供贷款的银行通过开展生态修复工程项目建设后评价，可以及时发现生态修复工程项目建设资金使用过程中存在的问题，分析和研究贷款项目成功或失败的原因，为调整信贷政策提供依据。

### 2.4 为提高项目建设监管水平提供合理化建议

生态修复工程项目建设管理是一项十分复杂的活动，它涉及政府有关部门、项目建设单位、贷款银行、机械设备制造、材料供应和勘察规划设计、承包施工、工程监理等许多行业单位，只有各方协调配合、密切合作，生态修复工程项目建设才能够顺利完成。如何实施有关管理、有效协调相关各方的关系，采取什么样的具体协作、合作形式等，都应在项目建设过程中不断摸索、不断完善。生态修复工程项目建设后评价通过对已经建成项目实际情况的分析研究，进一步总结项目在建设技术、工艺与组织管理中的先进经验和失败教训，为出资人对未来生态修复工程项目建设的管理活动提供借鉴，以便提高生态修复工程项目的建设监管水平。

### 2.5 促进项目零缺陷建设发挥生态防护功能状态的正常化

在开展生态修复工程项目建设零缺陷后评价时，对于评价时点以前的项目投产初期和达产时期的实际情况要进行分析与研究，比较实际状态与预测目标的偏离程度，分析产生偏差的原因，提出切实可行的改进措施，促进生态修复建设项目发挥防护功能正常化，切实提高生态修复建设项目的生态防护效益、经济效益和社会效益。

## 3　项目建设零缺陷竣工后评价的方法

生态修复工程项目建设竣工零缺陷后评价的基本原则是对比，包括前后对比、预测值和实际发生值的对比、有无项目的对比等。对比的目的是要找出变化和差距，为分析问题及其产生的原因提供依据。国际上后评价通用的方法有统计预测法、前后对比法、有无对比法、目标树—逻辑框架法（LFA）、定性和定量相结合的分析法等。一般而言，开展生态修复工程项目建设竣工零缺陷后评价的主要分析方法应该是定量、定性分析相结合的综合方法。

### 3.1　统计预测法

（1）预测因素分析：根据预测目的，明确需要研究的主要变量，然后分析影响这些主要变量的因素。

（2）搜集和审核资料：统计资料是预测的基础，可以通过直接观察、测试、调查、报告、采访和问卷等方法进行统计分析，并认真审核资料，保证其具有完整性和可比性。

（3）选择数学模型及其预测方法：根据审核后的资料绘制散点图，然后通过分析散点图变化规律，确定统计预测模型。

（4）预测并选定预测值：在检验预测技术适用性的基础上，进行预测并最终选定预测值。

### 3.2　前后对比法

前后对比法是将生态修复工程项目建设实施前即项目可行性研究和评估时所预测的效益和作用，与项目竣工验收后的实际结果相比较，以找出变化和原因。这种对比是进行项目后评价的基础，适用于揭示计划、决策和实施的质量，是项目过程后评价应采用的方法，特别是在对项目财务评价和生态修复工程项目建设技术的效益分析时是不可缺少的手段。

### 3.3　有无对比法

有无对比法是指将生态修复工程项目建设实际发生的情况与无项目时可能发生的情况进行对比，以度量项目的真实效益、影响和作用。对比的重点是要分清项目作用的影响与项目以外作用的影响。这种对比法适用于生态修复工程项目建设竣工的效益后评价。

生态修复建设项目后评价中的有无对比不是前后对比，也不是项目实际效果与项目前预测效果的对比，而是项目实际效果与无项目存在时实际效果的比较。

有无对比需要大量可靠的数据，最好能有系统的项目监测资料，也可引用项目所在地有效的统计资料。在进行对比时，先要确定评价内容和主要指标，选择可比的对象，然后通过建立比较指标的对比表收集相关资料。

通常情况下，生态修复建设项目效益后评价所需要的数据和资料包括：项目前期预测效果、项目实际效果、无项目时可能实现的效果、无项目时实际效果等。

### 3.4 目标树—逻辑框架法

这是目前国际上在许多国家采用的一种行之有效的方法。这种方法从确定待解决的核心问题入手，向上逐级展开，得到其影响与后果；向下逐层推演找出引起的原因，就得到所谓的问题树。将问题树进行转换，即将问题树描述的因果关系转换为相应的手段——目标关系，得到所谓的“目标树”。目标树得到之后，进一步的工作则要通过规划矩阵来完成。

## 4 项目建设零缺陷竣工后评价的程序

### 4.1 国家发展改革委颁布的项目后评价程序

国家发展改革委和国家开发银行已经颁布了有关规定，并且在不断完善之中。包括生态修复工程项目建设后评价，一般将其分为以下 4 个阶段。

#### 4.1.1 项目自评阶段

按照国家发展改革委或国家开发银行的要求，有项目业主会同执行管理机构编写项目的自我评价报告，报行业主管部门和纪委或开发银行。

#### 4.1.2 行业或地方初审阶段

由行业或省级主管部门对项目自评报告进行初步审查，提出意见，一并上报。

#### 4.1.3 正式后评价阶段

由相对独立的后评价机构组织专家对项目进行后评价，通过资料收集、现场调查和分析讨论，提出项目后评价报告。

#### 4.1.4 成果反馈阶段

在评价报告的编写过程中要广泛征求各方面意见，报告完成之后要以各种形式发布评价结果。

### 4.2 项目零缺陷后评价实施程序

生态修复工程项目建设零缺陷后评价，是一项技术性强、综合业务水平高的复杂性专业工作；所以，进行零缺陷后评价的项目必须是已经全部完成建设工程量、已通过竣工验收且经过一段时间检验考核后的项目以及少数独立的单项工作，而且该项目还应具有特别性、代表性及进行后评价的可能性。

生态修复工程项目建设零缺陷后评价工作分层次进行。大多数项目由行业主管部门（或地方）组织评价，评价结果报国家发展改革委或国家林业主管部门等，国家发展改革委或国家林业主管部门等对部分项目进行抽查复审，少数项目由国家发展改革委或林业局等组织评价。国家发展改革委或国家林业局等组织评价的项目，委托中国国际工程咨询公司组织实施，有关部门（或地方）应积极配合，并组织提供后评价所需的情况、资料。后评价报告报国家发展改革或国家林业局等，并同时抄送行业归口部门（或地方）。在实施实施生态修复工程建设项目后评价时，必须要遵循科学的工作程序，生态修复工程项目建设零缺陷后评价的具体 5 个程序如下。

#### 4.2.1　制订零缺陷后评价计划

成立生态修复工程项目建设后评价小组，制定、说明评价对象、内容、方法、时间、工作进度、质量要求、经费预算、专家名单、报告格式等。

#### 4.2.2　设计零缺陷调查方案

项目建设后评价的设计调查方案，应包括调查所涉及的内容、计划、方式、对象、经费及指标体系等。

#### 4.2.3　项目后评价的零缺陷调查与分析

应详细阅读项目建设相关文件，了解项目在生态修复建设中的地位和作用及自身的建设、运营、效益、可持续发展情况及对地区生态环境与促进经济发展的作用和影响等。

#### 4.2.4　形成项目零缺陷后评价报告

生态修复建设项目后评价报告是调查分析工作最终结果的体现，是项目实施过程阶段性及全过程经验教训的汇总，是反馈评价信息的主要文件形式。

#### 4.2.5　提交零缺陷报告及信息

评价成果形成的经验教训反馈到已有和新建的生态修复工程项目建设投资活动中去，使其决策与管理更加科学、规范。

通过零缺陷后评价，项目业主可从中吸取经验和教训，作为今后新建生态修复工程项目投资决策时的参考，达到提高生态建设投资决策水平及管理水平，提高项目投资效益的目的。

# 第二节
# 项目建设零缺陷竣工后评价的种类、主要特点和要求

## 1　竣工后评价的种类

项目零缺陷后评价应在所要评价的生态修复工程项目建设实施能力和投资的直接生态防护经济效益发挥出来的时候进行，即在项目建设完工后，贷款项目在账户关闭之后、生产运营达到设计生态修复防护能力之际进行项目正式的零缺陷后评价。在此时开展评价，可以全面系统地总结分析生态修复工程项目建设的全部实施过程，比较准确地预测项目的可持续性，更易为决策提出宏观的建议。但在实际工作中，后评价的时点是可以变化的。一般来说，从生态修复工程项目建设开工之后，有监督部门所进行的各种评价，都属于项目后评价的范围，这种评价可以延伸至项目的寿命期末。所以，根据评价的时点，生态修复工程项目建设后评价可细分为：跟踪评价、实施效果评价和影响评价等。

### 1.1　项目建设跟踪零缺陷评价

生态修复工程项目建设跟踪零缺陷评价也称为中间评价或实施过程评价，是指在生态修复工程项目建设开工以后到项目竣工验收之前所进行的无差错评价。这种由独立机构所进行的零缺陷评价，其目的是检查评价项目评估和设计的质量，或项目在建设过程中的重大变更（如材料或产品市场变化、方案变化、概算调整及主要政策变化等）对项目产生效益的作用和影响，或诊

断项目发生的重大困难和问题，以寻求对策和出路等。该类评价侧重于项目层次上的问题。

### 1.2 项目建设实施效果零缺陷评价

生态修复工程项目建设实施效果零缺陷评价就是通常意义上的项目后评价，世界银行和亚洲开发银行称其为 PPAR—— Project Performance Audit Report 。是指在项目竣工后一段时间内所进行的评价。一般认为，生产性行业在竣工后约 2 年，基础设施行业在竣工后约 5 年，社会基础设施行业会更长些。生态修复工程项目建设实施效果零缺陷评价就属于社会基础设施行业，对这类行业项目开展无差错评价的目的是检查确定投资项目达到预期效果的程度，并总结经验教训，为新项目的宏观导向、决策和管理反馈信息。零缺陷评价要对项目层次和决策管理层次的问题加以分析和总结，同时为完善已建项目、调整在建项目和指导待建项目服务。

### 1.3 项目建设影响零缺陷评价

生态修复工程项目建设效益影响零缺陷评价即监督评价，是指在生态修复工程项目建设后报告完成一定时间之后所进行的零缺陷评价。它以后评价报告为基础，通过调查了解的功能效益状况，分析项目发展趋势及其对社会、经济和生态环境的影响，总结决策等宏观方面的经验教训。生态修复工程建设行业或地区生态修复建设的总结都属于这类评价的范围。

## 2 项目建设零缺陷后评价的主要特点和要求

### 2.1 零缺陷后评价的独立性与公正性

生态修复工程项目建设零缺陷后评价必须保证独立性和公正性。独立性标志着后评价的合法性，后评价应从受益者、受援者或项目以外第三者的角度出发，独立地进行，尤其要避免项目决策者和管理者自己评价自己的情况发生。公正性标志着后评价及评价者的信誉，避免在发现问题、分析原因做结论时避重就轻或隐瞒谎报，做出不客观的评价。独立性和公正性应贯穿整个生态修复工程项目建设零缺陷后评价的一系列过程，即从零缺陷后评价项目的选定、计划的编制、任务的委托、评价者的组成及评价过程和报告的全过程。

### 2.2 零缺陷后评价的可信性

生态修复工程项目建设零缺陷后评价的可信性不但取决于评价者的独立性和经验，而且还取决于资料信息的可靠性和评价方法的实用性，可信性的一个重要标志是应同时反映出项目的成功经验和失败教训，这就要求评价者具有广泛而深厚的生态修复工程项目建设技术与管理阅历和和丰富的经验。而且，零缺陷后评价也提出参与的原则，要求生态修复工程项目建设管理者和执行者应参与后评价，以利于资料收集和查明情况。为增强评价者的责任感和可信度，评价报告要注明评价者的姓名或名称，并要说明所用资料的来源和出处，使分析和结论有充分可靠的依据。评价报告还应说明评价所采用的方法。

### 2.3 零缺陷后评价的实用性

生态修复工程项目建设零缺陷后评价成果应具有较强的实用性，即要求零缺陷后评价报告针对性强，文字简练明确，避免引用过多的专业术语，并能满足多方面的要求。实用性的另一项要求是报告的时间性，报告应重点突出，不要面面俱到。报告所提的建议应与报告其他内容分开表述，建议应能提出具体的措施和要求。

### 2.4　零缺陷后评价的透明性

从生态修复工程项目建设零缺陷后评价可信度来看，零缺陷后评价的透明度越大越好，因为后评价往往需要引起公众的关注，以期对国家生态修复工程建设预算内资金和公众储蓄资金的投资决策活动及其生态修复防护效益和效果实施更有效的监督。在零缺陷评价成果的扩散和反馈的效果方面，透明度也是越大越好，使更多的人可以借鉴过去的生态修复工程项目建设技术与管理的经验、教训。

### 2.5　零缺陷后评价的反馈特性

反馈是生态修复工程项目建设零缺陷后评价的主要特点。零缺陷后评价的结果要反馈到生态工程建设项目决策部门，作为新项目立项和评估的基础，也是调整投资规划和政策的依据，这是生态修复工程建设项目零缺陷后评价的最终目标。因此，零缺陷后评价结论的扩散和反馈机制、手段和方法成为零缺陷后评价成败的关键环节。通过建立项目信息管理系统，进行项目周期各个阶段的信息交流和反馈，就可以系统地为零缺陷后评价提供资料，并向决策机构提供零缺陷后评价的反馈信息。

## 3　项目建设零缺陷后评价与项目立项决策阶段评估的主要区别

### 3.1　评价时点与目的的区别

生态修复工程项目建设零缺陷后评价与生态修复工程项目建设立项决策阶段的评估，在评价时点和目的方面存在的区别是，决策评估是站在生态修复工程项目建设的起点，其目的是确定项目是否可以立项，主要应用预测技术来分析评价项目未来的生态修复防护效益和生态经济效益，以确定项目投资的可行性；而零缺陷后评价则是指项目建设完成之后，以量化性指标为主总结生态修复工程项目建设期间的准备、实施、完工、抚育保质和竣工验收等环节，并通过预测对项目的未来进行新的零缺陷分析评价，其目的是总结经验教训，为改进决策和管理服务。所以，后评价要同时进行生态修复工程项目建设的回顾总结和前景预测。前评估的重要判别标准是投资者要求获得的收益率或基准收益率（社会折现率），而后评价的判别标准主要是前评估的结论。

### 3.2　评价方法的区别

生态修复工程项目建设立项决策阶段评估的方法主要是预测，采用预测数据、参数和经验指标，具有探索性；而零缺陷后评价则侧重对已经过去的生态修复工程项目建设全过程进行不留死角、全覆盖的回顾与总结，以生态修复项目建设过程中实际发生的真实数据为依据，同时预测项目未来的走向或发展状况，具有很强的实证性。

### 3.3 服务目的的区别

生态修复工程项目建设立项决策阶段评估直接服务于建设投资的立项决策，而零缺陷后评价则是对已经建设竣工或在建项目的实施过程进行科学分析，总结建设技术与管理经验教训，并通过反馈机制为今后生态修复工程项目建设决策提供参考，间接服务于项目建设投资的立项决策，同时，也为改善现时项目的经营管理或调整建设项目提供咨询建议。

### 3.4 属性的区别

生态修复工程项目建设立项决策阶段评估属于生态修复工程项目建设周期中决策阶段不可或缺的重要环节，而零缺陷后评价则是生态修复工程项目建设出资人对建设项目投资活动所有环节和项目建设技术与管理全过程进行有效监督的重要手段。

# 第三节 项目建设零缺陷后评价的内容

## 1 项目建设零缺陷后评价的内容范围

生态修复工程项目建设零缺陷后评价是以项目前期所确定的目标和各方面指标与项目实际实施的结果之间的对比为基础，因此，项目零缺陷后评价的内容范围大体与前评估的范围相同。在20世纪60年代以前，国际上项目评价和评估的重点是财务分析；到60年代，发达国家对能源、交通、通信等基础设施及社会福利事业投入了大量资金，这些项目的直接财务效益远不如工业类项目，同时，世界银行等国际金融组织对不发达国家的投资也有类似情况，为此，经济评价的概念引入了项目效益评价的范围；70年代前后，许多国家先后颁布了环保法，根据法律要求，项目评价增加了环境评价的内容；此后，随着经济的发展，项目的社会作用和影响日益受到投资者的关注；特别到80年代，世界银行等组织十分关心其援助项目对受援地区的贫困、妇女、社会文化和持续发展产生的影响，社会影响评价成为投资活动评估和评价的重要内容。近年来，国外援助组织通过多年实践认识到，机构设置和管理机制是项目成败的重要条件，对项目的机构分析已经成为项目评价的重要组成部分。故此，我国各地的工程建设投资项目评价的分析内容包括经济、环境、社会和机构发展等4个方面，生态修复工程项目建设零缺陷后评价的内容范围也如此。

## 2 项目建设零缺陷后评价的分类

国外评价工程建设项目的分类一般是按项目的效益评价方法和创造效益的资金来源划分的，生态修复工程项目建设零缺陷后评价通常分为以下3大类。

### 2.1 生产类

生产类是指工业、农业建设项目。此类项目一般有直接的物质产品产出，通过投入产生并增加产出，其产出可提供更多的税收和财务收入，为社会提供直接的积累。这里的农业是指包括农、林、牧、副、渔、水利等的大农业。

## 2.2　基础设施类

基础设施类是指能源、交通、通信等行业。此类项目为生产类行业提供生产必需的服务和条件，一般没有直接的产品产出。这类项目主要依靠社会生产的积累来投入，项目评价的要点是项目的经济分析和社会影响的效果。

## 2.3　社会基础设施和人力资源开发类

社会基础设施和人力资源开发类，是指公共教育、公共卫生、公共社会服务和福利事业、环境保护、人员培训和技能开发等。这类项目由社会的公共积累来开支，一般与生产行业无直接的服务关系，为社会税收的花费行业。

# 3　项目建设零缺陷后评价的具体内容

## 3.1　项目建设目标的零缺陷评价

评定生态修复工程项目建设立项时预定的目的和目标的实现程度，是项目零缺陷后评价的主要任务之一。因此，项目零缺陷后评价要对照原定目标完成的主要指标，检查项目实际实现的情况和变化，分析实际发生改变的原因，以判断目标实现的程度。项目目标指标应在项目立项时就确定，一般为宏观目标，即对地区、行业或国家经济和社会发展的总体影响和作用。生态修复工程项目建设的直接目的是解决特定的生态系统环境失衡问题，向社会提供生态防护产品或服务，指标一般可以量化。目标评价的另一项任务是针对生态修复工程项目建设原定决策目标的正确性、合理性和实践性进行分析评价。有些项目原定的目标不明确，或不符合实际情况，项目实施过程中可能会发生重大变化，如政策性变化或市场变化等，项目后评价要给予重新分析和评价。

## 3.2　项目建设实施过程的零缺陷评价

生态修复工程项目建设实施过程零缺陷评价应对照立项评估或可行性研究报告时，所预计的情况和实际执行的过程进行比较和分析，找出差别，分析原因。其零缺陷评价内容包括生态修复工程项目建设全过程回顾、项目绩效与影响评价、项目目标实现程度以及可持续性能力评价、总结经验教训和提出对策建议等 4 个主要方面。

### 3.2.1　项目建设全过程的零缺陷回顾与评价

对生态修复工程项目建设进行全过程的零缺陷回顾与评价，是指在《建设项目总结评价报告》和后评价人员现场调查研究的基础上，去伪存真、实事求是地对生态修复建设项目各个阶段的实施过程、产生的问题及原因，进行全面系统的回顾与评价。全过程回顾与评价一般分为立项决策、建设准备、建设实施和发挥防护效益运营 4 个阶段。

（1）生态修复工程项目建设立项决策阶段回顾与评价。开展生态修复工程项目建设立项决策阶段的回顾与评价，可以从以下 3 个方面进行回顾与评价。

①项目可行性研究报告：重点是对生态修复工程项目建设的目的与目标是否明确、合理；是否采取了多方案比较，从中选择了优秀方案；项目建设的功能与效益是否可能实现；项目建设竣工后是否可能产生预期的生态修复防护作用和影响。总结评价的内容包括：生态修复防护需求与市场预测、建设内容与规模、技术工艺与设施装备、建设施工材料等的配置、项目建设配套设施、项目建设投资估算和融资方案、项目建设财务分析和国民经济评价等。

②项目评估报告：重点要对生态修复工程项目建设目标的分析与评价；生态修复防护效果指标的分析与评价；项目建设风险的分析与评价等。

③项目决策审批（核准或批准）：重点是对生态修复工程项目建设决策程序、决策管理方法的分析与评价；以及项目建设投资决策内容的分析与评价 3 部分内容。

（2）项目建设准备阶段的回顾与评价。生态修复工程项目建设准备阶段的回顾与评价，要从以下 5 方面进行回顾与评价。

①项目建设勘察设计：包括生态修复工程项目建设勘察设计单位的选定方式和程序、能力和资信以及效果分析；勘察设计工作质量、设计方案、设计变更；项目设计水平要求等。

②项目建设资金涞源与融资方案：主要分析评价生态修复工程项目建设的资金结构、融资方式、资金来源、融资担保和融资风险管理等内容。根据项目建设决策所确定的方案，对照实际实现的融资方案，找出存在差别的问题，分析利弊；同时分析实施融资方案和融资成本变化对项目原定修复建设目标和生态效益指标的影响。

③采取招投标：对生态修复工程项目建设涉及的勘察、规划、咨询、设计、施工、监理和设备材料等采用招投标管理，包括招标方式、招标组织形式、招标范围以及招标报批手续和监督机制等，分析评价招投标的公开性、公平性、公正性与合法性、合规性以及招标效果分析等。

④合同条款与签订：是指生态修复工程项目建设合同文本的完善程度，合同合理性、合法性、合规性等。

⑤开工准备：一般应有项目法人的组建；土地征购及拆迁安置；按照批准的总图组织“三通一平”，施工组织设计；工程进度计划和资金使用计划的编制，报批的开工报告等手续等。

（3）项目建设实施阶段的回顾与评价。生态修复工程项目建设实施阶段的回顾与评价，应从以下 6 方面进行回顾与评价。

①项目建设合同履行情况：指生态修复工程项目建设勘察、规划设计、承包施工、现场监理、设备材料采购和咨询服务合同等。要分析合同依据的法律法规和签订的程序；分析合同的履行情况和违约原因及责任。

②项目建设施工重大设计变更：指在生态修复工程项目建设施工中发生的变更原因、变更手续的合规性、变更引起的投资变化及影响等。

③项目建设“三大控制”：对生态修复工程项目建设中的“三大控制”进行分析与评价，可以从建设单位管理和工程监理两个方面分别进行。其内容包括：工程质量控制的措施与效果评价；工程进度控制的措施与效果；工程造价控制的措施与效果。

④项目建设资金支付与管理：指生态修复工程项目建设资金管理机构和支付制度，资金来源是否正当，资金来源结构与决策时的方案对比，资金供应是否适时适度，项目建设所需流动资金的供应及运用状况。

⑤项目建设管理：指生态修复工程项目建设管理的模式、机构、机制和规章制度等。

⑥项目竣工验收：指生态修复工程项目建设完工、投产运营准备、竣工验收等工作情况。

（4）项目发挥生态防护功能运营阶段的回顾与评价。是指生态修复工程项目建设竣工验收发挥生态修复防护功能后到评价时点，生态修复建设项目生产、运营和发挥生态修复功能防护效益的详细情况。

①正常发挥生态修复防护效益运行状况：生态修复工程项目建设生态效益发挥是否正常，配套设施运行是否稳定，能力是否匹配。

②设计防护能力实现程度：生态修复工程项目建设是否达到或满足设计所要求的生态修复防护能力。

③项目运营企业财务状况：指生态修复工程项目建设产生生态效益时企业的收、支财务情况。

④项目企业运营管理状况：是指生态修复工程项目建设企业的管理体制、机制、制度建设等经营情况。

### 3.2.2　项目建设绩效和影响的零缺陷评价

生态修复工程项目建设绩效和影响的零缺陷评价是指对生态修复建设项目实施后的最终防护效果和产生的生态效益进行分析评价，即将生态修复工程项目建设的技术成果、防护效益、经济效益、环境效益、社会效益和管理效果等，与建设可行性研究和评估决策时所确定的主要指标，进行全面对照、分析与评价，找出变化和差异，分析原因。项目绩效和影响的分析与评价是生态修复工程项目建设后评价的基本内容，一般从项目建设技术效果、财务和经济效益、社会影响和管理几个方面进行评价。

（1）项目建设技术效果评价。指对生态修复工程项目建设采用的工艺技术与装备水平的分析与评价，主要关注技术的先进性、适用性、经济性、安全性等。

①工艺技术与装备评价：主要着重考察生态修复工程项目建设工艺技术的可靠性、工艺流程的合法性、工艺技术对生态修复建设质量的保证程度、工艺技术对原材料的适应性。各工序、工段设备的生产生产能力是否符合设计要求；各主要设备的选定是否与设计及文件相一致，如有变化，分析原因及影响；前后工序、工段的设备能力是否匹配；各种不同渠道引进的设备是否匹配；设备的主要性能参数是否满足设计、建设施工工艺要求；设备寿命是否满足抚育养护运营的经济性要求等。

②技术效果评价：生态修复工程项目建设技术水平分析，应与项目建设立项时的预测水平进行对比。技术先进性：从规划设计规范、建设标准、工艺流程、装备水平、工程质量与进度等方面分析项目所采用技术达到的水平，并作出评价。技术适用性：从技术难度、当地技术水平及配套条件、人员素质和掌握技术的程度，分析生态修复建设项目所采用技术的适用性，特别是交付使用后经营管护技术和装备的配套情况。技术经济性：根据生态行业采用的主要防护技术经济指标，如绿色植被覆盖率、建设治理荒漠化规模、单位面积投资、单位运营成本、能耗及其他主要指标、环境和社会代价等，说明生态修复建设项目技术经济指标处于国内生态修复建设行业的水平，以及处于生态修复建设项目所在地区的技术进步水平等。技术安全性：通过生态修复建设项目实际发挥出的生态防护效益数据，分析所采用技术的可靠性，主要技术风险，安全运营水平，

建设项目的设备国产化程度以及建设技术与管理经验和问题等。

（2）项目建设财务和经济效益评价。生态修复工程项目建设财务和经济效益的评价，主要包括生态修复工程项目建设总投资和负债状况；重新测算项目的财务与经济评价指标、偿债能力等。财务和经济评价应通过投资增加生态防护经济效益的分析，突出项目对业主和施工企业效益的作用与影响。

①财务效益评价：财务效益后评价与前评估中的财务分析内容和方法基本相同，都要进行项目建设的赢利性分析、清偿债务能力分析和外汇平衡分析。评价时应将评价时点的实际数据中包含的物价指数扣除，使后评价与前评估的各项评价指标都有可比性。在赢利分析中，要通过全投资和自有资金现金流量表，计算全投资税前内部收益率、净现值、自有资金税后内部收益率等指标；通过编制损益表，计算资金利润率、资金利税率、资金利润等指标，以反映项目业主和自有投资者的获利能力。清偿能力分析主要通过编制资产负债表、借款还本付息表，计算资产负债率、流动比率、速动比率、偿债准备率等指标，反映生态修复工程项目建设的清偿能力。

②经济效益评价：其评价内容是通过编制全投资与国内投资经济效益和费用流量表、外汇流量表、国内资源流量表等，计算国民经济赢利性指标；全投资和国内投资经济内部收益率和经济净现值、经济换汇成本等指标。

（3）项目建设环境影响评价。生态修复工程项目建设环境影响的评价，是指对照生态修复工程项目建设前评估时批准的《环境影响报告书》，重新审查项目建设对生态环境产生的实际影响结果。其评价为以下 2 方面的内容。

①项目建设对本地区生态环境影响情况：主要指生态修复工程项目建设对植被覆盖度的增大、改善土壤土质、改善当地气候、涵养水源等方面进行分析与评价。

②自然资源利用情况：指对生态修复工程项目建设治理水蚀、风蚀荒漠化等土地的分析与评价。

（4）项目建设社会影响评价。生态修复工程项目建设社会影响的评价，是指分析项目建设对当地生态环境和社会经济发展以及技术进步的影响力。其评价方法是采用定性与定量相结合，以定性为主，在诸要素分析评价基础上做综合评价。恰当的社会影响评价调查提纲和正确的分析方法是取得社会影响评价成功的先决条件。社会影响评价一般应从以下 7 个方面着手进行调查。

①征地拆迁补偿移民安置情况；

②对当地增加就业率的影响；

③对当地农民收入分配的影响；

④对当地居民生活环境条件和生活质量的影响；

⑤对区域经济社会发展的带动作用；

⑥对推动产业技术进步的作用；

⑦对当地妇女、民族和宗教信仰的影响等。

（5）项目建设管理评价。生态修复工程项目建设管理的评价，重点是生态修复工程项目建设和交付使用运营中的组织结构及能力评价，主要包括项目建设实施相关者的管理、项目建设管理体制与机制、项目建设管理者水平；建设施工企业项目经理、投资状况、管理体制与机制的创新等。建设单位应对生态修复建设项目组织机构所具备的能力进行适时监督和评价，以分析项目组织管理机构的合理性，并及时进行改进与调整。

①组织结构形式和适应能力的评价；

②对组织中人员结构和能力的评价；

③组织内部工作制度、工作程序及沟通、运行机制的评价；

④激励机制及员工满意度的评价；

⑤组织内部利益冲突调解能力的评价；

⑥组织机构的环境适应性评价；

⑦管理者意识与水平的评价。

### 3.2.3　项目建设目标实现程度及可持续性能力的零缺陷评价

生态修复工程项目建设目标实现程度及可持续性能力的零缺陷评价，是指在生态修复工程项目建设总结和评价的基础上，对项目建设目标的实现程度及其适应性、项目的持续发展能力及问题、项目建设成功度等进行零缺陷分析评价，并得出客观的评价结论。

（1）项目建设目标的实现程度评价。生态修复工程项目建设投资活动均有明确的目标，对项目建设目标的实现程度进行分析评价是后评价的工作任务之一，评价时一般按以下 4 个标准进行判断，即项目建设的工程实体是否按照设计方案内容全部建成；项目建设技术和设计功能作用是否实现；项目建设的生态经济效益是否达到预期目标；项目建设的生态环境与社会影响是否产生。

①项目工程实体建成：指生态修复工程项目建设按照设计确定的建设内容，配套工程设施完工，设备安装调试完成，装置和设施经过试运行，具备竣工验收的条件。

②项目技术能力建成：指生态修复工程项目建设的装置、设施和设备运行时，各项工艺达到设计技术指标要求，生态防护能力和工程质量达到设计要求的标准。

③项目财务经济效益是否建成：指生态修复工程项目建设的经济效益和经济预期生态防护目标，包括生态防护经济效果收益、成本、利税、收益率、利息备付率等基本完成。

④项目影响建成：生态修复工程项目建设的生态防护、经济、社会效益目标基本实现，项目对生态防护、产业布局、技术进步、国民经济、生态环境、社会发展的影响已经实现。

（2）项目建设可持续性能力评价。生态修复工程项目建设的可持续性，是指在项目建设资金投入完成之后，项目建设的既定目标是否还能继续，是否可以持续地发展下去；项目建设出资人是否愿意并可能依靠自己的力量继续支持实现既定项目建设目标。项目建设可持续性分析要素包括以下 2 项内容。

①内部因素：指财务状况、技术水平、污染控制、企业管理体制与激励机制等，其核心是产品竞争能力。

②外部条件：指资源、生态、环境、物流条件、政策环境、市场变化及其趋势等。

（3）项目的成功度评价。生态修复工程项目建设的成功度评价主要包括以下 2 方面。

①项目成功度标准：生态修复工程项目建设成功度的标准，可分划为以下 5 个等级：

完全成功：指原定生态修复工程项目建设目标全面实现或超过预期值，相对成本而言，取得了巨大生态经济和防护效益以及社会影响作用。

基本成功：指原定目标大部分已经实现，相对成本而言，达到了预期效益和影响作用。

部分成功：原定目标部分实现，相对成本而言，只取得了一定的效益和影响。

不成功：指原定生态修复工程项目建设目标实现非常有限，相对成本而言，几乎没有产生什么效益和影响作用。

失败：指原定生态修复工程项目建设目标无法实现，相对成本而言，不得不终止。

②项目成功度测定：生态修复工程项目建设成功度评价设置的主要指标是生态修复防护功能宏观目标和产业政策、决策与程序、布局与规模、项目建设施工目标及市场、规划设计及建设施工技术装备水平、资源及建设重要环境条件、资金来源与融资、工期进度与控制、项目建设投资及控制、项目经营、机构与管理、财务效益、经济效益与影响、社会环境效益及影响、可持续性和项目建设总评价结论等。

要根据具体生态修复建设项目的特点和类型，确定测评指标与建设项目的相关重要性，并分为“重要”“次重要”和“不重要”3类，通常测定“重要”“次重要”的项目内容；其实际测定指标约为10项。

分为A、B、C、D四等评定各单项指标的成功度等级；而后，通过对各项指标的综合分析，也按照A、B、C、D四等判定生态修复工程项目建设的成功度。

### 3.2.4　项目建设总结经验及教训提出零缺陷的对策和建议

生态修复建设项目零缺陷后评价应根据现场调查所掌握的真实情况，认真、客观地总结经验教训，并在此基础上进行科学、系统的分析，得出启示和零缺陷的对策及建议。对策建议应具有可借鉴性、可操作性、适用性和指导意义。项目建设经验教训和对策建议应从项目、业主、企业、行业和宏观五个层面分别说明。

## 3.3　项目建设效益的零缺陷评价

生态修复工程项目建设效益零缺陷评价即财务评价和生态修复防护经济评价，零缺陷评价的主要内容与前评估相似，主要分析指标有内部收益率、净现值、贷款偿还期和生态防护减灾效益值等项目盈利能力和清偿能力的指标。对项目零缺陷后评价，须注意以下3点。

①项目前评估采用的是预测值，项目后评价则是对已发生的财务现金流量和经济流量采用实际值，并按统计学原理加以处理。对后评价时点以后的流量应做出新的预测。

②当财务现金流量来自财务报表时，对应收而未实际受到的债权和非货币资金都不可计为现金流入，只有当实际收到时才作为现金流入。同样，对应付而实际未付的债务资金不能计为现金流出。必要时，要对实际财务数据做出调整。

③实际发生的财务会计数据都含有物价通货膨胀的因素，而通常采用的盈利能力指标是不含通货膨胀水分的，所以，对项目后评价采用的财务数据要剔除物价上涨的因素，使前后具有可比性和一致性。

## 3.4　项目建设影响的零缺陷评价

生态修复项目建设影响零缺陷评价包括经济影响、环境影响和社会影响，具体内容如下。

①经济影响评价：主要分析评价项目对所在地区、所属行业和国家产生的经济影响。它要与项目效益评价中的经济分析相区别，避免重复计算。评价内容主要包括：分配就业、国内资源成

本（或换汇成本）及技术进步等。由于经济影响的部分因素难以量化，一般只能做定性分析，有时也把该项内容列入社会影响评价的范畴。

②环境影响评价：环境影响评价一般包括项目的污染控制、地区环境质量、自然资源利用和保护、区域生态平衡和环境管理等。

③社会影响评价：社会影响评价是项目对社会经济和发展所产生的有形和无形的影响，重点评价项目对所在地区和社区的影响。评价内容一般包括贫困、平等、参与、妇女和持续性等。

## 3.5　项目建设持续性的零缺陷评价

项目建设持续性零缺陷评价是指在生态修复工程项目的建设资金投入完成之后，项目的既定目标是否还能继续，项目是否还能持续地发展下去，接受投资的项目业主是否愿意并可能依靠自己的力量继续去实现既定目标，项目是否具有可重复性。持续性零缺陷评价也可作为项目影响评价的一部分，但世界银行和亚洲开发银行等组织把项目的可持续性视为其援助项目成败的关键之一，要求在评价中进行单独的持续性评价。

影响项目建设持续性的因素一般包括：政府的政策，管理、组织和地方参与，财务因素，技术因素，环境和生态因素，社会文化因素，外部因素等。

# 第二章
# 生态修复工程项目建设零缺陷后评价的方法

生态修复工程项目建设竣工零缺陷后评价的方法，主要是指项目建设所带来的土地持续利用评价、财务评价和经济评价。零缺陷后评价过程主要以实际发生的真实数据为依据，可按照土地持续利用评价、财务评价、环境与社会影响评价 3 种方法具体开展。

## 第一节 项目建设后土地持续利用的零缺陷评价方法

生态修复工程项目建设所产生的综合效能最终都会表现在土地上，因此，对土地进行零缺陷评价是项目建设后评价的主要依据，是客观、科学反映生态修复工程项目建设合理、改善、持续利用荒漠化等劣质土地的重要手段。国际上对土地评价的研究非常重视，自 20 世纪 60 年代以来，美国、英国、荷兰、澳大利亚等国均开展了土地评价方面的研究工作，但多以土地分类和土地潜力分类为主。1976 年，联合国粮农组织（FAO）颁布了《土地评价纲要》（FAO，1976），曾广泛应用于世界各国的土地评价，极大地促进了国际上土地评价的研究进程。该系统主要是对土地适宜性的评价，特别适用于土地开发中的评价项目。但是，随着世界人口增长、土地退化、环境问题的日益加剧，土地持续利用问题已经成为该领域研究的焦点。而《土地评价纲要》系统多以土地的现状特征分析为主，它提供的信息已经远远满足不了土地持续利用和自然生态系统环境保护等现代土地利用规划发展的需求。1993 年，FAO 发布了《持续土地利用管理评价大纲》，认为《持续性是适宜性在时间方向上的扩展》，并强调评价的多目标、评价因素的综合性以及在可预见的将来的适宜性，提出了持续土地利用管理评价的基本概念、原则和程序，初步指出了土地利用的生态、社会和持续性问题（Smyth and Dumanski，1993）。然而，该大纲在评价的过程和动态分析方面仍然不完善，尤其缺乏生态修复空间分析及生态系统景观整体的结构、过程和动态分析。

景观生态学研究物质、能量和有机体在异质性景观中的循环与交换，注重土地利用如何影响物质流和能量流，注重结构和过程的相互关系分析（Turner，1989）。以土地持续利用为目标，在传统的土地评价（土地适宜性评价、土地潜力评价）的基础上，将 FAO 的“持续土地利用管理评价大纲”和景观生态学原理（景观结构、功能、变化和稳定性）相兼容，并进行土地生态环境修复利用的社会、经济与环境效益分析，结合景观生态学的土地镶嵌体研究成果，紧密联系生态修复工程项目建设成效与改善土地合理利用的实践效益，以生态修复建进程的土地利用为主，发展生态修复工程项目建设后评价中的土地持续利用评价指标与方法，为科学揭示和指导今后生态修复工程建设如何持续、合理开发利用生态土地资源提供理论依据。

# 1 项目建设后的土地持续利用的零缺陷评价原理

## 1.1 土地持续利用的基本概念

（1）土地持续利用的起源。土地持续性的概念根据其发展的顺序主要应用于以下3个不同的系统：单项资源系统、生态环境的资源组合系统和生态景观环境区域的社会—自然—经济复合系统。

与此相对应的“持续性”概念演变也经历了3个历史性的发展阶段，即斯德哥尔摩会议、布伦特兰报告以及巴西里约热内卢环境与发展大会。1992年，巴西里约热内卢的联合国环境与发展大会确定的“持续发展”概念，认为“地球的持续发展是社会与自然系统两者的稳定性，具有满足当代需要又不损害后代需要的能力”（UNEP，1992）。这个概念得到了全世界的公认，已成为广泛使用的概念之一（Brooks，1993）。

土地持续利用（sustainable land use）的思想，是1990年2月在新德里由印度农业研究会（1CAR）、美国农业部（USDA）和美国Rodale研究中心共同组织的首次国际土地持续利用系统研讨会（international workshop on sustainable land use system）上正式确认的。随后又分别于1991年9月在泰国清迈举行了“发展中国家持续土地管理”评价会议，1993年6月在加拿大Lethbridge大学举行了“21世纪持续土地管理”的国际学术讨论会（Dumanski et a1.，1998）。这两次会议的主要结果是提出了持续土地管理的概念、五大基本原则和评价纲要。

（2）土地持续利用的定义。因为不同学者对土地这个自然生态、人类经济综合复合体的认识角度的差异和对土地属性及其功能的侧重点不同，因而土地持续利用的概念也各不相同。宁振荣等（1998）综述了以下6种土地持续利用的定义。

①Young（1990）认为土地持续利用是“获得高的收获产量，并保持土地赖以生产的资源，从而维持允许的生产力”。

②Hart和Sands认为土地利用系统是利用自然和社会资源，生产的产品其社会经济环境价值超过商品性投入，同时能维持将来的土地生产力及自然资源环境。

③林培和刘黎明等认为，土地持续利用就是通过技术与行政手段使一个区域的土地利用类型的结构、比例、空间分布与本区域的自然特征和经济发展相适应，使土地资源充分发挥其生产与环境功能，既满足人类经济生活与环境要求，又能不断改善资源本身的质量特性。所以，土地持续利用是一个由行政管理与科学技术相结合的区域综合型生态系统工程。

④FAO（1993）认为土地持续利用是将技术、政策、社会经济、环境效益结合在一起，保持和提高土地的生产力（生产性）、降低生产风险（安全性）、保护自然资源及其潜力并防止土壤与水质的退化（保持性），符合经济可行性以及社会接受性。

⑤魏杰（1996）从经济学角度对土地资源可持续利用给出的定义是，所谓可持续利用，从经济学角度讲，是指土地不断地被高效益使用。它包括两个方面：从外延讲，要从总量一定的土地上生产出尽可能多的工业效益和农业效益；从内涵上讲，尽量延长土地持续使用周期，延长土地使用寿命。土地资源可持续利用实际上是从新的角度讲土地资源的更佳、更有效的利用。

⑥周诚（1996）认为，土地持续利用就是土地作为生态系统的功能（生物产品的生产、环境保护以及生物与基因资源保护）和人类直接联系的非农利用功能（人类生产与生活空间，生产资料、人类文化遗产、名胜古迹）在生态系统、生态经济系统和区域空间中的协调。

## 1.2 土地持续利用零缺陷评价的景观生态学基础

景观生态学与持续发展概念有高度的一致性。景观生态学的理论为土地持续利用评价提供了一条新途径，对土地持续利用评价的概念、原则、理论基础、指标选择、评价方法与过程都有重要影响（邱扬等，2000c）。按照景观生态学的思想和理论内涵，土地持续利用就是协调人类当代与后代之间在经济、社会与环境方面的需求，同时维持和提高土地资源质量（Smyth and Dumanski，1993；Zonneveld，1996）。主要表现在下述5个方面的论述。

### 1.2.1 土地持续利用零缺陷评价的综合整体性

生态修复工程项目建设后评价的综合整体性，不仅包括环境、经济与社会等多因素评价，还有土地利用方式、土地利用系统与环境景观区域等多等级评价。

（1）综合分析与土地利用相关联的所有因素。按照景观生态学的综合整体观，土地是一个综合性的功能整体，与广义的环境景观概念一致，它不仅涉及土地的自然特性，也包含了人类的干预（Forman，1995）。土地的性质取决于它全部组成要素的综合特征，而不从属于其中任何一个单独要素。因此，在土地持续利用评价中，要综合、全面地考虑土地利用的所有要素。不仅要分析生态、经济和社会等每个因素的持续性，还要分析这些因素对土地持续利用系统的综合作用。

（2）土地持续利用评价是一项多级、多阶段的综合型评价工作。土地利用目的与管理措施组成了土地利用方式，土地利用方式与土地单元组成了一个土地利用系统，由不同的土地利用系统镶嵌形成了土地利用的环境景观区域。因此，土地持续利用评价是一个多级、多阶段的综合评价，包括土地利用方式评价（土地利用目的与管理措施的匹配性），土地利用系统的适宜性评价（土地利用方式与土地特性的匹配性），土地利用系统的持续性评价（适宜性在时间上的持续性）以及环境景观区域的现状稳定性与时间持续性评价（环境景观的结构、功能与变化的持续性）。不仅要对评价区域内的土地利用进行全面详细的评价，而且要考虑将整个评价区域作为一个系统与周围环境的相互关系，因而主动环境效应与被动效应评价也必不可或缺。

### 1.2.2 土地持续利用零缺陷评价的尺度性

生态修复工程项目建设后评价的尺度性，包括土地持续利用的时间尺度、空间尺度、重点尺度。土地持续利用的最适宜的时间尺度是人类世代更替，与景观生态学研究的中等时间尺度一致；土地持续利用是一个朝向持续发展目标的一个动态过程，而不是一个具体的终点；土地持续利用涉及地块、土地利用方式、土地利用系利统、景观区域多个空间尺度，其中景观区域是土地持续利用最重要的空间尺度。

(1) 评价的时间尺度性。土地利用的持续性存在时间尺度性。土地持续利用所强调的人类世代更替，一般从几十年到几百年甚至千年，这与景观生态学研究的中等时间尺度一致。任何一种土地利用方式、土地利用系统和环境景观区域均具有持续性，都是针对一定时间尺度而言的。比如，某种土地利用方式在 2 年内是持续的，到 7 年内就未必还能保持持续性。因此，持续性的程度不同，其级别可以用时间来表示（作为指标），即置信度，表明这种土地利用可被接受的年限，或者是评价者定义该土地利用为持续性的信心。

①土地利用的持续性划分界限：表 2-1 中的置信度以 7 年为标准划分土地利用持续性与非持续性的界限。在实际应用中，因为评价目的、区域特性、时空尺度不同，应该因地制宜地设定标准。比如，对于森林土地可能要长一些，草地可能要短一些，而各种类型的人工乔木防护林地、灌木防护林地在这 2 者之间。

**表 2-1 土地利用持续性的级别与置信度**（Smyth and Dumanski，1993）

| 类别 | 级别 | 置信度 |
| --- | --- | --- |
| 持续性 | 长期持续性 | 25 年 |
|  | 中期持续性 | 15~25 年 |
|  | 短期持续性 | 7~15 年 |
| 非持续性 | 轻度不稳定性 | 5~7 年 |
|  | 中度不稳定性 | 5 年 |
|  | 高度不稳定性 | 小于 2 年 |

②土地利用持续性应因地而异：持续性属于一个动态概念，它指向一个通向持续发展目标的动态过程，而不是一个具体的终点。它假定持续性的决定因素和这些决定因素的交互作用，将会随时间而变化。只有这些交互作用具有不断的正效应时，这种土地利用系统才能保持持续性。定义土地利用持续性，是从未来的角度衡量土地利用是否满足生产性、安全性、保护性、防护性、可行性和接受性。土地持续利用评价目的，是在于检测一定事件发生的可能性，及这些事件对土地利用持续性的 6 个目标的综合影响。因此，在持续性评价之前，需要对当地的土地利用矛盾问题有一个全面的了解，指标的选择要针对特定的土地矛盾问题。

③正确预测土地利用持续性的变化趋向：黑箱模型的输入/输出原理认为，只有波动幅度远小于系统的稳定性阈值，或者变化是有规律的、可预测的，系统才能稳定。因此，在土地持续利用评价中，除了评价土地利用方式、土地利用系统、环境景观区域在目前的适宜性和稳定性外，还要评价在预测未来变化的条件下，这些系统适应变化的能力，如总体趋势是朝向还是背离持续性，以及变化的速率、幅度和规律性（Forman and Godron，1986）。比如，一个生态修复建设区域中的植被动态具有多途径特性，因自然条件、观察尺度和干扰状况的不同，表现出趋同性、趋异性、周期性等不同的动态格局，这就反映了植被的稳定性与持续性。可见，充分调查了解每个生态修复过程中的环境因素、土地利用方式、土地利用系统和环境景观区域的性质，正确预测它们的变化，是土地利用持续性评价的重点与难点。

土地利用的动态持续性还包括土地利用系统的开放性，系统与其他系统或外界环境之间的交流。然而，这些输入与输出需要控制在系统的承载范围之内，只有这样，才能达到土地利用的持续性。

（2）评价的空间尺度性。在不同的生态修复建设空间尺度上，土地利用持续性的含义不同，表现为土地利用评价单元与空间范围2个方面。在不同的生态修复建设空间尺度上，因为对土地利用系统的整体持续性起作用的是不同的环境单元，故此需要首先确定评价单元，这相当于先须确定环境景观要素。欲评价土地利用在较长时内是否持续，也必须要着眼于更大的生态环境空间范围。

①不同生态修复建设空间尺度的评价，其详细程度也不同。按照景观生态学的等级—尺度理论，大尺度上的持续性是小尺度上持续性的综合，因而在大尺度评价过程中，也应该概括化并具选择性。在实践中，一般依据土地资源图的比例尺来反映评价的相对详细程度。详细的持续性评价，其比例尺大，尺度小。详细持续性评价所涉及的因素，在整个评价区域内是一致的，在将来的表现（包括变化）也是一致的，这种评价更接近于实际。概括性的持续性评价，其比例尺小，尺度大。每一种土地利用方式在评价区域内占有的面积一般很小，而且随时间变化其空间位置也可能变化。对这种大尺度持续性的评价，只能依据环境因素的平均值。研究面积越大，环境特征平均值的代表性就越差，在评价区域内的时间动态就越不确定。在这种情况下，必须重视比较广泛的“指示因素”和“临界值”。在实际操作中，一般说来先进行代表性点上的详细持续性评价，在此基础上再进行概括持续性评价。

②“详细”与“概括”是相对于尺度而言的。不同尺度上的持续性含义不同，研究方法也不同。尺度越大，越是小尺度现象的综合，就应该越“概括”。要真正“详细”地评价土地利用的持续性，应该在多重尺度上进行评价，研究不同尺度上的持续性及其关系，确定不同尺度上持续性的侧重点（Hobbs and Saunders，1993）。

一般而言，在较低层次上，自然—生态因子（植物个体—农作物）起决定性作用，而在较高层次上，社会—经济因素（区域—国家）起重要作用。虽然自然—生态因子和社会—经济因素在不同层次上有着不同的作用，但它们相互联系、相互作用，共同组成一个有机整体。从田块—农场—流域—荒漠或景观—区域—国家—全球角度出发，土地持续利用的主要约束因子分别是农业技术—微观经济—生态因子—宏观经济和社会因子—宏观生态因子。例如，对具体的农田，土地利用的目的是提高土地的生产力和生产效益，制约土地可持续利用的主要因子是农业技术。而对于农场来说，其发展的目标是在更大尺度上满足几代农场相关人员的生活需求，提高优质高产农产品的产量。在此尺度上影响土地可持续利用的主导因子是微观经济因素，它不取决于农作物的产量，还与区域市场条件相关。在干旱、半干旱环境景观或流域区域水平中，生态自然因素则成为制约土地可持续利用的主导因子，土地持续利用要考虑荒漠或流域环境景观单元的环境容量与承载能力、生态系统和生物多样性保护。对于区域或国家一级，发展的目标不仅包括国内食品供应、出口赢利和人口供养，而且还要考虑整个国家的总体生态安全规划、区域分配和国际上的影响地位，土地持续利用的制约性因子主要为宏观的社会经济政策，评价的时间尺度则与国际政治和经济的规划水平相关。在全球尺度上，土地持续利用要考虑全球气候变化和环境演变，影响这一尺度的因子主要是生态因子。

（3）评价的重点尺度性。景观生态学的等级尺度观，除强调土地利用持续发展的多重尺度外，还特别重视土地持续利用最适宜的尺度与评价的重点尺度。在全球—大陆—区域—景观—生态系统的等级系统中，如果评价尺度设置过小（如生态系统），则人类的影响力就显得比较大，但是很难实现持续发展；如果尺度过大，尽管较容易实现持续发展，可是人类的影响力又显得相对较小（Forman，1995）。因此，土地利用的持续发展最适宜的尺度应该是一个中等尺度，即景观区域。

地球属于最高等级的尺度，对全球及其以下各等级的持续发展有重要的影响作用，但是生物与人类的生存更依赖于较小尺度的持续性。大陆有明显的边界，由交通、经济等松散地联系在一起，气候、生态与土地利用类型都有着显著的差异，一般不属于一个国家管辖（澳大利亚例外），其土地持续利用评价、规划和管理的实施难度较大。景观区域是土地利用持续发展最适宜的候选尺度，它起着承上启下的作用，既能有利于人类实施土地持续利用的评价、规划和管理，其持续发展目标也比较容易实现。景观镶嵌体中的生态系统（土地利用类型），虽然在没有人类干扰的地区，可以一代代地持续几个世纪，可是较大的自然干扰可以显著地改变它，而且许多生态系统都受到人类频繁巨大的影响，因此，生态系统也不是土地持续利用评价的世代适宜尺度（Forman，1995）。

另外，按照时空尺度的耦合原理，一定的时间尺度与一定的空间尺度上的生态现象与生态过程都是互相关联的，景观区域是与人类世代更替相对应的空间尺度（Urban et al.，1987）。从这个意义上来说，要实现土地利用的世代持续性，最适宜的空间尺度也是环境景观区域。

既然环境景观区域是土地利用持续发展的最适宜尺度，那么就应该在土地持续利用评价中，不仅要进行多重尺度的评价，而且要把起点与重点放在环境景观区域水平上。

### 1.2.3　土地持续利用零缺陷评价的空间格局与生态过程

空间格局与生态过程的理论指出，只有通过生态修复环境的行为，才能形成景观区域尺度上的空间镶嵌稳定，最终实现土地利用的稳定性；生态修复环境景观格局与生态修复建设过程的关系分析是土地持续利用的基础；任何生态修复环境过程中的景观区域，都存在一个土地综合合理利用系统在空间上的最佳配置，能达到整个生态修复建设景观区域的土地持续利用效果。

（1）空间镶嵌稳定性。土地利用的持续性与稳定性的关系非常复杂，持续性是以稳定性为基础的。稳定性的含义非常广泛，可以区分出下述3种最基本的稳定性。

①物理系统稳定性（Forman and Godron，1986）：其稳定性犹如水泥路。因为该类型的土地利用系统包含着许多显著变化的有机物，因而这种稳定性比较少见，并不适合用于描述土地利用的持续性。

②抵抗稳定性：其稳定性堪比大片繁茂的森林能够抵抗自然火干扰 。可是像这种对自然环境变化具有很强缓冲力的环境景观很少，因而不能代表土地利用持续性。

③恢复稳定性：其稳定性如白桦种群与草地在火灾干扰后可迅速更新。因为在土地利用景观中，一般都有一些比较集中的大块土地利用方式，这些大斑块土地的抵抗性强但恢复性差，因而也不适宜用于描述土地利用的持续性。

在环境景观镶嵌体中，因为邻近环境景观元素之间的相互作用，从整体上衰减了外界干扰与环境变化对系统带来的波动，从而就形成了空间镶嵌稳定性（Forman，1990）。尽管在环境景观镶嵌体内，各种土地利用系统还在不断地发生着变化，但是只要这些要素构成的镶嵌体在总体上稳定，就可以认为这个环境景观的土地利用是持续的。例如，在火干扰控制下的大兴安岭北部的环境景观，是一个由不同时间和地点的火干扰形成的具有不同斑块大小、形状和年龄的林分的稳定镶嵌体，这种空间镶嵌稳定性使该区域植被在频繁的火环境中保持着持续性（邱扬，1998）。可见，空间镶嵌稳定是土地持续利用的基础。镶嵌体中各种空间元素对干扰或环境变化的抵抗力与响应力是不同的，因而在土地持续利用评价中，需要详细研究这些元素的抵抗力与响应力格局，以及空间元素相互作用对干扰与环境的整体衰减效应（Harms et al，1984；Agger and Brandt，1988；Rambouskova，1988，1989），才能正确地评价空间镶嵌稳定性。

空间镶嵌稳定性的机制是各等级之间的相互作用，以及同一等级内各要素之间的反馈作用共同决定的（Holling，1973）。在土地利用的等级系统中，上级控制下级，下级作为上级的基础而影响上级，从而都处于一定的稳态（O’ Neiil et al.，1986）。在同一等级中，镶嵌分布的各土地利用系统之间的负反馈促成了环境景观区域的空间镶嵌稳定性。空间镶嵌稳定性小是指一种状态，它还包含着一系列的复杂变化过程。因此在生态修复建设土地持续利用评价中，不仅要对镶嵌体的现状稳定性做出评定，还要分析空间镶嵌体的变化是否合理。景观生态学的镶嵌体最优变化系列，提供了一条新的持续性评价途径。镶嵌体变化系列有边缘系列、廊道系列、核心系列、核心组系列、分散系列 5 种，相对来说以边缘系列的生态影响为最强，理论上以“爪形”系列为最佳（Forman，1995）。所谓边缘系列是指一种新的土地利用类型从边缘呈或多或少的平行条带漫无目的的扩展过程，在这种变化系列中，原来的土地利用系统类型逐渐变窄直到成为一个条带，新的土地利用系统逐渐扩展。这种系列不会产生环境景观的孔隙化、分割或破碎化，而且对主要土地利用系统的属性和连接度都有利，然而这种系列存在着“风险扩散”。所谓“爪形”系列的空间动态 4 个过程如下。

①初期，指新的环境景观组分呈开敞“爪形”逐渐推进，似乎要抓取原有环境景观组分的一“大块”，原有的环境景观组分呈“碎渣”（小斑块或廊道）散布于“爪子”之间；

②中期，“爪子”逐渐加厚并抓住了一些孤立大斑块，同时被散布的“碎渣”包围；

③晚期，盖有“碎渣”的巨爪抓的大斑块只有一块；

④末期，碎片消失，环境中新的景观组分占据全部地域。

上述这种“爪形”系列，不仅具有边缘系列的优点，而且还能提“风险扩散”，是一种最优化的空间镶嵌体变化系列，它是环境景观区域土地持续利用评价的一个理论标准。

（2）空间格局评价法。以空间镶嵌稳定性为基础，导致了“空间解决法”（spatial solution）的形成，为土地持续利用评价提出了一条新的途径（Forman，1995）。在理论上可以假设，任何环境景观都存在一个土地利用系统的最佳空间配置，可以同时满足人类各世代的基本需求，并维持土地质量，即达到土地利用的持续发展目标。如果某一个环境景观区域的土地利用空间格局是最佳的，那么就可以确认这个环境景观区域范围内的土地、水、生物多样性能一代代地持续下去。当然，这种最佳空间格局不一定能使每个物种、每颗土粒与每滴水都得到保护并持续下去。但是，这种空间配置能保护环境景观区域的总体持续发展，这是土地持续利用最为重要的，因而，土地持续利用评价的重点就应该是“空间格局评价”，评价一个环境景观区域的土地利用系统的空间格局是否最为合理。

“空间格局评价法”：在实际评价中，如果条件允许，应该详细研究环境景观的土地利用系统配置与土地利用持续发展的关系。比如，对黄土高原农业区域的环境景观格局分析表明，在沟间地生态敏感的地形转换地带建立灌木生态修复防护林廊道，以提高生物多样性，这样做的目的，既连接了碎片和零星分布的森林与灌木植被的斑块，有力地增强了生态环境景观的连接性，也有利于当地恢复植被和保护物种多样性，还有效地控制了水土流失。

景观生态学已经发展了许多理论上的最佳格局（如集中与分散格局），这些是以大量科学证据为基础的。这样，即使不能对环境景观区域中各个土地利用系统的各个因素有详细的了解，采用“空间格局评价法”，也可以得到可信的评价结果，从而极大地减小了评价工作的难度，增强了评价的可操作性。

斑块—廊道—基质模型：该模型是土地利用空间格局评价的基本模型。基质代表了该块环境景观区域最主要的土地利用系统，斑块意味着土地利用系统的多样化，廊道意味着土地利用系统之间的能量、信息等联系与修复防护功能。这些都是环境景观区域中土地持续利用的基本格局（indipensable pattern），这些要素能实现人类的生态修复防护目标（Forman，1995）。比如自然保护区中的大型自然植被斑块、农业生产区中的防护林带，以及人类聚居区中的自然小斑块和廊道等。环境景观区域中土地利用系统的这种斑块、廊道和基质的异质性分布，是环境景观区域持续发展的基础。

集中与分散原理（aggregate-with-autliers）：集中与分散原理是进行土地持续利用环境景观评价的主要理论依据。该原理认为土地利用在环境景观区域上的生态修复防护最佳的建设配置应该是：土地利用集中布局，一些小的自然斑块与廊道散布于整个环境景观中，同时人类活动在空间上沿大斑块的边界散布（Forman，1995）。土地利用集中布局，使得环境景观整体上呈现出粗粒结构，可保持环境景观总体结构的多样性与稳定性，从而有利于作业专业化和区域生态化，并可有效抵抗自然干扰和保护内部物种。小斑块与廊道，可起到提高立地多样性的作用，有利于基因与物种多样性的保护，并可为严重干扰提供风险扩散。大斑块之间的边界区，是粗粒环境景观中的细粒区，这些细粒的廊道和结点对多生境物种（包括人类）来说非常有用，土地利用在环境景观上的这种大集中与小分散相结合的模型具有多种生态修复建设优点和人类便利，是生态修复建设土地持续利用评价的理论标准。

（3）空间格局与生态修复建设过程的关系分析。环境景观的空间镶嵌结构，决定着物种、物质、能量和干扰在环境景观区域中的流动，环境景观抗性指空间格局对环境景观流动速率的阻碍作用。因此，通过环境景观结构（土地利用结构）和生态修复建设过程的相互关系分析，通过对其结构和过程的相互作用分析与模拟，探讨合理的生态修复建设土地利用配置，是土地持续利用评价的基础。例如，通过对黄土丘陵小流域水保修复治理中的土地利用结构与土壤水分与养分的关系分析发现，从黄土梁顶至坡脚分别为坡耕地（梯田）—草地—林地这种土地利用结构，其保肥与保水效益较佳。

### 1.2.4　土地持续利用零缺陷评价中的干扰与人类影响

适应性（不是恒定性）是土地利用持续性的核心，只有适应变化的土地利用系统才能持续下去；干扰是生态景观区域的必然因子，而且有助于发展土地利用系统与环境景观区域的适应性机制；人类的影响是必然的，景观生态学强调生态环境需求与人类社会经济需求之间的协调，多层次和多领域人的参与和干预，人际关系的协调（凝聚力），以及人类土地利用的历史经验与教训。

（1）干扰与适应性。持续性是一种时间尺度上的动态稳定性，它与适应性和被干扰相关。

①适应性（不是恒定性）：适应性是土地利用持续性的核心，只有适应变化的土地利用系统才能持续下去。自然界的适应机制丰富多彩，包括自然选择与进化、物种迁出、生殖率改变、饮食调节、有机质积累和各种植被类型的更新等等。环境景观区域的适应机制包括畅通的网络、一系列栖息地、几个大斑块、丰富的大小斑块类型、多样的粒径、自然界普遍存在的斑块形状和空间格局。人类的适应机制有很多，如人口密度、出生率、死亡率、迁入与迁出率的改变、社会经济与风俗的改变、技术革新甚至系统边界的改变等。在不断变化的环境中，一个环境景观区域的土地利用要持续发展，也需要技术、政策和管理的不断适应变化，以便调整土地利用方式、改进土地利用系统、优化环境景观区域的土地利用系统配置。

②被干扰是环境景观区域的必然因子：干扰与系统的适应性及稳定性的关系非常复杂。如果干扰发生周期性地规律，系统会容易适应，系统能持久地维持稳定性；如果干扰强度大且频繁，但是可以预测，系统也能持久地维持稳定；如果干扰稀少并毫无规律，则系统的适应性会较差，就很难抵抗干扰（Holling，1973；Noble and Slatyer，1980）。频繁而有规律的干扰有助于发展土地利用系统与环境景观的适应性机制，从而促进环境景观区域的土地持续利用。比如，在大兴安岭北部地区频繁的自然火干扰环境中，兴安落叶松种群进化出了厚树皮和枝叶不易燃等适应性机制。以强大的抗火力保持其森林生态环境景观中的优势地位；白桦种群则进化出了种子小而有翅、强烈的萌蘖力等适应性机制，凭快速的火灾后恢复力维持其森林生态环境景观中的次优势地位。这两者的综合效应，导致了整个区域森林植被的持续性。规律性和不规律性的干扰，都能促进生态与人类适应性的多样化，从而为生态环境景观镶嵌体的元素之间提供稳定的相互关系，在土地持续利用评价中，需要考虑这些干扰及其影响作用。

（2）人类影响。景观生态学认为人类的影响是必然的，环境景观兼具自然性和人文性，尤其是人类的主导作用性。人类活动对黄河三角洲地区的生态环境景观结构有显著影响就是一个明显的案例。

①生态环境和社会经济的协调统一是土地利用持续发展的核心：生态环境与社会经济的关系非常复杂，在评价中要集中关注重点因素。比如，生态因素以生产力、生物多样性、土壤与水为关键因素，人类的基本需求主要包括粮食、水、健康、住房、能源与文化 6 个方面。综合分析生态因素与人类基本需求的关系（表 2-2）是土地持续利用评价的关键（Forman，1995）。长期以来，人类的短期经济效益需求与生态环境长期持续性的需求经常互相对立（图 2-1），因而两者的协调既是土地持续利用的重点也是难点。土地持续利用评价，就是要分析土地利用方式、土地利用系统、环境景观区域是否能同时满足人类需求与生态需求（即图中右上角）（Manning，1986）。人类对环境景观格局的影响以及环境景观对人类影响的敏感性分析是协调人地关系的基础性研究课题。

**表 2-2 生态因素与人类基本需求的基本关系**（Forman，1995）

| 生态因素 | 人类基本需求 | | | | | |
|---|---|---|---|---|---|---|
| | 粮食 | 水 | 健康 | 住房 | 能源 | 文化 |
| 生产力 | + | − | + | + | * | − |
| 生物多样性 | ○ | ○ | + | − | − | * |
| 土壤 | + | * | ○ | ○ | − | * |

（续）

| 生态因素 | 人类基本需求 | | | | | |
|---|---|---|---|---|---|---|
| | 粮食 | 水 | 健康 | 住房 | 能源 | 文化 |
| 水 | + | * | + | ○ | + | * |

注：表中只显示基本关系。+表示生态因素对人类基本需求的影响；-表示人类基本需求对生态因素的影响；* 表示 2 者互相影响；○表示 2 者无影响

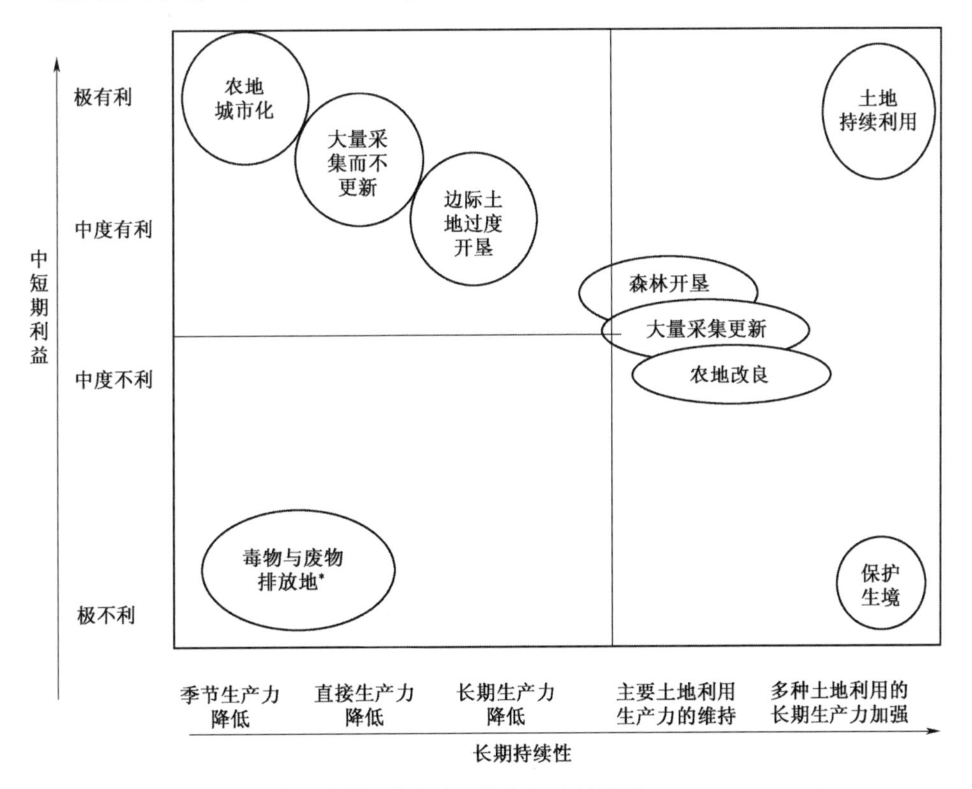


图 **2-1**　几种土地利用的生态环境与经济的关系（Manning，1986）

* 指对个人不利，但可能对社会有利，政府应给予资助

②景观生态学强调土地持续利用过程中多层次和多领域人类的干预（包括合理的土地改良与不合理的土地退化活动）：土地利用涉及多个尺度，包括农户、农场、地方、地区、国家、全球等；土地利用还涉及多领域人的干预，包括土地所有者、土地使用者、土地管理者、土地决策者、土地研究者等。农场尺度是指各个农场或其他土地所有者，在空间上就是一个农作系统，该层次决策土地利用方式，包括种植或饲养的种类与数量及其相应的管理措施。这些决策直接影响到土地质量的维持与土地利用的持续性。地方尺度指的是村落或其他社团，一般是行政单位的最低级别，在空间上相当于景观尺度，这是土地政策采用与实施的基本层次，也是农民和其他土地使用者的社团联合会。地区尺度指的是地区或其他行政单位，在空间上相当于区域：许多生态修复建设、土地改良和保护项目在这个层次上实施。国家尺度是政策决策影响土地利用和管理最重要的一个层次。政策对土地利用具有直接效应，如森林保护与土壤保护等政策法规对区域环境景观尺度上土地利用的影响。各级土地使用者就是在这个国家层次的政策环境指导下，进行土地利

用及其管理活动的。在国际尺度上，国际组织（如 FAO 等）进行环境比较研究，确定土地利用的研究重点、技术支持和资助对象。这个层次也是处理诸如土地利用与温室气体排放关系等超出国界的环境问题所必需的。因此，在土地持续利用评价中，要充分考虑到这些不同层次和不同领域人的影响和参与，才能对土地利用是否为社会所接受作出正确的评价。

③与土地利用持续性密切相关的重要因素。环境景观区域上各层次与各领域的人参与后，它们对土地资源的竞争关系并不一定对持续性有害，重要的是这些竞争关系的协调，人际关系的协调是处理这些资源竞争的最主要手段。和谐的人际关系有利于土地利用在环境景观区域上的综合布局，相反恶劣的人际关系（如冲突和战争等）是土地持续利用的主要破坏因子。因此，土地利用的持续发展除需要多层次、多领域的人参与外，更主要决定于环境景观区域范围内的人际关系（即凝聚力），包括文化、宗教与社会因素（社会结构、经济、政治或政府、灾害与迫害）等多个方面，其中文化与宗教是环境景观区域尺度上最重要的 2 大凝聚力（Forman，1993）。社会因素方面的凝聚力变化很快，比如政府形成、企业破产、社团分裂等可能会在一夜之间发生。宗教讲究信仰与忠实，广义地说持续性也是人类的一个宗教信仰（Brooks，1993）。文化通过普遍的认识、美学与道德传统把人们联结在一起。文化的变化也很缓慢，并不固执于忠实，还具有教育性与适应性，因而是环境景观区域持续发展的关键凝聚力（Bugnieourt，1987；Gadgil，1987；Glark，1989）。在一块环境景观区域上，以少数几个文化或宗教为主，多种文化或宗教并存，是环境景观区域持续发展的最佳格局。因此，在土地持续利用评价中，要充分地了解文化与宗教凝聚力及其在环境景观区域上的时空分布格局，分析人际关系及其对土地持续利用的影响力。

从土地利用历史可见，造成土地利用持续性降低的主要原因是水问题、土壤侵蚀、人口密度、战争以及出口降低；其他原因还有，整体资源基础衰竭、森林采伐过度、草场过载、不适宜的土地利用政策。相反，促进土地利用持续性的主要因子是文化凝聚力、人口增长缓慢与健康的进出口贸易；其他还有资源基础的整体水平与合理配置、宗教凝聚力、多样化的周边关系、合理的灌溉系统和渠道系统（Forman，1995）。

### 1.2.5 土地持续利用零缺陷评价的多重价值与多目标

景观生态学强调土地持续利用的目标是多重的，因而追求多目标之间的优化，而不是单目标的最大化。生产性、安全性、保护性、可行性和接受性这 5 个目标构成了土地持续利用评价的基本框架。

环境景观作为一个由不同土地利用镶嵌组成，具有明显视觉特征的地理实体，兼具经济、生态、社会等多重价值（肖笃宁，1999），持续性追求多重价值的最优化而不是单一价值的最大化。土地持续利用的目标是协调当代与后代在环境、经济与社会等方面的利益，同时维持与提高土地（土壤、水与大气）资源的质量。土地持续利用就是土地利用必须满足不断变化的人类需求（农业、林业与环境保护等），同时确保土地保持长期的社会、经济与生态功能。土地持续利用是技术、政策与行动的综合作用，目的在于把社会经济与环境问题统一起来，以便能够同时满足下述 5 个目标。

（1）生产性（productivity）。保持和提高土地的生产力，包括农业、林业、非农业以及环境美学的效益。

（2）生态稳定性/恢复性（stability/resilience）。降低生产风险水平，维持稳定的土地产出。

(3) 资源与环境的保护性(protection)。保护自然资源的潜力，防止土壤与水质的退化；在土地利用过程中，必须保护土壤与水资源的质与量，并公平地传给下代。狭义而言，诸如保持遗传基因多样性或保护单个植物和动物品种这样的问题，必须给予优先考虑。

(4) 经济可行性(viability)。某一种土地利用方式、土地利用系统和环境景观区域，必须具有一定的经济效益才能存在下去。

(5) 社会接受性/公平性(acceptability/equity)。必须为社会所接受，并且能从改进的土地管理中获得利益。

上述生产性、安全性、保护性、可行性与接受性这5个目标构成了土地持续利用评价的基本框架，是土地持续利用的基本原理(Smyth and Dumanski，1993)。土地持续利用评价就是在特定时期、特定地区和特定的土地利用方式下，检验能否实现这5个目标，缺一不可。

另外，土地利用的持续性还存在着数量上的差别，不同土地利用方式达到这5个目标的水平不相同，因而持续性水平也不尽相同。故此，评价的原则是，如果在可预见的一定时期内，总体上满足这5个目标就可以认为土地利用是持续的。

# 2　项目建设后的土地质量指标体系

土地质量指标是生态修复工程项目建设后的土地持续利用评价的基本依据。在国家和国际尺度上，土地质量指标有助于帮助政府和国际组织确定土地政策与财政分配重点。在区域和地区尺度上，土地质量指标用于土地资源的评价、规划、监测与管理。在农场和社区尺度上，土地质量指标用于具体的土地管理决策，就如农民利用指示植物来判断土壤的肥力。

## 2.1　土地质量指标的基本概念

(1) 土地的概念及其深刻含义。土地是地球表面的一部分，包括影响土地利用的物理与生态环境的所有因素。因此，土地不仅包括土壤，还包括地质、地形、气候、水文(地表与地下)、植被(森林、动物栖息地)、动物区系以及人类干预(如土地改良等)。土地改良是对土地进行有利的永久改善措施，以提高土地利用能力，比如梯田与排水(FAO，1976，1983；ECOSOC，1995；Sombroek and Sims，1995)。上述足以说明土地是一个综合性的概念，不仅涉及土地的自然特性，还包含了人类的干预；实际上，“土地”的含义与环境“景观”非常接近，在许多文献中2者可互相替用。

(2) 土地质量的概念。土地质量指的是土地的状态或条件(包括土壤、水文和生物特性)，以及满足人类需求(包括农林牧业生产、自然保护以及环境管理)的程度(Pieri et al.，1995)。土地质量概念把土地条件与土地生产能力、自然保护和环境管理功能联系在一起，土地质量评价需要针对土地利用的具体功能和类型进行。土地的生产能力主要指的是粮食产量和木材生长量。土地的自然保护与环境管理功能包括促进营养循环、污染物过滤、水质净化、温室气体的“源－汇”功能以及动植物基因和生物多样性保护等。

在联合国粮农组织(FAO)的土地评价方法体系中，把土地质量定义为“以一种特定方式影响特定土地利用方式持续性的一个综合土地特性”(FAO，1976，1993)。而在世界银行为首发起的“土地质量指标”项目，认为土地质量不是一个特定值，而是一个区间(范围)，比如水的有效性、营养的有效性、土壤的抗蚀性、牧区的营养水平（Pieri et al.，1995）。

（3）土地质量指标（land quality indicator，LQI）。土地质量指标是描述土地质量及其相关的人类活动，描述土地满足人类需求的条件，这些条件的变化以及相关的人类行为。按照压力—状态—响应（Pressure-State-Response，P-S-R）框架，土地质量指标（LQI）可以分成如下3组（Pieri et al.，1995）指标。

①压力指标（pressure indicator）：就是指人类活动对土地资源施加的压力。压力指标一般指的是对土地质量有直接影响，不采取措施就会对土地质量带来危害的指标。例如，人口压力对土地质量没有直接影响，不属于土地质量的压力指标；相反，人口增长所造成的土地短缺，就是典型的压力指标。诸如采伐或破坏森林后开垦、陡坡地耕作、牧区饲料短缺是具体的压力指标。

②状态指标（state indicator）：指的是土地资源的现状及其时间变化。如森林面积或土壤的pH值就是典型的现状指标。但状态变化指标更重要，这种状态变化既包括土地退化这种负变化，也包括土地改良这种正变化。状态变化可以表示为变化类型、变化程度、空间范围和变化率（Oldeman et al.，1990）。另外，状态指标也可以是间接的，如作物产量就是一种广泛使用的土壤肥力指标。

③响应指标（response indicator）：是指各级层次的土地管理者、决策者和政策制定者对土地压力、土地质量状态及其变化所做出的响应。如，农民对土地退化所采取的土壤保护措施（响应），既可能是因农业经济效益所刺激，也可能是政府激励所致。相应措施并不一定都能达到预期效果。例如，当土地退化极为严重时，最终响应就是放弃或移民；在半干旱荒漠化草地上，为解决过度放牧问题而增加水井数量，结果是造成过牧现象更加严重。

在上述每一组中，还可再细分为以下2种：一种是以绝对值的形式，描述土地质量状态及其变化，如土壤流失阈值；另一种就是把描述指标与预定标准或目标值相比较之后的相对值。

如图2-2所示，土地质量的压力—状态—响应框架表示了3组指标之间的关系（Adriaanse，1993）。其实，土地质量的P-S-R框架最为完整的描述应该是“压力—影响—状态—影响—响应”。其中，影响（impact）表现为：“压力”对土地质量“状态”的“影响”，以及土地质量变化对土地使用者的“影响”。

压力、状态与响应指标之间并没有严格的界线。比如，在土壤盐碱化初期，农民在选择农作物品种时，有意识地增加抗盐作物。这既是一个响应指标，也是土壤特性变化的一个状态指标。

因为人类与土地的关系是动态变化的，压力与响应指标之间的相互作用也是变化的。故此，需要把土地质量变化放在适宜的人文政策和自然环境中来考虑（OECD，1993）。P-S-R框架可应用于各种农业生态区（AEZ），预测土地质量的变化趋势，避免严重的土地退化发生。

可见，P-S-R框架为监测与评价土地质量变化提供了一个连续的反馈机制。

在土地质量评价实践中，应该尽可能地综合考虑压力、状态与响应这3组指标。假设只考虑人口密度与土地退化，不考虑土地使用者的响应与社会经济环境，其评价结果可能是错误的结局。

## 2.2 土地质量指标体系

土地质量指标体系所述内容包括3部分。第一部分是部分农业生态区的主要土地问题及其相

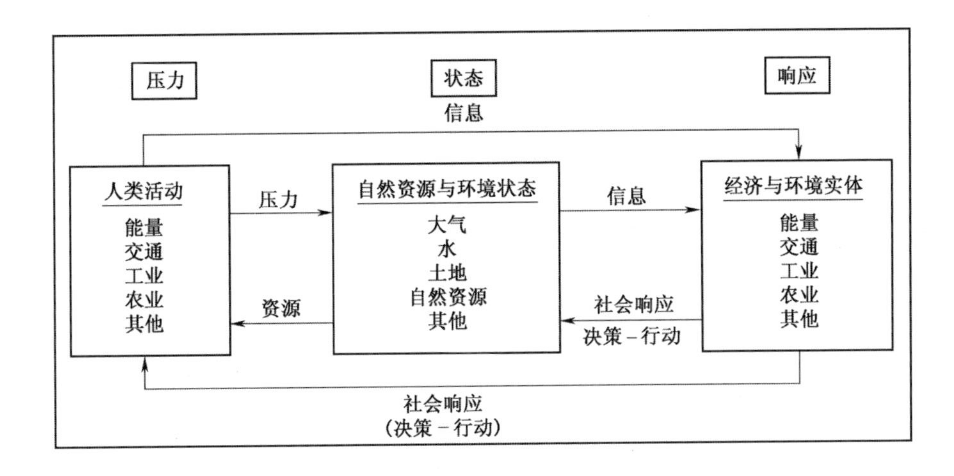


图 **2-2**　土地质量的压力—状态—响应（P-S-R）框架（Dumanski et al.，1998）

应的土地质量指标。第二部分以 P-S-R 框架为基础，较为系统地讨论了各类主要土地问题所对应的土地质量指标体系。这 2 部分所讨论的土地质量指标都主要是针对农业、林业、畜牧业等管理生态系统而言的。最后一部分列出了土地质量指标的其他实例。

（1）主要农业生态区的土地问题及其对应的土地质量指标。表 2-3 和表 2-4 列出了拉丁美洲和非洲亚撒哈拉的主要土地问题及其对应的土地质量指标。其中，拉丁美洲包含坡地区和酸性稀树草原区 2 个农业生态区；非洲亚撒哈拉包含亚湿润区、半干旱区与干旱区 3 个农业生态区。这里所列的土地质量指标较为粗糙，也没有严格遵循 P-S-R 框架，在实际评价过程中，需要从这些指标中进行提炼，发展基于 P-S-R 框架的土地质量指标。

**表 2-3　拉丁美洲地区的农业环境问题与土地质量指标**（Dumanski et al.，1998）

| 土地类型 | 农业环境问题 | 土地质量指标 |
|---|---|---|
| 坡地区 | 人类影响 | 人口密度，年龄、性别比例，土地与水的可接近性，市场与服务的便利性等 |
| | 土地质量 | 土地肥力指数，土壤侵蚀指数，植被盖度，距离水源的距离，水质等 |
| | 农业对生物多样性的影响 | 天然生境的变化范围与破碎化，物种变异与丧失 |
| | 土地利用与措施 | 农业为单位的农业多样性，主要土地利用类型，保护性耕作措施的采用率，农民群体与协会的数量 |
| 酸性稀树草原 | 土地利用强度与多样性 | 各种“土地利用×地形”类型的百分率，农场净收益的稳定性 |
| | 土地质量 | 地下水位的变化，水污染物，沉积量，土壤覆盖/裸地的百分率，作物营养吸收与施肥的比值，单位面积的石灰消耗量 |
| | 农业生产力 | 实际生产率与潜在的气象地形生产力比值，作物收获趋势，农场净收益 |
| | 农业对生物多样性的影响 | 廊状森林、湿地与天然稀树草原的组成比例 |
| | 农作措施 | 采用保护措施耕地的百分率 |
| | 土地使用权 | 具有使用权标志的农场面积百分率 |

**表 2-4 非洲亚撒哈拉地区的农业环境问题与土地质量指标**（Dumanski et al.，1998）

| 土地类型 | 农业环境问题 | 土地质量指标 |
|---|---|---|
| 亚湿润区 | 土地利用的强度与多样性 | 强度指数（已耕地/可耕地），物种多样性指数 |
| | 侵蚀程度 | 预测与实际的侵蚀比率 |
| | 水质 | 每个耕作周期内径流中的沉积量 |
| | 土壤肥力 | 土壤中的碳归还与生产的百分率，营养平衡 |
| | 农场的社会价值 | 农地的市场价格，农村地价/城镇地价 |
| | 侵蚀控制 | 径流控制长度，保护性耕作措施，易受经济刺激而采取土壤保护措施的农民百分率 |
| | 风险缓冲程度 | 发育不良儿童的百分率，实际产量/目标产量 |
| | 社会公平 | 基尼系数（收入分配均匀性的趋势） |
| 半干旱区（仅涉及旱作） | 资源有效性 | 森林采伐率，燃材消耗量与城镇木炭消耗量，城镇里薪材与木炭的价格 |
| | 土地利用强度与多样性 | 单位土地面积上可耕地的变化 |
| | 土地质量 | 明显的土壤侵蚀（面积与百分率，程度），营养平衡，酸化，水源变化 |
| | 农民采用的土地措施 | 农场内促进有机质再循环措施的采用率（包括农林混作），林木改良 |
| | 土地使用者的素质与接受性 | 农民团体数量，农场收入/投入，农民向非农业渗透的比率，具有 1 个以上耕作周期权利的农民百分数 |
| 干旱区（仅涉及畜牧系统） | 牧区的人口压力 | 土地/人口，牲畜/人口 |
| | 植被状况 | 多年生植物盖度/一年生植物盖度，现存多年生植物的密度，植被生物量/食物需求 |
| | 土壤水贮存与径流 | 地表结皮率 |
| | 土地使用者对土地质量的响应 | 迁出率，产品的种类与数量（木材、草），人类饮食（谷类食物/畜产品） |
| | 社会义务 | 畜牧业的财政预算，畜牧协会（正式与非正式）的数量与关系，资源冲突次数 |

（2）主要土地退化问题所对应的土地质量指标。主要土地退化问题所对应的土地质量指标所述内容讨论了 7 个具体的土地退化问题，即土壤侵蚀、土壤肥力降低、森林开垦与森林退化、牧区土地退化、地下水位下降、盐碱化与水浸。其中，前 4 个土地退化问题较为普遍，后 3 个只在部分地区出现。牧区土地退化在半干旱农业生态区较为常见，地下水位下降、盐碱化与水浸在干旱的灌溉农业区最为严重。所列出的土地质量指标严格遵循 P-S-R 框架，大多数指标是地区和国家尺度上的指标，少部分是地方和农场尺度上的指标。大部分指标是较容易观测并可以定量化的，而且还给出了指标的标准、临界值与观测方法。不论怎样，每个指标是否能够有效地应用于土地质量评价中，关键是其数据的有效性与观测性。

①针对土壤侵蚀（可耕地上水蚀）的土地质量指标。土壤侵蚀是一个长期备受关注的土地退化问题，而且已经成为制约土地持续利用的首要问题之一。水蚀是所有农业生态区坡地上存在的主要问题，风蚀一般出现在干旱、半干旱地区。在农耕地与牧地草场上，水蚀与风蚀交替复合并

存。当前，世界上很多国家的耕作地都在从缓坡地向陡坡地扩展，因而水蚀也成为当前危害农业生产最为严重的土地问题。大量研究结果表明，如果采取了修筑梯田等水土保持措施，这种坡地耕作仍然可以持续利用。所以，有多少面积的坡耕地上没有采取适宜的土壤水土保护措施，是这种土地利用系统最为基本的压力指标（表 2-5），该指标可采用遥感与抽样调查法获得。最为直接的状态指标是侵蚀率，一般小尺度试验地上的观测数据较多，而农场水平上的观测数据却很少见（Lewis，1987）。另外还可以采用河流沉积观测、遥感与模型法（USDA，1989）获得土壤侵蚀率的数据。因为地表土的有机质与营养含量最高，因而地表土流失指标也就显得尤为重要（FAO，1979）。现在，一些学者对部分地区的土壤流失临界值，做了初步估计（Wischmeier and Smity，1978；Stocking，1978；Pimental et al.，1995）。社会对土壤侵蚀的积极响应指标，就是指农民采用土壤保护措施的响应程度，这可能与农民协会密切相关；相反，弃耕是一种消极响应指标的真实数据表现。

**表 2-5　针对土地侵蚀（耕地上的水蚀）的土地质量指标**（Dumanski et al.，1998）

| 指标种类 | 土地质量指标 |
|---|---|
| 压力指标 | 没有采取适宜水土保持措施的坡耕地面积 |
| 状态与影响　指标 | 实际观测或模拟的侵蚀率［$t/(hm^2 \cdot a)$］ |
| | 地表土有机质与营养的流失，表层失去养分的土壤剖面 |
| | 侵蚀现象的范围与强度，如薄层或裸岩、土体滑坡、切钩、弃耕地面积 |
| 响应指标 | 水土保持措施的实施程度（单位面积或农场数） |
| | 热衷于水土保持治理活动的农民协会数量 |
| | 弃耕地块数量与面积 |

②针对土壤肥力下降的土地质量指标。在发展中国家，因为人口增长、可耕地资源有限、农业投入以及土壤管理水平低劣等原因，普遍存在着土壤肥力下降的现象。在投入水平较低的农作系统中，耕作时间与休闲时间之比是一个常用的压力指标（表 2-6）。如果已耕地面积与可耕地面积的比率接近 1，则表明可耕地扩展余地很小，压力很大。可以采用生物物理法估计可耕地面积，实际监测法获得已耕地面积（FAO，1982，1984b，1993b）。单作与连作，容易造成某些营养元素缺乏和病虫害等问题，从而给土地质量带来压力，一般采用统计调查法监测土地耕作措施。土壤性质的变化可以直接监测，也可以通过作物产量间接进行估计。实际产量与潜在生产力的比率是一个非常有意义的土地质量指标，如果实际生产量普遍很低，意味着土壤肥力在下降。可采用生物物理模型估计潜在生产力。通过土地的投入-产出分析，可以揭示国家、地区与农场等多尺度上的土壤营养平衡与肥力状况（Hamblin，1994；Pagiola，1995；Stoorvogel and Smaling，1990）。土壤性质（包括有机质、物理性质、营养元素含量、生物活性与有毒物、pH 值、微量元素等）的恶化，是土地退化的最直接指标（FAO，1994；Pagiola，1995），这些指标可采用周期性的分层抽样法监测多个尺度上的土壤性质而获得。利用土壤肥力的指示植物，也是一种省时省力的方法，关键的问题是如何将其标准化标识和判别。

**表 2-6 针对土壤肥力下降的土地质量指标**（Dumanski et al.，1998）

| 指标种类 | 土地质量指标 |
| --- | --- |
| 压力指标 | 耕作/休闲 |
| | 已耕地面积/可耕地面积 |
| | 单作面积/混作（轮作）面积 |
| | 边界地（脆弱地）的耕作程度 |
| 状态与影响指标 | 实际产量/潜在产量 |
| | 土壤营养输入与输出平衡，观测与模拟法 |
| | 土壤性质的时间变化 |
| | 土壤营养元素缺乏现象，如微量元素等 |
| | 土壤退化或健康的指示植物 |
| 响应指标 | 土壤生物改良的采用程度 |
| | 采用轮作或混作 |
| | 施肥 |
| | 农民社团或协会的数量 |
| | 弃耕地块及其面积 |

③针对森林开垦的土地质量指标。森林不仅是一个生产性资源，而且是一个保护性资源（包括生态系统、生物多样与动植物基因资源），它还是一个大气 $CO_2$库。所以森林资源的面积锐减既是一个全球性的问题，也是一个国家的林业生产与环境保护的主要问题。关于生物多样性指标参见 Reid 等（1993）的文献，这里主要讨论林业生产方面的指标（表 2-7）。因为森林面积降低的最直接压力是农业对土地的需求，因而可采用已耕地面积与可耕地面积的比率作为压力指标之一。森林生物量与生产力是森林状态的直接反映，可以采用森林调查与模型法相结合的方法获得。森林覆盖率不仅能反映森林面积，而且还反映了经济发展状况，是一个较为理想的状态指标（World Bank，1995），可以采用遥感与连续清查等方法监测森林覆盖率的变化（FAO，1993）。对森林采伐的响应主要集中在政府和地方集体 2 个水平上。一般而言，森林保护法的实施存在很大困难，相反提高公众意识可能更为奏效。最显著的响应表现为造林面积的持续增长。

**表 2-7 针对森林开垦的土地质量指标**（Dumanski et al.，1998）

| 指标种类 | 土地质量指标 |
| --- | --- |
| 压力指标 | 森林开垦面积（观测法） |
| | 已耕地面积/可耕地面积 |
| 状态与影响指标 | 森林覆盖率降低 |
| 响应指标 | 森林保护法及其实施效果 |
| | 公众自觉参与森林保护及效果 |
| | 造林面积增长（个人、集体和国家） |

④针对森林退化的土地质量指标。森林退化指的是现存森林及其立地的物种组成和年龄结构

发生逆向变化。这个问题一般属于地方尺度上的，比如村落集体林的退化。从表2-8可见，木材供不应求，是最基本的压力。通过国家或地方政府的森林资源调查，可获得木材产品的消耗量。价格偏高是木材产品短缺的表现，这是一个很容易获得的压力指标。需要进行较为细致的森林调查，才能定量评估森林质量状态的变化。对森林退化问题的响应主要有：群众参与森林保护与管理；通过农林复合经营，缓解木材短缺压力。

**表2-8　针对森林退化的土地质量指标**（Dumanski et al.，1998）

| 指标种类 | 土地质量指标 |
| --- | --- |
| 压力指标 | 木材生产/森林更新 |
| | 燃材、家用材与木炭短缺，表现为价格偏高 |
| | 林区非法采伐 |
| 状态与影响指标 | 国家和集体林的退化，森林调查或定性观察 |
| 响应指标 | 森林保护和管理的群体参与高涨<br>农林复合经营增多 |

⑤针对牧区土地退化（尤其是干旱、半干旱荒漠区）的土地质量指标。牧区土地退化指的是干旱、半干旱草场，因为土壤退化而造成植被盖度的严重降低、植被恢复非常缓慢甚至永久不能恢复。因为放牧呈季节性迁移，所以很难估计植被的载畜量。通过载畜量与实际牲畜量的比较，就可得到一个对牧场资源的压力指标（FAO，1991）（表2-9）。在一定区域内，如果牧场管理良好（响应），即使单位面积上的牲畜数量多（压力），也可以保持牧场的持续性。可见，在土地持续利用评价中，必须同时结合压力、状态与响应指标才能做出正确的评价。需要进行生态调查以获得牧场的状态指标，采用遥感法可估计土地的植被覆盖率。

**表2-9　针对牧区土地退化的土地质量指标**（Dumanski et al.，1998）

| 指标种类 | 土地质量指标 |
| --- | --- |
| 压力指标 | 饲料短缺，尤其在旱季<br>植被生物量/需要饲养的牲畜量<br>以农业气候区为单位的土地、牲畜与人口的比率 |
| 状态与影响指标 | 牧场上的植被盖度降低<br>草原植物物种组成的逆变，如一年生草/多年生草，不可口植物种的频度，出现草原退化指示植物<br>践踏、结皮或沟状地 |
| 响应指标 | 采取牧场管理措施，如控制载畜量、轮牧等<br>牧场管理组织的数量及有效性<br>草原居住群体与邻近群体的冲突 |

⑥针对地下水位下降的土地质量指标。在灌溉农业区，地下水位下降是制约土地持续利用的一个显著因素。通过监测地下水位可直接记录水位的变化。深挖水井，只能起延缓作用，是一种

消极响应办法；而提高水资源的利用率才是土地持续利用的最根本手段，见表2-10。

**表2-10 针对地下水位下降的土地质量指标**（Dumanski et al.，1998）

| 指标种类 | 土地质量指标 |
| --- | --- |
| 压力指标 | 农场需水量超出地下水贮存量 |
| 状态与影响指标 | 在某些地方出现地下水位下降<br>水井干枯<br>灌溉不足导致农作物减产的报道 |
| 响应指标 | 水井加深<br>加强管理，提高水利用率 |

⑦针对土地盐化的土地质量指标。60%的灌溉农业区，因为排水不畅造成土壤盐化现象严重（World Bank，1994）。地下水位上升是土壤盐化初期的指示；而盐化斑的出现则会造成农业耕作完全失败，这就足以表明土壤盐化已经相当严重了。种植抗盐作物既是一个响应指标，也是一个间接的压力指标，详见表2-11所示。

**表2-11 针对土地盐化的土地质量指标**（Dumanski et al.，1998）

| 指标种类 | 土地质量指标 |
| --- | --- |
| 压力指标 | 灌溉用水工程（如建坝与引水）没有设置足够的排水措施<br>水价不适宜 |
| 状态与影响指标 | 在某些地方出现地下水位上升 |
| | 地下水中盐浓度增加 |
| | 土壤中的盐分含量增大 |
| | 盐土斑出现 |
| | 浸水地域出现 |
| | 因为土壤盐化或浸水导致农作物减产的报道 |
| 响应指标 | 加强对灌溉水的管理 |
| | 启动土壤改良项目 |
| | 增大种植抗盐植物量 |
| | 因为盐化或浸水造成的弃耕 |
| | 增加引水工程的维持费 |

⑧土地质量指标实例的其他数据源。表2-12是土地质量指标实例的其他数据来源（Pieri et al.，1995）。世界银行还出版了一本注解文献目录，汇集了与土地质量及其持续土地管理指标相关的文献与网址，并对重要要问题进行了注解（Dumanski et al.，1998）。这本文献目录以字母顺序与分类排列，可通过登录http：//www. ciesin. org/LW-Kmn获得。

**表 2-12 土地质量指标实例的其他数据来源**（Pieri et al.，1995）

| 数据来源 | 涉及的生态系统类型 |
|---|---|
| Adriaanse，1993 | 污染，荷兰 |
| Dumanski，1993 | 农业生态系统，全球 |
| Hamblin，1992 | 农业生态系统，澳大利亚 |
| Hamblin，1994 | 农业生态系统，亚太地区 |
| Hammond et al.，1995 | 污染和资源枯竭 |
| Izac and Swift，1994 | 农业生态系统（农场尺度），非洲 |
| O′Connor，1995 | 污染，生物多样性，自然资源 |
| OECD，1993 | 污染和土地资源 |
| Reid et al.，1993 | 生物多样性 |
| SCOPE，1995 | 源—汇综合指标 |
| Winograd，1994 | 农业生态系统，拉丁美洲 |

# 3 项目建设土地持续利用零缺陷评价的指标体系

土地利用是典型的自然-经济-社会复合系统，是人与自然环境相互作用的集中体现。土地利用持续性受到土地自身、生态、经济、社会和环境多方面因素的综合影响。零缺陷评价某一种土地利用方式是否持续，必须全面地综合考虑这些因素。土地利用系统镶嵌形成环境景观，环境景观的时空结构、功能流以及动态变化等指标是决定土地利用是否持续的重要因子（图 2-3），

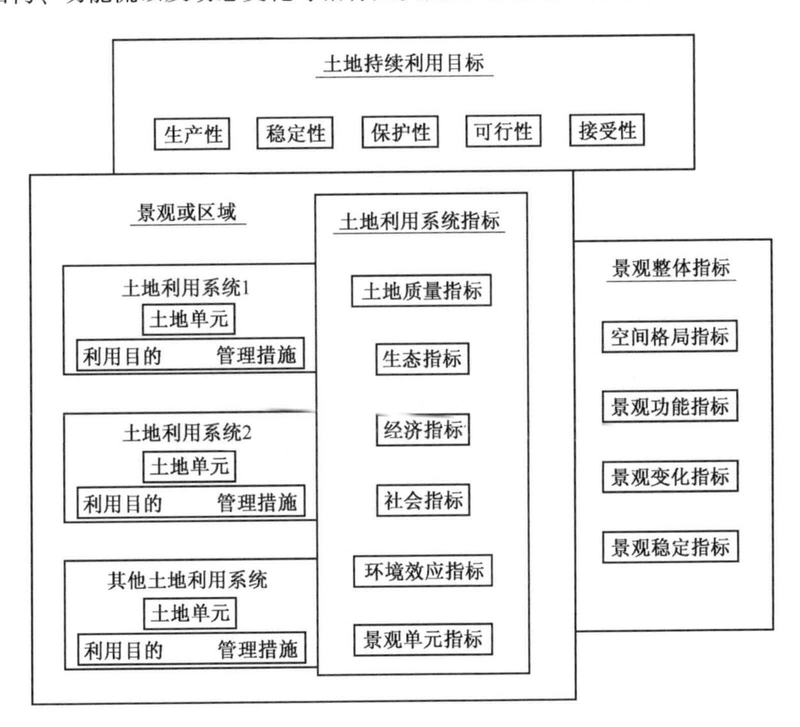


图 **2-3** 土地持续利用评价指标结构图

不同因子的性质和特征不同，对土地持续利用的影响不同，因而零缺陷评价的指标和方法也有差别。但每种指标都涉及现状与时间的变化。另外，在可能的情况下，还应该确定指标的标准、临界值、理论最优值以及观测方法。

## 3.1 生态指标体系

生态持续性是土地持续利用的基础，通常包括气候条件、土壤条件、水资源、立地条件和生物资源（表 2-13）。在开展土地持续利用评价时，应该强调土地利用对生态修复建设过程的影响（Fu et al.，1994），如土壤侵蚀（Fu et al.，2000）、养分分布 、土壤水分分布（Qiu et a1.，2001）。即使目前各个生态要素没有发生明显的恶化，但随着时间的演替，生态要素的变化将来也会影响到土地利用的持续性和稳定性。对其评价指标的描述包括空间（水平与垂直分布格局）与时间（如物候、年波动、波动趋势）两个方面 。生物多样性与土地利用系统的综合复杂性对土地利用的持续性也有着重要影响作用。

**表 2-13 土地持续利用评价的生态指标**

| 生态因子分类 | 具体项目 | 指标属性与评价方法 |
|---|---|---|
| 气候条件 | 太阳辐射 | 辐射强度；季节分布；日照天数；日均照射时间 |
| | 温度 | 年积温；年平均温度；月平均温度；年际变化 |
| | 降水量 | 年均降水量；季节分配；年变率 |
| | 气象灾害 | 风沙；暴雨；霜冻；冰雹等 |
| 土壤条件 | 土壤肥力 | 有机质含量；有机质盈亏；年、季变化；有效 N、P、K |
| | 土壤结构 | 颗粒组成；孔隙度；透水性；持水性 |
| | 土壤污染 | 污染面积；污染强度；污染趋势 |
| | 土壤侵蚀 | 侵蚀面积；强度；变化趋势 |
| | 土地退化 | 沙化、盐碱化的面积及强度和过程 |
| 水资源 | 水资源量 | 水域面积；总量；年、季变化；供需平衡等 |
| | 水质 | 水化学特征；浑浊度；BOD；COD；有机酚等 |
| 立地条件 | 地貌特征 | 地貌类型、坡度、坡向、海拔、坡位等 |
| 生物资源 | 动物 | 动物个数；自然增长率；灭绝率；分布密度 |
| | 植被 | 植被覆盖率；生物量；生长率；人工/天然植被组成 |
| | 生物组成 | 生物种类；受威胁程度；生物年龄结构；空间结构；生物数量分布 |
| | 生物多样性 | 基因多样性；物种多样性；生态系统多样性；景观多样性；优势种；破碎度；隔离度 |

## 3.2 经济指标体系

（1）经济指标的概念。土地持续利用评价的经济指标主要有经济资源、经济环境、经济态度和综合效益 4 个方面（表 2-14）。经济资源指的是土地生产所需要的原料，考虑这些资源的变化性、可利用性、经济效果与利用率等。经济环境对土地利用来说是外因，但对土地利用系统

（如农场）的影响很大，必须评价这些因素的时间变化。经济态度是土地使用者做决策时的影响因子，既有社会意义，也有经济效果。一般来说，经济态度是农业生产利用的外因，但是对土地利用的时间变化有决定性的影响。经济态度是很难改变的，在实际中为达到土地利用的持续性，一般是寻求新的土地利用方式来适应经济态度。综合效益是一组松散的因素，它可以直接观测与定量，在评价持续性时是一个非常重要的指标。

（2）影响经济评价指标的综合因素。表2-14中所列的经济评价指标多是综合因素所致的结果，如净收入就受到经济因素（如成本和价格）、自然因素（如土壤条件）、生物因素（如杂草密度）和社会因素（如风俗和宗教）的综合影响。经济评价的指标通过对统计资料的分析与计算，可以给出定量的预测结果。景观生态学强调过程与动态，因而经济评价实际上就是一个因果关系分析过程。在因果关系分析中，要考虑环境派生影响（如农药的非点源污染）、生产风险性、时间分析、多重目的以及资源区位。持续性最重要的特征就是强调时间尺度，因而时间变化分析是关键，必须综合评价一种土地利用方式的短期、中期和长期的经济效益及其风险水平。环境影响及其派生影响的经济效果也是土地持续利用经济评价所必须考虑的。例如，可对成本进行环境影响修正（如污染税）与派生影响修正（如精神压抑等）。因果关系分析方法很多，在实际评价中应该针对特定地区、特定尺度以选择最适宜的方法。

**表2-14　土地持续利用评价的经济指标**

| 指标分类 | 具体项目 | 指标属性与评价方法 |
|---|---|---|
| 经济资源 | 土地资源 | 农场规模；破碎化程度；使用权 |
| | 劳动力资源 | 劳动力来源；劳动力保证率；劳动力季节变化 |
| | 资金资源 | 资金信贷方式；资金回收 |
| | 智力资源 | 文盲率；教育普及水平；社会咨询度 |
| | 动力资源 | 动力资源类型；可使用方式 |
| | 其他资源 | 种子；肥料；农药；水；电 |
| | 效率 | 土地面积/劳动力；资金/劳动力；投入产出率 |
| 经济环境 | 生产成本 | 投入水平；生产风险；生产成本季节变化 |
| | 产品价格 | 价格水平；年季变化 |
| | 信贷环境 | 信贷可获取程度；使用方式；利率 |
| | 市场状况 | 基础设施；供货与销售市场的距离；通达程度 |
| | 人口环境 | 人口密度；人口流动；人口变化 |
| 经济态度 | 利用目的 | 利润最大化；安全第一；风险最低；计划水平 |
| | 风险反感 | 风险反感系数（绝对的、相对的和部分的） |
| | 期望 | 产量和价格的期望值 |
| 综合效益 | 经济收入 | 总收入；单位收入；净收入 |
| | 利润 | 毛利/公顷；净收益/公顷 |
| | 消耗 | 总消耗；消耗分配比例 |
| | 贫困指数 | 粮食与营养消费占总消费的百分比 |

在经济评价之后，还必须进行生态和社会评价，评价一种土地利用方式在生态和社会上的可行性与可接受性。

## 3.3 社会指标体系

（1）社会指标的内涵。影响土地持续利用的社会指标主要有社会政治环境、社会承受能力、社会保障水平和公众参与程度等（表2-15）。社会接受力是指不同个人和团体观点的集合，反映了个人和团体对土地利用的态度、知识、信仰和道德规范，通常采用这些观点的强烈程度以及个人或团体的相对权力这两个指标来衡量。对于“团体”观点来说，土地持续利用的基础是必须使投入的成本与获得的效益保持同步；但在实际中，投入成本的个人和获得利益的个人，并不属于同一个团体。社会是由个体和团体等社会单位组成的等级组织，有着复杂的等级、相互关系、连接纽带和组织原则。社会的这种组织结构对社会分配（资源、产品、财富、劳动力等）与政策制定（尤其是与土地利用相关的）有决定性影响。为了保持土地利用持续性，必须进行各级持续性规划，必须有一定的社会、政治和经济的宏观调控功能，来鼓励人们从长远观点利用土地。因此，有必要采用补贴、价格、税收、信贷、奖惩措施和资源利用等政策法规。

（2）土地持续利用评价的社会指标。在评价中，需要讨论这些政策法规的有效性及及其对土地利用持续性的影响。人类的基本需求不仅包括基本的衣食住行等物质条件，而且包括文化与宗教等精神条件。在具体的评价中，需要充分考虑人口增长对土地资源造成的压力以及人类不同需求目的所造成的冲突。地方政府与民众参与是解决压力与冲突的重要因素，其他如土地所有权、土地使用权以及区位的公平性也需要考虑。各级土地使用者的认知、信仰和价值体系等社会文化背景是很难以改变的，但对土地持续利用却有着很重要的影响。因此，不仅需要考虑这些社会文化背景对土地利用持续性的影响，更重要的是需要评价土地利用系统是否适应当地的社会文化背景（社会接受性）。

**表2-15 土地持续利用评价的社会指标**

| 社会指标分类 | 具体项目 | 指标属性与评价方法 |
|---|---|---|
| 社会接受能力 | 个人接受能力 | 直接影响者；间接影响者 |
| | 团体接受能力 | 文化；宗教；部门；区域团体等 |
| | 美学价值 | 保持自然景观美学、人工设计美学 |
| 社会政治环境 | 社会组织 | 各级组织部门及相互关系；个人参与权 |
| | 总体规划 | 国家、区域中长期规划；近期规划；部门规划 |
| | 政策法规 | 国家政策；区域政策；专项政策；部门条例法规 |
| | 政策保障 | 政策的有效性；持续性 |
| | 土地权利 | 土地所有权；土地使用权；土地管理权 |
| | 文化背景 | 知识水平；信仰；价值取向 |
| 社会需求 | 物质需求 | 粮食；水；住房；能源 |
| | 精神需求 | 文化；宗教；健康 |
| | 冲突 | 人口对资源的压力；需求目的冲突；成本与利益冲突 |

## 3.4　环境效应指标体系

（1）环境效应。景观生态学不仅强调系统内各空间组分之间的相互关系，而且特别重视系统的环境效应，即系统与外界环境之间的相互关系与相互影响。

（2）环境效应的指标体系。土地利用的环境效应包括主动环境效应与被动环境效应两种类型（表 2-16）。

①主动环境效应：指的是评价区域内由于土地利用活动所引起的，对评价区域以外的环境产生的作用。如果某种土地利用系统对周围地区有损害作用或者引起了周围环境的较大变化，那么这种土地利用系统就是非持续的。例如，过量施肥所引起的水污染，以及灌溉和排水所造成的土地盐碱化。

②被动环境效应：指的是因为评价区域外的活动或条件的变化，引起评价区域内土地利用持续性的改变。例如，不合理建造水坝、采伐森林等行为所引起的区域水文变化，这种环境效应可以通过观测洪水的水位、频率或地下水位来鉴别其变化趋势及其对土地利用持续性的影响作用。

**表 2-16　土地持续利用评价的环境效应指标**

| 环境指标分类 | 具体项目 | 指标属性与评价方法 |
|---|---|---|
| 主动环境效应 | 施肥 | 土壤硝酸盐污染 |
| | 灌溉与排水 | 土地盐碱化；积水 |
| | 木材加工 | 固体废物 |
| 被动环境效应 | 全球尺度 | 人口变化；气候变化；流行病 |
| | 地区水平 | 政治动乱；战争；金融危机；铁路建设 |
| | 区域水平 | 建造水坝；采伐森林；城镇与公路建设 |
| | 景观水平 | 病虫害 |

## 3.5　景观指标体系

（1）景观指标的具体项目。景观结构、功能和变化等方面的指标与土地利用持续性关系密切，可以直接作为土地持续利用的景观评价指标。土地持续利用评价的景观生态指标包括结构、功能、变化与稳定性指标这 4 大类，如表 2-17 所示。

**表 2-17　土地持续利用评价的景观指标**

| 景观指标分类 | 具体项目 | 指标属性与评价方法 |
|---|---|---|
| 结构指标 | 景观单元 | 类型；大小；形状；比例；伸展方向；密度；通透度 |
| | 空间镶嵌体 | 景观异质性；景观多样性；连通性；连接度；粒级；空间关联性；斑块性；孔隙度；对比度；构造；邻近度；蔓延度；破碎度；隔离度；可接近度；分散数 |
| 功能指标 | 功能流 | 类型；方向；流量；速度 |
| | 干扰 | 强度；范围；频度；间隔期；轮回期；严重性；季节性；预测性 |
| | 循环 | 类型；流量；速度；周期 |
| 变化与稳定性指标 | 变化 | 趋势；幅度；规律；速度；周期；顺序；方式 |
| | 稳定性 | 抵抗性；坚持性；恢复性；恒定性 |

（2）评价景观指标的适用方法。斑块-廊道-基质模型是土地持续利用评价的基础，土地利用单元也可分为斑块、廊道和基质。这些单元的类型、大小、形状、比例、伸展方向对土地利用持续性会有影响。其中，大的自然植被斑块在土地持续利用中起着主导作用，它能保护水资源与河流系统，抵抗自然干扰，维持内部物种的生存，而且还有利于生产的专业化与区域化；生态学上最适宜的斑块形状应该是核心区较大和边界弯曲；农业生产区域的防护林与冬季主风方向垂直，能够有效起到防护保产的作用。空间镶嵌体指标是景观生态学最富有特色的一部分，也是对土地利用总体持续性影响较大的因子，而且空间配置指标的获取相对较为容易。因而，采用空间镶嵌体指标将是土地持续利用评价的重要突破口。其中以景观格局、景观多样性、景观连接度、景观异质性与景观梯度最为重要。这些特征对于物质迁移、能量交换、生产力水平和物种分布都有重要意义，在土地持续利用评价中须特别重视。从理论上说，包含细粒区的粗粒景观最适宜，其景观多样性与立地多样性都较高，能为各类物种提供适宜的资源与环境。多样化的物种、土地利用类型、土地单元以及空间格局，是土地持续利用的基础。景观生态学强调生态修复建设过程的研究，因而土壤侵蚀、管理措施、营养循环等土地利用功能指标是土地持续利用评价的重点。在评价土地利用变化的指标选择中，要把注意力放在变化的总趋势上，变化的幅度和规律也是重要的因子。景观稳定性与土地持续利用的关系更为直接，从某种意义上说，狭义的持续性评价就是景观稳定性的评价。全球定位系统（GPS）、遥感（RS）、地理信息系统（GIS）以及空间分布模型是景观评价的重要手段。

总之，土地持续利用评价的指标必须包括土地质量、生态、经济、社会、环境以及景观生态等多个方面。这里，只是对指标的总体框架进行了一般性的描述。在实际中，要因地制宜，根据评价目的、条件、尺度、工作难度等进行选择，以便做出符合实际的评价结果。

## 4 生态修复建设土地持续利用的零缺陷评价方法

### 4.1 一般问题

（1）土地持续利用零缺陷评价的步骤。土地持续利用零缺陷评价的对象主要有土地利用方式、土地利用系统和环境景观区域，它们组成了环境景观区域中土地利用的 3 级结构。土地利用目的与管理措施组成了土地利用方式，土地利用方式与土地单元组成了土地利用系统，土地利用系统空间镶嵌组成了环境景观区域。相应地，土地持续利用零缺陷评价也对应有 3 个步骤，即土地利用方式评价、土地利用系统评价以及环境景观区域评价（图 2-4）。每个步骤的零缺陷评价都包含静态适宜性（或稳定性）评价和动态持续性评价 2 个方面。土地利用方式零缺陷评价，主要是分析土地利用目的与管理措施的协调性，确定土地利用方式，诊断当地土地利用的主要问题。土地利用系统评价是诊断土地利用方式与土地单元的适宜性，分析由土地利用方式和土地单元组成的土地利用系统（相当于景观组分）在时间上的持续性。环境景观区域零缺陷评价是分析由土地利用系统组成的环境景观区域整体的现状稳定性及其将来的持续性。

（2）土地持续利用零缺陷评价的方法。土地持续利用整个零缺陷评价过程中可以采用下述 4 种方法。

①常识和经验法：估计土地特性对土地利用行为的大致影响、收益和判断它们相互之间的假

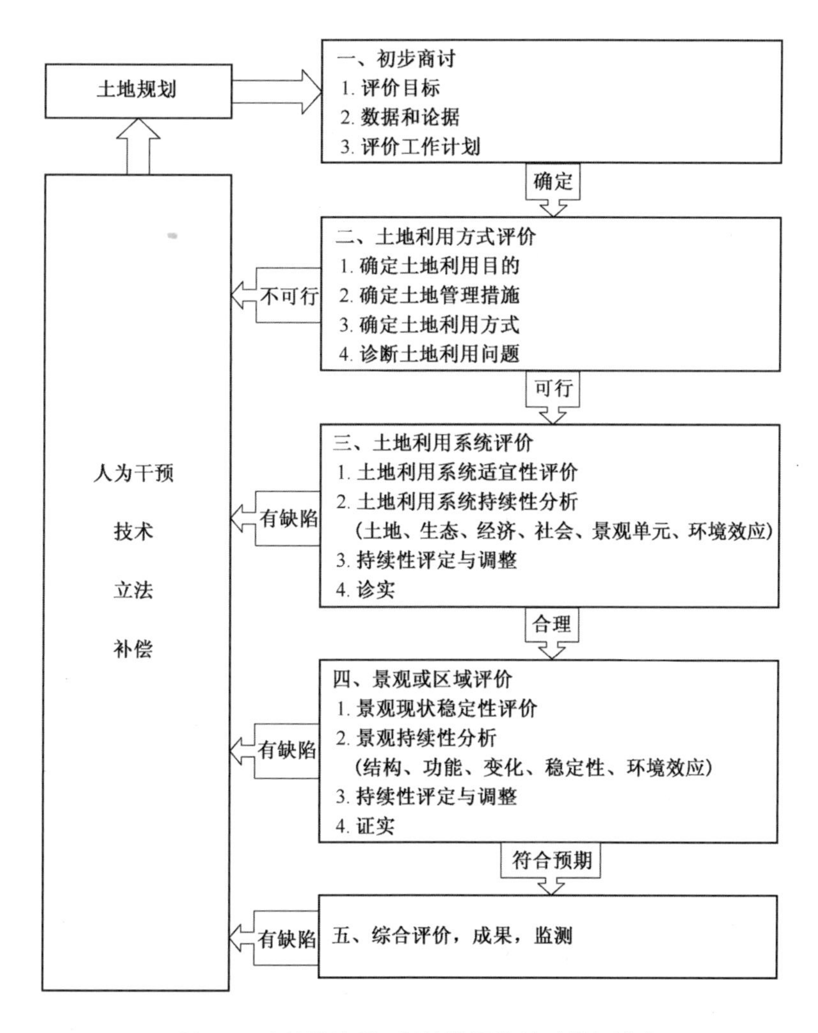


图 **2-4**　土地持续利用零缺陷评价的过程与模式

定关系。

②实验和观测法：实行控制试验和观测，这为因果分析提供更精确、更定量的证据。

③模型和模拟法：采用土地特性与土地利用的关系模型，预测其他地区的土地利用效果。

④分析和评价法：分析目前土地利用和环境之间相互作用的正负效应，进行适宜性评价。

## 4.2　初步商讨

初步商讨是指土地持续利用评价过程中的基本部分。由于对评价目标和基本情况已有一个明确的理解，就相应地计划今后的工作，并指引工作取得切合评价目的的资料。初步商讨期间作出的这些决定，在随后的评价过程中，由于反复校正，可能会被修改。因此，这样的决定应具有灵活性。

（1）零缺陷评价目标。分析研究区域的自然和社会经济条件，针对目前土地利用的主要问题，提出土地利用评价的目标。确定生产性、生态稳定性、资源与环境的保护性、经济可行性和社会接受性这 5 个目标的具体意义。确定评价时间，一般要在持续性因素置信度评价之后，才能确定持续性评价所能应用的时间范围。

（2）收集资料和选择评价因素。

①确定评价区域的地理位置：一般采用地理坐标或图形方式，对评价区域的地理位置做出比较精确的描述。要尽量保证各类数据之间、原始数据与成果之间的比例尺一致。

②评价因素选择：主要有土地、生态、环境、经济、社会和景观生态等多个方面。尽管收集数据的方法和比例尺不同，但必须有一个共同的标准，以便在分析数据时交互作用。

在收集评价因素时，首先列出一系列因素清单，然后从中选择有特殊意义的评价因素。这些因素对土地利用持续性有重要影响，因而关系到评价的成功与否。在选择时，可先排除无意义的因素，并保证不要过分重视某一因素。因为评价因素的类型多样、数据庞大，所以选择工作很难。在鉴定仅有地方性意义的因素时，需要确定其相对重要性，保证所选择的地方性因素对持续性评价有意义。

在选择评价因素时须依据下述3个原则。

关联性：指在目前条件下土地利用评价因素和未来变化条件下，土地利用评价因素的相关性。

稳定性：评价因素对预测其他环境变化的敏感性。

预见性：在可预见将来的条件下，评价因素对质量或特性的预报能力。

（3）评价工作计划。评价目标确定后，针对评价目的与当时的自然环境条件状况，制订评价工作计划，讨论土地利用系统评价与环境景观评价的顺序，并确定土地、生态、经济、社会、景观这5个因素分析的顺序等。

## 4.3 土地利用方式的零缺陷评价

（1）确定土地利用目的。确定土地利用目的是为了给评价过程提供一个简要的描述，即说明评价目的、评价地区、评价尺度和评价时期。对所有类型的土地利用目的都需要进行充分的描述，不能遗漏任何一项。如在农业生产方面，需要确定所有的耕地、作物等类型。有时，在特定条件下其管理措施也可能是一种土地利用目的。例如，如果土地生产集中在一个特殊的作物变种或耕作方式上，就必须特别注明这就是利用目的。如果土地利用目的是生态环境修复建设、工业规模化生产、娱乐及体育等方面时，则更需要花费一定的精力与时间来进行详细描述。

（2）确定土地管理措施。

①描述目前使用的土地管理措施：描述目前使用的土地管理措施是为了了解达到土地利用目的所能采用的所有管理措施，包括管理、组织方式、技术、投入和设施条件。因为所涉及的管理措施很多，因而选择和定义应该集中在对持续性有较大影响的管理措施上。特别要注意目前正在使用的管理措施，因为这些管理措施的存在有一定社会经济背景，可能是决定持续性的重要因子。还应特别集中关注防止土地退化的土地改良措施，如侵蚀控制、土壤结构管理、水分管理、杂草控制、病虫害防治、梯田建设、水利设施建设等。

②描述改进的土地管理措施：如果目前的土地利用属于非持续性，应研究其主要原因，考虑改进某些管理措施或增加更多投入来促进持续性。如果这些改进管理措施是可行的，就要对它进行详细描述，并且与原有土地利用目的一起，组成一项新的土地利用方式，要进行重新分析和评价。如果重评价结果仍然呈现出非持续性，则还需要做进一步的改变，再次重新分析与评价，直至达到持

续性为止。例如，如果土壤遭受风、水侵蚀给持续性造成了重大影响，可设置和采取控制侵蚀的措施，如营造防风防护林、乔灌草混交林、等高耕作、等高条带耕作、留茬免耕和梯田建设等。

如果土地管理措施只需要微小的改变，例如化肥和农药用量上的微小变化、耕作时间上的微小改变等，而且不会对持续性带来很大的影响，就可以直接把改变后管理措施进行描述即可。

综上所述，我们不可能预测到所有的未来变化，因此所有建议的新管理措施最好应该与评价区域及其周围的社会经济条件相协调、相适宜，以保证能够有利于土地利用的持续性。比如，如果建议在某个地区引进某项尖端技术，而该地区又没有使用该技术的习惯和条件，那么这个建议就可能没有任何意义，甚至有害无益。

（3）确定土地利用方式。

①土地利用与土地覆被的概念：土地利用指的是为满足人类需求的土地管理（FAO，1993）。土地利用（land use）的描述包含土地利用目的及其管理措施（FAO，1993；UNEP/FAO，1994）。土地利用与土地覆被（land cover）的概念有部分一致性，但也有一定区别。土地覆被指的是地表由植物（天然或人工）或人工物的覆盖。

②土地利用目的所对应的管理措施：把土地利用方式区分为目的和管理措施，是为了检验管理措施不变而利用目的改变对持续性的影响，以及利用目的不变管理措施改变对持续性的影响。无论是利用目的还是管理措施改变，都需要重新进行分析。因此，在具体的评价过程中，每一项土地利用目的都有相应的若干类管理措施，以方便在最后的调整阶段使用。

③国际标准化土地利用分类系统：国际上，土地利用分类的方法非常多。表2-18是一套国

**表2-18　土地利用分类系统**（UNEP/UNDP/FAO，1994）

| 层次Ⅰ：生态系用改变的程度 | 层次Ⅱ：土地利用目的 | 层次Ⅲ：土地利用方式 |
|---|---|---|
| 1 在自然生态系统基础上的土地利用 | 1.1 未利用 | 1.1.1 未利用 |
| | 1.2 保护 | 1.2.1 整体保护，如自然保护区 |
| | | 1.2.2 部分保护 |
| | 1.3 采集 | 1.3.1 动植物产品采集 |
| 2 在管理生态系统基础上的土地利用 | 2.1 林业生产 | 2.1.1 天然林 |
| | | 2.1.2 人工林 |
| | 2.2 畜牧生产 | 2.2.1 正常放牧 |
| | | 2.2.2 集约放牧 |
| | | 2.2.3 集约畜牧生产 |
| | | 2.2.4 保护性畜牧生产 |
| | 2.3 农业生产 | 2.3.1 移动性耕作 |
| | | 2.3.2 一年生作物生产 |
| | | 2.3.3 多年生作物生产 |
| | | 2.3.4 湿地耕作，如水稻 |
| | | 2.3.5 保护性的农业生产 |
| | 2.4 渔业生产 | 2.4.1 捕鱼 |
| | | 2.4.2 水产养殖 |

际标准化的土地利用分类系统（UNEP/UNDP/FAO，1994；Sombroek and Sims，1995）。这个分类系统把土地利用目的和管理措施这 2 个概念区分开来。诸如农林业、自然保护或居住用地等就是典型的土地利用目的。管理措施是指在土地上实施土地管理措施的类型和顺序，比如农业生产上的轮作和连作。

（4）诊断土地利用问题。需要确切地调查、勘测和查明现有土地利用问题的类型、性质及其严重程度，分析其起因，研究其改进措施。主要土地问题是指那些与土地质量有直接或潜在影响的主要问题，以及与政策和重大决策相关的问题。总而言之，土地利用问题可分为 3 大组，即土地利用系统不适宜、土地退化和土地利用政策不健全。

①土地利用系统不适宜：指不适宜的土地利用系统可以给土地质量带来压力，从而带来连续不间断的土地生产能力降低，最终造成土地退化。

②土地退化：指的是土地的生产能力或环境管理潜力下降，即土地质量降低；主要的土地退化类型有：水蚀、风蚀、土地肥力下降、土地生物活性丧失、盐碱化、浸水、土壤污染、地下水位下降、森林采伐、牧区退化和荒漠化（UNEP，1992；UNCCD，1994）。土地退化效应包括土地利用系统内与系统外。系统内的效应是指一种资源的退化总是与其他资源变化相联系。例如，牧区草场退化、植物盖度降低与土壤有机质和土壤物理性质紧密相联系。最普遍的系统外效应案例是，上游集水区的土壤侵蚀造成下游泥沙含量增加和水库淤积等河流沉积的变化。

按照国际公约，荒漠化指的是“在干旱、半干旱地区以及亚湿润干旱地区，各种因素（包括气候变化和人类活动）所造成的土地的退化”（UNEP，1992；UNCCD，1994）。与土地退化相对应的是土地改良。土地改良指的是土地质量改善和土地利用或环境管理潜力提高的过程。土地改良不仅包括灌溉、排水工程和梯田建设等人类改良工程造成的急剧改变（FAO，1976），还包括土地质量的逐渐改善，比如森林恢复过程中的土壤性质得到逐步改善。

③土地利用政策不健全：主要指的是国家层次上的政策效应及其对农场层次上土地使用者的影响。例如价格政策、农业服务、环境法、农村基建及土地使用法。可以采用“参与法”的研究方法来鉴定政策效应。

## 4.4 土地利用系统的零缺陷评价

土地利用系统由特定土地利用方式与特定土地评价单元组成。1 个土地评价单元指的是其特征较为一致，并且可以制图的土地区域，也就是 1 个环境景观斑块（FAO，1983，1993）。划分土地单元采用多尺度，大到农业生态区，小到 1 个地形小单元（如谷底）。土地评价单元应该根据评价项目的土地要求来决定，它是所有土地评价要素相互作用的产物，也就是所选取的评价要素（如土壤有机质、坡度、排水条件、侵蚀与经济要素等）综合叠置而成的基本单元，地理信息系统是确定土地评价单元的重要手段。

土地利用系统的零缺陷评价，指的是土地利用方式的需求和土地单元的特性比较。土地利用系统零缺陷评价包括土地利用系统现状适宜性评价与土地利用系统动态持续性评价，其中土地利用系统适宜性评价是土地利用持续性评价的基础。土地适宜性零缺陷评价是评价当前社会经济条件下，土地利用方式与其土地单元的适宜性（FAO，1976，1983，1984，1985，1991）。不适宜的土地利用系统可以给土地质量带来压力，造成土地退化。因为持续性是适宜性在时间方向上的扩展，所以土地持续性零缺陷评价是针对预测评价指标的未来状态，评价土地利用方式在未来条件下的适宜性。为了保证零缺陷评价过程的灵活性，达到最适宜的空间配置，应该进行多适宜性评价，即每种土地利用方式在多个土地单元上的适宜性，以及每个土地单元有多个适宜的土地利用方式。

### 4.4.1　土地利用系统的适宜性零缺陷评价

土地利用系统适宜性评价包括如下 5 个步骤。①确定土地利用方式；②分析土地利用方式对土地和环境的要求；③描述土地评价单元及其土地特征；④比较土地利用要求和土地特征；⑤进行土地的效益比较与社会经济分析，提出土地管理和改良的措施。

当前，国内外土地利用系统的适宜性评价，注重自然、经济和社会动因与过程的结合（Fu，1988；Chen and Fu，1995），将土地质量评价与侵蚀危险评价相结合（Fu and Gulinck，1994；Fu and Chen，1995；Fu et al.，1994，1995），将土地评价与土地利用相结合（Fu，1989a，1989b；1989c，1989d），在评价方法上多采用模型、计算机、GIS 与资源信息系统，从而极大提高了评价的精度。

### 4.4.2　土地利用系统的持续性分析

（1）土地本身因素的持续性分析：对其持续性分析分为评价因素等以下 3 项内容。

①评价因素：详细列出与持续性相关的土地属性，这样就有利于从上一个步骤的适宜性评价指标中进行选择。

②判断标准的选择、观察与因果分析：判断标准是指对环境条件进行判断的标准或尺度。土地质量指标标准（standard）既可能是土地利用目的，如灌溉水质标准，也可能是不应该超过的某个限值，比如土壤流失阈值（soil loss tolerance）。土壤流失阈值指的是，要维持一定水平的土地上农作物的生产力，达到经济效益的长期持续性，所能允许的最大土壤流失水平（Wischmerier and Smith，1978）。土壤流失阈值很难确定，然而土壤流失阈值标准的确定是坡地耕作地区土地持续利用的基础。其指标的临界值（thresholds），是指某项指标值超出该值后，土地质量就会发生迅速的恶化。比如，当土壤结构、渗透率等物理特性退化到一定水平后，缓慢发展的面蚀就会迅速转化为细沟或切沟侵蚀，从而造成严重的水土流失；森林植被能容忍一定程度的采伐或火烧，如果采伐或火烧强度超过临界值时，森林就会变成稀树草原；农作系统一般能忍受连续 2 年的旱灾，如果持续 3 年，整个农作系统就会崩溃。如果土地质量指标维持在临界值水平以内，土地压力消失后，土地利用系统还可得以恢复；可一旦超出临界值，土地质量恢复就可能非常缓慢甚至永远不会再得到恢复（Myers，1980；Barrow，1991）。指标的临界值确定在土地质量评价中具有核心作用，是土地利用持续性评价的核心基础。

选择判断标准的目的，是为了揭示当地环境变化的趋势及其起因，反映将来变化的趋势及其对持续性的影响。特别需要鉴定最近有哪些因素和组成属性显示出了变化趋势，找出这些变化的起因，并确定这些变化在将来的发展方向，勾画出当地环境随时间变化的全景，根据因果关系分析，选择出判断标准，以确定未来各个评价因素的可能状态。以下从选择过程、综合因素及其组成属性和因果分析这 3 方面来进行详尽的叙述。

第一，判断标准的选择：开展判断标准的选择分为以下 4 个步骤进行选择。

步骤 1，现状观察：观察目前的变化趋势，要记录评价区域的各种退化迹象。其具体的 8 项内容是：

须了解侵蚀状况需要记录的河流、沟谷、山腰、山麓的堆积；

需要观察表层结皮、易碎性等土壤结构因子；

需要观测生长不良和营养缺乏症等养分状态；

通过调查积水、水生植物群落来确定水分是否过剩；

盐碱损害的观测因子包括表层盐分、生长不良和特殊植物群落；

植物生长不良和可见的症状可反映病虫害状况；

杂草丛生、庄稼疯长、梯田退化和排水沟淤积表明管理不善；

还需要调查人口贫困、情绪低落、疾病和抱怨等社会经济问题。

步骤2，历史检查：当地的任何历史记录都有助于解释目前观察到的迹象，并可指示出潜在问题。过去的农作物产量、生态环境状态、边际效益或社会历史都可能是变化趋势的直接指示标的。如果土地刚投入使用，缺少上述历史记录，当地的降水等气候记录也可以帮助解释目前的气候变化，或帮助从目前观察结果预测未来变化。

步骤3，对比分析：通过地区比较与时间比较，预测未来的变化趋势。

步骤4，模型预测：高质量的可靠数据与一定深度与广度的经验，都是建立模型的基础。研究与开发预测系统，不仅是重要的研究手段，而且其实用性也很高。

在上述4个选择过程的每个阶段，都要估计评价因素的稳定性。需要确定变化类型与变化方向，还要尽可能地预估变化速率。

第二，综合属性和组成属性的关系：许多评价因素都表现为综合性，它们对持续性的影响反应出了它们组成属性的交互影响。综合属性及其组成属性，是因果分析的基础。因此，在开展土地持续利用评价时，需要开发和检验大量的综合属性及其组成属性，才能最终确定对持续性评价最有意义的因素。可采用现状观察、历史分析、对比分析和模型预测4种方法来观察或预测各种组成属性的值，通过因果分析，确定这些组成属性在指示综合因素的状态与变化方面的意义。表2-19中所列的组成属性不仅是综合属性的肢解，更重要的是综合属性在反映持续性所表现出的多样性。

第三，因果分析：因果分析有以下3方面的目的，揭示组成属性的关系，以便决定稳定性和变化方向的交互作用；对因素的未来状态作出预测，以便使它们成为变化的指示者；揭示各种环境因素变化对持续性的影响。

当前，土地利用的因果关系分析已有相当的基础，并且已经开发出了大量的数学模型。这些模型多数属于现状模型，然而有少量模型开始涉及预测未来变化。如著名的土壤侵蚀公式（Wischmeier and Smith，1978）如：

$$A=R\cdot K\cdot L\cdot S\cdot C\cdot P \tag{2-1}$$

式中：$A$——侵蚀速率；

$R$——降雨因素；

$K$——土壤因素；

$L$、$S$——坡度因素；

$C$、$P$——一定的土地利用方式。

**表 2-19　综合属性与组成属性之间的关系**（Smyth and Dumanski，1993）

| 综合属性 | 组成属性 | 度量单位 |
|---|---|---|
| 1. 养分有效性 | 1.1 地表土壤有效 N 含量 | mg/kg |
| | 1.2 地表土壤有效 P 含量 | mg/kg |
| | 1.3 地表土壤有效 K 含量 | mg/kg |
| | 1.4 土壤酸度 | pH |
| | 1.5 心土的可风化矿物质含量 | % |
| | 1.6 心土的全 P 含量 | mg/kg |
| | 1.7 心土的全 K 含量 | mg/kg |
| 2. 洪涝危害 | 2.1 在关键时期洪水泛滥的时间长度 | |
| | 2.2 在关键时期洪水泛滥的深度 | m |
| | 2.3 毁坏性洪水泛滥的频率 | |
| 3. 病虫害 | 3.1 虫害“*X*”的严重性 | 毁坏 % |
| | 3.2 病害“*Y*”的严重性 | 毁坏 % |
| | 3.3 有利于虫害“*X*”与病害“*Y*”的地方因素 | |
| 4. 毛支出 | 4.1 种子费用 | |
| | 4.2 化肥费用 | |
| | 4.3 劳力工资 | |
| | 4.4 燃料费用 | |
| | 4.5 设备更新支出 | |
| 5. 毛收入 | 5.1 来自土地上的归还 | 元 /$hm^2$ |
| | 5.2 来自劳力的归还 | 元 /（人·天） |
| | 5.3 来自资金的归还 | % |
| 6. 土地占有 | 6.1 占有土地的平均面积 | $hm^2$ |
| | 6.2 所有权形式 | |
| | 6.3 使用权的基础 | |
| 7. 人口 | 7 1 人口增长数量与速率 | |
| | 7.2 年龄-性别分布 | |
| | 7.3 有效劳动力 | |
| | 7.4 迁入-迁出 | |

③选择指示因素与临界值：选择土地持续利用指示因素与临界值，可详见下述 4 项相关内容。

第一，指示因素与临界值的概念及其含义：指示因素是反应环境状况或条件变化的土地和环境因素，如土壤侵蚀率的增大或降低。因为指示因素指示了土地利用现状的行为，而且可以很容易预测到指示因素的不稳定性与已知环境压力的关系。临界值指的是指示因素的水平，当某项环境因素超过一定水平（即临界值）时，系统就会出现很大的变化（突变点）。因而，指示因素与临界值在持续性评价中有着特别重要的意义。

第二，指示因素与临界值的重要作用：指示因素是从评价因素及其组成属性中选择出来的，对特定区域和特定的土地利用持续性有着直接的影响作用。因为凭借一个单独指示因素不可能正确地判断土地利用的持续性，只有依据全部指示因素才能引导出可信的持续性评价。因此，在选择评价持续性的指示因素时，必须确保不遗漏影响系统未来变化的重要指示因素。有时，一项土地系统的非持续性非常明显；有时，土地利用系统的持续性又非常模糊，决定持续性临界值则更模糊，这时就只有依据指示因素的状态做出正确评定。

第三，选择指示因素：同选择评价因素相类似，以关联性、稳定性和预测性为原则，从评价因素中再选择出指示因素。诸如侵蚀、产品质量和产量等因素是土地退化和非稳定性的明显指示者，这些因素的鉴定较为容易。如表 2-20 所示，是根据澳大利亚多学科研究为基础编制的农业生产基本指示因素。表中的标准都可观测到，它们综合反映出了已知农业系统的优劣成效。

**表 2-20 基本指示因素**（以澳大利亚农业为例）（Smyth and Dumanski，1993）

| 系统类型 | 管理水平方面 | 生产平衡方面 | 资源基础方面 |
|---|---|---|---|
| 雨养作物与动物 | 农场管理技术、资金流支与财政计划 | 水分利用有效性、产量－面积、降水 | 土壤健康、土壤酸碱度、养分平衡与土壤生物区系 |
| 高雨量农场 | 产量/面积、畜产品重量/公顷 | 植物生长–植被盖度、种类/面积 | 土壤生物指示者：蠕虫、白蚁等的数目与种类 |
| 低雨量牧场 | 管理能力、计划债务、财务记录 | 动物健康与生产力、活重量收益、数量–质量、羊毛、羊肉 | 牧场与土壤条件、裸地百分数、牧草组成 |
| 灌溉农业与牧业 | 农场与区域收益、农场水平的债务与财产、全部（农、畜）利润与支出 | 水分利用系数、植物利用－灌水、水位趋势、作物–重量–水分利用 | 土壤健康、渗透率、心土紧实度、每年生物数量及活动、化学残渣量 |
| 集约园艺与葡萄园 | 在工业方面采取的综合害虫管理百分数、农药销售量、栽培记录、动物区系调差 | 营养平衡、产量与养分组成、化肥销售量、表层水分组成 | 土壤渗透性、水分基本灌溉量、水分利用率、水压、土壤渗透量 |
| 高雨量热带系统 | 生产多样性、土地利用或作物数量、隔绝植被的地块数 | 水质、地表水组成、除虫剂、沉积物 | 土地生产力、土壤酸碱变化趋势、有机质、心土紧实度、土壤结构与条件 |

在实际应用过程中，可按下列 3 个步骤选择指示因素：

步骤 1：鉴定对土地持续利用有影响作用的全部评价因素，并从中选择出那些指示不稳定性的综合因素；

步骤 2：把每个综合因素分解为有意义的组成属性；

步骤 3：选择评价所需要的指示因素。

选择出来的指示因素应符合下述 4 项标准：能反映出环境变化对土地利用持续性的影响作用；能指示环境变化，且具有一定的稳定性（在短时间内或短距离内波动不大）；所反映出的土地利用效应容易理解，反应的变化起因容易观测；指示因素本身容易描述与观测。

表 2-19 中所列的表土有效 N 含量，是影响植物生长的重要因素（符合标准 a），但是变化大（不符合标准 b），因此该因素不理想；再如洪涝发生频率，它能够反映洪涝危害及其影响（符合标准 a 和 b），揭示出其起因是森林采伐（符合标准 c），而且本身可观测（符合标准 d），因此它就是一个很理想的指示因素。

第四，确定临界值：经过因果关系分析，加深了对土地持续利用环境的认识，为鉴定临界值提供了基础。持续性评价所需要指示因素的临界值，与适宜性评价所涉及的评价因素临界值非常类似（表 2-21）。在适宜性评价中，存在适宜性的级别，如表中的高度适宜、中度适宜、边际适宜。每个评价因素的每个级别都有一个临界值。在持续性评价中，针对每种类型的土地利用方式，每个指示因素只有一个临界值，要么持续、要么非持续，只要当指示因素超出临界值，这种土地利用方式就被评定为非持续性。如表 2-21 中所示，“不适宜”与“边际适宜”之间的临界值，可以作为持续性的临界值。要确定某种类型土地利用方式是否持续，不仅要评价它在目前是否适宜，而且要评价在未来条件下是否仍然适宜。只有在一定时期内都保持适宜，才能够评定这种土地利用方式在这段时期内是持续。因此，需要评价未来的变化趋势，确定各个指示因素的未来值与临界值，以此综合评定某种土地利用系统的持续性。

**表 2-21　评价因素的临界值**（Smyth and Dumanski，1993）

| 土地特性 | 评价因素 | 高度适宜 | 中度适宜 | 边际适宜 | 不适宜 | 单位 |
|---|---|---|---|---|---|---|
| 水分有效性 | 生长期 | 315~365 | 230~315 | 210~230 | <210 | d |
| | 相对蒸发蒸腾（1-Eta/Etm）/全生育期 | <0.17 | 0.17~0.55 | 0.55~0.65 | >0.65 | 比率 |
| 氧气有效性（排水） | 土壤排水 | 良好 | 较好 | 不好 | 很差 | 级别 |
| | 地下水深度（关键时期 0 | >180 | 50~180 | 20~50 | <20 | cm |
| 养分有效性 | 化学反应 | 6.0~7.0 | 4.5~6.0<br>7.0~8.0 | 4.0~4.5<br>8.0~8.5 | <4.0<br>>8.5 | pH |
| 养分缓冲性 | 0~20cm 的 CEC | >15 | 6~15 | 4~6 | <4 | mmol/kg |
| | 心土盐基饱和度 | >50 | 20~50 | 10~20 | <10 | % |
| 过量盐分 | 饱和提取液的 EC | <2.5 | 2.5~9 | 9~11 | >11 | ms/cm |

注：表中数据是描述性的，不能作为参考数据。

（2）环境景观单元的持续性分析。环境景观单元是土地利用规划的基础，也是遥感数据采集和土地持续利用分析取样的基本单位。其分析基本思路和步骤与上述的土地因素持续性分析相同，但是更强调土地利用系统作为环境景观单元的空间属性（包括斑块、廊道和基质的形状、大小、类型、数量等因素）及其变化（表 2-17），以及这些空间属性与主要土地问题、主要生态修复建设过程的关系。

（3）环境效应分析。环境效应分析分为被动环境效应分析、主动环境效应分析 2 种。

被动环境效应分析：指迅速地观察评价区域周围地区可能影响评价点本身持续性即将发生的变化迹象。特别要注意该地区的水文、设施、病虫害和人口分布等方面的可能变化。

主动环境效应分析：鉴定所评价区域的计划活动在未来以什么方式影响周围环境。

如果上述这 2 种环境效应为不可接受，那么这种土地利用方式必然属于非持续性的。

### 4.4.3 持续性零缺陷评定与调整

（1）持续性判别。如果最后的分析结果是持续性，那么就进行环境变化预测与置信度的判别，其判别方法及其过程是：在典型地区或全球变化趋势的背景下，依据判断标准的变化趋势，在相继的时间间隔内预测每个指示因素的可能值，并把指示因素的可能值与该因素的临界值相比较，确定持续性的年份，即持续性的时间置信度（表 2-1）。在进行指示因素可能值与临界值比较时，尽管有一个或少数因素可能超出临界值，但是土地利用系统整体上也可能属于持续性的。因此，需要确定一个置信度（称数量置信度）来处理这类问题。依据时间置信度与数量置信度，就可以确定或描述某种土地利用系统持续性的级别。另外，在持续性的最终评定过程中，要充分重视数据的可靠度。

（2）非持续性判别。如果最后的分析结果是非持续性，那么就应该进行下述 3 个步骤。

①首先调整土地利用方式：改进预定土地利用目的与管理措施，分析并判断能否抵消或补偿不稳定性因素。比如，如果土壤侵蚀特别严重所造成的分析结果是非持续性，那么就应该考虑加强防治侵蚀，继而再分析能否达到持续性利用。

②再重新进行持续性分析：针对上述所改变了的土地利用方式（如管理措施改进），重复采用图 2-4 中 的步骤二至三，以得到持续性评价结果。

③重复实施前面两个步骤：最后依次对其他土地利用系统重复实施前面两个步骤。需注意的是，要避免社会经济不适宜或不值得分析的所谓“改进的”管理措施建议。

### 4.4.4 土地利用持续性的零缺陷证实

土地持续利用的生产性、安全性、保护性、可行性、接受性 5 个目标，贯穿整个零缺陷评价过程，要针对这 5 个目标检验每一个分析步骤。当然不可避免地要采取某些灵活性措施或办法，因为这 5 个目标只是代表一个理想化的目的，在某些情况下或许是不可能达到的。比如，要进行土壤耕作，那么土壤侵蚀就不可避免。在确定临界值时，也要针对多个目标确定每个指示因素的临界值，特别是在评价某一段时期（而不是一个时间点）的持续性时更为重要，因而需要一定程度的“折中”。在具体评价过程中，要对临界值标准进行充分的描述。

零缺陷证实的主要工作任务是交互性检验，这包括下述 3 个方面：

（1）因素之间的交互检验。检验不同因素的交互作用，评价它们对土地利用持续性的重要性，并将各个因素及其交互作用的综合效应引入到分析过程中。

（2）学科之间的交互检验。是指在这种情况下，如果土地特性方面发生变化，那么生态等其他方面的专家也要检验本学科的可能变化。

（3）管理措施变化的检验。如若有人建议增加施肥以保持肥力，那么就需要检验作物或肥料的市场价格和运输等方面是否存在问题，并确定这个建议能否接受。这种检验是一个反复的修正过程，并且在评价的每个阶段都要互相检验，以免最后的修改幅度过大。

## 4.5　环境景观区域零缺陷评价

环境景观区域零缺陷评价是针对土地利用系统组成的环境景观区域整体，分析其生态修复建设中的结构、功能、变化、稳定性与环境效应，进行现状稳定性与持续性的评价，其零缺陷评价步骤与方法和土地利用系统的零缺陷评阶方法相同，也包括现状稳定性评价、持续性分析、持续性评定、调整以及证实一系列步骤。

在黄土高原丘陵地区，水土流失是最重要的土地利用持续性问题，而水土流失的主要原因又是该区域土地利用的环境景观格局（土地利用系统的组成、类型、配置等）极不合理所致。因此，关于土地利用的环境景观格局与水土流失的关系研究是该区域土地持续利用评价的基础与核心（Fu et al.，2000）。模型法是研究这类型土地利用问题的重要方法。国际上，土壤侵蚀评价预报模型非常丰富，但从根本上可分为统计模型与物理模型 2 类。统计模型有著名的 USLE（Lane et a1.，1992）及其修正版 RUSEL（Renard et al.，1997）；物理模型主要有 CREAMS、ANSWERS、AGNPS、KINEROS、EUROSEM、WEPP 和 LISEM 等（De Roo et a1.，1995）。这些土壤侵蚀模型具有模拟、评价与预报等功能，但是因其起源背景、原理、方法和尺度均不同，其功能与应用也千差万别。这里主要以 LISEM 为例，讨论土地侵蚀模型的特点、功能及其在土地持续利用评价中的应用。LISEM（limburg soil erosion model），是 20 世纪 90 年代初荷兰学者以荷兰南部黄土区域的土地侵蚀与水土保持规划研究为基础，研发的基于土壤侵蚀物理过程和 GIS 的流域尺度上的土壤侵蚀预报模型。该模型考虑了土地侵蚀发生的主要过程，可以与栅格 GIS 集成，并可直接利用遥感动态数据。LISEM 考虑了降雨、土壤水分、土地利用/覆盖类型、地貌类型、土壤类型、植物盖度、地表特征、道路等环境景观属性的时空变异，以文本、图、表等多种方式输出如下指标：总量指标（如流域面积、降雨量、泥沙输出、径流输出），不同时间状态的降雨、径流输出与泥沙输出，整个流域侵蚀量与沉积量的分布图，整个流域径流量与沟流量的分布图。显然，应用 LISEM ，可以对流域尺度上土地利用的时空格局与土壤侵蚀和水土流失的关系，进行模拟、预报和评价，是土地持续利用评价的重要辅助工具。另外，LISEM 还可以模拟和预报土壤营养元素的流失数据。

## 4.6　综合零缺陷评价成果与零缺陷监测

将前述几个阶段所获得的信息集合在一起，就能够对土地利用做出综合持续性评定。最后，需重新检验整个评价过程的所有步骤，以进一步证实。在再检验过程中，应保证零缺陷评价原则和 5 个评价目标的统一或一致。

（1）综合零缺陷评价。综合分析土地利用方式、土地利用系统与环境景观区域，以环境景观区域整体评价结果为重点，在动态基础上，对整个评价区域的土地利用持续性做出合理的零缺陷判断。

（2）零缺陷评价成果。土地持续利用零缺陷评价成果报告包括下述4个方面。

①土地利用目的：土地利用方式的成果报告不但包括目的和管理措施的综合描述，还应该包括对评价区域地理位置的准确描述，其中大比例尺图需要显示评价区域的边界，小比例尺图需要显示评价区域的周围区域。

②背景数据：对评价区域的土地本身、生态、经济、社会和环境景观区域都要有一个简要的描述。另外还包括参考资料著录、图件与影像的主题，以及比例尺、地理信息系统、数据库、评价区域统计数据及其他信息，还应有适宜性评价数据、持续性分析数据以及人文和社会经济数据等。

③分析资料：应列出对每种土地利用方式、每个土地利用系统及环境景观区域整体的稳定性有影响的土地特性、组成特性、指示因素和临界值清单。列出因果关系分析、组成特性的鉴定与评价、指示因素、临界值和持续性所建立标准的正当理由。进行迹象分析，包括观察到的、历史记录、地理信息、理论研究等一列资料。列出每种土地利用方式、每种土地利用系统及环境景观区域整体主动和被动环境效应及其对持续性的影响作用。

④评价效果：土地利用方式评价结果包括下述3项工作内容。一是经过分析，得到的评价区域未来变化的预测结果；二是每一种土地利用系统及环境景观区域整体持续性的最后判断，以及其限制条件、界限和约束等的说明；三是对未来土地利用过程中环境变化监测的建议。

（3）评价后的零缺陷监测。

①监测对特定地点、特定土地利用方式、特定环境景观区域的土地持续利用有影响的因素，以便能够重新评价它们的变化对土地利用持续性的影响；

②监测评价区域指示因素的实际变化情况，与预测变化的数值进行比较，并把比较结果反馈给预测以便进行修正；

③如果实际变化与预测变化差距很大，甚至出现完全未预料的变化，就需要确定这些变化是否会使原来的评价无效，并评价这些变化对其他环境因素的影响。

## 第二节 项目建设后零缺陷财务评价方法

### 1 生态修复工程项目建设后零缺陷评价中的财务分析

#### 1.1 生态修复防护经济盈利能力的零缺陷分析

生态修复工程项目建设盈利能力的主要指标为财务内部收益率（FIRR）和财务净现值（FNPV）。其零缺陷分析步骤如下：收集项目的财务报表或会计账目；收集项目开工以来的物价变化的统计资料（包括国家或地区的消费指数、行业产品物价指数等）；收集项目建设前后项目防护区产生的减灾和增加的生态经济效益；采用财务报表数据编制项目现金流量表，计算净现金流量；用确定的物价指数对净现金流量进行换算，扣除物价的影响，有换算后的净现金流量得出后评价的财务内部收益率和财务净现值；用后评价的结果与前评估的预测指标相比，与行业基准收益率或同期贷款利率相比。

根据评价时确定的基准年不同，有以下 2 种分析方法。

（1）以后评价时点为基准年计算财务内部收益率。后评价现金流量的数据取自财务报表，按时价计算时，应剔除物价总水平上涨因素。一般以后评价时点为基准年，物价指数为 100，把净现金流量数据用物价指数换算成基准年的不变价格数据计算。在实际进行项目后评价效益计算时，财务现金流量表数据很多，往往不可能对每一个数据单独进行换算。通常的做法是，在得出财务净现金流量后，再用行业或当地统计部门公布的物价系数进行换算，得到换算后的现金流量，然后计算财务内部收益率和财务净现值。

（2）以完工时间为基准年计算财务内部收益率。有些国际金融组织（如亚洲开发银行），后评价规定一项目完工时间为计算财务内部收益率的基准年。现金流量表的数据由三部分组成，第一部分为项目开工时到完工时的数据，第二部分为从基准年到后评价时的数据，第三部分为后评价时点以后的数据。假定项目开工前评估时已考虑了建设期的物价上涨因素，而且预测指数基本与实际相符，那么，第一部分数据可直接引用财务报表的数据，不用换算；第二部分数据要以基准年的物价为 100%，把这段时间发生的费用按所确定的物价指数进行换算；第三部分数据应以该后评价时点为不变价往后推算。

### 1.2　生态修复工程项目建设防护经济清偿能力的零缺陷分析

清偿能力的零缺陷分析在零缺陷后评价阶段主要用于鉴别生态修复工程项目建设是否具有财务上的持续能力。可以从项目的损益与利润分配和资产负债表中考察以下指标：负债资产比、流动比率和速动比率。应按项目的实际偿还能力来计算借款偿还期，可根据偿还项目长期借款本金（包括融资租赁的扣除利息后的租赁费）的税后利润、折旧和摊销等数据来计算。这些数据可根据后评价时点的实际值并考虑适当的预测加以确定。

### 1.3　生态修复工程项目建设防护经济敏感性的零缺陷分析

财务零缺陷后评价的敏感性零缺陷分析是指在后评价时点以后的敏感性分析，主要用来评价生态修复工程项目建设的持续性。后评价时项目的投资、开工时间和建设期已经确定，因此敏感性分析主要是对成本和销售收入的分析，分析方法与前评估相同。

## 2　生态修复工程项目建设后的经济零缺陷分析

生态修复工程项目建设零缺陷后评价中的经济零缺陷评价是从国家或地区的整体角度考察项目的费用和效益，采用国际市场价格、价格转换系数、实际汇率和贴现率（或社会折现率）等参数对后评价时点以前各年度项目实际发生的效益和费用加以核实，并对后评价时点以后的效益和费用进行重新预测，计算出主要评价指标经济内部收益率。

### 2.1　生态修复建设项目零缺陷后评价中经济零缺陷分析的作用

（1）生态修复工程项目建设后评价与前评估的结论相比较，着重分析生态修复建设项目的决策质量。

（2）生态修复建设项目后评价以实际数据和更现实的预测数据对项目的效益做出评价，以指明项目的持续性和重复的可能性。

### 2.2 生态修复建设项目零缺陷后评价的经济分析与财务分析的区别

（1）经济评价中要把税收和附加列为转移支付，因为它们只是社会部门之间的价值转移，并不直接关系对资源的使用和分配。

（2）经济评价所采用的折现率是对于整个社会资本的机会成本，即社会折现率，而不是某个具体项目的机会成本。

### 2.3 生态修复建设项目经济零缺陷后评价的方法

生态修复项目建设经济零缺陷后评价的方法原则上与财务后评价相同。涉外投资的，经济后评价的费用效益采用国际市场价格，剔除物价变化影响的指数一般应参照世界银行和国际货币基金组织公布的物价指数。根据项目数据资料提供和搜集的可能性，经济零缺陷评价方法有 2 种。

（1）以财务零缺陷后评价为基础的零缺陷方法。以财务零缺陷后评价为基础的零缺陷方法，是指在零缺陷后评价的财务评价的基础上，对数据进行调整，编制经济效益费用流量表。该方法的优点是资料易获得，可靠性强。分析步骤如下：剔除转移支付项目，如建设期发生的投资方向调节税、国内借款利息、进口设备材料的关税，生产运营期的销售税（增值税）及附加、所得税等；用每年的国际市场价格将主要投入物和产出物的财务价格进行调整，换算成经济评价所需的价格；确定评价的基准年，用国际物价指数消除通货膨胀的影响；计算经济内部收益率（EIRR）和经济净现值（ENPV）。

（2）以前评估的经济评价为基础的零缺陷方法。在采用以前评估的经济评价为基础的零缺陷方法时，需要对项目前评估时的主要投入物和产出物的数据按实际情况做出调整，必要时可对先评估所用的参数加以修正，用发生时有效的参数进行计算。得出经济内部收益率和经济净现值。

## 第三节 项目建设后环境与社会影响的零缺陷评价方法

### 1 生态修复工程项目建设后环境影响的零缺陷评价

生态修复工程项目建设后评价的环境影响零缺陷评价，是指对照项目前评估时批准的《环境影响报告书》，重新审查项目环境影响的实际结果，审核项目环境管理的决策、规定、规范、参数的可靠性和实际效果。实施环境影响后评价应遵照国家相关环保法的规定，根据国家和地方环境质量标准和污染物排放标准以及相关产业部门的环保规定。在审核已实施的环境影响评价报告时，除评价环境影响现状外，还要对未来进行预测。对有可能产生突发性事故的项目，要有环境影响的风险分析。如果项目生产或使用对人类和生态危害极大的剧毒物品，或项目位于环境高度敏感的地区，或项目已发生严重的污染事件，则还需提出一份单独的项目环境影响后评价报告。

环境影响零缺陷后评价一般包括如下 5 项内容：项目污染控制，区域环境质量，自然资源利用，区域生态平衡和环境管理能力。

## 1.1　污染控制

检查和评价项目污染绘制的主要内容有：项目的废水、废气、废渣和噪音是否在总量和浓度上都达到了国家和地方政府颁布的标准；项目的环保治理装置是否做到了“三同时”并运转正常；项目环保的管理和监测是否有效等。

## 1.2　区域环境质量影响

环境质量评价要分析对当地环境影响较大的若干种污染物，这些物质与环境背景值相关，并与项目的“三废”排放有关。环境质量指数的计算式如式（2-2）：

$$IEQ = \sum_{i_1}^{n} \frac{Q_i}{Q_{i0}} \qquad (2\text{-}2)$$

式中：$n$——项目排放的污染物种类；

$Q_i$——$i$ 种污染物的排放数量；

$Q_{i0}$——第 $i$ 种污染物政府允许的最大排放量。

## 1.3　自然资源合理利用和保护

项目建设区域自然资源合理利用和保护的内容，包括水、海洋、土地、森林、草原、矿山、渔业、野生动植物等自然界中对人类有用的一切物质和能量的合理开发、综合利用、保护和再生增殖。资源利用分析的重点是节约能源、水资源，土地的合理利用及资源的综合利用等。对于这些内容的管理条例和评价方法，环保部门已制定了有关的规定和办法，项目后评价原则上应按这些条例和方法景象分析。

## 1.4　对生态平衡的影响

项目对生态平衡的影响是指人类活动对自然环境的影响，内容包括：气候；人类；植物和动物种群，特别是珍稀濒危的野生动植物；重要水源涵养区；具有重大科教文化价值的地质构造，著名溶洞、化石、冰川、火山、温泉等自然遗迹、景观和人文遗迹；可能引起或加剧的自然灾害和危害，如土壤退化、植被破坏、洪水和地震等。

## 1.5　环境管理

对项目环境管理的评价是环境影响后评价的一项重要内容。包括环境管理，“三同时”和其他环保法令和条例的执行；环保资金、设备及仪器仪表的管理；环保制度和机构、政策和规定的评价；环保的技术管理和人员培训等。主要分析随着项目的进程和时间的推进，这些内容所发生的变化。由于项目所在地环境背景差别很大，工程废弃物各不相同，因此，要分析不同项目的特点，找出各种污染因素，选择合适的权重系数，进行全面评价，作出环境影响评价结论。

# 2 生态修复工程项目建设后社会影响的零缺陷评价

项目的社会影响零缺陷评价，是指生态修复工程项目建设对国家（或地方）社会发展目标的贡献和影响力。包括项目本身和对周围地区及社会的影响。其零缺陷后评价的内容有：持续性、机构发展、参与、妇女、平等和贫困等要素。具体评价时，要根据项目的特点进行重点要素评价。一般评价要素和方法有如下 6 方面。

## 2.1 就业影响

指生态修复工程项目建设对就业的直接影响。可用同类的而又采用了影子价格的已评项目进行对比，就业率指标用单位投资新增就业人数表示。

## 2.2 地区收入分配影响

指生态修复工程项目建设对不同地区收入分配的影响，即项目对公平分配和扶贫政策的影响。对于较富裕地区和贫困地区收入分配上的差别宜建立一个指标体系，以计算项目对贫困地区收入的作用，体现国家的扶贫政策，促进贫困地区的发展。收入分配影响可用贫困地区收益分配系数和贫困地区收入分配效益来衡量。

## 2.3 居民的生活条件和生活质量

指项目建设区域收入的变化，人口与计划生育，住房条件和服务设施，教育和卫生，营养和体育活动，文化、历史和娱乐等。

## 2.4 受益者范围极其反映

应分析内容包括：谁是真正的受益者，投入和服务是否到达了原定的对象，实际项目受益者的人数占原定目标的比例，受益者人群的收益程度，受益者范围是否合理等。

## 2.5 各方面的参与

各方面参与的评价内容包括：当地政府和居民对项目的态度及其对项目计划、建设和运行的参与程度，正式或非正式的项目参与机制的建立等。

## 2.6 妇女、民族和宗教信仰

其内容包括：妇女的社会地位，少数民族和民族团结，当地的风俗习惯和宗教信仰等。

# 第四节 项目建设的可持续性零缺陷评价方法

## 1 项目建设的可持续性零缺陷评价方法说明

### 1.1 项目建设可持续性零缺陷评价的设计

在生态修复工程项目建设投资完成时进行持续性的零缺陷评价，主要采取预测的方法，即以项目实施过程中所取得的经验知识和能力为基础，预测项目的未来。具体分析时，可以设计一个逻辑框架，用来建立和说明未来的长远目标、效益、产出、措施、投入及其相关的条件和风险。

### 1.2 项目建设可持续性零缺陷评价说明

设计和建立新的逻辑框架时，要对生态修复建设项目原定的逻辑框架进行调整和分析，以验证与其相关的投入、产出、条件和风险。项目零缺陷后评价的持续性分析，应按逻辑框架的反方向顺序，以项目的影响和其原因为主线进行分析和详细说明。

## 2 项目建设的可持续性零缺陷评价顺序

可持续性零缺陷评价顺序见表 2-22，表中数字代表评价步骤序号，其含义如下：

“1” 为建立全部时间的实际利润流量；

“2” 为建立全部时间的实际产出流量；

“3” 为建立措施计划，包括项目周期各个方面已采取或正在采取的措施，目前所提措施的实际采纳情况；

“4” 为确定按照项目计划投入的情况；

“5” ~ “10” 为按照持续性评价的关键因素，比如：各方面的问题、需要和目的，部门政策，机构能力，技术含量，财务状况和环境影响等。重新评价项目的条件和风险，以确定在项目立项、设计阶段所确定的持续性因素与效益间可能存在的因果关系。

表 2-22 持续性验证模型的逻辑框架

| 评价项目 | 验证指标 | 条件的重新评价 | 风险的重新评价 |
|---|---|---|---|
| 问题和需要 | | 5 | |
| 长远目标 | | 6 | 6 |
| 效益 | 1 | 7 | 7 |
| 产出 | 2 | 8 | 8 |
| 措施 | 3 | 9 | 9 |
| 投入 | 4 | 10 | 10 |

# 第三章
# 生态修复工程项目建设零缺陷后评价的形式

生态修复工程项目建设零缺陷后评价在评价形式上分为自我评价和独立后评价两种。

## 第一节 项目建设零缺陷后评价的自我评价形式

生态修复工程项目建设竣工验收报告可以为项目的零缺陷后评价提供大量的详实数据和信息，但是从零缺陷后评价的角度考虑，其内容和深度还不能满足评价要求。特别是在项目财务分析、效益评价和可持续发展方面还需要补充资料和深入分析。为此，国家有关机关在项目后评价实施规定中明确了必须由项目业主先行提交自我评价报告的要求。

## 1　项目建设零缺陷自我评价的目的与任务

生态修复工程项目建设零缺陷后评价的自我评价是从项目业主或项目主管部门的角度出发，对项目的实施进行全面的总结，为开展项目独立后评价做好准备。

### 1.1　项目建设零缺陷自我评价与竣工验收的区别

#### 1.1.1　评价的重点不同

竣工验收侧重在生态修复工程项目建设的质量、进度和造价方面，而自我评价则侧重在项目效益和影响方面。虽然自我评价需要了解工程方面的情况，但重点是分析原因，解决项目的效益和影响问题，为今后项目建设决策和管理提供借鉴。

#### 1.1.2　评价的目的不同

竣工验收的目的是为了把形成的固定资产正式移交给企业转入正常生产，同时总结出生态修复工程项目建设中的经验教训。而自我评价的目的是为项目后评价服务，需要全面总结项目建设中的执行、效益、作用和影响，为其他项目建设提供可以借鉴的经验教训。

### 1.2　项目零缺陷自我评价与有关国际机构的完工报告的区别

#### 1.2.1　评价角度不同

生态修复工程项目建设完工报告是由有关机构（如世界银行和亚洲开发银行）的项目负责官员编制的，代表了他们的意见。而零缺陷自我评价报告则是由生态修复工程项目建设业主或执行机构编写的，代表了项目单位的意见，两者的评价角度有所不同。

#### 1.2.2　评价的层次不同

生态修复工程项目完工报告可以提出项目业主管理权限以外的问题和意见。而项目自我评价则往往难以超越项目范围去分析原因，提出建议，两者所处的管理层次不同。

因此，项目自我评价是业主处在项目层次上对项目的实施进行的总结，是按照项目后评价要求，收集资料、自我检查、对比分析、找出原因、提出建议，达到总结经验教训的目的。

## 2　项目建设零缺陷自我评价报告

生态修复工程项目建设零缺陷自我评价的内容基本上与项目完工报告相同，但要侧重找出项目在实施过程中的变化，以及变化对项目效益等各方面的影响，分析变化的原因，总结经验教训。在我国，由于国际金融组织（如世界银行和亚洲开发银行）、国家有关部委和机构及各部门和地方对项目后评价的目的、要求和任务不尽相同，因此项目零缺陷自我评价报告的格式也有所区别。

### 2.1　国际组织在华项目的零缺陷自我评价报告

有关国际金融组织在华贷款项目的零缺陷自我评价报告，是这些组织项目完工报告的一个重要附件。世界银行在华贷款项目的零缺陷后评价，包括项目完工报告、成果审核报告和影响评价报告。虽然这些报告是由世行官员和专家来完成，但这些报告的基础资料都要求项目单位提供。多数情况下，项目业主要准备完工报告和审核报告的资料。因此，项目业主单位要编写一份类似自评报告的资料。

### 2.2　国内银行的项目执行零缺陷自我评价报告

根据国家有关规定，从1998年起利用国内商业银行贷款的项目，凡是投资总额超过2亿元以上的，在项目完工以后必须进行零缺陷后评价。因此，项目单位需要在银行评价之前提交一份项目执行零缺陷自我评价报告。

以下即国家开发银行就项目零缺陷自我评价报告的基本格式，现将《银行贷款项目自我评价报告编写提纲》列下，以供参考使用。

（1）项目实施完成评价

①主要建设内容；

②投资及银行承诺贷款额的确认；

③建设工期；

④实施中存在的主要问题。

（2）项目（企业）生产运营评价

①生产运营及管理状况；

②生产运营中存在的主要问题。

（3）项目（企业）财务效益评价

①项目效益状况及获利能力测算；

②项目偿债能力测算与对比。

（4）贷款管理评价

①银行贷款（资金）到位及使用情况；

②银行贷款利息实收情况；

③委托代理行的管理状况；

④借款人资格、资信及变化情况；

⑤贷款担保、抵押方资格、资信及变化情况；

⑥贷款人履行合同的其他内容。

（5）评价结论及建议

①评价所得出的客观、公正结论；

②评价项目今后运行或改进建议。

### 2.3　国家重点项目的零缺陷自我评价报告

凡是列入国家有关部委后评价计划的项目属于国家重点后评价项目，这些项目一般都是大中型和限额以上项目。这类项目的零缺陷后评价自我评价报告由项目业主单位根据国家有关部委的规定编制，或按照主管部门的实施细则编制。

## 3　项目建设零缺陷自我评价报告的附件与附表

### 3.1　项目后评价的零缺陷自我评价报告应附有附表图的名录

①项目基础资料表；

②项目建设总投资来源表；

③项目建设总投资执行情况表；

④项目建设总投资变化因素分析表；

⑤项目建设资产负债表；

⑥项目建设损益表；

⑦项目建设总成本费用表；

⑧项目建设借款还本付息计算表；

⑨项目建设现金流量表；

⑩项目建设项目目标逻辑框架图。

### 3.2　项目零缺陷自我评价报告的主要附件

①项目建设可行性研究报告（评估报告或批复文件）；

②项目建设初步设计文件（批复文件）；

③项目建设调整文件；

④项目建设竣工验收报告或财务决算审计报告。

## 3.3　附项目建设基础资料

项目基础资料包括可研（评估）时及实际实现的项目资料，应含有以下7项零缺陷内容。

①项目建设单位项目名称、主管部门、所属地区、项目地理位置、项目单位、联系地址及通信方式；

②项目建设单位项目名称、主管部门、所属地区、项目地理位置、项目单位、联系地址及通信方式；

③项目建设内容、产品方案、规模；

④项目建设总投资（单位）原预计金额、实际金额；项目总投资（万元）、基本建设投资、建设期利息、流动资金；

⑤项目建设资金来源（合计）、利用外资、资本金、预算内资金、银行贷款、其他资金来源；

⑥项目建设进度及批复文件、批复日期、单位及文号；批复项目建议书、批复可行性报告/评估报告、完成并批复初步设计、批准开工、竣工验收、达到设计能力、项目后评价；

⑦项目建设主要效益指标对比表，见表3-1至表3-10。

**表3-1　项目建设主要效益指标对比表**

| 项　目 | 计量单位 | 可研评估（1） | 可研批复 | 初步设计 | 调查设计（2） | 变化值（3） |
|---|---|---|---|---|---|---|
| 总投资 | 亿元 | | | | | |
| 销售收入 | 亿元 | | | | | |
| 总成本费用 | 亿元 | | | | | |
| 工期 | 月 | | | | | |
| 利润总额 | 亿元 | | | | | |
| 投资回收期 | 年 | | | | | |
| FIRR | % | | | | | |
| EIRR | % | | | | | |

注：(3) = (2) - (1)

**表3-2　项目建设总投资来源表**

| 序号 | 投资来源 | 预概算 | | | 实际金额数 | | | | | 备注 |
|---|---|---|---|---|---|---|---|---|---|---|
| | | 可研评估 | 初步设计 | 概算调整 | 合计 | 第1年 | 第2年 | 第3年 | …… | |
| 1 | 资本金 | | | | | | | | | |
| 2 | 预算内资金 | | | | | | | | | |
| 3 | 银行贷款 | | | | | | | | | |
| 4 | 国外贷款（折人民币） | | | | | | | | | |
| 5 | 其他 | | | | | | | | | |

**表 3-3 项目建设总投资执行情况表**

| 序号 | 项目 | 可研评估 | 初步设计 | 概算调整 | 竣工决算 | 后评价 | 变化 |
|---|---|---|---|---|---|---|---|
| | | (1) | (2) | (3) | (4) | (5) | (5) ∶ (1) |
| 1 | 项目总投资 | | | | | | |
| 2 | 建筑工程 | | | | | | |
| 3 | 安装工程 | | | | | | |
| 4 | 设备 | | | | | | |
| 5 | 工器具 | | | | | | |
| 6 | 其他费用 | | | | | | |

**表 3-4 项目建设总投资变化因素分析表**

| 序号 | 变化原因分析 | 与可研评估比 | 与初步设计比 | 与概算调整比 | 合计 |
|---|---|---|---|---|---|
| 1 | 设计变更、漏项 | | | | |
| 2 | 标准变化 | | | | |
| 3 | 定额变动 | | | | |
| 4 | 规模和内容变化 | | | | |
| 5 | 设备材料价格变化 | | | | |
| 6 | 汇算变化 | | | | |
| 7 | 贷款利息变化 | | | | |
| 8 | 其他 | | | | |

注：变化原因可因项目不同而异，超支为“+”，节约为“–”。

**表 3-5 项目建设损益表**

| 序号 | 项　目 | 实际数 | | | 预测数 | | | |
|---|---|---|---|---|---|---|---|---|
| | | 1 | 2 | 3 | 4 | 5 | 6 | …… |
| 1 | 销售（营业）收入 | | | | | | | |
| 2 | 销售税金及附加 | | | | | | | |
| 3 | 总成本 | | | | | | | |
| 4 | 其他营业利润 | | | | | | | |
| 5 | 投资收益 | | | | | | | |
| 6 | 营业外净支出 | | | | | | | |
| 7 | 利润总额（1–2–3+4+5–6） | | | | | | | |
| 8 | 应弥补以前年度亏损 | | | | | | | |
| 9 | 应纳税所得额（7–8） | | | | | | | |
| 10 | 所得税 | | | | | | | |
| 11 | 税后利润（7–10） | | | | | | | |
| 12 | 盈余公积 | | | | | | | |
| 13 | 应付利润 | | | | | | | |
| 14 | 未分配利润（11–12–13） | | | | | | | |
| 15 | 可用于还款的未分配利润 | | | | | | | |

**表 3-6　项目建设资产负值表**

| 资产 | 年初数 | 期末数 | 负债及所有者权益 | 年初数 | 期末数 |
|---|---|---|---|---|---|
| 流动资产（合计） | | | 流动负债（合计） | | |
| 货币资金 | | | 短期借款 | | |
| 短期投资 | | | 应付票据 | | |
| 应收票据 | | | 应收账款 | | |
| 应收账款净额 | | | 预收账款 | | |
| 预付账款 | | | 其他应付款 | | |
| 其他应收款 | | | 应付工资 | | |
| 存款 | | | 应付福利费 | | |
| 待摊费用 | | | 未交税金 | | |
| 待处理流动资产净损失 | | | 未付利润 | | |
| 一年内到期的长期债券投资 | | | 其他未交款 | | |
| 其他流动资产 | | | 预提费用 | | |
| | | | 待扣税金 | | |
| 长期投资 | | | 一年内到期的长期负债 | | |
| | | | 其他流动负债 | | |
| 固定资产（合计） | | | | | |
| 固定资产原值 | | | 长期负债（合计） | | |
| 减：累计折旧 | | | 长期借款 | | |
| 固定资产净值 | | | 应付债券 | | |
| 在建工程 | | | 长期应付款 | | |
| 待处理固定资产净损失 | | | 其他长期负债 | | |
| | | | | | |
| 无形及递延资产（合计） | | | 所有者权益（合计） | | |
| 无形资产 | | | 实收资本 | | |
| 递延资产 | | | 资本公积 | | |
| | | | 盈余公积 | | |
| 其他资产 | | | 未分配利润 | | |
| 资产总计 | | | 负债及所有者权益总计 | | |
| 计算指标：资产负债率＝　%，流动比率＝　%，速动比率＝　% | | | | | |

**表 3-7　项目建设总成本费用表**

| 序号 | 项目 | 实际数 | | | 预测数 | | | |
|---|---|---|---|---|---|---|---|---|
| | | 1 | 2 | 3 | 4 | 5 | 6 | …… |
| 1 | 生产负荷（%） | | | | | | | |
| 1.1 | 原材料及辅助材料 | | | | | | | |

（续）

| 序号 | 项目 | 实际数 | | | 预测数 | | | |
|---|---|---|---|---|---|---|---|---|
| | | 1 | 2 | 3 | 4 | 5 | 6 | …… |
| 1.2 | 燃料及动力 | | | | | | | |
| 1.3 | 工资及福利费 | | | | | | | |
| 1.4 | 制造费用 | | | | | | | |
| 2 | 管理费用 | | | | | | | |
| 3 | 财务费用 | | | | | | | |
| 4 | 销售费用 | | | | | | | |
| 5 | 总成本（1+2+3+4） | | | | | | | |
| 5.1 | 其中：折旧费 | | | | | | | |
| 5.2 | 摊销费 | | | | | | | |
| 5.3 | 借款利息 | | | | | | | |
| 6 | 经营成本（5-5.1-5.2-5.3） | | | | | | | |
| 7 | 可变成本（1.1+1.2） | | | | | | | |
| 8 | 固定成本（5-7） | | | | | | | |

**表 3-8 项目建设借款还本付息计算表**

| 序号 | 项目 | 名义利率 | 有效利率 | 1 | 2 | 3 | 4 | …… |
|---|---|---|---|---|---|---|---|---|
| 1 | 基建借款 | | | | | | | |
| 1.1 | 年初借款余额 | | | | | | | |
| 1.2 | 本年借款额 | | | | | | | |
| 1.3 | 本年应计利息 | | | | | | | |
| 1.4 | 本年应付利息 | | | | | | | |
| 1.5 | 本年付息 | | | | | | | |
| 1.6 | 本年应付未付利息 | | | | | | | |
| 1.7 | 本年合同归还本金 | | | | | | | |
| 1.8 | 本年应还本金 | | | | | | | |
| 1.9 | 本年归还本金 | | | | | | | |
| 1.10 | 年末借款余额 | | | | | | | |
| 1.11 | 短期借款 | | | | | | | |
| 2 | 年初借款余额 | | | | | | | |
| 2.1 | 本年借款额 | | | | | | | |
| 2.2 | 本年应计利息 | | | | | | | |
| 2.3 | 本年应付利息 | | | | | | | |
| 2.4 | 本年付息 | | | | | | | |

（续）

| 序号 | 项目 | 名义利率 | 有效利率 | 1 | 2 | 3 | 4 | …… |
|---|---|---|---|---|---|---|---|---|
| 2.5 | 本年应付未付利息 | | | | | | | |
| 2.6 | 本年合同归还本金 | | | | | | | |
| 2.7 | 本年应还本金 | | | | | | | |
| 2.8 | 本年归还本金 | | | | | | | |
| 2.9 | 本年应还未还本金 | | | | | | | |
| 2.10 | 年末借款余额 | | | | | | | |
| 2.11 | 还本付息资金来源 | | | | | | | |
| 3 | 折旧费 | | | | | | | |
| 3.1 | 摊销费 | | | | | | | |
| 3.2 | 未分配利润 | | | | | | | |
| 3.3 | 基建收入 | | | | | | | |
| 3.4 | 短期借款 | | | | | | | |
| 3.5 | 财务费用 | | | | | | | |
| 3.6 | 其他资金 | | | | | | | |
| 3.7 | 财务费用中的借款利息 | | | | | | | |
| 4 | 计算指标 | | | | | | | |
| 5 | 偿债覆盖率（%） | | | | | | | |

**表 3-9　项目建设现金流量表**

| 序号 | 项目 | 财务年度 | | | | | | |
|---|---|---|---|---|---|---|---|---|
| | | 1 | 2 | 3 | 4 | 5 | 6 | …… |
| 1 | 现金流入 | | | | | | | |
| 1.1 | 销售（营业）收入 | | | | | | | |
| 1.2 | 回收固定资产余值 | | | | | | | |
| 1.3 | 回收流动资金 | | | | | | | |
| 1.4 | 基建收入 | | | | | | | |
| 1.5 | 其他 | | | | | | | |
| 2 | 现金流出 | | | | | | | |
| 2.1 | 固定资产投资 | | | | | | | |
| 2.2 | 投资方向调节税 | | | | | | | |
| 2.3 | 流动资金 | | | | | | | |
| 2.4 | 经营成本 | | | | | | | |
| 2.5 | 销售税金及附加 | | | | | | | |
| 2.6 | 营业外净支出 | | | | | | | |

（续）

| 序号 | 项目 | 财务年度 | | | | | | |
|---|---|---|---|---|---|---|---|---|
| | | 1 | 2 | 3 | 4 | 5 | 6 | …… |
| 2.7 | 所得税 | | | | | | | |
| 2.8 | 其他 | | | | | | | |
| 3 | 净现金流量 | | | | | | | |
| 4 | 累计净现金流量 | | | | | | | |
| 5 | 所得税前净现金流量 | | | | | | | |
| 6 | 所得税前累计净现金流量 | | | | | | | |
| 7 | 换算后净现金流量 | | | | | | | |
| 8 | 换算后累计净现金流量 | | | | | | | |

计算指标：财务内部收益率：% 税前　　；税后　　；换算后　　；

净现值（换算后）：

投资回收期：（年）

**表 3-10　项目建设目标逻辑框架图**

| 项目 | 原定目标 | 实际结果 | 原因分析 | 可持续条件 |
|---|---|---|---|---|
| 宏观目标 | | | | |
| 项目目的 | | | | |
| 项目产出 | | | | |
| 项目投入 | | | | |

# 第二节
# 项目建设零缺陷独立后评价

根据零缺陷后评价的含义，生态修复工程项目建设零缺陷后评价应该由独立或相对独立的机构去完成，因此也称为项目的零缺陷独立后评价。项目零缺陷独立后评价要保证评价的客观公正性，同时要及时将评价结果报告委托单位。世界银行、亚洲开发银行的项目独立后评价由其行内专门的评价机构来完成，称这种评价为项目执行审核评价。

## 1　项目建设零缺陷独立后评价的工作任务

生态修复工程项目建设零缺陷独立后评价的主要工作任务是：在分析项目完工报告、项目自我评价报告、项目竣工验收报告的基础上，通过实地考察、调查、分析、研究，评价项目的结果和项目的执行情况。

## 1.1 项目成果的零缺陷评价

### 1.1.1 评价任务

（1）宏观分析。评价者要从项目目标相关的各个方面进行分析，特别是从国家和行业产业政策、发展方向等方面，评价项目目标是否符合这些方针政策，对其有什么贡献和影响。对世行和亚行项目还需要结合银行的扶贫、环保、人力资源开发和鼓励私营行业发展等策略进行必要的分析。

（2）效应分析。评价者要对照项目目标，从建设技术与管理内容、项目财务、机构发展及其他相关政策方面分析项目的实际作用和后果。

（3）效益分析。评价者要结合项目的投入、建设成本、实施内容和项目的财务经济结果，分析评价项目的实际成果。按照世界银行的规定，要重新测算项目的经济内部收益率，看其是否大于 10%。

### 1.1.2 总体结果（成功度）

采用“成功”“部分成功”和“不成功”来表示。项目“成功”表示已经或将要实现建设的主要目标，几乎没有什么明显的失误。

### 1.1.3 可持续性

采用“可持续”“不可持续”和“待定”来表示，以此来评价已经或可能沿着项目既定目标运营下去的持续性。

### 1.1.4 机构和体制评价

不少项目的成果、效益和可持续性是与体制形式、机构设置和管理者能力相关，包括政策制度的改革完善、法制的加强、人员的培训以及机构能力的增强等。

## 1.2 项目实施的零缺陷管理评价

项目执行结果与各个方面的管理能力和水平密切相关，评价者要对在项目周期中各个层次的管理进行分析评价。项目实施的零缺陷管理评价包括以下各项内容。

### 1.2.1 投资者的表现

评价者要从项目立项、准备、评估、决策和监督等方面来评价投资者和投资决策者在项目实施过程中的作用和表现。

### 1.2.2 借款人的表现

评价者要分析评价借款者的投资环境和条件，包括执行协议能力、资格和资信以及机构设置、管理程序和决策质量等。世行和亚行贷款项目还要分析评价协议承诺兑现情况、政策环境、国内配套资金等。

### 1.2.3 项目执行机构的表现

评价者要分析评价项目执行机构的管理能力和管理者的水平，包括合同管理、人员管理和培训以及与项目受益者的合作等。世行和亚行贷款项目还要对项目技术援助、咨询专家使用、项目的监测评价系统等进行评价。

#### 1.2.4 外部因素的分析

影响到项目成果的还有许多外部的管理因素，例如价格的变化、国际国内市场条件的变化、自然灾害、内部形势不安定等，以及项目其他相关管理机构的因素，例如联合融资者、合同商和供货商等。评价者要对这些因素进行必要的分析评价。

### 1.3 评价的零缺陷分析方法

#### 1.3.1 分析评价的基本思路

项目独立后评价的基本思路是：通过阅读文件、现场调查，对照项目原定的目标和指标，找出项目实施过程中的变化、问题及影响；通过对变化和问题的分析，找出内部和外部的原因；再通过原因的分析，提出对策建议；最后通过全面总结，提出可供借鉴的经验教训。

#### 1.3.2 分析评价的策划

项目独立后评价要找出问题、分析原因，就必须按照项目周期的顺序，从不同时点上发现项目指标的变化，为最终对比和结论找到依据。项目后评价的主要分析时点有：可行性研究报告，评估，批复、初步设计，批复、概算调整、竣工验收和后评价5个时点。项目评价的内容一般也可分为5个方面：目标（宏观目标和项目目的），资源（物质和技术资源、人力资源和财力资源），经济（财务和经济），环境和社会，管理（体制、水平）等。为此，在项目评价前要把评价分析时点和评价内容结合起来，进行周密的策划，以使评价完整、科学，并节约大量的时间、人力和物力。

## 2 项目建设零缺陷独立后评价的实施步骤

### 2.1 独立后评价的零缺陷实施步骤

#### 2.1.1 接受委托、明确任务

项目后评价委托者应以委托任务书或其他形式，正式委托独立的咨询机构去实施后评价。委托书必须目的明确，一般都有确定的评价范围、工作内容、时间要求和经费来源。委托者同时要通知被评项目单位后评价任务的下达。

#### 2.1.2 制订工作计划

评价者根据委托书的要求，按照确定的评价时点和内容，编制工作计划和费用预算，确定项目后评价负责人。并与项目业主联系，敦促其作好项目后评价自我评价报告的编写，确定完成时间，必要时可先指导和帮助项目业主单位编写自我评价报告。

#### 2.1.3 成立专家组

一般项目后评价都需要成立专家组来完成任务。专家的选择必须考虑专业知识、评价经验和独立性，专家组组长应由与被评项目没有直接关系的人员担任。

#### 2.1.4 收集资料

专家组成立后，应开始收集与项目有关的信息和资料，主要收集的资料包括：项目可行性研究报告及其评估报告、初步设计文件、项目开工报告、概算调整报告、竣工验收报告、项目运营的主要财务报表等。

#### 2.1.5　编制调查提纲

在专家阅读文件资料的基础上，通过仔细研究项目的自我评价报告，找出项目需要调查的主要内容，并根据委托任务的要求和编写项目后评价报告的需要，准备现场调查提纲。

#### 2.1.6　现场调查

根据现场调查提纲，专家组赴项目实地了解情况，发现问题，分析原因。业主单位的项目执行者、财务管理人员和工程设计单位应配合协助调查。

#### 2.1.7　形成专家组意见

在现场调查后应及时形成专家组意见，特别是对项目的重大问题达成共识，但允许保留并记录不同意见，专家组要形成对项目整体评价的结论。专家组意见应作为项目后评价报告的重要附件。

#### 2.1.8　后评价报告初稿的编写

项目负责人根据调查和专家意见，按照项目后评价报告的格式，及时编写项目后评价报告，经部门负责人审查修改后形成报告初稿。

#### 2.1.9　后评价报告初稿的修改

项目后评价报告初稿形成后，一般要征求后评价委托者的意见，以确定是否满足委托方的要求，并按照委托者的要求进行修改。

#### 2.1.10　报告和反馈

项目后评价报告应按规定的时间及时送出，并根据成果反馈的需要，经委托者同意，尽快反馈到有关单位和部门。

### 2.2　零缺陷调查准备和收集资料

现场调查和收集资料是项目后评价的关键环节，是分析问题、总结经验教训和编写后评价报告的主要依据。在项目后评价实施中要特别重视调查的准备工作。在一般情况下，调查提纲的准备应注意从以下 4 方面提出问题，收集资料。

#### 2.2.1　立项条件

应着重调查和收集所涉及立项的以下 5 项条件。

①在项目立项批复时，项目的建设内容、设计和组织管理是否适宜？

②立项是否参考了相关的宏观经济政策？

③项目与国家、部门发展规划有什么关系？

④项目与地方发展等其他外部条件的关系如何？

⑤项目是否符合国家的发展战略、布局、投资重点和国家的有关政策？

#### 2.2.2　立项程序和文件

应重点调查和收集涉及立项程序及其相关文件的以下 12 项内容。

①项目文件起草时，政府部门起了何种作用？

②项目文件对存在的问题是否表述清楚，以使项目为解决这些问题而有所准备？

③项目的主要条件是否清晰？对风险是否有所估计？

④项目策略的筹划是否建立在项目类型和执行方式的方案分析的基础上？

⑤项目管理机构的能力是否经过评价？业主对管理形式选择是否采纳了评价意见？

⑥项目产品的拟定用户是否明确？市场需求情况如何？

⑦项目是否考虑了妇女特别关心、需求和可能作出其贡献的各个方面？

⑧项目主要应形成什么样的生产能力？

⑨是否对当时已有的结构调整计划有所了解，并指明与项目关联的问题？

⑩项目文件是否从定性和定量两个方面明确了项目的目的和产出？项目的工作计划安排和投入是否切合实际？

⑪项目文件是否明确了项目各主要阶段的监测机制，并考虑了需要采取管理措施来解决的困难和阻力？这些措施是否要在预算中做财务准备？

⑫在项目文件中是否包括了工作计划或进度安排？如果没有，项目计划是何时制定的，是否具有可操作性和现实性？

### 2.2.3　项目实施

应认真调查和收集涉及项目所实施的以下 18 项内容。

①项目是否按原定计划和进度进行？若没有，为什么？

②项目投资和管理各个方面是否对项目实施计划和主要方案取得了完全一致的意见？

③项目完成了哪些特定建设任务？其成本如何？有什么作用？是否可能增加一些效用，或减少一点成本，如何减少？

④项目实施的基本方针是什么？有无创新？是否符合政府的政策和合理的开发方式？

⑤负责项目的政府机构或非政府组织对项目有什么承诺（即人事、基金、行政支持）？

⑥地方官员对项目的实施是如何介入的？他们如何能继续介入下去？

⑦在项目实施过程中机构或人员发生了哪些变动及其对项目的影响如何？

⑧项目的实施与项目执行机构或其他代理机构的主要工作是如何保持联系的？

⑨项目在行政和财务方面是如何进行管理的？

⑩是否有明显的资金缺口、资金流动问题、超概算或其他财务困难妨碍了项目的实施？

⑪影响项目顺利进行的主要问题和障碍是什么？为什么？应该采取什么样的正确措施，以及这些措施的作用如何？

⑫向项目提供了什么样的专门技术和经验？这些经验是否有用？地方和部门能采用吗？技术引进如何，是否成功？

⑬项目提供的正规培训是否成功？被培训人员目前的工作岗位和责任怎样？

⑭项目提供的设备装置是否适用？备品备件是否能够或可由国内供应？目前使用的是什么设备，哪些设备材料是有用的？

⑮项目实施了哪些内部监测和评价？这些工作的深度如何？监测评价的结果是否有用？在实际执行中，业主是否改进了其监测和评价方面的工作？

⑯在项目实施过程中，是否进行过深入的外部条件评价？这些评价对改进项目内部的监测评价和顺利实施项目有什么作用？

⑰项目是否有竣工验收报告及其批复，报告主要有什么结论？

⑱项目是否进行过审计，有哪些主要结论？

### 2.2.4　项目成果、影响和经验教训

应调查和收集以下 23 项涉及项目成果、影响和经验教训的资料内容。

①项目实施过程所选定和采用的目标、方法、措施和机构目前是否仍然适用？

②从人员、培训、设备、政府联系等方面考虑，项目是否处于良好管理和运营状态？

③项目的产出是什么？

④产品质量和产出的时效性如何？

⑤在最新的项目产品产出单上有哪些还没有达到原定目标？

⑥从整体上看，项目的哪些近期目标已经完全或部分实现了？项目的产出对实现目标的作用何在？若没实现，原因何在，何时能实现？

⑦项目在宏观上的作用是什么？

⑧从项目的发展趋势看，项目对未来宏观的作用可能怎样？

⑨项目近期目标的实现对地区、部门或国家的发展有什么长远和广泛的意义？

⑩如果采用其他方法是否可能增加项目的效应？项目利用资源的总费用与得到的效益相比是否合理？

⑪项目在机构改革和人才开发方面有什么成果？

⑫项目是否产生了预想不到的正反两方面的效果？原因何在，与项目有什么联系？

⑬项目结束时，哪些人有得，哪些人有失（指不同的人群）？得失各是什么？

⑭项目的环境影响怎样？

⑮项目对部门、地方和企业的管理机构有什么影响？

⑯项目的成果能否在外部支持结束后继续维持下去？理由是什么？

⑰需要哪些支持措施来保证项目成果、资料、建议得到合理使用？

⑱通过项目后评价得出的最主要的结论是什么？

⑲政府主管机构、投资者和项目执行单位对主要问题有什么答复？

⑳项目后评价在项目准备、执行和成果方面所得出的结论是什么？

㉑为完善项目，建议应由谁在何时采取什么具体措施？

㉒在同类项目的计划和执行中，以及未来同类项目建设时应注意采取哪些措施？

㉓为改进和提高国家、地方和部门决策和管理水平，本项目有哪些技术与管理主要的经验教训值得借鉴？

# 3　项目建设零缺陷独立后评价的内容

## 3.1　项目零缺陷独立后评价的内容

生态修复工程项目建设零缺陷独立后评价的内容，包括项目背景、实施全过程回顾与评价、项目建设绩效和影响评价、项目建设目标实现程度与可持续性能力评价、总结项目建设经验教训，提出对策和建议等几个部分。

### 3.1.1　项目背景

（1）项目的目标和目的。简单描述立项时社会和发展对本项目的需求情况和立项的必要性，

项目的宏观目标，与国家、部门或地方产业政策、布局规划和发展策略的相关性，建设项目的具体目标和目的，市场前景预测等。

（2）项目建设内容。项目可行性研究报告和评估提出主要产品、运营或服务的规模、品种、内容，项目的主要投入和产出，投资总额，效益测算情况，风险分析等。

（3）项目工期。项目原计划工期，实际发生的可研批准、开工、完工、投产、竣工验收、达到设计能力以及后评价时间。

（4）资金来源与安排。项目批复时所安排的主要资金来源、贷款条件、资本金比例。以及项目全投资加权综合贷款利率等。

（5）项目后评价。项目后评价的任务来源和要求，项目自我评价报告完成时间，后评价时间程序，后评价执行者，后评价的依据、方法和评价时点。

### 3.1.2 项目实施全过程回顾与评价

应在《生态修复工程项目建设后评价报告》和后评价人员现场调查研究的基础上，去伪存真、实事求是地对建设项目各个阶段的实施过程、发生问题及原因，进行全面系统的回顾与评价。全过程回顾与评价一般分为立项决策、建设准备、建设现场和抚育保质 4 个阶段（过程）。

（1）项目立项决策阶段的回顾与评价。项目立项决策阶段的回顾与评价内容，应包括项目可行性研究报告、项目评估报告和项目建设实施的决策审批等 3 项内容。

①项目可行性研究报告：重点是生态修复防护项目建设的目的及目标是否明确、合理；是否进行了多方案比较，选择了正确方案；项目的效果和效益是否可能实现；项目是否可能产生预期的作用和影响。其评价内容包括：生态灾害危害状况和需求预测、建设内容和规模、工艺技术和装备、原材料等配置、建设项目的配套设施、建设项目的投资估算和融资方案、建设项目财务分析和国民经济评价等。

②项目评估报告：重点是生态修复建设项目目标的分析与评价；项目实施效果指标的分析与评价；项目建设风险分析与评价等。

③项目建设实施的决策审批（核准或批准）：重点是生态修复建设项目决策程序、决策方法的分析与评价，以及投资决策内容的分析与评价 3 部分内容。

（2）项目建设准备阶段的回顾与评价。项目建设准备阶段的回顾与评价内容，应包括项目勘察与规划设计、项目建设资金来源和融资方案、采用招投标形式、项目建设合同条款和签订和开工准备等 7 项内容。

①项目勘察与规划设计：包括勘察、规划设计单位的选定方式和程序、能力和资信以及效果分析，勘测、规划设计工作质量；项目建设设计方案，设计变更；建设规划设计水平等。

对设计评价，要评价生态项目修复建设设计的水平、项目选用的技术装备水平，特别是规模的合理性。对照可研和评估，找出并分析项目设计重大变更的原因及其影响，提出如何在可研阶段预防这些变更的措施。

②项目建设合同评价：评价项目的招投标、合同签约、合同执行和合同管理方面的实施情况，包括工程承包商、设备材料供货商、工程咨询专家和监理工程师等。对照合同承诺条款，分析和评价实施中的变化和违约及其对项目的影响。

③采用招投标（含勘察、规划设计、咨询、施工、监理、设备材料）形式：包括招标方式、

招标组织形式、招标范围以及招标报批手续和监督机制，分析评价招投标的公开性、公平性、公正性和合法性、合规性以及招投标效果。

④项目建设合同条款和签订：指合同文本的完善程度，合同的合理性、合法性等。

⑤开工准备：一般应有项目法人组建；土地征购及拆迁安置；按照批准的总图组织实施方案；施工组织设计；工程建设进度计划和资金使用计划的编制，报批开工报告等。

⑥组织管理：包括对项目执行机构、借款单位和投资者三方在项目实施过程中的表现和作用的评价。如果项目执行得不好，评价要认真分析相关的组织机构、运作机制、管理信息系统、决策程序、管理人员能力、监督检查机制等因素

（3）项目建设实施阶段的回顾与评价。项目建设实施阶段的回顾与评价内容，主要包括项目建设合同履约情况、重大设计变更、项目建设“三大控制”、项目建设资金支付和管理、项目建设管理、项目建设竣工验收。

①项目建设合同履约情况：包括勘察、规划设计、设备物资采购、施工、监理和咨询服务合同等；要分析合同依据的法律法规和签订程序；分析合同履行情况和违约原因及责任。

②重大设计变更：指变更原因、变更手续的合规性、变更引起的投资变化与影响等。

③项目建设“三大控制”：这些分析和评价可以从建设单位管理和现场监理两个方面分别进行。内容包括：工程质量控制的措施与效果评价；工程进度控制的措施与效果；工程造价控制的措施与效果。

④项目建设资金支付和管理：包括资金管理机构和支付制度，资金来源是否正当，资金来源结构与决策时的对比，资金供应是否适时适度，项目所需流动资金的供应及运用状况。

⑤项目建设管理：主要包括管理模式、管理机构、管理机制和管理规章制度等。

⑥项目进度：对比项目计划工期与实际进度的差别，包括项目准备期、施工建设期和投产达产期。分析工期延误的主要原因，及其对项目总投资、财务效益、借款偿还和产品市场占有率的影响。同时还要提出今后避免进度延误的措施建议。

⑦项目建设竣工验收：包括项目完工情况，抚育保质工作情况，竣工验收工作情况。

（4）项目运营阶段的回顾与评价。项目运营阶段的回顾与评价内容，主要指项目竣工验收投入运营后到评价时点，其生态修复建设项目产生生态修复防护经济效益、运营管理和发挥生态效能情况。

①运营管理的状况，是指运营管理是否顺畅，设备运行是否稳定，生态修复防护能力是否持续等。

②设计生态修复防护能力的实现程度。

③运营管理原材料消耗指标。

④项目运营管理财务状况。

⑤项目运营管理体制、管理机制等。

### 3.1.3　项目建设绩效和影响评价

生态项目修复建设绩效和影响评价是指对建设项目实施的最终生态修复防护效果和产生的防护生态经济效益进行分析评价，即将项目的工程技术成果、经济效益、生态环境效益、社会效益和管理效果等，与建设项目可行性研究和评估决策时所确定的主要指标，进行全面对照、分析与

评价，找出变化和差异，分析原因。项目绩效和影响的分析与评价是生态修复建设项目后评价的基本内容，一般从技术、经济、环境、社会和管理等多个方面进行评价。

（1）项目建设技术效果评价。技术效果后评价是对生态修复建设项目采用的建设工艺技术与装备水平的分析与评价，主要关注技术的先进性、适用性、实用性、经济性、安全性。

①项目建设工艺技术和装备评价　主要考察工艺技术的可靠性、工艺流程的合理性、工艺技术对生态防护质量的保证程度、工艺技术对原材料的适应性。各工序、工段设备的生产能力是否符合设计要求；各主要机械设备是否与设计文件选定的一致，如有变化，分析原因及影响；前后工序、工段的机械设备能力是否匹配；各种不同渠道引进的机械设备是否匹配；机械设备的主要性能参数是否满足工艺要求；机械设备寿命是否符合经济性要求等。

②技术效果评价　项目建设技术水平分析，应与建设项目立项时的预期水平进行对比。

技术先进性：从设计规范、工程标准、工艺路线、装备水平、工程质量等方面，分析项目所采用技术达到的水平，并作出评价。

技术适用性：从技术难度、当地技术水平及配套条件、人员素质和掌握技术的程度，分析生态建设项目所采用技术的适应性，特别是抚育保质技术和机械装备的配套情况。

技术经济性：根据生态修复工程项目建设行业的主要技术经济指标，如生态治理规模、单位面积投资、单位运营成本、能耗及其他主要消耗指标、环境和社会代价等，说明生态修复工程项目建设技术经济指标处于国内行业的水平，以及处于生态修复工程建设项目所在地区的技术进步水平等。

技术安全性：通过生态修复建设项目实际运营数据，分析所采用技术的可靠性，主要技术风险，安全运营水平；机械设备国产化程度以及经验和问题等。

（2）项目建设财务和经济效益评价。生态修复建设项目财务和经济效益评价主要包括项目总投资和负债状况；重新测算项目的财务评价指标、经济评价指标、偿债能力等。财务和经济评价应通过投资增加效益的分析，突出项目对生态修复防护的综合效益的作用和影响。

①项目建设财务效益评价：财务效益后评价与前评估中的财务分析的内容和方法基本相同，都要进行项目建设生态修复防护效益折算为经济赢利性分析、清偿能力分析和外汇平衡分析。评价时应将评价时点的实际数据中包含的物价指数扣除，使后评价与前评估的各项评价指标都有可比性。在赢利分析中，要通过全投资和自有资金现金流量表，计算全投资税前内部收益率、净现值、自有资金税后内部收益率等指标；通过编制损益表，计算资金利润率、资金利税率、资金利润等指标，以反映项目投资和自由投资者的获利能力。清偿能力分析主要通过编制资产负债表、借款还本付息表，计算资产负债率、流动比率、速动比率、偿债准备率等指标，反映生态修复建设项目的清偿能力。

②经济效益评价：经济效益后评价的内容，主要是通过编制全投资与国内投资经济效益和费用流量表、外汇流量表、国内资源流量表等，计算国民经济赢利性指标；全投资和国内投资经济内部收益率和经济净现值、经济换汇成本等指标。

（3）项目修复建设对生态环境影响评价。生态环境影响评价是指对照项目前评估时批准的《环境影响报告书》，重新审查项目建设对生态环境的实际影响结果。评价时应遵照国家森林法、水土保持法和环保法的规定，国家和地方生态环境质量标准和污染物排放标准以及相关产业部门的环保规定。在审核已实施的环境评价报告和评价环境影响现状的同时，要对未来进行预测，对有可能产生突发事故的项目要有环境影响的风险分析。如果项目生产、使用或运行对人类和生态有极大危害的剧毒物品、或项目位于环境高度敏感区，或项目已发生过严重的污染事件，那么，还需要提出一份单独的项目建设环境影响报告。其评价内容一般包括以下 5 方面。

①项目主要生态修复防护作用及其控制生态危害：包括防治水土流失侵蚀、沙漠化风蚀沙埋，预防和控制废气、污水、废渣、噪声等及其排放指标；

②生态修复工程项目治理设施和环保措施：包括环保设施内容及其投资情况；

③生态环境管理能力和监测制度：包括生态环境管理机构、人员、设备和规章制度等；

④对项目地区的生态环境影响情况：指项目修复建设前后当地生态环境的对比情况；

⑤项目自然资源的利用：指项目修复建设利用当地各种自然资源情况。

（4）项目社会影响评价。社会影响评价主要是分析生态修复工程项目建设对当地经济和社会发展以及技术进步的影响。其评价方法是定性和定量相结合，以定性为主，在诸要素分析评价的基础上做综合评价；恰当的社会影响评价调查提纲和正确的分析方法是社会影响评价成功的先决条件。社会影响评价内容一般可包含如下 7 个方面。

①项目建设征地拆迁补偿移民安置情况；

②项目建设对当地增加就业机会的影响；

③项目建设对当地收入分配的影响；

④项目建设对当地居民改善生活条件和生活质量的影响；

⑤项目建设对区域经济社会发展的带动作用；

⑥项目建设对推动当地产业技术进步的影响作用情况；

⑦项目建设对对当地妇女、民族和宗教信仰的影响等。

（5）项目建设管理评价。项目建设管理评价的重点是项目建设和运营中的组织机构及能力评价，主要包括项目建设实施相关者的管理、项目管理体制与机制、项目管理者水平；企业项目管理、投资状况、管理体制与机制的创新等。建设单位应对建设项目组织机构所具备的能力进行监督和评价，以分析项目组织管理机构的合理性，并及时进行调整。

①组织结构形式和适应能力的评价；

②对组织中人员结构和能力的评价；

③组织内部工作制度、工作程序及沟通、运行机制的评价；

④激励机制及员工满意度的评价；

⑤组织内部利益冲突调解能力的评价；

⑥组织机构的环境适应性评价；

⑦组织管理者意识与水平的评价。

### 3.1.4　项目建设目标实现程度及可持续性能力评价

在生态修复工程项目建设总结和评价的基础上，对项目建设目标的实现程度及其适应性、项目的成功度等进行分析研究，最终得出评价结论。

（1）项目建设目标实现程度评价。生态修复建设项目投资活动都有明确的目标，对建设项目目标的实现程度进行分析评价是后评价的任务之一，评价时一般按以下 4 个标准来进行判断，即项目的工程（实物）是否按设计内容全部建成；项目的技术和设计能力是否实现；项目的生态防护经济效益是否达到预期目标；项目的社会与环境影响是否产生。

①项目工程（实物）建成：指生态修复工程项目按设计确定的建设内容，植物与工程措施完工，机械设备安装调试完成，装置和设施经过试运行，具备竣工验收的重要条件。

②项目建设技术（能力）建成：指生态修复工程项目建设装置、设施和设备运行时各项工艺达到设计技术指标，生态修复防护能力和工程质量达到设计要求。

③项目的财务经济效益建成：指生态修复建设项目的经济财务和经济预期目标，包括生态防护经济效益收入、成本、利税、收益率、利息备付率等基本实现。

④项目影响建成：指生态修复建设项目的经济、环境、社会效益目标基本实现，项目对产业布局、技术进步、国民经济、生态环境、社会发展的影响已经实现。

（2）项目建设可持续性能力评价。生态项目修复建设的可持续性，是指在项目建设资金投入完成之后，项目的既定目标是否还能继续，是否可以持续地发展下去；项目出资人是否愿意并可能依靠自己的力量继续支持实现既定目标。项目建设可持续性分析要素包括以下 2 项内容。

①内部因素：指财务状况、技术水平、生态灾害控制、企业管理体制与激励机制等，核心是生态防护产品的竞争能力。

②外部条件：指资源、气候、地质地貌环境、物流条件、政策环境、市场及其趋势等。

（3）项目建设成功度评价。项目建设成功度的评价，是指包含项目成功度标准等级、成功度测定这 2 项内容。

①项目成功度标准：其标准可分为以下 5 个等级。

完全成功：指原定目标全面实现或超过预期值，相对成本而言，取得巨大效益和影响；

成功，原定目标大部分已经实现，相对成本而言，达到了预期的生态防护经济效益和影响；

基本成功：指原定目标大部分已经实现，相对成本而言，达到了预期生态防护效益；

部分成功：指原定目标部分实现，相对成本而言，只取得了一定的生态效益和影响；

不成功：指原定目标实现非常有限，相对成本而言，几乎没有产生什么效益和影响；

失败：指原定目标无法实现，相对成本而言，不得不终止。

②项目建设成功度测定：项目建设成功度评价设置的主要指标包括：宏观目标和行业政策、决策与程序、布局与规模、项目目标及市场、设计与技术装备水平、资源和建设重要条件、资金来源和融资、工程进度及控制、工程质量及控制、项目投资及控制、项目经营、机构和管理、生态防护效益和影响、财务与防护经济效益和影响、社会环境影响、可持续性和项目总评等。

要根据具体生态修复工程项目建设的特点和类型，确定测评指标与建设项目的相关重要性，并分为“重要”、“次重要”和“不重要”3 类，一般测定“重要”和“次重要”的项目内容。通常实际测定的指标约为 10 项。

按 A、B、C、D4 个等级评定各单项指标的成功度等级级别。然后，通过对各项指标的综合分析，也按 A、B、C、D 这 4 个等级来判定项目的建设成功度。

#### 3.1.5 总结项目建设经验教训，提出对策和建议

生态修复工程项目建设后评价应根据现场所调查的真实情况，认真总结经验教训，并在此基础上进行分析，得出启示和对策建议。对策建议应具有可借鉴性、可操作性和一定

的指导意义。

经验教训和对策建议应从项目、企业、行业和宏观 4 个层面分别说明。

## 3.2　项目零缺陷独立后评价报告的格式

### 3.2.1　报告封面

报告的封面必须包括编号、密级、后评价者名称、日期等。

### 3.2.2　封面内页

封面的内页在涉及国际机构时，应有机构要求说明汇率、英文缩写、权重指标及其他说明。

### 3.2.3　项目基础数据

项目的基础数据应详细列出项目独立后评价应附有的各种数据。

### 3.2.4　地图

地图应包括项目实施的设计图、变更图、竣工图等。

### 3.2.5　报告摘要

报告的摘要应有项目独立后评价的核心内容。

### 3.2.6　报告正文

项目独立后评价的报告正文，应包括项目背景、项目实施评价等 4 项内容。

（1）项目实施背景。项目实施的背景情况资料，应包括下列 5 项内容。

①项目建设的目的和目标；

②项目建设内容；

③项目建设工期；

④项目建设资金来源与安排；

⑤项目建设后评价。

（2）项目实施评价。项目实施的评价，应包括下列 6 项内容。

①项目建设设计与技术；

②项目建设合同；

③项目建设组织管理；

④项目建设投资和融资；

⑤项目建设进度；

⑥项目建设设计的其他事项。

（3）项目实施效果评价。项日实施效果的评价，应包括下列 5 项内容。

①项目建设运营和管理；

②项目建设财务状况分析；

③项目建设财务和经济效益评价；

④项目建设环境和社会效果评价；

⑤项目建设可持续发展；

（4）项目独立后评价结论和经验教训。项目独立后评价所得出的结论和经验教训，应包括下列 3 项内容。

①综合评价和结论；

②主要经验教训；

③建议和措施。

#### 3.2.7　附件

附件应包括下列3项内容

①项目自我评价报告；

②项目后评价专家组意见；

③其他附件。

#### 3.2.8　附表（图）

所附的表（图）应包括下列6项表、图内容。

①项目主要效益指标对比表；

②项目财务现金流量表；

③项目经济效益费用流量表；

④企业效益指标有无对比表；

⑤项目后评价逻辑框架图；

⑥项目成功度综合评价表。

### 3.3　项目实施零缺陷独立后评价报告格式的说明

#### 3.3.1　项目基础资料

项目基础资料是项目独立后评价的依据之一，同时为计算机录入做好准备。世界银行和亚洲开发银行项目后评价的基础资料还包括技术援助数据、财务内部收益率、经济内部收益率、借贷双方的表现、派出代表团情况等。

#### 3.3.2　项目独立后评价报告摘要的格式

项目独立后评价报告摘要一般包括以下几部分内容：项目目标和范围，项目投资和融资，项目的实施，项目的运营和财务状况，项目的机构和管理，环境和社会影响，项目的财务和经济评价，项目的可持续性，评价结论，反馈信息。

#### 3.3.3　附件和附表

附件包括项目自我评价报告和后评价专家组意见是项目独立后评价报告的主要附件，专家组意见则是按后评价要求由组长编写的报告。附表包括项目主要效益指标对比表，项目财务现金流量表，项目经济效益费用流量表，企业效益指标有无对比表，项目后评价逻辑框架图等。

# 第四章
# 生态修复工程项目建设零缺陷后评价与实施

生态修复工程项目建设后评价的管理和实施各国都有自己的特点，由于世界银行、亚洲开发银行和联合国开发署等国际多边组织在全球有大量的援助贷款，这些机构在项目后评价方面起步较早，经验丰富，其后评价管理方式和实施程序已为多数发展中国家所接受，形成了国际模式。以下结合我国国情，介绍世界银行和亚洲开发银行的项目后评价管理和实施程序。

## 第一节 项目建设后评价的任务

我国开展工程项目建设后评价起步较晚，国家级的统一管理机构还未成立，国内现有的一些评价机构（如中国国际工程咨询公司和国家开发银行）都借鉴了世界银行的经验。

### 1　生态修复工程项目建设后评价的任务

后评价的主要任务是：衡量取得预期结果的程度、效应及效率；总结经验教训，并反馈应用于评价工作之中；帮助各地项目机构提高业务评价能力；负责内部各业务部门年度总结初审，起到内部监督的作用。

（1）项目建设完成报告及其审查。所有的投资项目都必须编写项目完成报告（又称作自我评价），项目完成报告是由项目投资决策和管理部门在项目完成并在账户关闭后 6 个月内提交，送行政管理部门。有关部门对每年提交的所有项目完成报告进行审核，填报项目信息单和评价备忘录，上报主管部门并输入数据库。

（2）项目建设执行审核评价报告。项目执行审核报告即通常所称的项目后评价报告，一般在自我评价报告完成 2~3 年后进行。世行根据不同时期、不同地区、不同行业有重点地选择约 40%完工项目进行后评价。项目后评价报告由评价局独立进行评价，评价过程中要不断地与项目主管部门及其管理机关交换意见，及时反馈信息。为了使评价更加客观公正，有利于结论的反馈和采纳，评价局在坚持独立性的同时，特别重视行内不同意见的交流和讨论。

（3）项目建设影响评价报告。影响评价报告是在项目后评价报告的基础上，根据政策和投资的变化和重点进行选定。一般在项目完成5年后进行。影响评价项目的选择一般是对社会环境影响较大、情况比较复杂的项目。

（4）项目建设评价专题研究。评价专题研究是在上述三种报告的基础上进行，形式多种多样，一般可分为行业总结、地区研究、程序评价等。比如，1997年世界银行业务评价局进行了《世行投资项目移民问题的回顾》《偏远地区供水问题的研究》《世行7年来在华交通投资项目的影响》等。

（5）项目建设评价成果年度总结。业务评价部门每年要编写一份评价成果年度总结，全面总结一年来上述几类评价的成果，重点是在统计资料的基础上对风险的分析和趋势的预测，以供有关决策者参考。此外，业务评价部门每年还要向决策部门提交一份年度工作总结。

## 2 参考借鉴：世界银行设立工程项目建设后评价管理机构的情况

世界银行的后评价机构成立于1970年，1975年世行设立了负责后评价的总督察（Director_General），并正式成立了业务评价局（Operations Evaluation Department），从此，后评价纳入了世行正规管理和实施的轨道。世行进行后评价的目的是对世行所执行的政策、规划、项目和程序进行客观的评价，并通过总结经验教训来改进和完善这些政策、规划和项目。领导世行业务评价工作的总督察由银行执董会任命，对执董会专门负责业务评价的联合审核委员会（Joint Audit Committee）负责，同时代表行长管理业务评价工作。

总督察领导着世行的业务评价局和国际金融公司（International Finance Corporation）的业务评价办公室（Operations Evaluation Group）两个后评价机构。总督察的主要任务是：评估世行业务评价系统的作用和功能，并向银行和成员国报告；对业务评价计划和工作提出独立的指导意见，提高评价机构对业务评价目的的认识；确定工作中根据变化所提出的对策，使之更富有成效，并满足各成员国在业务评价方面的需要；鼓励和支持各成员国发展各自的后评价体系。联合审核委员会是执董会的常设机构，其职责是：监督世行和国际金融公司业务评价的规范、程序和工作；检查并确定世行集团业务评价的充分性和有效性；每年向全体执董报告一次业务评价的执行情况、成果和建议；审核业务评价机构的年度报告和预算。

# 第二节 项目建设零缺陷后评价的流程

生态修复工程项目建设建设零缺陷后评价的流程，一般包括制订后评价计划、选定后评价项目、确定后评价范围和选择执行项目后评价的咨询单位和专家等内容。

## 1 项目建设零缺陷后评价的计划制定

项目零缺陷后评价计划的制订越早越好，最好是在项目评估和执行过程中就确定下来，以便项目管理者和执行者在项目实施过程中就注意收集资料。从项目周期的概念出发，每个项目都应重视和准备事后的评价工作。因此，以法律或其他法规的形式，把项目零缺陷后评价作为建设程序中必不可少的一个环节确定下来非常重要。国家、部门和地方的年度评价计划是项目后评价计划的基础，它的时效性较强。与银行等金融组织不同的是，国家的后评价更注重投资活动的整体效果、作用和影响，例如某个行业的发展政策或一个五年计划的投资效益等。所以，国家的零缺陷后评价计划应从更长远的角度和更高的层次上来考虑。应合理安排项目的零缺陷后评价，使之与长远目标结合起来。

## 2　项目建设零缺陷后评价的选定项目

### 2.1　项目建设零缺陷后评价选定项目的原则

选定零缺陷后评价项目有两条基本原则，即特殊的项目和规划计划总结需要的项目。一般来讲，选定评价项目的标准有如下 7 方面。

①由于项目实施而引起运营中出现重大问题的项目；

②一些非常规的项目，如规模过大、建设内容复杂或带有实验性的新技术项目；

③发生重大变化的项目，如建设内容、外部条件、地址布局等发生了重大变化的项目；

④急迫需要了解项目作用和影响的项目；

⑤可为即将实施的国家预算、宏观战略和规划原则提供信息的相关投资活动和项目；

⑥为投资规划计划确定未来发展方向的有代表性的项目；

⑦对开展行业部门或地区后评价研究有重要意义的项目。

### 2.2　项目建设零缺陷后评价选定项目的管理程序

跟踪评价或中期评价的项目选定属于 2.1 所述第①类的项目，这类零缺陷评价更注重现场解决问题，其后评价报告更类似于监测诊断报告，要针对问题提出具体的措施建议。一般后评价计划以项目为基础，有时难以达到从宏观上总结经验教训的目的，因此不少国家和国际组织采用了“打捆”的方式，就一个行业或一个地区的几个相关的项目一起列入计划，同时进行后评价，以便在更高层次上总结出带有方向性的经验教训。

一般国家和国际组织均采用年度计划与 2~3 年滚动计划结合的方式来操作项目后评价计划。我国国家重点项目的后评价计划由国家发改委重点建设项目协调管理司编制，以年度计划为主，按行业选择有代表性的项目进行后评价。

## 3　项目建设确定零缺陷后评价的范围

由于生态修复工程项目建设零缺陷后评价所涉及的范围很广，一般后评价的任务是限定在一定的内容范围内的。因此，在评价实施前必须明确评价的范围和深度。评价范围通常是在委托合同中确定的，委托者要把评价任务的目的、内容、深度、时间和费用等，特别是需要完成的特定要求，应非常明确具体，受托者应根据自身的条件来确定是否可能按期完成合同。国际、国内零缺陷后评价委托合同通常有以下 4 方面的内容。

①项目后评价的目的和范围，包括对合同执行者明确的调查范围。

②提出评价过程中所采用的方法。

③提出所评项目的主要对比指标。

④确定完成评价的经费和进度。

# 4 项目建设选择后评价咨询专家的零缺陷方法

## 4.1 后评价机构及其负责人的零缺陷确定办法

项目后评价通常分两个阶段实施，即自我评价阶段和独立评价阶段。在项目独立评价阶段，需要委托一个独立的评价咨询机构去实施，或由内部相对独立的后评价专门机构来实施。一般情况下，这些机构要确定一名项目负责人，该负责人不应是参与过此项目评估和执行的人。该负责人聘请和组织项目后评价专家组去实施后评价。后评价咨询专家的聘用，要根据所评项目的特点、后评价要求和专家的专业特长及经验来选择。

## 4.2 后评价专家组人选的零缺陷确定办法

项目后评价专家组由“内部和外部”两部分人组成。“内部”是指被委托机构内部的专家，他们熟悉项目后评价过程和报告程序，了解后评价的目的和任务，可以顺利实施项目后评价，而且费用较低。“外部”是指项目后评价执行机构以外的独立咨询专家，外部专家一般更为客观公正，并且可以找到熟悉被评项目专业的真正行家，弥补执行机构内部的技能经验和人手不足。

# 5 项目建设后评价的零缺陷工作程序

在生态修复工程项目建设零缺陷后评价任务委托、专家聘用后，就可以开始实施零缺陷后评价工作了。项目零缺陷后评价的类型很多，要求各不相同。一般零缺陷评价过程及其程序有如下3方面的内容。

## 5.1 收集项目后评价资料信息

项目后评价的基本资料包括项目资料、项目所在地区的资料、评价方法的有关规定和导则等。其中，项目资料一般包括：项目自我评价报告，项目完工报告，项目竣工验收报告；项目决算审计报告，项目概算调整报告及其批复文件；项目开工报告及其批复文件，项目初步设计及其批复文件；项目评估报告，项目可行性研究报告及其批复文件等。项目所在地区资料包括：国家和地区的统计资料，物价信息等。评价方法的有关规定和导则应根据委托者的要求进行收集。目前已经颁布项目后评价方法导则或手册的国内外主要机构有：联合国开发署、世界银行、亚洲开发银行、经济和合作发展组织、英国海外开发署、日本海外协力基金、中国国家发展改革委、中国国际工程咨询公司、国家开发银行等。

## 5.2 实地调查后评价现场

项目后评价现场调查应事先做好充分准备，明确调查任务，制订调查提纲。调查任务一般应包括以下 3 项内容：

#### 5.2.1　项目基本情况

项目的基本情况包括：项目的实施情况，目标是否实现，目标的合理性，是否应该考虑其他目标等。

#### 5.2.2　目标实现程度

项目的目标实现程度包括：原定目标的实现程度，影响目标实现的关键因素，从宏观目标评价考虑项目目标是否表述清楚，对项目的作用和影响是否还需要做进一步评价等。

#### 5.2.3　作用和影响

项目建设所起的作用及其影响是指，项目产生的结果，不仅包括直接的效果，还包括对社会、环境及其他发展因素的作用和影响。

### 5.3　分析和结论

后评价项目现场调查后，应对资料进行全面认真地分析，回答以下 4 项主要问题。

#### 5.3.1　总体结果

项目的总体结果是指，项目的成功度大小及其原因是什么；项目的投入与产生的作用是否成正比；项目是否按时并在投资预算内实现了目标；成功和失败的主要经验是什么。

#### 5.3.2　可持续性

项目的可持续性是指，项目在维持长期运营方面是否存在重大问题。

#### 5.3.3　方案比选

项目的建设方案比选是指，项目是否有更好的方案来实现这些成果。

#### 5.3.4　经验教训

项目的经验教训是指，项目的经验教训是什么，对未来规划和决策的参考意义。

## 6　后评价报告的零缺陷编制

项目零缺陷后评价报告是零缺陷评价结果的汇总，应真实反映情况，客观分析问题，认真总结经验。同时，零缺陷后评价报告也是反馈经验教训的主要文件形式，必须满足信息反馈的需要，而且后者应该更为重要。因此，零缺陷后评价报告要有相对固定的内容格式。项目零缺陷后评价报告编写有以下要求。

### 6.1　项目报告的文稿规范性要求

要求项目后评价报告的文字准确清晰，尽可能不用过分专业化的词汇。报告格式应包括，摘要、项目概况、评价内容、主要变化和问题、原因分析、经验教训、结论和建议、评价方法说明等。这些内容既可以形成一份报告，也可以单独成文上报。

### 6.2　项目报告的内容要求程度

报告的发现和结论要与问题和分析相对应，经验教训和建议要把评价的结果与将来规划和政策的制订和修改联系起来。

# 第三节 项目建设零缺陷后评价的反馈

反馈是零缺陷后评价的主要特点，评价成果反馈的好坏是零缺陷后评价能否达到其最终目的的关键之一。但不少国家和机构由于机构、体制和手段等方面的原因，后评价成果反馈并不理想，对投资决策的影响较小。下面以亚洲开发银行的后评价反馈机制为例，说明零缺陷后评价反馈的功能和作用。

## 1 项目建设零缺陷后评价反馈的意义与作用

反馈机制是零缺陷后评价体系中的决定性环节。它是一个表达和扩散评价成果信息的动态过程，同时该机制还应保证这些成果在新建或已有项目中以及其他开发活动中得到采纳和应用。因此，零缺陷后评价作用的关键取决于所总结的经验教训在投资项目和开发活动中被采纳和应用的效果。这些经验教训可供在项目周期的不同阶段管理中借鉴和应用，如立项阶段的项目选定、项目准备阶段的设计改进、在建项目实施中问题的预防和对策、完工项目运营中管理的完善和改进等。零缺陷后评价反馈系统通过提供和传送已完成项目的执行记录，增强了项目组织管理的责任制和透明度。

### 1.1 评价信息的报告和扩散范围

后评价的成果和问题应该反馈到决策、计划规划、立项管理、评估、监督和项目实施等机构和部门。

### 1.2 建立后评价成果及其经验教训的反馈机制

后评价成果及经验的应用，教训的吸取，以改进和调整政策。这是反馈最主要的管理功能。在反馈过程中，必须在评价者、评价成果与应用者之间建立明确的机制，以保持紧密的联系。

## 2 参考借鉴：亚洲开发银行的后评价反馈系统

亚洲开发银行十分重视后评价体系的反馈。后评价的反馈可保证亚行将实践中所获得的经验教训应用于对其成员国的开发援助活动中去。同时，它增强了对亚行股东的透明度，保证了援助资金不断地从发达国家流向欠发达国家和地区。

### 2.1 评价成果的扩散

在亚行反馈过程中，后评价办公室起着重要的作用。该办公室直接负责向行内外扩散评价成果，将后评价的成果分层次不断地向用户传递。后评价成果的扩散方式有以下 4 种。

#### 2.1.1 出版物

由评价办公室准备的后评价报告类型有：项目执行效果评价报告（PPARs）、技术援助执行效果评价报告（TPARs）、项目影响评价研究报告（IESs）、项目后评价回顾评价报告（RESs）和后评价专题研究报告。这些报告的草稿要先经被评项目有关的行内部门、贷款执行机构和借贷国实施部门阅读并提出意见。最终报告在吸取了各方意见后报银行执董会和管理部门，同时抄报上述有关部门。为满足各方面读者的要求，评价办公室的各种报告备有摘要、成果要点以及项目有关设计条件、实施效益、作用影响和经验教训的专门结论等多种形式的资料。由于报告草稿事先已征求各方的意见，以咨询的方式为基础的后评价成果更便于反馈。

评价办公室还出版《后评价报告年报》，总结每年完成的项目执行效果评价报告、技术援助效果评价报告和其他研究报告。年报分析、总结和合成了当年后评价的成果，提出银行在业务政策、管理程序和运作过程中需改进的地方，以加强对其成员国援助的效果。年报在行内得到广泛的扩散，也是后评价局列入执董会议事日程的主要报告。

为了使后评价经验能与规划编制和项目程序相结合，评价办公室每年还出版《后评价成果摘录》。摘录列出了不同国家每个项目后评价报告的要点。此外，评价办公室还不定期的地提出《国家后评价成果》和《行业后评价成果》，简单扼要地总结出有关国家或行业后评价的成果，包括有关的经验教训。报告的文件包括说明项目执行效益、项目结果和成功度在内的有用的统计数据和资料。上述这些文件是专门为银行规划部和项目部职员提供服务而设计的。

#### 2.1.2　后评价信息系统

评价办公室建立了与行内联网的后评价计算机信息系统，储存各种后评价资料信息。该系统按项目周期、行业和国家分类，信息包括评价办公室的所有报告及其项目内容、成本和贷款额、财务和经济收益率、效益和影响指标、项目执行成功度等。信息系统还存有项目规模变化、建设期变更和收益率变化的缘由，以便按国别、行业和时间顺序进行分析和评价。信息系统还储存了其他国际多边和双边援助机构的后评价成果，可供银行职员参考。

#### 2.1.3　成果反馈讨论会

为了增强后评价成果反馈的效果，评价办公室不定期地组织后评价成果讨论会。讨论会上，评价办公室和业务部门的官员共同讨论有关行业或国家项目后评价的结果并达成共识。讨论的重点是未来应考虑的经验教训，包括新项目的改进、在建和完工项目的调整和完善。讨论会增强了评价局与银行业务部门的联系，有利于对后评价成果的理解，使之更容易被接受和采纳。

#### 2.1.4　内部培训和研讨

评价办公室官员经常被邀请参加银行内部的各种研讨会和培训班，介绍后评价的成果，从而加强了与银行各部门之间的联系和交流，扩大了后评价成果的影响力和作用。

### 2.2　评价成果的应用

亚行现行的组织机制将评价局的工作和结果与银行董事会、管理部门和各业务局联系起来，所有主要后评价报告先经主管部门批复，再报执董会，然后传达到各业务部门。这样，后评价成果可用于调整银行未来计划方向、确定业务执行大纲、制订国家发展战略、编制成员国贷款和技术援助规划、改进新项目和规划的设计、完善在建项目和完工项目。由于应用权主要在各业务部门，评价办公室无法直接对成果的应用进行控制和管理。所以，亚行采取了必要的手段来加强反馈程序，以促进后评价成果的应用。

#### 2.2.1 行政管理手段

行政指令规定，已发表的后评价成果应在制订国家发展战略和新项目策划时得到采纳和应用，在银行各业务局编制的“国家援助规划”中应反映并摘录相关后评价结论。而且，在为行长准备的新项目报告和建议中应清楚地表述后评价的有关经验教训。

#### 2.2.2 业务文件的评议

作为指令性的业务工作范围，后评价局的官员要对有关业务文件加以评议，如项目简报、业务部门给行长的报告、国家援助规划、技术援助文件等，并参加项目各个阶段的有关会议。这样就保证了已完成项目后评价的结论和经验教训能顺利地应用于银行的国家发展战略、规划及新项目的策划中去。

#### 2.2.3 与董事会的联系

银行董事会的审计委员会通过监督评价办公室的活动、政策和程序，以及审阅后评价报告的摘选，来协助加强反馈的力度。审计委员会对摘选的报告要进行讨论，讨论的重点是那些对银行未来贷款项目、规划和技术援助有改进意义的经验教训，并要求业务部门提出相应的措施建议，以提高项目的成功度和可持续性。会议之后，业务部门要提出一份对策措施的专门报告。审计委员会每年要向董事会提交一份年报，总结后评价的工作情况以及一年来后评价的主要成果。银行董事会每年要讨论一次审计委员会的年报，同时研究评价办公室的年度报告。两份报告中的后评价结果和经验教训一经董事会认可，在未来工作中必须采纳，对各业务部门将产生重大影响，有力地推动和完善银行未来的业务发展。

#### 2.2.4 后评价成果管理委员会

为了加强亚行后评价的反馈系统，1991 年亚行成立了“后评价成果管理委员会”，这样，进一步加强了银行后评价与高层管理人员的联系。根据规定，该委员会每年召开两次例会，由行长主持，3 名副行长参加，各部门和办公室的首脑及后评价局局长出席。第一次会议主要总结和讨论年度报告中后评价所提出的结论和建议，形成对需要采取特别措施的地区或领域的计划纲要。第二次会议主要检查和总结第一次会议措施纲要的执行情况。

### 2. 3 后评价反馈效益

虽然亚行目前尚无跟踪后评价反馈效果的系统方法，但有例证表明，后评价的成果和经验教训对于银行在增强其成员国援助效果的发展策略和程序方面产生了积极的作用。例如在 1993 年 4 月，后评价结果发现银行资助完成的项目质量呈下降趋势，并提出要同步考虑减少资源的开发程度和建立强有力的管理制度的建议，银行制定了“提高项目质量行动大纲”。该行动大纲的建议包括了一个实施计划，并于 1994 年初开始执行。实施计划要求更广泛地应用逻辑框架法组织项目计划和设计，检查银行的业务工作，以增强效益和责任性；采用新的规范化程序周期，以提高项目质量；采用新标准的项目管理备忘录制，以明确项目实施中亚行、政府和受益者各自的作用。同时，亚行还召开了所有受援国参加的“提高区域性项目质量讨论会”，会议讨论通过了亚行旨在提高项目质量的会议纪要。

随着后评价成果不断地积累，亚行越来越注重项目的准备和设计。在项目的准备和设计阶段，说明未来项目执行和运营时的有关情况显得特别重要，主要包括受益者的参与、成本回收和机构能力等。项目设计应该简明或有较大的灵活性，以便应付在实施过程中可能出现的各种变化，如经济的、技术的、社会环境的变化等，并应包括增强可持续性的因素等。后评价的另一个主要结论是影响项目实施和运营的政策环境。亚行积极倡导与成员国政府对话的政策，通过对话找到宏观经济和行业政策的最佳办法来强化项目的实施。

从后评价经验教训中亚行提出了许多措施建议。通过后评价，亚行对不少规定和计划进行了修改，例如：项目经济评价、风险处理及敏感性分析的规定，增强成员国水资源管理和利用效益的政策和规定，提高了过去对成员国机构建设援助项目的重点要求等。

# 参考文献

1　宋伟香．建设工程项目管理［M］．北京：清华大学出版社，2014.
2　邓铁军．工程建设项目管理［M］．第3版．武汉：武汉理工大学出版社，2013.
3　田元福．建设工程项目管理［M］．北京：清华大学出版社，2010.
4　乐云．建设工程项目管理［M］．北京：科学出版社，2013.
5　傅伯杰，陈利项，马克明，等．景观生态学原理及应用［M］．北京：科学出版社，2001.
6　梁伊任．园林建设工程［M］．北京：中国城市出版社，2000.
7　刘义平．园林工程施工组织管理［M］．北京：中国建筑工业出版社，2009.
8　陆仲坚．财经应用文［M］．上海：知识出版社，1982.
9　王瑞祥．现代企业班组建设与管理［M］．北京：科学出版社，2007.
10　康世勇．园林工程施工技术与管理手册［M］．北京：化学工业出版社，2011.

# 后　记

2003 年 7 月，当我经过考试和评审获得内蒙古自治区人事厅颁发的正高级工程师资格证书时，就有一种专业业绩归“零”的感觉和要“从头再做起”的心动，于是就萌发了把自己长期从事生态园林科研、规划设计和工程建设现场技术与管理工作实践中积累下的成败心得，以及生态园林建设生产中亟待修正、改进和创新的技术与管理工作实践，总结升华到理论的念头，故此就决定创作一部生态园林工程项目建设施工技术与管理方面的专著。在牵头组织列出写作提纲后，率领撰写团队经过 3 年多辛勤劳动，才发现无论是在所写内容的篇幅上，还是在撰写章节的深度上，都是一口吃不下的“刺猬”。经过缜密思虑后，决定分为园林工程和生态工程两大块分期组织撰写。为此，我于 2010 年 10 月将《园林工程施工技术与管理手册》定稿交稿后，就马不停蹄地继续完成生态修复工程建设稿的创作编著，直至 2017 年 11 月终于完成了这部总字数近 400 万字的《生态修复工程零缺陷建设手册》的写作，实现了自己作为“治沙人”梦寐以求的专业祈愿和奋斗目标。

在此，我代表编写组全体作者，向中华人民共和国成立以来为我国生态修复建设事业付出艰辛工作、血汗甚至生命的所有技术与管理的老工作者、老前辈、老专家们致以崇高的敬礼！诚挚感谢在 10 多年的创作撰写过程中所借鉴引用的我国生态修复工程建设前辈、专家、学者等原作者创作积累的大量宝贵理论精华和实践成果。

此时此刻，我要代表编写组诚挚感谢中国林业出版社原党委书记、社长金旻编审和现任党委书记、董事长刘东黎编审等出版社领导所给予的高度重视；诚挚感谢中国林业出版社副总编辑徐小英编审及其责任编辑团队的求真敬业、务实奉献和辛勤劳动，把由我牵头创作撰写的《生态修复工程零缺陷建设手册》这部书稿调整结构、重新策划分成《生态修复工程零缺陷建设设计》《生态修复工程零缺陷建设技术》《生态修复工程零缺陷建设管理》3 本专著，并将其作为“生态文明建设文库”的重要组成申报获得了 2019 年度国家出版基金的资助。

今天，在《生态修复工程零缺陷建设管理》等专著正式出版之际，我深深地怀念、感谢和感激曾经把我从死亡线上挽回生命且至今还不知道姓名的那几位救命恩人。1991 年 10 月 21 日深夜大约 22 点至 23 点，在神东 2 亿吨煤炭矿区生态建设现场返回住所的途中，我所乘坐的小型汽车与包神铁路上正常行驶的火车头相撞。事故发生后除司机被方向盘卡在汽车里，包括我在内的其余三人均被巨大的撞击力抛出车外，而我当时处于深度昏迷状态，被火车头司机宣布说“三人均已死亡”中的一人。如果当时那几位路经事故现场救我生命的恩人视而不见打道回府，会有我的后半生吗？还会有我完整的生态修复工程建设实践与理论创新职业生涯吗？会有由我总策划、总牵头、总主持编著的生态修复工程零缺陷建设系列专著问世吗？答案不想可知。

从我国生态修复工程建设技术长期实践中用心创新研发出的本专著，其突出的科技创新特点是科学、精湛、新颖、系统、博大、严谨、深厚、实用、适用和易于推广应用，这是源于得到了我国生态修复工程建设技术业界众多领导和同行科技践行者们的积极参与和无私奉献。

本专著自 2003 年 7 月筹划创作至 2017 年 11 月成稿，在 10 多年系统广泛而深入的计划、调查、测试、分析、资料搜集、图文制作、创新写作、研发修改、理论升华等一系列过程中，得到了许多专家和领导的鼎力支持和学术指导斧正。首先，诚挚感谢国家林业和草原局局长张建龙在政策和理论上给予的指导指正，并在繁忙工作中精细审阅书稿后欣然作序；要诚挚感谢中国工程院院士、全国生态保护与建设专家咨询委员会主任尹伟伦教授，在科学严谨性、实践创新性、适用实用指导性等方面给予的学术指导；还要衷心感谢国家林业和草原局调查规划设计院党委书记张煜星高级工程师，原神华集团有限责任公司财务部总经理郝建鑫高级经济师，内蒙古自治区级重大专项“巴丹吉林沙漠脆弱环境形成机理及安全保障体系”课题组成员、内蒙古宇航人高技术产业有限责任公司董事长邢国良高级工程师，内蒙古沙谷丰林环境科技有限责任公司董事长谭敬高级工程师等领导和专家给予的热忱关注、关怀、指导、指正、支持和帮助。为此我代表编写组向他们致以诚挚、崇高的敬礼！

诚挚感谢北京林业大学副校长、中国水土保持学会副理事长、中国治沙暨沙业学会副理事长王玉杰教授担任本专著编委会主任，并在专业学术方面给予指导指正和为之作序。

诚挚感谢积极参与并分别担任本专著编委会副主任的多位专家型领导。他们分别是：中国治沙暨沙业学会副理事长、中国治沙暨沙业学会荒漠矿业生态修复专业委员会主任、全国首届“千镇百县矿山生态修复扶贫工程项目主任”、湖南西施生态科技股份有限公司董事长张卫高级工程师；国家林业和草原局驻北京森林资源监督专员办副专员戴晟懋高级工程师；中国林业科学研究院防沙治沙首席专家、中国治沙暨沙业学会常务副理事长兼秘书长杨文斌研究员；中国神华铁路运输有限公司副总经理宋飞云高级经济师；北京林业大学水土保持与荒漠化防治学科负责人、荒漠化防治教研室主任、北京市教学名师丁国栋教授；中国林业出版社副总编辑徐小英编审。同时也诚挚感谢内蒙古阿拉善右旗草原站吴团荣、中国神华铁路货车有限责任公司康静宜、内蒙古鄂尔多斯市建委造价中心何莆霞、国家能源集团神东环保管理处任星宇、中国石化有限责任公司王子进、神华和利时信息技术有限公司何杰、神华国华燃气热电公司王雨田、中央广播电视总台于澜以及上述提到的张卫高级工程师等专业英才担任本专著副主编；还要诚挚感谢编委会和编写组的全体参与者的艰辛创作以及通力合作。最后要感谢我爱人郝丽华对我长期无微不至的贴心关怀和大力支持！

“是金子总会发光的。”2017 年 9 月在内蒙古自治区鄂尔多斯市召开的《联合国防治荒漠化公约》第 13 次缔约方大会上，本人独著发表的“中国生态修复工程零缺陷建设技术与管理模式”科技论文，向世界展示出了中国在防治荒漠化生态修复工程建设实践探讨并升华为理论创新研究的成果，得到了参会的联合国防治荒漠化官员、各国专家、代表的高度赞赏。9 月 13 日鄂尔多斯电视台新闻联播和 9 月 18 日鄂尔多斯日报头版分别以“康世勇：让矿区‘黑三角’变成‘绿三角’”和“鄂尔多斯生态人物——康世勇：让生态科研如花绽放”为标题作了专题报道，翔实报道了数十年致力于我国生态修复工程零缺陷建设实践与理论密切结合研究所取得的成就并给予了充分肯定。这一年，本人研发完成的“中国生态修复工程零缺陷建设技术与管理模式”“中国神华神东2亿吨煤炭矿区荒漠化防治模式”“神东生态环保标准及其标准化过程控制的探讨”项目，分别获神华神东煤炭集团公司2017年度管理课题研究成果一等奖、三等奖、优秀奖。

科学、系统、正确、适用、实用和与时俱进的创新理论研究及其发展，从来都离不开生产实践的检验，而精湛、成功的实践活动也从来都不能脱离正确理论的指导。本人在历经我国神东2亿吨现代化煤炭矿区生态修复建设34年生产实践中，牵头组织开展的“神东2亿吨煤炭基地生态修复零缺陷建设绿色矿区实践”科研项目，荣获中国煤炭工业协会颁发的“2018年煤炭企业管理现代化创新成果（行业级）二等奖”；在生态修复零缺陷建设神东2亿吨现代化生态型绿色煤炭矿区生产实践中开展的“生态修复工程零缺陷建设”理论研究成果，荣获“2019年中国能源研究会能源创新奖——学术创新三等奖”；在立项研究的神东2亿吨煤炭现代化安全生产管理和中国荒漠化土地生态复垦创新课题研究实践中，通过融入生态修复工程“三全五作”零缺陷建设理论，经过艰辛研究完成的“神东矿区零缺陷安全管理探讨”和“中国荒漠化土地生态经济开发建设”两项管理课题，分别荣获2019年神东煤炭集团公司管理课题研究成果二等奖和优秀奖；撰写的“神东2亿吨煤都荒漠化生态环境修复零缺陷建设绿色矿区技术”，被甄选为优秀科技论文发表在2019年“世界防治荒漠化与干旱日纪念大会暨荒漠化防治国际研讨会”。这些成果，均向世界展示了我国科学防治亿吨现代化煤炭矿区荒漠化、建设绿色煤都的零缺陷技术成就。

我国是世界上拥有荒漠化土地资源最多的国家之一，如何采取生态经济方式科学、系统、全面开发建设广袤的荒漠化土地，是我国现在和今后面临的实现绿色可持续发展亟待攻克的一项生态修复与土地利用、科技研发与开发建设、经济发展与人地和谐的复合型难题。本人撰写的“超世界规模土地复垦工程——中国荒漠化土地生态经济方式开发建设”一文，以“生态经济零缺陷开发建设中国荒漠化土地”主题思想的创新理念，成为发表在中国土地学会2019年年会上的优秀学术论文之一，为大力推进生态文明建设，为实现人与自然、生态与经济、国土与建设、荒漠与绿化的和谐发展目标提供了重要参考，并且向世界响亮地提出了中国生态修复科技工作者对荒漠化土地采取生态经济方式开发建设的创新命题和理念。

本专著的编著出版，虽然是编委会和编写组全体参与者长期从事生态修复建设的实践经验浓缩和理论创新的升华，但所阐述的生态修复建设理论及其观点内容一定会存在不少错误、疏漏和不足之处，恳请读者提出宝贵的指导意见。

康世勇

2020年2月24日于内蒙古鄂尔多斯东胜家中

（E-mail：kangshiyong1960@126.com）